Glencoe

Álgebra 1

Integración
Aplicaciones
Conexiones

GLENCOE
McGraw-Hill

New York, New York   Columbus, Ohio   Mission Hills, California   Peoria, Illinois

Glencoe/McGraw-Hill

Una división de The McGraw-Hill Companies

Derechos de impresión © 1998 por The McGraw-Hill Companies, Inc. Todos los derechos están reservados. Impreso en los Estados Unidos de América. A excepción de lo permitido bajo el Acta de Derechos de Impresión de los Estados Unidos, ninguna parte de esta publicación puede ser reproducida o distribuida de ninguna forma o por ningún método, tampoco debe almacenarse en un sistema de recuperación ni de datos de base, sin el previo permiso, por escrito, de la casa publicadora.

Envíe toda correspondencia a:

Glencoe/McGraw-Hill
936 Eastwind Drive
Westerville, Ohio 43081-3329

ISBN: 0-02-825339-6

1 2 3 4 5 6 7 8 9 10 VH/LP 05 04 03 02 01 00 99 98 97

¿POR QUÉ ES IMPORTANTE EL ÁLGEBRA?

¿**P**or qué necesito estudiar álgebra? ¿Cuándo voy a usar alguna vez el álgebra en la vida práctica?

Mucha gente, y no solo los estudiantes de álgebra, se preguntan por qué son importantes las matemáticas. *Álgebra 1* está diseñado para responder esas preguntas mediante las **integraciones**, las **aplicaciones** y las **conexiones**.

INTEGRACIÓN
Geometría

¿Sabías que el álgebra y la geometría están estrechamente relacionadas? A través de todo el texto se integran temas de todas las ramas de las matemáticas, tales como la geometría y la estadística.

Aprenderás a encontrar el complemento y el suplemento de un ángulo y a calcular la medida del tercer ángulo de un triángulo. (Lección 3–4, páginas 162–164)

APLICACIÓN
Nutrición

¡No puedo creer que una hamburguesa doble de queso tenga tanta grasa! Se presentan aplicaciones de las matemáticas a la vida diaria.

El número de gramos de grasa en una hamburguesa doble de queso se determina resolviendo un enunciado abierto. (Lección 1–5, página 32)

"El hogar de la hamburguesa"

CONEXIÓN
Biología

¿Qué tiene que ver la biología con las matemáticas? Los temas matemáticos se relacionan con otras de las asignaturas que estudias.

Los cuadrados de Punnett, modelos que exhiben las maneras posibles de combinación de genes, se relacionan con el cuadrado de un binomio. (Lección 9–8, página 542)

Los autores

WILLIAM COLLINS enseña matemáticas en la secundaria James Lick de San José, California y ha sido director del Departamento de Matemáticas de las secundarias James Lick y Andrew Hill. El Sr. Collins posee una Licenciatura en Artes con mención en matemáticas y Filosofía otorgada por Herbert H. Lehman College de New York y una Maestría en Ciencias con mención en Educación matemática otorgada por la Universidad Estatal de California en Hayward. El Sr. Collins es miembro de la Asociación de Supervisión y Desarrollo Curricular y del Consejo Nacional de Profesores de Matemáticas y es miembro activo de varias organizaciones matemáticas profesionales a nivel estatal. Actualmente presta sus servicios en el Grupo de Asesores de Profesores del *Mathematics Teacher*.

"En esta época de reforma y cambios educativos, es bueno ser parte de un programa que señale el rumbo a seguir para otros. Este programa integra, en el aula, las ideas de los criterios del NCTM con las herramientas del mundo real, de modo que los profesores y los alumnos de álgebra puedan esperar resultados exitosos cada día."

GILBERT CUEVAS es profesor docente de Educación matemática en la Universidad de Miami, Miami, Florida. El Dr. Cuevas obtuvo su Licenciatura en Artes con mención en matemáticas, su M.Ed. y su Doctorado, estos dos últimos en investigación educativa, en la Universidad de Miami. También posee una Maestría en Pedagogía otorgada por Universidad de Tulane. El Dr. Cuevas es miembro de numerosas asociaciones matemáticas, científicas y de investigación a nivel local, estatal y nacional y ha sido autor y editor de varias publicaciones del Consejo Nacional de Profesores de matemáticas (NCTM). Es asimismo un expositor frecuente en las conferencias del NCTM, especializándose en los temas de imparcialidad y de matemáticas para todos los estudiantes.

ALAN G. FOSTER es ex-profesor de Matemáticas y director del Departamento de Matemáticas de la secundaria Addison Trail en Addison, Illinois. Recibió su Licenciatura en Ciencias de la Universidad Estatal de Illinois y su Maestría en Artes con mención en matemáticas en la Universidad de Illinois. El Sr. Foster ha sido presidente del Consejo de Profesores de Matemáticas de Illinois (ICTM) y le ha sido otorgado el Premio T.E. Rine de Excelencia en la Enseñanza de las matemáticas. También fue recipiente, en 1987, del Premio Presidencial de Excelencia en la Enseñanza de las matemáticas para el estado de Illinois. Fue director del comité MATHCOUNTS, encargado de confeccionar preguntas en 1990 y en 1991. El Sr. Foster es un conferenciante frecuente y conduce asimismo talleres en el área de aprendizaje cooperativo.

BERCHIE GORDON es la coordinadora de ciencias y matemáticas del Distrito Escolar Local Northwest en Cincinnati, Ohio. La Dra. Gordon ha enseñado matemáticas en todos los niveles, desde la escuela intermedia hasta la universidad. Obtuvo su Licenciatura en Ciencias con mención en matemáticas en la Universidad Emory en Atlanta, Georgia, su Maestría en Enseñanza en la Universidad Northwestern en Evanston, Illinois y su Doctorado en Currículo e Instrucción a través de la Universidad de Cincinnati. La Dra. Gordon ha desarrollado y conducido numerosos talleres para profesores en servicio activo sobre matemáticas y aplicaciones de computadoras. También ha sido consultora de IBM y ha viajado por todo el país dictando charlas a grupos de profesores sobre calculadoras graficadoras.

"Al usar este libro de texto, aprenderás a pensar matemáticamente para el siglo XXI, a resolver una variedad de problemas basados en aplicaciones del mundo real y a aprender el uso adecuado de los dispositivos tecnológicos de modo que los puedas emplear como herramientas para resolver problemas."

BEATRICE MOORE-HARRIS es especialista educacional de la IV Región del Centro de Servicios Educativos en Houston, Texas. Es asimismo la directora regional para el suroeste de la Asociación Benjamin Banneker. La profesora Moore-Harris recibió su Licenciatura en Arte de la Universidad Prairie View A&M, en Prairie View, Texas. También ha asistido a cursos de postgrado en esta universidad, así como en la Universidad Texas Southern en Houston, Texas y en la Universidad Estatal Tarleton en Stephenville, Texas. La profesora Moore-Harris es consultora del Consejo Nacional de Profesores de matemáticas (NCTM) y es miembro del Comité Editorial de *Mathematics Teaching in the Middle School* del NCTM.

"Este programa hará del álgebra una cosa viva, involucrándote en tareas de matemáticas útiles que motivan, desafían y que reflejan situaciones de la vida real. Parte integral de este programa son las oportunidades que existen para usar la tecnología, las técnicas de manipulación, el lenguaje y una variedad de otras herramientas las que te permitirán un acceso total al currículo de álgebra."

JAMES RATH posee 30 años de experiencia de enseñanza en matemáticas a todos los niveles del currículo de secundaria. Es ex-profesor de Matemáticas y director del departamento de la secundaria Darien, en Darien, Connecticut. El Sr. Rath recibió su Licenciatura en Artes con mención en Filosofía de la Universidad Católica de América y tanto su Maestría en Pedagogía como su Maestría en Artes con mención en matemáticas a través de Boston College. Ha sido asimismo Profesor Visitante en el Departamento de matemáticas de la Universidad Yale, en New Haven, Connecticut.

DORA SWART es profesora de matemáticas de la secundaria W.F. West en Chehalis, Washington. Obtuvo su Licenciatura en Artes con mención en pedagogía matemática en la Universidad Eastern Washington, en Cheney, Washington y ha asistido a cursos de postgrado en la Universidad Central Washington, en Ellensburg, Washington y en la Universidad Seattle Pacific, en Seattle, Washington. La profesora Swart es miembro del Consejo Nacional de Profesores de matemáticas, de los Líderes del Currículo de Matemáticas de Washington Occidental y de la Asociación de Supervisión y Desarrollo Curricular. Ha desarrollado y conducido numerosas presentaciones para profesores en servicio activo en el Pacífico noroccidental.

"La serie de álgebra de Glencoe te brinda la mejor oportunidad para aprender bien el álgebra. En ella se exploran las matemáticas mediante un enfoque de aprendizaje de participación personal activa, así como de aplicaciones y conexiones al mundo que nos rodea. Las matemáticas pueden abrirte las puertas del éxito——y esta serie es la llave."

LESLIE J. WINTERS es ex especialista de matemáticas de secundaria del Distrito Escolar Unificado de Los Ángeles y actualmente supervisa estudiantes de pedagogía en la Universidad Estatal de California, en Northridge. El Sr. Winters recibió sus Licenciaturas en Matemáticas y Educación de Secundaria a través de la Universidad Pepperdine y de la Universidad de Dayton, así como maestrías de la Universidad de Southern California y de Boston College. Es asimismo ex presidente del Consejo de Matemáticas de California-Sección Sur. En 1983, le fue otorgado el Premio Presidencial de Excelencia en la Enseñanza de las matemáticas y, en 1988, ganó el Premio George Polya por ser el Profesor Sobresaliente de matemáticas del estado de California.

Asesores, Escritores y Revisores

Asesores

Cindy J. Boyd
Profesora de Matemáticas
Secundaria Abilene
Abilene, Texas

Gail Burrill
Centro Nacional de Investigación en
  Educación Matemática y
  Científica
Universidad de Wisconsin
Madison, Wisconsin

David Foster
Autor de Glencoe y asesor
  matemático
Morgan Hill, California

Eva Gates
Asesora independiente de
  matemáticas
Pearland, Texas

Joan Gell
Directora del Departamento de
  Matemáticas
Secundaria Palos Verdes
Palos Verdes Estates, California

Daniel Marks
Asesor en aplicaciones para el
  mundo real
Profesor Adjunto de Matemáticas
Universidad Auburn en Montgomery
Montgomery, Alabama

Melissa McClure
Asesora en Matemáticas de Tech
  Prep
Enseñanza para el futuro
Fort Worth, Texas

Dr. Luis Ortíz-Franco
Asesor en diversidad
Profesor Adjunto de Matemáticas
Universidad Chapman
Orange, California

Escritores

David Foster
Escritor de investigaciones
Autor de Glencoe y asesor
  matemático
Morgan Hill, California

Jeri Nichols-Riffle
Escritora de tecnología gráfica
Profesora Adjunta de Pedagogía para
  Profesores de Matemáticas y
  Estadística
Universidad Estatal Wright
Dayton, Ohio

Revisores

Susan J. Barr
Directora del Departamento de
  Matemáticas
Secundaria Dublin Coffman
Dublin, Ohio

William Biernbaum
Profesor de Matemáticas
Secundaria Platteview
Springfield, Nebraska

John R. Blickenstaff
Profesor de Matemáticas
Secundaria Martinsville
Martinsville, Indiana

Wayne Boggs
Supervisor de matemáticas
Secundaria Ephrata
Ephrata, Pennsylvania

Donald L. Boyd
Profesor de Matemáticas
Escuela Intermedia de South
  Charlotte
Charlotte, North Carolina

Judith B. Brigman
Profesora de Matemáticas
Secundaria South Florence
Florence, South Carolina

William A. Brinkman
Director del Departamento de
  Matemáticas
Secundaria Paynesville
Paynesville, Minnesota

Louis A. Bruno
Director del Departamento de
  Matemáticas
Secundaria Superior del Área de
  Somerset
Somerset, Pennsylvania

Luajean Nipper Bryan
Profesor de Matemáticas
Secundaria del Condado McMinn
Athens, Tennessee

Kenneth Burd. Jr.
Profesor de Matemáticas
Secundaria Superior Hershey
Hershey, Pennsylavania

Todd W. Busse
Profesor de Matemáticas y Ciencias
Secundaria Wenatchee
Wenatchee, Washington

Esther Corn
Directora del Departamento de
  Matemáticas
Secundaria Renton
Renton, Washington

Kimberly C. Cox
Profesora de Matemáticas
Secundaria Stonewall Jackson
Manassas, Virginia

Janis Frantzen
Directora del Departamento de
  Matemáticas
Secundaria McCullough
The Woodlands, Texas

Vicki Fugleberg
Profesora de Matemáticas
Escuela CG de May-Port
Mayville, North Dakota

Sabine Goetz
Profesor de Matemáticas
Escuela Intermedia Hewitt-Trussville
Trussville, Alabama

Dee Dee Hays
Profesora de Matemáticas
Secundaria Henry Clay
Lexington, Kentucky

Tabla de contenido

Tecnología
Exploraciones **8, 21**
Los modelos y las matemáticas
Actividades **15**
Matemática y sociedad
Olimpíada matemática
internacional **11**

INTEGRACIÓN

Integración del contenido

¿Qué tiene que ver la geometría con el álgebra? Puede parecer increíble, pero puedes estudiar la mayoría de los temas de matemáticas desde más de un punto de vista. He aquí algunos ejemplos.

Ventas de música por categoría

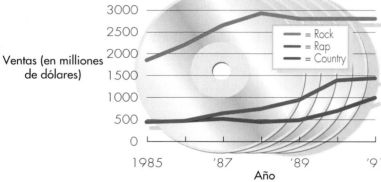

Fuente: The Recording Industry Association of America

▲ **Solución de problemas** Interpretarás gráficas y aprenderás a bosquejarlas en situaciones reales. (Lección 1–9, página 62)

◀ **Probabilidad** Modelarás el lanzamiento de dos dados mediante relaciones y esquemas lineales. (Lección 5–2, Ejercicio 45)

MIRADA RETROSPECTIVA

Puedes consultar la lección 1-7 para repasar la propiedad distributiva.

El componente **Mirada retrospectiva** te refiere a destrezas y conceptos que ya se han enseñado previamente en el libro.

Fuente: Lección 9–6, página 529

Matemáticas discretas ▶

Investigarás patrones y sucesiones y los emplearás en la solución de una variedad de problemas (Lección 1–2, páginas 12–18)

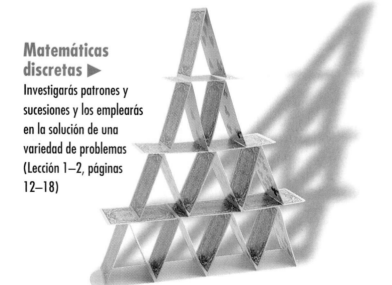

Estadística Aprenderás a ▶ exhibir datos sobre la velocidad de los animales más rápidos, en un esquema lineal. (Lección 2–2, página 80)

Geometría Usarás tus destrezas algebraicas para calcular las medidas que faltan en triángulos semejantes. (Lección 4–2, páginas 201–205)

APLICACIÓNES

Aplicaciones para el mundo real

¿Te has preguntado alguna vez si realmente utilizarás en algún momento las matemáticas? Cada lección de este libro está diseñada para mostrarte dónde y cuándo se emplean las matemáticas en la vida cotidiana. Ya que explorarás muchos temas interesantes, creemos que descubrirás que las matemáticas son importantes y estimulantes. He aquí algunos ejemplos.

Lista de los cinco primeros, PTI y **Sucedió por primera vez** contienen detalles y hechos interesantes que realzan las aplicaciones.

Precios de ventas de algunos cuadros

1. *Portrait du Dr. Gachet* de van Gogh, $75,000,000
2. *Au Moulin de la Galette* de Renoir, $71,000,000
3. *Les Noces de Pierrette* de Picasso, $51,700,000
4. *Irises* de van Gogh, $49,000,000
5. *Yo Picasso* de Picasso, $43,500,000

Fuente: Lección 9–4, página 514

Fútbol americano Verás cómo se relaciona el punteo de una pelota de fútbol con la medida angular. (Lección 3–4, página 162)

Carpintería Vas a estudiar una aplicación tecnológica industrial que involucra cálculos con números racionales. (Lección 2–7, Ejercicio 47)

PTI

En septiembre de 1995, los M&M's® azules reemplazaron completamente a los de color café. Los porcentajes de colores para los M&M son:

café	30%
rojo	20%
amarillo	20%
anaranjado	10%
verde	10%
azul	10%

Fuente: Lección 2–2, página 79

◀ **Recreación**
La multiplicación de un polinomio por un monomio se ilustra con juegos de varias culturas del mundo que son similares al juego del tejo. (Lección 9–6, página 529)

chimenea de ventilación
cámara del Rey
cámara de la Reina
chimenea de escape
cámara inconclusa
gran galería
corredor ascendente
entrada
corredor descendente

▲ **Culturas del mundo** La Gran Pirámide de Keops es el marco para una aplicación que involucra sistemas de ecuaciones lineales. (Lección 8–3, Ejercicio 42)

Ciencia espacial Al aprender sobre los valores absolutos, vas a analizar las temperaturas extremas que se enfrentan al caminar por el espacio. (Lección 2–3, página 85)

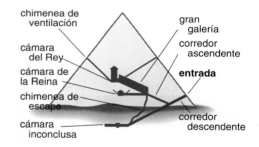

Barbies con conversación de adolescente

¿Qué tienen que ver las muñecas Barbie con las matemáticas? Artículos reales de prensa ilustran cómo las matemáticas son parte de nuestra sociedad. (Lección 3–7, página 183)

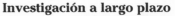

CONEXIÓNES

Conexiones interdisciplinarias

¿**S**abías que las matemáticas se usan en biología? ¿en historia? ¿en geografía? Sí, puede ser difícil de creer, pero las matemáticas se relacionan frecuentemente con otras asignaturas que estás estudiando.

MI DIARIO DE MATEMÁTICAS

◀ **Conexiones globales** Este componente te introduce a una variedad de culturas del mundo.

Salud Vas a escribir desigualdades para hacer un modelo del pulso deseado y de los ejercicios físicos. (Lección 7–8, Ejercicio 47)

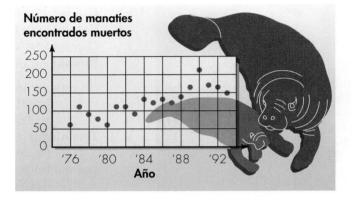

Número de manatíes encontrados muertos

▲ **Biología** Vas a estudiar las tasas de mortalidad de los manatíes de la Florida, una especie en peligro de extinción. (Lección 5–2, página 262)

◀ **Opciones profesionales** Este componente incluye información sobre carreras de interés.

Geografía En 1994, la población del estado de Nueva York fue sobrepasada por la de Texas. Se hará un modelo de esta situación mediante un sistema de ecuaciones lineales. (Lección 8–2, página 462)

▲ **Arte** Se utiliza una pintura de Mondrian titulada *Composición en rojo, amarillo y azul* para hacer modelos de los polinomios. (Lección 9-3, página 514)

Los ejercicios titulados **Mi diario de matemáticas** te brindan la oportunidad de evaluarte y de escribir sobre tu comprensión de conceptos matemáticos claves. (Lección 7–1, Ejercicio 6)

6. A veces las oraciones pueden traducirse en desigualdades. Por ejemplo, *En algunos estados debes tener al menos 16 años de edad para obtener una licencia de conducir* se puede expresar como $e \geq 16$ y *Tomás no puede levantar más de 72 libras* puede traducirse a $p \leq 72$. Siguiendo estos ejemplos, escribe tres oraciones que guarden relación con tu vida cotidiana. Luego traduce cada una en una desigualdad.

¿**S**abes usar computadoras y calculadoras de gráficas? Si es así, tendrás mejores posibilidades de tener triunfar en la sociedad y en los trabajos de alta tecnología de hoy en día.

CALCULADORAS DE GRÁFICAS

Hay varias maneras en que se integran las calculadoras gráficas en este texto.

- **Introducción a las calculadoras de gráficas** En las páginas 2–3 te vas a familiarizar con los atributos básicos y las funciones de las calculadoras de gráficas.

- **Lecciones de tecnología gráfica** En la Lección 5–2A, vas a aprender a graficar puntos, usando una calculadora de gráficas.

- **Exploraciones con las calculadoras de gráficas** En la Lección 3–7 vas a aprender a utilizar una calculadora para encontrar la media y la mediana.

- **Programas de calculadoras de gráficas** El Ejercicio 39 de la Lección 3–5 incluye un programa de calculadora graficadora que puede emplearse para resolver ecuaciones de la forma $ax + b = cx + d$.

- **Ejercicios para calculadora graficadora** Muchos ejercicios están diseñados para ser resueltos usando una calculadora de gráficas. Observa, por ejemplo, los Ejercicios 40–42, de la Lección 7–8.

SOFTWARE PARA COMPUTADORAS

- **Hojas de cálculo** En la página 297, de la Lección 5–6 se usa una hoja de cálculo que te ayuda a escribir una ecuación, la cual hace de modelo para una relación.

- **Programas de BASIC** El programa de la página 8 en la lección 1–1 está diseñado para evaluar expresiones.

- **Software para graficar** La *Exploración* del software para graficar de la página 469, en la Lección 8–3, involucra cómo graficar y resolver sistemas de ecuaciones lineales.

Las **Sugerencias tecnológicas,** como esta de la página 216 en la lección 4–4, están diseñadas para ayudarte a usar más eficientemente la tecnología a través de sugerencias prácticas e indicaciones.

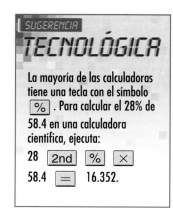

La mayoría de las calculadoras tiene una tecla con el símbolo %. Para calcular el 28% de 58.4 en una calculadora científica, ejecuta:

28 [2nd] [%] [×]
58.4 [=] 16.352.

SÍMBOLOS Y MEDIDAS

Símbolos

$=$	es igual a	%	porcentaje
$\neq$	no es igual a	$0.1\overline{2}$	el decimal 0.12222...
$>$	es mayor que	°	grado
$<$	es menor que	$f(x)$	f de x, el valor de f en x
$\geq$	es mayor que o igual a	(a, b)	el par ordenado a, b
$\leq$	es menor que o igual a	$\overline{AB}$	el segmento de recta $\overline{AB}$
$\approx$	es aproximadamente igual a	$\overparen{AB}$	el arco AB
$\sim$	es similar a	$\overrightarrow{AB}$	el rayo AB
$\times$ ó $\cdot$	por	$\overleftrightarrow{AB}$	la recta AB
$\div$	dividido entre	AB	la medida de $\overline{AB}$
$-$	negativo o menos	$\angle$	ángulo
$+$	positivo o más	Δ	triángulo
$\pm$	positivo o negativo	$\cos A$	coseno de A
$-a$	opuesto o inverso aditivo de a	$\sin A$	seno de A
$\lvert a \rvert$	valor absoluto de a	$\tan A$	tangente de A
$a \overset{?}{=} b$	¿Es a igual a b?	( )	paréntesis; *también* usados para pares ordenados
$a : b$	razón de a a b	[ ]	corchetes; *también* usados para matrices
$\sqrt{a}$	raíz cuadrada de a		
$P(A)$	probabilidad de A	{ }	paréntesis de llave; *también* usados para conjuntos
O	origen		
π	pi	$\varnothing$	conjunto vacío

Medidas

mm	milímetro	pulg.	pulgada
cm	centímetro	pie	pie
m	metro	yd	yarda
km	kilómetro	pulg^2	pulgada cuadrada
g	gramo	s	segundo
kg	kilogramo	min	minuto
mL	mililitro	h	hora
L	litro		

FAMILIARÍZATE CON LA CALCULADORA GRAFICADORA

¿Qué es?
¿Qué hace?
¿Cómo me ayudará a aprender matemáticas?

Estas son algunas de las preguntas que muchos estudiantes se hacen cuando ven por primera vez una calculadora de gráficas. Algunos estudiantes pueden pensar, "¡Oh, no! ¿*Tenemos* que usar una?", mientras que otros pueden pensar, "¡Qué bien! ¡Vamos a usar estas increíbles calculadoras!" Hay tantos pensamientos y sentimientos sobre las calculadoras de gráficas como hay estudiantes, pero una cosa es segura: una calculadora de gráficas *te puede* ayudar a aprender matemáticas.

Bueno, ¿qué es una calculadora de gráficas? Es simplemente una calculadora que traza gráficas. Esto quiere decir que hace todas las cosas que hace una calculadora "normal", *más* el trazado de gráficas de ecuaciones simples o complejas. En álgebra, es bueno tener esta facilidad porque uno se demora demasiado en trazar a mano las gráficas de algunas ecuaciones complejas. Incluso se considera que es imposible trazar algunas de ellas a mano. Y es aquí donde una calculadora de gráficas puede ser muy útil.

Pero una calculadora de gráficas puede hacer más que calcular y trazar gráficas. Puedes programarla, trabajar con matrices y hacer gráficas de estadísticas y cálculos, entre otras cosas. Si necesitas generar números aleatorios, esa tarea la puedes hacer en una calculadora de gráficas. También puedes hallar el valor absoluto de números. Es en realidad una herramienta muy poderosa——tan poderosa que a veces recibe el nombre de computadora de bolsillo. Pero no dejes que estas cosas te asusten. Una calculadora de gráficas puede ahorrarte tiempo y hacer que las matemáticas sean más fáciles.

Como ya debes haberte dado cuenta, las calculadoras de gráficas tienen teclas que otras calculadoras no tienen. En este texto se usará la Texas Instruments TI-82. Las teclas ubicadas en la mitad inferior pueden serte familiares, ya que son las teclas que aparecen en todas las calculadoras científicas básicas. Las teclas ubicadas inmediatamente debajo de la pantalla son las teclas de graficar. También puedes ver que hay teclas de flecha: arriba, abajo, izquierda y derecha. Estas te permiten mover el cursor y "recorrer" las gráficas que ya han sido dibujadas. Las teclas ubicadas en la mitad superior de la calculadora permiten el acceso a funciones especiales, tales como cálculos estadísticos y matriciales.

Hay teclas que pueden ahorrarte tiempo cuando uses la calculadora de gráficas. Algunas de ellas se presentan a continuación.

- Cualquier comando pintado de azul y escrito encima de las teclas de la calculadora es accesible mediante la tecla 2nd , que también es azul. Asimismo los caracteres grises encima de las teclas son accesibles mediante la tecla ALPHA , que es también gris.

- 2nd ENTRY copia el cálculo previo de modo que puedas editarlo y usarlo nuevamente.

- Oprimiendo ON cuando la calculadora está graficando, impide que la calculadora termine la gráfica.

- 2nd QUIT te regresa a la pantalla (o texto) original.

- 2nd A-LOCK fija la tecla ALPHA , lo que equivale a oprimir "shift lock" o "caps lock" en una máquina de escribir o en una computadora. El resultado es que todas las letras aparecen en mayúscula, sin tener que mantener presionada la tecla shift. (Esto es útil cuando se programa.)

- 2nd OFF apaga la calculadora.

Algunas funciones de uso común se muestran en la siguiente tabla. Como con todas las calculadoras científicas, la calculadora de gráficas respeta el orden de las operaciones.

Operación matemática	Ejemplos	Teclas	La pantalla muestra
evaluar expresiones	Calcula $2 + 5$.	2 + 5 ENTER	2+5 7
exponentes	Calcula 3^5.	3 ∧ 5 ENTER	3^5 243
multiplicación	Evalúa $3(9.1 + 0.8)$.	3 × (9.1 + .8) ENTER	3(9.1+.8) 29.7
raíces	Calcula $\sqrt{14}$.	2nd √ 14 ENTER	√14 3.741657387
opuestos	Entra -3.	(−) 3	−3

Cómo graficar con la TI-82

Antes de graficar, debemos darle instrucciones a la calculadora sobre cómo fijar los ejes del plano de coordenadas. Para hacer esto, definimos una **pantalla de visión.** La pantalla de visión de una gráfica es una parte del cuadriculado de coordenadas que se muestra en la **pantalla gráfica** de la calculadora. La pantalla de visión se escribe como [izquierda, derecha] por [parte inferior, parte superior] o [Xmin, Xmax] por [Ymin, Ymax]. La pantalla de visión $[-10, 10]$ por $[-10, 10]$ recibe el nombre de **pantalla de visión estándar** y es una buena pantalla de visión para comenzar a graficar una ecuación. La pantalla de visión estándar puede obtenerse fácilmente oprimiendo ZOOM 6. Inténtalo tú mismo. Mueve las teclas de flecha de manera que veas qué está sucediendo. Estás viendo una parte del plano de coordenadas que incluye la región de −10 a 10 en el eje de *x* y de −10 a 10 en el eje *y.* Mueve el cursor para que veas las coordenadas de los puntos en los que este descansa.

Cualquier pantalla de visión se puede fijar manualmente oprimiendo la tecla WINDOW. Aparece entonces la pantalla exhibiendo los parámetros actuales de la pantalla de visión. Oprime primero ENTER. Luego, puedes usar las teclas de flecha y ENTER, mueve el cursor para así editar los parámetros de la pantalla. Xscl y Yscl se refieren a la escala del eje *x* y del eje *y,* respectivamente. Este es el número de marcas de contraseña que se colocan en los ejes. Xscl = 1 significa que hay una marca de contraseña por cada unidad, a lo largo del eje *x.* La pantalla de visión estándar aparece entonces de la siguiente manera.

$$Xmin = -10 \qquad Ymin = -10$$
$$Xmax = 10 \qquad Ymax = 10$$
$$Xscl = 1 \qquad Yscl = 1$$

Hacer las gráficas de ecuaciones es tan sencillo como definir una pantalla de visión, entrando las ecuaciones en la lista Y= list y apretando GRAPH. Es a menudo importante ver lo más que se pueda de una gráfica para observar todas sus características importantes y entender su comportamiento. El término **gráfica completa** se refiere a la gráfica que muestra todas las características importantes de una gráfica, tales como las intersecciones axiales o los valores máximos y mínimos.

Ejemplo: Grafica $y = x - 14$ en la pantalla de visión estándar.

Ejecuta: Y= X,T,θ − 14 GRAPH

La gráfica de $y = x - 14$ es una recta que cruza el eje *x* en 14 y el eje *y* en −14. Las características importantes de la gráfica están graficadas fuera de la pantalla, así es que la gráfica no está completa.

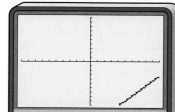

Solo vemos una parte de la gráfica. ¿Por qué?

La gráfica de $y = x - 14$ es una recta que cruza el eje *x* en 14 y el eje *y* en −14. La gráfica no está completa pues sus características importantes se encuentran *fuera* de la pantalla. De modo que una mejor pantalla de visión para esta gráfica sería $[-20, 20]$ por $[-20, 20]$ la cual incluye ambas intersecciones axiales. Esta se considera una gráfica completa.

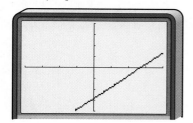

Cómo programar con la TI-82

La TI-82 tiene capacidades programadoras que nos permiten escribir y ejecutar una serie de comandos para llevar a cabo tareas que pueden ser demasiado complejas o difíciles de realizar de otra manera. Cada programa tiene un nombre. Los comandos empiezan con dos puntos (:) seguidos de una expresión o instrucción. Casi todas las funciones de la calculadora son accesibles desde la modalidad de programación.

Cuando oprimes PRGM, vas a ver tres menús: EXEC, EDIT y NEW. EXEC te permite ejecutar un programa, ya guardado en la memoria, escogiendo el nombre del programa del menú. EDIT te permite editar o cambiar un programa ya existente y NEW te permite crear un nuevo programa. Para hacer una pausa durante la ejecución de un programa, oprime ON. El siguiente ejemplo muestra cómo crear y ejecutar un programa que almacena una expresión como Y y la evalúa para valores designados de X.

1. Ejecuta PRGM ▶ ▶ ENTER para crear un programa.

2. Oprime EVAL ENTER para darle un nombre al programa. (Asegúrate de que las mayúsculas estén fijas.) Ahora estás en el editor de programas, el cual te permite entrar comandos. Los dos puntos (:) en la primera columna de la línea indica el principio de la línea de comandos.

3. Las primeras líneas de comandos le pedirán al usuario que designe un valor de *x.* Ejecuta PRGM ▶ 3 2nd A-LOCK " ENTER THE VALUE FOR X " ALPHA ENTER PRGM ▶ 1 X,T,θ ENTER.

4. La expresión que va a ser evaluada para el valor de *x* es $x - 7$. Para guardar esta expresión como Y, ejecuta X,T,θ − 7 STO▶ ALPHA Y ENTER.

5. Finalmente, queremos mostrar el valor de la expresión. Ejecuta PRGM ▶ 3 ALPHA Y ENTER.

6. Ahora oprime 2nd QUIT para regresar a la pantalla original.

7. Para ejecutar el programa, ejecuta PRGM ENTER. El programa pide un valor de x. Entrarás cualquier valor para el cual la expresión esté definida y oprimirás ENTER, Para ejecutar nuevamente el programa de inmediato, simplemente oprime ENTER cuando el mensaje Done aparezca en la pantalla.

Aunque una calculadora de gráficas no puede hacerlo todo, puede facilitar algunas cosas. Para prepararte para lo que venga, debes tratar de aprender lo más que puedas. El futuro involucrará definitivamente la tecnología y el uso de una calculadora de gráficas es una buena manera de empezar a familiarizarte con la tecnología. ¿Quién sabe? ¡Quizás algún día diseñes un satélite, construyas un rascacielos o ayudes a los estudiantes a aprender matemáticas con la ayuda de una calculadora de gráficas!

Cómo explorar expresiones, ecuaciones y funciones

Objetivos

En este capítulo, podrás:

- traducir expresiones verbales a expresiones matemáticas,
- resolver problemas mediante la búsqueda de un patrón,
- usar propiedades matemáticas para evaluar expresiones,
- resolver enunciados abiertos y
- usar e interpretar gráficas de tallo y hojas, tablas, gráficas y funciones.

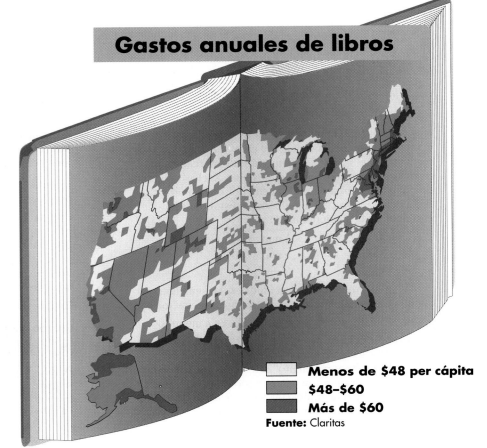

Gastos anuales de libros

	Menos de $48 per cápita
	$48–$60
	Más de $60

Fuente: Claritas

Los libros y la industria de la publicación de libros son una parte importante de nuestra economía. ¿Te gusta expresarte? ¿Compartes tus pensamientos escribiendo poemas o cuentos cortos? ¿Te gustaría algún día ganarte la vida escribiendo?

Línea cronológica

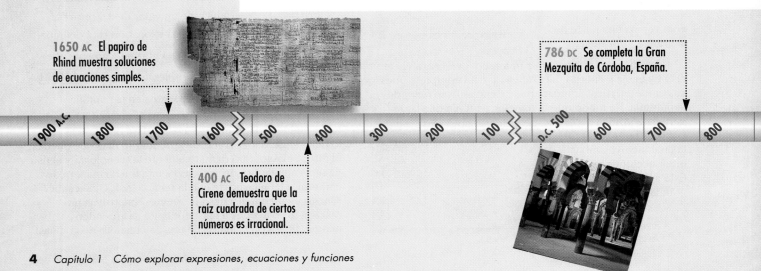

1650 AC El papiro de Rhind muestra soluciones de ecuaciones simples.

786 DC Se completa la Gran Mezquita de Córdoba, España.

1900 A.C. 1800 1700 1600 500 400 300 200 100 D.C. 500 600 700 800

400 AC Teodoro de Cirene demuestra que la raíz cuadrada de ciertos números es irracional.

LA GENTE HACE NOTICIAS

Proyecto del capítulo

Selecciona a un poeta y lee 10 de sus poemas.

- Describe algunos patrones que veas en estos poemas.

- Cuenta el número de palabras en cada poema. Haz una gráfica de tallo y hoja del número de palabras en los poemas. ¿Te parece que el poeta escribe poemas con casi el mismo número de palabras? ¿Hay algún poema, o más de un poema, que sea excepcionalmente largo o corto para este poeta?

- Haz una gráfica que muestre una representación de uno de los poemas. Escribe un párrafo que describa la relación entre la gráfica y el poema.

Cuando **Wendy Isdell** cursaba la clase de álgebra I del octavo año, se le ocurrió una idea para un cuento corto. Más tarde escribió y terminó un primer esbozo. Al año siguiente envió la historia ya terminada al Concurso de Autores Jóvenes de Virginia, ganando el primer premio de dicha competencia. Wendy también envió su historia a la editorial Free Spirit de Minneapolis y su libro *Una Gebra llamada Al* se publicó durante su último año de secundaria.

Los cursos de álgebra 1 y 2, geometría, trigonometría, química, ciencias terrestres y ciencias físicas le proporcionaron a Wendy la fuente de información para su libro. Espera ganarse la vida como escritora profesional.

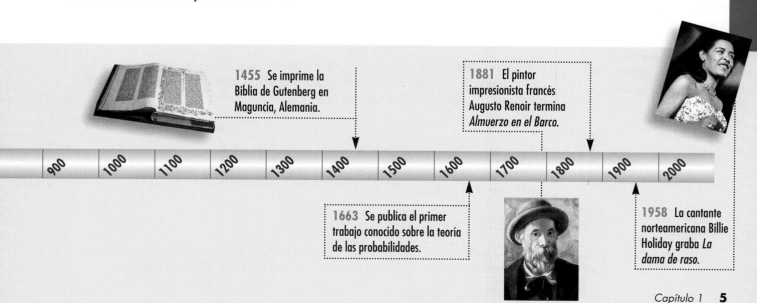

1455 Se imprime la Biblia de Gutenberg en Maguncia, Alemania.

1881 El pintor impresionista francés Augusto Renoir termina *Almuerzo en el Barco.*

1663 Se publica el primer trabajo conocido sobre la teoría de las probabilidades.

1958 La cantante norteamericana Billie Holiday graba *La dama de raso.*

900 1000 1100 1200 1300 1400 1500 1600 1700 1800 1900 2000

Variables y expresiones

Lo que APRENDERÁS

- A traducir expresiones verbales en expresiones matemáticas y viceversa.

Por qué ES IMPORTANTE

Porque puedes usar expresiones para resolver problemas que tengan que ver con la salud, el reciclaje y la geometría.

10×5 y 10×15 son _expresiones numéricas._

APLICACIÓN
La salud

A mucha gente le encanta ir a la playa en el verano. Desafortunadamente, la radiación ultravioleta del sol causa cáncer de la piel y en los últimos años ha aumentado el número de casos de cáncer de la piel. Muchos adoradores del sol usan bloqueadores solares que los protegen del sol.

La escala del Coeficiente de Protección Solar (SPF) indica el máximo de tiempo que uno puede estar al sol sin quemarse usando bloqueadores. Digamos que puedes estar al sol sin pantalla bloqueadora por 10 minutos. Si te pones un bloqueador solar SPF 5, puedes estar al sol por 10 minutos × 5, o sea, 50 minutos, o un poco menos de una hora. Usa la tabla que aparece a continuación para que observes el patrón.

Sin bloqueador solar	Con bloqueador solar	
Minutos al sol sin quemarse	Número SPF	Minutos al sol sin quemarse
10	5	10×5
10	15	10×15
5	4	5×4
15	8	15×8
m	s	$m \times s$

Las letras m y s se llaman **variables** y $m \times s$ es una **expresión algebraica.** En álgebra, las variables son símbolos que se usan para representar números desconocidos. Cualquier letra puede usarse como variable. Escogimos m porque es la primera letra de la palabra "minutos" y s porque es la primera letra de las iniciales "SPF".

Una expresión algebraica consiste en uno o más números y variables junto con una o más operaciones aritméticas. A continuación se presentan algunos ejemplos de expresiones algebraicas.

$$x - 2 \qquad \frac{a}{b} + 3 \qquad t \times 2s \qquad 7mn \div 3k$$

En las expresiones algebraicas, se usa a menudo un punto elevado o paréntesis para indicar multiplicación. Estas son algunas formas de representar el producto de x y y.

$$xy \qquad x \cdot y \qquad x(y) \qquad (x)(y) \qquad (x)y \qquad x \times y$$

En cada una de estas expresiones de la multiplicación, las cantidades que se multiplican se llaman **factores** y el resultado se llama **producto.**

A menudo es necesario traducir expresiones verbales a expresiones algebraicas.

Expresión verbal	Expresión algebraica
7 menos que el producto de 3 y un número x	$3x - 7$
el producto de 7 y s dividido entre el producto de 8 y y	$7s \div 8y$
cuatro años más joven que Sara (S = edad de Sara)	$S - 4$
tan grande como la mitad de la multitud de anoche (m = tamaño de la multitud de anoche)	$\frac{c}{2}$

Ejemplo **Escribe una expresión algebraica para cada expresión verbal.**

a. tres por un número x sustraído de 24

$24 - 3x$

b. 5 más grande que la mitad de un número t

$\frac{t}{2} + 5$ ó $\frac{1}{2}t + 5$

Otra habilidad importante es traducir expresiones algebraicas a expresiones verbales.

Ejemplo **Escribe una expresión verbal para cada expresión algebraica.**

a. $(3 + b) \div y$

la suma de 3 y b dividida entre y

b. $5y + 10x$

el producto de 5 y y más el producto de 10 y x

Una expresión como x^n se llama **potencia.** La variable x se llama **base** y la n se llama **exponente.** El exponente indica el número de veces que se usa la base como factor.

x^2 quiere decir $x \cdot x$. $\qquad$ 12^4 quiere decir $12 \cdot 12 \cdot 12 \cdot 12$.

En símbolos	En palabras	Significado
5^1	5 a la primera potencia	5
5^2	5 a la segunda potencia ó 5 al cuadrado	$5 \cdot 5$
5^3	5 a la tercera potencia ó 5 al cubo	$5 \cdot 5 \cdot 5$
5^4	5 a la cuarta potencia	$5 \cdot 5 \cdot 5 \cdot 5$
$3a^5$	tres por a a la quinta potencia	$3 \cdot a \cdot a \cdot a \cdot a \cdot a$
x^n	x a la *enésima* potencia	$\underbrace{x \cdot x \cdot x \cdot \ldots \cdot x}_{n \text{ factores}}$
	Una expresión de la forma x^n se lee como "x a la enésima potencia."	

Geometría

Ejemplo ❸ **Escribe una potencia que represente el número de cuadrados pequeños contenidos en el cuadrado más grande.**

Hay 8 cuadrados en cada lado.

El número total de cuadrados es $8^2 = 8 \cdot 8$ ó 64.

Puedes usar la tecla x^2 de la calculadora para hallar el cuadrado de un número.

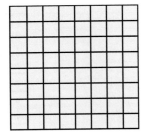

Ejecuta: 8 $\boxed{x^2}$ 64

Evaluar una expresión significa hallar su valor.

Ejemplo ❹ **Evalúa 3^4.**

$$3^4 = 3 \cdot 3 \cdot 3 \cdot 3$$

$$= 81$$

Puedes usar la tecla $\boxed{y^x}$ de la calculadora para elevar un número a una potencia.

Ejecuta: 3 $\boxed{y^x}$ 4 $\boxed{=}$ 81

EXPLORACIÓN
PROGRAMACIÓN

BASIC es un lenguaje de programación. Los símbolos que se utilizan en BASIC son similares a los que se usan en álgebra.

+ significa sumar.

− significa restar.

* significa multiplicar.

/ significa dividir.

↑ significa exponente.

Las variables numéricas se representan en BASIC mediante letras mayúsculas. El programa de la derecha puede usarse para sumar, restar, multiplicar, dividir y hallar potencias.

```
10 INPUT A,B
20 PRINT "A + B ="; A + B
30 PRINT "A − B ="; A − B
40 PRINT "A * B ="; A * B
50 PRINT "A / B ="; A / B
60 PRINT "A ↑ B ="; A ↑ B
```

Ahora te toca a ti

a. Sea $a = 10$ y $b = 3$. Usa el programa para hallar $10 + 3$, $10 − 3$. 10×3, $10 \div 3$ y 10^3.

b. Sea $a = 9$ y $b = 3$. Usa el programa para hallar $9 + 3$, $9 − 3$, 9×3, $9 \div 3$ y 9^3.

c. Sea $a = 5.2$ y $b = 2$. Usa el programa para hallar $5.2 + 2$, $5.2 − 2$, 5.2×2, $5.2 \div 2$ y 5.2^2.

Comunicación en matemáticas

Estudia la lección. Luego, completa lo siguiente.

1. **Describe** cómo calcularías el tiempo que puedes asolearte usando un bloqueador solar de coeficiente SPF 20 si puedes estar al sol sin quemarte por 15 minutos.

2. ¿Puedes hallar el volumen de un cubo si solo conoces la longitud de un lado, *s*? ¿Cómo?

3. **Describe** qué significa x^7.

4. **Explica** la diferencia entre expresiones numéricas y expresiones algebraicas.

5. **Tú decides.**   Darcy y Tonya están estudiando para un examen. Darcy dice: "el cuadrado de un número es siempre mayor que el número." Tonya no está de acuerdo. ¿Quién tiene la razón? Explica tu respuesta.

Práctica dirigida

Escribe una expresión algebraica para cada expresión verbal.

6. el producto de la cuarta potencia de *a* y la segunda potencia de *b*

7. seis menos que tres por el cuadrado de *y*

Escribe una expresión verbal para cada expresión algebraica.

8. 7^5

9. $3x^2 + 4$

Escribe cada expresión como una expresión con exponentes.

10. $4 \cdot 4 \cdot 4$

11. $a \cdot a \cdot a \cdot a \cdot a \cdot a \cdot a$

Evalúa cada expresión.

12. 6^2

13. 2^5

14. **Geometría**   El área de un círculo puede hallarse multiplicando el número π por el cuadrado del radio. Si el radio del círculo es *r*, escribe una expresión que represente el área del círculo.

EJERCICIOS

Práctica

Escribe una expresión algebraica para cada expresión verbal.

15. la suma de *k* y 20

16. el producto de 16 y *p*

17. *a* a la séptima potencia

18. 49 aumentado por el doble de un número

19. dos tercios del cuadrado de un número

20. el producto de 5 y *m* más la mitad de *n*

21. 8 libras más de peso que su hermano (*h* = peso del hermano)

22. 3 veces tantas victorias como la temporada anterior (*v* = victorias de la temporada anterior)

Escribe una expresión verbal para cada expresión algebraica.

23. $4m^5$

24. $\frac{x^2}{2}$

25. $c^2 + 23$

26. $\frac{1}{2}n^3$

27. $2(4)(5)^2$

28. $3x^2 - 2x$

Escribe cada expresión como una expresión con exponentes.

29. $8 \cdot 8$

30. $10 \cdot 10 \cdot 10 \cdot 10 \cdot 10$

31. $4 \cdot 4 \cdot 4 \cdot 4 \cdot 4 \cdot 4 \cdot 4$

32. $t \cdot t \cdot t$

33. $z \cdot z \cdot z \cdot z \cdot z$

34. $d \cdot d \cdot d \cdot d \cdot d \cdot d \cdot d \cdot d \cdot d$

Evalúa cada expresión.

35. 7^2

36. 9^2

37. 4^3

38. 5^3

39. 2^4

40. 3^5

Escribe una expresión algebraica para cada expresión verbal.

41. tres veces la diferencia de 55 y el cubo de w

42. cuatro veces la suma de r y s aumentada por dos veces la diferencia de r y s

43. la suma de a y b aumentada por el cuociente de a y b

44. el perímetro de un cuadrado si la longitud de un lado es s

45. la cantidad de dinero en la cuenta de ahorros de Karen si tiene y dólares y deposita x dólares por semana durante 10 semanas

46. Geometría Escribe una expresión que represente el número total de cubos pequeños contenidos en el cubo que se muestra a la derecha. Después, evalúa la expresión.

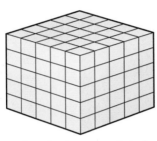

Piensa críticamente

47. Evalúa 4^2 y 2^4.

    a. ¿Qué observas? Basándote en este ejemplo, ¿puedes decir que existe la misma relación entre 2^5 y 5^2? ¿Y qué sucede entre 3^4 y 4^3?

    b. En general, ¿crees que $a^b = b^a$ para números enteros positivos a y b? Justifica tu respuesta.

Aplicaciones y solución de problemas

48. De niñero(a) Según la revista *Smart Money*, en la ciudad de Nueva York el niñero adolescente promedio gana $7 por hora durante la noche del sábado. En Atlanta, solo gana $3 por hora.

    a. Escribe una expresión que represente la cantidad de dinero que el niñero adolescente promedio gana en Nueva York al trabajar x horas durante un sábado por la noche.

    b. Escribe una expresión que represente la cantidad de dinero que el niñero adolescente promedio gana en Atlanta al trabajar x horas durante un sábado por la noche.

    c. Escribe una expresión que represente la diferencia entre lo que gana un niñero adolescente en Nueva York y lo que gana uno en Atlanta al trabajar x horas durante un sábado por la noche.

49. Reciclaje La alarmante cantidad de basura producida por nuestra sociedad requiere que todos colaboremos en el reciclaje. Según la revista *Vitality,* cada persona en los Estados Unidos produce un promedio de 3.5 libras de basura al día.

   a. Escribe una expresión que represente las libras de basura producida en un día por una familia de x personas.

   b. Escribe una expresión que represente las libras de basura producida en un día por una familia de y personas.

   c. Escribe una expresión que represente las libras de basura producida en un día por las dos familias en a y b.

50. Geometría El área de la superficie de un prisma rectangular es la suma del producto del doble del largo ℓ y el ancho a y el producto del doble del largo y la altura h y el producto del doble del ancho y la altura. Escribe una expresión que represente el área de superficie de este tipo de prisma.

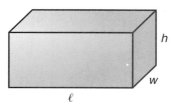

Matemática y SOCIEDAD

Olimpiada matemática internacional

El siguiente extracto apareció en un artículo de la revista *Time* del 1º de agosto de 1994.

SI ESTADOS UNIDOS ENVÍA A SEIS adolescentes a la olimpiada matemática internacional en Hong Kong, en la que una calificación individual de 42 se considera perfecta y si juntos obtienen una calificación de 252, ¿tiene el país motivos para celebrar? Si no puedes responder esto es que necesitas desesperadamente un curso de recuperación de aritmética (o quizás pilas nuevas en tu calculadora). Los miembros del equipo de E.E.U.U., todos estudiantes de escuelas públicas secundarias, empezaron compitiendo contra 350,000 de sus iguales en el Examen de Matemáticas para Escuelas Secundarias Norteamericanas, sacaron notas sobresalientes en dos difíciles exámenes y se prepararon durante un mes en la Academia Naval Norteamericana. Solo entonces tomaron el avión y se convirtieron en el primer equipo en los 35 años de historia de la olimpiada matemática en obtener calificaciones perfectas en todo, sobrepasando a 68 países para ganar la competencia..."¡Se lucieron! sugiere el orgulloso entrenador norteamericano Walter Mientka, profesor de matemáticas de la Universidad de Nebraska en Lincoln. ■

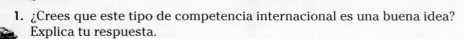

1. ¿Crees que este tipo de competencia internacional es una buena idea? Explica tu respuesta.

2. ¿Te gustaría representar a tu país en esta competencia? Explica tu respuesta.

3. ¿Qué opinas de los cursos de matemáticas que has tomado en el colegio? ¿Qué factores han influido en tu opinión?

Patrones y sucesiones

Lo que APRENDERÁS

- A extender sucesiones.

Por qué ES IMPORTANTE

Porque puedes usar patrones para extender sucesiones y resolver problemas.

APLICACIÓN
Artesanías

La foto de la derecha muestra a una mujer Hopi terminando un canasto. Los canastos son importantes en la cultura Hopi porque pueden servir propósitos funcionales o espirituales. Observando la parte interior del canasto podemos ver un patrón. Siguiendo este patrón en el sentido de las manecillas del reloj, ¿qué colores esperas encontrar en la primera forma de diamante que no se ve en la foto?

Ejemplo **1** **Estudia el patrón que aparece a continuación.**

CONEXIONES GLOBALES

Muchos indios norteamericanos ejecutan juegos tradicionales que se han transmitido de generación en generación. En uno de tales juegos, unos marcadores hechos de hueso, cerámica o conchas se marcan y se depositan en un pequeño canasto. El arreglo de los marcadores es la base para determinar el puntaje. Cinco o seis de un mismo tipo ganan.

1   2   3   4   5   6

a. Dibuja las tres próximas figuras en el patrón.
b. Dibuja el 35º cuadrado del patrón.

a. El patrón consiste en cuadrados con una esquina sombreada. La esquina sombreada se rota en el sentido de las manecillas del reloj. Las tres próximas figuras aparecen dibujadas a continuación.

7   8   9

Puedes hallar un patrón distinto. Por ejemplo, el séptimo cuadrado puede ser el mismo que el quinto cuadrado, el octavo cuadrado puede ser el mismo que el cuarto cuadrado y el noveno cuadrado puede ser el mismo que el tercer cuadrado.

b. El patrón se repite después de cada cuatro diseños. Como 32 es el mayor número menor que 35 y que es divisible entre 4, el 33er cuadrado es igual que el primer cuadrado.

33   34   35

El 35º cuadrado tiene su esquina superior derecha sombreada.

Los números 2, 4, 6, 8, 10 y 12 forman un patrón llamado **sucesión.** Una sucesión es un conjunto de números en un orden específico. Los números de una sucesión se llaman **términos.**

Ejemplo **Halla los tres siguientes términos en cada sucesión.**

a. 7, 13, 19, 25, . . .

Estudia el patrón de la sucesión.

7,　13,　19,　25,...

$+6$　$+6$　$+6$

Cada término es 6 más que el término anterior.

$25 + 6 = 31$

$31 + 6 = 37$

$37 + 6 = 43$

Los tres próximos términos son 31, 37 y 43.

b. 243, 81, 27, 9, . . .

Estudia el patrón de la sucesión.

243,　81,　27,　9,...

$\times \frac{1}{3}$　$\times \frac{1}{3}$　$\times \frac{1}{3}$

Cada término es $\frac{1}{3}$ del término anterior.

$9 \times \frac{1}{3} = 3$

$3 \times \frac{1}{3} = 1$

$1 \times \frac{1}{3} = \frac{1}{3}$

Los tres próximos términos son 3, 1 y $\frac{1}{3}$.

Una de las estrategias más usadas para resolver problemas es la **búsqueda de un patrón.** Cuando uses esta estrategia necesitas a menudo hacer una tabla para organizar la información.

Ejemplo **¿Cuál es el número de diagonales de un polígono de 10 lados?**

Puede ser difícil dibujar un polígono de 10 lados y todas sus diagonales. Otra manera de resolver este problema es estudiar el número de diagonales de polígonos con menos lados y entonces descubrir un patrón.

triángulo
3 lados
0 diagonales

cuadrilátero
4 lados
2 diagonales

pentágono
5 lados
5 diagonales

hexágono
6 lados
9 diagonales

(continúa en la página siguiente)

Lección 1–2 Patrones y sucesiones **13**

Usa una tabla para observar el patrón.

Número de lados	3	4	5	6	7	8	9	10
Número de diagonales	0	2	5	9	?	?	?	?

+ 2   + 3   + 4

Usa el patrón para completar la tabla.

Número de lados	3	4	5	6	7	8	9	10
Número de diagonales	0	2	5	9	14	20	27	35

+ 2   + 3   + 4   + 5   + 6   + 7   + 8

Un polígono de 10 lados tiene 35 diagonales.

Hallar patrones es importante, pero no siempre garantiza la respuesta correcta. Podrías verificar la respuesta dibujando un polígono de 10 lados y sus diagonales.

A veces, un patrón puede conducir a una regla general que puede escribirse como una expresión algebraica.

Ejemplo **Estudia el siguiente patrón. Escribe una expresión algebraica para el perímetro del patrón que consiste en *n* trapecios.**

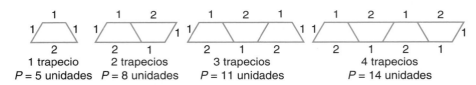

1 trapecio   2 trapecios   3 trapecios   4 trapecios
P = 5 unidades   P = 8 unidades   P = 11 unidades   P = 14 unidades

Usa una tabla para descubrir el patrón.

Número de trapecios	1	2	3	4	5	6	n
Perímetro	5	8	11	14	?	?	?

+ 3   + 3   + 3

Observa que cada trapecio añade 3 unidades al perímetro.

Para 1 trapecio, el perímetro debería ser $3 \cdot 1 + 2$, ó 5 unidades.
Para 2 trapecios, el perímetro debería ser $3 \cdot 2 + 2$, ó 8 unidades.
Para 3 trapecios, el perímetro es $3 \cdot 3 + 2$, ó 11 unidades.
Para 4 trapecios, el perímetro es $3 \cdot 4 + 2$, ó 14 unidades.

Extiende este patrón.

Para 5 trapecios, el perímetro debería ser $3 \cdot 5 + 2$, ó 17 unidades.
Para 6 trapecios, el perímetro debería ser $3 \cdot 6 + 2$, ó 20 unidades.
Para *n* trapecios, el perímetro debería ser $3 \cdot n + 2$, ó $3n + 2$ unidades.

La expresión algebraica $3n + 2$ representa el perímetro de este patrón con *n* trapecios.

LOS MODELOS Y LAS MATEMÁTICAS

En busca de patrones

Materiales: cuerda ✂ tijeras

Si usas un par de tijeras para cortar un pedazo de cuerda de la manera normal, tendrás 2 pedazos de cuerda. ¿Qué sucede si doblas la cuerda alrededor de uno de los extremos cortantes de la tijera y cortas?

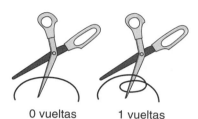

0 vueltas   1 vueltas

Ahora te toca a ti

a. Dobla un pedazo de cuerda una vez alrededor de las tijeras como se muestra arriba. Corta la cuerda. ¿Cuántos pedazos obtienes?

b. Dobla la cuerda dos veces y corta. ¿Cuántos pedazos obtienes?

c. Continúa doblando la cuerda y cortando hasta que veas un patrón. Describe el patrón y escribe la sucesión.

d. ¿Cuántos pedazos obtienes si haces 20 dobleces?

e. Ahora ata los extremos de la cuerda antes de que la dobles alrededor de las tijeras. Investiga y determina cuántos pedazos obtendrías si hicieras 10 dobleces con esta cuerda.

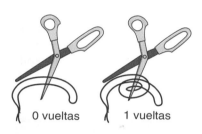

0 vueltas   1 vueltas

COMPRUEBA LO QUE APRENDISTE

Comunicación en matemáticas

Estudia la lección. Luego, completa lo siguiente.

1. **Explica** cómo puede ayudar a resolver problemas la búsqueda de patrones.

2. **Escribe** una sucesión que tenga 22 como su cuarto término.

3. **Tú decides.** Chi-Yo estudia la sucesión 1, 2 y 4. Ella se da cuenta que el segundo número es 1 más que el primero y que el tercer número es 2 más que el segundo. De esta forma concluye que el próximo número de la sucesión es 4 + 3 ó 7. Alonso no está de acuerdo. Él observa que cada número es el doble del número anterior y dice que el próximo número de la sucesión es 8. ¿Quién tiene razón? Explica.

 LOS MODELOS Y LAS MATEMÁTICAS

4. Refiérete a la actividad anterior *Los modelos y las matemáticas.* Supongamos que los extremos de la cuerda *no* están atados.

   a. La cuerda se dobla 50 veces alrededor de las tijeras y se corta. ¿Cuántos pedazos obtienes?

   b. La cuerda se dobla *y* veces alrededor de las tijeras y se corta. ¿Cuántos pedazos obtienes?

Práctica dirigida

Escribe los dos siguientes términos de cada patrón.

5.

6. 85, 76, 67, 58,...

7. $1x + 1, 2x + 1, 3x + 1, 4x + 1,...$

8. Considera el siguiente patrón.

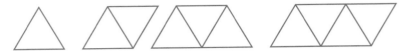

   a. Supongamos que el largo de cada lado de los triángulos es 1 unidad. ¿Cuál es el perímetro de cada figura del patrón?

   b. Dibuja la próxima figura del patrón. ¿Cuál es el perímetro de esta figura?

   c. ¿Cuál es el perímetro de la décima figura de este patrón?

   d. ¿Cuál es el perímetro de la *ené*sima figura de este patrón?

9. a. Copia y completa la siguiente tabla.

4^1	4^2	4^3	4^4	4^5
4	16			

   b. Si encontraste el valor de 4^6, ¿qué número crees se encontrará en el lugar de las unidades? Comprueba tu conjetura.

   c. Encuentra el número en el lugar de las unidades del valor de 4^{225}. Explica tu razonamiento.

EJERCICIOS

Práctica   **Encuentra los dos próximos términos de cada patrón.**

10.

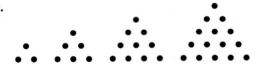

11.

12.

13. 3, 6, 12, 24, ...   **14.** 4, 5.5, 7, 8.5, ...

15. 1, 4, 9, 16, ...   **16.** 9, 7, 10, 8, 11, 9, 12, ...

17. $a + 1, a + 3, a + 5, ...$ **18.** $x - 1y, x - 2y, x - 3y, ...$

19. a. Dibuja las tres próximas figuras del siguiente patrón.

   b. ¿De qué color es la 38ª figura? Explica tu razonamiento.

   c. ¿Cuántos lados tiene la 19ª figura? Explica tu razonamiento.

20. a. Copia y completa la siguiente tabla.

3^1	3^2	3^3	3^4	3^5	3^6
3	9				

b. Escribe la sucesión que representa los números en el lugar de las unidades.

c. ¿Cuáles son los seis próximos números de esta sucesión?

d. Encuentra el número en el lugar de las unidades del valor 3^{100}. Explica tu razonamiento.

21. a. Copia y halla cada suma.

$1 = 1$
$1 + 3 = ?$
$1 + 3 + 5 = ?$
$1 + 3 + 5 + 7 = ?$
$1 + 3 + 5 + 7 + 9 = ?$

b. A Pitágoras se le atribuye el descubrimiento de la suma de números impares consecutivos como los que se muestran en la parte a. ¿Qué descubrió?

c. ¿Cuál es la suma de los primeros 100 números impares?

d. ¿Cuál es la suma de los primeros x números impares?

22. Si y representa los números 1, 2, 3, 4, ..., entonces la expresión algebraica $2y$ representa los términos de una sucesión. Para hallar el primer término de esta sucesión, reemplaza y con 1 y halla $2 \cdot 1$.

a. ¿Cómo podrías hallar el segundo término de esta sucesión?

b. Escribe los primeros diez términos de esta sucesión.

c. Describe los términos de esta sucesión.

23. a. Usa una calculadora para hallar cada producto.

i. $999,999 \times 2$
ii. $999,999 \times 3$
iii. $999,999 \times 4$
iv. $999,999 \times 5$

b. Sin usar una calculadora, halla el producto de 999,999 y 9.

24. a. Copia y completa la siguiente tabla.

10^1	10^2	10^3	10^4	10^5
10	100			

b. Usa el patrón para hallar el valor de 10^0.

25. Si n representa los números 1, 2, 3, 4, ..., entonces la expresión algebraica $3n + 1$ representa los términos de una sucesión. Escribe los primeros cinco términos de esta sucesión.

Piensa críticamente

26. Una sucesión especial se llama los *números de Fibonacci*. Se llama así pues Leonardo Fibonacci de Italia la introdujo en el año 1201. Esta sucesión es interesante porque los números de la sucesión aparecen a menudo en la naturaleza. A continuación, se enumeran los primeros seis términos de la sucesión. Halla los próximos seis números de la sucesión 1, 1, 2, 3, 5, 8, ...

Aplicaciones y solución de problemas

27. Transporte Olga tiene una parte del horario de autobuses. Quiere tomar el autobús que va al centro comercial, pero no puede irse sino hasta después de la 1:00 P.M. ¿Cuándo es lo más temprano que Olga puede tomar el autobús?

Horario de autobuses
Salidas
8:25 A.M.
9:13 A.M.
10:01 A.M.
10:49 A.M.

nivel superior

segundo nivel

tercer nivel

28. Ventas Paula necesita hacer una torre de tarros de sopa para un supermercado. Cada nivel de la torre tendrá forma de rectángulo como se muestra a la izquierda. El largo y el ancho de cada nivel es uno menos que el nivel inferior.

a. ¿Cuántos tarros se necesitarán para el cuarto nivel?

b. ¿Cuál es el número total de tarros que se necesitan para una torre de 8 niveles?

29. Recreación El castillo de naipes a la derecha usó 26 naipes para construir cuatro pisos.

a. ¿Cuántos naipes se necesitan para construir un castillo similar de ocho pisos?

b. Propone otra manera de construir un castillo de naipes. Haz un dibujo que muestre cuatro pisos de tu castillo.

c. Escribe una sucesión que represente el número de naipes que se necesitan para construir 1, 2, 3 y 4 pisos de tu castillo.

d. ¿Cuántos naipes necesitarás para construir ocho pisos de tu castillo?

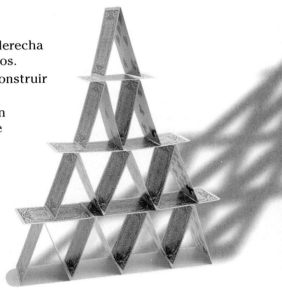

Repaso comprensivo

30. Escribe una expresión algebraica para *ocho menos que el cuadrado de q.* (Lección 1–1)

31. Escribe una expresión verbal para $\frac{x^3}{9}$. (Lección 1–1)

32. Escribe $m \cdot m \cdot m \cdot m \cdot m \cdot m \cdot m \cdot m \cdot m$ como una expresión algebraica con exponentes. (Lección 1–1)

33. Geometría Escribe una expresión que represente el número total de cubitos en el cubo de la derecha. Evalúa la expresión. (Lección 1–1)

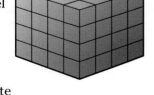

34. Escribe una expresión algebraica que represente el millaje del auto de Seth si este tiene inicialmente 20,000 millas y Seth maneja un promedio de *x* millas por mes durante dos años. (Lección 1–1)

35. Ciencia Cuando se congela, el agua aumenta su volumen en un undécimo. En otras palabras, el volumen del hielo es igual a la suma del volumen del agua y el producto de $\frac{1}{11}$ por el volumen del agua.

Supongamos que ponemos *x* pulgadas cúbicas de agua en el congelador. Escribe una expresión para el volumen de hielo que se formará. (Lección 1–1)

Orden de las operaciones

Lo que APRENDERÁS

- A usar el orden de las operaciones para evaluar expresiones con números reales.

Por qué ES IMPORTANTE

Porque puedes usar el orden de las operaciones para evaluar expresiones y resolver ecuaciones.

APLICACIÓN

Inversiones

Bobbie Jackson invierte dinero en acciones para pagar por la educación universitaria de su hijo. Compra una acción de Nike por $16. Ella también compra cinco acciones de Disney a $35 cada una. La expresión de más abajo representa la cantidad de dinero que Bobbie Jackson gasta en estas compras.

costo de una acción de Nike ⟶   ⟵ *costo de una acción de Disney*

$$16 + 5 \cdot 35$$

⟵ *número de acciones de Disney*

Las expresiones numéricas y algebraicas a menudo contienen más de una operación. Se necesita una regla que te indique cuáles operaciones se ejecutan primero. Esta regla se llama **orden de operaciones.**

Para hallar la cantidad total de dinero que Bobbie Jackson invierte, evalúa la expresión $16 + 5 \cdot 35$. ¿Cuál de los siguientes métodos es el correcto?

Método 1		**Método 2**	
$16 + 5 \cdot 35 = 16 + 175$	*Primero multiplica*	$16 + 5 \cdot 35 = 21 \cdot 35$	*Primero suma*
$= 191$	*y después suma.*	$= 735$	*y después multiplica.*

Las respuestas no son las mismas porque se empleó un orden diferente de operaciones en cada método. Dado que las expresiones numéricas deben tener un solo valor, se ha establecido el siguiente orden de operaciones.

Orden de operaciones	1. **Simplifica las expresiones dentro de símbolos de agrupamiento, tales como paréntesis, paréntesis cuadrados y paréntesis de llave y como lo indiquen las fracciones.** 2. **Evalúa todas las potencias.** 3. **Multiplica y divide de izquierda a derecha.** 4. **Suma y resta de izquierda a derecha.**

Basándote en el contexto del problema y en el orden de las operaciones, el método correcto es el 1. Por lo tanto, Bobbie Jackson invirtió $16 + 5 \cdot 35$ ó $191 en el mercado de valores.

Otras expresiones pueden evaluarse usando el orden de operaciones.

Ejemplo **Evalúa $5 \times 7 - 6 \div 2 + 3^2$.**

$$\text{Evalúa } 5 \times 7 - 6 \div 2 + 3^2 = 5 \times 7 - 6 \div 2 + 9 \qquad \textit{Evalúa } 3^2.$$
$$= 35 - 6 \div 2 + 9 \qquad \textit{Multiplica 5 por 7.}$$
$$= 35 - 3 + 9 \qquad \textit{Divide 6 entre 2.}$$
$$= 32 + 9 \qquad \textit{Resta 3 de 35.}$$
$$= 41 \qquad \textit{Suma 32 y 9.}$$

En matemáticas, los símbolos de agrupamiento tales como los paréntesis ( ), los paréntesis cuadrados [ ] y los paréntesis de llave { } se usan para aclarar o cambiar el orden de las operaciones. Estos indican que se debe evaluar primero la expresión dentro del símbolo de agrupamiento. Cuando se usa más de un símbolo de agrupamiento, comienza evaluando los símbolos de agrupamiento más internos.

Ejemplo **Evalúa $8[6^2 - 3(2 + 5)] \div 8 + 3$.**

$$\text{Evalúa } 8[6^2 - 3(2 + 5)] \div 8 + 3 = 8[6^2 - 3(7)] \div 8 + 3 \qquad \textit{Suma } 2 + 5, \textit{ el grupo más interno.}$$
$$= 8[36 - 3(7)] \div 8 + 3 \qquad \textit{Evalúa } 6^2.$$
$$= 8[36 - 21] \div 8 + 3 \qquad \textit{Multiplica 3 por 7.}$$
$$= 8[15] \div 8 + 3 \qquad \textit{Resta 21 de 36.}$$
$$= 120 \div 8 + 3 \qquad \textit{Multiplica 8 por 15.}$$
$$= 15 + 3 \qquad \textit{Divide 120 entre 8.}$$
$$= 18 \qquad \textit{Suma 15 y 3.}$$

Las expresiones algebraicas pueden evaluarse cuando se conocen los valores de las variables. Primero, sustituye las variables por sus valores y a continuación calcula el valor de la expresión numérica.

Ejemplo ③ **La figura de la derecha es un rectángulo.**

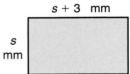

INTEGRACIÓN

Geometría

a. Halla el perímetro del rectángulo si $s = 5$.
b. Halla el área del rectángulo.

a. El perímetro del rectángulo es la suma del doble de su ancho (s) más el doble de su longitud ($s + 3$).

$$P = 2s + 2(s + 3)$$
$$= 2(5) + 2(5 + 3) \qquad \textit{Sustituye la variable s por 5.}$$
$$= 2(5) + 2(8) \qquad \textit{Suma 5 y 3.}$$
$$= 10 + 2(8) \qquad \textit{Multiplica 2 por 5.}$$
$$= 10 + 16 \qquad \textit{Multiplica 2 por 8.}$$
$$= 26 \qquad \textit{Suma 10 y 16.}$$

El perímetro es 26 mm.

b. El área es el producto del ancho (s) por el largo ($s + 3$).

$A = s(s + 3)$

$\quad = 5(5 + 3) \quad$ *Substituye la variable s por 5.*

$\quad = 5(8) \quad\quad$ *Suma 5 y 3.*

$\quad = 40 \quad\quad\quad$ *Multiplica 5 por 8.*

El área es 40 mm^2. *El área se expresa en unidades cuadradas.*

EXPLORACIÓN

CALCULADORAS DE GRÁFICAS

Puedes usar una calculadora de gráficas para evaluar expresiones algebraicas. Usa una calculadora para evaluar $\frac{0.25x^2}{7x^3}$ si $x = 0.75$.

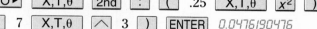

Ejecuta: .75 STO▸ X,T,θ 2nd : (.25 X,T,θ x²)

÷ (7 X,T,θ ∧ 3) ENTER *0.0476190476*

Ahora te toca a ti

a. Evalúa la expresión si $x = 24.076$.

b. Evalúa $\frac{2x^2}{(x^2 - x)}$ si $x = 27.89$.

c. Practica algunos de los ejemplos de esta lección usando una calculadora de gráficas.

La barra de fracción es otro símbolo de agrupamiento. Esta indica que el numerador y el denominador deben tratarse como valores separados.

$$\frac{2 \times 3}{1 + 2} \text{ significa } (2 \times 3) \div (1 + 2) \text{ ó } 2.$$

Ejemplo ④

Evalúa $\frac{x^3 + y^3}{x^2 - y^2}$ si $x = 4.2$ y $y = 1.8$.

$$\frac{x^3 + y^3}{x^2 - y^2} = \frac{(4.2)^3 + (1.8)^3}{(4.2)^2 - (1.8)^2}$$

Aproxima: $\frac{4^3 + 2^3}{4^2 - 2^2} = \frac{64 + 8}{16 - 4} = \frac{72}{12}$ *ó 6*

Usa una calculadora científica.

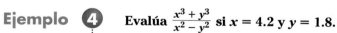

Ejecuta: (4.2 y^x 3 + 1.8 y^x 3) ÷

(4.2 x² − 1.8 x²) = *5.55*

¿Es razonable la respuesta?

Comunicación en matemáticas

Estudia la lección. Luego, completa lo siguiente.

1. Al evaluar la expresión $4 + 7 \cdot 2$, ¿qué es lo primero que haces?

2. **Nombra** dos tipos de símbolos de agrupamiento y explica cómo los usarías.

3. **Explica** cómo evaluarías la expresión $2[5 + (30 \div 6)]^2$.

Práctica dirigida

Evalúa cada expresión.

4. $15 + 3 \cdot 2$

5. $5^3 + 3(4^2)$

6. $\frac{38 - 12}{2 \cdot 13}$

7. $12 \div 3 \cdot 5 - 4^2$

Evalúa cada expresión si $w = 12$, $x = 5$, $y = 6$ y $z = 4$.

8. $wx - yz$

9. $2w + x^2 - yz$

10. Usando una o más variables de los ejercicios 8-9 y sus valores asignados, escribe una expresión cuyo valor sea 18.

11. Si $a = 1.5$, ¿cuál es menor, $a^2 - a$ ó 1?

12. **Geometría** Encuentra el área del rectángulo si $t = 6$ pulgadas.

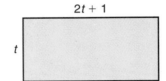

$2t + 1$

t

Práctica

Evalúa cada expresión.

13. $3 + 2 \cdot 3 + 5$

14. $(4 + 5)7$

15. $29 - 3(9 - 4)$

16. $50 - (15 + 9)$

17. $15 \div 3 \cdot 5 - 4^2$

18. $4(11 + 7) - 9 \cdot 8$

19. $\frac{(4 \cdot 3)^2 \cdot 5}{(9 + 3)}$

20. $[7(2) - 4] + [9 + 8(4)]$

21. $\frac{6 + 4^2}{3^2(4)}$

22. $(5 - 1)^3 + (11 - 2)^2 + (7 - 4)^3$

23. $\frac{2 \cdot 8^2 - 2^2 \cdot 8}{2 \cdot 8}$

24. $7(0.2 + 0.5) - 0.6$

Evalúa cada expresión si $v = 5$, $x = 3$, $a = 7$ y $b = 5$.

25. $(v + 1)(v^2 - v + 1)$

26. $\frac{x^2 - x + 6}{x + 3}$

27. $[a + 7(b - 3)]^2 \div 3$

28. $v^2 - (x^3 - 4b)$

29. $(2v)^2 + ab - 3x$

30. $\frac{a^2 - b^2}{v^3}$

Escribe una expresión algebraica para cada expresión verbal. Evalúa a continuación la expresión si $r = 2$, $s = 5$ y $t = \frac{1}{2}$.

31. el cuadrado de r aumentado en $3s$

32. t veces la suma de cuatro por s y r

33. la suma de r y s multiplicada por el cuadrado de t

34. r a la quinta potencia disminuido en t

Geometría

A continuación se dan fórmulas para el perímetro de cada figura. Encuentra el perímetro si $a = 5$, $b = 6$ y $c = 8.5$.

35. triángulo

$P = a + b + c$

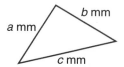

36. cuadrado

$P = 4c$

37. paralelogramo

$P = 2(a + b)$

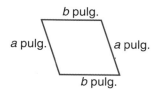

Calculadoras de gráficas

Usa una calculadora de gráficas para evaluar cada expresión en centésimos.

38. $5(2)^4 + 3$

39. $\dfrac{(5 \cdot 7)^2 + 5}{(9 \cdot 3^2) - 7}$

40. $4.79\,(0.05)^2 + 0.375\,(6.34)^3$

41. $1 - 2u + 3u^2$ si $u = 1.35$

Piensa críticamente

42. Patrones   Considera el valor de la expresión $\dfrac{2x - 1}{2x}$ para algunos valores de x.

a. Copia y completa la siguiente tabla.

x	$\frac{1}{2}$	1	10	50	100
$\frac{2x - 1}{2x}$					

b. Describe el patrón que emerge.

c. ¿Cuál sería el valor aproximado de la expresión si x fuera un número muy grande?

43. Considera la siguiente sucesión de números.

$$4 \quad 2 \quad 5 \quad 3 \quad 2$$

a. Coloca símbolos de operación y paréntesis en esta sucesión de manera que su valor sea 2.

b. Coloca símbolos de operación y paréntesis en esta sucesión de modo que la respuesta sea el número más grande posible.

Aplicaciones y solución de problemas

44. Contabilidad   Alicia y Travis venden boletos para un show estudiantil de talento. Los asientos de galería cuestan $3.00 y los asientos en primera fila cuestan $4.00. Alicia vende 30 boletos para asientos de galería y 25 boletos para asientos en primera fila. Travis vende 65 boletos para asientos de galería.

a. Escribe una expresión que muestre el dinero que Alicia y Travis han reunido vendiendo estos boletos.

b. ¿Cuánto dinero han reunido?

45. Monumentos mundiales La gran pirámide de Keops en Egipto se considera como una de las Siete maravillas del mundo. Es también la pirámide más grande del mundo. El área de la base es de 4050 metros cuadrados. El volumen de cualquier pirámide es un tercio del producto del área de la base B y su altura h.

Pirámide	Altura (en metros)
Gran Pirámide de Keops en Egipto	147
Pirámide Truncada en Egipto	101
Pirámide inca en el Perú	75
Pirámide del Sol en México	60
Pirámide escalonada de Djoser en Egipto	60
Pirámide del Sol en el Perú	50

a. Escribe una expresión que represente el volumen de una pirámide.

b. Calcula el volumen de la Gran Pirámide de Keops.

Repaso comprensivo

46. Halla los dos términos que siguen en la sucesión 2, 4, 8, 16, ... (Lección 1–2)

47. Halla los dos términos que siguen en la sucesión 2, 5.5, 9, 12.5, ... (Lección 1–2)

48. Halla las dos expresiones que siguen en el patrón a, a^2b, a^3b^2c, $a^4b^3c^2d$, ... (Lección 1–2)

49. Ishi quiere ahorrar dinero para comprar un conjunto de tambores que vende su tío. Su tío está dispuesto a venderle los tambores en $525. Ella ya tiene ahorrados $357 e intenta añadir $1 el primero de junio, $2 el dos de junio, $3 el tres de junio y así sucesivamente. ¿En qué día podrá Ishi comprar los tambores? (Lección 1–2)

50. Escribe una expresión algebraica que corresponda a *h a la quinta potencia*. (Lección 1–1)

51. El precio de los boletos para el concierto de primavera es $3 más que el año anterior. Si el año anterior los boletos costaban t dólares, escribe una expresión para el costo de los boletos este año. (Lección 1–1)

52. Evalúa 11^2. (Lección 1–1)

53. Escribe una expresión verbal que corresponda a $9 + 2y$. (Lección 1–1)

Integración: Estadística
Gráficas de tallo y hojas

Lo que APRENDERÁS

- A mostrar e interpretar datos en una gráfica de tallo y hojas.

Por qué ES IMPORTANTE

Porque las gráficas de tallo y hojas son útiles para desplegar datos.

APLICACIÓN

Consumo

Carmela Pérez vende articulaciones artificiales a hospitales. Ella maneja bastante en las carreteras y trabaja frecuentemente con los médicos que ejecutan las operaciones para reemplazar articulaciones. Su auto es viejo y ella necesita comprar uno nuevo. Antes de decidir qué auto comprar, ella quiere encontrar las razones de millas por galón (MPG) de los autos que le gustan. Esta información le ayudará a decidir qué autos investigar en detalle antes de escoger el que va a comprar. Las razones MPG de 25 autos son:

31	30	28	26	22	31	26	34	47
32	18	33	26	23	18	29	13	40
31	42	17	22	50	12	41		

Cada día cuando lees periódicos o revistas, ves televisión, escuchas la radio, te bombardean con información numérica acerca de comida, deportes, la economía, política, etc. La interpretación de esta información numérica, o **datos**, es importante si quieres entender el mundo a tu alrededor. Una rama de las matemáticas llamada **estadística** te proporciona métodos de recopilación, organización e interpretación de datos.

Las gráficas se usan para desplegar datos. El mal uso de las gráficas puede conducir a interpretaciones falsas. Una forma en que las gráficas a menudo se usan para engañar al lector es mediante la rotulación inconsistente de las escalas vertical y horizontal. Todas las marcas de intervalos deben representar la misma unidad. Si cualquiera de las escalas no comienza en cero, esto debe indicarse por medio de una línea quebrada y con picos. Por ejemplo, supongamos que Ana quiere convencer a sus padres de que sus notas en matemáticas han mejorado. ¿Cuál de las siguientes gráficas parece mostrar más mejoría en las notas de Ana?

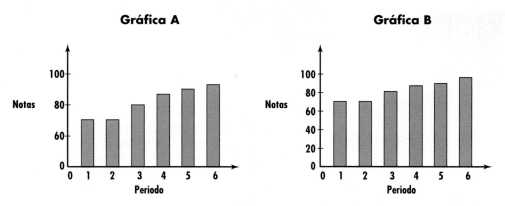

La gráfica A parece mostrar la mayor mejoría. Sin embargo, es engañosa. Observa el eje vertical. La distancia de cero a 60 es igual a la distancia de 80 a 100. Esta es una representación incorrecta de los datos y puede conducir a conclusiones erróneas.

Un tallo puede tener uno o más dígitos. Por lo general, una hoja tiene un solo dígito.

Otra manera de organizar y exhibir datos es mediante una **gráfica de tallo y hojas.** En una gráfica de tallo y hojas, el mayor valor de posición común de los datos se usa para formar los *tallos*. Los números que aparecen en el siguiente valor de posición se usan para formar las *hojas*. En la lista que aparece más arriba el mayor valor de posición es la de las decenas. De esta manera, 31 millas por galón tiene el tallo 3 y la hoja 1.

Para confeccionar una gráfica de tallo y hojas, haz primero una lista vertical de los tallos. Como los datos del millaje varían de 12 a 50, los tallos varían de 1 a 5. A continuación, escribe cada número colocando el dígito de las unidades (hoja) a la derecha del tallo que le corresponde. Así, el millaje 31 se grafica colocando la hoja 1 a la derecha del tallo 3. Incluye la clave junto con la gráfica. A continuación, se muestra la gráfica completa de tallo y hojas.

Tallo	Hoja
1	8 8 3 7 2
2	8 6 2 6 6 3 9 2
3	1 0 1 4 2 3 1
4	7 0 2 1
5	0

$3 \mid 1 = 31$ ← *Clave*

Se puede hacer una segunda gráfica de tallo y hojas para agrupar las hojas en orden numérico desde la menor a la mayor como se muestra a continuación. Esto le facilitará a Carmela Pérez el análisis de datos.

Tallo	Hoja
1	2 3 7 8 8
2	2 2 3 6 6 6 8 9
3	0 1 1 1 2 3 4
4	0 1 2 7
5	0

$3 \mid 1 = 31$

Ejemplo ❶ Usa la información de la gráfica de tallo y hojas que se muestra arriba para responder cada pregunta.

APLICACIÓN

Consumo

a. **¿Qué razón MPG Carmela Pérez graficó más frecuentemente?**
26 y 31 (cada una tres veces)

b. **¿Cuál es la razón MPG más alta y la más baja?**
50 y 12

c. **Cada línea de la gráfica de tallo y hojas representa un intervalo de datos. ¿En qué intervalo de millaje Carmela encontró la mayoría de los autos?**
20–29 millas por galón (8 autos)

d. **¿Cuántos autos tienen una razón entre 20 y 39 millas por galón?**
15 autos

e. **Si tú fueras Carmela Pérez, ¿qué autos investigarías más detalladamente? ¿Por qué?**
Carmela debería investigar los autos representados en las dos últimas líneas de la gráfica de tallo y hojas ya que con estos se obtienen más millas por galón que con los otros autos.

A veces los datos de una gráfica de tallo y hojas son números que empiezan casi todos con el mismo dígito. En este caso, usa los dígitos en las dos primeras posiciones para formar los tallos.

Ejemplo ② A continuación aparecen los pesos (en libras) de los estudiantes de una clase de salud y nutrición. Haz una gráfica de tallo y hojas de los pesos de los estudiantes y responde las preguntas.

102	117	119	147	135	148	122	137	103
116	147	152	117	149	108	123	130	123
147	112	133	99	101	135	138	155	118
142	103	159	131	137	156	149	120	98

Dado que los datos varían de 159 a 98 libras, los tallos varían de 15 a 9.

Observa que los datos varían de 159 a 98 libras, los tallos varían de 15 a 9.

Tallo	Hoja
15	9 6 5 2
14	9 9 8 7 7 7 2
13	8 7 7 5 5 3 1 0
12	3 3 2 0
11	9 8 7 7 6 2
10	8 3 3 2 1
9	9 8 *12│3 = 123*

a. **¿Qué representa 14│8 en la gráfica?**
   Representa 148 libras.

b. **¿Qué intervalo contiene más estudiantes?**
   130–139 libras (8 estudiantes)

c. **¿Cuál es la diferencia entre el peso más alto y el más bajo?**
   159–98 ó 61 libras

d. **¿Qué peso es el más frecuente?**
   147 libras (3 estudiantes)

Una *gráfica de tallo y hoja consecutiva* también puede usarse para comparar dos conjuntos de datos relacionados.

Ejemplo ③ Kyle y Mikito quieren comparar las estaturas de muchachos y muchachas. Para ello miden la estatura (en pulgadas) de cada estudiante en su clase. A continuación, se muestran los datos que recogieron y la gráfica de tallo y hojas que confeccionaron.

Estatura de los muchachos (pulg.)		Estatura de las muchachas (pulg.)	
65	60	72	64
63	70	57	60
69	72	61	63
71	66	65	62
73	71	59	61
59	58	61	71

(continúa en la página siguiente)

En este caso, se comparan las estaturas de los muchachos con las estaturas de las muchachas. Para comparar estos números más efectivamente, usa una gráfica de tallo y hojas consecutiva.

Muchachos	Tallo	Muchachas
3 2 1 1 0	7	1 2
9 6 5 3 0	6	0 1 1 1 2 3 4 5
9 8	5	7 9 $5 \mid 7 = 57$

a. **¿Cuál es la estatura del muchacho más bajo? ¿De la muchacha más baja?**
El muchacho más bajo mide 58 pulgadas. La muchacha más baja mide 57 pulgadas.

b. **¿Cuál es la diferencia en estatura entre el muchacho más bajo y la muchacha más alta?**
72 − 58 ó 14 pulgadas

c. **¿Qué representa 6 | 3 en cada gráfica?**
63 pulgadas

d. **¿Cuál es el número mayor de muchachos de la misma estatura? ¿Cuál es el número mayor de muchachas de la misma estatura?**
Hay 2 muchachos que miden 71 pulgadas y 3 muchachas que miden 61 pulgadas.

e. **¿Qué patrones, si es que hay alguno, ves en estos datos?**
Los muchachos parecen ser ligeramente más altos que las muchachas. Siete muchachos miden 65 pulgadas o más, mientras que solo 2 muchachas tienen tal estatura.

COMPRUEBA LO QUE APRENDISTE

Comunicación en matemáticas

Estudia la lección. Luego, completa lo siguiente.

1. **Describe** la información que puedes determinar al observar una gráfica de tallo y hojas.

2. **Nombra** las maneras en que una gráfica puede ser engañosa.

3. **Haz una lista** de los pasos a seguir para confeccionar una gráfica de tallo y hojas.

MI DIARIO DE MATEMÁTICAS

4. **Autoevalúate** Escribe un párrafo acerca de tu uso de gráficas de tallo y hojas. Empieza tu párrafo completando la frase: "Puedo usar gráficas de tallo y hojas para _____". Piensa en las formas en que tratas con números tales como las ganancias de un trabajo, el número de tareas entregadas, notas de pruebas, asistencia a reuniones del club, etc.

Práctica dirigida

Supongamos que el número 25,678 se redondea a 25,700 y se grafica usando 25 como tallo y 7 como hoja. Escribe el tallo y la hoja para cada uno de los siguientes números si los números son parte del mismo conjunto de datos.

5. 12,221   6. 6323   7. 126,896

8. Escribe los tallos que deberían usarse para graficar el siguiente conjunto de datos.

57, 43, 34, 12, 29, 8

9. Usa la siguiente gráfica de tallo y hojas para responder cada una de las preguntas.

**Número de boletos del baile de secundaria
vendidos en un período de 20 días**

Tallo	Hoja
3	1 3 5
4	5 5 6 7
5	0 0 1 1 2 3 3
6	3 4 4 4
7	1 5

$5 \mid 1 = 51$

a. ¿Qué representa la entrada 3│5?

b. ¿Cuál fue el número mínimo de boletos vendidos?

c. ¿Cuál fue el número máximo de boletos vendidos durante el período de 20 días?

d. ¿Cuál fue el número total de boletos vendidos?

10. Arquitectura El *Almanaque Mundial* registra 23 edificios altos en Denver, Colorado. Cada número que sigue representa el número de pisos de cada uno de estos edificios.

54	52	43	41	40	36	35	31
32	34	42	32	29	26	28	33
31	30	30	29	27	26	56	

a. Haz una gráfica de tallo y hojas con estos datos.

b. ¿Cuál es el número menor de pisos?

c. ¿Cuál es el número mayor de pisos?

d. ¿Cuántos edificios tienen 35 pisos o más?

e. ¿Cuántos edificios aparecen en la amplitud 20–29 pisos?

EJERCICIOS

Práctica

Supongamos que el número 178,651 se redondea a 179,000 y se grafica usando 17 como tallo y 9 como hoja. Escribe el tallo y la hoja de cada uno de los siguientes números si estos forman parte del mismo conjunto de datos.

11. 133,271   **12.** 44,589   **13.** 442,672

14. 99,278   **15.** 1,112,750   **16.** 8443

Supongamos que el número 0.0478 se redondea a 0.048 y se grafica usando 4 como tallo y 8 como hoja. Escribe el tallo y la hoja de cada uno de los siguientes números si estos forman parte del mismo conjunto de datos.

17. 0.14278   **18.** 0.00997   **19.** 1.114

Escribe los tallos que deberían usarse para graficar cada conjunto de datos.

20. 123, 436, 507, 449, 278, 489, 134, 770, 98, 110, 398

21. 12,367; 24,003; 27,422; 9447; 39,550; 38,045; 40,196

22. 37.2, 8.9, 12.74, 33.5, 27, 17.001, 13.5, 29.6

23. Manufactura Una compañía que fabrica juegos de video prueba sus productos antes de venderlos en las tiendas. Su último producto es una aventura de detectives espaciales de precio económico. La compañía quiere saber si debe vender el juego a adolescentes o a adultos jóvenes. Un grupo de 25 adolescentes y 25 adultos jóvenes clasifica el juego después de jugarlo. Los jugadores lo clasifican de acuerdo con características como gráficas, nivel de dificultad e interacción con el jugador. Las clasificaciones consisten en 1 (malo) a 60 (excelente) y aparecen en la siguiente lista.

Adolescentes (13–19 años de edad)	19 45 22 44 30 35 41 43 18 35 21 43 30 57 17 27 20 35 15 41 57 22 33 41 55
Adultos jóvenes (20–25 años de edad)	51 43 36 51 42 33 27 48 42 31 48 26 48 31 38 26 45 13 37 25 52 12 44 12 37

a. ¿Debería venderse este juego a adolescentes o a adultos jóvenes (o a ambos grupos)?

b. Escríbele un memo a la compañía con tu recomendación. Asegúrate de dar las razones de tu decisión.

24. Geología Según el *Almanaque Mundial* ha habido 40 terremotos intensos entre junio de 1990 y junio de 1994. La siguiente gráfica de tallo y hojas muestra la magnitud de cada terremoto en unidades de la escala de Richter.

Tallo	Hoja
5	1 4 4 5 6 9 9
6	0 0 1 2 2 2 2 4 4 5 8 8 8 8 8
7	0 0 1 2 2 2 2 2 3 4 5 5 5 6 7 7
8	0 $7\,|\,3 = 7.3$

a. ¿Cuál es la magnitud más frecuente?

b. ¿Cuál es el mayor valor de la escala de Richter registrado para un terremoto?

c. ¿Cuántos terremotos más tienen magnitudes en la amplitud 6.0–6.9 que en la amplitud 5.0–5.9?

d. ¿Cuál fue la magnitud del terremoto menos intenso?

25. Economía La tabla de la derecha muestra el promedio de acres por granja de seis estados occidentales en 1980 y en 1993 según el *Almanaque Universal*.

Estado	1980	1993
Arizona	5080	4557
Colorado	1358	1286
Montana	2601	2445
Nevada	3100	3708
Nuevo México	3467	3274
Wyoming	3846	3742

a. Redondea cada número a la centésima más próxima y luego confecciona una gráfica de tallo y hojas consecutiva de los tamaños promedios de las granjas para 1980 y 1993 en estos seis estados.

b. ¿Cuál intervalo muestra el tamaño de granja más común que se encuentra en 1980? ¿En 1993?

c. Escribe un informe acerca de la información que presenta la gráfica de tallo y hojas.

26. Geografía Los siguientes números muestran la longitud (en millas) de 30 ríos principales de Norteamérica tal como aparecen en el *Almanaque Mundial*.

424	313	444	301	659	652	314	538
377	800	883	525	360	512	500	722
865	360	390	425	309	336	430	692
540	610	800	350	300	420		

a. Redondea cada número en decenas y confecciona una gráfica de tallo y hojas de los datos.

b. ¿Cuál es la diferencia en longitud entre el río más corto y el río más largo?

c. ¿Cuántos ríos tienen una longitud de menos de 400 millas?

Repaso comprensivo

27. Evalúa $3 \cdot 6 - \dfrac{12}{4}$. (Lección 1–3)

28. Evalúa $9a - 4^2 + b^2 \div 2$ si $a = 3$ y $b = 6$. (Lección 1–3)

29. El tiempo El tiempo entre la visión del relámpago y el sonido del trueno que produce puede usarse para aproximar la distancia al relámpago. La distancia en millas al rayo puede aproximarse dividiendo el número de segundos entre la visión del relámpago y el sonido del trueno por 5. Los rayos que se hallen dentro de tres millas de distancia pueden ser peligrosos y es una indicación de que hay que buscar refugio.

a. Supongamos que hay s segundos entre la visión del relámpago y el escuchar del trueno. Escribe una expresión algebraica que proporcione la distancia al rayo. (Lección 1–1)

b. Fernando contó diez segundos entre la visión del relámpago y el sonido del trueno. ¿A qué distancia cayó el rayo? ¿Está Fernando en peligro? (Lección 1–3)

30. Halla los próximos dos términos de la sucesión $\dfrac{1}{2}, \dfrac{3}{4}, \dfrac{5}{8}, \dfrac{7}{16}, \dfrac{9}{32}, \dots$ (Lección 1–2)

31. Halla las próximas dos figuras del siguiente patrón. (Lección 1–2)

Enunciados abiertos

APLICACIÓN
Nutrición

Los gramos de grasa que se hallan en las hamburguesas con queso vendidas por varias cadenas de comida rápida aparecen listados en la gráfica de tallo y hojas a la derecha.

Tallo	Hoja
1	3 3 3 6 9
2	0 5 8 9
3	6 9
4	6
6	3

$4 \mid 6 = 46$

Evidentemente algunas de las cadenas de comida rápida venden hamburguesas con una cantidad de grasa mayor que la usual. Algunos estudiantes de la secundaria de Middletown han formado un club de conciencia del consumidor y están preocupados por el alto contenido graso de esta hamburguesa con queso en particular. Deciden escribirle una carta a la compañía recomendando una manera de reducir el contenido graso de su hamburguesa con queso a 37 gramos.

Los estudiantes saben que una rebanada de una onza de queso americano contiene alrededor de 7 gramos de grasa y que la carne molida contiene unos 6 gramos de grasa por onza. Los estudiantes necesitan determinar el número de onzas de carne molida que se puede usar para hacer una hamburguesa con queso con un contenido graso de 37 gramos.

Sea b el número de onzas de carne que contiene una hamburguesa con queso. Este problema puede representarse mediante la ecuación:

$$6b + 7 = 37$$

El número 6 representa la cantidad de grasa en una onza de carne molida. El 7 representa el número de gramos de grasa en una rebanada de queso. El 37 representa el número total de gramos de grasa en una hamburguesa con queso.

Los enunciados matemáticos con una o más variables o números desconocidos reciben el nombre de **enunciados abiertos.** Un enunciado abierto no es ni verdadero ni falso hasta que la variable haya sido despejada. El hallar una sustitución de la variable que resulte en un enunciado verdadero se llama **resolver el enunciado abierto**. Esta sustitución se llama una **solución** del enunciado abierto.

"El hogar de la hamburguesa"

Sustituye b en $6b + 7 = 37$ con los valores 3, 4, 5 y 6 y observa si cada sustitución resulta en un enunciado verdadero o falso.

Sustituye b por:	$6b + 7 = 37$	¿Verdadero o falso?
3	$6(3) + 7 \overset{?}{=} 37 \rightarrow 25 \neq 37$	falso
4	$6(4) + 7 \overset{?}{=} 37 \rightarrow 31 \neq 37$	falso
5	$6(5) + 7 \overset{?}{=} 37 \rightarrow 37 = 37$	verdadero
6	$6(6) + 7 \overset{?}{=} 37 \rightarrow 43 \neq 37$	falso

Como $b = 5$ hace verdadero el enunciado $6b + 7 = 37$, la solución de $6b + 7 = 37$ es 5. Los estudiantes pueden escribir una carta sugiriendo que la cadena reduzca el contenido graso a 37 gramos usando 5 onzas de carne molida en sus hamburguesas con queso.

Un conjunto de números de los cuales pueden escogerse las sustituciones de una variable se llama el **conjunto de sustitución**. Un **conjunto** es una colección de objetos o números. Los conjuntos se muestran a menudo usando paréntesis de llave { }. Cada objeto o número en un conjunto se llama un **elemento** o miembro. Por lo general, los conjuntos se nombran usando letras mayúsculas. El conjunto A tiene tres elementos; estos son 1, 3 y 5.

$$A = \{1, 3, 5\} \qquad B = \{2, 4, 5\} \qquad C = \{1, 2, 3, 4, 5\}$$

El **conjunto de solución** de un enunciado abierto es el conjunto de todas las sustituciones que hacen verdadero el enunciado.

Ejemplo ➊ **Halla el conjunto de solución de $y + 5 \leq 7$ si el conjunto de sustitución es $\{0, 1, 2, 3, 4\}$.**

Sustituye y por:	$y + 5 \leq 7$	¿Verdadero o falso?
0	$0 + 5 \overset{?}{\leq} 7 \rightarrow 5 \leq 7$	verdadero
1	$1 + 5 \overset{?}{\leq} 7 \rightarrow 6 \leq 7$	verdadero
2	$2 + 5 \overset{?}{\leq} 7 \rightarrow 7 \leq 7$	verdadero
3	$3 + 5 \overset{?}{\leq} 7 \rightarrow 8 \nleq 7$	falso
4	$4 + 5 \overset{?}{\leq} 7 \rightarrow 9 \nleq 7$	falso

El símbolo $\leq$ significa "menor o igual que." El símbolo $\geq$ significa "mayor o igual que."

Por lo tanto, el conjunto de solución de $y + 5 \leq 7$ es $\{0, 1, 2\}$.

Un enunciado que contiene el signo de igualdad, $=$, se llama **ecuación.** Un enunciado que contiene los símbolos $<$, $\leq$, $>$ o $\geq$ se llama **desigualdad.** ¿Cuáles de los siguientes enunciados abiertos son ecuaciones? ¿Cuáles son desigualdades?

Enunciado matemático	¿Ecuación o desigualdad?
$2x + 10 = 50$	ecuación
$3a \leq 43$	desigualdad
$y - 6 > 12$	desigualdad

A veces puedes resolver una ecuación mediante la simple aplicación del orden de operaciones.

Ejemplo ❷ **Resuelve** $\dfrac{5(3+5)}{3 \cdot 2 + 2} = d.$

$$\dfrac{5(3+5)}{3 \cdot 2 + 2} = d$$

$$\dfrac{5(8)}{6+2} = d$$

$$\dfrac{40}{8} = d \qquad \text{\textit{Evalúa el numerador y el denominador.}}$$

$$5 = d \qquad \text{\textit{Divide.}}$$

La solución es 5.

Ejemplo ❸ **Refiérete a la aplicación al comienzo de esta lección. Halla el número de gramos de grasa f en el Cuarto de Libra con queso® de McDonalds . Esta hamburguesa con queso tiene una rebanada de queso y cuatro onzas de carne molida. Asume que el pan y los aliños no contienen grasa.**

APLICACIÓN

Nutrición

$f = 6b + 7$ *f = gramos de grasa y b = onzas de carne*

$f = 6(4) + 7$ *Sustituye b por 4.*

$f = 24 + 7$ *Evalúa usando el orden de operaciones.*

$f = 31$

Un Cuarto de Libra con queso® contiene alrededor de 31 gramos de grasa.

COMPRUEBA LO QUE APRENDISTE

Comunicación en matemáticas

Estudia la lección. Luego, completa lo siguiente.

1. **Explica** por qué un enunciado abierto siempre tiene al menos una variable.

2. **Explica** la diferencia entre una expresión y un enunciado abierto.

3. **Define** usando tus propias palabras la frase *conjunto de solución de un enunciado matemático abierto.*

4. **Explica** cómo encuentras el conjunto de solución de $7 + 2n > 31$ si el conjunto de sustitución para n es $\{10, 11, 12, 13\}$.

MI DIARIO

DE MATEMÁTICAS

5. Inventa una desigualdad y un conjunto de sustitución. Encuentra el conjunto de sustitución y explica cómo lo obtuviste.

Práctica dirigida

Determina si cada expresión es falsa o *verdadera* para el valor dado de la variable.

6. $7(x^2) - 15 \div 5 = 25, x = 2$ 7. $\dfrac{7a + a}{(9 \cdot 3) - 7} = 4, a = 5$

Halla el conjunto solución de cada desigualdad para el conjunto de sustitución dado.

8. $3x + 2 > 2; \{0, 1, 2\}$ 9. $2y^2 - 1 > 0; \{1, 3, 5\}$

Soluciona cada ecuación en *y* si *x* es sustituido por 6.

10. $x - 2 = y$ 11. $2x^2 + 3 = y$

12. **Dieta** Durante su vida el norteamricano promedio bebe 15,579 vasos de leche, 6220 vasos de jugo de frutas y 18,995 vasos de bebida gaseosa.

   a. Escribe una ecuación que proporcione el número total de vasos de leche, jugo y gaseosa que un norteamericano promedio bebe en su vida.

   b. ¿Cuál es el número total de vasos de leche, jugo y gaseosa que consume el norteamericano promedio en toda su vida?

EJERCICIOS

Práctica

Determina si cada expresión es *falsa* o *verdadera* para el valor dado de la variable.

13. $a + \frac{3}{4} = \frac{3}{2} + \frac{1}{4}, a = \frac{1}{2}$

14. $\frac{3 + 15}{x} = \frac{1}{2}(x), x = 6$

15. $y^6 = 4^3, y = 2$

16. $3x^2 - 4(5) = 6, x = 3$

17. $\frac{5^2 - 2y}{5^2 - 6} \leq 1, y = 3$

18. $a^5 \div 8 \div a^2 \div a < \frac{1}{2}, a = 2$

Encuentra el conjunto de solución de cada desigualdad si los conjuntos de sustitución son $x = \left\{\frac{1}{2}, \frac{3}{4}, 1, \frac{5}{4}\right\}$ y $y = \{5, 10, 15, 20\}$.

19. $y - 2 < 6$

20. $y + 2 > 7$

21. $8x + 1 < 8$

22. $2x > 1$

23. $\frac{y}{5} \geq 2$

24. $3x \leq 4$

Soluciona cada ecuación.

25. $y = \frac{14 - 8}{2}$

26. $4(6) + 3 = a$

27. $\frac{21 - 3}{12 - 3} = x$

28. $d = 3\frac{1}{2} \div 2$

29. $s = 4\frac{1}{2} + \frac{1}{3}$

30. $x = 5^2 - 2^3$

Piensa críticamente

31. Halla cinco pares de valores de p y q de manera que el enunciado abierto $q + 2 > 3p$ sea verdadero.

Aplicaciones y solución de problemas

32. **Pronóstico meteorológico** La gráfica de la derecha muestra los estados con la mayor cantidad de tornados.

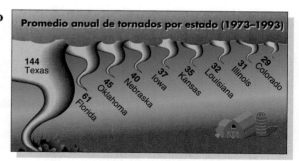

Promedio anual de tornados por estado (1973-1993)

144 Texas · 61 Florida · 45 Oklahoma · 40 Nebraska · 37 Iowa · 35 Kansas · 32 Louisiana · 31 Illinois · 29 Colorado

Fuente: National Severe Storm Forecast Center

   a. Escribe una ecuación que calcule aproximadamente el número de tornados que tendrá Texas en los próximos tres años. Fundamenta por qué tu ecuación da una buena aproximación.

   b. Con esta frecuencia, ¿cuántos tornados tendrá Texas en los próximos tres años?

   c. Inventa otro problema que utilice los datos de la gráfica.

33. **Nutrición** Una persona debe quemar 3500 calorías para perder una libra de peso.

   a. Escribe una ecuación que represente el número de calorías diarias que debe quemar una persona para perder 4 libras en dos semanas.

   b. ¿Cuántas calorías diarias debe quemar la persona?

34. Biología Los insectos son la clase más grande de animales en el mundo con al menos 800,000 especies. El insecto más rápido es la cucaracha tropical gigante. Se mueve a velocidades de hasta 3.36 millas por hora lo que equivale a unos 2.3 pies por segundo.

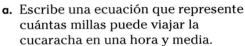

a. Escribe una ecuación que represente cuántas millas puede viajar la cucaracha en una hora y media.

b. ¿Cuántas millas puede viajar la cucaracha en una hora y media?

c. ¿Puede viajar la cucaracha 100 pies en menos de un minuto? Explica.

Repaso comprensivo

35. Escribe los tallos que deberían usarse para formar una gráfica de tallo y hojas para el siguiente conjunto de datos. (Lección 1–4)

2.7, 5.9, 2.0, 7.7, 5.2, 6.0, 5.4, 9.9, 5.4

36. Hockey La gráfica de tallo y hojas de la derecha muestra la mayor cantidad de goles registrados por un jugador de la National Hockey League durante una temporada. A Mario Lemieux se le atribuye el mérito de poseer el cuarto número más grande de goles en una temporada. ¿Cuántos goles hizo Lemieux durante esa temporada? (Lección 1–4)

Tallo	Hoja
7	1 2 3 6 6 6
8	5 6 7
9	2

$7 \mid 2 = 72$

37. Evalúa $5(13 - 7) - 22$. (Lección 1–3)

38. Escribe las dos expresiones siguientes del patrón $2a + 1$, $4a + 3$, $6a + 5$, $8a + 7$, ... (Lección 1–2)

39. Escribe una expresión verbal que corresponda $x^5 - 5$. (Lección 1–1)

40. Geometría Escribe una expresión algebraica para el perímetro del triángulo de la derecha. (Lección 1–1)

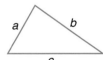

AUTOEVALUACIÓN

Escribe una expresión algebraica que corresponda a cada expresión verbal. (Lección 1–1)

1. la suma de tres veces a y el cuadrado de b **2.** w a la quinta potencia menos 37

3. Patrones Cada martes por la mañana las primeras siete campanas en la Central High School suenan a las 8:00, 8:43, 8:47, 9:30, 9:34, 10:17 y 10:21 A.M. Halla las horas de las otras campanadas matutinas. (Lección 1–2)

Evalúa cada expresión. (Lección 1–3)

4. $5(8 - 3) + 7 \cdot 2$ **5.** $6(4^3 + 2^2)$ **6.** $(9 - 2 \cdot 3)^3 - 27 + 9 \cdot 2$

Haz una gráfica de tallo y hojas para cada conjunto de datos. (Lección 1–4)

7. 67, 85, 54, 48, 89, 77   **8.** 236, 450, 748, 254, 755, 347, 97, 386

Halla la solución de cada enunciado abierto si el conjunto de sustitución es {4, 5, 6, 7, 8}. (Lección 1–5)

9. $x + 2 > 7$ **10.** $9x - 20 = x^2$

1-6

Propiedades de identidad e igualdad

Lo que APRENDERÁS

- A reconocer y a usar las propiedades de identidad y de igualdad y
- a determinar el inverso multiplicativo de un número.

Por qué ES IMPORTANTE

Porque puedes usar las propiedades de identidad e igualdad para evaluar expresiones y resolver problemas.

Sucedió por primera vez

Walter Jerry Payton (1954–)

Walter Payton fue el primer jugador de la NFL que corrió más de 16,000 yardas. También estableció récords por la mayor cantidad de yardas en un partido (275) y la mayor cantidad de juegos de 100 yardas o más logradas en la profesión (77).

APLICACIÓN

Fútbol americano

Según la gráfica de la derecha, el precio de las entradas del Super Bowl aumentaron en $0 de 1975 a 1977. Asimismo, de 1981 a 1983, los precios de las entradas se quedaron en $40. Los siguientes enunciados abiertos representan cada situación.

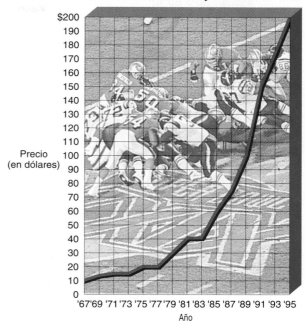

Precios de las entradas del Super Bowl 1967–1995

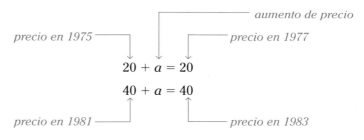

La solución de cada ecuación es 0. Los precios de las entradas del Super Bowl aumentaron en $0 en cada período.

Ecuaciones como estas pueden resumirse en términos algebraicos. La suma de cualquier número más 0 es igual a tal número. Al cero se le llama la **identidad aditiva.**

Propiedad de la identidad aditiva	**Para cualguier número a, $a + 0 = 0 + a = a$.**

Las siguientes ecuaciones representan también los precios de las entradas de 1975 a 1977 y de 1981 a 1983. La variable m representa el número de veces de aumento.

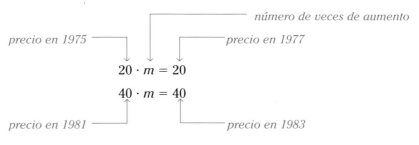

Lección 1-6 Propiedades de identidad e igualdad **37**

La solución de cada ecuación es 1. Como el producto de cualquier número multiplicado por 1 es igual al número, 1 se llama la **identidad multiplicativa.**

Propiedad de la identidad multiplicativa	**Para cualquier número a, $a \cdot 1 = 1 \cdot a = a$.**

Supongamos que compras un número de entradas para el Super Bowl en $200 cada una. Si vendes tres de ellos por el costo ($200), tu ganancia es $0. La siguiente ecuación describe esta situación.

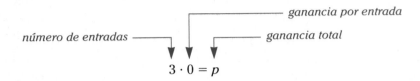

En esta ecuación, uno de los factores es 0 y el valor de p es 0. Esta ecuación sugiere la siguiente propiedad.

Propiedad multiplicativa del cero	**Para cualquier número a, $a \cdot 0 = 0 \cdot a = 0$.**

Dos números cuyo producto es 1 se llaman **inversos multiplicativos** o **recíprocos.** El cero no tiene recíproco pues el producto de cualquier número por 0 es 0.

Propiedad del inverso multiplicativo	**Para cada número $\frac{a}{b}$, distinto de cero, donde a, $b \neq 0$, hay exactamente un solo número $\frac{b}{a}$ tal que $\frac{a}{b} \cdot \frac{b}{a} = 1$.**

Ejemplo ❶ **Halla el inverso multiplicativo de cada número o variable. Asume que ninguna de las variables es igual a cero.**

a. 5

Dado que $5 \cdot \frac{1}{5} = 1$, $\frac{1}{5}$ es el inverso multiplicativo de 5.

b. x

Ya que $x \cdot \frac{1}{x} = 1$, el inverso multiplicativo es $\frac{1}{x}$.

$x \neq 0$; ¿por qué?

c. $\frac{2}{3}$

Usando la propiedad, el inverso multiplicativo es $\frac{3}{2}$.

Al comienzo de la clase de álgebra la profesora Escalante le da a cada estudiante una tira de papel de 8 pulgadas. Les dice que dividan sus tiras de papel de la manera que quieran.

Staci dejó la tira igual.

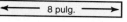

Amad cortó la suya formando una tira de 6 pulgadas y una de 2 pulgadas.

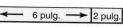

Liam cortó su tira formando una tira de 5 pulgadas y otra de 3 pulgadas.

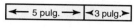

Usando las tiras de papel, sabemos que lo siguiente es verdad.

$$8 = 8 \qquad 6 + 2 = 6 + 2 \qquad 3 + 5 = 3 + 5$$

La **propiedad reflexiva de la igualdad** dice que cualquier cantidad es igual a sí misma.

Propiedad reflexiva de la igualdad	Para cualquier número a, $a = a$.

Usando las tiras de papel, podemos demostrar que los siguientes enunciados son verdaderos.

Si $8 = 6 + 2$, entonces $6 + 2 = 8$.

Si $3 + 5 = 6 + 2$, entonces $6 + 2 = 3 + 5$.

La **propiedad simétrica de la igualdad** dice que si una cantidad es igual a una segunda cantidad, entonces la segunda cantidad es igual a la primera.

Propiedad simétrica de la igualdad	Para cualquier número a y b, si $a = b$, entonces $b = a$.

Se puede demostrar también una tercera propiedad mediante las tiras de papel.

Si $3 + 5 = 8$ y $8 = 6 + 2$, entonces $3 + 5 = 6 + 2$.

Si $8 = 3 + 5$ y $3 + 5 = 6 + 2$, entonces $8 = 6 + 2$.

La **propiedad transitiva de la igualdad** dice que si una cantidad es igual a una segunda cantidad y la segunda cantidad es igual a una tercera cantidad, entonces la primera y la tercera cantidad son iguales.

Propiedad transitiva de la igualdad	Para cualquier número a, b, y c, si $a = b$ y $b = c$, entonces $a = c$.

Sabemos que $5 + 3 = 6 + 2$. Ya que $5 + 3$ es igual a 8, podemos sustituir 8 por $5 + 3$ obteniendo $8 = 6 + 2$. La **propiedad de sustitución de la igualdad** dice que una cantidad puede sustituirse por una igual en cualquier expresión.

Propiedad de sustitución de la igualdad	Si $a = b$, entonces a puede ser sustituido por b en cualquier expresión.

Puedes usar las propiedades de la identidad y de la igualdad para justificar cada paso cuando evalúes una expresión.

Ejemplo ② El club estudiantil de la escuela secundaria Roosevelt vende sándwiches, limonada y manzanas en la competencia de natación del distrito. El costo de cada sándwich es $2.00 y se vende en $3.00. El costo de cada vaso de limonada es $0.25 y se vende en $1.00. Cada manzana le cuesta al club $0.25 y los miembros han decidido venderlas en $0.25 cada una. Escribe una expresión que represente la ganancia para 80 sándwiches, 150 vasos de limonada y 40 manzanas. Evalúa la expresión indicando la propiedad que usas en cada paso.

APLICACIÓN
Ventas

$$80\underbrace{(3.00}_{\substack{sándwiches \\ vendidos}} \underbrace{- 2.00)}_{ganancia} + 150\underbrace{(1.00}_{\substack{limonada \\ vendida}} \underbrace{- 0.25)}_{ganancia} + 40\underbrace{(0.25}_{\substack{manzanas \\ vendidas}} \underbrace{- 0.25)}_{ganancia}$$

$= 80(1) + 150(0.75) + 40(0)$	*Sustitución* ($=$)
$= 80 + 150(0.75) + 40(0)$	*Identidad* ($\times$)
$= 80 + 112.50 + 40(0)$	*Sustitución* ($=$)
$= 80 + 112.50 + 0$	*Prop. multiplicativa del 0*
$= 192.50 + 0$	*Sustitución* ($=$)
$= 192.50$	*Identidad* ($+$)

El club gana $192.50.

Comunicación en matemáticas

Estudia la lección. Luego, completa lo siguiente.

1. **Define** el término *identidad* en tus propias palabras.

2. **Explica** si 1 puede ser o no la identidad aditiva.

3. **Explica** por qué 0 *no* tiene un inverso multiplicativo.

4. **Halla** el inverso multiplicativo de 1.

5. Escribe un párrafo que explique cómo determinar el inverso multiplicativo de un número.

Halla el inverso multiplicativo de cada número o variable. Puedes suponer que ninguna variable es cero.

6. 7
7. $\frac{9}{2}$
8. c

Aparea las expresiones en la columna de la izquierda con las propiedades en la columna de la derecha.

9. $0 \cdot 36 = 0$
a. Propiedad de la identidad aditiva

10. $1(68) = 68$
b. Propiedad de la identidad multiplicativa

11. $14 + 16 = 14 + 16$
c. Propiedad multiplicativa del 0

12. $(9 - 7)(5) = 2(5)$
d. Propiedad del inverso multiplicativo

13. $\frac{3}{4} \times \frac{4}{3} = 1$
e. Propiedad reflexiva (=)

14. $0 + g = g$
f. Propiedad simétrica (=)

15. Si $8 + 1 = 9$, entonces $9 = 8 + 1$.
g. Propiedad de sustitución (=)

Nombra la propiedad usada en cada paso.

16.
$$(14 \cdot \frac{1}{14} + 8 \cdot 0) \cdot 12 = (1 + 8 \cdot 0) \cdot 12$$
$$= (1 + 0) \cdot 12$$
$$= 1 \cdot 12$$
$$= 12$$

Evalúa cada expresión. Nombra la propiedad usada en cada paso.

17. $6(12 - 48 \div 4) + 9 \cdot 1$
18. $3 + 5(4 - 2^2) - 1$

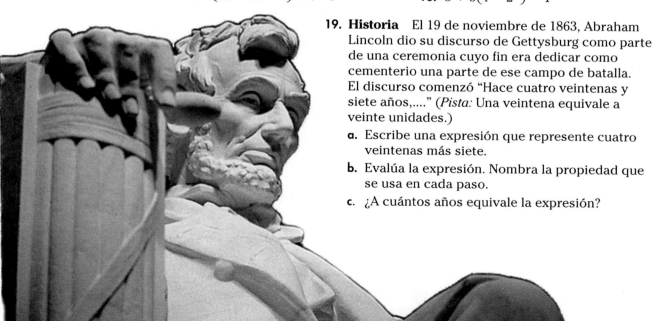

19. Historia El 19 de noviembre de 1863, Abraham Lincoln dio su discurso de Gettysburg como parte de una ceremonia cuyo fin era dedicar como cementerio una parte de ese campo de batalla. El discurso comenzó "Hace cuatro veintenas y siete años,...." (*Pista:* Una veintena equivale a veinte unidades.)

a. Escribe una expresión que represente cuatro veintenas más siete.

b. Evalúa la expresión. Nombra la propiedad que se usa en cada paso.

c. ¿A cuántos años equivale la expresión?

Práctica **Halla el inverso multiplicativo de cada número o variable. Puedes suponer que ninguna variable es cero.**

20. 9

21. $\frac{1}{9}$

22. $\frac{1}{4}$

23. p

24. $\frac{2}{a}$

25. $1\frac{1}{2}$

Nombra la propiedad o propiedades que ilustra cada enunciado.

26. Si $7 \cdot 2 = 14$, entonces $14 = 7 \cdot 2$.

27. $8 + (3 + 9) = 8 + 12$

28. $(10 - 8)(5) = 2(5)$

29. $mnp = 1mnp$

30. $\left(\frac{3}{4}\right)\left(\frac{4}{3}\right) = 1$

31. $3\left(5^2 \cdot \frac{1}{25}\right) = 3$

32. $0 + 23 = 23$

33. Si $6 = 9 - 3$, entonces $9 - 3 = 6$.

34. $5(0) = 0$

35. $32 + 21 = 32 + 21$

36. Si $4 \cdot 2 = 8$ y $8 = 6 + 2$, entonces $4 \cdot 2 = 6 + 2$.

Nombra la propiedad que se ha usado en cada paso.

37. $2(3 \cdot 2 - 5) + 3 \cdot \frac{1}{3} = 2(6 - 5) + 3 \cdot \frac{1}{3}$

$$= 2(1) + 3 \cdot \frac{1}{3}$$

$$= 2 + 3 \cdot \frac{1}{3}$$

$$= 2 + 1$$

$$= 3$$

38. $26 \cdot 1 - 6 + 5(12 \div 4 - 3) = 26 \cdot 1 - 6 + 5(3 - 3)$

$$= 26 \cdot 1 - 6 + 5(0)$$

$$= 26 - 6 + 5(0)$$

$$= 26 - 6 + 0$$

$$= 20 + 0$$

$$= 20$$

39. $7(5 \cdot 3^2 - 11 \cdot 4) = 7(5 \cdot 9 - 11 \cdot 4)$

$$= 7(45 - 44)$$

$$= 7 \cdot 1$$

$$= 7$$

Evalúa cada expresión. Nombra la propiedad usada en cada paso.

40. $4(16 \div 4^2)$

41. $(15 - 8) \div 7 \cdot 25$

42. $(8 \cdot 3 - 19 + 5) + (3^2 + 8 \cdot 4)$

43. $(2^5 - 5^2) + (4^2 - 2^4)$

44. $8[6^2 - 3(11)] \div 8 \cdot \frac{1}{3}$

45. $5^3 + 9\left(\frac{1}{3}\right)^2$

46. Piensa en la relación "es menor que," representada por el símbolo $<$. ¿Funciona $<$ con cada una de las siguientes propiedades? Explica tu respuesta. Da ejemplos que apoyen tu razonamiento.

   a. propiedad reflexiva

   b. propiedad simétrica

   c. la propiedad transitiva

47. Diversión Los estudiantes de la clase del señor Toshio están planeando una fiesta de helados. La siguiente tabla muestra los sabores de helado que han seleccionado. Los precios son para una porción de media taza. Una encuesta de los estudiantes revela que 12 estudiantes quieren vainilla, 15 quieren chocolate y 10 quieren fresa.

Sabor	Marca	Precio
Vainilla	Breyers	21¢
Chocolate	Edy's/Dreyer's Grand	23¢
Fresa	Ben & Jerry's	67¢

   a. Escribe una expresión que represente el costo del helado si cada estudiante pide una porción de una taza.

   b. Evalúa la expresión. Nombra la propiedad usada en cada paso.

   c. ¿Cuál es el costo total?

48. Tarifas postales Patricia quiere enviar un paquete a su primo en Los Ángeles. El costo del correo de primera clase es $0.32 por la primera onza y $0.23 por cada onza adicional o fracción de onza. El paquete de Patricia pesa 14.4 onzas.

   a. Escribe una expresión que represente el costo de enviar el paquete.

   b. Evalúa la expresión. Nombra la propiedad usada en cada paso.

   c. ¿Cuánto franqueo tendrá que pagar Patricia?

49. *Verdadero o falso:* $15 \div 3 + 7 < 13$. (Lección 1–5)

50. Resuelve $m = (18 - 3) \div (3^2 - 2^2)$. (Lección 1–5)

51. *Verdadero o falso:* $(2n^2 + 6) \div 4 < 5$, si $n = 3$. (Lección 1–5)

52. ¿Cuándo se usa la gráfica de tallo y hojas consecutiva? (Lección 1–4)

53. Escribe los nombres y apellidos de diez de tus compañeros de clase. Confecciona una gráfica de tallo y hojas que muestre el número de letras en estos diez nombres. (Lección 1–4)

54. Evalúa $5(7 - 2) - 3^2$. (Lección 1–3)

55. Evalúa $xy - 2y$ si $x = 6$ y $y = 9$. (Lección 1–3)

56. Encuentra los dos términos siguientes de la sucesión 1, 4, 7, 10, ... (Lección 1–2)

57. Escribe una expresión algebraica del número de meses en y años. (Lección 1–1)

LOS MODELOS Y LAS MATEMÁTICAS

Una sinopsis de la lección 1-7

1-7A La propiedad distributiva

Materiales: mosaicos de álgebra — un tablero de multiplicar

A través del estudio de las matemáticas has usado rectángulos para modelar la multiplicación. Por ejemplo, la figura a continuación muestra la multiplicación $2(3 + 1)$ como un rectángulo de 2 unidades de ancho y $3 + 1$ unidades de largo. El modelo muestra que la expresión $2(3 + 1)$ es igual a la expresión $2 \cdot 3 + 2 \cdot 1$. El enunciado $2(3 + 1) = 2 \cdot 3 + 2 \cdot 1$ ilustra la propiedad distributiva.

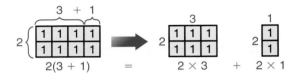

Puedes usar mosaicos especiales llamados **mosaicos de álgebra** para formar rectángulos que modelen la multiplicación. Un mosaico-1 es un cuadrado de 1 unidad de largo y 1 unidad de ancho. Su área es una unidad cuadrada. Un mosaico-x es un rectángulo que tiene 1 unidad de ancho y x unidades de largo. Su área es de x unidades cuadradas.

Actividad   **Halla el producto de $3(x + 2)$ usando mosaicos de álgebra. Primero, representa $3(x + 2)$ como el área de un rectángulo.**

Paso 1   El rectángulo tiene un ancho de 3 unidades y un largo de $x + 2$ unidades. Usa tus mosaicos de álgebra para marcar las dimensiones en un tablero de multiplicar.

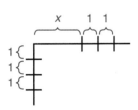

Paso 2   Usando las marcas como guía, haz el rectángulo con los mosaicos de álgebra.

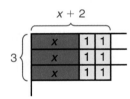

El rectángulo tiene 3 mosaicos-x y 6 mosaicos-1. El área del rectángulo es $x + 1 + 1 + x + 1 + 1 + x + 1 + 1$, o sea, $3x + 6$. Por lo tanto, $3(x + 2) = 3x + 6$.

....

Modela   **Halla cada producto usando mosaicos de álgebra.**

1. $2(x + 1)$ **2.** $5(x + 2)$ **3.** $2(2x + 1)$ **4.** $2(3x + 3)$

Dibuja   **Determina si cada enunciado es falso o verdadero. Justifica tu respuesta con mosaicos de álgebra y un dibujo.**

5. $3(x + 3) = 3x + 3$ **6.** $x(3 + 2) = 3x + 2x$

Escribe   **7. Tú decides**   Helen dice que $3(x + 4) = 3x + 4$, pero Adita dice que $3(x + 4) = 3x + 12$.

a. ¿Cuál de las dos tiene la razón?

b. Usa palabras y/o modelos para dar una explicación que muestre cuál es el enunciado correcto.

La propiedad distributiva

* A usar la propiedad distributiva para simplificar expresiones.

APLICACIÓN

Servicio de comida

En la cafetería del colegio, cada estudiante puede elegir un plato frío y una ensalada del siguiente menú para así obtener un almuerzo a un precio especial.

Almuerzo	Almuerzo frío	Ensaladas
• Tacos • Un trozo de carne y puré • Verduras al vapor con arroz • Tallarines	• Un sándwich submarino • Un club sándwich de pavo • Ensalada de atún con tomates	• Ensalada surtida • Ensalada de frutas

Por qué ES IMPORTANTE

Porque puedes usar la propiedad distributiva para evaluar expresiones y resolver ecuaciones.

Jenine quiere saber cuántos almuerzos diferentes son posibles. Ella puede hacer una tabla para representar todas las posibles combinaciones.

Almuerzo				
	Plato principal			
Ensaladas	**Tacos**	**Carne**	**Vegetables**	**Tallarines**
Surtida	x	x	x	x
De frutas	x	x	x	x

Almuerzo frío			
	Plato principal		
Ensaladas	**Submarino**	**Club Sándwich**	**Ensalada de atún**
Surtida	x	x	x
De frutas	x	x	x

Hay 2 · 4, o sea, 8 almuerzos calientes posibles.

Hay 2 · 3, o sea, 6 almuerzos fríos posibles.

Hay (2 · 4) + (2 · 3) almuerzos posibles que los estudiantes pueden elegir.

Observa que (2 · 4) + (2 · 3) = 8 + 6 ó 14.

Jenine también puede representar este problema usando la siguiente tabla.

Ensaladas	Plato principal						
	Almuerzo caliente				Almuerzo frío		
	Taco	Carne	Verduras	Tallarines	Sub	Club sánd.	Atún
Surtida	x	x	x	x	x	x	x
De frutas	x	x	x	x	x	x	x

De acuerdo con esta tabla, hay 2 tipos de ensaladas por el número total de platos principales, 4 + 3 ó 7.

$$2(4 + 3) = 2 \cdot 7 \text{ ó } 14$$

De la manera que lo mires, hay 14 almuerzos posibles. Eso se debe a que lo siguiente es cierto.

$$2(4 + 3) = 2 \cdot 4 + 2 \cdot 3$$

Este es un ejemplo de la **propiedad distributiva.**

La propiedad distributiva	**Para números a, b y c cualesquiera,** $a(b + c) = ab + ac$ **y** $(b + c)a = ba + ca;$ $a(b - c) = ab - ac$ **y** $(b - c)a = ba - ca.$

Observa que no importa si a se coloca a la derecha o a la izquierda de la expresión en paréntesis.

La propiedad simétrica de la igualdad nos permite escribir la propiedad distributiva de la siguiente manera.

Si $a(b + c) = ab + ac$, entonces $ab + ac = a(b + c)$.

Ejemplo ① El club Espíritu de la escuela secundaria Oak Grove quiere hacer una bandera para el juego del campeonato de fútbol americano. Los estudiantes tienen dos pliegos grandes de papel para usar como bandera. Uno de los pliegos mide 5 pies por 13 pies y el otro mide 5 por 10 pies. Piensan usar ambos pliegos para la bandera. Halla el área total de la bandera.

Geometría

El área total de la bandera puede hallarse de dos maneras.

```
      13 pies              10 pies
5 pies [        ]    5 pies [      ]
```

Método 1: Suma las áreas de los rectángulos más pequeños.

$A = w\ell_1 + w\ell_2$

$\quad = 5(13) + 5(10)$

$\quad = 65 + 50$

$\quad = 115$

Método 2: Multiplica el ancho por el largo.

$A = w\ell$

$\quad = 5(13 + 10) \quad$ *w = 5, l = 13 + 10*

$\quad = 5(23)$

$\quad = 115$

El área es de 115 pies cuadrados.

Puedes usar la propiedad distributiva para multiplicar mentalmente.

Ejemplo ❷ **Usa la propiedad distributiva para hallar cada producto.**

a. 7 · 98

$7 \cdot 98 = 7(100 - 2)$

$\quad = 700 - 14$

$\quad = 686$

b. 8(6.5)

$8(6.5) = 8(6 + 0.5)$

$\quad = 48 + 4$

$\quad = 52$

Un **término** es un número, una variable o un producto o cuociente de números y variables. Algunos ejemplos de términos son x^3, $\frac{1}{4}a$, y $4y$. La expresión $9y^2 + 13y^2 + 3$ tiene tres términos.

Términos semejantes son términos que contienen las mismas variables con variables correspondientes elevadas a la misma potencia. En la expresión $8x^2 + 2x^2 + 5a + a$, $8x^2$ y $2x^2$, son términos semejantes y $5a$ y a también son términos semejantes.

Podemos usar la propiedad distributiva y las propiedades de la igualdad para mostrar que $3x + 8x = 11x$. En esta expresión $3x$ y $8x$ son términos semejantes.

$$3x + 8x = (3 + 8)x \qquad \textit{Propiedad distributiva}$$

$$\quad = 11x \qquad \textit{Sustitución (=)}$$

Las expresiones $3x + 8x$ y $11x$ se llaman **expresiones equivalentes** porque denotan el mismo número. Una expresión está en su forma más simple, o **forma reducida** cuando es sustituida por una expresión equivalente que no tiene ni términos semejantes ni paréntesis.

Ejemplo ❸ **Simplifica $\frac{1}{4}x^2 + 2x^2 + \frac{11}{4}x^2$.**

En esta expresión, $\frac{1}{4}x^2$, $2x^2$, y $\frac{11}{4}x^2$ son términos semejantes.

$$\frac{1}{4}x^2 + 2x^2 + \frac{11}{4}x^2 = \left(\frac{1}{4} + 2 + \frac{11}{4}\right)x^2 \quad \textit{Propiedad distributiva}$$

$$= 5x^2 \qquad\qquad \textit{Sustitución (=)}$$

El **coeficiente** de un término es el factor numérico. Por ejemplo, en $23ab$, el coeficiente es 23. En xy, el coeficiente es 1 ya que, debido a la propiedad de identidad de la multiplicación, $1 \cdot xy = xy$. Los términos semejantes también pueden definirse como términos que son iguales o que solo difieren en sus coeficientes.

Ejemplo ④ Encuentra el coeficiente de cada término.

a. $145x^2y$ El coeficiente es 145.

b. ab^2 El coeficiente es 1 ya que $ab^2 = 1ab^2$.

c. $\dfrac{4a^2}{5}$ El coeficiente es $\dfrac{4}{5}$ porque $\dfrac{4a^2}{5}$ puede escribirse como $\dfrac{4}{5} \cdot a^2$.

Ejemplo ⑤ Simplifica cada expresión.

a. $4w^4 + w^4 + 3w^2 - 2w^2$

Recuerda que $w^4 = 1w^4$.

$4w^4 + w^4 + 3w^2 - 2w^2$

$= (4 + 1)w^4 + (3 - 2)w^2$

$= 5w^4 + 1w^2$

$= 5w^4 + w^2$

b. $\dfrac{a^3}{4} + 2a^3$

Recuerda que $\dfrac{a^3}{4} = \dfrac{1}{4}a^3$.

$\dfrac{a^3}{4} + 2a^3 = \dfrac{1}{4}a^3 + 2a^3$

$= \left(\dfrac{1}{4} + 2\right)a^2$

$= 2\dfrac{1}{4}a^3$

COMPRUEBA LO QUE APRENDISTE

Comunicación en matemáticas

Estudia la lección. Luego, completa lo siguiente.

1. **Explica** por qué la ecuación $2(a - 3) = 2a - 3$ *no* es un enunciado verdadera.

2. **Escribe** una expresión que cumpla con las siguientes condiciones.
   a. Tiene cuatro términos,
   b. tres términos son términos semejantes y
   c. uno tiene coeficiente 1.

3. **Describe** cómo simplificarías $3(2x - 4)$.

LOS MODELOS Y LAS MATEMÁTICAS

4. **Dibuja** un modelo rectangular o usa mosaicos para representar $4(x + 1)$.

Práctica dirigida

Aparea una expresión en la columna de la izquierda con la expresión equivalente en la columna de la derecha.

5. $8(10 + 4)$
6. $(12 - 3)6$
7. $(4 \cdot 2) + (x \cdot 2)$
8. $2(x + 5)$
9. $2(x - 1)$

a. $(4 + x)2$
b. $8 \cdot 10 + 8 \cdot 4$
c. $2x - 2$
d. $2x + 10$
e. $(12)(6) - (3)(6)$

Usa la propiedad distributiva para volver a escribir cada expresión sin paréntesis.

10. $3(2x + 6)$

11. $2(a - b)$

Usa la propiedad distributiva para hallar cada producto.

12. $15 \cdot 99$

13. $28\left(2\dfrac{1}{7}\right)$

Halla el coeficiente de cada término.

14. $2.5cd$

15. $7a^2b$

16. $\frac{3b}{5}$

Halla los términos semejantes de cada expresión.

17. $4y^4 + 3y^3 + y^4$

18. $3a^2 + 4c + a + 3b + c + 9a^2$

Si es posible, simplifica cada expresión. Si no es posible, escríbela en forma reducida.

19. $t^2 + 2t^2 + 4t$

20. $25x^2 + 5x$

21. $16a^2b + 7a^2b + 3ab^2$

22. $7p + q - p + \frac{2q}{3}$

23. Empleo   María y Mark son empleados de ventas de una tienda local. Cada uno gana \$5.35 por hora. María trabaja 24 horas a la semana y Mark trabaja 32 horas a la semana. Escribe dos expresiones que representen la cantidad de dinero que gana cada uno de ellos a la semana.

EJERCICIOS

Práctica

Usa la propiedad distributiva para volver a escribir cada expresión sin paréntesis.

24. $2(4 + t)$

25. $(g - 9)5$

26. $5(x + 3)$

27. $8(3m + 6)$

28. $28\left(y - \frac{1}{7}\right)$

29. $a(5 - b)$

Usa la propiedad distributiva para hallar cada producto.

30. $5 \cdot 97$

31. $\left(3\frac{1}{17}\right) \times 17$

32. $16(102)$

33. $24(2.5)$

34. $999 \cdot 6$

35. 3×215

Si es posible, simplifica cada expresión. Si no es posible, escríbela en forma reducida.

36. $15x + 18x$

37. $14a^2 + 13b^2 + 27$

38. $10n + 3n^2 + 9n^2$

39. $5a + 7a + 10b + 5b$

40. $7(3x^2y - 4xy^2 + xy)$

41. $13p^2 + p$

42. $5(6a + 4b - 3b)$

43. $3(x + 2y) - 2y$

44. $\frac{2}{3}\left(c - \frac{3}{4}\right) + c(1 + b)$

45. $a + \frac{a}{5} + \frac{2}{5}a$

46. $4(3g + 2) + 2(g + 3)$

47. $3(x + y) + 2(x + y) + 4x$

Programación

48. El programa de la derecha examina valores de A, B y C para determinar si se cumple la propiedad distributiva para la división. Es decir, ¿es cierto que

$$\frac{A + B}{C} = \frac{A}{C} + \frac{B}{C}?$$

```
Program: DISTPROP
: Prompt A, B, C
: If(A + B)/C = A/C + B/C
: Then
: Disp "SÍ, SE CUMPLE."
: Else
: Disp "PRUEBA DE NUEVO."
: END
```

a. Ejecuta el programa para 10 valores distintos de A, B y C. ¿Se cumple la propiedad?

b. ¿Cómo cambiarías el programa para averiguar si $(A + B)^C = A^C + B^C$? ¿Se cumple la propiedad distributiva para las potencias?

Piensa críticamente

49. Si $2(b + c) = 2b + 2c$, ¿equivale $2 + (b \cdot c) = (2 + b)(2 + c)$? Escoge valores de b y c para mostrar que puede ser verdadera o encuentra *contraejemplos* para mostrar que no lo es.

Aplicaciones y solución de problemas

50. Economía Según *American Demographics*, el promedio de adolescentes varones entre 13 y 15 años de edad recibió una mensualidad de $16.15 a la semana en 1993. El promedio de adolescentes mujeres entre 16 y 19 años de edad recibió $32.45 a la semana. Toni tenía 17 años y su hermano Carlos tenía 14 en 1993. Supongamos que recibieron la cantidad promedio como mensualidad semanal.

a. Escribe dos expresiones que representen la cantidad que sus padres pagaron en mensualidad durante el mes de febrero.

b. ¿Cuál fue la cantidad que sus padres pagaron en mensualidad durante ese mes?

51. Geometría La pantalla de cine más grande permanentemente instalada tiene un área de 6768 pies cuadrados. Está ubicada en el cine Keong Emas Imax en Yakarta, Indonesia. La pantalla de cine que se muestra más abajo representa una pantalla típica de los cines norteamericanos.

a. Escribe una expresión para calcular el perímetro de la pantalla de cine que aparece a continuación. Simplifica la expresión.

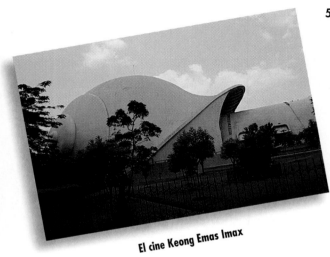

El cine Keong Emas Imax

x pies

$(x + 14)$ pies

b. Evalúa la expresión si $x = 17$.

c. Halla el área de la pantalla de cine si $x = 17$.

Repaso comprensivo

52. Nombra la propiedad que ilustra el siguiente enunciado: *Si 19 − 3 = 16, entonces 16 = 19 − 3.* (Lección 1–6)

53. Nombra la propiedad ilustrada por $9 \times 0 = 0$. (Lección 1–6)

54. Halla el conjunto de solución de la desigualdad $3x - 5 > 7$, si el conjunto de sustitución es $\{2, 3, 4, 5, 6\}$. (Lección 1–5)

55. Física El sonido viaja a 1129 pies por segundo por el aire. (Lección 1–5)

a. Escribe una ecuación que represente cuántos pies puede recorrer el sonido en 2 segundos cuando viaja por el aire.

b. ¿Cuántos pies puede recorrer el sonido en 2 segundos cuando viaja por el aire?

56. Haz una gráfica de tallo y hojas para el siguiente conjunto de datos (Lección 1–4)

$$37, 45, 36, 51, 55, 29, 45, 58, 36$$

57. Evalúa $\dfrac{4^2 - 2^3}{24 - 2(10)}$. (Lección 1–3)

58. ¿Cuáles son las siguientes dos expresiones del patrón $5a$, $10a^2$, $15a^3$, $20a^4$, ...? (Lección 1–2)

59. Cultura Cada año, el calendario chino lleva el nombre de uno de doce animales. Cada 12 años, se repite el mismo animal. Si 1992 fue el Año del Mono, ¿cuántos años del siglo XX fueron Años del Mono? (Lección 1–2)

60. Escribe una expresión algebraica que corresponda a *37 menos 2 veces un número k*. (Lección 1–1)

Propiedades conmutativa y asociativa

1-8

Lo que APRENDERÁS

- A reconocer y a usar las propiedades conmutativa y asociativa para simplificar expresiones.

Por qué ES IMPORTANTE

Porque puedes usar las propiedades conmutativa y asociativa para evaluar expresiones y resolver ecuaciones.

APLICACIÓN

Redes

El siguiente mapa muestra la ubicación de la casa de Leticia y de su colegio. Muestra también el tiempo en minutos que se demora Leticia en caminar alrededor de su vecindario.

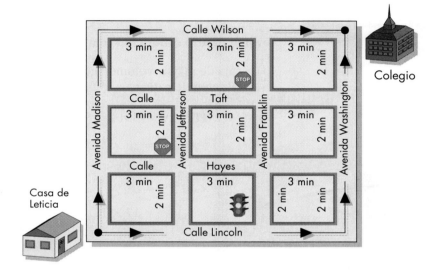

Ayer Leticia caminó al colegio usando la calle Lincoln y la Avenida Washington. Le tomó $3 + 3 + 3 + 2 + 2 + 2$ ó 15 minutos llegar al colegio. Hoy día Leticia usó la Avenida Madison y la calle Wilson. Le tomó $2 + 2 + 2 + 3 + 3 + 3$ ó 15 minutos. El tiempo que se demoró Leticia caminando al colegio es el mismo para ambos días.

$$3 + 3 + 3 + 2 + 2 + 2 = 2 + 2 + 2 + 3 + 3 + 3$$

En esta ecuación, los sumandos son iguales, pero su orden es distinto. La **propiedad conmutativa** dice que el orden en que sumas o multiplicas dos números no cambia su suma o producto.

Propiedad conmutativa	**Para números _a_ y _b_ cualesquiera, $a + b = b + a$ y $a \cdot b = b \cdot a$.**

Una manera fácil de encontrar la suma o el producto de números es agrupar o *asociar* los números. La **propiedad asociativa** dice que la manera en que agrupas tres números cuando sumas o multiplicas no altera su suma o producto.

Propiedad asociativa	**Para números _a_, _b_ y _c_ cualesquiera, $(a + b) + c = a + (b + c)$ y $(ab)c = a(bc)$.**

Puedes agrupar $11 + 12 + 7 + 9 + 7 + 6$ para facilitar la adición mental.

$$
\begin{aligned}
11 + 12 + 7 + 9 + 7 + 6 &= 11 + 9 + 7 + 6 + 7 + 12 && \textit{Conmutativa } (+) \\
&= (11 + 9) + (7 + 6 + 7) + 12 && \textit{Asociativa } (+) \\
&= 20 + 20 + 12 \\
&= 52
\end{aligned}
$$

Tanto la propiedad conmutativa como la asociativa pueden usarse con las otras propiedades que ya has estudiado cuando evalúes y simplifiques expresiones.

Ejemplo ➊

¿Por qué cambió el orden de los factores?

Juan Martínez es gerente de producción de una compañía de cereal. Parte de su trabajo es determinar el tamaño de caja que debería usarse para empacar el cereal Toasty Oatsies. Juan puede escoger entre los siguientes tamaños: 8″ por 11″ por $2\frac{1}{2}$, $8\frac{1}{2}$″ por 10″ por 2″ ó $7\frac{7}{8}$″ por 11″ por 3″.

Juan quiere saber cuál caja contiene la mayor cantidad de cereal.

La caja de mayor volumen contiene la mayor cantidad de cereal. Para hallar el volumen de cada caja, multiplica el largo por el ancho por la altura.

$$
\begin{aligned}
8 \times 11 \times 2\tfrac{1}{2} &= 8 \times 2\tfrac{1}{2} \times 11 && \textit{Conmutativa } (\times) \\
&= 20 \times 11 && \textit{Sustitución } (=) \\
&= 220
\end{aligned}
$$

$$
\begin{aligned}
8\tfrac{1}{2} \times 10 \times 2 &= 8\tfrac{1}{2} \times 2 \times 10 && \textit{Conmutativa } (\times) \\
&= 17 \times 10 && \textit{Sustitución } (=) \\
&= 170
\end{aligned}
$$

$$
\begin{aligned}
7\tfrac{7}{8} \times 11 \times 3 &= 7\tfrac{7}{8} \times (11 \times 3) && \textit{Asociativa } (\times) \\
&= 7\tfrac{7}{8} \times 33 && \textit{Sustitución } (=) \\
&= \tfrac{63}{8} \times 33 \\
&= \tfrac{2079}{8} \text{ ó } 259\tfrac{7}{8}
\end{aligned}
$$

La caja que mide $7\frac{7}{8}$″ por 11″ por 3″ posee el mayor volumen.

La tabla que se muestra a continuación resume las propiedades que puedes usar para simplificar expresiones.

Las siguientes propiedades son verdaderas para todos los números *a, b* y *c*.		
	Adición	**Multiplicación**
Conmutativa	$a + b = b + a$	$ab = ba$
Asociativa	$(a + b) + c = a + (b + c)$	$(ab)c = a(bc)$
Identidad	0 es la identidad. $a + 0 = 0 + a = a$	1 es la identidad. $a \cdot 1 = 1 \cdot a = a$
Cero		$a \cdot 0 = 0 \cdot a = 0$
Distributiva	$a(b + c) = ab + ac$ y $(b + c)a = ba + ca$	
Sustitución	Si $a = b$, entonces a puede ser sustituído por b.	

Ejemplo **a.** Escribe una expresión algebraica que corresponda a la expresión verbal *la suma de dos y el cuadrado de t aumentada por la suma de t al cuadrado y 3.*

b. Luego, simplifica la expresión algebraica indicando todas las propiedades empleadas.

a.   *la suma de dos y el cuadrado de t*   *aumentada por*   *la suma de t al cuadrado y 3*

$$2 + t^2 \qquad\qquad + \qquad\qquad t^2 + 3$$

b. $2 + t^2 + t^2 + 3 = t^2 + t^2 + 2 + 3$ *Conmutativa (+)*

$= (t^2 + t^2) + (2 + 3)$ *Asociativa (+)*

$= (1 \cdot t^2 + 1 \cdot t^2) + (2 + 3)$ *Identidad multiplicativa*

$= (1 + 1)t^2 + (2 + 3)$ *Propiedad distributiva*

$= 2t^2 + 5$ *Sustitución (=)*

COMPRUEBA LO QUE APRENDISTE

Comunicación con matemáticas

Estudia la lección. Luego, completa lo siguiente.

1. **Ilustra** la propiedad asociativa de la multiplicación con una ecuación numérica.

2. **Explica** cómo se puede usar una propiedad o propiedades para hallar el producto 5(6.5)(2) sin usar calculadora o papel y lápiz.

3. **Explica** la diferencia entre las propiedades conmutativa y asociativa.

4. **Escribe** una breve explicación de si existe o *no* una propiedad conmutativa de la división. Considera los siguientes ejemplos.

$$5 \div 3 = 1\frac{2}{3} \qquad\qquad 3 \div 5 = \frac{3}{5}$$

MI DIARIO

DE MATEMÁTICAS

5. **Autoevalúate** ¿Crees que entiendes las propiedades descritas en este capítulo? ¿Cuáles propiedades te fueron más fáciles de entender? Haz una lista de las propiedades que te hayan dado dificultades y explica por qué.

Práctica dirigida

Nombra la propiedad representada por cada enunciado.

6. $(6 + 4) + 2 = 6 + (4 + 2)$ 7. $7 + 6 = 6 + 7$

8. $(2 + 5) + x = 7 + x$ 9. $7(ab) = (7a)b$

10. Nombra la propiedad usada en cada paso.

     a. $ab(a + b) = (ab)a + (ab)b$

     b. $\qquad\qquad = a(ab) + (ab)b$

     c. $\qquad\qquad = (a \cdot a)b + a(b \cdot b)$

     d. $\qquad\qquad = a^2b + ab^2$

Simplifica.

11. $4a + 2b + a$ 12. $3p + 2q + 2p + 8q$

13. $3(4x + y) + 2x$ 14. $6(0.4x + 0.2y) + 0.5x$

15. Escribe una expresión algebraica correspondiente a la expresión verbal *el producto de seis y el cuadrado de z aumentado por la suma de siete, z^2 y 6.* A continuación, simplifica indicando las propiedades que has usado.

Práctica

Nombra la propiedad representada por cada enunciado.

16. $67 + 3 = 3 + 67$

17. $1 \cdot b^2 = b^2$

18. $10x + 10y = 10(x + y)$

19. $(5 \cdot m) \cdot n = 5 \cdot (m \cdot n)$

20. $(3x^2) \cdot 0 = 0$

21. $4(a + 5b) = 4a + 20b$

22. $(2 + 3)a + 7 = 5a + 7$

23. $fh + 2g = hf + 2g$

24. $7a + \left(\frac{1}{2}b + c\right) = \left(7a + \frac{1}{2}b\right) + c$

25. $(5x^2 + x + 3) + 15 = (5x^2 + x) + (3 + 15)$

26. Nombra la propiedad usada en cada paso.

a. $3c + 5(2 + c) = 3c + 5(2) + 5c$

b. $ = 3c + 5c + 5(2)$

c. $ = (3c + 5c) + 5(2)$

d. $ = (3 + 5)c + 5(2)$

e. $ = 8c + 10$

Simplifica.

27. $4x + 5y + 6x$

28. $8a + 3b + a$

29. $5x + 3y + 2x + 7y$

30. $4 + 6(ac + 2b) + 2ac$

31. $2(3x + y) + 4x$

32. $4y^4 + 3y^2 + y^4$

33. $16a^2 + 16 + 16a^2$

34. $3.2(x + y) + 2.3(x + y) + 4x$

35. $\frac{1}{4}x + 2x + 2\frac{3}{4}x$

36. $0.5[3x + 4(3 + 2x)]$

37. $\frac{3}{4} + \frac{2}{3}(m + 2n) + m$

38. $\frac{3}{5}\left(\frac{1}{2}p + 2q\right) + 2p$

Escribe una expresión algebraica correspondiente a cada expresión verbal. Luego, simplifica indicando las propiedades que uses.

39. dos veces la suma de s y t disminuida en s

40. la mitad de la suma de p y $2q$ aumentada en tres cuartos de q

41. cinco veces el producto de x y y aumentado en $3xy$.

42. cuatro veces la suma de a y b aumentada por dos veces la suma de a y $2b$

43. Halla el siguiente producto.

$$\frac{1}{2} \cdot \frac{2}{3} \cdot \frac{3}{4} \cdot \ldots \cdot \frac{98}{99} \cdot \frac{99}{100}$$

Recuerda que los puntos suspensivos "..." significan "continúa el patrón." Escribe una frase o dos explicando cómo hallaste el producto.

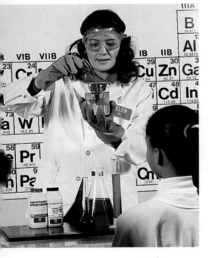

Piensa críticamente

44. ¿Es la sustracción conmutativa? Escribe una corta explicación que incluya ejemplos que apoyen tu respuesta.

45. Supongamos que la operación ✳ se define para todos los números a y b como $a ✳ b = a + 2b$. ¿Es conmutativa la operación ✳? Da ejemplos que apoyen tu respuesta.

Aplicaciones y solución de problemas

46. **Química**   Los químicos usan agua para diluir los ácidos. Una regla importante de la química es que siempre debe vaciarse el ácido en el agua. Vaciando el agua en el ácido puede hacer que este salpique produciendo quemaduras.

a. ¿Dirías que combinar ácido con agua es conmutativo?

b. Da un ejemplo de tu propia experiencia que sea conmutativo.

c. Da un ejemplo de tu propia experiencia que no sea conmutativo.

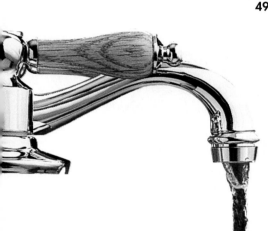

P T I

En 1994, la montaña rusa con la caída más grande y más rápida era el Steel Phantom (Fantasma de Acero) del parque de diversiones Kennywood en West Mifflin, PA. Tenía una caída vertical de 225 pies con una velocidad de diseño de 80 millas por hora.

47. Física La presión que experimentas cuando subes en una montaña rusa es producida por los rápidos cambios de dirección. Esta es la presión que te pega al asiento. Esta presión se conoce con el nombre de *fuerza-g*. La fórmula que se utiliza para evaluar la fuerza-g es, $G = \frac{(velocidad)^2}{32.2 \times el\ radio\ de\ la\ curva}$, donde la velocidad es en pies por segundo y el radio de la curva es en pies. La aceleración de la gravedad en $\frac{pies}{seg^2}$ es 32.2.

a. Si estás viajando en el Steel Phantom a 60 pies por segundo (cerca de 40 millas por hora) y doblas una curva de 30 pies, ¿qué fuerza-g experimentas?

b. La fuerza-g afecta tu peso. Por ejemplo, si pesas 100 libras y experimentas una fuerza-g de 2g, tu peso en ese momento se siente como 2 × 100, o sea, 200 libras. ¿Cómo se sentiría tu peso al tomar la curva a 60 pies por segundo?

Repaso comprensivo

48. Halla el coeficiente de $\frac{4m^2}{5}$. (Lección 1–7)

49. Ambiente Según la Agencia Protectora del Ambiente norteamericana, una familia típica de cuatro personas usa 100 galones de agua en el inodoro, 80 galones de agua para ducharse y bañarse y 8 galones de agua para usar el lavamanos cada día. Escribe dos expresiones que representen la cantidad de agua que una familia típica de cuatro personas usa con estos fines en d días. (Lección 1–7)

50. Nombra la propiedad representada por el siguiente enunciado.
Si a + b = c y a = b, entonces a + a = c. (Lección 1–6)

51. Halla el inverso multiplicativo de $\frac{2}{3}$. (Lección 1–6)

52. *Verdadero o falso:* $\frac{3k-3}{7} + 13 < 17$, cuando $k = 8$. (Lección 1–5)

53. Tiempo Los siguientes datos representan la temperatura promedio diaria en grados Fahrenheit de Santiago de Chile, durante dos semanas en el mes de febrero. Organiza estos datos en una gráfica de tallo y hojas. (Lección 1–4)

101, 95, 100, 100, 99, 101, 97,
99, 97, 100, 103, 101, 101, 99

54. Evalúa $(25 - 4) \div (2^2 - 1^3)$. (Lección 1–3)

55. Halla las siguientes dos figuras de la sucesión. (Lección 1–2)

56. Escribe una expresión algebraica correspondiente a *cinco veces p elevado a la sexta potencia.* (Lección 1–1)

Una sinopsis de gráficas y funciones

1–9

APLICACIÓN
Economía

El valor de un auto empieza a disminuir inmediatamente después de la venta. Esto se llama *depreciación*. Matemáticamente, la depreciación puede definirse mediante el siguiente enunciado abierto.

depreciación = costo original del auto − valor del auto al venderlo

La tabla muestra cómo se calcula la depreciación de un auto típico de $15,000 durante un período de cinco años. Puedes ver que a medida que la edad del auto aumenta, su valor disminuye. ¿Por qué crees que sucede esto?

Edad del auto (en años)	Valor aproximado del auto
0	$15,000
1	11,000
2	8000
3	6000
4	5000
5	4000

Esta información puede presentarse también con una gráfica. La siguiente gráfica muestra la relación entre el valor actual del auto y la edad del auto.

Se dice que el valor del auto es una **función** de su edad. Una función es una relación entre dominio e imagen. En una función, la imagen depende del dominio. Hay exactamente una sola imagen para cada dominio.

Hay dos rectas numéricas en la gráfica. La recta que representa el valor actual del auto es el **eje vertical.** La recta que representa la edad del auto es el **eje horizontal.**

Observa que hay seis puntos en la gráfica. Cada punto representa el valor del auto (en miles de dólares) al final de cada año. Por ejemplo, después del año 1, el valor es $11,000. Puedes expresar esta relación como (1, 11). ¿Qué representan los puntos *A* y *B*?

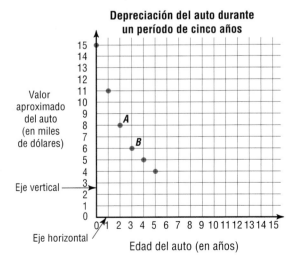

Depreciación del auto durante un período de cinco años

Valor aproximado del auto (en miles de dólares)

Eje vertical

Eje horizontal

Edad del auto (en años)

A(2, 8) significa que al final del año 2 el valor del auto es de unos $8,000.

B(3, 6) significa que al final del año 3 el valor del auto es de unos $6,000.

(1, 11), (2, 8) y (3, 6) se llaman **pares ordenados.** El orden en que el par de números está escrito es importante. Los pares ordenados se usan para ubicar puntos en una gráfica. El primer número de un par ordenado corresponde al eje horizontal y el segundo número al eje vertical. El par ordenado (0, 0) corresponde al **origen.**

Muchas situaciones reales pueden modelarse usando funciones.

Ejemplo

APLICACIÓN
Ventas

Shim es dueña de un mercado de verduras. El dinero que un cliente paga por las mazorcas depende del número que este compre. Shim vende una docena de mazorcas en $3.00.

a. Haz una tabla que muestre el precio de varias compras de mazorcas.

Número de docenas	Mazorcas	Precio
$\frac{1}{2}$	6	$1.50
1	12	$3.00
$1\frac{1}{2}$	18	$4.50
2	24	$6.00

b. Escribe cuatro pares ordenados que representen el número de mazorcas y el precio.

Cuatro pares ordenados pueden determinarse de la tabla. Estos pares ordenados son (6, 1.50), (12, 3.00), (18, 4.50) y (24, 6.00).

c. Describe un conjunto de ejes que pueda utilizarse para graficar el número de mazorcas y el precio.

Sea el eje horizontal el número de mazorcas y el eje vertical el precio.

d. Dibuja una gráfica que muestre la relación entre el número de mazorcas y el precio.

Grafica los cuatro puntos descritos por los pares ordenados.

e. Mientras lees la gráfica de izquierda a derecha, describe la tendencia que observas. Explica.

La gráfica va hacia arriba porque el precio aumenta con el aumento de mazorcas. El precio es una función del número de mazorcas que se compran.

En el ejemplo 1, el precio que un cliente paga depende del número de mazorcas que este compre. Por lo tanto, el número de mazorcas compradas se llama la **variable** o **cantidad independiente** y el precio se llama la **variable** o **cantidad dependiente.** Es costumbre graficar la variable independiente en el eje horizontal y la variable dependiente en el eje vertical.

Puedes usar una gráfica sin escalas en cualquiera de los ejes para mostrar la forma general de la gráfica que modela una situación.

Ejemplo 2

Lucinda corre cuesta arriba a paso constante durante cierto período de tiempo. Luego corre cuesta abajo y su velocidad empieza a aumentar.

a. ¿Qué sucede con su velocidad cuando Lucinda corre a paso constante?

Su velocidad no cambia porque su paso es constante.

b. ¿Qué sucede con su velocidad cuando Lucinda corre cuesta abajo?

La velocidad aumenta cuando corre cuesta abajo.

c. Identifica las cantidades independiente y dependiente.

El tiempo es la cantidad independiente y la velocidad es la cantidad dependiente.

d. Aparea la gráfica con la situación.

Halla la gráfica que muestra una velocidad constante (una línea horizontal) seguida de un aumento en velocidad (una línea que va hacia arriba) mientras más se ejercita Lucinda. La gráfica 1 cumple con esta descripción.

Una **relación** es un conjunto de pares ordenados. El conjunto de los primeros números de los pares ordenados se llama el **dominio** de la relación. El dominio contiene valores que pueden usarse como sustitutos para la variable independiente. El conjunto de los segundos números de los pares ordenados se llama la **amplitud** de la relación. La amplitud contiene los valores de la variable dependiente.

Ejemplo 3

Mitchell no se siente bien y perdió un día de clases. La gráfica muestra la temperatura de Mitchell como función de la hora del día.

a. Escribe un relato acerca de la enfermedad de Mitchell.

He aquí una posible narración.

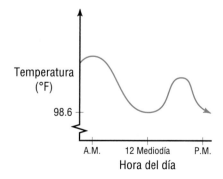

Cuando Mitchell se levantó en la mañana, tenía una fiebre alta. Mientras pasaba la mañana, su temperatura comenzó a disminuir. Al mediodía, su temperatura era casi normal, pero esta empezó a aumentar después del almuerzo. Entonces su mamá le administró un remedio. Por la noche, su fiebre había desaparecido y su temperatura había vuelto a la normalidad.

b. Identifica un dominio y una amplitud razonables para el siguiente problema.

El dominio incluye las 24 horas del día. Una amplitud razonable incluiría todas las temperaturas entre la más alta y la más baja que una persona puede tener y aún mantenerse viva.

Comunicación en matemáticas

Estudia la lección. Luego, completa lo siguiente.

1. **Explica** por qué es importante el orden de los números en un par ordenado.

2. Refiérete a la *Aplicación* al comienzo de la lección. Extiende la gráfica para predecir el valor del auto después de 6 años y después de 10 años.

3. Usa la gráfica de la derecha para responder las siguientes preguntas.

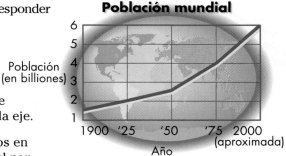

Población mundial

   a. **Describe** la información que muestra la gráfica.

   b. **Identifica** la variable representada en cada eje.

   c. **Identifica** dos puntos en la gráfica y escribe el par ordenado para cada punto. Explica lo que representa cada punto.

   d. **Explica** lo que representa el par ordenado (2000, 6.2).

   e. **Escribe** un informe que explique la función en la gráfica.

HERMAN

"Realmente espero con ansias sus animadas y cortas visitas."

4. **Escribe** una narración que explique lo que la gráfica de la caricatura de la izquierda pueda representar. Identifica las variables dependiente y independiente de tu narración.

Práctica dirigida

5. Aparea cada descripción con la gráfica más apropiada.

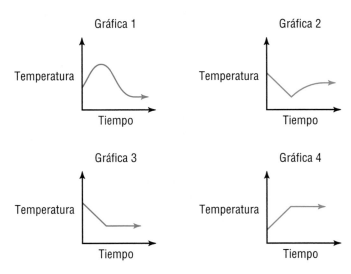

Gráfica 1 — Temperatura / Tiempo

Gráfica 2 — Temperatura / Tiempo

Gráfica 3 — Temperatura / Tiempo

Gráfica 4 — Temperatura / Tiempo

   a. Es agosto y entras a una casa calurosa y prendes el aire acondicionado.

   b. Es enero y entras a una casa fría y subes el termostato a 68° F.

   c. Pones cubos de hielo en tu ponche de frutas y te lo bebes lentamente.

   d. Colocas una taza de agua en el horno microondas y la calientas por un minuto.

6. Dibuja una gráfica razonable para el siguiente enunciado. *El dolor que sientas al pegarte en el dedo pulgar con un martillo depende del grado de fuerza al martillar.*

7. El entrenador de básquetbol del City College está reclutando a jugadores. Las gráficas describen a dos de los jugadores que están siendo reclutados.

Determina si cada enunciado es *verdadero o falso.* Explica tu razonamiento.

a. El jugador más joven es más rápido que el jugador mayor.

b. Un jugador hizo más tiros de dos puntos y más tiros de tres puntos que el otro.

c. El jugador mayor hizo más tiros de dos puntos.

d. El jugador más joven intentó e hizo más tiros libres.

EJERCICIOS

Práctica

8. Identifica la gráfica que cumple con el siguiente enunciado. Explica.

Un autobús se detiene frecuentemente para tomar pasajeros.

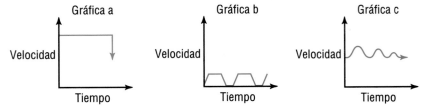

9. Identifica la gráfica que representa el ingreso anual como función de la edad. Explica tu respuesta.

10. La gráfica de la derecha muestra el dinero en la cuenta de ahorros de Jorge como función del tiempo.

a. Describe lo que sucede con el dinero de Jorge. Explica por qué sube y baja la gráfica en ciertos puntos particulares.

b. Describe los elementos del dominio y de la amplitud.

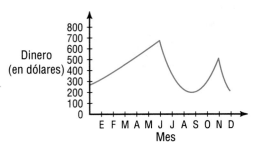

11. Aparea cada tabla de datos con la gráfica más apropiada.

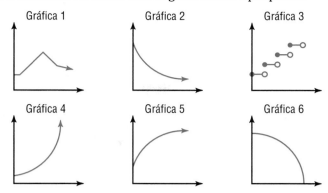

Gráfica 1   Gráfica 2   Gráfica 3

Gráfica 4   Gráfica 5   Gráfica 6

a. Onda sísmica primaria

Distancia del epicentro (en km)	1000	2000	3000	4000	5000	6000	7000
Tiempo (en minutos)	2	4	5.8	7.2	8.5	9.7	10.8

b. Costo de una estampilla de primera clase

Año	1983	1985	1987	1989	1991	1993	1995
Costo de la estampilla	22¢	25¢	25¢	25¢	29¢	29¢	32¢

c. Inmigración a los Estados Unidos

Año	1987	1988	1989	1990	1991	1992	1993
Admisiones legales (en millones)	0.6	0.6	1.1	1.5	1.8	1.0	0.9

d. Desarrollo del feto humano

Tiempo (en semanas)	4	8	12	16	20	24	28
Masa (en gramos)	0.5	1	28	110	300	650	1200

e. Altura de un objeto que cae

Tiempo (en segundos)	0	0.5	1.0	1.5	2.0	2.5	3.0
Altura (en pies)	200	196	184	164	136	100	56

f. Enfriamiento del agua hirviendo

Tiempo (en minutos)	0	1	2	3	4	5	6
Temperatura (°F)	100	50	25	12.5	6.25	3.125	1.5625

Dibuja una gráfica razonable para cada situación.

12. A Rashaad le gusta intercambiar tarjetas de básquetbol. Durante las dos primeras semanas del mes, añadió un montón de tarjetas a su colección. Luego, perdió algunas tarjetas y vendió otras.

13. Un auto controlado por radio se mueve y después se estrella contra una pared.

14. Phyllis anda en bicicleta a una velocidad constante. Luego se le desinfla un neumático. Camina a una estación de gasolina para que le reparen el neumático. Cuando está reparado, continúa con su paseo.

15. La altura de un balón de fútbol americano que fue lanzado a la zona final para un tanto marcado comparado con la distancia que está el balón de la zona final.

**Piensa
críticamente**

16. ¿Cuál de los deportes que aparecen en la siguiente lista produce una
gráfica como la que se ve a continuación? Explica por qué elegiste tal
deporte y da razones por qué no
escogiste los otros deportes.

Tiro con arco   Salto alto
Ciclismo   Tiro de la javalina
Pesca   Salto con garrocha
Golf   Patinaje en tabla
Zambullida alta   Salto desde el aire

**Aplicaciones y
solución de
problemas**

**17. Instituciones de
beneficencia** La
gráfica de la derecha
muestra la cantidad
de dinero recaudado
por la Asociación de
Distrofia Muscular
(ADM) durante un
período de 10 años.

**Dinero recaudado por la
teletón de la ADM**

Fuente: ADM

    a. Nombra las
variables
independfiente y
dependiente.

    b. ¿Qué representa
el par ordenado (1991, 45)?

    c. Escribe un informe acerca del dinero recaudado entre 1981 y 1986.

    d. Escribe un informe acerca del dinero recaudado entre 1987 y 1994.

    e. Usa la información para predecir la cantidad de dinero recaudada cada
año desde 1994. Investiga para ver si tu predicción es correcta.

18. Industria musical
La gráfica de la
derecha muestra las
ventas en millones
de dólares para
diferentes categorías
de música. Escribe
dos conclusiones a
las que puedas llegar
usando la
información
presentada en la
gráfica.

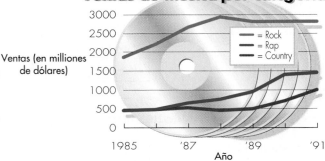

Ventas de música por categoría

Fuente: The Recording Industry Association of America

**Repaso
comprensivo**

19. Simplifica $5p + 7q + 9 + 4q + 2p$.   (Lección 1–8)

20. Simplifica $9a + 14(a + 3)$.   (Lección 1–7)

21. Evalúa $14(1) - 27(0)$.   (Lección 1–6)

22. *Verdadero o falso:* $5m + 6^2 = 56$, si $m = 4$.   (Lección 1–5)

23. Geometría El volumen de un cono es igual a un tercio del área de la base
B por la altura h. Escribe una expresión algebraica del volumen de un
cono.   (Lección 1–1)

CAPÍTULO 1

VOCABULARIO

Después de estudiar este capítulo, podrás definir cada término, propiedad o frase y dar uno o dos ejemplos de cada uno.

Álgebra

amplitud (p. 58)
base (p. 7)
coeficiente (p. 47)
conjunto de sustitución (p. 33)
conjunto de solución (p. 33)
desigualdad (p. 33)
dominio (p. 58)
ecuación (p. 33)
eje horizontal (p. 56)
eje vertical (p. 56)
evaluar (p. 8)
exponente (p. 7)
expresión algebraica (p. 6)
expresiones equivalentes (p. 47)
factores (p. 6)
forma reducida (p. 47)
función (p. 56)
identidad aditiva (p. 37)
identidad multiplicativa (p. 38)
inverso multiplicativo (p. 38)

orden de las operaciones (p. 19)
mosaicos de álgebra (p. 44)
pares ordenados (p. 57)
potencia (p. 7)
producto (p. 6)
enunciado abierto (p. 32)
propiedad asociativa (p. 51)
propiedad conmutativa (p. 51)
propiedad distributiva (p. 46)
propiedad multiplicativa del cero (p. 38)
propiedad reflexiva de la igualdad (p. 39)
propiedad simétrica de la igualdad (p. 39)
propiedad de sustitución de la igualdad (p. 39)
propiedad transitiva de la igualdad (p. 39)
recíproco (p. 38)
relación (p. 58)

resolver el enunciado abierto (p. 32)
solución (p. 32)
término (p.p. 13, 47)
términos semejantes (p. 47)
variable (p. 6)
variable dependiente (p. 58)
variable independiente (p. 58)

Matemáticas discretas

conjunto (p. 33)
elemento (p. 33)
sucesión (p. 13)

Estadística

datos (p. 25)
estadística (p. 25)
gráficas de tallo y hojas (p. 25)

Solución de problemas

en busca de un patrón (p. 13)

COMPRENSIÓN Y USO DEL VOCABULARIO

Escoge la letra del término que mejor corresponda a cada enunciado o frase.

1. Para cada número a, $a + 0 = 0 + a = a$.
2. Para cada número a, $a \cdot 1 = 1 \cdot a = a$.
3. Para cada número a, $a \cdot 0 = 0 \cdot a = 0$.
4. Para cada número a, hay exactamente un solo número $\frac{1}{a}$ tal que $a \cdot \frac{1}{a} = \frac{1}{a} \cdot a = 1$.
5. Para cada número a, $a = a$.
6. Para números a y b cualesquiera, si $a = b$, entonces $b = a$.
7. Para números a y b cualesquiera, si $a = b$ entonces b puede sustituirse por a.
8. Para números a, b y c cualesquiera, si $a = b$ y $b = c$, entonces $a = c$.
9. Para números a, b y c cualesquiera, $a(b + c) = ab + ac$.

a. propiedad de la identidad aditiva
b. propiedad distributiva
c. propiedad de la identidad multiplicativa
d. propiedad del inverso multiplicativo
e. propiedad multiplicativa del cero
f. propiedad reflexiva
g. propiedad de sustitución
h. propiedad simétrica
i. propiedad transitiva

HABILIDADES Y CONCEPTOS

OBJETIVOS Y EJEMPLOS

Una vez completado este capítulo, podrás:

• traducir expresiones verbales a expresiones mathemáticas y viceversa (Lección 1–1)

Escribe una expresión algebraica para la suma de dos veces un número x y quince

$$2x + 15$$

Escribe una expresión verbal para $4x^2 - 13$.
cuatro veces un número x al cuadrado menos trece

• resolver problemas extendiendo sucesiones (Lección 1–2)

Halla los dos términos siguientes para cada sucesión.

$3, 7, 15, 31, \ldots$

$3 \quad 7 \quad 15 \quad 31 \quad 63 \quad 127$

$+4 \quad +8 \quad +16 \quad +32 \quad +64$

Los dos términos siguientes son 63 y 127.

• usar el orden de las operaciones para evaluar expresiones de números reales (Lección 1–3)

$5 \times 2^2 - 15 \div 3 + 4$

$= 5 \times 4 - 15 \div 3 + 4$

$= 20 - 15 \div 3 + 4$

$= 20 - 5 + 4$

$= 15 + 4$

$= 19$

$[3(6) - 4^2]^3 \times 15 \div 5$

$= [3(6) - 16]^3 \times 15 \div 5$

$= [18 - 16]^3 \times 15 \div 5$

$= [2]^3 \times 15 \div 5$

$= 8 \times 15 \div 5$

$= 120 \div 5$

$= 24$

EJERCICIOS DE REPASO

Usa estos ejercicios para repasar y prepararte para el examen del capítulo.

Escribe una expresión algebraica para cada expresión verbal.

10. la suma de un número x y veintiuno

11. un número x a la quinta potencia

12. la diferencia de tres veces un número x y 8

13. cinco veces el cuadrado de un número x

Escribe una expresión verbal para cada expresión matemática.

14. $2p^2$

15. $3m^5$

16. $\frac{1}{2}x + 2$

17. $4m^2 - 2m$

Halla los dos siguientes ítemes de cada patrón.

18.

19. $2, 4, 8, 16, \ldots$

20. $1, 1, 2, 3, 5, \ldots$

21. $x + y, 2x + y, 3x + y, \ldots$

Considera la siguiente sucesión.
10, 100, 1000, 10,000, . . .

22. Halla los dos términos siguientes de esta sucesión.

23. Expresa los cuatro primeros términos de la sucesión como una potencia de 10.

24. ¿Cuáles son los términos 9no y 13^{ero}?

Evalúa cada expresión.

25. $3 + 2 \times 4$

26. $(10 - 6) \div 8$

27. $18 - 4^2 + 7$

28. $0.8\,(0.02 + 0.05) - 0.006$

29. $(3 \times 1)^3 - (4 + 6) \div (9.1 + 0.9)$

Evalúa cada expresión si $x = 0.1$, $t = 3$, y $y = 2$.

30. $t^2 + 3y$

31. xty^3

32. $ty \div x$

33. el producto de y por x más t elevado a la segunda potencia

OBJETIVOS Y EJEMPLOS

• mostrar e interpretar datos en una gráfica de tallo y hojas   (Lección 1–4)

Tallo	Hoja
2	6 8
3	3 5 6 8 9
4	0 2 3 4 4 4 5 6 7 7 8 8 9
5	0 1 2 2 2 3 3 4 6 7
6	1 3 5 9
7	0 3 $2 \mid 6 = 26$

La entrada mayor es 73. La entrada menor es 26. El número total de entradas es 36. La mayor parte de los datos están en el intervalo 40–49.

• resolver enunciados abiertos ejecutando operaciones aritméticas   (Lección 1–5)

Determina si cada enunciado es verdadero o falso.

$x + 3 \geq 5$, $x = 1$ $5^2 - 3y \leq 1$, $y = 8$

$1 + 3 \geq 5$ $5^2 - 3(8) \leq 1$

$\quad 4 \geq 5$ $25 - 24 \leq 1$

$\quad$ falso $1 \leq 1$

$\qquad\qquad$ verdadero

• reconocer y usar las propiedades de identidad e igualdad   (Lección 1–6)

$36 + 7 \times 1 + 5(2 - 2)$

$= 36 + 7 \times 1 + 5(0)$ *Sustitución* $(=)$

$= 36 + 7 + 5(0)$ *Identidad multiplicativa*

$= 36 + 7$ *Propiedad multiplicativa del cero*

$= 42$ *Sustitución* $(=)$

• usar la propiedad distributiva para simplificar expresiones   (Lección 1–7)

$5(t + 3)$ $2x^2 + 4x^2 + 7x$

$= 5(t) + 5(3)$ $= (2 + 4)x^2 + 7x$

$= 5t + 15$ $= 6x^2 + 7x$

EJERCICIOS DE REPASO

La lista muestra la edad (en años) al fallecer de cada presidente de los Estados Unidos.

67, 90, 83, 85, 73, 80, 78, 79, 68, 71, 53, 65, 74, 64, 77, 56, 66, 63, 70, 49, 56, 67, 71, 58, 60, 72, 67, 57, 60, 90, 63, 88, 78, 46, 64, 81

34. Haz una gráfica de tallo y hojas de estos datos.

35. ¿A qué edad murió el presidente más viejo?

36. ¿A qué edad murió el presidente más joven?

37. ¿Corresponde el número total de entradas al número de presidentes? Explica.

38. ¿En qué intervalo se encuentra la mayoría de las edades?

Establece si cada enunciado es *verdadero o falso* para los valores de la variable que se indican.

39. $x + 13 = 22$, $x = 8$

40. $2b + 2 < b^3$, $b = 2$

41. $(y + 4) \div (y + 2) \leq 2$, $y = 2$

42. Halla el conjunto de solución de $3x + 1 \leq 13$, si el conjunto de sustitución es $\{2, 4, 6, 8\}$.

Resuelve cada ecuación.

43. $y = 4\frac{1}{2} + 3^2$ **44.** $y = 5[2(4) - 1^3]$

Halla el inverso multiplicativo de cada número o variable.

45. 3   **46.** y **47.** 0.2

Nombra la propiedad que ilustra cada enunciado.

48. $xy = 1xy$ **49.** $0 + 22x = 22x$

50. Evalúa $2[3 \div (19 - 4^2)]$ y nombra la propiedad usada en cada paso.

Usa la propiedad distributiva para volver a escribir cada expresión sin paréntesis.

51. $2(4 + 7)$ **52.** $4(x + 1)$ **53.** $3\left(\frac{1}{3} - p\right)$

Usa la propiedad distributiva para hallar cada producto.

54. 6×103 **55.** 3×98 **56.** $12(1.5)$

Simplifica cada expresión.

57. $3m + 5m + 12n - 4n$ **58.** $2p(1 + 16r)$

OBJETIVOS Y EJEMPLOS

• al simplificar expresiones, reconoce y usa las propiedades conmutativa y asociativa
(Lección 1–8)

$3x + 7xy + 9x$

$= 3x + 9x + 7xy$ *Conmutativa (+)*

$= (3 + 9)x + 7xy$ *Distributiva*

$= 12x + 7xy$ *Sustitución (=)*

• interpretar gráficas en situaciones reales
(Lección 1–9)
Grafica el siguiente enunciado.
A medida que una banda musical se hace más popular, sus precios aumentan hasta cierto punto y de ahí se nivelan.

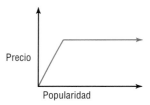

EJERCICIOS DE REPASO

Nombra la propiedad que ilustra cada enunciado.

59. $7(p + q) = 7(q + p)$

60. $3 + (x + y) = (3 + x) + y$

61. $(b + a)c = c(b + a)$

62. $2(mn) = (2m)n$

63. Simplifica $2x + 2y + 3x + 3y$.

Escribe una expresión algebraica para cada expresión verbal. A continuación simplifica, indicando las propiedades empleadas.

64. cinco veces la suma de x y y disminuida en $2x$

65. dos veces el producto de p y q aumentado en pq

Aparea cada descripción con la gráfica más apropiada.

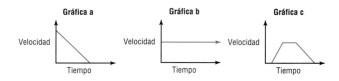

66. la velocidad de la luz

67. un avión despegando y aterrizando

68. un auto acercándose a un signo pare

APLICACIONES Y SOLUCIÓN DE PROBLEMAS

69. Alimentos y nutrición   Hay 80 calorías en una porción de leche descremada y 8 porciones en medio galón.   (Lección 1–1)
  a. Escribe una expresión que describa cuántas calorías ingieres si bebes p porciones de leche descremada.
  b. ¿Cuántas calorías consumes si bebes 4 porciones de leche descremada al día?
  c. ¿Cuántas calorías hay en medio galón de leche descremada?

70. Inversiones   La ecuación $I = prt$ describe el interés simple de una cuenta de ahorros, si I es la cantidad del interés, p es la cantidad depositada, r es la tasa de interés anual y t es el tiempo en años.   (Lección 1–3)
  a. Halla I si $p = 100$, $r = 0.05$, y $t = 2$.
  b. Si depositas $200 en una cuenta de ahorros que gana 6% (6% = 0.06), de interés, ¿cuánto dinero habrá en tu cuenta al final del primer año?

71. Geometría   La desigualdad triangular asegura que si tienes un triángulo, la suma de cualquier par de sus lados debe ser mayor que el tercer lado.   (Lección 1–5)
  a. Verifica que un triángulo cuyos lados miden 3, 4 y 5 unidades de largo satisface la desigualdad triangular.
  b. Supongamos que quieres construir un triángulo de tal manera que dos de sus lados midan 3 pies y 6 pies. ¿Cuál es el largo mínimo del tercer lado? (Usa x para el largo del tercer lado.)

Un examen de práctica para el Capítulo 1 aparece en la página 787.

EVALUACIÓN ALTERNATIVA

PROYECTO DE APRENDIZAJE COOPERATIVO

Cómo administrar una tienda de musica

En este capítulo, aprendiste cómo modelar frases verbales mediante enunciados algebraicas. Los principios básicos del modelaje de frases verbales incluyen el ser capaz de determinar si tienes una igualdad o una desigualdad y establecer cuáles son tus variables.

En este proyecto, imagínate que tú y tus amigos intentan abrir una nueva tienda musical que solo venderá discos compactos. Después de investigar un poco, determinan que el arriendo del local será de $500 y que esperan gastar $200 al mes en servicios públicos. Supongamos que el inventario de discos compactos debe ser de al menos 400 títulos diferentes con 4 discos por título y que el valor al por mayor para discos compactos es de $8.00 por disco.

Haz un bosquejo de los costos de apertura de este negocio y planifica cuántos discos compactos necesitarás vender para poder tener ganancias cada mes.

Sigue estos pasos para organizar tu negocio.

- Determina el costo de abrir tu nuevo negocio.
- Determina tus costos fijos mensuales.
- Decide a qué precio venderás los discos compactos.
- Escribe un modelo algebraico que describa el número de discos compactos que necesitas vender cada mes para no tener ganancia ni pérdidas.
- Traza una gráfica que demuestre que si las ventas aumentan, las ganancias también aumentan.
- Escribe algunos párrafos que delineen tu plan e incorpora tus modelos algebraicos y gráficas como justificación del mismo.

PIENSA CRÍTICAMENTE

- ¿Se puede aplicar la propiedad distributiva a la multiplicación? Es decir, ¿es cierto que $a(bc) = (ab)(ac)$? Explica tu respuesta.

- Inventa una sucesión de números en la cual hay más de un patrón. Explica por qué se puedes hacer esto.

PORTAFOLIO

¿Organizas tu trabajo de manera que cualquiera que lo lea pueda saber lo que piensas? Encuentra un ejemplo de un trabajo que hayas realizado que esté bien organizado y haz una lista de las cualidades que lo hacen así. A continuación, encuentra un ejemplo de un trabajo tuyo que no esté tan bien organizado y haz una lista de lo que deberías haber hecho para organizarlo mejor. Coloca ambas listas en tu portafolio.

AUTOEVALUACIÓN

¿Estás seguro de tus conocimientos matemáticos? La mayoría de los estudiantes de matemáticas prefieren no resolver un problema de matemáticas a obtener la respuesta equivocada.

Autoevalúate. ¿Qué grado de confianza tienes en ti mismo? ¿Preferirías no intentar resolver un problema o estás dispuesto a rendir tu mejor esfuerzo y aprender del resultado? Describe cómo puedes estar más seguro de tu habilidad para resolver problemas tanto en matemáticas como en tu vida diaria.

In·ves·ti·ga·ción

el Efecto de invernadero

MATERIALES QUE SE NECESITAN

lámpara con una bombilla de 100 vatios

cronómetro

termómetro

bolsa plástica de sándwich con cremalleras

regla

El *efecto de invernadero* se refiere al calentamiento excesivo de la Tierra por el sol. El mayor culpable de este fenómeno es el dióxido de carbono (CO_2). El dióxido de carbono de la atmósfera funciona como los paneles de vidrio de un invernadero. El vidrio es transparente a la luz visible, permitiendo que los rayos solares calienten la superficie terrestre. Pero cuando la superficie libera el exceso de calor, el aire caliente permanece en el invernadero logrando que el aire siga caliente. De la misma manera, el CO_2 de la atmósfera absorbe los rayos infrarrojos del sol, permitiendo que el exceso de calor quede atrapado en la atmósfera e impidiedo que escape al espacio. La cantidad de calor retenido depende de la cantidad de CO_2 que haya en el aire.

Durante los últimos 200 años, la cantidad de CO_2 en la atmósfera ha aumentado, elevando la temperatura promedio de la Tierra. Algunos científicos predicen que si el calentamiento excesivo continúa y la temperatura

promedio de la Tierra aumenta de 3° a 8° F adicionales, tendremos un marcado aumento en el número de desastres climáticos como ondas de calor, sequías, inundaciones y huracanes.

En esta *Investigación,* usarás las matemáticas para analizar aspectos del efecto de invernadero y comunicar tus hallazgos. En tu calidad de científico con la tarea de examinar el efecto de invernadero, vas a llevar a cabo dos experimentos. El primero es un *experimento de control* que será usado para comparar datos con el segundo experimento, el *experimento de invernadero.* Ambos experimentos tienen que ver con la temperatura como *función* de la distancia.

Haz un *Archivo de investigación* en el cual puedas guardar el trabajo de esta *Investigación* para uso futuro.

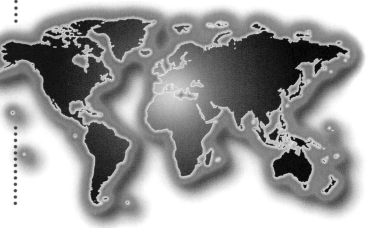

EXPERIMENTO DE CONTROL				
Prueba	Distancias entre el termómetro y la bombilla	Primera temperatura	Segunda temperatura	Diferencia temperaturas
1				
2				
3				
4				

EXPERIMENTO DE CONTROL

1 Empieza copiando la tabla de arriba en una hoja de papel.

2 Coloca la lámpara a 5 pulgadas del termómetro. Asegúrate de que la lámpara esté apagada.

3 Mide y registra la temperatura y la distancia entre el termómetro y la bombilla.

4 Enciende la lámpara cinco minutos. Usa el cronómetro para medir correctamente el tiempo.

5 Registra la nueva temperatura y determina la diferencia en temperaturas.

6 Deja que el termómetro y la bombilla se enfríen y repite el proceso, alejando un poco la lámpara del termómetro. Ejecuta esta prueba un total de cuatro veces a cuatro distancias distintas, asegurándote de que el termómetro se enfríe entre prueba y prueba.

EXPERIMENTO DE INVERNADERO

7 Comienza haciendo una tabla como la que usaste para el Experimento de control.

8 Asegúrate de que el termómetro esté a temperatura ambiente. Registra la temperatura ambiente.

9 Coloca el termómetro en la bolsa plástica y ciérrala, asegurándote de que el mercurio del termómetro no entre en contacto con la bolsa. A continuación, coloca el termómetro a la misma distancia que lo colocaste en el Experimento de control (5 pulgadas). Registra la distancia entre el termómetro y la bombilla y enciende la lámpara durante cinco minutos.

10 Registra la nueva temperatura y a continuación determina la diferencia en temperaturas.

11 Ejecuta cuatro pruebas empleando las mismas distancias que usaste en el experimento de control. Asegúrate de sacar el termómetro de la bolsa y dejarlo que se enfríe entre prueba y prueba. Asegúrate también de la precisión de las medidas y las lecturas del termómetro.

Seguirás trabajando en esta Investigación en los Capítulos 2 y 3.

Asegúrate de guardar tus tablas y materiales en tu *Archivo de investigación.*

Investigación del efecto de invernadero

Continúa con la investigación
Lección 2–2, p. 83

Continúa con la investigación
Lección 2–6, p. 111

Continúa con la investigación
Lección 3–2, p. 154

Continúa con la investigación
Lección 3–6, p. 177

Cierre de la investigación

Fin del Capítulo 3, 184

Explora los números racionales

Objetivos

En este capítulo, podrás:

- mostrar e interpretar datos estadísticos en esquemas lineales,
- sumar, restar, multiplicar y dividir números racionales,
- encontrar raíces cuadradas y
- escribir ecuaciones y fórmulas.

¡Vegetarianos uníos!

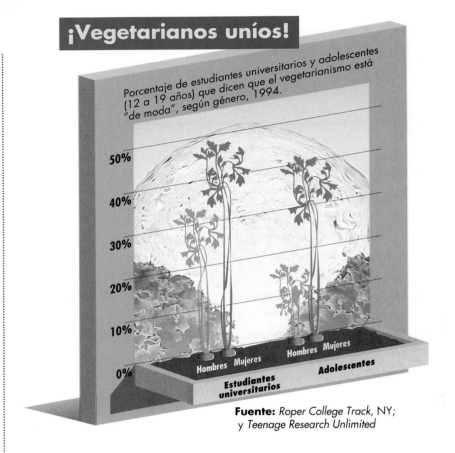

Porcentaje de estudiantes universitarios y adolescentes (12 a 19 años) que dicen que el vegetarianismo está "de moda", según género, 1994.

Fuente: *Roper College Track*, NY; y *Teenage Research Unlimited*

Las hamburguesas y las pizzas con pepperoni han sido una parte importante de la dieta adolescente por muchos años. Pero últimamente ha comenzado una tendencia hacia las comidas sin carne. ¿Por qué están volviéndose los adolescentes hacia los "valores vegetarianos" y comen tofu y berenjenas? ¿Es una dieta sin carne beneficiosa? ¿Hay riesgos en una dieta sin carne?

Línea cronológica

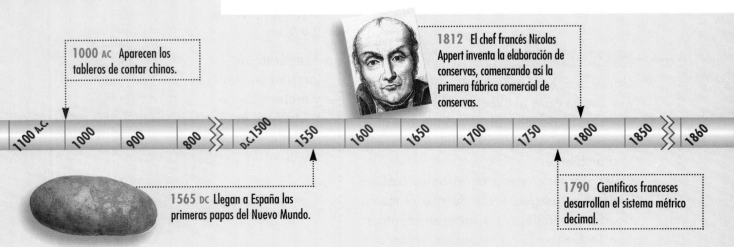

1000 AC Aparecen los tableros de contar chinos.

1812 El chef francés Nicolas Appert inventa la elaboración de conservas, comenzando así la primera fábrica comercial de conservas.

1565 DC Llegan a España las primeras papas del Nuevo Mundo.

1790 Científicos franceses desarrollan el sistema métrico decimal.

LA GENTE HACE NOTICIAS

La preocupación por los animales es una razón por la cual los adolescentes dejan de comer carne. Grupos como *Earth 2000,* un grupo para adolescentes fundado por **Danny Seo,** quiere que el punto central de su generación sea "no a la crueldad contra los animales, no a la carne". Danny y miembros de *Earth 2000* citan a personalidades famosas como Michael Stipe de *R.E.M.,* Eddie Veder de *Pearl Jam* y Jennie Garth de *Beverly Hills 90210* como modelos de vegetarianos.

Danny cita también razones de salud tales como reducir la ingestión de grasas en una dieta sin carne. En una dieta vegetariana equilibrada, solo cerca de un tercio de las calorías provienen de las grasas.

Proyecto del capítulo

¿Qué comerías si no comieras carne? Investiga acerca de recursos nutritivos y dietéticos en la biblioteca para diseñar una dieta vegetariana y una dieta basada en carne para un adolescente promedio.

- Planifica dos dietas. Una debe ser para un vegetariano y otra para una persona que come carne.

- Diseña un menú semanal para cada dieta, haciendo una lista de todos los datos nutritivos como calorías, grasas, colesterol, sodio, carbohidratos, proteínas y vitaminas.

- ¿Puede mantenerse una dieta saludable sin productos animales? ¿Es saludable un aumento en el consumo de frutas y vegetales? Justifica tu razonamiento.

- Saca algunas conclusiones de tu investigación acerca de dietas individuales y producción de alimentos. Comparte tus hallazgos con tus compañeros de curso.

1925 Clarence Birdseye desarrolla los alimentos congelados empacados.

1950 El director de cine español Luis Buñuel dirige la película mexicana *Los Olvidados.*

1930 Ruth Wakefield inventa la galleta Toll House.

1991 Carolyn Napoli co-inventa la tecnología que puede aplicarse para bloquear genes en las plantas reduciendo su contenido de azúcar y aceite.

1880 1890 1900 1910 1920 1930 1940 1950 1960 1970 1980 1990 2000

2-1

Enteros y la recta numérica

Lo que APRENDERÁS

- A hallar la coordenada de un punto en una recta numérica,
- a graficar enteros en una recta numérica y
- a sumar enteros usando una recta numérica.

Por qué ES IMPORTANTE

Porque puedes usar rectas numéricas para sumar y restar enteros y para exhibir datos.

Lista de los Cinco principales

espacios en los que se cae más a menudo en el juego Monopolio®

1. Illinois Ave.
2. Go
3. B&O Railroad
4. Free Parking
5. Tennessee Ave.

APLICACIÓN
Entretenimiento

¿Has jugado alguna vez Monopolio®? Lo más probable es que hayas jugado en algún momento. Parker Brothers ha vendido más de 100 millones de copias del juego desde que fue inventado por Charles Darrow en 1933.

Para poder jugar monopolio debes saber cómo mover las piezas en el tablero. Esto se hace sumando los números que aparecen en un par de dados y avanzando tu ficha el número correspondiente de espacios. También debes saber cómo *retroceder* tu ficha cuando así se indique. El entender cómo se suman y se restan enteros te puede ayudar a jugar.

Nidi, Lynn, Michael y Domingo juegan al monopolio. La siguiente tabla muestra el turno de cada jugador. ¿Cómo puedes representar la jugada de Nidi usando numerales?

Jugador	Primer turno
Nidi	Saca 2; cae en Chance—retrocede tres lugares.
Lynn	Saca doble 3; saca 7.
Michael	Saca 6—va directamente a la cárcel (retrocede 20 lugares).
Domingo	Saca 9; cae en Community Chest—avanza 11 lugares.

Puedes resolver problemas como este usando una **recta numérica.** Una recta numérica se dibuja eligiendo una posición de partida, en general 0, y marcando distancias iguales a partir de ese punto. A menudo, se representa el conjunto de **números enteros** en una recta numérica. Este conjunto se puede escribir como {0, 1, 2, 3, ...} donde "..." significa que el conjunto continúa indefinidamente.

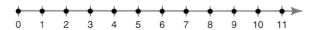

Aunque se muestra solo una parte de la recta numérica, la flecha indica que la recta y el conjunto numérico continúan.

Podemos usar la expresión $2 - 3$ para representar la jugada de Nidi.

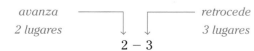

avanza 2 lugares ⟶   ⟵ *retrocede 3 lugares*

$$2 - 3$$

La recta numérica muestra que el valor de $2 - 3$ debería ser 1 menos que 0. Sin embargo, no hay número entero alguno que corresponda a 1 *menos que* 0. Puedes escribir el número 1 *menos que* 0 como -1. Este es un ejemplo de un **número negativo**.

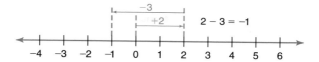

Para incluir números negativos en la recta numérica, extiéndela hacia la izquierda de cero y marca distancias iguales. Los puntos a la derecha de cero se designan usando el *signo positivo* (+). Los puntos a la izquierda de cero se designan usando el *signo negativo* (−). El cero no es ni positivo ni negativo.

Cualquier número distinto de cero escrito sin signo alguno, se entiende que es positivo.

Lee "−5" como 5 *negativo*.　　Lee "+5" como 5 *positivo*.

El conjunto de números usados en la recta numérica anterior se llaman conjunto de **enteros**. Este conjunto puede escribirse como $\{..., -6, -5, -4, -3, -2, -1, 0, 1, 2, 3, 4, 5, 6, ...\}$.

Los **diagramas de Venn** son figuras que se usan a menudo para representar conjuntos de números.

Conjuntos	Ejemplos
Números naturales	1, 2, 3, 4, 5, ...
Números enteros	0, 1, 2, 3, 4, ...
Enteros	..., −2, −1, 0, 1, 2, ...

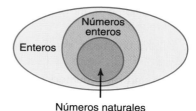

Observa que los números naturales son un subconjunto de los números enteros y que los números enteros son un subconjunto de los enteros.

Graficar un conjunto de números significa dibujar, o diagramar, los puntos nombrados por esos números en una recta numérica. El número correspondiente a un punto en una recta numérica recibe el nombre de **coordenada** del punto.

Ejemplo 1 **Nombra el conjunto de números que se grafica a continuación.**

a.

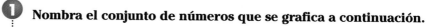

La flecha indica que la gráfica continúa indefinidamente en esa dirección.

El conjunto es $\{-5, -4, -3, -2, -1, 0, 1, 2, ...\}$.

b.

El conjunto es $\{-4, -2, -1, 1, 3\}$.

Puedes usar una recta numérica para sumar enteros.

LOS MODELOS Y LAS MATEMÁTICAS

Suma enteros

Para sumar -7 y -5, haz lo siguiente.

Paso 1
Dibuja una flecha que vaya de 0 a -7, que es el primer sumando.

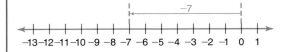

Paso 2
Empezando en -7, dibuja una flecha que vaya a la izquierda 5 unidades. Esta representa el segundo sumando, -5.

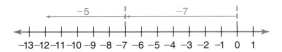

Paso 3
La flecha termina en la suma, -12.

Así, $-7 + (-5) = -12$.

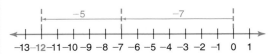

Observa que los paréntesis se usan en la ecuación para que el signo del número no se confunda con el signo de sustracción.

Ahora te toca a ti

a. ¿Qué suma se modela en la recta numérica de la derecha?

b. Dibuja una recta numérica que muestre la suma $-3 + (-2) = -5$.

c. Usa una recta numérica para hallar $-4 + 5$.

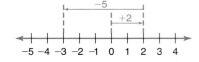

Ejemplo 2

APLICACIÓN
Meteorología

A las 4:08 A.M., la temperatura en Casper, Wyoming, era de $-10°$ F. A eso de la 1:30 P.M., había subido $17°$ alcanzando la temperatura máxima del día. ¿Cuál fue la temperatura máxima?

Dibuja y rotula una recta numérica. Dibuja una flecha de 0 a -10. A continuación, dibuja una flecha a la derecha de 17 unidades de largo.

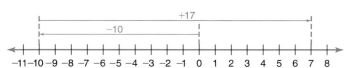

La temperatura máxima del día fue de $7°$ F.

COMPRUEBA LO QUE APRENDISTE

Comunicación en matemáticas

Estudia la lección y a continuación completa lo siguiente.

1. **Explica** cómo calcularías la suma $-4 + 6$ en una recta numérica.

2. **Dibuja** una recta numérica para mostrar que $-17 < 0$, $-3 < 1$ y $-5 > -10$.

3. Con respecto a la aplicación al comienzo de la lección, dibuja rectas numéricas que muestren las jugadas de Lynn, Michael y Domingo.

4. **Investiga** ejemplos en los que los enteros se empleen en situaciones de la vida diaria recortando artículos de periódicos que muestren enteros.

LOS MODELOS Y LAS MATEMÁTICAS

5. Usa una recta numérica para hallar $5 + (-6)$.

Práctica dirigida

Nombra el conjunto de números que se grafica a continuación.

6.

7.

Dibuja cada conjunto de números en una recta numérica.

8. $\{0, 2, 4, 6\}$

9. $\{-1, 0, 1, 2, 3,...\}$

10. $\{$los enteros más grandes que $-3\}$

Escribe la suma que corresponda a cada diagrama.

11.

12.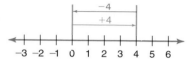

Suma. Usa una recta numérica si así lo crees conveniente.

13. $-8 + 3$

14. $-7 + (-15)$

15. Fútbol americano La ofensiva del equipo de los Barnesville Bruins se alinea en su línea de 20 yardas. Gana 5 yardas en el primer *down*, pierde 3 yardas en el segundo, gana 7 yardas en el tercero y patea la pelota en el cuarto *down*. ¿Cuál fue la ganancia o pérdida neta después del tercer *down*?

EJERCICIOS

Práctica

Nombra el conjunto de números que se grafica a continuación.

16.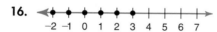

17.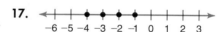

18.

19.

20.

21.

Dibuja cada conjunto de números en una recta numérica.

22. $\{-4, -3, -1, 3\}$

23. $\{..., -2, -1, 0, 1\}$

24. $\{$los enteros entre -6 y $10\}$

25. $\{$los enteros menores que $0\}$

26. $\{$los enteros entre -2 y $5\}$

27. $\{$los enteros menores que $-3 + (-1)\}$

28. $\{$los números enteros mayores que $-4 + 4\}$

29. $\{$los enteros menores que 0, pero mayores que $-6\}$

30. $\{$los enteros menores o iguales que -3 y mayores o iguales que $-10\}$

Calcula cada suma. Si lo deseas, usa una recta numérica.

31. $8 + 5$

32. $-6 + (-7)$

33. $7 + (-12)$

34. $-4 + (-9)$

35. $0 + (-12)$

36. $5 + (-3)$

37. $-3 + 9$

38. $-13 + 13$

39. $-14 + (-9)$

40. Escribe tres ecuaciones distintas que usen enteros que sumen −14.

Para los ejercicios 41–42, escribe un enunciado abierto usando la adición. Luego resuelve cada problema.

41. Meteorología El 10 de febrero, la temperatura mínima en Houlton, Maine y en Fort Yukón, Alaska, fue de −17°. El mismo día, la temperatura máxima en Lajitas, Texas, fue 82° más alta. ¿Cuál fue la temperatura en Lajitas, Texas, el 10 de Febrero?

42. Geografía Usa el mapa que se muestra a continuación para determinar cuál es la hora en cada ciudad si son las 10:00 a.m. en la ciudad de Nueva York.

  a. Hong Kong   **b.** Los Ángeles

  c. Río de Janeiro   **d.** Bombay

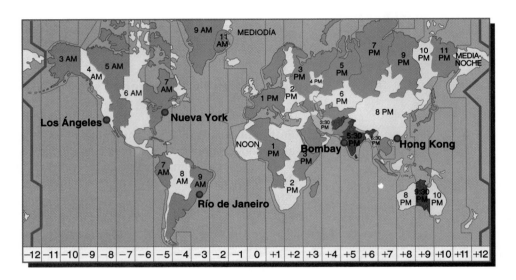

43. Meteorología La *sensación térmica* es un cálculo aproximado del efecto que el viento tiene en una persona durante el tiempo frío. Los meteorólogos usan una tabla como la que se muestra más abajo para determinar la sensación térmica. Emplea la tabla para calcular cada sensación térmica.

  a. 20°F, 10 mph

  b. 0°F, 15 mph

  c. −10°F, 5 mph

  d. 30°F, 15 mph

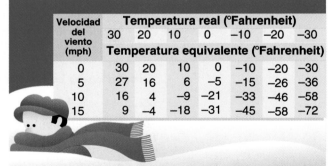

Velocidad del viento (mph)	Temperatura real (°Fahrenheit)						
	30	20	10	0	−10	−20	−30
	Temperatura equivalente (°Fahrenheit)						
0	30	20	10	0	−10	−20	−30
5	27	16	6	−5	−15	−26	−36
10	16	4	−9	−21	−33	−46	−58
15	9	−4	−18	−31	−45	−58	−72

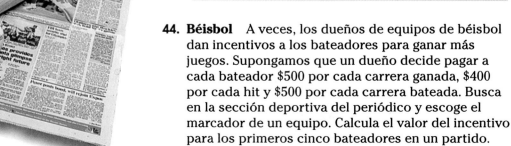

44. Béisbol A veces, los dueños de equipos de béisbol dan incentivos a los bateadores para ganar más juegos. Supongamos que un dueño decide pagar a cada bateador $500 por cada carrera ganada, $400 por cada hit y $500 por cada carrera bateada. Busca en la sección deportiva del periódico y escoge el marcador de un equipo. Calcula el valor del incentivo para los primeros cinco bateadores en un partido.

Repaso comprensivo

45. Entretenimiento Juanita puso el volumen de su estéreo muy alto porque sus padres no están en la casa. De repente, ve el auto de su padre llegar a la casa. Corre a su cuarto a bajar el volumen. El padre de Juanita entra, toma un paraguas y se va. Juanita entonces sube el volumen del estéreo a su nivel anterior. Haz una gráfica que muestre el volumen del estéreo de Juanita durante todo ese tiempo. (Lección 1–9)

46. Buena salud A Mitchell le gusta ejercitarse regularmente. Los lunes camina dos millas, corre tres millas, corre rápido media milla y camina otra milla. Identifica la gráfica que mejor represente el ritmo cardíaco de Mitchell como función del tiempo. (Lección 1–9)

a.

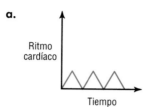

b.

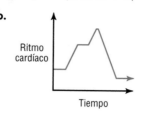

c.

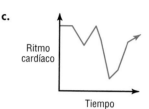

47. Nombra la propiedad que se ilustra con $8(2 \cdot 6) = (2 \cdot 6)8$. (Lección 1–8)

48. Simplifica $16a + 21a + 30b - 7b$. (Lección 1–7)

49. Nombra la propiedad que se ilustra con $(12 - 9)(4) = 3(4)$. (Lección 1–6)

50. Resuelve $5(7) + 6 = x$. (Lección 1–5)

51. Evalúa $9(0.4 + 1.2) - 0.5$. (Lección 1–3)

52. Patrones Halla los tres números que siguen en el patrón 5, 6.5, 8, 9.5, ... (Lección 1–2)

Matemática y SOCIEDAD

Las matemáticas de los mayas

El siguiente pasaje es de un artículo que apareció en el diario *Columbus Dispatch* el 15 de enero de 1995. En él se describe el sistema numérico que desarrollaron los indios mayas, una antigua civilización que existió hasta el siglo 16 en el sur de México y Centroamérica.

Los mayas usaban un sistema de contar basado en el número 20. Mientras que nosotros sumamos dígitos hacia la izquierda de los números para mostrar su aumento de tamaño, los mayas los apilaban. En nuestro sistema decimal, mientras observas un número de izquierda a derecha, cada dígito nos indica su valor con base en el número 10. Por ejemplo, el número 326, es realmente 3 centenas, 2 decenas y 6 unidades... Los mayas usaban el mismo principio, pero en el sistema vigesimal (basado en el 20). Las unidades estaban representadas por puntos. Cinco puntos eran representados por una línea horizontal. ■

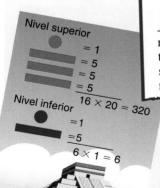

1. ¿Qué combinación de puntos y líneas horizontales (barras) se necesitan para escribir el número 252 en el sistema maya? (*Pista:* Se requieren dos niveles.)

2. ¿Qué usos habrán dado los mayas y otras civilizaciones antiguas a los sistemas numéricos que desarrollaron?

3. Un sistema numérico basado en un número distinto a 10, ¿es más exacto que el sistema decimal? ¿Es tan fácil de usar? Justifica tus respuestas.

Integración: Estadística
Esquemas lineales

2-2

Lo que **APRENDERÁS**

- A interpretar datos numéricos en una tabla y
- a mostrar y a interpretar datos estadísticos en un esquema lineal.

Por qué **ES IMPORTANTE**

Porque los esquemas lineales son una forma útil de desplegar datos.

APLICACIÓN
Televisión

¿Eres admirador de Will, el personaje del programa televisivo *Fresh Prince of Bel-Air*? La escala Nielsen se usa para determinar cuáles programas son populares y cuáles no. También se usa para determinar cuáles programas deberían continuar y cuáles deberían cancelarse. La tabla de la derecha muestra la escala Nielsen del lunes 6 de febrero de 1995.

La escala Nielsen

lunes 6 de febrero de 1995

Hora	Programa	Televidentes (redondeados en millones)
8:00	Fresh Prince of Bel-Air (NBC)	22
	The Nanny (CBS)	19
	Melrose Place (Fox)	14
	Coach (ABC)	15
	Star Trek: Voyager (UPN)	14
8:30	Dave's World (CBS)	21
	Blossom (NBC)	19
	Sneakers (ABC)	16
9:00	Murphy Brown (CBS)	22
	Serving in Silence (NBC)	19
	Models, Inc. (Fox)	10
	Platypus Man (UPN)	5
9:30	Cybill (CBS)	19
	Pig Sty (UPN)	4
10:00	Chicago Hope (CBS)	19

En algunos casos, los datos pueden representarse en una recta numérica. Los datos numéricos que se representan en una recta numérica reciben el nombre de **esquema lineal**. Los datos de la tabla anterior pueden representarse en un esquema lineal de la siguiente manera.

Paso 1 Dibuja y marca una recta numérica. Los datos de la tabla varían de 4 millones a 22 millones de televidentes. Para poder representar estos datos en una recta numérica, debemos usar una *escala* que represente este alcance de valores. Puedes usar una escala de 0 a 25 con *intervalos* de cinco.

Paso 2 Dibuja el esquema lineal. Para cada programa de televisión, escribe una "v" encima del número de televidentes que le corresponde. Más abajo se muestra el esquema lineal de la escala Nielsen ya terminado.

Observa que algunos de los datos están ubicados entre intervalos marcados en la recta numérica.

Ejemplo

APLICACIÓN
Básquetbol

Los Houston Rockets ganaron campeonatos de básquetbol seguidos en 1994 y 1995. La tabla de la derecha muestra las posiciones finales (28 de abril de 1995) de cada uno de los 27 equipos de básquetbol profesional para la temporada 1994–1995.

a. **Traza un esquema lineal que muestre el número de victorias de cada equipo finalista.**

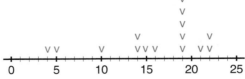

Posiciones finales de la temporada regular

Conferencia Este	V	P	Conferencia Oeste	V	P
Atlántica	**V**	**P**	**Medio oeste**	**V**	**P**
y-Orlando	57	25	y-San Antonio	62	20
x-New York	55	27	x-Utah	60	22
x-Boston	35	47	x-Houston	47	35
Miami	32	50	x-Denver	41	41
New Jersey	30	52	Dallas	36	46
Philadelphia	24	58	Minnesota	21	61
Washington	21	61			
Central	**V**	**P**	**Pacífico**	**V**	**P**
z-Indiana	52	30	z-Phoenix	59	23
x-Charlotte	50	32	x-Seattle	57	25
x-Chicago	47	35	x-L.A. Lakers	48	34
x-Cleveland	43	39	x-Portland	44	38
x-Atlanta	42	40	Sacramento	39	43
Milwaukee	34	48	Golden State	26	56
Detroit	28	54	L.A. Clippers	17	65

x—finalista; y—campeón de la conferencia; z—campeón de la división

Fuente: *USA Today,* 28/4/95

La escala varía de 35 a 64 en intervalos de cinco.

Los equipos con una x, y o z llegaron a las finales. El número de partidos ganados por los equipos finalistas varía de 35 a 62. Puedes usar una "v" para representar las victorias de cada equipo.

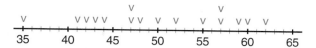

b. ¿Cuántos equipos finalistas ganaron menos de 50 partidos?

Se puede ver del esquema lineal que 8 equipos ganaron menos de 50 partidos. Estos equipos fueron Boston, Chicago, Cleveland, Atlanta, Houston, Denver, L.A. Lakers y Portland.

c. ¿Cuál equipo finalista tiene el mejor récord? ¿Cuál el peor?

San Antonio tiene el mejor récord y Boston el peor.

d. ¿Cuántos equipos llegaron a las finales?

Cuenta el número de "v" en el esquema lineal. Hay dieciséis equipos finalistas.

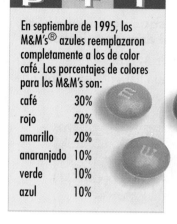

P T I

En septiembre de 1995, los M&M's® azules reemplazaron completamente a los de color café. Los porcentajes de colores para los M&M's son:

café	30%
rojo	20%
amarillo	20%
anaranjado	10%
verde	10%
azul	10%

La información al principio de la lección fue el resultado de una encuesta verdadera. Los datos en el ejemplo fueron reunidos verificando los récords de la Asociación Nacional de Básquetbol. La información puede compilarse tomando medidas, conduciendo encuestas, usando cuestionarios, mediante simulación o consultando referencias.

Es importante que sepas cómo se obtuvo la información. Por ejemplo, ¿podrías sacar conclusiones acerca del cambio de nombre de la mascota de tu colegio basándote solamente en el resultado de una encuesta a los estudiantes del último año? Explica tu respuesta.

LOS MODELOS Y LAS MATEMÁTICAS

Esquemas lineales

Materiales: paquetes pequeños de M&M's®

En 1994 y 1995, la compañía Mars condujo encuestas para determinar si deberían agregar otro color a los M&M's®. Las opciones fueron azul, rosado, púrpura o dejarlos como estaban. El color azul fue el elegido.

Ahora te toca a ti

a. Abre un paquete de M&M's®. Separa los dulces por color y cuenta cuántos hay de cada color.

b. Dibuja un esquema lineal que muestre el número de cada color. Usa c para café, r para rojo, a para amarillo, n para anaranjado, v para verde y az para azul.

c. ¿Se concentran los colores alrededor de algún número?

d. Traza un esquema lineal por categoría. ¿Son los datos del esquema lineal por categoría diferentes o iguales que el tuyo? Explica.

e. Haz un esquema lineal por categoría que muestre el número total de M&M's® en cada uno de tus paquetes. ¿Tienen estos el mismo número?

Comunicación en matemáticas

Estudia la lección y a continuación completa lo siguiente.

1. **Describe** una situación en la que sea importante reunir datos para tomar una decisión.

2. **Compara** esquemas lineales y tablas como medios para describir datos. ¿Cuáles son las ventajas y desventajas de cada uno?

LOS MODELOS Y LAS MATEMÁTICAS

3. **Desarrolla** una encuesta y reúne información acerca de los programas de televisión que tus compañeros de curso ven los lunes por la noche. Haz un esquema lineal de esta información. Compara tus datos con los de otro curso y con la escala Nielsen de un periódico o revista. ¿Qué conclusiones puedes sacar?

Práctica dirigida

Describe la escala que usarías para hacer un esquema lineal de la siguiente información. A continuación, dibuja el esquema lineal.

4. 50, 50, 30, 30, 20, 10, 60, 40

5. 52, 43, 67, 69, 37, 76

6. **Ventas al por menor** El siguiente aviso presenta una lista de los autos que están a la venta en Texas Motors.

'93 Pontiac Grand Am	$9995	'92 Chevy Corsica	$8995	'90 Chevy Beretta	$3995
'93 Ford Escort Wagon	6995	'92 Mitsubishi Eclipse	9650	'89 Hyundai Excel	1950
'93 Ford Tempo GL	7988	'92 Ford Tempo	6995	'89 Mazda 626	7995
'93 Ford Festiva	4995	'92 Ford Taurus	8995	'88 Honda Civic	3495
'93 Mercury Topaz	7988	'92 Sunbird Conv	10,495	'88 Ford Taurus	3995
'93 Ford Probe	11,475	'92 Mitsubishi Precision	5875	'87 Mercury Sable Wagon	3988
'93 Ford Mustang	7995	'91 Pontiac Sunbird LE	5995	'86 Ford Tempo	1995
'92 Mazda Protege	7988	'90 Mercury Cougar LS	8988	'84 Crown Victoria	3270

a. Haz un esquema lineal que muestre cuántos autos de cada año están a la venta.

b. ¿Cuál es el alcance de precios de los autos?

c. Haz un esquema lineal que muestre los costos de los autos. Redondea cada precio en millares de dólares. Deja que cada número en la recta numérica represente un millar de dólares.

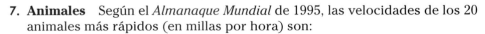

Aplicaciones y solución de problemas

7. **Animales** Según el *Almanaque Mundial* de 1995, las velocidades de los 20 animales más rápidos (en millas por hora) son:

40	61	50	50	32	70	35	30	50	45
43	40	30	30	35	45	42	32	40	30

a. Haz un esquema lineal de esta información.

b. ¿Cuál es el animal más rápido? Averigua cuál es el nombre del animal más rápido del mundo.

c. ¿Cuál es la velocidad mínima de los 20 animales?

d. ¿Cuál es la velocidad más frecuente?

e. ¿Cuántos animales tienen una velocidad de al menos 40 mph?

f. ¿Cuántos animales tienen velocidades mayores que 30 mph pero menores que 40 mph?

8. Historia   La siguiente tabla muestra los cincuenta estados y el año en la que cada uno se incorporó a la Unión.

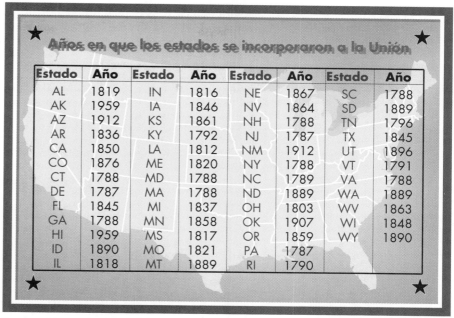

Estado	Año	Estado	Año	Estado	Año	Estado	Año
AL	1819	IN	1816	NE	1867	SC	1788
AK	1959	IA	1846	NV	1864	SD	1889
AZ	1912	KS	1861	NH	1788	TN	1796
AR	1836	KY	1792	NJ	1787	TX	1845
CA	1850	LA	1812	NM	1912	UT	1896
CO	1876	ME	1820	NY	1788	VT	1791
CT	1788	MD	1788	NC	1789	VA	1788
DE	1787	MA	1788	ND	1889	WA	1889
FL	1845	MI	1837	OH	1803	WV	1863
GA	1788	MN	1858	OK	1907	WI	1848
HI	1959	MS	1817	OR	1859	WY	1890
ID	1890	MO	1821	PA	1787		
IL	1818	MT	1889	RI	1790		

Fuente: *Almanaque Mundial* de 1995

a. ¿Cuál es el alcance de años para la incorporación de los estados a la Unión?

b. Haz un esquema lineal que muestre el año en que cada estado se incorporó a la Unión.

c. ¿Se concentran los años alrededor de algún número? Si es así, ¿cuáles son esos años? ¿Cómo explicarías esto?

9. El tiempo   A continuación, se muestra el promedio anual de lluvia, en pulgadas, de diez ciudades del mundo.

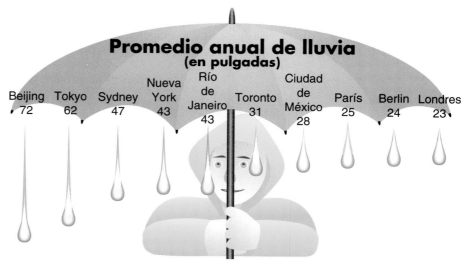

Promedio anual de lluvia
(en pulgadas)

Beijing	Tokyo	Sydney	Nueva York	Río de Janeiro	Toronto	Ciudad de México	París	Berlin	Londres
72	62	47	43	43	31	28	25	24	23

a. Haz un esquema lineal de esta información. ¿Qué escala usaste?

b. ¿Se concentran estos promedios anuales de lluvia alrededor de algún número?

c. ¿Crees que el promedio de lluvia anual de tu comunidad se acerca al de alguna de las ciudades de la lista? Explica tu respuesta.

d. Determina el promedio anual de lluvia de tu comunidad. ¿Qué comparación hay entre este y el promedio anual de lluvia de Londres? ¿y el de Tokio?

10. **Tornados** Un tornado es una tormenta de viento en rotación. Los vientos de un tornado son los vientos más peligrosos que hay en la Tierra, con velocidades de más de 200 millas por hora. La siguiente tabla muestra el promedio de tornados que han ocurrido anualmente por estado, en un período de 30 años.

Incidencia de tornados por estado, 1962–1991							
Estado	**Prom.**	**Estado**	**Prom.**	**Estado**	**Prom.**	**Estado**	**Prom.**
AL	22	IN	20	NE	37	SC	10
AK	0	IA	36	NV	1	SD	29
AZ	4	KS	40	NH	2	TN	12
AR	20	KY	10	NJ	3	TX	139
CA	5	LA	28	NM	9	UT	2
CO	26	ME	2	NY	6	VT	1
CT	1	MD	3	NC	15	VA	6
DE	1	MA	3	ND	21	WA	2
FL	53	MI	19	OH	15	WV	2
GA	21	MN	20	OK	47	WI	21
HI	1	MS	26	OR	1	WY	12
ID	3	MO	26	PA	10		
IL	27	MT	6	RI	0		

Fuente: National Severe Storm Forecast Center

a. Traza un esquema lineal del número promedio de tornados.

b. ¿Parecen conglomerarse los datos alrededor de algunos de los números? Si es así, ¿cuáles son?

c. ¿Qué estado tuvo el mayor promedio? ¿Por qué crees que tuvo la mayor cantidad de tornados?

11. **En la escuela** El profesor Thomas y la profesora Martínez les preguntaron a 10 estudiantes de sus clases de álgebra cuántas horas hablaron por teléfono la semana anterior. Los resultados aparecen en el esquema lineal que se muestra abajo. Usa este esquema para responder cada pregunta.

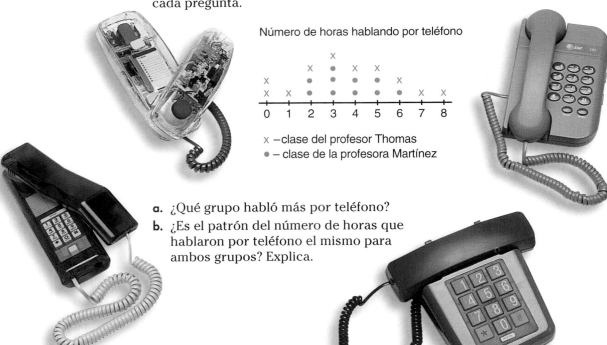

Número de horas hablando por teléfono

x — clase del profesor Thomas
● — clase de la profesora Martínez

a. ¿Qué grupo habló más por teléfono?

b. ¿Es el patrón del número de horas que hablaron por teléfono el mismo para ambos grupos? Explica.

12. Olimpiadas de Invierno La siguiente tabla da la distribución por país del número de medallas ganadas en la Olimpiada de Invierno de 1994.

Distribución de medallas, Olimpiada de Invierno

Nación	Oro	Plata	Bronce	Total
Noruega	10	11	5	26
Alemania	9	7	8	24
Rusia	11	8	4	23
Italia	7	5	8	20
Estados Unidos	6	5	2	13
Canadá	3	6	4	13
Suiza	3	4	2	9
Austria	2	3	4	9
Corea del Sur	4	1	1	6
Finlandia	0	1	5	6

a. Traza un esquema lineal que muestre el número de medallas de oro ganadas por país.

b. Escribe tres preguntas que puedan responderse usando el esquema.

Piensa críticamente

13. Usa el esquema lineal del ejercicio 11. Halla el número promedio de horas que los estudiantes de la clase del profesor Thomas y de la profesora Martínez hablaron por teléfono. ¿Justifican estos valores tu respuesta al Ejercicio 11b? Explica.

Repaso comprensivo

14. Grafica $\{\ldots, -5, -4, -3\}$ en una recta numérica. (Lección 2–1)

15. Nombra la propiedad que se ilustra con $6(jk) = (6j)k$. (Lección 1–8)

16. Usa la propiedad distributiva para calcular $15(124)$. (Lección 1–7)

17. Resuelve $m = \frac{22 - 8}{7}$. ((Lección 1–5)

18. Evalúa $np + st$ cuando $n = 7, p = 6, s = 4$ ó y $t = 5$. (Lección 1–3)

CONTINÚA CON LA

In·ves·ti·ga·ción

Refiérete a las páginas 68–69.

el Efecto de invernadero

1 Examina los datos del experimento de control. Busca patrones y relaciones entre ellos. Analiza de qué manera el cambio de temperatura es función de la distancia. Describe tu análisis por escrito. Usa los términos <u>función</u>, <u>independiente</u>, <u>dependiente</u>, <u>dominio</u> y <u>alcance</u>.

2 Examina los datos del experimento de invernadero. Busca patrones y relaciones en ellos. Analiza de qué manera el cambio de temperatura es una función de la distancia.

Describe tu análisis por escrito. Asegúrate de explicar cualquier patrón que veas en los datos.

3 Compara los dos experimentos. Haz una lista de las semejanzas y diferencias de los datos y explica los factores que puedan haberlas causado.

4 Piensa en el diseño de los dos experimentos. ¿De qué manera fueron diferentes? ¿Por qué crees que se diseñaron así? ¿Cómo se relacionan con el efecto de invernadero?

Agrega estos resultados a tu *Archivo de investigación*.

LOS MODELOS Y LAS MATEMÁTICAS

Una sinopsis de la lección 2-3

2-3A Suma y resta enteros

Materiales: fichas ▭ un tapete de enteros

Puedes usar las fichas para que te ayuden a comprender la adición y la sustracción de enteros. En estas actividades, las fichas amarillas representan enteros positivos y las rojas enteros negativos.

Reglas para modelos de enteros	
Un par nulo se forma apareando una ficha positiva y una negativa.	$⊕$ $⊖$
Puedes sacar o agregar pares nulos a un conjunto porque sustraer o añadir cero no cambia el valor del conjunto.	

Actividad 1 Usa fichas para sumar −2 + 3.

Paso 1 Coloca 2 fichas negativas y 3 fichas positivas en el tapete.

Paso 2 Saca los 2 pares nulos. Dado que queda solo 1 ficha positiva, la suma es 1. Por lo tanto, −2 + 3 = 1.

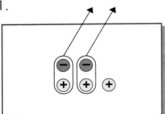

Actividad 2 Usa fichas para restar 3 − (−2).

Paso 1 Coloca 3 fichas positivas en el tapete. No hay fichas negativas así es que no puedes sacar 2 fichas negativas. Añade 2 pares nulos al tapete. El añadir pares nulos no cambia el valor del conjunto.

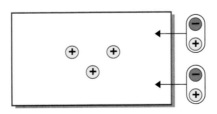

Paso 2 Ahora saca 2 fichas negativas. Dado que quedan 5 fichas positivas, la diferencia es 5. Por lo tanto, 3 − (−2) = 5.

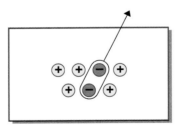

Modela **Usa fichas para determinar el valor de cada suma o diferencia.**

1. 4 + 2
2. 4 + (−2)
3. −4 + 2
4. −4 + (−2)
5. 4 − 2
6. −4 − (−2)
7. 4 − (−2)
8. −4 − 2

Dibuja **Determina si cada enunciado es *verdadero* o *falso*. Justifica tu respuesta con un dibujo.**

9. 5 − (−2) = 3
10. −5 + 7 = 2
11. 2 − 3 = −1
12. −1 − 1 = 0

Escribe 13. Escribe un párrafo explicando cómo determinar la suma de dos enteros sin usar fichas. Asegúrate de incluir todas las posibilidades.

Suma y resta enteros

Lo que APRENDERÁS

- A calcular la pendiente de una recta, dadas las coordenadas de dos de sus puntos.
- a hallar el valor absoluto de un número y
- a sumar y a sustraer enteros.

Por qué ES IMPORTANTE

Porque puedes sumar y restar enteros para resolver problemas relacionados con las condiciones del tiempo, los negocios y el golf.

APLICACIÓN

Ciencia espacial

El 10 de febrero de 1995, el doctor Bernard A. Harris se convirtió en el primer africano-americano que haya caminado en el espacio. Durante la caminata, él y el doctor Michael Foale, un astronauta norteamericano nacido en Inglaterra, fueron expuestos a temperaturas de −125° F.

Drs. Michael Foale y Bernard Harris en el espacio

La caminata espacial de cinco horas para probar mejoras en los trajes espaciales de la NASA tuvo que reducirse en 30 minutos porque a los astronautas se les empezaron a congelar los dedos.

Por lo general, los caminantes espaciales pasan parte de su tiempo disfrutando de los rayos solares con temperaturas de 200° F. Pero durante la caminata los doctores Harris y Foale permanecieron a la sombra del vehículo espacial *Discovery* y de la Tierra, el lugar más frío.

Como ves, los caminantes espaciales deben poder sobrevivir en temperaturas extremas. Puedes hacer uso de una recta numérica para determinar la amplitud de estas temperaturas extremas. −125 y 200 han sido dibujados en la siguiente recta numérica. Observa que −125° F está a 125 unidades a partir de cero y que 200° F está a 200 unidades a partir de cero. De esta forma, el número total de unidades de −125 a 200 es 125 + 200, o sea, 325.

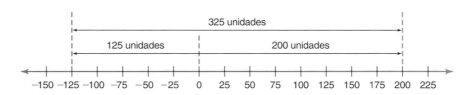

La amplitud de temperatura desde −125°F hasta 200°F es 325°F.

Para hallar la amplitud de −125°F hasta 200°F has usado la idea de **val** **absoluto.**

Definición de valor absoluto	**El valor absoluto de un número es su distancia a partir de ce recta numérica.**

Observa que las barras del valor absoluto pueden usarse como símbolos de agrupamiento.

Los valores absolutos son siempre mayores que o igual a cero, puesto que la distancia no puede ser menor que cero.

El símbolo que se usa para el valor absoluto de un número son dos barras verticales a ambos lados del número.

$|-125| = 125$ se lee *El valor absoluto de −125 es igual a 125.*

$|200| = 200$ se lee *El valor absoluto de 200 es igual a 200.*

$|-7 + 6| = 1$ se lee *El valor absoluto de la cantidad −7 + 6 es igual a 1.*

Puedes evaluar expresiones que contengan valores absolutos.

Ejemplo **1** **Evalúa** $-|x + 6|$ **si** $x = -10.$

$$-|x + 6| = -|-10 + 6|$$ *Propiedad de sustitución de la igualdad*
$$= -|-4|$$
$$= -(4)$$ *El valor absoluto de -4 es 4.*
$$= -4$$

Puedes usar valores absolutos para sumar enteros.

Signos iguales

a. $4 + 3 = 7$ *Observa que el signo de cada sumando es positivo. La suma es positiva.*

b. $-4 + (-3) = -7$ *Observa que el signo de cada sumando es negativo. La suma es negativa.*

Signos distintos

c. $6 + (-8) = -2$ *Observa que $8 - 6 = 2$. Como el entero -8 tiene el mayor valor absoluto, el signo de la suma también es negativo.*

d. $-6 + 8 = 2$ *Observa que $8 - 6 = 2$. Como el entero 8 tiene el mayor valor absoluto, el signo de la suma también es positivo.*

Estos ejemplos sugieren las siguientes reglas.

La adición de enteros	**Para sumar enteros de *signos iguales*, suma sus valores absolutos. El resultado tiene el mismo signo de los enteros que se están sumando.**
	Para sumar enteros de *distintos signos*, resta el entero con el menor valor absoluto del entero con el mayor valor absoluto. El resultado tiene el mismo signo que el entero con el mayor valor absoluto.

Ejemplo **2** **Calcula cada suma.**

a. $-10 + (-17)$

$$-10 + (-17) = -(|-10| + |-17|)$$ *Ambos números son negativos*
$$= -(10 + 17)$$ *así es que la suma es negativa.*
$$= -27$$

b. $39 + (-22)$

$$39 + (-22) = +(|39| - |-22|)$$ *Resta los valores absolutos. Dado que 39,*
$$= +(39 - 22)$$ *el número con el mayor valor absoluto,*
$$= 17$$ *es positivo, la suma es positiva.*

c. $-28 + 16$

$$-28 + 16 = -(|-28| - |16|)$$ *Resta los valores absolutos. Dado que 28,*
$$= -(28 - 16)$$ *el número con el mayor valor absoluto,*
$$= -12$$ *es negativo, la suma es negativa.*

Observa que tanto +2 como −2 están a 2 unidades de cero. O sea, −2 y 2 tienen el mismo valor absoluto.

Cada entero positivo puede aparearse con un entero negativo. Estos pares reciben el nombre de **opuestos.** Por ejemplo, el opuesto de +2 es −2.

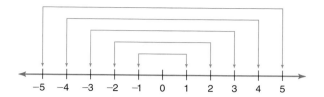

Un número y su opuesto reciben el nombre de **inversos aditivos** uno del otro. Más abajo puedes observar la suma de cada número y su inverso aditivo. ¿Qué patrón observas?

$$2 + (−2) = 0 \qquad −67 + 67 = 0 \qquad 409 + (−409) = 0$$

Estos ejemplos sugieren la siguiente regla.

Propiedad del inverso aditivo	**Para un número a cualquiera, $a + (−a) = 0$.**

Los inversos aditivos pueden usarse cuando restas números.

Sustracción　　　　**Adición**

inversos aditivos

$$6 − 2 = 4 \qquad\qquad 6 + (−2) = 4$$

el resultado es el mismo

Parece que la sustracción de un número equivale a sumar su inverso aditivo.

La sustracción de enteros	**Para restar un número, suma su inverso aditivo. Para números a y b, $a − b = a + (−b)$.**

Ejemplo ❸ **Calcula cada diferencia.**

a. **6 − 14**

Método 1
Usa la regla.

Para restar 14, suma −14.
$$6 − 14 = 6 + (−14)$$
$$= −8$$

Método 2
Usa modelos.

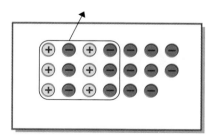

Coloca 6 fichas positivas en el tapete. Añade 14 fichas negativas. Forma y quita seis pares nulos.

$$6 − 14 = −8$$

b. −12 − (−8)

Método 1	**Método 2**
Usa la regla.	Usa una calculadora científica.
Para restar −8, suma su inverso, +8.	La tecla [+/−] en una calculadora, llamada *tecla de cambio de signo,* cambia el signo de un número en el visor. Puedes calcular −12 − (−8) usando esta tecla.
$-12 - (-8) = -12 + (+8)$ $= -4$	**Ejecuta lo siguiente:**
	12 [+/−] [−] 8 [+/−] [=] −4

c. 43 − (−26)

$$43 - (-26) = 43 + 26$$
$$= 69$$

Verifica el resultado usando una calculadora.

Ejecuta lo siguiente: 43 [−] 26 [+/−] [=] 69 ✔

El plural de matriz es matrices.

Una **matriz** es un arreglo rectangular de elementos en filas y columnas. Aunque las matrices se usan a veces como una herramienta para resolver problemas, su importancia se extiende a otra rama de las matemáticas llamada **matemáticas discretas.** Las matemáticas discretas estudian las cantidades discontinuas o finitas. La distinción entre cantidades continuas y discretas es una que has encontrado a lo largo de toda tu vida. Piensa en una escalera. Puedes deslizar tu mano por la baranda, pero solo puedes subir la escalera peldaño a peldaño. La baranda representa una cantidad continua como la gráfica de {todos los números mayores que 3}. Sin embargo, cada peldaño representa una cantidad discreta, como el elemento de una matriz o un punto en la gráfica de {2, 4, 7, 12}.

Cuando las entradas en posiciones correspondientes son iguales, las matrices son iguales.

$$\begin{bmatrix} 4 & 2 \\ -2 & 5 \end{bmatrix} = \begin{bmatrix} 4 & 2 \\ -2 & 5 \end{bmatrix} \qquad \begin{bmatrix} 4 & 2 \\ -2 & 5 \end{bmatrix} \neq \begin{bmatrix} 2 & 4 \\ -2 & 1 \end{bmatrix}$$

Solo puedes restar o sumar matrices con el mismo número de filas y columnas y esto se logra sumando o restando las entradas correspondientes.

Ejemplo ④ **La Paw Print de la secundaria Lincoln de Gahanna, Ohio, es una tienda escolar manejada por alumnos de la última clase en un curso de educación de mercadeo de un año de duración. La tienda tiene artículos escolares como sudaderas, camisetas, útiles escolares y refrigerios. Más abajo se muestran las ventas, costo de la mercadería y gastos para cada semestre de 1994 y 1995, redondeados en dólares.**

Semestre 1	Ventas	Costo de la mercadería	Gastos
1994	$47,981	$32,627	$12,999
1995	$70,018	$49,013	$12,705

Semestre 2	Ventas	Costo de la mercadería	Gastos
1994	$31,988	$21,752	$8666
1995	$30,008	$21,005	$5445

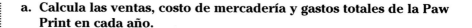

Cuando la Paw Print abrió en 1976, las ventas totales fueron de $7800. En 1995, las ventas llegaron a ser de $100,000. Las ganancias se usan para comprar más equipo y mercadería. También se hacen donaciones a organizaciones de beneficencia.

a. Calcula las ventas, costo de mercadería y gastos totales de la Paw Print en cada año.

Para encontrar las ventas, costo de mercadería y gastos totales de cada año, suma las matrices de los semestres 1 y 2.

$$\begin{bmatrix} \$47,981 + \$31,988 & \$32,627 + \$21,752 & \$12,999 + \$8666 \\ \$70,018 + \$30,008 & \$49,013 + \$21,005 & \$12,705 + \$5445 \end{bmatrix}$$

$$= \begin{bmatrix} \$79,969 & \$54,379 & \$21,665 \\ \$100,026 & \$70,018 & \$18,150 \end{bmatrix}$$

b. Calcula los ingresos brutos, o ganancia anual. El ingreso bruto anual es la diferencia entre las ventas y la suma del costo de la mercadería y los gastos.

Ganancias en 1994 = $79,969 − (54,379 + 21,665)
= $3925

Ganancias en 1995 = $100,026 − (70,018 + 18,150)
= $11,858

Se puede usar la regla para restar enteros y la propiedad distributiva con el fin de reducir términos semejantes.

Ejemplo ⑤ **Simplifica $2x - 5x$.**

$2x - 5x = 2x + (-5x)$ *Para restar 5x, suma su inverso aditivo, −5x.*

$\quad\quad\quad = [2 + (-5)]x$ *Usa la propiedad distributiva.*

$\quad\quad\quad = -3x$

COMPRUEBA LO QUE APRENDISTE

Comunicación en matemáticas

LOS MODELOS Y LAS MATEMÁTICAS

Estudia la lección y a continuación completa lo siguiente.

1. **Explica** cómo un par nulo de fichas ejemplifica la propiedad del inverso aditivo.

2. **Escribe** un entero en un trozo de papel y haz que un amigo tuyo explique cómo encontrar su valor absoluto sin usar una recta numérica y sin conocer el número.

3. **Explícale** a un amigo cómo calcularías las siguientes sumas.

    a. $-3 + (-1)$ **b.** $5 + (-7)$ **c.** $4 - 9$ **d.** $6 - (-5)$

4. **a.** Halla el valor de x si $x = -x$.

    b. Halla el valor de x si $|x| = -|x|$.

5. **Escribe** un enunciado que represente el modelo que se muestra a continuación.

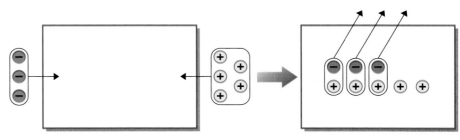

6. Calcula $-9 - (-4)$ usando fichas.

Halla el inverso aditivo y el valor absoluto de cada entero.

7. $+7$ **8.** -20 **9.** 0

Halla cada suma o diferencia.

10. $-12 + (-8)$ **11.** $-11 - (-7)$ **12.** $-36 + 15$

13. $18 - 29$ **14.** $|-6 - 4|$ **15.** $-|5 - 5|$

Simplifica cada expresión.

16. $-16y - 5y$ **17.** $32c - (-8c)$ **18.** $-9d + (-6d)$

Evalúa cada expresión si $x = -5$, $y = 3$ y $z = -6$.

19. $y - 7$ **20.** $16 + z$ **21.** $|8 + x|$

Sean $A = \begin{bmatrix} 3 & 2 \\ 5 & 0 \end{bmatrix}$ y $B = \begin{bmatrix} 4 & -2 \\ -1 & 6 \end{bmatrix}$.

22. Halla $A + B$.   **23.** Halla $A - B$.

24. Ciencias espaciales Refiérete a la aplicación al comienzo de la lección. Los astronautas del Discovery estaban trabajando en temperaturas que variaban de $-125°$F a $200°$F.

     a. ¿Cuál temperatura es más fría, $-125°$F ó $200°$F?

     b. Escribe una ecuación que use la adición o sustracción para así mostrar cuánto más fría que la otra es una de las temperaturas.

EJERCICIOS

Práctica

Halla el inverso aditivo y el valor absoluto de cada entero.

25. $+12$ **26.** -45 **27.** -302

Calcula cada suma o diferencia.

28. $18 + (-16)$ **29.** $47 + (-47)$ **30.** $-9 + 32$

31. $0 - 32$ **32.** $16 - (-23)$ **33.** $-5 + (-11)$

34. $-104 + 16$ **35.** $-9 + (-61)$ **36.** $-18 - 4$

37. $9 - 24$ **38.** $-21 - (-24)$ **39.** $-13 - (-8)$

Simplifica cada expresión.

40. $29t - 17t$ **41.** $17b - (-23b)$ **42.** $-6w + (-13w)$

43. $6p + (-35p)$ **44.** $54y - 47y$ **45.** $-5d + 31d$

Evalúa cada expresión si $b = -4$, $d = 2$ y $p = -5$.

46. $b + 14$ **47.** $d - 6$ **48.** $15 + p$

49. $d + (-17)$ **50.** $d + 7$ **51.** $|p|$

52. $|6 + b|$ **53.** $|p - 3|$ **54.** $-|-22 + p|$

Calcula cada suma o diferencia.

55. $|-58 + (-41)|$ **56.** $|-93| - (-43)$ **57.** $-|-345 - (-286)|$

INTEGRACIÓN

Matemáticas discretas

58. $\begin{bmatrix} 3 & 2 \\ 4 & -1 \end{bmatrix} + \begin{bmatrix} 0 & 5 \\ -3 & -4 \end{bmatrix}$ **59.** $\begin{bmatrix} 2 & 4 \\ -1 & 0 \end{bmatrix} + \begin{bmatrix} -2 & -1 \\ 3 & 2 \end{bmatrix}$

60. $\begin{bmatrix} 1 & 6 \\ -4 & -5 \end{bmatrix} - \begin{bmatrix} -3 & -6 \\ 2 & -4 \end{bmatrix}$ **61.** $\begin{bmatrix} 2 & 3 \\ 4 & 2 \\ 5 & -5 \end{bmatrix} - \begin{bmatrix} 6 & 8 \\ 8 & 7 \\ -5 & -2 \end{bmatrix}$

62. Geometría Usa la siguiente recta numérica para calcular el largo del segmento *QS* si el segmento *RT* tiene un largo de 15 unidades.

Q   R   S   T

|4 unidades| 9 unidades

63. Ascensores La torre Yokohama de 70 pisos tiene los ascensores más rápidos del mundo. Los pasajeros viajan del segundo piso al 69º piso en 40 segundos a una velocidad promedio de 28 millas por hora. Si un empleado usó el ascensor para subir a su oficina en el 67º piso y después descendió 43 pisos para entregar un informe, ¿en qué piso está ahora?

64. Criptogramas La suma de los números en cada fila, columna y diagonal de un cuadrado mágico es la misma. En el cuadrado mágico de la derecha la suma es 0. Se pueden formar nuevos cuadrados mágicos sumando el mismo número a cada entrada de un cuadrado mágico. Completa los siguientes cuadrados mágicos.

1	2	−3
−4	0	4
3	−2	−1

a.

3	4	−1

b.

−2		
	−3	
		−4

c.

	−7	

65. Negocios El gerente de la tienda Best Bagel mantiene récords de cada tipo de rosca que se vende cada día en sus dos tiendas. El resultado de dos días de ventas se muestran a continuación.

Día	Tienda	Tipo de rosca			
		Sésamo	Amapola	Mora	Sencilla
lunes	Este	120	80	64	75
	Oeste	65	105	77	53
martes	Este	112	76	56	74
	Oeste	69	95	82	50

a. Escribe una matriz con las ventas de cada día.

b. Usa la adición de matrices para determinar la suma de las ventas de los dos días.

c. Usa la resta de matrices para restar las ventas del martes de las ventas del lunes. ¿Qué representa esta matriz?

66. Golf En el golf, los puntajes están basados en el *par*. El par 72 significa que un golfista debe golpear la pelota 72 veces para completar 18 hoyos de golf. Un puntaje de 68, o sea, 4 bajo el recorrido, se escribe −4. Un puntaje de 2 sobre el recorrido se escribe +2. En el torneo de golf Oldsmobile Classic de junio de 1995, en un campo de 72 recorridos en Michigan, Helen Alfredsson obtuvo puntajes de 65, 74, 69 y 71 durante cuatro vueltas de golf.

a. Usa los enteros para escribir el puntaje de Helen Alfredsson en cada vuelta como sobre o bajo el par.

b. Suma los enteros para así determinar el puntaje total de Helen.

c. ¿Estuvo el puntaje de Helen sobre o bajo par? ¿Quisieras tener su puntaje? Explica.

Torre Yokohama Landmark

67. Árboles La siguiente tabla es una lista de la altura máxima, en pies, que se haya registrado alguna vez de veinte especies diferentes de árboles norteamericanos. (Lección 2–2)

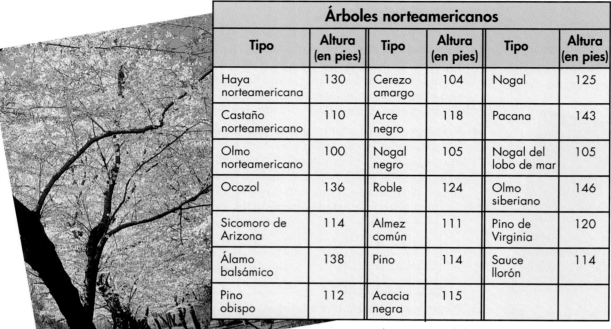

Árboles norteamericanos					
Tipo	**Altura (en pies)**	**Tipo**	**Altura (en pies)**	**Tipo**	**Altura (en pies)**
Haya norteamericana	130	Cerezo amargo	104	Nogal	125
Castaño norteamericano	110	Arce negro	118	Pacana	143
Olmo norteamericano	100	Nogal negro	105	Nogal del lobo de mar	105
Ocozol	136	Roble	124	Olmo siberiano	146
Sicomoro de Arizona	114	Almez común	111	Pino de Virginia	120
Álamo balsámico	138	Pino	114	Sauce llorón	114
Pino obispo	112	Acacia negra	115		

Fuente: *Almanaque mundial*, 1995

a. ¿Cuál es la amplitud de las alturas de los árboles?

b. Dibuja un esquema lineal que muestre la altura de los árboles.

c. ¿Se concentran las alturas alrededor de algún número?

d. ¿Qué árbol es el más alto? ¿El más bajo?

68. Escribe una adición que corresponda al diagrama de la derecha. (Lección 2–1)

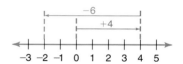

69. Traza una gráfica aproximada de la siguiente situación. El nivel del agua en Craig Pond es extremadamente alto al comienzo del verano. El nivel del agua baja continuamente a través de todo el verano. Al concluir el verano, el estanque está casi seco. (Lección 1–9)

70. Nombra la propiedad que se ilustra con $3 + 4 = 4 + 3$. (Lección 1–8)

71. Simplifica $23y^2 + 32y^2$. (Lección 1–7)

Nombra la propiedad que ilustra cada ejemplo. (Lección 1–6)

72. $3abc \cdot 0 = 0$ **73.** Si $12xy - 3 = 4$, entones $4 = 12xy - 3$.

74. Resuelve $p = 6\frac{1}{4} + \frac{1}{2}$. (Lección 1–5)

75. Estadística Escribe los tallos que deberían usarse para una gráfica con la siguiente información: 29.1, 34.7, 20.05, 74.9, 64, 14.2, 84.9, 38.26, 20.9, 34, 59.42, 37.107 y 43.676. (Lección 1–4)

76. Evalúa $19 + 5 \cdot 4$. (Lección 1–3)

77. Patrones Halla el sexto término de la sucesión 4, 8, 12, 16, ... (Lección 1–2)

78. Escribe una expresión algebraica de la suma de n y 33. (Lección 1–1)

Números racionales

Lo que APRENDERÁS

- A comparar y a ordenar números racionales y
- a hallar un número entre dos números racionales.

Por qué ES IMPORTANTE

Porque debes ser capaz de reconocer el valor de un número racional para resolver problemas de consumo y arqueología.

Reciclaje

Mucha gente en todo el mundo está reciclando sus envases de aluminio para ayudar así a nuestro ambiente. La siguiente gráfica muestra la fracción de envases de aluminio que se han reciclado a través de los años.

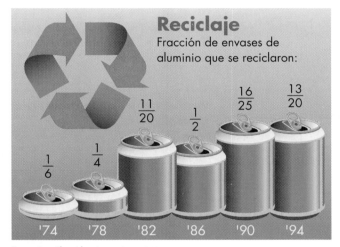

Fuente: The Aluminum Association

Los números que se muestran en la gráfica son ejemplos de **números racionales.**

Definición de número racional	Un número racional es un número que se puede expresar de la forma $\frac{a}{b}$, donde a y b son enteros y b no es igual a cero.

Abajo se muestran ejemplos de números racionales expresados de la forma $\frac{a}{b}$.

Observa que todos los enteros son números racionales.

Números racionales	4	$-3\frac{3}{4}$	0.250	0	$0.333\overline{3}$
Forma $\frac{a}{b}$	$\frac{4}{1}$	$-\frac{15}{4}$	$\frac{1}{4}$	$\frac{0}{1}$	$\frac{1}{3}$

Los números racionales pueden dibujarse en una recta numérica de la misma forma que los enteros. La recta numérica de más abajo está separada en cuartos para mostrar las gráficas de algunas fracciones y decimales comunes.

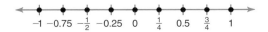

Puedes comparar números racionales dibujándolos en una recta numérica. No olvides que un enunciado matemático que usa < y > para comparar dos expresiones se llama *desigualdad*.

Pueden formularse los siguientes enunciados acerca de las gráficas de -5, -2, $1\frac{1}{2}$ y 3.5 que se muestran en la recta numérica que viene a continuación.

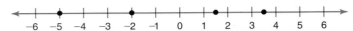

a. La gráfica de -2 está a la izquierda de la gráfica de 3.5. $\qquad -2 < 3.5$

b. La gráfica de $1\frac{1}{2}$ está a la derecha de la gráfica de -5. $\qquad 1\frac{1}{2} > -5$

Estos ejemplos sugieren la siguiente regla.

Comparación de números en la recta numérica	**Si *a* y *b* representan números cualesquiera y la gráfica de *a* está a la izquierda de la gráfica de *b*, entonces *a* < *b*. Si la gráfica de *a* está a la derecha de la gráfica de *b*, entonces *a* > *b*.**

Si $<$, $>$ y $=$ se usan para comparar dos números, entonces se cumple la siguiente propiedad.

Propiedad de comparación	**Para números *a* y *b* cualesquiera, solo uno de los siguientes enunciados es verdadero.** $\qquad$ **a < b** $\qquad$ **a = b** $\qquad$ **a > b**

Los símbolos $\neq$, $\leq$ y $\geq$ también pueden usarse para comparar números. La siguiente tabla muestra varios símbolos de desigualdad y sus significados.

Símbolo	Significado
$<$	es menor que
$>$	es mayor que
$\neq$	no es igual a
$\leq$	es menor o igual que
$\geq$	es mayor o igual que

Ejemplo **1** **Reemplaza cada __?__ con <, > o = de manera que cada enunciado sea verdadero.**

a. -75 __?__ 13

Dado que cualquier número negativo es menor que cualquier número positivo, el enunciado verdadero es $-75 < 13$.

b. -14 __?__ $-22 + 9$

-14 __?__ $-22 + 9$

-14 __?__ -13 $\qquad$ *Simplifica.*

Dado que -14 es menor que -13, el enunciado verdadero es $-14 < -22 + 9$.

c. $\frac{3}{8}$ __?__ $-\frac{7}{8}$

Dado que 3 es mayor que -7, el enunciado verdadero es $\frac{3}{8} > -\frac{7}{8}$.

Observa que los extremos cerrados de $<$ y $>$ siempre apuntan al número menor.

Puedes usar **productos cruzados** para comparar dos fracciones con distintos denominadores. Cuando se comparan dos fracciones, los productos cruzados son los productos de los términos en las diagonales.

Propiedad de comparación de los números racionales	Para números racionales $\frac{a}{b}$ y $\frac{c}{d}$, con $b > 0$ y $d > 0$: 1. si $\frac{a}{b} < \frac{c}{d}$, entonces $ad < bc$, y 2. si $ad < bc$, entonces $\frac{a}{b} < \frac{c}{d}$.

Esta propiedad también se cumple si $<$ se reemplaza por $>$, $\leq$, $\geq$ o $=$.

Ejemplo ❷ Reemplaza cada __?__ con $<$, $>$ o $=$ de manera de convertir en verdadero cada enunciado.

Alberto Salazar (1958–)

Alberto Salazar ganó el primer maratón en que participó, el de Nueva York de 1980. Su carrera incluye un récord mundial y seis récords norteamericanos.

a.
$$\frac{7}{13} \; \underline{?} \; \frac{4}{15}$$
$$7(15) \; \underline{?} \; 13(4)$$
$$105 > 52$$

El enunciado verdadero es $\frac{7}{13} > \frac{4}{15}$.

b.
$$\frac{7}{8} \; \underline{?} \; \frac{8}{9}$$
$$7(9) \; \underline{?} \; 8(8)$$
$$63 < 64$$

El enunciado verdadero es $\frac{7}{8} < \frac{8}{9}$.

Cada número racional puede expresarse como un decimal terminal o un decimal periódico. Puedes usar una calculadora para escribir números racionales como decimales.

Ejemplo ❸ Usa una calculadora para escribir las fracciones $\frac{3}{8}$, $\frac{4}{5}$ y $\frac{1}{6}$ como decimales y luego ordénalas de menor a mayor.

Es útil saberse de memoria las siguientes equivalencias de fracciones y decimales que se usan muy a menudo.

$$\frac{1}{2} = 0.5, \; \frac{1}{3} = 0.\overline{3},$$
$$\frac{1}{4} = 0.25, \; \frac{1}{5} = 0.2,$$
$$\frac{1}{8} = 0.125$$

$\frac{3}{8} = 0.375$ — Este es un decimal terminal.

$\frac{4}{5} = 0.8$ — Este es otro decimal terminal.

$\frac{1}{6} = 0.16666\ldots$ ó $0.1\overline{6}$ — Este es un decimal periódico.

En orden de menor a mayor, los decimales son $0.1\overline{6}$, 0.375, 0.8. De esta manera, las fracciones ordenadas de menor a mayor son $\frac{1}{6}$, $\frac{3}{8}$, $\frac{4}{5}$.

Puedes usar una calculadora para comparar el costo por unidad, o **costo unitario,** de dos artículos similares. Mucha gente compara precios para así encontrar las mejores gangas en el supermercado. El artículo que tiene el menor costo unitario es la mejor oferta.

costo unitario = costo total ÷ número de unidades

Ejemplo ❹ Erica y Gabriela corren en una carrera de 5 kilómetros para ayudar a reunir fondos para la Fundación de Esclerosis Múltiple. Quieren comprar algo para tomar después de que terminen la competencia. ¿Cuál es la mejor oferta?

Usa una calculadora para determinar el costo unitario de cada bebida. En ambos casos, el costo está expresado en centavos por onza.

costo unitario de una botella de 20 onzas: $\quad 1.09 \; \boxed{\div} \; 20 \; \boxed{=} \quad 0.0545$

costo unitario de una botella de 32 onzas: $\quad 1.69 \; \boxed{\div} \; 32 \; \boxed{=} \quad 0.0528$

Como $0.053 < 0.055$, la botella de 32 onzas de All Sport® es la mejor oferta.

¿Puedes hallar siempre un tercer número racional entre dos números racionales? El punto medio es el punto ubicado a mitad de camino entre dos puntos. Considera $\frac{1}{3}$ y $\frac{1}{2}$.

Para hallar el promedio de dos números, suma los números y luego divide entre 2. Multiplicar por $\frac{1}{2}$ es lo mismo que dividir por 2.

Para hallar la coordenada del punto medio de $\frac{1}{3}$ y $\frac{1}{2}$, calcula el promedio, o media, de los dos números.

promedio: $\frac{1}{2}\left(\frac{1}{3} + \frac{1}{2}\right) = \frac{1}{2}\left(\frac{5}{6}\right)$ ó $\frac{5}{12}$

Este proceso puede continuarse indefinidamente. El patrón implica la **propiedad de densidad.**

Propiedad de densidad de los números racionales	**Entre cada par de números racionales distintos hay una cantidad infinita de números racionales.**

Ejemplo 5 **Halla un número racional entre $-\frac{2}{5}$ y $-\frac{3}{8}$.**

Calcula el promedio de los dos números racionales.

Método 1
Usa lápiz y papel.

$$\frac{1}{2}\left[-\frac{2}{5} + \left(-\frac{3}{8}\right)\right] = \frac{1}{2}\left[-\frac{16}{40} + \left(-\frac{15}{40}\right)\right]$$
$$= \frac{1}{2}\left(-\frac{31}{40}\right)$$
$$= -\frac{31}{80}$$

Método 2
Usa una calculadora científica.

Ejecuta: (2 ÷ 5 +/−

+ 3 ÷ 8 +/−

) ÷ 2 = −0.3875

Un número racional entre $-\frac{2}{5}$ y $-\frac{3}{8}$ es $-\frac{31}{80}$, o sea, -0.3875.

COMPRUEBA LO QUE APRENDISTE

Comunicación en matemáticas

Estudia la lección y a continuación completa lo siguiente.

1. **Escribe** tres ejemplos de números racionales.

2. **Enuncia** todas las suposiciones que puedas hacer acerca de y y z si $x < y$ y $x < z$.

3. **Muestra** dos maneras de encontrar tres números racionales entre $\frac{1}{5}$ y $\frac{1}{4}$.

4. **Explica** por qué la definición de número racional declara que b no puede ser cero.

5. **Tú decides**   Para hallar un número entre $\frac{3}{4}$ y $\frac{6}{7}$, John sumó de la siguiente manera:

$$\frac{3+6}{4+7} = \frac{9}{11}; \; \frac{9}{11} \text{ está entre } \frac{3}{4} \text{ y } \frac{6}{7}.$$

Él asegura que este método funciona siempre. ¿Estás de acuerdo? Explica.

MI DIARIO

DE MATEMÁTICAS

Práctica dirigida

6. **Autoevalúate** Describe dos situaciones en las que preferirías usar decimales en vez de fracciones.

Reemplaza cada _?_ con <, > o = de manera que cada enunciado sea verdadero.

7. $-4 \underline{\ ?\ } 8$

8. $-5 \underline{\ ?\ } 0 - 3$

9. $\dfrac{5}{14} \underline{\ ?\ } \dfrac{25}{70}$

Ordena los números de cada conjunto de menor a mayor.

10. $\dfrac{2}{3}, \dfrac{1}{6}, \dfrac{1}{2}$

11. $2.5, \dfrac{3}{4}, -0.5, \dfrac{7}{8}$

12. Cuál es la mejor oferta: un tarro de atún de 6 onzas a $1.59 o un paquete de tres tarros de 3 onzas a $2.19?

13. Halla un número entre $\dfrac{1}{2}$ y $\dfrac{5}{7}$.

EJERCICIOS

Práctica

Reemplaza cada _?_ con <, > o = de manera que cada enunciado sea verdadero.

14. $-3 \underline{\ ?\ } 5$

15. $-1 \underline{\ ?\ } -4$

16. $-6 - 3 \underline{\ ?\ } -9$

17. $5 \underline{\ ?\ } 8.4 - 1.5$

18. $4 \underline{\ ?\ } \dfrac{16}{3}$

19. $\dfrac{8}{15} \underline{\ ?\ } \dfrac{9}{16}$

20. $\dfrac{14}{5} \underline{\ ?\ } \dfrac{25}{13}$

21. $\dfrac{4}{3}(6) \underline{\ ?\ } 4\left(\dfrac{3}{2}\right)$

22. $\dfrac{0.4}{3} \underline{\ ?\ } \dfrac{1.2}{8}$

Ordena los números de cada conjunto de menor a mayor.

23. $\dfrac{6}{7}, \dfrac{2}{3}, \dfrac{3}{8}$

24. $-\dfrac{4}{15}, -\dfrac{6}{17}, -\dfrac{3}{16}$

25. $\dfrac{4}{14}, \dfrac{3}{23}, \dfrac{8}{42}$

26. $6.7, -\dfrac{5}{7}, \dfrac{6}{13}$

27. $0.2, -\dfrac{2}{5}, -0.2$

28. $\dfrac{4}{5}, \dfrac{9}{10}, 0.7$

¿Cuál es la mejor oferta?

29. una bebida de 16 onzas en $0.59 ó una bebida de 20 onzas en $0.89

30. una botella de champú de 32 onzas en $3.59 ó una botella de 64 onzas en $6.99

31. un paquete de 48 platos de cartón en $2.39 ó un paquete de 75 platos de cartón en $3.29

Halla un número entre los números dados.

32. $\dfrac{2}{5}$ y $\dfrac{7}{2}$

33. $\dfrac{19}{30}$ y $\dfrac{31}{45}$

34. $-\dfrac{2}{15}$ y $-\dfrac{6}{3}$

35. Halla una fracción entre $\dfrac{1}{4}$ y $\dfrac{1}{2}$ cuyo denominador sea 20.

36. Halla una fracción entre $\dfrac{1}{3}$ y $\dfrac{5}{6}$ cuyo denominador sea 12.

37. Halla una fracción entre -0.5 y $\dfrac{1}{3}$ cuyo denominador sea 6.

38. Tres números a, b y c cumplen con las siguientes condiciones:
$b - c < 0$, $a - b > 0$ y $c - a < 0$. ¿Cuál es el mayor?

39. Halla las coordenadas de E, G y H si las distancias entre los puntos son iguales.

$$D \quad E \quad F \quad G \quad H$$
$$\tfrac{1}{14} \qquad\qquad \tfrac{1}{2}$$

40. Computadoras personales
Estudia la gráfica de la derecha. Escribe una desigualdad que compare el número total de computadoras personales enviadas a domicilios particulares en 1995 con las enviadas en 1996.

Computadoras enviadas a domicilios particulares

(en millions)

1990	4.0
1991	3.9
1992	4.9
1993	5.9
1994	6.9
1995	8.2
1996	9.8

Nota:
1994-96 son predicciones

Fuentes: Dataquest, LINK

41. Aviación Cuando se construyen o mantienen aviones, el mecánico de aviación necesita a veces taladrar orificios. Los tamaños de los taladros están dados en fracciones, pero muchos planos de aviones dan el diámetro de los orificios en decimales. Un plano requiere un orificio de 0.391 pulgadas. Halla el tamaño fraccional del taladro que se necesita si el orificio debe tener un diámetro de $\frac{1}{64}$ de pulgada por debajo de lo requerido.

42. Arqueología Para calcular la estatura de una persona, los arqueólogos miden el largo de algunos huesos. Los huesos que se miden son el fémur o hueso del muslo F, la tibia o hueso de la pierna T, el húmero o hueso superior del brazo H y el radio o hueso inferior del brazo R. Cuando se conoce el largo de uno de estos huesos, los científicos usan las fórmulas que se dan a continuación para determinar la estatura de la persona en centímetros.

Hombres	Mujeres
$h = 69.089 + 2.238F$	$h = 61.412 + 2.317F$
$h = 81.688 + 2.392T$	$h = 72.572 + 2.533T$
$h = 73.570 + 2.970H$	$h = 64.977 + 3.144H$
$h = 80.405 + 3.650R$	$h = 73.502 + 3.876R$

a. El fémur de una mujer de 37 años midió 47.9 cm. Usa una calculadora para calcular la estatura de la mujer con una exactitud de un décimo de centímetro.

b. El húmero de un hombre de 49 años midió 35.7 cm. Usa una calculadora para calcular la estatura del hombre con una exactitud de un décimo de centímetro.

43. Halla el inverso aditivo y el valor absoluto de $+9$. (Lección 2–3)

44. Estadísticas Describe la escala que usarías para hacer un esquema lineal de la siguiente información. Luego, dibuja el esquema lineal. (Lección 2–2)

145, 130, 135, 150, 145, 145, 140, 130, 145, 150, 130

45. Traza la gráfica de $\{-3, -2, 2, 3\}$ en una recta numérica. (Lección 2–1)

46. Fútbol Bryce, María y Holly juegan en la delantera del equipo de fútbol Spazmatics. La gráfica de la derecha describe sus habilidades ofensivas durante la temporada pasada.

   a. ¿Quién marcó más goles? (Lección 1–9)

   b. ¿Quién ayudó al equipo con más goles y con más pases que resultaron en goles?

   c. Ian, otro jugador, tuvo el mismo número de goles que María y el mismo número de pases que resultaron en goles que Holly. Describe en qué parte de la gráfica debe marcarse el punto que represente su habilidad ofensiva.

47. Simplifica $\frac{2}{5}m + \frac{1}{5}(6n + 3m) + \frac{1}{10}(8n + 15)$. (Lección 1–6)

48. Patrones Halla los tres términos siguientes de la sucesión 1, 3, 9, 27, ... (Lección 1–2)

49. Escribe una expresión verbal que corresponda a $2x^2 + 6$. (Lección 1–1)

AUTOEVALUACIÓN

Dibuja cada conjunto de números en una recta numérica. (Lección 2–1)

1. $\{-3, 0, 2\}$ **2.** {enteros mayores que -2}

Calcula cada suma o diferencia. (Lección 2–3)

3. $-9 + (-8)$ **4.** $6 + (-15)$

5. $23 - (-32)$ **6.** $-12 - 4$

7. Bicicletas para montañas La tabla de la derecha muestra los precios de varias bicicletas para montañas. (Lección 2–2)

   a. Haz un esquema lineal de esta información.

   b. ¿Se concentran los números alrededor de algún precio?

Bicicleta	Precio
Trek 820	$325
Mongoose Threshold	270
Giant Yukon	370
Giant Rincon	300
Bianchi Timber Wolf	270
Schwinn Clear Creek	320
Schwinn Sidewinder	260
Specialized Hardrock	270
Raleigh M40GS	290
Trek 800	240

Reemplaza cada $\underline{\ ?\ }$ con $<$, $>$ o $=$ de manera que cada enunciado sea verdadero. (Lección 2–4)

8. $-7 - 5 \underline{\ ?\ } -11$ **9.** $\frac{7}{16} \underline{\ ?\ } \frac{8}{15}$ **10.** $\frac{5}{4}(4) \underline{\ ?\ } 8\left(\frac{1}{2}\right)$

Suma y resta números racionales

Lo que APRENDERÁS

- A sumar y a restar números racionales y
- a simplificar expresiones que contengan números racionales.

Por qué ES IMPORTANTE

Porque puedes sumar y restar números racionales para resolver problemas que tengan que ver con la bolsa de valores y con el deporte de carreras atléticas.

APLICACIÓN

Empleos

En 1982, el promedio de horas semanales de sobre tiempo de un trabajador norteamericano fue de $2\frac{1}{4}$ horas. En 1989, este promedio aumentó en $1\frac{1}{4}$ y en 1991 disminuyó $\frac{1}{2}$ hora. ¿Cuál fue el número promedio de horas semanales de sobre tiempo en 1991?

Para responder esta pregunta, necesitas hallar la siguiente suma.

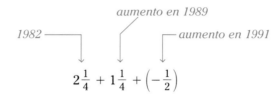

aumento en 1989

1982 ———

———*aumento en 1991*

$$2\frac{1}{4} + 1\frac{1}{4} + \left(-\frac{1}{2}\right)$$

Para sumar números racionales como estos, usa las mismas reglas que usaste para sumar enteros. Cuando sumes tres o más números racionales, puedes usar las propiedades conmutativa y asociativa para reagrupar los sumandos.

MIRADA RETROSPECTIVA

Puedes consultar la lección 1-8 para informarte sobre las propiedades conmutativa y asociativa.

Método 1:   Usa las reglas.

$2\frac{1}{4} + 1\frac{1}{4} + \left(-\frac{1}{2}\right) = 3\frac{2}{4} + \left(-\frac{1}{2}\right)$ *Suma los dos primeros sumandos.*

$= 3\frac{1}{2} + \left(-\frac{1}{2}\right)$ *Simplifica.*

$= +\left(\left|3\frac{1}{2}\right| - \left|-\frac{1}{2}\right|\right)$ $3\frac{1}{2}$ *tiene el mayor valor absoluto,*

$= +\left(3\frac{1}{2} - \frac{1}{2}\right)$ *de modo que el signo de la suma es positivo.*

$= 3$

Método 2:   Usa una recta numérica.

También puedes sumar números racionales, al igual que los enteros, usando una recta numérica.

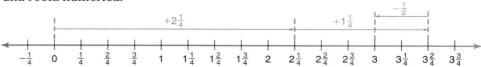

El número promedio de horas semanales de sobre tiempo en 1991 fue de 3 horas.

Ejemplo ① Calcula cada suma.

a. $4\frac{1}{8} + \left(-1\frac{1}{2}\right)$ *Aproxima: $4 + (-2) = 2$*

$$4\frac{1}{8} + \left(-1\frac{1}{2}\right) = 4\frac{1}{8} + \left(-1\frac{4}{8}\right) \qquad \text{El mcd es 8. Sustituye } -1\frac{1}{2} \text{ por } -1\frac{4}{8}.$$

$$= +\left(\left|4\frac{1}{8}\right| - \left|-1\frac{4}{8}\right|\right) \quad \text{La suma es positiva. ¿Por qué?}$$

$$= +\left(4\frac{1}{8} - 1\frac{4}{8}\right)$$

$$= +\left(3\frac{9}{8} - 1\frac{4}{8}\right) \qquad \text{Sustituye } 4\frac{1}{8} \text{ por } 3\frac{9}{8}.$$

$$= 2\frac{5}{8} \qquad \text{Compara con tu aproximación.}$$

b. $-1.34 + (-0.458)$ *Aproxima: $-1 + (-0.5) = -1.5$*

$$-1.34 + (-0.458) = -(|-1.34| + |-0.458|) \quad \text{Los números tienen el mismo}$$

$$= -(1.34 + 0.458) \qquad\qquad \text{signo. Su suma es negativa.}$$

$$= -1.798$$

c. $-\frac{2}{5} + 1\frac{1}{2} + \left(-\frac{2}{3}\right)$ *Aproxima: $-\frac{1}{2} + 1\frac{1}{2} + \left(-\frac{1}{2}\right) = \frac{1}{2}$*

$$-\frac{2}{5} + 1\frac{1}{2} + \left(-\frac{2}{3}\right) = \left[-\frac{2}{5} + \left(-\frac{2}{3}\right)\right] + 1\frac{1}{2} \quad \text{Agrupa los números negativos.}$$

$$= \left[-\frac{12}{30} + \left(-\frac{20}{30}\right)\right] + \frac{45}{30} \quad \text{El mcd es 30.}$$

$$= -\frac{32}{30} + \frac{45}{30}$$

$$= \frac{13}{30} \qquad\qquad \text{Compara con tu cálculo}$$
$$\text{aproximado.}$$

Para restar números racionales, usa el mismo proceso que usaste para restar enteros.

Ejemplo ② Calcula cada diferencia.

a. $-\frac{3}{5} - \left(-\frac{4}{7}\right)$

$$-\frac{3}{5} - \left(-\frac{4}{7}\right) = -\frac{3}{5} + \frac{4}{7} \qquad \text{Para restar } -\frac{4}{7}, \text{ suma su inverso } +\frac{4}{7}.$$

$$= -\frac{21}{35} + \frac{20}{35} \qquad \text{El mcd es 35.}$$

$$= -\frac{1}{35}$$

b. $-6.24 - 8.52$

$$-6.24 - 8.52 = -6.24 + (-8.52)$$

$$= -14.76$$

Ejemplo **3**

APLICACIÓN

El mercado de valores

La compañía Intel produce el procesador Pentium™ para las computadoras personales. Intel anunció en noviembre de 1994 que había una falla en el procesador, el cual podría causar errores en cálculos matemáticos complejos. En una semana, el valor de la acción de Intel bajó $2\frac{1}{4}$ puntos.

El 13 de diciembre, el valor de esta había bajado $2\frac{1}{8}$ puntos más. ¿Cuántos puntos bajó el valor de Intel en este período?

Podemos representar las caídas del precio de las acciones mediante números negativos.

$$-2\frac{1}{4} - 2\frac{1}{8} = -2\frac{1}{4} + \left(-2\frac{1}{8}\right) \quad \textit{Para restar } 2\frac{1}{8}\textit{, suma su inverso aditivo.}$$

$$= -2\frac{2}{8} + \left(-2\frac{1}{8}\right) \quad \textit{El mcd es 8.}$$

$$= -4\frac{3}{8}$$

El valor de la acción de Intel bajó $4\frac{3}{8}$ puntos durante este período.

También puedes evaluar expresiones que impliquen adiciones y sustracciones de números racionales.

Ejemplo **4**

a. **Evalúa** $p - 3.5$ **si** $p = 2.8$.

$$p - 3.5 = 2.8 - 3.5 \quad \textit{Reemplaza p por 2.8.}$$

$$= -0.7$$

b. **Evalúa** $\frac{11}{4} - x$ **si** $x = \frac{27}{8}$.

$$\frac{11}{4} - x = \frac{11}{4} - \frac{27}{8} \quad \textit{Sustituye x por } \frac{27}{8}.$$

$$= \frac{22}{8} - \frac{27}{8} \quad \textit{El mcd es 8.}$$

$$= -\frac{5}{8}$$

COMPRUEBA LO QUE APRENDISTE

Comunicación en matemáticas

Estudia la lección y a continuación completa lo siguiente.

1. **Describe** dos maneras de calcular $-2.4 + 5.87 + (-2.87) + 6.5$.

2. **Da** un ejemplo de adición o sustracción de números racionales que aparezca en un periódico o en una revista.

LOS MODELOS Y LAS MATEMÁTICAS

3. **Dibuja** y usa una recta numérica que muestre la suma de $-\frac{4}{5}$ y $\frac{3}{5}$.

4. **Usa** una recta numérica para resolver el problema del Ejemplo 3.

Práctica dirigida

Halla cada suma o diferencia.

5. $\frac{7}{9} - \frac{8}{9}$

6. $-\frac{7}{12} + \frac{5}{6}$

7. $-\frac{1}{8} + \left(-\frac{5}{2}\right)$

8. $-69.5 - 82.3$

9. $4.57 + (-3.69)$

10. $-\frac{2}{5} + \frac{3}{15} + \frac{3}{5}$

Evalúa cada expresión.

11. $a - (-5)$, si $a = 0.75$

12. $\frac{11}{2} - b$ si $b = -\frac{5}{2}$

13. Negocios   Los siguientes cambios diarios en el Promedio Industrial Dow Jones se registraron durante la semana del 22 de julio de 1995.

lunes, $+2\frac{3}{8}$; martes, $-\frac{1}{4}$; miércoles, $-\frac{3}{8}$;

jueves, $+2\frac{1}{4}$; viernes, $-3\frac{1}{2}$.

a. ¿Cuál fue el cambio neto en esta semana?

b. Dibuja una recta numérica que muestre el cambio de cada día.

EJERCICIOS

Práctica

Calcula cada suma o diferencia.

14. $\frac{5}{8} + \left(-\frac{3}{8}\right)$

15. $-\frac{7}{8} - \left(-\frac{3}{16}\right)$

16. $-1.6 - 3.8$

17. $3.2 + (-4.5)$

18. $\frac{1}{2} + \left(-\frac{8}{16}\right)$

19. $\frac{2}{3} + \left(-\frac{2}{9}\right)$

20. $-38.9 + 24.2$

21. $-0.0007 + (-0.2)$

22. $-\frac{3}{7} + \frac{1}{4}$

23. $-5\frac{7}{8} - 2\frac{3}{4}$

24. $79.3 - (-14.1)$

25. $-0.0015 + 0.05$

26. $-9.16 - (-10.17)$

27. $-5.6 + (-9.45) + (-7.89)$

28. $\frac{1}{4} + 2 + \left(-\frac{3}{4}\right)$

29. $-0.87 + 3.5 + (-7.6) + 2.8$

30. $\frac{3}{4} + \left(-\frac{4}{5}\right) + \frac{2}{5}$

31. $-4\frac{1}{4} + 6\frac{1}{3} + 2\frac{2}{3} + \left(-3\frac{3}{4}\right)$

Evalúa cada expresión.

32. $-3\frac{1}{3} - b$, si $b = \frac{1}{2}$

33. $r - 2.7$, si $r = -0.8$

34. $n - 0.5$, si $n = -0.8$

35. $t - (-1.3)$, si $t = -18$

36. $\frac{4}{3} - p$, si $p = \frac{4}{5}$

37. $-\frac{12}{7} - s$, si $s = \frac{16}{21}$

Matemáticas discretas

Calcula cada suma o diferencia.

38. $\begin{bmatrix} 3 & -2 \\ 5 & 6.2 \end{bmatrix} + \begin{bmatrix} 2.4 & 5 \\ -4 & 1 \end{bmatrix}$

39. $\begin{bmatrix} -1.3 & 4.2 \\ 0 & -3.4 \end{bmatrix} - \begin{bmatrix} 2.5 & 4.3 \\ -1.7 & -6.3 \end{bmatrix}$

40. $\begin{bmatrix} \frac{1}{2} & -2 \\ 7 & \frac{1}{4} \end{bmatrix} + \begin{bmatrix} 3 & -5 \\ \frac{2}{3} & 6 \end{bmatrix}$

41. $\begin{bmatrix} \frac{1}{2} & 6 \\ 1 & 5 \\ 4 & -7 \end{bmatrix} + \begin{bmatrix} -\frac{1}{4} & 5 \\ -4 & 3 \\ -3\frac{1}{2} & -5 \end{bmatrix}$

42. $\begin{bmatrix} 3.2 & 6.4 & -4.3 \\ 5 & -4 & 0.4 \end{bmatrix} - \begin{bmatrix} 1.4 & 3.7 & 5 \\ -1 & 5 & 0.4 \end{bmatrix}$

Piensa críticamente

43. Matemáticas discretas   Inventa cuatro matrices de 2×2. Usa estas matrices para verificar o contradecir el siguiente enunciado: *La suma de matrices es asociativa y conmutativa.*

44. Encuadernación de libros Un libro de texto como este está hecho de grupos de 32 páginas que reciben el nombre de *rúbricas*. Una rúbrica está hecha de un trozo grande de papel que se dobla varias veces. Las rúbricas se unen para hacer un libro. Supongamos que cuando este libro se imprimió, había $1\frac{1}{2}$ rollos de papel disponibles en la bodega. El tipógrafo tenía que ejecutar tres trabajos que utilizaban este tipo de papel. Este libro necesitaba $\frac{1}{4}$ de rollo, otro texto necesitaba $\frac{2}{5}$ y el tercero necesitaba $\frac{1}{2}$ rollo. ¿Hay suficiente papel para los tres trabajos? Explica.

45. Matemáticas discretas Una sucesión aritmética es una progresión en la que la diferencia entre dos términos consecutivos cualesquiera es la misma.

 a. Escribe los tres términos siguientes de la sucesión aritmética 4.53, 5.65, 6.77, 7.89, ...

 b. ¿Cuál es la diferencia común?

 c. Escribe los cinco primeros términos de la sucesión aritmética en la que el primer término es -2 y la diferencia común es $\frac{3}{4}$. Halla la suma de los cinco primeros términos.

46. Atletismo En 1995, Sheila Hudson-Strudwick estableció el récord femenino norteamericano de salto largo triple. Supongamos que su primer salto fue de 46 pies y 9 pulgadas y que su próximo salto fue de $1\frac{3}{4}$ pulgadas más largo. El récord que estableció fue de 1 pie $2\frac{1}{2}$ pulgadas más largo que su segundo salto. ¿Cuál fue el largo de su salto récord?

47. Reemplaza _?_ con $<$, $>$ o $=$ de manera que -3.833 _?_ -3.115 sea verdadera. (Lección 2–4)

48. Evalúa $-|-9 + 2x|$ si $x = 7$. (Lección 2–3)

49. Estadísticas Abajo se dan los puntos marcados por los equipos victoriosos en los primeros 29 Super Bowls. (Lección 2–2)

35	33	16	23	16	24	14	24
16	21	32	27	35	31	27	26
27	38	38	46	39	42	20	55
20	37	52	30	49			

 a. Haz un esquema lineal con esta información.

 b. ¿Se concentran los números alrededor de algún número?

50. Ventas de restaurante El domingo, la fiambrería de Rosa hizo tres tortas de queso de 12 tajadas cada una. El lunes se vendieron 3 tajadas. El martes, se vendió una torta entera y dos tajadas. El miércoles, el panadero hizo otra torta de queso y vendió nueve tajadas. Si la fiambrería de Rosa vendió 11 tajadas el jueves, ¿cuántas tajadas quedaban el viernes? (Lección 2–1)

51. Nombra la propiedad que se ilustra con $7(0) = 0$. (Lección 1–6)

52. Evalúa $7[4^3 - 2(4 + 3)] \div 7 + 2$. (Lección 1–3)

53. Patrones Halla el próximo término de la sucesión $\frac{1}{3}, \frac{3}{6}, \frac{5}{12}, ...$ (Lección 1–2)

54. Evalúa 8^4. (Lección 1–1)

2-6A Multiplica enteros

LOS MODELOS Y LAS MATEMÁTICAS

Una sinopsis de la lecdción 2-6

Materiales: fichas ☐ un tapete de enteros

Puedes usar fichas para hacer modelos de la multiplicación de enteros. Recuerda que las fichas amarillas representan enteros positivos y las fichas rojas enteros negativos. Cuando se multiplican números enteros, 2 × 4 significa *dos conjuntos de cuatro ítemes.* Cuando se multiplican enteros con fichas, (+2)(+4) significa *colocar dos conjuntos de cuatro fichas positivas.* (−2)(+4) significa sacar dos conjuntos de cuatro enteros positivos.

Actividad 1 Usa fichas para determinar el producto de (+2)(−4).

Paso 1 *Coloca* dos conjuntos de cuatro fichas negativas en el tapete.

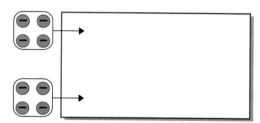

Paso 2 Dado que hay ocho fichas negativas en el tapete, el producto es −8. Así, (+2)(−4) = −8.

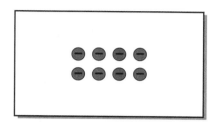

Actividad 2 Usa fichas para determinar el producto de (−2)(+4).

Paso 1 Añade suficientes pares nulos de manera que puedas *sacar* dos conjuntos de cuatro fichas positivas.

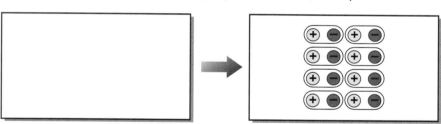

Paso 2 Ahora saca del tapete dos conjuntos de cuatro fichas positivas.

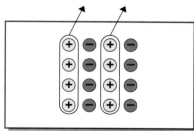

Paso 3 Dado que quedan ocho fichas negativas en el tapete, el producto es −8. Asi, −2(+4) = −8.

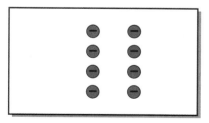

Escribe 1. Haz un modelo de −2(−4). Escribe un párrafo corto que explique el significado de (−2)(−4).

Modela **Usa fichas para calcular cada producto.**

    2. 2(−5)   **3.** −2(5)   **4.** −2(−5)

    5. 5(−2)   **6.** −5(2)   **7.** −5(−2)

Escribe **8.** ¿En qué se parecen las operaciones −2(5) y 5(−2)? ¿En qué difieren?

Multiplica números racionales

INTEGRACIÓN

Geometría

Una vez llamado "el edificio de oficinas más grande del mundo," el Pentágono, en Washington D.C., el edificio del ministerio de defensa de cinco pisos y cinco lados, fue diseñado por G.E. Bergstrom para maximizar el espacio y la eficiencia. Dos oficinas cualesquiera están a lo sumo a siete minutos una de otra.

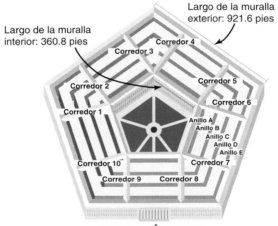

Largo de la muralla exterior: 921.6 pies

Largo de la muralla interior: 360.8 pies

Corredor 4
Corredor 3
Corredor 5
Corredor 2
Corredor 6
Corredor 1
Anillo A
Anillo B
Anillo C
Anillo D
Anillo E
Corredor 10
Corredor 7
Corredor 9
Corredor 8

EL PENTÁGONO

El edificio consiste en 10 corredores y cinco anillos. Hay 230 baños, 150 escaleras y 7748 ventanas. Cada muralla exterior del edificio mide 921.6 pies de longitud, ligeramente más larga que tres campos de fútbol. Las murallas interiores, también en forma de pentágono, miden 360.8 pies de longitud. ¿Cuál es el perímetro exterior del Pentágono?

Una forma de resolver este problema es usar la adición repetidamente.

$$921.6 + 921.6 + 921.6 + 921.6 + 921.6 = 4608$$

Un método más fácil es multiplicar 921.6 por 5.

$$5(921.6) = 4608$$

El perímetro del Pentágono es de 4608 pies.

Como este método no funciona si quieres encontrar el producto de $\frac{2}{3}$ y $-\frac{2}{5}$ ó el producto de -5 and -0.3, puedes usar los siguientes patrones para descubrir una regla para multiplicar números racionales.

$$\frac{2}{3} \times \frac{2}{5} = \frac{4}{15}$$

$$\frac{2}{3} \times \frac{1}{5} = \frac{2}{15}$$

$$\frac{2}{3} \times \frac{0}{5} = \frac{0}{15}$$

$$\frac{2}{3} \times \left(-\frac{1}{5}\right) = -\frac{2}{15}$$

$$\frac{2}{3} \times \left(-\frac{2}{5}\right) = -\frac{4}{15}$$

$$-5 \cdot 0.3 = -1.5$$

$$-5 \cdot 0.2 = -1.0$$

$$-5 \cdot 0.1 = -0.5$$

$$-5 \cdot 0 = 0$$

$$-5 \cdot (-0.1) = 0.5$$

$$-5 \cdot (-0.2) = 1.0$$

$$-5 \cdot (-0.3) = 1.5$$

Los ejemplos de la página anterior sugieren las siguientes reglas.

Multiplicación de dos números racionales	**El producto de dos números del mismo *signo* es positivo.** **El producto de dos números de distintos *signos* es negativo.**

Ejemplo ❶ Calcula cada producto.

a. **(−9.8)4**   *Aproxima:* $(-10)4 = -40$

$(-9.8)4 = -39.2$ *Como los factores tienen signos distintos, el producto es negativo.*

b. $\left(-\frac{3}{4}\right)\left(-\frac{2}{3}\right)$ *Aproxima:* $(-1)\left(-\frac{1}{2}\right) = \frac{1}{2}$

$\left(-\frac{3}{4}\right)\left(-\frac{2}{3}\right) = \frac{6}{12}$ ó $\frac{1}{2}$ *Como los factores tienen el mismo signo, el producto es positivo.*

A veces necesitas evaluar expresiones de números racionales.

Ejemplo ❷ Evalúa $a\left(\dfrac{5}{6}\right)^2$ si $a = 2$.

$a\left(\dfrac{5}{6}\right)^2 = 2\left(\dfrac{5}{6} \cdot \dfrac{5}{6}\right)$ *Reemplaza a por 2.*

$= 2\left(\dfrac{25}{36}\right)$ *Multiplica.*

$= \dfrac{\overset{1}{\cancel{2}}}{1}\left(\dfrac{25}{\underset{18}{\cancel{36}}}\right)$ ó $\dfrac{25}{18}$

Es posible que necesites simplificar expresiones multiplicando números racionales.

Ejemplo ❸ Simplifica cada expresión.

a. **(2b)(−3a)**

$(2b)(-3a) = 2(-3)ab$ *Propiedades conmutativa y asociativa de la multiplicación.*

$= -6ab$

b. **3x(−3y) + (−6x)(−2y)**

$3x(-3y) + (-6x)(-2y) = -9xy + 12xy$ *Multiplica.*

$= 3xy$ *Reduce términos semejantes.*

Observa que el multiplicar un número por −1 da como resultado el opuesto del número o expresión.

$$-1(4) = -4 \qquad (1.5)(-1) = -1.5 \qquad (-1)(-3m) = 3m$$

Propiedad multiplicativa de −1	**El producto de cualquier número y −1 es igual a su inverso aditivo.** $-1(a) = -a$ **y** $a(-1) = -a$

Para hallar el producto de tres o más números, debes agrupar los números en pares.

Ejemplo **4** Calcula $\left(-\frac{3}{4}\right)\left(-4\frac{1}{3}\right)\left(3\frac{2}{5}\right)(4)(-1)$.

$$\left(-\frac{3}{4}\right)\left(-4\frac{1}{3}\right)\left(3\frac{2}{5}\right)(4)(-1) = \left[\left(-\frac{3}{4}\right)(4)\right]\left[\left(-4\frac{1}{3}\right)(-1)\right]\left(3\frac{2}{5}\right) \quad \textit{Propiedades conmutative}$$
$$\textit{y asociativa}$$

$$= (-3)\left(4\frac{1}{3}\right)\left(3\frac{2}{5}\right)$$

$$= \left(-\frac{\overset{1}{\cancel{3}}}{1}\right)\left(\frac{13}{\underset{1}{\cancel{3}}}\right)\left(\frac{17}{5}\right)$$

$$= -\frac{221}{5} \text{ ó } -44\frac{1}{5}$$

Puedes multiplicar cualquier matriz por una constante. Esto recibe el nombre de **multiplicación escalar.** Cuando se ejecuta la multiplicación escalar, cada elemento se multiplica por la constante formándose así una nueva matriz.

Multiplicación escalar de una matriz	$m\begin{bmatrix} a & b & c \\ d & e & f \end{bmatrix} = \begin{bmatrix} ma & mb & mc \\ md & me & mf \end{bmatrix}$

Ejemplo **5** Del 3 al 6 de julio de 1995, American Airlines fijó el precio de un boleto regular de un viaje de ida y vuelta de clase turista para las siguientes ciudades nombradas a continuación.

APLICACIÓN
Aerolíneas

	Chicago	Dallas	Las Vegas
Atlanta	$198.00	$198.00	$1214.00
Nueva York	$246.00	$1224.00	$1342.00

Supongamos que las aerolíneas principales bajan sus tarifas comenzando así una guerra de precios. Para aumentar su volumen de viajes, American Airlines decide rebajar sus precios en un 30%, o sea, $\frac{3}{10}$. Calcula los nuevos precios para viajar a las ciudades nombradas anteriormente.

Puedes usar la multiplicación escalar para encontrar los nuevos precios. Si los precios se reducen en $\frac{3}{10}$, los pasajeros pagan $1 - \frac{3}{10}$ ó sea, $\frac{7}{10}$ del precio original. Multiplica para hallar los precios de descuento.

$$\frac{7}{10}\begin{bmatrix} 198.00 & 198.00 & 1214.00 \\ 246.00 & 1224.00 & 1342.00 \end{bmatrix} = \begin{bmatrix} 138.60 & 138.60 & 849.80 \\ 172.20 & 856.80 & 939.40 \end{bmatrix}$$

Abajo se muestran los nuevos precios.

	Chicago	Dallas	Las Vegas
Atlanta	$138.60	$138.60	$849.80
Nueva York	$172.20	$856.80	$939.40

COMPRUEBA LO QUE APRENDISTE

Comunicación en matemáticas

Estudia la lección y a continuación completa lo siguiente.

1. **Prepara una lista** de las condiciones bajo las que cada enunciado es verdadero. Luego, da un ejemplo que verifique tus condiciones.

   a. ab es positivo.   **b.** ab es negativo.   **c.** ab es igual a 0.

2. **Explica** lo que puedes concluir sobre a si cada enunciado es verdadero.

   a. a^2 es positivo.   **b.** a^3 es positivo.   **c.** a^3 es negativo.

3. Si $a = -2$, ¿cuál es mayor, $a + a^2$ ó -4?

LOS MODELOS Y LAS MATEMÁTICAS

4. Escribe un enunciado multiplicativo para el modelo de la derecha.

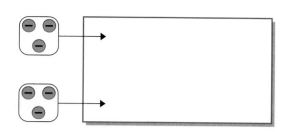

Práctica dirigida

Calcula cada producto.

5. $6(-3)$

6. $(-4)(-8)$

7. $(-4)(2)(-3)$

8. $\left(\frac{7}{3}\right)\left(\frac{7}{3}\right)$

9. $\left(-\frac{4}{5}\right)\left(-\frac{1}{5}\right)(-5)$

10. $\left(\frac{3}{5}\right)\left(-\frac{4}{7}\right)$

Evalúa cada expresión si $x = \frac{1}{2}$ y $y = -\frac{2}{3}$.

11. $3y - 4x$

12. $x^2 y$

Simplifica.

13. $5s(-6t) + 2s(-8t)$

14. $6x(-7y) + (-3x)(-5y)$

Calcula cada producto.

15. $3\begin{bmatrix} -2 & 4 \\ -1 & 5 \end{bmatrix}$

16. $-5\begin{bmatrix} -1 & 0 \\ 4.5 & 8 \\ 3.2 & -4 \end{bmatrix}$

17. Negocios Los empleados de la compañía Glencoe/McGraw-Hill son reembolsados por el desgaste que sufren sus vehículos cuando se usan en asuntos de trabajo. El millaje del auto de un empleado al comienzo del día es de 19,438.6 millas y de 19,534.1 millas al final del día. ¿Cuánto debería reembolsársele al empleado si la compañía paga $0.30 por milla?

EJERCICIOS

Práctica

Calcula cada producto.

18. $6(13)$

19. $(-5)(12)$

20. $(-7)(-6)$

21. $\left(-\frac{8}{9}\right)\left(\frac{9}{8}\right)$

22. $-\frac{5}{6}\left(-\frac{2}{5}\right)$

23. $(-5)\left(-\frac{2}{5}\right)$

24. $(-100)(-3.6)$

25. $(-2.93)(-0.003)$

26. $(-5)(3)(-4)$

27. $\left(\frac{2}{3}\right)\left(\frac{3}{5}\right)(-3)$

28. $\left(-\frac{7}{12}\right)\left(\frac{6}{7}\right)\left(-\frac{3}{4}\right)$

29. $\frac{6}{11}\left(-\frac{33}{34}\right)$

30. $(-0.075)(-5.5)$

31. $(-5.8)(-6.425)(2.3)$

32. $(-4)(0)(-2)(-3)$

33. $\frac{3}{5}(5)(-2)\left(-\frac{1}{2}\right)$

34. $(3)(-4)(-1)(-2)$

35. $\frac{2}{11}(-11)(-4)\left(-\frac{3}{4}\right)$

Evalúa cada expresión si $m = -\frac{2}{3}$, $n = \frac{1}{2}$, $p = -3\frac{3}{4}$ y $q = 2\frac{1}{6}$.

36. $6m$

37. nq

38. $2m - 3n$

39. $pq - m$

40. $m^2\left(-\frac{1}{4}\right)$

41. $n^2(q + 2)$

Lección 2–6 Multiplica números racionales **109**

Simplifica.

42. $-2a(-3c) + (-6y)(6r)$

43. $(5t)(-6r) - (-4s)$

44. $7m(-3n) + 3m(-4n)$

45. $5(2x - x) + 4(x + 3x)$

46. $(-6b)(-3c) - (-9a)(7b)$

47. $3.2(5x - y) - 0.3(-1.6x + 7y)$

INTEGRACIÓN

Matemáticas discretas

Calcula cada producto.

48. $-7\begin{bmatrix} -1 & 8.2 & 0 \\ 4 & 5.6 & -1 \\ 3.2 & 7 & 7 \end{bmatrix}$

49. $\frac{1}{2}\begin{bmatrix} 4 & 12 & 6 \\ 5 & 10 & 2 \end{bmatrix}$

50. $4\begin{bmatrix} 1.3 & -2 & -4 \\ 0.5 & -0.3 & 5 \\ 6.6 & 2.1 & -8 \end{bmatrix}$

51. $-4\begin{bmatrix} 2.25 & -5.67 \\ 5.6 & 2.5 \\ -7.2 & -2.78 \end{bmatrix}$

52. $-8\begin{bmatrix} 0.2 & 4.5 \\ -1.4 & -3 \\ 3 & 2.4 \\ -7 & -3.2 \end{bmatrix}$

53. $\frac{2}{3}\begin{bmatrix} 9 & 27 & 6 \\ 0 & 3 & 4 \end{bmatrix}$

Piensa críticamente

54. Si un producto tiene un número par de factores negativos, ¿qué se puede decir del producto?

55. Si un producto tiene un número impar de factores negativos, ¿qué se puede decir del producto?

Aplicaciones y solución de problemas

56. Matemáticas discretas Una *sucesión geométrica* es una progresión en la que la razón de cualquier término dividido entre el término anterior es la misma para dos términos cualesquiera.

a. Escribe los tres términos siguientes de la sucesión geométrica $9, 3, 1, \frac{1}{3}, \ldots$

b. ¿Cuál es la razón común?

c. Escribe los cinco primeros términos de la sucesión geométrica cuyo primer término es -6 y cuya razón común es 0.5. Luego, halla la suma de los cinco términos.

57. Construcción Ryduff Builders está construyendo casas en una nueva urbanización. El código de construcción para esta área establece que los terrenos deben tener un mínimo de 1250 pies cuadrados y que ninguna dimensión puede ser menor de 20 pies.

a. Determina si podría aprobarse el plano de un terreno que midiera 32 pies por 38 pies. Justifica tu razonamiento.

b. Determina si podría aprobarse el plano de un terreno que midiera 19 pies por 70 pies. Justifica tu razonamiento.

c. Si una de las dimensiones del plano de un terreno es de 42 pies, halla otra dimensión que cumpla con las condiciones del código de construcción.

58. Cívica Una bandera se puede medir por su largo y por su ancho. El rectángulo azul de la bandera norteamericana se llama *unión*.

El largo de la unión es $\frac{2}{5}$ del largo total de la bandera y el ancho es $\frac{7}{13}$ del ancho total. Si la longitud total de la bandera norteamericana es de 3 pies, ¿cuánto mide la unión?

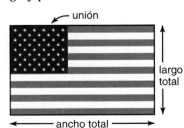

59. Calcula $5.7 + (-7.9)$.   (Lección 2–5)

60. Reemplaza __?__ con $<$, $>$ o $=$ de manera que 12 __?__ $15 - 7$ sea verdadero. (Lección 2–4)

61. Evalúa $a - 12$ si $a = -8$.   (Lección 2–3)

62. **Estadísticas**   Nombra la escala que usarías para hacer un esquema lineal de la siguiente información. A continuación, dibuja el esquema lineal. (Lección 2–2)

$$4, 9, 2, 2, 15, 7, 6, 6, 9, 12, 1, 3, 2, 11, 10, 2, 6, 4, 12, 13$$

63. Calcula $6 + (-13)$. Usa una recta numérica si lo crees necesario. (Lección 2–1)

64. Escribe una expresión algebraica que corresponda a *cinco veces la suma de x y y disminuida en z*.   (Lección 1–8)

65. Halla el conjunto solución de $y + 3 > 8$ si el conjunto de reemplazo es $\{3, 4, 5, 6, 7\}$.   (Lección 1–5)

66. **Estadísticas**   Supongamos que el número 27,878 se redondea a 27,900 y se grafica usando 27 como tallo y 9 como hoja. Escribe el tallo y la hoja de cada número que aparece más abajo si estos forman parte del mismo conjunto de datos.   (Lección 1–4)

   a. 13,245   **b.** 35,684   **c.** 153,436

67. Evalúa $6(4^3 + 2^2)$.   (Lección 1–3)

68. **Geometría**   Escribe una expresión que represente el número total de cubitos en el cubo que se muestra a la derecha. A continuación, evalúa la expresión.   (Lección 1–1)

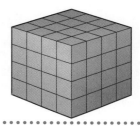

CONTINÚA CON LA
In·ves·ti·ga·ción
Consulta las páginas 68–69.

el Efecto de invernadero

Si no fuera por la capa de CO_2 (dióxido de carbono) natural que impide que el calor escape de la atmósfera, se cree que la Tierra tendría una temperatura superficial promedio de $-17°$ C en vez de su promedio actual de $15°$ C. Existen evidencias de que Marte tiene muy poco CO_2 en su atmósfera y que su temperatura nunca pasa de $-31°$ C. En el otro extremo, Venus, con abundante CO_2, tiene una temperatura promedio de $454°C$.

1 ¿Cuál sería la diferencia de temperaturas entre la Tierra con CO_2 y la Tierra sin CO_2? ¿Crees que podría haber vida en la Tierra sin CO_2? Explica.

2 ¿Cuál es la diferencia de temperaturas entre Marte y la Tierra sin CO_2? Explica qué otros factores contribuyen a la diferencia de temperaturas.

3 ¿Cuál es la diferencia de temperaturas entre Venus y Marte? Explica qué otros factores contribuyen a la diferencia de temperatura.

4 Haz una tabla en la que se aparezcan los tres planetas y sus temperaturas con CO_2 en su atmósfera y con poco o nada de CO_2. Puedes suponer que las diferencias de las temperaturas de los otros planetas son las mismas que la diferencia de las temperaturas de la Tierra con CO_2 y sin CO_2. Esta información se utilizará más adelante mientras trabajes en tu investigación.

Agrega los resultados de tu trabajo a tu *Archivo de investigación*.

2-7

Divide números racionales

Lo que APRENDERÁS

- A dividir números racionales.

Por qué ES IMPORTANTE

Porque puedes dividir números racionales para resolver problemas de dibujo técnico, de enfermería y de economía.

APLICACIÓN
Una aviadora

Vicki Van Meter tenía mucho que escribir en el informe sobre sus vacaciones de verano de 1993. A los 12 años, inspirada por Amelia Earhart, se convirtió en la mujer más joven que cruzara el Océano Atlántico piloteando un avión. Vicki hizo todo el piloteo, la navegación y la comunicación de su viaje de 3200 kilómetros a bordo del avión monomotor Cessna 210. También tuvo que preocuparse de cómo se cargaban las provisiones y el combustible en el avión.

Antes de que un avión pequeño pueda despegar, el piloto debe asegurarse de que el avión se cargue de tal manera que su centro de gravedad esté dentro de ciertos límites de seguridad. Si es así, el piloto está listo para despegar. Si no, el peso debe equilibrarse de nuevo.

Puedes usar la tabla de la izquierda para encontrar el centro de gravedad de cierto avión. El límite de seguridad de este avión es 82.1. Para cada ubicación, el momento se calcula multiplicando el peso y el brazo.

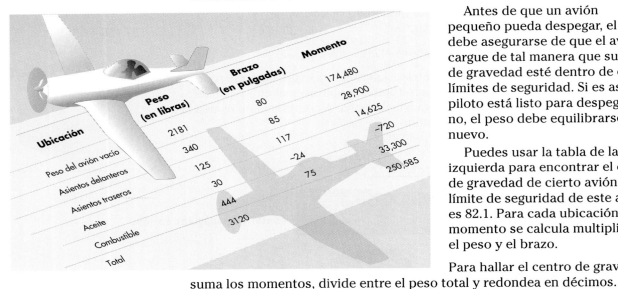

Ubicación	Peso (en libras)	Brazo (en pulgadas)	Momento
Peso del avión vacío	2181	80	174,480
Asientos delanteros	340	85	28,900
Asientos traseros	125	117	14,625
Aceite	30	-24	-720
Combustible	444	75	33,300
Total	3120		250,585

Para hallar el centro de gravedad, suma los momentos, divide entre el peso total y redondea en décimos.

Momento total		Peso total		Centro de gravedad
250,585	÷	3120	=	80.3

Dado que 80.3 es menor que 82.1, el avión está listo para despegar.

Ya sabes que el cociente de dos números positivos es positivo. Pero, ¿cómo determinas el signo del cociente cuando hay números negativos? Como la división y la multiplicación son operaciones inversas, la regla para hallar el signo del cociente de dos números es similar a la regla para encontrar el signo del producto. Estudia estos patrones.

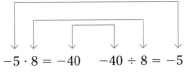

$$-5 \cdot 8 = -40 \qquad -40 \div 8 = -5 \qquad\qquad -10 \cdot \left(-\frac{1}{2}\right) = 5 \qquad 5 \div \left(-\frac{1}{2}\right) = -10$$

Estos ejemplos sugieren las siguientes reglas.

División de dos números racionales	El cociente de dos números del *mismo signo* es positivo.
	El cociente de dos números de *distintos signos* es negativo.

Ejemplo ① Calcula cada cociente.

a. $-75 \div (-15)$

Este problema de división también se puede escribir como $\frac{-75}{-15}$.

$\frac{-75}{-15} = 5$ *La barra de fracción indica división..*

Como los signos son iguales, el cociente es positivo.

b. $\frac{72}{-8}$

$\frac{72}{-8} = -9$ *Como los signos son distintos, el cociente es negativo.*

No olvides que puedes cambiar cualquier expresión que contenga divisiones en una expresión equivalente que contenga productos. Para dividir entre cualquier número distinto de cero, multiplica por el recíproco de ese número.

Ejemplo ② Calcula cada cociente.

a. $\frac{1}{2} \div 5$

$\frac{1}{2} \div 5 = \frac{1}{2} \cdot \frac{1}{5}$ *Multiplica por $\frac{1}{5}$, el recíproco de 5.*

$= \frac{1}{10}$ *Los signos son iguales así que el producto es positivo.*

b. $-\frac{6}{7} \div 3$

$-\frac{6}{7} \div 3 = -\frac{6}{7} \cdot \frac{1}{3}$ *Multiplica por $\frac{1}{3}$, el recíproco de 3.*

$= -\frac{6}{21}$ ó $-\frac{2}{7}$ *Los signos son distintos así que el producto es negativo.*

Ejemplo ③ Tres de la medidas que las enfermeras usan comúnmente son los centímetros cúbicos (cc), las gotas y los granos. Usa esta información para resolver lo siguiente.

APLICACIÓN
Enfermería

a. Un médico receta que se le suministren $\frac{1}{400}$ de grano a un paciente. El enfermero tiene un frasco cuyo rótulo dice $\frac{1}{200}$ de grano por cc. ¿Cuántos cc de la medicina debería el enfermero suministrarle al paciente?

b. El médico también receta que se le suministre al paciente una inyección intravenosa (IV) de 1000 cc en el suero, durante un período de 8 horas. Si hay 15 gotas en 1 cc, ¿en cuántas gotas por minuto debería el enfermero ajustar la IV?

a. ¿Cuántos cc hay en $\frac{1}{400}$ de grano? Divide $\frac{1}{400}$ de grano entre $\frac{1}{200}$ de grano/cc.

$\frac{1}{400}$ de grano $\div \frac{1}{200}$ de grano/cc $= \frac{1 \text{ grano}}{400} \cdot \frac{200 \text{ cc}}{1 \text{ grano}}$

$= \frac{\overset{1}{\cancel{1 \text{ grano}}}}{\underset{2}{\cancel{400}}} \cdot \frac{\overset{1}{\cancel{200 \text{ cc}}}}{\underset{1}{\cancel{1 \text{ grano}}}}$

$= \frac{1}{2}$ cc

El enfermero debería suministrarle al paciente $\frac{1}{2}$ cc de la medicina.

(continúa en la página siguiente)

b. $\dfrac{1000\ \text{cc}}{8\ \text{h}} = \left(\dfrac{\overset{125}{\cancel{1000\ \text{cc}}}}{\underset{1}{\cancel{8\ \text{h}}}}\right)\left(\dfrac{\overset{1}{\cancel{15\ \text{gotas}}}}{1\ \cancel{\text{cc}}}\right)\left(\dfrac{1\ \cancel{\text{h}}}{\underset{4}{\cancel{60}\ \text{min}}}\right)$ *Hay 15 gotas en 1 cc y*

                                                    60 minutos en una hora.

$\qquad\qquad = \dfrac{125\ \text{gotas}}{4\ \text{minutos}}$

$\qquad\qquad\quad = 31\dfrac{1}{4}\ \text{gotas/min}$

El enfermero debería ajustar la IV en $31\dfrac{1}{4}$ gotas por minuto.

Una **fracción compleja** es una fracción que tiene una o más fracciones en el numerador o denominador. Para simplificar una fracción compleja, vuelve a escribirla como un enunciado de división.

Ejemplo **4** **Simplifica cada fracción.**

a. $\dfrac{\frac{2}{3}}{8}$

Vuelve a escribir la fracción como $\dfrac{2}{3} \div 8$, puesto que las fracciones indican división.

$\dfrac{2}{3} \div 8 = \dfrac{2}{3} \cdot \dfrac{1}{8}$ *Multiplica por $\frac{1}{8}$, el recíproco de 8.*

$\qquad\quad = \dfrac{2}{24}$ ó $\dfrac{1}{12}$

b. $\dfrac{-5}{\frac{3}{7}}$

Escribe la fracción como $-5 \div \dfrac{3}{7}$.

$-5 \div \dfrac{3}{7} = -5 \times \dfrac{7}{3}$ *Multiplica por $\frac{7}{3}$, el recíproco de $\frac{3}{7}$.*

$\qquad\qquad = -\dfrac{35}{3}$ ó $-11\dfrac{2}{3}$ *Los signos son distintos así es que el producto es negativo.*

Puedes usar la propiedad distributiva para simplificar expresiones fraccionales.

Ejemplo **5** **Simplifica $\dfrac{-3a + 16}{4}$.**

Método 1

$\dfrac{-3a + 16}{4} = (-3a + 16) \div 4$

$\qquad\qquad = (-3a + 16)\left(\dfrac{1}{4}\right)$ *Para dividir entre 4, multiplica por $\frac{1}{4}$.*

$\qquad\qquad = -3a\left(\dfrac{1}{4}\right) + 16\left(\dfrac{1}{4}\right)$ *Propiedad distributiva.*

$\qquad\qquad = -\dfrac{3}{4}a + 4$

Método 2

$\dfrac{-3a + 16}{4} = -\dfrac{3a}{4} + \dfrac{16}{4}$

$\qquad\qquad = -\dfrac{3}{4}a + 4$

Comunicación en matemáticas

Estudia la lección y a continuación completa lo siguiente.

1. **Compara** la multiplicación de números racionales con la división de números racionales. ¿En qué se parecen estas operaciones?

2. **Completa** el enunciado. Dividir por un número distinto de cero es lo mismo que __?__ .

3. **Halla** un valor de x si $\frac{1}{x} > x$.

4. **Tú decides** Simone dice que $-\frac{4}{5}$ es igual a $\frac{-4}{-5}$. Miguel dice que $-\frac{4}{5}$ es igual a $\frac{-4}{5}$, o sea, $\frac{4}{-5}$. ¿Quién tiene la razón y por qué?

Práctica dirigida

Simplifica.

5. $\frac{32}{-8}$

6. $\frac{-77}{11}$

7. $-\frac{3}{4} \div 8$

8. $\frac{2}{3} \div 9$

9. $\frac{\frac{-5}{6}}{8}$

10. $\frac{54s}{6}$

11. $\frac{-300x}{50}$

12. $\frac{6b + 12}{6}$

13. **Dinero** El 10 de octubre de 1994, *USA Today* informó que el gobierno norteamericano gasta alrededor de $168 millones por hora. Stanley Newberg, que llegó a los Estados Unidos desde Austria en 1906 y que murió en 1994 a la edad de 81 años, le dejó al gobierno $5.6 millones. ¿Cuánto se demoró el gobierno en gastar el dinero del señor Newberg?

Práctica

Simplifica.

14. $\frac{-36}{4}$

15. $\frac{-96}{-16}$

16. $-9 \div \left(-\frac{10}{17}\right)$

17. $-\frac{2}{3} \div 12$

18. $-64 \div (-8)$

19. $-\frac{3}{4} \div 12$

20. $-18 \div 9$

21. $78 \div (-13)$

22. $-108 \div (-9)$

23. $-\frac{2}{3} \div 8$

24. $\frac{-1}{3} \div (-4)$

25. $-9 \div \left(-\frac{10}{27}\right)$

26. $\frac{\frac{5}{6}}{-10}$

27. $-\frac{7}{\frac{3}{5}}$

28. $\frac{-5}{\frac{2}{7}}$

29. $\frac{-650m}{10}$

30. $\frac{81c}{-9}$

31. $\frac{8r + 24}{8}$

32. $\frac{6a + 24}{6}$

33. $\frac{40a + 50b}{-2}$

34. $\frac{-5x + (-10y)}{-5}$

35. $\frac{42c - 18d}{-3}$

36. $\frac{-8f + (-16g)}{8}$

37. $\frac{-4a + (-16b)}{4}$

Evalúa si a = 5, b = −6 y c = −1.5.

38. $\frac{b}{c}$

39. $b \div a$

40. $(a + b) \div c$

41. $(a + b + c) \div 3$

42. $\frac{c}{a}$

43. $\frac{ab}{ac}$

44. La tecla $\boxed{1/x}$ de una calculadora científica recibe el nombre de *tecla recíproca.* Cuando se oprime esta tecla, la calculadora reemplaza el número en el visor por su recíproco.

   a. Ingresa 0 y a continuación oprime la tecla del recíproco. ¿Qué sucede? Explica.

   b. Ingresa un número y oprime la tecla del recíproco dos veces. ¿Qué sucede? Predice lo que sucederá si oprimes la tecla del recíproco *n* veces.

   c. Ingresa 6.435 $\boxed{1/x}$ $\boxed{\times}$ 6.435 $\boxed{=}$.
   ¿Cuál es el resultado ¿Por qué?

45. **Diseño**   Sofía Fernández está haciendo una cómoda para la guardería infantil de su hermanita menor. La cómoda tendrá una altura de 30 pulgadas con una base de 4 pulgadas de grosor y una cubierta de $1\frac{1}{2}$ pulgadas de grosor. En el espacio que queda deben caber cuatro cajones del mismo tamaño con $\frac{3}{4}$ de pulgada entre cada cajón.

   a. Bosqueja la cómoda, indicando cada parte.

   b. ¿Cuál es la altura de cada cajón?

46. **Economía**   La tienda de zapatos de Kim Lee tiene una oferta en que si un cliente compra un par de zapatos, puede comprar el segundo par a mitad de precio. El par más caro de zapatos se cobra a precio normal y al segundo par le rebajan la mitad del precio original. Si compras un solo par recibes un descuento de $\frac{1}{5}$. Sharon y LaShondra compraron juntas cinco pares de zapatos que costaron $45.99, $23.88, $36.99, $19.99 y $14.99. ¿Cómo deberían pagar por los zapatos de manera de recibir la mejor oferta?

47. **Ciencia**   *Precisión* es el grado de exactitud con que se puede reproducir una medida. Se determina restando la medida menor de la medida mayor y dividiendo entre 2. Supongamos que conduces un experimento para determinar la longitud de una tabla. Después de medir varias veces, anotas medidas que varían desde 17.239 cm y 17.561 cm.

   a. Usa el símbolo ($\pm$) para describir tus medidas.

   b. ¿Qué precisión tiene tu medida?

48. Calcula $\left(-\frac{1}{5}\right)\left(\frac{3}{2}\right)(-2)$.   (Lección 2–6)

49. Evalúa $\frac{9}{4} + \frac{x}{6}$ si $x = -7$.   (Lección 2–5)

50. Halla una fracción entre $\frac{2}{3}$ y $\frac{7}{8}$ cuyo denominador sea 24.   (Lección 2–4)

51. Sean $A = \begin{bmatrix} 1 & 4 \\ 5 & 7 \end{bmatrix}$ y $B = \begin{bmatrix} -3 & 0 \\ -2 & 5 \end{bmatrix}$.   (Lección 2–3)

   a. Calcula $A + B$.   **b.** Calcula $A - B$.

52. **Estadística**   La siguiente tabla muestra el puntaje promedio por estado de la parte matemática de la Prueba de Evaluación Escolar (SAT) de 1994.
(Lección 2–2)

Puntaje promedio de matemáticas, SAT para 1994									
AL	529	HI	480	MA	475	NM	528	SD	548
AK	477	ID	508	MI	537	NY	472	TN	535
AZ	496	IL	546	MN	562	NC	455	TX	474
AR	518	IN	466	MS	528	ND	559	UT	558
CA	482	IA	574	MO	532	OH	510	VT	472
CO	513	KS	550	MT	523	OK	537	VA	469
CT	472	KY	523	NE	543	OR	491	WA	488
DE	464	LA	530	NV	484	PA	462	WV	482
FL	466	ME	463	NH	486	RI	462	WI	557
GA	446	MD	479	NJ	475	SC	443	WY	521

Fuente: College Entrance Examination Board

   a. Cuál es la amplitud de puntaje de los cincuenta estados?

   b. Haz un esquema lineal de esta información.

   c. ¿Se concentran los puntajes alrededor de algún número? Si es así, ¿Cuáles son?

53. Simplifica $8b + 12(b + 2)$.   (Lección 1–7)

54. Halla el inverso multiplicativo de $\frac{4}{5}$.   (Lección 1–6)

55. **Estadística**   La siguiente lista muestra los precios de varios modelos de vehículos deportivos prácticos, aproximados a los cien dólares más cercanos.   (Lección 1–4)

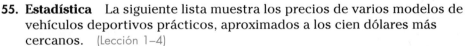

$22,000 $19,400 $29,000 $13,000 $22,200 $17,300
$25,400 $25,100 $33,000 $20,000 $30,700 $15,400
$27,900 $34,600 $30,400 $24,500 $52,500 $17,200

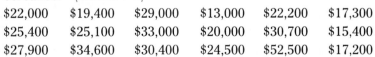

   a. Haz una gráfica de tallo y hojas con esta información.

   b. ¿Cuál es el precio menos caro?

   c. ¿Cuál es el precio más caro?

   d. ¿Cuántos precios de más de $25,000 hay?

2-8A Aproxima raíces cuadradas

Materiales: Mosaicos de base 10

Puedes usar mosaicos de base 10 para modelar raíces cuadradas. Una **raíz cuadrada** es uno de dos factores idénticos de un número. Por ejemplo, una raíz cuadrada de 144 es 12 porque $12^2 = 144$.

Actividad 1 Usa mosaicos de base 10 para encontrar la raíz cuadrada de 121.

Paso 1 Haz un modelo de 121 con mosaicos de base 10.

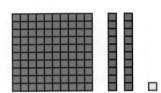

Paso 2 Ordena los mosaicos en un cuadrado. La raíz cuadrada de 121 es 11 porque $11^2 = 121$.

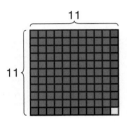

Actividad 2 Usa mosaicos de base 10 para calcular aproximadamente la raíz cuadrada de 151.

Paso 1 Haz un modelo de 151 con mosaicos de base 10.

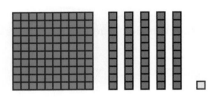

Paso 2 Ordena los mosaicos en un cuadrado. El cuadrado más grande posible tiene 144 mosaicos, con 7 mosaicos de más.

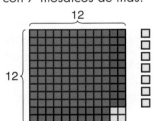

Intercambia un mosaico de base 10 por 10 mosaicos de base 1 cuando sea necesario.

Paso 3 Agrega mosaicos hasta que completes el siguiente cuadrado más grande. Necesitas añadir 18 mosaicos más. Como 151 está entre 144 y 169, la raíz cuadrada de 151 está entre 12 y 13.

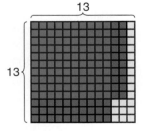

- -

Modela **Usa mosaicos de base 10 para calcular aproximadamente la raíz cuadrada de cada número.**

1. 20   **2.** 450   **3.** 180   **4.** 200   **5.** 2

Escribe **6.** Si ordenas numéricamente todos los factores de un número, la raíz cuadrada del número es el número del medio o está entre los dos números centrales. ¿Cómo puedes mostrar esto usando mosaicos?

Raíces cuadradas y números reales

Lo que **APRENDERÁS**

- A calcular la pendiente de una recta, dadas las coordenadas de dos de sus puntos.
- a calcular raíces cuadradas,
- a clasificar números y
- a graficar soluciones de desigualdades en una recta numérica.

Por qué **ES IMPORTANTE**

Porque debes ser capaz de reconocer el valor de un número irracional para resolver problemas que tengan que ver con la seguridad del tránsito terrestre y aéreo.

Hallar la raíz cuadrada de 81 es lo mismo que encontrar un número cuyo cuadrado sea 81.

CONEXIÓN
Biología

El botánico sueco Carlo de Linneo (1707–1778) desarrolló el sistema de clasificación de los seres vivos de acuerdo con características comunes que usamos hoy en día. Por ejemplo, el elefante africano pertenece a la clase de los mamíferos y al reino animal.

En matemáticas, clasificamos los números que tienen características comunes. Hasta ahora en este libro, hemos clasificado los números como números naturales, números enteros, enteros y números racionales.

Las raíces cuadradas de los cuadrados perfectos se clasifican como números racionales. Una **raíz cuadrada** es uno de dos factores iguales de un número. Por ejemplo, la raíz cuadrada de 81 es 9 porque $9 \cdot 9$, o sea, 9^2 es 81. Un número racional cuya raíz cuadrada es un número racional, como 81, se llama **cuadrado perfecto.**

Reino: Animal
Filo: Cordados
Clase: Mamíferos
Orden: Proboscidios
Familia: Elefantídeos
Género: *Loxodonta*
Especie: *Loxodonta africana*

Elefante africano

También se cumple que $-9 \cdot (-9) = 81$. Por lo tanto, -9 es otra raíz cuadrada de 81.

$$9^2 = 9 \cdot 9$$
$$= 81$$

9^2 se lee "nueve al cuadrado" y significa que el 9 se usa como factor dos veces.

$$(-9)^2 = (-9)(-9)$$
$$= 81$$

-9 se usa como factor dos veces.

Definición de raíz cuadrada	**Si $x^2 = y$, entonces x es una raíz cuadrada de y.**

El símbolo $\sqrt{}$, llamado **signo radical,** se usa para denotar la **cantidad subradical** de la expresión bajo el signo radical.

$$\sqrt{81} = 9 \qquad \sqrt{81} \text{ indica la cantidad } subradical \text{ de 81.}$$

$$-\sqrt{81} = -9 \qquad -81 \text{ indica la cantidad } subradical \text{ de } -81.$$

$$\pm\sqrt{81} = \pm 9 \qquad \pm\sqrt{81} \text{ indica las } dos \text{ cantidades subradicales de 81.}$$

$\pm\sqrt{81}$ se lee "más menos la raíz cuadrada de 81."

Ejemplo **①** **Halla cada raíz cuadrada.**

Algunas raíces cuadradas pueden calcularse mentalmente.

a. $\sqrt{25}$

El símbolo $\sqrt{25}$ representa la cantidad subradical de 25.

Como $5^2 = 25$, sabes que $\sqrt{25} = 5$.

b. $-\sqrt{144}$

El símbolo $-\sqrt{144}$ representa la cantidad subradical de -144.

Como $12^2 = 144$, sabes que $-\sqrt{144} = -12$.

c. $\pm\sqrt{0.16}$

El símbolo $\pm\sqrt{0.16}$ representa ambas cantidades subradicales de 0.16.

Como $(0.4)^2 = 0.16$, sabes que $\pm\sqrt{0.16} = \pm 0.4$.

La mayoría de las calculadoras científicas tienen una *tecla de raíz cuadrada* denotada $\boxed{\sqrt{}}$ o $\boxed{\sqrt{x}}$. Cuando oprimes esta tecla, el número en el visor es reemplazado por su cantidad subradical positiva.

Ejemplo **②** **Usa una calculadora científica para evaluar cada expresión si $x = 2401$, $a = 147$ y $b = 78$.**

a. $\sqrt{x}$

$\sqrt{x} = \sqrt{2401}$ *Sustituye x por 2401.*

Ejecuta: 2401 $\boxed{\text{2nd}}$ $\boxed{\sqrt{x}}$ *49*

Por lo tanto, $\sqrt{2401} = 49$.

b. $\pm\sqrt{a + b}$

$\pm\sqrt{a + b} = \pm\sqrt{147 + 78}$ *Sustituye a por 147 y b por 78.*

Ejecuta: $\boxed{(}$ 147 $\boxed{+}$ 78 $\boxed{)}$ $\boxed{\text{2nd}}$ $\boxed{\sqrt{x}}$ *15*

Por lo tanto, $\pm\sqrt{a + b}$ es ± 15.

Números tales como $\sqrt{5}$ y $\sqrt{13}$ son las raíces cuadradas de números que *no* son cuadrados perfectos. Observa lo que sucede cuando hallas estas raíces cuadradas con tu calculadora.

Ejectua: 5 $\boxed{\text{2nd}}$ $\boxed{\sqrt{x}}$ *2.236067978...*

Ejectua: 13 $\boxed{\text{2nd}}$ $\boxed{\sqrt{x}}$ *3.605551275...*

Estos números continúan indefinidamente sin patrón alguno de repetición de dígitos. Estos números no son números racionales porque no son decimales terminales o periódicos. Números como $\sqrt{5}$ y $\sqrt{13}$ reciben el nombre de **números irracionales**.

Definición de número irracional	Un número irracional es un número que no puede expresarse de la forma $\frac{a}{b}$, donde a y b son enteros y $b \neq 0$.

El conjunto de números racionales junto con el conjunto de números irracionales forman el conjunto de los **números reales.** El diagrama de Venn de la derecha muestra las relaciones entre los números naturales, los números enteros, los enteros, los números racionales, los números irracionales y los números reales.

Números reales

Racionales

Enteros

Números enteros

Números naturales

Irracionales

Ejemplo 3 **Nombra el conjunto o conjuntos de números al cual pertenece cada número real.**

a. **0.8333333...** Este decimal periódico es un número racional dado que equivale a $\frac{5}{6}$. *Este número también se puede expresar como $0.8\overline{3}$.*

b. **$-\sqrt{16}$** Dado que $-\sqrt{16} = -4$, este número es un entero y un número racional.

c. **$\frac{14}{2}$** Como $\frac{14}{2} = 7$, este número es un entero, un número natural, un número entero y un número racional.

d. **$\sqrt{120}$** Dado que $\sqrt{120} = 10.95445115...$, el cual no es un decimal ni terminal ni periódico, este número es irracional.

La solución a muchos problemas de la vida real son números irracionales.

Ejemplo 4 **El área de un cuadrado mide 325 pulgadas cuadradas. Calcula el perímetro con una exactitud de un centésimo.**

INTEGRACIÓN
Geometría

Primero, calcula el largo de cada lado. Como el área es el largo del lado al cuadrado, debes calcular la raíz cuadrada de 325.

325 pulgadas cuadradas

Ejecuta: 325 [2nd] [$\sqrt{x}$] *18.02775638*

El largo de cada lado es alrededor de 18.02775638 pulgadas. Usa la fórmula $P = 4s$ para calcular el perímetro.

$P = 4s$

$\quad = 4 \cdot 18.02775638$ *Reemplaza la s por 18.02775638.*

Ejecuta: 18.02775638 [×] 4 [=] *72.111026551*

El perímetro mide unas 72.11 pulgadas.

Ya has graficado números racionales en rectas numéricas. Sin embargo, si graficaras todos los números racionales, la recta aún no estaría completa. Los números irracionales completan la recta numérica. La gráfica de todos los números reales es toda la recta numérica. La **propiedad de correspondencia** ilustra esto.

Propiedad de correspondencia de los puntos de una recta numérica	**Cada número real corresponde exactamente a un único punto de la recta numérica.** **Cada punto de la recta numérica corresponde exactamente a un único número real.**

Recuerda que las ecuaciones como $x - 5 = 11$ son enunciados abiertos. Desigualdades como $x < 6$ también se consideran enunciados abiertos. Para resolver $x < 6$, determina qué reemplazos de x la hacen verdadera. Todos los números menores que 6 hacen verdadera la desigualdad. Esto puede mostrarse mediante el conjunto solución {números reales menores que 6}. No solo este incluye enteros como 3, 0 y -4, sino que también todos los números racionales menores que 6 como $\frac{1}{2}$, $-5\frac{3}{8}$ y -3 y todos los números irracionales menores que 6 como $\sqrt{5}$, $\sqrt{3}n$ y π.

Ejemplo **5** **Haz la gráfica de cada conjunto de solución.**

a. $y \geq -7$

La flecha sólida indica que todos los números a la derecha de -7 están incluidos. El *punto sólido* indica que el punto que corresponde a -7 está incluido en la gráfica del conjunto de solución.

b. $p \neq \frac{3}{4}$

Las flechas sólidas indican que todos los números a la izquierda y a la derecha de $\frac{3}{4}$ están incluidos en la gráfica. El *círculo* indica que el punto que corresponde a $\frac{3}{4}$ no está incluido en la gráfica.

COMPRUEBA LO QUE APRENDISTE

Comunicación en matemáticas

CL*O*SE TO H*O*ME   J*O*HN M*c*PHERS*O*N

En el fondo, el entrenador Knot siempre había querido enseñar matemáticas.

M*I* DIARIO

DE MATEMÁTICAS

Estudia la lección y a continuación completa lo siguiente.

1. Ya has estudiado los siguientes conjuntos de números: enteros, irracionales, naturales, racionales, reales y números enteros. Dibuja una recta numérica y marca al menos un número de cada conjunto numérico. Indica a qué conjunto pertenece cada número.

2. Estudia la caricatura de la izquierda. Explica por qué es cómica.

3. **Decide** si 36 es un cuadrado perfecto. Si lo es, ¿a qué conjunto de números pertenece $\sqrt{36}$?

4. **Explica** por qué 3 y -3 son raíces cuadradas de 9.

5. Escribe una desigualdad que corresponda a la siguiente gráfica.

6. **Escribe** un párrafo para explicarle a un compañero de curso la diferencia entre números racionales y números irracionales.

Calcula cada raíz cuadrada. Usa una calculadora si lo crees necesario. Si el resultado no es un número entero, redondéalo en centésimas.

7. $\sqrt{64}$ 8. $-\sqrt{36}$ 9. $\sqrt{122}$ 10. $\pm\sqrt{0.08}$

Evalúa cada expresión. Usa una calculadora si lo crees necesario. Si el resultado no es un número entero, redondéalo en centésimas.

11. $\sqrt{x}$, si $x = 256$ 12. $\sqrt{y}$, si $y = 151$

Nombra el conjunto o conjuntos de números al que pertenece cada número real. Usa N para los números naturales, W para los números enteros, Z para los enteros, Q para los números racionales e I para los números irracionales.

13. $-\frac{3}{4}$ 14. $\frac{8}{4}$ 15. $0.6666...$ 16. $\sqrt{13}$

Haz la gráfica en una recta numérica del conjunto solución de cada desigualdad.

17. $p < 7$ 18. $r \geq -3$ 19. $x \neq 2$

20. **Matemáticas discretas**   En la sucesión geométrica 5, 15, _?_, 135, 405, el número que falta recibe el nombre de *media geométrica* de 15 y 135. Se puede encontrar evaluando $\sqrt{ab}$, donde a y b son los números a cada extremo de la sucesión geométrica. Calcula el número que falta.

EJERCICIOS

Calcula cada raíz cuadrada. Usa una calculadora si lo crees necesario. Si el resultado no es un número entero o una fracción simple, redondéalo en centésimas.

21. $\sqrt{169}$ 22. $\sqrt{0.0049}$ 23. $\sqrt{\frac{4}{9}}$

24. $-\sqrt{289}$ 25. $\sqrt{420}$ 26. $\sqrt{\frac{25}{64}}$

27. $\sqrt{225}$ 28. $\pm\sqrt{1158}$ 29. $-\sqrt{625}$

30. $\sqrt{1.96}$ 31. $\sqrt{\frac{9}{25}}$ 32. $-\sqrt{5.80}$

Evalúa cada expresión. Usa una calculadora si lo crees necesario. Si el resultado no es un número entero, redondéalo en centésimas.

33. $\sqrt{x}$, si $x = 87$ 34. $\pm\sqrt{t}$, si $t = 529$

35. $-\sqrt{m}$, si $m = 2209$ 36. $\sqrt{c + d}$, si $c = 23$ y $d = 56$

37. $-\sqrt{np}$, si $n = 16$ y $p = 25$ 38. $\pm\sqrt{\frac{a}{b}}$, si $a = 64$ y $b = 4$

Nombra el conjunto o conjuntos de números al que pertenece cada número real. Usa N para los números naturales, W para los números enteros, Z para los enteros, Q para los números racionales e I para los números irracionales.

39. $-\sqrt{49}$ 40. 0 41. 0.4583

42. $0.\overline{3}$ 43. $-\frac{1}{2}$ 44. $\sqrt{49}$

45. 0.6666 46. $\frac{10}{5}$ 47. $\sqrt{37}$

48. 3.14 49. $\frac{3}{5}$ 50. 5

Haz la gráfica en una recta numérica del conjunto de solución de cada desigualdad.

51. $y > -2$ **52.** $x < 1$ **53.** $p \geq -4$

54. $n \neq 6$ **55.** $c > -12$ **56.** $r \leq 4.5$

57. $b \geq -5.2$ **58.** $y \neq \frac{3}{4}$ **59.** $s \leq 5\frac{1}{2}$

60. Geometría El volumen de un sólido rectangular es de 100 cm^3. Su altura es el producto de su largo y de su ancho. La base del sólido es un cuadrado.

    a. Dibuja el sólido desde dos perspectivas diferentes.

    b. Calcula las dimensiones del sólido. Usa una calculadora si lo crees necesario. Redondea los decimales en centésimas.

Piensa críticamente

61. Decide si $\sqrt{733}$ es un número irracional. Si lo es, halla dos enteros consecutivos entre los que se encuentra su gráfica en la recta numérica.

62. Halla todos los números de la forma $\sqrt{n}$, donde n es un número natural y la gráfica de $\sqrt{n}$ queda entre cada par de números en la recta numérica.

    a. 3 y 4   **b.** 5.25 y 5.5

Aplicaciones y solución de problemas

63. Milicia La fórmula para determinar la distancia d en millas a la cual se puede ver un objeto en un día despejado en la superficie del océano es $d = 1.4\sqrt{h}$, donde h es la altura en pies en que se encuentran los ojos del observador sobre la superficie del agua. ¿Cuántas millas puede ver un piloto de un avión de la Guardia Costera norteamericana si está volando a una altura de 1275 pies?

64. Seguridad de tránsito Cuando se investiga un accidente de tránsito, la policía a menudo necesita aproximar la velocidad a la cual viajaba un auto midiendo las marcas del patinaje. La fórmula $s = \sqrt{24d}$ se usa para aproximar la velocidad en un camino seco y pavimentado. En la fórmula, s es la velocidad en millas por hora y d es la distancia en pies que el auto ha patinado después que se han aplicado los frenos. ¿Cuál era la velocidad aproximada del auto que dejó marcas de patinaje de 40 pies de largo?

65. Historia de las matemáticas El hallar el valor exacto de π fue uno de los desafíos más grandes de las matemáticas en sus primeros tiempos. Hoy en día, 3.14 y $\frac{22}{7}$ son dos aproximaciones generalmente aceptadas de π. En el siglo III, el matemático chino Liu Hui usó el número $3\frac{7}{50}$ para aproximar π.

El matemático italiano Leonardo Fibonacci usó $\frac{864}{275}$ para aproximar π.

¿Cuál de estas dos aproximaciones se acerca más a la aproximación generalmente aceptada de π, $3.141592654...$?

66. Negocios El Club de Español de la secundaria Alexander Manor vende barras de chocolate para financiar un viaje a México. Las barras se venden en cajas de 24 barras. Cada barra cuesta $1.00. La meta del club es lograr por lo menos $2450 en ventas brutas.

    a. ¿Cuántas cajas de barras de chocolate debe vender el club para alcanzar o exceder su meta?

    b. Haz una gráfica del conjunto de solución.

67. Evalúa $(-3a)(4)\left(\frac{2}{3}\right)\left(\frac{1}{6}a\right)$ si $a = 3$. (Lección 2–6)

68. Calcula $-\frac{5}{12} + \frac{3}{8}$. (Lección 2–5)

69. ¿Cuál es la mejor oferta, un paquete de una libra de carne a $1.95 o un paquete de 12 onzas a $1.80? (Lección 2–4)

70. Calcula $-5 - (-6)$. (Lección 2-3)

71. **Estadísticas** Determina la escala que usarías para hacer un esquema lineal con la siguiente información: 504, 509, 520, 500, 513, 517, 517, 508, 502, 518, 509, 520, 504, 509, 517, 511, 520. A continuación, haz la gráfica. (Lección 2–2)

72. Haz la gráfica de {0, 2, 6} en una recta numérica. (Lección 2–1)

73. Supongamos que una pelota de básquetbol se deja caer desde un edificio alto. Identifica la gráfica que representa mejor esta situación. (Lección 1–9)

a.

b.
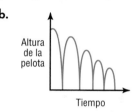

c.
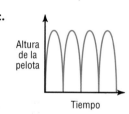

74. Nombra la propiedad que se ilustra con $a + (2b + 5c) = (a + 2b) + 5c$. (Lección 1–8)

Laura Davies estudiando su jugada.

75. **Golf** La siguiente gráfica de tallo y hojas muestra las ganancias de las 25 primeras mujeres golfistas profesionales norteamericanas de 1994 según el *Sports Almanac*. (Lección 1–4)

Tallo	Hoja
6	6 9
5	0
4	0 1 2 3 7
3	2 3 4 5 9
2	0 0 1 1 3 4 4 5 6 7 7 8

$4 \mid 3 = \$430,000$

a. ¿Cuántos de estos números han sido redondeados?

b. ¿Cuántas de estas golfistas ganaron entre $300,000 y $490,000?

c. Laura Davies obtuvo los mayores salarios de todas las mujeres golfistas en 1994. ¿Cuánto dinero ganó?

76. Evalúa $12(19 - 15) - 3 \cdot 8$. (Lección 1–3)

77. Halla los dos términos siguientes de la sucesión 2, 8, 14, 20,... (Lección 1–2)

78. Escribe una expresión algebraica para p elevada a la sexta potencia. (Lección 1–1)

Solución de problemas
Escribe ecuaciones y fórmulas

- A explorar situaciones de planteamiento de problemas y
- a traducir enunciados y problemas verbales en ecuaciones o fórmulas y viceversa.

Por qué ES IMPORTANTE

Porque en el mundo laboral la exploración de los problemas y la capacidad de traducirlos en fórmulas que puedan ser resueltas son destrezas valiosas.

CONEXIÓN
Biología

¡Animalejos, animalejos, por todas partes! Ese podría ser el lema de James Fujita, un ávido coleccionista de animalejos. A Fujita le han fascinado los animalejos desde que lo picó un grillo a los tres años. Su colección incluye cientos de animalejos, vivos y muertos: escarabajos, arañas, ciempiés, escorpiones, solo por nombrar algunos.

Fujita ha estudiado animalejos hasta en el Japón y Costa Rica así como en el patio de su casa en Oxnard, California. Ha hecho presentaciones y conducido seminarios, donado algunos de sus animalejos a museos y zoológicos y incluso ha salido en un programa de televisión con algunos de sus animalejos más grandes. Fujita cree mucho en la lectura y la exploración de cuanto se pueda acerca de hacer colecciones de animalejos, ¡si es que te da la comezón!

Puedes examinar problemas haciendo y respondiendo preguntas. En este libro, usaremos un plan de cuatro pasos para resolver problemas. Los pasos son los siguientes:

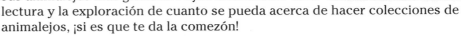

Plan para resolver problemas

1. **Examina el problema.**
2. **Planifica la solución.**
3. **Resuelve el problema.**
4. **Examina la solución.**

El primer paso para resolver un problema es leerlo y explorarlo hasta que entiendas completamente las relaciones en la información dada.

Paso 1: Examina el problema

Para resolver un problema verbal, comienza leyendo el problema cuidadosamente y examina de qué se trata.

- Identifica la información que se da.
- Identifica lo que se te pide en el problema.

Preguntas	**Respuestas**
a. ¿Cuántos años tenía James cuando se empezó a interesar en los animalejos?	**a.** 3 años de edad.
b. ¿En qué países, fuera de los E.E.U.U., ha estudiado animalejos James?	**b.** Japón y Costa Rica.
c. Si James tiene n años de edad ahora, ¿por cuántos años ha coleccionado animalejos?	**c.** $n - 3$
d. Si James tiene b animalejos y encuentra 14 animalejos más, ¿cuántos animalejos tendría en su colección?	**d.** $b + 14$

Otras estrategias:
- busca un patrón
- resuelve un problema más simple
- dramatiza la situación planteada por el problema
- aproxima y verifica
- dibuja un diagrama
- construye una tabla
- trabaja al revés

Paso 2: **Planifica la solución**

Una estrategia que puedes usar para resolver un problema es escribir una ecuación. Elige una variable que represente una de las incógnitas del problema. Esto se llama **definir una variable.** Luego, usa la variable para escribir expresiones para otras incógnita del problema.

Paso 3: **Resuelve el problema**

Usa la estrategia que escogiste en el paso 2 para resolver el problema.

Paso 4: **Examina la solución**

Verifica tu respuesta dentro del contexto del problema original. ¿Tiene sentido tu respuesta? ¿Guarda relación con la información del problema?

Ejemplo ①

APLICACIÓN
Computadoras

Gregory Arakelian de Herndon, Virginia, estableció un récord de velocidad al escribir la mayor cantidad de palabras sin errores por minuto en una computadora personal en el Torneo por Invitación Mundial Keytronic realizado el 24 de septiembre de 1991. Supongamos que su competidor más cercano escribió 10 palabras menos por minuto que Arakelian. Si ese competidor escribió 148 palabras por minuto, ¿cuántas palabras por minuto escribió Arakelian?

Explora
- ¿Cuántas palabras más puede Arakelian escribir en relación con su competidor más cercano? 10 palabras más
- ¿Cuántas palabras por minuto escribió su competidor? 148 palabras

Planifica Escribe una ecuación que represente esta situación. Sea p el número de palabras por minuto que Arakelian escribió.

$$\underbrace{p}_{\substack{\text{palabras que} \\ \text{escribió Arakelian}}} -10 = \underbrace{148}_{\substack{\text{palabras que} \\ \text{escribió el competidor}}}$$

Resuelve $p - 10 = 148$ *Resuelve esto mentalmente, preguntándote,*
$\qquad\quad p = 158$ *"¿Qué número menos 10 es igual a 148?"*

Arakelian escribió 158 palabras por minuto.

Examina La pregunta del problema es cuántas palabras por minuto escribió Arakelian. Su competidor escribió 10 palabras menos por minuto. Dado que $158 - 10 = 148$, la respuesta tiene sentido.

Gregory Arakelian

Cuando se resuelven problemas, muchos enunciados pueden escribirse como ecuaciones. Usa variables para representar los números o medidas desconocidas de un enunciado o problema. A continuación escribe las expresiones verbales como expresiones algebraicas. Abajo hay una lista de algunas expresiones verbales que sugieren el *signo de igualdad*.

En la lección 2–4 estudiaste el significado de los símbolos $<, >, \neq, \leq$ y $\geq$.

- es
- es igual a
- es tanto como
- es igual que
- es lo mismo que
- es idéntico(a) a

Ejemplo ❷ **Traduce cada frase a un enunciado algebraico.**

a. **Seis veces un número x es igual a 7 veces la suma de z y y.**

Seis veces un número x es igual a 7 veces la suma de z y y.

$$6 \times x = 7 \times (z + y)$$

El enunciado algebraico es $6x = 7(z + y)$.

b. **Un número es menor o igual que 5.**

Un número es menor o igual que 5.

$$n \leq 5$$

El enunciado algebraico es $n \leq 5$.

Otra estrategia que puedes usar para resolver un problema es escribir una fórmula. Una **fórmula** es una ecuación que establece una regla para la relación entre ciertas cantidades. A veces puedes desarrollar una fórmula haciendo un modelo.

LOS MODELOS Y LAS MATEMÁTICAS

Área de superficie

Materiales: Una caja rectangular ✂ Tijeras

Necesitas encontrar el área de superficie de la caja.

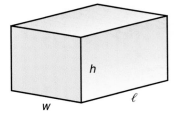

- Corta una caja como la que se muestra a la derecha.
- Calcula el área de cada cara.

w | wh | + | ℓ | ℓh | + | w | wh | + | ℓ | ℓw | + | ℓ | ℓh | + | ℓ | ℓw

- Escribe la fórmula sumando las áreas.

$S = wh + wh + \ell h + \ell h + \ell w + \ell w$

$= 2wh + 2\ell h + 2\ell w$

$= 2(wh + \ell h + \ell w)$

Ahora te toca a ti

a. Busca una caja que tenga forma de cubo. Desarma la caja. Dibuja y marca cada lado. Luego escribe una fórmula para encontrar el área del cubo.

b. ¿En qué se parecen la caja (prisma rectangular) y el cubo? ¿En qué difieren?

c. Halla una fórmula para el área de la superficie del prisma triangular de más abajo. Usa S, h, w y ℓ en tu fórmula.

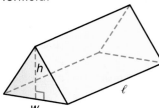

Ejemplo **Traduce el enunciado en una fórmula.**

El área de un círculo es igual al producto de π y el cuadrado del radio r.

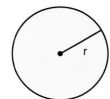

El área de un círculo es igual al producto de π y $\underbrace{\text{el cuadrado del radio r.}}$

$$\underbrace{A} \quad \underbrace{=} \quad \underbrace{\pi \times} \quad \underbrace{r^2}$$

La fórmula es $A = \pi r^2$.

También puedes traducir ecuaciones en enunciados verbales o inventar tu propio problema verbal si te dan una o dos ecuaciones.

Ejemplo **Traduce $x^2 + 6 = 39$ en un enunciado verbal.**

$$x^2 \qquad + \qquad 6 \quad = \quad 39$$

La suma del cuadrado de un número y seis es igual a 39.

Ejemplo **Escribe un problema basándote en la siguiente información.**

ℓ = la estatura de Lawana, en pulgadas
$\ell + 5$ = la estatura de Tatewin, en pulgadas
$2\ell + (\ell + 5) = 194$

He aquí un posible problema.

Tatewin es 5 pulgadas más alta que Lawana. La suma de la estatura de Tatewin y dos veces la de Lawana es de 194 pulgadas. ¿Cuál es la estatura de Lawana?

COMPRUEBA LO QUE APRENDISTE

Comunicación en matemáticas

Estudia la lección y a continuación completa lo siguiente.

1. **Escribe** tres preguntas que te harías para entender el siguiente problema. Consuelo quiere elevar su pulso a 140 latidos por minuto. Su pulso normal es de 60 latidos por minuto. Después de correr 10 minutos, su pulso sube en 65 latidos. Baja en 32 latidos después de 5 minutos de descanso y sube en 50 latidos después de correr 15 minutos. ¿Logró lo que se propuso?

2. **Explica** si una ecuación es un tipo de fórmula o si una fórmula es un tipo de ecuación.

3. **Escribe** un problema que haga uso de la fórmula para el área de un rectángulo, $A = \ell w$.

LOS MODELOS Y LAS MATEMÁTICAS

4. **Mide** cada lado de una caja de regalo cualquiera y usa la fórmula $S = 2(wh + \ell h + \ell w)$ para encontrar el área de su superficie, incluyendo la tapa.

5. Responde las preguntas relacionadas con el siguiente problema verbal. Cada pregunta de la parte de computación de un examen de matemáticas vale 4 puntos. Cada pregunta de la parte de solución de problemas vale 6 puntos. Madison necesita contestar 15 preguntas correctamente para obtener un total de 86 puntos y sacarse una B en el examen. ¿Cuántas preguntas de la parte de solución de problemas debe contestar correctamente?

a. ¿Cuántos puntos valen las preguntas de computación?

b. ¿Cuántas preguntas necesita Madison contestar correctamente?

c. ¿Qué puntaje necesita sacar Madison en el examen?

d. ¿Cuántos puntos valen las preguntas de solución de problemas?

e. Si n representa el número de preguntas de computación correctas, ¿cuántas preguntas de solución de problemas necesita contestar correctamente?

f. Si n representa el número de respuestas correctas de la parte de computación del examen, ¿cómo calcula Madison el número de puntos en esta parte del examen?

Traduce cada enunciado en una ecuación, desigualdad o fórmula.

6. La suma de dos veces x y tres veces y es igual a trece.

7. La suma de un número y 5 es por lo menos 48.

8. El perímetro P de un paralelogramo es dos veces la suma de los largos de dos lados adyacentes, a y b.

Define una variable y escribe una ecuación para cada problema. *No trates de resolverlos.*

9. Olivia manejó 189 millas de su casa en Fort Worth, Texas, a Austin en tres horas. ¿Cuál fue su velocidad promedio?

10. Shane tiene 4 monedas de 10¢ más que de 25¢ y 7 monedas de 5¢ menos que las de 10¢. Tiene un total de 28 monedas. ¿Cuántas monedas de 25¢ tiene?

11. Traduce $a(y + 1) = b$ en un enunciado verbal.

12. Escribe un problema basándote en la siguiente información.
Sea h = el número de horas que puedes trabajar en el verano.
$5h - 8$

EJERCICIOS

Práctica

13. Responde las preguntas relacionadas con el siguiente problema verbal.
Las compañía de construcción de las hermanas Johnson está planificando construir un parque de recreo para una urbanización. Los planos permiten un área de 20,000 pies cuadrados para este parque. El ancho rectangular del parque es 80 pies menos que su longitud y el perímetro es 640 pies. ¿Hay espacio suficiente para construir el parque como se había planificado?

a. ¿Cuál es el perímetro del parque?

b. Si y representa el largo del parque, ¿cuál es su ancho?

c. ¿Cuál es la fórmula del perímetro de una forma rectangular?

d. ¿Cuál es la longitud del parque?

e. ¿Cuál es el área del parque?

f. ¿Cuál es la pregunta del problema?

Traduce cada enunciado en una ecuación, desigualdad o fórmula.

14. El volumen V de una pirámide es igual a un tercio del producto del área de la base b por su altura h.

15. La suma del cuadrado de a y el cubo de b es igual a veinticinco.

16. El cociente de x y y es por lo menos 18 más que cinco veces la suma de x y y.

17. La cantidad x es menor que el cuadrado de la diferencia de a y 4.

18. La longitud de una circunferencia C es el producto de 2, π y el radio r.

19. Siete octavos de la suma de a y b y el cuadrado de c es lo mismo que 48.

Define una variable y escribe una ecuación para cada problema. No trates de resolverlos.

20. Nicole tiene en conjunto 25 discos compactos y cassettes. Cuando los aparea, le sobran 4 discos compactos. ¿Cuántos cassettes tiene Nicole?

21. Un número es 25 más que un segundo número. La suma de estos dos números es 106. Halla los números.

22. Anna tiene dos veces la edad de su hermano Dennis, quien tiene 4 años más que su hermano Curtis. La suma de sus edades es 32. ¿Cuántos años tiene Anna?

23. Héctor trabaja para un servicio de jardines. Cada dos semanas ahorra $50 de su sueldo. Si Héctor trabaja 7 meses, ¿cuánto habrá ahorrado?

Traduce cada ecuación o fórmula en un enunciado verbal.

24. $(mn)^2 = p$

25. $V = \frac{ah}{3}$

26. $\frac{(a+2)}{5} > 10$

Escribe un problema basándote en la siguiente información.

27. $x =$ el número de millas que hay de la casa al colegio
$3x = 36$

28. $p =$ el costo de un traje
$p - 25 = 150$

29. $d =$ el número de citas de un médico
$6d + 5 = 47$

Escribe una fórmula para cada área sombreada.

30.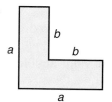

31.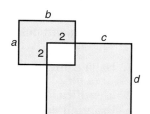

32.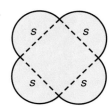

Piensa críticamente

33. Geometría Los siguientes dos segmentos tienen la misma longitud.

Escribe una ecuación que describa esta situación. Luego usa aproximación y verificación, o cualquier otra estrategia, para calcular el valor de x.

34. Alimentación Aaron y Ellie salieron a comer pizza. Después de leer el menú, no pudieron decidir entre dos pizzas redondas de 7 pulgadas o una pizza redonda de 12 pulgadas porque el costo era el mismo. ¿Cuál es la mejor oferta?

a. ¿Qué preguntas necesitas contestar?

b. Dibuja y marca diagramas que describan la situación.

c. Escribe las fórmulas o ecuaciones que se requieren para resolver el problema y luego resuélvelo.

d. Para Ellie la parte preferida de la pizza es la masa. Explica cómo el saber esto afectaría tu solución.

35. Geometría El área de un trapecio es igual a la mitad del producto de su altura y la suma de las longitudes de sus dos bases.

a. Escribe una fórmula para el área de un trapecio. Sea A el área, a y b las bases y h la altura.

b. Calcula el área de un trapecio con una base de 20 pies, la otra base de 11 pies y una altura de 7 pies.

36. Geometría Examina el diagrama de la derecha.

a. Basándote en las dimensiones que se dan, marca los lados que quedan. Puedes asumir que todos los ángulos son rectos.

b. Escribe una fórmula que represente el perímetro.

c. Escribe una fórmula que represente el área.

d. Si x es 5.5 cm y y es 4 cm, calcula el perímetro y el área.

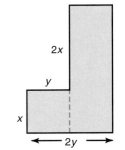

37. Calcula $-\sqrt{64}$. (Lección 2–8)

38. Simplifica $-72 \div (-6)$. (Lección 2–7)

39. Calcula $-4\begin{bmatrix} -2 & 0.4 \\ -3 & 5 \end{bmatrix}$. (Lección 2–6)

40. Halla una fracción entre $\frac{1}{3}$ y $\frac{4}{7}$ cuyo denominador sea 42. (Lección 2–4)

41. Halla el inverso aditivo y el valor absoluto de $+25$. (Lección 2–3)

42. Identifica la gráfica que representa mejor la siguiente situación.
Brandon desinfla un globo. Luego, lo infla lentamente y lo suelta sin atarlo.
(Lección 1–9)

43. Halla el conjunto de solución de la desigualdad $4y + 2 > 9$ si el conjunto de reemplazo es $\{1, 2, 3, 4, 5\}$. (Lección 1–5)

VOCABULARIO

Después de estudiar este capítulo podrás definir cada término, propiedad o enunciado y dar uno o dos ejemplos de cada uno.

Álgebra

cantidad subradical (pág. 119)

costo unitario (pág. 95)

cuadrado perfecto (pág. 119)

definición de variable (pág. 127)

diagramas de Venn (pág. 73)

división de números racionales (pág. 112)

enteros (pág. 73)

fórmula (pág. 128)

fracciones complejas (pág. 114)

inversos aditivos (pág. 87)

multiplicación de números racionales (pág. 107)

números enteros (pág. 72)

números irracionales (pág. 120)

número negativo (pág. 73)

números racionales (pág. 93)

números reales (pág. 121)

opuestos (pág. 87)

productos cruzados (pág. 94)

propiedad de comparación (pág. 94)

propiedad de correspondencia (pág. 121)

propiedad de densidad (pág. 96)

propiedad del inverso aditivo (pág. 87)

propiedad multiplicativa de −1 (pág. 107)

raíz cuadrada (pág. 118, 119)

recta numérica (pág. 72)

sustracción de enteros (pág. 87)

signo radical (pág. 119)

adición de enteros (pág. 86)

valor absoluto (pág. 85)

Geometría

coordenada (pág. 73)

gráfica (pág. 73)

Estadística

gráfica lineal (pág. 78)

Solución de problemas

plan para resolver problemas (pág. 126)

Matemáticas discretas

matriz (pág. 88)

multiplicación escalar (pág. 108)

COMPRENSIÓN Y USO DEL VOCABULARIO

Determina si cada enunciado es *verdadero* o *falso*. Si es falso, sustituye la palabra o número subrayados para hacerlo verdadero.

1. El valor absoluto de −26 es 26.

2. El inverso multiplicativo de 2 es −2.

3. Los decimales terminales son números racionales.

4. La raíz cuadrada de 144 es 12.

5. $2\frac{1}{2}$ es una fracción compleja.

6. $-\sqrt{576}$ es un número irracional.

7. 225 es un cuadrado perfecto.

8. −3.1 es un entero.

9. 0.66$\overline{6}$ es un decimal periódico.

10. $\frac{10}{5}$ es un número entero.

HABILIDADES Y CONCEPTOS

| OBJETIVOS Y EJEMPLOS | EJERCICIOS DE REPASO |

Una vez completado este capítulo, podrás:

Usa estos ejercicios para repasar y prepararte para el examen del capítulo.

- graficar enteros en una recta numérica (Lección 2–1)

Grafica { . . . , $-5, -4, -3$}.

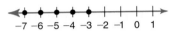

Grafica cada conjunto de números en una recta numérica.

11. {$5, 3, -1, -3$}

12. {enteros mayores que -3}

13. {enteros menores que 4 y mayores o iguales que -2}

- sumar enteros usando una recta numérica (Lección 2–1)

$4 + (-3) = 1$

Calcula cada suma. Usa una recta numérica si lo crees necesario.

14. $4 + (-4)$ 15. $2 + (-7)$

16. $-8 + (-12)$ 17. $-9 + 5$

18. $-14 + (-8)$ 19. $6 + (-11)$

- mostrar e interpretar datos estadísticos en un esquema lineal (Lección 2–2)

Hacer un esquema lineal con el conjunto de datos.

$78, 74, 86, 88, 99, 63, 85, 85, 85$

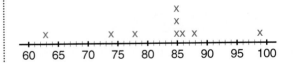

La siguiente tabla muestra el porcentaje de estudiantes de 18 años que se graduaron de la secundaria.

Año	'50	'55	'60	'65	'70	'75	'80	'85	'90
%	56	65	72	71	77	74	72	74	72

20. Haz un esquema lineal con esta información.

21. ¿Cuál fue el porcentaje más bajo de estudiantes de 18 años que se graduaron de la secundaria?

22. ¿En cuántos años el porcentaje de graduados estuvo entre 70 y 75%?

- sumar y restar enteros (Lección 2–3)

$-14 + (-9) = -(|-14| + |-9|)$

$\qquad\qquad = -(14 + 9)$

$\qquad\qquad = -23$

$7 - 9 = 7 + (-9)$ *Para restar 9, suma -9.*

$\qquad = -2$

Calcula cada suma y diferencia.

23. $17 + (-9)$ 24. $14 - 36$

25. $-10 + 8$ 26. $18 - (-5)$

27. $-7 - (-11)$ 28. $-17 + (-31)$

29. $-12 + 7$ 30. $-54 - (-34)$

OBJETIVOS Y EJEMPLOS

• comparar y ordenar números racionales
(Lección 2–4)

$$\frac{5}{9} \underline{\ ?\ } \frac{3}{5}$$

$5 \cdot 5 \underline{\ ?\ } 9 \cdot 3$ *Halla los productos cruzados.*

$$25 < 27$$

$$\frac{5}{9} < \frac{3}{5}$$

• sumar y restar números racionales (Lección 2–5)

$$-0.37 + 0.812 = + (|0.812| - |0.37|)$$

$$= 0.442$$

$$7\frac{3}{10} - \left(-4\frac{1}{5}\right) = 7\frac{3}{10} + 4\frac{1}{5}$$

$$= 7\frac{3}{10} + 4\frac{2}{10}$$

$$= 11\frac{5}{10} \text{ or } 11\frac{1}{2}$$

• multiplicar números racionales (Lección 2–6)

$$-4(-2) + 6(-3) = 8 + (-18)$$

$$= -10$$

$$-2\frac{1}{7}\left(3\frac{2}{3}\right) + \left(-5\frac{5}{7}\right) = \left(-\frac{15}{7}\right)\left(\frac{11}{3}\right) + \left(-\frac{40}{7}\right)$$

$$= -\frac{55}{7} + \left(-\frac{40}{7}\right)$$

$$= -\frac{95}{7}$$

• dividir números racionales (Lección 2–7)

$$\frac{-12}{-\frac{2}{3}} = -12 \div \left(-\frac{2}{3}\right)$$

$$= -12\left(-\frac{3}{2}\right)$$

$$= 18$$

EJERCICIOS DE REPASO

Reemplaza cada _?_ con <, > o = de manera que cada enunciado sea verdadero.

31. $-8 \underline{\ ?\ } -14$ **32.** $\frac{3}{8} \underline{\ ?\ } \frac{4}{11}$

33. $-5.6 \underline{\ ?\ } -4.5$ **34.** $\frac{-3.6}{0.6} \underline{\ ?\ } -7$

Halla un número entre los números dados.

35. $-\frac{3}{5}$ y $\frac{7}{12}$ **36.** $-\frac{2}{9}$ y $-\frac{5}{8}$

Calcula cada suma o diferencia.

37. $\frac{6}{7} + \left(-\frac{13}{7}\right)$

38. $-0.0045 + 0.034$

39. $3.72 - (-8.65)$

40. $-\frac{4}{3} + \frac{5}{6} + \left(-\frac{7}{3}\right)$

41. $-4.57 - 8.69$

42. $-4.5y - 8.1y$

Calcula cada producto.

43. $(-11)(9)$

44. $(-7)(12)(-3)$

45. $\left(\frac{3}{5}\right)\left(-\frac{5}{7}\right)$

46. $(-5.733)(-2.43)(-3.6)$

47. $-2(45)$

48. $-4\left(\frac{7}{12}\right)$

Simplifica.

49. $\frac{-54}{6}$

50. $-15 \div \left(\frac{3}{4}\right)$

51. $\frac{\frac{4}{5}}{-7}$

52. $\frac{-575x}{5}$

53. $218 \div (-2)$

54. $-78 \div (-6)$

OBJETIVOS Y EJEMPLOS

• calcular raíces cuadradas (Lección 2–8)

Evalúa $\sqrt{a + b}$ si $a = 489$ y $b = 295$.

$$\sqrt{489 + 295} = \sqrt{784}$$
$$= 28$$

EJERCICIOS DE REPASO

Evalúa cada expresión. Si lo crees necesario, usa una calculadora. Si el resultado no es un número entero, redondéalo en centésimas.

55. $\sqrt{y}$, si $y = 196$

56. $\pm\sqrt{t}$, si $t = 112$

57. $-\sqrt{ab}$, si $a = 36$ y $b = 25$

58. $\pm\sqrt{\dfrac{c}{d}}$, si $c = 169$ y $d = 16$

APLICACIONES Y SOLUCIÓN DE PROBLEMAS

59. **Consumo** A continuación, se da una lista del costo por taza, en centavos, de 28 detergentes para ropa. (Lección 2–2)

28	17	16	18
19	21	26	15
19	19	16	14
21	12	26	17
30	17	13	18
14	22	20	12
19	9	15	12

a. Haz un esquema lineal con esta información.

b. ¿Cuántos detergentes cuestan a lo sumo 17¢ por taza?

60. **Ciencia acuática** Un submarino desciende a una profundidad de 432 metros y después se eleva 189 metros. ¿A qué distancia de la superficie del agua se encuentra ahora el submarino? (Lección 2–3)

61. **Consumo** ¿Cuál es la mejor oferta: 0.75 litros de soda a 89¢ ó 1.25 litros de soda a $1.31? (Lección 2–4)

62. **Electricidad** Se diseña un circuito con dos resistencias R, 4.6 ohmios y 5.2 ohmios, y dos potencias P, 1200 vatios y 1500 vatios. ¿Cuáles de estas especificaciones se pueden usar de modo que el voltaje del circuito esté entre 75 voltios y 85 voltios? Usa $V = \sqrt{PR}$. (Lección 2–8)

63. **Acciones** A continuación, aparece una lista de los cambios en una semana de dos grupos de acciones. (Lección 2–5)

	L	M	M	J	V
CompNet	$+\frac{3}{8}$	$+\frac{1}{8}$	0	$-\frac{3}{4}$	$+\frac{1}{2}$
AccuFirm	$-\frac{1}{4}$	$+\frac{1}{8}$	$+\frac{1}{8}$	$-\frac{1}{4}$	$+\frac{1}{2}$

a. ¿Cuál grupo de acciones subió más en la semana?

b. ¿Cuál grupo de acciones tuvo el mayor cambio de un día al siguiente?

c. ¿Cuál fue el cambio y en qué días?

Define una variable y escribe una ecuación para cada problema. No trates de resolverlos. (Lección 2–9)

64. Minal pesa 8 libras menos que Claudia. Juntos pesan 182 libras. ¿Cuánto pesa Minal?

65. Tres veces un número disminuido en 21 es 57. Halla el número.

66. Hace cuatro años, tres veces la edad de Cecile era 42 años, la edad actual de su padre. ¿Cuántos años tiene Cecile?

Un examen de práctica para el Capítulo 2 aparece en la página 788.

EVALUACIÓN ALTERNATIVA

PROYECTO DE APRENDIZAJE COOPERATIVO

Cocina En este proyecto, eres el anfitrión de una fiesta para los miembros del grupo de teatro del colegio. Debes preparar una cantidad suficiente de chili y bizcochos de chocolate con mantequilla de maní de modo que puedas servir a 100 personas. (Más abajo se dan las recetas.) Vas a necesitar también platos hondos, servilletas y cucharas. Comienzas con $50 en tu cuenta de ahorros. Haces un cheque a la tienda especializada en fiestas para pagar por los platos hondos, las servilletas y las cucharas. Luego vas a la tienda de abarrotes y compras de todo excepto la carne molida dado que decidiste comprarla en el mercado local de carne.

Sigue estos pasos para preparar una lista de mercaderías y un registro de cheques.

- Determina la cantidad que necesitas de cada ingrediente para el chili y los bizcochos de chocolate.

- Haz una lista de mercaderías que incluya la cantidad total de ingredientes requeridos.

- Anda a la tienda de abarrotes y anota el tamaño del envase que necesitas comprar, la cantidad que necesitas y el precio del envase.

- Haz una lista en tu chequera de todos los cheques usados.

- Escribe varios párrafos que incorporen esta información y tu situación monetaria de manera de presentarlas en un informe para el director de la obra teatral del colegio.

Cada vez que tienes un saldo negativo en tu cuenta de cheques, el banco te cobra $10. ¿Has tenido alguna vez un saldo negativo? Si es así, ¿cuándo podría haber sido una buena ocasión para depositar más dinero? ¿Cuánto dinero deberías haber depositado para cubrir todos tus cheques?

PIENSA CRÍTICAMENTE

- Escribe una frase que explique por qué son números racionales los decimales terminales o periódicos.
- Un número se multiplica por y se divide entre el mismo número racional n, donde $0 < n < 1$. ¿Cuál es mayor, el producto o el cociente? Justifica tu respuesta.

PORTAFOLIO

Haz una lista de mercaderías de diez artículos. Ve a una tienda de abarrotes y anota el precio de dos envases de distintos tamaños para cada uno de estos artículos. Asegúrate de incluir asimismo las marcas y los distintos tamaños. Haz una tabla con esta información.

Una vez que hayas completado la tabla, calcula el costo unitario e inclúyelo en tu tabla. Haz una nueva lista de mercaderías de los diez artículos con la marca y el tamaño del envase exacto que deberías comprar, para obtener la mejor oferta. Incorpora esta información en tu portafolio.

AUTOEVALUACIÓN

Cuando se resuelve un problema, la comparación de números es a menudo útil. Es de gran ayuda en los cálculos aproximados y en la toma de decisiones. Cuando compares números o artículos, asegúrate de considerar otros factores.

Evalúate. ¿Cuándo comparas? ¿Evalúas nuevas situaciones basado en la comparación de esa situación con otra similar? Describe dos maneras en las que has usado o podrías usar comparaciones para resolver un problema o situación en matemáticas y en tu vida diaria.

Chili

1 libra de carne molida magra	3 1/2 cucharaditas de chili en polvo
2 cucharadas de harina	1 tarro de pasta de tomate de 6 onzas
1 cebolla mediana picada	
1 1/2 cucharadita de sal	1 taza de agua

Dora la carne en una sartén grande. Vacía la grasa. Agrega la sal y la cebolla. Cocina a fuego lento por 5 minutos. Agrega y revuelve chili en polvo, la harina, la pasta de tomate y el agua. Cubre y cocina a fuego lento por una hora, revolviendo de vez en cuando. Rinde 8 porciones.

Bizcochos de chocolates con mantequilla de maní

1/3 taza de mantequilla o margarina	1 taza de harina cernida
1/2 taza de mantequilla de maní	1 cucharadita de polvos de hornear
1 taza de azúcar	1/4 cucharadita de sal
1/4 taza de azúcar morena	6 onzas de virutas de chocolate
2 huevos	1/2 cucharadita de vainilla

Bate la mantequilla y la mantequilla de maní juntas hasta que adquieran una consistencia ligera. Añade las azúcares. Agrega los huevos uno por uno, batiendo después de cada uno. Agrega la harina, los polvos de hornear y la sal. Al final agrega las virutas de chocolate y la vainilla. Extiende esta mezcla en un molde engrasado de 9 x 9 pulgadas y hornea por 30 minutos en 350º. Deja que se enfríe. Rinde 10 porciones.

REPASO CUMULATIVO

CAPÍTULOS 1–2

Hay ocho preguntas en esta sección. Después de trabajar en cada problema, escribe la respuesta correcta en tu hoja.

1. Patrones Halla el sexto término de la sucesión $-6, -3\frac{1}{2}, -1, \dots$.

A. 0

B. $2\frac{1}{2}$

C. 4

D. $6\frac{1}{2}$

2. De viaje Las agencias de viaje ofrecen a menudo información acerca de la temperatura de un estado durante el año para preparar a sus clientes durante sus vacaciones. La siguiente gráfica de tallo y hojas muestra las temperaturas máximas diarias registradas en abril en Ohio. ¿Cuál enunciado describe mejor la información que prepara a los viajeros para su visita a Ohio en abril?

Tallo	Hojas
8	0 2 2 5
7	0 3 3 4 5 7 7 7 8 9 9
6	1 2 3 5 5 6 7 8 8 9
5	4 7 8 8
4	9 $5\,|\,7 = 57$

A. Las temperaturas en abril pueden variar entre 49 y 85 grados.

B. Abril es moderado, con temperaturas generalmente entre los 60 y los 80 grados.

C. La temperatura en abril puede llegar a los 85 grados.

D. Abril es un mes frío con temperaturas mínimas de hasta 49 grados.

3. Evalúa $3t^2 - g(w - t)$ si $t = 3, g = 5,$ y $w = -2$.

A. -110

B. 20

C. 43

D. 52

4. Tyrone tiene 3 años más que Bill. En 5 años dos veces la suma de sus edades será 5 veces la edad actual de Bill. Elige la ecuación que debería usarse para resolver este problema.

A. $b + (b + 3) = 5b$

B. $2b + (b + 3) + 5 = 5b$

C. $2[(b + 5) + (b + 3 + 5)] = 5b$

D. $2[(b + 3) + (b - 3 + 5)] = 5b$

5. Quan tiene un trabajo veraniego en la sección postal de un edificio de oficinas muy ajetreado. Su ruta matutina comienza en la sección postal y lo lleva dos pisos más arriba a la oficina de pagos y de ahí cuatro pisos más arriba al despacho del abogado; de ahí tres pisos más abajo al casino; de ahí siete pisos más arriba a las oficinas ejecutivas y finalmente doce pisos más abajo al despacho de seguridad en el primer piso. ¿En qué piso se encuentra la sección postal?

A. segundo piso

B. tercer piso

C. sexto piso

D. último piso

6. Stephen compró un sándwich submarino de 5 pies de longitud para servirles a los invitados en su fiesta del Super Bowl. ¿Cuántas partes tendrá que servir si dividió el sub en partes de $1\frac{1}{2}$ pulgadas de largo?

A. 3 partes

B. 8 partes

C. 30 partes

D. 40 partes

7. Simplifica $10a^3 + 7 - 2(2a^3 + a) + 3$.

A. $-2a^4 + 10a^3 + 10$

B. $8a^3 + 2a + 10$

C. $6a^3 - 2a + 10$

D. $6a^3 + a + 10$

8. Elige la expresión que es igual a 28.

A. $4 + 3 \cdot 4$

B. $\frac{75}{3} - 2$

C. $8 \cdot 4 - 8$

D. $(5 + 3) \cdot 7 \div 2$

SECCIÓN DOS: RESPUESTAS LIBRES

Esta sección contiene siete preguntas que debes contestar brevemente. Escribe tus respuestas en tu hoja.

9. Usando símbolos de agrupamiento, vuelve a escribir la expresión $7 + 15 \div 2 + 4 - 2$ de modo que su valor sea $6\frac{1}{2}$.

10. Tres enteros x, y, y z satisfacen las siguientes condiciones:

$y - z < 0$, $x - y > 0$, y $z - x < 0$.

Ordena los enteros de menor a mayor.

11. Haz la gráfica en una recta numérica del conjunto de solución de $k \neq 1$.

12. Geometría Halla el perímetro de la siguiente figura si $x = 7$, $y = 3$, y $z = 1\frac{1}{2}$.

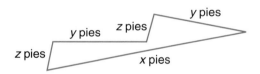

13. En la escuela Los estudiantes de la clase de álgebra de la profesora Stickler obtuvieron los siguientes puntos en la última prueba: 88, 89, 85, 92, 91, 86, 90, 95, 91, 86, 90, 92, 91, 89, 91 y 90. Haz un esquema lineal de estos puntajes y describe esta información en un enunciado.

14. La tasa promedio por hora que cobra una niñera los sábados en Los Ángeles es de $5 y de $2 en Pittsburgh. Corey, que vive en Pittsburgh, cuida a su hermano más pequeño 5 horas cada sábado por la noche. Ella vive en Los Ángeles y cuida a su primo 3 horas cada sábado por la noche. ¿Cuántas noches de sábado tendrá cada una que cuidar niños para ganar la misma cantidad de dinero?

15. ¿Cuál es el valor absoluto de a si $-a > a$?

16. Escribe una expresión algebraica que represente *nueve disminuido por el producto de y y 3*.

17. Patrones Halla los siguientes cinco términos de la sucesión 3, 4.5, 6, ...

18. Reemplaza __?__ con $>$, $<$, o $=$ de manera que la proposición sea verdadera.

$-2 - 1 \underline{\ ?\ } -2(-1)$

SECCIÓN TRES: ABIERTA

Esta sección contiene dos problemas abiertos. Demuestra tu conocimiento dando una solución clara y concisa a cada problema. Tus puntos para estos problemas dependerán de cómo efectúes lo siguiente.

- Explicar tu razonamiento.

- Mostrar tu comprensión de las matemáticas de una manera organizada.

- Usar tablas, gráficas y diagramas en tu explicación.

- Mostrar la solución de más de una manera o relacionarla con otras situaciones.

- Investigar más allá de los requerimientos del problema.

19. Latisha y Joia piensan comprar un tocadiscos compactos para su dormitorio. Latisha trabaja en la librería de la universidad y gana $5.35 la hora. Joia tiene un trabajo fuera de la universidad como camarera y gana $2.00 la hora, más propinas. Cada estudiante trabaja 20 horas a la semana.

A. ¿Cuánto tiempo tendrán que trabajar para ganar dinero suficiente y comprar un tocadiscos compactos que vale $350?

B. ¿Qué otros factores pueden afectar el momento de la compra del tocadiscos compactos?

20. Si $2(b + c) = 2b + 2c$, ¿se sigue que $2 + (b \cdot c) = (2 + b)(2 + c)$? Usa valores para b y c para justificar tu respuesta.

Resuelve ecuaciones lineales

Objetivos

En este capítulo, podrás:

- resolver ecuaciones usando una o más operaciones,
- resolver problemas que se puedan representar con ecuaciones,
- trabajar al revés para resolver problemas,
- definir y estudiar ángulos y triángulos y
- calcular las medidas de tendencia central.

El creciente costo de estudiar en la universidad

Costo Anual (en dólares de 1992–93)

Universidades privadas (4 años)

Universidades públicas (4 años)

1960 1965 1970 1975 1980 1985 1990 1995 2000 (pronosticado)

Fin del año académico

Fuente: U.S. Department of Education

Durante los últimos treinta años, el costo de las universidades públicas (4 años) ha aumentado alrededor de un 50% ¡pero el costo en las universidades privadas (4 años) ha crecido en un increíble 110%! ¿Cómo piensa tu familia pagar por tu educación universitaria?

Línea cronológica

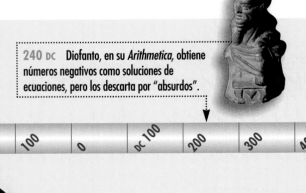

240 DC Diofanto, en su *Arithmetica*, obtiene números negativos como soluciones de ecuaciones, pero los descarta por "absurdos".

700 AC   600   500   400   300   200   100   0   DC 100   200   300   400   500

575 AC Primeras monedad estádares, Lidia, Turquía.

Proyecto del capítulo

A Juan Ramírez le han ofrecido dos becas universitarias. Bajo las condiciones de la primera beca, la Universidad A pagará la mitad de sus gastos universitarios. Bajo las condiciones de la segunda beca, la Universidad B pagará $30,000 de sus gastos universitarios. En el fondo para estudio universitario, que sus padres establecieron cuando nació, hay $27,500.

- Supongamos que el costo anual en la Universidad A, una universidad pública, es de $9500 y que el costo anual en la Universidad B, una universidad privada, es de $19,000.

- Escribe una ecuación que represente el costo para Juan de asistir por cuatro años a la Universidad A. Escribe otra ecuación que represente el costo para Juan de asistir por cuatro años a la Universidad B.

- ¿A cuál de las dos universidades debería Juan asistir y por qué? Asegúrate de explicar completamente tu razonamiento.

Cuando **Marianne Ragins** era estudiante de secundaria en su ciudad natal de Macon, Georgia, postuló a varias becas para poder así pagar su educación universitaria. En su primer año en la Universidad A & M de Florida, ya había recibido más de $400,000 en ofertas de becas.

Cuando termine sus estudios universitarios, Marianne habrá usado $120,000 de esas becas para sus gastos universitarios. Marianne, quien ahora tiene 21 años, es la autora de "Cómo ganar becas universitarias" (*Winning Scholarships for College*) y conduce Talleres de Becas en todo el país.

780 Nace el matemático árabe Muhammed ibn Musa Al-Khowarizmi; de su nombre proviene la palabra *álgebra*.

1848 María Mitchell es la primera mujer elegida a la Academia de Ciencias Norteamericana.

1158 Se funda en Italia la Universidad de Bolonia.

3–1A Resuelve ecuaciones de un paso

Materials: ⬜⚫ tazas y fichas   ▯=▯ tapete de ecuaciones

Puedes usar tazas y fichas como modelo para resolver ecuaciones. Después que modeles la ecuación, el objetivo es dejar la taza sola en un lado del tapete usando las reglas que se dan a continuación.

Reglas para el modelaje de ecuaciones	
Puedes quitar o añadir el mismo número de fichas iguales a cada lado de la ecuación sin alterar la ecuación.	← (+)(+)(+) = (+)(+)(+) →
Puedes quitar o añadir pares nulos a cualquier lado del tapete de ecuaciones sin alterar la ecuación.	← (+)(−)(−) = (−)

Actividad 1   Usa un modelo de ecuaciones para resolver $x + (-3) = -5$.

Paso 1 Modela la ecuación $x + (-3) = -5$ colocando 1 taza y 3 fichas negativas en un lado del tapete. Coloca 5 fichas negativas en el otro lado del tapete. Los dos lados del tapete representan cantidades iguales.

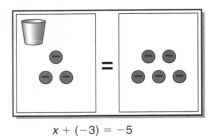

$$x + (-3) = -5$$

Paso 2 Elimina tres fichas negativas de cada lado de manera que la taza quede sola.

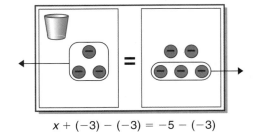

$$x + (-3) - (-3) = -5 - (-3)$$

Paso 3 La taza en el lado izquierdo del tapete aparece apareada con dos fichas negativas. Por lo tanto $x = -2$.

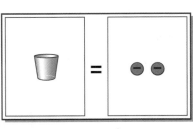

$$x = -2$$

Actividad 2   Usa un modelo de ecuaciones para resolver $2p = -6$.

Paso 1 Modela la ecuación $2p = -6$ colocando 2 tazas en un lado del tapete. Coloca 6 fichas negativas en el otro lado del tapete.

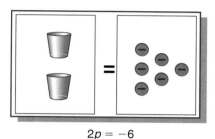

$$2p = -6$$

Paso 2 Separa las fichas en 2 grupos iguales que correspondan a las 2 tazas. Cada taza a la izquierda está apareada con 3 fichas negativas. Por lo tanto $p = -3$.

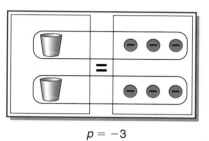

$$p = -3$$

Actividad 3   Usa un modelo de ecuaciones para resolver $r - 2 = 3$.

Paso 1 Escribe la ecuación en la forma $r + (-2) = 3$. Coloca 1 taza y 2 fichas negativas en un lado del tapete. Coloca 3 fichas positivas en el otro lado del tapete. Observa que es imposible eliminar de cada lado la misma clase de fichas. Agrega 2 fichas positivas a cada lado.

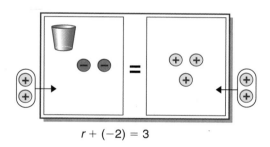

$$r + (-2) = 3$$

Paso 2 Agrupa las fichas para formar así pares nulos. A continuación elimina todos los pares nulos. La taza de la izquierda aparece apareada con 5 fichas positivas. Por lo tanto $r = 5$.

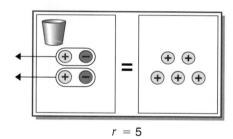

$$r = 5$$

Modela   **Usa modelos de ecuaciones para resolver cada ecuación.**

1. $x + 4 = 5$
2. $y + (-3) = -1$
3. $y + 7 = -4$
4. $3z = -9$
5. $m - 6 = 2$
6. $-2 = x + 6$
7. $8 = 2a$
8. $w - (-2) = 2$

Dibuja   **Decide si cada número es una solución de la ecuación dada. Justifica tu respuesta con un dibujo.**

9. $-3; x + 5 = -2$
10. $-1; 5b = -5$
11. $-4; y - 4 = -8$

Escribe   12. Escribe un párrafo que explique cómo usar pares nulos para resolver ecuaciones como $m + 5 = -8$.

Resuelve ecuaciones con sumas y restas

Lo que APRENDERÁS

- A resolver ecuaciones usando sumas y restas.

Por qué ES IMPORTANTE

Porque puedes usar ecuaciones para resolver problemas de deportes, telecomunicaciones y economía.

APLICACIÓN

Fútbol americano

Según la gráfica de más abajo, durante la temporada de 1992-1993 los Oakland Riders y los Dallas Cowboys aparecieron cada uno un total de 41 veces en el programa *Monday Night Football*.

Más presentaciones en *Monday Night Football*

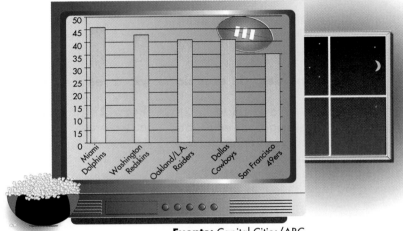

Fuente: Capital Cities/ABC

Si durante las cinco próximas temporadas, cada equipo aparece un promedio de dos veces por temporada, los dos equipos todavía tienen un número igual de presentaciones en el programa *Monday Night Football*.

$$41 = 41$$

$$41 + 5(2) = 41 + 5(2)$$ *Dos apariciones por temporada, por cinco temporadas se representa con 5(2).*

Este ejemplo ilustra la propiedad de **adición de la igualdad.**

Propiedad de adición de la igualdad	**Para números *a*, *b* y *c* cualesquiera, si *a* = *b*, entonces *a* + *c* = *b* + *c*.**

Observa que *c* puede ser positivo, negativo o 0. En la ecuación de la izquierda más abajo, $c = 5$. En la ecuación de la derecha, $c = -5$.

$$18 + 5 = 18 + 5 \qquad\qquad 18 + (-5) = 18 + (-5)$$

Si el mismo número se suma a cada lado de una ecuación, el resultado es una **ecuación equivalente.** Ecuaciones equivalentes son ecuaciones que tienen la misma solución.

$y + 7 = 13$ *La solución de esta ecuación es 6.*

$y + 7 + 3 = 13 + 3$ *Usa la propiedad de adición de la igualdad, suma 3 a ambos lados.*

$y + 10 = 16$ *La solución de esta ecuación es también 6.*

No olvides que un tapete de ecuaciones es un modelo de una ecuación. Los lados del tapete representan los miembros de la ecuación. Cuando añades fichas a ambos lados, como aparece más abajo, el resultado es una ecuación equivalente.

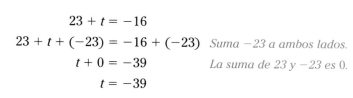

$y + 7 = 3$ $y + 7 + 5 = 3 + 5$

Recuerda que x significa que el coeficiente de x es 1.

Resolver una ecuación significa aislar la variable que tiene el coeficiente 1 a un lado de la ecuación. Puedes hacer esto usando la propiedad de adición de la igualdad.

Ejemplo **Resuelve $23 + t = -16$.**

$$23 + t = -16$$
$$23 + t + (-23) = -16 + (-23) \quad \text{*Suma -23 a ambos lados.*}$$
$$t + 0 = -39 \quad \text{*La suma de 23 y -23 es 0.*}$$
$$t = -39$$

Para verificar que -39 es la solución, reemplaza t por -39 en la ecuación original.

Verifica:
$$23 + t = -16$$
$$23 + (-39) \overset{?}{=} -16$$
$$-16 = -16 \quad ✔$$

La solución es -39.

Puedes usar ecuaciones para resolver problemas de la vida diaria.

Ejemplo **2**

APLICACIÓN

Fútbol americano

MIRADA RETROSPECTIVA

Puedes referirte a la lección 2-10 para informarte acerca de la solución de problemas escribiendo y resolviendo ecuaciones.

Refiérete a la aplicación al comienzo de la lección. Durante la temporada de 1992–1993 los San Francisco 49ers aparecieron menos veces que los Washington Redskins. ¿Cuántas veces más aparecieron los Redskins?

Explora   Lee el problema para descubrir lo que se pregunta. A continuación, define una variable.

El problema pregunta cuántas veces más los Washington Redskins aparecieron en el programa *Monday Night Football* que los San Francisco 49ers durante la temporada 1992–1993. De la tabla podemos ver que los Redskins aparecieron 43 veces.

Sea n la diferencia en el número de veces que cada equipo apareció. Entonces $43 - n$ = número de veces que aparecieron los 49ers.

Planifica   Escribe una ecuación.

Ya sabes que $43 - n$ representa el número de veces que aparecieron los 49ers. De la tabla, podemos ver que los 49ers aparecieron 35 veces, así es que $43 - n = 35$.

(continúa en la página siguiente)

Resuelve   Resuelve la ecuación y responde la pregunta del problema.

$$43 - n = 35$$

$$43 + (-43) - n = 35 + (-43) \quad \textit{Suma } -43 \textit{ a ambos lados.}$$

$$-n = -8 \qquad \textit{El opuesto de n es 8 negativo.}$$

$$n = 8 \qquad \textit{Por lo tanto n es 8 positivo.}$$

Así, los Washington Redskins aparecieron 8 veces más que los San Francisco 49ers.

Verifica   Examina si la solución tiene sentido.

Si los Redskins aparecieron 43 veces y los 49ers aparecieron 35 veces, la diferencia es 43 – 35, o sea, 8.

Además de la propiedad de adición de la igualdad, hay una **propiedad de sustracción de la igualdad** que también puede usarse para resolver ecuaciones.

Propiedad de sustracción de la igualdad	**Para números a, b y c cualesquiera, si a = b, entonces a − c = b − c.**

Ejemplo ③ Resuelve $190 - x = 215$.

$$190 - x = 215$$
$$190 - x - 190 = 215 - 190 \quad \textit{Resto 190 de ambos lados.}$$
$$-x = 25 \qquad \textit{El opuesto de x es 25.}$$
$$x = -25$$

Verifica:
$$190 - x = 215$$
$$190 - (-25) \overset{?}{=} 215$$
$$190 + 25 \overset{?}{=} 215$$
$$215 = 215 \quad ✔$$

La solución es -25.

La mayoría de las ecuaciones pueden resolverse de dos maneras. Recuerda que restar un número es lo mismo que sumar su inverso aditivo.

Ejemplo ④ Resuelve $a + 3 = -9$ de dos maneras.

Método 1:   Usa la propiedad de sustracción de la igualdad.
$$a + 3 = -9$$
$$a + 3 - 3 = -9 - 3 \quad \textit{Resta 3 de ambos lados.}$$
$$a = -12$$

Verifica:
$$a + 3 = -9$$
$$-12 + 3 \overset{?}{=} -9$$
$$-9 = -9 \quad ✔$$

Método 2: Usa la propiedad de adición de la igualdad.

$$a + 3 = -9$$
$$a + 3 + (-3) = -9 + (-3) \quad \text{Suma } -3 \text{ a ambos lados.}$$
$$a = -12 \quad \text{Las respuestas son idénticas.}$$

La solución es -12.

A veces las ecuaciones pueden resolverse con mayor facilidad si primero se escriben en otra forma.

Ejemplo **Resuelve** $y - \left(-\frac{3}{7}\right) = -\frac{4}{7}$.

Esta ecuación equivale a $y + \frac{3}{7} = -\frac{4}{7}$. ¿Por qué?

$$y + \frac{3}{7} = -\frac{4}{7}$$
$$y + \frac{3}{7} - \frac{3}{7} = -\frac{4}{7} - \frac{3}{7} \quad \text{Resta } \frac{3}{7} \text{ de ambos lados.}$$
$$y = -\frac{7}{7} \text{ o sea, } -1$$

Verifica $\quad y - \left(-\frac{3}{7}\right) = -\frac{4}{7}$

$$-\frac{7}{7} - \left(-\frac{3}{7}\right) \stackrel{?}{=} -\frac{4}{7}$$
$$-\frac{7}{7} + \frac{3}{7} \stackrel{?}{=} -\frac{4}{7}$$
$$-\frac{4}{7} = -\frac{4}{7} \quad ✔$$

La solución es -1.

EXPLORACIÓN

CALCULADORAS

Puedes usar una calculadora científica o con capacidad graficadora para resolver ecuaciones con decimales.

 Si usas una calculadora científica como la TI-34, puedes usar la tecla *más/menos* para entrar números negativos o para cambiar el signo de un número.

 Si usas una calculadora con capacidad graficadora como la TI-81 ó la TI-82, puedes usar la tecla *negativa* para entrar números negativos.

 En todas las calculadoras, usa la tecla de *sustracción* para restar dos números.

Ahora te toca a ti

a. Saca tiempo para trabajar los ejemplos de esta lección usando tu calculadora.

b. Describe la diferencia entre la tecla que usas para indicar números negativos y la tecla de sustracción en tu calculadora.

c. ¿Tiene importancia el orden en que usas estas teclas? Explica.

d. ¿Cómo usarías tu calculadora para resolver $x + (-9.016) = 5.14$?

Ejemplo **6** **Resuelve $b + (-7.2) = -12.5$.**

Esta ecuación equivale a $b - 7.2 = -12.5$. *¿Por qué?*

$$b - 7.2 = -12.5$$
$$b - 7.2 + 7.2 = -12.5 + 7.2 \quad \textit{Suma 7.2 a ambos lados.}$$
$$b = -5.3$$

Método 1	**Método 2**
Verifica $b + (-7.2) = -12.5$	Usa una calculadora.
$-5.3 + (-7.2) \stackrel{?}{=} -12.5$	5.3 $\boxed{+/-}$ $\boxed{+}$ 7.2
$-12.5 = -12.5$ ✔	$\boxed{+/-}$ $\boxed{=}$ -12.5 ✔

La solución es -5.3.

COMPRUEBA LO QUE APRENDISTE

Comunicación en matemáticas

Estudia la lección y a continuación completa lo siguiente.

1. Escoge la ecuación que equivale a $2.3 - w = 7.8$.
   a. $w - 2.3 = 7.8$ b. $w - 2.3 = -7.8$ c. $-w = -5.5$

2. **Escribe** tres ecuaciones equivalentes.

3. **Explica** cómo puedes probar que la solución de $x - 1.2 = 3.3$ es 4.5.

4. **Completa:** Si $x - 6 = 21$, entonces $x + 7 = \underline{?}$. Justifica tu razonamiento.

LOS MODELOS Y LAS MATEMÁTICAS

5. Escribe una ecuación para el modelo de la derecha. A continuación, usa tazas y fichas para resolver la ecuación.

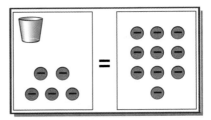

Práctica dirigida

Resuelve cada ecuación y verifica tu solución.

6. $m + 10 = 7$ 7. $a - 15 = -32$ 8. $5.7 + a = -14.2$

9. $y + (-7) = -19$ 10. $\frac{1}{6} - n = \frac{2}{3}$ 11. $d - (-27) = 13$

Define una variable, escribe una ecuación, resuelve cada problema y verifica tu solución.

12. Trece restado de un número es -5. Encuentra el número.

13. Un número aumentado en -56 es -82. Encuentra el número.

EJERCICIOS

Práctica

Resuelve cada ecuación y verifica tu solución.

14. $k + 11 = -21$ 15. $41 = 32 - r$ 16. $-12 + z = -36$

17. $2.4 = m + 3.7$ 18. $-7 = -16 - k$ 19. $0 = t + (-1.4)$

20. $r + (-8) = 7$ 21. $h - 26 = -29$ 22. $-23 = -19 + n$

23. $-11 = k + (-5)$ 24. $r - 6.5 = -9.3$ 25. $t - (-16) = 9$

26. $-1.43 + w = 0.89$ 27. $m - (-13) = 37$ 28. $-4.1 = m + (-0.5)$

29. $-\frac{5}{8} + w = \frac{5}{8}$ 30. $x - \left(-\frac{5}{6}\right) = \frac{2}{3}$ 31. $g + \left(-\frac{1}{5}\right) = -\frac{3}{10}$

Define una variable, escribe una ecuación, resuelve cada problema y verifica tu solución.

32. Veintitrés menos un número es 42. Encuentra el número.

33. Un número aumentado en 5 es igual a 34. Encuentra el número.

34. ¿Qué número disminuido en 45 es −78?

35. La diferencia de un número y −23 es 35. Encuentra el número.

36. Un número aumentado en −45 es 77. Encuentra el número.

37. La suma de un número y −35 es 98. Encuentra el número.

Piensa críticamente

38. Supongamos que la solución de una ecuación es un número *n*. ¿Puede ser que −*n* es una solución de esta ecuación? De no serlo, explica por qué. O provee un ejemplo de tal ecuación y sus soluciones *n* y −*n*.

Aplicaciones y solución de problemas

Escribe dos ecuaciones distintas que representen cada situación y resuelve el problema.

39. Telecomunicaciones
La gráfica de la derecha muestra el crecimiento en el número de personas que poseen y usan teléfonos celulares.

a. ¿Cuántos suscriptores a teléfonos celulares más habían en 1994 que en 1985?

b. Predice cuántos suscriptores a teléfonos celulares habrá en el año 2000. Escribe una justificación de tu predicción.

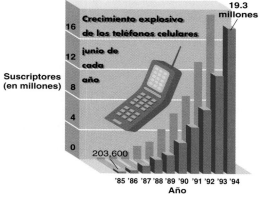

Suscriptores (en millones)

Crecimiento explosivo de los teléfonos celulares junio de cada año

19.3 millones

203,600

'85 '86 '87 '88 '89 '90 '91 '92 '93 '94
Año

Fuente: Cellular Telecommunications Industry Association

40. Consumo Según la Runzheimer International, en 1994 un lápiz labial costaba $5.94 en Los Ángeles, California. En Londres, Inglaterra, el mismo lápiz labial costaba $4.89 más. En Sao Paulo el lápiz labial costaba $26.54.

a. ¿Cuánto costaba el lápiz labial en Londres?

b. ¿Cuánto más costaba el lápiz labial en Sao Paulo que en Los Ángeles?

Repaso comprensivo

41. Alejandra Salazar dice: "Soy 24 años más joven que mi madre y la suma de nuestras edades es 68".   (Lección 2–9)

a. ¿Qué edad tenía la señora Salazar cuando nació Alejandra?

b. ¿Cuántos años más que Alejandra tiene la Señora Salazar?

c. ¿Cuál será la suma de sus edades en 5 años?

d. ¿Qué edad tenía la señora Salazar cuando Alejandra tenía diez años?

e. En diez años más, ¿cuánto más joven que la Señora Salazar será Alejandra?

42. Calcula la raíz cuadrada principal de 256.   (Lección 2–8)

43. Simplifica $65 \div (-13)$.   (Lección 2–7)

44. Estadística El promedio de Odina en álgebra decayó tres cuartos de punto durante ocho meses consecutivos. Si su promedio era originalmente 82, ¿cuál era su promedio al término de los ocho meses?   (Lección 2–6)

45. Calcula la suma $-0.23x + (-0.5x)$ (Lección 2–5)

46. Simplifica $6(5a + 3b - 2b)$.   (Lección 1–7)

47. Evalúa $12 \div 4 + 15 \cdot 3$.   (Lección 1–3)

APLICACIÓN
Construcción

En 1990 el Congreso aprobó la ley de Invalidez. Una de las condiciones de la ley tiene que ver con rampas instaladas en edificios que permitan el acceso de los inválidos. La ley establece que por cada pulgada de *altura* debe haber al menos 12 pulgadas de *carrera*. La altura máxima es de 30 pulgadas.

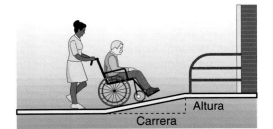

Altura
Carrera

Rick Hansen, atleta inválido

Si un constructor quiere construir una rampa con 180 pulgadas de carrera, ¿cuál es la altura máxima que puede tener la rampa?

En esta situación, como la carrera depende de la altura, la carrera es función dependiente de la altura. La altura es la cantidad independiente y la carrera es la cantidad dependiente. Solo valores positivos para la carrera y la altura tienen sentido.

El patrón sugerido por la tabla de la derecha es que la carrera es siempre 12 veces la altura. Sea x el número de pulgadas de altura. Entonces $12x$ representa el número de pulgadas de carrera. Escribe una ecuación que represente esta situación.

Altura	Carrera
1	12
2	24
3	36
4	48
x	$12x$

$12x = 180$ *Esta ecuación se resolverá en el Ejemplo 3.*

Para resolver ecuaciones con multiplicación y división, necesitas nuevas herramientas. Ecuaciones de la forma $ax = b$, donde a y/o b son fracciones, se resuelven generalmente usando la **propiedad de multiplicación de la igualdad.**

Propiedad de multiplicación de la igualdad	**Para números a, b y c cualesquiera, si $a = b$, entonces $ac = bc$.**

Ejemplo ① **Resuelve** $\frac{g}{24} = \frac{5}{12}$.

$$\frac{g}{24} = \frac{5}{12}$$

$$24\left(\frac{g}{24}\right) = 24\left(\frac{5}{12}\right) \quad \text{Multiplica cada lado por 24.}$$

$$g = 2(5) \text{ ó } 10$$

Verificación: $\quad \frac{g}{24} = \frac{5}{12}$

$$\frac{10}{24} \overset{?}{=} \frac{5}{12} \quad \text{Reemplaza g por 10.}$$

$$\frac{5}{12} = \frac{5}{12} \quad \checkmark \qquad \text{La solución es 10.}$$

Ejemplo **2** **Resuelve cada ecuación.**

a. $\left(3\frac{1}{4}\right)p = 2\frac{1}{2}$

$$\left(3\frac{1}{4}\right)p = 2\frac{1}{2}$$

$$\frac{13}{4}p = \frac{5}{2} \qquad \text{\textit{Convierte los números mixtos en fracciones impropias.}}$$

$$\frac{4}{13}\left(\frac{13}{4}\right)p = \frac{4}{13}\left(\frac{5}{2}\right) \qquad \text{\textit{Multiplica cada lado por } } \frac{4}{13}, \text{ \textit{el recíproco de } } \frac{13}{4}.$$

$$p = \frac{20}{26} \text{ ó } \frac{10}{13} \qquad \text{\textit{Verifica este resultado.}}$$

La solución es $\frac{10}{13}$.

b. $40 = -5d$

$$40 = -5d$$

$$-\frac{1}{5}(40) = -\frac{1}{5}(-5d) \qquad \text{\textit{Multiplica cada lado por } } -\frac{1}{5}.$$

$$-8 = d \qquad \text{\textit{Verifica este resultado.}}$$

La solución es -8.

La ecuación del ejemplo 2b, $40 = -5d$, se resolvió multiplicando cada lado por $-\frac{1}{5}$. Se puede obtener el mismo resultado dividiendo cada lado entre -5. Este método usa la **propiedad de división de la igualdad.** A menudo, es más fácil usar esta propiedad que la propiedad de multiplicación de la igualdad.

Propiedad de división de la igualdad.	**Para números a, b y c cualesquiera, con $c \neq 0$, si $a = b$, entonces $\frac{a}{c} = \frac{b}{c}$.**

Ejemplo **3** **Refiérete a la aplicación al comienzo de esta lección.**
Resuelve $12x = 180$.

APLICACIÓN
Construcción

$$12x = 180$$

$$\frac{12x}{12} = \frac{180}{12} \qquad \text{\textit{Divide cada lado entre 12.}}$$

$$x = 15$$

Verifica: $\quad 12x = 180$

$$12(15) \stackrel{?}{=} 180$$

$$180 = 180 \quad ✔$$

La altura de la rampa podría tener un máximo de 15 pulgadas.

Ejemplo **4** **Resuelve** $3x = -9$.

$$3x = -9$$

$$\frac{3x}{3} = \frac{-9}{3} \quad \textit{Divide cada lado entre 3.}$$

$$x = -3$$

No olvides que un tapete de ecuaciones es un modelo de una ecuación. Puedes agrupar cada taza en el lado izquierdo del tapete con el mismo número de fichas en el lado derecho del tapete.

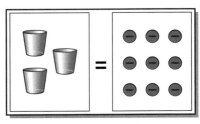 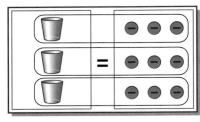

$3x = -9$ $\qquad\qquad\qquad\qquad\qquad\qquad$ $x = -3$

La solución es -3.

COMPRUEBA LO QUE APRENDISTE

Comunicación en matemáticas

Estudia la lección y a continuación completa lo siguiente.

1. **Tú decides** Kezia dice que la ecuación $0x = 8$ tiene solución. Doralina dice que no. ¿Quién tiene la razón y por qué?

2. **Define** en tus propias palabras los términos *altura* y *carrera*.

3. **Refiérete** a la aplicación al comienzo de la lección. Si la altura máxima es 30″, ¿cuál es la carrera máxima?

4. **Construye** un modelo y explica cómo hallar el ancho de un rectángulo si su área es de 51m^2 y su longitud es de 17 m.

LOS MODELOS Y LAS MATEMÁTICAS

5. Usa tazas y fichas para modelar $4x = 16$.
   Luego, resuelve la ecuación.

Práctica dirigida

Resuelve cada ecuación y verifica tu solución.

6. $-8t = 56$ $\qquad$ 7. $-5s = -85$ $\qquad$ 8. $42.51x = 8$

9. $\frac{k}{8} = 6$ $\qquad$ 10. $-10 = \frac{b}{-7}$ $\qquad$ 11. $-5x = -3\frac{2}{3}$

Define una variable, escribe una ecuación, resuelve cada problema y verifica tu solución.

12. Ocho veces un número es 216. ¿Cuál es el número?

13. El producto de -7 con un número es 1.477.
    ¿Cuál es el número?

Práctica

Resuelve cada ecuación y verifica tu solución.

14. $-4r = -28$ **15.** $5x = -45$ **16.** $9x = 40$

17. $-3y = 52$ **18.** $3w = -11$ **19.** $434 = -31y$

20. $1.7b = -39.1$ **21.** $0.49x = 6.277$ **22.** $-5.73c = 97.41$

23. $-0.63y = -378$ **24.** $11 = \frac{x}{5}$ **25.** $\frac{h}{11} = -25$

26. $\frac{c}{-8} = -14$ **27.** $\frac{2}{5}t = -10$ **28.** $-\frac{11}{8}x = 42$

29. $-\frac{13}{5}y = -22$ **30.** $3x = 4\frac{2}{3}$ **31.** $\left(-4\frac{1}{2}\right)x = 36$

Define una variable, escribe una ecuación, resuelve cada problema y verifica tu solución.

32. Seis veces un número es -96. Encuentra el número.

33. Doce negativo multiplicado por un número es -156. ¿Cuál es el número?

34. Un cuarto de un número es -16.325. ¿Cuál es el número?

35. Cuatro tercios de un número es 4.82. ¿Cuál es el número?

36. Siete octavos de un número es 14. ¿Cuál es el número?

Completa lo siguiente.

37. Si $3x = 15$, entonces $9x = \underline{\ ?\ }$.   **38.** Si $10y = 46$, entonces $5y = \underline{\ ?\ }$.

39. Si $2a = -10$, entonces $-6a = \underline{\ ?\ }$.   **40.** Si $12b = -1$, entonces $4b = \underline{\ ?\ }$.

41. Si $7k - 5 = 4$, entonces $21k - 15 = \underline{\ ?\ }$.

Piensa críticamente

42. Si $-x$ y $-1 \cdot x$ representan siempre el mismo número, ¿es $-x$ siempre negativo? Explica tu razonamiento.

Aplicaciones y solución de problemas

Escribe una ecuación que represente cada situación. Luego resuelve el problema.

43. **Sociología** Estudios conducidos por *USA Today* muestran que 1 de cada 7 personas en el mundo es zurda.

   a. ¿Alrededor de cuántas personas zurdas hay en un grupo de 350 personas? ¿En uno de 583 personas?

   b. Si hay 65 personas zurdas en un grupo, ¿alrededor de cuántas personas hay en el grupo?

44. **Demografía** En el año 2000 , en E.E.U.U. habrá alrededor de $1\frac{1}{2}$ veces el número de personas con edades entre 15 y 19 años que las que había en 1960. Si la oficina de censos norteamericana aproxima que habrá 19,819,000 personas con edades entre 15 y 19 en el año 2000, ¿cuántas había en 1960?

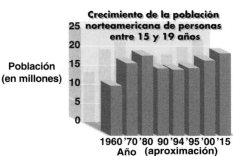

Crecimiento de la población norteamericana de personas entre 15 y 19 años

Población (en millones)

1960 '70 '80 90 '94 '95 '00 '15
Año (aproximación)

Fuente: Oficina de censos de E.E.U.U.

45. **Telecomunicaciones** En 1995 la compañía de teléfonos de larga distancia Sprint introdujo el *Sprint Sense,* un plan en que las llamadas de larga distancia hechas durante los fines de semana cuestan solo $0.10 por minuto.

   a. ¿Cuánto puedes conversar por $2.30?

   b. ¿Cuánto cuesta una llamada de 18 minutos?

46. Resuelve $-11 = a + 8$ y verifica tu solución. (Lección 3–1)

47. Define una variable y luego escribe una ecuación para el problema de más abajo. (Lección 2–9)
Los pinos Ponderosa crecen alrededor de $1\frac{1}{2}$ pies por año. Si un pino mide ahora 17 pies de alto. ¿cuánto se tardará en llegar a medir $33\frac{1}{2}$ pies de alto?

48. Récords mundiales El pan más largo alguna vez cocido medía 2132 pies y $2\frac{1}{2}$ pulgadas. Si este pan se cortara en torrejas de media pulgada, ¿cuántas torrejas habría? (Lección 2–7)

49. Encuentra un número entre $\frac{1}{2}$ y $\frac{6}{7}$. (Lección 2–4)

50. Haz la gráfica de $\{-1, 1, 3, 5\}$ en una recta numérica. (Lección 2–1)

51. La gráfica de la derecha muestra el número de bolsas de papas fritas en la máquina automática de meriendas, en la Escuela Secundaria Lee, dos veces durante un día normal. (Lección 1–9)

Número de bolsas

90 80 70 60 50 40 30 20 10

10 11 12 1 2
A.M. A.M. Mediodía P.M. P.M.
Hora del día

a. ¿Qué puedes aprender de la gráfica?

b. ¿Qué crees que sucedió entre los tiempos señalados por los puntos?

c. Si la hora de almuerzo en Lee es entre las 11:45 A.M. y las 1:15 P.M., aproxima el número de bolsas que habrá en la máquina a la 1:30 P.M. Justifica tu respuesta.

52. Simplifica $5(3x + 2y - 4y)$. (Lección 1–7)

53. Evalúa $a + b^2 + c^2$ si $a = 6$, $b = 4$, y $c = 3$. (Lección 1–1)

TRABAJA EN LA

Investigación

Refiérete a la Investigación en las páginas 68–69.

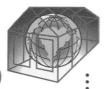

el Efecto de invernadero

Los cambios en los niveles de dióxido de carbono (CO_2) en la Tierra ocurrieron naturalmente hasta hace unos 200 años. Durante la Revolución Industrial de principios del siglo XIX, apareció un nuevo factor. Cuando se queman combustibles fósiles como el carbón, el petróleo y el gas natural, se libera una gran cantidad de CO_2. Los océanos y la vegetación absorben el gas, pero debido a la extensa tala de árboles para la producción, quedan muy pocos árboles para absorber el exceso del gas. En 1920 el CO_2 atmosférico era de 280 partes por millón (ppm), pero ya en 1996 había aumentado a 356 ppm.

1 Haz una tabla que muestre los cambios en niveles de CO_2 en la atmósfera. Puedes suponer que el CO_2 crece a una tasa constante. Usa las variables *Año, Cantidad de CO_2 (en ppm)* y *Cambio*. Comienza con 1920 y termina con el año actual.

2 Escribe sobre los patrones que observas en la tabla. Usa los términos *función, independiente, dependiente, dominio* y *amplitud*.

3 Determina cuánto CO_2 había en la atmósfera en 1800 y en 1950. Explica cómo encontraste esas cantidades.

4 Predice las cantidades de CO_2 que habrá en la atmósfera en 2000, 2020, 2050 y 3000. Explica cómo alcanzaste tus pronósticos.

Agrega los resultados de tu trabajo a tu *Archivo de investigación*.

LOS MODELOS Y LAS MATEMÁTICAS

3–3A Resuelve ecuaciones de varios pasos

Materiales: tazas & fichas   tapete de ecuaciones

Una sinopsis de la lección 3–3

Puedes usar un modelo para resolver ecuaciones con más de una operación o ecuaciones con variables en ambos lados.

Actividad 1   Usa un modelo de ecuaciones para resolver $2x + 2 = -4$.

Paso 1 Modela la ecuación colocando 2 tazas y 2 fichas positivas en un lado del tapete. Coloca 4 fichas negativas en el otro lado del tapete. Añade 2 fichas negativas en ambos lados, formando así pares nulos a la izquierda.

Paso 2 Agrupa las fichas para formar pares nulos y elimina los pares nulos. Separa el resto de las fichas en dos grupos iguales para aparearlos con las dos tazas. Cada taza se aparea con 3 fichas negativas. Por lo tanto $x = -3$.

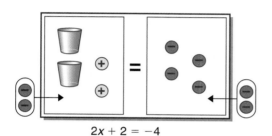

$2x + 2 = -4$

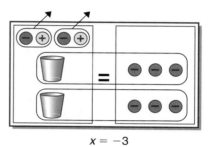

$x = -3$

Actividad 2   Usa un modelo de ecuaciones para resolver $w - 3 = 2w - 1$.

Paso 1 Modela la ecuación colocando 1 taza y 3 fichas negativas en un lado del tapete. Coloca 2 tazas y 1 ficha negativa en el otro lado del tapete. Elimina 1 ficha negativa de cada lado del tapete.

Paso 2 Puedes eliminar el mismo número de tazas de cada lado del tapete. En este caso elimina 1 taza de cada lado. La taza de la derecha se aparea con 2 fichas negativas. Por lo tanto $w = -2$.

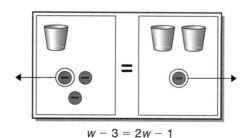

$w - 3 = 2w - 1$

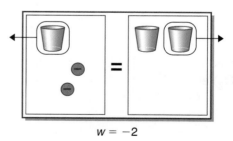

$w = -2$

....

Modela   Usa modelos de ecuaciones para resolver cada ecuación.

1. $2x + 3 = 13$

2. $2y - 2 = -4$

3. $-4 = 3a + 2$

4. $3m - 2 = 4$

5. $3x + 2 = x + 6$

6. $3x + 7 = x + 1$

7. $3x - 2 = x + 6$

8. $y + 1 = 3y - 7$

9. $2b + 3 = b + 1$

3-3

Resuelve ecuaciones de varios pasos

Lo que APRENDERÁS

- A resolver ecuaciones que involucren más de una operación y
- a resolver problemas trabajando al revés.

por qué ES IMPORTANTE

Porque puedes usar ecuaciones para resolver problemas que tengan que ver con reparaciones domésticas, salud y distintas culturas.

P T I

El *kimono* ha sido usado por los japoneses, hombres y mujeres, desde el siglo VII D.C. Es una bata que llega hasta los tobillos con anchas mangas y que se sujeta con una faja llamada *obi*.

APLICACIÓN

Culturas del mundo

El 9 de junio de 1993 Naruhito, el príncipe de la corona japonesa, contrajo matrimonio con la ex diplomático Masako Owada. La señorita Owada se demoró cerca de $2\frac{1}{2}$ horas en ponerse el kimono de matrimonio, una prenda de seda de 12 capas que pesaba cerca de 30 libras. El príncipe vestía un kimono de color naranja brillante—el color del sol naciente—que solo puede usar el heredero del trono.

Después de la boda, el príncipe de la corona se puso un traje de esmoquin y la princesa un traje de novia para anunciar formalmente su matrimonio al Emperador y a la Emperatriz. Para ponerse su traje de novia, la Princesa Masako y sus asistentes tuvieron que quitar el kimono de matrimonio, un proceso similar al de ponerse la prenda solo que al revés. Vas a resolver ciertas clases de problemas **trabajando al revés.** El trabajar al revés es una de las tantas *estrategias para resolver problemas* que puedes usar. A continuación se muestran otras estrategias para resolver problemas.

Estrategias para resolver problemas	
dibuja un diagrama haz una tabla construye un modelo aproxima y verifica examina suposiciones implícitas usa una gráfica	resuelve un problema similar o más simple elimina posibilidades busca un patrón actúa la situación planteada por el problema haz una lista de las posibilidades identifica objetivos parciales

Ejemplo ❶ **Debido al derretimiento, una escultura de hielo pierde la mitad de su peso por hora. Al término de 8 horas pesa $\frac{5}{16}$ de libra. ¿Cuánto pesaba al principio?**

Haz una tabla que muestre el peso como función del tiempo y trabaja al revés para determinar el peso original.

Recuerda que la escultura pierde la mitad de su peso por hora. Multiplica el peso actual por 2 para así hallar su peso una hora antes. Sigue multiplicando hasta que encuentres el peso original.

El peso original de la escultura era de 80 libras.

Hora	Peso
8	$\frac{5}{16}$
7	$2\left(\frac{5}{16}\right) = \frac{5}{8}$
6	$2\left(\frac{5}{8}\right) = \frac{5}{4}$
5	$2\left(\frac{5}{4}\right) = \frac{5}{2}$
4	$2\left(\frac{5}{2}\right) = 5$
3	$2(5) = 10$
2	$2(10) = 20$
1	$2(20) = 40$
0	$2(40) = 80$

Para resolver ecuaciones con más de una operación, a menudo llamadas ecuaciones **de varios pasos,** vas a anular las operaciones trabajando al revés.

Ejemplo **2**

Reparaciones domésticas

La señora Guzmán necesita reparar su lavadora. Ya que esta es bastante antigua, no quiere gastar más de $100 en la reparación. El dueño de Albie's Appliances le dijo que una visita doméstica le cuesta $35 más $20 por hora por la reparación misma. ¿Cuál es el número máximo de horas que el técnico puede trabajar si el costo total no puede exceder $100?

Explora   Lee el problema y define la variable.
Sea h el número máximo de horas que puede demorar la reparación.

Planifica   Escribe una ecuación
$\underbrace{\$35 \text{ más } \$20 \text{ por hora por } h \text{ horas}}\ \underbrace{\text{es igual a}}\ \underbrace{\$100.}$

$35\ \ +\ \ \ \ \ \ \ \ \ \ 20h\ \ \ \ \ \ \ \ \ \ \ \ =\ \ \ \ \ \ 100$

Resuelve   Trabaja al revés para resolver la ecuación.

$35 + 20h = 100$ *Primero anula la adición. Usa la propiedad*
$35 - 35 + 20h = 100 - 35$ *de sustracción de la igualdad.*
$20h = 65$
$\dfrac{20h}{20} = \dfrac{65}{20}$ *Ahora anula la multiplicación. Usa la*
      propiedad de división de la igualdad.

$h = \dfrac{13}{4}\ \text{ó}\ 3\dfrac{1}{4}$

El técnico tiene $3\dfrac{1}{4}$ horas para reparar la lavadora.

Examina   Verifica si la respuesta tiene sentido.

$3\dfrac{1}{4} \times \$20 = \$65$ $\$35 + \$65 = \$100$

EXPLORACIÓN

CALCULADORAS DE GRÁFICAS

Puedes usar una calculadora de gráficas, como la TI-82, para resolver este tipo de ecuaciones. La función *solve(* resuelve ecuaciones si estas se escriben como expresiones iguales a cero o, más comúnmente, en la forma $ax + b - c = 0$. Esta función también requiere que incluyas una aproximación de la solución de la ecuación. El formato es el siguiente:

solve *(expresión, variable, aproximación)*

Para resolver la ecuación $3x - 4 = 2$, usa la función matemática presionando la tecla $\boxed{\text{MATH}}$. Luego escoge 0, para resolver. Ejecuta la expresión $3x - 4 - 2$, la variable x y la aproximación de la solución. Si aproximamos -1, esto es lo que aparece en la pantalla de la calculadora: solve(3X-4-2,X-1).

Cuando oprimes $\boxed{\text{ENTER}}$, la solución 2 aparece en la pantalla.

Ahora te toca a ti

a. Trabaja en los problemas de esta lección usando una calculadora de gráficas.

b. Describe en tus propias palabras cómo usar una calculadora de gráficas para resolver ecuaciones.

c. ¿Por qué procesamos la ecuación $3x - 4 = 2$ como $3x - 4 - 2$?

d. ¿Cómo usarías una calculadora de gráficas para resolver la ecuación $3x - 4 = -2x + 6$?

Ya has visto ecuaciones de varios pasos en que el primer coeficiente, o coeficiente *principal,* es un entero. Puedes usar los mismos pasos si el coeficiente principal es una fracción.

Ejemplo **3** **Resuelve cada ecuación.**

a. $\frac{y}{5} + 9 = 6$

$$\frac{y}{5} + 9 = 6 \qquad \text{\textit{El coeficiente principal es } } \frac{1}{5}.$$

$$\frac{y}{5} + 9 - 9 = 6 - 9 \qquad \text{\textit{Primero, resta 9 de cada lado. ¿Por qué?}}$$

$$\frac{y}{5} = -3$$

$$5\left(\frac{y}{5}\right) = 5(-3) \qquad \text{\textit{Luego multiplica cada lado por 5.}}$$

$$y = -15$$

Verifica: $\frac{y}{5} + 9 = 6$

$$\frac{-15}{5} + 9 \stackrel{?}{=} 6$$

$$-3 + 9 \stackrel{?}{=} 6$$

$$6 = 6 \quad ✔$$

La solución es -15.

b. $\frac{d-2}{3} = 7$

$$\frac{d-2}{3} = 7$$

$$3\left(\frac{d-2}{3}\right) = 3(7) \qquad \text{\textit{Multiplica cada lado por 3. ¿Por qué?}}$$

$$d - 2 = 21$$

$$d - 2 + 2 = 21 + 2 \qquad \text{\textit{Suma 2 a ambos lados.}}$$

$$d = 23$$

Verifica: $\frac{d-2}{3} = 7$

$$\frac{23-2}{3} \stackrel{?}{=} 7$$

$$\frac{21}{3} \stackrel{?}{=} 7$$

$$7 = 7 \quad ✔$$

La solución es 23.

Enteros consecutivos son enteros en el orden de contar, como 3, 4, 5. Comenzando con un número par y contando de a dos en dos, la cuenta resulta en *enteros consecutivos pares.* Por ejemplo, -6, -4, -2, 0 y 2 son enteros consecutivos pares. Comenzando con un número impar y contando de a dos en dos, da como resultado *enteros consecutivos impares.* Por ejemplo, -1, 1, 3, y 5 son enteros consecutivos impares.

El estudio de los números y las relaciones entre ellos se llama **teoría de los números.** La teoría de los números comprende el estudio de los números pares e impares.

Ejemplo **4** **Encuentra tres enteros consecutivos impares cuya suma sea -15.**

INTEGRACIÓN
Teoría numérica

Sea n = menor entero impar.
Entonces $n + 2$ = al entero impar siguiente
y $n + 4$ = al más grande de los tres enteros impares.

$$n + (n + 2) + (n + 4) = -15$$
$$3n + 6 = -15 \quad \text{\textit{Simplifica.}}$$
$$3n + 6 - 6 = -15 - 6 \quad \text{\textit{Resta 6 de cada lado.}}$$
$$3n = -21$$
$$\frac{3n}{3} = \frac{-21}{3} \quad \text{\textit{Divide cada lado entre 3.}}$$
$$n = -7$$

$n + 2 = -7 + 2$ $n + 4 = -7 + 4$
$n + 2 = -5$ $n + 4 = -3$

Los tres enteros impares consecutivos son -7, -5 y -3.

Explica por qué esta respuesta tiene sentido.

COMPRUEBA LO QUE APRENDISTE

Comunicación en matemáticas

Estudia la lección y a continuación completa lo siguiente.

1. **a. Explica** cómo resolverías $2p + 10 = 42$ si primero tuvieras que anular la multiplicación.

   b. Explica por qué sería inconveniente anular primero la multiplicación en la ecuación $7x - 4 = 24$.

2. **Determina** si la suma de dos enteros consecutivos pares puede ser igual a la suma de dos enteros consecutivos impares. Justifica tu respuesta.

3. Si n es un entero par, explica cómo encontrar el entero par que viene antes de este.

4. **Explica** por qué -2 no es una solución de la ecuación $4x + 3x - 5 = 27$.

5. **Haz una lista** de tres enteros consecutivos pares si el mayor es -18.

6. **Complete:** Si $2x + 1 = 5$, entonces $3x - 4 = \underline{\ ?\ }$. Explica tu razonamiento.

LOS MODELOS Y LAS MATEMÁTICAS

7. Escribe la ecuación correspondiente al modelo de la derecha. A continuación usa tazas y fichas para resolver esta ecuación.

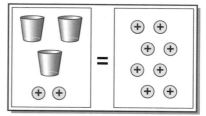

Práctica dirigida

Explica cómo resolver cada ecuación y luego resuélvelas.

8. $4a - 5 = 15$ 9. $7 + 3c = -11$ 10. $\frac{2}{9}v - 6 = 14$

11. $3 - \frac{a}{7} = -2$ 12. $\frac{x - 3}{7} = -2$ 13. $\frac{p - (-5)}{-2} = 6$

Define una variable, escribe una ecuación, resuelve cada problema y verifica tu solución.

14. Encuentra dos enteros consecutivos cuya suma sea -31.

15. Encuentra tres enteros consecutivos impares cuya suma sea 21.

16. Veintinueve es 13 sumado a 4 veces un número. Encuentra el número.

Práctica

Resuelve cada ecuación y verifica tu solución.

17. $3x - 2 = -5$

18. $-4 = 5n + 6$

19. $5 - 9w = 23$

20. $17 = 7 + 8y$

21. $-2.5d - 32.7 = 74.1$

22. $0.2n + 3 = 8.6$

23. $\frac{3}{2}a - 8 = 11$

24. $5 = -9 - \frac{p}{4}$

25. $7 = \frac{c}{-3} + 5$

26. $\frac{m}{-5} + 6 = 31$

27. $\frac{g}{8} - 6 = -12$

28. $6 = -12 + \frac{h}{-7}$

29. $\frac{b+4}{-2} = -17$

30. $\frac{z-7}{5} = -3$

31. $-10 = \frac{17-s}{4}$

32. $\frac{4t-5}{-9} = 7$

33. $\frac{7n+(-1)}{6} = 5$

34. $\frac{-3j-(-4)}{-6} = 12$

Teoría numérica

Define una variable, escribe una ecuación, resuelve cada problema y verifica tu solución.

35. Doce disminuido por dos veces un número es -7.

36. Encuentra tres enteros consecutivos cuya suma sea -33.

37. Encuentra cuatro enteros consecutivos cuya suma sea 86.

38. Encuentra dos enteros consecutivos impares cuya suma sea 196.

Geometría

Dibuja un diagrama que represente cada situación. A continuación define una variable, escribe una ecuación y resuelve cada problema. Verifica tu solución.

39. Las longitudes de los lados de un triángulo son enteros consecutivos impares. El perímetro es de 39 metros. ¿Cuáles son las longitudes de los lados?

40. Las longitudes de los lados de un cuadrilátero son enteros consecutivos pares. Dos veces la longitud del lado más corto, más la longitud del lado más largo es 120 pulgadas. Encuentra la longitud de cada lado.

Calculadoras de gráficas

Resuelve cada ecuación y usa una calculadora de gráficas para verificar tus respuestas.

41. $0.2x + 3 = 8.6$

42. $4.91 + 7.2x = 39.4201$

43. $\frac{3+x}{7} = -5$

44. $\frac{-3n-(-4)}{-6} = -9$

Piensa críticamente

45. Escribe una expresión para la suma de tres enteros consecutivos pares si $3n - 1$ es el entero menor.

Aplicaciones y solución de problemas

Para los Ejercicios 46 y 47, escribe una ecuación que represente cada situación y resuelve el problema.

46. Salud   Según la Asociación Médica Americana el peso promedio de un bebé en los Estados Unidos es de 7.5 libras. Después de nacer, la mayoría de los bebés pierden un promedio de una onza diaria durante los primeros 5 días de vida para después aumentar un promedio de 1 onza diaria durante las 13 semanas siguientes.

  a. Supongamos que un bebé pesa 7.5 libras al nacer. ¿En cuántos días pesará 12 libras?

  b. Haz una gráfica que muestre el peso que se espera que tenga un bebé de 7.5 libras en cada una de sus primeras 13 semanas de vida.

47. Culturas del mundo   Hawai se convirtió en el quincuagésimo estado en 1959. Es el único estado que no está en el continente norteamericano. El alfabeto inglés tiene dos letras más que el doble de letras que el alfabeto hawaiano. ¿Cuántas letras hay en el alfabeto hawaiano?

48. Trabaja al revés Cuatro familias fueron a ver un partido de béisbol. Se les acercó un vendedor de palomitas de maíz. La familia Wilson compró la mitad de las bolsas de maíz más una. La familia Martínez compró la mitad de las bolsas que quedaban más una. La familia Brightfeather compró la mitad de las que quedaban más una. La familia Wimberly compró la mitad de las que quedaban más una, comprando así todas las bolsas de palomitas de maíz. Si los Wimberly compraron 2 bolsas de palomitas de maíz, ¿cuántas bolsas compró cada una de las cuatro familias?

Repaso comprensivo

49. Salud Una forma de calcular tu consumo ideal diario de grasa es multiplicar tu peso ideal por 0.454. (Lección 3–2)

a. Escribe una ecuación que represente este consumo ideal diario de grasa.

b. ¿Cuál es tu consumo ideal diario de grasa?

50. Completa: Si $x + 4 = 15$, entonces $x - 2 = \underline{\ ?\ }$. (Lección 3–1)

51. Identifica el conjunto o conjuntos de números a los que pertenece $\sqrt{11}$. Usa N para los números naturales, W para los números enteros, Z para los enteros, Q para los números racionales o I para los números irracionales. (Lección 2–8)

52. Simplifica $\frac{-200x}{50}$. (Lección 2–7)

53. Simplifica $4(7) - 3(11)$. (Lección 2–6)

54. Identifica la propiedad que se ilustra con $9 + (2 + 10) = 9 + 12$. (Lección 1–6)

55. Resuelve $a = \frac{12 + 8}{4}$. (Lección 1–5)

56. Evalúa $\frac{3}{4}(6) + \frac{1}{3}(12)$. (Lección 1–3)

AUTOEVALUACIÓN

Resuelve cada ecuación. (Lección 3–1, 3–2 y 3–3)

1. $-10 + k = 34$

2. $y - 13 = 45$

3. $20.4 = 3.4y$

4. $-65 = \frac{f}{29}$

5. $-3x - 7 = 18$

6. $5 = \frac{m - 5}{4}$

Escribe una ecuación y resuélvela. Verifica tu solución.

7. Veintitrés menos un número es 42. Encuentra el número. (Lección 3–1)

8. **Geometría** La longitud de un lado de un rectángulo es 34 cm. El área del rectángulo es de 68 cm². Encuentra el ancho del rectángulo. (Lección 3–2)

9. **Teoría de los números** Encuentra dos enteros consecutivos pares cuya suma sea 126. (Lección 3–3)

10. **Economía** Según el *Batimore Sun*, si la inflación continúa en la tasa actual, en 40 años el precio de una entrada al cine será $3.50 dólares menos que 10 veces el precio promedio actual de $5.05. ¿Cuál será el precio de una entrada al cine en 40 años? (Lección 3–3)

Integración: Geometría
Ángulos y triángulos

3-4

Lo que APRENDERÁS

- A encontrar el complemento y el suplemento de un ángulo y

- a encontrar la medida del tercer ángulo de un triángulo si conoces las medidas de los otros dos ángulos.

Por qué ES IMPORTANTE

Porque un conocimiento de ángulos y triángulos te ayudará a avanzar en tus estudios de geometría y trigonometría.

El símbolo de ángulo es ∠.

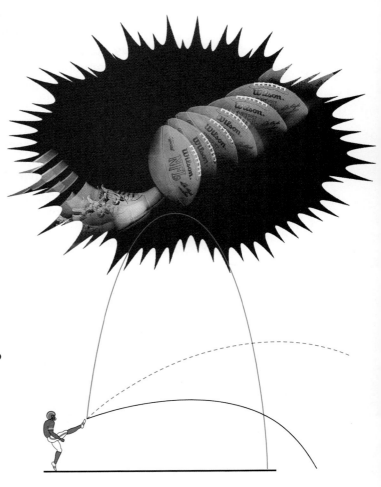

APLICACIÓN
Fútbol americano

En el cuarto intento por avanzar 10 yardas o más en un partido de fútbol americano, el equipo que lleva la pelota generalmente *puntea*. Un punteo consiste en soltar la pelota y patearla antes de que llegue al suelo.

El punteo más largo en fútbol universitario fue logrado por Pat Brady de la Universidad de Nevada-Reno en el partido contra la Universidad de Loyola en 1950. El punteo fue de 99 yardas—una yarda más y habría cruzado todo el largo del campo de juego.

La distancia que recorre la pelota una vez que es punteada depende tanto de la fuerza del jugador como del ángulo en que es pateada. Si el ángulo es demasiado pequeño, la pelota viajará a ras de suelo y caerá; si el ángulo es demasiado grande, la pelota adquirirá suficiente altura pero no llegará muy lejos. ¿Cuál crees que es el mejor ángulo de punteo de la pelota?

Puedes usar un *transportador* para medir ángulos, como se muestra a continuación.

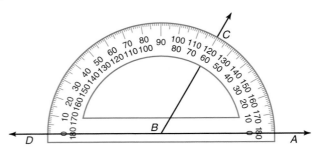

El ángulo *ABC* (denotado por $\angle ABC$) mide 60°. Sin embargo, hay dos lecturas, 60° y 120°, donde el rayo *BC* (denotado por $\overrightarrow{BC}$) interseca la curva del transportador. La medida del ángulo $\angle DBC$ es 120°. ¿Cuánto suman las medidas de $\angle ABC$ y $\angle DBC$?

Ángulos suplementarios	Dos ángulos son suplementarios si la suma de sus medidas es 180°.

Ejemplo ① La medida de un ángulo es tres veces la medida de su suplemento. Encuentra la medida de cada ángulo.

Sea x = a la medida menor. Entonces $3x$ = a la medida mayor.

$x + 3x = 180$ *Los ángulos son suplementarios.*

$4x = 180$ *Reduce términos semejantes.*

$\frac{4x}{4} = \frac{180}{4}$ *Divide cada lado entre 4.*

$x = 45$

Las medidas son 45° y 3 · 45°, o sea, 135°.   *Verifica este resultado.*

Ángulos complementarios > **Dos ángulos son complementarios si la suma de sus medidas es 90°.**

Ejemplo ②

APLICACIÓN

Golf

Lista de los Cinco primeros

Puntajes mínimos con que se ha ganado el Torneo de Masters de Golf

1. 271, Raymond Floyd, 1976

1. 271, Jack Nicklaus, 1965

3. 274, Ben Hogan, 1953

4. 275, Severiano Ballesteros, 1980

4. 275, Fred Couples, 1992

La inclinación hacia atrás del frente de un palo de golf se llama *loft*. Está diseñado para elevar la pelota en un arco de máxima altura. Suponiendo que el ángulo entre el suelo y la cabeza del palo de golf es de 79°, ¿cuál es la medida del loft?

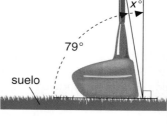

suelo

79°

$x°$

Sea x = la medida del loft.

$79° + x = 90°$ *Los ángulos son complementarios.*

$79° - 79° + x = 90° - 79°$ *Resta 79° de cada lado.*

$x = 11°$

El palo tiene un loft de 11°.

Ejemplo ③ La medida de un ángulo es 34° más que su complemento. Encuentra la medida de cada ángulo.

Sea x = la medida menor. Entonces, $x + 34$ = la medida mayor.

$x + (x + 34) = 90$ *Los ángulos son complementarios.*

$2x + 34 = 90$

$2x + 34 - 34 = 90 - 34$ *Resta 34 de cada lado.*

$2x = 56$

$\frac{2x}{2} = \frac{56}{2}$ *Divide cada lado entre 2.*

$x = 28$

Las medidas son 28° y 28° + 34° ó 62°.   *Verifica este resultado.*

Un **triángulo** es un polígono con tres lados y tres ángulos. ¿Cuál es la medida de la suma de los tres ángulos de un triángulo?

## Ángulos de un triángulo

Materiales: 3 hojas de papel de construcción transportador tijeras

Copia cada uno de los triángulos que siguen en una hoja de papel de construcción. Puedes ampliar los triángulos en una fotocopiadora.

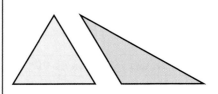

Ahora te toca a ti

a. Usa el transportador para medir los ángulos de cada triángulo. ¿Cuál es la suma de las medidas de los tres ángulos de cada triángulo?

b. Recorta uno de los triángulos. Rotula los ángulos con las letras *A*, *B* y *C*. Arranca los ángulos y arréglalos como se muestra más abajo.

c. Cuando los ángulos se colocan uno a continuación de otro, ¿cuál es la medida del nuevo ángulo que se forma?

d. Lleva a cabo esta actividad con otro triángulo. ¿Qué crees que se cumple acerca de las medidas de los ángulos de cualquier triángulo?

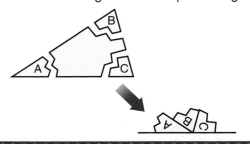

Suma de los ángulos de un triángulo	La suma de las medidas de los ángulos de un triángulo cualquiera es de 180°.

En un **triángulo equilátero** cada ángulo tiene la misma medida. Decimos entonces que los ángulos son **congruentes.** Los lados de un triángulo equilátero son también congruentes. ¿Cuál es la medida de cada ángulo de un triángulo equilátero?

Sea x = la medida de cada ángulo.

$x + x + x = 180$

$3x = 180$ *Reduce términos semejantes.*

$\dfrac{3x}{3} = \dfrac{180}{3}$ *Divide cada lado entre 3.*

$x = 60$ Cada ángulo mide 60°.

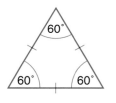

En un **triángulo isósceles,** al menos dos de los ángulos tienen la misma medida. En general, los ángulos congruentes son los ángulos de la base.

Ejemplo **¿Cuáles son las medidas de los ángulos de la base de un triángulo isósceles en el que el ángulo del vértice mide 45°?**

Sea x = la medida de cada ángulo de la base.

$x + x + 45 = 180$

$2x + 45 = 180$ *Reduce términos semejantes.*

$2x + 45 - 45 = 180 - 45$ *Resta 45 de cada lado.*

$2x = 135$

$\dfrac{2x}{2} = \dfrac{135}{2}$ *Divide cada lado entre 2.*

$x = \dfrac{135}{2}$, *o sea* $67\dfrac{1}{2}$.   Cada ángulo de la base mide $67\dfrac{1}{2}$°.

Los triángulos se clasifican a menudo en tres grupos. Un **triángulo rectángulo** tiene un ángulo que mide 90°. Un **triángulo obtuso** tiene un ángulo que mide más de 90°. En un **triángulo agudo** todos los ángulos miden menos de 90°.

Ejemplo **Las medidas de los ángulos de un triángulo están dadas por $x°$, $2x°$ y $3x°$.**

a. ¿Cuánto mide cada ángulo?
b. Clasifica el triánglo.

a. La suma de las medidas de los ángulos de un triángulo es 180°.

$x + 2x + 3x = 180$

$6x = 180$ *Reduce términos semejantes.*

$\dfrac{6x}{6} = \dfrac{180}{6}$ *Divide cada lado entre 6.*

$x = 30$

Las medidas son 30°, 2(30°) ó 60° y 3(30°) ó 90°.

b. Dado que el triángulo tiene un ángulo que mide 90°, el triángulo es rectángulo.

COMPRUEBA LO QUE APRENDISTE

Comunicación en matemáticas

Estudia la lección y a continuación completa lo siguiente.

1. Las palabras *complemento* y *cumplimiento* tienen un sonido parecido.
   a. ¿Qué significan?
   b. ¿Cuál de estas palabras es la que tiene el significado matemático?

2. **Compara** la definición estándar y la definición matemática de la palabra *suplemento*.

3. **Clasifica** cada uno de los triángulos en la actividad de modelaje de la página 164 como rectángulo, obtuso o agudo. Justifica tus clasificaciones.

4. **Inventa un problema** en el que uses una ecuación para determinar las medidas de los ángulos de un triángulo. Resuelve el problema justificando cada paso.

LOS MODELOS Y LAS **MATEMÁTICAS**

5. Dibuja un triángulo rectángulo en una hoja de papel y recórtalo. Corta o arranca los dos ángulos agudos y arréglalos como se muestra en la figura. ¿Qué parecen cumplir los ángulos agudos?

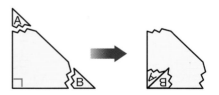

Práctica dirigida

Encuentra el complemento y el suplemento de cada medida angular.

6. 130°   **7.** 11°   **8.** 24°

9. $3x°$ **10.** $(2x + 40)°$ **11.** $(x - 20)°$

Encuentra la medida del tercer ángulo de cada triángulo, dadas las medidas de los otros dos ángulos.

12. 16°, 42°   **13.** 50°, 45°   **14.** $x°$, $(x + 20)°$

Haz un diagrama que represente cada situación. Define una variable, escribe una ecuación y resuelve cada problema. Verifica tu solución.

15. Un ángulo mide 38° menos que su complemento. Encuentra la medida de cada ángulo.

16. Las medidas de los ángulos de un triángulo están dadas por $x°$, $(x + 5)°$ y $(2x + 3)°$. ¿Cuánto mide cada ángulo?

EJERCICIOS

Práctica

Encuentra el complemento y el suplemento de cada medida angular.

17. $42°$	**18.** $87°$	**19.** $125°$
20. $90°$	**21.** $21°$	**22.** $174°$
23. $99°$	**24.** $y°$	**25.** $3a°$
26. $(x + 30)°$	**27.** $(b - 38)°$	**28.** $(90 - z°)$

Encuentra la medida del tercer ángulo de cada triángulo, dadas las medidas de los otros dos ángulos.

29. $40°, 70°$	**30.** $90°, 30°$	**31.** $63°, 12°$
32. $43°, 118°$	**33.** $4°, 38°$	**34.** $x°, y°$
35. $p°, (p - 10)°$	**36.** $c°, (2c + 1)°$	**37.** $y°, (135 - y)°$

Haz un diagrama que represente cada situación. Define una variable, escribe una ecuación y resuelve cada problema. Verifica tu solución.

38. Uno de los ángulos congruentes de un triángulo isósceles mide 37°. Encuentra las medidas de los otros dos ángulos.

39. Encuentra la medida de un ángulo que mide 30° menos que su suplemento.

40. Uno de los ángulos de un triángulo mide 53° Otro ángulo mide 37°. ¿Cuánto mide el tercer ángulo?

41. Uno de dos ángulos complementarios mide 30° más que tres veces el otro. Encuentra la medida de cada ángulo.

42. Encuentra la medida de un ángulo que es la mitad de la medida de su suplemento.

43. Las medidas de los ángulos de un triángulo están dadas por $x°$, $(3x)°$ y $(4x)°$. ¿Cuánto mide cada ángulo?

Piensa críticamente

44. Haz un diagrama que represente las relaciones entre los triángulos rectángulos, isósceles, equiláteros, agudos, escalenos y obtusos.

Aplicaciones y solución de problemas

45. Carpintería Una *zanca* es una pieza triangular de madera que se usa como base para escaleras. Si el ángulo entre la zanca y el suelo es de 30° ¿cuánto mide el ángulo entre la zanca y la vertical?

46. Aeronáutica Uno de los transbordadores espaciales más nuevos es el *Endeavor.* Realizó su primer vuelo el 7 de mayo de 1992. El transbordador espacial más antiguo es el *Columbia,* que realizó su primer vuelo el 12 de abril de 1981. Un transbordador espacial aterriza en un ángulo seis veces tan grande como el de un avión comercial promedio.

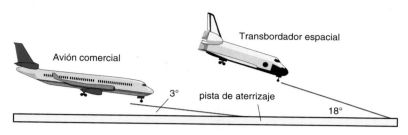

a. ¿Cuánto mide el ángulo entre la ruta del avión y la vertical?

b. ¿Cuánto mide el ángulo entre la ruta del transbordador espacial y la vertical?

c. ¿Cuál de los dos navíos aterriza en un ángulo más empinado?

47. Alpinismo El descenso en *rapel* es una técnica que usan los alpinistas para descender montañas difíciles. Los alpinistas retroceden hasta el borde y saltan al vacío. Para evitar resbalar, las piernas del alpinista deben hacer un ángulo de 90° con el lado de la montaña. El ángulo entre el lado de la montaña de la derecha y la vertical es de 50°. ¿Cuánto mide el ángulo entre el alpinista y la vertical?

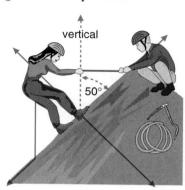

Repaso comprensivo

48. Resuelve $4 + 7x = 39$. (Lección 3–3)

49. Consumo Cuando las tiendas cierran, hay un período en el que se pueden comprar todos los artículos de la tienda a una fracción del precio original. Cuando cerró la Ferretería Central todos los artículos fueron descontados en un $\frac{1}{4}$. (Lección 3–2)

$20 de descuento

Precio de oferta

a. Cuál era el precio original de un serrucho circular si ahorraste $20 durante la liquidación?

b. Cuánto ahorrarías en muebles de patio cuyo precio original era de $299.00?

50. Resuelve $h + (-13) = -5$. (Lección 3–1)

51. Simplica $5(3t - 2t) + 2(4t - 3t)$. (Lección 2–6)

52. Calcula la suma $5y + (-12y) + (-21y)$. (Lección 2–5)

53. Historia de los Estados Unidos Cada número que sigue representa la edad de los presidentes norteamericanos al momento de asumir el poder por primera vez. (Lección 2–2)

57 61 57 57 58 57 61 54 68 51 49 64 50 48

65 52 56 46 54 49 50 47 55 55 54 42 51 56

55 51 54 51 60 62 43 55 56 61 62 69 64 46

a. Haz un esquema lineal con esta información.

b. ¿Se concentran las edades alrededor de algún número? Si es así, ¿cuáles números?

54. Identifica la propiedad que se ilustra con $5a + 2b = 2b + 5a$. (Lección 1–8)

55. Estadística Haz una gráfica de tallo y hojas con la información del ejercicio 53. (Lección 1–4)

Resuelve ecuaciones con variables en ambos lados

Lo que APRENDERÁS

• A resolver ecuaciones con variables en ambos lados y

• a resolver ecuaciones con símbolos de agrupamiento.

Por qué ES IMPORTANTE

Porque puedes usar ecuaciones para resolver problemas que tengan que ver con eventos de carreras atléticas, negocios y geometría.

APLICACIÓN
Atletismo

En las Olimpíadas de 1928 Douglas Lowe de Gran Bretaña ganó la carrera de hombres de 800 metros en 1 minuto 51.8 segundos, o sea, 111.8 segundos. En ese mismo año Lina Radke de Alemania ganó la carrera de mujeres de 800 metros en 2 minutos 16.8 segundos, o sea, 136.8 segundos. Durante los siguientes 64 años, los tiempos de los hombres han disminuido un promedio de 0.127 segundos por año y los de las mujeres han disminuido un promedio de 0.332 segundos por año. Si suponemos que estas tasas se mantienen constantes, ¿cuándo serán iguales los tiempos de hombres y mujeres en la carrera de 800 metros?

Después de x años, los tiempos de los hombres pueden representarse por $111.8 - 0.127x$. Después de x años, los tiempos de las mujeres pueden representarse por $136.8 - 0.332x$. Estos tiempos son los mismos cuando estas dos expresiones son iguales.

$$111.8 - 0.127x = 136.8 - 0.332x$$

Muchas ecuaciones contienen variables en ambos lados. Para resolver este tipo de ecuaciones, escribe primero una ecuación equivalente que tenga todas las variables a un lado de la ecuación, usando la propiedad de adición o la propiedad de sustracción de la igualdad. Después, resuelve la ecuación.

Sucedió por
primera vez

Wilma Rudolph (1940–1994)

Wilma Rudolph fue la primera mujer que ganó tres medallas de oro en la misma Olimpíada. En los juegos olímpicos de 1960 ganó los 100 metros, los 200 metros y la carrera de relevos de 4 × 100 metros.

Método 1

$$111.8 - 0.127x = 136.8 - 0.332x \qquad \textit{Usa una calculadora.}$$

$$111.8 - 0.127x + 0.332x = 136.8 - 0.332x + 0.332x \qquad \textit{Suma } 0.332x \textit{ a ambos lados.}$$

$$111.8 + 0.205x = 136.8$$

$$111.8 - 111.8 + 0.205x = 136.8 - 111.8 \qquad \textit{Resta } 111.8 \textit{ de ambos lados.}$$

$$0.205x = 25$$

$$\frac{0.205x}{0.205} = \frac{25}{0.205} \qquad \textit{Divide cada lado entre } 0.205.$$

$$x \approx 122$$

A este ritmo, los tiempos de hombres y mujeres serán iguales alrededor de 122 años después de 1928, o sea, en el año 2050.

Método 2

Dado que dos de los decimales son del orden de las milésimas, otra manera de resolver la ecuación es multiplicar ambos lados por 1000 para eliminar los decimales.

$$111.8 - 0.127x = 136.8 - 0.332x$$

Multiplica cada lado por 1000. $1000(111.8) - 1000(0.127x) = 1000(136.8) - 1000(0.332x)$

$$111{,}800 - 127x = 136{,}800 - 332x$$

Suma 332x a ambos lados. $111{,}800 + 205x = 136{,}800$

Resta 111,800 de ambos lados. $205x = 25{,}000$

Divide cada lado entre 205. $x \approx 122$

Ejemplo ❶   **Resuelve $\frac{3}{8} - \frac{1}{4}x = \frac{1}{2}x - \frac{3}{4}$.**

$$\frac{3}{8} - \frac{1}{4}x = \frac{1}{2}x - \frac{3}{4}$$ *El mínimo común denominador es 8.*

$$8\left(\frac{3}{8} - \frac{1}{4}x\right) = 8\left(\frac{1}{2}x - \frac{3}{4}\right)$$ *Multiplica cada lado por 8.*

$$8\left(\frac{3}{8}\right) - 8\left(\frac{1}{4}x\right) = 8\left(\frac{1}{2}x\right) - 8\left(\frac{3}{4}\right)$$ *Usa la propiedad distributiva.*

$$3 - 2x = 4x - 6$$ *Se eliminan las fracciones.*

$$3 = 6x - 6$$ *Suma 2x a ambos lados.*

$$9 = 6x$$ *Suma 6 a ambos lados.*

$$\frac{3}{2} = x$$ *Divide cada lado entre 6.*

La solución es $\frac{3}{2}$.   *Verifica este resultado.*

> **SUGERENCIA**
> **TECNOLÓGICA**
>
> Repasa la lección 3–3 para ver cómo podrías resolver una ecuación, con variables en ambos lados, usando una calculadora de gráficas.

Cuando se resuelven ecuaciones que contiene símbolos de agrupamiento, usa primero la propiedad distributiva para eliminar los símbolos de agrupamiento.

Ejemplo ❷

INTEGRACIÓN
Geometría

Un ángulo de un triángulo mide 10° más que el segundo. La medida del tercer ángulo es dos veces la suma de los dos primeros ángulos. Encuentra la medida de cada ángulo.

Haz un dibujo. Sea y = la medida de un ángulo. Sea $y + 10$ = la medida del otro ángulo. Entonces $2[y + (y + 10)]$ = la medida del tercer ángulo. No olvides que la suma de las medidas de los ángulos de un triángulo es 180°.

$$y + (y + 10) + 2[y + (y + 10)] = 180$$

$$2y + 10 + 2(2y + 10) = 180$$ *Simplifica.*

$$2y + 10 + 4y + 20 = 180$$ *Usa la propiedad distributiva.*

$$6y + 30 = 180$$ *Simplifica.*

$$6y + 30 - 30 = 180 - 30$$ *Resta 30 de cada lado.*

$$6y = 150$$

$$y = 25$$ *Divide cada lado entre 6.*

Las medidas de los tres ángulos son 25°, $(25 + 10)$° ó 35° y $2(25 + 35)$° ó 120°.   *Verifica este resultado.*

Algunas ecuaciones con variables en ambos lados no tienen solución. Es decir, no hay valor alguno de la variable que resulte en una ecuación verdadera.

Ejemplo **3** **Resuelve $5n + 4 = 7(n + 1) - 2n$.**

$5n + 4 = 7(n + 1) - 2n$

$5n + 4 = 7n + 7 - 2n$ *Propiedad distributiva*

$5n + 4 = 5n + 7$

$4 = 7$ Como $4 = 7$ es una proposición falsa, esta ecuación no tiene solución.

Una **identidad** es una ecuación que es verdadera para todos los valores de la variable.

Ejemplo **4** **Resuelve $7 + 2(x + 1) = 2x + 9$.**

$7 + 2(x + 1) = 2x + 9$

$7 + 2x + 2 = 2x + 9$ *Propiedad distributiva*

$2x + 9 = 2x + 9$ *Propiedad reflexiva de la igualdad*

Dado que las expresiones en cada lado de la ecuación son iguales, esta ecuación es una identidad. La proposición $7 + 2(x + 1) = 2x + 9$ es verdadera para todos los valores de la variable x.

COMPRUEBA LO QUE APRENDISTE

Comunicación en matemáticas

Estudia la lección y a continuación completa lo siguiente.

1. **a.** **Explica** por qué crees que la diferencia entre los tiempos de hombres y mujeres en la carrera de 800 metros está disminuyendo.

   b. **Usa una tabla** que muestre cómo los tiempos de mujeres en la carrera de 800 metros pueden alcanzar los tiempos de hombres en la misma carrera.

   c. ¿Crees que los tiempos van a ser los mismos en algún momento? Explica.

2. **Describe** la diferencia entre una identidad y una ecuación sin solución.

3. **Tú decides** Lauren dice que para resolver la ecuación $2[x + 3(x - 1)] = 18$ el primer paso debería ser multiplicar 2 por $[x + 3(x - 1)]$. Carmen dice que el primer paso debería ser multiplicar 3 por la ecuación $(x - 1)$. ¿Quién tiene la razón y por qué?

MI DIARIO

DE MATEMÁTICAS

4. **Evalúate** Describe tu deporte favorito y explica cómo se usan las matemáticas en él.

Práctica dirigida

Explica cómo resolver cada ecuación. Resuelve cada ecuación y verifica tu solución.

5. $3 - 4x = 10x + 10$ 6. $8y - 10 = -3y + 2$ 7. $\frac{3}{5}x + 3 = \frac{1}{5}x - 7$

8. $5.4y + 8.2 = 9.8y - 2.8$ 9. $5x - 7 = 5(x - 2) + 3$ 10. $4(2x - 1) = -10(x - 5)$

Define una variable, escribe una ecuación y resuelve cada problema. Verifica tu solución.

11. Dos veces el mayor de dos enteros consecutivos impares es 13 menos que tres veces el menor. Encuentra los enteros.

12. **Geometría** Las medidas de los ángulos de un triángulo están dadas por $6x°$, $(x - 3)°$ y $(3x + 7)°$. ¿Cuánto mide cada ángulo?

13. La mitad de un número aumentada en 16 es cuatro menos que dos tercios del número. Encuentra el número.

Práctica

Resuelve cada ecuación y verifica tu solución.

14. $6x + 7 = 8x - 13$

15. $17 + 2n = 21 + 2n$

16. $\frac{3n - 2}{5} = \frac{7}{10}$

17. $\frac{7 + 3t}{4} = -\frac{t}{8}$

18. $13.7b - 6.5 = -2.3b + 8.3$

19. $18 - 3.8x = 7.36 - 1.9x$

20. $\frac{3}{2}y - y = 4 + \frac{1}{2}y$

21. $\frac{3}{4}n + 16 = 2 - \frac{1}{8}n$

22. $-7(x - 3) = -4$

23. $4(x - 2) = 4x$

24. $28 - 2.2y = 11.6y + 262.6$

25. $1.03x - 4 = -2.15x + 8.72$

26. $7 - 3x = x - 4(2 + x)$

27. $6 = 3 + 5(y - 2)$

28. $6(y + 2) - 4 = -10$

29. $5 - \frac{1}{2}(b - 6) = 4$

30. $-8(4 + 9x) = 7(-2 - 11x)$

31. $2(x - 3) + 5 = 3(x - 1)$

32. $4(2a - 8) = \frac{1}{7}(49a + 70)$

33. $-3(2n - 5) = \frac{1}{2}(-12n + 30)$

Define una variable, escribe una ecuación y resuelve cada problema. Verifica tu solución.

34. Tres veces el mayor de tres enteros consecutivos pares excede dos veces al menor en 38. Encuentra los enteros.

35. Un quinto de un número más cinco veces el número es igual a siete veces el número menos 18. Encuentra el número.

36. La diferencia de dos números es 12. Dos quintos del mayor es seis más que un tercio del menor. Encuentra ambos números.

INTEGRACIÓN

Geometría

Haz un diagrama que represente cada situación. A continuación define una variable, escribe una ecuación y resuelve cada problema. Verifica tu solución.

37. Las medidas de los ángulos de cierto triángulo son enteros consecutivos pares. Encuentra sus medidas.

38. Un ángulo de un triángulo mide 30° más que otro ángulo. La medida del tercer ángulo es tres veces la suma de los dos primeros ángulos. Encuentra la medida de cada ángulo.

Programación

39. A la derecha aparece un programa ejecutado en una calculadora de gráficas que puede ayudarte a resolver ecuaciones de la forma $ax + b = cx + d$.

Escribe cada ecuación en la forma $ax + b = cx + d$ y ejecuta el programa para resolverla.

a. $2(2x + 3) = 4x + 6$

b. $5x - 7 = x + 3$

c. $6 - 3x = 3x - 6$

d. $6.8 + 5.4x = 4.6x + 2.8$

e. $5x - 8 - 3x = 2(x - 3)$

```
PROGRAM:SOLVE
: Disp "ENTER A, B, C, D"
: Input A: Input B: Input C:
  Input D
: If A - C ≠ 0
: Goto 2
: If D - B ≠ 0
: Goto 1
: Disp "THIS IS AN"
: Disp "IDENTITY"
: Goto 3
: Lbl 1
: Disp "NO SOLUTION"
: Goto 3
: Lbl 2
: Disp "X = ", (D - B)/(A - C)
: Lbl 3
```

40. Historia de las matemáticas Diofanto de Alejandría fue uno de los matemáticos más importantes de la civilización griega. Poco se sabe de su vida, excepto por el siguiente problema, que apareció por vez primera en una obra llamada *La Antología griega.* Aunque Diofanto no escribió el problema, se cree que describe fielmente su vida.

La niñez de Diofanto duró un sexto de su vida, su juventud un duodécimo de la misma y pasó un séptimo más de ella soltero. Cinco años después de su matrimonio nació un hijo suyo que murió cuatro años antes que su padre a una edad igual a la mitad de la edad del padre al morir. ¿Qué edad tenía Diofanto al momento de morir?

En los ejercicios 41–42, puedes suponer que las tasas de cambio continúan indefinidamente.

41. Ventas En 1988, según la Asociación de Fabricantes de Utensilios Domésticos, las ventas de aparatos de aire acondicionado fueron de 4.6 millones y las ventas de ventiladores de ventana fueron de 0.975 millones. A partir de 1988, las ventas de aparatos de aire acondicionado han disminuido alrededor de 0.425 millones de aparatos por año y las ventas de ventiladores de ventana han aumentado alrededor de 0.106 millones de unidades por año.

a. Si esta tendencia continúa, ¿en cuántos años más serán iguales las ventas de aparatos de aire acondicionado y de ventiladores de ventana?

b. ¿Cómo explicarías estas tendencias?

42. Dueños de animales domésticos En 1987, según la Asociación Médica Veterinaria Americana, 34.7 millones de hogares eran dueños de un perro y 27.7 millones de hogares eran dueños de un gato. Desde 1987 los dueños de perros han disminuido alrededor de 0.025 millones por año y los dueños de gatos han aumentado en cerca de 0.375 millones por año. Si esta tendencia continúa, ¿en cuántos años más serán iguales los números de hogares que son dueños de un perro y los números de hogares que son dueños de un gato?

43. Encuentra el suplemento de un ángulo que mide $32°$. (Lección 3–4)

44. Trabaja al revés Se disminuye un número en 35, se multiplica por 6, se le suma 87 y se divide entre 3. El resultado es 67. ¿Cuál es el número? (Lección 3–3)

45. Resuelve $x + 4.2 = 1.5$. Verifica tu solución. (Lección 3–1)

46. Define una variable y luego escribe una ecuación para el siguiente problema. (Lección 2–9)

Karen tiene 10 años de edad y siempre ha admirado a su hermana Kristy, quien tiene 15 años de edad. Karen quiere ser igual a Kristy, pero sabe que nunca va a alcanzarla en edad, aunque ha escuchado que cuando una persona tiene 0.9 veces la edad de otra persona, estas no se pueden distinguir realmente. ¿Cuándo tendrá Karen 0.9 veces la edad de Kristy?

47. ¿Cuál es mayor, $\frac{11}{9}$ ó $\frac{12}{10}$? (Lección 2–4)

48. Explica qué es lo que te dice la gráfica de la derecha acerca del rendimiento escolar como función del tiempo viendo televisión. (Lección 1–9)

Puntaje
promedio
en exámenes

Horas viendo
televisión

49. Resuelve $14.8 - 3.75 = t$. (Lección 1–5)

3-6

Resuelve ecuaciones y fórmulas

Lo que APRENDERÁS

- A despejar una variable específica en ecuaciones y fórmulas.

Por qué ES IMPORTANTE

Porque puedes usar ecuaciones y fórmulas para resolver problemas de física y de geometría.

INTEGRACIÓN
Geometría

Algunas ecuaciones contienen más de una variable y a veces es necesario despejar una variable específica en estas ecuaciones. Por ejemplo, supongamos que las variables x, y y z aparecen en la misma ecuación. *Resolver en x* significa despejarla en un lado de la ecuación. De la misma manera, *resolver en y* significa despejar la y en un lado de la ecuación.

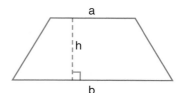

La fórmula del área de un trapecio es $A = \frac{1}{2}h(a + b)$ donde a y b representan las longitudes de las bases paralelas y h representa la altura del trapecio. Supongamos que conoces las áreas y las longitudes de las bases paralelas de varios trapecios y que quieres determinar la altura de cada uno de ellos. En vez de resolver usando la fórmula una y otra vez para valores diferentes de A, a y b, es más fácil resolver la fórmula en h antes de sustituir los valores de las otras variables.

$$A = \frac{1}{2}h(a + b) \qquad \text{El mínimo común denominador es 2.}$$

$$2A = 2\left[\frac{1}{2}h(a + b)\right] \qquad \text{Multiplica cada lado por 2.}$$

$$2A = h(a + b)$$

$$\frac{2A}{(a + b)} = \frac{h(a + b)}{(a + b)} \qquad \text{Divide cada lado entre } (a + b).$$

$$\frac{2A}{a + b} = h$$

Cuando divides entre una variable en una ecuación, no debes olvidar que es imposible dividir entre 0. En la fórmula anterior, por ejemplo, la cantidad $a + b$ no puede ser cero.

Ejemplo **①** **Resuelve la ecuación $-5x + y = -56$**

a. en y, y
b. en x.

a.
$$-5x + y = -56$$
$$-5x + 5x + y = -56 + 5x \qquad \text{Suma 5x a ambos lados.}$$
$$y = -56 + 5x$$

b.
$$-5x + y = -56$$
$$-5x + y - y = -56 - y \qquad \text{Resta y de cada lado.}$$
$$-5x = -56 - y$$
$$\frac{-5x}{-5} = \frac{-56 - y}{-5} \qquad \text{Divide cada lado entre } -5.$$
$$x = \frac{-56 - y}{-5} \text{ ó } \frac{56 + y}{5}$$

MIRADA RETROSPECTIVA

Puedes referirte a la lección 2-9 para informarte de cómo escribir ecuaciones y fórmulas.

Ejemplo **Despeja y, en $ay + z = am - ny$.**

$$ay + z = am - ny$$

$$ay + z - z = am - ny - z \qquad \text{Resta } z \text{ de cada lado.}$$

$$ay = am - ny - z$$

$$ay + ny = am + ny - ny - z \qquad \text{Suma } ny \text{ a cada lado.}$$

$$ay + ny = am - z$$

$$(a + n)\,y = am - z \qquad \text{Usa la propiedad distributiva.}$$

$$\frac{(a + n)\,y}{a + n} = \frac{am - z}{a + n} \qquad \text{Divide cada lado entre } a + n.$$

$$y = \frac{am - z}{a + n}$$

Dado que no podemos dividir entre 0, $a + n \neq 0$. Por lo tanto, $a \neq -n$.

OPCIONES PROFESIONALES

Un programador de computadoras es quien escribe planes detallados para resolver problemas mediante una sucesión ordenada de instrucciones, que a menudo incluye ecuaciones o fórmulas.

Esta carrera requiere un diploma en ciencias de computación con un conocimiento activo de lenguajes de computadoras y de matemáticas.

Para mayor información puedes ponerte en contacto con la

Association for Computing
Machinery
11 W. 42nd St.
3rd floor
New York, NY 10036

Muchos problemas de la vida real requieren del uso de fórmulas. Quizás necesites emplear el **análisis dimensional** cuando uses fórmulas. Este es un proceso de "llevar" unidades a lo largo de la computación. También se te puede pedir que resuelvas la fórmula en una variable específica. Esto puede facilitar el uso de ciertas fórmulas.

Ejemplo 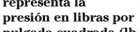 **La fórmula $P = \dfrac{1.2W}{H^2}$**

representa la presión ejercida en el suelo por el tacón de un zapato. En esta fórmula P representa la presión en libras por pulgada cuadrada (lb/pulg^2), W representa el peso, en libras, de la persona que tiene puestos los zapatos y H es el ancho en pulgadas del tacón del zapato.

a. Calcula la presión ejercida, si una persona que pesa 130 libras usa zapatos con tacones de $\frac{1}{2}$ pulgada de ancho.

b. Resuelve la fórmula en W.

c. Calcula el peso de una persona si los tacones tienen un ancho de 3 pulgadas y la presión ejercida es de 40 lb/pulg^2.

a. $P = \dfrac{1.2W}{H^2}$

$= \dfrac{1.2(130 \text{ lb})}{\left(\frac{1}{2}\text{ pulg.}\right)^2} \qquad W = 130 \text{ lb}, H = \frac{1}{2} \text{ pulg.}$

$= \dfrac{156 \text{ lb}}{\frac{1}{4}\text{ pulg.}^2}$

$= 624 \text{ lb/pulg.}^2$

Se ejercen 624 lb/pulg.^2 de presión.

b. $P = \dfrac{1.2W}{H^2}$

$H^2 P = H^2\left(\dfrac{1.2W}{H^2}\right)$

$H^2 P = 1.2W$

$\dfrac{H^2 P}{1.2} = \dfrac{1.2W}{1.2}$

$\dfrac{H^2 P}{1.2} = W$

c.

$$\frac{H^2 P}{1.2} = W$$

$$\frac{(3 \text{ p.})^2 (40 \text{ lb/p.}^2)}{1.2} = W$$ *Approxima:* $[(3)^2 - 40] \div 1 = 360$
                                        La respuesta, ¿va a ser mayor o menor? ¿Por qué?

$$\frac{360 \text{ lb}}{1.2} = W$$ $(9 \ \cancel{pulg}^2)(40 \ lb/\cancel{pulg}^2) = 360 \ lb$

$$300 \text{ lb} = W \quad \text{La persona pesa 300 libras.}$$

COMPRUEBA LO QUE APRENDISTE

Comunicación en matemáticas

Estudia la lección y a continuación completa lo siguiente.

1. Refiérete al ejemplo 2.
   - **a. Muestra** cómo resolverías la ecuación $ay + z = am - ny$ en a.
   - **b. Explica** cómo te asegurarías de que no estás dividiendo entre 0.

2. **Compara** la presión ejercida en el caso de cada una de las personas descritas en el Ejemplo 3.

MI DIARIO

DE MATEMÁTICAS

3. Busca una fórmula en un periódico o revista. Define todas las variables y explica cuál es el propósito de la fórmula.

Práctica dirigida

Despeja la variable especificada en cada ecuación o fórmula.

4. $3x - 4y = 7$, despeja x

5. $3x - 4y = 7$, despeja y

6. $a(y + 1) = b$, despeja y

7. $ax + b = dx + c$, despeja x

8. $F = G\left(\frac{Mm}{d^2}\right)$, despeja M

9. $S = \frac{n}{2}(A + t)$, despeja n

Escribe una ecuación y despeja la variable que se indica.

10. Dos veces un número x y 12 es 31 menos que tres veces otro número y. Despeja y.

EJERCICIOS

Práctica

Despeja la variable especificada en cada ecuación o fórmula.

11. $ax + b = cx$, despeja x

12. $ex - 2y = 3z$, despeja x

13. $\frac{y + a}{3} = c$, despeja y

14. $\frac{3}{5}y + a = b$, despeja y

15. $v = r + at$, despeja a

16. $y = mx + b$, despeja m

17. $I = prt$, despeja r

18. $A = p + prt$, despeja p

19. $H = (0.24)I^2 Rt$, despeja R

20. $P = \frac{E^2}{R}$, despeja R

21. $d = vt + \frac{1}{2}at^2$, despeja v

22. $d = vt + \frac{1}{2}at^2$, despeja a

23. $c = \frac{P - 100}{P}$, despeja P

24. $a = \frac{r}{2y} - 0.25$, despeja y

25. $\frac{P}{D} = Q + \frac{R}{D}$, despeja R

26. $\frac{P}{D} = Q + \frac{R}{D}$, despeja D

Escribe una ecuación y despeja la variable especificada.

27. Dos veces un número x aumentado en 12 es 31 menos que tres veces otro número y. Despeja x.

28. Cinco octavos de un número x es tres más que la mitad de otro número y. Despeja y.

29. Cinco más que dos tercios de un número x es lo mismo que tres menos que la mitad de otro número y. Despeja x.

Piensa críticamente

30. Clima   He aquí una conversación entre una mujer y su hija adolescente (adaptada de la revista *Games*).

> La señora Weatherby: "Este termómetro no sirve. Está en centígrados y necesito saber la temperatura en grados Fahrenheit."
>
> Mercuria: "Mamá, eres tan anticuada. Usa la fórmula $\frac{9}{5}C + 32 = F$, donde C es la temperatura en grados centígrados y F es la temperatura en grados Fahrenheit. Si eso es demasiado difícil para ti, solo tienes que doblar el número en el termómetro y sumar 30. Pero, claro, no vas a obtener una respuesta precisa."

Las dos mujeres calcularon la temperatura en grados Fahrenheit, Mercuria con la fórmula y la señora Weatherby con la aproximación. Inesperadamente, obtuvieron la misma respuesta. ¿Cuánto calor hacía? Justifica tu razonamiento.

Aplicaciones y solución de problemas

31. Negocios   La fórmula del ejercicio 17 se usa para calcular el interés simple, donde I es el interés, p es el capital o cantidad invertida, r es la tasa de interés y t es el tiempo en años. Calcula la cantidad de interés ganado si inviertes $5000 al 6% de interés (usa 0.06) por 3 años.

32. Física   La fórmula de los ejercicios 21 y 22 es la que se usa para determinar la distancia d, si se conocen la velocidad inicial v, el tiempo t y la aceleración a. Supongamos que un ciclista que va a 4.5 metros por segundo (m/s) pasa un farol en la cumbre de una colina y desciende la colina a una aceleración constante de 0.4 m/s^2 durante 12 segundos. ¿Cuál es la distancia que la ciclista recorre colina abajo en ese tiempo?

33. Trabajo   Las agencias de empleos a menudo usan la fórmula $s = \dfrac{w - 10e}{m}$ para calcular la rapidez mecanográfica. En esta fórmula w representa el número de palabras mecanografiadas, e representa el número de errores, m representa el número de minutos usados en mecanografiar y s representa la rapidez mecanográfica en palabras por minuto.

   a. En un examen mecanográfico de 10 minutos, Sally escribió 420 palabras cometiendo 6 errores. Calcula la rapidez mecanográfica de Sally en palabras por minuto.

   b. ¿Quién es más rápida en un examen de 5 minutos: Isabel que mecanografía 500 palabras, cometiendo 14 errores o Clarence que mecanografía 410 palabras cometiendo 4 errores?

34. Resuelve $2(x - 2) = 3x - (4x - 5)$. (Lección 3–5)

35. Calcula el complemento de un ángulo de 85°. (Lección 3–4)

36. Trabaja al revés El avión de Greta Moore debe salir de Dallas a las 9:30 A.M. Greta debe pasar a recoger sus boletos en la puerta de embarque, treinta minutos antes de que salga el avión. Greta se demora cincuenta minutos en manejar al aeropuerto, diez minutos en estacionar su auto en el estacionamiento nocturno y diez minutos más para llegar a la puerta de embarque. Camino al aeropuerto, Greta necesita pasar por su oficina a buscar ciertos materiales. Este desvío le tomará unos quince minutos. Si Greta se demora una hora en vestirse y salir de su casa, ¿a qué hora debería Greta poner la alarma? (Lección 3–3)

37. Escribe una desigualdad que corresponda a la gráfica que se muestra a continuación. (Lección 2–4)

$$-2 \quad -1 \quad 0 \quad 1 \quad 2 \quad 3 \quad 4$$

38. Usa una recta numérica para calcular la suma de 9 y -5. (Lección 2–1)

39. Encuentra el conjunto solución de $x - 3 > \dfrac{x + 1}{2}$ si el conjunto de reemplazo es $\{4, 5, 6, 7, 8\}$. (Lección 1–5)

40. Salud El pulso óptimo por minuto al hacer ejercicio físico está dado por la expresión $0.7(220 - a)$, donde a representa tu edad. Calcula tu pulso óptimo de ejercicio físico. (Lección 1–1)

TRABAJA EN LA Investigación

Refiérete a las páginas 68–69.

el Efecto de invernadero

Para medir las temperaturas se pueden usar dos escalas. La escala celsio, que forma parte del sistema métrico decimal, fue inventada por el astrónomo sueco Anders Celsius (1701–1744). Celsius escogió el punto de ebullición y el punto de congelación del agua como los dos puntos fijos en su escala de 100 grados, asignándole 0°C al punto de congelación y 100°C al punto de ebullición. La escala que se usa comúnmente en los Estados Unidos es la escala Fahrenheit, inventada en 1714 por el físico alemán Gabriel Daniel Fahrenheit (1686–1736). En la escala de Fahrenheit el punto de ebullición del agua es 212°F y el punto de congelación es 32°F.

Para convertir temperaturas celsio en Fahrenheit usa la fórmula $F = \dfrac{9}{5}C + 32$.

1 Usando esta fórmula convierte la temperatura promedio de Marte, la Tierra y Venus de grados centígrados a grados Fahrenheit. ¿En qué se parecen las temperaturas?

2 El efecto de invernadero puede elevar la temperatura promedio de la Tierra en 8°F hacia el año 2050. ¿Cuál será la temperatura promedio de la Tierra en ese año en grados centígrados?

3 Cambia la fórmula que convierte grados centígrados en grados Fahrenheit, a una fórmula que convierta grados Fahrenheit en grados centígrados.

Agrega los resultados de tu trabajo a tu *Archivo de investigación*.

Integración: Estadística
Medidas de tendencia central

- A calcular y a interpretar la media, la mediana y la modal de un conjunto de datos.

Por qué **ES IMPORTANTE**

Porque las medidas de tendencia central te pueden ayudar a describir fácilmente un conjunto de datos.

APLICACIÓN
Obras de beneficencia

La tabla de la derecha muestra las primeras 10 organizaciones de beneficencia durante el año 1993 según la cantidad de contribuciones.

Cuando se analiza información, es de gran ayuda tener un número que describa la información en su totalidad. Los números que se conocen con el nombre de **medidas de tendencia central** se usan a menudo para describir información, porque representan un valor centralizado o *medio*. Las tres medidas de tendencia central que se usan más comúnmente son la **media, la mediana** y la **modal.**

Organización	Millones de dólares
Ejército de Salvación	$726
Caridades Católicas, USA	411
United Jewish Appeal	407
Segunda Cosecha	407
Cruz Roja Americana	395
Sociedad Americana Contra el Cáncer	355
YMCA	317
Asociación Americana del Corazón	235
YWCA	218
Boy Scouts of America	211

Fuente: *The Chronicle of Philanthropy, Nov., 1993.*

Definición de media	La media de un conjunto de datos es la suma de los números en el conjunto dividida entre el número de datos del conjunto.

P T I

Hasta 1994, las hermanas Cardwell de Sweetwater, Texas eran el trío viviente más anciano de hermanas trillizas. Pero el 2 de octubre de 1994 Faith, la primogénita, murió a la edad de 95 años. Sobreviven sus dos hermanas, Hope y Charity.

Para calcular la media de los datos de las organizaciones de beneficencia, calcula la suma total de dinero y divídela entre 10, el número de datos en el conjunto. *Aproximación: ¿Es razonable una respuesta de $500?*

$$\text{media} = \frac{726 + 411 + 407 + 407 + 395 + 355 + 317 + 235 + 218 + 211}{10}$$

$$= \frac{3682}{10}$$

$$= 368.2$$

La media es $368.2 millones. Observa que la cantidad recaudada por el Ejército de Salvación, $726 millones, es mucho más grande que las cantidades recaudadas por las otras organizaciones. Dado que la media es un término medio de varios números, un número que sea mucho más grande que los otros puede afectar enormemente la media. En casos extremos la media es menos representativa de los valores de un conjunto de datos.

La mediana es otra medida de tendencia central.

Definición de mediana	La mediana de un conjunto de datos es el número medio de los números del conjunto una vez que estos se ordenan en orden numérico.

Para calcular la mediana de los datos de las organizaciones de beneficencia, ordena numéricamente las cantidades de dinero.

726 411 407 407 395 355 317 235 218 211

Si hay un número impar de datos, el dato del medio es la mediana. Sin embargo, dado que hay un número par de datos, la mediana es el promedio de los dos valores centrales, 395 y 355.

$$\text{mediana} = \frac{395 + 355}{2}$$

$$= \frac{750}{2}$$

$$= 375$$

La mediana es \$375 millones. Observa que el número de datos mayores que la mediana es el mismo que el número de datos menores que la mediana.

Una tercera medida de tendencia central es la modal.

Definición de modal	La modal de un conjunto de datos es el número del conjunto que aparece más frecuentemente.

Para hallar la modal de los datos de las organizaciones de beneficencia, busca el número que aparece más a menudo.

726 411 407 407 395 355 317 235 218 211

En este conjunto, 407 aparece dos veces, de modo que la modal de estos datos es \$407 millones.

Es posible que un conjunto de datos tenga más de una modal. Por ejemplo, el conjunto de datos {2, 3, 3, 4, 6, 6} tiene dos modales, 3 y 6.

Basados en nuestros resultados, los datos de las organizaciones de beneficencia tiene una media de \$368.2 millones, una mediana de \$375 millones y una modal de \$407 millones. Como puedes ver, la media, la mediana y la modal rara vez son el mismo valor.

Ejemplo ❶ **Cuando se firmó la Declaración de la Independencia en 1776, Jorge III era rey de Gran Bretaña. Después de Jorge III, Gran Bretaña tuvo siete monarcas antes que la Reina Isabel II fuera coronada en el año 1952. La tabla de la derecha muestra el número de años que reinó cada monarca. Calcula la media, la mediana y la modal de esta información.**

CONEXIÓN
Historia

Monarca	Reinado (en años)
Jorge III	59
Jorge IV	10
Guillermo IV	7
Victoria	63
Eduardo VII	9
Jorge V	25
Eduardo VIII	1
Jorge VI	15

$$\text{media} = \frac{59 + 10 + 7 + 63 + 9 + 25 + 1 + 15}{8}$$

$$= \frac{189}{8}$$

$$= 23.625 \quad \text{La media es 23.625 años.} \quad \textit{(continúa en la página siguiente)}$$

| mediana | 1 | 7 | 9 | 10 | 15 | 25 | 59 | 63 |

La mediana es $\frac{10 + 15}{2}$ ó $12\frac{1}{2}$ años. ¿Por qué crees que la media y la mediana son tan diferentes? ¿Cuál valor, la media o la mediana, crees que representa mejor esta información?

modal   Dado que cada número aparece solo una vez, no hay modal.

También puedes determinar la media, la mediana y la modal examinando gráficas de tallo y hojas.

Ejemplo ❷

Demografía

Dado que sería inconveniente hacer una lista de cada tallo, hemos usado puntos suspensivos para indicar que algunos tallos no aparecen en la lista.

La gráfica de tallo y hojas de la derecha muestra la población de las 20 ciudades más grandes de los Estados Unidos aproximada en diez millares. Calcula la media, la mediana y la modal de este conjunto de datos.

media   Suma los 20 valores y divide entre 20. Dado que la suma de los veinte valores es 2791, la mediana es $\frac{2791}{20}$ ó 139.55. Esto representa una población promedio de 1,395,000.

mediana   Como hay 20 valores, la mediana es la media del décimo y undécimo valores. Contando de arriba hacia abajo, encontrarás que los valores décimo y undécimo son 79 y 74. El promedio de 79 y 74 es $\frac{79 + 74}{2}$ ó 76.5. Así, la población media es 765,000.

modal   63 aparece tres veces, de modo que la modal es 630,000.

Tallo	Hoja
73	2
⋮	⋮
34	9
⋮	⋮
27	8
⋮	⋮
16	9 3
⋮	⋮
10	3 1
⋮	⋮
8	8
7	9 9 4 3
6	8 4 4 3 3 3 1
5	7

$8 \mid 8 = 880{,}000$ personas

EXPLORACIÓN   CALCULADORAS DE GRÁFICAS

Puedes usar una calculadora de gráficas y las funciones MEAN (MEDIA) y MEDIAN (MEDIANA) para determinar la media y la mediana de una lista de números. El formato es el siguiente:

media ($\{a,b,c,d,...z\}$)   mediana ($\{a,b,c,d,...z\}$)

Para calcular la media de la información del Ejemplo 2, acciona la función LIST MATH presionando [2nd] [LIST] [▶]. Luego escoge 3, para la media, ó 4 para la mediana. Entra los números, comenzando con un paréntesis de llave izquierdo ([2nd] [{]) y finalizando con un paréntesis de llave derecho ([2nd] [}]) y un paréntesis derecho. Cuando aprietas [ENTER], la media o la mediana aparece en la pantalla.

Ahora te toca a ti

Saca tiempo para trabajar los ejemplos de esta lección usando una calculadora de gráficas.

Comunicación en matemáticas

Estudia la lección y a continuación completa lo siguiente.

1. **Explica** por qué crees que la media, la mediana y la modal rara vez son el mismo valor.

2. **Explica** cuál de las medidas de tendencia central usarías para describir los datos del Ejemplo 2. Explica tu razonamiento.

3. **Describe** los pasos que debes seguir para encontrar la media, la mediana y la modal de los datos que el esquema lineal de la derecha.

```
                    ×
        × ×                   ×
×   ×   × × × ×       × × × ×
0   1   2   3   4   5   6   7   8   9   10
```

MI DIARIO

DE MATEMÁTICAS

4. Supongamos que condujiste una encuesta en la que le preguntaste a tus compañeros de curso "¿Cuál es tu grupo de rock favorito?" ¿Cuál medida de tendencia central usarías para analizar esta información y por qué?

5. Busca datos que te interesen en un periódico o una revista. Calcula la media, la mediana y la modal y explica cuáles de estas medidas crees que describe mejor la información.

Completa.

6. Las medidas de tendencia central representan valores _?_ de un conjunto de datos.

7. Si los números de un conjunto de datos se ordenan numéricamente entonces la _?_ del conjunto es el número del medio.

8. Valores extremadamente altos o bajos afectan la _?_ de un conjunto de datos.

9. Si todos los números de un conjunto de datos aparecen el mismo número de veces, entonces el conjunto no tiene _?_ .

Práctica dirigida

Calcula la media, la mediana y la modal de cada conjunto de datos.

10. 4, 6, 12, 5, 8

11. 8, 8, 8, 8, 9

12.

Tallo	Hoja
7	3 5
8	2 2 4
9	0 4 7 9
10	5 8
11	4 6

$9 \mid 4 = 94$

Encuentra seis números que satisfagan cada conjunto de condiciones.

13. La media es 50, la mediana es 40 y la modal es 20.

14. La media es 70, la mediana es 70 y las modales son 65 y 70.

15. **Básquetbol** La tabla de la derecha muestra los nombres de los jugadores que han sido nombrados más veces "jugador más valioso (JMV)" de la NBA.

   a. Calcula la media, la mediana y la modal de esta información.

   b. ¿Cuál medida de tendencia central representa mejor estos datos y por qué?

Jugador	Número de veces nombrado JMV
Kareem Abdul-Jabbar	6
Bill Russell	5
Wilt Chamberlain	4
Larry Bird	3
Magic Johnson	3
Moses Malone	3
Michael Jordan	3

Fuente: *Almanaque Mundial de 1995*

Práctica

Calcula la media, la mediana y la modal de cada conjunto de datos.

16. 2, 4, 7, 9, 12, 15

17. 300, 34, 40, 50, 60

18. 23, 23, 23, 12, 12, 12

19. 10, 3, 17, 1, 8, 6, 12, 15

20. 7, 19, 9, 4, 7, 2

21. 2.1, 7.4, 13.9, 1.6, 5.21, 3.901

22.

Tallo	Hoja
5	3 6 8
6	5 8
7	0 3 7 7 9
8	1 4 8 8 9
9	9 $6\,|\,8 = 68$

23.

Tallo	Hoja
19	3 5 5
20	2 2 5 8
21	5 8 8 9 9 9
22	0 1 7 8 9 $21\,|\,5 = 215$

24. Encuentra diez números que satisfagan cada conjunto de condiciones.

    a. La media es menor que todos los números excepto uno.

    b. La media es mayor que todos los números excepto uno.

    c. La media es mayor que todos los números.

    d. ¿Podrías completar *a*, *b* y *c* si la palabra *media* fuera reemplazada por la palabra *mediana*? Explica.

25. La media de un conjunto de diez números es 5. Cuando se elimina el número más grande del conjunto, la media del nuevo conjunto de números es 4. ¿Cuál fue el número eliminado del conjunto original de números?

26. El primero de tres enteros consecutivos impares es $2n + 1$.

    a. ¿Cuál es la media de los tres enteros?

    b. ¿Cuál es la mediana?

Piensa críticamente

27. El siguiente párrafo apareció en el *San Diego Union-Tribune* del 8 de agosto de 1993.

> Los abogados en el pináculo de la profesión ganan más de un millón de dólares al año, mientras que el abogado típico gana casi $67,000— mucho más que el norteamericano promedio . . . Según cifras del censo, la mediana de los sueldos de abogados y jueces fue de $66,784 en 1991, lo que significa que la mitad de ellos ganaron más que esa cantidad y la mitad menos . . . Sin embargo, R. Wilson Montjoy II de Jackson, Mississippi declaró: "Tenemos mucha más gente en o debajo de la mediana que sobre ella."

    a. ¿A qué medida de tendencia central crees que se refiere la palabra *promedio?*

    b. ¿Ha sido definida correctamente la *mediana* en este pasaje? Explica.

    c. En la declaración de R. Wilson Montjoy II, ¿usó este correctamente la palabra *mediana*? Si no es así, ¿qué término debería haber usado? Justifica tu respuesta.

Aplicaciones y solución de problemas

28. Demografía La tabla de la derecha muestra la población de diez países sudamericanos según el censo de 1990.

    a. Calcula la media, la mediana y la modal de este conjunto de datos.

    b. Si dieras cuenta de estos datos en un artículo de periódico, ¿qué medida usarías y por qué?

País	Población (en millones)
Argentina	32
Bolivia	7
Brazil	150
Chile	13
Colombia	33
Ecuador	10
Paraguay	5
Perú	22
Uruguay	3
Venezuela	19

29. Geografía Las áreas de cada uno de los países sudamericanos de la lista de la siguiente tabla (en millones de millas cuadradas) son: 1085, 139, 7778, 670, 3166, 1068, 177, 1135, 154 y 1234, respectivamente. Calcula la media, la mediana y la modal del área de estos países.

Altura (en pies)

Edificios altos de Norteamérica

Edificio, ciudad

30. Monumentos Norteamericanos La gráfica de la derecha muestra la altura en pies de varios edificios elevados de Norteamérica. Calcula la media y la mediana de las alturas de estos edificios.

31. Conmutando Camino a casa, después del trabajo, Luisa maneja 10 millas por la ciudad a una velocidad de unas 30 millas por hora y 10 millas en la carretera a una velocidad de unas 50 millas por hora. ¿Cuál es su velocidad promedio? Usa $d = rt$. (*Sugerencia:* La respuesta *no* es 40 mph.)

Repaso comprensivo

32. Despeja x en $\dfrac{a + 5}{3} = 7x$ por x.   (Lección 3–6)

33. Resuelve $\dfrac{3}{4}n - 3 = 9$. Verifica tu solución.   (Lección 3–3)

34. Evalúa $|k| + |m|$ si $k = 3$ y $m = -6$.   (Lección 2–3)

35. Calcula la suma $-6 + (-14)$ usando una recta numérica.   (Lección 2–1)

36. Evalúa $\left(13 + \dfrac{2}{5} \cdot 5\right)(3^2 - 2^3)$. Señala qué propiedad usas en cada paso. (Lección 1–8)

37. Simplifica $5 + 7(ac + 2b) + 2ac$.   (Lección 1–7)

Matemática y sociedad

Barbies con conversación de adolescente

El siguiente artículo apareció en la revista *Antique Week* del 30 de agosto de 1993.

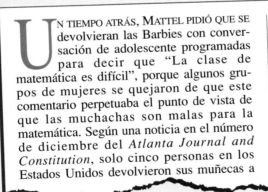

UN TIEMPO ATRÁS, MATTEL PIDIÓ QUE SE devolvieran las Barbies con conversación de adolescente programadas para decir que "La clase de matemática es difícil", porque algunos grupos de mujeres se quejaron de que este comentario perpetuaba el punto de vista de que las muchachas son malas para la matemática. Según una noticia en el número de diciembre del *Atlanta Journal and Constitution*, solo cinco personas en los Estados Unidos devolvieron sus muñecas a Mattel. Mientras algunas Barbies que hablan pueden haber descubierto que la matemática es difícil, los consumidores/coleccionistas que poseen una de estas muñecas no tendrán problema alguno en sumar sus ganancias... Coleccionistas astutos empezaron a abrir cajas de Barbies con conversación adolescente tratando de hallar una que hablara de matemática. Mike Huen, un coleccionista profesional de juguetes, aproxima que la muñeca, que costaba $35, valdrá ahora varios cientos de dólares. ■

1. ¿Por qué crees que algunos grupos de mujeres se opusieron a lo que decía la muñeca? ¿Crees que lo que dicen las muñecas influye de alguna manera a las niñas que juegan con ellas? Explica.

2. ¿Por qué crees que solo cinco consumidores han devuelto sus muñecas? Explica.

3. ¿Crees que es correcto ganar dinero con esta muñeca? Justifica tu razonamiento.

el Efecto de invernadero

Refiérete a las páginas 68–69.

Por más de una década los científicos han advertido que los autos y las fábricas liberan tantos gases a la atmósfera que la Tierra podría pronto verse afectada por cambios climáticos desastrosos. La pérdida de los bosques tropicales está reduciendo el número de árboles que pueden equilibrar el enorme aumento de dióxido de carbono en nuestra atmósfera. Las consecuencias posibles son tan aterradoras que tiene sentido aminorar la acumulación de CO_2 mediante medidas preventivas, como el estimular la conservación de energía, desarrollar alternativas a los combustibles fósiles y prevenir la destrucción de los bosques tropicales.

Analiza

Has conducido experimentos y hecho investigación sobre este importante problema. Ha llegado la hora de que analices tus hallazgos y presentes tus conclusiones.

> **EVALUACIÓN DEL PORTAFOLIO**
>
> Quizás quieras guardar el trabajo de esta Investigación en tu portafolio.

1 Diseña una gráfica con los datos de tus experimentos. Representa los cambios de temperatura en el eje vertical. Representa las distancias entre la lámpara y el termómetro en el eje horizontal. Usa colores diferentes para señalar el experimento de control y el experimento de invernadero.

2 Usa los datos de tus experimentos para sacar conclusiones acerca de la relación entre la temperatura y la distancia entre el termómetro y la lámpara. Describe esta relación como una función y justifica tu razonamiento.

3 Utiliza los datos de tu trabajo en la Investigación de la Lección 2-6 para diseñar una tabla. Usa los encabezamientos *Planeta, Temperatura sin CO_2, Temperatura con CO_2* y *Distancia desde el Sol*.

4 Saca una conclusión acerca de la relación entre la distancia desde el sol y la temperatura en Venus y la Tierra con CO_2. Describe esta relación como una función y justifica tu razonamiento.

5 Saca una conclusión acerca de la relación entre la distancia desde el sol y la temperatura en Marte y la Tierra con CO_2. Describe esta relación como una función y justifica tu razonamiento.

6 ¿Cómo explora tu experimento las temperaturas de los planetas? ¿En qué se diferencian y en qué son similares estas relaciones?

7 Pronostica cuál sería la temperatura en Marte si tuviera la misma cantidad de CO_2 que la Tierra. Explica tus cálculos.

Escribe

Algunos científicos predicen que hacia el año 2050 la atmósfera de la Tierra contendrá entre 500 y 700 ppm de CO_2. Escribe un artículo de una página que explique la situación a un grupo de ciudadanos interesados. Considera algunas de las siguientes preguntas para tratarlas en tu artículo:

8 ¿Qué factores causarán este aumento en CO_2?

9 ¿En qué se diferencia esta aproximación de la cantidad de CO_2 calculada previamente?

10 En tu opinión, ¿cuál será la temperatura promedio aproximada de la Tierra para ese entonces?

11 ¿Qué puede ocurrir si la temperatura alcanza ese punto? ¿Cuáles son algunos de los

VOCABULARIO

Después de estudiar este capítulo podrás definir cada término, propiedad o frase y dar uno o dos ejemplos de cada uno.

Álgebra

análisis dimensional (p. 174)

ecuación equivalente (p. 144)

ecuaciones de varios pasos (p. 157)

enteros consecutivos (p. 158)

identidad (p. 170)

propiedad de multiplicación de la igualdad (p. 150)

propiedad de división de la igualdad (p. 151)

propiedad de sustracción de la igualdad (p. 146)

propiedad de adición de la igualdad (p. 144)

resolver una ecuación (p. 145)

teoría de los números (p. 158)

Geometría

ángulos complementarios (p. 163)

ángulos suplementarios (p. 162)

congruente (p. 164)

triángulo (p. 163)

triángulo agudo (p. 165)

triángulo equilátero (p. 164)

triángulo isósceles (p. 164)

triángulo obtuso (p. 165)

triángulo rectángulo (p. 165)

Estadística

media (p. 178)

mediana (p. 178)

medidas de tendencia central (p. 178)

modal (p. 178)

Solución de problemas

trabaja al revés (p. 156)

COMPRENSIÓN Y USO DEL VOCABULARIO

Escoge la letra del término que corresponda mejor a cada aserción o frase.

1. Si $a = b$, entonces $a + c = b + c$.
2. Si $a = b$, entonces $a - c = b - c$.
3. Si $a = b$, entonces $ac = bc$.
4. Si $a = b$ y $c \neq 0$, entonces $\frac{a}{c} = \frac{b}{c}$.
5. un triángulo en que cada ángulo tiene la misma medida
6. un triángulo en que dos ángulos tienen la misma medida
7. un triángulo en que un ángulo mide $90°$
8. un triángulo en que un ángulo mide más de $90°$
9. un triángulo en que todos los ángulos miden menos de $90°$
10. la suma dividida entre el número de números
11. el número central cuando los datos se ordenan numéricamente
12. el número que aparece más frecuentemente en un conjunto de datos

a. triángulo agudo

b. propiedad de adición de la igualdad

c. propiedad de división de la igualdad

d. triángulo equilátero

e. triángulo isósceles

f. media

g. mediana

h. modal

i. propiedad de multiplicación de la igualdad

j. triángulo obtuso

k. triángulo rectángulo

l. propiedad de sustracción de la igualdad

HABILIDADES Y CONCEPTOS

OBJETIVOS Y EJEMPLOS

Una vez completado este capítulo, podrás:

- resolver ecuaciones usando sumas o restas
(Lección 3–1)

$$x - 13 = 45$$
$$x - 13 + 13 = 45 + 13$$
$$x = 58$$

$$y - (-33) = 14$$
$$y + 33 = 14$$
$$y + 33 - 33 = 14 - 33$$
$$y = -19$$

- resolver ecuaciones usando multiplicación o división   (Lección 3–2)

$$\frac{4}{9}t = -72$$
$$\frac{9}{4}\left(\frac{4}{9}t\right) = \frac{9}{4}(-72)$$
$$t = -162$$

$$-5c = -8$$
$$\frac{-5c}{-5} = \frac{-8}{-5}$$
$$c = \frac{8}{5}$$

- resolver ecuaciones que requieran más de una operación   (Lección 3–3)

$$34 = 8 - 2t$$
$$34 - 8 = 8 - 8 - 2t$$
$$26 = -2t$$
$$\frac{26}{-2} = \frac{-2t}{-2}$$
$$-13 = t$$

$$\frac{d + 5}{3} = -9$$
$$3\left(\frac{d + 5}{3}\right) = 3(-9)$$
$$d + 5 = -27$$
$$d = -32$$

EJERCICIOS DE REPASO

Usa estos ejercicios para repasar y prepararte para el examen del capítulo.

Resuelve cada ecuación y verifica tu solución.

13. $r - 21 = -37$　　**14.** $14 + c = -5$

15. $-27 = -6 - p$　　**16.** $b + (-14) = 6$

17. $r + (-11) = -21$　　**18.** $d - (-1.2) = -7.3$

19. Un número disminuido en 14 es -46. Encuentra el número.

20. La suma de dos números es -23. Uno de los números es 9. ¿Cuál es el otro número?

21. Ochenta y dos aumentado en cierto número es -34. Encuentra el número.

Resuelve cada ecuación y verifica tu solución.

22. $6x = -42$　　**23.** $-7w = -49$

24. $\frac{3}{4}n = 30$　　**25.** $-\frac{3}{5}y = -50$

26. $\frac{5}{2}x = -25$　　**27.** $\frac{5}{12} = \frac{r}{24}$

28. Siete negativo por un número es -56. Encuentra el número.

29. Tres cuartos de un número es -12. ¿Cuál es el número?

30. Uno y dos tercios de un número es igual a uno y medio. ¿Cuál es el número?

Resuelve cada ecuación y verifica tu solución.

31. $4t - 7 = 5$　　**32.** $6 = 4n + 2$

33. $\frac{y}{3} + 6 = -45$　　**34.** $\frac{c}{-4} - 8 = -42$

35. $\frac{4d + 5}{7} = 7$　　**36.** $\frac{7n + (-1)}{8} = 8$

37. Cuatro veces un número disminuido por dos veces el número es 100. ¿Cuál es el número?

38. Encuentra cuatro enteros consecutivos cuya suma sea 130.

39. Encuentra dos enteros consecutivos tales que dos veces el entero menor aumentado por el entero mayor sea 49.

OBJETIVOS Y EJEMPLOS

- encontrar el complemento y el suplemento de un ángulo   (Lección 3–4)

  Encuentra el complemento y el suplemento de un ángulo que mide 70°.

  complemento: $90° - 70°$ ó $20°$

  suplemento: $180° - 70°$ ó $110°$

- encontrar la medida del tercer ángulo de un triángulo, dadas las medidas de los otros dos ángulos   (Lección 3–4)

  Dos ángulos de un triángulo miden 89° y 90°. El tercer ángulo mide $180° - (89° + 90°)$ ó $1°$.

- resolver ecuaciones con la variable en ambos lados y resolver ecuaciones con símbolos de agrupamiento   (Lección 3–5)

  $$-3(x + 5) = 3(x - 1)$$
  $$-3x - 15 = 3x - 3$$
  $$-3x - 15 + 15 = 3x - 3 + 15$$
  $$-3x = 3x + 12$$
  $$-3x - 3x = 3x - 3x + 12$$
  $$\frac{-6x}{-6} = \frac{12}{-6}$$
  $$x = -2$$

- despejar una variable específica en ecuaciones y fórmulas   (Lección 3–6)

  Despeja x en $\frac{x + y}{b} = c$.

  $$b\left(\frac{x + y}{b}\right) = b(c)$$
  $$x + y = bc$$
  $$x = bc - y$$

EJERCICIOS DE REPASO

Encuentra el complemento y el suplemento de cada medida angular.

40. $28°$

41. $69°$

42. $5x°$

43. $(y + 20)°$

44. Calcula la medida de un ángulo que mide 10° más que su suplemento.

45. Calcula la medida de un ángulo que es la mitad de la medida de su complemento.

Encuentra la medida del tercer ángulo de cada triángulo, dadas las medidas de los otros dos ángulos.

46. $16°, 47°$

47. $45°, 120°$

48. $y°, x°$

49. $(z - 30)°, z°$

Resuelve cada ecuación y verifica tu solución.

50. $4(3 + 5w) = -11$

51. $\frac{2}{3}n + 8 = \frac{1}{3}n - 2$

52. $3x - 2(x + 3) = x$

53. $\frac{4 - x}{5} = \frac{1}{5}x$

54. La suma de dos números es 25. Doce menos que cuatro veces uno de los números es 16 más que dos veces el otro número. Encuentra ambos números.

Despeja cada variable especificada en cada ecuación.

55. Despeja x en $5x = y$

56. Despeja y en $ay - b = c$

57. Despeja x en $yx - a = cx$

58. Despeja y en $\frac{2y - a}{3} = \frac{a + 3b}{4}$

● calcular e interpretar la media, la mediana y la modal de un conjunto de datos   (Lección 3–7)

Calcula la media, la mediana y la modal de 1.5, 3.4, 5.4, 5.6, 5.7, 6.2, 6.8, 7.1, 7.1, 8.4 y 9.9.

media: La suma de los 11 valores es 67.1.

$$\frac{67.1}{11} = 6.1$$

mediana: El sexto valor es 6.2.

modal: 7.1

59. En la escuela   Las calificaciones de Marisa en las pruebas cortas de 25 puntos de su clase de inglés son 20, 21, 18, 21, 22, 22, 24, 21, 20, 19 y 23. Calcula la media, la mediana y la modal de sus calificaciones.

60. Negocios   De los 42 empleados de la Impresora Pirata, dieciséis ganan $4.75 por hora, cuatro ganan $5.50 por hora, tres ganan $6.85 por hora, seis ganan $4.85 por hora y trece ganan $5.25 por hora. Calcula la media, la mediana y la modal de estos salarios.

APLICACIONES Y SOLUCIÓN DE PROBLEMAS

61. Alimentos y nutrición   En 1984, según el *National Eating Trends Service,* la persona típica comió 71 veces en un restaurante y compró 20 comidas para llevar. El número de veces que comió en un restaurante disminuyó en 0.7 comidas por año y el número de comidas para llevar aumentó en 1.3 comidas por año. (Lección 3–5)

a. ¿Después de cuántos años el número de comidas en un restaurante será el mismo que el número de comidas para llevar?

b. ¿Cómo explicarías estas tendencias?

62. Salud   Puedes aproximar tu peso ideal usando las siguientes fórmulas.

Hombres	**Mujeres**
$w = 100 + 6(h - 60)$	$w = 100 + 5(h - 60)$

En cada fórmula, w es tu peso ideal en libras y h representa tu estatura en pulgadas. (Lección 3–6)

a. Calcula tu peso ideal.

b. Despeja la fórmula en h.

c. ¿Cuál es la estatura de un hombre cuyo peso ideal es de 170 libras?

63. Economía doméstica   Según el *Dallas Morning News*, el refrigerador típico dura $2\frac{1}{4}$ años menos que dos veces lo que dura un aparato de televisión a color típico. El aparato de televisión a color típico dura 8 años. ¿Cuánto dura el refrigerador típico?   (Lección 3–3)

64. Servicio de correos   La siguiente gráfica muestra el costo, en 1994, de enviar una carta de primera clase en varios países.   (Lección 3–7)

a. Calcula la media, la mediana y la modal del costo.

b. Redondea cada costo en centavos. Calcula nuevamente la media, la mediana y la modal del costo y compara tus dos respuestas.

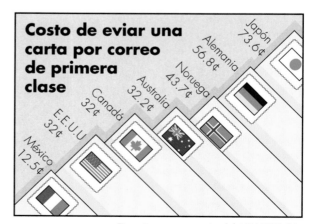

Costo de eviar una carta por correo de primera clase

Japón 73.6¢
Alemania 56.8¢
Noruega 43.7¢
Australia 32.2¢
Canadá 32¢
E.E.U.U 32¢
México 12.5¢

Fuente: investigación del *USA TODAY*

Un examen de práctica para el Capítulo 3 aparece en la página 789.

EVALUACIÓN ALTERNATIVA

PROYECTO DE APRENDIZAJE COOPERATIVO

Básculas y solución de ecuaciones   En este capítulo aprendiste las propiedades de adición, sustracción, multiplicación y división de la igualdad. Cada definición comienza con una ecuación en *equilibrio*, $a = b$, y declara que si se hace algo en un lado de la ecuación, la ecuación puede mantenerse equilibrada haciendo lo mismo en el otro lado de la ecuación.

El principio básico es que dos cantidades en equilibrio permanecerán en equilibrio hasta que se haga algo a una sola de ellas. Para restablecer el equilibrio entre las cantidades, debes hacerle lo mismo a la otra cantidad o anular lo que le hiciste a la primera cantidad.

En este proyecto vas a construir un mecanismo que ilustre el principio de equilibrio y cómo se relaciona este con la solución de ecuaciones. Todas las básculas tienen ciertas características comunes. Una barra horizontal se equilibra en un soporte vertical. Dos platillos están suspendidos a ambos extremos de la barra. Una aguja unida a la barra se mueve sobre una escala en el soporte e indica que los platillos están en equilibrio.

Observa los siguientes pasos para diseñar y construir tu báscula.

- Bosqueja un plan que puedas seguir.
- Usa materiales que puedas encontrar fácilmente. La precisión de tu balanza depende más del cuidado y la exactitud que pongas en su construcción que en los materiales que uses.
- Ejecuta tu plan.
- Determina cómo puedes usar tu balanza para representar ecuaciones. Incluye maneras de resolver ecuaciones usando la báscula.
- Escribe varios párrafos que describan cómo puedes resolver ecuaciones usando la báscula. Asegúrate de dar ejemplos de ecuaciones y sus soluciones.

PIENSA CRÍTICAMENTE

- Escribe una ecuación que no tenga solución. Explica por qué no tiene solución.
- Escribe una ecuación que tenga un número infinito de soluciones. Explica por qué.

PORTAFOLIO

Escoge uno de los ejercicios de este capítulo que hayas encontrado particularmente difícil. Si lo estimas necesario, revisa tu trabajo y colócalo en tu portafolio. Explica por qué lo encontraste difícil.

AUTOEVALUACIÓN

Una de las características de una persona que es buena para resolver problemas es la persistencia. Si no tienes éxito la primera vez que intentas algo, deberías aprender de tus errores e intentarlo nuevamente.

Evalúate. ¿Cuál es tu grado de persistencia? ¿Cómo reaccionas cuando no tienes éxito en algo? Enumera dos o tres maneras en que puedas hacer un esfuerzo consciente de ser más persistente cuando intentes resolver problemas, tanto en matemáticas como en tu vida diaria.

In·ves·ti·ga·ción

¡Ándale pez!

MATERIALES

una bolsa
de papel

dos bolsas
de frijoles
secos de
distinto
color

una taza de
papel de 5 oz

Imagínate que se te pide determinar el número de peces que hay en una laguna cercana. Para contar los peces uno por uno, podrías sacarlos de la laguna y apilarlos en un lado o marcar cada pez al contarlo de modo que no los cuentes dos veces. ¡Pero contar de esta forma es peligroso para la salud de los peces!

Para determinar el número de animales en una población, los científicos usan a menudo el método de *captura-recaptura.* Se capturan unos cuantos animales, se les marca cuidadosamente y se les devuelve a su hábitat. Luego se captura un segundo grupo de animales, se les cuenta y se registra el número de animales marcados que haya en el grupo. Entonces los científicos usan proporciones para aproximar el número en la población total.

En esta *Investigación,* vas a trabajar en parejas para hacer un modelo del proceso que usan los científicos para aproximar el número de peces en un lago. La bolsa de papel representa el lago, los frijoles representan los peces y la taza de papel representa la red.

Haz un *Archivo de investigación* en el cual puedas guardar tu trabajo de esta Investigación para uso futuro.

ECHANDO LA RED	A Número total de peces marcados	B Número total de peces en la muestra	C Número total de peces marcados en la muestra	D Aproximación
1				
2				
3				
4				
5				

CAPTURA

1 Comienza copiando la tabla anterior en una hoja de papel.

2 Escribe tu nombre en la bolsa de papel. Vacía una bolsa de frijoles en la bolsa de papel.

3 Usa tu red para obtener una muestra de peces. Cuenta los peces que capturaste. Puesto que este número permanecerá constante durante todo el experimento, puedes escribirlo en cada renglón de la columna A.

4 Sustituye todos los frijoles que contaste con frijoles de otro color. Devuelve estos "peces marcados" al lago y agita moderadamente la bolsa para así mezclar los peces.

RECAPTURA

5 En tu primera captura, usaste tu red para sacar una muestra de peces. Cuenta el número total de peces en tu muestra y escribe este número en la columna B. Luego cuenta el número de peces marcados en esta muestra y escríbelo en la columna C de la tabla. Devuelve estos peces al lago y agita moderadamente la bolsa para así mezclar los peces.

6 Echa tu red por segunda vez y registra lo que encontraste. Sigue echando la red y contando hasta que tengas cinco muestras.

Seguirás trabajando en esta *Investigación* en los Capítulos 4 y 5.

Asegúrate de guardar tu tabla y los materiales en tu Archivo de investigación.

Investigación ¡Ándale pez!

Trabaja en la Investigación
Lección 4–1, p. 200

Trabaja en la Investigación
Lección 4–5, p. 227

Trabaja en la Investigación
Lección 5–2, p. 269

Trabaja en la Investigación
Lección 5–6, p. 302

Cierra la Investigación
Fin del Capítulo 5, p.314

Usa el razonamiento proporcional

Objectivos

- resolver proporciones,
- encontrar las medidas desconocidas de los lados de dos triángulos semejantes,
- usar razones trigonométricas para resolver triángulos rectángulos,
- resolver problemas de porcentaje y
- resolver problemas relacionados con las variaciones directa e inversa.

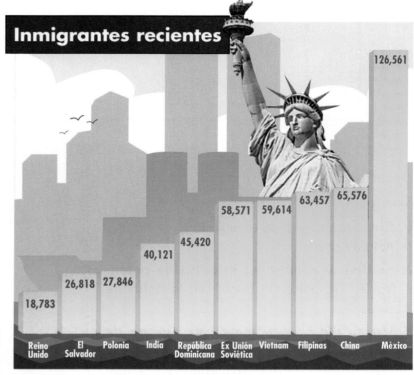

Inmigrantes recientes

Reino Unido: 18,783
El Salvador: 26,818
Polonia: 27,846
India: 40,121
República Dominicana: 45,420
Ex Unión Soviética: 58,571
Vietnam: 59,614
Filipinas: 63,457
China: 65,576
México: 126,561

Fuente: Servicio de Inmigración y Naturalización de E.E.U.U.

Algunos culpan a los inmigrantes, legales e ilegales, por muchos de los problemas de los Estados Unidos. Otros creen que los inmigrantes aportan vitalidad, diversidad y vigor económico a los Estados Unidos. ¿Qué efectos tiene la inmigración en la sociedad norteamericana? ¿Has tenido experiencias personales con inmigrantes recién llegados?

Línea cronológica

280 A.C. Se construye el Coloso de Rodas, de 110 pies de altura, en la isla griega de Rodas.

1892 El naturalista norteamericano John Muir se transforma en el primer presidente del Sierra Club.

400 A.C. — 300 — 200 — 100 — 0 — 100 D.C. — 1500 — 1600 — 1700 — 1880 — 1885 — 1890 — 1895

1662 D.C. El inglés John of Gaunt publica el primer libro de estadística.

LA GENTE HACE NOTICIAS

Proyecto del capítulo

Ayrris Layug Aunario ganó en 1994 el gran premio del concurso nacional de ensayo de la revista *Filipinas* con un artículo que describe lo que significa ser un filipino-norteamericano. El adolescente de 16 años de Waukegan, Illinois, estudia en la Academia de Ciencias y Matemáticas de Illinois, un colegio para estudiantes superdotados en ciencia y matemática.

El ensayo de Ayrris explica lo que es ser un inmigrante de 10 años, llegando a Chicago y aprendiendo a vivir con gente de muchas culturas y creencias distintas. Tuvo que aprender rápidamente inglés y se demoró poco en asimilar las virtudes norteamericanas de independencia, confianza en sí mismo y reafirmación personal. Espera asistir a la universidad y estudiar física.

Trabaja cooperativamente para llevar a cabo una encuesta del linaje de los estudiantes de tu escuela.

- Determina el lugar geográfico de nacimiento de cada estudiante y el lugar de nacimiento de sus padres o guardianes. Si es posible, compila información acerca del lugar de nacimiento de los abuelos y bisabuelos de los estudiantes.

- Usa un mapa del mundo para marcar cada ubicación geográfica. Conecta las generaciones de cada estudiante usando hilos de colores.

- Saca algunas conclusiones acerca del lugar de nacimiento de los estudiantes que entrevistaste. Comparte tus hallazgos con tus compañeros de curso.

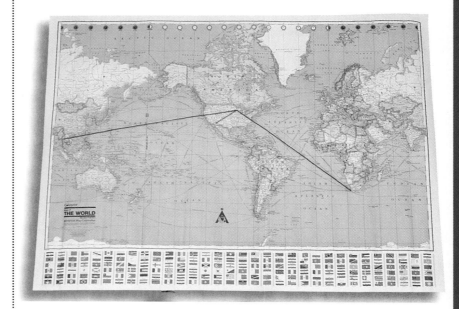

1903 María Sklodowska Curie es la primera mujer que gana el Premio Nóbel en ciencia.

1954 Después de 62 años y de procesar 20 millones de inmigrantes, Ellis Island, en la bahía de Nueva York cierra sus puertas.

1963 La artista británica Barbara Hepworth crea su escultura *Forma vacía con interior blanco*.

1992 Físicos alemanes fusionan dos isótopos de bismuto y hierro creando así el Elemento 109, la sustancia conocida más pesada del universo.

1900 | 1905 | 1910 | 1915 | 1920 | 1925 | 1940 | 1950 | 1960 | 1970 | 1980 | 1990 | 2000

LOS MODELOS Y LAS MATEMÁTICAS

Una sinopsis de la Lección 4–1

4–1A Razones

Materiales: cinta de medir

Puedes recoger información para determinar si existe una relación entre la longitud de la cabeza de un individuo y la longitud de su cuerpo.

Actividad 1 **Mide la longitud de tu cabeza usando una cinta de medir.**

Paso 1 Mide tu cabeza de la parte superior del cráneo a la parte inferior del mentón. Dado que la parte superior de tu cabeza es redonda, coloca algo plano, como un pedazo de cartón, a lo largo de la parte superior de tu cabeza para obtener una medida precisa.

Paso 2 Haz una "vara" de medir con la longitud de tu cabeza usándola como unidad para hallar las siguientes medidas.

- estatura
- del mentón a la cintura
- de la cintura a la cadera
- de la rodilla al tobillo
- del tobillo a la planta del talón descalzo
- de la axila al codo
- del codo a la muñeca
- de la muñeca a la punta de los dedos
- del hombro a la punta de los dedos

Paso 3 Haz una tabla que registre la relación, o *razón,* de cada medida con respecto a la medida de tu cabeza.

Proporciones corporales de un adulto típico

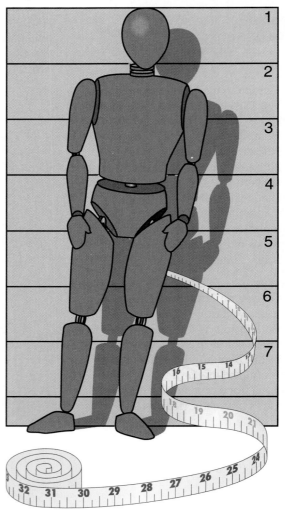

Dibuja 1. El adulto típico tiene una estatura de siete cabezas y media. Usa la información de tu tabla para hacer un bosquejo de las proporciones de tu cuerpo. ¿En qué se parece tu bosquejo al anterior?

Escribe 2. Compara tus razones con las de tus compañeros de curso. Encuentra cuántas cabezas de estatura tiene un estudiante de tu clase escogido al azar. Escribe un párrafo que explique cómo te comparas con este promedio.

4-1

Razones y proporciones

Lo que APRENDERÁS

• A resolver proporciones.

Por qué ES IMPORTANTE

Porque puedes usar proporciones para resolver problemas que impliquen comidas y entretenimiento.

P T I

En los primeros cuatro meses de 1995 aparecieron casi 500 nuevos productos de confite y chocolate.

APLICACIÓN
Alimentos

¿Te gustaría ganarte la vida comiendo chocolate? Eso es exactamente lo que Carl Wong hace todos los días en su calidad de director asociado de desarrollo de productos de Hershey Foods. Su trabajo consiste en crear nuevas barras de confite así como probar barras de confite ya existentes para mejorarlas.

Las recetas de confite de Hershey Foods son confidenciales, pero los ingredientes básicos son azúcar, granos de cocoa, leche y sabores agregados. Los ingredientes de una tanda de confite se muestran en la siguiente tabla.

Ingrediente	Partes por tanda
Azúcar	10
Granos de cocoa	5
Leche	4
Sabores agregados	1

Una **razón** es una comparación de dos números mediante división. La razón de x a y se puede expresar de las siguientes maneras.

$$x \text{ a } y \qquad\qquad x{:}y \qquad\qquad \frac{x}{y}$$

Las razones se expresan a menudo como fracciones simplificadas. Una razón que equivale a un entero se escribe con denominador 1.

En la aplicación al comienzo de la lección, la tabla muestra que por cada 10 partes de azúcar en una tanda de barras de chocolate, hay 5 partes de granos de cocoa. La razón del azúcar a los granos de cocoa es $\frac{10}{5}$. Supongamos que Hershey usa 30 libras de azúcar y 15 libras de granos de cocoa en una tanda de barras de chocolate. Esta razón es $\frac{30}{15}$. ¿Es esta razón distinta de la primera razón $\frac{10}{5}$? Una vez simplificadas, ambas razones equivalen a $\frac{2}{1}$.

$$
\begin{array}{cc}
\overset{\div 5}{\overbrace{}} & \overset{\div 15}{\overbrace{}} \\
\dfrac{10}{5} = \dfrac{2}{1} & \dfrac{30}{15} = \dfrac{2}{1} \\
\underset{\div 5}{\underbrace{}} & \underset{\div 15}{\underbrace{}}
\end{array}
$$

Una ecuación que expresa la igualdad de dos razones recibe el nombre de **proporción.** Así, $\frac{10}{5} = \frac{30}{15}$ es una proporción.

Para resolver una proporción calcula los <u>productos cruzados.</u>

Una manera de determinar si dos razones forman una proporción es calcular sus productos cruzados. En la proporción de la derecha, los productos cruzados son $10 \cdot 15$ y $5 \cdot 30$. En esta proporción 10 y 15 se llaman los **extremos** mientras que 5 y 30 se llaman los **medios.**

$$\frac{10}{5} = \frac{30}{15}$$

$$10(15) = 5(30)$$
$$\text{extremos} = \text{medios}$$
$$150 = 150$$

Los productos cruzados de una proporción son iguales.

Propiedad de los medios y extremos de una proporción	**En una proporción, el producto de los extremos es igual al producto de los medios.** **Si $\frac{a}{b} = \frac{c}{d}$ entonces $ad = bc$.**

Ejemplo **1** Usa productos cruzados para determinar si cada par de razones forma una proporción.

a. $\frac{2}{3}, \frac{12}{18}$

$$2 \cdot 18 \overset{?}{=} 3 \cdot 12$$

$$36 = 36$$

De esta forma, $\frac{2}{3} = \frac{12}{18}$.

Esta es una proporción.

b. $\frac{2.5}{6}, \frac{3.4}{5.2}$

Ejecuta: 2.5 $\boxed{\times}$ 5.2 $\boxed{=}$ 13

Ejecuta: 6 $\boxed{\times}$ 3.4 $\boxed{=}$ 20.4

Como $13 \neq 20.4$, $\frac{2.5}{6} \neq \frac{3.4}{5.2}$.

Esta no es una proporción.

Puedes escribir proporciones que contengan una variable y después usar productos cruzados para resolver la proporción.

Ejemplo **2** Refiérete a la aplicación al comienzo de la lección. Supongamos que Hershey hace una tanda de chocolate con 75 libras de granos de cocoa. ¿Cuántos galones de leche tienen que usar?

Ya sabes que la razón de los granos de cocoa a la cantidad de leche es de 5:4. Sea ℓ la cantidad de leche requerida.

$$\frac{5 \text{ partes de granos de cocoa}}{4 \text{ partes de leche}} = \frac{75 \text{ libras de granos de cocoa}}{\ell \text{ galones de leche}}$$

$$\frac{5}{4} = \frac{75}{\ell}$$

$$5\ell = 4(75) \quad \textit{Calcula los productos cruzados.}$$

$$5\ell = 300$$

$$\ell = 60$$

En una tanda de chocolate de 75 libras de granos de cocoa, Hershey debe usar 60 galones de leche.

Una razón llamada **escala** se usa para hacer un modelo que represente algo que es demasiado grande o demasiado pequeño para ser dibujado en su tamaño natural. La escala compara el tamaño del modelo con el tamaño real del objeto que se modela.

Ejemplo ③

APLICACIÓN
Diversión

En la película *Parque Jurásico,* los dinosaurios eran modelos a escala así como lo era también el vehículo deportivo utilitario volcado por el T-Rex. La escala del vehículo era de 1 pulgada a 8 pulgadas. La longitud real del vehículo era de unos 14 pies. ¿Cuál era la longitud del modelo del vehículo deportivo utilitario?

Primero, escribe 14 pies como 168 pulgadas. Sea ℓ la longitud del modelo del vehículo.

$$\begin{array}{l} escala \to \\ real \quad \to \end{array} \frac{1}{8} = \frac{\ell}{168}$$

$168 = 8\ell$ *Calcula los productos cruzados.*

$21 = \ell$

El modelo del vehículo deportivo utilitario tenía 21 pulgadas de largo.

Puedes resolver proporciones usando una calculadora.

Ejemplo ④ **Resuelve cada proporción.**

a. $\dfrac{5}{4.25} = \dfrac{11.32}{m}$

Método 1
Usa lápiz y papel.

$\dfrac{5}{4.25} = \dfrac{11.32}{m}$

$5m = 4.25(11.32)$

$5m = 48.11$

$m = 9.622$

Método 2
Usa una calculadora.

Por la propiedad de los medios-extremos, $5m = 4.25(11.32)$. Multiplica los medios y luego divide entre 5.

Ejectua: 4.25 ⨯ 11.32 ÷ 5 = *9.622*

Redondeada en centésimas, la solución es 9.62.

b. $\dfrac{x}{3} = \dfrac{x+5}{15}$

$\dfrac{x}{3} = \dfrac{x+5}{15}$

$15x = 3(x + 5)$ *Propiedad de los medios-extremos*

$15x = 3x + 15$ *Propiedad distributiva*

$12x = 15$

$x = \dfrac{5}{4}$ *Verifica este resultado.*

La solución es $\dfrac{5}{4}$.

La razón de dos medidas con unidades distintas se llama **tasa.** Por ejemplo, 30 millas por galón es una tasa. Las proporciones se usan a menudo para resolver problemas que contengan tasas.

APLICACIÓN
Ferias estatales

En los primeros 30 minutos del día de apertura de la Feria del Estado de Texas, 1252 personas cruzaron por las puertas de entrada. Si esta tasa de asistencia continúa, ¿cuánta gente visitó la feria el primer día durante las horas de 8:00 A.M. a 12 de la noche?

Explora   Sea p el número de personas que asistieron a la feria el día de apertura.

Planifica   Escribe una proporción con los datos del problema.

$$\frac{1252}{0.5} = \frac{p}{16}$$ *Observa que ambas razones comparan el número de personas por hora.*

Resuelve
$$\frac{1252}{0.5} = \frac{p}{16}$$
$$1252(16) = 0.5p$$
$$40,064 = p$$

Si la tasa de asistencia continúa, 40,064 personas habrán visitado la feria durante el día de apertura.

Examina   Usa aproximación para verificar tu respuesta. Cerca de 1250 personas durante cada 30 minutos entraron a la feria. Esto significa que cerca de 2500 personas entraron cada hora. La feria estuvo abierta 16 horas cada día así es que cerca de 16×2.5 miles ó 40,000 personas asistieron a la feria. La respuesta es razonable.

COMPRUEBA LO QUE APRENDISTE

Comunicación en matemáticas

Estudia la lección y a continuación completa lo siguiente.

1. **Explica** cómo determinar si dos razones son equivalentes.

2. **Explica** cómo usar una calculadora para resolver una proporción.

3. **Encuentra** tres ejemplos de razones en un periódico o revista.

LOS MODELOS Y LAS MATEMÁTICAS

4. **Dibuja** un bosquejo del cuerpo de un infante si el infante típico mide tres cabezas de largo.

Práctica dirigida

Usa productos cruzados para determinar si cada par de razones constituye una proporción.

5. $\frac{3}{2}, \frac{21}{14}$

6. $\frac{2.3}{3.4}, \frac{0.3}{3.6}$

Resuelve cada proporción.

7. $\frac{2}{3} = \frac{8}{x}$

8. $\frac{4}{w} = \frac{2}{10}$

9. $\frac{3}{15} = \frac{1}{y}$

10. $\frac{5.22}{13.92} = \frac{b}{48}$

11. $\frac{1.1}{0.6} = \frac{8.47}{n}$

12. $\frac{x}{1.5} = \frac{2.4}{1.6}$

13. **Viajes**   Un viaje de 96 millas requiere 6 galones de gasolina. A esa tasa, ¿cuántos galones se requieren para un viaje de 152 millas?

Práctica

Usa productos cruzados para determinar si cada par de razones constituye una proporción.

14. $\frac{6}{8}, \frac{22}{28}$

15. $\frac{4}{5}, \frac{16}{20}$

16. $\frac{4}{11}, \frac{12}{33}$

17. $\frac{8}{9}, \frac{16}{17}$

18. $\frac{2.1}{3.6}, \frac{5}{7}$

19. $\frac{0.4}{0.8}, \frac{0.7}{1.4}$

Resuelve cada proporción.

20. $\frac{3}{4} = \frac{x}{8}$

21. $\frac{a}{45} = \frac{3}{15}$

22. $\frac{y}{9} = \frac{-7}{16}$

23. $\frac{3}{5} = \frac{x+2}{6}$

24. $\frac{w+2}{5} = \frac{7}{5}$

25. $\frac{x}{8} = \frac{0.21}{2}$

26. $\frac{5+y}{y-3} = \frac{14}{10}$

27. $\frac{m+9}{5} = \frac{m-10}{11}$

28. $\frac{r+7}{-4} = \frac{r-12}{6}$

29. $\frac{85.8}{t} = \frac{70.2}{9}$

30. $\frac{z}{33} = \frac{11.75}{35.25}$

31. $\frac{0.19}{2} = \frac{0.5x}{12}$

32. $\frac{2.405}{3.67} = \frac{g}{1.88}$

33. $\frac{x}{4.085} = \frac{5}{16.33}$

34. $\frac{3t}{9.65} = \frac{21}{1.066}$

Piensa críticamente

35. Mariah tiene exactamente 8 años más que su primo Louis.

a. Copia y completa la siguiente tabla.

Edad de Louis	1	2	3	6	10	20	30
Edad de Mariah	9						

b. Calcula la razón, en forma decimal, de la edad de Mariah a la edad de Louis para cada par de edades de la tabla.

c. Escribe una fórmula para la razón de la edad de Mariah a la edad de Louis cuando el niño tenga y años de edad.

d. A medida que pasa el tiempo, explica qué sucede con la razón de sus edades.

e. Explica si en algún momento la razón de sus edades será igual a 1.

Aplicaciones y solución de problemas

36. Biología La pulga, que habitualmente mide menos de un octavo de pulgada de largo, puede saltar cerca de trece pulgadas a lo largo y saltar cerca de ocho pulgadas de alto. Si los humanos pudieran saltar en proporción a la pulga, ¡solo bastarían nueve saltos para recorrer una milla! A esta tasa, ¿cuántos saltos le bastarían a un ser humano para recorrer las 693 millas que hay entre Louisville, Kentucky y Norfolk, Virginia?

37. Películas Cuando criticaba películas en 1994, el crítico Gene Siskel aprobó cuatro películas de cada cinco que su colega Rober Ebert aprobó. Si Siskel aprobó 68 películas, ¿cuántas películas aprobó Ebert?

38. Reciclaje Cuando se fabrica un par de bluejeans, la tela que sobra se recicla para hacer artículos de papel, lápices y más tela de bluejeans. Si sobra una libra de tela por cada cinco bluejeans, ¿cuántas libras de tela sobran de la fabricación de 250 bluejeans?

Repaso comprensivo

39. **Estadística** Calcula la media, la mediana y la modal del siguiente conjunto de datos. (Lección 3–7)

    19, 21, 18, 22, 46, 18, 17

40. Despeja t en $a = \dfrac{v}{t}$. (Lección 3–6)

41. Define una variable, escribe una ecuación y resuelve el siguiente problema. (Lección 3–2)
    Cuatro veces un número disminuido por dos veces el número es 100. ¿Cuál es el número?

42. Resuelve $-15 + d = 13$. (Lección 3–1)

43. **Ventas** Tanya es representante de ventas de *Incredible Universe*. Un fabricante de tocadores de discos compactos y cassettes está patrocinando un torneo de ventas. Cualquiera que venda más de 40 tocadores de discos compactos en un día se gana un viaje a Hawai. Tanya vendió 93 tocadores de discos compactos y cassettes en un día con un monto total de $9695. Los tocadores de discos compactos cuestan $135 cada uno y los de cassettes cuestan $80 cada uno. (Lección 2–9)
    a. ¿Cuántos tocadores de discos compactos y de cassettes se vendieron?
    b. ¿Cuál fue el monto total de las ventas de Tanya?
    c. ¿Cuántos tocadores de discos compactos necesita Tanya vender para ganarse el viaje a Hawai?
    d. Si t representa el número de tocadores de discos compactos vendidos, ¿cuántos tocadores de cassettes se vendieron?
    e. ¿Se ganará Tanya el viaje a Hawai?

44. **Golf** En cuatro juegos de un torneo de golf reciente, Heather registró 3 bajo par, 2 sobre par, 4 bajo par y 1 bajo par. ¿Cuál fue su puntaje en el torneo? (Lección 2–5)

45. Evalúa $|m - 4|$ si $m = -6$. (Lección 2–3)

46. Simplifica $x^2 + \dfrac{7}{8}x - \dfrac{x}{8}$. (Lección 1–7)

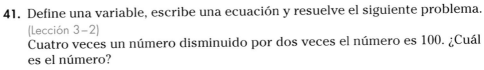

TRABAJA EN LA In·ves·ti·ga·ción

Refiérete a las páginas 190–191.

¡¡Ándale pez!!

Como no es posible contar todos los peces en el lago, puedes usar tus muestras para aproximar la población del lago.

1 Escribe una proporción que relacione los números de tu tabla y el número aproximado de peces en el lago.

2 Imagínate que la única información que tienes son los datos que registraste en tu primera muestra. ¿Cuál habría sido tu aproximación del número de peces en el lago? Justifica tu razonamiento. Registra tu aproximación en la última columna de tu tabla.

3 Haz aproximaciones para cada una de tus muestras y regístralas en la última columna de tu tabla.

4 Si tuvieras que dar una aproximación oficial, tomando en cuenta todas tus muestras, del número de peces en el lago, ¿cuál sería? Justifica tu razonamiento.

Agrega los resultados de tu trabajo a tu *Archivo de investigación*.

Integración: Geometría
Triángulos semejantes

Lo que APRENDERÁS

- A encontrar las medidas desconocidas de los lados de dos triángulos semejantes.

Por qué ES IMPORTANTE

Porque puede usar triángulos semejantes para resolver problemas que involucren tenis, arquitectura y billares.

APLICACIÓN
Arquitectura

El "rock and roll llegó para quedarse" es algo que pudieras oír después de visitar el Museo y Salón de la Fama del Rock and Roll en Cleveland, Ohio. Las murallas están cubiertas de cosas memorables de músicos como Los Beatles, U2 y Carlos Santana. Incluso las máquinas que dispensan dinero tiene forma de rocolas.

El edificio mismo, diseñado por el arquitecto I.M. Pei, consiste en varias formas geométricas—un triángulo, un cilindro, un rectángulo y un trapecio. La sección triangular del edificio es semejante a la que Pei diseñó para el Louvre de París, Francia. Ambas están hechas de triángulos semejantes.

Dos figuras son **semejantes** si tienen la misma forma, pero no necesariamente el mismo tamaño.

Si los **ángulos correspondientes** de dos triángulos tienen la misma medida, son triángulos semejantes. Esto se escribe como $\triangle ABC \sim \triangle DEF$. El orden de las letras indica los ángulos que se corresponden.

ángulos correspondientes	lados correspondientes
$\angle A$ y $\angle D$	$\overline{AB}$ y $\overline{DE}$
$\angle B$ y $\angle E$	$\overline{BC}$ y $\overline{EF}$
$\angle C$ y $\angle F$	$\overline{AC}$ y $\overline{DF}$

Los lados opuestos a los ángulos correspondientes se llaman **lados correspondientes.** Compara la medida de lados correspondientes. Observa que AC significa la medida de $\overline{AC}$, DF significa la medida de $\overline{DF}$, etc.

$$\frac{AB}{DE} = \frac{6}{18} = \frac{1}{3} \qquad \frac{BC}{EF} = \frac{5}{15} = \frac{1}{3} \qquad \frac{AC}{DF} = \frac{3}{9} = \frac{1}{3}$$

Cuando las medidas de los lados correspondientes forman razones iguales, las medidas se llaman *proporcionales.*

Triángulos semejantes	Si dos triángulos son semejantes, las medidas de sus lados correspondientes son proporcionales y las medidas de sus ángulos correspondientes son iguales.

Las proporciones pueden usarse para encontrar las medidas de los lados de triángulos cuando se conocen algunas dimensiones.

Ejemplo ①

APLICACIÓN

Agrimensura

Normalmente, los agrimensores emplean instrumentos para medir objetos que son demasiado grandes o que están demasiado lejos para medirlos directamente. También usan la sombra que los objetos proyectan para determinar, indirectamente, la altura de los mismos. ¿Cómo puede un agrimensor usar un poste telefónico que mide 25 pies de altura y que proyecta una sombra de 20 pies de largo para determinar la altura de un edificio que proyecta una sombra de 52 pies de largo?

$\triangle NOP$ es semejante a $\triangle MRQ$.

$\dfrac{RQ}{OP} = \dfrac{QM}{PN}$ *Lados correspondientes de triángulos semejantes son proporcionales.*

$\dfrac{25}{x} = \dfrac{20}{52}$

$20x = 25(52)$ *Calcula los productos cruzados.*

$20x = 1300$

$x = 65$

El edificio tiene una altura de 65 pies.

A veces los triángulos semejantes pueden estar colocados de manera que sus partes correspondientes no sean obvias de discernir.

Ejemplo ②

OPCIONES PROFESIONALES

Los agrimensores utilizan su especialización técnica para determinar los límites oficiales de terrenos, espacios y cuerpos de agua. Organizan asimismo el trabajo de campo, investigan registros legales, leen resultados de estudios y preparan mapas e informes. Los estudiantes de secundaria interesados deben tomar cursos el álgebra, geometría, trigonometría y dibujo técnico. Muchas universidades ofrecen programas de cuatro años que conducen al grado de Licenciado en Ciencias en Agrimensura.

Para mayor información, ponte en contacto con:

American Congress on Surveying and Mapping 5410 Grosvenor Lane Bethesda, MD 20814–2122

Calcula las dimensiones desconocidas de los lados de los siguientes triángulos si cada par de triángulos es semejante.

No olvides que la suma de los ángulos de un triángulo es $180°$.

a. La medida del $\angle Q$ es $180° - (117° + 27°)$ ó $36°$.

La medida del $\angle T$ es $180° - (117° + 36°)$ ó $27°$.

Como los ángulos correspondientes tienen la misma medida, $\triangle QRS \sim \triangle VUT$. Esto significa que las longitudes de los lados correspondientes son proporcionales.

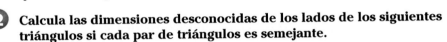

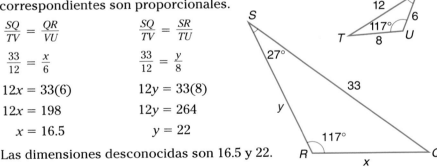

$\dfrac{SQ}{TV} = \dfrac{QR}{VU}$ $\qquad$ $\dfrac{SQ}{TV} = \dfrac{SR}{TU}$

$\dfrac{33}{12} = \dfrac{x}{6}$ $\qquad$ $\dfrac{33}{12} = \dfrac{y}{8}$

$12x = 33(6)$ $\qquad$ $12y = 33(8)$

$12x = 198$ $\qquad$ $12y = 264$

$x = 16.5$ $\qquad$ $y = 22$

Las dimensiones desconocidas son 16.5 y 22.

b. El $\triangle NRT$ es semejante al $\triangle MST$.

$\dfrac{RN}{SM} = \dfrac{NT}{MT}$

$\dfrac{9}{x} = \dfrac{12}{28}$

$12x = 9(28)$ *Calcula los productos cruzados.*

$12x = 252$

$x = 21$

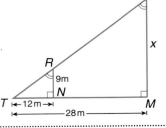

La medida de $\overline{SM}$ es de 21 metros.

Comunicación en matemáticas

Estudia la lección y a continuación completa lo siguiente.

1. **Identifica** los pares de ángulos correspondientes del Ejemplo 2a.

2. **Haz una lista** de lo que sabes acerca de los ángulos y los lados de triángulos semejantes.

3. **Haz una lista** de los ángulos y lados correspondientes si $\triangle RED \sim \triangle SOX$. Luego escribe tres proporciones que correspondan a estos triángulos.

LOS MODELOS Y LAS MATEMÁTICAS

4. **Haz un modelo** de un triángulo usando mondadientes o pajitas. Luego haz un triángulo semejante usando más mondadientes o pajitas. Escribe una proporción que muestre que los triángulos son semejantes.

Práctica dirigida

5. Para el par de triángulos semejantes de la derecha identifica el triángulo que es semejante a $\triangle XYZ$. Asegúrate de que las letras estén en el orden correcto.

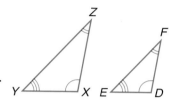

Determina si cada par de triángulos es semejante. Justifica tu respuesta.

6.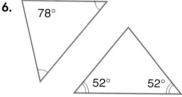

7.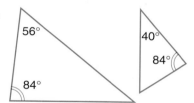

$\triangle KLM \sim \triangle NOP$ son semejantes. Para cada conjunto de dimensiones dadas, calcula la medida de los lados que quedan.

8. $k = 24, \ell = 30, m = 15, n = 16$

9. $k = 9, n = 6, o = 8, p = 4$

10. $n = 6, p = 2.5, \ell = 4, m = 1.25$

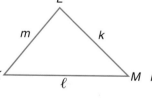

11. Si un árbol de 6 pies de altura proyecta una sombra de 4 pies de longitud, ¿cuál es la altura de un mástil de bandera que a la misma hora proyecta una sombra de 18 pies de longitud?

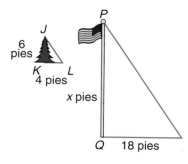

Práctica

Para cada par de triángulos semejantes, identifica el triángulo que es semejante a △WXY.

12.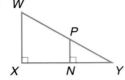

13.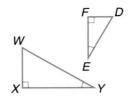

14.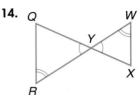

Determina si cada par de triángulos es semejante. Justifica tu respuesta.

15.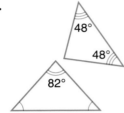

16.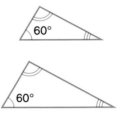

17.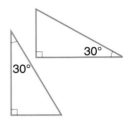

18.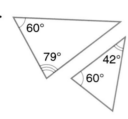

19.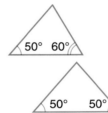

20.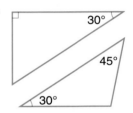

△ABC y △DEF son semejantes. Para cada conjunto de dimensiones dadas, calcula la medida de los lados que quedan.

21. $c = 11, f = 6, d = 5, e = 4$

22. $a = 5, d = 7, f = 6, e = 5$

23. $a = 17, b = 15, c = 10, f = 6$

24. $a = 16, e = 7, b = 13, c = 12$

25. $d = 2.1, b = 4.5, f = 3.2, e = 3.4$

26. $f = 12, d = 18, c = 18, e = 16$

27. $c = 5, a = 12.6, e = 8.1, f = 2.5$

28. $f = 5, a = 10.5, b = 15, c = 7.5$

29. $a = 4\frac{1}{4}, b = 5\frac{1}{2}, e = 2\frac{3}{4}, f = 1\frac{3}{4}$

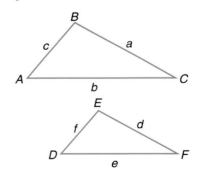

Piensa críticamente

30. △ABC y △DEF son semejantes. Si la razón de AC a DF es de 2 a 3, ¿cuál es la razón del área de △ABC al área de △DEF?

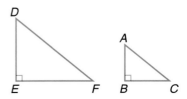

31. Dibuja un triángulo equilátero. Trata de dividirlo en tres partes semejantes que no sean congruentes. Describe el proceso que usaste.

32. Billares Meda juega al billar en una mesa como la que se muestra a la derecha. Si logra hacer su próximo tiro, cree que no va a tener problema en ganar. Quiere golpear la pinta en *D*, hacerla rebotar en *C* y golpear otra bola en la boca de la tronera *A*. Usa triángulos semejantes para determinar dónde debe golpear la banda la pinta de Meda.

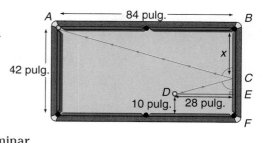

33. Tenis Cuando se ejecuta un servicio en tenis, el jugador golpea la pelota parado en el punto *E* como se muestra en la figura de la derecha. Para que sea un buen servicio, la pelota debe cruzar la red y caer en el área sombreada. Supongamos que todos los servicios tienen una trayectoria recta y que todos salvan la red al ras. La siguiente figura muestra la vista lateral de esta situación.

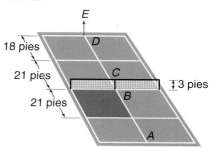

Sea $\overline{EY}$ la trayectoria de la pelota.

a. Supongamos que golpeas la pelota cuando está a 9 pies del suelo. Escribe una proporción y resuélvela en *d* para determinar si es un buen servicio.

b. Repite los cálculos de la distancia *d* si se golpea la pelota a 8 pies del suelo y a 10 pies del suelo. Usa estos resultados para determinar qué jugadores, altos o bajos, no tienen problemas en ejecutar un buen servicio. Explica.

34. Puentes Haylee está haciendo un modelo de la autopista Mark Clark, un puente continuo de armadura que atraviesa el río Cooper en Charleston, Carolina del Sur. Parte de las armaduras están hechas de triángulos. Haylee planea hacer el modelo del puente en la siguiente escala: 1 pulgada a 12 pies. Si la altura de un triángulo en el puente real es de 40 pies, ¿cuál será la altura en el modelo?

Autopista Mark Clark

35. Dibujo técnico La escala de los planos de una casa es de 1 pulgada a 3 pies. Si la sala de estar en el plano es de $5\frac{1}{2}$ pulgadas por 7 pulgadas, ¿cuáles son las dimensiones reales de la sala? (Lección 4–1)

36. Resuelve $7 = 3 - \frac{n}{3}$. (Lección 3–3)

37. Tenis de mesa Cada pelota de ping pong pesa cerca de $\frac{1}{10}$ de onza. ¿Cuántas pelotas de ping pong juntas pesan 1 libra? (Lección 3–2)

38. Resuelve $x + (-8) = -31$. (Lección 3–1)

39. Ecología Los norteamericanos utilizan cerca de 2.5 millones de botellas plásticas por hora. ¿Cuántas usan en un día? ¿Cuántas en una semana? (Lección 2–6)

40. Sustituye __?__ con $<, >$ o $=$ de modo que $\frac{8}{15}$ __?__ $\frac{9}{16}$ sea verdadera. (Lección 2–4)

41. Evalúa $(19 - 12) \div 7 \cdot 23$. Identifica la propiedad usada en cada paso. (Lección 1–6)

Integración: Trigonometría
Razones trigonométricas

APLICACIÓN
Arquitectura

La inclinación de la torre inclinada de Pisa, un campanario en Pisa, Italia, es actualmente de 16.5 pies. La torre fue cerrada en 1990 para poder estabilizar sus cimientos e impedir que se desplome eventualmente. Hacia 1994 la inclinación de la torre había disminuido cerca de $\frac{2}{5}$ de pulgada. No se ha fijado ninguna fecha para su reapertura.

Si dibujaras una recta de la cúspide de la torre al suelo, se formaría un triángulo rectángulo con el suelo. Si se tiene suficiente información acerca de un triángulo rectángulo, se pueden usar ciertas razones para hallar las medidas del resto de las partes del triángulo. Estas razones reciben el nombre de **razones trigonométricas.**

La <u>*trigonometría*</u> *es un área de la matemática que estudia los ángulos y los triángulos.*

A la derecha se muestra un triángulo rectángulo típico.

a es la medida del lado *opuesto* al $\angle A$, $\overline{BC}$.

b es la medida del lado *opuesto* al $\angle B$, $\overline{AC}$.

c es la medida del lado *opuesto* al $\angle C$, $\overline{AB}$.

a es *adyacente* a $\angle B$ y $\angle C$.

b es *adyacente* a $\angle A$ y $\angle C$.

c es *adyacente* a $\angle A$ y $\angle B$.

El lado opuesto al $\angle C$, el ángulo recto, recibe el nombre de **hipotenusa.** Los otros dos lados se llaman **catetos.**

Tres razones trigonométricas se definen de la siguiente forma:

Definición de razones trigonométricas	**seno de** $\angle A = \dfrac{\text{medida del cateto opuesto al } \angle A}{\text{medida de la hipotenusa}}$ **sen** $A = \dfrac{a}{c}$ **coseno de** $\angle A = \dfrac{\text{medida del cateto opuesto al } \angle A}{\text{medida de la hipotenusa}}$ **cos** $A = \dfrac{b}{c}$ **tangente de** $\angle A = \dfrac{\text{medida del cateto opuesto al } \angle A}{\text{medida del cateto adyacente al } \angle A}$ **tan** $A = \dfrac{a}{b}$

Observa que el seno, el coseno y la tangente se abrevian sen, cos y tan, respectivamente.

Ejemplo **Calcula el seno, el coseno y la tangente de cada ángulo agudo. Redondea tu respuesta en milésimas.**

$$\text{sen } J = \frac{\text{cateto opuesto}}{\text{hipotenusa}}$$

$$= \frac{7}{25} \text{ ó } 0.280$$

$$\cos J = \frac{\text{cateto adyacente}}{\text{hipotenusa}}$$

$$= \frac{24}{25} \text{ ó } 0.960$$

$$\tan J = \frac{\text{cateto opuesto}}{\text{cateto adyacente}}$$

$$= \frac{7}{24} \text{ ó cerca de } 0.292$$

$$\text{sen } L = \frac{\text{cateto opuesto}}{\text{hipotenusa}}$$

$$= \frac{24}{25} \text{ ó } 0.960$$

$$\cos L = \frac{\text{cateto adyacente}}{\text{hipotenusa}}$$

$$= \frac{7}{25} \text{ ó } 0.280$$

$$\tan L = \frac{\text{cateto opuesto}}{\text{cateto adyacente}}$$

$$= \frac{24}{7} \text{ ó cerca de } 3.429$$

Considera los triángulos QTV y MSO. Dado que los ángulos correspondientes miden lo mismo, $\triangle QTV \sim \triangle MSO$. No olvides que en triángulos semejantes, los lados correspondientes son proporcionales.

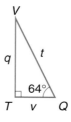
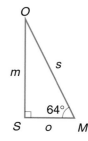

$$\frac{m}{q} = \frac{s}{t}$$

$$\frac{q}{s} \cdot \frac{m}{q} = \frac{q}{s} \cdot \frac{s}{t} \quad \textit{Multiplica cada lado por } \frac{q}{s}.$$

$$\frac{m}{s} = \frac{q}{t}$$

sen M = sen Q

En general, el seno de un ángulo de 64° en un triángulo rectángulo será el mismo número independientemente de lo grande o pequeño que sea el triángulo. Lo mismo se cumple también para el coseno y la tangente.

Puedes utilizar una calculadora para determinar los valores de las funciones trigonométricas o para determinar la medida de un ángulo.

Ejemplo ② **Calcula el valor de sen 64° con una precisión de una milésima.**

Usa una calculadora científica.

Ejecuta: 64 [SIN] _0.898794046_ *La calculadora debe estar en modalidad de grados.*

Redondeado en milésimas, sen 64° ≈ 0.8988.

Ejemplo ③ **Calcula la medida del ∠P al grado más próximo.**

Dado se conocen la longitud del lado opuesto y del adyacente al ángulo, usa la tangente.

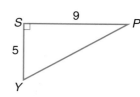

$$\tan P = \frac{\text{cateto opuesto}}{\text{cateto adyacente}}$$

$$= \frac{5}{9}$$

Usa una calculadora científica para determinar la medida angular que tiene una tangente de $\frac{5}{9}$.

Ejecuta: 5 [÷] 9 [=] [2nd] [TAN⁻¹] _29.0546041_ *La tecla TAN⁻¹ "anula" la función original.*

Al grado más próximo, la medida del ∠P es 29°.

Muchas aplicaciones al mundo real usan la trigonometría.

Ejemplo **4** **Refiérete a la aplicación al comienzo de la lección. Los ingenieros que trabajan para corregir la inclinación de la torre inclinada de Pisa miden el ángulo entre la torre y el suelo para verificar si ha aumentado la inclinación. Usa las mediciones dadas para encontrar el ángulo entre la torre y el suelo.**

Dado que se conocen la longitud del lado adyacente y de la hipotenusa, usa el coseno.

$$\cos x = \frac{\text{cateto adyacente}}{\text{hipotenusa}}$$

$$\cos x = \frac{16.5}{179}$$

$\cos x = 0.09217877$ *Usa una calculadora para determinar x.*

$$x \approx 85°$$

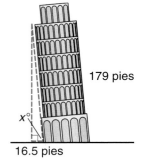

179 pies

16.5 pies

Al grado más próximo, el ángulo mide 85°.

Puedes calcular las medidas desconocidas de un triángulo rectángulo si conoces la medida de dos lados del triángulo o la medida de un lado y de un ángulo agudo. La determinación de todas las medidas de los lados y de los ángulos de un triángulo rectángulo se llama **resolver el triángulo.**

Ejemplo **5** **Resuelvo el △ABC.**

El ∠C mide 90° − 42° ó 48°.

$$\text{sen } 42° = \frac{x}{22}$$

$$0.6691 \approx \frac{x}{22}$$

$$14.7 \approx x$$

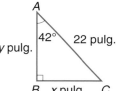

$$\cos 42° = \frac{y}{22}$$

$$0.7431 \approx \frac{y}{22}$$

$$16.3 \approx y$$

Así, $\overline{BC}$ mide cerca de 14.7 pulgadas.   Así, $\overline{AB}$ mide cerca de 16.3 pulgadas.

En el mundo real, las razones trigonométricas se emplean a menudo para determinar distancias o longitudes que no se pueden medir directamente. En estas aplicaciones, a veces usas un ángulo de elevación o un ángulo de depresión. Un **ángulo de elevación** es el que se forma entre una línea horizontal de visión y una línea de visión por encima de ella. Un **ángulo de depresión** es el que se forma entre una línea horizontal de visión y una línea de visión por debajo de ella.

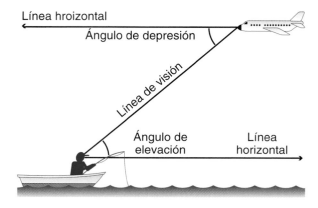

LOS MODELOS Y LAS MATEMÁTICAS

Construye un hipsómetro

Materiales:  transportador pajitas cinta pegante

sujetapapeles cuerda

Puedes construir un hipsómetro para determinar el ángulo de elevación de un objeto que es demasiado alto para medirlo directamente.

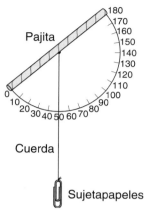

Pajita

Cuerda

Sujetapapeles

Ahora te toca a ti

a. Ata un extremo de la cuerda en el medio de la pajita. Ata el otro extremo a un sujetapapeles.

b. Usando la cinta pegante asegura el extremo recto del transportador a lo largo de la pajita, cerciorándote de que la cuerda cuelgue libremente a plomo.

c. Busca un objeto en la calle que sea demasiado alto para medirlo directamente, como por ejemplo una canasta de básquetbol, un mástil de bandera o el edificio de la escuela.

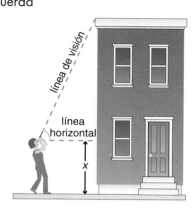

línea de visión

línea horizontal

x

d. A través de la pajita mira la cúspide del objeto cuya altura vas a medir. Encuentra una línea de visión horizontal como se muestra en la ilustración. Encuentra la medida en que la cuerda interseca el transportador. Determina el ángulo de elevación restando esta medida de 90°.

e. Para calcular la altura del objeto usa la ecuación:

$\tan(\text{ángulo observado}) = \dfrac{\text{altura del objeto} - x}{\text{distancia al objeto}}$,

donde x representa la distancia entre el suelo y el nivel de tus ojos.

f. Compara tu resultado con el de alguien que haya medido el mismo objeto. ¿Son iguales las alturas? Explica.

Ejemplo **6**

APLICACIÓN
Globos

¿Cómo sería el desfile de Macy del día de *Acción de Gracias* sin globos? En 1994, El Gato en el Sombrero del Dr. Seuss hizo su primera aparición. 36 personas maniobraron el gato por la ruta del desfile. Supongamos que estás mirando el desfile y observas que dos de las líneas de manejo del gato forman un triángulo rectángulo con el suelo. Aproximas que el ángulo de elevación de la parte inferior del globo es de 60° y que los manipuladores están a una distancia cercana a los 35 pies uno de otro. Calcula la altura de la parte inferior del globo con una exactitud de un pie.

Explora   Conoces la distancia entre los manipuladores y el ángulo aproximado de elevación. Necesitas encontrar la altura desde los manipuladores hasta la parte inferior del globo.

(continúa en la página siguiente)

Planifica Sea *h* la distancia a la parte inferior del globo (en pies).
Usa la tangente para resolver este problema.

Resuelve

$$\tan 60° = \frac{\text{cateto opuesto}}{\text{hipotenusa}}$$

$$\tan 60° = \frac{h}{35}$$

$$1.7321 \approx \frac{h}{35}$$

$$1.7321(35) \approx h$$

$$60.6235 \approx h$$

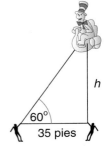

La parte inferior del globo se encuentra aproximadamente a 61 pies sobre los manipuladores.

Examina Puedes revisar la solución determinando el ángulo de elevación en la ecuación $\tan x = \frac{61}{35}$. Dado que $x = 60.15°$, la solución es razonable.

COMPRUEBA LO QUE APRENDISTE

Comunicación en matemáticas

Estudia la lección y a continuación completa lo siguiente.

1. **Usa** la figura de la derecha para responder a las siguientes preguntas.

   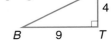

   a. ¿Cuánto mide el cateto adyacente al $\angle C$?

   b. ¿Cuánto mide el cateto opuesto al $\angle C$?

2. **Haz una lista** de la razón trigonométrica, o razones trigonométricas, que contienen la medida de la hipotenusa.

3. **Explica** cómo determinar qué razón trigonométrica usar cuando estás tratando de calcular una medida desconocida en un triángulo rectángulo.

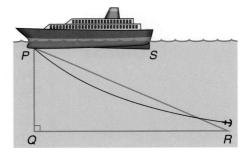

4. **Identifica** los ángulos de elevación y depresión en el dibujo de la izquierda.

5. Determina cuál razón trigonométrica usarías para calcular *x*.

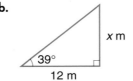

LOS MODELOS Y LAS MATEMÁTICAS

6. **Usa** un hipsómetro para determinar la altura de un árbol de tu barrio. Luego escribe un párrafo que explique cómo encontraste la altura.

En cada triángulo, encuentra sen Y, cos Y y tan Y redondeados en milésimas.

7.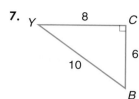

8.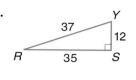

Usa una calculadora para hallar el valor de cada razón trigonométrica redondeado en diezmilésimas.

9. $\cos 35°$

10. $\sin 63°$

11. $\tan 7°$

Usa una calculadora para encontrar la medida de cada ángulo, redondeándola en grados.

12. $\cos C = 0.9613$

13. $\sin X = 0.7193$

14. $\tan W = 2.4752$

En cada triángulo calcula la medida del ángulo agudo que se indica, redondeándola en grados.

15.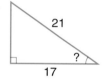

16.

Resuelve cada triángulo rectángulo. Expresa las longitudes de cada lado, redondeadas en décimas y las medidas angulares redondeadas en grados.

17.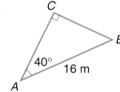

18.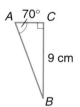

19.

20. Transporte Calcula el ángulo de elevación de una vía de ferrocarril en una montaña si un tren se eleva 15 pies por cada 250 pies que recorre en la vía.

EJERCICIOS

En cada triángulo, encuentra sen G, cos G y tan G redondeados en milésimas.

21.

22.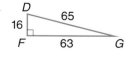

23.

En cada triángulo, encuentra sen G, cos G y tan G redondeados en milésimas.

24.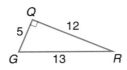

25.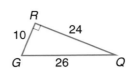

26.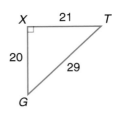

Usa una calculadora para hallar el valor de cada razón trigonométrica redondeado en milésimas.

27. $\sin 21°$

28. $\cos 15°$

29. $\sin 76°$

30. $\tan 56°$

31. $\cos 68°$

32. $\tan 30°$

Usa una calculadora para encontrar la medida de cada ángulo, redondeándola en grados.

33. $\tan A = 0.6473$

34. $\cos B = 0.7658$

35. $\sin F = 0.3823$

36. $\cos Q = 0.2993$

37. $\sin R = 0.8827$

38. $\tan J = 8.8988$

En cada triángulo calcula la medida del ángulo agudo que se indica, redondeándola en grados.

39.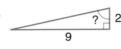

40.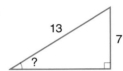

41.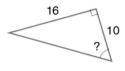

42.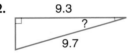

43.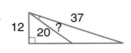

44.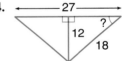

Resuelve cada triángulo rectángulo. Expresa las longitudes de cada lado redondeadas en décimas y las medidas angulares redondeadas en grados.

45.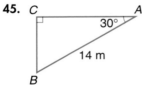

46.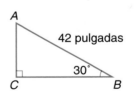

47.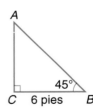

48.

49.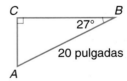

50.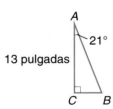

51.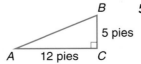

52.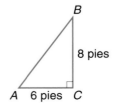

53.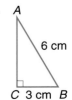

Programación

Para ejecutar el programa repetidamente, aprieta la tecla ENTER al completar cada ejecución y la calculadora espera que entres nuevos valores de a y b.

54. Supongamos que el $\angle ABC$ tiene un ángulo recto C y que los catetos miden a y b. El programa de calculadora gráfica de la derecha te pide que introduzcas las longitudes de los catetos del triángulo. El programa calcula entonces la longitud de la hipotenusa c, las medidas de los ángulos agudos y las razones trigonométricas de cada ángulo agudo. Los comandos PAUSE en el programa detienen la calculadora y te permiten registrar la información que se muestra en la pantalla. Aprieta ENTER para que el programa continúe. Asegúrate que la calculadora esté en modalidad de grados antes de ejecutar el programa.

```
PROGRAM: LEGS
: Disp "ENTER LENGTHS OF",
  "LEGS A AND B"
: Prompt A, B
: √(A² + B²)→C
: Disp "SIDE C =",C
: Disp "ANGLE A =", tan⁻¹ (A/B)
: Disp "ANGLE B =", tan⁻¹ (B/A)
: Pause
: Disp "sin A=", A/C
: Disp "sin B=", B/C
: Disp "cos A=", B/C
: Pause
: Disp "cos B=", A/C
: Disp "tan A=", A/B
: Disp "tan B=", B/A
```

Usa el programa para cada par de valores de *a* y *b*.

a. 3, 4 **b.** 5, 12
c. 20, 40 **d.** 125, 100

Piensa críticamente

55. Usa el triángulo de más abajo para determinar cuáles de las siguientes proposiciones son verdaderas.

a. $\sin C = \cos B$

b. $\cos B = \dfrac{1}{\sin B}$

c. $\tan C = \dfrac{\cos C}{\sin C}$

d. $\tan C = \dfrac{\sin C}{\cos C}$

e. $\sin B = (\tan B)(\cos B)$

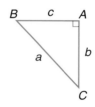

Aplicaciones y solución de problemas

56. Arqueología La pirámide más grande de Egipto tiene una base cuadrada con lados de 755 pies de largo. El $\angle PQR$ mide 52°. Ya no existe la cúspide de la pirámide. ¿Cuál era la altura original ($\overline{RP}$) de la pirámide aproximada en pies?

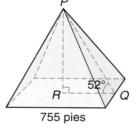

755 pies

57. Haz un dibujo El 30 de septiembre de 1995, los Ohio State Buckeyes derrotaron a los Fighting Irish de Notre Dame en un juego de fútbol americano mientras el dirigible de la Goodyear transmitía vistas aéreas desde lo alto. Supongamos que el dirigible estaba ubicado directamente sobre la línea de 50 yardas. Una fotógrafa sobre el suelo aproximó el ángulo de elevación en 85° cuando ella se encontraba a 65 yardas del punto sobre el que estaba ubicado directamente el dirigible. ¿A qué altura estaba el dirigible? Redondea tu respuesta en pies.

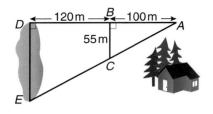

58. **Ingeniería civil** La ciudad de Mansfield está planificando la construcción de un puente sobre el lago Spring. Utiliza la información en el diagrama de la derecha para calcular la distancia sobre el lago Spring. (Lección 4–2)

59. Resuelve $\frac{x}{5} = \frac{x+3}{10}$. (Lección 4–1)

60. **Béisbol** Los promedios de bateo de 10 jugadores de un equipo de béisbol son 0.234, 0.253, 0.312, 0.333, 0.286, 0.240, 0.183, 0.222, 0.297 y 0.275. Calcula el promedio de bateo medio de estos jugadores. (Lección 3–7)

61. Resuelve $\frac{2}{5}y + \frac{y}{2} = 9$. (Lección 3–5)

62. Escribe una ecuación que corresponda a la situación planteada a continuación. Luego resuelve el problema. (Lección 3–2)

Joyce Conners pagó $47.50 por cinco boletos de fútbol. ¿Cuál fue el costo por boleto?

63. Indica los conjuntos a los que pertenece $\sqrt{36}$. Usa N para los números naturales, W para los números enteros, Z para los enteros, Q para los números racionales e I para los números irracionales. (Lección 2–8)

64. Simplifica $\frac{3a+9}{3}$. (Lección 2–7)

65. Calcula $\left(-\frac{2}{3}\right)\left(-\frac{1}{5}\right)$. (Lección 2–6)

66. Calcula $-13 + (-8)$. (Lección 2–3)

67. Simplifica $8x + 2y + x$. (Lección 1–8)

68. Evalúa $(9 - 2 \cdot 3)^3 - 27 + 9 \cdot 2$. (Lección 1–6)

69. Evalúa 5^3. (Lección 1–1)

Matemática y SOCIEDAD

La conjetura de Morgan

El siguiente pasaje es de un artículo que apareció en el *Columbus Dispatch* del 21 de diciembre de 1994.

RYAN MORGAN SE HABRÍA SACADO UNA "A" en geometría aunque no hubiese descubierto un tesoro matemático. Pero el persistente estudiante de secundaria de Baltimore transformó una corazonada en una teoría. La bautizó como "La Conjetura de Morgan" y espera que se la conozca pronto con el nombre de "El Teorema de Morgan". En los círculos de la geometría, desarrollar un teorema es una cuestión importante—especialmente cuando solo cuentas con 15 años de edad...¿Qué descubrió Ryan?...Cuando se dividen los lados de un triángulo entre un número impar mayor que uno y cuando se trazan líneas desde los puntos de división de los lados del triángulo a los vértices, se forma siempre un hexágono en el interior del triángulo. El área de este hexágono es siempre una fracción predecible del área del triángulo y está determinada por una compleja fórmula que Ryan fue capaz de determinar. ■

1. Hablando de su trabajo, Ryan dijo: "Es casi siempre suerte y jugar un poco." ¿Qué otros factores, fuera de la suerte, pueden haber estado involucrados?

2. ¿Te sorprende saber que haya estudiantes que puedan descubrir teoremas? Explica.

3. ¿Existe un área de la matemática que te interese y que te gustaría explorar en mayor profundidad? ¿Cómo lo harías?

Porcentajes

4-4

Lo que APRENDERÁS

- A resolver problemas de porcentaje y
- a resolver problemas de interés simple.

Por qué ES IMPORTANTE

Porque podrás usar porcentajes para resolver problemas de finanzas, nutrición y estadística.

APLICACIÓN
Cosméticos

Según la revista *Good Housekeeping* 3 de cada 5 muchachas adolescentes usa rímel ¿Cuál es la tasa de muchachas adolescentes que usa rímel por cada 100 muchachas?

Puedes resolver este problema usando una proporción. La razón de muchachas adolescentes que usan rímel al número total de muchachas adolescentes es $\frac{3}{5}$. Ahora escribe una proporción que haga que $\frac{3}{5}$ sea igual a una razón con denominador 100.

$$\frac{3}{5} = \frac{n}{100}$$
$$60 = n$$

Las muchachas adolescentes usan rímel a una tasa de 60 por cada 100, ó 60 por ciento. Un **porcentaje** es una razón que compara un número con 100. Porcentaje significa también *por cada cien.* Los porcentajes se escriben con un símbolo de porcentaje (%), como fracciones o como decimales.

$$60\% = \frac{60}{100} = 0.60$$

Ejemplo Escribe $\frac{3}{4}$ como un porcentaje.

El sesenta por ciento de las muchachas adolescentes usa lápiz y brillo labial, un 72% usa esmalte de uñas, un 55% usa sombra para los ojos y un 50% usa color en las mejillas.

Método 1

Usa una proporción.

$$\frac{3}{4} = \frac{n}{100}$$

$$300 = 4n$$

$$75 = n$$

Por lo tanto $\frac{3}{4}$ es igual a $\frac{75}{100}$ ó 75%.

Método 2

Usa una calculdora.

$$\frac{3}{4} = \frac{n}{100}$$

$$100\left(\frac{3}{4}\right) = n$$

Ejecuta: 100 $\boxed{\times}$ 3 $\boxed{\div}$ 4 $\boxed{=}$ 75

A menudo se usan proporciones para resolver problemas de porcentaje. Una de las razones en estas proporciones es siempre una comparación de dos números que se llaman el **porcentaje** y la **base.** La otra razón, llamada **tasa,** es una fracción con denominador 100.

$$\left.\begin{array}{l} \text{porcentaje} \rightarrow \\ \text{base} \rightarrow \end{array} \quad \frac{3}{4} = \frac{75}{100} \right\} \leftarrow \text{Tasa}$$

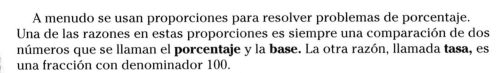

Proporción porcentual	$\dfrac{\text{Porcentaje}}{\text{Base}} = $ **Tasa** o $\dfrac{\text{Porcentaje}}{\text{Base}} = \dfrac{r}{100}$

El $\frac{porcentaje}{base}$ representa $\frac{parte}{todo}$.

Ejemplo **a. ¿Qué porcentaje es 30 de 50?**   **b. ¿Qué porcentaje es 20 de 30?**

Usa la proporción porcentual.

$$\frac{\text{Porcentaje}}{\text{Base}} = \frac{r}{100}$$

El porcentaje es 30.
La base es 50.

$$\frac{30}{50} = \frac{r}{100}$$

$$3000 = 50r$$

$$60 = r$$

Por lo tanto, 30 es el 60% de 50.

Usa una calculadora.

$$\frac{\text{Porcentaje}}{\text{Base}} = \frac{r}{100}$$

$$\frac{20}{30} = \frac{r}{100}$$

Ejecuta:
66.66666667

Por lo tanto, 20 es el 66.$\overline{6}$% de 30.
Esto se pude escribir también
como $66\frac{2}{3}$%.

También puedes escribir ecuaciones para resolver problemas de porcentaje.

Ejemplo **a. ¿El 60% de qué número es 54?**   **b. ¿Cuál es el 40% de 37.5?**

¿El 60% de qué número es 54?

$$\frac{60}{100} \cdot x = 54$$

$$0.6x = 54$$

$$x = 90$$

Por lo tanto, 60% de 90 es 54.

¿Cuál es el 40% de 37.5?

$$x = \frac{40}{100} \cdot 37.5$$

$$x = 15$$

Por lo tanto, el 40% de 37.5 es 15.

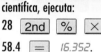

LOS MODELOS Y LAS

 MATEMÁTICAS

Traza gráficas circulares

Materiales: compás   transportador

Puedes usar una gráfica circular para comparar partes de un todo. Sigue las instrucciones para exhibir la siguiente información en una gráfica circular.

¿Dónde está el control remoto?	
Número de veces por semana que se extravía el control remoto	**Número de personas entrevistadas**
Nunca	220
1–5	190
5 ó más	85
No sabe	5

Ahora te toca a ti

a. Determina el número total de personas encuestadas.

b. Calcula la razón que compara el número de personas que respondieron en cada categoría con el número total de personas entrevistadas.

c. Como hay 360° en un círculo, multiplica cada razón por 360 para hallar el número de grados en cada sección de la gráfica. Redondea en grados.

d. Usa el compás para trazar un círculo y un radio como el que se muestra a la derecha.

e. Usa el transportador para trazar los ángulos. Comienza con el número menor de grados y repite el procedimiento con el resto de las secciones. Marca cada sección y titula la gráfica.

f. ¿Cuál es la suma de los porcentajes de tu gráfica?

Los porcentajes se usan también en problemas de interés simple. El **interés simple** es la cantidad que se paga o se gana por el uso del dinero. La fórmula $I = prt$ se usa para resolver problemas de interés simple. En esta fórmula I representa el interés, p representa la cantidad de dinero invertida, llamada *capital, r* representa la tasa de interés anual y t representa el tiempo en años.

Ejemplo ④

Finanzas

a. **Luis Hernández tiene un dinero que ha ahorrado cortando céspedes en el verano. Quiere depositar parte del dinero en BancOne en un certificado de depósito (CD) de 6 meses que paga 6% de interés anual, pero no quiere depositarlo todo en el CD porque quiere algo de dinero para gastar. Espera ganar $45 en interés para comprarse un nuevo juego de video. ¿Cuánto dinero debería Luis depositar en el CD?**

Explora Sea p la cantidad de dinero que Luis debería depositar.

Planifica $I = prt$

$45 = p(0.06)(0.5)$ *Escribe 6% como 0.06 y 6 meses como 0.5 años.*

Resuelve $45 = 0.03p$ *Multiplica 0.06 por 0.5.*

$1500 = p$ *Divide cada lado entre 0.03.*

Examina Cuando p es 1500, $I = (1500)(0.06)(0.5)$ ó $45. Luis debería depositar $1500.

b. **Whitney Williamson tiene $30,000 que le gustaría invertir. Tiene una opción de dos bonos: uno que ofrece una tasa de interés de 6% anual y otro que paga 7.5% de interés anual. Le gustaría ganar $2100 de interés en un año. Si gana más de $2100, tendría que pagar una tasa más alta de impuestos. ¿Cuánto dinero debería invertir en cada bono?**

Explora Sea n = la cantidad de dinero invertida al 6%.

Entonces $30,000 - n$ = la cantidad de dinero invertida al 7.5%.

Planifica *interés de la inversión al 6%*

$n(0.06)(1)$ ó $0.06n$

interés de la inversión al 7.5%

$(30,000 - n)(0.075)(1)$ ó $2250 - 0.075n$

Resuelve *interés al 6%* + *interés al 7.5%* = *interés total*

$0.06n$ $+ (2250 - 0.075n)$ $=$ 2100

$-0.015n + 2250 = 2100$ *Suma 0.06n y −0.075n.*

$-0.015n = -150$

$n = 10,000$

Whitney debería invertir $10,000 al 6% y $30,000 − $10,000 ó $20,000 al 7.5%.

Examina $(10,000)(0.06)(1) + (20,000)(0.075)(1) = 2100$

La respuesta es correcta.

Comunicación en matemáticas

Estudia la lección y a continuación completa lo siguiente.

1. **Compara** $\frac{r}{100}$ en la proporción porcentual y r en la fórmula de interés simple. ¿En qué son iguales? ¿En qué son distintas?

2. **Explica** cómo calcular el 57% de 42 usando una calculadora científica.

3. **Explica** por qué un inversionista invertiría una cantidad mayor de dinero a una tasa de interés más baja, en vez de una tasa más alta.

4. **Lee** el siguiente pasaje acerca del torneo de yate Copa América de la revista *Motor Boating & Sailing.* Explica qué está incorrecto en este pasaje y por qué.

> Con un Ph.D. de MIT, (el Dr. Koch) tiene un punto de vista científico de las cosas y cuantifica el esfuerzo requerido en ganar la Copa: 55% la velocidad del yate, 20% la táctica, 20% el trabajo de la tripulación, 5% suerte y menos de 5% en fuerza física.

LOS MODELOS Y LAS MATEMÁTICAS

5. **Traza** una gráfica circular que represente el número de estudiantes de tu colegio por grado.

Práctica dirigida

Escribe cada razón como porcentaje y como decimal.

6. $\frac{3}{4}$　　　　7. $\frac{43}{100}$　　　　8. $\frac{2}{25}$

Usa una proporción para responder cada pregunta.

9. ¿Qué porcentaje es 11 de 20?　　　10. ¿Qué porcentaje de 80 es 45?

Usa una ecuación para responder cada pregunta.

11. ¿Cuál es el 30% de 50?　　　12. ¿Qué porcentaje de 75 es 16?

Usa $I = prt$ para encontrar la cantidad desconocida.

13. Calcula I si $p = \$1500$, $r = 7\%$ y $t = 6$ meses.

14. Calcula p si $I = \$196$, $r = 10\%$ y $t = 7$ años.

15. **Finanzas** Kaylee Richardson invirtió $7200 por un año—una parte al 10% de interés anual y el resto al 14% de interés anual. El monto de su interés anual fue de $960. ¿Cuánto dinero invirtió a cada tasa de interés?

Práctica

Escribe cada razón como porcentaje y como decimal.

16. $\frac{67}{100}$　　　　17. $\frac{6}{20}$　　　　18. $\frac{5}{8}$

19. $\frac{7}{10}$　　　　20. $\frac{5}{6}$　　　　21. $\frac{9}{5}$

22. $\frac{2}{3}$　　　　23. $\frac{25}{40}$　　　　24. $\frac{20}{8}$

Usa una proporción para responder cada pregunta.

25. ¿Qué porcentaje de 70 es 35? **26.** ¿Qué porcentaje de 60 es 18?

27. ¿Qué porcentaje de 64 es 8? **28.** ¿Qué porcentaje de 15 es 6?

29. ¿Qué porcentaje de 2 es 8? **30.** Qué porcentaje de 14 es 4.34?

Usa una ecuación para responder cada pregunta.

31. ¿Qué porcentaje de 160 es 4? **32.** ¿Cuál es el 25% de 56?

33. ¿De qué número es 12 el 16.6%? **34.** ¿Qué porcentaje de 80 es 32?

35. ¿De qué número es 17.56 el 2.5%? **36.** ¿Qué porcentaje de 75 es 30?

Resuelve.

37. ¿Qué porcentaje de $231.90 es $64.93?

38. Calcula el 112% de $500.

39. Calcula el 81% de 32.

Usa $I = prt$ para encontrar la cantidad desconocida.

40. Calcula r si $I = \$5920$, $p = \$4000$ y $t = 3$ años.

41. Calcula r si $I = \$780$, $p = \$6500$ y $t = 1$ año.

42. Calcula I si $p = \$3200$, $r = 9\%$ y $t = 18$ meses.

43. Calcula I si $p = \$5000$, $r = 12\frac{1}{2}\%$, y $t = 5$ años

44. Calcula t si $I = \$2160$, $p = \$6000$ y $r = 8\%$.

45. Calcula p si $I = \$756$, $r = 9\%$ y $t = 3\frac{1}{2}$ años.

Piensa críticamente

46. Si x es el 225% de y, ¿qué porcentaje es y de x?

Aplicaciones y solución de problemas

47. **Salud** Los médicos de los Estados Unidos trataron 4.1 millones de casos de huesos fracturados en 1992. La tabla de la derecha muestra las fracturas por edad. Calcula el porcentaje de fracturas por edad.

Edad	Fracturas
Menor de 18	1.6 millones
18–44	1.4 millones
45–64	600,000
65 y mayor	500,000

Fuente: American Academy of Orthopedic Surgeons

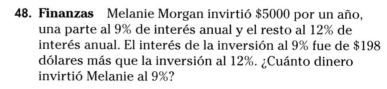

48. **Finanzas** Melanie Morgan invirtió $5000 por un año, una parte al 9% de interés anual y el resto al 12% de interés anual. El interés de la inversión al 9% fue de $198 dólares más que la inversión al 12%. ¿Cuánto dinero invirtió Melanie al 9%?

49. **Finanzas** Juan y Rosita Díaz han invertido $2500 al 10% de interés anual y tienen $6000 más para invertir. ¿A qué tasa deben invertir los $6000 para tener un total de $9440 a fin del año?

50. **Estadística** Según el Grupo Alden, en la casa no siempre se consumen los postres en la cocina o en el comedor. De hecho, solo un 30% de los postres son consumidos en la cocina y un 14% en el comedor. Dieciocho por ciento son consumidos a menudo en la sala de estar, un 10% en la sala de la televisión y un sorprendente 28% en el dormitorio. Traza una gráfica circular que muestre esta información.

51. Consumo   El padre de Luke usó su tarjeta de crédito para comprar un televisor en $330. El banco que emitió la tarjeta de crédito cobra una tasa de interés anual de 19.8%. Cada mes cobran interés sobre el saldo de la cuenta. Si el padre de Luke no compra nada más ni tampoco paga, ¿cuánto interés le van a cobrar el próximo mes?

52. Nutrición   La tabla de la derecha muestra el número de calorías y gramos de grasa de ocho aliños populares de pizza. Las aproximaciones se basan en dos tajadas de una pizza de 14 pulgadas. Para calcular el porcentaje de calorías que provienen de la grasa, multiplica los gramos de grasa por 9 y divide el resultado entre el número de calorías. ¿Cuál de los aliños obtiene el mayor porcentaje de sus calorías de la grasa?

Agregado	Calorías	Gramos de grasa
Queso extra	168	8
Chorizo	97	8
Pepperoni	80	7
Aceitunas negras	56	5
Jamón	41	2
Cebollas	11	<1
Pimiento verde	5	0
Champiñones	5	0

53. Análisis de datos   Recientemente, se llevó a cabo una encuesta para determinar lo que los norteamericanos le servirían de cena al Presidente Clinton y a su familia. Los resultados de la encuesta se muestran a la derecha.

¿Qué servirías?	
bistec con papas	39%
lasaña	25%
pollo marsala	21%
salmón cocido	18%
hamburguesas o perros calientes	15%
macarrones con albóndigas	14%
pasta primavera	13%
ensal chef	10%
pizza	9%
macarrones con salsa de tomates	8%
sopa y sándwiches	5%

Fuente: The Ragu Corporation

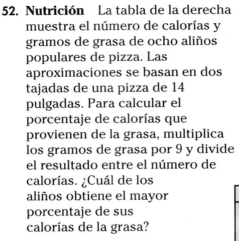

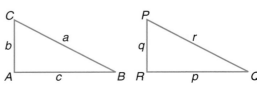

a. Supongamos que se entrevistó a 258 personas. ¿Cuántas personas respondieron que servirían pollo marsala? ¿Cuántas respondieron que servirían pizza?

b. La suma de los porcentajes no es 100%. ¿A qué crees se debe esto?

54. Dinero   La tabla de la derecha muestra el número de monedas acuñadas en 1994. Haz una gráfica circular con esta información.

Monedas norteamericanas acuñadas en 1994	
1¢	14,120,000,000
5¢	1,480,000,000
10¢	2,600,000,000
25¢	1,760,000,000
50¢	40,000,000

Repaso comprensivo

General Sherman

55. Árboles   Durante su visita al Sequoia National Park en California, Tyler se detiene cerca de un árbol que se llama el "General Sherman". El guía le informa que es el árbol más grande del mundo según el volumen de madera. Tyler está parado a unos 160 pies del árbol. Si ve la copa del árbol a un ángulo de 60°, ¿cuál es la altura del árbol?   (Lección 4–3)

56. Geometría $\triangle ABC$ y $\triangle RQP$ son semejantes. Si $a = 10$, $r = 5$, $q = 3$ y $p = 4$, calcula la medida de los lados que faltan.
(Lección 4–2)

57. Resuelve $\dfrac{9}{x-8} = \dfrac{4}{5}$.   (Lección 4–1)

58. Estadística En un juego de básquetbol femenino entre las secundarias East y Monroe, los puntajes individuales de las jugadoras de la secundaria East fueron 12, 4, 5, 3, 11, 23, 4, 6, 7 y 8. Calcula la media, la mediana y la modal de los puntajes individuales. (Lección 3–7)

59. Resuelve $y + (-7.5) = -12.2$. (Lección 3–1)

60. Saltos acuáticos Greg Louganis de los Estados Unidos ha ganado un récord de cinco títulos mundiales en salto acuático. Ganó el título de salto de torre en 1978, el salto de torre y el salto de trampolín en 1982 y 1986 y cuatro medallas de oro olímpicas en 1984 y 1988. El puntaje total de una zambullida es igual a la suma de los puntos de cada zambullida multiplicada por el grado de dificultad de la zambullida. Su zambullida final en 1988 tenía un grado de dificultad de 3.4. Si sus puntajes fueron 9, 8 y 8.5, calcula el puntaje total de su zambullida. (Lección 2–6)

61. Calcula $5y + (-12y) + (-21y)$. (Lección 2–5)

62. Estadística El profesor Crable les preguntó a sus alumnos cuántas horas habían dormido en promedio cada noche de la semana. Marcó los datos M (Mujeres) y H (Hombres). Usa Ms y Hs para trazar un esquema lineal con esta información. (Lección 2–2)

10-M	7.5-H	9-H	9-M	8-M	8.5-M	9.5-H	8.5-H	8.5-M
9.5-H	8-M	8-H	10-H	10-M	9.5-M	7.5-M	9-M	8.5-H

63. Resuelve $\frac{21-3}{12-3} = x$. (Lección 1–5)

64. Patrones Encuentra los tres términos siguientes de la sucesión 3, 8.5, 14, 19.5…. (Lección 1–2)

AUTOEVALUACIÓN

Resuelve cada proporción. (Lección 4–1)

1. $\frac{2}{10} = \frac{1}{a}$

2. $\frac{3}{5} = \frac{24}{x}$

3. $\frac{y}{4} = \frac{y+5}{8}$

4. Los $\triangle WYQ$ y $\triangle MVT$ que se muestran a la derecha son semejantes. Calcula la medida de los lados que faltan. (Lección 4–2)

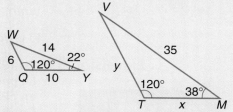

Resuelve cada triángulo rectángulo. Expresa las longitudes de cada lado redondeadas en décimas y las medidas angulares redondeadas en grados. (Lección 4–3)

5.

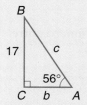

6.

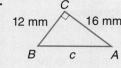

7. Refiérete a los triángulos de los ejercicios 5 y 6. Determina si los triángulos son semejantes. (Lección 4–2)

8. ¿De qué número es 36 el 45%? (Lección 4–4)

9. ¿Qué porcentaje de 88 es 55? (Lección 4–4)

10. Investigación Supongamos que el 6% de 8000 personas entrevistadas no expresó opinión alguna en relación con una elección. ¿Cuántas personas expresaron su opinión? (Lección 4–4)

4-5

Porcentaje de cambio

Lo que APRENDERÁS

- A resolver problemas de porcentaje de aumento o disminución y
- a resolver problemas de descuentos e impuestos de ventas.

Por qué ES IMPORTANTE

Porque puedes usar porcentajes para resolver problemas que tienen que ver con ventas, salud y compras.

APLICACIÓN

Alimentos

Malva

Si alguna vez has comprado dulces de malvavisco, lo que más has comprado es aire. Así es, ¡los dulces de malvavisco son 80% aire! Hoy en día, vienen en una variedad de sabores como vainilla, chocolate, coco tostado y sabores de fruta como lima láser y astroberry. Estos dulces fueron inventados en el Egipto antiguo y se hacían con miel y la savia de la malva. Desde ese tiempo los dulces de malvavisco han experimentado muchos cambios.

Hoy en día, se fabrican en serie y se hacen de maicena y gelatina. En 1955, durante el apogeo de la producción de dulces de malvavisco en Estados Unidos, había 30 compañías que los producían. Hoy, solo quedan unas pocas.

Supongamos que solo quedan seis compañías que fabrican dulces de malvavisco. Puedes escribir una razón que compare la disminución en el número de compañías con el número original de compañías que había en 1955. Esta razón puede escribirse como un porcentaje. Primero debes restar para hallar el cambio: $30 - 6 = 24$. Luego divide entre el número original de compañías.

$$\frac{magnitud\ de\ la\ disminución \rightarrow}{número\ original \rightarrow} = \frac{r}{100}$$

$$24 \cdot 100 = 30 \cdot r \qquad \textit{Calcula los productos cruzados.}$$

$$80 = r \qquad \textit{Despeja r.}$$

La disminución es $\frac{80}{100}$ u 80% del número original de compañías. Por lo tanto, podemos decir que el **porcentaje de disminución** es 80%.

El **porcentaje de aumento** se puede calcular de la misma manera.

Ejemplo ➀

En 1982 el cóndor californiano se encontraba al borde de la extinción. La población había disminuido a un total de 21, transformando al cóndor en el ave más escasa de Norteamérica. Sin embargo, según el Refuge Departament of the U.S. Fish and Wildlife Service, había 64 cóndores en 1992 y 103 en Octubre de 1995. Calcula el porcentaje de aumento en la población de cóndores californianos entre 1992 y 1995.

CONEXIÓN

Biología

P T I

En 1982 se formó el Programa de Rescate del Cóndor Californiano, integrado por especialistas y parques zoológicos, para ayudar en la captura, crianza y liberación de los cóndores en su hábitat natural.

Método 1
Primero resta para hallar la magnitud del cambio.

$$103 - 64 = 39$$

$$\frac{magnitud\ del\ aumento}{número\ original} = \frac{39}{64}$$

$$\frac{39}{64} = \frac{r}{100}$$

$$60.9375 = r$$

Método 2
Divide el nuevo número entre el número original.

$$103 \div 64 = 1.609375$$

Resta 1 de este resultado y escribe el decimal como porcentaje.

$$1.609375 - 1 = 0.609375 \text{ ó } 60.9\%$$

El porcentaje de aumento es más o menos 61%.

A veces un aumento o disminución se escribe como porcentaje en vez de escribirlo como una cantidad. Dos aplicaciones del porcentaje de cambio son los descuentos y el impuesto de ventas.

Ejemplo ②

Ventas

Un descuento del 20% significa que el precio ha disminuido en un 20%.

Ayita recibió un cupón que le ofrecía un 20% de descuento en un par de bluejeans en la tienda *The Limited*. Ayita fue a la tienda y encontró un par que quería comprar y que costaban $48. ¿Cual será el precio después del descuento?

Explora   El precio original es de $48.00 y el descuento es de 20%.

Planifica   Quieres encontrar la cantidad del descuento y restarla de $48.00. El resultado es el precio de oferta.

        Aproxima: *20% de $48 → 2(10% of $50) = 2($5) ó $10.*

Resuelve   20% de $48.00 = 0.20(48.00)   *Observa que $20\% = \frac{20}{100} = 0.20$.*

                    = 9.60

        Resta esta cantidad del precio original.

              $48.00 − $9.60 = $38.40

        El precio después del descuento es de $38.40.

Examina   Resuelve el problema de otra manera. El descuento era de 20%, así es que el precio después del descuento será 80% del precio original. *100% − 20% = 80%*

        Calcula el 80% de $48.00.   0.80(48.00) = 38.40

        Este método produce el mismo precio después del descuento, $38.40. *¿En qué se parece esto a la aproximación?*

Ejemplo ③

Ventas

Un impuesto de venta de $5\frac{3}{4}\%$ significa que el precio ha aumentado en un $5\frac{3}{4}\%$.

Karen Danko, estudiante del segundo año de la secundaria Westerville North ha comprado un anillo de graduación. El que escogió cuesta $169.99, más $5\frac{3}{4}\%$ de impuesto de venta. ¿Cuál es el precio total?

Explora   El precio es $169.99 y el impuesto es $5\frac{3}{4}\%$.

Planifica   Primero calcula el $5\frac{3}{4}\%$ de $169.99.

        Luego suma el resultado a $169.99

        Aproxima: $5\frac{3}{4}\%$ *de $169.99 → $\frac{1}{2}$(10% de 170) =*

        $\frac{1}{2}$ *($17) u $8.50. El total será de unos $170 + $8.50 ó $178.50.*

Resuelve $5\frac{3}{4}\%$ de $169.99 = 0.0575(169.99) *Observa que $5\frac{3}{4}\% = 0.0575$.*

                   = 9.774425

        Redondea 9.774425 a 9.78, pues el impuesto siempre se redondea usando el número más alto.

        Suma esta cantidad al precio original.

             $169.99 + $9.78 = $179.77

        El precio total es de $179.77.

Examina   La tasa de impuesto es de $5\frac{3}{4}\%$, así es que el precio total es de $100\% + 5\frac{3}{5}\%$ ó 105.75% del precio de compra. Calcula el 105.75% de $169.99.

        (1.0575)(169.99) = 179.76442

        Por lo tanto, el precio total de $179.77 está correcto.

        ¿En qué se parece esto a la aproximación?

Supongamos que un aviso comercial en un periódico afirma que los hornos microondas en una tienda de descuento han sido rebajados en un 20% del precio al por menor sugerido por el fabricante (MSRP). La tienda también ofrece una reducción especial del 15% de todos los enseres de cocina. ¿Cuál es el precio final de un horno microondas cuyo MSRP es de $250?

Hay dos maneras de interpretar el aviso del periódico.

- Los descuentos pueden ser sucesivos. Es decir, se descuenta un 20% del MSRP y luego se descuenta un 15% del precio que resulte.

- Los descuentos se pueden combinar. Por lo tanto el precio final tiene un descuento de 35% del MSRP.

El programa de la calculadora de gráficas de la derecha calcula el costo de un artículo para cada interpretación del aviso. Debes entrar el precio original y cada cantidad de descuento (escrita en forma decimal) cuando así lo requiera la calculadora.

```
PROGRAM:DISCOUNT
: Disp "ORIG. PRICE"
: Input P
: Disp "1ST DISCOUNT?"
: Input A
: Disp "2ND DISCOUNT?"
: Input B
: P(1-A)(1-B)→C
: P(1-(A+B))→D
: Disp "SUCCESSIVE",
  "DISCOUNT",C
: Disp "COMBINED",
  "DISCOUNT",D
```

Ahora te toca a ti

Copia la siguiente tabla y usa el programa para completarla.

	Precio	Primer descuento	Segundo descuento	Precio de oferta (descuento sucesivo)	Precio de oferta (descuento combinado)
a.	$49.00	20%	10%		
b.	$185.00	25%	10%		
c.	$12.50	30%	12.5%		
d.	$156.95	30%	15%		

e. ¿Cuál es la relación entre el precio de venta usando descuentos sucesivos y el precio de venta usando descuentos combinados? ¿Cuál es el que se usa comúnmente en las tiendas?

COMPRUEBA LO QUE APRENDISTE

Comunicación en matemáticas

Estudia la lección y a continuación completa lo siguiente.

1. **Explica** cómo calcular un porcentaje de aumento.

2. **Explica** cómo calcular el impuesto de venta si conoces la tasa de impuesto.

3. **Escribe** la ecuación que usarías para encontrar el porcentaje de aumento de un auto que costaba $17,972 en 1995 y $19,705 en 1996.

MI DIARIO

DE MATEMÁTICAS

4. **Evalúate** Busca un aviso o artículo en un periódico que muestre un porcentaje de cambio. Determina si es un porcentaje de aumento o un porcentaje de disminución. Explica tu razonamiento.

Determina cuál porcentaje de cambio es un porcentaje de aumento y cuál es un porcentaje de disminución. Luego calcula el porcentaje de aumento o de disminución.

5. original: $50
  nuevo: $70

6. original: $200
  nuevo: $172

7. original: 72 onzas
  nuevo: 36 onzas

Calcula el precio final de cada artículo. Cuando haya un descuento y un impuesto de venta, calcula primero el precio de descuento y luego el impuesto de venta y el precio final.

8. Tocador de CD: $149
  descuento: 15%

9. zapatos para atletismo: $89.99
  descuento: 10%
  impuesto de venta: 6%

10. suéter: $45
  impuesto de
  venta: 6.5%

11. Ventas Kevin Mason pagó $205.80 por sus fotos de último año. Esta cantidad incluía un impuesto de venta del 5%. ¿Cuánto costaban las fotografías antes del impuesto?

EJERCICIOS

Práctica

Determina cuál porcentaje de cambio es un porcentaje de aumento y cuál un porcentaje de disminución. Luego calcula el porcentaje de aumento o de disminución. Redondea al porcentaje entero más cercano.

12. original: $100
  nuevo: $59

13. original: 324 personas
  nuevo: 549 personas

14. original: 58 hogares
  nuevo: 152 hogares

15. original: 66
  monedas de 10¢
  nuevo: 30
  monedas de 10¢

16. original: $53
  nuevo: $75

17. original: 15.6 litros
  nuevo: 11.4 litros

18. original: $3.78
  nuevo: $2.50

19. original: 231.2 mph
  nuevo: 236.4 mph

20. original: 124 toneladas
  nuevo: 137 toneladas

Calcula el precio final de cada artículo. Cuando haya un descuento y un impuesto de venta, calcula primero el precio de descuento y luego el impuesto de venta y el precio final.

21. VCR: $219
  impuesto de venta:
  6.5%

22. bluejeans: $39.99
  descuento: 15%
  impuesto de venta:
  4%

23. libro: $19.95
  descuento: 5%
  impuesto de venta:
  5%

24. boletos para un
  concierto: $52.50
  impuesto de venta:
  7%

25. patines en línea:
  $99.99
  descuento: 20%
  impuesto de venta:
  6.75%

26. botas de excursión:
  $59
  descuento: 10%
  impuesto de venta:
  5.5%

27. disco compacto:
  $15.88
  impuesto de venta:
  4.5%

28. boletos para el parque
  de diversiones:
  $37.50
  impuesto de venta:
  6%

29. software: $29.99
  descuento: 6%
  impuesto de venta:
  6.75%

Calculadoras de gráficas

30. Usa una calculadora de gráficas para hallar el precio final de cada artículo usando descuentos sucesivos y un solo descuento combinado.
  a. precio: $89; descuentos 25% y 10%
  b. precio: $254; descuentos 30% y 14.5%

Piensa críticamente

31. Una cantidad se aumenta en un 15%. El resultado se disminuye en un 15%. ¿Es el resultado final igual a la cantidad original? Explica tu razonamiento con un ejemplo.

32. Ventas   El aviso comercial de abajo lo usó un óptico de Walkersville, Maryland.

¡La promesa de un precio de 100%!

Garantizamos que nadie venderá más barato que nosotros. Si usted encuentra, en el espacio de 30 días después de su compra, el mismo artículo ocular que el nuestro a un precio más bajo, le pagaremos **110%** de la diferencia.

Supongamos que le compraste a este óptico un par de lentes en $150. Más tarde encontraste en otra parte el mismo par de lentes en $125. ¿Qué debe hacer el óptico para cumplir su promesa?

Aplicaciones y solución de problemas

33. Pronósticos   La Sociedad Mundial del Futuro predice que hacia el año 2020 los aviones serán capaces de llevar 1400 pasajeros. Los aviones más grandes actuales llevan 600 personas. ¿Cuál será el porcentaje de aumento de la capacidad de los aviones?

34. Computadoras   En 1995 *America Online* tenía alrededor de 3,000,000 usuarios. Se espera que durante la próxima década los usuarios aumenten de algunos millones a decenas de millones. Supongamos que el número de usuarios hacia el año 2000 aumenta en un 150%. ¿Cuántos usuarios habrá en el año 2000?

35. Impuestos   Como dice el refrán, el tiempo es oro. La gráfica de la derecha muestra cuánto tiempo, de cada día de ocho horas, toma pagar por un día de impuestos. ¿Cuál fue el porcentaje de aumento entre 1970 y 1994?

36. Ventas   Music Systems, Inc. hace un descuento de 10% si una compra se paga en el espacio de 30 días. Otorgan un 5% de descuento adicional si la compra se paga en el espacio de 15 días. Brent Goodson compra un sistema de sonido que originalmente cuesta $360 y lo paga todo de contado. ¿Cuánto paga por el sistema después de los descuentos sucesivos?

Impuestos en un día laboral de 8 horas

Horas		
1929	0:52	
1940	1:29	
1950	2:02	
1960	2:20	
1970	2:32	
1980	2:40	
1994	2:45	

Fuente: *El almanaque Universal, 1995*

37. Salud   El siguiente pasaje es de un artículo del número de marzo de 1994 de la revista *Runner's World*.

Cuando usted se levanta en la mañana, sus músculos y tejidos están tensos. De hecho en ese momento sus músculos son un 10% más cortos de lo normal. Después de moverse un poco estos recuperan su longitud habitual. Cuando usted empieza a hacer ejercicio sus músculos se estiran un poco más, llegando a ser 10% más largos que lo normal. Esto significa que hay un cambio del 20% en la longitud muscular entre el momento que usted se levanta hasta que sus músculos se calientan.

Según las leyes básicas de la física, los músculos funcionan más eficientemente cuando son más largos; pueden ejercer más fuerza con un esfuerzo menor. Esto significa también que los músculos más largos están menos propensos a lesiones.

¿Cuál es el porcentaje de cambio en la longitud de los músculos entre el momento que un corredor se levanta por la mañana hasta después que ha hecho ejercicio físico por un rato?

Repaso comprensivo

38. Consumidores informados Una chaqueta cortavientos, que cuesta $75, se descuenta en un 25%. El impuesto de venta es de 6%.

  a. ¿Sería mejor para el consumidor que le descuenten el precio antes de que le sumen el impuesto o después de que le sumen el impuesto? Explica tu razonamiento.

  b. ¿Crees tú que las tiendas tienen alguna opción en el orden en que calculan los descuentos y el impuesto de venta? Explica tu razonamiento.

39. Automóviles Tan pronto como se compra un auto y se saca del distribuidor, este comienza a perder su valor o a depreciarse. Alonso compró un Plymouth Neón, modelo de 1994 en $9559. Un año más tarde el valor del auto era de $8500. ¿Cuál es el porcentaje de disminución del valor del auto?

40. Entretenimiento Un 75% del teatro estaba lleno. ¿Cuántos de los 720 asientos estaban ocupados? (Lección 4–4)

41. Geometría Una chimenea proyecta una sombra de 75 pies de largo cuando el ángulo de elevación del sol es de 41°. ¿Cuál es la altura de la chimenea? (Lección 4–3)

42. Construcción Para pintar su casa, Lonnie necesita comprar una escalera de extensión que llegue a una altura mínima de 24 pies del suelo. Los fabricantes de escaleras de extensión recomiendan que el ángulo entre la escalera y el suelo no sea más de 75°. ¿Cuál es la escalera más corta que Lonnie puede comprar y que alcance una altura de 24 pies sin riesgo alguno? (Lección 4–3)

43. Resuelve $0.2x + 1.7 = 3.9$. (Lección 3–6)

44. Geometría Dos ángulos de un triángulo miden 38° y 41°. Calcula cuánto mide el tercer ángulo. (Lección 3–4)

45. Dietética Un diabético hospitalizado está bajo una dieta cuidadosamente controlada de 2000 calorías, distribuidas en cinco comidas diarias. Hay dos comidas fuertes, cada una con $\frac{2}{7}$ de las calorías totales. Hay también tres comidas ligeras, cada una con $\frac{1}{7}$ de las calorías totales. Determina el número de calorías de una comida fuerte y de una comida ligera. (Lección 2–6)

46. Estadística Declara la escala que usarías para trazar un esquema lineal con la siguiente información. Traza luego el esquema lineal. 4.2, 5.3, 7.6, 9.6, 7.3, 6.7 (Lección 2–2)

CONTINÚA CON LA

Consulta las páginas 190–191.

1 Cuenta todos los peces de tu lago. Registra la población real y escribe tus aproximaciones en una tabla.

2 ¿Qué tan exactas fueron tus aproximaciones? ¿Cómo podrías dar cuenta de la diferencia entre tus aproximaciones y el número real de peces en el lago?

3 ¿Qué porcentaje de los peces del lago fueron marcados? ¿Qué porcentaje de los peces de tus muestras estaba marcado?

4 Supongamos que estás pescando en el lago y que sacas un pez. ¿Cuál es la probabilidad de que saques uno de los peces marcados? Justifica tu razonamiento.

5 Escribe uno o dos párrafos que relacionen las proporciones, porcentajes y probabilidades de esta situación. *Aprenderás más sobre la probabilidad en la siguiente lección.*

Agrega los resultados de tu trabajo a tu *Archivo de investigación.*

Integración: Probabilidad
Probabilidad y factibilidad

APLICACIÓN

Concursos

¿Ha oído alguna vez decir que la basura de una persona es el tesoro de otra? Para el recolector de basura Craig Randall de East Bridgewater, Massachusetts, el tesoro fue un vaso de Wendy. Al desprender una etiqueta de concurso del vaso desechado, ¡Randall ganó el premio mayor de $200,000 para la compra de una casa! Como había un solo premio mayor y se habían distribuido 24,059,900 vasos, la probabilidad de ganar era de $\frac{1}{24,059,900}$.

Puedes calcular la factibilidad, o **probabilidad,** de que ocurra cierto evento, por ejemplo, ganar un premio. La **probabilidad de un evento** es la razón del número de maneras en que puede ocurrir el evento al número total de resultados posibles. El numerador es el número de resultados favorables y el denominador es el número total de resultados posibles. *La probabilidad de un evento puede escribirse como porcentaje, fracción o decimal.*

Por ejemplo, quieres saber la probabilidad de obtener un 2 al lanzar un dado. Cuando lanzas un dado, hay seis resultados posibles, pero, solo uno es favorable, un 2. Por lo tanto, la probabilidad es $\frac{1}{6}$. Escribimos $P(2)$ para representar *la probabilidad de obtener un 2 al lanzar un dado una vez.*

Definición de probabilidad	$P(\text{evento}) = \dfrac{\text{número de resultados favorables}}{\text{número total de resultados posibles}}$

Ejemplo **1**

APLICACIÓN

Juegos

Lauren Slocum representa a su clase de segundo año en un torneo de *Scrabble*. Es la primera jugadora en seleccionar siete fichas de las 100 fichas disponibles. La distribución de fichas se muestra a la derecha. Encuentra las siguientes probabilidades.

Letras	Número de fichas
J, K, Q, X, Z	1
B, C, F, H, M, P, V, W, Y, blank	2
G	3
D, L, S, U	4
N, R, T	6
O	8
A, I	9
E	12

a. una O en la primera selección

Hay ocho fichas con O y 100 fichas en total. $P(\text{elegir O}) = \frac{8}{100}$ ó $\frac{2}{25}$

La probabilidad de que Lauren elija una O es $\frac{2}{25}$ ó 4%.

b. una E si se han elegido 5 fichas y dos de ellas son Es

Hay 12 fichas con E. Si ya se han elegido 2, quedan 10. Hay $100 - 5$ ó 95 fichas para elegir.

$P(\text{seleccionar una E}) = \frac{10}{95}$ ó $\frac{2}{19}$

La probabilidad de elegir una E es $\frac{2}{9}$ ó cerca de 10%.

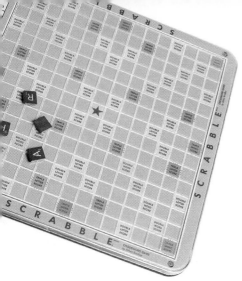

La probabilidad de que ocurra un evento es un número entre 0 y 1.

- Una probabilidad de 0 significa que es imposible que el evento ocurra.

- Una probabilidad de 1 significa que es seguro que el evento ocurra.

- Una probabilidad entre 0 y 1 significa que el evento no es ni imposible ni seguro.

Basado en las situaciones anteriores, la probabilidad de cualquier evento puede expresarse como $0 \le P(\text{evento}) \le 1$.

Algunos resultados tienen la misma probabilidad de ocurrir. Decimos que tales resultados son **igualmente verosímiles.** Cuando se escoge un resultado sin preferencia alguna, decimos que el evento **ocurre al azar.**

LOS MODELOS Y LAS MATEMÁTICAS   Probabilidad

Materiales: papel cuadriculado

¿Cuál es la probabilidad de que dos de los actores o actrices que han ganado Óscares entre 1983 y 1993 tengan el mismo cumpleaños? Considerando que hay solo 24 personas en este grupo, probablemente dirás que la probabilidad es escasa.

Puede sorprenderte de que en un grupo de 24 personas, la probabilidad de que dos de ellos tengan el mismo cumpleaños es cerca de 50%, o uno en dos.

Por ejemplo, en este grupo de ganadores de Óscares, Holly Hunter y William Hurt ambos nacieron un 20 de marzo.

Ahora te toca a ti

a. Entrevista a un grupo de 24 personas de tu escuela. Tabula los resultados.

b. ¿Contiene tu grupo dos personas con el mismo cumpleaños? Exhibe tus resultados en una tabla o gráfica.

c. Combina tus resultados con los de tus compañeros de clase. ¿Difiere la gráfica de la clase de tu gráfica individual? Explica.

d. Usa la siguiente gráfica para encontrar la probabilidad de cumpleaños compartidos por los presidentes de los Estados Unidos. Haz una investigación para encontrar cumpleaños presidenciales compartidos. Compara tus hallazgos. ¿Estás o no de acuerdo con los porcentajes? Explica tu razonamiento.

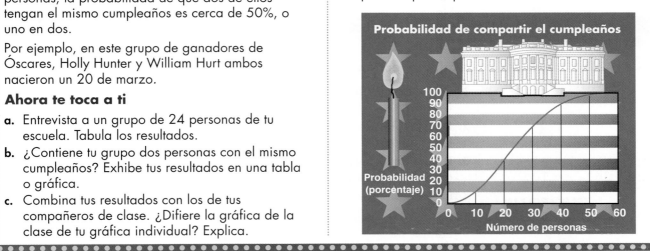

Otra forma de expresar la probabilidad de un evento es mediante **factibilidades.** La factibilidad de un evento es la razón que compara el número de maneras en que puede ocurrir un evento, con el número de maneras en que *no puede* ocurrir.

Definición de la factibilidad	La factibilidad de que ocurra un evento es la razón del número de formas en que ocurre el evento (éxitos) al número de formas en que no ocurre el evento (fracasos).

Factibilidad = número de éxitos: número de fracasos

Ejemplo **2** Cada martes, Jersey Mike's Submarine Shop lleva a cabo un sorteo entre las tarjetas de negocios con un premio de un almuerzo gratis. Cuatro colegas de Invo Accounting ponen sus tarjetas de negocios en la taza. Si hay 80 tarjetas en la taza, ¿cuál es la factibilidad de que uno de los colegas gane un almuerzo gratis?

Los colegas tienen 4 de las 80 tarjetas de negocios. Hay entonces $80 - 4$ ó 76 tarjetas de negocios que no les son favorables.

factibilidad de ganar $=$ número de maneras de sacar una tarjeta ganadora : números de maneras de sacar otras tarjetas
$= 4{:}76$ ó $1{:}19$ *1:19 se lee "1 en 19."*

Ejemplo **3** Refiérete a la aplicación del comienzo de la lección. La probabilidad de ganar cualquier premio o un descuento en el concurso de desprender etiquetas de Wendy es de 20% ó $\frac{1}{5}$. Calcula la factibilidad de ganar un premio o un descuento.

¿Tienes una mejor posibilidad de ganar un premio o de no ganar un premio?

Si la probabilidad de ganar un premio o un descuento es de $\frac{1}{5}$, entonces el número de éxitos (premio) es 1, mientras que el número total de resultados es 5. Esto significa que el número de fracasos (no ganar premio alguno) debe ser $5 - 1$ ó 4.

Factibilidad de ganar un premio $=$ número de éxitos : número de fracasos
$= 1{:}4$ *Esto se lee "1 en 4."*

COMPRUEBA LO QUE APRENDISTE

Comunicación en matemáticas

Estudia la lección y a continuación completa lo siguiente.

1. **Refiérete** al Ejemplo 1. Encuentra la probabilidad de elegir una Z si ya se han elegido 25 fichas y una de ellas es una Z.

2. **Da** ejemplos de un evento imposible y de un evento seguro cuando se lanza un dado.

3. **Di** cuál sería la factibilidad de que no ocurra un evento si la factibilidad de que ocurra el evento es de 3:5.

LOS MODELOS Y LAS MATEMÁTICAS

4. **Escribe** un problema en que la respuesta sea una probabilidad de $\frac{3}{4}$.

5. Escoge otro grupo de 24 personas para entrevistar. Registra sus fechas de cumpleaños. ¿Contiene tu grupo dos personas con el mismo cumpleaños?

Práctica dirigida

Determina la probabilidad de cada evento.

6. Este es un libro de álgebra.

7. Una moneda cae escudo.

Encuentra la probabilidad de cada resultado al lanzar un dado.

8. un 6

9. un número mayor que 2

Calcula la factibilidad de cada resultado al lanzar un dado.

10. un número mayor que 2

11. no un 3

12. Si la probabilidad de que ocurra un evento es $\frac{3}{7}$, ¿cuál es la factibilidad de que no ocurra el evento?

Práctica

Determina la probabilidad de cada evento.

13. Una moneda cae cara.

14. Hay un primero de enero este año.

15. Un bebé será varón.

16. Volarán los cerdos.

17. Lanzas un múltiplo de 2 con un dado.

18. El cumpleaños de una persona es en junio.

Calcula la probabilidad de cada resultado si una computadora escoge una letra de la palabra "probability" al azar.

19. la letra b

20. $P(no$ es i)

21. la letra e

22. $P($vocal)

23. *no* es *b* o *y*

24. las letras *a* o *t*

Encuentra la factibilidad de cada resultado si seleccionas al azar una moneda de un frasco que contiene 80 monedas de 1¢, 100 de 5¢, 70 de 10¢ y 50 de 25¢.

25. seleccionas una de 25¢

26. seleccionas una de 5¢

27. seleccionas una de 1¢

28. *no* seleccionas una de 5¢

29. *no* seleccionas una de 10¢

30. seleccionas una de 1¢ o una de 10¢

Se elige al azar una baraja de un mazo estándar de 52 barajas.

31. ¿Cuál es la probabilidad de elegir una baraja roja?

32. ¿Cuál es la probabilidad de elegir una reina?

33. ¿Cuál es la factibilidad de elegir un corazón?

34. ¿Cuál es la factibilidad de *no* elegir un 6 negro?

35. Si la factibilidad de que ocurra un evento es 8:5, ¿cuál es la probabilidad de que el evento ocurra?

36. Si la probabilidad de que un evento ocurra es $\frac{2}{3}$, ¿cuál es la factibilidad de que el evento ocurra?

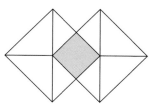

Piensa críticamente

37. **Geometría** Si se elige al azar un punto dentro de la figura de la derecha, ¿cuál es la probabilidad de que esté en la región sombreada?

38. **Geometría** Si se elige al azar un punto dentro de la figura de la derecha, ¿cuál es la probabilidad de que *no* esté en la región sombreada?

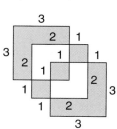

Aplicaciones y solución de problemas

39. Juegos El juego de tablero en *Jeopardy!* (¡Peligro!) está dividido en 30 cuadrados. Hay seis categorías con cinco respuestas en cada categoría. En el turno del *Double Jeopardy!* (¡Peligro doble!), dos cuadrados de *Daily Double* (dobles diarios) están ocultos entre los 30 cuadrados.

   a. ¿Cuál es la factibilidad de escoger un *Daily Double* la primera vez?
   b. Si haces la cuarta selección de *Double Jeopardy!*, cuál es la probabilidad de elegir un cuadrado de *Daily Double* si uno ya ha sido elegido?

40. En la escuela ¿Has tenido que hacer alguna vez una presentación oral delante de tus compañeros de curso? ¿Les dijo el profesor a todos que se prepararan y luego escogió, al azar, a los expositores del primer día?

   a. Si hay 35 estudiantes en tu clase y cuatro son elegidos por día para que hagan su presentación oral hasta que todos la hayan hecho, ¿cuál es la probabilidad de que seas escogido el primer día?
   b. Si no has sido escogido antes del cuarto día, ¿cuál es la probabilidad de que seas escogido el cuarto día?

41. Estadística La gráfica de la derecha muestra el número total de puntos ganados por cada uno de los 26 equipos de la Liga de Hockey Nacional durante la temporada 1993–1994.

   a. ¿Cuál es la probabilidad de que un equipo haya ganado 97 puntos?
   b. ¿Cuál es la probabilidad de que un equipo haya ganado menos de 80 puntos?
   c. ¿Cuál es la factibilidad de que un equipo haya anotado más de 100 puntos?

Tallo	Hoja
11	2
10	0 1 6
9	1 5 6 7 7 7 8
8	0 2 3 4 5 7 8
7	1 1 6
6	3 4 6
5	7
4	
3	7 $9|1 = 91$

Repaso comprensivo

42. Chocolate El estado de Illinois es el número uno en la producción de confites. La *Little Chocolate Shop* en Sterling, Illinois, se conoce por sus pastelitos de pacana. Los dueños solían hacer nueve libras de pastelitos de pacana en cierto lapso de tiempo. ¡Ahora hacen 300 libras en el mismo tiempo! Encuentra el porcentaje de cambio. (Lección 4–5)

43. Geometría En un edificio de estacionamiento, hay 20 pies entre cada nivel. La rampa hacia cada nivel mide 130 pies de largo. Calcula la medida del ángulo de elevación de cada rampa. (Lección 4–3)

44. Resuelve $\frac{5}{8}x + \frac{3}{5} = x$. (Lección 3–5)

45. Trabaja al revés Kristen gastó una quinta parte de su dinero en gasolina. Luego gastó la mitad de lo que quedaba en un corte de pelo. Almorzó por $7. Cuando llegó a su casa, le quedaban $13. ¿Cuánto tenía Kristen inicialmente? (Lección 3–3)

46. Simplifica $\pm\sqrt{1764}$. (Lección 2–8)

47. Calcula $\frac{17}{21} + \left(-\frac{13}{21}\right)$. (Lección 2–5)

48. En la escuela Cada número de los siguientes representa la edad de cada estudiante vespertino de la clase de cálculo de la profesora Wallace en el DeSantis Community College. (Lección 1–4)

22 17 25 24 19 27 33 16 35 26 20 18 24 33 18 19 48
36 19 23 55 18 18 19 27 18 19 25 17 32 19 45 19 20 30

   a. Traza una gráfica de tallo y hojas con esta información.
   b. ¿Cuántos estudiantes asisten a la clase de la profesora Wallace?
   c. ¿Cuál es la diferencia de edad entre el estudiante más viejo y el estudiante más joven de la clase?
   d. ¿Cuál es la edad más común de un estudiante en la clase?
   e. ¿Qué grupo de edad está representado mayoritariamente en la clase?

49. Evalúa $8(a - c)^2 + 3$, si $a = 6$, $b = 4$ y $c = 3$. (Lección 1–3)

Promedios ponderados

APLICACIÓN

En la escuela

En la clase de historia norteamericana del profesor Calloway, las notas semestrales se basan en cinco exámenes, uno por cada unidad, un examen semestral y un proyecto a largo plazo. Cada examen de unidad vale 15% de la nota final semestral, el examen semestral vale 20% de la nota final semestral y el proyecto vale 5% de la nota final semestral.

Notas semestrales	
Artículo	**Nota**
Examen de la unidad A	79%
Examen de la unidad B	83
Examen de la unidad C	96
Examen de la unidad D	91
Examen de la unidad E	89
Examen semestral	90
Proyecto	95

Las notas semestrales de Parker aparecen en la tabla de la derecha. Si 100% es una nota perfecta para cada artículo, calcula el promedio semestral de Parker.

Para encontrar el promedio semestral de Parker, tal vez quieras sumar los porcentajes y luego dividir entre el número de artículos, 7. Pero esto supone que cada artículo tiene el mismo peso. Lo que necesitas encontrar es el **promedio ponderado** de las notas.

Definición de promedio ponderado	El promedio ponderado M de un conjunto de datos es la suma del producto de cada número en el conjunto por su peso dividido entre la suma de todos los pesos.

Puedes encontrar el promedio ponderado de la aplicación anterior multiplicando cada nota por el porcentaje de la nota final semestral que representa y luego dividiendo entre la suma de los pesos ó 100.

$5(15) + 1(20) + 1(5) = 100$

$$M = \frac{15(79 + 83 + 96 + 91 + 89) + 20(90) + 5(95)}{100}$$

$$= \frac{8845}{100} \text{ ó } 88.45$$

Así, el promedio semestral de Parker es de más o menos 88%.

Los problemas de mezclas comprenden promedios ponderados. En tales problemas, el peso es habitualmente un precio o un porcentaje de algo.

Ejemplo ① Supongamos que la cafetería Central Park cobra $2.00 por una taza de espresso y $2.50 por una taza de cappuccino. El viernes, Rachel vendió 30 tazas más de cappuccino que de espresso por un total de $178.50 de espresso y cappuccino. ¿Cuántas tazas de cada tipo vendió Rachel?

Explora   Sea e el número de tazas de espresso que vendió Rachel. Entonces, $e + 30$ representa el número de tazas de espresso que vendió.

(continúa en la página siguiente)

Planifica Construye una tabla con esta información.

	Número de tazas	Precio por taza	Precio total
espresso	e	$2.00	2e
cappuccino	e + 30	$2.50	2.5(e + 30)

Resuelve

$$\underbrace{\text{total de las ventas de espresso}} + \underbrace{\text{total de las ventas de cappuccino}} = \underbrace{\text{total de las ventas}}$$

$$2e \quad + \quad 2.5(e + 30) \quad = 178.50$$
$$2e + 2.5e + 75 = 178.50$$
$$4.5e + 75 = 178.50$$
$$4.5e = 103.50$$
$$e = 23$$

Rachel vendió 23 tazas de espresso y 23 + 30 ó 53 tazas de cappuccino.

Examina Si Rachel vendió 23 tazas de espresso, el total de las ventas de esas tazas de café es 23($2.00) ó $46.00. Si Rachel vendió 53 tazas de cappuccino, el total de las ventas de esas tazas de café es 53($2.50) ó $132.50.

Dado que $46.00 + $132.50 = $178.50, la solución está correcta.

A veces los problemas de mezclas aparecen expresados en forma de porcentajes.

Ejemplo ❷

Preparación de alimentos

Un aviso comercial para una bebida de naranja afirma que la bebida contiene 10% de jugo de naranja. Jamel necesita 6 cuartos de la bebida para servir en una fiesta y quiere que la bebida que va a servir contenga 40% de jugo de naranja. ¿Qué cantidad de la bebida de 10% de jugo y de jugo de naranja puro debería Jamel mezclar para obtener 6 cuartos de una mezcla que contenga 40% de jugo de naranja?

Explora Sea p la cantidad de jugo de naranja puro que debe añadirse.

Planifica Haz una tabla con esta información.

	Cuartos	Cantidad de jugo de naranja
jugo al 10%	6 − p	0.10(6 − p)
puro jugo	p	1.00p
jugo al 40%	6	0.40(6)

Resuelve

$$\underbrace{\text{cantidad de jugo de naranja al 10\%}} + \underbrace{\text{cantidad de jugo de naranja puro}} = \underbrace{\text{cantidad de jugo de naranja al 40\%}}$$

$$0.10(6 - p) \quad + \quad 1.00p \quad = \quad 0.40(6)$$
$$0.6 - 0.1p + 1.00p = 2.4$$
$$0.9p = 1.8$$
$$p = 2$$

Jamel necesita combinar 2 cuartos de jugo puro de naranja con 6 − 2 ó 4 cuartos de jugo al 10% para obtener una mezcla de 6 cuartos que contengan un 40% de jugo de naranja. *Examina esta solución.*

Los problemas de movimiento son otra aplicación de los promedios ponderados. Cuando un objeto se mueve a una velocidad o tasa constante, se dice que tiene **movimiento uniforme.** Para resolver este tipo de problemas se usa la fórmula $d = rt$. En esta fórmula d representa la distancia, r representa la tasa y t representa el tiempo. Puedes también usar ecuaciones y tablas para resolver problemas de movimiento.

Ejemplo ③

APLICACIÓN
Viajes

El viernes, Shenae y su hermano Rafiel fueron a pasar el fin de semana con sus abuelos. Afortunadamente, el tránsito era moderado y pudieron hacer el viaje de 50 millas en exactamente una hora. El domingo no tuvieron tanta suerte. El viaje de regreso a casa fue de exactamente dos horas. ¿Cuál fue su velocidad promedio durante el viaje de ida y vuelta?

Para encontrar la velocidad promedio de cada tramo del viaje, escribe de nuevo $d = rt$ como $r = \frac{d}{t}$.

De ida	**De vuelta**
$r = \dfrac{d}{t}$	$r = \dfrac{d}{t}$
$= \dfrac{50 \text{ millas}}{1 \text{ por hora}}$ ó 50 millas por hora	$= \dfrac{50 \text{ millas}}{2 \text{ horas}}$ ó 25 millas por hora

Podrías pensar que la velocidad promedio del viaje es $\frac{50 + 25}{2}$ ó 37.5 millas por hora. Sin embargo Shenae no manejó a esas velocidades en cantidades iguales de tiempo. Puedes calcular el promedio ponderado de su viaje.

Viaje de ida y vuelta

$$M = \frac{50(1) + 25(2)}{3}$$

$$= \frac{100}{3} \text{ ó } 33\frac{1}{3}$$

Su velocidad promedio fue de $33\frac{1}{3}$ millas por hora.

Ejemplo ④

APLICACIÓN
Transporte

Dos buses urbanos salen de su estación al mismo tiempo, uno hacia el este y el otro hacia el oeste. El bus que va hacia el este viaja a una velocidad de 35 millas por hora y el que va hacia el oeste viaja a una velocidad de 45 millas por hora. ¿En cuántas horas estarán a una distancia de 60 millas?

Explora   Haz un diagrama que te ayude a analizar el problema.

Planifica   Organiza la información en una tabla. Sea t el número de horas hasta que los buses estén a 60 millas de distancia. No olvides que $rt = d$.

Bus	r	t	d	
Hacia el este	35	t	$35t$	*El bus hacia el este recorre 35t millas.*
Hacia el oeste	45	t	$45t$	*El bus hacia el oeste recorre 45t millas.*

Distancia hacia el este + *distancia hacia el oeste* = *distancia total*

$$35t \qquad + \qquad 45t \qquad = \qquad 60$$

(continúa en la página siguiente)

Resuelve $35t + 45t = 60$

$$80t = 60$$

$$t = \frac{3}{4}$$

En $\frac{3}{4}$ de hora ó 45 minutos, los buses estarán a 60 millas de distancia.

Examina Para verificar la respuesta, encuentra la distancia que cada bus recorre en $\frac{3}{4}$ de hora y averigua si suman 60 millas.

$$\left(\tfrac{3}{4}\text{h}\right)(35\text{ mph}) + \left(\tfrac{3}{4}\text{h}\right)(45\text{ mph}) \overset{?}{=} 60\text{ mi}$$

$$26\tfrac{1}{4}\text{ mi} + 33\tfrac{3}{4}\text{ mi} \overset{?}{=} 60\text{ mi}$$

$$60\text{ mi} = 60\text{ mi} \quad \checkmark$$

COMPRUEBA LO QUE APRENDISTE

Comunicación en matemáticas

MI DIARIO

DE MATEMÁTICAS

Estudia la lección y a continuación completa lo siguiente.

1. **Di** qué representan *d, r* y *t* en la fórmula $d = rt$.

2. **Explica** por qué a veces es útil usar tablas y diagramas.

3. **Describe** tu medio de transporte favorito y escribe un problema que use la fórmula $d = rt$ y tu medio de transporte favorito.

Práctica dirigida

4. **Química** Joshua lleva a cabo un experimento que requiere una solución de 30% de sulfato de cobre. Tiene 40 mL de una solución al 25%. ¿Cuántos mililitros de una solución al 60% debería Joshua añadir para obtener la solución al 30% requerida?

	Cantidad de la solución (en mL)	Cantidad de sulfato de cobre
Solución al 25%	40	
Solución al 60%	x	
Solución al 30%		

5. **Ventas** La compañía Cookie Crumbles vende diariamente dos clases de galletas: de mantequilla de maní a $6.50 la docena y de virutas de chocolate a $9.00 la docena. Ayer Cookie Crumbles vendió 85 docenas más de galletas de mantequilla de maní que de galletas de virutas de chocolate. El monto total de las ventas de ambas fue de $4055.50. ¿Cuántas docenas de cada una se vendieron?

6. **Viajes en avión** Un avión vuela 1000 millas hacia el este en 2 horas y 1000 millas hacia el sur en 3 horas. ¿Cuál es la velocidad promedio del avión?

7. **Barcos** El *Yankee Clipper* sale del muelle a las 9:00 A.M. a una velocidad de 8 nudos (millas náuticas por hora). Media hora después el *Riverboat Rover* sale del mismo muelle en la misma dirección a una velocidad de 10 nudos. ¿En qué momento el *Riverboat Rover* alcanzará al *Yankee Clipper*?

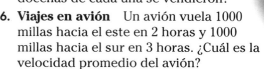

Aplicaciones y solución de problemas

8. **Ventas** La banda de música de la secundaria Madison vendió papel de regalos para financiar un viaje a Orlando, Florida. El rollo de papel de un solo color se vendió en $4.00 y el impreso se vendió en $6.00. El número total de rollos vendidos fue 480 y el dinero recolectado fue $2340. ¿Cuántos rollos de cada clase de papel se vendieron?

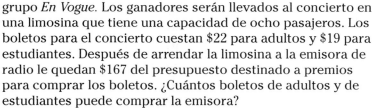

	Número de rollos	Precio por rollo	Precio total
Un solo color	r	$4	$4r$
Impreso	$480 - r$	$6	$6(480 - r)$

9. **Dinero** Rochelle tiene $2.55 en monedas de 10¢ y de 25¢. Tiene ocho de 10¢ más que de 25¢. ¿Cuántas de 25¢ tiene?

10. **Ventas** La Nut House vende nueces a $4.00 la libra y nueces de acajú a $7.00 la libra. ¿Cuántas libras de nueces de acajú deberían mezclarse con 10 libras de nueces para obtener una mezcla que se venda a $5.50 la libra?

11. **Viajes** Ryan y Jessica Wilson salen de su casa al mismo tiempo y en direcciones opuestas. Ryan viaja a 57 millas por hora y Jessica a 65 millas por hora. ¿En cuántas horas estarán a una distancia de 366 millas?

12. **Viajes** A las 7:00 A.M. Brooke sale de su casa en viaje de negocios manejando a 35 millas por hora. Quince minutos más tarde Bart descubre que Brooke olvidó llevar los materiales de su presentación. Maneja entonces a 50 millas por hora para alcanzarla. Si Bart pierde 30 minutos con un neumático desinflado, ¿cuándo alcanzará a Brooke?

13. **Ciclismo** Dos ciclistas viajan en la misma dirección y en la misma ruta. Uno va a 20 millas por hora y el otro a 14 millas por hora. ¿En cuántas horas estarán separados por 15 millas?

14. **Entretenimiento** Una emisora de radio local está patrocinando un concurso cuyo premio consiste en ganar boletos para un concierto del grupo *En Vogue*. Los ganadores serán llevados al concierto en una limosina que tiene una capacidad de ocho pasajeros. Los boletos para el concierto cuestan $22 para adultos y $19 para estudiantes. Después de arrendar la limosina a la emisora de radio le quedan $167 del presupuesto destinado a premios para comprar los boletos. ¿Cuántos boletos de adultos y de estudiantes puede comprar la emisora?

15. **Viajes** Pablo maneja a 40 millas por hora. Después de haber recorrido 30 millas, su hermano Ricardo empieza a manejar en la misma dirección. ¿A qué velocidad debe manejar Ricardo para alcanzar a Pablo en 5 horas?

16. **Automóviles** El radiador de un auto tiene una capacidad de 16 cuartos y está lleno con una solución que contiene 25% de fluido anticongelante. ¿Cuánto debe vaciarse y reemplazarse con fluido anticongelante para obtener una solución con 40% de fluido anticongelante?

17. **Ejecución de las leyes** Un oficial de la policía estatal está persiguiendo un auto que él cree está violando el límite de velocidad. El oficial viaja a 70 millas por hora para alcanzar el auto. Pero no puede decir más tarde que el otro auto iba a 70 millas por hora porque el conductor puede preguntar: "Si íbamos a la misma velocidad, ¿cómo fue que me alcanzó? Obviamente yo iba a menos velocidad. No violaba la ley". El oficial ve que el conductor pasa un marcador de millas, un cuarto de milla más adelante. Desde el marcador, el oficial se demora cinco minutos $\left(\frac{1}{12}\right.$ de hora$\left.\right)$ en alcanzarlo. ¿A qué velocidad iba el conductor?

18. Viajes   Un tren expreso viaja de Ironton a Wildwood a 80 kilómetros por hora. Un tren local, yendo a 48 kilómetros por hora, se demora 2 horas más en hacer el mismo viaje. ¿Cuál es la distancia entre Ironton y Wildwood?

19. Universidades   Emilio trata de decidir a qué universidad va a asistir. Determinó los cinco factores más importantes al escoger una universidad. Un puntaje de 1 es el más bajo y uno de 4 el más alto. La tabla muestra sus clasificaciones.

	Factor de importancia (1 a 4)	Clasificación (1 a 4)	Total
Distancia a casa	4	4	16
Reputación académica	3	2	6
Ambiente social	3	1	3
Calidad de los dormitorios estudiantiles	1	4	4
Comunidad vecina	2	3	6

a. Calcula el promedio ponderado de sus clasificaciones para la universidad que está considerando.

b. ¿Cuál es la clasificación más alta que puede recibir una universidad que Emilio esté considerando?

20. En la escuela   Muchas escuelas basan el cálculo del promedio de notas o GPA tanto en la nota que el estudiante obtiene en el curso, como en el número de créditos recibidos por asistir al curso. Las notas de Mercedes para este semestre aparecen en la tabla de la derecha. Calcula el GPA de Mercedes si cada A vale 4 y cada B vale 3.

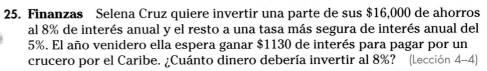

Tarjeta de notas

Clase	Créditos	Nota
Álgebra (Sección de honor)	1	A
Biología	1	B
Inglés 1	1	A
Español 2	1	B
Ed. física	$\frac{1}{2}$	A

Piensa críticamente

21. Escribe un problema de mezclas para $1.00x + 0.20(40 - x) = 0.28(40)$.

22. El lunes, Mónica Morrison manejó a su trabajo a 40 millas por hora y llegó un minuto tarde. El martes salió de casa a la misma hora, manejó a 45 millas por hora y llegó un minuto más temprano. ¿Cuántas millas tiene que manejar Mónica a su trabajo?

Repaso comprensivo

23. Probabilidad   Calcula la probabilidad de lanzar un número menor que 1 con un dado.   (Lección 4–6)

24. Béisbol   En 1994 DeMarini Sports Inc. vendió 7500 bates de aluminio a los entusiastas del softball. Para 1995, la compañía esperaba aumentar sus ventas en un 60%. ¿Cuántos bates vendió la compañía en 1995? (Lección 4–5)

25. Finanzas   Selena Cruz quiere invertir una parte de sus $16,000 de ahorros al 8% de interés anual y el resto a una tasa más segura de interés anual del 5%. El año venidero ella espera ganar $1130 de interés para pagar por un crucero por el Caribe. ¿Cuánto dinero debería invertir al 8%?   (Lección 4–4)

26. Trenes modelos   Los trenes modelos, que vienen en una variedad de tamaños llamados escalas, son réplicas a escala de trenes de verdad. Uno de los tamaños más populares se llama HO. Cada dimensión del modelo HO es un $\frac{1}{87}$ de una máquina de verdad. El modelo HO de una locomotora diesel mide cerca de 8 pulgadas de largo. ¿Más o menos cuántos pies de largo mide la locomotora de verdad?   (Lección 4–1)

27. Resuelve $5.3 - 0.3x = -9.4$.   (Lección 3–3)

28. Resuelve $24 = -2a$.   (Lección 3–2)

29. Identifica la propiedad que se ilustra con $(a + 3b) + 2c = a + (3b + 2c)$.   (Lección 1–8)

Variación directa e inversa

Uso de agua

¿Cantas a veces en la ducha? Si eres un americano típico, tienes suficiente tiempo para cantar varias canciones. El promedio nacional de tiempo en la ducha es de 12.2 minutos. Una ducha estándar usa 6 galones de agua por minuto. Eso significa que usas 73.2 galones de agua cada vez que te duchas. ¡El ducharse una vez al día gasta 26,718 galones de agua en un año!

El número de galones de agua que uno usa depende *directamente* del tiempo que uno se demora en ducharse. La siguiente tabla exhibe el número de galones de agua usados *y* como función del tiempo bajo la ducha *x*.

x (minutos)	3	6	9	12	15
y (galones)	18	36	54	72	90

La ecuación $y = 6x$ muestra la relación entre el número de minutos bajo la ducha y los galones de agua que se usan. Este tipo de ecuación recibe el nombre de **variación directa.** Decimos que *y varía directamente con x* o que *y es directamente proporcional a x.* Esto significa que cuando *x* crece, *y* crece y cuando *x* disminuye, *y* disminuye.

Definición de variación directa	**La variación directa se describe mediante una ecuación de la forma $y = kx$ donde $k \neq 0$.**

En la ecuación $y = kx$, *k* se llama la **constante de variación.** Para encontrar la constante de variación, divide cada lado entre *x*.

$$\frac{y}{x} = k$$

Ejemplo ❶ El salario de Julio varía directamente con el número de horas que trabaja. Si le pagan $29.75 por 5 horas de trabajo, ¿cuánto le pagarán por 30 horas?

Empleo

Primero calcula el salario por hora. Sea *x* = al número de horas que Julio trabaja y sea *y* = la paga de Julio. Encuentra el valor de *k* en la ecuación $y = kx$. El valor de *k* es la cantidad que le pagan a Julio por hora.

$k = \frac{y}{x}$

$k = \frac{29.75}{5}$

$k = 5.95$

A Julio le pagan $5.95 por hora.

(continúa en la página siguiente)

Finalmente, calcula lo que le pagan a Julio por 30 horas de trabajo.

$y = kx$

$y = 5.95(30)$

$y = 178.50$

Por lo tanto, a Julio le pagan $178.50 por 30 horas de trabajo.

Se pueden formar varias proporciones usando la tabla de la aplicación al comienzo de la lección. Abajo se muestran dos ejemplos.

número de minutos
$$\frac{3}{18} = \frac{9}{54}$$
galones de agua

número de minutos $\quad \frac{3}{9} = \frac{18}{54} \quad$ galones de agua

x_1 se lee "x subíndice 1."

Dos formas generales para proporciones como estas pueden derivarse de la ecuación $y = kx$. Sea (x_1, y_1) una solución de $y = kx$. Sea (x_2, y_2) una segunda solución. Entonces $y_1 = kx_1$ y $y_2 = kx_2$.

$y_1 = kx_1$ *Esta ecuación describe la variación directa.*

$\dfrac{y_1}{y_2} = \dfrac{kx_1}{kx_2}$ *Usa la propiedad de división de la igualdad. Dado que y_2 y kx_2 son equivalentes, puedes dividir el lado izquierdo entre y_2 y el lado derecho entre kx_2.*

$\dfrac{y_1}{y_2} = \dfrac{x_1}{x_2}$ *Simplifica.*

Otra proporción puede derivarse de esta proporción.

$x_2y_1 = x_1y_2$ *Calcula los productos cruzados de la proporción anterior.*

$\dfrac{x_2y_1}{y_1y_2} = \dfrac{x_1y_2}{y_1y_2}$ *Divide cada lado entre y_1y_2.*

$\dfrac{x_2}{y_2} = \dfrac{x_1}{y_1}$ *Simplifica.*

Puedes usar cualquiera de estas formas para resolver problemas de proporción directa.

Ejemplo ② **Si y varía directamente con x y $y = 28$ cuando $x = 7$, encuentra x cuando $y = 52$.**

Usa $\dfrac{y_1}{y_2} = \dfrac{x_1}{x_2}$ para resolver el problema.

$\dfrac{28}{52} = \dfrac{7}{x_2}$ *Sea $y_1 = 28$, $x_1 = 7$, y $y_2 = 52$.*

$28x_2 = 52(7)$ *Encuentra los productos cruzados.*

$28x_2 = 364$

$x_2 = 13$

Así, $x = 13$ cuando $y = 52$.

Lo contrario de la variación directa es la **variación inversa.** Decimos que *y* *varía inversamente con x.* Esto significa que cuando *x* aumenta, *y* disminuye o que cuando *x* disminuye, *y* aumenta. Por ejemplo, mientras más millas manejas menos gasolina tienes en el tanque.

Definición de variación inversa	La variación inversa se describe con una ecuación de la forma $xy = k$, donde $k \neq 0$.

A veces las variaciones inversas se escriben en la forma $y = \dfrac{k}{x}$.

Ejemplo ③

APLICACIÓN

Música

La longitud de la cuerda de un violín varía inversamente con la frecuencia de sus vibraciones. Una cuerda de violín de 10 pulgadas de largo vibra a una frecuencia de 512 ciclos por segundo. Calcula la frecuencia de una cuerda de 8 pulgadas de largo.

Sea ℓ el largo en pulgadas y *f* la frecuencia en ciclos por segundo. Calcula el valor de *k*.

$$\ell f = k$$
$$(10)(512) = k \quad \textit{Sustituye 10 por } \ell \textit{ y 512 por f.}$$
$$5120 = k \quad \textit{La constante de variación es 5120..}$$

A continuación, encuentra la frecuencia, en ciclos por segundo, de la cuerda de 8 pulgadas.

$$\ell f = k \quad \textit{Usa la misma ecuación de variación inversa.}$$
$$8 \cdot f = 5120 \quad \textit{Reemplaza } \ell \textit{ por 8 y k por 5120.}$$
$$f = \frac{5120}{8} \quad \textit{Divide cada lado entre 8.}$$
$$f = 640$$

La frecuencia de la cuerda de 8 pulgadas es de 640 ciclos por segundo.

Sea (x_1, y_1) una solución de la variación inversa $xy = k$. Sea (x_2, y_2) una segunda solución. Entonces $x_1 y_1 = k$ y $x_2 y_2 = k$.

$$x_1 y_1 = k$$
$$x_1 y_1 = x_2 y_2 \quad \textit{Puedes sustituir } x_2 y_2 \textit{ por k porque } x_2 y_2 = k.$$

La ecuación $x_1 y_1 = x_2 y_2$ recibe el nombre de regla del producto para la variación inversa. Observa cómo puede usarse para formar una proporción.

$$x_1 y_1 = x_2 y_2$$
$$\frac{x_1 y_1}{x_2 y_1} = \frac{x_2 y_2}{x_2 y_1} \quad \textit{Divide cada lado entre } x_2 y_1.$$
$$\frac{x_1}{x_2} = \frac{y_2}{y_1} \quad \textit{Observa que esta proporción es diferente a la proporción para la variación directa.}$$

Puedes usar la regla del producto o la regla de la proporción para resolver problemas de variación inversa.

Ejemplo **4** **Si y varía inversamente con x, y $y = 5$ cuando $x = 15$, encuentra x cuando $y = 3$.**

Sean $x_1 = 15$, $y_1 = 5$ y $y_2 = 3$. Despeja x_2.

Método 1

Usa la regla del producto.

$$x_1 y_1 = x_2 y_2$$

$$15 \cdot 5 = x_2 \cdot 3$$

$$\frac{75}{3} = x_2$$

$$25 = x_2$$

Método 2

Usa la proporción.

$$\frac{x_1}{x_2} = \frac{y_2}{y_1}$$

$$\frac{15}{x_2} = \frac{3}{5}$$

$$75 = 3x_2$$

$$25 = x_2$$

Así, $x = 25$ cuando $y = 3$.

Si has observado gente en un balancín, puedes haberte dado cuenta de que la persona de más peso se sienta más cerca del fulcro (punto de apoyo) del balancín para equilibrarlo. Un balancín es un tipo de *palanca* y todos los problemas de palancas comprenden la variación inversa.

Supongamos que los pesos p_1 y p_2 se colocan en una palanca a distancias d_1 y d_2 del fulcro respectivamente. La palanca está en equilibrio cuando $p_1 d_1 = p_2 d_2$. Esta propiedad de las palancas se ilustra a la derecha.

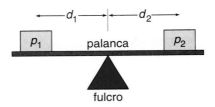

Ejemplo **5**

Física

El fulcro de un balancín de 20 pies de largo está situado en el centro del balancín. Cholena, que pesa 120 libras, está sentada a 9 pies del fulcro. ¿A qué distancia del fulcro debería sentarse Antonio, quien pesa 135 libras, para equilibrar el balancín?

Sea $p_1 = 120$, $d_1 = 9$ y $p_2 = 135$. Despeja d_2.

$$p_1 d_1 = p_2 d_2$$

$$120 \cdot 9 = 135 \cdot d_2$$

$$1080 = 135 d_2$$

$$d_2 = 8 \qquad \text{Antonio debería sentarse a 8 pies del fulcro.}$$

COMPRUEBA LO QUE APRENDISTE

Comunicación en matemáticas

Estudia la lección y a continuación completa lo siguiente.

1. **Determina** si una ecuación de la forma $xy = k$, donde $k \neq 0$, representa una variación directa o una variación inversa.

2. Refiérete a la aplicación al comienzo de la lección. Describe un dominio y una amplitud razonables.

3. **Explica** cómo se encuentra la constante de variación en una variación directa.

4. **Tú decides** Morgan dice que la estatura de una persona varía directamente con su edad. ¿Estás de acuerdo? Explica.

Determina cuáles ecuaciones representan variaciones inversas y cuáles representan variaciones directas. Luego, determina la constante de variación.

5. $mn = 5$

6. $a = -3b$

Resuelve si _y_ varía directamente con _x_.

7. Si $y = 27$, cuando $x = 6$, calcula x cuando $y = 45$.

8. Si $y = -7$ cuando $x = -14$, calcula y cuando $x = 20$.

Resuelve. Asume que _y_ varía inversamente con _x_.

9. Si $y = 99$ cuando $x = 11$, calcula x cuando $y = 11$.

10. Si $y = -6$ cuando $x = -2$, calcula y cuando $x = 5$.

11. Física   Un peso de 8 onzas se coloca en el extremo de una vara de una yarda de largo. Un peso de 10 onzas se coloca en el otro extremo. ¿Dónde debería ubicarse el fulcro para equilibrar la vara?

EJERCICIOS

Práctica

Determina cuáles ecuaciones representan variaciones inversas y cuáles representan variaciones directas. Luego, determina la constante de variación.

12. $c = 3.14d$

13. $15 = rs$

14. $\frac{35}{p} = q$

15. $s = \frac{9}{t}$

16. $\frac{1}{3}x = z$

17. $4a = b$

Resuelve. Asume que _y_ varía directamente con _x_.

18. Si $y = -8$ cuando $x = -3$, calcula x cuando $y = 6$.

19. Si $y = 12$ cuando $x = 15$, calcula x cuando $y = 21$.

20. Si $y = 2.5$ cuando $x = 0.5$, calcula y cuando $x = 20$.

21. Si $y = 4$ cuando $x = 12$, calcula y cuando $x = -24$.

22. Si $y = -6$ cuando $x = 9$, calcula y cuando $x = 6$.

23. Si $y = 2\frac{2}{3}$ cuando $x = \frac{1}{4}$, calcula y cuando $x = 1\frac{1}{8}$.

Resuelve. Asume que _y_ varía inversamente con _x_.

24. Si $y = 9$ cuando $x = 8$, calcula y cuando $x = 6$.

25. Si $x = 2.7$ cuando $y = 8.1$, calcula y cuando $x = 3.6$.

26. Si $y = 24$ cuando $x = -8$, calcula y cuando $x = 4$.

27. Si $x = 6.1$ cuando $y = 4.4$, calcula x cuando $y = 3.2$

28. Si $y = 7$ cuando $x = \frac{2}{3}$, calcula y cuando $x = 7$.

29. Si $x = \frac{1}{2}$ cuando $y = 16$, calcula x cuando $y = 32$.

Piensa críticamente

30. Supongamos que y varía inversamente con x.

a. Si se duplica el valor de x, ¿qué le sucede al valor de y?

b. Si se triplica el valor de y, ¿qué le sucede al valor de x?

31. Navegación espacial El peso de un objeto en la luna varía directamente con su peso en la Tierra. Con todo su equipo puesto, Neil Armstrong pesaba 360 libras en la Tierra. Cuando se convirtió en la primera persona en poner pie en la luna el 20 de julio de 1969, él pesaba 60 libras. Tara pesa 108 libras en la Tierra. ¿Cuál sería su peso en la luna?

32. Física Pam y Adam están sentados en el mismo lado de un balancín. Pam está ubicada a 6 pies del fulcro y pesa 115 libras. Adán está ubicado a 8 pies del fulcro y pesa 120 libras. Kam está sentado al otro lado del balancín a 10 pies del fulcro. Si el balancín está en equilibrio, ¿cuánto pesa Kam?

33. Música La intensidad de un sonido musical varía inversamente con la longitud de su onda. Si un sonido tiene una intensidad de 440 vibraciones por segundo y una longitud de onda de 2.4 pies, calcula la longitud de onda de un sonido que tiene una intensidad de 660 vibraciones por segundo.

34. Viajes A las 8:00 A.M., Alma salió manejando hacia el oeste a 35 millas por hora. A las 9:00 A.M. Reiko salió manejando desde el mismo punto hacia el este a 42 millas por hora. ¿En qué momento estarán a una distancia de 266 millas? (Lección 4–7)

35. Probabilidad Si la probabilidad de que ocurra un evento es de $\frac{2}{3}$, ¿cuáles son la factibilidad de que ocurra el evento? (Lección 4–6)

36. Ventas al por menor Una tienda por departamentos compra ropa al por mayor y luego sube el precio en un 25% para venderla a sus clientes. Si el precio al por menor de una chaqueta es $79, ¿cuál fue su precio al por mayor? (Lección 4–5)

37. Finanzas Hiroko invirtió $11,700, una parte al 5% de interés y el resto al 7% de interés. Si sus ganancias anuales de ambas inversiones son de $733, ¿cuánto invirtió a cada tasa de interés? (Lección 4–4)

38. Resuelve $\frac{2x}{5} + \frac{x}{4} = \frac{26}{5}$ en x. (Lección 3–6)

39. Resuelve $\frac{x}{4} + 9 = 6$. (Lección 3–3)

Neil Armstrong en la luna

VOCABULARIO

Después de estudiar este capítulo podrás definir cada término, propiedad o frase y dar uno o dos ejemplos de cada uno.

Álgebra

base (p. 215)

constante de variación (p. 239)

escala (p. 197)

extremos (p. 196)

factibilidad (p. 229)

interés simple (p. 217)

medios (p. 196)

movimiento uniforme (p. 235)

porcentaje (p. 215)

porcentaje de aumento (p. 222)

porcentaje de disminución (p. 222)

promedio ponderado (p. 233)

proporción (p. 195)

proporción porcentual (p. 215)

razón (p. 195)

tasa (pp. 197, 215)

variación directa (p. 239)

variación inversa (p. 241)

Geometría

ángulo de depresión (p. 208)

ángulo de elevación (p. 208)

ángulos correspondientes (p. 201)

catetos (p. 206)

hipotenusa (p. 206)

lados correspondientes (p. 201)

razones trigonométricas (p. 206)

semejante (p. 201)

triángulos semejantes (p. 201)

Probabilidad

al azar (p. 229)

igualmente verosímiles (p. 229)

probabilidad (p. 228)

probabilidad de un evento (p. 228)

Trigonometría

coseno (p. 206)

resolver el triángulo (p. 208)

seno (p. 206)

tangente (p. 206)

COMPRENSIÓN Y USO DEL VOCABULARIO

Escoge el término que complete correctamente cada frase.

1. El ángulo entre una persona en una torre de control que observa un avión en vuelo se llama (*ángulo de depresión, ángulo de elevación*).

2. La ecuación $\frac{3}{5} = \frac{9}{15}$ es una (*proporción, razón*).

3. Si $\triangle ABC \sim \triangle DEF$, entonces sus ángulos correspondientes son (*iguales, proporcionales*) y sus lados correspondientes son (*iguales, proporcionales*).

4. Una razón (*puede, no puede*) expresarse de las siguientes maneras: $\frac{4}{5}$, 4:5 y 4 a 5.

5. En un triángulo rectángulo, los lados que forman el ángulo recto se llaman (*hipotenusa, catetos*).

6. En $\frac{2}{x} = \frac{3}{9}$, 3 y x se llaman (*extremos, medios*).

7. La (*factibilidad, probabilidad*) de que ocurra cierto evento es la razón del número de maneras en que este puede ocurrir al número de maneras en que puede no ocurrir.

8. En la razón $\frac{5}{28}$, 5 es la (*base, porcentaje*) y 28 es la (*base, porcentaje*).

9. La (*variación directa, variación inversa*) se describe mediante una ecuación de la forma $xy = k$ donde $k \neq 0$.

10. La tangente de un ángulo se define como la medida del lado (*adyacente, opuesto*) dividida entre la medida del lado (*adyacente, hipotenusa*).

HABILIDADES Y CONCEPTOS

OBJETIVOS Y EJEMPLOS	EJERCICIOS DE REPASO

Una vez completado este capítulo, podrás:

Usa estos ejercicios para repasar y prepararte para el examen del capítulo.

● resolver proporciones   (Lección 4–1)

$$\frac{x}{3} = \frac{x+1}{2}$$

$2(x) = 3(x+1)$ *Calcula los productos cruzados.*

$2x = 3x + 3$

$-3 = x$

Usa productos cruzados para determinar si cada par de razones constituye una proporción.

11. $\frac{10}{3}, \frac{150}{45}$ **12.** $\frac{8}{7}, \frac{2}{1.75}$

13. $\frac{30}{12}, \frac{5}{4}$ **14.** $\frac{2.7}{3.1}, \frac{8.1}{9.3}$

Resuelve cada proporción.

15. $\frac{6}{15} = \frac{n}{45}$ **16.** $\frac{x}{11} = \frac{35}{55}$

17. $\frac{y+4}{y-1} = \frac{4}{3}$ **18.** $\frac{z-7}{6} = \frac{z+3}{7}$

● encontrar las medidas desconocidas de los lados de dos triángulos semejantes   (Lección 4–2)

$$\frac{10}{5} = \frac{6}{a}$$

$10a = 5(6)$

$10a = 30$

$a = 3$

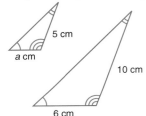

Los △ABC y △DEF son semejantes. Para cada conjunto de dimensiones dadas, calcula la medida de los lados que faltan.

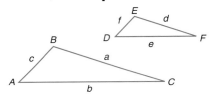

19. $c = 16, b = 12, a = 10, f = 9$

20. $a = 8, c = 10, b = 6, f = 12$

21. $c = 12, f = 9, a = 8, e = 11$

22. $b = 20, d = 7, f = 6, c = 15$

● usar razones trigonométricas para resolver triángulos rectángulos   (Lección 4–3)

$$\text{sen } A = \frac{\text{medida del cateto opuesto al } \angle A}{\text{medida de la hipotenusa}}$$

$$\cos A = \frac{\text{medida del cateto adyacente al } \angle A}{\text{medida de la hipotenusa}}$$

$$\tan A = \frac{\text{medida del cateto opuesto al } \angle A}{\text{medida del cateto adyacente al } \angle A}$$

Para el △ABC encuentra cada valor redondeado en milésimas.

23. $\cos B$

24. $\tan A$

25. $\sin B$

26. $\cos A$

27. $\tan B$

28. $\sin A$

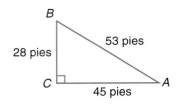

● usar razones trigonométricas para resolver triángulos rectángulos   (Lección 4–3)

$\cos M = 0.3245$

Ejecuta: 0.3245 [2nd] [COS⁻¹] *71.064715*

El $\angle M$ mide alrededor de $71°$.

Usa una calculadora para encontrar la medida de cada ángulo, redondeándola en grados.

29. $\tan M = 0.8043$

30. $\sin T = 0.1212$

31. $\tan Q = 5.9080$

32. $\cos F = 0.7443$

OBJETIVOS Y EJEMPLOS

• usar razones trigonométricas para resolver triángulos rectángulos (Lección 4–3)

Resuelve el triángulo rectángulo $\triangle ABC$ si $m\angle B = 40°$ y $c = 6$.

$m\angle A = 180° - (90° + 40°)$ ó $50°$

$\cos 40° = \dfrac{a}{6}$ $\qquad$ $\sin 40° = \dfrac{b}{6}$

$0.7660 \approx \dfrac{a}{6}$ $\qquad$ $0.6428 \approx \dfrac{b}{6}$

$0.7660(6) \approx a$ $\qquad$ $0.6428(6) \approx b$

$4.596 \approx a$ $\qquad$ $3.857 \approx b$

EJERCICIOS DE REPASO

Resuelve cada triángulo rectángulo. Redondea las longitudes de cada lado en décimas y las medidas angulares en grados.

33.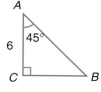

34.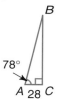

35.

36.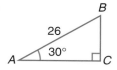

• resolver problemas de porcentaje (Lección 4–4)

¿Qué porcentaje es nueve de 15?

$\dfrac{9}{15} = \dfrac{r}{100}$ $\quad$ *Usa una proporción.*

$9(100) = 15r$ $\quad$ *Encuentra los productos cruzados.*

$900 = 15r$

$60 = r$

Resuelve.

37. ¿Cuál es el 60% de 80?

38. ¿De qué número es 21 el 35%?

39. ¿Qué porcentaje de 96 es 84?

40. ¿Qué porcentaje de 34 es 17?

41. ¿Cuál es el 0.3% de 62.7?

42. Calcula el 0.12% de $5200.

• resolver problemas de porcentaje de aumento o disminución (Lección 4–5)

original: $120 $\qquad$ nuevo: $114

magnitud de disminución: $120 − $114 = $6

$\dfrac{\text{magnitud de disminución}}{\text{original}} = \dfrac{r}{100}$

$\dfrac{6}{120} = \dfrac{r}{100}$

$5 = r$

El porcentaje de disminución es 5%.

Determina cuál porcentaje de cambio es un aumento y cuál una disminución. Calcula el porcentaje de aumento o de disminución. Redondea en porcentajes enteros.

43. original: $40
    nuevo: $35

44. original: 97 cajas
    nuevo: 115 cajas

45. original: $35
    nuevo: $37.10

46. original: $50
    nuevo: $88

47. original: 1500
    empleados
    nuevo: 1350
    estudiantes

48. original: 12,500
    estudiantes
    nuevo: 11,800
    estudiantes

• resolver problemas de descuento o impuesto de ventas (Lección 4–5)

zapatos para correr: $74; descuento: 15%; impuesto de ventas: 6%

15% de $74 = (0.15)(74) u $11.10

$74 − $11.10 = $62.90 $\quad\leftarrow$ *precio de oferta*

6% de $62.90 = (0.06)(62.90) ó $3.77

$62.90 + $3.77 = $66.67 $\quad\leftarrow$ *precio más impuesto*

El precio total de los zapatos es de $66.67.

Calcula el precio final de cada artículo. Cuando haya un descuento y un impuesto de venta, calcula primero el descuento.

49. calculadora: $81
    impuesto: 5.75%

50. gasolina: $21.50
    descuento: 2%

51. auto usado: $8,690
    impuesto: 6.7%

52. vestido: $89
    descuento: 25%
    impuesto: 7%

OBJETIVOS Y EJEMPLOS

- calcular la probabilidad de un evento simple y calcular la factibildad de un evento simple (Lección 4–6)

Calcula la probabilidad de que una computadora escoja al azar la letra I en la palabra MISSISSIPPI.

$$\frac{\text{número de resultados favorables}}{\text{número de posibles resultados}} = \frac{4}{11}$$

Calcula la factibilidad de *no* elegir la letra S en la palabra MISSISSIPPI.

número de éxitos:número de fracasos = 7:4

EJERCICIOS DE REPASO

Calcula la probabilidad de cada resultado si una computadora escoge al azar una letra de la palabra REPRESENTING.

53. la letra S

54. la letra E

55. $P(\text{no N})$

56. las letras R o P

Encuentra la factibilidad de cada resultado si seleccionas al azar una moneda de un frasco que contiene 90 monedas de 1¢, 75 de 5¢, 50 de 10¢ y 30 de 25¢.

57. seleccionas una de 10¢

58. seleccionas una de 1¢

59. *no* seleccionas una de 5¢

60. seleccionas una de 5¢ o una de 10¢

- resolver problemas de variación directa e inversa   (Lección 4–8)

Si x varía directamente con y y $x = 15$ cuando $y = 1.5$, calcula x cuando $y = 9$.

Si y varía inversamente con x y $y = 24$ cuando $x = 30$, calcula x cuando $y = 10$.

$$\frac{1.5}{9} = \frac{15}{x}$$

$1.5x = 9(15)$

$1.5x = 135$

$x = 90$

$$\frac{30}{x} = \frac{10}{24}$$

$(30)(24) = 10x$

$720 = 10x$

$72 = x$

Resuelve si y varía directamente con x.

61. Si $y = 15$ cuando $x = 5$, calcula y cuando $x = 7$.

62. Si $y = 35$ cuando $x = 175$, calcula y cuando $x = 75$.

63. Si $y = 10$ cuando $x = 0.75$, calcula x cuando $y = 80$.

64. Si $y = 3$ cuando $x = 99.9$, calcula y cuando $x = 522.81$.

Resuelve. Asume que y varía inversamente con x.

65. Si $y = 28$ cuando $x = 42$, calcula y cuando $x = 56$.

66. Si $y = 15$ cuando $x = 5$, calcula y cuando $x = 3$.

67. Si $y = 18$ cuando $x = 8$, calcula x cuando $y = 3$.

68. Si $y = 35$ cuando $x = 175$, calcula y cuando $x = 75$.

APLICACIONES Y SOLUCIÓN DE PROBLEMAS

69. Viajes   Dos aviones salen de Dallas al mismo tiempo y en direcciones opuestas. Un avión va a 80 millas por hora más rápido que el otro. Después de tres horas están a una distancia de 2940 millas. ¿Cuál es la velocidad de cada avión?   (Lección 4–7)

Un examen de práctica para el Capítulo 4 aparece en la página 790.

70. Café   Anne Leibowitz es dueña de "The Coffee Pot," una tienda especializada en café. Ella quiere crear una mezcla especial usando dos tipos de cafés, uno que vale $8.40 la libra y el otro a $7.28 la libra. ¿Cuántas libras del café a $7.28 la libra debería mezclar con 9 libras del café a $8.40 la libra para vender la mezcla a $7.95 la libra?   (Lección 4–7)

EVALUACIÓN ALTERNATIVA

PROYECTO DE APRENDIZAJE COOPERATIVO

Frecuencia de las letras   En este proyecto vas a determinar porcentajes, porcentaje de cambio, probabilidad y factibilidad.

Hay una distribución desigual de las letras que aparecen en las palabras. Christofer Sholes, el inventor de la máquina de escribir, puede no haber sabido de esta desigualdad. Él le dio a la mano izquierda un 56 por ciento de todas las letras mientras que a los dos dedos más ágiles de la mano derecha les corresponde, entre otras, dos de las letras menos usadas del alfabeto inglés, j y k.

La siguiente tabla muestra el porcentaje de la frecuencia de las letras en muestras grandes.

E	12.3%	R	6.0%	F	2.3%	K	1.5%
T	9.6%	H	5.1%	M	2.2%	Q	0.2%
A	8.1%	L	4.0%	W	2.0%	X	0.2%
O	7.9%	D	3.7%	Y	1.9%	J	0.1%
N	7.2%	C	3.2%	B	1.6%	Z	0.1%
I	7.2%	U	3.1%	G	1.6%		
S	6.6%	P	2.3%	V	0.9%		

Usando el segundo párrafo de esta página cuenta el número de veces que e, s, c, w y k aparecen en él y calcula sus porcentajes. Compara tus respuestas con la tabla. ¿Cuál es la probabilidad de que se haya usado una vocal en ese párrafo? ¿Hay mayor factibilidad de que se haya usado una vocal a que se haya usado una consonante en el párrafo? ¿Cuál es la factibilidad ?

Escribe un párrafo que describa los triángulos semejantes. A continuación determina el porcentaje de la frecuencia de las letras arriba mencionadas en tu párrafo. ¿Coinciden con los porcentajes de la tabla? Determina el porcentaje de cambio de las letras anteriores en el párrafo de arriba y en tu párrafo.

Sigue estas instrucciones.

- Determina qué tipo de datos necesitarás para calcular tus respuestas.
- Construye una tabla que te ayude a organizar los datos que necesitarás.
- Escribe un párrafo que describa tus respuestas.
- Utilizando los porcentajes de la tabla anterior, bosqueja tu idea sobre dónde deberían estar ubicadas las letras en una máquina de escribir y explica por qué.

PIENSA CRÍTICAMENTE

- Usa un ejemplo para describir la diferencia entre factibilidad y probabilidad. Explica por qué algunos eventos se describen en términos de factibilidad y otros en términos de probabilidad.
- Usa la definición de las razones trigonométricas para explicar por qué, en cualquier triángulo rectángulo $\triangle ABC$ con el ángulo recto en C, sen $A = \cos B$ y $\cos A = $ sen B.

PORTAFOLIO

Incluso después de estudiar un capítulo de material, puedes llegar al final y aún sentirte inseguro acerca de un concepto o de cierto tipo de problema. Busca un problema que aún no puedas resolver o que te preocupa no poder resolver en un examen. Escribe el problema y lo que más puedas de la solución hasta que llegues a la parte difícil. Explica entonces qué es lo que te impide resolver el problema. Sé claro y preciso. Coloca todo esto en tu portafolio.

AUTOEVALUACIÓN

El aprendizaje enfocado en un tema es cuando toda la materia que se estudia se relaciona con un mismo tema, como el agua, los animales, etc. Cuando se enseña el material, este se relaciona completamente con aquel tema.

Evalúate. ¿Eres la clase de persona que disfrutaría del aprendizaje enfocado en un tema? ¿Te gustaría relacionar todo tu material solamente con un área o prefieres relacionarlo con una variedad de áreas o temas de aplicación? Describe un tema que sería de tu interés y di cómo usarías ese tema para presentar y aplicar el contenido de un área específica de la matemática.

CAPÍTULOS 1–4

Hay nueve preguntas en esta sección. Después de trabajar en cada problema, escribe la respuesta correcta en tu hoja de prueba.

1. Despeja x en la ecuación $7(3b + x) = 5a$.

A. $5a - 21b = x$

B. $\frac{5a}{7} - 21b = x$

C. $\frac{5a - 3b}{7} = x$

D. $\frac{5a - 21b}{7} = x$

2. Ventas Una sudadera de los Tampa Bay Buccaneers baja de $40 a $35 durante una liquidación. Encuentra el porcentaje de disminución.

A. 5%

B. 12.5%

C. 14.3%

D. 114.3%

3. Una oruga está tratando de salir de un balde en el que ha caído. Avanza $1\frac{1}{4}$ pies y resbala $\frac{3}{8}$ pies. Entonces sube $\frac{5}{6}$ pies antes de descansar. ¿Cuánto más debe avanzar la oruga para alcanzar el borde del balde que mide 2 pies de alto?

A. $\frac{7}{24}$ pies

B. $\frac{7}{8}$ pies

C. $1\frac{1}{8}$ pies

D. $1\frac{17}{24}$ pies

4. Geometría Escoge la proporción correcta para calcular la distancia a lo largo del lago (AB) si $\triangle ABC$ es semejante a $\triangle EDC$.

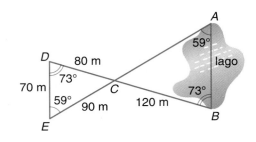

A. $\frac{70}{AB} = \frac{90}{120}$

B. $\frac{80}{70} = \frac{AB}{120}$

C. $\frac{70}{AB} = \frac{80}{120}$

D. $\frac{80}{90} = \frac{120}{AB}$

5. Kassim lee 36 páginas de una novela en 2 horas. Con la misma velocidad de lectura, calcula el número de horas que se demorará en leer las 135 páginas restantes.

A. $3\frac{3}{4}$

B. $7\frac{1}{2}$

C. $9\frac{1}{2}$

D. $10\frac{1}{2}$

6. Elige una ecuación que sea equivalente a "h es el producto de g y la diferencia del cuadrado de b y t".

A. $h - t = gb^2$

B. $h = g(b^2 - t)$

C. $h = g(b - t)^2$

D. $h + t = gb^2$

7. Probabilidad La clase de primer año de la secundaria Perry está planificando un baile de fin de año. El comité decide dar premios a la entrada. Quieren que la factibilidad de ganar un premio sea de 1:5. Si esperan vender 180 entradas, ¿cuántos premios necesitarán?

A. 6 premios

B. 36 premios

C. 30 premios

D. 150 premios

8. Ventas Raven le vendió a Sandra su entrada para un concierto en 75% del valor original. Si Sandra le pagó $26.25 por la entrada, señala la proporción que debe usarse para calcular el precio original de la entrada.

A. $\frac{75}{100} = \frac{26.25}{x}$

B. $\frac{x}{26.25} = \frac{75}{100}$

C. $\frac{x}{100} = \frac{75}{26.25}$

D. $\frac{x}{75} = \frac{26.25}{100}$

9. Estadística Los puntajes en el juego de bolos de Carita en los primeros cuatro juegos de una serie de cinco juegos son $b + 2$, $b + 3$, $b - 2$ y $b - 1$. ¿Cuál debe ser su puntaje en el último juego para tener un promedio de $b + 2$?

A. $b - 2$

B. $b + 2$

C. $b - 8$

D. $b + 8$

SECCIÓN DOS: RESPUESTAS LIBRES

Esta sección contiene nueve preguntas que debes contestar brevemente. Escribe tus respuestas en tu hoja de prueba.

10. Describe los pasos que se requieren para resolver la ecuación $4t - 5 = 7t - 23$.

11. Geometría Encuentra las dimensiones de un rectángulo cuyo ancho es de 5 pulgadas menos que su largo y el cual tiene un perímetro de 70 pulgadas.

12. Finanzas El saldo en la cuenta corriente de Marisa a principio de mes era de $428.79. Después de hacer cheques por un total de $1097.31, depositar 2 cheques de $691.53 cada uno y de retirar $100 de una máquina automática, ¿cuál es el nuevo saldo de la cuenta de Marisa?

13. Finanzas María Cruz quiere invertir parte de sus $8000 de ahorros en un bono que paga un interés anual del 12% y el resto en una cuenta de ahorros que paga 8% de interés. Si quiere ganar un total de $760, ¿cuánto dinero debería María invertir a cada tasa?

14. Clima El tiempo t, en horas, que dura una tormenta es dado por la fórmula $t = \sqrt{\dfrac{d^3}{216}}$ donde d es el diámetro de la tormenta en millas. Supongamos que el árbitro de un juego de béisbol detiene el partido a las 4:00 P.M. a causa de la lluvia. La tormenta que causa este atraso tiene un diámetro de 12 millas. Después de que cesa de llover, ¿puede continuarse el partido antes de las 6:00 P.M.?

15. Estadística Calcula la media, la mediana y la modal de la información en el siguiente esquema lineal. Redondea en décimas.

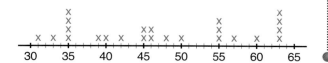

16. Corriendo Raúl corrió 385 yardas en $1\frac{3}{4}$ minutos. Luisa, su hermana más joven, aproxima que ella demoraría $3\frac{1}{2}$ minutos en correr la misma distancia. Si Luisa corre a una velocidad de 94 yardas por minuto, ¿es su aproximación correcta? Verifica tu respuesta.

17. Gobierno El término de un senador norteamericano es 150% del término del Presidente. ¿Cuánto dura el término de un senador norteamericano?

18. Física Shannon pesa 126 libras y Minal pesa 154 libras. Se hallan sentados en los extremos opuestos de un balancín. Shannon y Minal están a una distancia de 16 pies y el balancín está en equilibrio. ¿A qué distancia está Shannon del fulcro?

SECCIÓN TRES: ABIERTA

Esta sección contiene dos problemas abiertos. Demuestra tu conocimiento dando una solución clara y concisa a cada problema. Tus puntos en estos problemas dependerán de tu habilidad en lo siguiente.

- Explicar tu razonamiento.
- Mostrar tu comprensión de la matemática de una manera organizada.
- Usar tablas, gráficas y diagramas en tu explicación.
- Mostrar la solución de más de una manera o relacionarla con otras situaciones.
- Investigar más allá de los requerimientos del problema.

19. Geometría Un ángulo de un triángulo mide 15° más que un segundo ángulo. La medida del tercer ángulo es el triple de la suma de los dos primeros ángulos. Calcula cuánto mide cada ángulo.

20. Biología Un elefante africano adulto puede llegar a pesar 12,000 libras. Una ballena azul adulta puede pesar tanto como 37 elefantes africanos adultos. Una ballena azul recién nacida pesa un tercio de lo que pesa un elefante africano adulto. La ballena recién nacida aumenta 200 libras de peso diarias hasta alcanzar su peso adulto. ¿Cuántos días se demorará la ballena recién nacida en alcanzar su peso de adulto?

5

Grafica relaciones y funciones

Objetivos

En este capítulo podrás:

- graficar pares ordenados, relaciones y ecuaciones,
- resolver problemas mediante el uso de una tabla,
- identificar el dominio, amplitud y el inverso de una relación,
- determinar si una relación es una función,
- escribir una ecuación que represente una relación y
- calcular e interpretar la amplitud, los cuartiles y la amplitud intercuartílica de un conjunto de datos.

¿Qué tipo de música te gusta?

Tipo de música

Música country
Música ligera
Rock
Blues/R&B
Himnos/Música cristiana
Big Band
Jazz
Clásica o selecta
Bluegrass
Show Tunes/Operettas/Musicals
Soul
Folklore contemporáneo
Étnica/Música nacional
Latina/Salsa
Reggae
Música de desfiles/Bandas de Marchas
Nueva Era
Choral/Glee Club
Ópera
Rap

0% 10% 20% 30% 40% 50%

Porcentaje de adultos (al menos 18 años edad) y sus preferencia musicales
20 categorías, 1992 (basado en una población de 186 millones)

Fuente:
American Demographics,
agosto de 1994

¿Qué clase de música escuchas frecuentemente? La mayoría de los adolescentes tienen gustos musicales fáciles de adivinar–éxitos de rock y música country. A medida que creces, puedes aprender a disfrutar muchos otros tipos de música. ¡Quién sabe, puedes llegar a ser un entusiasta del canto gregoriano del siglo XII e incluso de Zydeco!

Línea cronológica

2400 A.C. Se usa el valor de posición en el sistema numérico sumerio en Mesopotamia.

1591 El libro *Isagoge in Arthem Analyticam (Introducción al Arte Analítico)* de Franços Viète es el primer trabajo matemático que usa letras para variables y constantes.

2500 A.C. 2400 2300 D.C. 1425 1450 1475 1500 1525 1550 1575 1600 1625 1650

D.C. 1434 El pintor Jan van Eyck de Los Países Bajos crea el famoso retrato doble *"El matrimonio Anrolfini".*

LA GENTE HACE
NOTICIAS

A la tierna edad de 10 años, **Jamie Knight** ya era una acabada cantante de Jazz. Ha actuado incluso en el Carnegie Hall de Nueva York, siguiendo los pasos de Ella Fitzgerald y Mel Torme. Jamie vive en Philadelphia, Pennsylvania y viene actuando desde los 6 años. Ha aparecido en festivales de Jazz y en el programa televisivo *Good Morning America.* Ya ha sacado su propio disco compacto.

Proyecto del capítulo

Trabaja en grupos de tres para conducir una encuesta musical.

- Cada miembro del grupo debe entrevistar a 20 personas de varias edades para determinar sus gustos musicales. Usa las ideas de la página anterior.
- Combina tus resultados y compáralos con la gráfica. ¿Corresponde la encuesta a los resultados nacionales?
- Crea una gráfica de barras que muestre tus resultados para cada tipo de música. Crea asimismo gráficas de barra para los cinco tipos más populares de música que hayas encontrado, exhibiendo la distribución por edad, para cada tipo de música. A continuación, crea una gráfica lineal que compare los gustos masculinos y femeninos en relación con los grupos por edad.
- Compara tus gráficas, saca algunas conclusiones e informa de tus hallazgos.
- ¿Crees que ciertos tipos de música están relacionados con culturas distintas? Puedes incluir en tu informe tus reflexiones acerca de esto.

1846 Intentando mejora el clarinete, Adolphe Sax inventa un nuevo instrumento, el saxófono.

1965 El ingeniero Robert Moog, con la colaboración de los compositores Herbert Deutsch y Walter Carlos, crea el Minimoog, el primer sintetizador electrónico.

1993 *Parque Jurásico* es la película y el libro que ganan más dinero.

700 | 1725 | 1750 | 1775 | 1800 | 1825 | 1850 | 1875 | 1900 | 1925 | 1950 | 1975 | 2000

1750 Tsao Hsueh Chin escribe una de las grandes obras de la literatura china, *El Sueño de la Cámara Roja.*

1943 Duke Ellington compone su obra de concierto, *Negro, moreno y beige.*

El plano de coordenadas

APLICACIÓN

Lugares históricos

En 1988, como parte de los festejos de los 200 años de la fundación de Cincinnati, la Comisión del Bicentenario de la ciudad creó parques en las riberas del río Ohio. Se vendieron más de 33,800 ladrillos personalizados que fueron colocados en los caminos de los parques. Sin embargo, la gente tuvo problemas en encontrar sus ladrillos. En 1989 Frank Albi, de la *Business Infomation Storage (BIS),* desarrolló un directorio maestro en el que aparecía el nombre de cada benefactor junto con la sección del parque y la columna en que se encuentra su ladrillo. BIS añadió además ladrillos que ayudaran a identificar las columnas en cada sección.

Rectas perpendiculares son rectas que se intersecan formando un ángulo de 90°.

El sistema que se usó en Cincinnati ayudó a ubicar el lugar específico de cada ladrillo. En matemáticas los puntos del plano se ubican en referencia con dos rectas numéricas perpendiculares que se llaman **ejes.** Los ejes se intersecan en su punto cero, un punto que se llama el **origen.** La recta numérica horizontal, llamada el **eje x,** y la recta numérica vertical, llamada el **eje y,** dividen el plano en cuatro cuadrantes. Los **cuadrantes** están numerados como aparece a la

A menos que se especifique lo contrario, puedes suponer que cada división en los ejes representa 1 unidad.

derecha. Observa que ni los ejes ni punto alguno de los ejes están ubicados en ninguno de los cuadrantes. El plano que contiene los dos ejes se llama el **plano de coordenadas.**

Los puntos en el plano de coordenadas se llaman *pares ordenados* de la forma (x, y). El primer número, o **coordenada x,** corresponde a los números en el eje x. El segundo número, o **coordenada y,** corresponde a los números en el eje y. El par ordenado que corresponde al origen es (0, 0)

Uno puede referirse a un punto mediante una letra mayúscula. Así, Z puede usarse para referirse al punto Z.

Para encontrar el par ordenado del punto Z que se muestra a la derecha, primero sigue la recta vertical que pasa por Z hasta que esta interseque el eje x. Después, sigue la recta horizontal que pasa por Z hasta que esta interseque el eje y. El número sobre el eje x correspondiente a Z es 4. El número sobre el eje y correspondiente a Z es −6. De esta forma el par ordenado correspondiente a Z es (4, −6). Este par ordenado también se puede escribir como Z(4, −6). La coordenada x de Z es 4 y la coordenada y de Z es −6. El punto Z está ubicado en el Cuadrante IV.

A menudo se usa una tabla cuando se trabaja con pares ordenados. Es una herramienta organizativa útil en la solución de problemas.

Ejemplo **1** **Escribe los pares ordenados de los puntos E, F, G y H que se indican a la derecha. Identifica el cuadrante en el que está ubicado cada punto.**

Usa una tabla como ayuda para encontrar las coordenadas de cada punto.

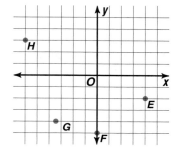

MIRADA RETROSPECTIVA

Puedes reexaminar el uso de tablas en la lección 4-7.

Punto	Coordenada x	Coordenada y	Par ordenado	Cuadrante
E	4	−2	(4, −2)	IV
F	0	−5	(0, −5)	none
G	−3.5	−4	(−3.5, −4)	III
H	−6	3	(−6, 3)	II

Graficar un par ordenado significa marcar, en el plano de coordenadas, el punto que corresponde al par ordenado. Esto se llama a veces *trazar un punto*. Cuando traces un par ordenado comienza en el origen. La coordenada *x* indica cuántas unidades tienes que desplazarte a la derecha (positivas) o a la izquierda (negativas). La coordenada *y* indica cuántas unidades tienes que desplazarte hacia arriba (positivas) o hacia abajo (negativas).

Ejemplo **2** **Grafica los siguientes puntos en un plano de coordenadas.**

a. **N(−3, −5)**

   Comienza en el origen, *O*. Desplázate 3 unidades hacia la izquierda dado que la coordenada *x* es −3. Luego desplázate 5 unidades hacia abajo, dado que la coordenada *y* es −5. Dibuja un punto y desígnalo *N*.

b. **K(−4.5, 8)**

   Comienza en el origen, *O*. Desplázate 4.5 unidades a la izquierda y 8 unidades hacia arriba. Dibuja un punto y desígnalo *K*.

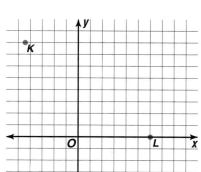

c. **L(6, 0)**

   Comienza en el origen, *O*. Desplázate 6 unidades a la derecha. Dado que la coordenada *y* es 0, el punto está ubicado en el eje *x*. Dibuja un punto y desígnalo por *L*.

Cada punto en el plano de coordenadas puede ser designado por un solo par ordenado y cada par ordenado designa un solo punto en el plano. De esta forma se establece una correspondencia de uno-a-uno entre un punto y su par ordenado.

Propiedad de correspondencia de los puntos del plano.	**1. Un par ordenado de números dado designa un único punto en el plano.** **2. Un punto dado en el plano está designado por un único par ordenado de números.**

En los mapas de ciudades y estados se usan habitualmente letras y números para ubicar puntos en el mapa. El número, que representa la coordenada horizontal, se especifica primero, seguido de la letra, que representa la coordenada vertical. Sin embargo, a diferencia del plano de coordenadas, donde el par ordenado denota un punto específico, las coordenadas de un mapa designan una región o sector en el que está ubicado el punto.

Ejemplo 3

APLICACIÓN
Cartografía

Usa pares ordenados para indicar todos los sectores por los que pasa la carretera interestatal 35 en el mapa de San Antonio, Texas, que se muestra a continuación.

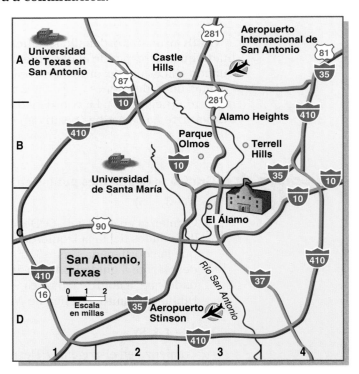

P T I

César-François Cassini, nacido en Thury, Francia en 1714, fue el primer cartógrafo que creó un mapa siguiendo principios modernos. En 1744 condujo el primer estudio geográfico nacional, la triangulación de Francia.

La I-35 comienza en la esquina sudeste y se extiende a través de San Antonio hacia la esquina noroeste. Comparte una porción de la ruta con la I-410.

La I-35 pasa por $(1, D)$ continuando a través de $(2, D)$, a través de la esquina sudeste de $(2, C)$, doblando hacia arriba a través de $(3, C)$, a través de la parte sur de $(3, B)$, compartiendo la ruta con la I-410 a través de $(4, B)$ y desapareciendo del mapa por el borde oriental de $(4, A)$.

Comunicación en matemáticas

Estudia la lección y a continuación completa lo siguiente.

1. **Dibuja** un plano de coordenadas. Marca el origen, el eje x, el eje y y los cuadrantes.

2. **Explica** cómo puedes determinar a qué cuadrante pertenece un punto leyendo [mirando] solamente los signos de sus coordenadas.

LOS MODELOS Y LAS
MATEMÁTICAS

3. **Copia o bosqueja** un mapa de las carreteras principales de tu comunidad. Usando otro color, dibuja en el mapa un sistema de coordenadas de modo que tu casa corresponda con el origen. Determina las coordenadas de tu escuela, de la biblioteca pública, de un centro comercial o de una tienda por departamentos y de tu restaurante preferido.

Práctica dirigida

Escribe el par ordenado que corresponde a cada punto que se muestra a la derecha. Identifica el cuadrante en el que está ubicado cada punto.

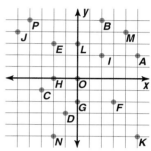

4. A 5. C

6. E 7. G

Grafica cada punto.

8. $W(-5, 0)$ 9. $X(-3, -4)$

10. $Y(3, -5)$ 11. $Z(0, 4)$

12. Escribe el par ordenado que corresponde a un punto que está 15 unidades más arriba del origen y 13 unidades a la izquierda del mismo.

Práctica

Para los ejercicios 4–7 emplea el plano de coordenadas anterior. Escribe el par ordenado correspondiente a cada punto e identifica el cuadrante en el que está ubicado.

13. D 14. H 15. L

16. P 17. O 18. K

19. F 20. B 21. I

22. M 23. J 24. N

Grafica cada punto.

25. $A(2, -1)$ 26. $B(-3, -3)$ 27. $C(0, 3.5)$ 28. $D(5, -2)$

29. $E(-3, 0)$ 30. $F(3, 5)$ 31. $G(-3, -4)$ 32. $H(-5, -2)$

33. $I(0, -2)$ 34. $J(-\frac{1}{2}, 1)$ 35. $K(4, 0)$ 36. $L(4, 2)$

Grafica cada punto. Luego conéctalos en orden alfabético e identifica la figura.

37. $A(2, 0)$, $B(2, 3)$, $C(1, 3)$, $D(-0.5, -1)$, $E(-2, 3)$, $F(-3, 3)$, $G(-3, -3)$, $H(-2, -3)$, $I(-2, 0)$, $J(-0.5, -3)$, $K(1, 0)$, $L(1, -3)$, $M(2, -3)$, $N(2, 0)$

38. $A(9, 0.5)$, $B(5, 1)$, $C(2, 1)$, $D(-1, 5)$, $E(-2, 5)$, $F(-1, 1)$, $G(-4, 1)$, $H(-5, 3)$, $I(-6, 3)$, $J(-5.5, 1)$, $K(-5.5, 0)$, $L(-6, -2)$, $M(-5, -2)$, $N(-4, 0)$, $P(-1, 0)$, $Q(-2, -4)$, $R(-1, -4)$, $S(2, 0)$, $T(5, 0)$, $U(9, 0.5)$

39. El programa de calculadora de gráficas de la derecha grafica un grupo de puntos en el mismo plano de coordenadas. Tendrás que determinar una amplitud apropiada de modo que puedas ver todos los puntos. Una vez que se grafique cada punto oprime ⎡ENTER⎤ para graficar otro punto. Para terminar el programa, oprime ⎡2nd⎤ ⎡QUIT⎤ mientras estés en la pantalla original. Usa este programa para verificar los puntos que graficaste en los Ejercicios 37 y 38.

```
PROGRAM:PLOTPTS
:ClrDraw
:Lbl 1
:Prompt X,Y
:Pt-On(X,Y)
:Pause
:Goto 1
```

Piensa críticamente

40. Describe las ubicaciones posibles, en términos de cuadrantes o ejes, para la gráfica de (x, y) si x y y satisfacen la condición dada.

a. $xy > 0$ **b.** $xy < 0$ **c.** $xy = 0$

Aplicaciones y solución de problemas

41. Geografía En el mapa de los Estados Unidos que se muestra a continuación, se han usado la longitud y la latitud para formar pares ordenados que identifican los sectores en el mapa. La longitud está representada a lo largo del eje horizontal y es la primera coordenada del par ordenado. La latitud está representada a lo largo del eje vertical y es la segunda coordenada del par ordenado.

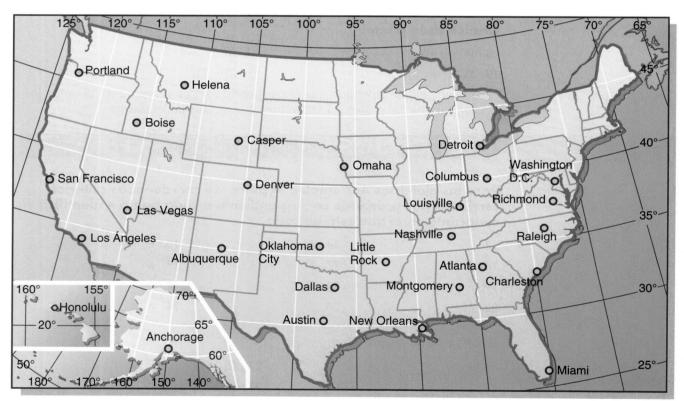

a. Identifica la ciudad ubicada en $(90°, 30°)$.

b. Identifica el estado ubicado en $(120°, 45°)$.

c. Aproxima la latitud y la longitud de la capital de nuestra nación con una exactitud de $5°$.

d. ¿Cuál capital estatal está ubicada en $(127°, 21°)$?

e. ¿Cuál es la latitud y longitud aproximadas de tu comunidad?

f. Observa las líneas de longitud y latitud en un globo terráqueo y compáralas con las que se muestran en este mapa. ¿Qué observas?

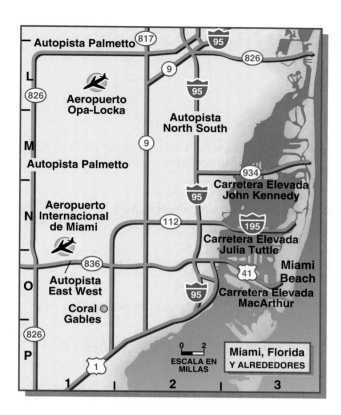

42. **Turismo** Diana trabaja en una agencia de viajes y se le ha encargado que marque en un mapa los monumentos más importantes del área de Miami para un cliente. Usa el mapa de Miami de la izquierda para responder las siguientes preguntas.

   a. ¿Cuál carretera elevada se encuentra en el sector (3, M)?

   b. ¿En qué sector se encuentra la ciudad de Coral Gables?

   c. ¿Cuál carretera va del sector (2, L) al sector (2, O)?

   d. Identifica todos los sectores por los que pasa la carretera 826.

43. **Traza un diagrama** Haz una carta de la ubicación de los escritorios en tu sala de clases de matemática. Traza un plano de coordenadas en tu diagrama de modo que cada escritorio corresponda a un par ordenado en el plano.

   a. ¿Cuáles son las coordenadas de tu escritorio?

   b. ¿Cuáles son las coordenadas del escritorio de otro estudiante de tu clase?

Repaso comprensivo

44. Si y varía directamente con x y $y = 3$ cuando $x = 15$, encuentra y cuando $x = -25$. (Lección 4–8)

45. Dos trenes salen de Nueva York al mismo tiempo, uno va hacia el norte, el otro hacia el sur. El primer tren viaja a 40 millas por hora y el segundo a 30 millas por hora. ¿En cuántas horas estarán a una distancia de 245 millas? (Lección 4–7)

46. Usa una calculadora para encontrar la medida del $\angle A$ con una precisión de un grado si sen $A = 0.2756$. (Lección 4–3)

47. Calcula la media, la mediana y la modal de $\{5, 9, 1, 2, 3\}$. (Lección 3–7)

Simplifica cada expresión.

48. $\sqrt{\dfrac{16}{25}}$ (Lección 2–8)

49. $\dfrac{7a + 35}{-7}$ (Lección 2–7)

50. **Agricultura** Los técnicos en agricultura ayudan en la organización y administración de las granjas. Preparan mapas con datos del clima de una región dada. La gráfica de la derecha, por ejemplo, exhibe las temperaturas normales extremas, mínimas y promedio para la región alrededor de Des Moines, Iowa. (Lección 1–9)

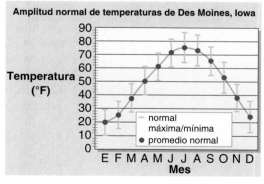

Amplitud normal de temperaturas de Des Moines, Iowa

   a. ¿Cuál es la temperatura normal en octubre?

   b. ¿Cuál es la amplitud normal de temperaturas en mayo?

51. Simplifica $7(5a + 3b) - 4a$. (Lección 1–8)

5–2A Tecnología gráfica
Relaciones

Una sinopsis de la Lección 5–2

Una **relación** es un conjunto de pares ordenados. Puedes graficar una relación usando una calculadora de gráficas. Los puntos pueden graficarse en el plano de coordenadas usando el menú DRAW.

Ejemplo ❶ **Grafica los siguientes puntos en un plano de coordenadas:**
$M(4, 7)$, $A(-10, 25)$, $T(-17, -17)$ y $H(23, -11)$.

Comienza con una pantalla de $[-47, 47]$ por $[-31, 31]$ usando una escala de 10 para cada eje. Esto se puede hacer rápidamente ejecutando [ZOOM] 8 [ENTER]. *Esto fija la escala en valores enteros.*

Si oprimes [2nd] [DRAW] [▶] *1 antes de oprimir* [GRAPH], *la calculadora te muestra Pt-On(. Para graficar un punto, ejecuta las coordenadas del punto, un paréntesis final) y* [ENTER]. *Luego procede con el cursor para los otros puntos.*

Borra el plano de coordenadas apagando todas las gráficas estadísticas y borrando la lista Y=.

- Para graficar el primer punto, ejecuta [GRAPH] [2nd] [DRAW] [▶] 1. *El cursor aparece en el origen mientras que X = 0 y Y = 0 aparecen en el extremo inferior de la pantalla.*

- Ahora, usa las teclas con flechas para mover el cursor a las coordenadas del punto que quieres graficar. *Las coordenadas de cada posición del cursor aparecen en el extremo inferior de la pantalla.*

- Oprime [ENTER] para poner una marca en ese punto.

- Sigue moviendo el cursor y oprimiendo [ENTER] para graficar los otros tres puntos.

- Cuando hayas terminado, puedes despejar la pantalla oprimiendo [2nd] [DRAW] 1.

Si no necesitas una amplitud tan grande como la que obtienes oprimiendo [ZOOM] 8, puedes fijar los valores WINDOW de la manera habitual u oprimir [ZOOM] 6. Una vez que hayas fijado la nueva pantalla y repetido el método que se mostró en el ejemplo 1, descubrirás que no puedes graficar puntos con valores exactos usando el cursor. Sin embargo, hay otra manera de graficar puntos exactos.

Ejemplo ❷ **Grafica $G(-4, 5)$, $R(1, 6)$, $A(-3, -6)$, $P(5, -8)$ y $H(0, 7)$ usando la pantalla estándar.**

- Fija la pantalla estándar. **Ejecuta:** [ZOOM] 6

- Vuelve a la pantalla original oprimiendo [2nd] [QUIT].

- Puedes graficar todos los puntos uniendo comandos en una serie, mediante el uso de los dos puntos (:).

 Ejecuta: [2nd] [DRAW] [▶] 1 *Pt-On(aparece en la pantalla.*

4 , 5) 2nd :

Esto guarda el primer punto. Ahora repite los pasos, sin oprimir ENTER, para guardar todos los otros puntos. Oprime finalmente ENTER para graficar los puntos.

Ejecuta: 2nd DRAW ▶ 1 1 ,

6) 2nd : 2nd DRAW

▶ 1 (−) 3 , (−) 6)

2nd : 2nd DRAW ▶ 1

5 , (−) 8) 2nd :

2nd DRAW ▶ 1 0 , 7) ENTER

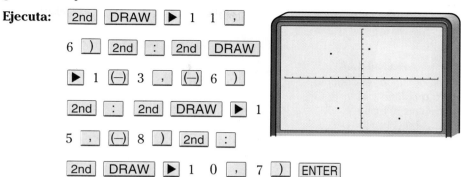

También puedes usar la opción Line(en el menú DRAW para conectar los puntos. Esto te puede ayudar a analizar los puntos de una relación. Pero antes de comenzar con una nueva gráfica debes despejar la pantalla oprimiendo 2nd DRAW 1 ENTER .

Ejemplo ❸ **Determina si las gráficas de (3, 5), (−3, −5) y (0, 7) están sobre la misma recta.**

Si conectas los puntos y solo aparece un segmento, los tres puntos probablemente están sobre una misma recta.

Ejecuta: 2nd DRAW 2 3 , 5

, (−) 3 , (−) 5)

2nd : 2nd DRAW 2 (−)

3 , (−) 5 , 0 , 7)

2nd : 2nd DRAW 2

3 , 5 , 0 , 7) ENTER

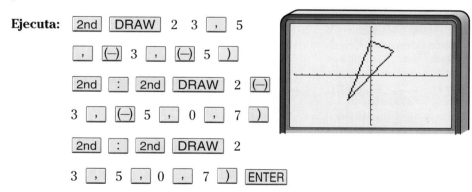

Dado que la figura que resulta es un triángulo, los tres puntos no están sobre la misma recta.

EJERCICIOS

En una calculadora de gráficas, grafica cada punto en la pantalla de visión [−47, 47] por [−31, 31].

1. $X(10, 10)$
2. $Y(0, -6)$
3. $Z(-26, 11)$
4. $Q(-17, -19)$
5. $T(-21, 4)$
6. $P(-20, 0)$

7. Explica por qué no ves en la pantalla los puntos de los Ejercicios 2 y 6 cuando los graficas.

8. **a.** Grafica $H(9, 9)$ y $J(29, 9)$.
   b. Halla dos puntos adicionales E y F de modo que estos cuatro puntos formen los vértices de un cuadrado. ¿Hay otras coordenadas posibles para E y F?
   c. Grafica E y F para completar el cuadrado.

Relaciones

5-2

Lo que **APRENDERÁS**

- A identificar el dominio, la amplitud y el inverso de una relación y
- a exhibir las relaciones como conjuntos de pares ordenados, mediante tablas, aplicaciones y gráficas.

Por qué **ES IMPORTANTE**

Porque puedes usar relaciones para resolver problemas que impliquen economía y probabilidad.

P T I

En 1966, el Congreso de los Estados Unidos aprobó la ley de Especies Escasas y en Peligro de Extinción estableciendo normas para que el Servicio de Pesca y Fauna Silvestre confeccione listas de especies de animales en peligro de extinción y pueda así protegerlas.

¿Cuál es la tendencia a través del tiempo?

CONEXIÓN
Biología

Hay 1.4 millones de especies clasificadas de microorganismos, invertebrados, plantas, peces, aves, reptiles, anfibios y mamíferos. Hay actualmente 930 especies en el mundo que se han clasificado *"en peligro de extinción."* Una especie se clasifica en peligro de extinción cuando sus números son tan bajos que la especie está en peligro de desaparecer.

En los Estados Unidos el manatí, un mamífero acuático, se considera en peligro de extinción. Aunque los manatíes fueron en alguna época comunes en las áreas costeras de Norteamérica, hoy se les encuentra principalmente en Florida. En la siguiente tabla se exhibe el número de manatíes que se han encontrado muertos desde 1976.

Mortalidad de los manatíes en Florida								
Año	1976	1977	1978	1979	1980	1981	1982	1983	1984
Número de manatíes	62	114	84	77	63	116	114	81	128
Año	1985	1986	1987	1988	1989	1990	1991	1992	1993
Número de manatíes	119	122	114	133	168	206	174	163	145

Fuente: Instituto de Investigación Marina de Florida

Esta información acerca del manatí también puede representarse con un conjunto de pares ordenados como se muestra en la siguiente lista. La primera coordenada es el año y la segunda es el número de manatíes encontrados muertos en ese año. Obviamente cada par ordenado puede graficarse.

{(1976, 62), (1977, 114), (1978, 84), (1979, 77), (1980, 63), (1981, 116), (1982, 114), (1983, 81), (1984, 128), (1985, 119), (1986, 122), (1987, 114), (1988, 133), (1989, 168), (1990, 206), (1991, 174), (1992, 163), (1993, 145)}

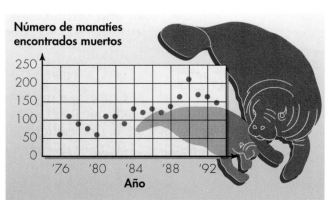

Número de manatíes encontrados muertos

MIRADA RETROSPECTIVA

Refiérete a la lección 1-9 y repasa la introducción de dominio y amplitud.

Recuerda que una **relación** es un conjunto de pares ordenados, como el que se mostró en la página anterior. El conjunto de primeras coordenadas de pares ordenados recibe el nombre de **dominio** de la relación. El dominio generalmente contiene las coordenadas x. El conjunto de segundas coordenadas de pares ordenados recibe el nombre de **amplitud** de la relación. La amplitud generalmente contiene las coordenadas y.

Definición de dominio y amplitud de una relación	**El dominio de una relación es el conjunto de todas las primeras coordenadas de pares ordenados en la relación. La amplitud de una relación es el conjunto de todas las segundas coordenadas de pares ordenados en la relación.**

Para la relación que representa los datos de los manatíes, el dominio y la amplitud se muestran a continuación.

Dominio = {1976, 1977, 1978, 1979, 1980, 1981, 1982, 1983, 1984, 1985, 1986, 1987, 1988, 1989, 1990, 1991, 1992, 1993}

Amplitud = {62, 114, 84, 77, 63, 116, 81, 128, 119, 122, 133, 168, 206, 174, 163, 145}

Un elemento es un miembro cualquier conjunto.

Fuera de los pares ordenados, las tablas y las gráficas, una relación también puede representarse por una **aplicación.** Una aplicación ilustra cómo cada elemento del dominio se aparea con un elemento de la amplitud. Por ejemplo, la relación $\{(3, 3), (-1, 4), (0, -4)\}$ puede modelarse de las siguientes maneras.

Pares ordenados   **Tabla**   **Gráfica**   **Aplicación**

$(3, 3)$

$(-1, 4)$

$(0, -4)$

x	y
3	3
-1	4
0	-4

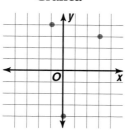

Ejemplo ❶ **Representa la relación que se exhibe en la gráfica de la derecha como**

a. un conjunto de pares ordenados,

b. una tabla y

c. una aplicación.

d. Luego determina el dominio y la amplitud.

a. El conjunto de pares ordenados para la relación es $\{(-3, 3), (-1, 2), (1, 1), (1, 3), (3, -2), (4, -2)\}$.

b.

x	y
-3	3
-1	2
1	1
1	3
3	-2
4	-2

c.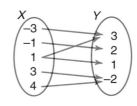

Al proporcionar el dominio y la amplitud, si un elemento se repite, entonces lo enumeras solo una vez.

d. El dominio de esta relación es $\{-3, -1, 1, 3, 4\}$, y la amplitud es $\{-2, 1, 2, 3\}$.

En situaciones de la vida real quizás tengas necesidad de escoger una amplitud de valores que no comience con 0 y que no tenga unidades de 1, para los ejes *x* o *y*.

Ejemplo ❷

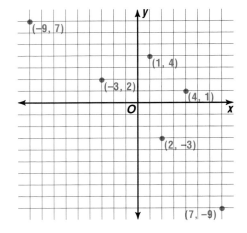
Para proteger las especies en peligro de extinción, se han impuesto límites en el número de animales que se pueden exportar a otros países. La siguiente tabla muestra los límites anuales para el número de cocodrilos que se pueden exportar de Indonesia.

a. **Determina el dominio y amplitud de la relación.**

b. **Grafica los datos.**

c. **¿Qué conclusiones puedes extraer de la gráfica de los datos?**

Exportación máxima de cocodrilos de Indonesia									
Año	1986	1987	1988	1989	1990	1991	1992	1993	1994
Número de cocodrilos	2000	2000	4000	4000	3000	3000	2700	1500	1500

Fuente: Traffic USA, World Wildlife Fund, agosto de 1992

a. El dominio es {1986, 1987, 1988, 1989, 1990, 1991, 1992, 1993, 1994}. La amplitud es {1500, 2000, 2700, 3000, 4000}.

Los valores se muestran habitualmente en orden numérico.

b. Los valores para el eje *x* de van 1986 a 1994. No es eficiente comenzar la escala con 0. Los valores para el eje *y* deben incluir valores de 1500 a 4000. Puedes incluir 0 y usar unidades de 500.

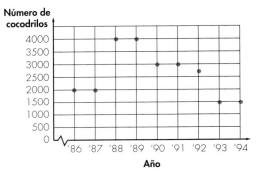

c. Mientras que el número de cocodrilos que se pueden exportar subió en 1988, este ha disminuido desde 1991. Esta tendencia puede indicar que los cocodrilos en Indonesia están inclusive en mayor riesgo de extinción.

Una línea cortada se usa para representar los valores anteriores a 1986 que se han omitido.

El **inverso** de cualquier relación se obtiene intercambiando las coordenadas de cada par.

Relación	Inverso
(1, 4)	(4, 1)
(−3, 2)	(2, −3)
(7, −9)	(−9, 7)

Observa que el dominio de la relación es la amplitud del inverso. Similarmente, la amplitud de la relación es el dominio del inverso.

Definición de la relación inversa	La relación **Q** es el inverso de la relación **S** si y solo si por cada par ordenado (*a*, *b*) en **S**, hay un par ordenado (*b*, *a*) en **Q**.

Ejemplo **③** **Expresa la relación que se muestra en la aplicación como un conjunto de pares ordenados. Escribe el inverso de la relación y traza una aplicación que modele el inverso.**

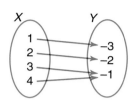

La aplicación muestra la relación $\{(1, -3), (2, -2), (3, -1), (4, -1)\}$.

El inverso de la relación es $\{(-3, 1), (-2, 2), (-1, 3), (-1, 4)\}$.

La aplicación de la derecha exhibe el inverso.

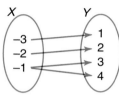

Las relaciones y sus inversos exhiben algunas características interesantes, como vas a descubrir a continuación.

LOS MODELOS Y LAS MATEMÁTICAS

Relaciones e inversos

Materiales: papel cuadriculado regla ✎ lápices de color

Existe una relación especial entre una relación y su inverso, que puedes descubrir doblando papel.

Paso 1 Grafica la relación $\{(4, 5), (-3, 6), (-5, -3), (4, -7), (5, 0), (0, -3)\}$ en un plano de coordenadas, usando un solo color de lápiz.

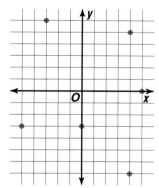

Conecta los puntos ordenadamente usando un lápiz del mismo color.

Paso 2 Usa un lápiz de color distinto para graficar el inverso de la relación, conectando sus puntos ordenadamente.

Paso 3 Dobla el papel por el origen, de manera que el eje positivo *y* quede sobre el eje positivo *x*. Acerca el papel a una luz de modo que puedas ver todos los puntos que graficaste.

Ahora te toca a ti

a. ¿Qué observaste acerca de la ubicación de los puntos que graficaste cuando miraste el papel doblado?

b. Desdobla el papel. Describe el patrón formado por las líneas que conectan los puntos en la relación y en su inverso.

c. ¿Cuáles crees que son los pares ordenados que representan los puntos en la línea del doblez? Descríbelos en términos de *x* y *y*.

d. ¿Cómo podrías graficar el inverso de una función sin tener primero que escribir los pares ordenados?

Comunicación en matemáticas

Estudia la lección y a continuación completa lo siguiente.

1. **Explica** por qué es importante identificar los valores del dominio y de la amplitud de una relación cuando se grafica la relación.

2. Refiérete a la aplicación del comienzo de la lección. Explica qué sugiere la gráfica de los manatíes acerca de los patrones en la tasa de mortalidad de los manatíes.

3. **Plantea** la relación entre el dominio y la amplitud de una relación y el dominio y la amplitud de su inverso.

LOS MODELOS Y LAS MATEMÁTICAS

4. Grafica la relación $\{(0, 5), (2, 3), (1, -4), (-3, 3), (-1, -2)\}$. Dibuja una recta que pase por los puntos $(-3, -3)$ y $(3, 3)$. Usa esta recta para graficar el inverso de la relación sin escribir los pares ordenados del inverso.

Práctica dirigida

Declara el dominio y la amplitud de cada relación.

5. $\{(0, 2), (1, -2), (2, 4)\}$

6. $\{(-4, 2), (-2, 0), (0, 2), (2, 4)\}$

Expresa la relación que se exhibe en cada tabla, aplicación o gráfica como un conjunto de pares ordenados. Luego determina el dominio, la amplitud y el inverso de la relación.

7.

x	y
1	3
2	4
3	5
5	7

8.

x	y
1	4
3	-2
4	4
6	-2

9.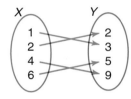

10.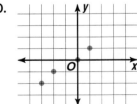

11.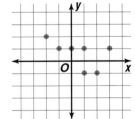

12–14. Grafica las relaciones que se muestran en los Ejercicios 7–9.

15. **Economía** La gráfica de la derecha muestra la tasa de desempleo en los Estados Unidos entre enero de 1992 y diciembre de 1994.

   a. Identifica tres pares ordenados en la gráfica.

   b. Aproxima el valor más bajo de la amplitud.

   c. ¿Qué conclusiones puedes sacar de la gráfica?

Tasa de desempleo de E.E.U.U., 1992–1994

OFERTAS DE TRABAJO

Fuente: *Wall Street Journal* del 5 de diciembre de 1994

Práctica

Encuentra el dominio y la amplitud de cada relación.

16. $\{(1, 3), (2, 5), (1, -7), (2, 9), (3, 3)\}$

17. $\{(1, 7), (-2, 7), (3, 7), (-5, 7)\}$

18. $\{3.1, -1), (-4.7, 3.9), (2.4, -3.6), (-9, 2)\}$

19. $\left\{\left(\frac{1}{2}, \frac{1}{4}\right), \left(1\frac{1}{2}, -\frac{2}{3}\right), \left(-3, \frac{2}{5}\right), \left(-5\frac{1}{4}, -6\frac{2}{7}\right)\right\}$

Expresa la relación que se exhibe en cada tabla, aplicación o gráfica como un conjunto de pares ordenados. Luego determina el dominio, la amplitud y el inverso de la relación.

20.

x	y
0	4
1	5
2	6
3	6

21.

x	y
6	4
4	-2
3	4
1	-2

22.

x	y
-4	2
-2	0
0	2
2	4

23.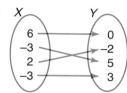

24.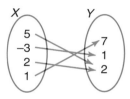

25.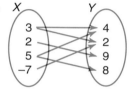

26. temperatura del agua hervida enfriándose

tiempo (en minutos)	0	5	10	15	20	25	30
temperatura (°C)	100	90	81	73	66	60	55

27. costo de reparaciones mecánicas

tiempo (en horas)	0	1	2	3
costo (en dólares)	25	50	75	100

28. distancia recorrida a una velocidad de 55 mph

tiempo (en horas)	1.25	3.75	4.5	5.5	6
distancia (en millas)	68.75	206.25	247.5	302.5	330

29.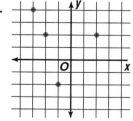

30.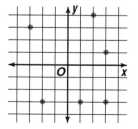

31.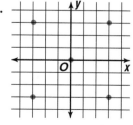

32.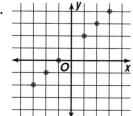

33.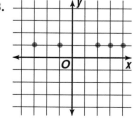

34.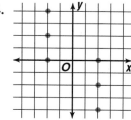

Traza una aplicación y una gráfica para cada relación.

35. $\{(8, 2), (4, 2), (8, -9), (7, 5), (-3, 2)\}$

36. $\{(3, 3), (2, 7), (-3, 3), (1, 3), (4, 1)\}$

37. $\{(6, 0), (6, -4), (4, -3), (5, -3)\}$

Calculadora de gráficas

Grafica cada relación en una calculadora de gráficas.

a. Escribe los ajustes de WINDOW que usaste.

b. Escribe las coordenadas del inverso. Grafica el inverso.

c. Identifica los cuadrantes a los que pertenece cada punto de la relación y de su inverso.

38.

x	y
1992	77
1993	200
1994	550
1995	880

39.

x	y
0	10
2	-8
6	6
9	-4

40.

x	y
-1	18
-2	23
-3	28
-4	33

41. Revisa tus respuestas para la parte *c* de los Ejercicios 38–40. ¿Qué conclusiones puedes sacar acerca del cuadrante al que pertenece un punto del inverso?

Piensa críticamente

42. Escribe una relación que tenga cinco pares ordenados de modo que sea su propia inverso. Describe la gráfica de la relación y de su inverso.

Aplicaciones y solución de problemas

43. Ventas al por menor   La gráfica de la derecha muestra las ventas al por menor en E.E.U.U., en billones de dólares. Las cantidades de cada mes han sido ajustadas para dar cuenta de aumentos de temporada en las ventas.

a. Aproxima los valores mínimo y máximo de la amplitud.

b. Describe en tus propias palabras qué representa el patrón formado por los puntos.

c. Compara este gráfica con la del Ejercicio 15. ¿Cómo crees que se puedan comparar las tasas de desempleo con las tendencias en las ventas al por menor? Explica.

Ventas al por menor en E.E.U.U. 1992–1994
(en billones de dólares)

Fuente: *Wall Street Journal* del 16 noviembre de 1994.

44. Haz una tabla   Mandy Chin está ahorrando dinero para pagar el primer año de una prima de seguro para su auto, la cual costará cerca de $1200. Ya tiene $500 en su cuenta de ahorros. Obtiene un trabajo en un restaurante de comida rápida y planea ahorrar $45 dólares semanalmente.

a. Haz una tabla que muestre el número de semanas y cuánto dinero tendrá Mandy en su cuenta cada semana. Por ejemplo, en la Semana 1 ella tendrá $545. Grafica los resultados.

b. ¿Cuándo tendrá dinero suficiente para pagar su prima de seguros?

45. Probabilidad Cuando se lanzan dos dados hay 36 resultados posibles distintos. Los resultados pueden escribirse usando pares ordenados como (4, 3).

　a. Grafica todos los 36 posibles resultados. ¿Cuáles son el dominio y la amplitud?

　b. ¿Cuáles son el dominio y la amplitud del inverso? ¿Qué observas en esta relación y su inverso?

　c. ¿Cuántas sumas distintas son posibles cuando se lanzan dos dados? Traza un esquema lineal que exhiba de cuántas maneras se puede obtener cada suma. Describe tu esquema lineal.

　d. Grafica los resultados que tienen una suma de 7.

　e. ¿Cuál es la probabilidad de sacar un 7? Explica.

Repaso comprensivo

46. Grafica $A(6, 2)$, $B(-3, 6)$, y $C(-5, -4)$ en el mismo plano de coordenadas. (Lección 5–1)

47. Si y varía inversamente con x y $y = 8$ cuando $x = 24$, encuentra y cuando $x = 6$. (Lección 4–8)

48. Entretenimiento En el cine Llegoatiempo, las entradas para adultos cuestan $5.75 y las entradas para niños $3.75. ¿Cuántas de cada una se compraron si se pagó $68 por 16 entradas? (Lección 4–7)

49. Usa $I = prt$ para calcular I si $p = 8000, $r = 6\%$ y $t = 1$ año. (Lección 4–4)

50. Despeja m en $E = mc^2$. (Lección 3–6)

51. Ciencias del espacio El cometa Halley visita la Tierra cada 76.3 años. La última vez que apareció fue en 1986. ¿En qué año del siglo XXIII se espera que aparezca el cometa Halley? (Lección 2–6)

52. Agricultura Refiérete al gráfica del Ejercicio 50 en la página 259. (Lección 1–9)

　a. ¿Cuál es temperatura mínima normal en marzo?

　b. ¿Qué sucede con la temperatura después de julio?

53. Simplifica $4[1 + 4(5x + 2y)]$. (Lección 1–8)

T R A B A J A   E N   L A

In·ves·ti·ga·ción

Refiérete a las páginas 190–191.

¡¡Ándale pez!!

Para llevar cuenta de las poblaciones de peces, el Departamento de Recursos Naturales y Vida Silvestre traza habitualmente gráficas con sus hallazgos. Utilizan estas gráficas para supervisar las poblaciones de los distintos tipos de peces. De esta forma saben cuáles especies aumentan y cuáles declinan. Esta información puede ser realmente importante cuando se supervisan especies escasas o que están en peligro de extinción.

1 Usa la información de tu lista para confeccionar una tabla de pares ordenados (x, y) donde x represente el número de la muestra y y represente tu aproximación del número de peces en el lago.

2 Traza una aplicación de esta relación.

3 Grafica los pares ordenados en papel cuadriculado. Describe esta gráfica.

Agrega los resultados de tu trabajo a tu *Archivo de investigación*.

5–3A Tecnología gráfica
Ecuaciones

Una sinopsis de la Lección 5–3

Se pueden usar pares ordenados para representar soluciones de ecuaciones en dos variables. De esta manera, el conjunto de solución de una ecuación para un dominio dado es una relación. Podemos usar una calculadora de gráficas para estudiar la relación y determinar la amplitud cuando se conoce el dominio.

Ejemplo Resuelve $y = 2.5x + 4$ si el dominio es $\{-8, -6, -4, -2, 0, 2, 4, 6, 8\}$.

Método 1

Guarda los elementos del dominio como una lista de valores en L1.

Ejecuta: [2nd] [{] [(−)] 8 [,] [(−)] 6 [,] [(−)] 4 [,] [(−)] 2 [,]

0 [,] 2 [,] 4 [,] 6 [,] 8 [2nd] [}] [STO▶] [2nd]

[L1] [ENTER]   {-8 -6 -4 -2 0 …

Para encontrar los valores de la amplitud, calcula el lado derecho de la ecuación reemplazando L1 por x.

Ejecuta: 2.5 [2nd] [L1] [+] 4 [ENTER]   {-16 -11 -6 -1 …

Aprieta las teclas con flechas para desplazarte a la derecha o a la izquierda en la pantalla y ver todos los valores en la amplitud.

El conjunto solución es $\{(-8, -16), (-6, -11), (-4, -6), (-2, -1), (0, 4), (2, 9), (4, 14), (6, 19), (8, 24)\}$.

Método 2

Guarda la ecuación en el menú Y = de la calculadora y observa la tabla de valores que esta crea.

Ejecuta: [Y] 2.5 [X,T,θ] [+] 4 [2nd] [TblSet] [(−)] 8 [ENTER] 2

[2nd] [TABLE]

Una tabla con columnas X y Y_1 aparece en la pantalla. Los valores de la columna Y_1 representan los valores correspondientes de la amplitud para cada valor x del dominio. Esta tabla te ayuda a encontrar los pares ordenados que son soluciones de la ecuación. El conjunto solución es $\{(-8, -16), (-6, -11), (-4, -6), (-2, -1), (0, 4), (2, 9), (4, 14), (6, 19), (8, 24)\}$, que corrobora la lista del Método 1.

ΔTbl significa los incrementos con que los valores de x aparecerán en la tabla.

EJERCICIOS

Usa una calculadora de gráficas para resolver cada ecuación si el dominio es $\{-3, -2, -1, 0, 1, 2, 3\}$.

1. $y = 4x - 7$ **2.** $y = x^2 + 11$ **3.** $1.2x - y = 6.8$ **4.** $6x + 2y = 12$

Ecuaciones como relaciones

Lo que APRENDERÁS

- A determinar la amplitud de un dominio dado y
- a graficar el conjunto de solución del dominio dado.

Por qué ES IMPORTANTE

Porque puedes usar ecuaciones para resolver problemas que impliquen asuntos de salud y anatomía.

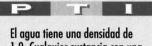

P T I

El agua tiene una densidad de 1.0. Cualquier sustancia con una densidad menor que 1.0 flota en el agua. Cualquier sustancia con una densidad mayor que 1.0 se hunde en el agua.

CONEXIÓN
Ciencia física

¿Eres "liviano" como una pluma o "pesado" como una roca? La *densidad* de un objeto es la medida del grado de su peso. La densidad se define como la masa por unidad de volumen. La tabla de la derecha muestra la densidad de algunas sustancias comunes.

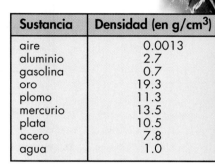

Sustancia	Densidad (en g/cm³)
aire	0.0013
aluminio	2.7
gasolina	0.7
oro	19.3
plomo	11.3
mercurio	13.5
plata	10.5
acero	7.8
agua	1.0

La ecuación que relaciona la densidad, la masa y el volumen es $m = DV$ donde m es la masa de la sustancia, D es la densidad y V es el volumen. Por ejemplo, la ecuación para el oro es $m = 19.3V$ porque la densidad del oro es 19.3 g/cm³. Esta ecuación recibe el nombre de **ecuación en dos variables,** m y V.

Nadie sabe exactamente cuando se descubrió por primera vez el oro. Sin embargo, se han excavado artefactos de oro en Ur, Mesopotamia, (hoy en día Irak) que se remontan a 3500 años atrás. Supongamos que queremos calcular la masa de cuatro objetos de oro con volúmenes de 10 cm³, 50 cm³, 100 cm³ y 150 cm³. Podemos valernos de una tabla para encontrar pares (V, m) ordenados que satisfagan la ecuación.

V	$D \cdot V$	m	Par ordenado
10	19.3(10)	193	(10, 193)
50	19.3(50)	965	(50, 965)
100	19.3(100)	1930	(100, 1930)
150	19.3(150)	2895	(150, 2895)

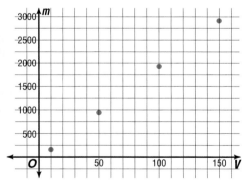

Estos cuatro pares ordenados aparecen graficados a la derecha. Dado que cada par ordenado satisface la ecuación, cada par ordenado es una solución de la ecuación.

Definición de la solución de una ecuación en dos variables	**Si se obtiene una afirmación verdadera cuando se sustituyen los números de un par ordenado en una ecuación en dos variables, entonces el par ordenado es una solución de la ecuación.**

Dado que las soluciones de una ecuación en dos variables son pares ordenados, tal ecuación describe una relación. En una ecuación que contiene x y y, el conjunto de los valores x es el dominio de la relación. El conjunto de valores y correspondientes es la amplitud de la relación.

Ejemplo ❶ **Resuelve cada ecuación para los valores dados del dominio. Grafica el conjunto solución.**

a. $y = 4x$ si el dominio es $\{-3, -2, 0, 1, 2\}$

Construye una tabla. Los valores de x provienen del dominio. Sustituye cada valor de x en la ecuación para determinar el valor correspondiente de y.

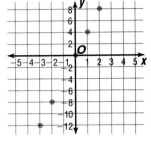

Dominio x	$4x$	Amplitud y	Par ordenado (x, y)
-3	$4(-3)$	-12	$(-3, -12)$
-2	$4(-2)$	-8	$(-2, -8)$
0	$4(0)$	0	$(0, 0)$
1	$4(1)$	4	$(1, 4)$
2	$4(2)$	8	$(2, 8)$

Grafica luego el conjunto solución $\{(-3, -12), (-2, -8), (0, 0), (1, 4), (2, 8)\}$.

b. $y = x + 6$ si el dominio es $\{-4, -3, -1, 2, 4\}$

Construye una tabla. Halla los valores de y en la amplitud sustituyendo los valores de x en el dominio en la ecuación.

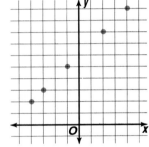

x	$x + 6$	y	(x, y)
-4	$-4 + 6$	2	$(-4, 2)$
-3	$-3 + 6$	3	$(-3, 3)$
-1	$-1 + 6$	5	$(-1, 5)$
2	$2 + 6$	8	$(2, 8)$
4	$4 + 6$	10	$(4, 10)$

Grafica luego el conjunto solución $\{(-4, 2), (-3, 3), (-1, 5), (2, 8), (4, 10)\}$.

A menudo, es útil despejar y en una ecuación antes de sustituir cada valor del dominio en la ecuación. Esto facilita la construcción de la tabla de valores.

Ejemplo ❷ **Resuelve $8x + 4y = 24$ si el dominio es $\{-2, 0, 5, 8\}$.**

Primero despeja y, en términos de x, en la ecuación.

$8x + 4y = 24$
$\quad 4y = 24 - 8x$ *Resta 8x de cada lado.*
$\quad\ y = 6 - 2x$ *Divide cada lado entre 4.*

Ahora, sustituye cada valor de x del dominio para determinar los valores correspondientes de y en la amplitud.

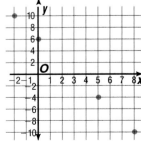

x	$6 - 2x$	y	(x, y)
-2	$6 - 2(-2)$	10	$(-2, 10)$
0	$6 - 2(0)$	6	$(0, 6)$
5	$6 - 2(5)$	-4	$(5, -4)$
8	$6 - 2(8)$	-10	$(8, -10)$

Luego, grafica el conjunto solución $\{(-2, 10), (0, 6), (5, -4), (8, -10)\}$.

Puedes entrar valores escogidos de x usando la tecla TABLE de la calculadora de gráficas. Esta calculará los valores correspondientes de y para una ecuación dada.

- Despeja y en la ecuación y entra la ecuación en la lista Y=.
- Oprime ⏎2nd⏎ ⏎TblSet⏎ y usa las teclas con flechas para ir a Indpnt:. Marca Ask.
- Oprime ⏎2nd⏎ ⏎TABLE⏎. Desplázate a la parte superior de la lista X.

  Entra el primer valor del dominio y oprime ⏎ENTER⏎. El valor de Y correspondiente aparece en la segunda columna. Entra los otros valores del dominio y registra los valores de la amplitud.

Ahora te toca a ti

a. Usa una calculadora de gráficas para determinar los valores correspondientes de y para $y = 5x + 12$ si $x = \{-4, -2, 0, 1, 3, 5\}$. Escribe las soluciones como pares ordenados.

b. ¿Por qué crees que la tecla Ask en el menú TABLE es útil cuando se buscan los pares ordenados que son soluciones de ecuaciones?

MIRADA RETROSPECTIVA

Puedes consultar la lección 1-9 para repasar los conceptos de variable independiente y variable dependiente.

A menudo se usan variables distintas de x y y en ecuaciones que representan situaciones reales. El dominio contiene los valores representados por la *variable independiente*. Grafica los valores del dominio en el eje horizontal. La amplitud contiene los valores correspondientes representados por la *variable dependiente* determinada por la ecuación dada. Grafica los valores de la amplitud en el eje vertical.

Cuando despejas una variable dada en una ecuación, esa variable se transforma en la variable dependiente. Es decir, su valor depende de los valores del dominio escogidos para la otra variable.

Ejemplo ③

INTEGRACIÓN

Geometría

La ecuación del perímetro de un rectángulo es $2w + 2\ell = P$. Supongamos que el perímetro de un rectángulo es de 24 centímetros.

a. Despeja ℓ en la ecuación.

b. Escribe las variables independiente y dependiente y determina el dominio y amplitud de los valores para los cuales esta ecuación tiene sentido.

c. Elige cinco valores para w y encuentra los valores correspondientes de ℓ.

a. Primero sustituye 24 por P en la ecuación. Luego despeja ℓ.

$$2w + 2\ell = P$$
$$2w + 2\ell = 24$$
$$2\ell = 24 - 2w \qquad \text{\textit{Resta 2w de ambos lados.}}$$
$$\frac{2\ell}{2} = \frac{24 - 2w}{2} \qquad \text{\textit{Divide cada lado entre 2.}}$$
$$\ell = 12 - w$$

b. Dado que el valor de ℓ depende del valor de w, ℓ es la variable dependiente y w es la variable independiente. Dado que la distancia solo puede ser positiva, los valores del dominio y amplitud deben ser ambos mayores que cero.

(continúa en la página siguiente)

c. Cuando escoges valores para w puedes elegir cualquier número mayor que cero. Supongamos que escoges el dominio $\{1, 2, 3, 4, 5\}$. Haz una tabla de valores.

w	$12 - w$	ℓ	(ℓ, w)
1	$12 - 1$	11	$(1, 11)$
2	$12 - 2$	10	$(2, 10)$
3	$12 - 3$	9	$(3, 9)$
4	$12 - 4$	8	$(4, 8)$
5	$12 - 5$	7	$(5, 7)$

El conjunto solución del dominio que elegimos es $\{(1, 11), (2, 10), (3, 9),$ $(4, 8), (5, 7)\}$.   *Verifica si cada solución satisface $2w + 2\ell = 24$.*

COMPRUEBA LO QUE APRENDISTE

Comunicación en matemáticas

Estudia la lección y a continuación completa lo siguiente.

1. Refiérete a la conexión al comienzo de la lección.
   a. ¿Cuáles de las sustancias flotarán en el agua? ¿en el mercurio?
   b. Identifica el dominio y la amplitud de la relación graficada.

2. **Demuestra** por qué $(1, -1)$ es o no es una solución de $x + 2y = 3$.

3. **Determina** cuáles puntos, de los que se muestran en la gráfica de la derecha, representan pares ordenados que son soluciones de $y + 2x + 1$.

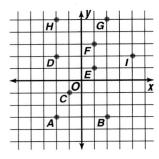

4. **Explica** por qué en el Ejemplo 3 solo consideraste valores mayores que cero.

5. ¿Por qué deberías despejar la y antes de encontrar los pares ordenados que son soluciones de una ecuación?

MI DIARIO

DE MATEMÁTICAS

6. Explica en tus propias palabras la diferencia entre variable independiente y variable dependiente y cómo sabes en cuál eje graficar cada una de ellas.

Práctica dirigida

Resuelve cada ecuación para el dominio que se da en la tabla.

7. $y = 2x + 3$

x	y	(x, y)
-2		
-1		
0		
1		
2		
3		

8. $a = \dfrac{3b - 5}{2}$

b	a	(b, a)
-5		
-2		
0		
2		
5		

¿Cuáles pares ordenados son soluciones de cada ecuación?

9. $1 + 5y = 2x$ **a.** $(-7, -3)$ **b.** $(7, 3)$ **c.** $(2, 1)$ **d.** $(-2, -1)$

10. $11 - 2y = 3x$ **a.** $(1, 3)$ **b.** $(3, 1)$ **c.** $(5, -2)$ **d.** $(-1, 4)$

11. Encuentra el conjunto solución de $x + 2y = 14$ si el dominio es $\{-2, -1, 0, 1, 2\}$. Luego grafica el conjunto solución.

12. Geometría La fórmula del área de un rectángulo es $A = \ell w$. Supongamos que el área de un rectángulo es de 36 metros cuadrados.

   a. Despeja ℓ en la ecuación.

   b. Escoge cinco valores de w y encuentra los valores correspondientes de ℓ.

EJERCICIOS

Práctica

¿Cuáles pares ordenados son soluciones de cada ecuación?

13. $3a + b = 8$ **a.** $(4, -4)$ **b.** $(8, 0)$ **c.** $(2, 2)$ **d.** $(3, 1)$

14. $y = 3x$ **a.** $(6, 2)$ **b.** $(-2, -6)$ **c.** $(0, 0)$ **d.** $(-15, -5)$

15. $3a - 8b = -4$ **a.** $(0, 0.5)$ **b.** $(4, 2)$ **c.** $(2, 0.75)$ **d.** $(2, 4)$

16. $x = 3y - 7$ **a.** $(2, -1)$ **b.** $(2, 4)$ **c.** $(-1, 2)$ **d.** $(2, 3)$

17. $2y + 4x = 8$ **a.** $(0, 2)$ **b.** $(-3, 0.5)$ **c.** $(2, 0)$ **d.** $(-2, 1)$

18. $3x + 3y = 0$ **a.** $(1, -1)$ **b.** $(2, -2)$ **c.** $(-1, 1)$ **d.** $(-2, 2)$

Resuelve cada ecuación si el dominio es $\{-3, -2, 0, 3, 6\}$.

19. $y = 4x$ **20.** $y = 3x - 1$ **21.** $2x + 2y = 14$

22. $x = 4 + y$ **23.** $3x = 13 - 2y$ **24.** $y = 4 - 5x$

25. $5x + 3 = y$ **26.** $5x - 10y = 40$ **27.** $2x + 5y = 3$

Haz una tabla y grafica el conjunto solución para cada ecuación y dominio.

28. $y = 3x$ para $x = \{-3, -2, -1, 0, 1, 2, 3\}$

29. $y = 2x + 1$ para $x = \{-5, -3, 0, 1, 3, 6\}$

30. $3x - 2y = 5$ para $x = \{-3, -1, 2, 4, 7\}$

31. $5x = 8 - 4y$ para $x = \{-2, -1, 0, 1, 3, 4, 5\}$

32. Geometría Un pentágono regular tiene cinco ángulos de la misma medida. Supongamos que un ángulo mide $(a + b)°$. La suma de las medidas de los ángulos de cualquier pentágono es $540°$.

   a. Escribe una ecuación para la suma de las medidas de los ángulos de un pentágono regular.

   b. Despeja la a en la ecuación.

   c. Escoge cinco valores de b y encuentra los valores correspondientes de a.

33. Geometría La suma de las medidas de dos ángulos suplementarios es $180°$. Supongamos que dos ángulos suplementarios miden $(x + y)°$ y $(2x + 3y)°$.

   a. Escribe una ecuación para la suma de las medidas de estos ángulos.

   b. Despeja y en la ecuación.

   c. Escoge cinco valores de y y encuentra los valores correspondientes de x.

Encuentra el dominio de cada ecuación si la amplitud es $\{-2, -1, 0, 2, 3\}$.

34. $y = x + 7$ **35.** $y = 3x$

36. $6x - y = -3$ **37.** $5y = 8 - 4x$

Haz una tabla y grafica el conjunto solución para cada ecuación.

38. $y = x^2 - 3x - 10$ si el dominio es $\{-3, -1, 0, 1, 3, 5\}$

39. $y = x^3$ si el dominio es $\{-2, -1, 0, 1, 2\}$

40. $y = 3^x$ si el dominio es $\{1, 2, 3, 4\}$

Calculadora de gráficas

Usa una calculadora de gráficas para encontrar el conjunto solución de cada dominio.

41. $y = 1.4x - 0.76$ para $x = \{-2.5, -1.75, 0, 1.25, 3.33\}$

42. $y = 3.5x + 12$ para $x = \{-125, -37, -6, 12, 57, 150\}$

43. $3.6y + 12x = 60$ para $x = \{-100, -30, 0, 120, 360, 720\}$

44. $75y + 25x = 100$ para $x = \{-10, -5, 0, 5, 10, 15\}$

Piensa críticamente

45. Encuentra los valores del dominio de cada relación si la amplitud es $\{0, 16, 36\}$.

a. $y = x^2$ **b.** $y = |4x| - 16$ **c.** $y = |4x - 16|$

46. Compara las gráficas que trazaste para los Ejercicios 38–40 con los otras gráficas de esta lección.

a. ¿En qué se diferencian los patrones de los puntos en estas relaciones?

b. Estudia las ecuaciones asociadas con las gráficas. ¿Cómo crees que podrías predecir el patrón de los puntos observando solamente la ecuación?

Aplicaciones y solución de problemas

47. Ciencia física Refiérete a la conexión al comienzo de la lección. Supongamos que tienes una sustancia desconocida con una masa de 378 gramos y un volumen de 36 cm³ y una segunda sustancia desconocida con una masa de 87.5 gramos y un volumen de 125 cm³.

a. Despeja D en la fórmula $m = DV$.

b. Identifica las sustancias desconocidas.

48. Demografía El tiempo T (en años) que demora una población en duplicar su tamaño se calcula usando la fórmula $T = \frac{70}{R}$, donde R representa la tasa del porcentaje de crecimiento de la población.

a. Determina los valores del dominio y la amplitud para los cuales la ecuación tiene sentido.

b. Usa la fórmula para aproximar el tiempo que demora en duplicar su tamaño la población de cada continente que se muestra en la gráfica de la izquierda, redondeado al año más cercano.

c. La población de los Estados Unidos era de 248,709,873 habitantes en 1990. Si los E.E.U.U. mantiene una tasa de crecimiento igual a la del continente norteamericano, ¿cuál será la población de los E.E.U.U. en el año 2000? ¿En el año 2010? ¿En el año 2020?

Tasas de crecimiento de los continentes

Norteamérica	3.6
Sudamérica	2.1
Europa	1.3
Asia	9.7
África	15.1

0   4   8   12   16
Porcentaje

49. Anatomía La fórmula que relaciona el número de zapato S que calza una mujer y el largo del pie en pulgadas L es $S = 3L - 22$. La fórmula que relaciona el número de zapato que calza un hombre con su largo de pie es $S = 3L - 26$. Copia y completa cada una de las siguientes tablas para determinar el número de zapato, dado el largo del pie de una persona.

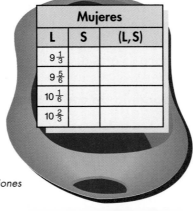

Mujeres		
L	S	(L, S)
$9\frac{1}{3}$		
$9\frac{5}{6}$		
$10\frac{1}{6}$		
$10\frac{2}{3}$		

Hombres		
L	S	(L, S)
$11\frac{1}{3}$		
$11\frac{5}{6}$		
$12\frac{1}{3}$		
$12\frac{5}{6}$		

50. Haz una tabla Winona Brownsman realiza pequeñas labores domésticas para una tía que es rica. La tía le ha preguntado a Winona cómo quiere que se le pague por sus servicios. Winona tiene dos alternativas:

- *Plan A:* Winona puede ganar un dólar el primer día del mes y un dólar adicional por cada día del mes. Por ejemplo, ella recibiría $1 el día 1, $2 el día 2, $3 el día 3, etc.
- *Plan B:* Winona recibiría un centavo el primer día y por cada día siguiente el doble de la cantidad que recibió el día anterior. Por ejemplo, ella recibiría 1¢ el día 1, 2¢ el día 2, 4¢ el día 3, 8¢ el día 4, etc.

a. Usa dos tablas para determinar cuál plan es el mejor.

b. ¿Cuál es el primer día en que uno de los planes supera al otro?

Repaso comprensivo

51. Básquetbol La tabla de la derecha muestra el número de años que algunos jugadores de la NBA han jugado y la media de puntos que convirtió cada uno de ellos durante la temporada 1993–1994. (Lección 5–2)

Jugador	Años	Puntos
Charles Barkley	10	21.6
Glen Rice	5	21.1
Chris Mullin	9	16.8
Jamal Mashburn	1	19.2
Scottie Pippen	7	22.0
Dominique Wilkins	12	26.0

Fuente: *Hawes Fantasy Basketball Guide,* 1994–1995

a. Grafica los puntos y describe la gráfica.

b. ¿Qué crees que la gráfica sugiere acerca de la relación del número de años con la media de puntos?

52. Grafica cada uno de los siguientes puntos. Luego conecta los puntos en orden alfabético e identifica la figura. (Lección 5–1)

$$A(0, 5), B(4, -3), C(-5, 2), D(5, 2), E(-4, -3), F(0, 5)$$

53. Empleo El sueldo de Hugo varía directamente con el tiempo que trabaja. Si su sueldo por 4 días es $110, ¿cuánto le pagarán por 17 días? (Lección 4–8)

54. ¿Qué número disminuido en un 80% es 14? (Lección 4–5)

55. Finanzas Si Li Fong hubiera ganado un cuarto de 1% más de interés anual en una inversión, el interés anual habría sido $45 mayor. ¿Cuánto invirtió al comenzar el año? (Lección 4–4)

56. Despeja a en la ecuación $\frac{1}{3}a - 2b = -9c$. (Lección 3–6)

57. Geometría El perímetro de un rectángulo es de 148 pulgadas.

a. Escribe una ecuación que represente esta situación.

b. Encuentra sus dimensiones si el largo es 17 pulgadas más que el triple del ancho. (Lección 3–5)

58. Encuentra un número entre $-\frac{8}{17}$ y $\frac{1}{9}$. (Lección 2–4)

59. Evalúa $3x^3 - 2y$ si $x = 0.2$ y $y = 4$. (Lección 1–3)

5–4A Tecnología gráfica
Relaciones y funciones lineales

Una sinopsis de la Lección 5–4

La calculadora de gráficas es una poderosa herramienta que se puede usar para estudiar una amplia variedad de gráficas. En muchos casos, las ecuaciones se grafican en la pantalla normal de $[-10, 10]$ por $[-10, 10]$. Para fijar la pantalla normal oprime ZOOM 6. No necesitas oprimir GRAPH después de usar ZOOM 6.

Los ejemplos que siguen ilustran el uso de la calculadora para graficar relaciones y funciones lineales.

Ejemplo **Grafica $2y - 6x = 8$ en la pantalla normal.**

Primero, despeja y en la ecuación.

$2y - 6x = 8$

$2y = 6x + 8$

$y = 3x + 4$

Observa que la gráfica de esta ecuación es una recta.

Luego entra la ecuación en la calculadora, fija la pantalla normal y grafica.

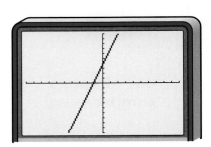

Ejecuta: Y= 3 X,T,θ + 4   *Esto entra la ecuación.*

ZOOM 6   *Esto fija la pantalla estándar.*

Ejemplo **Grafica $y = -x + 20$ en la pantalla normal.**

Ejecuta:  Y= (−) X,T,θ + 20

ZOOM 6

Una ecuación cuya gráfica es una recta, no vertical, recibe el nombre de <u>función lineal.</u>

¿Qué sucedió? La gráfica no aparece en la pantalla normal. Oprimiendo la tecla WINDOW y ajustando la pantalla en $[-5, 25]$ por $[-5, 25]$ con una escala de 5 para cada eje te permitirá ver dónde cruza los ejes la gráfica.

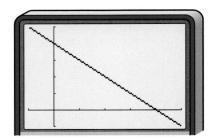

Cuando la ecuación del Ejemplo 2 se grafica en la pantalla de $[-5, 25]$ por $[-5, 25]$, se le considera una **gráfica completa.** Una gráfica completa exhibe todas las características importantes de la gráfica en la pantalla. Estas incluyen el origen y los puntos en los que la gráfica cruza los ejes.

Ejemplo ③ Usa una calculadora de gráficas para trazar una gráfica que represente las soluciones a este problema. Luego haz una lista con tres de las soluciones.

Un segundo número es dos más que el opuesto del primero.

Sea x el primer número y sea y el segundo número. La ecuación $y = -x + 2$ describe la relación entre los números para cualquier primer número x. Elige la pantalla normal, entra la ecuación y oprime GRAPH para ver la gráfica de la ecuación. La gráfica completa aparece en la pantalla.

Puedes encontrar soluciones de muestra de la ecuación de dos maneras.

Método 1

Oprime la tecla TRACE . El cursor aparece como un cuadrado de luz intermitente y las coordenadas de la ubicación aproximada del cursor aparecen en el extremo inferior de la pantalla. Usa las flechas derecha e izquierda para mover el cursor a lo largo de la línea. Para cada ubicación del cursor aparecen nuevas coordenadas. Estos pares ordenados son soluciones aproximadas de la ecuación. Soluciones de muestra son $(0, 2)$, $(0.42553191, 1.5744681)$ y $(-0.6382979, 2.6382979)$.

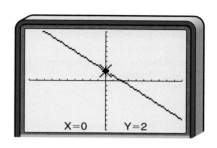

Método 2

Puedes obtener soluciones exactas oprimiendo 2nd TABLE . Entonces aparece una tabla de valores para x y y para la ecuación.

Usa las flechas arriba/abajo para deslizarte a lo largo de la lista de valores. Soluciones de muestra son $(-3, 5)$, $(0, 2)$ y $(3, -1)$.

X	Y₁	
−3	5	
−2	4	
−1	3	
0	2	
1	1	
2	0	
3	−1	
X = 0		

EJERCICIOS

En una calculadora de gráficas representa gráficamente cada ecuación en la pantalla normal. Dibuja cada gráfica en una hoja de papel.

1. $y = 3x - 6$
2. $y = 0.5x - 4$
3. $2x - 3y = 5$
4. $5x + y = 8$
5. $2y - 2x = 3$
6. $-10x - 2y = -14$

Grafica cada ecuación lineal.
a. **Halla una pantalla que muestre una gráfica completa.**
b. **Bosqueja la gráfica en una hoja de papel, notando la escala que se usa para cada eje.**
c. **Identifica tres soluciones de la ecuación.**

7. $0.1x + y = 10$
8. $y = 3x + 17$
9. $y = 0.01x + 0.02$
10. $200x + y = 150$

Grafica ecuaciones lineales

Lo que APRENDERÁS

• A graficar ecuaciones lineales.

Por qué ES IMPORTANTE

Porque puedes graficar ecuaciones para resolver problemas que impliquen salud y ciencia física.

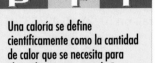

P T I

Una caloría se define científicamente como la cantidad de calor que se necesita para elevar la temperatura de 1 gramo de agua en 1° C. La palabra *caloría* que usamos cuando nos referimos a alimentos es realmente una kilocaloría (1000 calorías). Esta se escribe como Calorías (C) para distinguirla de la unidad térmica.

Describe la amplitud para esta relación.

CONEXIÓN
Salud

La manera en que quemas Calorías depende de tu peso y de tu nivel de actividad. La tabla de la derecha muestra el número de Calorías que se queman por minuto por kilogramo (C/min/kg).

Manuel pesa 70 kilos y quiere saber cuántas Calorías quema jugando fútbol. La fórmula $C = ptr$ donde p es su peso en kilos, t es el tiempo en minutos y r es C/min/kg, puede usarse para determinar la cantidad de Calorías que quema.

$$C = ptr$$
$$C = 70 \cdot t \cdot 0.132$$
$$C = 9.24t$$

El número de Calorías quemadas depende de la duración del ejercicio. Así, t es la variable independiente y C es la variable dependiente.

t	9.24t	C	(t, C)
0	9.24(0)	0	(0, 0)
10	9.24(10)	92.4	(10, 92.4)
20	9.24(20)	184.8	(20, 184.8)
30	9.24(30)	277.2	(30, 277.2)
40	9.24(40)	369.6	(40, 369.6)

Cuando graficas los pares ordenados, emerge un patrón. Los puntos parecen estar ubicados en línea.

Supongamos que el dominio de $C = 9.24t$ es el conjunto de los números reales positivos. Hay entonces un número infinito de pares ordenados que son soluciones de la ecuación. Si graficaras todas las soluciones, estas formarían una recta. La recta que se muestra en la gráfica de la derecha representa todas las soluciones para $C = 9.24t$.

Dado que la gráfica de $C = 9.24t$ es una recta, $C = 9.24t$ recibe el nombre de **ecuación lineal**.

Actividad	C/min/kg
Básquetbol	0.138
Ciclismo (por placer)	0.064
Ciclismo (profesional)	0.169
Danza (aeróbica)	0.135
Danza (normal)	0.075
Dibujar	0.036
Comer	0.023
Fútbol	0.132
Pesas sueltas	0.086
Golf	0.085
Gimnasia	0.066
Saltar la cuerda	0.162
Tocar tambores	0.066
Tocar flauta	0.035
Tocar corno	0.029
Tocar piano	0.040
Tocar trompeta	0.031
Entrenamiento en Nautilus®	0.092
Correr (7.2 min km)	0.135
Correr (5.0 min km)	0.208
Correr (3.7 min km)	0.252
Estar sentado	0.021
Nadar	0.156
Caminar	0.080
Escribir	0.029
Procesamiento de texto	0.027

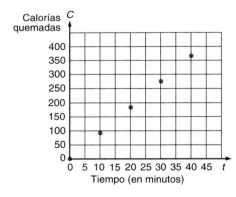

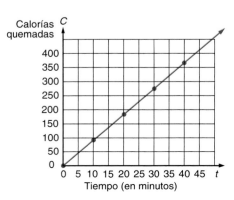

Las ecuaciones lineales pueden contener una o dos variables sin que ninguna de ellas tenga un exponente distinto de 1.

Definición de ecuación lineal en forma estándar	Una ecuación lineal es una ecuación que se puede escribir de la forma $Ax + By = C$, donde A, B y C son números reales cualesquiera con A y B distintos de cero.

Ejemplo 1 Determina si cada ecuación es una ecuación lineal. Si es así, identifica A, B y C.

a. $4x = 7 + 2y$

Primero escribe la ecuación de manera que las dos variables queden en un mismo lado de la ecuación.

$$4x = 7 + 2y$$

$4x - 2y = 7$ *Resta 2y de cada lado.*

La ecuación está ahora en la forma $Ax + By = C$, donde $A = 4$, $B = -2$, y $C = 7$. Esta es una ecuación lineal.

b. $2x^2 - y = 7$

Los exponentes de las variables de una ecuación lineal deben ser 1. Dado que el exponente de x es 2, esta no es una ecuación lineal.

c. $x = 12$

Esta ecuación puede escribirse como $x + 0y = 12$. Por lo tanto es una ecuación lineal de la forma $Ax + By = C$, donde $A = 1$, $B = 0$ y $C = 12$.

Para graficar ecuaciones lineales, es útil a menudo hacer una tabla de pares ordenados que satisfagan la ecuación. Luego grafica los pares ordenados y conéctalos con una recta.

Ejemplo 2 Grafica cada ecuación.

a. $y = 8x - 4$

Elige cinco valores para el dominio y construye una tabla. Luego grafica los pares ordenados y conéctalos para dibujar la recta.

x	$8x - 4$	y	(x, y)
-2	$8(-2) - 4$	-20	$(-2, -20)$
-1	$8(-1) - 4$	-12	$(-1, -12)$
0	$8(0) - 4$	-4	$(0, -4)$
1	$8(1) - 4$	4	$(1, 4)$
2	$8(2) - 4$	12	$(2, 12)$

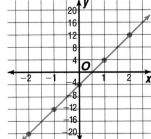

Usando la gráfica puedes encontrar otros pares ordenados que son soluciones, como por ejemplo (2.5, 16).

La amplitud de esta relación es el conjunto de números reales.

(continúa en la página siguiente)

b. $2x + 5y = 10$

Para encontrar los valores de y con mayor facilidad, despeja la y en la ecuación.

$2x + 5y = 10$

$5y = 10 - 2x$ *Resta 2x de cada lado.*

$y = \dfrac{10 - 2x}{5}$ *Divide cada lado entre 5.*

Ahora haz una tabla y dibuja la gráfica.

x	$\dfrac{10-2x}{5}$	y	(x, y)
-10	$\dfrac{10-2(-10)}{5}$	6	$(-10, 6)$
-5	$\dfrac{10-2(-5)}{5}$	4	$(-5, 4)$
0	$\dfrac{10-2(0)}{5}$	2	$(0, 2)$
5	$\dfrac{10-2(5)}{5}$	0	$(5, 0)$
10	$\dfrac{10-2(10)}{5}$	-2	$(10, -2)$

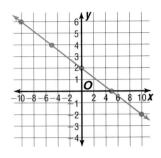

El uso de gráficas es una buena forma de hacer comparaciones en la vida real.

Ejemplo ③

CONEXIÓN

Salud

Refiérete a la conexión al comienzo de la lección. Carmen Delgado participa en una carrera a campo traviesa a una tasa de 5 min/km. Su peso es de 50 kilos. ¿Cómo se compara el número de Calorías que quema con las que quemaría si estuviera en su casa usando el procesador de texto para su investigación o si estuviera jugando golf con su papá?

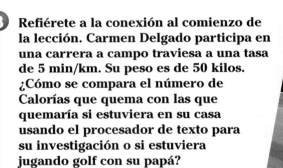

Explora   En la tabla de la página 280, busca las Calorías que se queman en cada uno de estos tres tipos de actividades.

Planifica   Escribe la ecuación de cada actividad usando la fórmula $C = ptr$ y 50 para p.

Correr $C = 50(0.208)t$ o $C = 10.4t$
Procesamiento de texto $C = 50(0.027)t$ o $C = 1.35t$
Jugar al golf $C = 50(0.085)t$ o $C = 4.25t$

Resuelve   Usa una calculadora de gráficas para graficar las tres ecuaciones. Entra las ecuaciones como Y_1, Y_2 y Y_3. Sea x el tiempo t en cada ecuación. Haz un bosquejo de cada ecuación e identifica cada gráfica con la actividad que le corresponde.

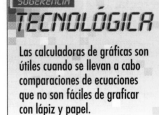

SUGERENCIA

TECNOLÓGICA

Las calculadoras de gráficas son útiles cuando se llevan a cabo comparaciones de ecuaciones que no son fáciles de graficar con lápiz y papel.

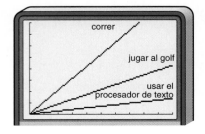

correr

jugar al golf

usar el procesador de texto

Para cada valor de *t* Carmen quema más Calorías corriendo que jugando al golf o usando el procesador de texto.

Examina   Piensa en el esfuerzo físico requerido en cada actividad y la cantidad de energía que se gasta. ¿Tiene sentido el resultado?

COMPRUEBA LO QUE APRENDISTE

Comunicación en matemáticas

Estudia la lección y a continuación completa lo siguiente.

1. **Explica** por qué el par ordenado $(-1, 3)$ es una solución de $y = -2x + 1$.

2. **Describe** la gráfica de una ecuación lineal de la forma $Ax + By = C$ en que
   a. $A = 0$ **b.** $B = 0$ **c.** $C = 0$

3. **Muestra** cómo la gráfica de $y = 2x + 1$ para el dominio $\{-1, 0, 2, 3\}$ difiere de la gráfica de $y = 2x + 1$ para el dominio de todos los números reales.

4. **Explica** por qué los valores de *x* y *y* que se usaron para fijar las pantallas de visión del Ejemplo 3 no incluyen números negativos.

MI DIARIO

DE MATEMÁTICAS

5. **Autoevalúate**   Durante las próximas 48 horas, registra tres actividades que realices y la duración de cada una. Determina cuántas Calorías quemas en cada una de ellas. ¿En cuál actividad quemaste más Calorías? Explica por qué crees que esta actividad quemó más Calorías.

Práctica dirigida

Determina si cada ecuación es una ecuación lineal. Si lo es, escríbela en la forma $Ax + By = C$.

6. $3x - 5y = 0$ 7. $2x = 6 - y$

8. $3x^2 + 3y = 4$ 9. $3x = 7 - 2y$

Grafica cada ecuación.

10. $3x + y = 4$ 11. $4x + 3y = 12$ 12. $\frac{1}{2}x = 8 - y$

13. $x = 6$ 14. $y = -5$ 15. $x - y = 0$

EJERCICIOS

Práctica

Determina si cada ecuación es una ecuación lineal. Si lo es, escríbela en la forma $Ax + By = C$.

16. $\frac{3}{x} + \frac{4}{y} = 2$ 17. $\frac{3}{5}x - \frac{2}{3}y = 5$

18. $x + y^2 = 25$ 19. $x + \frac{1}{y} = 7$

20. $3y + 2 = 0$ 21. $2y = 3x - 8$

22. $5x - 7 = 0$ 23. $2x + 5x = 7y$

24. $4x^2 - 3x = y$ 25. $3m = 2n$

26. $\frac{x}{2} = 10 + \frac{2y}{3}$ 27. $8a - 7b = 2a - 5$

Grafica cada ecuación.

28. $x + 6 = -5$ **29.** $y = 3x + 1$ **30.** $6x + 7 = -14y$

31. $2x + 7y = 9$ **32.** $y + 3 = 4$ **33.** $x - 6 = -\frac{1}{3}y$

34. $8x - y = 16$ **35.** $3x + 3y = 12$ **36.** $6x = 24 - 6y$

37. $x - \frac{7}{2} = 0$ **38.** $3x - 4y = 60$ **39.** $4x - \frac{3}{8}y = 1$

40. $2.5x + 5y = 7.5$ **41.** $x + 5y = 16$ **42.** $y + 0.25 = 2$

43. $\frac{4x}{3} = \frac{3y}{4} + 1$ **44.** $y + \frac{1}{3} = \frac{1}{4}x - 3$ **45.** $\frac{3x}{4} + \frac{y}{2} = 6$

Cada tabla a continuación representa puntos en una gráfica lineal. Copia y completa cada tabla.

46.

x	y
0	?
1	5
2	6
3	7
4	8
5	?

47.

x	y
10	?
5	-2.5
0	0
-5	2.5
-10	5
-15	?

48.

x	y
0	0
3	6
6	12
9	?
12	?
15	?

49.

x	y
-6	5
-4	?
-2	7
0	8
2	?
4	?

Calculadoras de gráficas

Grafica cada ecuación usando una calculadora de gráficas. Determina qué pantalla usar de modo que se muestre una gráfica completa. Haz un bosquejo de cada gráfica notando la escala usada en cada eje.

50. $y = 2x + 4$ **51.** $4x - 9y = 45$ **52.** $27x + 75y = 100$

53. $17y = 22$ **54.** $0.2x - 9.7y = 8.9$ **55.** $\frac{1}{2}x - \frac{2}{3}y = 10$

56. Borra la pantalla. Oprime ⟨2nd⟩ ⟨DRAW⟩ 4 3 ⟨ENTER⟩. Describe la gráfica. Explica cómo podrías usar este método para graficar $x = -25$.

Piensa críticamente

57. Las gráficas de cada grupo de ecuaciones forman una familia de gráficas. Grafica cada familia en el mismo plano de coordenadas. Escribe a continuación una explicación de las semejanzas y diferencias que existen en las gráficas de cada familia.

a. $y = 2x$ $y = 2x + 5$ $y = 2x - 9$ $y = 2x + 14$

b. $y = -3x$ $y = -3x + 4$ $y = -3x - 10$ $y = -3x + 7$

Aplicaciones y solución de problemas

58. Ciencias   Cuando se aproxima una tormenta ves los relámpagos en el instante en que ocurren, pero escuchas el sonido del trueno que los acompaña un momento más tarde. La distancia y en millas que el sonido viaja en t segundos la da la ecuación $y = 0.21t$.

a. Determina los valores del dominio y de la amplitud para los cuales esta ecuación tiene sentido.

b. Grafica la ecuación.

c. Usa la gráfica para aproximar el tiempo que demora en llegar a tus oídos el sonido de un trueno que se encuentra a tres millas de distancia.

59. Empleo Elva Durán trabaja como representante de ventas de Quasar Electronics. Recibe un salario mensual de $1800, más un 6% de comisión en ventas que sobrepasen su límite asignado. En julio, sus ventas sobrepasarán este límite en $800, $1300 ó $2000, dependiendo de cuándo el centro distribuidor de la compañía reparte los pedidos.

a. Grafica pares ordenados que representen cada uno de sus posibles salarios y para las tres cantidades x.

b. ¿Ganará más de $1850 en julio si la ecuación que representa su salario es $y = 1800 + 0.06x$? Explica.

60. Entrenamiento en pesas Héctor Farentez, quien pesa 68.2 kilos, quiere aumentar el tamaño de su cuerpo empezando con un programa de levantamiento de pesas. Un club local para el buen estado físico le sugiere que comience usando el equipo Nautilus® antes de que intente levantar pesas. El equipo Nautilus® incluye varias máquinas cada una de las cuales ejercita cierto grupo de músculos. Después de varias semanas de entrenamiento, Héctor ha aumentado su rutina de 30 minutos a una hora.

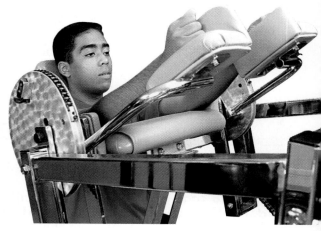

a. Usa la información de la tabla al principio de la lección para encontrar una fórmula que determine cuántas Calorías quema Héctor. Grafica la ecuación a intervalos de 5 minutos.

b. Más adelante durante su entrenamiento y con un peso de 72.3 kilos, Héctor tratará de pasar media hora en el Nautilus® y media hora en las pesas. ¿Quemará más o menos Calorías en esta rutina que en una hora de Nautilus®? Explica.

Repaso comprensivo

61. Despeja la y en $8x + 2y = 6$ (Lección 5–3)

62. Traza una aplicación para la relación $\{(2, 7), (-3, 7), (2, 4)\}$.   (Lección 5–2)

63. Geometría   (Lección 5–1)
   a. Grafica $(3, 2)$, $(6, 2)$ y $(6, 5)$.
   b. Si estos tres puntos representan los vértices de un cuadrado, ¿cuáles son las coordenadas del cuarto punto?
   c. Supongamos que cada unidad en cada eje representa una pulgada. ¿Cuál es el perímetro el cuadrado?

64. Probabilidad   Una máquina que dispensa bolas de gomas de mascar tiene 24 bolas de cereza, 5 de manzana, 18 de uva, 14 de naranja y 9 de dulce de regaliz. ¿Cuál es la probabilidad de obtener una bola de naranja?   (Lección 4–6)

65. Jimmy obtuvo un descuento de $4.50 en una radio nueva. El precio, con el descuento incluido, fue de $24.65. ¿Cuál fue el porcentaje de descuento redondeado al porcentaje más cercano?
(Lección 4–5)

66. Carreras Un miembro de un equipo de carreras a campo traviesa llegó en cuarto lugar en una competencia. Los cuatro próximos miembros del equipo llegaron a la meta en orden consecutivo, pero mucho más atrás. El puntaje del equipo fue de 70. ¿En qué lugares terminaron los otros miembros del equipo? (Lección 3–5)

67. Golf en miniatura En el Golf en miniatura, las pelotas rebotan de las paredes del campo al mismo ángulo con el que se estrellan. Si una pelota se estrella contra la pared a un ángulo de 30°, ¿cuál es el ángulo entre las dos trayectorias de la pelota? (Lección 3–4)

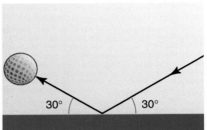

68. Dos metros de cañerías de cobre pesan 0.25 kilos. ¿Cuánto pesan 50 metros del mismo material? (Lección 3–3)

69. Simplifica $\dfrac{\frac{-3}{4}}{-36}$. (Lección 2–7)

70. Calcula $-21 + 52$. (Lección 2–3)

AUTOEVALUACIÓN

1. Grafica $A(-6, 6)$, $B(3, -5)$, $C(0, 2)$, y $D(-3, -1)$. (Lección 5–1)

Expresa cada relación como un conjunto de pares ordenados. Luego determina el dominio, la amplitud y el inverso de la relación. (Lección 5–2)

2.

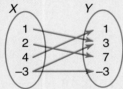

3.

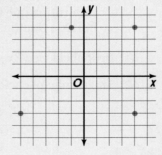

Resuelve cada ecuación si el dominio es $\{-2, -1, 0, 1, 3\}$. Grafica el conjunto solución.
(Lección 5–3)

4. Despeja y en $3y + 6x = 12$. **5.** Despeja b en $2a + 3b = 9$. **6.** Despeja s en $5r = 8 - 4s$.

Grafica cada relación. (Lección 5–4)

7. $y = x - 1$ **8.** $y = 2x - 1$ **9.** $3x + 2y = 4$

10. Geometría La fórmula para el área de un trapecio es $A = \frac{1}{2}h(b_1 + b_2)$, donde b_1 y b_2 son las longitudes de las bases y h es la altura. Calcula la altura del trapecio que se muestra a la derecha si su área es de 40 m². (Lección 5–3)

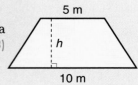

Funciones

Lo que APRENDERÁS

- A determinar si una relación dada es una función y
- a encontrar el valor de una función en un elemento dado del dominio.

Por qué ES IMPORTANTE

Porque puedes usar funciones para resolver problemas de contaduría, ciencias terrestres y salud.

APLICACIÓN

Viajes en avión

Durante ciertas temporadas del año, las aerolíneas ofrecen tarifas rebajadas para viajar a ciudades seleccionadas. El siguiente aviso comercial muestra tarifas rebajadas. El millaje entre las ciudades aparece también en la lista, para las personas que son miembros de programas de viajes frecuentes.

¡Planee ahora sus vacaciones!

De	A	Tarifa regular	Tarifa de descuento	Millaje
Atlanta	New York	$ 89	$ 79	892
Baltimore	Houston	149	129	1454
Boston	Greensboro	109	79	786
Cleveland	Philadelphia	94	79	441
Dayton	Houston	109	99	1178
Greensboro	Miami	84	79	814
Houston	Jacksonville	104	99	875
Houston	Miami	109	99	1231
Los Angeles	San Antonio	139	129	1277

Precios de muestra. Tarifas de turista para ambas rutas. Se requiere comprar boleto de ida y vuelta. Los asientos están limitados y pueden no estar disponibles en todos los vuelos o días.

Supongamos que r sea la tarifa regular, d la tarifa de descuento y m el millaje. La relación de pares ordenados de la forma (r, d) se presenta a la izquierda en la siguiente gráfica. La relación de pares ordenados de la forma (m, d) se grafica a la derecha.

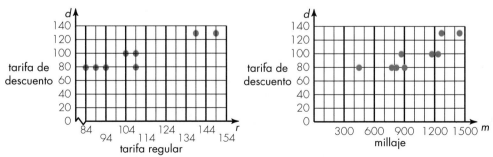

Observa que en la gráfica de la izquierda, cuando $r = 109$, hay más de un valor de d, 79 y 99. Sin embargo, en la otra gráfica, hay exactamente un solo valor de d para cada valor de m. Relaciones que poseen esta característica reciben el nombre de **funciones.**

Definición de función	Una función es una relación en la que cada elemento del dominio está relacionado con exactamente un elemento de la amplitud.

Ejemplo **1** **Determina si cada relación es una función. Explica tu respuesta.**

a. {(2, 3), (3, 0), (5, 2), (−1, −2), (4, 1)}

Dado que cada elemento del dominio está relacionado con un solo elemento de la amplitud, esta relación es una función.

b.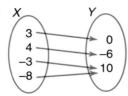

Esta aplicación representa una función porque a cada elemento del dominio le corresponde un *único* elemento en la amplitud.
No importa que dos elementos del dominio estén relacionados con el mismo elemento de la amplitud.

c.

x	y
4	−1
5	2
5	3
6	6
−1	1

Esta tabla representa una relación que no es una función. El elemento 5 del dominio está relacionado con los elementos 2 y 3 de la amplitud.

Hay varias maneras de determinar si una ecuación representa una función.

Ejemplo **2** **Determina si $x - 4y = 12$ es una función.**

Método 1: Construye una tabla de soluciones.

Primero, despeja y.

$x - 4y = 12$

$-4y = -x + 12$ *Resta x de cada lado.*

$y = \frac{1}{4}x - 3$ *Divide cada lado entre −4.*

A continuación, construye una tabla como la de la derecha.

Parece que para cada valor dado de x, hay un solo valor de y que satisface la ecuación.
Por lo tanto, la ecuación $x - 4y = 12$ es una función.

x	y
−8	−5
−4	−4
−2	−3.5
0	−3
2	−2.5
4	−2
8	−1

Método 2: Grafica la ecuación.

Como la ecuación está en la forma $Ax + By = C$, gráfica de la ecuación la será una recta. Grafica los pares ordenados del Método 1 y conéctalos con una recta.

Ahora coloca tu lápiz a la izquierda de la gráfica para que represente una recta vertical. Desplaza lentamente el lápiz hacia la derecha a través de la gráfica.

Para cada valor de x, esta recta vertical no pasa a través de más de un punto en la gráfica. De modo que, la recta representa una función.

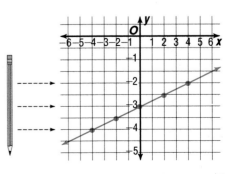

El uso de un lápiz para ver si la gráfica representa una función es una manera de ejecutar la **prueba de la recta vertical.**

Prueba de la recta vertical para una función	**Si cualquier recta vertical no pasa por más de un punto de la gráfica de una relación, entonces la relación es una función.**

Ejemplo ③ Usa la prueba de la recta vertical para determinar si cada relación es una función.

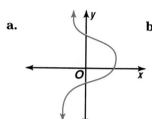

a.   b.   c.

La gráfica b es la única relación que pasa la prueba de la recta vertical, de modo que es la única función. En las gráficas a y c una recta vertical interseca la gráfica en más de un punto, de modo que estas *no* son funciones.

Letras distintas de f también se usan para nombrar funciones. Por ejemplo, también se usan g(x) y h(x).

El par ordenado (4, f(4)) es una solución de la función f.

Ecuaciones que son funciones pueden escribirse en una forma llamada **notación functional.** Por ejemplo, considera la ecuación $y = 3x - 7$.

ecuación	**notación funcional**
$y = 3x - 7$	$f(x) = 3x - 7$
	El símbolo f(x) se lee "f de x."

En una función, x representa los elementos del dominio y $f(x)$ representa los elementos de la amplitud. Supongamos que quieres encontrar el valor en la amplitud que corresponde al elemento 4 en el dominio. Esto se escribe $f(4)$ y se lee "f de 4". El valor de $f(4)$ se encuentra sustituyendo 4 por x en la ecuación. De esta manera, $f(4) = 3(4) - 7$ ó 5.

Ejemplo ④ Si $f(x) = 2x - 9$, encuentra cada valor.

a. $f(6)$

$f(6) = 2(6) - 9$
$= 12 - 9$
$= 3$

b. $f(-2)$

$f(-2) = 2(-2) - 9$
$= -4 - 9$
$= -13$

c. $f(k + 1)$

$f(k + 1) = 2(k + 1) - 9$
$= 2k + 2 - 9$
$= 2k - 7$

Las funciones que hemos estudiado hasta aquí han sido funciones lineales. Muchas funciones no son lineales. Sin embargo puedes encontrar los valores de la función de la misma manera.

Ejemplo ⑤ Si $h(z) = z^2 - 4z + 9$, encuentra cada valor.

a. $h(-3)$

$h(-3) = (-3)^2 - 4(-3) + 9$
$= 9 + 12 + 9$ ó 30

(continúa en la página siguiente)

b. $h(5c)$

$$h(5c) = (5c)^2 - 4(5c) + 9 \quad \textit{Sustituye 5c por z.}$$
$$= 5 \cdot 5 \cdot c \cdot c - 4 \cdot 5 \cdot c + 9$$
$$= 25c^2 - 20c + 9$$

c. $5[h(c)]$

$$5[h(c)] = 5[(c)^2 - 4(c) + 9] \quad \textit{5[h(c)] significa 5 veces el valor de h(c)..}$$
$$= 5 \cdot c^2 - 5 \cdot 4c + 5 \cdot 9 \quad \textit{Propiedad distributiva.}$$
$$= 5c^2 - 20c + 45$$

Observa que, comparando las partes b y c, 5[h(c)] ≠ h(5c).

Las funciones se usan a menudo para resolver problemas de la vida real.

Ejemplo **6**

CONEXIÓN

Salud

La presión sanguínea sistólica normal S es función de la edad e del individuo. O sea, la presión sanguínea normal de una persona depende de la edad de la persona. Para determinar la presión sanguínea sistólica normal de un individuo, puedes usar la ecuación $S = 0.5e + 110$, donde e es la edad en años.

a. Escribe la ecuación en notación funcional.

b. Encuentra $S(10)$, $S(30)$, $S(50)$ y $S(70)$.

c. Grafica la función. Nombra las cantidades independiente y dependiente.

d. Usa la gráfica de la función para aproximar si la presión sanguínea aumenta o disminuye con la edad. Luego aproxima la presión sanguínea de una persona de 80 años.

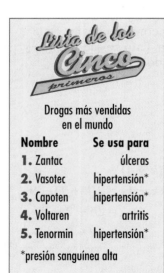

Lista de los Cinco primeros

Drogas más vendidas en el mundo

Nombre	Se usa para
1. Zantac	úlceras
2. Vasotec	hipertensión*
3. Capoten	hipertensión*
4. Voltaren	artritis
5. Tenormin	hipertensión*

*presión sanguínea alta

a. Sea $S(e)$ la función. La ecuación es $S(e) = 0.5e + 110$.

b. Haz una tabla con 10, 30, 50 y 70 como valores de e.

e	$S(e) = 0.5e + 110$	$S(e)$	$(e, S(e))$
10	$S(10) = 0.5(10) + 110$	115	(10, 115)
30	$S(30) = 0.5(30) + 110$	125	(30, 125)
50	$S(50) = 0.5(50) + 110$	135	(50, 135)
70	$S(70) = 0.5(70) + 110$	145	(70, 145)

c. Usa los pares ordenados de la tabla para graficar la función. La edad es la cantidad independiente y la presión sanguínea sistólica es la cantidad dependiente.

d. La gráfica indica que a medida que envejeces, se espera que tu presión sanguínea se eleve. Se espera asimismo que una persona de 80 años de edad tenga una presión de cerca de 150.

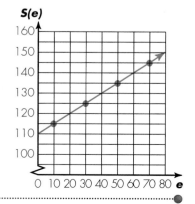

Comunicación en matemáticas

Estudia la lección y a continuación completa lo siguiente.

1. **Explica** la diferencia entre una relación y una función.

2. **Describe** cómo se relaciona la frase "es una función de" con la definición matemática de función. Por ejemplo el diámetro de un árbol es una función de su edad.

3. **Escribe** cómo encontrarías $g(1)$ si $g(x) = 3x + 12$.

4. **Tú decides** ¿Es verdadera la frase "Todas las ecuaciones lineales son funciones"? Apoya tu respuesta con ejemplos o contraejemplos.

MI DIARIO

DE MATEMÁTICAS

5. Explica en tus propias palabras cómo y por qué funciona la prueba de la recta vertical.

Práctica dirigida

Determina si cada relación es una función.

6.

7.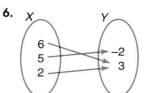

x	y
−2	3
5	3
5	4
4	0

8.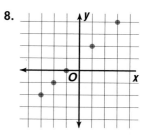

9. $\{(-3, 1), (-1, 3), (1, -2), (3, 2)\}$

10. $\{(3, 1), (-2, 2), (1, -1), (1, 2), (-3, 1), (-2, 5)\}$

11. $y + 5 = 7x$

12. $2x^2 + 3y^2 = 36$

13. A la derecha se muestra la gráfica de $y^2 = x + 4$. Usa la prueba de la recta vertical para determinar si esta relación es una función.

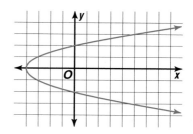

14. ¿Cuáles de los siguientes gráficas representan una función?

   a. $y = |x - 1|$

   b. $x = |y| + 1$

MIRADA RETROSPECTIVA

Puedes referirte a la lección 2-3 para mayor información acerca del valor absoluto |x|

   c. $y = |x| + 1$

   d. $x = 1 - |y|$

Si $h(x) = 3x + 2$, encuentra cada valor.

15. $h(-4)$ 16. $h(2)$ 17. $h(w)$ 18. $h(r - 6)$

Práctica **Determina si cada relación es una función.**

19.

a	b
−3	3
−2	3
0	4
2	4
4	4

20.

r	s
−4	3
−4	2
−4	1
4	0
4	−1
4	−2

21.
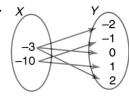

22.
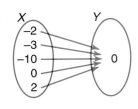

23.
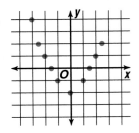

24.
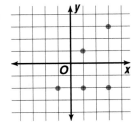

25. $\{(6, 3), (5, -2), (2, 3), (12, -12)\}$ **26.** $\{(4, 5), (3, -2), (-2, 5), (4, 7)\}$

27. $\{(5, -1), (6, -1), (-8, -1), (0, -1)\}$ **28.** $\{(4, -2), (-4, -2), (9, -2), (0, -2)\}$

29. $y = -15$ **30.** $x = 13$ **31.** $y = 3x - y$

32. $y = |x|$ **33.** $x = |y|$ **34.** $yx = 36$

Si $f(x) = 4x + 2$ y $g(x) = x^2 - 2x$, encuentra cada valor.

35. $f(-4)$ **36.** $g(4)$ **37.** $g\left(\frac{1}{5}\right)$ **38.** $f\left(\frac{3}{4}\right)$

39. $g(3.5)$ **40.** $f(6.2)$ **41.** $3[f(-2)]$ **42.** $-6[g(0.4)]$

43. $g(3b)$ **44.** $f(2y)$ **45.** $-3[g(1)]$ **46.** $3[g(2w)]$

47. $5[g(a^2)]$ **48.** $f(c + 3)$ **49.** $6[f(p - 2)]$ **50.** $-3[f(5w + 2)]$

51. a. Inventa y grafica una relación que sea una función y que tenga un inverso que sea también una función.

b. Inventa y grafica una relación que sea una función y que tenga un inverso que no sea una función.

Escoge la gráfica que mejor represente la información dada. Explica tu elección. Determina si la gráfica representa una función.

52. Comunicaciones   Una llamada a Londres, Inglaterra, cuesta $1.78 el primer minuto y $1.00 cada minuto adicional. Fracciones de minuto se cobran como un minuto entero.

a.

b.
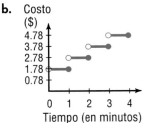

c.
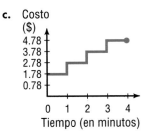

53. Fabricación Una compañía cobra $9.95 por cada camiseta impresa al gusto del cliente. Si compras 8 ó más, pero menos de 15, el costo es $8.25 por camiseta. Si compras 15 ó más, el costo es $6.50 por camiseta.

a.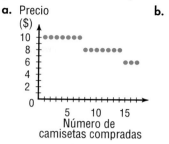

b.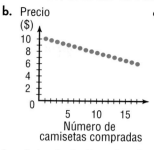

c.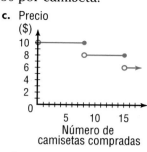

Piensa críticamente

54. Sea $f(x) = x^2 + 3x + 2$ el dominio de $\{-5, -4, -3, -2, -1, 0, 1, 2\}$.

a. Grafica la función, los pares ordenados que integran el inverso de la función y la recta $y = x$ en el mismo plano de coordenadas.

b. ¿Es el inverso de esta función una función?

c. ¿Cómo se relacionan las gráficas de esta función y su inverso con la recta $y = x$?

Aplicaciones y solución de problemas

55. Metalurgia Como el oro puro es muy blando, a menudo se le agregan otros metales para obtener una aleación más fuerte y duradera. La cantidad relativa de oro en una joya se mide en quilates. La fórmula de esta relación es

$g = \frac{25k}{6}$, donde k representa el número

de quilates y g representa el porcentaje de oro que contiene la joya.

a. Determina los valores del dominio y amplitud para los cuales tiene sentido esta función.

b. Grafica la función y describe la gráfica.

c. ¿Cuántos quilates hay en un anillo de oro puro?

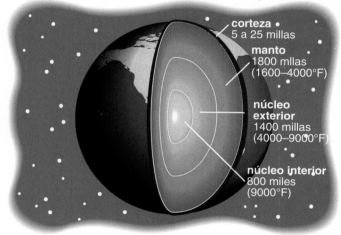

corteza
5 a 25 millas

manto
1800 mllas
(1600–4000°F)

núcleo exterior
1400 millas
(4000–9000°F)

núcleo interior
800 miles
(9000°F)

56. Ciencias terrestres El interior de la Tierra está compuesto de cuatro capas: la corteza, el manto, el núcleo exterior y el núcleo interior. Se cree que el núcleo interior es sólido y que el núcleo exterior es líquido. La temperatura en las 62 primeras millas debajo de la superficie de la Tierra puede calcularse mediante la fórmula $T = 35d + S$, donde T es la temperatura en grados Fahrenheit, d es la distancia en millas y S es la temperatura (°F) de la superficie.

a. Supongamos que la temperatura en la superficie es de 75°F. Calcula la temperatura del borde inferior de la corteza si la corteza tiene 30 millas de profundidad en ese punto.

b. A los científicos rusos se les acredita con el barrenado del hoyo más profundo en la península Kola, ubicada cerca del círculo ártico en Rusia noroccidental, a unas 250 millas de Finlandia. El barrenado empezó en 1970, pero hasta ahora el hoyo solo alcanza unas 7 millas de profundidad. ¿Cuál es la temperatura en el fondo del hoyo si la temperatura exterior es de 0°F?

c. ¿Por qué crees que hay una amplitud de valores dados para la profundidad de la corteza?

57. **Contaduría**   El siguiente pasaje está adaptado de un artículo de Gail A. Eisner, CPA (Contador Público Acreditado), el cual apareció en la revista *The Mathematics Teacher*.

> Al comienzo de mi carrera de contador, el socio que era mi supervisor directo, un joven y talentoso CPA, me llamó a su oficina y me preguntó cómo podía alguien calcular un bono si la fórmula de la compañía requería que el bono fuese del 15% del beneficio neto *después de* descontar el bono. Le mostré la ecuación lineal $B = 0.15(P - B)$, donde B es el bono y P (una cantidad conocida) representaba el beneficio antes de descontar el bono.

a. Supongamos que los beneficios son de $2000. Determina el bono.

b. Despeja B en la ecuación y grafica la ecuación que resulte.

Repaso comprensivo

58. Grafica $y - x = -5$.   (Lección 5–4)

59. Resuelve $3a - b = 7$ si el dominio es $\{-3, -2, 4, 6\}$.   (Lección 5–3)

60. Encuentra el inverso de la relación $\{(-1, 1), (-5, 9), (4, 6)\}$.   (Lección 5–2)

61. **Probabilidad**   Se elige al azar una carta de una baraja de 52 cartas. ¿Cuál es la probabilidad de elegir una sota, una reina o un rey?   (Lección 4–6)

62. ¿Qué porcentaje de 89 es 44?   (Lección 4–4)

63. ¿Para cuál ángulo son iguales el seno y el coseno?   (Lección 4–3)

64. **Trigonometría**   Calcula la medida del tercer ángulo de un triángulo si los otros ángulos miden $167°$ y $4°$.   (Lección 3–4)

65. Resuelve $\dfrac{z}{-4} - 9 = 3$.   (Lección 3–3)

66. **Presupuesto**   El total de las cuentas de gas y electricidad de Jon Young fue de $210.87. Su cuenta de electricidad fue de $95.25. ¿De cuánto fue su cuenta de gas?   (Lección 3–2)

67. **Deportes**   A continuación se muestra la lista de los jugadores de la Liga Nacional con el mayor número de carreras convertidas (CC).   (Lección 2–2)

Año	Nombre	CC	Año	Nombre	CC
1971	Joe Torre	137	1983	Dale Murphy	121
1972	Johnny Bench	125	1984	Mike Schmidt	106
1973	Willie Stargell	119		Gary Carter	
1974	Johnny Bench	129	1985	Dave Parker	125
1975	Greg Luzinski	120	1986	Mike Schmidt	119
1976	George Foster	121	1987	Andre Dawson	137
1977	George Foster	149	1988	Will Clark	109
1978	George Foster	120	1989	Kevin Mitchell	125
1979	Dave Winfield	118	1990	Matt Williams	122
1980	Mike Schmidt	121	1991	Howard Johnson	117
1981	Mike Schmidt	91	1992	Darren Daulton	109
1982	Dale Murphy	109	1993	Barry Bonds	123
	Al Oliver		1994	Jeff Bagwell	116

Fuente: *Almanaque Mundial,* 1995

a. Haz un esquema lineal con esta información.

b. ¿Cuál fue el número mayor de CCs en una temporada?

c. ¿Cuál fue el número menor de CCs en una temporada?

d. ¿Cuál fue el número más frecuente de CCs en una temporada?

e. ¿Cuántos de los jugadores tuvieron entre 119 y 129 CCs?

Escribe ecuaciones a partir de patrones

 **APLICACIÓN**

Buceo con aparatos

A medida que los hombres ranas descienden, la presión del agua aumenta. Los hombres ranas pueden determinar a qué profundidad se encuentran mediante la presión. La presión se expresa en atmósferas. Una atmósfera equivale a 14.7 psi (libras por pulgada cuadrada) de presión. La siguiente tabla muestra la relación entre atmósferas de presión y profundidad marina.

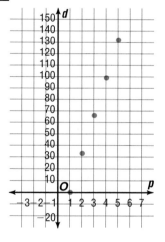

Presión (en atmósferas)	1	2	3	4	5
Profundidad marina (en pies)	1	33	66	99	132

Supongamos que p representa las atmósferas de presión y d la profundidad marina. La relación de la tabla puede representarse también con una gráfica. Grafica los puntos y observa el patrón.

Observa que cuando se grafican los pares ordenados, estos forman un patrón lineal. Puedes usar una regla para trazar la recta que pasa por estos puntos. Los puntos que están en un patrón lineal pueden describirse mediante una ecuación. Observa la relación entre el dominio y la amplitud para encontrar un patrón que pueda ser descrito por una ecuación

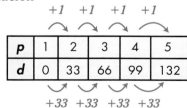

$$\frac{diferencias\ de\ la\ amplitud}{diferencias\ del\ dominio} = \frac{33}{1}$$

Observa que las diferencias en los valores de d son 33 veces mayores que las diferencias de los valores correspondientes de p. Pareciera que esta relación pudiera describirse mediante la ecuación $d = 33p$. Verifica si esta es la ecuación correcta sustituyendo los valores de p en la ecuación.

p	1	2	3	4	5
$33p$	33	66	99	132	165

Estos valores no se aparean con los de la primera tabla. Sin embargo, observa que, usando la ecuación, cada valor correspondiente de d, es 33 más que d en la relación. Debemos pues ajustar nuestra ecuación para compensar por esta diferencia. La ecuación que describe esta relación es $d = 33p - 33$. Como esta relación es asimismo una función, podemos escribir la ecuación como $d(p) = 33p - 33$.

Ejemplo **Grafica los puntos de la relación que se muestra en la siguiente tabla. Luego escribe una ecuación de la relación en notación funcional.**

x	−4	−8	−12	−16	−20
y	1	2	3	4	5

Dado que los puntos forman un patrón lineal, sabemos que existe una ecuación lineal que describe esta relación.

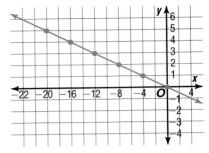

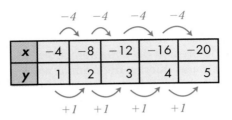

$$\frac{diferencías\ de\ la\ amplitud}{diferencías\ del\ dominio} = \frac{1}{-4}$$

Las diferencias de los valores de y son un cuarto de las diferencias de los valores de x. Este patrón sugiere que la ecuación $y = -\frac{1}{4}x$ puede describir la relación. Verifica la ecuación para los valores del dominio de la relación.

Verifica: Si $x = -4$, entonces $y = -\frac{1}{4}(-4)$ ó 1. ✔

Si $x = -8$, entonces $y = -\frac{1}{4}(-8)$ ó 2. ✔

La ecuación que representa la relación es $y = -\frac{1}{4}x$. Dado que esta relación es también una función, podemos escribir esta ecuación en notación funcional como $f(x) = -\frac{1}{4}x$.

A veces, quizás necesites encontrar la ecuación de una gráfica.

Ejemplo **Escribe una ecuación en notación funcional para la relación graficada a la derecha.**

Primero construye una tabla de pares ordenados para varios puntos en la gráfica.

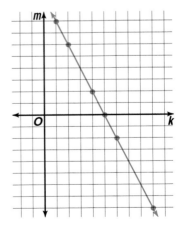

k	1	2	4	5	6	9
m	8	6	2	0	−2	−8

Ahora encuentra las diferencias comunes del dominio y de la amplitud.

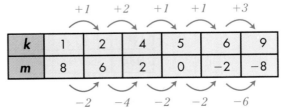

Observa que no hay un cambio consistente en los valores del dominio y de la amplitud. Sin embargo, aún puedes encontrar la razón de la diferencia de la amplitud a la diferencia del dominio para cada par ordenado. Hay tres razones posibles.

$$\frac{\text{diferencías de la amplitud}}{\text{diferencías del dominio}} \qquad \frac{-2}{1} = -2 \qquad \frac{-4}{2} = -2 \qquad \frac{-6}{3} = -2$$

Como todas las razones son iguales, parece que las diferencias en los valores de m son -2 veces las diferencias en los valores de k. Este patrón sugiere que $m = -2k$. Comprueba esta ecuación para ver si es la correcta.

Verifica: Si $k = 2$ entonces $m = -2(2)$ ó -4. Pero el valor de la amplitud para $k = 2$ es 6, una diferencia de 10. Comprueba con otros valores del dominio para ver si aparece la misma diferencia.

k	1	4	5	6	9
$-2k$	-2	-8	-10	-12	-18
m	8	2	0	-2	-8

m es 10 más que 2k.

Este patrón sugiere que debería añadirse 10 a un lado de la ecuación para describir correctamente la relación. Así, la ecuación para esta relación es $m = -2k + 10$. Verifica esta ecuación.

Verifica: Si $k = 2$, entonces $m = -2(2) + 10$ ó 6. ✔
Si $k = 9$, entonces $m = -2(9) + 10$ ó -8. ✔

Por lo tanto, $m = -2k + 10$ describe esta relación. Dado que esta relación es también una función, podemos escribir esta ecuación en notación funcional como $f(k) = -2k + 10$.

Muchas veces puedes generalizar las relaciones entre los datos que has recogido con una ecuación.

EXPLORACIÓN

HOJAS DE CÁLCULO

En la relación $\{(-2, 2), (-1, 5), (0, 8), (1, 11), (2, 14)\}$ la diferencia de la amplitud es 3 cuando la diferencia del dominio es 1. Podrías sugerir que la ecuación de la relación es $y = 3x$. Usemos hojas de cálculos para comprobar esta ecuación.

- Cada celda en una hoja de cálculos se identifica con una letra y un número. La letra se refiere a la columna y el número al renglón. Entra cada valor de x en las celdas desde la A1 a la A5. Entra los valores de y en las celdas B1 a B5.

- En la celda C1 entra la fórmula A1∗3. Esta fórmula significa multiplicar el valor en la celda A1 por 3. Copia esta fórmula en las celdas C2 a C5. La hoja de cálculos cambiará automáticamente la fórmula de modo que se use la celda apropiada de la columna A.

- En la celda D1, entra la fórmula B1 − C1. Esta fórmula resta el valor de la amplitud de la ecuación del valor de la amplitud de la relación. Copia esta fórmula en las celdas D2 a D5.

La columna D nos indica el número correcto que hay que sumar a la ecuación. En este caso los valores en la columna D son 8s. La ecuación correcta es $y = 3x + 8$.

Ahora te toca a ti

a. ¿Cuál fórmula usarías en la celda C1 para corroborar la primera fórmula que se encontró en el Ejemplo 2? Usa una hoja de cálculos para corroborar todos los valores en la relación.

b. ¿Cuál número esperas que aparezca en la columna D si la ecuación que encontraste es la correcta para la relación dada?

APLICACIÓN

Ferretería

Los *pennies* son unidades que se usan para medir el largo de los clavos. Los clavos, medidos en pennies, pueden variar desde clavos de 2 pennies a clavos de 60 pennies. La gráfica de la derecha muestra las longitudes de varios clavos en *pennies*.

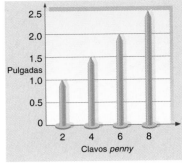

a. El largo de un clavo como función de su categoría de *penny* puede modelarse mediante una función lineal de 2 a 10 clavos *penny*. Escribe una ecuación en notación funcional para esta relación.

b. Encuentra el largo de un clavo de 3 *pennies,* de uno de 5 *pennies* y de uno de 10 *pennies*.

P T I

Este patrón no se cumple para todos los tamaños de *pennies*. Por ejemplo, un clavo de 60 *pennies* mide solo 6 pulgadas de largo.

---

a. Al observar la gráfica podemos apreciar que los puntos forman un patrón lineal. De este modo, hay una ecuación lineal que describe la relación de 2 a 10 clavos *penny*.

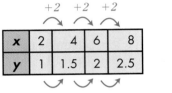

$$\frac{\text{diferencias del la amplitud}}{\text{diferencias del domino}} = \frac{0.5}{2} \text{ ó } 0.25$$

Este patrón sugiere que la ecuación $f(x) = 0.25x$ pudiera modelar esta situación. Sin embargo, si corroboras los valores del dominio con esta ecuación, descubrirás que los valores de $f(x)$ carecen de precisión en un 0.5. La ecuación correcta es $f(x) = 0.25x + 0.5$.

b. *Clavo de 3 pennies*   *Clavo de 5 pennies*   *Clavo de 10 pennies*

$f(3) = 0.25(3) + 0.5$ $f(5) = 0.25(5) + 0.5$ $f(10) = 0.25(10) + 0.5$
$\quad = 1.25$ $\quad = 1.75$ $\quad = 3$

Un clavo de 3 *pennies* mide 1.25 pulgadas de largo, uno de 5 *pennies* mide 1.75 pulgadas de largo y uno de 10 *pennies* mide 3 pulgadas de largo.

COMPRUEBA LO QUE APRENDISTE

Comunicación en matemáticas

Estudia la lección y a continuación completa lo siguiente.

1. **Analiza** las gráficas de los Ejemplos 1 y 2 junto con las razones de las diferencias en la amplitud con relación al dominio. Luego completa estas oraciones.
   a. Si la razón es positiva, la recta se inclina hacia ___?___ .
   b. Si la razón es negativa, la recta se inclina hacia ___?___ .
2. **Explica** cómo puedes determinar si una ecuación representa correctamente una relación dada por una tabla.
3. **Tú decides**   Cuando el profesor estaba explicando el Ejemplo 2, Narissa dijo que ella tenía otra manera de encontrar la ecuación sin calcular tres razones. Ella dijo que encontró otros puntos que están sobre la recta de modo que las diferencias fuesen comunes. ¿Es válido el método de Narissa? Explica.
4. **Escribe** una ecuación lineal en notación funcional que tenga a (1, 1) y a (0, 3) como soluciones. ¿Es esta la única ecuación lineal que tiene estas dos soluciones? Explica.

Escribe una ecuación en notación funcional para cada relación.

5.

x	3	4	5	6	7
f(x)	12	14	16	18	20

6.

x	2	4	6	8	10
f(x)	−4	−3	−2	−1	0

Escribe una ecuación para cada relación graficada.

7.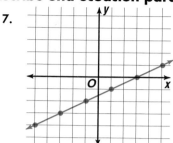

8.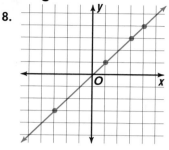

9. La tabla de la derecha representa valores para la función *N(m)*. Copia y completa la tabla de la derecha. Explica cómo determinaste el valor que faltaba.

m	8	4	2	0
N(m)	−10	−8	−7	?

10. **Química** La mayoría de las sustancias se contraen cuando se congelan. Sin embargo, el agua se expande cuando se congela. Once pies cúbicos de agua se transforman en 12 pies cúbicos de hielo, 33 pies cúbicos de agua se transforman en 36 pies cúbicos de hielo y 66 pies cúbicos de agua se transforman en 72 pies cúbicos de hielo.

a. Haz una gráfica con esta información.

b. Escribe una ecuación funcional para la relación entre el volumen del agua y el volumen correspondiente de hielo.

Calvin y Hobbes

de Bill Watterson

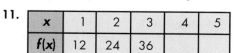
EJERCICIOS

Práctica **Copia y completa la tabla para cada función.**

11.

x	1	2	3	4	5
f(x)	12	24	36		

12.

x	−4	−2	0	2	4
g(x)	−2	−1			2

13.

x	−3	−1	1	2	4
h(x)	18			−7	−17

14.

x	−2	0	2	4	6
p(x)			2	3	4

Escribe una ecuación para cada relación.

15.

x	1	2	3	4	5
f(x)	5	10	15	20	25

16.

n	1	2	3	4	5
f(n)	1	4	7	10	13

17.

x	−2	−1	1	2	4
g(x)	13	12	10	9	7

18.

n	−4	−2	0	2	4
m(n)	−11	−3	5	13	21

19.

x	0	6	12	18	24
h(x)	−2	0	2	4	6

20.

n	−4	0	4	6	8
m(n)	26	18	10	6	2

21.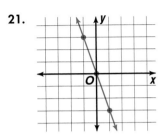

22.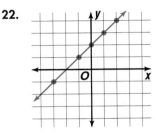

23.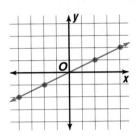

24.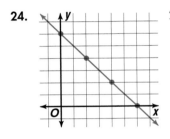

25.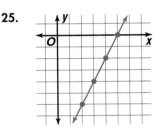

26.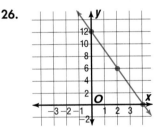

27. $\{(6, -4), (2, -12), (1, -24), (-3, 8), (-6, 4)\}$

28. $\{(-3, 10), (-2, 5), (-1, 2), (0, 1), (1, 2), (2, 5), (3, 10)\}$

29. $\{(-3, -27), (-1, -1), (2, 8), (3, 27), (10, 1000)\}$

30. $\{2, 12), (1, 48), (-1, 48), (-2, 12), (-4, 3)\}$

Piensa críticamente

31. Las intersecciones y y x son aquellos puntos en los que una gráfica interseca el eje y y el eje x, respectivamente. Usa notación funcional para describir estos puntos.

32. Supongamos que la razón de las diferencias de la amplitud a las diferencias del dominio en una función linear $g(x)$ es $\frac{2}{3}$ y que la gráfica de $g(x)$ pasa por $(-3, 2)$. Dibuja la gráfica de $g(x)$ y explica por qué la dibujaste de la manera que lo hiciste.

Aplicaciones y solución de problemas

33. **Cuestiones acuáticas** La siguiente tabla ilustra la relación entre las atmósferas de presión y la profundidad del agua dulce.

Presión (en atmósferas)	1	2	3	4	5
Profundidad de agua dulce (en pies)	0	34	68	102	136

    a. Escribe una ecuación para esta relación en notación funcional.

    b. Refiérete a la aplicación al comienzo de la lección. ¿Cómo se relacionan la presión del agua dulce con la presión del agua oceánica?

34. Arqueología Los arqueólogos a veces usan alambre de industrial pesado para sujetar los huesos que componen la espina dorsal de algunos vertebrados. Supongamos que 70 pies de alambre pesan 23 libras.

a. Si esta muestra de alambre es representativa de todos los largos de este alambre, haz una gráfica que muestre el peso del alambre como función de su longitud.

b. Usa tu gráfica para aproximar en libras, el peso de 50 pies de alambre.

c. Escribe una ecuación que describa la relación entre el largo del alambre y su peso.

d. Evalúa la ecuación de la parte c para $\ell = 50$ ¿Cómo se relacionan este resultado con tu aproximación de la parte b?

35. Salud Alex Knockelman está preocupada del número de Calorías que necesita ingerir durante la temporada de básquetbol, para no perder peso. Antes de las prácticas ella quiere ingerir el mismo número de Calorías que quemará durante la misma. La siguiente tabla exhibe algunas de las comidas rápidas y sus Calorías, de restaurantes cerca de su *escuela*.

Comida rápida	Calorías
Queso y Jamón de Arby®	380
Carne de res asada Arby®	350
Whopper™ con queso de Burger King®	760
Papas fritas regulares de Burger King®	240
Leche malteada de chocolate de Burger King®	380
Hamburguesa de queso de Wendy®	577
Hamburguesa doble con queso de Wendy®	797
Papas fritas de Wendy®	327
Frosty™ de Wendy®	390
Pepsi® (20 onzas)	241
7-Up® (20 onzas)	219

a. Antes de la práctica, Alex fue a Wendy's. Comió una hamburguesa doble con queso y un Frosty™. ¿Cuántas Calorías ingirió con esta comida?

b. En la Lección 5–4 aprendiste que al jugar básquetbol quemas 0.138 C/min/kg. Determina cuántas Calorías, por minuto, quema Alex, quien pesa 80 kilos.

c. Construye una tabla que muestre el número de Calorías que Alex quema cada minuto durante los 10 primeros minutos de práctica. Grafica los puntos.

d. Sea *C* el número de Calorías quemadas y *t* el tiempo en minutos. Escribe una ecuación funcional que represente esta relación. ¿Es lineal esta función?

e. Usa la gráfica y tu ecuación para predecir el número de Calorías que Alex gasta en dos horas de práctica. ¿Comió lo suficiente como para que le quedaran Calorías al finalizar la práctica?

36. Biología La función $f(t) = \dfrac{t}{0.2} - 32$ muestra que el número de chirridos de un grillo en una hora es función de la temperatura en grados centígrados. (Lección 5–5)

a. Si la temperatura es de 12°C, ¿cuántas veces chirriará un grillo en una hora?

b. Si el número de chirridos de un grillo en 3 horas es 54, ¿cuál es la temperatura exterior?

37. Determina el dominio y la amplitud de {(1, 6), (3, 4), (5, 2)}. (Lección 5–2)

38. ¿Cuál es el 16% de 50? (Lección 4–4)

39. Trigonometría Calcula s si los triángulos de la derecha son semejantes. (Lección 4–2)

40. Resuelve $x + (-7) = 36$. (Lección 3–1)

41. Grafica {0, 3, 7} sobre una recta numérica. (Lección 2–1)

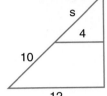

42. Finanzas personales Muchas tarjetas de crédito ofrecen un plan de protección para pagar el saldo si uno está desempleado o sufre un accidente que le impida trabajar. La siguiente tabla muestra la prima mensual (en centavos por cada $100 de deuda) para el plan de una tarjeta *Discovery*® de los Estados Unidos y sus territorios. Redondea cada cantidad en centavos y haz una gráfica de tallo y hojas con esta información. (Lección 1–4)

Área	Costo	Área	Costo	Área	Costo	Área	Costo	Área	Costo	Área	Costo
AK	68.2	FL	75	LA	74	NC	64.6	OK	75	UT	68.9
AL	66	GA	75	MA	63.5	ND	64.8	OR	69.8	VA	59.3
AR	66	HI	57.5	MD	75	NE	68	PA	22.5	VI	66
AZ	73.7	IA	58.8	ME	62	NH	46.9	PR	74	VT	56.7
CA	75	ID	60	MI	66	NJ	64.2	RI	67	WA	60
CO	68.1	IL	75	MN	32.3	NM	74	SC	71.9	WI	59
CT	53.2	IN	62.1	MO	75	NV	74	SD	66	WV	74
DC	66	KS	68.3	MS	74	NY	45.3	TN	75	WY	73.1
DE	66	KY	75	MT	74	OH	75	TX	42.7		

TRABAJA EN LA
In·ves·ti·ga·ción

Refiérete a las páginas 190–191.

¡Ándale pez!

Como es imposible contar los peces de un lago sin hacerles daño, puedes usar tus muestras para aproximar la población en el lago.

1 Escribe una proporción que relacione los números de tu tabla con el número aproximado de peces en el lago.

2 Imagínate que la única información que tienes son los datos que registraste después de tomar tu primera muestra. ¿Cuál habría sido tu aproximación del número de peces en el lago? Justifica tu razonamiento. Registra tu aproximación en la última columna de tu tabla.

3 Haz aproximaciones para cada una de tus muestras y regístralas en la última columna de tu tabla.

4 Si tuvieras que dar una aproximación oficial del número de peces en el lago, que tuviese en cuenta todas tus muestras, ¿cuál sería? Justifica tu razonamiento.

Agrega los resultados de tu trabajo a tu *Archivo de investigación*.

5–7A Tecnología gráfica
Medidas de variación

Una sinopsis de la Lección 5–7

La calculadora de gráficas es una poderosa herramienta que se puede usar para observar patrones y analizar datos provenientes de investigaciones o experimentos. Muchas de las medidas de variación que aprenderás en la Lección 5–7 pueden calcularse con una calculadora de gráficas.

Antes de analizar datos, debes saber cómo se entrarlos en una lista.

Ejemplo **1** **El torneo de golf de la Glencoe Publishing se realiza cada año en septiembre para recaudar fondos para becas. La siguiente lista muestra los puntajes de los empleados del departamento de fabricación. Entra estos datos y calcula la amplitud de los puntajes.**

139, 99, 105, 115, 88, 91, 105, 80, 102, 101, 103, 95, 99, 77, 112

Primero entra los datos.

Método 1 Asigna los datos a la Lista 1 (L1) desde la pantalla original.

Ejecuta: [2nd] [{] 139 [,] 99 [,] 105 [,] 115 [,] 88 [,] 91 [,] 105 [,] 80 [,] 102 [,] 101 [,] 103 [,] 95 [,] 99 [,] 77 [,] 112 [2nd] [}] [STO▶] [2nd] [L1] [ENTER]

Método 2 Entra los datos directamente en la pantalla.

Antes de entrar los datos, debes borrar la lista L1 de datos entrados previamente.

Ejecuta: [STAT] 4 [2nd] [L1] [ENTER]

Entra cada puntaje en la lista L1.

Ejecuta: [STAT] 1

El cursor aparece en la lista L1. Entra los datos uno por uno oprimiendo [ENTER] después de cada dato, el último inclusive.

Ahora, calcula la amplitud.

La amplitud de los puntajes es la diferencia de los valores mayor y menor de la lista.

Ejecuta: [2nd] [QUIT] [2nd] [LIST] [▶] 2 [2nd] [L1] [ )] [—] [2nd] [LIST] [▶] 1 [2nd] [L1] [ )] [ENTER] *62*

La amplitud de los datos es 62.

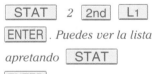

MIRADA RETROSPECTIVA

En la lección 3-7 puedes reexaminar otro método para calcular la mediana de un conjunto de datos usando una calculadora de gráficas.

Puedes usar la calculadora para clasificar los datos de menor a mayor apretando [STAT] *2* [2nd] [L1] [ENTER]. *Puedes ver la lista apretando* [STAT] [ENTER].

Si no usas [2nd] [QUIT] *para salír del menú LIST, la amplitud será agregada a L1, lo cual alterará tus datos.*

Los datos pueden organizarse en cuatro grupos, con aproximadamente el mismo número de datos cada uno. Los puntos que separan estos grupos reciben el nombre de **cuartiles** y se escriben Q_1, Q_2 y Q_3. La mediana de este conjunto es Q_2 y la **amplitud intercuartílica** es $Q_3 - Q_1$. La mitad de los datos caen en esta amplitud. Puedes usar una calculadora de gráficas para encontrar cada una de estas medidas.

Ejemplo **Calcula los cuartiles y la amplitud intercuartílica de los datos del Ejemplo 1.**

Antes de encontrar estas medidas, debes asegurarte de que la calculadora esté fijada para referirse al conjunto de datos correcto. Los datos están en L_1.

Ejecuta: STAT ▶ 3 y marca L_1 bajo 1-Var Stats. Asegúrate de que la frecuencia sea 1.

Ejecuta: STAT ▶ 1 ENTER

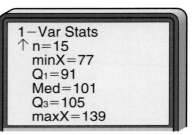

Usa la tecla de flecha descendente para deslizarte al final de la estadística. La pantalla debería lucir como la de la derecha. Esta te informa que hay 17 datos, que el dato menor (mínX) es 15, que el dato mayor (máxX) es 139, que el cuartil inferior (Q_1) es 91, que la mediana es 101 y que el cuartil superior (Q_3) es 105.

1−Var Stats
↑ n=15
   minX=77
   Q₁=91
   Med=101
   Q₃=105
   maxX=139

Usa Q_3 y Q_1 para hallar la amplitud intercuartílica: $Q_3 - Q_1 = 105 - 91$ ó 14.

EJERCICIOS

Recuerda cambiar el ajuste de la calculadora cuando calcules las medidas para cada conjunto de datos.

Entra cada conjunto de datos en la lista indicada. Luego, calcula el cuartil inferior, la mediana, el cuartil superior, la amplitud y la amplitud intercuartílica de los datos.

1. 12, 17, 16, 23, 18 en L_1

2. 56, 45, 37, 43, 10, 34 en L_2

3. 77, 78, 68, 96, 99, 84, 65 en L_3

4. 30, 90, 40, 70, 50, 100, 80, 60 en L_4

5. 3, 3.2, 6, 45, 7, 26, 1, 3.4, 4, 5.3, 5, 78, 8, 21, 5 en L_5

6. 85, 77, 58, 69, 62, 73, 55, 82, 67, 77, 59, 92, 75, 69, 76 en L_6

7. Echa una mirada a la amplitud y a la amplitud intercuartílica de cada conjunto de datos. ¿Qué crees que signifique que la amplitud sea grande, pero que la amplitud intercuartílica sea pequeña?

8. Supongamos que entraste un conjunto de datos y la amplitud intercuartílica es 0. ¿Qué significa esto?

Integración: Estadística
Medidas de variación

Lo que APRENDERÁS

- A calcular e interpretar la amplitud, los cuartiles y la amplitud intercuartílica de conjuntos de datos.

Por qué ES IMPORTANTE

Porque las medidas de variación pueden ayudarte a describir con facilidad la extensión de los datos.

MIRADA RETROSPECTIVA

En la lección 3-7 puedes examinar de nuevo la manera de calcular la media y la mediana de un conjunto de datos.

APLICACIÓN
Clima

Justin Williams recibió un ascenso en su empleo y tiene la opción de mudarse a Columbus, Ohio o a San Francisco, California. La familia Williams vive en Tampa, Florida donde la temperatura promedio es unos 72°F y es habitualmente cálido todo el año. El vestuario de su familia solo comprende prendas de clima cálido. Justin se pregunta si la mudanza significa que tendrán que comprar un montón de ropa nueva. Buscó la temperatura promedio máxima de cada ciudad y encontró la siguiente información en una tabla de temperaturas promedio máximas de ciudades en los E.E.U.U.

El Sr. Williams calculó la media y la mediana de las temperaturas de cada ciudad. La temperatura media máxima de Columbus fue 63.5° y la de San Francisco fue 62.4°. La temperatura mediana máxima de Columbus fue 63.5° y la de San Francisco fue 63°. Concluyó que eso quería decir que el clima en ambas ciudades era casi el mismo. Pero entonces decidió echar otra mirada a las temperaturas y encontrar otra manera de analizarlas.

	Columbus	San Francisco
ene.	35°	
feb.	38°	56°
mar.	49°	59°
abril	62°	60°
mayo	73°	61°
jun.	81°	63°
jul.	84°	64°
ago.	83°	64°
sept.	77°	65°
oct.	65°	69°
nov.	51°	68°
dic.	39°	63°
		57°

Fuente: U.S. National Oceanic and Atmospheric Administration

Los meses y temperaturas de cada ciudad forman una relación. Justin decidió graficar la relación de cada ciudad usando colores distintos para cada una de ellas.

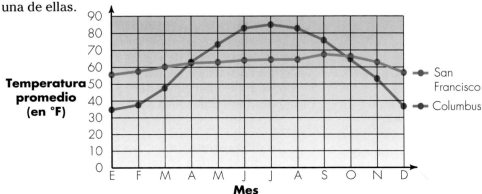

Se dio cuenta que el patrón de las temperaturas era bastante diferente. Esto demuestra que las medidas de tendencia central no necesariamente proveen un cuadro suficientemente preciso de los datos. Las **medidas de variación** también se usan a menudo para describir la distribución de los datos.

Una de las medidas de variación más comunes es la **amplitud.** A diferencia de la otra definición de amplitud en este capítulo, la amplitud de un conjunto de datos es una medida de la dispersión de los mismos.

Definición de amplitud	La amplitud de un conjunto de datos es la diferencia entre el valor máximo y el valor mínimo en el conjunto.

CONEXIONES
GL⊕BALES

Si vivieras en Managua, Nicaragua, experimentarías un clima tórrido y húmedo, con temperaturas promedio de 80°F todo el año. En Largeau, Chad, las temperaturas pueden alcanzar 115°F. En Punta Arenas, Chile, es siempre frío y ventoso debido a la cercanía de la Antártida. La vida en Reikiavik, Islandia, no es toda nieve y hielo. Tiene inviernos largos y templados, con un promedio de 32° F mientras que los veranos son cortos y frescos.

Encontremos la amplitud de cada conjunto de temperaturas. Construye una tabla que te ayude a organizar los datos.

Ciudad	Temperatura máxima	Temperatura mínima	Amplitud
Columbus	84°	35°	84° − 35° ó 49°
San Francisco	69°	56°	69° − 56° ó 13°

La amplitud de temperaturas de Columbus es mayor que la de San Francisco. Esto significa que las temperaturas en Columbus varían más que las temperaturas en San Francisco. Si se mudaran a Columbus, necesitarían definitivamente algo de ropa nueva para los inviernos más fríos.

Otra medida de variación de uso común es la **amplitud intercuartílica.** En un conjunto de datos, los **cuartiles** son valores que dividen los datos en cuatro partes iguales. Los estadísticos usan a menudo Q_1, Q_2 y Q_3 para representar los tres cuartiles. No olvides que la mediana separa los datos en dos partes iguales. Q_2 es la mediana. Q_1 es el **cuartil inferior.** Este divide la mitad inferior de los datos en dos partes iguales. De la misma manera, Q_3 es el **cuartil superior.** Este divide la mitad superior de los datos en dos partes iguales. La diferencia entre el cuartil superior y el cuartil inferior es la amplitud intercuartílica (AIQ).

Las abreviaciones QI y QS se usan a menudo para representar el cuartil inferior y el cuartil superior.

Definición de amplitud intercuartílica	La diferencia entre el cuartil superior y el cuartil inferior de un conjunto de datos recibe el nombre de amplitud intercuartílica. Representa la mitad central o 50% central de los datos del conjunto.

Ejemplo ① La siguiente tabla muestra las estaturas y pesos de 13 jugadores del equipo de Fútbol de los *Dallas Cowboys* en 1994. Calcula la mediana, los cuartiles inferior y superior y la amplitud intercuartílica de los pesos de los jugadores.

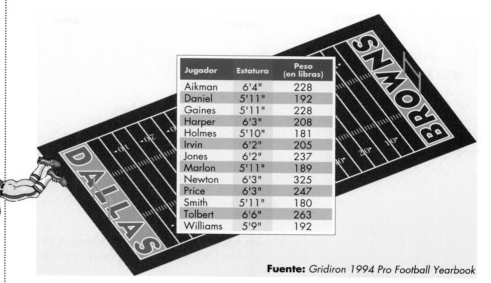

Jugador	Estatura	Peso (en libras)
Aikman	6'4"	228
Daniel	5'11"	192
Gaines	5'11"	228
Harper	6'3"	208
Holmes	5'10"	181
Irvin	6'2"	205
Jones	6'2"	237
Marlon	5'11"	189
Newton	6'3"	325
Price	6'3"	247
Smith	5'11"	180
Tolbert	6'6"	263
Williams	5'9"	192

Fuente: *Gridiron 1994 Pro Football Yearbook*

Ordena los 13 pesos de menor a mayor y determina la mediana.

$$180 \quad 181 \quad 189 \quad 192 \quad 192 \quad 205 \quad 208 \quad 228 \quad 228 \quad 237 \quad 247 \quad 263 \quad 325$$
$$\uparrow$$
$$\text{mediana}$$

No olvides que la mediana es el número central cuando los datos se ordenan numéricamente.

El cuartil inferior es la mediana de la mitad inferior de los datos y el cuartil superior es la mediana de la mitad superior de los datos. Si la mediana es uno de los datos, se excluye de ambas mitades.

$$180 \quad 181 \quad 189 \quad 192 \quad 192 \quad 205 \quad 208 \quad 228 \quad 228 \quad 237 \quad 247 \quad 263 \quad 325$$

$$Q_1 = 190.5 \qquad Q_2 = \text{mediana} \qquad Q_3 = 242$$

La amplitud intercuartílica es $242 - 190.5$ or 51.5. Por lo tanto, la mitad central, o el 50% de los pesos de los jugadores no sobrepasa las 51.5 libras de la mediana.

En el Ejemplo 1, un peso, 325 libras, es mucho más grande que los otros. En un conjunto de datos, un valor que es mucho más grande o mucho más pequeño que los otros recibe el nombre de **valor atípico.** Un valor atípico se define como cualquier elemento de un conjunto de datos que es al menos 1.5 amplitudes intercuartílicas mayor que el cuartil superior, o al menos 1.5 amplitudes intercuartílicas menor que el cuartil inferior.

Un valor atípico no afecta los cuartiles, pero afecta la media.

La amplitud intercuartílica de los datos es 51.5. Así, $1.5(51.5) = 77.25$

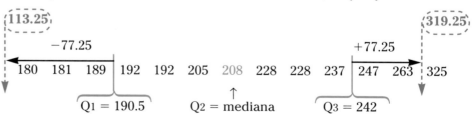

De este diagrama, puedes ver que el único dato que está más allá de las líneas cortadas es 325. Este es entonces el único valor atípico.

Ejemplo ② La siguiente gráfica de tallo y hojas doble representa el tonelaje de importaciones nacionales y extranjeras desembarcadas en los 19 puertos más importantes de los Estados Unidos durante 1992.

APLICACIÓN

Comercio

MIRADA RETROSPECTIVA

Puedes repasar gráficas de tallo y hojas en la lección 1-4.

Nacional	Tallo	Extranjero
[5	10	
	9	[5
	8	
5	7	3
5	6	
	5	
8 ⬚0	4	1 4
8 1	3	6 ⬚6
8 5] △3 [1	2	0 ⬚0 3 4 5 5] △5 [5 9 9
9 9 7 ⬚5 2 0	1	8 8
9 8]	0	8]

5|2 = 25,000,000 toneladas   *7|3 = 73,000,000 toneladas*

Fuente: Army Corps of Engineers, U.S. Dept. of Defense

a. Los paréntesis cuadrados agrupan los valores en la mitad inferior y en la mitad superior. ¿Qué contienen los triángulos? ¿Qué contienen los cuadrados?

b. Calcula la amplitud intercuartílica del tonelaje nacional y del tonelaje extranjero.

c. ¿Qué tipo de importaciones tienen un tonelaje más consistente—el nacional o el extranjero?

d. Halla cualquier valor atípico.

a. Los triángulos contienen las medianas.
Los cuadrados contienen los cuartiles inferior y superior.

b. **Nacional**   **Extranjero**

$Q1$ es 15 y $Q3$ es 40 $Q1$ es 20 y $Q3$ es 36

$RIQ = Q3 - Q1$ $RIQ = Q3 - Q1$

$= 40 - 15$ ó 25 $= 36 - 20$ ó 16

c. Las importaciones extranjeras son más consistentes debido a que poseen la amplitud intercuartílica menor.

d. Los valores atípicos son aquellos valores que están a 1.5 RIQs por encima de $Q3$ ó por debajo de $Q1$.

Nacional

$1.5(IQR) + Q3 = 1.5(25) + 40$ ó 77.5

$Q1 - 1.5 (IQR) = 15 - 1.5(25)$ ó -22.5

Dado que $105 > 77.5$, 105 es un valor atípico. No hay valores atípicos debajo de -22.5.

Extranjero

$1.5(IQR) + Q3 = 36 + (1.5)(16)$ ó 60

$Q1 - 1.5 (IQR) = 20 - (1.5)(16)$ ó -4

Dado que $95 > 60$ y $73 > 60$, 95 y 73 son valores atípicos.

No hay valores atípicos debajo de -4.

Comunicación en matemáticas

Estudia la lección y a continuación completa lo siguiente.

1. Refiérete a la aplicación al comienzo de la lección. Compara la amplitud intercuartílica de las temperaturas de San Francisco y Columbus.

2. **Describe** cómo la media puede ser afectada por un valor atípico.

3. **Predice** lo siguiente:
   a. Si fueras a medir la estatura de todos los estudiantes de tu escuela, ¿en cuál grupo de estudiantes podrías encontrar valores atípicos?
   b. Si fueras a medir el peso de todos los estudiantes de tu escuela, ¿en cuál grupo de estudiantes podrías encontrar valores atípicos?

4. **Explica** la diferencia entre la amplitud como se definió en la Lección 5–2 y la amplitud como se definió en esta lección.

LOS MODELOS Y LAS MATEMÁTICAS

5. Junto con tus compañeros de curso, párense en fila según la estatura.
   a. "Dobla" la fila en dos de modo que el estudiante más bajo se encuentre con el estudiante más alto. ¿Cuál es la mediana de las estaturas?
   b. Haz lo mismo con cada mitad de la fila. ¿Cuáles son el cuartil inferior y el cuartil superior de las estaturas de los estudiantes de tu curso?

Práctica dirigida

Calcula la amplitud, la mediana, el cuartil superior, el cuartil inferior y la amplitud intercuartílica de cada uno de los siguientes conjuntos de datos. Identifica los valores atípicos, si los hay.

6. 16, 24, 11, 17, 19

7. 43, 45, 56, 37, 11, 34

8.

Los primeros 10 empleos del futuro	
Trabajo	**Salario promedio**
Ingeniero civil	$55,800
Analista de sistemas	42,700
Ingeniero eléctrico	59,100
Geólogo	50,800
Profesor de secundaria	32,500
Farmacéutico	47,500
Terapeuta físico	37,200
Médico	148,000
Sicólogo	53,000
Director de secundaria	57,300

Fuente: *American Careers*, Otoño de 1994

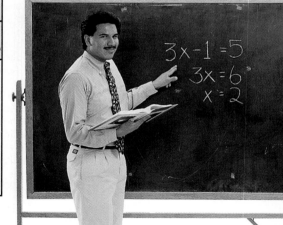

9.

Tallo	Hoja
0	0 2 3
1	1 7 9
2	2 3 5 6
3	3 4 4 5 9
4	0 7 8 8

$2 \mid 2 = 22$

10. **Fútbol americano** Refiérete a la información del Ejemplo 1. Calcula la mediana, los cuartiles superior e inferior y la amplitud intercuartílica de las estaturas de los jugadores.

Práctica

Calcula la amplitud, la mediana, el cuartil superior, el cuartil inferior y la amplitud intercuartílica de cada uno de los siguientes conjuntos de datos.

11. 77, 78, 68, 96, 99, 84, 65   **12.** 17°, 46°, 18°, 22°, 18°, 21°, 19°

13. 2, 4, 6, 8, 2, 4, 6, 8, 10, 0   **14.** 89, 56, 75, 82, 64, 73, 87, 92

15. 30.8, 29.9, 30.0, 31.0, 30.1, 30.5, 30.7, 31.0

16. 78, 2, 3.4, 4, 45, 7, 5.3, 5, 3, 1, 3.2, 6, 26, 8, 5

17. 1050, 1175, 835, 1075, 1025, 1145, 1100, 1125, 975, 1005, 1125, 1095, 1075, 1055

18.

Tallo	Hojas
5	3 6 8
6	5 8
7	0 3 7 7 9
8	1 4 8 8 9
9	9

$9 \mid 9 = 9900$

19.

Tallo	Hojas
19	3 5 5
20	2 2 5 8
21	5 8 8 9 9 9
22	0 1 7 8 9
23	2

$19 \mid 3 = \$193$

20.

Tallo	Hojas
5	0 3 7 9
6	1 3 4 5 5 6
7	1 5 6 6 9
8	1 2 3 5 8
9	2 5 6 9

$5 \mid 0 = 5.0 \ cm$

Calculadora de gráficas

21. a. Usa una calculadora de gráficas para calcular la mediana, los cuartiles superior e inferior, la amplitud y la amplitud intercuartílica del número de libros en la tabla siguiente.

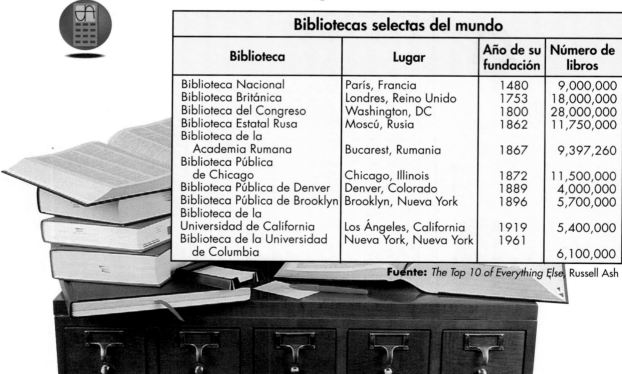

Bibliotecas selectas del mundo			
Biblioteca	**Lugar**	**Año de su fundación**	**Número de libros**
Biblioteca Nacional	París, Francia	1480	9,000,000
Biblioteca Británica	Londres, Reino Unido	1753	18,000,000
Biblioteca del Congreso	Washington, DC	1800	28,000,000
Biblioteca Estatal Rusa	Moscú, Rusia	1862	11,750,000
Biblioteca de la Academia Rumana	Bucarest, Rumania	1867	9,397,260
Biblioteca Pública de Chicago	Chicago, Illinois	1872	11,500,000
Biblioteca Pública de Denver	Denver, Colorado	1889	4,000,000
Biblioteca Pública de Brooklyn	Brooklyn, Nueva York	1896	5,700,000
Biblioteca de la Universidad de California	Los Ángeles, California	1919	5,400,000
Biblioteca de la Universidad de Columbia	Nueva York, Nueva York	1961	6,100,000

Fuente: *The Top 10 of Everything Else*, Russell Ash

b. ¿Tendría sentido encontrar estos valores en los años en que se fundaron estas bibliotecas? Explica.

Piensa críticamente

22. a. Encuentra un ejemplo de un conjunto de 19 números con una amplitud de 60, una mediana de 40, una amplitud intercuartílica de 16 y un valor atípico.

b. Encuentra un ejemplo de un conjunto de 19 números con una amplitud de 20, una mediana de 40, una amplitud intercuartílica de 11 y sin valores atípicos.

Aplicaciones y solución de problemas

Calcula la amplitud, la mediana, el cuartil superior, el cuartil inferior y la amplitud intercuartílica de cada uno de los siguientes conjuntos de datos.

Phantom of the Opera

23. Entretenimiento

Obras de teatro en Broadway con el mayor número de presentaciones (al 17/7/94)

Obra	Presentaciones
42nd Street	3,486
Annie	2,377
Cats	4,917
Chorus Line	6,137
Fiddler on the Roof	3,242
Grease	3,388
Hello Dolly	2,844
Les Miserables	3,005
Life with Father	3,224
My Fair Lady	2,717
Oh, Calcutta	5,959
Phantom of the Opera	2,717
Tobacco Road	3,182

Fuente: *Variety,* 1994

24. Transporte

Autos más populares en los E.E.U.U. (1993)

Nombre del auto	Cantidad vendida
Chevrolet Cavalier	273,617
Chevrolet Lumina	219,683
Ford Escort	269,034
Ford Taurus	360,448
Ford Tempo	217,644
Honda Accord	330,030
Honda Civic	255,579
Pontiac Grand Am	214,761
Saturn	229,356
Toyota Camry	299,737

Fuente: American Automobile Manufacturers Association

25. Educación

Matrícula en Universidades selectas de los E.E.U.U. (1993–1994)

Universidad	Matrícula
Baylor University	12,194
Brown University	7,655
California Institute of Technology	1,977
Columbia University	3,441
Dartmouth College	5,475
Georgia State University	23,651
Howard University	10,736
Massachusetts Institute of Technology	9,790
Princeton University	6,444
Stanford University	14,002
Yale University	10,844

Fuente: *Peterson's Guides,* © 1994

26. Nutrición

Calorías en alimentos, por porción

Alimento	Calorías
Manzana	100
Banana	130
Pan	60
Pastelito	200
Rosca	120
Helado	185
Jugo de naranja	85
Melocotón	50
Mantequilla de maní	190
Papa	100
Taco blando	225
Leche entera	133

Fuente: U.S. Dept. of Agriculture

Hello Dolly

27. Deportes La siguiente gráfica de tallo y hojas doble representa las edades de los 20 primeros jugadores y jugadoras de golf durante la temporada de 1994, según el *Golfer's Alamanac*, 1995.

Hombre	Tallo	Mujer
8	1	
9 9 8 8 5	2	3 4 5 5 9 9
8 8 7 6 6 5	3	1 2 2 2 4 4 5 8 9 9 9
6 2 0 0	4	0 4 6
4 3 1 0	5	

4|5 = 54 años de edad   *4|6 = 46 años de edad*

a. Calcula las amplitudes, los cuartiles y las amplitudes intercuartílicas de estas edades.

b. Identifica cualquier valor atípico.

c. Compara las amplitudes y las amplitudes intercuartílicas de jugadores y jugadoras. ¿Qué puedes concluir de estas estadísticas?

28. Entretenimiento En la siguiente tabla aparecen los montos totales de los arriendos para algunas películas ganadoras del Óscar hasta abril de 1994.

Título	Monto total de los arriendos	Título	Monto total de los arriendos
Schindler's List	38.7	Ordinary People	23.1
Silence of the Lambs	59.8	Kramer vs. Kramer	60.0
Dances with Wolves	81.5	The Deer Hunter	27.5
Driving Miss Daisy	50.5	Annie Hall	19.0
Rain Man	86.8	Rocky	56.5
Platoon	70.0	One Flew Over the	
Out of Africa	43.5	Cuckoo's Nest	60.0
Amadeus	23.0	The Godfather, Part II	30.6
Terms of Endearment	50.25	The Sting	78.2
Ghandi	25.0	The Godfather	86.3
Chariots of Fire	30.6	The Sound of Music	80.0

Fuente: *Variety,* mayo de 1994

a. Calcula la amplitud, la mediana, los cuartiles superior e inferior y la amplitud intercuartílica de los montos totales de los arriendos.

b. Identifica cualquier valor atípico.

c. El menor valor de ventas por arriendo de las primeras 20 películas más arrendadas de todos los tiempos hasta abril de 1994 es de $96.3 millones. ¿Qué puedes concluir acerca de las películas ganadoras de Óscares en relación con estos datos?

29. a. Haz una lista de las notas que has sacado en matemática durante este período de calificaciones. Determina la amplitud, los cuartiles y la amplitud intercuartílica de estas notas.

b. Haz una lista de las notas que has sacado en inglés durante este período de calificaciones. Determina la amplitud, los cuartiles y la amplitud intercuartílica de estas notas.

c. ¿En cuál de los dos cursos son más consistentes tus notas? ¿A qué crees se debe esto?

Repaso comprensivo

30. Geología La temperatura subterránea de las rocas varía de acuerdo con la profundidad. La temperatura en la superficie es de unos 20°C. A una profundidad de 2 km, la temperatura es de unos 90°C y a una profundidad de 10 km la temperatura es de unos 370°C. (Lección 5–6)

a. Escribe una ecuación que describa esta relación.

b. Usa la ecuación para predecir la temperatura a una profundidad de 13 km.

31. ¿Cuáles pares ordenados son soluciones de $5 - 1.5x = 2y$? (Lección 5–3)

    a. $(0, 1)$ **b.** $(8, 2)$ **c.** $\left(4, -\frac{1}{2}\right)$ **d.** $(2, 1)$

32. Ecología Por cada 20 gramos de smog que produce un automóvil típico en una hora, una cortadora de césped operada con gasolina produce 50 gramos. Si Jodi se demora 1.5 horas cortar el césped, ¿durante cuánto tiempo podría manejar su auto y producir la misma cantidad de smog? (Lección 4–1)

33. Deportes La tabla de la derecha muestra cuántos millones de personas participaron en patinaje y ciclismo de montaña en 1991 y 1992. Escribe una ecuación que represente cada situación y luego resuélvelas.
(Lección 3–1)

Año	1991	1992
Patinaje	6.2	9.4
Ciclismo de montaña	6.0	6.9

Fuente: *Men's Fitness*

    a. ¿Cuánta gente más participó en patinaje en 1992 que en 1991?

    b. ¿Cuánta gente más participó en ciclismo de montaña en 1992 que en 1991?

34. Simplifica $3(-4) + 2(-7)$. (Lección 2–6)

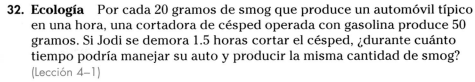

Matemática y SOCIEDAD

Temperaturas mínimas récord

El siguiente pasaje apareció en un artículo en la revista *Mother Earth News* de enero de 1995. Todas las temperaturas se dan en °F.

¿CUÁNTO FRÍO LLEGA A HACER EN Alaska? La temperatura más baja que se haya registrado fue de -80 y ocurrió el 23 de enero de 1971 en Prospect Creek Camp. Imagínate: esa temperatura es a 0 grados lo que 0 grados es a una tarde de verano típica. Aún así puedes decir que, bueno, Alaska está tan cerca del polo norte. Porque acá en los 48 estados más al sur nunca alcanzamos tales niveles de frío. Sí, sí los alcanzamos.

El 20 de enero de 1954 en Rogers Pass, Montana la temperatura se acercó a los -70 grados... ¿Hay algún lugar donde las temperaturas sean más frías que en Alaska? En Siberia puede llegar a hacer un poco más de frío. Pero existe un lugar en la Tierra que es mucho más frío: la Antártida. El récord de temperatura mínima mundial ocurrió en la base Vostok en la Antártida en 1983: -128 grados. ∎

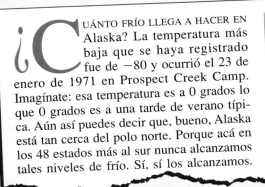

La Antártica

1. ¿Cuántos grados más fría que una temperatura de 80° F en verano es la temperatura mínima récord de la Tierra?

2. La sensación térmica es una medida del frío que sentimos al estar expuestos al viento junto con una temperatura baja. ¿Crees que este factor se aplica también a objetos inanimados como bicicletas y autos? Explica.

3. La temperatura máxima registrada en la Tierra fue de 136°F en Azizia, Tripolitania, en el norte de África y ocurrió el 13 de agosto de 1922. Si las temperaturas extremas de cada país en el siglo XX fueran tabuladas en una computadora. ¿cuál sería la amplitud de los datos?

4. Si la amplitud intercuartílica de las temperaturas de un país es muy pequeña, ¿qué te dice eso acerca del clima de ese país?

Investigación

¡Ándale pez!

Refiérete a las páginas 190–191.

El tomar muestras es un método de investigación que se utiliza frecuentemente en muchos campos. Los fabricantes lo usan para determinar la calidad de sus productos. Las encuestas son una forma de averiguar las opiniones de la gente acerca de cuestiones cotidianas tales como qué programa de televisión ven o cuál es su comida preferida. El método de captura-recaptura es uno de muchos métodos que se usan para tomar muestras de una población.

Analiza

Has conducido experimentos y organizado tus datos de varias maneras. Ha llegado la hora de que analices tus hallazgos y presentes tus conclusiones.

1 ¿Cuáles son las ventajas y desventajas del método de tomar muestras de captura-recaptura?

2 ¿Cuántas muestras crees que producen los mejores resultados? ¿Por qué?

3 Escribe un informe de una página acerca de cómo se usa el método de captura-recaptura en la vida real. Asegúrate de incluir referencias en tu informe.

Escribe

Imagínate que la población de peces del lago Moonlit ha sido aproximada cada año durante 9 años y que estas aproximaciones han sido tabuladas en la siguiente gráfica.

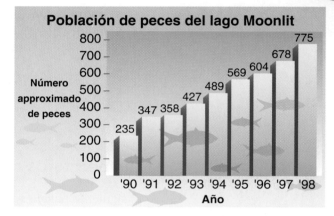

Población de peces del lago Moonlit

Número approximado de peces — Año

235 ('90), 347 ('91), 358 ('92), 427 ('93), 489 ('94), 569 ('95), 604 ('96), 678 ('97), 775 ('98)

Observa que la población de peces ha aumentado. Supongamos que un miembro del consejo municipal, Aubrey Howard, quiere mostrarle a otros miembros del consejo municipal que el crecimiento en la población de peces ha sido rápido. El señor Howard puede escoger la línea de mejor encaje de los datos de la gráfica.

4 Grafica la información como pares ordenados en un plano de coordenadas.

5 Usa dos líneas verticales para separar los datos en tres conjuntos del mismo tamaño.

6 Ubica el punto en cada conjunto cuyas coordenadas x y y representan las medianas de las coordenadas x y y de todos los puntos en ese conjunto. En otras palabras, ubica el punto medio de cada conjunto.

7 Ahora toma una regla y alíneala con los dos puntos medios exteriores. Luego deslízala un tercio de la distancia al punto medio del conjunto central de puntos. Traza finalmente esta línea. Esta es la *línea de mejor encaje* de los datos.

8 ¿Cuál es el razonamiento del señor Howard? Escribe un informe de una página para el señor Howard, basándote en la gráfica para fundamentar tu opinión.

VOCABULARIO

Después de estudiar este capítulo podrás definir cada término, propiedad o frase y dar uno o dos ejemplos de cada uno.

Álgebra

amplitud   (p. 263)

aplicación   (p. 263)

coordenada x (p. 254)

coordenada y (p. 254)

cuadrantes   (p. 254)

dominio   (p. 263)

ecuación en dos variables (p. 271)

ecuación lineal   (p. 280)

ecuación lineal en forma estándar   (p. 281)

ejes   (p. 254)

eje x (p. 254)

eje y (p. 254)

función   (p. 287)

función lineal   (p. 278)

gráfica   (p. 255)

gráfica completa   (p. 278)

inverso de una relación (p. 264)

notación funcional   (p. 289)

origen   (p. 254)

plano de coordenadas (p. 254)

propiedad de correspondencia de los puntos en el plano (p. 256)

prueba de la recta vertical (p. 289)

relación   (p. 260, 263)

solución de una ecuación en dos variables   (p. 271)

Estadística

amplitud   (p. 306)

amplitud intercuartílica (p. 304, 306)

cuartiles   (p. 304, 306)

cuartil inferior   (p. 306)

cuartil superior   (p. 306)

medidas de variación (p. 306)

valor atípico   (p. 307)

Solución de problemas

usa una tabla   (p. 255)

COMPRENSIÓN Y USO DEL VOCABULARIO

Escoge la letra del término que corresponda mejor a cada afirmación o frase.

1. En el plano de coordenadas, los ejes se intersecan en ___?___ .

2. Un(a) ___?___ es un conjunto de pares ordenados.

3. Los(Las) ___?___ se grafican en un plano de coordenadas.

4. En un sistema de coordenadas, el(la) ___?___ es una recta horizontal.

5. En el par ordenado A(2, 7), 7 es el(la) ___?___ .

6. Los ejes de coordenadas separan el plano en cuatro ___?___ .

7. Una ecuación cuya gráfica es una recta no vertical se llama ___?___ .

8. En la relación {(4, 2), (0, 5), (6, 2), (−1, 8)}, el(la) ___?___ es el conjunto {−1, 0, 4, 6}.

9. El dominio contiene los valores representados por el(la) ___?___ .

a. dominio

b. variable independiente

c. función lineal

d. pares ordenados

e. origen

f. cuadrantes

g. relación

h. eje x

I. eje y

j. coordenada y

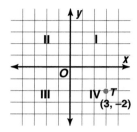

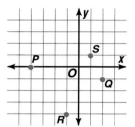

HABILIDADES Y CONCEPTOS

| OBJETIVOS Y EJEMPLOS | EJERCICIOS DE REPASO |

Una vez completado este capítulo podrás:

Usa estos ejercicios para repasar y prepararte para el examen del capítulo.

● **graficar pares ordenados** (Lección 5–1)

Grafica $T(3, -2)$ e identifica a qué cuadrante pertenece el punto.

Grafica cada punto.

10. $A(4, 2)$

11. $B(-1, 3)$

12. $C(0, -5)$

13. $D(-3, -2)$

$T(3, -2)$ pertenece al Cuadrante IV.

Escribe el par ordenado que corresponde a cada punto que se muestra a la derecha. Identifica el cuadrante al que pertenece cada punto.

14. P

15. Q

16. R

17. S

● **identificar el dominio, amplitud e inverso de una relación** (Lección 5–2)

Determina el dominio, la amplitud y el inverso de la relación $\{(6, 6), (4, -3), (6, 0)\}$.

El dominio es $\{4, 6\}$.

La amplitud es $\{-3, 0, 6\}$.

El inverso es $\{(6, 6), (-3, 4), (0, 6)\}$.

Determina el dominio y la amplitud de cada relación.

18. $\{(4, 1), (4, 6), (4, -1)\}$

19. $\{(-3, 5), (-3, 6), (4, 5), (4, 6)\}$

20. $\{(-2, 1), (-5, 1), (-7, 1)\}$

21. $\{(-3, 1), (-2, 0), (-1, 1), (0, 2)\}$

Dibuja una aplicación y gráfica de cada relación. Escribe el inverso de cada relación.

22. $\{(4, 4), (-3, 5), (4, -1), (0, 3)\}$

23. $\{(0, 2), (3, -1), (2, 2), (-2, -1)\}$

● **determinar la amplitud para un dominio dado**
(Lección 5–3)

Resuelve $2x + y = 8$, si el dominio es $\{3, 2, 1\}$.

Despeja y.

$2x + y = 8$

$\quad\quad y = 8 - 2x$

x	8 − 2x	y	(x, y)
3	8 − 2(3)	2	(3, 2)
2	8 − 2(2)	4	(2, 4)
1	8 − 2(1)	6	(1, 6)

Resuelve cada ecuación si el dominio es $\{-4, -2, 0, 2, 4\}$.

24. $y = 4x + 5$

25. $x - y = 9$

26. $3x + 2y = 9$

27. $4x - 3y = 0$

Haz una tabla y grafica el conjunto solución para cada ecuación y dominio.

28. $y = 7 - 3x$ para $x = \{-3, -2, -1, 0, 1, 2, 3\}$

29. $5x - y = -3$ para $x = \{-2, 0, 2, 4, 6\}$

OBJETIVOS Y EJEMPLOS

- graficar ecuaciones lineales (Lección 5–4)

Grafica $y = 3x - 4$.

x	3x − 4	y	(x, y)
0	3(0) − 4	−4	(0, −4)
1	3(1) − 4	−1	(1, −1)
2	3(2) − 4	2	(2, 2)
x	3x − 4	y	(x, y)

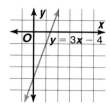

- determinar si una relación dada es una función
(Lección 5–5)

¿Es $\{(3, 2),(5, 3), (4, 3), (5, 2)\}$ una función?

Dado que hay dos valores de y para un valor de x, 5, esta relación *no* es una función.

- encontrar el valor de una función en un elemento dado del dominio (Lección 5–5)

Dado que $g(x) = 2x - 1$, encuentra $g(-6)$.

$$g(-6) = 2(-6) - 1$$
$$= -12 - 1$$
$$= -13$$

- escribir una ecuación que represente una relación, si se conocen algunas soluciones de la ecuación (Lección 5–6)

Escribe una ecuación para la relación dada por la siguiente tabla.

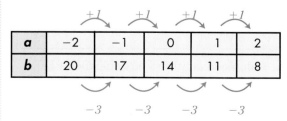

a	−2	−1	0	1	2
b	20	17	14	11	8

La ecuación es $b = 14 - 3a$.

EJERCICIOS DE REPASO

Grafica cada ecuación.

30. $y = -x + 2$ **31.** $x + 5y = 4$

32. $2x - 3y = 6$ **33.** $5x + 2y = 10$

34. $\frac{1}{2}x + \frac{1}{3}y = 3$ **35.** $y - \frac{1}{3} = \frac{1}{3}x + \frac{2}{3}$

Determina si cada relación es una función.

36.

a	b
−2	6
3	−2
3	0
4	6

37.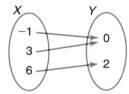

38. $\{(3, 8), (9, 3), (-3, 8), (5, 3)\}$

39. $x - y^2 = 4$

40. $xy = 6$

41. $3x - 4y = 7$

Si $g(x) = x^2 - x + 1$, encuentra cada valor.

42. $g(2)$ **43.** $g(-1)$

44. $g\left(\frac{1}{2}\right)$ **45.** $g(a + 1)$

46. $g(-2a)$ **47.** $2g(a - 3)$

Escribe una ecuación para cada relación.

48.

x	0	1	2	3	4
y	5	8	11	14	17

49.

x	2	4	5	7	10
y	−2	0	1	3	6

50.

x	3	6	9	12	15
y	−1	−3	−5	−7	−9

OBJETIVOS Y EJEMPLOS

• calcular e interpretar la amplitud, los cuartiles y la amplitud intercuartílica de un conjunto de datos   (Lección 5–7)

Calcula la amplitud, la mediana, el cuartil superior, el cuartil inferior y la amplitud intercuartílica para el siguiente conjunto de datos.

25, 20, 30, 24, 22, 26, 28, 29, 19

Ordena los datos de menor a mayor.

19   20   22   24   25   26   28   29   30

La amplitud es $30 - 19 = 11$.

La mediana es el número central, 25.

El cuartil inferior es $\frac{20 + 22}{2}$ ó 21.

El cuartil superior es $\frac{28 + 29}{2}$ ó 28.5.

La amplitud intercuartílica es $28.5 - 21$ ó 7.5.

EJERCICIOS DE REPASO

Calcula la amplitud, la mediana, el cuartil superior, el cuartil inferior y la amplitud intercuartílica para cada conjunto de datos.

51. 30, 90, 40, 70, 50, 100, 80, 60

52. 3, 3.2, 45, 7, 2, 1, 3.4, 4, 5.3, 5, 78, 8, 21, 5

53. 85, 77, 58, 69, 62, 73, 55, 82, 67, 77, 59, 92, 75, 69, 76

54. A continuación aparece el promedio anual de nieve, en pulgadas, para 21 ciudades del noreste.

111.5	70.7	59.8	68.6	63.8	254.8
64.3	82.3	91.7	88.9	110.5	77.1

APLICACIONES Y SOLUCIÓN DE PROBLEMAS

55. Finanzas   Ralph comienza un plan de ahorros para comprarse una bicicleta nueva. La ecuación $a = 5s + 56$ describe los ahorros de Ralph, donde a representa sus ahorros totales en dólares y s representa el número de semanas desde que comenzó su plan de ahorros.   (Lección 5–4)

a. Grafica esta ecuación.

b. Usa la gráfica para determinar cuánto dinero ya tenía ahorrado Ralph al comenzar el plan.

56. Arriendo de autos
El costo de arrendar un auto de A-1 Car Rental es de $41 si manejas 100 millas, $51.80 si manejas 160 millas y $63.50 si manejas 225 millas.   (Lección 5–6)

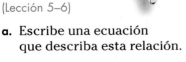

a. Escribe una ecuación que describa esta relación.

b. Usa la ecuación para determinar el costo por milla.

57. Entretenimiento   En la siguiente tabla se dan las clasificaciones de los 20 programas televisivos más populares en 1993–94.   (Lección 5–7)

Programa	Clasificación
Action Pack Network	6.1
Baywatch	6.5
Cops	5.7
Current Affair	6.6
Donahue	5.1
Entertainment Tonight	8.4
Family Matters	5.9
Hard Copy	6.7
Inside Edition	7.3
Jeopardy!	12.6
Married With Children	6.9
National Geographic on Assignment	7.5
Oprah Winfrey	9.7
Roseanne	7.9
Sally Jessy Raphael	5.2
Star Trek	10.8
Star Trek: Deep Space Nine	8.2
Wheel of Fortune	14.7
Wheel of Fortune-Weekend	7.2
World Wrestling Federation	5.7

a. Calcula la amplitud, los cuartiles y la amplitud intercuartílica de estos datos.

b. Identifica cualquier valor atípico.

Un examen de práctica para el Capítulo 5 aparece en la página 791.

EVALUACIÓN ALTERNATIVA

PROYECTO DE APRENDIZAJE COOPERATIVO

Gráficas y negocios En este capítulo aprendiste cómo graficar relaciones y cómo determinar si una relación es una ecuación lineal. Una vez que se grafica una relación, es necesario analizarla para descubrir información que sea pertinente, y poder así entender el problema o situación completamente.

En este proyecto, imagínate que tu familia es dueña de una banquetería y que quieres echarle una mirada a la cantidad que cobras por los banquetes. Se te ha pedido que presentes un informe a los otros miembros de tu familia que muestre los precios a cobrar y cómo estos afectarán las utilidades. Después de estudiar el problema, determinas que el mejor precio a cobrar por un banquete debería ser de $250 más $4 por persona. Tus costos de comida por persona son de $2.50 y los otros costos, tales como empleados, tiempo, etc., suman $1.00 por persona.

Haz una gráfica de los varios precios a cobrar determinados por el número de personas. Haz una gráfica de los varios costos determinados por el número de personas.

Sigue estas instrucciones.

- Determina los precios a cobrar para diferentes tamaños de banquetes.
- Determina los costos para diferentes tamaños de banquetes.
- Determina cómo graficar y exhibir tus gráficas apropiadamente.
- Escribe un modelo algebraico que describa el precio total a cobrar por un banquete.
- Escribe un modelo algebraico que describa el costo total de un banquete.
- Escribe varios párrafos para tu presentación, incorporando tus modelos algebraicos y las gráficas, para que te asistan en tu presentación.

PIENSA CRÍTICAMENTE

- Usa un conjunto de datos para confeccionar dos gráficas que representen los datos, pero que tengan significados completamente distintos.
- Inventa una relación que sea una función y otra que no lo sea. Compara las dos relaciones.

PORTAFOLIO

Se te ha pedido que le enseñes a otro estudiante, solo por escrito, cómo graficar una ecuación. Elige uno de los ejercicios de gráficas de este capítulo y haz una lista de los pasos que se requieren para graficar la ecuación. Asegúrate de incluir los pasos en el orden debido.

Una vez que hayas completado este ensayo pásaselo a otro estudiante de tu clase para que lo lea y siga los pasos en él descritos para graficar una ecuación diferente. Pídele que te pase las gráficas ya terminadas y revísalas. Coloca ambas gráficas en tu portafolio.

AUTOEVALUACIÓN

Las gráficas se pueden utilizar para analizar funciones o datos. *Analizar* quiere decir separar o distinguir todas las partes simples de un todo complejo, para así descubrir más información acerca de este todo.

Evalúate. ¿Cuál es tu grado de análisis? ¿Profundizas tu estudio de un problema y buscas componentes más pequeños que te ayuden a entender el problema más grande o lo observas panorámicamente e intentas resolver el problema dentro del esquema mayor de las cosas? Describe dos o tres maneras en las que pudieras dividir un problema o situación complejas para analizarlo ya sea en matemática y/o en tu vida cotidiana.

Humo en tus ojos

MATERIALES

cronómetro

papel cuadriculado

globos

cinta de medir

cuerda

En las décadas de 1950 y los 1960, los científicos amontonaron una montaña de pruebas acerca de los riesgos de fumar. Recientemente se han realizado estudios acerca de los efectos del humo secundario. El humo secundario es el humo que se respira cuando se está cerca de una persona que fuma. En 1993 la Agencia de Protección del Medio Ambiente aproximó que el humo secundario es responsable, cada año, de varios miles de casos de cáncer del pulmón en personas que no fuman en los E.E.U.U. El humo secundario se incorpora a una selecta compañía de solo una docena de otros contaminantes del ambiente en esta categoría de riesgo.

Como ciudadano informado y siendo un adolescente consciente de tu salud, entiendes este problema y quieres comenzar una campaña para limitar los efectos del humo secundario. En esta investigación recogerás pruebas acerca de la cantidad de aire que se inhala cuando se respira y lo vas a comparar con la cantidad de humo en una habitación. También examinarás los aspectos financieros y de salud del problema. Trabaja en grupos de a tres. Haz un *Archivo de investigación* en el cual puedas guardar tu trabajo sobre esta Investigación para uso futuro.

Uso adulto de cigarrillos en los Estados Unidos

Fuente: U.S. Department of Health and Human Resources

MIEMBRO DEL GRUPO	1	2	3
Número de exhalaciones			
Longitud de la circunferencia mayor del globo			
Radio del globo			
Volumen del globo			
Volumen de cada exhalación			

RECOGE LOS DATOS

1 Comienza copiando la tabla anterior en una hoja de papel.

2 Estira los globos. Haz que cada miembro del grupo infle completamente al menos tres globos y que luego los desinfle.

3 Deja que cada miembro del grupo descanse.

4 Corta un pedazo de cuerda de unas 30 pulgadas de largo. Ata la cuerda de modo que forme un círculo de unas 8 pulgadas de diámetro.

5 Un miembro del grupo debe sujetar el aro de cuerda alrededor de un globo mientras que otro infla el globo. Un tercer miembro del grupo debe registrar el número de exhalaciones que se requieren para inflar el globo hasta que alcance el tamaño del aro de cuerda. Cada miembro debe inflar un globo.

6 Mide la periferia de cada globo inflado en su parte más ancha. Calcula el radio aproximado del globo mediante la fórmula $r = \dfrac{C}{2\pi}$ y regístralo.

ANALIZA LOS DATOS

7 Exhibe los datos en una gráfica.

8 Calcula el número promedio de exhalaciones que se necesitan para inflar un globo.

9 El volumen del globo puede aproximarse mediante la fórmula $V = \dfrac{4}{3}\pi r^3$.

Calcula el volumen de cada globo y luego aproxima el volumen de cada exhalación.

Seguirás trabajando en esta *Investigación* en los Capítulos 6 y 7.

Asegúrate de guardar tu tabla y los materiales en tu *Archivo de investigación*.

Investigación Humo en tus ojos

Trabaja en la investigación
Lección 6–2, p. 338

Trabaja en la investigación
Lección 6–5, p. 361

Trabaja en la investigación
Lección 7–2, p. 398

Trabaja en la investigación
Lección 7–6, p. 426

Cierra la investigación
Fin del Capítulo 7, p. 442

Analiza ecuaciones lineales

Objetivos

En este capítulo, podrás:

- calcular la pendiente de una recta, dadas las coordenadas de dos de sus puntos,
- escribir ecuaciones lineales en las formas punto-pendiente, estándar y pendiente-intersección,
- trazar una gráfica de dispersión y hallar la ecuación de una línea de mejor encaje para los datos,
- resolver problemas mediante modelos,
- graficar ecuaciones lineales y
- usar la pendiente para determinar si dos rectas son paralelas o perpendiculares.

Crece la inmigración

Residentes nacidos en el extranjero como porcentaje de la población de E.E.U.U.

Fuente: *U.S. News and World Report*, del 25 de septiembre de 1995

Se gastan casi 20 mil millones de dólares al año en programas bilingües en las escuelas de Estados Unidos. Estos programas comenzaron en 1968 para ayudar a los hijos de inmigrantes a que aprendieran inglés. El porcentaje de norteamericanos nacidos en el extranjero está en aumento. Más de 22 estados han aprobado leyes que declaran el inglés como el idioma oficial. ¿Qué opinas de que se declare el inglés como el idioma oficial de E.E.U.U.?

Línea cronológica

435 A.C. Fidias esculpe la estatua del Zeus Olímpico, Grecia.

1844 George Catlin publica *The North American Portfolio* que contiene 320 pinturas de los pueblos amerindios hechas durante sus viajes entre 1832 y 1838.

| 500 A.C. | 400 | 300 | D.C. 1200 | 1300 | 1400 | 1500 | 1600 | 1700 | 1800 | 1840 | 1850 | 1860 |

1321 D.C. El matemático francés Levi ben Gerson es el primero que usa la inducción matemática en una demostración.

1790 La artista francesa Marie-Louise-Elisabeth Vigee-Lebrun pinta su *Autorretrato*.

LA GENTE HACE NOTICIAS

El estudiante **Jorge Arturo Pineda** Aguilar de Webster, Texas, es miembro de una nueva minoría de inmigrantes. Él y su familia son de Monterrey, México y hace poco se mudaron a Texas. A los 13 años, Jorge es uno de los ganadores más recientes del Youth Honors Award entregado por la revista multicultural infantil *Stepping Stones*. Su ensayo premiado de 1995, escrito en español e inglés, trata de los prejuicios raciales y étnicos.

Jorge se lamenta de que tanta gente tenga sentimientos de animadversión hacia alguien que no habla inglés. Escribe: "Todos somos seres humanos y el color o nacionalidad de una persona no debería importar. Lo que importa son los sentimientos de cada persona. Debemos estar unidos y trabajar juntos por el bien común."

Proyecto del capítulo

La siguiente tabla muestra 15 estados, los ingresos per cápita y el total de la población que no habla inglés (de al menos 5 años de edad). La cifra de la población proviene del censo norteamericano de 1990.

Estado	Ingresos per cápita en 1993 (en dólares)	Población que na habla inglés
AL	17,234	107,866
AR	16,143	60,781
FL	20,857	2,098,315
IL	22,582	1,499,112
IN	19,203	245,826
KY	17,173	86,482
LA	16,667	391,994
NC	17,488	240,866
NM	16,297	493,999
NY	24,623	3,908,720
OK	17,020	145,798
TN	17,666	131,550
TX	19,189	3,970,304
VA	21,634	418,521
WV	16,209	44,203

Redondea estos datos en milésimas. Grafica los datos para cada estado trazando los ingresos per cápita en el eje horizontal y el número de la población que no habla inglés en el eje vertical.

- ¿Qué patrones observas, si es que hay alguno?

- ¿Puede trazarse una línea de mejor encaje? Si es así, ¿cuál es la ecuación de esta línea?

- ¿Podría existir una relación válida entre estos datos? Explica.

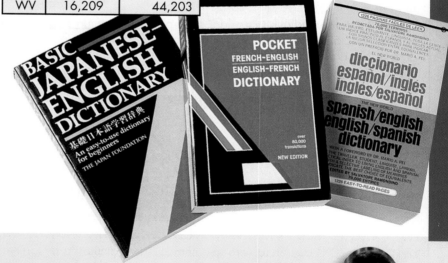

1965 Se elimina el sistema de inmigración por cuotas basado en la nación de origen.

1973 Marion Wright Edelman funda el Fondo de Defensa Infantil.

1890 1900 1910 1920 1930 1940 1950 1960 1970 1980 1990 2000

1926 El artista mexicano Diego Rivera pinta *El tortillero*.

1995 Los mellizos Chris y Courtney Salthouse, de Chamblee, Georgia, obtienen un puntaje perfecto de 1600 en sus pruebas SATs.

6-1A La pendiente

Materiales: tablero geométrico   ligas

*Sinopsis de la
Lección 6–1*

La **pendiente** de un segmento de recta es la razón del cambio de la distancia vertical entre los extremos del segmento al cambio de la distancia horizontal entre ellos. Puedes usar un tablero geométrico para hacer un modelo de un segmento de recta y calcular su pendiente.

Actividad **Haz un modelo del segmento de recta AB cuyos extremos son A(1, 2) y B(3, 5). Luego, calcula la pendiente del segmento AB.**

Paso 1 Supongamos que las clavijas del tablero geométrico representan pares ordenados en un plano de coordenadas. Hagamos que la clavija inferior izquierda represente el par ordenado (1, 1). Halla las clavijas que representan (1, 2) y (3, 5). Coloca una liga en estas clavijas para que sirva de modelo del segmento AB.

Paso 2 Usa una liga de otro color para mostrar la distancia horizontal entre el valor de x de A y el valor de x de B. Usa una liga de un tercer color para mostrar la distancia vertical entre el valor de y de A y el valor de y de B.

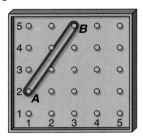

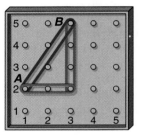

Paso 3 A medida que te trasladas del punto A al punto B, puedes deslizarte a la derecha y luego hacia arriba. Estas son las direcciones positivas en el plano de coordenadas. Así, la liga roja representa 2 unidades y la liga verde representa 3 unidades. La pendiente del segmento AB es la razón de la distancia y a la distancia x, o sea, $\frac{3}{2}$.

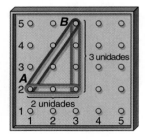

Modela

1. Usa un tablero geométrico para calcular la pendiente del segmento cuyos extremos están en (5, 2) y en (1, 4).

Escribe

2. Para la actividad anterior y el Ejercicio 1, escribe razones que comparen las diferencias en los valores de y de los pares ordenados a las diferencias en los valores de x de los pares ordenados. ¿Qué comparación hay entre estas y las pendientes de sus segmentos respectivos?

3. ¿Qué valor le asignarías a la clavija inferior izquierda si estuvieses haciendo un modelo del segmento CD de extremos C(3, 5) y D(6, 7)?

4. Escribe una regla para calcular la pendiente de cualquier segmento de recta que se muestre en un plano de coordenadas.

5. ¿Crees que esta regla se pueda aplicar a pares ordenados que contengan números negativos? Explica tus respuestas y da ejemplos.

La pendiente

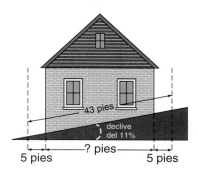

APLICACIÓN
Construcción

Alan y Mabel Wong compraron un lote en San Francisco para construir una casa. El lote está ubicado en una calle que tiene un declive de 11%. La longitud de la vereda alrededor del terreno es de 43 pies. Las ordenanzas municipales establecen que debe haber una distancia de 5 pies alrededor de toda la casa, entre esta y el límite de la propiedad. La casa que quieren construir tiene 32 pies de ancho. ¿Podrán construir su casa en el lote que compraron? *Este problema será resuelto en el Ejemplo 4.*

¿Qué se te viene a la mente cuando escuchas la palabra *pendiente*? Quizás piensas en cómo algo se inclina hacia arriba o hacia abajo. Supongamos que apoyas una escalera en un muro. Luego alejas la base de la escalera del muro, más o menos un pie. ¿Qué sucede con la inclinación de la escalera? Supongamos que la mueves nuevamente. ¿Qué sucede? Observa el patrón del siguiente diagrama.

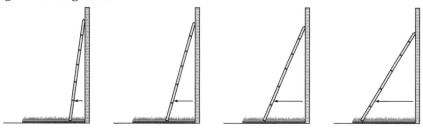

Observa que la parte superior de la escalera se desliza hacia abajo mientras que la parte inferior de la escalera se aleja del muro. Cuando la parte superior de la escalera se desliza hacia abajo, la inclinación o pendiente se hace menos empinada. Si la sigues alejando del muro, la escalera descansará totalmente en el suelo y no habrá inclinación alguna.

La inclinación de la recta que representa la escalera recibe el nombre de **pendiente** de la recta. Se define como la razón de la **altura** o cambio vertical, a la **carrera** o cambio horizontal cuando te deslizas de un punto a otro de la recta. La gráfica de la derecha muestra una recta que pasa por el origen y por el punto (5, 4).

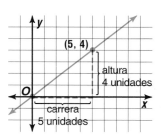

$$\text{pendiente} = \frac{\text{cambio en } y \text{ (altura)}}{\text{cambio en } x \text{ (cambio horizontal)}}$$

$$= \frac{4}{5}$$

Por lo tanto, la pendiente de esta recta es $\frac{4}{5}$.

| **Definición de pendiente** | La pendiente *m* de una recta es la razón del cambio en las coordenadas *y* al cambio correspondiente en las coordenadas *x*. |

Para simplificar, nos referiremos al cambio en las coordenadas y como el cambio en y y al cambio correspondiente en las coordenadas x como el cambio en x.

Ejemplo **Calcula la pendiente de cada recta.**

a.  **b.** 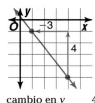 **c.** **d.**

$$\frac{\text{cambio en } y}{\text{cambio en } x} = \frac{3}{2}$$

$$\frac{\text{cambio en } y}{\text{cambio en } x} = \frac{4}{-3}$$

$$\frac{\text{cambio en } y}{\text{cambio en } x} = \frac{0}{2}$$

$$\frac{\text{cambio en } y}{\text{cambio en } x} = \frac{3}{0}$$

$$m = \frac{3}{2}$$

$$m = \frac{4}{-3}$$

$$m = 0$$ Como no es posible dividir entre 0, la pendiente es indefinida.

Analicemos las pendientes de las gráficas del Ejemplo 1.
- La gráfica a sube mientras nos deslizamos de izquierda a derecha y tiene una pendiente positiva.
- La gráfica b baja mientras nos deslizamos de izquierda a derecha y tiene una pendiente negativa.
- La gráfica c es una recta horizontal y tiene pendiente 0.
- La gráfica d es una recta vertical y tiene una pendiente indefinida.

Estas observaciones se cumplen para otras rectas que tengan las mismas características.

Como una recta está constituida de un número infinito de puntos, puedes usar dos puntos cualesquiera de la recta para hallar la pendiente de la recta. Podemos así generalizar la definición de pendiente para dos puntos cualesquiera de la recta.

| **Cálculo de la pendiente, dados dos puntos** | Dados dos puntos (x_1, y_1), (x_2, y_2) en una recta, la pendiente *m* puede calcularse de la siguiente manera:

$$m = \frac{y_2 - y_1}{x_2 - x_1}, \text{ donde } x_1 \neq x_2.$$ |

y_2 se lee "y sub 2". El 2 se llama <u>subíndice</u>.

Ejemplo **Calcula la pendiente de la recta que pasa por $(2, -5)$ y $(7, -10)$.**

Método 1
Sea $(2, -5) = (x_1, y_1)$ y $(7, -10) = (x_2, y_2)$.

$$m = \frac{y_2 - y_1}{x_2 - x_1}$$

$$= \frac{-10 - (-5)}{7 - 2}$$

$$= \frac{-5}{5} \text{ ó } -1$$

Método 2
Sea $(7, -10) = (x_1, y_1)$ y $(2, -5) = (x_2, y_2)$.

$$m = \frac{y_2 - y_1}{x_2 - x_1}$$

$$= \frac{-5 - (-10)}{2 - 7}$$

$$= \frac{5}{-5} \text{ ó } -1$$

La pendiente de la recta es -1.

Como puedes ver en el Ejemplo 2, no importa cuál par ordenado se elija como (x_1, y_1).

Puedes utilizar una hoja de cálculo para calcular rápidamente las pendientes de varias rectas.

EXPLORACIÓN

HOJAS DE CÁLCULO

Una hoja de cálculo es una tabla de celdas que pueden contener texto (rótulos) o números y fórmulas. Cada celda está designada por su ubicación de la columna y renglón. En la hoja de cálculo siguiente, las celdas A1, B1, C1, D1, E1 y F1 contienen rótulos.

a. Entra la fórmula (E2–C2)/(D2–B2) en la celda F2.

b. Copia esta fórmula en todas las celdas de la columna F. Al hacer esto, la hoja de cálculo cambia automáticamente la fórmula para que corresponda a los valores en ese renglón. O sea, para F3 la fórmula es (E3–C3)/(D3–B3), para F4 la fórmula es (E4–C4)/(D4–B4), etc.

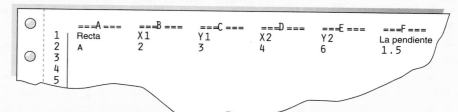

	===A===	===B===	===C===	===D===	===E===	===F===
1	Recta	X1	Y1	X2	Y2	La pendiente
2	A	2	3	4	6	1.5
3						
4						
5						

Ahora te toca a ti

a. Entra los siguientes pares ordenados de cada recta en la hoja de cálculo.

recta a (5, 5), (11, 11)

recta b (4, −4), (3, 5)

recta c (6, −1), (4, −1)

recta d (11, 3), (1, 1)

recta e (−1, 5), (6, 3)

recta f (5, 3), (4, 0)

recta g (2, 3), (11, 14)

recta h (10, −5), (10, 3)

b. Usa el comando CALCULATE para que la hoja de cálculo calcule la pendiente.

c. Usa los pares ordenados para graficar cada recta en papel cuadriculado. Rotula cada recta.

d. De los resultados de tu hoja de cálculo, haz listas de rectas con pendiente positiva, pendiente negativa y 0.

e. Compara las listas con las gráficas de las rectas. Resume por escrito tus observaciones.

Puedes calcular las coordenadas de otros puntos en una recta, si conoces la pendiente de la recta y las coordenadas de uno de los puntos en la recta.

Ejemplo **3** Calcula el valor de r de modo que la recta que pasa por $(r, 6)$ y $(10, −3)$ tenga una pendiente de $-\frac{3}{2}$.

$$m = \frac{y_2 - y_1}{x_2 - x_1}$$

$$-\frac{3}{2} = \frac{-3 - 6}{10 - r} \quad \begin{array}{l}(x_1, y_1) = (r, 6)\\ (x_2, y_2) = (10, -3)\end{array}$$

$$-\frac{3}{2} = \frac{-9}{10 - r}$$

$$-3(10 - r) = -9(2) \quad \textit{Calcula los productos cruzados.}$$

$$-30 + 3r = -18 \quad \textit{Despeja r.}$$

$$3r = 12$$

$$r = 4$$

Puedes usar la pendiente junto con otros conocimientos matemáticos para resolver problemas de la vida real como el que se planteó el comienzo de esta lección.

Ejemplo ④ **Refiérete a la aplicación al comienzo de la lección. ¿Podrán los Wong construir una casa en el lote que compraron?**

APLICACIÓN
Construcción

MIRADA RETROSPECTIVA

Para mayor información acerca de las funciones trigonométricas, puedes consultar la lección 4-3.

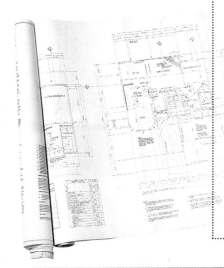

El ancho de la casa y las dos distancias de 5 pies suman $32 + 2(5)$ ó 42 pies. Por lo tanto, la medida horizontal entre los límites de la propiedad debe ser de un mínimo de 42 pies.

Podemos usar razones trigonométricas para determinar si hay espacio suficiente para la casa. Un declive del 11 por ciento significa que la altura es de 11 pies cuando la carrera es de 100 pies. Usemos esta información para calcular la medida del $\angle A$.

A ⎯⎯ 100 pies ⎯⎯ 11 pies

$\tan A = \frac{11}{100}$ ← opuesto
← adyacente

$\tan A = 0.11$

$A \approx 6.3°$ *Usa una calculadora.*

Podemos usar la medida del $\angle A$ para encontrar la medida horizontal x de la propiedad.

A ⎯⎯ 6.3° x pies ⎯⎯ 43 pies

$\cos A = \frac{x}{43}$ ← adyacente
← hipotenusa

$43(\cos 6.3°) = x$ *Multiplica cada lado por 43.*

$42.74 = x$ *Usa una calculadora.*

El lote mide 42.74 pies de ancho. La casa y la distancia alrededor de la misma caben en el lote de 43 pies. Por lo tanto los Wong pueden construir la casa en el lote que compraron.

COMPRUEBA LO QUE APRENDISTE

Comunicación en matemáticas

Estudia la lección y a continuación completa lo siguiente.

1. **Explica** cómo encontrarías la pendiente de la recta de la gráfica de la derecha.

2. **Describe** qué significa que un camino tenga un declive del 8%.

3. ¿Importa que restes las coordenadas x en el orden opuesto al que restaste las coordenadas y?

4. **Grafica** la recta con la pendiente que se indica.

   a. pendiente positiva   **b.** pendiente negativa

   c. pendiente 0   **d.** pendiente indefinida

5. **Explica** por qué la fórmula para calcular la pendiente usando dos puntos no se puede aplicar a las rectas verticales.

LOS MODELOS Y LAS MATEMÁTICAS

6. Usa un tablero geométrico para hacer modelos de los segmentos de recta con las siguientes pendientes. Bosqueja tu modelo.

   a. 4   **b.** $\frac{3}{4}$ **c.** 0   **d.** indefinida   **e.** $-\frac{3}{2}$

Práctica dirigida

Calcula la pendiente de cada recta.

7.

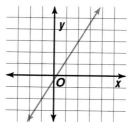

8.

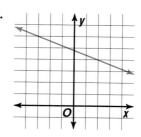

Calcula la pendiente de la recta que pasa por cada par de puntos.

9. $(7, -4), (9, -1)$ **10.** $(5, 7), (-2, -3)$ **11.** $(0.75, 1), (0.75, -1)$

Calcula el valor de r de modo que la recta que pasa por cada par de puntos tenga la pendiente dada.

12. $(6, -2), (r, -6), m = -4$ **13.** $(9, r), (6, 3), m = -\frac{1}{3}$

14. Arquitectura A la pendiente de la recta del techo de un edificio se le da a menudo el nombre de *grado de inclinación* del techo.

    a. Usa una regla graduada en milímetros para calcular la altura y la carrera de la torre en la caballeriza en Versailles, Kentucky, que se muestra a la derecha.

    b. Escribe el grado de inclinación en forma decimal.

EJERCICIOS

Práctica

Calcula la pendiente de cada recta.

15. a

16. b

17. c

18. d

19. e

20. f

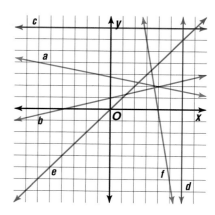

Calcula la pendiente de la recta que pasa por cada par de puntos.

21. $(2, 3), (9, 7)$ **22.** $(-3, -4), (5, -1)$ **23.** $(2, -1), (5, -3)$

24. $(2, 6), (-1, 3)$ **25.** $(-5, 4), (-5, -1)$ **26.** $(-2, 3), (8, 3)$

27. $(4, -5), (4, 2)$ **28.** $\left(2\frac{1}{2}, -1\frac{1}{2}\right), \left(-\frac{1}{2}, \frac{1}{2}\right)$ **29.** $\left(\frac{3}{4}, 1\frac{1}{4}\right), \left(-\frac{1}{2}, -1\right)$

Calcula el valor de _r_ de modo que la recta que pasa por cada par de puntos tenga la pendiente dada.

30. $(5, r), (2, -3), m = \frac{4}{3}$

31. $(-2, 7), (r, 3), m = \frac{4}{3}$

32. $(4, -5), (3, r), m = 8$

33. $(6, 2), (9, r), m = -1$

34. $(4, r), (r, 2), m = -\frac{5}{3}$

35. $(r, 5), (-2, r), m = -\frac{2}{9}$

Dibuja la recta que pasa por el punto dado y que tiene la pendiente dada.

36. $(3, -1), m = \frac{1}{3}$

37. $(-2, -3), m = \frac{4}{3}$

38. $(4, -2), m = -\frac{2}{5}$

39. Los puntos $A(12, -4)$ y $B(6, 8)$ están sobre una recta. Encuentra las coordenadas de un tercer punto en la recta AB. Describe cómo determinaste las coordenadas de este punto.

Piensa críticamente

40. Carpintería   Un carpintero es miembro de un equipo que está construyendo un techo que mide 30 pies en la base. El techo tiene un grado de inclinación de 4 pulgadas por cada pie de longitud de la base. Su labor en el equipo consiste en colocar soportes verticales a intervalos de 16 pulgadas a lo largo de la base. Sube por la escalera, mide 16 pulgadas horizontalmente y luego mide la altura vertical al techo. Luego baja de la escalera, corta la pieza que necesita y sube nuevamente la escalera para colocarla en su lugar. Se pregunta si no hay una manera de calcular el largo de cada soporte de antemano de modo que no tenga que subir y bajar la escalera tantas veces. Explica cómo usarías lo que has aprendido en este capítulo para ayudarlo.

Aplicaciones y solución de problemas

41. Construcción de caminos   El Castaic Grade en California del sur tiene un declive de 5%. El largo del camino es de 5.6 millas. ¿Cuál es el cambio de altura en pies desde la cúspide del Castaic Grade a su base?

42. Carpintería   Julio Méndez es carpintero de obra. Está construyendo una escalera de 9 pies de alto entre el primer y segundo piso de una casa. El *escalón* o profundidad de cada peldaño debe ser de 10 pulgadas y la pendiente de la escalera no pueden exceder $\frac{3}{4}$.

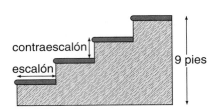

a. ¿Cuántos peldaños puede construir?

b. ¿Cuánto mide al contraescalón o altura de cada peldaño?

43. Conducción   El Túnel Eisenhower en Colorado fue terminado en 1973 y es el cuarto túnel carretero más largo de los Estados Unidos. La entrada oriental del Túnel Eisenhower está a una altura de 11,080 pies. El túnel mide 8941 pies de largo y tiene un declive de elevación hacia el extremo occidental de 0.895%. ¿Cuál es la elevación del extremo occidental del túnel?

44. Arquitectura Usa una regla graduada en milímetros para calcular el grado de inclinación o pendiente de cada objeto.

a.

Chozas de los indios Uro del Perú

b.

Miniato, Florencia, Italia

c.

Gran Pirámide de Giza, Egipto

Repaso comprensivo

45. Estadística Calcula la amplitud, la mediana, los cuartiles inferior y superior y la amplitud intercuartílica para el conjunto de datos. (Lección 5–7)
3, 3.2, 6, 45, 7, 26, 2, 3.4, 4, 5.3, 5, 78, 8, 1, 5

46. Patrones Copia y completa la siguiente tabla. (Lección 5–5)

n	1	2	3	4	5
$f(n)$			12	11	10

47. Usa la fórmula $I = prt$ para calcular r si $I = \$2430$, $p = \$9000$ y $t = 2$ años, 3 meses. (Lección 4–5)

48. Resuelve $\dfrac{6}{14} = \dfrac{7}{x-3}$. (Lección 4–1)

Resuelve cada ecuación. Verifica tu solución.

49. $\dfrac{2}{3}x + 5 = \dfrac{1}{2}x + 4$ (Lección 3–5)   **50.** $3x - 8 = 22$ (Lección 3–3)

51. Animales La siguiente lista registra la longevidad promedio de 20 animales. (Lección 2–2)

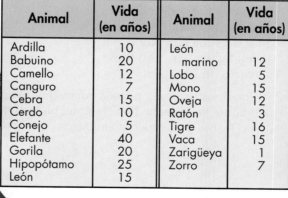

Animal	Vida (en años)	Animal	Vida (en años)
Ardilla	10	León	
Babuino	20	marino	12
Camello	12	Lobo	5
Canguro	7	Mono	15
Cebra	15	Oveja	12
Cerdo	10	Ratón	3
Conejo	5	Tigre	16
Elefante	40	Vaca	15
Gorila	20	Zarigüeya	1
Hipopótamo	25	Zorro	7
León	15		

a. ¿Cuántos animales viven entre 7 y 16 años inclusive?

b. Traza un esquema lineal con la longevidad promedio de los animales de la parte a.

c. ¿Cuál es el número más frecuente?

d. ¿Cuántos animales viven un mínimo de 20 años?

52. Calcula $29 - 3(9-4)$. (Lección 1–3)

Escribe ecuaciones lineales en las formas punto-pendiente y estándar

CONEXIÓN

Geografía

Si vivieras en Miami, Florida y te mudaras a Denver, Colorado, ¿qué ajustes crees que deberías hacer? Obviamente, el clima es distinto, pero ¿sabías que también debes acostumbrarte a vivir a una altitud más elevada? Mientras más elevada es la altitud, menos oxígeno hay en el aire. Esto puede afectar tu respiración y causarte mareos, dolores de cabeza, insomnio y pérdida del apetito.

Con el tiempo, la gente que se muda a alturas más elevadas se aclimata (el proceso de acostumbrarse a un nuevo clima). Sus cuerpos desarrollan más glóbulos rojos para llevar oxígeno a los músculos. En general, la aclimatación a largo plazo a una altitud de 7000 pies se demora unas 2 semanas y de ahí, 1 semana por cada 2000 pies de altitud adicionales. La gráfica de la derecha muestra la aclimatación para altitudes mayores de 7000 pies.

¿Cuáles son las variables independiente y dependiente de esta relación?

Aclimatión a la altura

Eje vertical: Semanas (0 a 9)
Eje horizontal: Altitud (en miles de pies) (7 a 14)

Puntos: (9000, 3) y (11,000, 4)

Podemos usar dos puntos cualesquiera en la gráfica para calcular la pendiente de la recta. Por ejemplo, hagamos que (9000, 3) y (11,000, 4) sean (x_1, y_1) y (x_2, y_2) respectivamente.

$$m = \frac{y_2 - y_1}{x_2 - x_1}$$

$$= \frac{4 - 3}{11,000 - 9000} \text{ ó } \frac{1}{2000}$$

Supongamos que (x, y) representa cualquier otro punto en la recta. Podemos usar la pendiente y cualquiera de los dos puntos dados para escribir una ecuación de la recta.

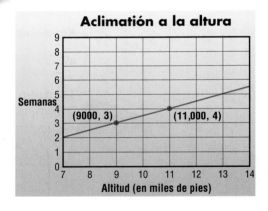

$$m = \frac{y_2 - y_1}{x_2 - x_1}$$

$$\frac{1}{2000} = \frac{y - 3}{x - 9000} \qquad m = \tfrac{1}{2000}, (x_1, y_1) = (9000, 3), (x_2, y_2) = (x, y)$$

$$\frac{1}{2000}(x - 9000) = y - 3 \qquad \text{Multiplica cada lado por } (x - 9000).$$

$$y - 3 = \frac{1}{2000}(x - 9000) \qquad \text{Propiedad reflexiva } (=)$$

Dado que esta forma de la ecuación se obtuvo utilizando las coordenadas de un punto conocido y la pendiente de la recta, esta recibe el nombre de **forma punto-pendiente.**

Forma punto-pendiente de una ecuación lineal	**Para un punto dado (x_1, y_1) en una recta no vertical con pendiente m, la forma punto-pendiente de una ecuación lineal es** $$y - y_1 = m(x - x_1).$$

Puedes escribir una ecuación en la forma punto-pendiente de la gráfica de cualquier recta no vertical si conoces la pendiente de la recta y las coordenadas de un punto sobre la recta.

Ejemplo ❶ **Escribe la forma punto-pendiente de una ecuación para cada recta.**

a. **una recta que pasa por $(-3, 5)$, con pendiente $-\frac{3}{4}$**

$$y - y_1 = m(x - x_1)$$
$$y - 5 = -\frac{3}{4}[x - (-3)] \quad \text{\textit{Reemplaza } } x_1 \text{ \textit{por -3, }} y_1$$
$$y - 5 = -\frac{3}{4}(x + 3) \quad \text{\textit{por 5 y m por} } -\frac{3}{4}.$$

Una ecuación de la recta es $y - 5 = -\frac{3}{4}(x + 3)$.

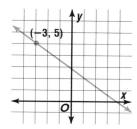

b. **una recta horizontal que pasa por $(-6, 2)$**

Las rectas horizontales tienen pendiente 0.
$$y - y_1 = m(x - x_1)$$
$$y - 2 = 0[x - (-6)]$$
$$y - 2 = 0$$
$$y = 2$$

Una ecuación de la recta es $y = 2$.

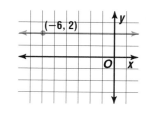

Puedes también escribir las ecuaciones de rectas horizontales usando la coordenada y como en el Ejemplo 1b.

Una recta vertical tiene pendiente indefinida, de modo que no puedes usar la forma punto-pendiente de una ecuación. Sin embargo puedes escribir la ecuación de una recta vertical usando las coordenadas de los puntos por los que pasa. Supongamos que la recta pasa por $(3, 5)$ y $(3, -2)$. La ecuación de la recta es $x = 3$ dado que la coordenada x de cualquier punto en la recta es 3.

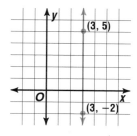

Cualquier ecuación lineal se puede expresar también de la forma $Ax + By = C$ con A, B y C enteros y donde A y B no son simultáneamente 0. Esta recibe el nombre de **forma estándar** de una ecuación lineal. *Generalmente $A > 0$.*

Forma estándar de una ecuación lineal	**La forma estándar de una ecuación lineal es $Ax + By = C$ con A, B y C enteros, $A \geq 0$ y donde A y B no son simultáneamente 0.**

Las ecuaciones lineales escritas en forma punto-pendiente pueden siempre escribirse en forma estándar.

Ejemplo ② **Escribe $y + 5 = -\frac{5}{4}(x - 2)$ en forma estándar.**

$$y + 5 = -\frac{5}{4}(x - 2)$$

$4(y + 5) = 4 \cdot \left(-\frac{5}{4}\right)(x - 2)$ *Multiplica cada lado por 4 para eliminar la fracción.*

$4y + 20 = -5x + 10$ *Propiedad distributiva.*

$4y = -5x - 10$ *Resta 20 de cada lado.*

$5x + 4y = -10$ *Suma 5x a cada lado.*

La forma estándar de la ecuación es $5x + 4y = -10$.

Puedes escribir la ecuación de una recta si conoces las coordenadas de dos puntos en la recta.

Ejemplo ③ **Escribe la forma punto-pendiente y la forma estándar de la ecuación de una recta que pasa por (−8, 3) y (4, 5).**

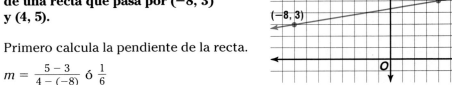

Primero calcula la pendiente de la recta.

$$m = \frac{5 - 3}{4 - (-8)} \text{ ó } \frac{1}{6}$$

Ahora puedes usar cualquier punto como (x_1, y_1) en la forma punto-pendiente.

Método 1: Usa $(-8, 3)$.   **Método 2:** Usa $(4, 5)$.

$y - 3 = \frac{1}{6}(x - (-8))$ $y - 5 = \frac{1}{6}(x - 4)$

$y - 3 = \frac{1}{6}(x + 8)$

Tanto $y - 3 = \frac{1}{6}(x + 8)$ como $y - 5 = \frac{1}{6}(x - 4)$ son ecuaciones válidas para la forma punto-pendiente de la ecuación de la recta que pasa por los puntos $(-8, 3)$ y $(4, 5)$. A continuación, encontraremos la forma estándar de cada ecuación.

Método 1	**Método 2**
$y - 3 = \frac{1}{6}(x + 8)$	$y - 5 = \frac{1}{6}(x - 4)$
$6(y - 3) = 6 \cdot \frac{1}{6}(x + 8)$ *Multiplica cada lado por 6.*	$6(y - 5) = 6 \cdot \frac{1}{6}(x - 4)$ *Multiplica cada lado por 6.*
$6y - 18 = x + 8$	$6y - 30 = x - 4$
$6y = x + 26$ *Suma 18 a cada lado.*	$6y = x + 26$ *Suma 30 a cada lado.*
$-x + 6y = 26$ *Resta x de cada lado.*	$-x + 6y = 26$ *Resta x de cada lado.*
$x - 6y = -26$ *Multiplica por −1.*	$x - 6y = -26$ *w −1.*

Independientemente de la elección del punto utilizado para encontrar la forma punto-pendiente, la forma estándar de la ecuación siempre da como resultado la misma ecuación, una vez que se eliminan todos los factores comunes.

Ejemplo **4**

INTEGRACIÓN
Geometría

Escribe la ecuación de las rectas que conforman los lados del paralelogramo *ABCD*, en forma punto-pendiente y estándar.

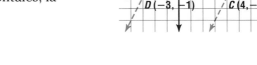

Dado que las rectas que contienen los segmentos AB y CD son horizontales, la pendiente de cada recta es 0.

La ecuación de $\overleftrightarrow{AB}$ es $y = 3$.

La ecuación de $\overleftrightarrow{CD}$ es $y = -1$.

Ahora usa las coordenadas de los puntos para calcular las pendientes y las ecuaciones de los otros dos lados.

Usa $A(-1, 3)$ y $D(-3, -1)$ para calcular la pendiente de $\overline{AD}$.

$$m = \frac{3 - (-1)}{-1 - (-3)}$$

$$= \frac{4}{2} \text{ ó } 2$$

Usemos $A(-1, 3)$ como (x_1, y_1) en forma punto-pendiente.

$$y - y_1 = m(x - x_1)$$
$$y - 3 = 2[x - (-1)]$$
$$y - 3 = 2(x + 1)$$

Ahora encuentra la forma estándar de esta ecuación.

$$y - 3 = 2(x + 1)$$
$$y - 3 = 2x + 2$$
$$y = 2x + 5$$
$$2x - y = -5$$

Usa $B(6, 3)$ y $C(4, -1)$ para calcular la pendiente de $\overline{BC}$.

$$m = \frac{3 - (-1)}{6 - 4}$$

$$= \frac{4}{2} \text{ ó } 2$$

Usemos $B(6, 3)$ como (x_1, y_1) en forma punto-pendiente.

$$y - y_1 = m(x - x_1)$$
$$y - 3 = 2(x - 6)$$

Ahora encuentra la forma estándar de esta ecuación.

$$y - 3 = 2(x - 6)$$
$$y - 3 = 2x - 12$$
$$y = 2x - 9$$
$$2x - y = 9$$

Las ecuaciones de las rectas que contienen los lados del paralelogramo *ABCD* son $y = 3$, $y = -1$, $2x - y = -5$ y $2x - y = 9$.

COMPRUEBA LO QUE APRENDISTE

Comunicación en matemáticas

Estudia la lección y a continuación completa lo siguiente.

1. **Explica** qué representan x_1 y y_1 en la forma punto-pendiente de una ecuación.

2. **Compara** la diferencia entre las gráficas de $x = 6$ y $y = 6$.

3. **Explica** por qué A y B en forma estándar, no pueden ser ambos iguales a 0.

4. **Tú decides** Una recta contiene los puntos $P(-3, 2)$ y $Q(2, 5)$. Elena piensa que $R(12, 12)$ está también sobre la recta. Usa la forma punto-pendiente para determinar si tiene razón.

Práctica dirigida

Da la pendiente y las coordenadas de un punto por el que pasa la recta representada por cada ecuación.

5. $y + 3 = 4(x - 2)$ 6. $y - (-6) = -\frac{2}{3}(x + 5)$ 7. $3(x + 7) = y - 1$

Escribe la forma punto-pendiente de la ecuación de una recta que pasa por el punto dado y que tiene la pendiente dada.

8. $(9, 1), m = \frac{2}{3}$ **9.** $(-2, 4), m = -3$ **10.** $(-3, 6), m = 0$

Escribe cada ecuación en forma estándar.

11. $y + 3 = -\frac{3}{4}(x - 1)$ **12.** $y - \frac{1}{2} = \frac{5}{6}(x + 2)$ **13.** $y - 3 = 2(x + 1.5)$

Escribe las formas punto-pendiente y estándar de una ecuación para la recta que pasa por cada par de puntos.

14. $(-6, 1), (-8, 2)$ **15.** $(-1, -2), (-8, 2)$ **16.** $(4, 8), (-2.5, 8)$

17. Geometría Escribe la forma estándar de la ecuación de una recta que contiene la hipotenusa del triángulo rectángulo que se muestra a la derecha.

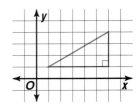

EJERCICIOS

Práctica

Escribe la forma punto-pendiente de la ecuación de una recta que pasa por el punto dado y que tiene la pendiente dada.

18. $(3, 8), m = 2$ **19.** $(4, 5), m = 3$ **20.** $(-4, -3), m = 1$

21. $(-6, 1), m = -4$ **22.** $(0, 5), m = 0$ **23.** $(1, 3), m = -2$

24. $(3, 5), m = \frac{2}{3}$ **25.** $(8, -3), m = \frac{3}{4}$ **26.** $(-6, 3), m = -\frac{2}{3}$

Escribe la forma estándar de la ecuación de una recta que pasa por el punto dado y que tiene la pendiente dada.

27. $(2, 13), m = 4$ **28.** $(-5, -3), m = 4$

29. $(-4, 6), m = \frac{3}{2}$ **30.** $(-2, -7), m = 0$

31. $(8, 2), m = -\frac{2}{5}$ **32.** $(-5, 5), m = $ indefinida

Escribe la forma punto-pendiente de la ecuación de una recta que pasa por cada par de puntos.

33. $(-5, 2), (4, -1)$ **34.** $(6, 1), (7, -4)$

35. $(-8, -1), (6, 5)$ **36.** $(2, 3), (5, 1)$

37. $(4, -2), (8, -2)$ **38.** $(2.5, 3), (-0.5, -4.5)$

Escribe la forma estándar de la ecuación de una recta que pasa por cada par de puntos.

39. $(6, 5), (12, -3)$

40. $(-2, -7), (1, 2)$

41. $(-5, 9), (3, -2)$

42. $(0.7, -1.3), (-0.4, 3.1)$

43. $\left(-\frac{2}{3}, -\frac{5}{6}\right), \left(\frac{3}{4}, -\frac{1}{3}\right)$

44. $\left(-2, 7\frac{2}{3}\right), \left(-2, \frac{16}{5}\right)$

Piensa críticamente

45. Una recta contiene los puntos $(9, 1)$ y $(5, 5)$. Escribe, argumentando convincentemente, por qué esta recta interseca el eje x en $(10, 0)$.

Aplicaciones y solución de problemas

46. Geometría Tres rectas se intersecan formando el triángulo ABC que se muestra a la derecha.

    a. Escribe la forma punto-pendiente de cada recta.

    b. Escribe la forma estándar de cada recta.

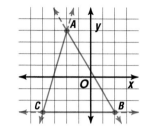

47. Dibuja un diagrama La Ley de Norteamericanos Inválidos (ADA, por sus siglas en inglés) de 1990 establece que las rampas deben tener al menos una distancia horizontal de 12 pulgadas por cada pulgada de altura, con una altura máxima de 30 pulgadas. La oficina de correos en Meyersville está cambiando una de sus entradas para construir una rampa para sillas de ruedas. La distancia del edificio a la calle es de 18 pies. Actualmente, la acera tiene peldaños hasta la entrada.

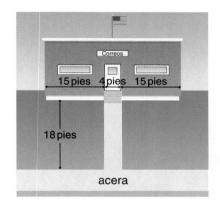

La vía de entrada está a 30 pulgadas sobre el nivel del suelo.

    a. Determina si se puede construir una rampa para sillas de ruedas, en la acera actual, que cumpla con las condiciones del ADA. Explica tu respuesta.

    b. Dibuja un diagrama de un plan alternativo.

Repaso comprensivo

48. Aviación Un avión que vuela sobre Albuquerque a una altitud de 33,000 pies comienza a descender para aterrizar en Santa Fe a 50 millas de distancia. Si la elevación de Santa Fe es de 7000 pies, ¿cuál es la pendiente aproximada de descenso, expresada como un porcentaje? (Lección 6–1)

49. Estadística La gráfica de tallo y hojas de la derecha representa el costo por taza de varias marcas de café. (Lección 5–7)

Tallo	Hoja
0	6 6 6 6 8 9 9 9 9
1	0 2 3 4 5 7 7 8 8
2	4 8 9
3	0 2 $1 \mid 2 = \$0.12$

    a. Calcula la amplitud y la amplitud intercuartílica de estos costos.

    b. Identifica cualquier valor atípico.

50. Dibuja una aplicación para $\{(-6, 0), (-1, 2), (-3, 4)\}$. (Lección 5–2)

51. Si $y = 12$ cuando $x = 3$, calcula y cuando $x = 7$. Asume que y varía directamente con x. (Lección 4–8)

52. Movimiento A la 1:30 P.M. un avión sale de Tucson hacia Baltimore, que está a 2240 millas de distancia. El avión vuela a 280 millas por hora. Un segundo avión sale de Tucson a las 2:15 P.M. y está programado para aterrizar en Baltimore 15 minutos antes que el primer avión. ¿A qué velocidad debe viajar el segundo avión para llegar a tiempo? (Lección 4–7)

53. Trabaja al revés En el jardín de Lupita, todas las flores son rosadas, amarillas o blancas. Dadas tres flores cualesquiera, al menos una es rosada y dadas tres flores cualesquiera, al menos una es blanca. ¿Podrías decir si dadas tres flores cualesquiera, al menos una sería amarilla? ¿Por qué? (Lección 3–3)

54. Imprenta Un cliente encarga un trabajo que requiere de 2500 hojas de papel. Tiene la opción de pedir una caja completa de 3000 hojas a $27.50 por cada mil o "abrir" una caja, (encargando exactamente el número de hojas requeridas) y pagar $38.40 por cada mil. ¿Cuál de estas opciones es la menos costosa? (Lección 2–4)

55. Identifica la propiedad que se ilustra con $(a + 3b) + 2c = a + (3b + 2c)$. (Lección 1–8)

TRABAJA EN LA
In·ves·ti·ga·ción

Refiérete a las páginas 320–321.

Humo en tus ojos

La cantidad de humo exhalado con cada bocanada de un cigarrillo, dentro de un cuarto se puede comparar con la cantidad de aire que exhalas después de respirar profundamente. El fumador promedio inhala y exhala 10 veces por cigarrillo.

1 Supongamos que cada exhalación en un globo representa el humo de cada exhalación cuando se fuma. ¿Cuántos cigarrillos representa el aire en un globo?

2 Haz una gráfica que muestre el número de exhalaciones y el total de humo acumulado en el aire al fumar un cigarrillo. Describe la gráfica y escribe una función de los datos graficados.

3 Grafica la relación entre el radio del globo y la circunferencia del globo. Escribe una ecuación que represente esta relación.

4 Calcula el volumen de cada globo en mililitros si 1 pulg^3 $\approx$ 16.4 milímetros. La exhalación promedio en reposo es de aproximadamente 500 mililitros. ¿Cómo se relaciona el volumen del globo con el volumen de aire que esperarías del número de exhalaciones requeridas para inflar el globo? ¿Cómo se explica la diferencia?

Agrega los resultados de tu trabajo a tu *Archivo de investigación*.

Integración: Estadística
Gráficas de dispersión y líneas de mejor encaje

APLICACIÓN
Educación

Si obtienes un buen puntaje en tu SAT (Examen de Evaluación Académica), ¿significa esto que tienes una buena posibilidad de graduarte de la universidad? La siguiente tabla muestra los puntajes SAT promedio para estudiantes de primer año en algunas universidades y la tasa de graduación de esos estudiantes.

Universidad (Estado)	Puntaje SAT promedio	Tasa de graduación
Baylor University (TX)	1045	69%
Brandeis University (MA)	1215	81%
Case Western Reserve University (OH)	1235	65%
College of William and Mary (VA)	1240	90%
Escuela de Minas de Colorado (CO)	1200	78%
Instituto Tecnológico de Georgia (GA)	1240	68%
Lehigh University (PA)	1140	88%
Universidad de Nueva York (NY)	1145	69%
Universidad Estatal de Pennsylvania (sede principal) (PA)	1096	61%
Pepperdine University (CA)	1070	64%
Instituto Politécnico Rensselaer (NY)	1190	68%
Rutgers at New Brunswick (NJ)	1110	74%
Universidad Tulane (LA)	1168	71%
Universidad of Florida (FL)	1135	64%
Universidad de Carolina del Norte en Chapel Hill (NC)	1045	81%
Universidad de Texas en Austin (TX)	1135	62%
Universidad Wake Forest (NC)	1250	86%

Fuente: *America's Best Colleges,* junio de 1995

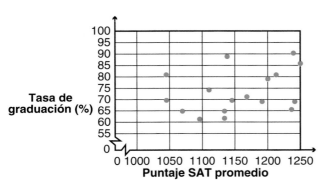

Para determinar si existe una relación entre los puntajes SAT y las tasas de graduación, podemos exhibir la información en una gráfica llamada **gráfica de dispersión.** En una gráfica de dispersión, los dos conjuntos de datos se grafican como pares ordenados en el plano de coordenadas. En este ejemplo, la variable independiente es el puntaje SAT promedio y la variable dependiente es la tasa de graduación. A la izquierda se muestra la gráfica de dispersión. Este indica que los puntajes SAT más altos no necesariamente producen, como resultado, una tasa mayor de graduación.

Una manera de resolver problemas reales es **usar un modelo.** Las gráficas de dispersión son una excelente manera de modelar datos de la vida real para descubrir patrones y tendencias.

Busca una relación entre x y y en las siguientes gráficas.

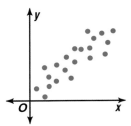

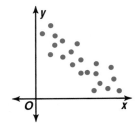

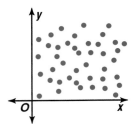

En esta gráfica, x y y tienen una **correlación positiva.** O sea, los valores están relacionados de la misma manera. Cuando x crece, y crece.

En esta gráfica, x y y tienen una **correlación negativa.** O sea, los valores están relacionados de manera opuesta. Cuando x crece y disminuye.

En esta gráfica, x y y *no tienen correlación alguna.* En este caso x y y no están relacionados y se dice entonces que son *independientes.*

Ejemplo ❶ **La siguiente tabla muestra 13 de las ciudades de más rápido crecimiento en los Estados Unidos, junto con su latitud y longitud.**

Ciudades de crecimiento más rápido	Clasificación	Latitud Norte	Longitud Oeste
Austin, TX	9	30°	98°
Bakersfield, CA	1	35°	119°
Colorado Springs, CO	13	39°	105°
Durham, NC	8	36°	79°
Fresno, CA	2	37°	120°
Laredo, TX	10	28°	100°
Las Vegas, NV	3	36°	115°
Raleigh, NC	6	36°	79°
Reno, NV	12	40°	120°
Sacramento, CA	11	39°	121°
San Bernardino, CA	7	34°	117°
Stockton, CA	5	38°	121°
Tallahassee, FL	4	30°	84°

Fuente: Bureau of the Census, National Oceanic and Atmospheric Administration

a. **Traza una gráfica de dispersión que represente la correlación entre la clasificación y la latitud de cada ciudad y otra que represente la correlación entre la clasificación y la longitud de cada ciudad.**

b. **¿Existe alguna correlación entre la ubicación de una ciudad y su popularidad?**

a. Las gráficas de dispersión son las siguientes.

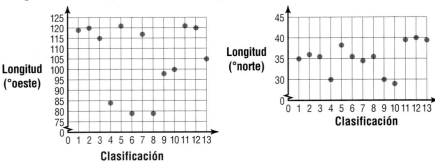

b. Ambas correlaciones son bastante débiles. Sin embargo, la correlación entre la clasificación y la latitud es más fuerte que la correlación entre la clasificación y la longitud porque los datos se aproximan mejor a una recta. Es imposible saber si las correlaciones son positivas o negativas. De esta manera podemos decir que hay una correlación débil entre la ubicación de la ciudad y su popularidad.

La línea de mejor encaje puede no pasar por ninguno de los puntos de los datos.

Puedes usar una gráfica de dispersión para hacer predicciones. Al hacerlo, es útil dibujar una recta llamada **línea de mejor encaje,** la cual pasa cerca de la mayoría de los puntos de los datos. Luego, usa los pares ordenados que representan puntos en esta recta para hacer predicciones.

Una línea de mejor encaje muestra si la correlación entre dos variables es *fuerte* o *débil.* La correlación es fuerte si los puntos de los datos se acercan o están sobre la línea de mejor encaje. La correlación es débil si los puntos de los datos no están cercanos a la recta.

Ejemplo ❷

Animales

P T I

Casi un 40% de los hogares norteamericanos tiene como mascota un perro (como mínimo), sumando un total de más de 50 millones de perros. Según el *American Kennel Club,* los perros más populares en Estados Unidos son los *Labrador retrievers.*

Los perros envejecen en forma distinta que los humanos. Quizás hayas escuchado que un perro envejece un año por cada 7 años que envejece un humano. Sin embargo, esto no es así. La tabla de la derecha muestra la relación entre los años caninos y los años humanos.

Años caninos	Años humanos
1	15
2	24
3	28
4	32
5	37
6	42
7	47

Fuente: *National Geographic World,* enero de 1995

a. Traza una gráfica de dispersión que modele los datos y determina si hay alguna relación.

b. Dibuja la línea de mejor encaje de la gráfica de dispersión.

c. Encuentra la ecuación de la línea de mejor encaje.

d. Usa la ecuación para determinar cuántos años humanos pueden compararse con 13 años caninos.

a. Sea *p* los años caninos y la variable independiente. Sea *h* los años humanos y la variable dependiente. La gráfica de dispersión se muestra a continuación.

Esto parece indicar que hay una relación casi lineal entre los años caninos y los años humanos.

Parece haber también una correlación positiva entre ambas variables. A medida que *p* crece, *h* crece.

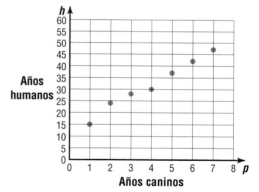

b. No existe línea alguna que pase por todos los puntos de los datos. Sin embargo, la línea de mejor encaje describe la tendencia de estos. Dibuja una recta que parezca representar los datos.

La línea de mejor encaje dibujada en este ejemplo es arbitraria. Puedes trazar otra línea de mejor encaje que sea igualmente válida.

La pendiente de la línea de mejor encaje es positiva, de modo que la correlación entre las dos variables es también positiva.

c. Como puedes apreciar, la línea de mejor encaje que dibujamos pasa por tres de los puntos de datos: (4, 32), (5, 37) y (6, 42). Usa dos de estos puntos para escribir la ecuación de la recta.

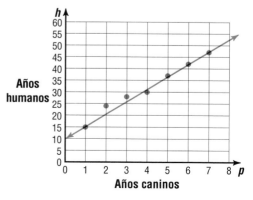

(continúa en la página siguiente)

Primero calcula la pendiente.

$$\frac{y_2 - y_1}{x_2 - x_1} = \frac{37 - 32}{5 - 4} \text{ ó } 5 \quad (x_1, y_1) = (4, 32) \text{ y } (x_2, y_2) = (5, 37)$$

Luego usa la forma punto-pendiente.

$h - y_1 = m(p - x_1)$

$h - 32 = 5(p - 4)$ *Hagamos que (4, 32) represente (x_1, y_1).*

$h - 32 = 5p - 20$ *Propiedad distributiva.*

$5p - h = -12$

d. Para determinar cuántos años humanos se comparan con 13 años caninos, sea $p = 13$ y despeja h.

$5p - h = -12$

$5(13) - h = -12$

$h = 77$

Un perro de 13 años de edad se compara con un humano de 77 años de edad.

Una **línea de regresión** es la línea de mejor encaje más precisa para un conjunto de datos y se puede determinar con una calculadora de gráficas o con una computadora. Una calculadora de gráfica le asigna a cada línea de regresión un valor r. Este valor ($-1 \leq r \leq 1$) mide la relación entre los datos. -1 indica una fuerte correlación negativa y 1 indica una fuerte correlación positiva.

EXPLORACIÓN

CALCULADORAS DE GRÁFICAS

La tabla de la derecha muestra los años en que hubo un aumento de tarifas y la tarifa que cobra el metro de la ciudad de Nueva York.

a. Usa la opción Edit del menú STAT para entrar el año en L1 y la tarifa en L2.

b. Usa la pantalla [1950, 1995] con un factor de escala de 5 y [0, 1.5] con una factor de escala de 0.25. Asegúrate de borrar Y = list de todas las ecuaciones. Luego, oprime `2nd` `STAT PLOT` 1. Asegúrate que los siguientes artículos estén alumbrados: On, el primer tipo de gráfica (gráfica de dispersión), L1 como la Xlist y L2 como la Ylist. Oprime `GRAPH` y describe la gráfica.

Año	Tarifa
1953	$0.15
1966	0.20
1970	0.30
1972	0.35
1975	0.50
1981	0.75
1984	0.90
1986	1.00
1990	1.15
1992	1.25

Fuente: *The New York Times* del 25 de julio de 1993

MIRADA RETROSPECTIVA

Puedes consultar la lección 5-7A para mayor información acerca de cómo entrar datos en las listas de una calculadora de gráficas.

c. Ahora encuentra una ecuación de la línea de regresión.

Ejecuta: `STAT` `▶` 5 `2nd` `L1` `,` `2nd` `L2` `ENTER`.

La pantalla exhibe la ecuación $y = ax + b$ asignando valores para a, b y r. Registra estos valores en una hoja de papel.

d. A continuación, grafica la línea de mejor encaje.

Ejecuta: `Y=` `VARS` 5 `▶` `▶` 7 `GRAPH`

Ahora te toca a ti

a. ¿Qué tan bien crees que la gráfica de la ecuación encaja con los datos? Justifica tu respuesta.

b. ¿Hay algún punto de los datos que esté en la línea de mejor encaje? Si es así, identifica estos puntos.

c. Saca el par ordenado (1953, $0.15) del conjunto de datos y repite todo el proceso. ¿Qué impacto tuvo la eliminación de este par ordenado en el ajuste de la línea a los datos? (*Sugerencia:* Compara los valores de r.)

d. Usa la ecuación y la gráfica para pronosticar la tarifa en el año 2000.

Comunicación en matemáticas

MI DIARIO

DE MATEMÁTICAS

Estudia la lección y a continuación completa lo siguiente.

1. **Explica** cómo determinar si una gráfica de dispersión posee una correlación positiva o negativa.

2. **Bosqueja** gráficas de dispersión con la correlación que se indica.
   a. muy fuerte y positiva **b.** muy fuerte y negativa **c.** ninguna correlación

3. **Describe** una situación que ilustre cada tipo de gráfica del Ejercicio 2.

4. ¿Qué te dice el valor de r en una calculadora de gráficas? Da ejemplos.

5. ¿Qué situaciones de tu vida presentan una correlación negativa?

Práctica dirigida

Explica si una gráfica de dispersión para cada par de variables probablemente exhibiría una correlación *positiva, negativa* o una *ausencia* de correlación entre las variables.

6. dinero ganado por una persona que trabaja en un restaurante y el tiempo utilizado en trabajar

7. estaturas de padres e hijos

8. notas en el colegio y número de ausencias

9. **Tiro al blanco** La gráfica de la derecha muestra los tiros de tres estudiantes de tiro al blanco que han disparado a un blanco 9 veces cada uno.
   a. Al aumentar el número de tiros, ¿qué ocurre con la precisión de los mismos?
   b. ¿Existe una correlación entre las variables? ¿Es positiva o negativa?
   c. ¿Cuáles puntos de los datos parecen ser valores extremos del resto de los datos?

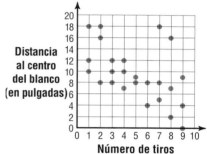

10. **Biología** La siguiente tabla muestra la temperatura promedio del cuerpo de 14 insectos a una temperatura ambiental dada.

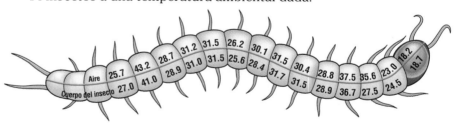

   a. Dibuja una gráfica de dispersión y una línea de mejor encaje con esta información.
   b. Escribe una ecuación para la línea de mejor encaje.
   c. ¿Qué concluyes de estos datos?

Práctica

Explica si una gráfica de dispersión para cada par de variables probablemente exhibiría una correlación *positiva, negativa* o una *ausencia* de correlación entre las variables.

11. tu edad y peso desde el primer año de vida hasta los 20 años de edad

12. temperatura de una taza de café y el tiempo que permanece en una mesa

13. el dinero que gana un cartero cada día y el peso del correo que distribuye cada día

Explica si una gráfica de dispersión para cada par de variables probablemente mostraría una correlación *positiva, negativa* o *ausencia* de correlación entre las variables.

14. la distancia que se viaja y el tiempo que se maneja

15. la estatura de una persona y su mes de nacimiento

16. la cantidad de nieve en el suelo y la temperatura diaria

17. el tiempo que te demoras haciendo ejercicios y la cantidad de calorías que quemas

18. el tiempo que se demora en hervir el agua y la cantidad de agua en la tetera

19. el número de archivos almacenados en un disquete y la cantidad de memoria que queda en el mismo

Para cada uno de los siguientes conjuntos de datos, decide si se puede dibujar una línea de mejor encaje. Explica tu razonamiento.

20. 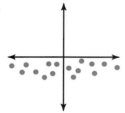 **21.** 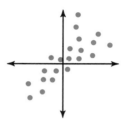 **22.**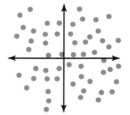

23. Un examen tiene 20 preguntas de verdadero/falso. ¿Cuál de las siguientes gráficas de dispersión ilustra todas las posibles combinaciones de respuestas correctas e incorrectas si el eje horizontal representa el número de respuestas correctas y el eje vertical representa el número de respuestas incorrectas? Explica tu elección.

a. 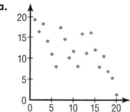 **b.** 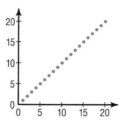 **c.**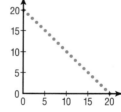

Calculadora de gráficas

24. La siguiente tabla muestra las temperaturas promedio en enero y julio (en °F) de 14 ciudades en varias partes de los Estados Unidos.

enero	21	35	42	32	51	7	30	21	20	40	28	45	56	39
julio	71	79	79	77	82	70	73	73	70	86	81	90	69	82

a. Usa una calculadora de gráficas e introduce las temperaturas de enero como L1 y las de julio como L2 y crea así una gráfica de dispersión.

b. Describe el patrón de los puntos en la gráfica de dispersión.

c. Anota la ecuación de la línea de regresión y el valor *r*.

d. Escribe un enunciado que describa en forma general la relación entre la temperatura de enero de una ciudad y su temperatura en julio.

Piensa críticamente

25. Diferentes valores de correlación son aceptables en diferentes situaciones. Da un ejemplo de cada situación. Explica tu razonamiento.

a. ¿Cuándo es mala una correlación fuertemente positiva?

b. ¿Cuándo es aceptable una correlación ligeramente positiva?

c. ¿Cuándo es deseable una correlación fuertemente negativa?

d. ¿Cuándo es aceptable una ausencia de correlación?

26. Muchas expresiones verbales pueden traducirse a expresiones algebraicas o ecuaciones. ¿Cómo podrías ilustrar en una gráfica de dispersión la expresión "Mientras más grandes son, más fuerte es la caída"?

Aplicaciones y solución de problemas

27. Educación   Refiérete a la aplicación al comienzo de la lección.

  a. Describe la correlación entre los puntajes SAT y la tasa de graduación.

  b. Copia la gráfica y traza una línea de mejor encaje. ¿Cuál es la ecuación de la recta que dibujaste?

28. Biología   Los científicos usan muestras para generalizar relaciones que observan en la naturaleza. La tabla de la derecha muestra la longitud y el peso de varias ballenas gibadas. Una tonelada gruesa equivale a 2240 libras.

Longitud (en pies)	Peso (en toneladas gruesas)
40	25
42	29
45	34
46	35
50	43
52	45
55	51

  a. Traza una gráfica de dispersión con esta información. ¿Existe una relación? Si existe, ¿cuál es?

  b. Utiliza tu gráfica de dispersión como modelo que te ayude a predecir el peso de una ballena gibada que mide 51 pies de longitud.

  c. ¿Cuál sería la longitud de una ballena que pesa entre 30 y 35 toneladas gruesas?

  d. Alguien vio una ballena gibada que medía 46 pies de longitud y que pesaba 36 toneladas gruesas. ¿Altera esto tu conclusión acerca de la correlación de los datos? Explica.

29. Puntajes de exámenes   Los puntajes recibidos en los dos primeros exámenes por 30 estudiantes de la clase de álgebra durante el período de pruebas aparecen como pares ordenados en la siguiente lista.

30, 43	58, 57	55, 61	4, 71	32, 27	68, 59
54, 47	38, 27	56, 47	72, 63	50, 23	70, 67
60, 53	73, 79	55, 68	19, 58	38, 41	71, 59
68, 75	74, 83	58, 67	66, 73	72, 67	42, 57
71, 69	70, 89	94, 59	8, 84	84, 71	82, 73

  a. Traza una gráfica de dispersión con esta información.

  b. ¿Observas algún tipo de correlación en estos datos?

  c. Dibuja una línea de mejor encaje y escribe una ecuación de la misma.

30. Usa un modelo   Junta 10 objetos redondos en tu casa. Considera cada uno de ellos como si fuera un círculo y mide en milímetros el diámetro y el largo de la circunferencia.

  a. Usa una gráfica de dispersión como modelo que te sirva para relacionar el diámetro y el largo de la circunferencia de cada objeto.

  b. Escribe una ecuación para la línea de mejor encaje.

  c. La fórmula que relaciona el largo de la circunferencia de un círculo y el diámetro del círculo es $C = 2\pi d$. ¿Cómo se compara esta fórmula con tu ecuación?

Repaso comprensivo

31. Viaje en avión   Un Boeing 747 despega de la pista y 20 minutos después del despegue se encuentra a una altitud de 30,000 pies del suelo. 22 minutos después de despegar el avión está a una altitud de 45,000 pies del suelo.   (Lección 6–2)

  a. Escribe una ecuación en forma estándar que represente el vuelo del avión durante este tiempo, con x = tiempo en minutos y y = altitud en pies.

  b. Usa la ecuación para calcular la altitud del avión 18 minutos después de despegar.

  c. ¿Puede usarse esta ecuación para determinar la altitud del avión en cualquier momento durante su vuelo? Si se puede, explica cómo.

32. Resuelve $6b - a = 32$ si el dominio es $\{-2, -1, 0, 2, 5\}$.   (Lección 5–3)

33. Trigonometría   Usa una calculadora para resolver $\cos W = 0.2598$.   (Lección 4–3)

34. Simplifica $1.2(4x - 5y) - 0.2(-1.5x + 8y)$.   (Lección 2–6)

35. Resuelve $8.2 - 6.75 = m$.   (Lección 1–5)

Cómo escribir ecuaciones lineales en la forma pendiente-intersección

APLICACIÓN
Bancos

¿Has visto alguna vez en un periódico avisos comerciales como el que se muestra a la derecha? El banco ofrece cuentas corrientes gratis. Sin embargo, leyendo la letra pequeña de este aviso, encontrarás que la cuenta corriente es gratis solo si mantienes un saldo diario de $2000.

Supongamos que este banco cobra un servicio mensual de $3 más 10¢ por cada cheque o giro si no logras mantener $2000 en la cuenta. La gráfica de la derecha muestra la recta que representa esta situación. *Vas a escribir una ecuación de esta recta en el Ejercicio 57.*

CHECK PLUS
CUENTA CORRIENTE GRATIS
Ud. puede escribir un número ilimitado de cheques sin costo alguno y puede tener una tarjeta CheckCard **sin cobro anual** alguno cuando mantenga un saldo mínimo** depositado en su cuenta corriente **Check Plus** y tenga otra cuenta de depósito***. ADEMÁS, sus primeros 50 cheques son **GRATIS**

Solo una cuenta corriente por cliente lo claifica para **Check Plus.**
**Habrá un cobro mensual cada mes que su saldo total baje de $2000.
***Ahorros, CD, IRA y cuentas de inversiones.

Las coordenadas en las que una gráfica interseca los ejes reciben el nombre de **intersección y** e **intersección x,** así como también se les llama intersecciones axiales. Dado que esta gráfica interseca el eje y en $(0, 3)$, la intersección y es 3. Si extendieses la gráfica hacia la izquierda, encontrarías que cruza el eje x en $(-30, 0)$ así que la intersección x es -30.

Observa que la coordenada x del par ordenado para la intersección y, y la coordenada y del par ordenado para la intersección x son ambas 0.

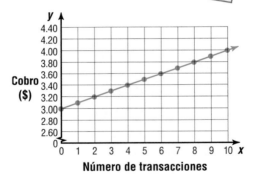
Cobro ($)
Número de transacciones

Ejemplo **Halla las intersecciones axiales de la gráfica de $3x + 4y = 6$.**

No olvides que la intersección x es el punto en que $y = 0$.

$3x + 4y = 6$
$3x + 4(0) = 6$ *Sea y = 0.*
$3x = 6$
$x = \frac{6}{3}$ ó 2   *Divide cada lado entre 3.*

Ahora haz que $x = 0$ para así hallar la intersección y.

$3x + 4y = 6$
$3(0) + 4y = 6$ *Sea x = 0.*
$4y = 6$
$y = \frac{6}{4}$ ó $\frac{3}{2}$ *Divide cada lado entre 4.*

$\left(0, \frac{3}{2}\right)$
$3x + 4y = 6$
$(2, 0)$

La intersección x es 2 y la intersección y es $\frac{3}{2}$. Esto significa que la gráfica cruza el eje x en $(2, 0)$ y el eje y en $\left(0, \frac{3}{2}\right)$. Puedes usar estos puntos para graficar la ecuación $3x + 4y = 6$.

Considera la gráfica de la derecha. La recta cruza el eje *y* en (0, *b*) y su intersección *y* es *b*. Escribe la forma punto-pendiente de una ecuación para esta recta usando (0, *b*) como (x_1, y_1).

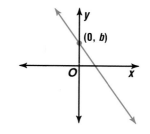

$$y - y_1 = m(x - x_1) \quad \text{Forma punto-pendiente}$$

$$y - b = m(x - 0) \quad \text{Reemplaza } (x_1, y_1) \text{ por } (0, b).$$

$$y - b = mx$$

$$y = mx + b \quad \text{Suma } b \text{ a cada lado.}$$

Esta forma de la ecuación recibe el nombre de **forma pendiente-intersección** de una ecuación lineal porque la pendiente y la intersección *y* son fáciles de identificar.

$$y = mx + b$$

pendiente   intersección y

Forma pendiente-intersección de una ecuación lineal	Dadas la pendiente *m* y la intersección *y*, denominada *b* de una recta, la forma pendiente-intersección de la ecuación de una recta es $y = mx + b$.

Si conoces la pendiente y la intersección *y* de una recta, puedes escribir una ecuación de la recta en la forma pendiente-intersección. Esta ecuación también puede escribirse en la forma estándar.

Ejemplo 2 **Escribe una ecuación de la recta en la forma pendiente-intersección si la recta tiene una pendiente de $\frac{2}{3}$ y una intersección *y* de 6. Luego escribe la ecuación en forma estándar.**

$$y = mx + b$$

$$y = \frac{2}{3}x + 6 \quad b = 6, m = \frac{2}{3}$$

Ahora, vuelve a escribir la ecuación en forma estándar.

$$y = \frac{2}{3}x + 6$$

$$3y = 2x + 18 \quad \text{Multiplica por 3 para eliminar la fracción.}$$

$$-2x + 3y = 18 \quad \text{Resta 2x de cada lado.}$$

$$ó$$

$$2x - 3y = -18 \quad \text{Multiplica por } -1 \text{ de modo que A sea positivo.}$$

Comparemos la forma pendiente-intersección con la forma estándar de una ecuación lineal. Primero, despeja *y* en $Ax + By = C$.

$$Ax + By = C$$

$$Ax - Ax + By = C - Ax \quad \text{Resta Ax de cada lado.}$$

$$By = -Ax + C \quad \text{Propiedad conmutativa de la suma.}$$

$$y = -\frac{A}{B}x + \frac{C}{B} \quad \text{Divide cada lado entre B.}$$

pendiente   intersección y

Así, puedes identificar la pendiente y la intersección *y* de una ecuación escrita en forma estándar usando $m = -\frac{A}{B}$ y $b = \frac{C}{B}$.

Ejemplo ③ **Halla la pendiente y la intersección y de la gráfica de $5x - 3y = 6$.**

Método 1

En $5x - 3y = 6$, la cual está en forma estándar, $A = 5$, $B = -3$ y $C = 6$.
Halla la pendiente.

$$m = -\frac{A}{B}$$

$$= -\frac{5}{-3} \text{ ó } \frac{5}{3}$$

Halla la intersección y.

$$b = \frac{C}{B}$$

$$= \frac{6}{-3} \text{ ó } -2$$

Método 2

Despeja y para hallar la forma pendiente-intersección.

$$5x - 3y = 6$$

$$5x - 5x - 3y = 6 - 5x$$

$$-3y = -5x + 6$$

$$\frac{-3y}{-3} = \frac{-5x}{-3} + \frac{6}{-3}$$

$$y = \frac{5}{3}x + (-2)$$

$$m = \frac{5}{3}, b = -2$$

En la Lección 6–2, aprendiste a usar la forma punto-pendiente para hallar la ecuación de una recta que pasa por dos puntos dados. Ahora tienes otra herramienta que puedes usar en la misma situación.

Ejemplo ④ **Escribe las formas pendiente-intersección y estándar de la ecuación para una recta que pasa por $(-3, -1)$ y $(6, -4)$.**

Primero, calcula la pendiente.

$$m = \frac{y_2 - y_1}{x_2 - x_1}$$

$$= \frac{-4 - (-1)}{6 - (-3)} \quad (x_1, y_1) = (-3, -1) \text{ y } (x_2, y_2) = (6, -4)$$

$$= \frac{-3}{9} \text{ ó } -\frac{1}{3}$$

Método 1

En $Ax + By = C$, la pendiente es $-\frac{A}{B}$.
Si $-\frac{A}{B} = -\frac{1}{3}$, entonces
$A = 1$ y $B = 3$.

De este modo, $Ax + By = C$ se transforma en $1x + 3y = C$.

Para hallar el valor de C, sustituye cualquiera de los pares ordenados en la ecuación. Por ejemplo, escoge $(6, -4)$.

$$x + 3y = C$$
$$6 + 3(-4) = C \quad (x, y) = (6, -4)$$
$$-6 = C$$

Una ecuación para la recta en forma estándar es $x + 3y = -6$.

Despeja y en la ecuación para hallar la forma pendiente-intersección.

$$x + 3y = -6$$
$$3y = -x - 6$$
$$y = -\frac{1}{3}x - \frac{6}{3}$$
$$y = -\frac{1}{3}x - 2$$

Método 2

Usa uno de los puntos en la forma pendiente-intersección para hallar b.

$$y = mx + b$$
$$-4 = -\frac{1}{3}(6) + b \quad (x, y) = (6, -4)$$
$$-4 = -2 + b$$
$$-2 = b$$

Una ecuación en forma pendiente-intersección para la recta es
$$y = -\frac{1}{3}x - 2.$$

Ahora escribe la ecuación en forma estándar.

$$y = -\frac{1}{3}x - 2$$
$$3y = 3\left(-\frac{1}{3}x - 2\right)$$
$$3y = -x - 6$$
$$x + 3y = -6$$

Verifica: Asegúrate de que ambos puntos satisfacen la ecuación.

$$x + 3y = -6$$
$$-3 + 3(-1) \overset{?}{=} -6 \quad (x, y) = (-3, -1)$$
$$-6 = -6 \quad ✔$$

$$x + 3y = -6$$
$$6 + 3(-4) \overset{?}{=} -6 \quad (x, y) = (6, -4)$$
$$-6 = -6 \quad ✔$$

Un caso especial de la forma pendiente-intersección ocurre cuando la intersección y es 0. Cuando $m = k$ y $b = 0$, $y = mx + b$ se transforma en $y = kx$. Puedes reconocer esta como la ecuación para la *variación directa*. Otra forma de escribir esta ecuación es $\frac{y}{x} = k$.

Ejemplo ⑤

Natación

Penny Dean posee el récord del tiempo mínimo en cruzar, a nado, el Canal de la Mancha. La californiana de 23 años nadó la distancia de 21 millas en $7\frac{2}{3}$ horas el 29 de julio de 1978. A esta misma velocidad, ¿cuánto se demoraría en cruzar, a nado, el Canal Catalina, cerca de Los Ángeles, que mide 26 millas?

Canal	Distancia	Tiempo
de la Mancha	21 millas	$7\frac{2}{3}$ horas
Catalina	26 millas	? horas

Explora Construye una tabla que relacione la información dada en el problema.

Planifica La fórmula que relaciona el tiempo t y la distancia d es $d = rt$ donde r es la velocidad a que nada Penny. Esta fórmula es un ejemplo de variación directa. Usa la información del Canal de la Mancha para calcular su velocidad. Luego, aplica esta velocidad al Canal Catalina.

Resuelve Para el Canal de la Mancha tenemos $d = 21$ millas y $t = 7\frac{2}{3}$ horas ó $\frac{23}{3}$ horas. Calcula la velocidad r.

$$d = rt$$
$$21 = r\left(\frac{23}{3}\right) \quad d = 21, r = \frac{23}{3}$$
$$\frac{3}{23}(21) = \left(\frac{23}{3}\right)\left(\frac{3}{23}\right)r$$
$$\frac{63}{23} = r$$

Ahora usa la misma fórmula y velocidad r para calcular el tiempo que se demora en cruzar el Canal Catalina a nado.

$$d = rt$$
$$26 = \frac{63}{23}t$$
$$\frac{23}{63}(26) = \frac{23}{63}\left(\frac{63}{23}\right)t$$
$$9.5 \approx t \quad \text{Usa una calculadora.}$$

A la misma velocidad con que cruzó, a nado, el Canal de la Mancha, Penny puede cruzar, a nado, el Canal Catalina en 9.5 horas.

Examina Puedes usar también una proporción para resolver este problema dado que la velocidad r es la misma en ambas situaciones. Si $d = rt$, entonces $r = \frac{d}{t}$, una forma de la ecuación de variación directa.

$$\frac{d_1}{d_2} = \frac{t_1}{t_2}$$
$$\frac{21}{26} = \frac{\frac{23}{3}}{t}$$
$$21t = \frac{23}{3}(26) \quad \text{Calcula los productos cruzados.}$$
$$t = \frac{23 \cdot 26}{3 \cdot 21} \quad \text{Divide cada lado entre 21.}$$
$$t \approx 9.5 \quad \text{Usa una calculadora.}$$
La respuesta está correcta.

Sucedió por

primera vez

Gertrude Ederle (1907–)

La primera mujer en cruzar, a nado, el Canal de la Mancha fue la norteamericana Gertrude Ederle. Solo tenía 19 años y se demoró 14 horas con 39 minutos el 6 de agosto de 1926.

COMPRUEBA LO QUE APRENDISTE

Comunicación en matemáticas

Estudia la lección y a continuación completa lo siguiente.

1. **Explica** cómo hallar, dada la ecuación, las intersecciones axiales de una recta. Luego, halla estas intersecciones para la forma estándar $Ax + By = C$.
2. **Escribe** un enunciado que explique cómo se relacionan la variación directa y la forma pendiente-intersección de una ecuación lineal.
3. **Describe** dos maneras en que se puede resolver un problema de variación directa.

4. ¿Por qué no puedes escribir la ecuación de una recta vertical en la forma pendiente-intersección?

5. Tú decides Taka escribió $y = 3.5x - 8$ como una ecuación de la recta de pendiente $= 3.5$ y de intersección $y = -8$. Chuma escribió $7x - 2y = 16$ como una ecuación de la misma recta. ¿Quién tiene la razón y por qué?

MI DIARIO

DE MATEMÁTICAS

6. Haz una lista de todos los tipos de información que puedes usar para escribir la ecuación de una recta. Asegúrate de incluir ejemplos de cada una.

Práctica dirigida

7. Para la recta que se muestra en la gráfica de la derecha:

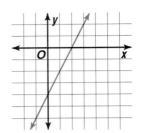

  a. determina la pendiente,
  b. determina las intersecciones axiales y
  c. escribe una ecuación en la forma pendiente-intersección.

Calcula las intersecciones axiales de la gráfica de cada ecuación.

8. $3x + 4y = 24$

9. $\frac{3}{4}x - 2y + 7 = 0$

Escribe una ecuación en la forma pendiente-intersección de la recta con pendiente e intersección y dadas. Luego, escribe la ecuación en forma estándar.

10. $m = -4, b = 5$

11. $m = \frac{2}{3}, b = -10$

Halla la pendiente y la intersección y de la gráfica de cada ecuación.

12. $y = -3x + 7$ **13.** $2x + y = -4$ **14.** $x = 3y - 2$

Escribe una ecuación en forma estándar de la recta que pasa por cada par de puntos.

15. $(8, 1), (-2, 3)$

16. $(5, 7), (1, 9)$

17. Escribe una ecuación de variación directa que tenga $(3, 11)$ como solución. Luego, calcula y cuando $x = 12$.

18. Construcción La línea del techo de una casa comienza a 12 pies sobre el suelo con una pendiente de $\frac{1}{4}$.

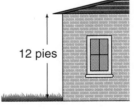

12 pies

  a. Si la muralla exterior de la casa representa el eje y, y el suelo representa el eje x, encuentra la ecuación, en forma pendiente-intersección, de la línea que representa el techo.
  b. Si estás parado dentro de la casa a 6 pies de la muralla, ¿cuál es la altura del techo en ese punto?

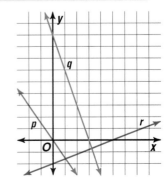

EJERCICIOS

Práctica

Para cada recta graficada a la derecha:
  a. determina la pendiente,
  b. determina las intersecciones axiales y
  c. escribe una ecuación en la forma pendiente-intersección.

19. p

20. q

21. r

Calcula las intersecciones axiales de la gráfica de cada ecuación.

22. $5x - 3y = -12$ **23.** $4x + 7y = 8$ **24.** $5y - 2 = 2x$

25. $y - 6x = 5$ **26.** $4y - x = 3$ **27.** $3y = 18$

Escribe una ecuación en la forma pendiente-intersección de la recta con la pendiente e intersección y dadas. Luego escribe la ecuación en forma estándar.

28. $m = 3, b = 5$ **29.** $m = 7, b = -2$ **30.** $m = -6, b = 0$

31. $m = -1.5, b = 3.75$ **32.** $m = \frac{1}{4}, b = -10$ **33.** $m = 0, b = -7$

Encuentra la pendiente y la intersección y de la gráfica de cada ecuación.

34. $3y = 2x - 9$ **35.** $5x + 4y = 10$

36. $4x - \frac{1}{3}y = -2$ **37.** $\frac{2}{3}x + \frac{1}{6}y = 2$

38. $5(x - 3y) = 2(x + 3)$ **39.** $4(3x + 9) - 3(5y + 7) = 11$

Escribe una ecuación en forma estándar de la recta que pasa por cada par de puntos.

40. $(-3, -5), (4, 5)$ **41.** $(7, -2), (-4, -2)$ **42.** $(-6, 1), (4, -2)$

43. $(3, 5), (3, -6)$ **44.** $(7, 4), (-5, 9)$ **45.** $(2, 9), (-5, 9)$

Escribe una ecuación de variación directa que tenga cada par ordenado como solución y encuentra el valor que falta.

46. $(-5, 8), (?, 11)$ **47.** $(24, 11), (36, ?)$ **48.** $(-17, 3), (?, 15)$

49. Escribe una ecuación en la forma pendiente-intersección de la recta cuya pendiente es $\frac{2}{3}$ y cuya intersección x es igual a 4.

50. Halla las coordenadas de un punto en la gráfica de $5x - 3y = 10$ en que la coordenada x sea 5 veces mayor que la coordenada y.

51. Halla las coordenadas de un punto en la gráfica de $3x + 7y = -16$ en que la coordenada x sea 3 veces la coordenada y.

52. Escribe la ecuación en forma estándar de la recta con intersección x igual a 7 e intersección y igual a -2.

Programación

SUGERENCIA

TECNOLÓGICA

Los comandos DrawF, Text(, y Vertical se encuentran en el menú DRAW.

53. El siguiente programa calcula la pendiente de una recta, dadas las coordenadas de dos puntos por los que pasa dicha recta. Luego, exhibe la gráfica de la recta y da la ecuación de la misma en la forma pendiente-intersección.

```
PROGRAM:SLOPE
: ClrDraw                    : DrawF AX+B
: Input "X1=",Q              : Text(2,5, "EQUATION IS"
: Input "Y1=",R              : Text(8,5, "Y=",A,"X+",B)
: Input "X2=",S              : Else
: Input "Y2=",T              : ClrHome
: If Q-S≠0                   : Text(2,5,"SLOPE UNDEFINED")
: Then                       : Text(8,5,"EQUATION OF LINE")
: (R-T)/(Q-S)→A              : Text(15,5,"X=",Q)
: R-AQ→B                     : Vertical Q
```

a. Usa este programa para escribir la ecuación de la recta que pasa por $(8.57, -3.82)$ y $(11.09, 1.31)$. Redondea los números en milésimas.

b. Usa este programa para verificar las ecuaciones de los Ejercicios 40–45.

54. La intersección x de una recta es p y la intersección y es q. Escribe una ecuación de la recta.

55. Química La ley de Charles establece que cuando la presión es constante, el volumen de un gas es directamente proporcional a la temperatura en la escala Kelvin. Escribe una ecuación para cada situación y resuélvela.

   a. Si el volumen de un gas es de 35 pies^3 a 290 K, ¿cuál es el volumen a 350 K?

   b. Si el volumen de un gas es de 200 pies^3 a 300 K, ¿a qué temperatura está el volumen de 180 pies^3?

56. Expectativa de vida La tabla de la derecha muestra las expectativas de vida, al nacer, de hombres y mujeres típicos nacidos entre 1970 y 2000 (aproximada).

Expectativa de vida		
Año de nacimiento	Hombres (en años)	Mujeres (en años)
1970	67.1	74.7
1975	68.8	76.6
1980	70.4	77.8
1985	71.1	78.2
1990	71.8	78.8
1995	72.8	79.7
2000 (est.)	73.2	80.2

   a. Escribe una ecuación para la recta que pasa por (1970, 67.1) y (2000, 73.2).

   b. Escribe una ecuación para la recta que pasa por (1970, 74.7) y (2000, 80.2).

   c. Grafica los pares ordenados de la expectativa de vida de los hombres y la ecuación de la parte a.

   d. En la misma gráfica y usando un lápiz de color diferente, grafica los pares ordenados de la expectativa de vida de las mujeres y la ecuación de la parte b.

   e. Escribe un párrafo que describa la relación entre los puntos y las rectas que graficaste.

   f. Usa estos datos para predecir la expectativa de vida de hombres y mujeres en el año 2100.

57. Bancos Refiérete a la aplicación al comienzo de la lección.

   a. Escribe una ecuación que represente la recta que muestra los servicios mensuales que cobra este banco a una cuenta que mantiene un saldo de menos de $2000.

   b. Supongamos que no puedes mantener $2000 en la cuenta y que escribes cerca de 25 cheques al mes. Usa la ecuación de la parte a para determinar si deberías abrir una cuenta en este banco o en el banco de la calle del frente que cobra un servicio fijo mensual de $5.

58. Estadística La siguiente tabla muestra las velocidades mecanográficas de 12 estudiantes en palabras por minuto (ppm) y sus semanas de experiencia. (Lección 6–3)

Experiencia (en semanas)	4	7	8	1	6	3	5	2	9	6	7	10
Mecanográfica (en ppm)	33	45	46	20	40	30	38	22	52	44	42	55

   a. Traza una gráfica de dispersión con esta información.

   b. Traza una línea de mejor encaje. Determina la ecuación de la recta.

   c. Usa la ecuación para predecir la velocidad mecanográfica de un estudiante después de un curso de 12 semanas.

   d. ¿Por qué no puede usarse esta ecuación para predecir la velocidad para un número cualquiera de semanas de experiencia?

59. Calcula la pendiente de la recta que pasa por $(14, 3)$ y $(-11, 3)$.   (Lección 6-1)

60. Escribe una ecuación para la función que se muestra en la siguiente tabla. (Lección 5-6)

m	1	2	4	5	6	9
n	9	6	0	-3	-6	-15

61. Grafica $A(5, -2)$ en un plano de coordenadas.   (Lección 5-1)

62. Probabilidad   Se selecciona al azar una carta de un mazo de 52 cartas. ¿Cuál es la probabilidad de elegir una carta negra?   (Lección 4-6)

63. Construcción   Durante la construcción de un un edificio, se coloca un soporte de 5 pies en el punto B, como se muestra en el diagrama de la derecha. Calcula el largo del soporte que debe colocarse en el punto A.   (Lección 4-2)

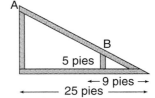

64. Despeja y en $8x + 2y = 6$.   (Lección 3-6)

65. Resuelve $-36 = 4z$.   (Lección 3-2)

66. Evalúa $|a + k|$ si $a = 5$ y $k = 3$.   (Lección 2-3)

67. Simplifica $4(3x + 2) + 2(x + 3)$.   (Lección 1-7)

AUTOEVALUACIÓN

Calcula la pendiente de la recta que pasa por cada par de puntos.   (Lección 6-1)

1. $(-7, 10)$ y $(-2, 5)$
2. $(-6, 3)$ y $(-12, 3)$
3. $(-5, 7)$ y $(-5, -15)$

4. Determina el valor de r de modo que la recta que pasa por $(r, 3)$ y $(6, -2)$ tenga una pendiente de $-\frac{5}{2}$.   (Lección 6-1)

Escribe la forma punto-pendiente de una ecuación de la recta que pasa por el punto dado y que tiene la pendiente dada.   (Lección 6-2)

5. $(-6, 4), m = \frac{1}{2}$

6. $(-12, 12), m = 0$

7. Escribe la forma estándar de una ecuación de la recta que pasa por $(-3, 4)$ y $(2, 3)$.   (Lección 6-2)

8. Computadoras   Un artículo periodístico dice que con los avances tecnológicos, las computadoras van a ser cada vez más baratas. ¿Es cierto esto? La tabla de la derecha muestra el costo promedio de un sistema de computadora para cada año entre 1991 y 1994.   (Lección 6-3)

Año	Costo promedio
1991	1100
1992	1143
1993	1183
1994	1219

Fuente: *Vitality*, 1995

a. Haz una gráfica de dispersión con esta información.

b. Dibuja una línea de mejor encaje y escribe una ecuación que la describa.

c. ¿Muestra la gráfica de dispersión una correlación positiva, negativa o ninguna correlación entre las variables?

d. Escribe en palabras cuál es el significado de esta correlación.

e. Año tras año, las computadoras se vuelven cada vez más rápidas en el procesamiento de datos. ¿Cómo puedes usar este hecho para justificar la afirmación del artículo del periódico?

9. Calcula las intersecciones axiales de la gráfica de $7x + 3y = -42$.   (Lección 6-4)

10. Escribe la forma pendiente-intersección de una ecuación para la recta que pasa por $(0, -3)$ y $(6, 0)$. (Lección 6-4)

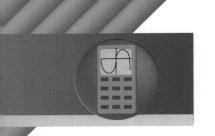

6-5A Tecnología gráfica
Gráficas lineales principales y sus familias

Una sinopsis de la Lección 6-5

¿Qué es una familia? En general, una familia es un grupo de personas que están emparentadas por nacimiento, matrimonio o adopción. Las gráficas también pueden formar familias. Una **familia de gráficas** incluye gráficas y ecuaciones de gráficas que tienen al menos una característica común. Esa característica distingue el grupo de gráficas de otros grupos.

Las familias de gráficas lineales caen a menudo en dos categorías -aquéllas con la misma pendiente y aquéllas con la misma intersección axial. La **gráfica principal** es la gráfica más simple de la famlia. Para muchas funciones lineales, la gráfica principal están en la forma $y = mx$, donde m es cualquier número. Una calculadora de gráficas es una herramienta útil cuando se estudian grupos de gráficas para determinar si estos forman una familia.

Ejemplo ❶ Grafica $y = x$, $y = 2x$, y $y = 4x$ en la pantalla normal. Describe las semejanzas y diferencias entre las gráficas. Escribe una descripción de la familia.

Borra todas las ecuaciones de Y=list.

Ejecuta: [Y=] [X,T,θ] [ENTER] 2
[X,T,θ] [ENTER] 4 [X,T,θ]
[ENTER] [ZOOM] 6

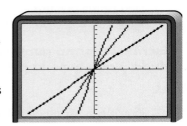

Estas tres gráficas forman una familia en la cual la pendiente de cada gráfica es positiva y cada una de las gráficas pasa por el origen. Sin embargo, cada gráfica tiene una pendiente distinta. La gráfica principal es la gráfica de $y = x$, la gráfica de $y = 4x$ es la más empinada y la de $y = x$ la menos empinada.

Puedes describir esta familia de gráficas como rectas que pasan por el origen. Otra descripción posible es que son rectas que tienen una intersección y de 0.

Puedes usar paréntesis de llave para entrar ecuaciones que tienen una característica común. Como todas las ecuaciones del Ejemplo 1 son de la forma $y = mx$, puedes usar las llaves para entrar los diferentes valores de m usando un solo comando como se muestra a continuación.

Ejecuta: [Y=] [2nd] [{] 1 [,] 2 [,] 4 [2nd] [}] [X,T,θ] [GRAPH]

Esto le dice a la calculadora que grafique las ecuaciones para las cuales los coeficientes de x son 1, 2 y 4 y que tienen una intersección y igual a 0.

Ejemplo ❷ Grafica $y = x$, $y = x + 3$, y $y = x - 3$ en la pantalla normal. Describe las semejanzas y diferencias entre las gráficas. Escribe una descripción de la familia.

Puedes entrar cada gráfica en la Y=list como lo hiciste en el Ejemplo 1 ó puedes usar paréntesis para entrar las ecuaciones de una sola vez. Observa que las tres ecuaciones son de la forma $y = x + b$. Las llaves pueden usarse para entrar los diferentes valores b.

Ejecuta: [Y=] [X,T,θ] [+] [2nd] [{] 0 [,]
3 [,] [(−)] 3 [2nd] [}] 6 [ZOOM]

La gráfica principal en este ejemplo es la gráfica de y = x.

La pendiente de cada recta es positiva. Sin embargo, cada recta tiene una intersección *y* distinta.

La gráfica de $y = x$ tiene intersección *y* igual a 0.
La gráfica de $y = x + 3$ tiene intersección *y* igual a 3.
La gráfica de $y = x - 3$ tiene intersección *y* igual $a - 3$.

Dado que la pendiente de cada recta es 1, podemos describir esta familia como gráficas lineales cuya pendiente es 1.

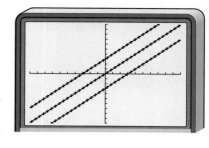

Una función que se relaciona estrechamente con una función lineal es la **función de valor absoluto.**

Ejemplo 3

Grafica $y = |x|$, $y = |x + 2|$ y $y = |x| + 4$ **en la misma pantalla. Describe las semejanzas y diferencias entre las gráficas.**

Ejecuta: `Y` `2nd` `ABS` `X,T,θ`
`ENTER` `2nd` `ABS` `(`
`X,T,θ` `+` 2 `)` `ENTER`
`2nd` `ABS` `X,T,θ` `+` 4
`ZOOM` 6

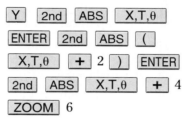

La gráfica principal en este ejemplo es la gráfica de y = |x|.

Cada gráfica tiene forma de V. La gráfica de $y = |x + 2|$ tiene la misma forma que la gráfica de $y = |x|$, pero se desplaza 2 unidades hacia la izquierda. La gráfica de $y = |x| + 4$ tiene la misma forma que la gráfica de $y = |x|$, pero se desplaza 4 unidades hacia arriba.

EJERCICIOS

Grafica cada conjunto de ecuaciones en la misma pantalla. Describe las semejanzas y diferencias entre las gráficas. Di qué tienen en común los gráficas.

1. $y = -x$
   $y = -2x$
   $y = -4x$

2. $y = |x|$
   $y = 2|x|$
   $y = 0.5|x|$

3. $y = -x$
   $y = -x + 2$
   $y = -x - 3$

4. Escribe una oración en que compares las gráficas de ecuaciones con un coeficiente positivo de *x* y las gráficas con un coeficiente negativo de *x*.

En una hoja de papel, bosqueja una gráfica que ilustre cómo crees que lucirá la gráfica de cada ecuación. Describe las semejanzas con las gráficas de los Ejemplos 1 y 2 así como de los Ejercicios 1–3. Luego, usa una calculadora de gráficas para confirmar tus predicciones. Describe el grado de precisión de tu bosquejo.

5. $y = x - 5$
6. $y = -|x| + 6$
7. $y = 0.1x$
8. $y = \frac{1}{3}x + 4$

9. Escribe la ecuación de una recta cuya gráfica esté entre las gráficas de $y = -x + 2$ y $y = -x + 3$.

10. Escribe un párrafo en el que expliques de qué manera los valores de *m* y *b* en la forma pendiente-intersección afectan la gráfica de la ecuación. Incluye varias gráficas.

Grafica ecuaciones lineales

Lo que APRENDERÁS

• A graficar una recta dada cualquier ecuación lineal.

Por qué ES IMPORTANTE

Porque podrás graficar ecuaciones para mostrar tendencias en los campos de la salud y de la ciencia física.

CONEXIÓN

Ciencias de la Tierra

Solomé, estudiante de intercambio durante el trimestre de primavera, volaba de Nueva York a España. Después de alcanzar altura de crucero, el capitán del avión anunció que estaban a una altitud de 13,700 pies y que la temperatura exterior estaba cercana a los $-76°$ C. Uno puede creer que porque se está más cerca del sol, la temperatura se eleva a medida que la altitud aumenta. Sin embargo, a medida que la altitud aumenta, el aire se enrarece y se torna más frío.

La temperatura del aire sobre la tierra cuando hacen $15°$ C a ras de suelo, puede calcularse usando la fórmula $a + 150t = 2250$, donde a es la altitud en metros y t es la temperatura en grados centígrados.

Supongamos que quieres graficar $a + 150t = 2250$. En el Capítulo 5, aprendiste que podías graficar una ecuación lineal hallando varios pares ordenados que satisfagan la ecuación y graficándolos.

Una manera conveniente de hallar pares ordenados para graficar una ecuación lineal es usando las intersecciones axiales. En $a + 150t = 2250$, estos pueden llamarse la intersección a y la intersección t.

Ciudad de Nueva York · Barcelona, España

Calcula la intersección a.

$a + 150t = 2250$

$a + 150(0) = 2250$ *Sea $t = 0$.*

$a = 2250$

Calcula la intersección t

$a + 150t = 2250$

$0 + 150t = 2250$ *Sea $a = 0$.*

$t = 15$

Ahora grafica $(2250, 0)$ y $(0, 15)$, los pares ordenados que corresponden a las intersecciones axiales. Dibuja la recta representada por la ecuación conectando estos puntos. De esta manera, puedes graficar la recta si conoces dos puntos de ella.

Usa la ecuación para confirmar el anuncio del capitán del avión de que la temperatura exterior a 13,700 metros de altura era cercana a los $-76°C$.

$a + 150t = 2250$

$13,700 + 150t = 2250$

$150t = -11,450$

$t \approx -76.33$

El capitán tenía razón.

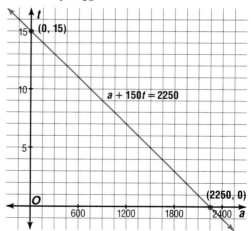

También puedes graficar una recta si conoces su pendiente y un punto en ella. Las formas de las ecuaciones lineales que has aprendido en este capítulo te ayudarán a encontrar la pendiente y un punto en la recta.

Ejemplo **1** **Grafica $y - 1 = 3(x + 2)$.**

Esta ecuación está en la forma punto-pendiente. La pendiente es 3 y un punto en la recta es $(-2, 1)$.

Grafica el punto $(-2, 1)$. No olvides que la pendiente representa el cambio en x y y.

$$\frac{3}{1} = \frac{\text{cambio en } y}{\text{cambio en } x}$$

Por lo tanto, del punto $(-2, 1)$ te puedes deslizar 3 unidades hacia arriba y 1 a la derecha. Dibuja un punto. Puedes repetir este proceso para hallar otro punto en la gráfica. Dibuja la recta que conecta los puntos. Esta recta es la gráfica de $y - 1 = 3(x + 2)$.

Verifica: Asegúrate de que $(-1, 4)$ satisfaga la ecuación.

$$y - 1 = 3(x + 2)$$
$$4 - 1 \stackrel{?}{=} 3(-1 + 2)$$
$$3 = 3 \quad ✔$$

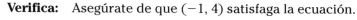

También puedes usar la forma pendiente-intersección para graficar una ecuación.

Ejemplo **2** **Grafica $\frac{3}{4}x + \frac{1}{2}y = 4$.**

Para hallar la forma pendiente-intersección , despeja y en la ecuación.

$$\frac{3}{4}x + \frac{1}{2}y = 4$$

$$\frac{1}{2}y = -\frac{3}{4}x + 4 \quad \textit{Resta } \frac{3}{4}x \textit{ de cada lado.}$$

$$y = -\frac{3}{2}x + 8 \quad \textit{Multiplica cada lado por 2.}$$

La forma pendiente-intersección de esta ecuación nos dice que la pendiente es $-\frac{3}{2}$ y que la intersección y es 8. Grafica la intersección y y luego usa la pendiente para hallar otro punto en la recta. Traza la recta.

Asegúrate de verificar si tu segundo punto satisface la ecuación *original*.

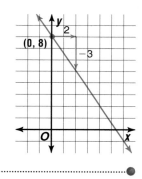

A veces, es necesario volver a escribir las ecuaciones antes de graficarlas.

Ejemplo **3** **Grafica $\frac{4}{5}(2x - y) = 6x + \frac{2}{5}y - 10$.**

Primero, simplifica la ecuación.

$$\frac{4}{5}(2x - y) = 6x + \frac{2}{5}y - 10$$

$$4(2x - y) = 30x + 2y - 50 \quad \textit{Multiplica cada lado por 5 para eliminar las fracciones.}$$

$$8x - 4y = 30x + 2y - 50$$

$$0 = 22x + 6y - 50 \quad \textit{Suma } -8x \textit{ y 4y a cada lado.}$$

$$50 = 22x + 6y \quad \textit{Suma 50 a cada lado.}$$

$$25 = 11x + 3y \quad \textit{Divide cada lado entre 2.}$$

$$11x + 3y = 25 \quad \textit{Forma estándar.} \quad \text{(continúa en la página siguiente)}$$

La ecuación está ahora en forma estándar. Puedes escoger uno de varios métodos para graficar esta ecuación.

pares ordenados	**intersecciones axiales**	**forma pendiente-intersección**

pares ordenados

Si $x = 2, y = 1$.
Si $x = -1, y = 12$.
Grafica $(2, 1)$ y $(-1, 12)$.

intersecciones axiales

Si $x = 0, y = \frac{25}{3}$.

Si $y = 0, x = \frac{25}{11}$.

Grafica $\left(0, \frac{25}{3}\right)$ y $\left(\frac{25}{11}, 0\right)$.

forma pendiente-intersección

$11x + 3y = 25$

$$3y = -11x + 25$$
$$y = -\frac{11}{3}x + \frac{25}{3}$$

La intersección y es $\frac{25}{3}$, y la pendiente es $-\frac{11}{3}$.

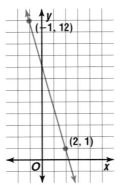

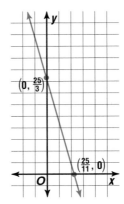

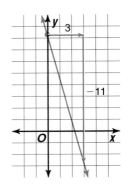

Observa que el resultado es el mismo independientemente del método que hayas escogido. Elige el método que te sea más fácil.

A menudo es útil bosquejar la gráfica de una ecuación cuando tratas de observar patrones y de hacer predicciones.

Ejemplo 4

CONEXIÓN
Biología

Al cariacú le gusta comer matorral amargo, una planta originaria de las regiones áridas de Norteamérica occidental. El diámetro de cada rama de matorral amargo está relacionado con el largo de la rama por la ecuación $\ell = 1.25 + 8.983d$, donde ℓ es el largo de la rama en pulgadas, d es el diámetro en pulgadas $d \geq 0.1$.

a. **Grafica la función. Nombra las variables independiente y dependiente.**

b. **Describe la relación entre el diámetro de una rama y su largo.**

c. **¿Cuál es el largo de una rama si su diámetro es de media pulgada?**

a. En esta ecuación d es la variable independiente y ℓ es la variable dependiente. Como d debe ser un valor no negativo, puede ser más fácil escoger dos valores de d y hallar los valores correspondientes de ℓ para trazar la gráfica. Una calculadora puede ser de utilidad.

Sea $d = 0.1$
$\ell = 1.25 + 8.983(0.1)$ ó 2.1483

Sea $d = 1$.
$\ell = 1.25 + 8.983(1)$ ó 10.233

Grafica $(0.1, 2.148)$ y $(1, 10.233)$ y conéctalos con una recta.

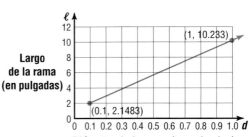

Largo de la rama (en pulgadas)

Diámetro de la rama (en pulgadas)

b. Si el diámetro de la rama crece, el largo de la rama crece.

c. Sea $d = 0.5$. Evalúa ℓ.

$$\ell = 1.25 + 8.983(0.5)$$
$$= 5.7415$$

Una rama de 0.5 pulgadas de diámetro mide cerca de 5.74 pulgadas de largo.

Verifica si este punto está en la recta.

COMPRUEBA LO QUE APRENDISTE

Comunicación en matemáticas

Estudia la lección y a continuación completa lo siguiente.

1. **Escribe** un contraejemplo a la siguiente afirmación: "Debes siempre conocer dos puntos que satisfagan una ecuación para poder graficarla."

2. **Explica** por qué el valor de d en el Ejemplo 4 no puede ser 0.

3. **Ejemplifica** cómo graficarías una recta si conoces un punto en ella y su pendiente.

4. **Describe** dos maneras en que puedas interpretar la pendiente $-\dfrac{3}{4}$ cuando la utilizas para encontrar otro punto en la gráfica de una recta.

MI DIARIO

DE MATEMÁTICAS

5. **Evalúate** Haz una lista de todas las maneras posibles que conoces de cómo graficar la ecuación de una recta. ¿Cuáles de estos métodos prefieres y por qué?

Práctica dirigida

6. Grafica $3x - 8y = 12$ usando las intersecciones axiales.

7. Grafica $y + 5 = -2(x + 1)$ usando la pendiente y un punto en la recta.

8. Grafica $\dfrac{2}{3}x + \dfrac{1}{2}y = 3$ usando la pendiente y la intersección y.

Grafica cada ecuación.

9. $y = 2x - 3$ 10. $y = \dfrac{2}{5}x - 4$ 11. $6y + 12 = 18$ 12. $5x = 9$

13. **Salud** ¿Sabías que las uñas de tus manos crecen con el doble de rapidez que las uñas de tus pies? Las uñas de tus manos crecen alrededor de $\dfrac{1}{8}$ de pulgada cada mes. Supongamos que la uña de tu dedo índice mide $\dfrac{1}{4}$ de pulgada.

   a. Grafica la recta que representa el crecimiento de las uñas de tus manos en un año.

   b. ¿Cuál es el largo de la uña de tu dedo índice al fin de un año?

   c. ¿Cuánto crecen las uñas de tus pies cada mes?

   d. Grafica la recta que representa el crecimiento de las uñas de tus pies en un año.

   e. ¿Qué representa la pendiente de cada recta?

EJERCICIOS

Práctica

Grafica cada recta usando las intersecciones axiales.

14. $y = 5x - 10$ 15. $6x - y = 9$ 16. $\dfrac{1}{2}x - \dfrac{2}{3}y = -6$

Grafica cada ecuación usando la pendiente y un punto en la recta.

17. $y - 2 = 3(x - 5)$ **18.** $y + 6 = -\frac{3}{2}(x + 5)$ **19.** $2(x - 3) = y + \frac{3}{2}$

Grafica cada ecuación usando la pendiente y la intersección y.

20. $y = -\frac{3}{4}x + 4$ **21.** $2x - 3y = -7$ **22.** $5y + 3 = -5$

Grafica cada ecuación.

23. $y = 3x - 5$ **24.** $6y + 5 = 5y + 3$ **25.** $3(y + 4) = -2x$

26. $y = \frac{2}{3}x + 1$ **27.** $5x + 2y = 20$ **28.** $\frac{2}{3}x - y = 4$

29. $6x - y = 8$ **30.** $15x - 29y = 429$ **31.** $y = 0.17x + 1.75$

32. $y - 3 = \frac{2}{3}(x - 6)$ **33.** $y + 1 = -2(x + 3)$

Calculadora de gráficas

Grafica cada grupo de ecuaciones en la misma pantalla. Describe las gráficas en términos de una familia de gráficas.

34. $y = 2x + 4$
$2x - 3y = -12$
$y + 5 = 3(x + 3)$

35. $12x - 3y = 15$
$y = 4x - 11$
$y + x = 5x$

Piensa críticamente

36. Una ecuación pertenece a la misma familia de gráficas que $y = 3x + 5$, pero tiene una intersección y igual a 7. ¿Cómo podrías graficar la ecuación sin hallar primero la ecuación?

Aplicaciones y solución de problemas

37. Salud Al aplicar resucitación cardiopulmonar (RCP) a un adulto, empiezas dando dos soplos antes de comenzar un ciclo de un soplo por cada cinco bombeos del corazón, por minuto. Cada bombeo del corazón se demora cerca de un segundo. Por lo tanto, en un minuto (60 segundos), das cerca de $60 \div 5$ ó 12 soplos. El número de soplos se puede describir por la ecuación $S = 2 + 12t$, donde t es el tiempo en minutos y S es el número total de soplos una vez comenzados los bombeos.

a. Grafica la ecuación.

b. Se recomienda que se mantenga la RCP hasta que llegue un equipo de emergencia. Si este se demora 10 minutos, ¿cuántos soplos habrá recibido el paciente?

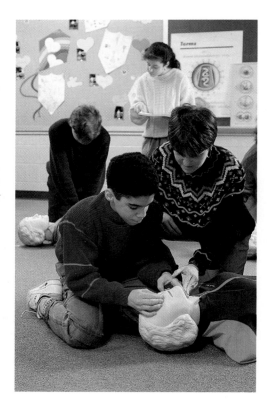

38. Ciencia física El largo de la sombra de un objeto depende de su altura. A una hora del día de cierto día del año, los largos de las sombras pueden calcularse mediante la fórmula $S = 1.5h$, donde h es la altura y S el largo de la sombra.

a. Grafica la ecuación.

b. A la hora del día en que la fórmula es válida, el roble en el patio de tu casa proyecta una sombra de 30 pies de largo. ¿Cuál es la altura del árbol?

Repaso comprensivo

39. Escribe la ecuación en la forma pendiente-intersección de la recta con intersección y igual a 12 y pendiente igual a la de la recta cuya ecuación es $2x - 5y - 10 = 0$. (Lección 6–4)

40. Traza la aplicación de la relación $\{(1, 3), (2, 3), (2, 1), (3, 2)\}$. (Lección 5–2)

41. Viajes Art sale de su casa a las 10:00 A.M. conduciendo a 50 millas por hora. A las 11:30 A.M., Jennifer sale de su casa, conduciendo en la misma dirección, a 45 millas por hora. ¿Cuándo estarán a una distancia de 100 millas uno del otro? (Lección 4–7)

42. Geometría Calcula el suplemento de 87°. (Lección 3–4)

43. Halla la raíz cuadrada de 3.24. (Lección 2–8)

44. Calcula $-13 + (-9)$. (Lección 2–1)

45. Escribe una expresión verbal para $m - 1$. (Lección 1–1)

CONTINÚA CON LA In·ves·ti·ga·ción

Refiérete a las páginas 320–321.

Humo en tus ojos

¿Cuál de los miembros de tu grupo obtuvo la mejor aproximación del número promedio de exhalaciones requeridas para inflar completamente un globo? Usa a esa misma persona para conducir otro experimento. Para esta actividad, vamos a suponer que cada exhalación en un globo representa el humo exhalado en una bocanada de cigarrillo.

1 Exhalando en un globo, haz que esa persona simule la cantidad de humo de exhalación, cuando se fuma. Usa una cinta de medir para determinar la longitud de la circunferencia del globo después de cada exhalación. Registra cada medida.

2 Calcula el volumen después de cada exhalación. Grafica la relación entre el volumen y las exhalaciones. Describe la gráfica. ¿Representa una función la gráfica? De ser así, describe el dominio y la amplitud.

3 Hay 20 cigarrillos en cada cajetilla. Si un fumador se fuma una cajetilla entera, ¿cuántos globos podrían llenarse? ¿Cuál sería el volumen del aire con humo?

4 Grafica los datos que relacionan el humo acumulado en el aire por cada cigarrillo fumado.

5 Si un fumador se fuma un cartón entero de cigarrillos (10 cajetillas/cartón), ¿cuántos globos podría llenar? ¿Cuál sería el volumen del aire con humo?

Agrega los resultados de tu trabajo a tu *Archivo de investigación*.

Integración: Geometría
Rectas paralelas y perpendiculares

 **Lo que APRENDERÁS**

- A determinar, a partir de sus pendientes, si dos rectas son paralelas o perpendiculares y
- a escribir ecuaciones de rectas que pasan por un punto dado y que son paralelas o perpendiculares a la gráfica de una recta dada.

Por qué ES IMPORTANTE

Porque puedes usar rectas paralelas y perpendiculares para resolver problemas de salud y de construcción.

APLICACIÓN
Culturas del mundo

En algunos países del Lejano Oriente la confección de cometas ha sido un deporte nacional desde tiempos inmemoriales. En el mes de septiembre, las familias chinas celebran el Noveno Día del Noveno Mes como el Día de la Cometa. Familias enteras salen a encumbrar cometas. Estas cometas pueden tener formas sencillas romboidales o formas más complejas de peces, pájaros, dragones y gente vestida con trajes de brillantes colores.

La silueta de una cometa sencilla aparece en el plano de coordenadas de la derecha. Se han rotulado los pares ordenados de las puntas de la cometa. Sabemos que las dos varillas que sostienen la cometa se intersecan en un ángulo recto. Las rectas que se intersecan en un ángulo recto reciben el nombre de **rectas perpendiculares.** *Vas a aprender más acerca de estas rectas más adelante en la lección.*

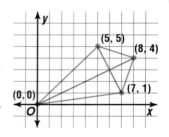

Las rectas que yacen en el mismo plano y que no se intersecan reciben el nombre de **rectas paralelas.** Las rectas paralelas pueden formar familias de gráficas. En la Lección 6–5A, aprendiste que las familias de gráficas tienen la misma pendiente o la misma intersección axial. La gráfica de la derecha muestra una familia de gráficas representada por las siguientes ecuaciones.

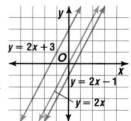

$$y = 2x \qquad \textit{La gráfica principal es la gráfica de } y = 2x.$$
$$y = 2x + 3$$
$$y = 2x - 1$$

La pendiente de cada recta es 2. Observa que las rectas parecen ser paralelas. De hecho, son paralelas.

Definición de rectas paralelas en un plano de coordenadas	**Si dos rectas no verticales tienen la misma pendiente entonces son paralelas. Todas las rectas verticales son paralelas.**

Un **paralelogramo** es un cuadrilátero en el que los lados opuestos son paralelos. Podemos usar la pendiente para determinar si los cuadriláteros graficados en un plano de coordenadas son paralelogramos. *La pendiente de un segmento es la pendiente de la recta que contiene el segmento.*

Ejemplo 1

Determina si el cuadrilátero $ABCD$ es un paralelogramo si sus vértices son $A(-5, -3)$, $B(5, 3)$, $C(7, 9)$ y $D(-3, 3)$.

Explora   Grafica los cuatro vértices y conéctalos para formar el cuadrilátero.

Planifica   Usa cada par de vértices para hallar la pendiente de cada segmento.

Usa $m = \dfrac{y_2 - y_1}{x_2 - x_1}$.

Resuelve $\overline{AB}$: $m = \dfrac{3-(-3)}{5-(-5)} = \dfrac{6}{10}$ ó $\dfrac{3}{5}$

$\overline{BC}$: $m = \dfrac{9-3}{7-5} = \dfrac{6}{2}$ ó 3

$\overline{CD}$: $m = \dfrac{3-9}{-3-7} = \dfrac{-6}{-10}$ ó $\dfrac{3}{5}$

$\overline{AD}$: $m = \dfrac{3-(-3)}{-3-(-5)} = \dfrac{6}{2}$ ó 3

$\overline{AB}$ y $\overline{CD}$ tienen la misma pendiente, $\dfrac{3}{5}$. $\overline{BC}$ y $\overline{AD}$ tienen la misma pendiente, 3. Ambos pares de lados opuestos son paralelos. Por lo tanto, $ABCD$ es un paralelogramo.

Examina   Otra definición de paralelogramo establece que sus lados opuestos son congruentes o de la misma longitud. Usa una regla graduada en milímetros para medir cada lado. $\overline{AB}$ y $\overline{CD}$ miden aproximadamente 37 milímetros de largo. $\overline{BC}$ y $\overline{AD}$ miden aproximadamente 20 milímetros de largo. La figura es con toda probabilidad un paralelogramo.

$\overline{AB}$ denota el segmento de recta cuyos extremos son A y B.

Puedes escribir la ecuación de una recta paralela a otra recta, si conoces un punto en la primera recta y la ecuación de la otra recta.

$\overleftarrow{AB}$ denota una recta sobre la cual yacen los puntos A y B.

Ejemplo 2

Escribe, en la forma pendiente-intersección, la ecuación de la recta que pasa por $(4, 0)$ y que es paralela a la gráfica de $4x - 3y = 2$.

Primero, determina la pendiente de la ecuación dada volviéndola a escribir en la forma pendiente-intersección.

$$4x - 3y = 2$$
$$-3y = -4x + 2$$
$$y = \frac{4}{3}x - \frac{2}{3} \qquad \text{La pendiente es } \frac{4}{3}.$$

Método 1

Usa la forma punto-pendiente.

$$y - y_1 = m(x - x_1)$$
$$y - 0 = \frac{4}{3}(x - 4) \qquad m = \frac{4}{3}, \, x_1 = 4,$$
$$\qquad\qquad\qquad\qquad y \, y_1 = 0$$
$$y = \frac{4}{3}x - \frac{16}{3}$$

Esta ecuación está en la forma pendiente-intersección.

Una ecuación de la recta es $y = \frac{4}{3}x - \frac{16}{3}$.

Método 2

Usa la forma pendiente-intersección.

$$y = mx + b$$
$$0 = \frac{4}{3}(4) + b$$
$$0 = \frac{16}{3} + b$$
$$-\frac{16}{3} = b$$

Ahora, sustituye los valores de m y b en la forma pendiente-intersección.

$$y = \frac{4}{3}x - \frac{16}{3}$$

CONEXIONES GL☽BALES

La cometa más grande que se haya encumbrado alguna vez lo elevó un equipo de holandeses en 1991 en Scheveningen, Países Bajos. La cometa tenía un área de superficie de 5952 pies cuadrados. Un equipo de Sakvrajima, Kagoshima, Japón estableció un récord mundial al encumbrar 11,284 cometas en una misma cuerda.

A veces, las gráficas están dibujadas de una manera que te lleva a sacar conclusiones erróneas. Las matemáticas te pueden ayudar a determinar si una gráfica es engañosa.

Ejemplo **3**

CONEXIÓN

Salud

La Sociedad Norteamericana del Corazón recomienda que los hombres mantengan su peso dentro de una cierta "banda de peso normal" como se muestra en la gráfica de la derecha. ¿Son paralelas las rectas, como parece mostrarlo la gráfica?

De la gráfica podemos determinar que los extremos del borde inclinado izquierdo son $(94, 58)$ y $(148, 74)$ mientras que los extremos del borde inclinado derecho son $(110, 58)$ y $(175, 74)$. Calcula la pendiente de cada uno de estos segmentos.

$$m_1 = \frac{74 - 58}{148 - 94} = \frac{16}{54} \text{ ó } 0.30$$

$$m_2 = \frac{74 - 58}{175 - 110} = \frac{16}{65} \text{ ó } 0.25$$

Los segmentos no tienen la misma pendiente. Por lo tanto, no son paralelos como la figura parece mostrar.

Hemos visto que las pendientes de rectas paralelas son iguales. ¿Cuál es la relación de las pendientes de rectas perpendiculares?

Ejemplo **4**

APLICACIÓN

Confección de cometas

Refiérete a la aplicación al comienzo de la lección.

a. Escribe ecuaciones en la forma pendiente-intersección de las rectas que contienen las varillas de la cometa.

b. Determina la relación entre las pendientes de rectas perpendiculares.

a. Los extremos de la varilla más larga son $(0, 0)$ y $(8, 4)$. Los extremos de la varilla más corta son $(5, 5)$ y $(7, 1)$. Halla las pendientes de cada varilla y luego usa la forma punto-pendiente para determinar la ecuación para cada varilla.

varilla larga

$m = \frac{4 - 0}{8 - 0} = \frac{4}{8} \text{ ó } \frac{1}{2}$

Sea $(x_1, y_1) = (0, 0)$.

$y - y_1 = m(x - x_1)$

$y - 0 = \frac{1}{2}(x - 0)$

$y = \frac{1}{2}x$

varilla corta

$m = \frac{1 - 5}{7 - 5} = \frac{-4}{2} \text{ ó } -2$

Sea $(x_1, y_1) = (5, 5)$.

$y - y_1 = m(x - x_1)$

$y - 5 = -2(x - 5)$

$y - 5 = -2x + 10$

$y = -2x + 15$

Las ecuaciones de las varillas son $y = \frac{1}{2}x$ e $y = -2x + 15$.

b. Las varillas de la cometa son perpendiculares. Sus pendientes son $\frac{1}{2}$ y -2. Ambas pendientes son recíprocas negativas mutuas. Observa que su producto es $\frac{1}{2}(-2)$ ó -1.

Este resultado sugiere la siguiente definición.

Definición de rectas perpendiculares en un plano de coordenadas	Si el producto de las pendientes de dos rectas es -1, entonces las rectas son perpendiculares. En un plano, las rectas verticales y horizontales son perpendiculares.

Las pendientes de rectas perpendiculares son recíprocas negativas mutuas.

Puedes usar un triángulo rectángulo y una cuadrícula coordenada para hacer modelos de las pendientes de rectas perpendiculares.

Rectas perpendiculares en un plano de coordenadas

Materiales: papel cuadriculado tijeras

a. Un triángulo escaleno es uno en el que ningún par de lados tiene el mismo largo. Recorta un triángulo escaleno *ABC* de modo que $\angle C$ sea el ángulo recto. Rotula los vértices y los lados como se muestra a la derecha.

b. Dibuja un plano de coordenadas en el papel cuadriculado. Coloca el $\triangle ABC$ en el plano de modo que *A* esté en el origen y que el lado *b* descanse sobre el eje positivo *x*.

c. Identifica las coordenadas de *B*.

d. ¿Cuál es la pendiente del lado *c*?

Ahora te toca a ti

a. Gira el triángulo en 90° y en el sentido contrario al de las manecillas del reloj, de modo que *A* esté aún en el origen y el lado *b* descanse sobre el eje positivo *y*.

b. Identifica las coordenadas de *B*.

c. ¿Cuál es la pendiente del lado *c*?

d. ¿Cuál es la relación entre la primera posición de *c* y la segunda?

e. ¿Cuál es la relación de las pendientes de *c* en cada posición?

Puedes usar tu conocimiento de las rectas perpendiculares para escribir ecuaciones de rectas perpendiculares a una recta dada.

Ejemplo **5** **Escribe la forma pendiente-intersección de la recta que pasa por $(8, -2)$ y que es perpendicular a la gráfica de $5x - 3y = 7$.**

Primero, halla la pendiente de la recta dada.

$5x - 3y = 7$

$-3y = -5x + 7$

$y = \frac{5}{3}x - \frac{7}{3}$

La pendiente de la recta es $\frac{5}{3}$. La pendiente de una recta perpendicular a esta es el recíproco negativo de $\frac{5}{3}$, o sea, $-\frac{3}{5}$.

Usa la forma punto-pendiente para determinar la ecuación.

$y - y_1 = m(x - x_1)$

$y - (-2) = -\frac{3}{5}(x - 8)$ *$m = -\frac{3}{5}$, $(x_1, y_1) = (8, -2)$*

$y + 2 = -\frac{3}{5}x + \frac{24}{5}$ *Propiedad distributiva.*

$y = -\frac{3}{5}x + \frac{14}{5}$ *Resta 2 ó $\frac{10}{5}$ de cada lado.*

Una ecuación de la recta es $y = -\frac{3}{5}x + \frac{14}{5}$.

Comunicación en matemáticas

Estudia la lección y a continuación completa lo siguiente.

1. **Describe** la relación de las pendientes de
   a. dos rectas paralelas.
   b. dos rectas perpendiculares.

2. **Explica** qué son los recíprocos negativos. Da un ejemplo.

3. **Verifica** las respuestas de los Ejemplos 2 y 5 graficando las ecuaciones originales y las ecuaciones de las respuestas de cada ejemplo en el mismo plano de coordenadas. Describe qué sucede.

4. Refiérete a la actividad titulada *Los modelos y las matemáticas.* ¿Por qué crees que el triángulo rectángulo debe ser escaleno?

5. Repite la actividad con un triángulo de distinto tamaño.
   a. ¿Obtienes resultados distintos?
   b. ¿Qué crees que pasaría si usaras un triángulo que no sea rectángulo?

Práctica dirigida

Halla las pendientes de las rectas paralelas y perpendiculares a la gráfica de cada ecuación.

6. $6x - 5y = 11$

7. $y = \frac{2}{3}x - \frac{4}{5}$

8. $3x = 10y - 3$

Determina si las gráficas de cada par de ecuaciones son *paralelas, perpendiculares* o *ninguna* de estas dos opciones.

9. $3x - 7y = 1, 7x + 3y = 4$

10. $5x - 2y = 6, 4y - 10x = -48$

Escribe una ecuación en la forma pendiente-intersección de la recta que pasa por el punto dado y es paralela a la gráfica de cada ecuación.

11. $(9, -3), 5x - 6y = 2$

12. $(0, 4), 2y = 5x - 7$

13. $(7, -2), x - y = 0$

Escribe una ecuación en la forma pendiente-intersección de la recta que pasa por el punto dado y es perpendicular a la gráfica de cada ecuación.

14. $(8, 5). 7x + 4y = 23$

15. $(0, 0), 9y = 3 - 5x$

16. $(-2, 7), 2x - 5y = 3$

17. **Geometría** Las diagonales de un cuadrado son los segmentos que conectan los vértices opuestos. Usa lo que has aprendido en esta lección para determinar la relación entre las diagonales $\overline{AC}$ y $\overline{BD}$ del cuadrado graficado a la derecha.

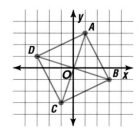

Práctica

Determina si las gráficas de cada par de ecuaciones son *paralelas*, *perpendiculares* o *ninguna* de estas dos opciones.

18. $y = -2x + 11$
$y + 2x = 23$

19. $3y = 2x + 14$
$2x - 3y = 2$

20. $y = -5x$
$y = 5x - 18$

21. $y = 0.6x + 7$
$3y = -5x + 30$

22. $y = 3x + 5$
$y = 5x + 3$

23. $y + 6 = -5$
$y + x = y + 7$

Escribe una ecuación en la forma pendiente-intersección de la recta que pasa por el punto dado y es paralela a la gráfica de cada ecuación.

24. $(2, -7), y = x - 2$

25. $(2, 3), y = x + 5$

26. $(-5, -4), 2x + 3y = -1$

27. $(5, 6), 8x - 7y = 23$

28. $(1, -2), y = -2x + 7$

29. $(0, -5), 5x - 2y = -7$

30. $(5, -4), x - 3y = 8$

31. $(-3, 2), 2x - 3y = 6$

32. $(2, -1), y = -0.5x + 2$

Escribe una ecuación en la forma pendiente-intersección de la recta que pasa por el punto dado y es perpendicular a la gráfica de cada ecuación.

33. $(6, -13), 2x - 9y = 5$

34. $(-3, 1), y = \frac{1}{3}x + 2$

35. $(6, -1), 3y + x = 3$

36. $(6, -2), y = \frac{3}{5}x - 4$

37. $(0, -1), 5x - y = 3$

38. $(8, -2), 5x - 7 = 3y$

39. $(4, -3), 2x - 7y = 12$

40. $(3, 7), y = \frac{3}{4}x - 1$

41. $(3, -3), 3x + 7 = 2x$

Escribe una ecuación de la recta que tenga las siguientes propiedades.

42. pasa por $(-5, 3)$ y es perpendicular al eje x.

43. es paralela a la gráfica de $y = \frac{5}{4}x - 3$ y pasa por el origen.

44. tiene una intersección x igual a 3 y es perpendicular a la gráfica de $5x - 3y = 2$.

45. tiene una intersección y igual a -6 y es paralela a la gráfica de $x - 3y = 8$.

Piensa críticamente

46. Las rectas a, b y c están en el mismo plano de coordenadas. La recta a es perpendicular a la recta b y la interseca en $(3, 6)$. La recta b es perpendicular a la recta c, la cual es la gráfica de $y = 2x + 3$.

a. Escribe las ecuaciones de las rectas a y b.

b. Grafica las tres rectas.

c. ¿Cuál es la relación de las rectas a y c?

Aplicaciones y solución de problemas

47. Geometría Un rombo es un paralelogramo que tiene diagonales perpendiculares. Determina si el cuadrilátero $ABCD$ con $A(-2, 1)$, $B(3, 3)$, $C(5, 7)$ y $D(0, 5)$ es un rombo. Explica.

48. Construcción Se usa una aplanadora sobre el asfalto recién esparcido en una colina de pendiente $-\frac{1}{10}$. El mecanismo de dirección de la parte delantera de la aplanadora es perpendicular a la colina.

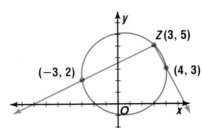

mecanismo de dirección

a. ¿Cuál es la pendiente del mecanismo de dirección?

b. Si la parte inferior de la colina tiene coordenadas (9, 3) y el punto ubicado directamente debajo del mecanismo de dirección está en (−1, 4), escribe las ecuaciones de las rectas que representan la colina y el mecanismo de dirección.

49. Geometría Un ángulo inscrito en un círculo tiene el vértice de su ángulo sobre la circunferencia y dos de sus lados intersecan la circunferencia como se indica a la derecha.

a. Determina las ecuaciones de las rectas que contienen los lados del $\angle Z$.

b. ¿Qué tipo de ángulo es $\angle Z$?

Repaso comprensivo

50. Grafica $7x - 2y = -7$ usando las intersecciones axiales. (Lección 6–5)

51. Estadística Traza una gráfica de dispersión con la siguiente información. (Lección 6–3)

Millas conducidas	200	322	250	290	310	135	60	150	180	70	315	175
Combustible usado	7.5	14	11	10	10	5	2.3	5	6.2	3	11	6.5

52. Patrones Copia y completa la siguiente tabla. (Lección 5–4)

x	−1	2	5	8	11	14
f(x)		−1	−7		−19	

53. Calcula el 4% de $6070. (Lección 4–4)

54. Despeja $16 = \frac{s - 8}{-7}$. Comprueba tu solución. (Lección 3–3)

55. Metalurgia El contenido de oro de las joyas viene dado en quilates. Por ejemplo, 24 quilates de oro es oro puro y el oro de 18 quilates contiene $\frac{18}{24}$ de oro, o sea, 0.75 de oro. (Lección 2–7)

a. ¿Qué fracción del oro de 10 quilates es oro puro? ¿Qué fracción *no* es oro?

b. Si una joya está hecha de $\frac{2}{3}$ de oro, ¿cómo la describirías usando quilates?

56. Calcula $-0.0005 + (-0.3)$. (Lección 2–5)

57. Identifica la propiedad que se ilustra con $1(87) = 87$. (Lección 1–6)

58. Resuelve $x = 6 + 0.28$. (Lección 1–5)

Integración: Geometría
Punto medio de un segmento de recta

APLICACIÓN
Carpintería

María Hernández hizo un marco para una de sus acuarelas en una clase del colegio universitario al que asiste. Como la lona era pesada y el marco era liviano, el instructor le sugirió que estabilizara el marco añadiéndole travesaños que conectaran los lados consecutivos. Uno de los libros que utilizó como referencia mostraba los travesaños colocados de tal manera, que los extremos de las barras descansaran sobre los lados del marco en el **punto medio** de cada lado. El punto medio de un segmento de recta es el punto que está a medio camino de los extremos del segmento.

María decidió hacer un modelo en papel cuadriculado del marco y de los travesaños que va a colocar. Cada cuadrado del papel representa 2 pulgadas del marco. Para encontrar el punto medio del borde vertical interior, ella contó las unidades que había entre una esquina y la siguiente y dividió entre 2. El interior del marco mide 16 pulgadas de alto, por lo que el punto medio está a 8 pulgadas de la esquina. Contó 4 unidades en el papel cuadriculado y marcó el punto en su modelo. Usó un método similar para encontrar el punto medio del borde horizontal interior. Este borde mide 20 pulgadas de largo, de modo que el punto medio está a 10 pulgadas de cualquiera de sus extremos.

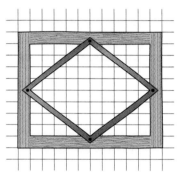

Coloquemos el modelo del marco de María en un plano de coordenadas y hagamos una lista de las esquinas del marco y de los puntos medios de los lados. ¿Qué patrones observas?

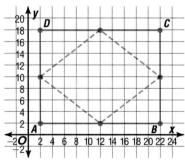

$A(2, 2)$
$B(22, 2)$
$C(22, 18)$
$D(2, 18)$

Punto medio de $\overline{AB}$: $(12, 2)$
Punto medio de $\overline{BC}$: $(22, 10)$
Punto medio de $\overline{CD}$: $(12, 18)$
Punto medio de $\overline{AD}$: $(2, 10)$

Observa que las coordenadas del punto medio de $\overline{AB}$ son la media de las coordenadas correspondientes de A y B.

Punto medio de $\overline{AB}$: $(12,\ 2)$

media de las coordenadas x   *promedio de las coordenadas y*
de A(2, 2) y B(22, 2)   *de A(2, 2) y B(22, 2)*

$$\frac{2 + 22}{2} = 12 \qquad\qquad \frac{2 + 2}{2} = 2$$

Este ejemplo usa los puntos medios de segmentos de recta verticales y horizontales. La actividad titulada *Los modelos y las matemáticas* en la página siguiente se aplica a cualquier segmento.

Punto medio de un segmento de recta

Materiales: papel cuadriculado   regla   lápices de colores

- Construye un plano de coordenadas en el papel cuadriculado.
- Usa la regla para trazar un segmento de recta cualquiera en el plano de coordenadas. El segmento no debe ser ni horizontal ni vertical. Rotula con sus coordenadas los extremos A y B del segmento.
- Acerca el papel a la luz y dóblalo de manera que A y B coincidan. Pliega el papel por el doblez.
- Desdobla el papel. Rotula con una M el punto en el que el doblez se encuentra con el segmento. Escribe las coordenadas de M.
- Usa un lápiz de color diferente para trazar una recta vertical por el extremo inferior del segmento. Luego traza una recta horizontal por

el extremo superior del segmento. Rotula el punto de intersección con una P.
- Escribe las coordenadas de los puntos medios de $\overline{AP}$ y de $\overline{BP}$.
- ¿Cómo se relacionan la coordenada x del segmento vertical y la coordenada y del segmento horizontal, con las coordenadas de M?

Ahora te toca a ti

a. Dibuja otro plano de coordenadas y traza un segmento con una pendiente distinta a la del primer segmento que trazaste.

b. Repite la actividad con este segmento. ¿Cuáles son tus resultados?

c. Escribe una regla general para encontrar el punto medio de cualquier segmento.

Esta actividad sugiere la siguiente regla para hallar el punto medio de cualquier segmento, dadas las coordenadas de sus extremos.

Punto medio de un segmento de recta en un plano de coordenadas	**Las coordenadas del punto medio de un segmento de recta cuyos extremos están en (x_1, y_1) y (x_2, y_2) viene dado por $\left(\dfrac{x_1 + x_2}{2}, \dfrac{y_1 + y_2}{2}\right)$.**

Ejemplo ① Si los vértices del paralelogramo $WXYZ$ son $W(3, 0)$, $X(9, 3)$, $Y(7, 10)$ y $Z(1, 7)$, demuestra que las diagonales se bisecan. Es decir, demuestra que se intersecan en sus puntos medios.

Explora   Grafica los vértices y dibuja el paralelogramo y sus diagonales.

Planifica   Encuentra las coordenadas de los puntos medios de las diagonales para ver si son iguales.

Resuelve   Encuentra los puntos medios de $\overline{WY}$ y $\overline{XZ}$.

$W(x_1, y_1) = W(3, 0)$ $X(x_1, y_1) = X(9, 3)$
$Y(x_2, y_2) = Y(7, 10)$ $Z(x_2, y_2) = Z(1, 7)$

punto medio de $\overline{WY} = \left(\dfrac{3+7}{2}, \dfrac{0+10}{2}\right)$ punto medio de $\overline{XZ} = \left(\dfrac{9+1}{2}, \dfrac{3+7}{2}\right)$

$\qquad\qquad\qquad = \left(\dfrac{10}{2}, \dfrac{10}{2}\right)$ $= \left(\dfrac{10}{2}, \dfrac{10}{2}\right)$

$\qquad\qquad\qquad = (5, 5)$ $= (5, 5)$

Examina   Como el punto medio de $\overline{XZ}$ tiene las mismas coordenadas que el punto medio de $\overline{WY}$, las diagonales se bisecan.

Conociendo el punto medio de un segmento y uno de sus extremos puedes hallar el otro extremo.

Ejemplo ❷ **El centro de un círculo es $M(0, 2)$ y el extremo de uno de sus radios es $A(-6, -4)$. Si $\overline{AB}$ es el diámetro del círculo, ¿cuáles son las coordenadas de B?**

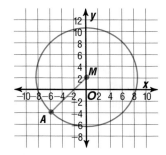

Usa la fórmula del punto medio y sustituye los valores que conoces.

$$(x, y) = \left(\frac{x_1 + x_2}{2}, \frac{y_1 + y_2}{2}\right)$$

$$(0, 2) = \left(\frac{-6 + x_2}{2}, \frac{-4 + y_2}{2}\right) \quad \begin{array}{l}(x, y) = (0, 2),\\ (x_1, y_1) = (-6, -4)\end{array}$$

Las coordenadas x y y de los pares ordenados son iguales porque los pares ordenados son iguales. Se pueden formar entonces dos ecuaciones.

Calcula la coordenada x.   Calcula la coordenada y.

$$0 = \frac{-6 + x_2}{2} \qquad\qquad 2 = \frac{-4 + y_2}{2}$$

$$0 = -6 + x_2 \qquad\qquad 4 = -4 + y_2$$

$$6 = x_2 \qquad\qquad 8 = y_2$$

Las coordenadas del extremo $B(x_2, y_2)$ es $(6, 8)$.

Verifica: Copia la gráfica del círculo y los puntos A y M. A partir de A, extiende el radio a través de M hasta que interseque el círculo. Este segmento es el diámetro del círculo. El punto de intersección está en $(6, 8)$, es decir el punto B.

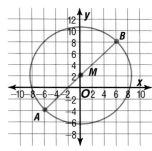

COMPRUEBA LO QUE APRENDISTE

Comunicación en matemáticas

Estudia la lección y a continuación completa lo siguiente.

1. **Explica** cómo puedes usar la fórmula del punto medio para hallar el punto medio de:
   a. un segmento de una recta vertical
   b. un segmento de una recta horizontal

2. **Muestra** cómo calcular las coordenadas del vértice C del rectángulo $ABCD$ si sus dos diagonales se intersecan en $M(-3, 4)$ y A es el punto $(0, -1)$.

3. Dibuja un rectángulo en un plano de coordenadas.
   a. Halla el punto medio de cada lado del rectángulo.
   b. Halla el punto medio de las diagonales.
   c. ¿Cómo están relacionadas las coordenadas del punto medio de la diagonal con las coordenadas de los puntos medios de los lados?

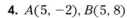

Calcula las coordenadas del punto medio del segmento que tiene los extremos que se indican.

4. $A(5, -2), B(5, 8)$

5. $C(-5, 6), D(8, 6)$

6. $E(6, 5), F(14, 7)$

7. $G(-9, -6), H(-3, 8)$

Calcula las coordenadas del otro extremo del segmento con el extremo y punto medio _M_ que se indican.

8. $A(3, 6), M(-1.5, 5)$

9. $B(-3, 7), M(-7, 7)$

10. $C(8, 11), M\left(5, \frac{17}{2}\right)$

11. $D(8, 4.5), M(8, 7.15)$

12. Tiro al blanco   El blanco de las competencias de tiro al blanco está compuesto de 10 anillos y 5 círculos de colores. Vale 10 puntos darle al centro del blanco y vale un punto darle al anillo exterior. A la derecha, se muestra un blanco en un plano de coordenadas. Los dos puntos rotulados son los extremos de un diámetro del blanco. Calcula las coordenadas del centro del blanco.

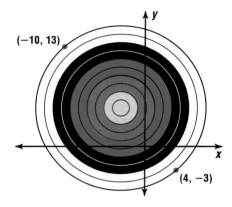

$(-10, 13)$

$(4, -3)$

EJERCICIOS

Calcula las coordenadas del punto medio del segmento que tiene los extremos que se indican.

13. $J(6, 6), K(19, 6)$

14. $L(5, 9), M(-7, 3)$

15. $P(-5, 9), Q(7, 1)$

16. $R(7, 4), S(11, -10)$

17. $T(8, -7), U(-2, 11)$

18. $V(-8, 1.2), W(-8, 7.4)$

19. $X(-3, 9), Y(4, -7)$

20. $B(9, -4), C(2, 7)$

21. $D(4.7, -2.9), E(-3.1, 8.3)$

22. $F(a, b), G(c, d)$

23. $Y(6x, 14y), Z(2x, 4y)$

24. $M(-2w, -7v), N(6w, 2v)$

Calcula las coordenadas del otro extremo del segmento con el extremo y punto medio _M_ que se indican.

25. $E(-7, 8), M(-7, 4)$

26. $F(4, 2), M(2, 1)$

27. $G(3, -6), M(12, -6)$

28. $H(5, 3), M(6, 4)$

29. $L(-8, 4), M\left(\frac{1}{2}, 7\right)$

30. $N(5, -9), M(8, -7.5)$

31. $R\left(\frac{1}{6}, \frac{1}{3}\right), M\left(\frac{1}{2}, \frac{1}{3}\right)$

32. $S(a, b), M\left(\frac{x+a}{2}, \frac{y+b}{2}\right)$

Si _P_ es el punto medio del segmento _AB_, halla las coordenadas del punto que falta.

33. $A(6.5, -8.2), P(4.4, -0.7)$

34. $P(1.2, 4.5), B(5.3, 1.9)$

35. $A(9.7, -5.4), B(3.6, 1.7)$

36. $A(-5.9, 7.2), P(-1.05, 5.85)$

37. Las coordenadas de los extremos del diámetro de un círculo son $(5, 8)$ y $(-7, 2)$. Halla las coordenadas del centro.

38. Halla las coordenadas del punto en $\overline{AB}$ que está a un cuarto de camino de A a B para $A(8, 3)$ y $B(10, -5)$.

39. Los extremos de $\overline{AB}$ son $A(-2, 7)$ y $B(6, -5)$. Halla las coordenadas de P si P está en $\overline{AB}$ a $\frac{3}{8}$ de distancia entre A y B.

Piensa críticamente

40. Los puntos W, X, Y y Z son los puntos medios de los lados del cuadrilátero $QUAD$. Escribe un argumento que demuestre convincentemente que el cuadrilátero $WXYZ$ es un paralelogramo.

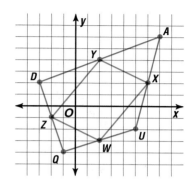

Aplicaciones y solución de problemas

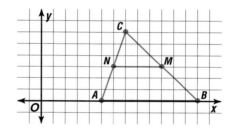

41. Geometría N es el punto medio de $\overline{AC}$ en el triángulo que se muestra a la izquierda. M es el punto medio de $\overline{BC}$.

  a. Escribe las coordenadas de M y N.

  b. Compara $\overline{MN}$ con $\overline{AB}$. Verifica tus hallazgos.

42. Tecnología La pantalla de la calculadora de gráficas TI-82 está compuesta de diminutos puntos que se llaman *pixeles* (elementos de imagen) que se encienden o apagan mostrando de esta manera las imágenes en la pantalla. Cada pixel se identifica por el renglón y columna en las que está ubicado.

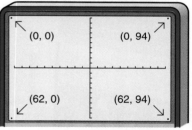

  a. Si un segmento dibujado en la pantalla tiene un extremo en el pixel$(20, 43)$ y su punto medio en el pixel$(30, 60)$, ¿cuál es el pixel en el que está ubicado el otro extremo?

  b. ¿Cuál es la identificación del pixel del origen?

  c. ¿En qué se diferencia este sistema de coordenadas del sistema de coordenadas que habitualmente usamos para graficar?

43. Geometría S y T son los puntos medios de los lados del triángulo que se muestra a la derecha.

  a. Calcula las coordenadas de P y Q.

  b. Si el área del triángulo RST es de 15.5 unidades cuadradas, ¿cuál es el área del triángulo RPQ? Explica cómo encontraste tu respuesta.

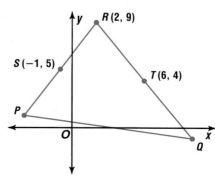

44. Escribe una ecuación en la forma pendiente-intersección de la recta que pasa por $(8, -2)$ y es perpendicular a la gráfica de $5x - 3y = 7$. (Lección 6–6)

45. Escribe una ecuación en la forma pendiente-intersección de la recta que pasa por $(-6, 2)$ y $(3, -5)$. (Lección 6–5)

46. Dado $g(x) = x^2 - x$, halla $g(4b)$. (Lección 5–5)

47. Determina si $9x + (-7) = 6y$ es una ecuación lineal. Si lo es, vuelve escríbela en forma estándar. (Lección 5–4)

48. **Trigonometría** Si sen $N = 0.6124$, usa una calculadora para hallar la medida del ángulo N con una exactitud de un grado. (Lección 4–3)

49. Resuelve $-27 - b = -7$. (Lección 3–1)

50. Los estudiantes de la clase de álgebra del profesor Tucker pueden obtener puntos extras si encuentran la solución al "Acertijo semanal." Una semana, el profesor Tucker propuso el siguiente acertijo. *Josh tiene 10 años más que su hermano. El año entrante tendrá tres veces la edad de su hermano.* Responde lo siguiente. (Lección 2–9)

   a. ¿Qué edad tenía Josh cuando nació su hermano?

   b. Si la edad de su hermano es a, ¿cuál es la edad de Josh?

   c. India dice que Josh tiene 12 años y que su hermano tiene 4. ¿Se gana India los puntos extras? Explica.

51. Simplifica $0.2(3x + 0.2) + 0.5(5x + 3)$. (Lección 1–8)

Matemática y SOCIEDAD

Gente en el mundo

El siguiente pasaje proviene de un artículo que apareció en la revista *The Amicus Journal* del invierno de 1994.

LOS ÚLTIMOS CUARENTA AÑOS HAN sido testigos del crecimiento más rápido de la humanidad en toda su historia, de solo 2.5 billones de personas en 1950 a 5.6 billones hoy en día...La segunda mitad de la década de 1990 va a agregar 94 millones de personas por año. Eso equivale a un nuevo Estados Unidos cada treinta y tres meses, otra Inglaterra cada siete meses, un Washington (DC) cada seis días. Según estadísticas de la División de Población de las Naciones Unidas, una Tierra entera del año 1800 se añadió en solo una década. Después del 2000, las adiciones anuales aminorarán, pero hacia el 2050, las Naciones Unidas pronostica que la raza humana tendrá un poco más de diez billones de personas—una Tierra extra del año 1980 encima de la de hoy. ∎

1. ¿Qué efectos tiene el rápido crecimiento demográfico sobre los recursos naturales de la Tierra? Especifica.

2. ¿Qué cambios esperas presenciar si la comunidad en que vives duplica su población durante tu vida?

3. Una aldea está abandonada, pero sus construcciones están intactas y hay suficientes recursos. Supongamos que 1000 refugiados diarios llegan a ella.

   a. A este ritmo, ¿cuánto se demorarán en alcanzar el punto medio hacia una población de cinco millones?

   b. ¿Es realista la proposición de una aldea que crezca a este ritmo? Explica.

VOCABULARIO

Después de estudiar este capítulo podrás definir cada término, propiedad o frase y dar uno o dos ejemplos de cada uno.

Álgebra

altura o cambio vertical   (p. 325)

carrera o cambio horizontal   (p. 325)

elevación   (p. 325)

familia de gráficas   (p. 354)

forma estándar   (p. 333)

forma pendiente-intersección   (p. 347)

forma punto-pendiente   (p. 333)

gráfica principal   (p. 354)

intersección x (p. 346)

intersección y (p. 346)

pendiente   (p. 324, 325)

Solución de problemas

uso de un modelo   (p. 339)

Geometría

paralelogramo   (p. 362)

punto medio   (p. 369)

rectas paralelas   (p. 362)

rectas perpendiculares   (p. 362)

Estadística

correlación negativa   (p. 340)

correlación positiva   (p. 340)

gráfica de dispersión   (p. 339)

línea de mejor encaje   (p. 341)

línea de regresión   (p. 342)

COMPRENSIÓN Y USO DEL VOCABULARIO

Escoge el término que complete correctamente cada frase.

1. Las rectas de las ecuaciones $y = -2x + 7$ y $y = -2x - 6$ son rectas (*paralelas, perpendiculares*).

2. La ecuación $y - 2 = -3(x - 1)$ está escrita en la forma (*punto-pendiente, pendiente-intersección*).

3. Si los extremos de $\overline{AB}$ son $A(6, -3)$ y $B(2, 4)$, entonces (*el punto medio, la pendiente*) $\overline{AB}$ es $\left(4, \frac{1}{2}\right)$.

4. La (*intersección x, intersección y*) de la ecuación $2x + 3y = -1$ es $-\frac{1}{2}$.

5. Las rectas de las ecuaciones $y = \frac{1}{3}x + 1$ y $y = -3x - 5$ son rectas (*paralelas, perpendiculares*).

6. La pendiente de una recta se define como la razón de la (*altura, carrera*), o cambio vertical, a la (*altura, carrera*), o cambio horizontal, cuando te desplazas de un punto de la recta a otro.

7. La ecuación $y = -\frac{1}{2}x + 3$ está escrita en la forma (*pendiente-intersección, estándar*).

8. La (*intersección x, intersección y*) de la ecuación $-x - 4y = 2$ es $-\frac{1}{2}$.

9. (*El punto medio, La pendiente*) de la recta de ecuación $-3y = 2x + 3$ es $-\frac{2}{3}$.

10. La ecuación $3x - 4y = -5$ está escrita en la forma (*punto-pendiente, estándar*).

GUÍA DE ESTUDIO Y EVALUACIÓN

HABILIDADES Y CONCEPTOS

OBJETIVOS Y EJEMPLOS

Una vez completado este capítulo podrás:

- calcular la pendiente de una recta, dadas las coordenadas de dos de sus puntos
(Lección 6–1)

Determina la pendiente de la recta que pasa por $(-6, 5)$ y $(3, -2)$.

$m = \dfrac{y_2 - y_1}{x_2 - x_1}$

$\quad = \dfrac{-2 - 5}{3 - (-6)}$

$\quad = -\dfrac{7}{9}$

La pendiente es $-\dfrac{7}{9}$.

EJERCICIOS DE REPASO

Usa estos ejercicios para repasar y prepararte para el examen del capítulo.

Determina la pendiente de la recta que pasa por cada par de puntos.

11. $(8, 3), (2, 5)$ **12.** $(-2, 5), (-2, 9)$

13. $(-3, 6), (-8, 4)$ **14.** $(4, 3), (-5, 3)$

Calcula el valor de *r* de modo que la recta que pasa por cada par de puntos tenga la pendiente dada.

15. $(r, 4), (7, 3), m = \dfrac{3}{4}$

16. $(4, -7), (-2, r), m = \dfrac{8}{3}$

- escribir ecuaciones lineales en la forma punto-pendiente   (Lección 6–2)

Escribe la forma punto-pendiente de la ecuación de la recta que pasa por los puntos $(-4, 7)$ y $(-2, 3)$.

$m = \dfrac{3 - 7}{-2 - (-4)}$ ó -2

$y - y_1 = m(x - x_1)$

$y - 7 = -2[x - (-4)]$

$y - 7 = -2(x + 4)$

Una ecuación de la recta es $y - 7 = -2(x + 4)$.

Escribe la forma punto-pendiente de la ecuación de la recta que pasa por el punto dado y que tiene la pendiente dada.

17. $(4, -3), m = -2$ **18.** $(8, 5), m = 5$

19. $(-5, 7), m = 0$ **20.** $(6, 2), m = \dfrac{1}{2}$

Escribe la forma punto-pendiente de una ecuación de la recta que pasa por cada par de puntos.

21. $(0, 3), (-5, 0)$ **22.** $(5, 4), (6, 3)$

23. $(4, 1), (-3, 7)$ **24.** $(2, -5), (0, 4)$

- escribir ecuaciones lineales en la forma estándar (Lección 6–2)

Escribe la forma estándar de la ecuación de la recta que pasa por los puntos $(6, -4)$ y $(-1, 5)$.

$m = \dfrac{5 - (-4)}{-1 - 6}$ ó $-\dfrac{9}{7}$

$y - y_1 = m(x - x_1)$

$y - (-4) = -\dfrac{9}{7}(x - 6)$

$y + 4 = -\dfrac{9}{7}(x - 6)$

$y + 4 = -\dfrac{9}{7}(x - 6)$

$7(y + 4) = 7 \cdot -\dfrac{9}{7}(x - 6)$

$7y + 28 = -9(x - 6)$

$7y + 28 = -9x + 54$

$9x + 7y = 26$

Una ecuación de la recta es $9x + 7y = 26$.

Escribe la forma estándar de la ecuación de la recta que pasa por el punto dado y que tiene la pendiente dada.

25. $(4, -6), m = 3$ **26.** $(1, 5), m = 0$

27. $(6, -1), m = \dfrac{3}{4}$ **28.** $(8, 3), m = $ indefinida

Escribe la forma estándar de la ecuación de la recta que pasa por cada par de puntos.

29. $(-2, 5), (9, 5)$ **30.** $(0, 5), (-2, 0)$

31. $\left(-2, \dfrac{2}{3}\right), \left(-2, \dfrac{2}{7}\right)$ **32.** $(-5, 7), \left(0, \dfrac{1}{2}\right)$

OBJETIVOS Y EJEMPLOS

• graficar e interpretar puntos en una gráfica de dispersión; dibujar y escribir ecuaciones de líneas de mejor encaje y hacer predicciones usando esas ecuaciones   (Lección 6–3)

La siguiente gráfica de dispersión muestra una relación negativa dado que la recta que sugieren los puntos tiene una pendiente negativa.

Errores cometidos

Horas de estudio

• determinar, de sus ecuaciones, las intersecciones axiales de gráficas lineales y escribir ecuaciones en la forma pendiente-intersección   (Lección 6–4)

Determina la pendiente y las intersecciones axiales de la gráfica de $3x - 2y = 7$.

Despeja y para hallar la pendiente y la intersección y.	Para hallar la intersección x, haz que $y = 0$.
$3x - 2y = 7$	$3x - 2(0) = 7$
$-2y = -3x + 7$	$3x = 7$
$y = \frac{3}{2}x - \frac{7}{2}$	$x = \frac{7}{3}$

La pendiente es $\frac{3}{2}$, la intersección y es $-\frac{7}{2}$, y la intersección x es $\frac{7}{3}$.

• graficar una recta, dada cualquier ecuación lineal   (Lección 6–5)

Grafica $-2x - y = 5$.

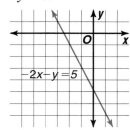

$-2x - y = 5$

EJERCICIOS DE REPASO

33. Traza una gráfica de dispersión con los siguientes datos. Haz que la altura sea la variable independiente.

Edificios en Oklahoma City	Altura (en pies)	Número de pisos
Liberty Tower	500	36
First National Center	493	28
City Place	440	33
First Oklahoma Tower	425	31
Kerr-McGee Center	393	30
Mid-America Tower	362	29

a. ¿Existe una relación? Si es así, ¿cuál es?

b. Usa tu gráfica de dispersión como modelo para predecir el número de pisos que crees pueda tener un edificio de 475 pies de altura.

c. Dibuja una línea de mejor encaje y escribe su ecuación.

Escribe una ecuación en la forma pendiente-intersección de la recta con la pendiente e intersección y dadas.

34. $m = 2, b = 4$

35. $m = -3, b = 0$

36. $m = -\frac{1}{2}, b = -9$

37. $m = 0, b = 5.5$

Calcula la pendiente y la intersección y de la gráfica de cada ecuación.

38. $x = 2y - 7$ **39.** $8x + y = 4$

40. $y = \frac{1}{4}x + 3$ **41.** $\frac{1}{2}x + \frac{1}{4}y = 3$

Grafica cada ecuación.

42. $3x - y = 9$ **43.** $5x + 2y = 12$

44. $y = \frac{2}{3}x + 4$ **45.** $y = -\frac{3}{2}x - 6$

46. $3x + 4y = 6$ **47.** $5x - \frac{1}{2}y = 2$

48. $y - 4 = -2(x + 1)$ **49.** $y + 5 = -\frac{3}{4}(x - 6)$

OBJETIVOS Y EJEMPLOS

• escribir ecuaciones de rectas que pasan por un punto dado, paralelas o perpendiculares a la gráfica de una ecuación dada   (Lección 6–6)

Escribe una ecuación de la recta que es perpendicular a la gráfica de $2x + y = 6$ que pasa por $(2, 3)$.

$2x + y = 6$

$\qquad y = -2x + 6$

La pendiente de esta recta es -2. Por lo tanto, la pendiente de una recta perpendicular a ella es $\frac{1}{2}$.

$y - 3 = \frac{1}{2}(x - 2)$ $m = \frac{1}{2}, (x_1, y_1) = (2, 3)$

$\qquad y = \frac{1}{2}x + 2$

• hallar las coordenadas del punto medio de un segmento de recta en el plano de coordenadas (Lección 6–7)

Los extremos de un segmento están en $(11, 4)$ y $(9, 2)$. Halla su punto medio.

$(x, y) = \left(\dfrac{x_1 + x_2}{2}, \dfrac{y_1 + y_2}{2} \right)$

$\qquad = \left(\dfrac{11+9}{2}, \dfrac{4+2}{2} \right)$

$\qquad = (10, 3)$

EJERCICIOS DE REPASO

Escribe una ecuación de la recta con las siguientes propiedades.

50. paralela a $4x - y = 7$ y que pasa por $(2, -1)$

51. perpendicular a $2x - 7y = 1$ y que pasa por $(-4, 0)$

52. paralela a $3x + 9y = 1$ y que pasa por $(3, 0)$

53. perpendicular a $8x - 3y = 7$ y que pasa por $(4, 5)$

54. paralela a $-y = -2x + 4$ que pasa por $(5, -6)$

55. perpendicular a $5y = -x + 1$ y que pasa por $(2, -5)$

Calcula las coordenadas del punto medio del segmento que tiene los extremos que se indican.

56. $A(3, 5), B(9, -3)$ **57.** $A(-6, 6), B(8, -11)$

58. $A(14, 4), B(2, 0)$ **59.** $A(2, 7), B(8, 4)$

60. $A(2, 5), B(4, -1)$ **61.** $A(10, 4), B(-3, -7)$

Calcula las coordenadas del otro extremo del segmento con el extremo y punto medio M que se indican.

62. $A(3, 5), M(11, 7)$ **63.** $A(5, 3), M(9, 7)$

64. $A(4, -11), M(5, -9)$ **65.** $A(11, -4), M(3, 8)$

APLICACIONES Y SOLUCIÓN DE PROBLEMAS

66. Esquiar   Una ruta para esquiar a campo traviesa está regulada de tal manera que la pendiente de cada colina no excede 0.33. Supongamos que una colina se eleva 60 metros a lo largo de una distancia horizontal de 250 metros.

a. ¿Cuál es la pendiente de la colina?

b. ¿Cumple esta colina con el requisito?

(Lección 6–1)

67. Viajes   Jon Erlanger está haciendo un largo viaje. En las primeras dos horas, maneja 80 millas. Después hace un promedio de 45 millas por hora. Escribe una ecuación en la forma pendiente-intersección que relacione la distancia cubierta y el tiempo.   (Lección 6–4)

Un examen de práctica para el Capítulo 6 aparece en la página 792.

68. Entretenimiento   Carolyn Parks posee acciones en la *Star Gazer Motion Picture Company*. Ella grafica cada semana de por medio el valor de cierre de sus acciones. ¿Cuál es el punto medio de los valores mínimo y máximo de las acciones?   (Lección 6–7)

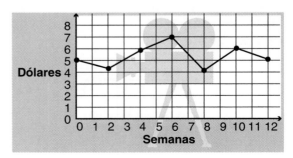

EVALUACIÓN ALTERNATIVA

PROYECTO DE APRENDIZAJE COOPERATIVO

Arriendo de videos En este capítulo, investigaste las gráficas de ecuaciones lineales. Usaste la pendiente y puntos de datos para graficar ecuaciones. Estas gráficas representan información que puede analizarse y extenderse para interpretar más información de la que se tenía.

En este proyecto, vas a analizar dos criterios de arriendo de videos. En el barrio de Joe hay dos negocios de arriendo de videos: *Video World* y *Mega Video*. En una de estas tiendas debes comprar primero una tarjeta de socio. La otra no tiene estas tarjetas; pagas simplemente por el arriendo del video. Ambas tienen un cobro diario (tasa diaria). *Mega Video* tiene una tarjeta de socio que cuesta $15 anuales y cada video que arriendas cuesta $2 diarios. *Video World* simplemente arrienda cada video en $3.25 diarios.

¿Cuál es la tienda más conveniente para Joe? Si arrienda videos esporádicamente, ¿qué tienda debería usar? Si arrienda videos a menudo, ¿qué tienda debería usar?

Sigue estas instrucciones para determinar la tienda que debería usar.

- Determina una forma de graficar esta información.
- Desarrolla una ecuación lineal para cada negocio que describa la cantidad de dinero que cuesta arrendar un video.
- Determina si las gráficas deberían trazarse por separado o en el mismo plano de coordenadas.
- Estudia las gráficas y determina qué representa cada una de ellas.
- Aparte del precio, ¿qué otros factores debería Joe considerar antes de escoger una tienda?
- Escribe un párrafo describiendo varias situaciones para Joe y las soluciones apropiadas.

PIENSA CRÍTICAMENTE

- Da un ejemplo de una ecuación de una recta que tenga intersecciones axiales iguales. ¿Cuál es la pendiente de la recta?
- Da un ejemplo de una ecuación de una recta cuyas intersecciones axiales sean opuestas. ¿Cuál es la pendiente de la recta?
- Haz una conjetura acerca de las rectas que tienen intersecciones axiales iguales u opuestas.
- La intersección x de una recta es s y la intersección y es t. Escribe la ecuación de la recta.

PORTAFOLIO

Hay a menudo más de una manera de resolver problemas en matemáticas. Por ejemplo, para graficar una recta se pueden usar diferentes clases de información. A veces usas dos puntos, otras, un punto y la pendiente, y en otras usas las intersecciones axiales. Busca una ecuación de tu trabajo en este capítulo y describe al menos tres maneras de graficarla. Guarda esta información en tu portafolio.

AUTOEVALUACIÓN

La verificación de tu respuesta es el paso final en la solución de un problema. Este paso es el más crítico, pero es también el más olvidado. Cuando se llega finalmente a una respuesta, debería ser verificada para ver si tiene sentido y si puede ser verificada.

Evalúate. ¿Utilizas los cuatro pasos cuando resuelves un problema? ¿Llegas a una respuesta, supones que está correcta y sigues adelante sin verificarla? ¿Te haces preguntas acerca de tu respuesta para verificar si está correcta y si tiene sentido? ¿Puedes pensar en un ejemplo de un problema de tu vida diaria en el que no te hiciste preguntas acerca de la solución del problema y posteriormente descubriste que la solución no funcionaba?

SECCIÓN UNO: SELECCIÓN MÚLTIPLE

Hay ocho preguntas en esta sección. Después de trabajar en cada problema, escribe la respuesta correcta en tu hoja de prueba.

1. Identifica el cuadrante en el que está ubicado el punto $P(x, y)$ si satisface las condiciones $x < 0$ y $y = -3$.

A. I

B. II

C. III

D. IV

2. Raini hizo un mapa de su barrio usando una cuadrícula coordenada. Su escuela está en el punto $(3, 8)$, donde 3 es el número de cuadras que él debe caminar hacia el este y 8 es el número de cuadras hacia el norte. Para llegar a la casa de su amigo desde la escuela, camina 4 cuadras hacia el este y 2 cuadras hacia el sur. Halla las coordenadas del punto medio del segmento de recta que conecta su escuela con la casa de su amigo.

A. $(5, 7)$

B. $(8, -2)$

C. $(7, 6)$

D. $(5, -6)$

3. Determina la pendiente de la recta que pasa por los puntos $(-3, 6)$ y $(-5, 9)$.

A. $\frac{3}{2}$

B. $\frac{2}{3}$

C. $-\frac{3}{2}$

D. ninguna

4. **Probabilidad** Un cargamento de 100 discos compactos acaba de llegar a *Tunes R Us*. Hay una probabilidad del 4% de que uno de los discos compactos se haya dañado durante el transporte, aunque el paquete no esté roto. Si Craig compra un disco compacto proveniente de este cargamento, ¿cuáles son las posibilidades de que haya comprado un disco compacto dañado?

A. 1:25

B. $\frac{4}{100}$

C. 96:4

D. 1:24

5. Escoge la gráfica que representa una función.

A. 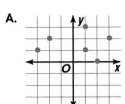   **B.**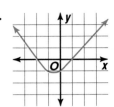

C. 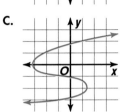   **D.**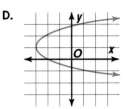

6. Elige la propiedad que ilustra la afirmación: *La cantidad g más h veces b es igual a g veces b más h veces b.*

A. propiedad distributiva

B. propiedad conmutativa de la multiplicación

C. propiedad de la identidad multiplicativa

D. propiedad asociativa de la adición

7. Escoge la recta que representa la gráfica de la ecuación $y = -\frac{2}{3}x + 2$.

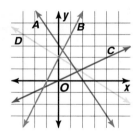

A. recta A

B. recta B

C. recta C

D. recta D

8. **Geometría** La fórmula Área $= \frac{1}{2}bc$ seno A puede usarse para encontrar el área de cualquier triángulo. Calcula el área del triángulo que se muestra a continuación. Aproxima con una exactitud de un décimo de centímetro cuadrado si $b = 16$, $c = 9$, y el $\angle A$ mide $36°$.

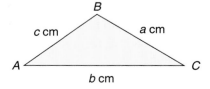

A. 72 cm^2

B. 42.3 cm^2

C. 84.6 cm^2

D. 144 cm^2

SECCIÓN DOS: RESPUESTAS BREVES

Esta sección contiene siete preguntas que debes contestar en forma breve. Escribe tus respuestas en tu hoja de prueba.

9. Expresa la relación que se muestra en la gráfica como un conjunto de pares ordenados. Luego, dibuja una aplicación de esta relación.

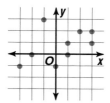

10. Escribe una ecuación de la recta que pasa por el punto $(2, -1)$ y es perpendicular a $4x - y = 7$.

11. La persona típica puede vivir por once días sin agua, asumiendo una temperatura promedio de $60°$ F. Determina si se puede sobrevivir dadas las temperaturas máximas diarias de $59°$, $70°$, $49°$, $62°$, $46°$, $63°$, $71°$, $64°$, $55°$, $68°$ y $54°$ F. Verifica tu respuesta.

12. Escribe el conjunto de solución para $5x + y = 4$, si el dominio es $\{-2, -1, 0, 2, 5\}$.

13. El maní se vende a $3.00 la libra. Las nueces de acajú se venden a $6.00 la libra. ¿Cuántas libras de nueces de acajú deben mezclarse con 12 libras de maní para obtener una mezcla que se venda a $4.20 la libra?

14. En Videoville, Eshe gana un salario semanal de $150 más $0.30 por cada video sobre 100 que venda cada semana. Si Eshe vende v videos en una semana, entonces su salario total es de $C(v) = 150 + 0.30(v - 100)$ para $v > 100$. Si ella quiere ganar $225 por semana para ahorrar y comprarse un sistema estéreo, ¿cuántos videos debe vender por semana?

15. Grafica el conjunto de solución {enteros mayores o iguales que -4} en una recta numérica.

SECCIÓN TRES: ABIERTA

Esta sección contiene dos problemas abiertos. Demuestra tu conocimiento dando una solución clara y concisa a cada problema. Tus puntos en estos problemas dependerán de cómo puedas efectuar lo siguiente.

- Explicar tu razonamiento.
- Mostrar tu comprensión de las matemáticas de una manera organizada.
- Usar tablas, gráficas y diagramas en tu explicación.
- Mostrar la solución de más de una manera o relacionarla con otras situaciones.
- Investigar más allá de los requerimientos del problema.

16. Una compañía telefónica cobra $1.72 por una llamada de larga distancia de 4 minutos, $2.40 por una llamada de 6 minutos y $5.46 por una llamada de 15 minutos. Determina lo que cobran por una llamada de un minuto.

17. La siguiente tabla muestra el ingreso anual y el número de años de educación universitaria de once personas.

Ingresos (en miles de dólares)	Educación universitaria (en años)
$23	3.0
20	2.0
25	4.0
47	6.0
19	2.5
48	7.5
35	6.5
10	1.0
39	5.5
26	4.5
36	4.0

a. Traza una gráfica de dispersión con esta información.

b. Basándote en esta gráfica, ¿cómo afectan los ingresos los años de educación universitaria?

Resuelve desigualdades lineales

Objetivos

En este capítulo, podrás:

- resolver desigualdades,
- graficar las soluciones de desigualdades,
- graficar soluciones de enunciados abiertos que se relacionen con el valor absoluto,
- resolver problemas mediante diagramas y
- usar diagramas de caja y patillas para presentar y analizar información.

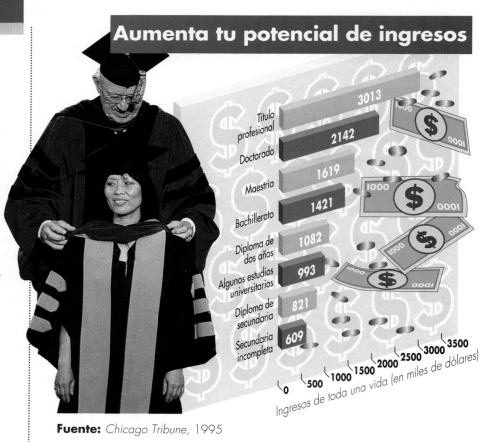

Aumenta tu potencial de ingresos

Título profesional: 3013
Doctorado: 2142
Maestría: 1619
Bachillerato: 1421
Diploma de dos años: 1082
Algunos estudios universitarios: 993
Diploma de secundaria: 821
Secundaria incompleta: 609

0 500 1000 1500 2000 2500 3000 3500

Ingresos de toda una vida (en miles de dólares)

Fuente: *Chicago Tribune*, 1995

Existe una relación directa entre los ingresos de toda una vida y el logro educacional. Una educación universitaria y los títulos avanzados hacen realmente una diferencia. Fíjate como meta una carrera y trata de ser lo mejor que puedas ser.

Línea cronológica

1142 D.C. Adelardo de Bath traduce del árabe *Los Elementos* de Euclides.

1598 Misioneros españoles introducen el teatro a los residentes de lo que hoy es Nuevo México.

300 A.C. 200 100 800 D.C. 900 1000 1100 1200 1300 1400 1500 1600 1650

260 A.C. Arquímedes desarrolla una descripción matemática de la palanca y otras máquinas simples.

1514 El matemático holandés Vander Hoecke es el primero en usar los signos de adición y sustracción como lo hacemos hoy en día en álgebra.

LA GENTE HACE NOTICIAS

Proyecto del capítulo

Kimana se propone estudiar ya sea botánica, genética o microbiología en una universidad cercana. No ha descartado la posibilidad de la enseñanza como opción profesional, pero está interesada en otras cuestiones en las que pueda aplicar los conocimientos científicos que va a obtener.

- Visita la biblioteca pública o la universidad local para investigar las carreras que se relacionan con los intereses de Kimana.
- ¿Qué carreras le ofrecen a Kimana la oportunidad de ganar más dinero que del correspondiente al bachillerato en la gráfica?
- ¿Cuáles carreras requieren un diploma en que los años de estudio son más que los del bachillerato? Elige una carrera y escribe una desigualdad que pueda expresar el tiempo necesario para completarla.

Shakema Hodge tiene como meta obtener un título avanzado en microbiología. La joven científica de St. Thomas, en Las Islas Vírgenes, obtuvo su diploma de bachillerato en biología en la Universidad de las Islas Vírgenes. Actualmente está matriculada en el programa de doctorado en microbiología molecular de 5 años de la Universidad de Rochester en Nueva York. Le encantaría enseñar en la secundaria. Ella cree que "para capturar la mente de los jóvenes, debes exponerlos a las ciencias a una temprana edad."

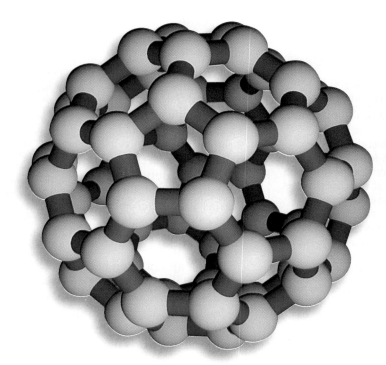

1824 El compositor alemán Ludwig van Beethoven termina su opus 125 (la Coral).

1995 Juliet García es la primera mujer hispana que llega a ser presidenta de una universidad norteamericana importante, la Universidad de Texas en Brownsville.

1709 Daniel Gabriel Fahrenheit inventa el primer termómetro de precisión.

1953 Massey Hall en Toronto, Ontario, es sitio del famoso concierto de Jazz que reúne a Charlie Parker, Dizzy Gillespie, Bud Powell, Max Roach y Charles Mingus.

Resuelve desigualdades mediante adición y sustracción

APLICACIÓN
Nutrición

En 1990 el Departamento de Agricultura de E.E.U.U. dio a conocer nuevas pautas dietéticas. Estas pautas recomiendan que la gente disminuya considerablemente la ingestión de grasas. La ingestión recomendada de calorías depende de tu estatura, del peso deseado y de la actividad física. La persona típica de 14 años mide 5 pies 2 pulgadas de alto y pesa 107 libras. Los muchachos deberían consumir 2434 calorías diarias y las muchachas 2208 calorías por día para mantener este peso.

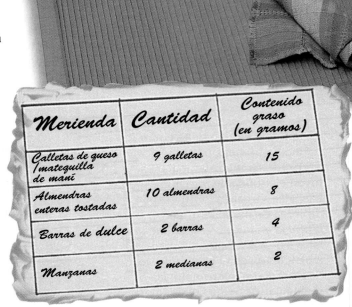

Merienda	Cantidad	Contenido graso (en gramos)
Galletas de queso / mantequilla de maní	9 galletas	15
Almendras enteras tostadas	10 almendras	8
Barras de dulce	2 barras	4
Manzanas	2 medianas	2

Oliana aprendió en la clase de salud que a lo sumo un 30% de su ingestión calórica debería provenir de grasas. Eso significa, para su dieta de 2030 calorías diarias, una cantidad de menos de 68 gramos de grasa. Lleva la cuenta de los meriendas consumidas en un día, registrando su contenido graso, como se muestra en la tabla de arriba. ¿Cuántos gramos de grasa puede Oliana ingerir en sus otros alimentos ese día para mantenerse dentro de las pautas fijadas por el Departamento de Agricultura?

Escribamos una desigualdad que represente este problema. Sean g los gramos de grasa restantes que Oliana puede consumir ese día.

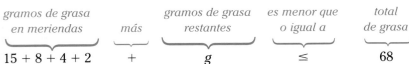

gramos de grasa en meriendas	más	gramos de grasa restantes	es menor que o igual a	total de grasa
$15 + 8 + 4 + 2$	$+$	g	$\leq$	68

O sea, $29 + g \leq 68$.

El símbolo $\leq$ significa *menor que o igual a*. Lo usamos en esta situación porque la cantidad total de gramos de grasa en la dieta diaria de Oliana no debería sobrepasar 68 gramos. Si fuese una ecuación, restaríamos 29 de (o sumaríamos -29 a) cada lado. ¿Puede usarse el mismo procedimiento con una desigualdad? *Este problema será resuelto en el Ejemplo 1.*

Exploremos si podemos resolver desigualdades de la misma manera que resolvemos ecuaciones. Sabemos que $7 > 2$. ¿Qué sucede si sumas o restas la misma cantidad a ambos lados de esta desigualdad? Podemos valernos de rectas numéricas para modelar las situaciones.

Suma 3 a cada lado.

$$7 > 2$$
$$7 + 3 \overset{?}{>} 2 + 3$$
$$10 > 5$$

Resta 4 de cada lado.

$$7 > 2$$
$$7 - 4 \overset{?}{>} 2 - 4$$
$$3 > -2$$

En cada caso, la desigualdad resultante es verdadera. Estos ejemplos ilustran dos propiedades de las desigualdades.

Propiedades de adición y sustracción de las desigualdades	**Para números _a_, _b_ y _c_ cualesquiera se cumple lo siguiente:** **1. Si $a > b$, entonces $a + c > b + c$ y $a - c > b - c$.** **2. Si $a < b$, entonces $a + c < b + c$ y $a - c < b - c$.**

Estas propiedades también se cumplen cuando $>$ y $<$ se reemplazan por $\geq$ y $\leq$. Por lo tanto, podemos usar estas propiedades para obtener una solución a la aplicación del comienzo de la lección.

Ejemplo 1

APLICACIÓN

Nutrición

Refiérete a la aplicación del comienzo de la lección. Resuelve $29 + g \leq 68$.

$$29 + g \leq 68$$
$$29 - 29 + g \leq 68 - 29 \quad \textit{Resta 29 de cada lado.}$$
$$g \leq 39 \qquad \textit{Esto significa: todos los números menores que o iguales a 39.}$$

El conjunto de solución puede escribirse como {todos los números menores que o iguales a 39}.

Verifica: Para verificar esta solución, sustituye g por 39, un número menor que 39 y un número mayor que 39 en la desigualdad.

Sea $g = 39$.	Sea $g = 20$.	Sea $g = 40$.
$29 + g \leq 68$	$29 + g \leq 68$	$29 + g \leq 68$
$29 + 39 \overset{?}{\leq} 68$	$29 + 20 \overset{?}{\leq} 68$	$29 + 40 \overset{?}{\leq} 68$
$68 \leq 68$ verdadero	$49 \leq 68$ verdadero	$69 \leq 68$ falso

Por lo tanto, Oliana puede ingerir a lo sumo 39 gramos de grasas en otros alimentos y permanecer dentro de las pautas dietéticas.

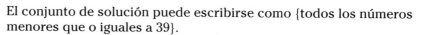

Lista de las Cinco primeras

Meriendas más populares y su % de calorías provenientes de grasas.

1. papas fritas		58%
2. tortillas fritas		47%
3. palomitas de maíz		45%
4. pretzels		8%
5. nueces mezcladas		80%

La solución de la desigualdad del Ejemplo 1 se expresó como un conjunto. Una manera más concisa de escribir un conjunto solución es mediante la **notación de construcción de conjuntos.** El conjunto de solución en esta notación es $\{g \mid g \leq 39\}$. Esto se lee _el conjunto de todos los números g tal que g sea menor que o igual a 39._

MIRADA RETROSPECTIVA

Puedes consultar la lección 1-5 para informarte acerca de conjuntos solución.

En la Lección 2–4 aprendiste que puedes exhibir la solución de una desigualdad en una gráfica. La solución del Ejemplo 1 se muestra en la recta siguiente numérica.

El círculo cerrado sobre el 39 nos indica que 39 es una solución de la desigualdad. La flecha continua que apunta hacia la izquierda nos indica que todos los números menores que 39 son también soluciones de la desigualdad.
Si la desigualdad fuese <, el círculo sobre 39 aparecería abierto.

Ejemplo ❷ **Resuelve $13 + 2z < 3z - 39$. Grafica la solución.**

$$13 + 2z < 3z - 39$$
$$13 + 2z - 2z < 3z - 2z - 39 \quad \text{\textit{Resta 2z de cada lado.}}$$
$$13 < z - 39$$
$$13 + 39 < z - 39 + 39 \quad \text{\textit{Suma 39 a cada lado.}}$$
$$52 < z$$

Como $52 < z$ es lo mismo que $z > 52$, el conjunto de solución es $\{z \mid z > 52\}$.

La gráfica de la solución tiene un círculo abierto sobre 52 dado que la desigualdad > excluye el 52. Finalmente, la flecha apunta hacia la derecha.

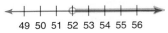

Los problemas verbales que contienen frases como *mayor que* o *menor que*, a menudo, pueden resolverse usando desigualdades. La siguiente tabla muestra otras frases que indican desigualdades.

Desigualdades			
<	>	≤	≥
• menor que • menos que	• mayor que • más que	• a lo sumo • no más que • menor que o igual a	• al menos • no menos que • mayor que o igual a

Ejemplo ❸

APLICACIÓN
Presupuestos

Álvaro, Chip y Solomon tienen $500 disponibles para comprar equipo para su banda. Ya han gastado $275 en una guitarra usada y en una batería. Están ahora considerando la compra de un amplificador que cuesta $125. ¿Cuánto es lo máximo que pueden gastar en materiales de promoción y camisetas para la banda si compran el amplificador?

Explora   A lo sumo significa que no pueden sobrepasar lo que les queda de su presupuesto de $500. Ya han gastado $275, de modo que les quedan $225. Sea m = la cantidad de dinero disponible para comprar materiales de promoción y camisetas.

Planifica — Total a gastar — es a lo sumo — $225.

$$125 + m \leq 225$$

Resuelve

$$125 + m \leq 225$$

$$125 - 125 + m \leq 225 - 125 \quad \textit{Resta 125 de cada lado.}$$

$$m \leq 100$$

Los miembros de la banda pueden gastar $100 ó menos en materiales de promoción y camisetas.

Examina — Dado que $275 + $125 + $100 = $500, Álvaro, Chip y Solomon pueden gastar $100 ó menos en materiales de promoción y camisetas.

Cuando se resuelven problemas que contienen ecuaciones, es a menudo necesario escribir una ecuación que represente las palabras del problema. Esto también se cumple con las desigualdades.

Ejemplo 4 **Escribe una desigualdad que corresponda con la siguiente frase. Luego resuelve la desigualdad y verifica la solución.**

Tres veces un número es más que la diferencia de dos veces el número menos tres.

Tres veces un número	es más que	dos veces el número	menos	tres
$3x$	$>$	$2x$	$-$	3

$$3x > 2x - 3$$

$$3x - 2x > 2x - 2x - 3 \quad \textit{Resta 2x de cada lado.}$$

$$x > -3$$

El conjunto de solución es $\{x \mid x > -3\}$.

COMPRUEBA LO QUE APRENDISTE

Comunicación en matemáticas

Estudia la lección y a continuación completa lo siguiente.

1. **Escribe** tres desigualdades que sean equivalentes a $x < -10$.

2. **Explica** qué significa $\{w \mid w > -3\}$.

3. **Explica** la diferencia entre los conjuntos de solución de $\{w \mid w > -3\}$ y $x + 24 \leq 17$.

4. **Describe** cómo graficarías la solución de una desigualdad. Incluye ejemplos y gráficas en tu explicación.

5. ¿Es posible que el conjunto de solución de una desigualdad sea vacío? Si es así, da un ejemplo.

6. A veces las frases pueden traducirse en desigualdades. Por ejemplo, *En algunos estados debes tener al menos 16 años de edad para obtener una licencia de conducir* se puede expresar como $e \geq 16$ y *Tomás no puede levantar más de 72 libras* puede traducirse a $p \leq 72$. Siguiendo estos ejemplos, escribe tres frases que guarden relación con tu vida cotidiana. Luego traduce cada una en una desigualdad.

Práctica dirigida

Aparea cada desigualdad con la gráfica de su solución.

7. $b - 18 > -3$

a. (recta numérica del 10 al 17)

8. $10 \geq -3 + x$

b. (recta numérica del −6 al 1)

9. $x + 11 < 6$

c. (recta numérica del 10 al 17)

10. $4c - 3 \leq 5c$

d. (recta numérica del −7 al 0)

Resuelve cada desigualdad. Verifica tu solución.

11. $x + 7 > 2$

12. $10 \geq x + 8$

13. $y - 7 < -12$

14. $-81 + q > 16 + 2q$

Define una variable, escribe una desigualdad, resuelve cada problema y verifica tu solución.

15. Un número disminuido en 17 es menos que -13.

16. Un número aumentado en 4 es al menos 3.

EJERCICIOS

Práctica

Resuelve cada desigualdad, verifica tu solución y gráficala en una recta numérica.

17. $a - 12 < 6$

18. $m - 3 < -17$

19. $2x \leq x + 1$

20. $-9 + d > 9$

21. $x + \frac{1}{3} > 4$

22. $-0.11 \leq n - (-0.04)$

23. $2x + 3 > x + 5$

24. $7h - 1 \leq 6h$

Resuelve cada desigualdad y verifica tu solución.

25. $x + \frac{1}{8} < \frac{1}{2}$

26. $3x + \frac{4}{5} \leq 4x + \frac{3}{5}$

27. $3x - 9 \leq 2x + 6$

28. $6w + 4 \geq 5w + 4$

29. $-0.17x - 0.23 < 0.75 - 1.17x$

30. $0.8x + 5 \geq 6 - 0.2x$

31. $3(r - 2) < 2r + 4$

32. $-x - 11 \geq 23$

Define una variable, escribe una desigualdad, resuelve cada problema y verifica tu solución.

33. Un número disminuido en −4 es al menos 9.

34. La suma de un número y 5 es al menos 17.

35. Tres veces un número es menor que dos veces el número agregado a 8.

36. Veintiuno no es menos que la suma de un número y −2.

37. La suma de dos números es menos de 53. Uno de los números es 20. ¿Cuál es el otro número?

38. La suma de cuatro veces un número y 7 es menor que 3 veces el número.

39. Dos veces un número es más que la diferencia entre ese número y 6.

40. La suma de dos números es 100. Un número es al menos 16 más que el otro número. ¿Cuáles son los números?

Si $3x \geq 2x + 5$, completa cada desigualdad.

41. $3x + 7 \geq 2x + \underline{\ \ ?\ \ }$

42. $3x - 10 \geq 2x - \underline{\ \ ?\ \ }$

43. $3x + \underline{\ \ ?\ \ } \geq 2x + 3$

44. $\underline{\ \ ?\ \ } \leq x$

Programación

45. Geometría Para formar un triángulo con tres segmentos de recta, la suma de las longitudes de cualquier par de estos segmentos debe ser mayor que la longitud del tercer segmento. Sean a, b, y c las longitudes de los segmentos. Para que estos tres segmentos sean los lados de un triángulo, las tres desigualdades siguientes deben satisfacerse simultáneamente: $a + b > c$, $a + c > b$, y $b + c > a$. El programa de calculadora de gráficas de la derecha usa estas desigualdades para determinar si las longitudes de los segmentos pueden ser las medidas de los lados de un triángulo.

```
PROGRAM: TRIANGLE
: Disp "ENTER THREE LENGTHS"
: Prompt A, B, C
: If C≥A+B
: Then
: Goto 1
: End
: If B≥A+C
: Then
: Goto 1
: End
: If A≥B+C
: Then
: Goto 1
: End
: Disp "THIS IS A TRIANGLE."
: Stop
: Lbl 1
: Disp "NOT A TRIANGLE"
```

Usa este programa para determinar si se puede formar un triángulo con los segmentos cuyas longitudes se indican a continuación.

Sugerencia: Para ejecutar nuevamente este programa después de haber examinado un conjunto de números, oprime $\boxed{\text{ENTER}}$.

a. 10 pulg., 12 pulg., 27 pulg.

b. 3 pies, 4 pies, 5 pies

c. 125 cm, 140 cm, 150 cm

d. 1.5 m, 2.0 m, 2.5 m

Piensa críticamente

46. Usando un ejemplo, muestra que aunque $x > y$ y $t > w$, $x - t > y - w$ puede ser falso.

47. ¿Qué significa la frase $-2.4 < x < 3.6$?

Define una variable, escribe una desigualdad y resuelve cada problema.

48. Cuestiones académicas   Josie debe obtener al menos 320 puntos en su clase de matemáticas para sacarse una B. Necesita sacarse una B o más para mantener su promedio y poder jugar en el equipo de básquetbol. La nota de matemática está basada en cuatro exámenes de 50 puntos cada uno, tres pruebas cortas de 20 puntos cada una, dos proyectos de 20 puntos cada uno y un examen final de 100 puntos. La siguiente tabla muestra las notas de Josie.

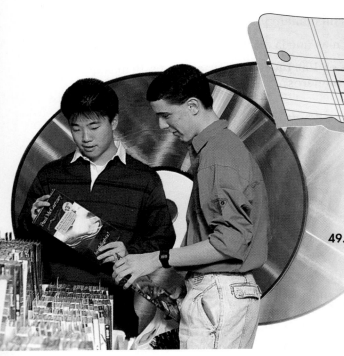

	Puntos	Total de puntos
Exámenes	40, 42, 41, 45	168
Pruebas cortas	15, 12, 19	46
Proyectos	15, 18	33

a. Escribe una desigualdad que represente la amplitud de puntos que Josie necesita en el examen final para sacarse una B.

b. Resuelve la desigualdad y grafica su solución.

49. Finanzas personales   Tanaka tiene $75 para comprarle regalos a su familia. Compró una camisa para su papá en $21.95, un collar para su mamá en $23.42 y un disco compacto para su hermana en $16.75. Y todavía le falta comprarle un regalo a su hermano.

a. ¿Cuánto puede gastar en el regalo de su hermano?

b. ¿Qué otros factores no explícitos en el problema pueden afectar la cantidad que puede gastar?

Repaso comprensivo

50. Calcula el punto medio del segmento de recta cuyos extremos están en $(-1, 9)$ y $(-5, 5)$.   (Lección 6–7)

Escribe una ecuación en la forma pendiente-intersección de la recta que satisface cada condición. (Lección 6–6)

51. perpendicular a $x + 7 = 3y$ y que pasa por $(1, 0)$

52. paralela a $\frac{1}{5}y - 3x = 2$ y que pasa por $(0, -3)$

53. Estadística   Calcula la amplitud, los cuartiles y la amplitud intercuartílica del conjunto de datos de la derecha.   (Lección 5–7)

54. Resuelve $4x + 3y = 16$, si el dominio es $\{-2, -1, 0, 2, 5\}$.   (Lección 5–3)

55. Si y varía inversamente con x y $y = 32$ cuando $x = 3$, halla y cuando $x = 8$.
(Lección 4–8)

Tallo	Hoja
12	4 6 7 7
13	1 1 6 9
14	0 5 7
15	0 3 9 9 9
16	5 6 6

$14\,|\,0 = \$140$

56. Resuelve y $-y - \frac{7}{16} = -\frac{5}{8}$.   (Lección 3–1)

57. Reemplaza el __?__ con $<, >$ o $=$ de modo que $\frac{6}{13}$ __?__ $\frac{1}{2}$ sea verdadera.   (Lección 2–4)

58. Busca un patrón   ¿Cuántos triángulos se muestran a la derecha? Cuenta solo los triángulos que apuntan hacia arriba.   (Lección 1–2)

LOS MODELOS Y LAS MATEMÁTICAS

7–2A Resolviendo desigualdades

Materiales: tablero de ecuaciones   tazas y fichas

 notas autoadhesives

Una sinopsis de la Lección 7–2

Puedes usar un tablero de ecuaciones para resolver desigualdades.

Actividad   Haz un modelo de la solución de −2x < 4.

Paso 1 Usa la nota para cubrir el signo de igualdad en el tablero de ecuaciones. Luego escribe el signo < en la nota. Rotula dos tazas con un símbolo negativo y colócalas en el lado izquierdo. Coloca 4 fichas positivas en el lado derecho.

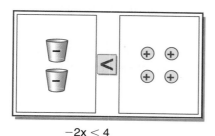

−2x < 4

Paso 2 Dado que no podemos resolver la desigualdad en una taza negativa, debemos eliminar las tazas negativas agregando 2 tazas positivas a cada lado. Elimina los pares nulos.

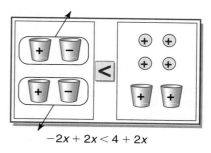

−2x + 2x < 4 + 2x

Paso 3 Añade 4 fichas negativas a cada lado para aislar las tazas. Elimina los pares nulos.

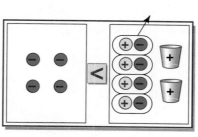

−4 < 2x

Paso 4 Separa las fichas en dos grupos.

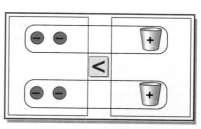

−2 < x or x > −2

Modela

1. Compara el signo de desigualdad y la ubicación de la variable en el problema original con los de la solución. ¿Qué observas?

2. Haz un modelo de la solución de 3x > 12. ¿Qué descubres? ¿En qué se diferencia de la solución de −2x < 4?

Escribe

3. Escribe una regla para resolver desigualdades que contengan multiplicaciones.

4. ¿Crees que esta regla se aplique a desigualdades que contienen divisiones?
   No olvides que dividir entre un número es lo mismo que multiplicar por su recíproco.

Resuelve desigualdades mediante multiplicación y división

CONEXIONES GLOBALES

Una aplicación importante de la palanca apareció cerca de 15,000 años atrás cuando los cazadores empezaron a utilizar el *atlatl*, la palabra azteca para lanzador de jabalinas. Este simple mecanismo es un asa que provee una ventaja mecánica extra al aumentar la longitud del brazo del cazador. Esto le permitía al cazador esforzarse menos y conseguir resultados mayores cuando salía de caza.

CONEXIÓN
Ciencias físicas

Una palanca puede usarse para multiplicar la fuerza de esfuerzo que ejerces cuando tratas de mover algo. El punto fijo o *fulcro* de una palanca separa el largo de la palanca en dos secciones—el *brazo de esfuerzo* en el cual se aplica la fuerza de esfuerzo y el *brazo de resistencia* en el cual se ejercita la fuerza de resistencia. La *ventaja mecánica* de una palanca es el número de veces que una palanca multiplica esa fuerza de esfuerzo.

La fórmula para determinar la ventaja mecánica *VM* de una palanca puede expresarse como $VM = \dfrac{L_e}{L_r}$, donde L_e representa el largo del brazo de esfuerzo y L_r representa el largo del brazo de resistencia.

Supongamos que un grupo de voluntarios está despejando los caminos de excursión en el Yosemite National Park. Necesitan colocar una palanca de manera de lograr una ventaja mecánica de por lo menos 7 para mover una enorme roca que bloquea el camino. Los voluntarios colocan la palanca sobre una piedra para usarla como fulcro. Necesitan que el brazo de resistencia sea de 1.5 pies de largo de manera que sea lo suficientemente largo para ponerlo debajo de la roca. ¿Cuál debería ser el largo de la palanca para poder mover la roca enorme?

Necesitamos hallar el largo del brazo de esfuerzo para hallar el largo de la palanca. Sea L_e el largo del brazo de esfuerzo. Sabemos que el brazo de resistencia L_r mide 1.5 pies de largo. Como la ventaja mecánica debe ser de al menos 7, podemos escribir una desigualdad usando la fórmula.

$$VM \geq 7$$

$\dfrac{L_e}{L_r} \geq 7$ *Reemplaza VM por $\dfrac{L_e}{L_r}$.*

$\dfrac{L_e}{1.5} \geq 7$ *Reemplaza L_r por 1.5.*   *Vas a resolver este problema en el Ejemplo 1.*

Si estuvieras resolviendo la ecuación $\frac{L_e}{1.5} = 7$ multiplicarías cada lado por 1.5. ¿Funciona este método para las desigualdades? Antes de responder esta pregunta, averigüemos cómo la multiplicación (o división) por un número positivo o negativo afecta la desigualdad. Consideremos la desigualdad $10 < 15$.

Multiplica por 2.

$$10 < 15$$
$$10(2) < 15(2)$$
$$20 < 30 \quad \text{verdadero}$$

Multiplica por -2

$$10 < 15$$
$$10(-2) < 15(-2) \quad \text{falso}$$
$$-20 < -30 \quad \text{falso}$$
$$-20 > -30 \quad \text{verdadero}$$

Divide entre 5.

$$10 < 15$$
$$\frac{10}{5} < \frac{15}{5}$$
$$2 < 3 \quad \text{verdadero}$$

Divide entre -5.

$$10 < 15$$
$$\frac{10}{-5} < \frac{15}{-5} \quad \text{falso}$$
$$-2 < -3 \quad \text{falso}$$
$$-2 > -3 \quad \text{verdadero}$$

Estos resultados sugieren lo siguiente.

- Si cada lado de una desigualdad verdadera se multiplica por o se divide entre el mismo número positivo, la desigualdad resultante es verdadera.

- Si cada lado de una desigualdad verdadera se multiplica por o se divide entre el mismo número negativo, la dirección del signo de desigualdad debe *invertirse* de manera que la desigualdad resultante sea también verdadera.

Propiedades de multiplicación y división de las desigualdades	**Para números a, b y c cualesquiera se cumple lo siguiente.** 1. Si c es positivo y $a < b$, entonces $ac < bc$ y $\frac{a}{c} < \frac{b}{c}$, si $c \neq 0$ y si c es positivo y $a > b$, entonces $ac > bc$ y $\frac{a}{c} > \frac{b}{c}$, $c \neq 0$. 2. Si c es negativo y $a < b$, entonces $ac > bc$ y $\frac{a}{c} > \frac{b}{c}$, $c \neq 0$, y si c es negativo y $a > b$, entonces $ac < bc$ y $\frac{a}{c} < \frac{b}{c}$, $c \neq 0$.

Estas propiedades también se cumplen para desigualdades que contienen $\leq$ y $\geq$.

Ejemplo ❶

CONEXIÓN
Ciencia física

Refiérete a la conexión al comienzo de la lección. ¿Cuál debería ser el largo mínimo de la palanca?

$$\frac{L_e}{1.5} \geq 7$$

$$1.5 \cdot \frac{L_e}{1.5} \geq 1.5(7) \quad \textit{Multiplica cada lado por 1.5.}$$

$$L_e \geq 10.5$$

El brazo de esfuerzo debe medir por lo menos 10.5 pies de largo.

Para hallar el largo de la palanca, suma los largos del brazo de esfuerzo y del brazo de resistencia. La palanca debería medir $10.5 + 1.5$ ó 12 pies de largo como mínimo.

Ejemplo ② **Resuelve** $\frac{x}{12} \leq \frac{3}{2}$.

$$\frac{x}{12} \leq \frac{3}{2}$$

$$12 \cdot \frac{x}{12} \leq 12 \cdot \frac{3}{2} \qquad \textit{Multiplica cada lado por 12.}$$

$$x \leq 18 \qquad \textit{Dado que multiplicamos por un número positivo, el signo de la desigualdad no se invierte.}$$

El conjunto de solución es $\{x \mid x \leq 18\}$.

Dado que dividir es lo mismo que multiplicar por el recíproco, hay dos métodos para resolver una desigualdad que requiere multiplicación.

Ejemplo ③ **Resuelve** $-3w > 27$.

Método 1

$$-3w > 27$$

$$\frac{-3w}{-3} < \frac{27}{-3} \qquad \textit{Divide cada lado entre -3 y cambia}$$

$$w < -9 \qquad \textit{$>$ a $<$.}$$

Método 2

$$-3w > 27$$

$$\left(-\frac{1}{3}\right)(-3w) < \left(-\frac{1}{3}\right)(27) \qquad \textit{Multiplica cada lado por $-\frac{1}{3}$ y cambia}$$

$$w < -9 \qquad \textit{$>$ a $<$.}$$

Verifica: Sea w cualquier número menor que -9.

$$-3w > 27$$

$$-3(-10) \overset{?}{>} 27 \qquad \textit{Supongamos que escogemos -10.}$$

$$30 > 27 \qquad \text{verdadero}$$

Los números menores que -9 componen el conjunto de solución. El conjunto de solución es $\{w \mid w < -9\}$.

Ejemplo ④ **Angélica Moreno es representante de ventas de un distribuidor de artefactos domésticos. Necesita al menos $5000 en ventas semanales de un cierto modelo de televisor para participar en una competencia de ventas y ganar un viaje a las Bahamas. Si los televisores se venden en $250 cada uno, ¿cuántos televisores tendrá que vender Angélica para poder participar en la competencia?**

APLICACIÓN

Negocios

Explora   Sea t el número de televisores por vender. Al menos $5000 quiere decir mayor que o igual a $5000.

Planifica   El precio de un televisor por el número de televisores vendidos debe ser mayor que, o igual a, la cantidad total de ventas requeridas.

El precio de un televisor	por	el número de televisores vendidos	es al menos	$5000.
$250	×	t	≥	$5000

Resuelve $250t \geq 5000$

$$\frac{250t}{250} \geq \frac{5000}{250} \qquad \textit{Divide cada lado entre 250.}$$

$$t \geq 20$$

Revisa   Angélica debe vender un mínimo de 20 televisores para participar en la competencia. El monto de las ventas de 20 televisores es $250(20) ó $5000.

INTEGRACIÓN
Geometría

El triángulo *XYZ* no es un triángulo agudo.
El ángulo más grande del triángulo mide
$(6d)°$. ¿Cuáles son los valores posibles de *d*?

Como el $\triangle XYZ$ no es agudo, la medida del
ángulo más grande debe ser $90°$ o mayor,
pero menos de $180°$. Por lo tanto, $6d \geq 90$ y
$6d < 180$.

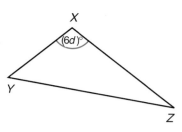

$6d \geq 90$ $6d < 180$

$\dfrac{6d}{6} \geq \dfrac{90}{6}$ *Divide cada lado entre 6.* $\dfrac{6d}{6} < \dfrac{180}{6}$ *Divide cada lado entre 6.*

$d \geq 15$ $d < 30$

El valor de *d* debe ser mayor que o igual a 15 pero menor que 30.

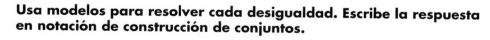

COMPRUEBA LO QUE APRENDISTE

**Comunicación en
matemáticas**

Estudia la lección y a continuación completa lo siguiente.

1. **Clasifica** cada afirmación como *verdadera* o *falsa*. Si es falsa, explica cómo
cambiar la desigualdad para hacerla verdadera.

   a. Si $x > 9$, entonces $-3x > -27$.

   b. Si $x < 4$, entonces $3x < 12$.

2. **Completa** cada afirmación.

   a. Si cada lado de una desigualdad se multiplica por el mismo número _?_,
   el signo de la desigualdad debe invertirse de modo que la desigualdad
   resultante sea verdadera.

   b. Multiplicar por _?_ es lo mismo que dividir entre -6.

   c. Un triángulo agudo tiene ángulos que miden menos de _?_.

3. **Tú decides**   Utina y Paige están discutiendo las reglas para cambiar la
dirección del signo de desigualdad cuando se resuelven desigualdades.
Paige dice que la regla es "Cada vez que tengas un signo negativo en el
problema, la dirección del signo de desigualdad cambia." Utina dice que eso
no es siempre cierto. Decide quién tiene la razón y da ejemplos que apoyen
tu respuesta.

**LOS MODELOS Y LAS
MATEMÁTICAS**

**Usa modelos para resolver cada desigualdad. Escribe la respuesta
en notación de construcción de conjuntos.**

4. $3x < 15$ 5. $-6x < 18$

6. $2x + 6 > x - 7$ 7. $-4x + 8 \geq 14$

8. Usa modelos para determinar el signo apropiado ($>$, $<$ o $=$) que complete
cada comparación.

   a. $x + 5$ _?_ $x - 7$

   b. $x + 3 + (x - 6)$ _?_ $(2x + 7) - 4$

   c. $2x + 8$ _?_ $2x + 6 - x$

Identifica el número por el cual hay que multiplicar o dividir para resolver cada desigualdad. Indica si hay que invertir la dirección del signo de la desigualdad. Luego resuélvela.

9. $-6y \geq -24$

10. $10x > 20$

11. $\frac{x}{4} < -5$

12. $-\frac{2}{7}z \geq -12$

Resuelve cada desigualdad. Verifica tu solución.

13. $\frac{4}{5}x < 24$

14. $-\frac{v}{3} \geq 4$

15. $-0.1t \geq 3$

16. $5y > -25$

Define una variable, escribe una desigualdad, resuelve cada problema y verifica tu solución.

17. Un quinto de un número es a lo sumo 4.025.

18. El opuesto de seis veces un número es menor que 216.

19. Geometría Determina el valor de s de modo que el área del cuadrado sea por lo menos de 144 pies cuadrados.

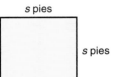

s pies

s pies

EJERCICIOS

Resuelve cada desigualdad. Verifica tu solución.

20. $7a \leq 49$

21. $12b > -144$

22. $-5w > -125$

23. $-x \leq 44$

24. $4 < -x$

25. $-102 > 17r$

26. $\frac{b}{-12} \leq 3$

27. $\frac{t}{13} < 13$

28. $\frac{2}{3}w > -22$

29. $6 \leq 0.8g$

30. $-15b < -28$

31. $-0.049 \leq 0.07x$

32. $\frac{3}{7}h < \frac{3}{49}$

33. $\frac{12r}{-4} > \frac{3}{20}$

34. $\frac{3b}{4} \leq \frac{2}{3}$

35. $-\frac{1}{3}x > 9$

36. $\frac{y}{6} \geq \frac{1}{2}$

37. $\frac{-3m}{4} \leq 18$

Define una variable, escribe una desigualdad, resuelve cada problema y verifica tu solución.

38. Cuatro veces un número es a lo sumo 36.

39. Treinta y seis es al menos la mitad de un número.

40. El opuesto de tres veces un número es más que 48.

41. Tres cuartos de un número es a lo sumo -24.

42. El ochenta por ciento de un número es menos que 24.

43. El producto de dos números no es más grande que 144. Uno de los números es -8. ¿Cuál es el otro número?

44. Geometría Determina el valor de x de manera que el área del rectángulo de la derecha sea por lo menos 918 pies cuadrados.

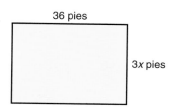

36 pies

$3x$ pies

45. Geometría Determina el valor de y de modo que el perímetro del triángulo de la derecha sea menos de 100 metros.

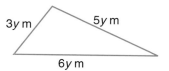

$3y$ m $5y$ m

$6y$ m

Completa.

46. Si $24m \geq 16$, entonces __?__ ≥ 12.   **47.** Si $-9 \leq 15b$, entonces $25b$ __?__ -15.

48. Si $5y < -12$, entonces $20y <$ __?__.   **49.** Si $-10a > 21$, entonces $30a$ __?__ -63.

Piensa críticamente
Aplicaciones y solución de problemas

50. Usa un ejemplo para demostrar que si $x > y$, entonces $x^2 > y^2$ no es necesariamente verdadero.

Define una variable, escribe una desigualdad y resuelve cada problema.

51. Viajes *4-D Rentals* cobra \$0.12 por milla por un auto compacto. La señora Rodríguez anda en viaje de negocios y debe arrendar un auto para asistir a varias reuniones. Tiene un presupuesto de \$50 para los gastos de millaje. ¿Cuál es el número mayor de millas que la señora Rodríguez puede viajar sin pasarse de su presupuesto?

52. Física Refiérete a la aplicación al comienzo de la lección. Una trabajador municipal necesita levantar la tapa de un registro de cañerías. Ella tiene una barra de hierro que puede usar como palanca. Cuando se usa una palanca, la fuerza de resistencia es igual a la fuerza de esfuerzo multiplicada por la ventaja mecánica, o sea, $F_r = MA \cdot F_e$. La trabajadora pesa 120 libras, de modo que puede ejercer tal cantidad de fuerza. Todas las tapas de registro de la ciudad pesan por lo menos 360 libras. ¿Cuál es la ventaja mecánica que necesita para levantar la tapa?

53. Política Un candidato necesita 5000 firmas en una petición para poder participar en las elecciones para un puesto municipal. Se sabe en la práctica que el 15% de las firmas en peticiones no son válidas. ¿Cuál es el número mínimo de firmas que debería obtener el candidato para lograr 5000 firmas válidas?

Repaso comprensivo

54. Define una variable, escribe una desigualdad y resuelve el siguiente problema. La diferencia de cinco veces un número menos cuatro veces ese número, más siete es a lo sumo 34. (Lección 7–1)

55. Geometría Tres vértices de un cuadrado están en $(-5, -3)$, $(-5, 5)$ y $(3, -3)$. Supongamos que inscribieras un círculo en este cuadrado. ¿Cuáles serían las coordenadas del centro del círculo? (Lección 6–7)

56. Geometría Determina las pendientes de las rectas paralela y perpendicular a la gráfica de $3x - 6 = -y$. (Lección 6–6)

57. Calcula la pendiente de la recta que pasa por $(4, -9)$ y $(-2, 3)$. (Lección 6–1)

58. Escribe una ecuación en notación funcional para la relación de la derecha. (Lección 5–6)

a	−2	0	2	4	6	8	10
b	−5	−3	−1	1	3	5	7

59. Presupuesto El sueldo mensual neto de JoAnne Paulsen es $1782. Ella gasta $325 en arriendo, $120 en comida y $40 en gasolina. Además, ella se permite un 12% de lo restante en entretenimiento. ¿Cuánto puede gastar en entretenimiento cada mes? (Lección 4–4)

60. ¿Cuál es el 47% de 27? (Lección 4–4)

61. Fútbol Un campo de fútbol mide 75 yardas menos de largo que 3 veces su ancho. Su perímetro es de 370 yardas. Calcula sus dimensiones. (Lección 3–5)

62. Evalúa $5y + 3$ si $y = 1.3$. (Lección 1–3)

TRABAJA EN LA In·ves·ti·ga·ción

Refiérete a las páginas 320–321.

Humo en tus ojos

Hoy en día hay cerca de 50 millones de norteamericanos que fuman y cada uno de ellos consume un promedio de 30 cigarrillos diarios. Considera la cantidad de humo producida por un solo cigarrillo. Haz algunas predicciones acerca del volumen de humo de cigarrillo que producen estos 50 millones de fumadores.

1 Calcula el volumen de humo producido por el fumador promedio.

2 Pronostica la cantidad de humo producida por 50 millones de fumadores en un año.

3 Aproxima el volumen de aire de tu dormitorio. Escribe una desigualdad que aproxime el número de exhalaciones e que serían necesarias para llenar de humo tu dormitorio. Resuelve esta desigualdad.

4 Supongamos que un fumador está encerrado en tu dormitorio con varios cartones de cigarrillos. ¿Es posible que llene completamente tu habitación con humo de la misma concentración que el humo exhalado? Explica tu respuesta.

Agrega los resultados de tu trabajo a tu *Archivo de investigación*.

Resuelve desigualdades de varios pasos

Lo que APRENDERÁS

- A resolver desigualdades que contengan más de una operación y
- a encontrar el conjunto de solución de una desigualdad lineal cuando se dan valores de reemplazo para las variables.

por qué ES IMPORTANTE

Porque puedes usar desigualdades para resolver problemas de química y física.

APLICACIÓN

Ingeniería

Rosa Whitehair es socia de una firma consultora de ingenieros. Sus honorarios de consulta para proyectos en gran escala es de $1000 más 10% del costo de diseño que la compañía cobra a sus clientes. Rosa está considerando dos proyectos: Un edificio de oficinas de 50 pisos y el diseño de un terminal de aeropuerto. Está interesada en ambos proyectos, pero quiere tomar el que le pague honorarios más altos. La compañía encargada del diseño del edificio de oficinas ha acordado en pagarle honorarios fijos de $5000. ¿Cuánto debe ser el costo de diseño de la compañía para que escoja el terminal de aeropuerto?

Sea x el costo de diseño del terminal de aeropuerto.

El costo fijo	más	10% del costo de diseño	es mayor que	los honorarios fijos del edificio de oficinas
1000	+	$0.10x$	>	5000

Esta desigualdad contiene más de una operación. Se puede resolver anulando el orden de operaciones tal y como resolverías una ecuación de más de una operación.

MIRADA RETROSPECTIVA

Puedes repasar cómo resolver ecuaciones de varios pasos en la lección 3-3.

$$1000 + 0.10x > 5000$$
$$1000 - 1000 + 0.10x > 5000 - 1000 \quad \textit{Resta 1000 de cada lado.}$$
$$0.10x > 4000$$
$$\frac{0.10x}{0.10} > \frac{4000}{0.10} \quad \textit{Divide cada lado entre 0.10.}$$
$$x > 40{,}000$$

Si la compañía cobra más de $40,000 por el diseño del terminal, Rosa los escogerá a ellos ya que sus honorarios son más altos.

INTEGRACIÓN

Geometría

Ejemplo ❶ **Determina el valor de x de modo que el $\angle A$ sea agudo.**

Suponte que x es positivo.

Para que el $\angle A$ sea agudo, debe medir menos de 90°.

Por lo tanto, $3x - 15 < 90$.

$$3x - 15 < 90$$

$$3x - 15 + 15 < 90 + 15 \quad \text{\textit{Suma 15 a cada lado.}}$$

$$3x < 105$$

$$\frac{3x}{3} < \frac{105}{3} \quad \text{\textit{Divide cada lado entre 3.}}$$

$$x < 35$$

Para que el $\angle A$ sea agudo, x debe ser menos de 35.

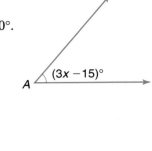

Como las ecuaciones, a veces las desigualdades, contienen variables en ambos lados.

Ejemplo ❷ **Resuelve $-4w + 9 \leq w - 21$.**

$$-4w + 9 \leq w - 21$$

$$-w - 4w + 9 \leq w - 21 - w \quad \text{\textit{Resta w de cada lado.}}$$

$$-5w + 9 \leq -21$$

$$-5w + 9 - 9 \leq -21 - 9 \quad \text{\textit{Resta 9 de cada lado.}}$$

$$-5w \leq -30$$

$$\frac{-5w}{-5} \geq \frac{-30}{-5} \quad \text{\textit{Divide cada lado entre -5 y cambia $\leq$ a $\geq$.}}$$

$$w \geq 6$$

El conjunto de solución es $\{w \mid w \geq 6\}$.

Cuando resolvemos una desigualdad, el conjunto de solución incluye todos los valores que la hacen verdadera, como $\{x \mid x > 4\}$. A veces se da un conjunto de reemplazo del cual puede elegirse un conjunto solución.

Ejemplo ❸ **Determina el conjunto de solución de $3x + 6 > 12$ si el conjunto de reemplazo para x es $\{-2, -1, 0, 1, 2, 3, 4, 5\}$.**

Método 1

Sustituye los valores en la desigualdad para hallar los valores que la satisfacen. Probemos con -2.

$$3x + 6 > 12$$

$$3(-2) + 6 > 12$$

$$0 > 12 \quad \text{falso}$$

De este resultado podemos aproximar que el valor de x debe ser mucho mayor que -2 para que la desigualdad sea verdadera. Probemos con 2.

$$3x + 6 > 12$$

$$3(2) + 6 > 12$$

$$12 > 12 \quad \text{falso}$$

De esto vemos que valores mayores que 2 deben estar en el conjunto de solución. Probemos con 3.

$$3x + 6 > 12$$
$$3(3) + 6 > 12$$
$$15 > 12 \quad \text{verdadero} \qquad \text{El conjunto de solución es } \{3, 4, 5\}.$$

Método 2

Resuelve las desigualdad para todos los valores de x y luego determina qué valores del conjunto de reemplazo pertenecen al conjunto solución.

$$3x + 6 > 12$$
$$3x + 6 - 6 > 12 - 6$$
$$3x > 6$$
$$\frac{3x}{3} > \frac{6}{3}$$
$$x > 2$$

El conjunto de solución son todos los números mayores que 2 del conjunto de sustitución. De modo que el conjunto de solución es $\{3, 4, 5\}$.

EXPLORACIÓN

CALCULADORAS DE GRÁFICAS

Puedes usar los símbolos del menú TEST de la calculadora de gráficas TI-82 para hallar la solución de una desigualdad en una variable.

Ahora te toca a ti

a. Borra la lista $\boxed{Y=}$. Entra $3x + 6 > 4x + 9$ como Y1. (El signo $>$ es el ítem 3 en el menú TEST.) Oprime $\boxed{\text{GRAPH}}$. Describe qué ves.

b. Usa la función TRACE para explorar los valores de la gráfica. ¿Qué observas acerca de los valores de y en la gráfica?

c. Resuelve la desigualdad algebraicamente. ¿En qué se parece tu solución al patrón que observaste en la parte **b**?

Cuando se resuelven desigualdades que contienen símbolos de agrupamiento, recuerda usar la propiedad distributiva para eliminarlos.

Ejemplo **④** **Resuelve $5(k + 4) - 2(k + 6) \geq 5(k + 1) - 1$. Grafica la solución.**

$$5(k + 4) - 2(k + 6) \geq 5(k + 1) - 1$$
$$5k + 20 - 2k - 12 \geq 5k + 5 - 1 \qquad \textit{Propiedad distributiva}$$
$$3k + 8 \geq 5k + 4 \qquad \textit{Reduce términos semejantes.}$$
$$3k - 5k + 8 \geq 5k - 5k + 4 \qquad \textit{Resta 5k de cada lado.}$$
$$-2k + 8 \geq 4$$
$$-2k + 8 - 8 \geq 4 - 8 \qquad \textit{Resta 8 de cada lado.}$$
$$-2k \geq -4$$
$$\frac{-2k}{-2} \leq \frac{-4}{-2} \qquad \textit{Divide cada lado entre } -2 \textit{ y cambia} \geq a \leq.$$
$$k \leq 2$$

El conjunto de solución es $\{k \mid k \leq 2\}$.

La gráfica de $k \leq 2$ se muestra a la derecha.

$-4 \;\; -3 \;\; -2 \;\; -1 \;\;\; 0 \;\;\; 1 \;\;\; 2 \;\;\; 3 \;\;\; 4 \;\;\; 5$

Comunicación en matemáticas

Estudia la lección y a continuación completa lo siguiente.

1. **Justifica** cada paso empleado en la resolución de $-3x + 7 < 4x - 5$.

2. **Escribe** una desigualdad que exprese el hecho de que cuando sumas 3 pies al perímetro de un cuadrado cuyos lados miden s de largo, el perímetro no excede 50 pies.

3. **Escribe** una desigualdad que no tenga solución.

4. **Describe** cómo resolverías $16 - 5w > 29$ sin dividir entre -5 ó multiplicar por $-\frac{1}{5}$.

5. Refiérete al Ejemplo 3. ¿Cuál de los dos métodos parece ser más eficiente para resolver la desigualdad del conjunto de reemplazo dado? Explica tu elección.

LOS MODELOS Y LAS MATEMÁTICAS

6. Usa el método de la Lección 7–2A para hacer un modelo de las soluciones de cada desigualdad.

   a. $3 - 4x \geq 15$ **b.** $6x - 1 < 5 + 3x$

Práctica dirigida

Elige la solución correcta para cada desigualdad.

7. Resuelve $2m + 5 \leq 4m - 1$.

   a. $m > -3$ **b.** $m < 3$ **c.** $m \geq 3$ **d.** $m \leq -3$

8. Resuelve $13r - 11 \geq 7r + 37$.

   a. $r < 8$ **b.** $r \geq 8$ **c.** $r \leq -8$ **d.** $r > -8$

Resuelve cada desigualdad y verifica tu respuesta.

9. $9x + 2 > 20$

10. $-4h + 7 > 15$

11. $-2 - \frac{d}{5} < 23$

12. $6a + 9 < -4a + 29$

Encuentra el conjunto de solución de cada desigualdad para el conjunto de reemplazo dado.

13. $3x - 1 > 4, \{-1, 0, 1, 2, 3\}$

14. $-7a + 6 \leq 48, \{-10, -9, -8, -7, -6, -5, -4, -3\}$

15. **Teoría numérica**   Considera la frase *La suma de dos enteros consecutivos pares es mayor que 75.*

   a. Escribe una desigualdad para esta frase.

   b. Resuelve la desigualdad.

   c. Identifica dos enteros consecutivos pares que cumplan con los requisitos del problema.

Práctica

Encuentra el conjunto de solución de cada desigualdad si el conjunto de reemplazo de cada variable es $\{-10, -9, -8, ..., 8, 9, 10\}$.

16. $n - 3 \geq \frac{n + 1}{2}$

17. $\frac{2(x + 2)}{3} < 4$

18. $1.3y - 12 < 0.9y + 4$

19. $-20 \geq 8 + 7k$

Resuelve cada desigualdad y verifica tu solución.

20. $2m + 7 > 17$

21. $-3 > -3t + 6$

22. $-2 - 3x \geq 2$

23. $\frac{2}{3}w - 3 \leq 7$

24. $7x - 1 < 29 - 2x$

25. $8n + 2 - 10n < 20$

26. $2x + 5 < 3x - 7$

27. $5 - 4m + 8 + 2m > -17$

28. $\frac{2x - 3}{5} < 7$

29. $x < \frac{2x - 15}{3}$

30. $9r + 15 \geq 24 + 10r$

31. $6p - 2 \leq 3p + 12$

32. $4y + 2 < 8y - (6y - 10)$

33. $3(x - 2) - 8x < 44$

34. $3.1q - 1.4 > 1.3q + 6.7$

35. $-5(k + 4) \geq 3(k - 4)$

36. $5(2h - 6) - 7(h + 7) > 4h$

37. $7 + 3y > 2(y + 3) - 2(-1 - y)$

Define una variable, escribe una desigualdad, resuelve cada problema y verifica tu solución.

38. Dos tercios de un número disminuido en 27 es al menos 9.

39. Tres veces la suma de un número y 7, es mayor que 5 veces el número, menos 13.

Teoría numérica

40. La suma de dos enteros consecutivos impares es a lo sumo 123. Encuentra el par con la suma más grande.

41. Encuentra todos los conjuntos de enteros consecutivos impares cuya suma no es mayor que 18.

42. Encuentra todos los conjuntos de tres enteros consecutivos pares cuya suma es menor que 40.

Resuelve cada desigualdad y verifica tu solución.

43. $3x + 4 > 2(x + 3) + x$

44. $3 - 3(y - 2) < 13 - 3(y - 6)$

Calculadora de gráficas

45. Usa los métodos presentados en la *Exploración* para resolver cada desigualdad. Usa la pantalla de visión $[-9.4, 9.4]$ por $[-5, 5]$ con factores de escala 1.
  a. $-5 - 8x \geq 59$
  b. $13x - 11 > 7x + 37$
  c. $8x - (x - 5) > x + 17$
  d. $-5(x + 4) \geq 3(x - 4)$

Piensa críticamente

46. Podemos escribir la expresión *los números entre −3 y 4* como $-3 < x < 4$. ¿Qué representa la frase algebraica $-3 < x + 2 < 4$?

Aplicaciones y solución de problemas

Define una variable, escribe una desigualdad y resuelve cada problema.

47. Finanzas personales Una pareja no quiere gastar más de $50 cenando en un restaurante. Un impuesto de venta del 4% se agrega a la cuenta y piensan dejar una propina del 15% una vez que el impuesto haya sido añadido. ¿Cuánto puede gastar la pareja en la cena?

48. Recreación La admisión a una galería de juegos de video es de $1.25 por persona y cuesta $0.50 jugar cada juego. Latoya y Donnetta tienen un total de $10 para gastar. ¿Cuál es el número mayor de juegos que pueden jugar?

49. Recaudación de fondos   Una universidad está realizando una campaña para recaudar dinero. Una corporación ha prometido igualar el 40% de lo que la universidad pueda recaudar de otras fuentes. ¿Cuánto debe recaudar la universidad de otras fuentes para tener un total de $800,000 después de la donación de la corporación?

50. Bienes raíces   Una propietaria está vendiendo su casa. Debe pagarle a su corredora de bienes raíces el 7% del precio de venta de la casa una vez que haya sido vendida. Redondeado en dólares, ¿cuál debe ser el precio de venta de la casa para que le quede al menos $90,000 a la propietaria después de pagarle a la corredora?

51. Asuntos laborales   Un trabajador que pertenece a un sindicato gana actualmente $400 semanales. Su sindicato está solicitando un nuevo contrato anual. Si hay huelga, el nuevo contrato proveerá un 6% de aumento de sueldo; si no hay huelga, el trabajador no espera aumento de sueldo alguno.

a. Suponiendo que el trabajador no gana sueldo alguno durante la huelga, ¿cuántas semanas puede estar en huelga y aún ganar al menos la misma cantidad por año como si no hubiese estado en huelga?

b. ¿Cómo cambiaría tu respuesta si el trabajador ganara actualmente $575 semanales?

c. ¿Cómo cambiaría tu respuesta si el sindicato le pagara $120 semanales durante la huelga?

Repaso comprensivo

Resuelve cada desigualdad.

52. $2r - 2.1 < -8.7 + r$ (Lección 7-2)   **53.** $7 - 2y < -y - 3$ (Lección 7-1)

54. Escribe la forma pendiente-intersección de una ecuación para la recta que pasa por $(-12, 12)$ y $(-2, 7)$.   (Lección 6-4)

55. Escribe la forma estándar de una ecuación para la recta que pasa por $(2, 4)$ con pendiente $-\frac{3}{2}$.   (Lección 6-2)

56. Negocios   El dueño de Lavado Inmaculado de Carros descubrió que si se lavaran c carros, la fórmula $P(c) = -0.027c^2 + 8c - 280$ proveería la ganancia promedio diaria $P(c)$. Calcula los valores de $P(c)$ para varios valores de c para determinar el número mínimo de autos que deben lavarse diariamente para que Lavado Inmaculado de Carros obtenga utilidades.   (Lección 5-5)

57. Encuentra el dominio de $3y - 2 = x$ si la amplitud es $\left\{-1, 6, 0, -\frac{1}{3}, 2\right\}$.   (Lección 5-3)

58. Avisos comerciales   Por muchos años el lema de la pasta de dientes Crest® ha sido "Cuatro de cada cinco dentistas recomiendan que sus pacientes usen Crest®." ¿Cuáles son las posibilidades de que tu dentista *no* te recomiende usar Crest®?   (Lección 4-6)

59. Jason ha anotado los siguientes puntos para su equipo de básquetbol en los últimos 10 partidos: 18, 32, 20, 21, 34, 9, 33, 37, 22, 25. Calcula la media, la mediana y la modal de sus puntos.   (Lección 3-7)

60. Calcula $18 - (-34)$.   (Lección 2-3)

Resuelve desigualdades compuestas

P T I

El pez más grande que se haya pescado alguna vez es el tiburón ballena. Capturado cerca de Karachi, Pakistán en 1949, medía 41.5 pies de largo y pesaba 16.5 toneladas. El pez más pequeño es el gobio enano que se encuentra en el Océano Índico. Los machos de la especie solo miden 0.34 pulgadas de largo.

tiburón ballena

gobio enano

Estas afirmaciones también pueden leerse p está entre 0 y 7 ó es igual a 0.

CONEXIÓN
Química

El pez más grande que se pasa toda su vida en agua dulce es el escaso Pla beuk que puede encontrarse en el río Mekong en China, Laos, Camboya y Tailandia. El espécimen más grande que se conozca medía 9 pies y $10\frac{1}{4}$ pulgadas de largo y pesaba 533.5 libras.

Peces tan escasos como estos se exhiben a veces en acuarios. Los acuarios pueden hospedar vida marina o de agua dulce y deben ser rigurosamente supervisados para mantener la temperatura y el pH correctos para que los animales puedan sobrevivir. El pH es una medida de la acidez. Para determinar el pH se utiliza una escala de valores del 0 al 14. Tal escala se muestra en el siguiente diagrama.

Escala de pH

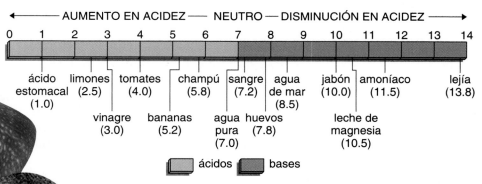

Si hacemos que p represente el valor en la escala del pH, podemos expresar los diferentes niveles de pH usando desigualdades. Por ejemplo, una solución ácida tiene un nivel de pH de $p \geq 0$ y $p < 7$. Cuando se consideran juntas, estas dos desigualdades forman una **desigualdad compuesta.** Esta desigualdad compuesta puede asimismo escribirse de dos maneras sin usar la conjunción *y*.

$$0 \leq p < 7 \quad \text{ó} \quad 7 > p \geq 0$$

La afirmación $0 \leq p < 7$ puede leerse *0 es menor que o igual a p, que es menor que 7*. La afirmación $7 > p \geq 0$ se lee *7 es mayor que p, que es mayor que o igual a 0*.

Los niveles de pH de las bases pueden escribirse de la siguiente manera.

$$p > 7 \; y \; p \leq 14 \quad \text{ó} \quad 7 < p \leq 14 \quad \text{ó} \quad 14 \geq p > 7$$

Vas a graficar esta desigualdad en el Ejercicio 6.

Es útil **trazar un diagrama** para resolver muchos problemas. A veces, un diagrama te ayudará a decidir cómo trabajar un problema. En otras ocasiones el diagrama te mostrará la respuesta al problema.

Ejemplo ❶

SOLUCIÓN DE PROBLEMAS
Traza un diagrama

El 6 de mayo de 1994 el presidente francés François Mitterand y la reina Elizabeth II de Inglaterra inauguraron oficialmente el Túnel del Canal (Channel Tunnel), el cual conecta Inglaterra y Francia. Después de la ceremonia, un grupo de 36 funcionarios gubernamentales ingleses y franceses cenaron en un restaurante de Calais, Francia para celebrar la ocasión. Supongamos que el personal del restaurante usó mesas pequeñas, a las que se pueden sentar cuatro personas, colocadas una junto a la otra para formar una sola mesa. ¿Cuántas mesas se necesitaron para sentar a todos los funcionarios?

Traza un diagrama que muestre las mesas una junto a la otra. Usa Xs para indicar donde están sentadas las personas. Empecemos con una conjetura de, digamos, 10 mesas.

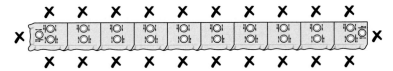

Diez mesas acomodan a 22 personas. Si usamos una mesa extra, podemos sentar dos personas más. Ahora busquemos un patrón.

Número de mesas	10	11	12	13	14	15	16	17
Número de personas sentadas	22	24	26	28	30	32	34	36

Este patrón muestra que el restaurante necesitó 17 mesas para sentar a todos los 36 funcionarios.

El símbolo lógico para y es ∧. Puedes escribir $x > 7$ y $x < 10$ como $(x > 7) \land (x < 10)$.

Una desigualdad compuesta que contiene y es verdadera solo si *ambas* desigualdades que la integran son verdaderas. Por lo tanto, la gráfica de una desigualdad compuesta que contiene y es la **intersección** de las gráficas de las dos desigualdades que la integran. La intersección puede encontrarse graficando las dos desigualdades y luego determinando el lugar donde se yuxtaponen las gráficas. En otras palabras, traza un diagrama para resolver la desigualdad.

Ejemplo ❷ **Grafica el conjunto de solución de $x \geq -2$ y $x < 5$.**

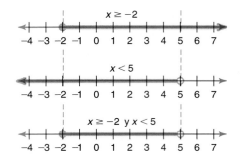

El conjunto de solución, que se muestra en la última gráfica, es $\{x \mid -2 \leq x < 5\}$. Observa que la gráfica de $x \geq -2$ incluye el punto -2. La gráfica de $x < 5$ no incluye el 5.

Ejemplo ③ **Resuelve −1 < x + 3 < 5. Grafica el conjunto de solución.**

Primero expresa −1 < x + 3 < 5 uusando y. Luego resuelve cada desigualdad.

$$-1 < x + 3 \qquad\qquad \text{y} \qquad\qquad x + 3 < 5$$
$$-1 - 3 < x + 3 - 3 \qquad\qquad\qquad\qquad x + 3 - 3 < 5 - 3$$
$$-4 < x \qquad\qquad\qquad\qquad\qquad\qquad x < 2$$

Ahora grafica cada solución y halla la intersección de las soluciones.

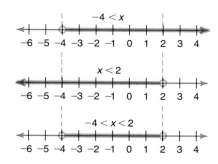

El conjunto de solución es $\{x \mid -4 < x < 2\}$.

El siguiente ejemplo muestra la manera de resolver un problema usando geometría, un diagrama y una desigualdad compuesta.

Ejemplo ④

Mai y Luis esperan algún día competir en patinaje olímpico sobre hielo para parejas. Cada día viajan desde sus casas a una pista de patinaje para practicar antes de ir a la escuela. Luis vive a 17 millas del local y Mai a 20. Si esta fuera toda la información que tuvieras a mano, determina a qué distancia viven Mai y Luis.

Explora Mai vive a 20 millas de distancia del local y Luis a 17. No conocemos la posición relativa de los hogares de Mai y Luis con respecto al local.

Planifica Traza un diagrama de la situación. Sea *S* la ubicación del local de patinaje. Como Luis vive a 17 millas del local, tracemos un círculo con un radio de 17. Luis vive en alguna parte dentro de este círculo. De la misma manera podemos trazar un círculo con un radio de 20 para la ubicación del hogar de Mai.

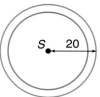

(continúa en la página siguiente)

Resuelve   Examinemos las tres posibilidades para la ubicación de los hogares de Mai y Luis.

(1) Mai y Luis viven dentro del mismo radio.

(2) Mai y Luis viven en radios opuestos.

(3) Mai y Luis viven en un lugar distinto de las ubicaciones descritas en (1) y (2).

Sean *M* y *L* los lugares donde viven Mai y Luis, respectivamente.

(1) el mismo radio	(2) radios opuestos	(3) en lugares distintos de (1) y (2)
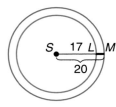	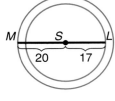	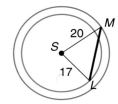
La distancia es 20 − 17 ó 3 millas.	La distancia es 20 + 17 ó 37 millas.	Por el teorema de la desigualdad triangular, la distancia debe ser menor que 37 millas y mayor que 3 millas.

La distancia *d* entre sus hogares puede describirse mediante la desigualdad $3 \leq d \leq 37$.

Examina   Los diagramas (1) y (2) muestran las posibilidades mínima y máxima. Para que te convenzas de que la afirmación del diagrama (3) se cumple siempre, puedes trazar otro triángulo.

MIRADA RETROSPECTIVA

Puedes encontrar mayor información acerca del teorema de la desigualdad triangular en el Ejercicio 45 (Programación) de la lección 7-1.

Otra clase de desigualdad compuesta contiene la palabra *o* en vez de *y*. Una desigualdad compuesta que contenga *o* es verdadera si una o más de las desigualdades que la integran es verdadera. La gráfica de una desigualdad compuesta que contenga *o* es la **unión** de los gráficas de las dos desigualdades que la integran.

Ejemplo **5** **Grafica el conjunto de solución de $x \geq -1$ ó $x < -4$.**

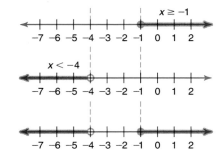

La última gráfica muestra el conjunto de solución, $\{x \mid x \geq -1$ ó $x < -4\}$.

Ejemplo **6** **Resuelve $3w + 8 < 2$ ó $w + 12 > 2 - w$. Grafica el conjunto de solución.**

$$3w + 8 < 2 \qquad\qquad ó \qquad\qquad w + 12 > 2 - w$$
$$3w + 8 - 8 < 2 - 8 \qquad\qquad\qquad w + w + 12 > 2 - w + w$$
$$3w < -6 \qquad\qquad\qquad\qquad 2w + 12 > 2$$
$$\frac{3w}{3} < \frac{-6}{3} \qquad\qquad\qquad 2w + 12 - 12 > 2 - 12$$
$$w < -2 \qquad\qquad\qquad\qquad 2w > -10$$
$$\qquad\qquad\qquad\qquad\qquad\qquad \frac{2w}{2} > \frac{-10}{2}$$
$$\qquad\qquad\qquad\qquad\qquad\qquad w > -5$$

Ahora, grafica cada solución y halla la unión de ambas.

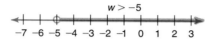

   *Halla la unión.*

La última gráfica muestra el conjunto de solución, $\{x \mid x$ es un número real$\}$.

COMPRUEBA LO QUE APRENDISTE

Estudia la lección y a continuación completa lo siguiente.

Comunicación en matemáticas

1. **Escribe** una afirmación que pueda representarse con $\$7.50 < p \le \$18.50$.

2. **Escribe** una desigualdad compuesta que describa la siguiente gráfica.

⟵——○—+—+—+—+—+—○—○—+—+——⟶
  −6 −5 −4 −3 −2 −1 0 1 2 3

3. **Enumera** dos estrategias de solución de problemas que se usaron en el Ejemplo 1. Describe cómo cada estrategia contribuyó a la solución del problema.

4. **Describe** la diferencia entre una desigualdad compuesta que contiene *y* y una desigualdad compuesta que contiene *o*.

5. **Identifica** dos maneras en que un cuadro o un diagrama puede facilitarte la solución de un problema.

6. **Refiérete** a la conexión al comienzo de la lección. Grafica la desigualdad que representa el nivel de pH de las bases.

Práctica dirigida

Escribe cada desigualdad compuesta sin usar *y*. Grafica el conjunto de solución.

7. $x < 9$ y $0 \le x$

8. $x > -2$ y $x < 3$

Escribe una desigualdad compuesta para los siguientes conjuntos de solución.

9. ⟵—+—○—○—+—+—+—+—+—+—+—⟶
   −5 −4 −3 −2 −1 0 1 2 3 4

10. ⟵—+—+—+—+—○—+—○—+—+—+—⟶
    −5 −4 −3 −2 −1 0 1 2 3 4

11. Grafica el conjunto de solución de $y > 5$ y $y < -3$. Describe qué significa el conjunto de solución.

Resuelve cada desigualdad compuesta y grafica el conjunto de solución.

12. $2 \le y + 6$ y $y + 6 < 8$

13. $4 + h \le -3$ ó $4 + h \ge 5$

14. $b + 5 > 10$ ó $b \ge 0$

15. $2 + w > 2w + 1 \ge -4 + w$

16. Escribe una desigualdad compuesta sin usar y para la siguiente situación. Resuelve la desigualdad y luego verifica la solución. *Cuesta lo mismo enviar correo certificado que contenga artículos con valores de $0 a $100.*

17. Traza un diagrama Puedes cortar una pizza en siete pedazos con solo tres cortes rectos como se muestra a la derecha. Traza un diagrama que muestre el número máximo de pedazos que puedes obtener con cinco cortes rectos.

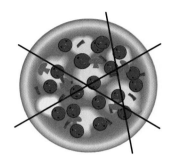

EJERCICIOS

Práctica **Grafica el conjunto de solución de cada desigualdad compuesta.**

18. $m \ge -5$ y $m < 3$

19. $p < -8$ y $p > 4$

20. $s < 3$ ó $s \ge 1$

21. $n \le -5$ ó $n \ge -1$

22. $w > -3$ y $w < 1$

23. $x < -7$ ó $x \ge 0$

Escribe una desigualdad compuesta para cada conjunto solución.

24.

$-6\ -5\ -4\ -3\ -2\ -1\ 0\ 1\ 2\ 3\ 4\ 5\ 6$

25.

$-6\ -5\ -4\ -3\ -2\ -1\ 0\ 1\ 2\ 3\ 4\ 5\ 6$

26.

$-6\ -5\ -4\ -3\ -2\ -1\ 0\ 1\ 2\ 3\ 4\ 5\ 6$

27.

$-6\ -5\ -4\ -3\ -2\ -1\ 0\ 1\ 2\ 3\ 4\ 5\ 6$

Resuelve cada desigualdad compuesta y grafica el conjunto de solución.

28. $4m - 5 > 7$ ó $4m - 5 < -9$

29. $x - 4 < 1$ y $x + 2 > 1$

30. $y + 6 > -1$ y $y - 2 < 4$

31. $x + 4 < 2$ ó $x - 2 > 1$

32. $10 - 2p > 12$ y $7p < 4p + 9$

33. $6 - c > c$ ó $3c - 1 < c + 13$

34. $4 < 2x - 2 < 10$

35. $14 < 3h + 2 < 2$

36. $8 > 5 - 3q$ y $5 - 3q > -13$

37. $-1 + x \le 3$ ó $-x \le -4$

38. $3n + 11 \le 13$ ó $2n \ge 5n - 12$

39. $3y + 1 > 10$ y $y \ne 6$

40. $4z + 8 \ge z + 6$ ó $7z - 14 \ge 2z - 4$

41. $5x + 7 > 2x + 4$ ó $3x + 3 < 24 - 4x$

42. $2 - 5(2y - 3) > 2$ ó $3y < 2(y - 8)$

43. $5w > 4(2w - 3)$ y $5(w - 3) + 2 < 7$

Escribe una desigualdad compuesta para cada conjunto solución.

44.

$-6\ -5\ -4\ -3\ -2\ -1\ 0\ 1\ 2\ 3\ 4\ 5\ 6$

45.

$-6\ -5\ -4\ -3\ -2\ -1\ 0\ 1\ 2\ 3\ 4\ 5\ 6$

Define una variable, escribe una desigualdad compuesta, resuelve cada problema y verifica tu solución.

46. Cuando el triple de la distancia a la meta se aumenta en 5 km, el recorrido total de la carrera será entre 50 y 89 km.

47. La suma de un número y 2 no es mayor que 6 ó menor que 10.

48. La suma del doble de un número y 5 está entre 7 y 11.

49. Cinco menos que 6 veces un número es a lo sumo 37 y al menos 31.

Resuelve cada desigualdad y grafica el conjunto de solución.

50. $3 + y > 2y > -3 - y$ **51.** $m > 2m - 1 > m - 5$ **52.** $\frac{5}{x} + 3 > 0$

Calculadora de gráficas

53. En la Lección 7–3 aprendiste cómo usar una calculadora de gráficas para determinar gráficamente los valores de x que hacen verdadera una desigualdad dada. Puedes usar este método para probar también desigualdades compuestas. Las palabras *y* y *o* se encuentran en el submenú LOGIC del menú TEST. Usa este método para resolver cada uno de los siguientes problemas con tu calculadora de gráficas.

   a. $3 + x < -4$ ó $3 + x > 4$ **b.** $-2 \leq x + 3$ y $x + 3 < 4$

Piensa críticamente

54. ¿Para qué valores de a no tiene solución la desigualdad compuesta $-a < x < a$?

55. Escribe una desigualdad compuesta que corresponda al siguiente conjunto solución.

                -6 -5 -4 -3 -2 -1 0 1 2 3 4 5 6

Aplicaciones y solución de problemas

56. Traza un diagrama Hay ocho casas en la calle McArthur, todas en fila. Estas casas están numeradas del 1 al 8. Allison, cuyo número de casa es mayor que 2, vive al lado de su mejor amiga, Adrienne. Belinda, cuyo número de casa es mayor que 5, vive a dos casas de su amigo, Benito. Cheri, cuyo número de casa es mayor que el de Benito, vive a tres casas de su profesor de piano, el señor Crawford. Darryl, cuyo número de casa es menor que 4, vive a cuatro casas de su compañero de equipo, Don. ¿Quién vive en cada casa?

Define una variable, escribe una desigualdad compuesta y resuelve cada problema.

57. Física Según la ley de Hooke, la fuerza F (en libras) que se requiere para estirar cierto resorte x pulgadas más allá de su largo natural está dada por $F = 4.5x$. Si fuerzas entre 20 y 30 libras inclusive se aplican al resorte, ¿cuál será la amplitud de las longitudes extendidas del resorte estirado?

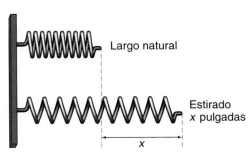

Largo natural

Estirado x pulgadas

x

58. Estadística Clarissa debe tener un promedio de 92, 93 ó 94 puntos para obtener una A– en estudios sociales. Se sacó un 92, un 96 y un 88 en sus tres primeros exámenes durante el período de pruebas. ¿Qué amplitud de puntos puede sacar en el cuarto examen para obtener una A–?

Define una variable, escribe una desigualdad y resuelve cada problema.

59. Tres cuartos de un número disminuido en 8 es al menos 3.   (Lección 7–3)

60. Un número sumado a 23 es a lo sumo 5.   (Lección 7–1)

61. Si $7x - 2 \le 9x + 3$, entonces $2x \ge$ __?__ .   (Lección 7–1)

62. Geometría   La recta a es perpendicular a una recta que es perpendicular, a su vez, a la recta cuya ecuación es $3x - 7y = -3$. Si todas las rectas están en el mismo plano. ¿cuál es la pendiente de la recta a?   (Lección 6–6)

63. Grafica $x = 2y - 4$ usando las intersecciones axiales.   (Lección 6–5)

64. Escribe una ecuación en notación funcional para la relación graficada a la derecha.   (Lección 5–6)

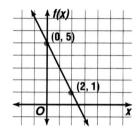

65. Sarah está visitando a un amigo que vive a unas dos millas de distancia de su casa. Ve un globo aerostático exactamente encima de su propia casa. Sarah calcula que el ángulo de elevación del globo aerostático es de unos 15°. ¿A qué altura está el globo aerostático?   (Lección 4–3)

66. Resuelve $\dfrac{4m - 3}{-2} = 12$.   (Lección 3–3)

67. Simplifica $-17px + 22bg + 35px + (-37bg)$.   (Lección 2–5)

68. Evalúa $3ab - c^2$ si $a = 6$, $b = 4$, y $c = 3$.   (Lección 1–3)

AUTOEVALUACIÓN

Resuelve cada desigualdad y verifica tu solución.   (Lecciónes 7–1, 7–2 y 7–3)

1. $y + 15 \ge -2$

2. $-102 > 17r$

3. $5 - 6n > -19$

4. $\dfrac{11 - 6w}{5} > 10$

5. $7(g + 8) < 3(g + 12)$

6. $0.1y - 2 \le 0.3y - 5$

7. Escoge una desigualdad que equivalga a $4 \ge x - 1 \ge -3$.   (Lección 7–4)

   a. $5 \ge x \ge -4$ **b.** $3 \ge x \ge -4$ **c.** $5 \ge x \ge -2$ **d.** $3 \ge x \ge -2$

8. Resuelve $8 + 3t < 2$ ó $-12 < 11t - 1$ y grafica el conjunto de solución.   (Lección 7–4)

9. Deportes   Jennifer ha anotado 18, 15 y 30 puntos en los últimos tres partidos del equipo titular femenino de básquetbol de tercer año de su escuela. ¿Cuántos puntos debe marcar en el próximo partido de modo que su promedio para los cuatro partidos sea mayor que 20 puntos?   (Lección 7–3)

10. Traza un diagrama   Supongamos que lanzas un dado dos veces.   (Lección 7–4)

   a. Traza un diagrama que muestre todas las posibilidades de sacar un número par la primera vez y un número impar la segunda vez.

   b. ¿Cuántas de estas posibilidades suman 7?

Integración: Probabilidad
Eventos compuestos

Lo que APRENDERÁS

- A calcular la probabilidad de un evento compuesto.

Por qué ES IMPORTANTE

Porque puedes usar diagramas de árbol para resolver problemas de negocios, deportes y juegos.

APLICACIÓN
Arqueología

Un grupo de estudiantes universitarios está planificando un viaje al Parque Nacional de las Islas Vírgenes, donde van a estudiar artefactos de los indios caribes y los restos de los fuertes construidos por los daneses. Los indios caribes eran los habitantes originales de las islas, pero hacia principios del siglo XVII se habían extinguido o se habían marchado. Los daneses se adueñaron de las islas en 1666 y estas permanecieron bajo su control hasta 1917.

El asesor del grupo debe planificar cómo llegar a la Islas Vírgenes. Pueden viajar desde la universidad a Miami, Florida, en auto, bus, tren o avión. Luego, para llegar a St. Thomas en las Islas Vírgenes, pueden viajar en avión o en barco. Supongamos que el asesor elige los métodos de transporte al azar. ¿Cuál es la probabilidad de que primero viajen en auto y después en avión?

Para calcular esta probabilidad necesitas conocer todas las formas posibles de llegar a St. Thomas. Un método para encontrarlas es dibujando un **diagrama de árbol.** El siguiente diagrama de árbol muestra cómo viajar de la universidad a Miami y de ahí a St. Thomas. La última columna detalla todas las posibles combinaciones, o **resultados,** de los medios de transporte.

Observa que el número de resultados es el producto del número de maneras de viajar a Miami (4) por el número de maneras de viajar de ahí a las Islas Vírgenes (2).

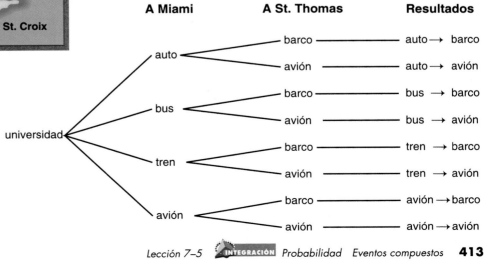

Como el medio de transporte se escoge al azar, puedes asumir que todas las combinaciones de transportes son igualmente probables. Dado que hay 8 resultados, la probabilidad de viajar primero en auto y después en avión es $\frac{1}{8}$ ó 0.125.

¿En qué se parece un evento compuesto a una desigualdad compuesta?

Este problema ilustra el cálculo de la probabilidad de un **evento compuesto.** Un evento compuesto consiste de uno o más **eventos simples.** Escoger un auto, un avión, un tren o un bus para la primera parte del viaje constituye un evento simple. Luego, el elegir un avión o un barco para la segunda etapa del viaje es otro evento simple. La selección de un medio de transporte para cada parte del viaje es un evento compuesto.

Ejemplo ❶ Usa el diagrama de árbol de la aplicación al comienzo de la lección para responder cada pregunta.

    a. ¿Cuál es la probabilidad de que el grupo viaje en barco para llegar a St. Thomas?

    b. ¿Cuál es la probabilidad de que el grupo viaje en avión en ambas partes del viaje?

    a. Como 4 de los 8 resultados requieren viajar en barco, la probabilidad es $\frac{4}{8}$ ó 0.5.

    b. Dado que solo uno de cada 8 resultados requiere viajar en avión en ambas partes del viaje, la probabilidad es $\frac{1}{8}$ ó 0.125.

MIRADA RETROSPECTIVA

Puedes hallar más información acerca de las probabilidades en la lección 4-6.

Refiérete a la aplicación al comienzo de la lección. Debido a que una elección *no afecta* las otras, decimos que estos son **eventos independientes.** Si el resultado de un evento *afecta* el resultado de otro evento, decimos que estos son **eventos dependientes.**

Ejemplo ❷ La secundaria Booker T. Washington está realizando su Carnaval de Primavera anual. La clase del noveno grado ha decidido instalar un quiosco de juegos. Para ganar un pequeño animal de peluche, el jugador debe sacar 2 canicas del mismo color de una caja que contiene 3 canicas—1 roja, 1 blanca y 1 amarilla. Primero se saca una canica, luego se coloca en la caja y se saca una segunda canica.

    a. ¿Cuáles son los resultados posibles?

    b. ¿Cuál es la probabilidad de ganar el juego?

    a. Primero dibujemos un diagrama de árbol para hallar todos los resultados posibles de color al sacar 2 canicas de la caja.

Dado que la primera canica se reemplaza, el resultado de la primera selección no afecta el resultado de la segunda. De modo que son eventos independientes.

Primera selección	Segunda selección	Resultados
roja	roja	roja, roja
	blanca	roja, blanca
	amarilla	roja, amarilla
blanca	roja	blanca, roja
	blanca	blanca, blanca
	amarilla	blanca, amarilla
amarilla	roja	amarilla, roja
	blanca	amarilla, blanca
	amarilla	amarilla, amarilla

Hay un total de 9 resultados posibles.

b. Hay 3 maneras de 9 de sacar el mismo color dos veces y cada una de estas 9 selecciones es igualmente probable así es que la probabilidad es $\frac{3}{9}$ ó $0.\overline{3}$.

Las probabilidades también pueden jugar un papel importante en la determinación de los posibles resultados de un evento deportivo.

Ejemplo ❸

APLICACIÓN

Básquetbol

Los Houston Rockets y los New York Knicks van a jugar una serie de tres partidos de exhibición, en la que gana el equipo que salga victorioso en dos partidos.

a. **¿Cuáles son los resultados posibles de la serie?**

b. **Suponiendo que los equipos tienen el mismo nivel de destreza, ¿cuál es la probabilidad de que la serie termine después de dos partidos?**

a. El siguiente diagrama de árbol muestra los posibles resultados de los dos primeros partidos.

Ganador del primer partido	Ganador del segundo partido	Resultados
Rockets	Rockets	Los Rockets ganan en dos partidos.
	Knicks	Hay que jugar un tercer partido.
Knicks	Rockets	Hay que jugar un tercer partido.
	Knicks	Los Knicks ganan en dos partidos.

Hay 4 resultados posibles.

b. La serie puede terminar después de dos partidos de dos maneras. La probabilidad es $\frac{2}{4}$ ó 0.5.

COMPRUEBA LO QUE APRENDISTE

Comunicación en matemáticas

Estudia la lección y a continuación completa lo siguiente.

1. **Traza** un diagrama de árbol que represente todos los resultados de lanzar una moneda dos veces.
2. **Describe** un evento compuesto que requiera tres etapas. Dibuja el diagrama de árbol de tal evento.
3. **Explica** la diferencia entre un evento simple y un evento compuesto.
4. **Compara** el diagrama de árbol que se usó en el Ejemplo 2 con el que se usó en el Ejemplo 3.

MI DIARIO

DE MATEMÁTICAS

5. Escribe un párrafo en el que describas cómo usas las probabilidades en la vida diaria. Da ejemplos específicos.

Práctica dirigida

6. **Juegos**   En uno de los turnos del juego de Yahtzee®, hay 13 categorías distintas que tratas de completar lanzando cinco dados. En el primer intento de tu turno, lanzas los cinco dados. Luego, puedes elegir cualquier número de dados de los cinco y lanzarlos nuevamente en un segundo y un tercer intentos. Para obtener un Yahtzee, debes tener el mismo número en los cinco dados. ¿Cuál es la probabilidad de que saques un Yahtzee en el primer intento de tu turno?

7. Restaurantes De almuerzo en el *66 Diner* puedes elegir un ítem de cada una de las siguientes categorías de servicio expreso garantizado en 15 minutos.

Plato principal	Plato adicional	Bebida
Hamburguesa	Sopa	Limonada
Sándwich	Ensalada	Bebida gaseosa
Taco	Papas fritas	
Pizza		

a. Traza un diagrama de árbol que muestre todas las posibles combinaciones de comida.

b. ¿Cuál es la probabilidad de que un cliente pida sopa con su comida?

c. ¿Cuál es la probabilidad de elegir una hamburguesa y papas fritas?

d. ¿Cuál es la probabilidad de pedir pizza con una ensalada y una bebida gaseosa?

EJERCICIOS

Aplicaciones y solución de problemas

8. Juegos de video En un juego de video de computadora, tienes la opción de cinco caminos que te llevan a una clave importante para resolver un misterio. Al final de cada camino hay dos puertas. La clave se encuentra detrás de una sola puerta.

a. Traza un diagrama de árbol que muestre las posibilidades que tienes de encontrar la clave.

b. ¿Cuál es la probabilidad de que encuentres la clave?

9. Viajes Tres aerolíneas tienen vuelos de Bowling Green a Lexington. Esas mismas tres aerolíneas y dos aerolíneas más vuelan de Lexington a Louisville. No hay vuelos directos de Bowling Green a Louisville.

a. ¿De cuántas maneras puede una persona reservar vuelos de Bowling Green a Louisville?

b. ¿Cuál es la probabilidad de que los vuelos de Bowling Green a Louisville reservados al azar utilicen la misma aerolínea?

10. Negocios El miércoles Ralph y Linda estaban conversando sobre cómo vestirse el viernes, día que su compañía había declarado *Día de la Camiseta*. Ralph dice que solo tiene tres camisetas. Una es de un solo color, otra es del *Día de la Tierra* y la última tiene estampado el nombre y el logotipo de la compañía. También dice que puede usar sus pantalones color canela o jeans. Linda va a usar jeans y la camiseta de la compañía. Si Ralph elige un par de pantalones y una camiseta al azar, ¿cuál es la probabilidad de que él también use jeans y la camiseta de la compañía?

11. Alimentos Kita y Jason están trabajando en la maquetación final del periódico del colegio para octubre. Deciden que después de terminar van a ir a comer pizza. Tienen un cupón para una pizza grande con tres aliños por $8.99. Al discutir cuáles van a ser estos, descubren que tienen cuatro aliños extras favoritos y que será difícil elegir tres en los que ambos estén de acuerdo. Después de discutirlo un poco, deciden que pepperoni es uno de los aliños extras en que están de acuerdo y que van a poner los nombres de los otros tres aliños en una bolsa y escogerán dos al azar. Si los otros tres aliños extras son champiñones, aceitunas y chorizo, ¿cuál es la probabilidad de que compren una pizza con champiñones?

12. Juegos Twister® es un juego compuesto de una estera con cuatro filas y cada una de estas filas tiene seis círculos del mismo color. Una persona usa un girador y dice *mano o pie, derecha o izquierda y un color (azul, rojo, verde o amarillo)*. Cada jugador debe poner entonces aquella parte del cuerpo en el círculo de ese color. El encargado del girador sigue cantando partes del cuerpo y colores con los jugadores moviéndose de la manera apropiada. Si un jugador se cae en el proceso, queda eliminado. El ganador es el último jugador que no se haya caído.

a. Traza un diagrama de árbol que muestre las posibilidades para las partes del cuerpo y los colores.

b. ¿Cuál es la probabilidad de que el encargado del girador diga *"mano derecha amarillo?"*

13. Juegos de naipe La baraja del Rook® está compuesta de 57 cartas. Hay cuatro palos (rojo, amarillo, negro y verde), cada uno con los números del 1 al 14 y una carta torre. Supongamos que hay dos montones de cinco cartas cada uno con las cartas que están boca abajo. El primer montón contiene un 3 rojo, un 3 negro, un 5 rojo, un 14 rojo y un 10 amarillo. El segundo montón contiene un 5 verde, un 10 rojo, un 10 negro, un 1 verde y un 14 amarillo. Se te pide que saques una carta de cada montón.

a. Haz una lista de todas las posibilidades de sacar dos cartas.

b. ¿Cuál es la probabilidad de que ambas cartas sean rojas?

c. ¿Cuál es la probabilidad de que ambas cartas sean 10?

d. ¿Cuál es la probabilidad de que ambas cartas sean verdes?

e. ¿Cuál es la probabilidad de que la suma de las cartas sea por lo menos 15?

14. Exámenes Marty está rindiendo su examen final de álgebra. Se demoró demasiado en responder la parte de cálculos del examen como para evaluar apropiadamente las últimas cinco preguntas, que son todas verdadero o falso. Para no perder puntos, adivina todas las preguntas en el momento en que suena la campana.

a. Dibuja el diagrama de árbol que muestre todas las posibles respuestas.

b. ¿Cuál es la probabilidad de que obtuviera al menos dos respuestas correctas si las respuestas correctas son V, F, F, V, F?

c. Supongamos que Marty responde todas las preguntas como verdaderas. ¿Es esta una buena estrategia para tratar de obtener la mayor cantidad de respuestas correctas sin leer las preguntas? Explica.

15. **Bebés** Según el Centro Nacional de Estadísticas de la Salud, cada vez que nace un bebé, la probabilidad de que sea varón es siempre 51.3% y de que sea niña, 48.7%, independientemente del género de los nacimientos anteriores en la familia. Supongamos que una pareja tiene cuatro niños.

a. ¿Cuál es la probabilidad de que todos sean niñas?

b. ¿Cuál es la probabilidad de que haya una niña y tres varones?

c. ¿Cuántos niños hay en tu familia? Calcula la probabilidad de la situación de tu familia.

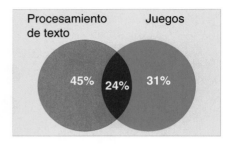

16. **Computadoras** El diagrama de Venn de la derecha muestra los resultados de una encuesta, en la que se les preguntó a los estudiantes cómo usaban sus computadoras. Basándose en estas cifras, ¿cuál es la probabilidad de que un estudiante escogido, al azar, use su computadora solo para procesar texto y que un segundo estudiante la use solo para jugar?

Piensa críticamente

17. Cada día hábil, Adriana va en bicicleta o en auto a su trabajo. Si se queda dormida, usa el auto un 80% de las veces. Si no se queda dormida, usa la bicicleta un 80% de las veces. Si se queda dormida 20% del tiempo, ¿cuál es la probabilidad de que en un cierto día vaya en auto al trabajo?

18. Una bolsa de canicas contiene dos amarillas, 1 azul y 3 rojas. Supongamos que eliges una canica al azar y que *no* la devuelves a la bolsa. Luego eliges otra canica.

a. Dibuja un diagrama de árbol que sirva de modelo para representar esta situación. ¿Cuántos resultados posibles hay?

b. ¿Cuál es la probabilidad de elegir primero una canica roja y luego una amarilla?

Repaso comprensivo

19. **Estadística** Los puntos de Amy en los tres primeros de cuatro exámenes de biología, de 100 puntos cada uno, son 88, 90 y 91. Para obtener una A− en el curso, debe tener un promedio entre 88 y 92, inclusive. ¿Cuánto debe sacar en el cuarto examen de modo de obtener una A− en biología? (Lección 7–4)

20. Define una variable, escribe una desigualdad y resuelve el siguiente problema. Dos tercios de un número son más que 99. (Lección 7–2)

21. Determina la pendiente y la intersección *y* de la gráfica de $3x - y = 9$. (Lección 6–4)

22. Despeja *r* en $8r - 7t + 2 = 5(r + 2t) - 9$. (Lección 5–3)

23. Óptica La visión periférica es la capacidad de ver los objetos a tu alrededor cuando mantienes tu cabeza y los ojos fijos hacia adelante. La persona típica con buena visión periférica puede ver cerca de 180° cuando está quieta. Para una persona en un vehículo en movimiento, la visión periférica disminuye a medida que la velocidad aumenta, como se muestra en la siguiente ilustración. (Lección 3–4)

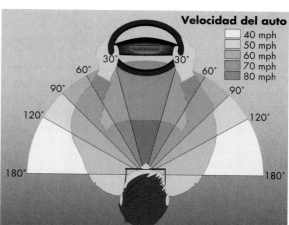

a. Si Seth Lytle está manejando a 65 mph, ¿cuál es la longitud aproximada de su ángulo de visión?

b. ¿Aproximadamente de qué tamaño es el ángulo de lo que no ve, comparado con su ángulo estacionario de visión?

c. Si hay un ciervo parado 50° a la derecha del centro de visión de Seth y él está manejando a 45 mph, ¿podrá ver el ciervo?

Matemática y SOCIEDAD

Computadoras y ajedrez

El siguiente pasaje apareció en un artículo del número de enero de 1995 de la revista *Discover*.

¿QUÉ GRADO DE INTELIGENCIA HAN alcanzado las computadoras? Bastante inteligentes, al menos en una medida: este agosto pasado, una computadora derrotó por primera vez al campeón mundial de ajedrez. Genius 2, un programa de computación diseñado por el físico inglés Richard Lang, fue más listo que el gran maestro ruso Garry Kasparov. Richard Lang se clasifica a sí mismo como un jugador mediocre de ajedrez... Programas de ajedrez como el de Lang funcionan centrándose en lo que las computadoras hacen mejor: Cálculos largos e intrincados. Antes de decidir la próxima jugada, el programa examina cada una de las aproximadamente 36 posibilidades en cada situación de un juego típico. Por cada una de estas 36 "ramas" mira 16 jugadas posteriores, determinando las posibles jugadas de su adversario, sus propias respuestas a cada una de estas, etc. El número de posibles configuraciones del tablero con dieciséis jugadas de anticipación, es gigantesco. Lo genial de Genius 2 estriba en la manera en que poda el árbol de posibilidades, descartando malas jugadas desde el principio. Pero el software recibe también ayuda del hardware; la computadora de Lang utiliza un rapidísimo microprocesador Intel Pentium que es capaz de ejecutar 166 millones de instrucciones por segundo. "No podríamos haber ganado (el campeonato mundial de computadoras) si no hubiésemos tenido este procesador," admite Lang. ■

1. Muchos programas de ajedrez los escriben personas que no son jugadores de ajedrez de primera categoría. ¿Cómo pueden estos programas derrotar a jugadores sobresalientes?

2. Si quieres mejorar tu juego de ajedrez practicando con una computadora, ¿escogerías un programa que esté por debajo de tu nivel de juego, a tu nivel, un poco por encima de tu nivel o mucho más arriba de tu nivel de juego? ¿Por qué?

3. ¿Crees que es justo enfrentar a jugadores de ajedrez humanos con computadoras? Explica.

4. ¿Cómo puede usar una computadora las probabilidades para determinar la jugada apropiada?

Resuelve enunciados abiertos con valores absolutos

Lo que APRENDERÁS

- A resolver enunciados abiertos con valores absolutos y a graficar las soluciones.

Por qué ES IMPORTANTE

Porque puedes usar enunciados para resolver problemas de exploración espacial, leyes y entretenimiento.

APLICACIÓN

Exploración espacial

El martes 7 de febrero de 1995, el transbordador espacial *Discovery* se acercó a 37 pies de la estación espacial rusa *Mir*, a 245 millas de la Tierra. Para lograr esta hazaña, el Discovery tuvo que ser lanzado a 2.5 minutos de un tiempo designado (12:45 A.M.). Este período de tiempo se conoce como *ventana de lanzamiento*. Si t denota el tiempo que ha pasado desde que comenzó el conteo de lanzamiento y hay 300 minutos disponibles desde el comienzo del conteo hasta el despegue, puedes escribir la siguiente desigualdad para representar la ventana de lanzamiento.

$|300 - t| \leq 2.5$ *La diferencia entre 300 minutos y el tiempo real que ha transcurrido desde que empezó el conteo debe ser menor que, o igual, a 2.5 minutos.*

Usamos el valor absoluto porque $300 - t$ no puede ser negativo.

Hay tres tipos de enunciados abiertos que contienen valores absolutos. Estos son los siguientes, donde n es no negativo.

$$|x| = n \qquad |x| < n \qquad |x| > n$$

Consideremos primero el caso de $|x| = n$.

Si $|x| = 4$, esto significa que la distancia entre 0 y x es 4 unidades.

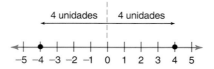

Por lo tanto, si $|x| = 4$, entonces $x = -4$ ó $x = 4$. El conjunto de solución es $\{-4, 4\}$. Luego, si $|x| = n$, entonces $x = -n$ o $x = n$.

Ecuaciones que contienen valores absolutos pueden resolverse graficándolas en una recta numérica o escribiéndolas como enunciados compuestos y resolviéndolos.

Ejemplo **Resuelve $|x - 3| = 5$.**

Método 1: Grafica la ecuación

$|x - 3| = 5$ significa que la distancia entre x y 3 es de 5 unidades. Para hallar x en la recta numérica, comienza en 3 y desplázate 5 unidades en ambas direcciones.

El conjunto de solución es $\{-2, 8\}$.

El conjunto de solución también puede escribirse como $\{x \mid x = -4 \text{ ó } x = 4\}$.

Método 2:   Enunciado compuesto

$|x - 3| = 5$ significa también $x - 3 = 5$ ó $x - 3 = 5$.

$$x - 3 = 5 \qquad \text{ó} \qquad -(x - 3) = 5$$
$$x - 3 + 3 = 5 + 3 \qquad \text{ó} \qquad x - 3 = -5 \qquad \textit{Multiplica cada lado por } -1.$$
$$x = 8 \qquad\qquad x - 3 + 3 = -5 + 3$$
$$x = -2$$

Esto verifica el conjunto de solución.

Ahora consideremos el caso de $|x| < n$. Desigualdades que contienen valores absolutos pueden también representarse en una recta numérica o como desigualdades compuestas. Examinemos $|x| < 4$.

$|x| < 4$ significa que la distancia de 0 a x es menor que 4 unidades.

Cuando la desigualdad es < o ≤, el enunciado compuesto usa y.

Por lo tanto, $x > -4$ y $x < 4$. El conjunto de solución es $\{x \mid -4 < x < 4\}$. Luego, si $|x| < n$, entonces $x > -n$ y $x < n$.

Ejemplo **2** **Resuelve $|3 + 2x| < 11$ y grafica el conjunto de solución.**

$|3 + 2x| < 11$ significa $3 + 2x < 11$ y $3 + 2x > -11$.

$$3 + 2x < 11 \qquad \text{y} \qquad 3 + 2x > -11$$
$$3 - 3 + 2x < 11 - 3 \qquad 3 - 3 + 2x > -11 - 3$$
$$2x < 8 \qquad\qquad 2x > -14$$
$$\frac{2x}{2} < \frac{8}{2} \qquad\qquad \frac{2x}{2} > \frac{-14}{2}$$
$$x < 4 \qquad\qquad x > -7$$

El conjunto de solución es $\{x \mid x > -7$ y $x < 4\}$, el cual se puede escribir como $\{x \mid -7 < x < 4\}$.

Ahora grafica el conjunto de solución.

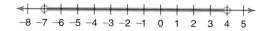

Finalmente, examinemos $|x| > 4$. Esto significa que la distancia de 0 a x es mayor que 4 unidades.

Cuando la desigualdad es > o ≥, el enunciado compuesto usa o.

Por lo tanto, $x < -4$ ó $x > 4$. El conjunto de solución es $\{x \mid x < -4$ o $x > 4\}$. Por lo tanto, si $|x| > n$, entonces $x < -n$ o $x > n$.

Ejemplo **3** **Resuelve** $|5 + 2y| \geq 3$ **y grafica el conjunto de solución.**

$|5 + 2y| \geq 3$ significa $5 + 2y \leq -3$ or $5 + 2y \geq 3$.

$$5 + 2y \leq -3 \qquad \text{ó} \qquad 5 + 2y \geq 3$$

$$5 - 5 + 2y \leq -3 - 5 \qquad 5 - 5 + 2y \geq 3 - 5$$

$$2y \leq -8 \qquad\qquad 2y \geq -2$$

$$\frac{2y}{2} \leq \frac{-8}{2} \qquad\qquad \frac{2y}{2} \geq \frac{-2}{2}$$

$$y \leq -4 \qquad\qquad y \geq -1$$

El conjunto de solución es $\{y \mid y \leq -4 \text{ ó } y \geq -1\}$.

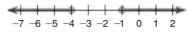

Organizaciones como la OSHA establece estándares para los edificios. Estos estándares están destinados a velar por las necesidades de aquellos que usan dichos edificios. Los normas para los edificios se escriben a menudo como máximos o mínimos que deben cumplirse. Estos códigos pueden escribirse como desigualdades.

Ejemplo **4**

APLICACIÓN
Construcción

Existe un número de especificaciones en la industria constructora de edificios que guardan relación con las necesidades de los inválidos. Por ejemplo, los pasillos de los hospitales deben tener pasamanos. Los pasamanos deben estar colocadas dentro de una amplitud de 2 pulgadas de una altura de 36 pulgadas.

a. Escribe un enunciado abierto que contenga valores absolutos para representar la amplitud de alturas aceptables para los pasamanos de los pasillos.

b. Halla y grafica el enunciado compuesto correspondiente.

a. Sea h una altura aceptable para el pasamanos. Entonces h puede diferir de 36 pulgadas en no más de 2 pulgadas. Escribe un enunciado abierto que represente la amplitud de alturas aceptables.

$$\underbrace{|h - 36|}_{h \text{ difiere de 36}} \qquad \underbrace{\leq}_{\text{en menos de o en}} \qquad \underbrace{2}_{2}$$

Ahora resuelve $|h - 36| \leq 2$ para encontrar el enunciado compuesto.

$$h - 36 \geq -2 \qquad \text{y} \qquad h - 36 \leq 2$$

$$h - 36 + 36 \geq -2 + 36 \qquad h - 36 + 36 \leq 2 + 36$$

$$h \geq 34 \qquad\qquad h \leq 38$$

El enunciado compuesto es $34 \leq h \leq 38$.

b. La gráfica de este enunciado se muestra a continuación.

Por lo tanto, los pasamanos deben colocarse entre 34 y 38 pulgadas, inclusive, del suelo.

COMPRUEBA LO QUE APRENDISTE

Comunicación en matemáticas

Estudia la lección y a continuación completa lo siguiente.

1. **Describe** dos maneras de resolver un enunciado abierto que contenga valores absolutos.

2. **Explica** la diferencia entre las soluciones de $|x + 7| > 4$ y $|x + 7| < 4$.

3. Si $x < 0$ y $|x| = n$, describe n en términos de x.

4. **Tú decides** El profesor de Jamila dice que deberían trabajar en cada problema y probar puntos para determinar si sus soluciones son correctas. Jamila cree que sabe la solución a problemas como $|w + 5| < 0$, donde el valor absoluto es siempre menor que 0, sin probar puntos. ¿Tiene la razón? Explica.

Práctica dirigida

Elige el conjunto de reemplazo que haga verdadero cada enunciado.

5. $|x - 7| = 2$
   - **a.** $\{9, -5\}$
   - **b.** $\{5, -9\}$
   - **c.** $\{5, 9\}$
   - **d.** $\varnothing$

6. $|x - 2| > 4$
   - **a.** $\{x \,|\, -2 < x < 6\}$
   - **b.** $\{x \,|\, x = 6 \text{ o } x = 2\}$
   - **c.** $\{x \,|\, x > 6 \text{ o } x > -2\}$
   - **d.** $\{x \,|\, x < -2 \text{ o } x > 6\}$

En los Ejercicios 7–10 identifica la gráfica que corresponde a cada enunciado abierto.

7. $|y| = 3$

8. $|y| > 3$

9. $|y| < 3$

10. $|y| \leq 3$

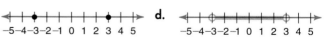

Resuelve cada enunciado abierto y grafica el conjunto de solución.

11. $|m| \geq 5$

12. $|n| < 6$

13. $|r + 3| < 6$

14. $|8 - t| \geq 3$

Para cada gráfica escribe un enunciado abierto que contenga valores absolutos.

15. 16.

Práctica

Resuelve cada enunciado abierto y grafica el conjunto de solución.

17. $|y - 2| = 4$

18. $|3 - 3x| = 0$

19. $|7x + 2| = -2$

20. $|w + 8| \geq 1$

21. $|2 - y| \leq 1$

22. $|t + 4| \geq 3$

23. $|4y - 8| < 0$

24. $|2x + 5| < 4$

25. $|3e - 7| < 2$

26. $|3x + 4| < 8$

27. $|1 - 3y| > -2$

28. $3 + |x| > 3$

29. $|8 - (w - 1)| \leq 9$

30. $|6 - (11 - b)| = -3$

31. $|2.2y - 1.1| = 5.5$

32. $|3r - 0.5| \geq 5.5$

33. $\left|\frac{2 - 3x}{5}\right| \geq 2$

34. $\left|\frac{1}{2} - 3p\right| < \frac{7}{2}$

Expresa cada afirmación en términos de una desigualdad que contenga valores absolutos. *No* trates de resolverlas.

35. El diámetro de la mina en un lápiz *l* debe estar dentro de 0.01 milímetros de 1 milímetro.

36. El control de velocidad de crucero de un auto que se ha fijado en 55 mph debería mantener la velocidad *v* a 3 mph de 55 mph.

37. Un líquido a 50°C se convertirá en gas o líquido si la temperatura *t* aumenta o disminuye más de 50°C.

Para cada gráfica escribe una desigualdad que contenga valores absolutos.

38.

39.

40.

41.

42.

43.

44. Encuentra todas las soluciones enteras de $|x| < 4$.

45. Encuentra todas las soluciones enteras de $|x| \leq 2$.

46. Si $a > 0$, ¿cuántas soluciones enteras hay para $|x| < a$?

47. Si $a > 0$, ¿cuántas soluciones enteras hay para $|x| \leq a$?

Piensa críticamente

48. Resuelve $|y - 3| = |2 + y|$.

49. ¿Bajo qué condiciones es $-|a|$ negativo? ¿positivo?

50. Supongamos que $8 \leq x \leq 12$. Escribe una desigualdad con valores absolutos que sea equivalente a esta desigualdad compuesta.

Aplicaciones y solución de problemas

51. Probabilidad Supongamos que $|x| \leq 6$ y que *x* es entero. Calcula la probabilidad de que $|x|$ sea un factor de 18.

52. Química Para que el hidrógeno se licúe, su temperatura debe estar a 2°C de -257°C. ¿Cuál es la amplitud de temperaturas de esta sustancia para que se mantenga en estado líquido?

53. **Ejecución de la ley**   La pistola de radar que se usa para determinar la velocidad de los autos que pasan debe estar a 7 mph de la velocidad real del vehículo. Si un policía de carreteras lee una velocidad de 59 mph para un auto, ¿es esta prueba irrefutable de que el auto iba más rápido que el límite legal de 55 mph en esa zona? Explica tu razonamiento e incluye una gráfica.

54. **Exploración espacial**   Refiérete a la aplicación del comienzo de la lección. Calcula cuánto tiempo puede pasar desde el principio del conteo para permanecer dentro de la ventana de lanzamiento.

55. **Entretenimiento**   Luis Gómez es uno de los participantes del concurso *The Price is Right*. Para ganarse un jeep Cherokee, debe adivinar dentro de una amplitud de $1500, el precio real del vehículo sin sobrepasarse. El precio real del jeep es $18,000. ¿Cuál es la amplitud de conjeturas con las que Luis puede ganarse el vehículo?

56. **Gastos**   La siguiente gráfica muestra el poder adquisitivo de los jóvenes entre 3 y 17 años de edad.

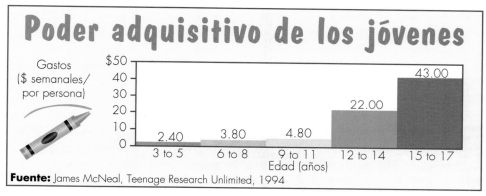

Poder adquisitivo de los jóvenes

Gastos ($ semanales/ por persona)

Edad (años)	Gastos
3 to 5	2.40
6 to 8	3.80
9 to 11	4.80
12 to 14	22.00
15 to 17	43.00

Fuente: James McNeal, Teenage Research Unlimited, 1994

a. Escribe una desigualdad que represente el poder adquisitivo de los jóvenes entre 3 y 17 años de edad. Luego, escribe una desigualdad de valor absoluto que describa ese poder adquisitivo.

b. Escribe una desigualdad que represente el poder adquisitivo de los jóvenes entre 12 y 17 años de edad. Luego escribe una desigualdad de valor absoluto que describa ese poder adquisitivo.

c. Mantén un registro de lo que gastas en una semana. ¿Cómo se comparan tus gastos con la información de este gráfica?

Repaso comprensivo

57. **Traza un diagrama**   La familia Sánchez hospeda a estudiantes extranjeros de intercambio cada trimestre del año. Supongamos que es igualmente probable que hospeden un muchacho o una muchacha cada trimestre.   (Lección 7–5)

a. Traza un diagrama de árbol que represente los órdenes posibles de hombres (H) o mujeres (M) durante los cuatro trimestres del año. Haz una lista de los posibles resultados.

b. A partir del diagrama de árbol, ¿cuál es la probabilidad de que todos los estudiantes sean mujeres? ¿Hombres?

c. A partir del diagrama de árbol, ¿cuál es la probabilidad de que hospeden a dos muchachos y a dos muchachas?

58. Peter le quiere comprar un anillo de compromiso a Crystal, gastando entre $1700 y $2200. Si sale de compras durante una liquidación que descuenta un 12% para celebrar el duodécimo aniversario de la tienda, ¿cuál será su amplitud de precios? (Lección 7–4)

59. Resuelve $10x - 2 \geq 4(x - 2)$. (Lección 7–3)

Resuelve cada desigualdad.

60. $396 > -11t$ (Lección 7–2)   **61.** $-11 \leq k - (-4)$ (Lección 7–1)

62. Determina las coordenadas del punto medio del segmento de recta de extremos $(-4, 1)$ y $(10, 3)$. (Lección 6–7)

63. Grafica $2x - 9 = 2y$. (Lección 5–4)

64. **Arquitectura**   Julie está haciendo un modelo de una casa para su clase de dibujo. Una parte de la casa tiene un triángulo como el que se muestra a continuación. Ella quiere que la base del triángulo mida 2 pulgadas ¿Cuánto miden los otros dos lados? (Lección 4–2)

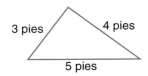
3 pies · 4 pies · 5 pies

65. Despeja m en $2m + \frac{3}{4}n = \frac{1}{2}m - 9$. (Lección 3–6)

66. Simplifica $\frac{-42r + 18}{3}$. (Lección 2–7)

CONTINÚA CON LA
In·ves·ti·ga·ción

Refiérete a las páginas 320–321.

Humo en tus ojos

El fumar aumenta la probabilidad de problemas de salud. La exposición al humo secundario también pone en peligro al no fumador. Según una declaración de una compañía tabacalera, un no fumador que trabaja entre fumadores inhala el humo de 1.25 cigarrillos al mes. Una persona que trabaja en la sección de fumadores de un restaurante solo respira el humo de 2 cigarrillos al mes. La Agencia de Protección Ambiental (EPA, por sus siglas en inglés) disputa estos datos.

1 Escribe una ecuación que exprese el número de cigarrillos que uno respiraría en un año si trabajase en la sección de fumadores de un restaurante.

2 Un litigio que involucra a la industria tabacalera y a la EPA alega que esta última no usó el nivel normal del 5% al evaluar los datos de varios estudios. Un nivel del 5% significa que sus conclusiones numéricas poseen un margen de error del 5%. ¿Cómo se relaciona el margen de error con el valor absoluto?

3 En enero de 1995 el precio promedio de una cajetilla de cigarrillos era $2.06 de los cuales 56¢ son impuestos de consumo federales y estatales. El precio de los cigarrillos está subiendo. Escribe una desigualdad que represente el gasto promedio de un fumador en un año. Resuelve la desigualdad.

4 ¿Cuánto impuesto se recauda de venderle cigarrillos al número aproximado de fumadores en los Estados Unidos?

Agrega los resultados de tu trabajo a tu *Archivo de investigación*.

Integración: Estadística
Diagramas de caja y patillas

Lo que APRENDERÁS

- A exhibir e interpretar datos en diagramas de caja y patillas.

Por qué ES IMPORTANTE

Porque los diagramas de caja y patillas son una manera útil de exhibir datos. Estos diagramas te permiten la observación de características importantes de los datos con solo echarles un vistazo.

APLICACIÓN
Las Olimpíadas

En 1992 los Juegos de la Olimpíada XXV se realizaron en Barcelona, España. Más de 14,000 atletas de 172 países compitieron en 257 eventos. La tabla de la derecha muestra el número de medallas de oro ganadas por los 16 equipos que ganaron más competencias.

Podemos describir esta información usando la media, la mediana y la modal. También podemos usar la mediana, junto con los cuartiles y la amplitud intercuartílica para obtener una representación gráfica de la información. Un tipo de diagrama o gráfica que muestra los cuartiles y los valores extremos recibe el nombre de **diagrama de caja y patillas.**

	Juegos Olímpicos de Verano de 1992 16 primeros ganadores de medallas	
Equipo	**Número de medallas ganadas**	
	Oro	**Total**
Equipo Unificado (ex USSR)	45	112
E.E.U.U.	37	108
Alemania	33	82
China	16	54
Cuba	14	31
Hungría	11	30
Corea del Sur	12	29
Francia	8	29
Australia	7	27
España	13	22
Japón	3	22
Gran Bretaña	5	20
Italia	6	19
Polonia	3	19
Canadá	6	18
Rumania	4	18

Fuente: *The World Almanac, 1995*

Los diagramas de caja y patillas también se conocen con el nombre de diagramas de caja.

Supongamos que queremos hacer un diagrama de caja y patillas del número de medallas de oro ganadas por cada nación de la tabla. Primero, ordena los datos en forma numérica ascendente. Luego, calcula la mediana y los cuartiles e identifica los valores extremos.

$$3 \quad 3 \quad 4 \quad 5 \quad 6 \quad 6 \quad 7 \boxed{\; 8 \; \uparrow \; 11 \;} 12 \quad 13 \quad 14 \quad 16 \quad 33 \quad 37 \quad 45$$
mediana (Q2)

La mediana de este conjunto de datos es el promedio de los valores octavo y noveno.

$$\text{mediana} = \frac{8 + 11}{2} \text{ ó } 9.5$$

MIRADA RETROSPECTIVA

Puedes consultar la lección 3-7 para informarte acerca de las medidas de tendencia central y la lección 5-7 para las medidas de variación.

No olvides que el *cuartil inferior* (Q1) es la mediana de la mitad inferior de la distribución de los valores. El *cuartil superior* (Q3) es la mediana de la mitad superior de los valores.

La mediana no se incluye en ninguna de las dos mitades de los datos.

$$\boxed{3 \quad 3 \quad 4 \quad 5 \uparrow 6 \quad 6 \quad 7 \quad 8} \quad \boxed{11 \quad 12 \quad 13 \quad 14 \uparrow 16 \quad 33 \quad 37 \quad 45}$$
Q1   Q3

$$Q1 = \frac{5 + 6}{2} \text{ ó } 5.5 \qquad\qquad Q3 = \frac{14 + 16}{2} \text{ ó } 15$$

Los **valores extremos** son el valor mínimo (VMI), 3 y el valor máximo (VMA), 45.

 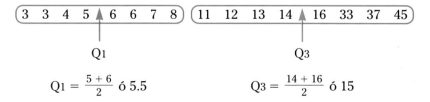

Ahora tenemos la información que necesitamos para dibujar el diagrama de caja y patillas.

Paso 1 Dibuja una recta numérica y asígnale una escala que incluya los valores extremos. Grafica puntos que representen los valores extremos (VMI y VMA), los cuartiles superior e inferior (Q3 y Q1) y la mediana (Q2).

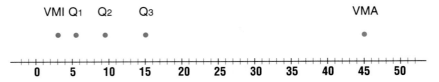

Paso 2 Dibuja una caja que contenga los datos ubicados entre los cuartiles inferior y superior inclusive. Traza un segmento vertical por el punto que representa la mediana. Traza un segmento desde el cuartil inferior al valor mínimo y otro segmento desde el cuartil superior al valor máximo. Estos segmentos son las **patillas** del diagrama.

El segmento medio no siempre divide la caja en partes iguales.

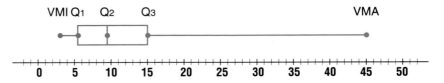

Aunque las patillas tienen distinta longitud, cada patilla contiene por lo menos una cuarta parte de los datos, mientras que la caja contiene la mitad (central) de los datos. Se pueden usar desigualdades compuestas para describir los datos en cada cuarta parte. Supongamos que el conjunto de reemplazo de x es el conjunto de datos.

Primer cuarto	$\{x \mid x < 5.5\}$
Segundo cuarto	$\{x \mid 5.5 < x < 9.5\}$
Tercer cuarto	$\{x \mid 9.5 < x < 15\}$
Cuarto cuarto	$\{x \mid x > 15\}$

Paso 3 Antes de terminar el diagrama de caja y patillas, averigua si hay valores atípicos. En la Lección 5–7 aprendiste que un valor atípico es cualquier elemento del conjunto de datos que está por lo menos a 1.5 amplitudes intercuartílicas por encima del cuartil superior o por debajo del cuartil inferior. No olvides que la *amplitud intercuartílica* (IQR) es la diferencia entre los cuartiles superior e inferior. En esta caso, $15 - 5.5$ ó 9.5.

$x \geq Q_3 + 1.5(\text{IQR})$	ó	$x \leq Q_1 - 1.5(\text{IQR})$
$x \geq 15 + 1.5(9.5)$		$x \leq 5.5 - 1.5(9.5)$
$x \geq 15 + 14.25$		$x \leq 5.5 - 14.25$
$x \geq 29.25$		$x \leq -8.75$

Paso 4 Si x es un valor atípico en este conjunto de datos, entonces los valores atípicos pueden describirse como $\{x \mid x \leq -8.75 \text{ ó } x \geq 29.5\}$. En este caso, no hay datos menores que -8.75. Sin embargo, 45, 37 y 33 son mayores que 29.25, es decir, son valores atípicos. Ahora necesitamos completar el diagrama de caja y patillas. Los valores atípicos se grafican como puntos aislados y la patilla derecha se acorta deteniéndose en 16.

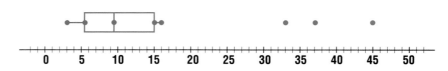

Ejemplo ● **APLICACIÓN Deportes**

Refiérete a la aplicación del comienzo de la lección. Usa el diagrama de caja y patillas de las medallas de oro para contestar cada pregunta.

a. ¿Qué porcentaje de los equipos ganaron entre 6 y 15 medallas de oro?

b. ¿Qué nos dice el diagrama de caja y patillas acerca de la mitad superior de los datos comparada con la mitad inferior?

a. La caja en el diagrama designa el 50% de los valores en la distribución. Dado que la caja va de 5.5 a 15, sabemos que 50% de los equipos ganaron entre 6 y 15 medallas de oro.

b. La mitad superior de los datos está más esparcida mientras que la mitad inferior está bastante concentrada.

COMPRUEBA LO QUE APRENDISTE

Comunicación en matemáticas

Estudia la lección y a continuación completa lo siguiente.

1. **Explica** cómo determinar la escala de la recta numérica en un diagrama de caja y patillas.

2. **Describe** cuáles pares de puntos conectan las dos patillas de un diagrama de caja y patillas.

3. ¿Qué representa Q_2?

4. Refiérete al diagrama de caja y patillas de la derecha. Supongamos que VMI, Q_1, Q_2, Q_3 y VMA son números enteros.

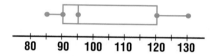

```
  80   90   100  110  120  130
```

a. ¿Qué porcentaje de los datos está entre 85 y 90?

b. ¿Entre qué valores está ubicado el 50% central de los datos?

c. ¿Cuáles valores atípicos están representados en este diagrama de caja y patillas?

5. **Describe** qué características de un conjunto de datos se pueden deducir de tu diagrama de caja y patillas. ¿Qué no puedes deducir de un diagrama de caja y patillas?

Práctica dirigida

6. La tabla de la derecha muestra las tasas de nacimiento en 15 países.

a. Calcula la mediana, el cuartil inferior, el cuartil superior y la amplitud intercuartílica para los datos de cada año.

b. ¿Hay valores atípicos? Si es así, identifícalos.

c. Traza un diagrama de caja y patillas para cada conjunto de datos en la misma recta numérica.

d. ¿Cuál conjunto de datos parece estar más concentrado? ¿Por qué?

Tasas de nacimiento (por 1000 habitantes)		
País	1985	1992
Australia	15.7	15.1
Cuba	18.0	14.5
Dinamarca	10.6	13.1
Francia	13.9	12.9
Hong Kong	14.0	11.9
Israel	23.5	21.5
Italia	10.1	9.9
Japón	11.9	9.7
Holanda	12.3	13.0
Panamá	26.6	23.3
Polonia	18.2	13.4
Portugal	12.8	11.4
Singapur	16.6	17.7
Suiza	11.6	12.6
Estados Unidos	15.7	15.7

Fuente: United Nations, *Monthly Bulletin of Statistics*, mayo de 1994

7. Refiérete a los diagramas de caja y patillas A y B.

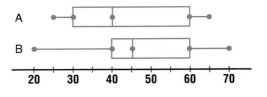

a. Calcula el valor mínimo, el valor máximo, el cuartil inferior, el cuartil superior y la mediana de cada diagrama. Suponte que estos valores son enteros.

b. ¿Cuál conjunto de datos contiene el valor mínimo?

c. ¿Cuál conjunto de datos contiene la amplitud intercuartílica más grande?

d. ¿Cuál diagrama contiene la amplitud más grande?

EJERCICIOS

Aplicaciones y solución de problemas

8. Fabricación Los diagramas de caja y patillas de la derecha muestran los resultados de experimentos con la vida útil de 10 bombillas de dos fabricantes.

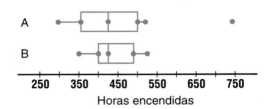

Horas encendidas

a. ¿Cuál experimento tuvo los resultados más variados?

b. ¿Hay valores atípicos? Si es así, ¿de qué marca de bombillas?

c. ¿Cómo podrías comparar las medianas de los experimentos?

d. Basándote en estos diagramas, ¿de cuál fabricante comprarías bombillas? ¿Por qué?

9. Meteorología Los meteorólogos mantienen registros de temperaturas durante cuatro períodos de 90 días del año para pronosticar tendencias del tiempo en años futuros. Las siguientes temperaturas mínimas fueron registradas en 1993 durante una racha de frío de dos semanas en Indianapolis.

30°, 20°, 2°, 12°, 5°, 4°, 17°, 7°, 6°, 16°, 5°, 0°, 5°, 16°

a. Calcula la mediana, el cuartil inferior, el cuartil superior y la amplitud intercuartílica.

b. ¿Hay valores atípicos?

c. Traza un diagrama de caja y patillas con estos datos.

10. Fútbol La siguiente tabla muestra los mariscales de la liga de fútbol americana con la mayor cantidad de *touchdowns* durante la temporada de 1993. Traza un diagrama de caja y patillas con estos datos.

Mariscales líderes en *touchdowns* de la temporada 1993		
Jugador	**Equipo**	**Número de *touchdowns***
Steve DeBerg	Miami	7
John Elway	Denver	25
Boomer Esiason	N.Y. Jets	16
John Friesz	San Diego	6
Jeff George	Indianapolis	8
Jeff Hostetler	L.A. Raiders	14
Jim Kelly	Buffalo	18
Scott Mitchell	Miami	12
Joe Montana	Kansas City	13
Warren Moon	Houston	21
Neil O'Donnell	Pittsburgh	14
Vinny Testaverde	Cleveland	14

Fuente: *The World Almanac,* 1995

11. **Demografía** Según el censo de 1990, la población indígena de los Estados Unidos es de 1.959 millones. Muchos indígenas norteamericanos viven en reservas o tierras en fideicomiso. La gráfica de tallo y hojas muestra el número de reservas en los 34 estados que las poseen.

Tallo	Hojas
0	1 1 1 1 1 1 1 1 1 1 1 1 2
•	3 3 3 3 3 4 4 4 4 7 7 8 8 9
1	1 4 9
2	3 5 7
9	6 $9\,|\,6 = 96$

a. Traza un diagrama de caja y patillas con esta información.

b. Describe la distribución de los datos.

c. ¿Por qué crees que hay tantos valores atípicos?

d. La media de estos datos es de unos 8.8. ¿Qué comparación hay entre esta y la mediana?

12. **Ambiente** La siguiente tabla muestra el número de sitios de almacenamiento de materiales peligrosos en 25 estados.

Sitios de almacenamiento de materiales peligrosos en los Estados Unidos									
Estado	No.	Estado	No.	Estado	No.	Estado	No.	Estado	No.
AL	13	FL	57	LA	13	OH	38	TN	17
AR	12	GA	13	MD	13	OK	11	TX	30
CA	96	IL	37	MI	77	OR	12	VA	25
CO	18	IN	33	NY	85	PA	101	WA	56
CT	16	KY	20	NC	22	SC	24	WV	6

Fuente: Environmental Protection Agency, mayo de 1994

a. Traza un diagrama de caja y patillas con esta información.

b. ¿Cuál es el número medio de sitios de almacenamiento para los estados de la lista?

c. ¿Cuáles estados, si es que hay alguno, representan valores atípicos?

d. ¿Cuál mitad de los datos está dispersada más ampliamente?

13. **Educación** La siguiente gráfica muestra el promedio de puntajes en el examen de matemáticas ACT de 1985 a 1993.

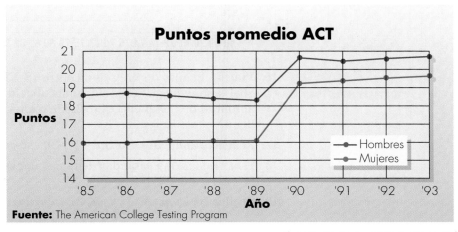

Puntos promedio ACT

Fuente: The American College Testing Program

(continúa en la página siguiente)

a. Traza un diagrama de caja y patillas de los puntajes para los hombres y otro para las mujeres usando la misma escala. Compara los diagramas.

b. En cierto año, se estrenó una evaluación ACT totalmente nueva, recalcando la habilidad retórica, ítemes de matemática avanzada y presentando un nuevo examen de lectura. Basándote en los datos de la gráfica, ¿en qué año crees que se introdujo este cambio? ¿Por qué?

14. Historia ¿Sabías que han habido más vicepresidentes que presidentes en los Estados Unidos? Hasta 1995, han habido 41 presidentes y 45 vicepresidentes. Algunos presidentes tuvieron más de un vicepresidente y otros ninguno. El siguiente esquema lineal exhibe las edades de los vicepresidentes en el día de su inauguración.

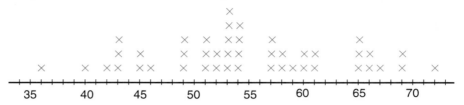

Fuente: *The World Almanac,* 1995

a. Traza un diagrama de caja y patillas con esta información.

b. Las edades de los presidentes el día de su inauguración poseen las siguientes estadísticas: VMI = 42, Q_1 = 51, Q_2 = 55, Q_3 = 58, VMA = 68 y 69 como valor atípico. Traza un diagrama de caja y patillas con esta información.

c. ¿Cuál conjunto de datos está más concentrado? Explica tu respuesta.

d. Catorce vicepresidentes llegaron a ser presidentes. ¿Qué edades representan a los vicepresidentes que definitivamente no llegaron a ser presidentes?

Piensa críticamente

15. Los diagramas de caja y patillas que se muestran a continuación exhiben la distribución de los puntos en los exámenes de dos clases de álgebra dictadas por dos profesores distintos. Si pudieras elegir en qué clase matricularte, ¿cuál elegirías y por qué?

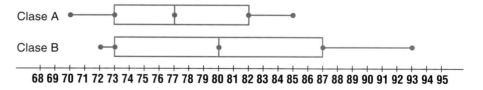

Repaso comprensivo

16. Viajes El auto de Greg rinde entre 18 y 21 millas por galón de gasolina. Si el tanque de su auto tiene una capacidad de 15 galones, ¿cuál es la amplitud de distancias que puede manejar Greg en su auto con un tanque lleno? (Lección 7–6)

17. Resuelve $2m - 3 > 7$ ó $2m + 7 > 9$. (Lección 7–4)

18. Escribe la forma estándar de una ecuación de la recta que pasa por $(4, 7)$ y $(1, -2)$. (Lección 6–2)

19. Grafica $(0, 6)$, $(8, -1)$ y $(-3, 2)$. (Lección 5–1)

20. Resuelve $\dfrac{6}{x-3} = \dfrac{3}{4}$. (Lección 4–1)

7–7B Tecnología gráfica
Diagramas de caja y patillas

Una sinopsis de la Lección 7–7

Puedes usar una calculadora de gráficas para comparar dos conjuntos de datos mediante un diagrama de caja y patillas doble. Sin embargo, los diagramas que dibuja la calculadora no toman en cuenta los valores atípicos. Si usas una calculadora de gráficas para graficar un diagrama, es necesario que averigües si hay valores atípicos y que ajustes la gráfica en la debida forma.

Se llevó a cabo un experimento para probar la habilidad de muchachos y muchachas para identificar objetos con su mano izquierda versus aquellos que los identificaban con su mano derecha. El lado izquierdo del cuerpo está controlado por el lado derecho del encéfalo y viceversa. Los resultados del experimento revelaron que los muchachos no identificaron los objetos en su mano derecha con la misma precisión que los de su mano izquierda. Las muchachas pudieron identificar los objetos en ambas manos con la misma precisión.

Texas Instruments decidió probar esta hipótesis realizando el experimento con 12 empleados y 10 empleadas escogidos al azar. Se seleccionaron, y se separaron en dos grupos, treinta objetos pequeños— un grupo para la mano derecha y el otro para la mano izquierda. Empleados con la vista vendada palparon cada uno de los objetos con la mano indicada, e intentaron identificarlos. Los resultados aparecen en la siguiente tabla.

MIRADA RETROSPECTIVA

Puedes consultar la lección 5-7A para mayor información acerca de cómo entrar datos en listas en una calculadora de gráficas.

Cada empleado tuvo un puntaje para la mano derecha y para la mano izquierda.

Respuestas correctas			
Mujer Mano izquierda	Mujer Mano derecha	Hombre Mano izquierda	Hombre Mano derecha
8	4	7	12
9	3	8	6
12	7	7	12
11	12	5	12
10	11	7	7
8	11	8	11
12	13	11	12
7	12	4	8
9	11	10	12
11	12	14	11
		13	9
		5	9

Fuente: *TI-82 Graphics Calculator Guide Book*

Usa una calculadora de gráficas para trazar un diagrama de caja y patillas doble que compare los resultados de la mano izquierda con los de la mano derecha de las mujeres.

Paso 1 Borra las listas L1, L2, L3 y L4. Entra los datos de cada columna de la tabla en las listas L1, L2, L3 y L4, respectivamente.

Paso 2 Selecciona el diagrama de caja y patillas y define cuál lista vas a usar.

Ejecuta: [2nd] [STAT PLOT] 1 [ENTER] *Pone en funcionamiento el diagrama.*

[▼] [▶] [▶] [ENTER] *Selecciona el diagrama de caja y patillas.*

Si L1 no está iluminada en la Xlist, usa la flecha que apunta hacia abajo y [ENTER] para iluminarla. Asegúrate de que la frecuencia esté fijada en 1.

Repite este proceso para asignarle Plot2 a un diagrama de caja y patillas usando L2.

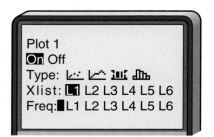

Paso 3 Despeja la lista Y=. Fija los parámetros de WINDOW en Xscl = 1, Ymin = 0 y Yscl = 0 y no te preocupes por los otros parámetros. Oprime [ZOOM] 9 para elegir ZoomStat. Esto fija los otros parámetros y muestra los diagramas de caja y patillas. Solo mostrará aquellos diagramas que has puesto en funcionamiento.

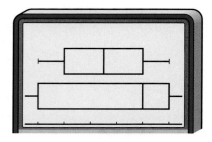

Paso 4 Usa [TRACE] para examinar el minX (el valor mínimo), Q1 (el cuartil inferior), Med (la mediana), Q3 (el cuartil superior) y maxX (el valor máximo).

EJERCICIOS

1. ¿Cuál conjunto de datos está representado por el diagrama superior?

2. Examina los dos diagramas. ¿Te parece que las mujeres adivinaron correctamente más veces con la mano izquierda o con la mano derecha? ¿Cómo lo sabes?

3. Vuelve a poner los parámetros de la calculadora definiendo Plot1 como L3 y Plot2 como L4 para examinar los datos de los hombres. ¿Qué observas en estos diagramas?

4. Vuelve a poner los parámetros de la calculadora para comparar los resultados de la mano izquierda en varones y mujeres. ¿Quiénes adivinaron mejor con su mano izquierda?

5. Vuelve a poner los parámetros de la calculadora para comparar los resultados de la mano derecha en hombres y mujeres. ¿Cuál grupo parece ser más diestro en identificar objetos con su mano derecha?

6. ¿Cómo se comparan los resultados de este experimento con el estudio de muchachos y muchachas mencionado al comienzo de esta lección? ¿Qué razones pueden explicar las discrepancias?

7–8A Tecnología gráfica
Grafica desigualdades

Una sinopsis de la Lección 7–8

Las desigualdades en dos variables pueden graficarse en una calculadora de gráficas usando el comando "Shade(" que es la opción 7 del menú DRAW. Debes entrar *dos* funciones para activar el mecanismo de sombreado, pues la calculadora siempre ensombrece entre dos funciones específicas. La primera función que se entra define la frontera inferior de la región que se va a ensombrecer. La segunda función define la frontera superior de la región. La calculadora traza la gráfica de ambas desigualdades y ensombrece la región entre las dos.

Ejemplo **Grafica $y \geq 2x - 3$ en la pantalla de visión normal.**

Antes de usar la opción "Shade(" asegúrate de borrar cualquier ecuación almacenada en la lista $\boxed{Y=}$. *Luego oprime* $\boxed{ZOOM}$ *6 para obtener la pantalla de visión normal.*

Esta desigualdad se refiere a los puntos (x, y) en los que y es *mayor que o igual a* $2x - 3$. Esto significa que queremos ensombrecer la región que está por encima de la gráfica de $y = 2x - 3$. Dado que la pantalla de la calculadora solo muestra parte del plano de coordenadas, podemos usar la parte superior de la pantalla, Ymax ó 10, como la frontera superior y la expresión $2x - 3$ como la frontera inferior.

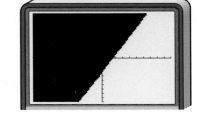

Ejecuta: $\boxed{2\text{nd}}$ $\boxed{DRAW}$ 7 2 $\boxed{X,T,\theta}$

$\boxed{-}$ 3 $\boxed{,}$ 10 $\boxed{)}$ $\boxed{ENTER}$

Cuando hayas terminado, oprime $\boxed{2\text{nd}}$ $\boxed{DRAW}$ *1 para borrar la pantalla.*

Dado que las dos intersecciones axiales de la gráfica y el origen están dentro de la pantalla de visión, esto completa la gráfica de la desigualdad.

Ejemplo **Grafica $y - x \leq 1$ en la pantalla de visión normal.**

Primero despeja y en la desigualdad: y: $y \leq x + 1$. Esta desigualdad se refiere a puntos (x, y) en los que y es *menor que o igual a* $x + 1$. Esto significa que queremos ensombrecer la región que está por debajo de la gráfica de $y = x + 1$. Podemos usar la parte inferior de la pantalla, Ymin ó -10, como la frontera inferior y la expresión $x + 1$ como la frontera superior.

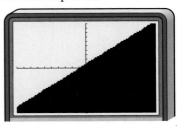

Ejecuta: $\boxed{2\text{nd}}$ $\boxed{DRAW}$ 7 $\boxed{(-)}$ 10 $\boxed{,}$

$\boxed{X,T,\theta}$ $\boxed{+}$ 1 $\boxed{)}$ $\boxed{ENTER}$

No olvides borrar la pantalla una vez que hayas terminado.

EJERCICIOS

Usa una calculadora de gráficas para graficar cada desigualdad. Dibuja cada gráfica en una hoja de papel.

1. $y \geq x + 2$

2. $y \leq -2x - 4$

3. $y + 1 \leq 0.5x$

4. $y \geq 4x$

5. $x + y \leq 0$

6. $2y + x \geq 4$

7. $3x + y \leq 18$

8. $y \geq 3$

9. $0.2x + 0.1y \leq 1$

Grafica desigualdades en dos variables

7-8

APLICACIÓN

Fabricación

Rapid Cycle, Inc. es fabricante y distribuidor de bicicletas de carreras. Se demoran tres horas en armar una bicicleta y una hora en probarla en acción. Cada técnico de la compañía trabaja un máximo de 45 horas semanales. ¿Cuántas bicicletas de carreras puede armar un técnico y cuántas puede probar y terminar en una semana?

Sea x el número de bicicletas que se arman semanalmente y sea y el número de bicicletas que se prueban y terminan semanalmente. Entonces se puede usar la siguiente desigualdad para representar esta situación.

Tiempo total para armar x bicicletas	más	Tiempo total para probar y bicicletas	no es más de	45 horas.
$3x$	$+$	y	$\leq$	45

Hay un número infinito de pares ordenados que resuelven esta desigualdad, si no se considera la situación que dio lugar a la desigualdad. La manera más fácil de representar todas estas soluciones es *graficando* esta desigualdad. Antes de hacer esto, consideremos algunas desigualdades más sencillas.
Este problema será resuelto en el Ejemplo 3.

Ejemplo ❶ **¿Qué pares ordenados del conjunto {(3, 4), (0, 1), (1, 4), (1, 1)} son parte del conjunto de solución de $4x + 2y < 8$?**

Usemos una tabla para sustituir en la desigualdad los valores de x y de y para cada par ordenado del conjunto.

x	y	$4x + 2y < 8$	¿Verdadero o falso?
3	4	$4(3) + 2(4) < 8$ $20 < 8$	falso
0	1	$4(0) + 2(1) < 8$ $2 < 8$	verdadero
1	4	$4(1) + 2(4) < 8$ $12 < 8$	falso
1	1	$4(1) + 2(1) < 8$ $6 < 8$	verdadero

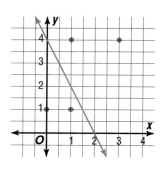

Los pares ordenados {(0, 1), (1, 1)} son parte del conjunto de solución de $4x + 2y < 8$. La gráfica de arriba muestra los cuatro pares ordenados del conjunto de reemplazo y la ecuación $4x + 2y = 8$. Observa la ubicación de los dos pares ordenados que son soluciones de $4x + 2y < 8$ en relación con la gráfica de la recta.

Puedes usar el siguiente programa de calculadora de gráficas para determinar si un par ordenado (x, y) dado resuelve la desigualdad $5x - 3y \geq 15$.

```
PROGRAM: XYTEST
: Disp "IS (X, Y) A ","SOLUTION?"
: Prompt X,Y
: If 5X-3Y ≥ 15
: Then
: Disp "YES"
: Else
: Disp "NO"
```

Para ejecutar el programa para otros pares ordenados, solo tienes que oprimir ENTER y el programa comenzará de nuevo.

Ahora te toca a ti

a. Prueba el programa con 10 pares ordenados (x, y). Guarda la lista de los pares ordenados que probaste y de los que resuelven la desigualdad.

b. ¿Cómo crees que puedas cambiar este programa para probar la desigualdad $2x + y \geq 2y$?

c. Usa tu nuevo programa para encontrar el conjunto de solución si x pertenece a $\{-1, 0, 1\}$ y y pertenece a $\{-2, -1, 0, 1\}$.

El conjunto de solución de una desigualdad contiene muchos pares ordenados cuando el dominio y la amplitud son conjuntos de números reales. Los gráficas de todos estos pares ordenados llenan una región del plano de coordenadas que recibe el nombre de **semiplano.** Una ecuación define la **frontera** o borde de cada semiplano. Por ejemplo, supongamos que quieres graficar la desigualdad $y > 5$ en el plano de coordenadas.

Primero determina la frontera graficando $y = 5$.

Como la desigualdad solo contiene $>$, la recta debe dibujarse interrumpida. La frontera divide el plano de coordenadas en dos semiplanos.

Si la desigualdad contiene $\geq$ o $\leq$, la gráfica de la ecuación de frontera debe ser una recta continua.

Para determinar cuál semiplano contiene la solución, escoge un punto en cada uno y pruébalos en la desigualdad.

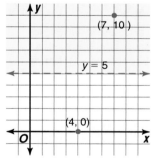

Prueba (7, 10).	Prueba (4, 0).
$y > 5$ *y = 10*	$y > 5$ *y = 0*
$10 > 5$ verdadero	$0 > 5$ falso

Esta gráfica recibe el nombre de semiplano abierto porque la frontera no forma parte de la gráfica.

El semiplano que contiene (7, 10) es el conjunto de solución. Sombrea ese semiplano.

Ejemplo ❷ **Grafica $y + 2x \leq 3$.**

Primero, despeja y en términos de x.

$$y + 2x \leq 3$$
$$y + 2x - 2x \leq 3 - 2x \quad \text{Resta 2x de cada lado.}$$
$$y \leq 3 - 2x$$

(continúa en la página siguiente)

Grafica $y = 3 - 2x$. Dado que $y \leq 3 - 2x$ significa $y < 3 - 2x$ or $y = 3 - 2x$, frontera está incluida en la gráfica y debe dibujarse como una recta continua.

Elige un punto en uno de los semiplanos y pruébalo. Usemos, por ejemplo, el origen $(0, 0)$.

Debe sombrearse el semiplano que contiene el origen.

Verifica: Prueba un punto en el otro semiplano. Por ejemplo, $(3, 3)$.

Dado que obtuvimos un enunciado falso, el semiplano que contiene $(3, 3)$ no es parte del conjunto de solución.

El origen se usa a menudo como punto de prueba porque sus valores son fáciles de sustituir en la desigualdad.

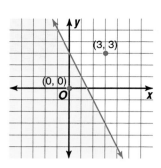

Esta gráfica recibe el nombre de <u>semiplano cerrado</u> porque la frontera forma parte de la gráfica.

Cuando se resuelven problemas de la vida real, el dominio y la amplitud de la desigualdad están a menudo restringidos a valores no negativos o a números enteros.

Ejemplo **3**

Refiérete a la aplicación al comienzo de la lección. ¿Cuántas bicicletas de carreras puede armar y terminar el técnico?

Primero despeja y en términos de x.

$3x + y \leq 45$

$3x - 3x + y \leq 45 - 3x$

$y \leq 45 - 3x$

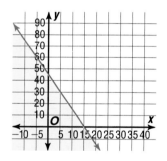

Dado que el enunciado abierto incluye la ecuación, grafica $y = 45 - 3x$ como una recta continua. Prueba un punto en uno de los semiplanos, por ejemplo $(0, 0)$. El semiplano que contiene $(0, 0)$ es el conjunto de solución ya que $3(0) + 0 \leq 45$ es verdadero.

Examinemos el significado de la solución. El técnico no puede completar números negativos de bicicletas de carreras. Por lo tanto, cualquier punto en el semiplano cuyas coordenadas son números enteros es una solución posible. Esto quiere decir que solo la parte de la porción sombreada que queda en el primer cuadrante es la solución de este problema. Una solución es $(5, 30)$. Esto representa 5 bicicletas armadas y 30 terminadas por el técnico en una semana de 45 horas.

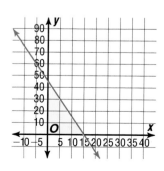

Comunicación en matemáticas

Estudia la lección y a continuación completa lo siguiente.

1. **a. Grafica** $y \geq x + 1$.
   b. Identifica la frontera e indica si está incluida.
   c. Identifica el semiplano que es parte de la gráfica.
   d. Escribe las coordenadas de un punto que no esté en la frontera y que satisfaga la desigualdad.

MI DIARIO

DE MATEMÁTICAS

2. **Explica** cómo verificarías si un punto forma parte de la gráfica de una desigualdad.

3. **Evalúate** ¿Cuál crees que fue el concepto más difícil de aprender en este capítulo? Da un ejemplo y explica por qué crees que fue difícil.

Práctica dirigida

Aparea cada desigualdad con su gráfica.

4. $y \geq \frac{1}{2}x - 2$

5. $y \leq 0.5x - 2$

6. $y \geq \frac{2}{3}x + 2$

7. $y \leq \frac{2}{3}x + 2$

a. 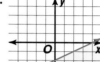 **b.**

c. 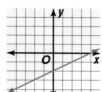 **d.**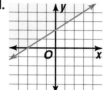

Determina qué pares ordenados son soluciones de la desigualdad dada. Explica si la frontera está incluida en la gráfica.

8. $y \leq x$ **a.** $(-3, 2)$ **b.** $(1, -2)$ **c.** $(0, -1)$

9. $y > x - 1$ **a.** $(0, 0)$ **b.** $(2, 0)$ **c.** $(1, 3)$

10. Determina qué pares ordenados del conjunto $\{(-2, 2), (-2, 3), (2, 2), (2, 3)\}$ son parte del conjunto de solución de $a + b < 1$.

Grafica cada desigualdad.

11. $y > 3$ 12. $x + y > 1$ 13. $2x + 3y \geq -2$ 14. $-x < -y$

Práctica

Copia cada gráfica y sombrea el semiplano apropiado completando así la gráfica de la desigualdad.

15. $x > 4$ 16. $3y < x$ 17. $3x + y > 4$ 18. $2x - y \leq -2$

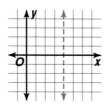 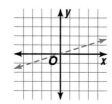 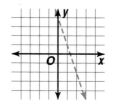

Determina cuáles pares ordenados de cada conjunto dado son parte del conjunto de solución de la desigualdad indicada.

19. $y < 3x$, $\{(-3, 1), (-3, 2), (1, 1), (1, 2)\}$

20. $y - x > 0$, $\{(1, 1), (1, 2), (4, 1), (4, 2)\}$

21. $2y + x \geq 4$, $\{(-1, -3), (-1, 0), (-2, -3), (-2, 0)\}$

Grafica cada desigualdad.

22. $x > -5$ **23.** $y < -3$ **24.** $3y + 6 > 0$

25. $4x + 8 < 0$ **26.** $y \leq x + 1$ **27.** $x + y > 2$

28. $x + y < -4$ **29.** $3x - 1 \geq y$ **30.** $3x + y < 1$

31. $x - y \geq -1$ **32.** $x < y$ **33.** $-y > x$

34. $2x - 5y \leq -10$ **35.** $8y + 3x < 16$ **36.** $|y| \geq 2$

37. $y > |x + 2|$ **38.** $y > 2$ and $x < 3$ **39.** $y \leq -x$ and $x \geq -3$

Calculadora de gráficas

Usa una calculadora de gráficas para graficar cada desigualdad. Bosqueja la gráfica.

40. $y > x - 1$ **41.** $4y + x < 16$ **42.** $x - 2y < 4$

Programación

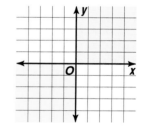

Usa el programa de la Exploración para determinar los pares ordenados que son soluciones de la desigualdad indicada.

43. $x + 2y \geq 3$ **a.** $(-2, 2)$ **b.** $(4, -1)$ **c.** $(3, 1)$ **d.** $(0, 0)$

44. $2x - 3y \leq 1$ **a.** $(2, 1)$ **b.** $(5, -1)$ **c.** $(1, 1)$ **d.** $(0, 0)$

45. $-2x < 8 - y$ **a.** $(5, 10)$ **b.** $(3, 6)$ **c.** $(-4, 0)$ **d.** $(0, 0)$

Piensa críticamente

46. Cuál desigualdad compuesta describe la gráfica de la derecha? Halla una desigualdad simple que también describa esta gráfica.

Aplicaciones y solución de problemas

47. Salud La siguiente gráfica muestra las amplitudes eficaces del pulso para cada meta de cada tipo de ejercicio físico.

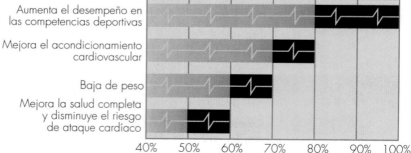

Objetivos del entrenamiento físico

Metas

Aumenta el desempeño en las competencias deportivas

Mejora el acondicionamiento cardiovascular

Baja de peso

Mejora la salud completa y disminuye el riesgo de ataque cardíaco

40%   50%   60%   70%   80%   90%   100%

Amplitud del pulso deseado

Fuente: *Vitality*, mayo de 1994

Arrio tiene 35 años de edad y acaba de comenzar una clase aeróbica de banco. En la orientación al comienzo de la clase, aprendió que mientras se hace ejercicio físico un pulso (latidos/minuto) eficaz mínimo debe ser igual al 70% de la diferencia entre 220 y la edad de la persona. Un pulso máximo debe ser igual al 80% de la diferencia entre 220 y la edad.

a. Escribe una desigualdad compuesta que exprese la zona de pulso eficaz para una persona de *e* años de edad.

b. Durante la clase, los participantes descansan y se toman el pulso durante 15 segundos. ¿Cuál debería ser la zona de pulso eficaz de Arrio durante estos 15 segundos?

c. Según la gráfica y la amplitud de pulso dado, ¿cuál es la meta de la clase de ejercicio aeróbico?

Accidentes de vehículos para la nieve reportados en Minnesota

Año	Fatal	Relacionados con agua	No fatales	Total
1987–1988	14	3	261	278
1988–1989	8	1	313	322
1989–1990	10	4	246	260
1990–1991	11	1	354	366
1991–1992	15	0	386	401
1992–1993	19	4	546	569
1993–1994	21	1	531	553

Fuente: Minnesota Department of Natural Resources

48. Vehículos para la nieve Aunque el conducir un vehículo para la nieve es un deporte vivificante, puede ser también muy peligroso. La siguiente tabla muestra el número de accidentes de vehículos para la nieve reportados en Minnesota.

a. Un estudio sugiere que el promedio de accidentes no fatales de estos vehículos por año, a nivel nacional es de 350. Supongamos que x representa el número total de accidentes fatales de estos vehículos en Minnesota y que y representa el número total de accidentes de estos vehículos en el mismo estado. ¿En cuáles años se cumple $x + 350 > y$?

b. Grafica $x + 350 > y$.

c. La temporada de vehículos para la nieve en Minnesota es de noviembre a marzo. La falta de nieve durante la temporada de 1994–1995 hizo que mucha gente condujera sus vehículos en lagos congelados en vez de hacerlo sobre tierra. Hasta el primero de diciembre habían ocurrido 7 accidentes fatales, 1 relacionado con agua y 81 accidentes no fatales. ¿Crees que la incidencia de accidentes durante la temporada de 1994–1995 será mayor o menor que la de la temporada de 1993–1994? Explica tu respuesta.

Repaso comprensivo

49. Estadística Traza un diagrama de caja y patillas del número total de accidentes de vehículos para la nieve que aparecen en la tabla del Ejercicio 48. (Lección 7–7)

50. Resuelve $5 - |2x - 7| > 2$. (Lección 7–6)

51. Escribe una ecuación en la forma pendiente-intersección de la recta paralela a la gráfica de $8x - 2y = 7$ y cuya intersección y sea la de la recta $2x - 9y = 18$. (Lección 6–4)

52. Determina el valor de r de modo que la recta que pasa por $(r, 4)$ y $(-4, r)$ tenga una pendiente de 4. (Lección 6–1)

53. Grafica $-y + \frac{2}{7}x = 1$. (Lección 5–4)

54. Determina el inverso de la relación $\{(4, -1), (3, 2), (-4, 0), (17, 9)\}$. (Lección 5–2)

55. ¿Cuál es el 98.5% de $140.32? (Lección 4–4)

56. Encuentra tres enteros consecutivos cuya suma sea 87. (Lección 3–3)

In·ves·ti·ga·ción

Humo en tus ojos

Refiérete a las páginas 320–321. Agrega los resultados de tu trabajo en lo siguiente a tu *Archivo de investigación*.

El estudio a largo plazo más reciente de la EPA sobre los efectos del humo secundario muestra que los no fumadores casados con fumadores tienen un riesgo acrecentado del 19% de contraer cáncer al pulmón. Este no es el único peligro del humo secundario. Doce estudios muestran que las enfermedades del corazón son otro peligro. Los no fumadores expuestos al humo de cigarrillo de sus cónyuges tienen un riesgo acrecentado del 30% de morir de enfermedades cardíacas, comparado con otros no fumadores. El análisis de riesgos de la EPA ha concluido también que el humo secundario causa de 150,000 a 300,000 infecciones respiratorias anuales extras en los 5.5 millones de niños, menores de 18 meses.

Katharine Hammond, experta de salud y ambiente, ha conducido también un estudio sobre los componentes *carcinógenos* del humo secundario. Estos son las partículas del humo que causan cáncer. Ella descubrió que "en el mismo cuarto y al mismo tiempo, el no fumador inhala tanto benceno como el que inhala un fumador en seis cigarrillos."

James Repace y Alfred Lowery han concluido que un aumento de toda la vida en el riesgo de cáncer del pulmón de 1 en 1000 puede ser ocasionado por la exposición prolongada al aire que contiene más de 6.8 microgramos de nicotina por metro cúbico de aire.

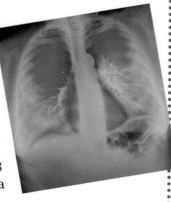

Analiza

Condujiste experimentos y organizaste tus datos de varias maneras. Llegó la hora de analizar tus hallazgos y presentar tus conclusiones.

> **EVALUACIÓN DEL PORTAFOLIO**
>
> **Es aconsejable que mantengas tu trabajo de esta investigación en tu portafolio.**

1 El verdadero humo secundario consiste principalmente del humo que despide un cigarrillo encendido. Este humo es mucho más tóxico que el humo inhalado por el fumador. ¿Cómo afecta esta información tus conclusiones acerca de la cantidad de humo inhalado por los no fumadores en un cuarto?

2 Si no fumas y vives con un fumador, ¿qué consideraciones de costos implica esto? Explica tus cálculos.

3 Describe tu experiencia personal con el humo secundario.

Escribe

Quieres informar sobre los efectos del humo secundario. Decides escribirle una carta al editor de un diario local describiéndole esta investigación.

4 Usa la información anterior y los resultados de tus experimentos y exploraciones para escribir un artículo relacionado con los riesgos a la salud del humo secundario.

5 Quizás quieras investigar más. La Sociedad Norteamericana Contra el Cáncer y otras organizaciones poseen información con respecto a los riesgos a la salud de fumar y del humo secundario.

6 Utiliza datos, tablas y gráficas para justificar tu posición. Usa la matemática para ayudarte a convencer a los lectores, de las conclusiones que sacaste con esta investigación.

VOCABULARIO

Después de estudiar este capítulo podrás definir cada término, propiedad o frase y dar uno o dos ejemplos de cada uno.

Álgebra

desigualdad compuesta   (p. 405)

frontera   p. 437)

intersección   (p. 406)

notación de construcción de conjuntos
   (p. 385)

propiedad de adición de la desigualdad
   (p. 385)

propiedad de división de la desigualdad
   (p. 393)

propiedad de multiplicación de la
   desigualdad   (p. 393)

propiedad de sustracción de la desigualdad
   (p. 385)

semiplano   (p. 437)

unión   (p. 408)

Estadística

diagrama de caja y patillas   (p. 427)

patillas   (p. 428)

valores extremos   (p. 427)

Probabilidad

diagrama de árbol   (p. 413)

evento compuesto   (p. 414)

eventos simples   (p. 414)

resultados   (p. 413)

Solución de problemas

traza un diagrama   (p. 406)

COMPRENSIÓN Y USO DEL VOCABULARIO

Escoge la letra del término que corresponda mejor a cada afirmación, expresión algebraica o enunciado algebraico.

1. Si $\frac{1}{2}x \le -5$, entonces $x \le -10$.

2. Si $8 > 4$, entonces $8 + 5 > 4 + 5$.

3. $\{h \mid h > 43\}$

4. $x \ge -3$ ó $x < -10$

5. $x \ge -4$ y $x < 2$

6. Si $4x - 1 < 7$, entonces $4x - 4 < 4$.

7. Si $-3x < 9$, entonces $x > -3$.

8. $>$

9. $<$

10. $7 > x > 1$

11. $|x + 6| > 12$ significa $x + 6 > 12$ ó $-(x + 6) > 12$.

a. desigualdad del valor absoluto

b. propiedad de adición de la desigualdad

c. desigualdad compuesta

d. propiedad de división de la desigualdad

e. mayor que

f. intersección

g. menor que

h. propiedad de multiplicación de la desigualdad

i. notación de construcción de conjuntos

j. propiedad de sustracción de la desigualdad

k. unión

HABILIDADES Y CONCEPTOS

OBJETIVOS Y EJEMPLOS

Una vez completado este capítulo podrás:

- resolver desigualdades mediante adición y sustracción   (Lección 7–1)

$$56 > m + 16$$
$$56 - 16 > m + 16 - 16$$
$$40 > m$$
$$\{m \mid m < 40\}$$

- resolver desigualdades mediante multiplicación y división   (Lección 7–2)

$$\frac{-5}{6}m > 25$$
$$\frac{-6}{5}\left(\frac{-5}{6}m\right) > \frac{-6}{5}(25)$$
$$m < -30$$
$$\{m \mid m < -30\}$$

- resolver desigualdades que contengan más de una operación   (Lección 7–3)

$$15b - 12 > 7b + 60$$
$$15b - 7b - 12 > 7b - 7b + 60$$
$$8b - 12 > 60$$
$$8b - 12 + 12 > 60 + 12$$
$$8b > 72$$
$$\frac{8b}{8} > \frac{72}{8}$$
$$b > 9$$
$$\{b \mid b > 9\}$$

EJERCICIOS DE REPASO

Usa estos ejercicios para repasar y prepararte para el examen del capítulo.

Resuelve cada desigualdad y verifica tu solución.

12. $r + 7 > -5$ **13.** $-35 + 6n < 7n$

14. $2t - 0.3 \le 5.7 + t$ **15.** $-14 + p \ge 4 - (-2p)$

Define una variable, escribe una desigualdad, resuelve cada problema y verifica tu solución.

16. La diferencia de un número y 3 es al menos 2.

17. Tres veces un número es más grande que cuatro veces el número menos ocho.

Resuelve cada desigualdad y verifica tu solución.

18. $7x \ge -56$ **19.** $90 \le -6w$

20. $\frac{2}{3}k \ge \frac{2}{15}$ **21.** $9.6 < 0.3x$

Define una variable, escribe una desigualdad, resuelve cada problema y verifica tu solución.

22. Seis veces un número es a lo sumo 32.4.

23. Tres cuartos negativos de un número no es más que 30.

Encuentra el conjunto de solución de cada desigualdad si el conjunto de reemplazo es $\{-5, -4, -3, \ldots 3, 4, 5\}$.

24. $\frac{x - 5}{3} > -3$

25. $3 \le -4x + 7$

Resuelve cada desigualdad y verifica tu solución.

26. $2r - 3.1 > 0.5$ **27.** $4y - 11 \ge 8y + 7$

28. $-3(m - 2) > 12$

29. $-5x + 3 < 3x + 23$

30. $4(n - 1) < 7n + 8$

31. $0.3(z - 4) \le 0.8(0.2z + 2)$

OBJETIVOS Y EJEMPLOS

- resolver desigualdades compuestas y graficar sus conjuntos de soluciones   (Lección 7–4)

$$2a > a - 3 \qquad\text{y}\qquad 3a < a + 6$$
$$2a - a > a - a - 3 \qquad 3a - a < a - a + 6$$
$$a > -3 \qquad\qquad 2a < 6$$
$$\frac{2a}{2} < \frac{6}{2}$$
$$a < 3$$

$$\{a \mid -3 < a < 3\}$$

-4 -3 -2 -1 0 1 2 3 4

- calcular la probabilidad de un evento compuesto
(Lección 7–5)

Traza un diagrama de árbol que muestre las posibilidades de varones y mujeres en una familia con 3 niños. Puedes suponer que la probabilidad de que nazcan varones o mujeres es la misma.

Primero	Segundo	Tercero

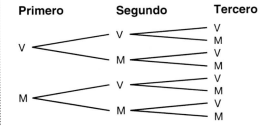

La probabilidad de que la familia tenga 3 niñas es $\frac{1}{8}$ ó 0.125, porque hay 1 manera en 8 de que esto suceda. La probabilidad de que la familia tenga 2 varones y 1 mujer es $\frac{3}{8}$ ó 0.375, porque hay 3 maneras en 8 de que esto ocurra.

- resolver enunciados abiertos que contengan valores absolutos y graficar las soluciones
(Lección 7–6)

$$|2x + 1| > 1$$
$$2x + 1 > 1 \qquad\text{ó}\qquad 2x + 1 < -1$$
$$2x + 1 - 1 > 1 - 1 \qquad 2x + 1 - 1 < -1 - 1$$
$$\frac{2x}{2} > \frac{0}{2} \qquad\qquad \frac{2x}{2} < \frac{-2}{2}$$
$$x > 0 \qquad\qquad x < -1$$
$$\{x \mid x > 0 \text{ ó } x < -1\}$$

-4 -3 -2 -1 0 1 2 3

EJERCICIOS DE REPASO

Resuelve cada desigualdad compuesta y grafica el conjunto de solución.

32. $x - 5 < -2$ y $x - 5 > 2$

33. $2a + 5 \le 7$ ó $2a \ge a - 3$

34. $4r \ge 3r + 7$ y $3r + 7 < r + 29$

35. $-2b - 4 \ge 7$ ó $-5 + 3b \le 10$

36. $a \ne 6$ y $3a + 1 > 10$

37. Con cada plato de camarones, salmón o cangrejo en el *Seafood Palace*, uno puede pedir sopa o ensalada. Con camarones uno puede pedir brécol o una papa asada. Con salmón uno puede pedir arroz o brécol. Con cangrejo uno puede pedir arroz, brécol o papa. Si todas las combinaciones son igualmente probables, calcula la probabilidad de una orden que contenga cada ítem.

   a. salmón
   b. sopa
   c. arroz
   d. camarones y arroz
   e. ensalada y brécol
   f. cangrejo, sopa y arroz

38. Matthew tiene 2 calcetines color café y 4 calcetines negros en su cómoda. Mientras se vestía una mañana, sacó dos calcetines sin mirar. ¿Cuál es la probabilidad de que haya escogido un par de calcetines del mismo color?

Resuelve cada enunciado abierto y grafica el conjunto de solución.

39. $|y + 5| > 0$

40. $|1 - n| \le 5$

41. $|4k + 2| \le 14$

42. $|3x - 12| < 12$

43. $|13 - 5y| \ge 8$

44. $\left|2p - \frac{1}{2}\right| > \frac{9}{2}$

OBJETIVOS Y EJEMPLOS

- exhibir e interpretar datos en diagramas de caja y patillas   (Lección 7–7)

  Las siguientes temperaturas máximas fueron registradas durante dos semanas de una racha de frío en St. Louis. Traza un diagrama de caja y patillas de las temperaturas.

20°	2°	12°	5°	4°	16°	17°
7°	6°	16°	5°	0°	5°	30°

  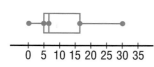

- graficar desigualdades en el plano de coordenadas   (Lección 7–8)

  Grafica $2x + 3y < 9$.

  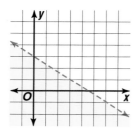

EJERCICIOS DE REPASO

El número de calorías en una porción de papas fritas en 13 restaurantes son 250, 240, 220, 348, 199, 200, 125, 230, 274, 239, 212, 240 y 327.

45. Traza un diagrama de caja y patillas de esta información.

46. ¿Hay valores atípicos? Si los hay, identifícalos.

Encuentra los pares ordenados del conjunto dado que forman parte del conjunto de solución de cada desigualdad.

47. $3x + 4y < 7$, $\{(1, 1), (2, -1), (-1, 1), (-2, 4)\}$

48. $4y - 8 \geq 0$, $\{(5, -1), (0, 2), (2, 5), (-2, 0)\}$

49. $-2x < 8 - y$, $\{(5, 10), (3, 6), (-4, 0), (-3, 6)\}$

Grafica cada desigualdad.

50. $x + 2y > 5$

51. $4x - y \leq 8$

52. $\frac{1}{2}y \geq x + 4$

53. $3x - 2y < 6$

APLICACIONES Y SOLUCIÓN DE PROBLEMAS

54. Teoría numérica   La suma de tres enteros consecutivos es menor que 100. Encuentra los tres enteros con la suma más grande. (Lección 7–3)

55. Transporte   Una caja vacía de embalaje de libros pesa 30 libras. Un libro pesa 1.5 libras. Para ser transportada, la caja de embalaje puede pesar por lo menos 55 libras y no más de 60 libras. ¿Cuál es el número aceptable de libros que se pueden empacar en la caja? (Lección 7–4)

56. Automóviles   Un distribuidor de automóviles tiene autos disponibles en rojo o azul, con motores de 4 ó 6 cilindros y con transmisiones manual o automática.   (Lección 7–5)

a. ¿Cuál es la probabilidad de elegir un auto con transmisión manual?

b. ¿Cuál es la probabilidad de elegir un auto de 4 cilindros con transmisión manual?

c. ¿Cuál es la probabilidad de elegir un auto azul de 6 cilindros y con transmisión automática?

Un examen de práctica para el Capítulo 7 aparece en la página 793.

EVALUACIÓN ALTERNATIVA

PROYECTO DE APRENDIZAJE COOPERATIVO

Estadística   En este capítulo aprendiste cómo trazar e interpretar un diagrama de caja y patillas. Sin embargo, trazar un diagrama de caja y patillas e interpretar sus datos son dos habilidades distintas. Uno puede repasar la rutina de dibujar el diagrama y no ser capaz de utilizar los datos presentados en él para responder cuestiones pertinentes.

En este proyecto, supongamos que hay dos compañías que fabrican vidrios para ventanas. Ambas han sometido propuestas a un contratista que está construyendo una biblioteca. Como el vidrio que varía en grosor puede causar distorsiones, el contratista ha decidido medir el grosor de los paneles de vidrio de cada compañía en varios puntos del panel. La siguiente tabla muestra las medidas de dos paneles, uno por cada compañía.

Grosor del panel (en mm)	
Compañía A	Compañía B
10.2	9.4
12.0	13.0
11.6	8.2
10.1	14.9
11.2	12.6
9.7	7.7
10.7	13.2
11.6	12.2
10.4	10.2
9.8	9.5
10.6	9.9
10.3	9.7
8.5	11.5
10.2	11.5
9.7	10.5
9.2	10.6
8.6	6.4
11.3	13.5

Prepara una gráfica de tallo y hojas y un diagrama de caja y patillas para organizar y comparar ambos conjuntos de datos.

Sigue estas instrucciones para organizar tus datos.

- Determina cómo organizar la gráfica de tallo y hojas usando decimales.
- Determina si el uso de un tallo común es útil para comparar ambos conjuntos de datos.
- Compara las amplitudes de los dos conjuntos de datos.

- ¿Para cuál compañía hay "apiñamiento" o una dispersión pareja de los datos?
- Compara la forma de la gráfica de tallo y hojas con la forma del diagrama de caja y patillas.
- Compara la mitad central de los datos de cada compañía.
- Escribe una comparación descriptiva de los conjuntos de datos y determina, con evidencia en la mano, qué compañía produce un vidrio con menor distorsión.

PIENSA CRÍTICAMENTE

- ¿Por qué la multiplicación y la división son las únicas dos, de las cuatro operaciones, para las que es necesario distinguir entre números positivos y negativos cuando se resuelven desigualdades?
- ¿Bajo qué condiciones el enunciado compuesto $x < a$ y $-a < x$ no tiene solución?

PORTAFOLIO

Selecciona uno de los problemas de este capítulo en el que creas que la organización del problema y la reevaluación de la respuesta fueron importantes para obtener una respuesta precisa. Si es necesario revisa tu trabajo y colócalo en tu portafolio. Explica por qué la organización y la reevaluación fueron importantes.

AUTOEVALUACIÓN

¿Ves más allá de lo obvio en tus respuestas a problemas de matemáticas? Muchas veces, los estudiantes trabajan en un problema de matemáticas en forma rutinaria y no evalúan o verifican sus respuestas. Una respuesta debe tener sentido y ser precisa.

Evalúate. ¿Consideras la solución obvia como la solución total o evalúas tus respuestas con precisión y lógica? Haz una lista de dos problemas de matemática y/o de tu vida cotidiana en los que la respuesta obvia era incorrecta, de manera que necesitaste evaluar tu solución con respecto a la precisión de la misma.

¡Prepárate, alístate, déjalo caer!

MATERIALES QUE SE NECESITAN

papel de construcción

regla métrica

sujetapapeles

tijeras

cronómetro

cinta adhesiva

papel de seda

arandelas

alambre

El vuelo sin motor individual se hizo popular en los Estados Unidos al principio de la década de 1970. En la mayoría de los estados se requiere una licencia para practicar este deporte. La U.S. Hang Gliding Association tiene su sede en Los Ángeles y certifica a instructores y a funcionarios de seguridad para que entrenen a los pilotos de vuelo sin motor potenciales.

Un planeador individual luce como una cometa tripulada. Consiste de una vela triangular hecha de fibra sintética unida a un marco de aluminio. El piloto cuelga de un arnés y maniobra el planeador con una barra de control que se ajusta cuando el piloto cambia la posición de su cuerpo.

Los planeadores individuales pueden lanzarse de diferentes maneras. El piloto puede sostener el planeador y correr colina abajo hasta despegar. En regiones con precipicios, el piloto puede correr y saltar del precipicio, usando las corrientes de aire para volar. En regiones más planas, el planeador se lanza, a menudo, remolcándolo y atándolo con una cuerda a un auto o a un bote y dejándolo caer desde una altura de 400 a 500 pies.

Imagínate que eres un ingeniero de una firma de ingeniería aeronáutica. Un grupo de personas que están interesadas en este deporte te han pedido que diseñes un planeador individual con propósitos de recreación. Tu tarea es diseñar un planeador individual que sea lo más compacto posible, pero que sea a la vez seguro para volar y aterrizar. Tú no tienes experiencia previa alguna en el diseño de planeadores. No sabes de qué tamaño debería ser el planeador o si el tamaño de un planeador depende del tamaño de su carga. (Las personas varían de peso.)

Con tantas incógnitas, decides realizar algunas pruebas para entender los principios involucrados. En esta investigación vas a usar las matemáticas para examinar la relación entre la velocidad de descenso y el tamaño del planeador. Como parte de un equipo de tres miembros, vas a usar triángulos de papel de seda para estudiar los planeadores.

Haz un *Archivo de investigación* en el cual puedas guardar, para uso futuro, tu trabajo en esta Investigación.

PRUEBA TRIANGULAR				
Prueba	5 cm	10 cm	20 cm	35 cm
Perímetro				
Área de superficie				
1				
2				
3				
4				
5				

EL EXPERIMENTO

1 Empieza copiando la tabla de arriba.

2 Recorta cuatro triángulos equiláteros de papel de seda. Los lados de los triángulos deben medir 5, 10, 20 y 35 cm de largo, respectivamente. Estos triángulos servirán de modelo para los planeadores. Calcula el perímetro y el área de cada uno de estos triángulos y registra esta información en tu tabla.

3 Mide una altura de 5 pies en un muro. Marca esta altura con un pedazo de cinta adhesiva.

4 Sostén el triángulo más pequeño, paralelo al suelo, a una altura de 5 pies. Haz que una segunda persona esté lista con el cronómetro para medir el tiempo que se demora el triángulo en llegar al suelo. Una tercera persona debe dar la orden "Prepárate, alístate, déjalo caer". A la orden de dejarlo caer, la persona que sostiene el triángulo debe soltarlo. La persona que está cronometrando el tiempo pone en funcionamiento el cronómetro en el instante que se da la orden de dejar caer el triángulo y lo detiene cuando este llegue al suelo. Repite este proceso hasta que se hayan realizado un total de cinco caídas, registrando los datos de cada caída.

5 Repite el paso anterior para los otros tres triángulos, registrando los datos de cada caída.

6 Revisa los datos que recogiste. ¿Qué observaciones puedes hacer? ¿Ves alguna relación entre los datos? ¿Hay alguna relación entre el perímetro y el área del triángulo con el tiempo que el triángulo se demora en caer? Explica.

Seguirás trabajando en esta Investigación en los Capítulos 8 y 9.

Asegúrate de guardar los modelos triangulares, tablas y otros materiales en tu *Archivo de investigación*.

Investigación ¡Prepárate, alístate, déjalo caer!

Trabaja en la investigación
Lección 8-1, p. 461

Trabaja en la investigación
Lección 9-4, p. 519

Trabaja en la investigación
Lección 9-7, p. 541

Cierra la investigación
Fin del Capítulo 9, p. 548

Resuelve sistemas de ecuaciones y desigualdades lineales

Objectivos

En este capítulo, podrás:

- graficar sistemas de ecuaciones,
- resolver sistemas de ecuaciones usando varios métodos,
- organizar datos para resolver problemas y
- resolver sistemas de desigualdades mediante gráficas.

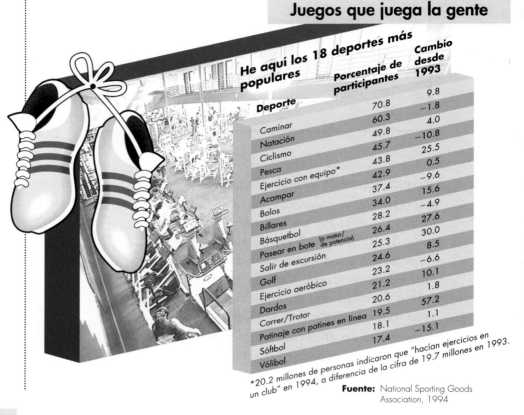

Juegos que juega la gente

He aquí los 18 deportes más populares

Deporte	Porcentaje de participantes	Cambio desde 1993
		9.8
Caminar	70.8	−1.8
Natación	60.3	4.0
Ciclismo	49.8	−10.8
Pesca	45.7	25.5
Ejercicio con equipo*	43.8	0.5
Acampar	42.9	−9.6
Bolos	37.4	15.6
Billares	34.0	−4.9
Básquetbol	28.2	27.6
Pasear en bote (a motor/de potencia)	26.4	30.0
Salir de excursión	25.3	8.5
Golf	24.6	−6.6
Ejercicio aeróbico	23.2	10.1
Dardos	21.2	1.8
Correr/Trotar	20.6	57.2
Patinaje con patines en línea	19.5	1.1
Sóftbol	18.1	−15.1
Vólibol	17.4	

*20.2 millones de personas indicaron que "hacían ejercicios en un club" en 1994, a diferencia de la cifra de 19.7 millones en 1993.

Fuente: National Sporting Goods Association, 1994

¿Sueñas con ser estrella de la NBA (Asociación Nacional de Básquetbol) o con jugar para los New York Yankees? ¿Dedicas casi todo tu tiempo libre a un solo deporte? Quizás deberías experimentar algo nuevo en el mundo de los deportes. ¿Quizás deberías interesarte en Lacrosse, patinaje en línea o en el judo?

1750 A.C. El papiro de Moscú muestra que los antiguos egipcios poseían un conocimiento considerable de geometría.

1637 D.C. Pedro de Fermat enuncia su famoso "Último Teorema" que fue finalmente demostrado en septiembre de 1994.

| 1900 A.C. | 1800 | 1700 | 400 A.C. | 300 | 200 | 1600 D.C. | 1620 | 1640 | 1660 | 1680 | 1700 | 1720 |

300 A.C. *Los Elementos* de Euclides resumen y organizan el conocimiento matemático desarrollado en Grecia durante los tres siglos anteriores.

Proyecto del capítulo

Los patinadores de velocidad sobre hielo en pista corta, **Julie Goskowicz** de 15 años y **Tony Goskowicz** de 18 forman un equipo de hermanos que se han fijado como meta competir en las Olimpiadas de 1998. Comenzaron patinando 8 años atrás en su ciudad natal de New Berlin, Wisconsin, cuando su padre le regaló a cada uno un par de patines. Aunque ambos llegaron de últimos en su primera carrera, el deporte les encantó y siguieron entrenándose. Su arduo esfuerzo les ha valido un sitio en el Centro Norteamericano Olímpico de Educación en Marquette, Michigan, donde pueden estudiar, entrenarse y participar en las competencias.

En 1994, Jim Knaub, cinco veces ganador de la Maratón de Boston, probó la aerodinámica de su silla de ruedas en el mismo túnel aerodinámico que usa la Chrysler Corporation para probar sus vehículos. Knaub adquirió información de incalculable valor acerca de la posición del cuerpo durante una carrera, así como información sobre el casco y el diseño de las ruedas y del asiento. Antes en ese mismo año, su racha de triunfos en la Maratón de Boston había llegado a su fin cuando tuvo que salirse dos veces de la carrera por problemas mecánicos. El ganador en esa ocasión fue el suizo Heinz Frei.

- Supongamos que durante la carrera, Frei va a 45 mph y que Knaub, 264 pies más adelante, va a 36 mph.

- Escribe un sistema de ecuaciones que corresponda a esta situación. (*Sugerencia:* Convierte las unidades de millas por hora a pies por segundo.)

- Si sus velocidades permanecen constantes, ¿cuándo alcanzará Frei a Knaub? Explica cómo lo sabes usando gráficas.

1875 Se empieza a usar en béisbol la primera máscara para el receptor diseñada por Fred W. Thayer, estudiante de Harvard.

1927 Primera presentación de *Show Boat*, de Oscar Hammerstein y Jerome Kern, en el teatro Florenz Ziegfeld de Nueva York.

1988 Jackie Joyner-Kersee es la primera mujer norteamericana que gana el salto largo olímpico.

1780 | 1800 | 1820 | 1840 | 1860 | 1880 | 1900 | 1920 | 1940 | 1960 | 1980 | 2000

1894 Mary Cassatt pinta *La fiesta en el barco,* un cuadro impresionista de brillantes colores.

1955 Se lanzan al mercado los bloques Lego®, usados por los niños para hacer construcciones y diseñados por Ole Kirk Christiansen de Dinamarca.

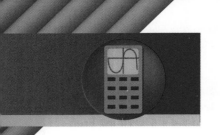

8–1A Tecnología gráfica
Sistemas de ecuaciones

Una sinopsis de la Lección 8–1

Cuando resolvemos sistemas de ecuaciones gráficamente, cada ecuación se grafica en el mismo plano de coordenadas. Las coordenadas del punto en el que se intersecan ambas gráficas es la solución del sistema. La calculadora de gráficas nos permite graficar varias ecuaciones en el mismo plano de coordenadas y aproximar las coordenadas del punto de intersección.

Ejemplo **①** **Usa una calculadora de gráficas para resolver el sistema de ecuaciones.**

$x + y = 9$
$2x - y = 15$

Primero, vuelve a escribir cada ecuación de una forma equivalente despejando y.

$x + y = 9$	$2x - y = 15$
$y = -x + 9$	$2x - 15 = y$

Grafica cada ecuación en la pantalla de enteros $[-47, 47]$ por $[-31, 31]$. No olvides que la pantalla de enteros se obtiene entrando ZOOM 8.

Ejecuta: Y= (−) X,T,θ +

9 ENTER 2 X,T,θ

− 15 ZOOM 8

Las gráficas se intersecan en un punto. Las coordenadas de este punto son la solución del sistema de ecuaciones. Oprime la tecla TRACE y usa las teclas de flecha para mover el cursor al punto de intersección. El punto es (8, 1).

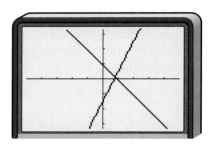

Podemos usar tablas para revisar esta solución. Oprime 2nd TABLE . Verás en la pantalla las coordenadas de los puntos de ambas rectas. Usa las teclas de flechas para recorrer el texto que aparece en la pantalla y observar la tendencia de las coordenadas. Cuando ubiques un renglón en el cual $Y_1 = Y_2$, habrás hallado la solución. *La solución se verifica.*

A veces las soluciones de los sistemas no son enteros. En estos casos puedes usar el proceso ZOOM IN para obtener una buena aproximación de la solución.

Ejemplo **Usa una calculadora de gráficas para resolver el sistema de ecuaciones aproximado en centésimas.**

$$y = 0.35x - 1.12$$
$$y = -2.25x - 4.05$$

Comienza graficando las ecuaciones en la pantalla de visión estándar.

Ejecuta:

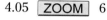

Las gráficas se intersecan en un punto del tercer cuadrante. Usa la función TRACE y las teclas de flechas para obtener una aproximación de las coordenadas del punto de intersección. La función ZOOM IN de la calculadora es útil para determinar las coordenadas del punto de intersección con gran precisión. Empieza colocando el cursor en el punto de intersección y observando las coordenadas. Luego oprime [ZOOM] 2 [ENTER] . Repite este proceso cuantas veces sea necesario para obtener una respuesta más exacta.

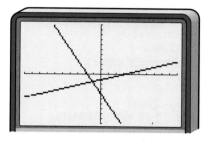

Es aconsejable que uses la función INTERSECT para encontrar las coordenadas del punto de intersección. Oprime [2nd] [CALC] 5 [ENTER] [ENTER] [ENTER] .

La solución es $(-1.13, -1.51)$.

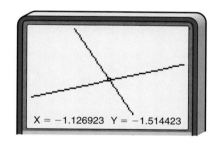

X = -1.126923 Y = -1.514423

EJERCICIOS

Usa una calculadora de gráficas para resolver cada sistema de ecuaciones. Redondea cada solución decimal en centésimas.

1. $y = x + 7$
$y = -x + 9$

2. $x + y = 27$
$3x - y = 41$

3. $y = 3x - 4$
$y = -0.5x + 6$

4. $x - y = 6$
$y = 9$

5. $x + y = 5.35$
$3x - y = 3.75$

6. $5x - 4y = 26$
$4x + 2y = 53.3$

7. $2x + 3y = 11$
$4x + y = -6$

8. $2.93x + y = 6.08$
$8.32x - y = 4.11$

9. $125x - 200y = 800$
$65x - 20y = 140$

10. $0.22x + 0.15y = 0.30$
$-0.33x + y = 6.22$

Cómo graficar sistemas de ecuaciones

APLICACIÓN

Récords mundiales

Cabo Verde es un grupo de islas ubicadas en la parte más occidental de África. En diciembre de 1994, el francés Guy Delage salió de estas islas para atravesar a nado el Océano Atlántico en una travesía de 2400 millas. Ocho semanas después había llegado a Barbados en las Indias Occidentales. Cada día nadaba durante un rato y luego descansaba mientras flotaba con la corriente en una enorme balsa equipada con un telefax, una computadora y una radio para comunicarse.

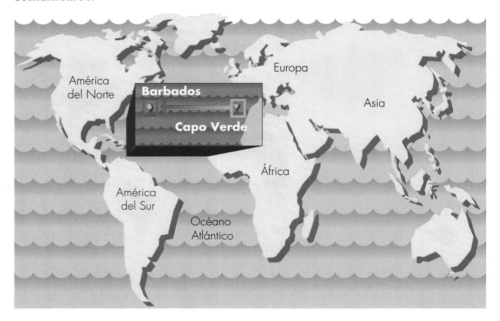

Hay gente que está considerando romper el récord de Guy, pero antes de hacer un intento, deberían saber lo que se necesita. Guy cubrió aproximadamente 44 millas por día. Un buen nadador como Guy puede nadar alrededor de 3 millas por hora por un período prolongado de tiempo mientras que las corrientes del Atlántico pueden arrastrar una balsa a más o menos 1 milla por hora. Para igualar el récord de Guy, ¿cuántas horas diarias se debería nadar? ¿Cuántas horas se debería pasar flotando en la balsa?

Para resolver este problema, sea n el número de horas que nadó Guy y f el número de horas que se dejó arrastrar, flotando, en la balsa. Entonces $3n$ representa el número de millas que cubrió a nado y $1f$ el número de millas que avanzó mientras se dejaba arrastrar flotando en la balsa. Puedes escribir dos ecuaciones que representen esta situación.

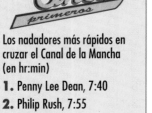

Lista de los Cinco primeros

Los nadadores más rápidos en cruzar el Canal de la Mancha (en hr:min)

1. Penny Lee Dean, 7:40
2. Philip Rush, 7:55
3. Richard Davey, 8:05
4. Irene van der Laan, 8:06
5. Paul Asmuth, 8:12

número de horas nadando	más	número de horas flotando	es	número total de horas en un día		millas nadadas	más	millas cubiertas flotando	es	número total de millas nadadas en un día
n	$+$	f	$=$	24		$3n$	$+$	$1f$	$=$	44

Juntas, las ecuaciones $n + f = 24$ y $3n + f = 44$ reciben el nombre de **sistema de ecuaciones.** La solución de este problema es el par ordenado de números que satisface ambas ecuaciones.

Un método para resolver un sistema de ecuaciones es graficar cuidadosamente las ecuaciones en el mismo plano de coordenadas. Las coordenadas del punto en el que se intersecan las gráficas es la solución del sistema.

La balsa de Guy Delage

Como sucede con la mayoría de las gráficas, solo podemos calcular aproximadamente la solución. En este caso, las gráficas de $n + f = 24$ y $3n + f = 44$ parecen intersecarse en el punto (10, 14).

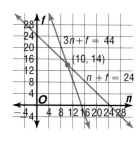

Verifica: Reemplaza (n, f) por (10, 14) en cada ecuación.

$$n + f = 24 \qquad\qquad 3n + f = 44$$
$$10 + 14 \stackrel{?}{=} 24 \qquad 3(10) + 14 \stackrel{?}{=} 44$$
$$24 = 24 \quad\checkmark \qquad\qquad 44 = 44 \quad\checkmark$$

La solución del sistema de ecuaciones $n + f = 24$ y $3n + f = 44$ es (10, 14). Esto significa que una persona que trate de igualar el récord de Guy Delage debería nadar aproximadamente 10 horas diarias y pasar 14 horas flotando.

Ejemplo **Grafica el sistema de ecuaciones para encontrar la solución.**

$$x + 2y = 1$$
$$2x + y = 5$$

Las gráficas parecen intersecarse en el punto $(3, -1)$. Verifica esto reemplazando (x, y) por $(3, -1)$ en cada ecuación.

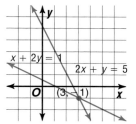

Verifica: $x + 2y = 1 \qquad\qquad 2x + y = 5$
$$3 + 2(-1) \stackrel{?}{=} 1 \qquad 2(3) + (-1) \stackrel{?}{=} 5$$
$$1 = 1 \quad\checkmark \qquad\qquad 5 = 5 \quad\checkmark$$

La solución es $(3, -1)$.

Un sistema de dos ecuaciones lineales tiene exactamente un par ordenado como solución cuando las gráficas de las ecuaciones se intersecan exactamente en un punto. Si las gráficas coinciden, son la misma recta y tienen puntos infinitos en común. En cualquiera de estos casos se dice que el sistema de ecuaciones es **consistente.** Es decir, existe *al menos* un par ordenado que satisface ambas ecuaciones.

Es también posible que las dos gráficas sean *paralelas*. En este caso, el sistema de ecuaciones es **inconsistente** porque *no* hay par ordenado alguno que satisfaga ambas ecuaciones.

Otra manera de clasificar un sistema es mediante el número de soluciones que posee.

- Un sistema que tiene exactamente una solución, recibe el nombre de sistema **independiente.**

- Un sistema que tiene un número infinito de soluciones, recibe el nombre de sistema **dependiente.**

De esta forma, se dice que el sistema del Ejemplo 1 es *consistente e independiente.*

La siguiente tabla resume las posibles soluciones a sistemas de ecuaciones lineales.

Gráfica de las ecuaciones	Número de soluciones	Terminología
rectas que se intersecan	solo una	consistente e independiente
la misma recta	infinito	consistente y dependiente
rectas paralelas	ninguna	inconsistente

Ejemplo **Grafica cada par de ecuaciones para determinar el número de soluciones.**

a. $x + y = 4$
   $x + y = 1$

Las gráficas de las ecuaciones son rectas paralelas. Como no se intersecan, no hay solución para este sistema de ecuaciones. Observa que ambas rectas tienen la misma pendiente, pero distintas intersecciones *y*.

No olvides que un sistema de ecuaciones que no tiene solución se llama <u>inconsistente</u>.

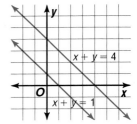

b. $x - y = 3$
   $2x - 2y = 6$

Las ecuaciones tienen la misma gráfica. Cualquier par ordenado de la gráfica satisface ambas ecuaciones. Por lo tanto, hay un número infinito de soluciones de este sistema de ecuaciones. Observa que los gráficas tienen la misma pendiente y las mismas intersecciones axiales.

Recuerda que un sistema de ecuaciones que tiene un número infinito de soluciones se llama <u>consistente y dependiente</u>.

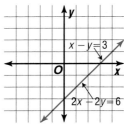

Verifica: Comprueba que el punto (4, 1) está en ambas rectas.

$$x - y = 3 \qquad\qquad 2x - 2y = 6$$
$$4 - 1 \overset{?}{=} 3 \qquad\qquad 2(4) - 2(1) \overset{?}{=} 6$$
$$3 = 3 \quad\checkmark \qquad\qquad 6 = 6 \quad\checkmark$$

Los métodos que usas para resolver problemas de álgebra son a menudo útiles para resolver problemas relacionados con geometría.

Ejemplo ③

INTEGRACIÓN

Geometría

Los puntos $A(-1, 6)$, $B(4, 8)$, $C(8, 3)$ y $D(-2, -1)$ son los vértices de un cuadrilátero.

a. Usa gráficas para encontrar el punto de intersección de las diagonales del cuadrilátero $ABCD$.

b. Halla las ecuaciones de las rectas que contienen las diagonales para verificar la solución.

a. Dibuja el cuadrilátero $ABCD$ con las diagonales $\overline{AC}$ y $\overline{BD}$. Las diagonales parecen intersecarse en el punto $(2, 5)$.

b. Para verificar la solución, halla las ecuaciones de las rectas AC y BD y luego verifica si $(2, 5)$ es solución de ambas ecuaciones. Primero, halla la pendiente de cada recta usando

$$m = \frac{y_2 - y_1}{x_2 - x_1}.$$

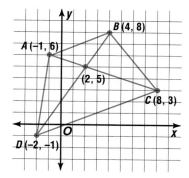

Pendiente de $\overleftrightarrow{AC}$

$$m = \frac{3 - 6}{8 - (-1)}$$

$$= \frac{-3}{9} \text{ ó } -\frac{1}{3}$$

Pendiente de $\overleftrightarrow{BD}$

$$m = \frac{-1 - 8}{-2 - 4}$$

$$= \frac{-9}{-6} \text{ ó } \frac{3}{2}$$

Luego, usa la forma pendiente-intersección, $y = mx + b$, para determinar las ecuaciones.

Ecuación de $\overleftrightarrow{AC}$

$$y = mx + b$$

$$6 = -\frac{1}{3}(-1) + b \quad \textit{Reemplaza m por } -\tfrac{1}{3} \textit{ y (x, y) por (−1, 6).}$$

$$\frac{17}{3} = b \qquad\qquad \text{La ecuación de } \overleftrightarrow{AC} \text{ es } y = -\frac{1}{3}x + \frac{17}{3}.$$

Ecuación de $\overleftrightarrow{BD}$

$$y = mx + b$$

$$8 = \frac{3}{2}(4) + b \quad \textit{Reemplaza m por } \tfrac{3}{2} \textit{ y (x, y) por (4, 8).}$$

$$2 = b \qquad\qquad \text{La ecuación de } \overleftrightarrow{BD} \text{ es } y = \frac{3}{2}x + 2.$$

Verifica si $(2, 5)$ es una solución de ambas ecuaciones.

$$y = -\frac{1}{3}x + \frac{17}{3} \qquad\qquad\qquad y = \frac{3}{2}x + 2$$

$$5 \overset{?}{=} -\frac{1}{3}(2) + \frac{17}{3} \quad \textit{(x, y) = (2, 5)} \qquad 5 \overset{?}{=} \frac{3}{2}(2) + 2 \quad \textit{(x, y) = (2, 5)}$$

$$5 = 5 \quad ✔ \qquad\qquad\qquad\qquad 5 = 5 \quad ✔$$

La solución queda así verificada.

Comunicación en matemáticas

Estudia la lección y a continuación completa lo siguiente.

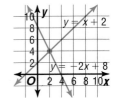

1. **Identifica** la solución del sistema de ecuaciones que se muestra a la derecha. Justifica tu respuesta.

2. **Explica** qué significa *resolver* un sistema de ecuaciones lineales.

3. **Describe** la gráfica de un sistema lineal que tiene infinitas soluciones.

4. **Identifica** dos de las soluciones del sistema de ecuaciones del Ejemplo 2b. Verifica tus respuestas algebraicamente.

5. **Escribe** un sistema de ecuaciones lineales que tenga $(-3, 5)$ como única solución.

6. **Bosqueja** la gráfica de un sistema lineal que *no* tenga solución.

LOS MODELOS Y LAS MATEMÁTICAS

7. Usa un tablero geométrico y ligas para hacer un modelo de un sistema de dos ecuaciones que tenga la solución $(3, 2)$. Haz que el punto inferior izquierdo del tablero geométrico represente el origen.

Práctica dirigida

Usa las gráficas de la derecha para determinar si cada sistema tiene *una* solución única, *ninguna* solución o soluciones *infinitas*. Identifica la solución si el sistema tiene solo una solución.

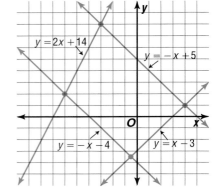

8. $y = -x + 5$
   $y = x - 3$

9. $y = -x - 4$
   $y = -x + 5$

10. $y = 2x + 14$
    $y = -x + 5$

11. $y = -x - 4$
    $y = 2x + 14$

Decide si el par ordenado dado es solución de cada sistema. Escribe *Sí* o *No*.

12. $x - y = 6$
    $2x + y = 0$ $(-2, -4)$

13. $2x - y = 4$
    $3x + y = 1$ $(1, -2)$

Grafica cada sistema de ecuaciones. Luego, determina si cada sistema tiene *una* solución única, *ninguna* solución o soluciones *infinitas*. Identifica la solución si el sistema tiene solo una solución.

14. $y = 3x - 4$
    $y = -3x - 4$

15. $y = -x + 8$
    $y = 4x - 7$

16. $x + 2y = 5$
    $2x + 4y = 2$

17. $y = -6$
    $4x + y = 2$

18. $2x + 3y = 4$
    $-4x - 6y = -8$

19. $2x + y = -4$
    $5x + 3y = -6$

20. **a.** Grafica la recta $y - x = 6$.
    b. Desplaza toda la recta cuatro unidades a la derecha y una unidad hacia abajo. Dibuja la nueva recta.
    c. Describe este sistema de ecuaciones.

Práctica

Usa las siguientes gráficas para determinar si cada sistema tiene *una* solución única, *ninguna* solución o soluciones *infinitas*. Identifica la solución si el sistema tiene solo una solución.

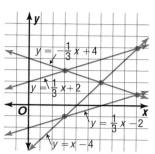

21. $y = x - 4$

$y = \frac{1}{3}x - 2$

22. $y = x - 4$

$y = -\frac{1}{3}x + 4$

23. $y = \frac{1}{3}x + 2$

$y = \frac{1}{3}x - 2$

24. $y = x - 4$

$y = \frac{1}{3}x + 2$

25. $y = -\frac{1}{3}x + 4$

$y = \frac{1}{3}x + 2$

26. $y = \frac{1}{3}x - 2$

$y = -\frac{1}{3}x + 4$

Grafica cada sistema de ecuaciones. Luego, determina si cada sistema tiene *una* solución única, *ninguna* solución o soluciones *infinitas*. Identifica la solución si el sistema tiene solo una solución.

27. $y = -x$

$y = 2x - 6$

28. $y = 2x + 6$

$y = -x - 3$

29. $x + y = 2$

$y = 4x + 7$

30. $2x + y = 10$

$y = \frac{1}{2}x$

31. $x + y = 2$

$2y - x = 10$

32. $3x + 2y = 12$

$3x + 2y = 6$

33. $x - 2y = 2$

$3x + y = 6$

34. $x - y = 2$

$3y + 2x = 9$

35. $3x + y = 3$

$2y = -6x + 6$

36. $2x + 3y = -17$

$y = x - 4$

37. $y = \frac{2}{3}x - 5$

$3y = 2x$

38. $4x + 3y = 24$

$5x - 8y = -17$

39. $\frac{1}{2}x + \frac{1}{3}y = 6$

$y = \frac{1}{2}x + 2$

40. $6 - \frac{3}{8}y = x$

$\frac{2}{3}x + \frac{1}{4}y = 4$

41. $2x + 4y = 2$

$3x + 6y = 3$

Geometría

42. Las gráficas de las ecuaciones $-x + 2y = 6$, $7x + y = 3$ y $2x + y = 8$ contienen los lados de un triángulo. Halla las coordenadas de los vértices del triángulo.

43. Grafica el siguiente sistema de ecuaciones y halla el área de la figura geométrica.

$2x - 4 = 0$

$y = 8$

$x = 5$

$3y - 9 = 0$

Calculadoras de gráficas

Usa una calculadora de gráficas para resolver cada sistema de ecuaciones. Aproxima las coordenadas del punto de intersección en centésimas.

44. $y = x + 2$

$y = -x - 1$

45. $y = \frac{1}{4}x - 3$

$y = -\frac{1}{3}x - 2$

46. $6x + y = 5$

$y = 9 + 3x$

47. $3 + y = x$

$2 + y = 5x$

48. Si se sabe que $(0, 0)$ y $(2, 2)$ son soluciones de un sistema de dos ecuaciones lineales, ¿tiene el sistema otras soluciones? Justifica tus respuestas.

49. La solución del sistema de ecuaciones $Ax + y = 5$ y $Ax + By = 7$ es $(-1, 2)$. ¿Cuáles son los valores de A y B?

Aplicaciones y solución de problemas

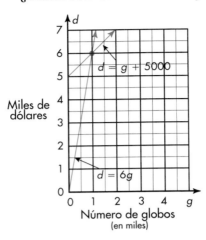

Miles de dólares

Número de globos
(en miles)

50. Negocios Mary Rodas, de 18 años de edad, es una especialista en juguetes. Ella prueba y evalúa productos para Catco, Inc., una compañía de Nueva York. Ayuda asimismo a diseñar nuevos juguetes como los Globos Esféricos de Balzac. Supongamos que los ingresos de los Globos Esféricos de Balzac están representadas por la ecuación $d = 6g$ y que los gastos están representados por la ecuación $d = g + 5000$. En ambas ecuaciones, g es el número de globos y d es el número de dólares. Usa la gráfica de la izquierda para responder las siguientes preguntas.

a. Halla la solución de este sistema de ecuaciones. Esta solución recibe el nombre de *punto de equilibrio.* ¿Qué representa este punto?

b. Se gana dinero si los ingresos son mayores que los gastos. ¿Cuándo se gana dinero con este juguete? ¿Cómo puedes determinar esto a partir de la gráfica?

c. Se pierde dinero si los ingresos son menores que los gastos. ¿Cuándo se pierde dinero con los Globos Esféricos de Balzac? ¿Cómo puedes determinar esto a partir de la gráfica?

51. Culturas del mundo La Edad de Oro de la India ocurrió durante la expansión del Imperio Gupta, la que comenzó en el año 320 D.C. La India llegó a ser un centro del arte, la medicina, la ciencia y las matemáticas. Supongamos que $P = \frac{1}{2}t + 22$ representa el porcentaje de hindúes en el Imperio Gupta en la época t.
Sea $P = -\frac{1}{2}t + 78$ el porcentaje de hindúes que no eran guptas. Grafica el sistema de ecuaciones y calcula aproximadamente el año en que el porcentaje de guptas fue igual al porcentaje de hindúes que no eran guptas. (*Sugerencia:* Haz que $t = 0$ corresponda al año 320 D.C.)

MONTAÑAS DEL HINDU-KUCH

MONTAÑAS DEL HIMALAYA

IMPERIO GUPTA

MAR DE OMÁN

INDIA

GOLFO DE BENGALA

Repaso comprensivo

52. Grafica $y - 7 > 3x$. (Lección 7–8)

53. Resuelve $|2m + 15| = 12$. (Lección 7–6)

54. Despeja $10p - 14 < 8p - 17$. (Lección 7–3)

55. Escribe una ecuación para la recta que pasa por el punto $(2, -2)$ y que es paralela a $y = -2x + 21$. (Lección 6–6)

56. Estadística Calcula la amplitud, la mediana, los cuartiles superior e inferior y la amplitud intercuartílica de los datos en la gráfica de tallo y hojas. (Lección 5–7)

Tallo	Hojas
43	3 5 6 6 9
44	1 4 4 4 9 9
45	0 2 7 7 8
46	5 7 *44|9 = 449*

57. Finanzas Patricia invirtió $5000 durante un año. Martín también invirtió $5000 durante un año. La tasa de interés de la cuenta de Martín fue 10% anual. A finales del año, la cuenta de Martín había ganado $125 más que la cuenta de Patricia. ¿Cuál fue la tasa de interés anual de la cuenta de Patricia? (Lección 4–4)

58. Despeja x en $\dfrac{a-x}{-3} = \dfrac{-2}{b}$. (Lección 3–6)

59. Arquitectura Responde las preguntas relacionadas con el siguiente problema verbal. Una urbanista está diseñando un complejo habitacional. Ella propone construir cuatro veces el mismo número de casas de tres dormitorios y de cuatro dormitorios. Si el complejo está diseñado para 100 casas, ¿cuántas casas de tres y cuatro dormitorios serán construidas? (Lección 2–9)

a. ¿Qué pregunta el problema?

b. Si h representa el número de casas de cuatro dormitorios que se planifican, ¿cuántas casas de tres dormitorios se planifican?

c. Si se planifican 20 casas de cuatro dormitorios, ¿cuántas de tres dormitorios se van a construir?

60. Evalúa $\dfrac{6ab}{3x+2y}$ si $a = 6$, $b = 4$, $x = 0.2$ y $y = 1.3$. (Lección 1–3)

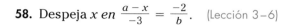

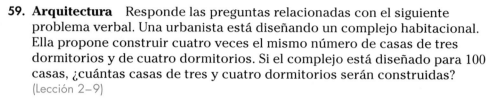

CONTINÚA CON LA In·ves·ti·ga·ción

Refiérete a las páginas 448–449.

¡Prepárate, alístate, déjalo caer!

Tu equipo determina que los planeadores individuales no solo se dejan caer como lo hiciste con los triángulos de papel de seda, sino que son siempre lanzados con un movimiento hacia adelante antes de planear. El equipo decide que se necesitan modelos a escala para poder formarse una idea de los aspectos de lanzamiento y aterrizaje de un planeador de verdad.

1 Cada equipo en tu clase va a construir un modelo de planeador usando papel de seda y alambre. Una mesa hará de precipicio desde donde lanzar el planeador.

2 Cada equipo debe discutir diferentes métodos para lanzar sus modelos desde la mesa. Deben presentar sus ideas a la clase y esta debe decidir qué método prefieren. Cada equipo debe probar su planeador usando el método aprobado por la clase.

3 Lanza el planeador 10 veces. En cada intento, mide la distancia horizontal (a lo largo del piso) de la mesa al lugar en el que aterrizó el planeador. Anota esta distancia y la altura del sitio de lanzamiento.

4 Usa estos datos para escribir una ecuación lineal que describa la trayectoria de tu planeador. ¿Cuál es la pendiente de su trayectoria?

5 Usando las ecuaciones lineales de los datos de cada uno de los otros equipos, ¿chocaría tu planeador con los de los otros equipos si se lanzaran simultáneamente desde precipicios que estén en lados opuestos? Escribe un informe detallado de tus conclusiones.

Agrega los resultados de tu trabajo a tu *Archivo de investigación*.

Sustitución

8-2

Lo que APRENDERÁS

- A resolver sistemas de ecuaciones usando el método de sustitución y
- a organizar datos para resolver problemas.

Por qué ES IMPORTANTE

Porque puedes usar sistemas de ecuaciones para resolver problemas de geografía y contaduría.

P T I

California tiene el 12% de toda la población de E.E.U.U.

Alaska, el estado más grande de E.E.U.U., tiene la segunda población más pequeña.

CONEXIÓN
Geografía

Un artículo reciente de *USA Today* informa que Nueva York perdió su posición como el segundo estado más poblado, cediéndole el lugar a Texas a finales de 1994. Los pronósticos de la Oficina de Censos muestran que Nueva York bajará aún más en el escalón demográfico cuando Florida lo alcance a principios del siglo XXI.

Población en 1994 (en millones)

NY	18.2
TX	18.4
FL	14.0
CA	31.4
TN	5.2
WA	5.3
NE	1.6

Si la población de Nueva York crece a una tasa constante de 0.02 millones habitantes por año y la población de Florida crece a una tasa constante de 0.26 millones de habitantes por año, ¿cuándo alcanzará Florida a Nueva York en cuanto a población? ¿Cuál será la población de cada estado en ese instante?

Sea P la población en millones y sea t el tiempo en años. La información anterior puede describirse mediante el siguiente sistema de ecuaciones.

$$P = 18.2 + 0.02t$$
$$P = 14 + 0.26t$$

Puedes tratar de resolver este sistema de ecuaciones mediante gráficas, como se ilustra a la derecha. Observa que las coordenadas *exactas* del punto de intersección de las rectas no se pueden determinar fácilmente mirando la gráfica. Una aproximación es (18, 18).

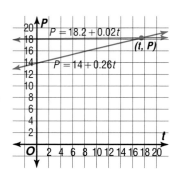

La solución exacta de este sistema de ecuaciones puede encontrarse por métodos algebraicos. Uno de estos métodos recibe el nombre de **sustitución.**

De la primera ecuación en el sistema, $P = 18.2 + 0.02t$, sabemos que P es igual a $18.2 + 0.02t$. Dado que P debe tener el mismo valor en *ambas* ecuaciones, puedes sustituir P con $18.2 + 0.02t$ en la segunda ecuación $P = 14 + 0.26t$.

$$P = 14 + 0.26t$$
$$18.2 + 0.02t = 14 + 0.26t$$
$$0.02t = -4.2 + 0.26t$$
$$-0.24t = -4.2$$
$$t = 17.5$$

Sustituye P con 18.2 + 0.02t de modo que la ecuación tenga solo una variable.

Hallemos ahora el valor de *P* sustituyendo *t* con 17.5 en cualquiera de las dos ecuaciones.

$P = 18.2 + 0.02t$
$\quad = 18.2 + 0.02(17.5)$ *También puedes sustituir t con 17.5 en P = 14 + 0.26t.*
$\quad = 18.55$

Verifica: Reemplaza (t, P) por $(17.5, 18.55)$ en cada ecuación.

$$P = 18.2 + 0.02t \qquad\qquad P = 14 + 0.26t$$
$$18.55 \overset{?}{=} 18.2 + 0.02(17.5) \qquad 18.55 \overset{?}{=} 14 + 0.26(17.5)$$
$$18.55 = 18.55 \quad ✔ \qquad\qquad 18.55 = 18.55 \quad ✔$$

La solución del sistema de ecuaciones es $(17.5, 18.55)$. Por lo tanto, al cabo de 17.5 años, o sea en 2011, las poblaciones de Nueva York y Florida serán ambas de 18.55 millones. *Compara este resultado con la aproximación que obtuvimos de la gráfica.*

Puedes usar la sustitución para resolver incluso sistemas de ecuaciones que sean más complejos.

Ejemplo ❶ **Usa la sustitución para resolver cada sistema de ecuaciones.**

a. $x + 4y = 1$
$\quad 2x - 3y = -9$

Despeja *x* en la primera ecuación dado que el coeficiente de *x* es 1.

$$x + 4y = 1$$
$$x = 1 - 4y$$

Ahora, halla el valor de *y* sustituyendo *x* con $1 - 4y$ en la segunda ecuación.

$$2x - 3y = -9$$
$$2(1 - 4y) - 3y = -9$$
$$2 - 8y - 3y = -9$$
$$-11y = -11$$
$$y = 1$$

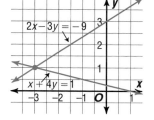

Finalmente, sustituye *y* con 1 en cualquiera de las ecuaciones originales para así hallar el valor de *x*. *Escoge la ecuación que te sea más fácil resolver.*

$$x + 4y = 1$$
$$x + 4(1) = 1$$
$$x + 4 = 1$$
$$x = -3$$

La solución del sistema es $(-3, 1)$. *Usa la gráfica de la izquierda para comprobar este resultado.*

b. $\dfrac{5}{2}x + y = 4$
$\quad 5x + 2y = 8$

Despeja *y* en la primera ecuación dado que el coeficiente de *y* es 1.

$$\frac{5}{2}x + y = 4$$
$$y = 4 - \frac{5}{2}x$$

Ahora, halla el valor de *x* sustituyendo *y* con $4 - \dfrac{5}{2}x$ en la segunda ecuación.

$$5x + 2y = 8$$
$$5x + 2\left(4 - \frac{5}{2}x\right) = 8$$
$$5x + 8 - 5x = 8$$
$$8 = 8$$

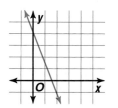

La afirmación $8 = 8$ es verdadera. Esto significa que hay soluciones infinitas para el sistema de ecuaciones. Esto es cierto porque la forma pendiente-intersección de ambas ecuaciones es $y = 4 - \dfrac{5}{2}x$. Es decir, las ecuaciones son equivalentes y ambas tienen la misma gráfica.

En general, si resuelves un sistema de ecuaciones lineales y el resultado es un enunciado verdadero (una identidad, como 8 = 8), el sistema tiene un número infinito de soluciones; si el resultado es un enunciado falso (por ejemplo, 8 = 12), el sistema no tiene solución.

LOS MODELOS Y LAS MATEMÁTICAS · Sistemas de ecuaciones

Materiales: tazas y fichas   tablero de ecuaciones

Usa un modelo para resolver el sistema de ecuaciones.

$4x + 3y = 8$

$y = x - 2$

Ahora te toca a ti

a. Haz que una taza represente la incógnita x. Si $y = x - 2$, ¿cómo puedes representar y?

b. Representa $4x + 3y = 8$ en el tablero de ecuaciones. Coloca cuatro tazas que representen $4x$ en un lado del tablero y tres representaciones de y del paso a. Al otro lado del tablero coloca ocho fichas positivas.

c. Usa lo que sabes de los tableros de ecuaciones y pares nulos para resolver la ecuación. ¿Qué valor de x es solución del sistema de ecuaciones?

d. Usa el valor de x del paso c y la ecuación $y = x - 2$ para hallar el valor de y.

e. ¿Cuál es la solución del sistema de ecuaciones?

A veces, es útil **organizar los datos** antes de resolver un problema. Algunas formas de organizar datos son las tablas, los esquemas, los diferentes tipos de gráficas o los diagramas.

Ejemplo ❷

SOLUCIÓN DE PROBLEMAS
Organiza los datos

Los Laboratorios EJH necesitan obtener 1000 galones de una solución con un 34% de acidez. Las únicas dos soluciones disponibles contienen un 25% de acidez y un 50% de acidez respectivamente. ¿Cuántos galones de cada solución deberían mezclarse para obtener la solución con un 34% de acidez?

Explora   Sea a los galones de la solución con un 25% de acidez.
Sea b los galones de la solución con un 50% de acidez.
Haz una tabla que organice la información del problema.

	25% de acidez	50% de acidez	34% de acidez
Total de galones	a	b	1000
Galones de ácido	$0.25a$	$0.50b$	$0.34(1000)$

Planifica   El sistema de ecuaciones es $a + b = 1000$ y $0.25a + 0.50b = 0.34(1000)$. Usa la sustitución para resolver este sistema.

Resuelve   Dado que $a + b = 1000$, $a = 1000 - b$.

$$0.25a + 0.50b = 0.34(1000)$$
$$0.25(1000 - b) + 0.50b = 340 \quad \text{Sustituye a con } 1000 - b.$$
$$250 - 0.25b + 0.50b = 340 \quad \text{Despeja b.}$$
$$0.25b = 90$$
$$b = 360$$

$$a + b = 1000$$
$$a + 360 = 1000 \quad \text{Sustituye b con 360.}$$
$$a = 640 \quad \text{Despeja a.}$$

Así, deberían usarse 640 galones de la solución al 25% y 360 galones de la solución al 50%.

Verifica   La solución ácida al 34% contiene $0.25(640) + 0.50(360) = 160 + 180$ ó 340 galones de ácido. Dado que $0.34(1000) = 340$, la solución queda así verificada.

Los sistemas de ecuaciones pueden ser útiles para representar situaciones de la vida real y para resolver problemas reales.

Ejemplo ❸

La familia Williams está visitando el Carnaval Estival de Johnstown. Tienen dos opciones para pagar por las entradas.

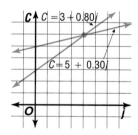

Opción	Precio de admisión	Precio por juego
A	$5	30¢
B	$3	80¢

a. Escribe una ecuación que represente el costo por persona de cada opción.

b. Grafica las ecuaciones y calcula aproximadamente la solución. Explica qué significa la solución.

c. Resuelve el sistema usando sustitución.

d. Escribe un párrafo breve en el que aconsejes a la familia Williams cuál opción elegir.

a. Sea *j* el número de juegos. El costo total *C* de cada persona es el costo de admisión más el costo de los juegos.

Opción A: $C = 5 + 0.30j$ *El costo de los juegos es el precio por*

Opción B: $C = 3 + 0.80j$ *juego por el número de juegos, j.*

b. De la gráfica, podemos deducir que la solución es más o menos (4, 6). Esto significa que cuando el número de juegos es igual a 4, ambas opciones cuestan alrededor de $6 por persona.

c. Usa la sustitución para resolver este sistema.

$$C = 5 + 0.30j$$
$$3 + 0.80j = 5 + 0.30j \quad \text{Reemplaza C por } 3 + 0.80j.$$
$$0.50j = 2 \quad \text{Despeja j.}$$
$$j = 4$$

$$C = 5 + 0.30j$$
$$= 5 + 0.30(4) \quad \text{Reemplaza j por 4.}$$
$$= 6.2 \quad \text{Despeja C.}$$

La solución es (4, 6.2). Esto significa que ambas opciones cuestan lo mismo, $6.20, para una persona que se suba a 4 juegos. De la gráfica puedes ver que la Opción A costará menos si una persona se sube a más de 4 juegos. La Opción B costará menos si una persona se sube a menos de 4 juegos.

d. Deberías decirle a la familia Williams que compre entradas bajo la Opción A para los que quieran subirse a más de 4 juegos y que compre entradas bajo la Opción B para el resto de la familia.

Comunicación en matemáticas

Estudia la lección y a continuación completa lo siguiente.

1. **Explica** por qué cuando se resuelve el sistema $y = 2x - 4$ y $4x - 2y = 0$ puedes sustituir y con $2x - 4$ en la segunda ecuación.

2. **Di** qué concluirías si la solución de un sistema de ecuaciones lineales resulta en la ecuación $8 = 0$.

3. **Describe** cómo puedes decidir, mirando solamente las ecuaciones $y = 9x + 2$ y $y = 9x - 5$, si el sistema tiene o no solución.

4. **Explica** por qué el graficar un sistema de ecuaciones puede no darte una solución exacta.

5. Yolanda está caminando por la universidad cuando ve a Adele caminando a 30 pies más adelante. En cada gráfica, t representa el tiempo en segundos y d la distancia en pies. Describe qué sucede en cada caso y cómo se relaciona con la solución.

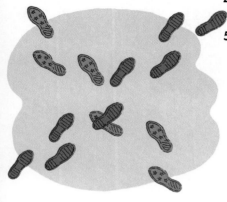

a.
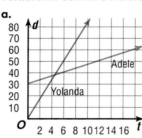

b.
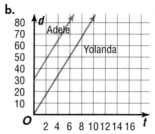

c.
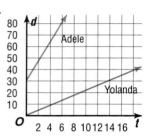

LOS MODELOS Y LAS MATEMÁTICAS

6. Usa tazas y fichas para hacer un modelo y resolver el sistema de ecuaciones.

$$y = 2x - 6$$
$$3x + 2y = 9$$

Práctica dirigida

Despeja x en cada ecuación. Luego, despeja y en cada ecuación.

7. $x + 4y = 8$

8. $3x - 5y = 12$

9. $0.8x + 6 = -0.75y$

Usa la sustitución para resolver cada sistema de ecuaciones. Si el sistema *no* tiene exactamente una sola solución, declara si *no* tiene *ninguna* solución o si tiene un número *infinito* de soluciones.

10. $y = 3x$
    $x + 2y = -21$

11. $x = 2y$
    $4x + 2y = 15$

12. $x + 5y = -3$
    $3x - 2y = 8$

13. $8x + 2y = 13$
    $4x + y = 11$

14. $2x - y = -4$
    $-3x + y = -9$

15. $6x - 2y = -4$
    $y = 3x + 2$

16. **Ventas** María trabajó todo un largo día atendiendo la caja de la tienda Villa de la Música durante una liquidación de discos compactos. Cada disco compacto en esta liquidación costaba $12 ó $10. Justo cuando pensaba que se podía ir a su casa, el gerente de la tienda le asignó la tarea de calcular cuántos discos compactos se habían vendido a cada precio para así registrar esta información en los récords de la tienda. María no quiere revisar cientos de registros de compra, así que decidió hacerlo de una manera más fácil. El mostrador ubicado a la salida de la tienda registra que 500 personas compraron discos compactos (uno por persona) durante la liquidación y la caja contiene $5750 de las ventas de ese día. María escribió un sistema de ecuaciones para el número de discos compactos vendidos a $10 y los vendidos a $12.

a. ¿Cuál fue el sistema de ecuaciones?

b. ¿Cuántos discos compactos se vendieron a cada precio?

Práctica

Usa la sustitución para resolver cada sistema de ecuaciones. Si el sistema *no* tiene exactamente una sola solución, declara si *no* tiene *ninguna* solución o si tiene un número *infinito* de soluciones.

17. $y = 3x - 8$
$y = 4 - x$

18. $2x + 7y = 3$
$x = 1 - 4y$

19. $x + y = 0$
$3x + y = -8$

20. $4c = 3d + 3$
$c = d - 1$

21. $4x + 5y = 11$
$y = 3x - 13$

22. $3x - 5y = 11$
$x - 3y = 1$

23. $c - 5d = 2$
$2c + d = 4$

24. $3x - 2y = 12$
$x + 2y = 6$

25. $x + 3y = 12$
$x - y = 8$

26. $x - 3y = 0$
$3x + y = 7$

27. $5r - s = 5$
$-4r + 5s = 17$

28. $2x + 3y = 1$
$-3x + y = 15$

29. $8x + 6y = 44$
$x - 8y = -12$

30. $0.5x - 2y = 17$
$2x + y = 104$

31. $-0.3x + y = 0.5$
$0.5x - 0.3y = 1.9$

32. $x = \frac{1}{2}y + 3$
$2x - y = 6$

33. $y = \frac{1}{2}x + 3$
$y = 2x - 1$

34. $y = \frac{3}{5}x$
$3x - 5y = 15$

Usa la sustitución para resolver cada sistema de ecuaciones. Escribe la solución como un triple ordenado de la forma (*x, y, z*).

35. $x + y + z = -54$
$x = -6y$
$z = 14y$

36. $2x + 3y - z = 17$
$y = -3z - 7$
$2x = z + 2$

37. $12x - y + 7z = 99$
$x + 2z = 2$
$y + 3z = 9$

Piensa críticamente

38. Teoría numérica Si se resta 36 de cierto entero positivo de dos dígitos, sus dígitos se invierten. Halla todos los enteros para los que se cumple esto.

Aplicaciones y solución de problemas

39. Entretenimiento El compositor norteamericano Cole Porter completó su primera partitura en 1916 a los 23 años de edad. En la secundaria Harding, el musical de primavera de este año es *Todo vale*, que Porter completó en 1934. La producción forma parte de un espectáculo de teatro y cena; cada entrada incluye la cena y el musical. El costo total de producción para el musical (escenario, vestuario, etc) es de $1000 y el costo de cada cena es $5. El club de teatro va a vender las entradas a $13 cada una.

a. Escribe un sistema de ecuaciones que represente el costo y el total de los ingresos de la producción.

b. ¿Cuántas entradas necesitan venderse para alcanzar el punto de equilibrio (sin pérdidas ni ganancias)?

40. Humor Lee la caricatura al pie de esta página. Resuelve el problema que ha puesto frenética a Peppermint Patty. Calcula cuánta crema y leche deben mezclarse para obtener 50 galones de crema con un 12.5% de grasa.

ANYTHING GOES – Vocal Selections – Revival Edition
LINCOLN CENTER THEATER AT THE VIVIAN BEAUMONT

Peanuts®

PEANUTS reimpreso con permiso de United Features Syndicate, Inc.

41. **Atletas** Según la revista *Health,* las mujeres atletas líderes están acortando la brecha entre su desempeño y el de sus colegas masculinos. El tiempo más rápido de la patinadora de velocidad Bonnie Blair en los 500 metros podría haberle ganado una medalla de oro olímpica en todas las competencias masculinas hasta 1976. El tiempo récord femenino para los 500 metros es de 39.1 segundos y el masculino es de 36.45 segundos. Supongamos que el tiempo récord femenino disminuye a una tasa promedio de 0.20 segundos por año y el masculino a una tasa promedio de 0.10 segundos por año.

   a. ¿Cuándo serán ambos tiempos récords iguales?

   b. ¿Cuánto será ese tiempo?

   c. ¿Crees que esto pueda suceder en realidad? Explica.

42. **Contaduría** A veces, los contadores deben decidir cuántas acciones deben transferirse de una persona a otra para alcanzar cierta proporción de propiedad. Supongamos que Rebeca Ávila es dueña de $3000 en acciones en una nueva compañía que no tiene otros accionistas. Por asuntos de impuestos, la compañía va a emitir nuevas acciones a Muriel Eppick de modo que Rebeca sea dueña del 80% y no del 100%, del total de las acciones. Sea S el nuevo valor total de las acciones de la compañía y sea x el valor de las acciones que va a recibir Muriel. Usa las siguientes ecuaciones para hallar el valor de las acciones que va a recibir Muriel.

   $S = 3000 + x$ *Nuevo total de acciones =cuota de Rebeca + cuota de Muriel.*

   $3000 = 0.80S$ *La cuota de Rebeca es el 80% del nuevo total de acciones.*

   $x = 0.20S$ *La cuota de Muriel es el 20% del nuevo total de acciones.*

43. **Organización de datos** Durante miles de años, el oro ha sido considerado uno de los metales más preciosos de la Tierra. Cuando el arqueólogo Howard Carter descubrió la tumba del Rey Tutankamón en 1922, exclamó que la tumba estaba llena de "extraños animales, estatuas y oro—por todas partes el brillo del oro". El oro que es cien por ciento puro es oro de 24 quilates. Si el oro de 18 quilates contiene un 75% de oro y el oro de 12 quilates contiene un 50%, ¿cuánto de cada uno debería usarse para hacer una pulsera de oro de 14 quilates que pese 300 gramos? (*Sugerencia:* El oro de 14 quilates es oro de más o menos un 58%.)

   a. Haz una tabla que organice la información.

   b. Escribe un sistema de ecuaciones que corresponda al problema.

   c. ¿Cuánto oro de 18 quilates y de 12 quilates se necesita para hacer una pulsera de oro de 14 quilates que pese 300 gramos?

Repaso comprensivo

44. Grafica el siguiente sistema de ecuaciones. Determina si el sistema tiene *una* solución, *ninguna* solución o soluciones *infinitas*. Identifica la solución si el sistema tiene solo una solución. (Lección 8–1)

   $y = 2x + 1$

   $7y = 14x + 7$

45. **Finanzas** Michael usa a lo sumo un 60% del dividendo anual de sus acciones en FlynnCo para comprar más acciones de esta misma compañía. Si su dividendo el año pasado fue de $885 y las acciones de FlynnCo se venden a $14 cada una, ¿cuál es el número máximo de acciones que puede comprar? (Lección 7–2)

46. Grafica $y = \frac{1}{5}x - 3$ usando la pendiente y la intersección *y*. (Lección 6–5)

47. Resuelve $3a - 4 = b$ si el dominio es $\{-1, 4, 7, 13\}$. (Lección 5–3)

48. ¿Cuánto es un 25% menos que 94? (Lección 4–5)

49. Resuelve $-8 - 12x = 28$. (Lección 3–3)

50. Grafica el conjunto solución de $n \leq -2$ en una recta numérica. (Lección 2–8)

51. Escribe una expresión algebraica que corresponda a *doce menos que m*. (Lección 1–1)

El método de la eliminación mediante adición y sustracción

APLICACIÓN

Entretenimiento

Las caricaturas de Walt Disney son animadas por un proceso computacional muy costoso que hace que la acción fluya uniformemente y que parezca dotada de vida. En 1994, la película de Walt Disney *El Rey León* fue la más taquillera del año, con un total de $300.4 millones.

Un sábado por la tarde, las familias Johnson y Olivera decidieron ir a ver juntas *El Rey León*. La familia Johnson, dos adultos y cuatro niños, pueden gastar $30 en entradas de su presupuesto para entretenimiento este fin de semana, mientras que la familia Olivera, dos adultos y dos niños, pueden gastar $21.50. Diferentes cines de la ciudad cobran distintos precios para adultos y para niños. ¿Qué precio pueden pagar las familias Johnson y Olivera por cada adulto y cada niño?

Sea a el precio de la entrada por cada adulto y sea n el precio de la entrada por cada niño. La información de este problema está representada por el siguiente sistema de ecuaciones.

$$2a + 4n = 30$$
$$2a + 2n = 21.5$$

A partir de la gráfica de la derecha, se puede calcular la solución ($7, $4). Para obtener una solución exacta, debemos resolver algebraicamente. Podrías resolver este sistema despejando primero a o n en cualquiera de las ecuaciones y luego usando la sustitución.

Sin embargo, un método más sencillo de solución es restar una ecuación de la otra, dado que los coeficientes de la variable a son iguales en ambas ecuaciones. Este método recibe el nombre de **eliminación** porque la resta elimina una de las variables. Empieza escribiendo las ecuaciones en forma de columna y luego réstalas.

Recuerda que restar es lo mismo que sumar el opuesto.

$$2a + 4n = 30$$
$$(-)\ 2a + 2n = 21.5$$

Multiplica por −1.

$$2a + 4n = 30$$
$$(+)\ -2a - 2n = -21.5$$
$$\overline{2n = 8.5}$$
$$n = 4.25$$

Ahora sustituye n con 4.25, en cualquiera de las ecuaciones para hallar el valor de a.

$$2a + 2n = 21.5$$
$$2a + 2(4.25) = 21.5 \quad \textit{Sustituye n con 4.25.}$$
$$2a + 8.5 = 21.5$$
$$2a = 13$$
$$a = 6.5 \quad \text{¿Es (6.5, 4.25) una solución del sistema?}$$

Verifica:

$$2a + 4n = 30 \qquad\qquad 2a + 2n = 21.5$$
$$2(6.5) + 4(4.25) \stackrel{?}{=} 30 \qquad 2(6.5) + 2(4.25) \stackrel{?}{=} 21.5$$
$$30 = 30 \quad\checkmark \qquad\qquad 21.5 = 21.5 \quad\checkmark$$

La solución del sistema de ecuaciones es (6.5, 4.25). De modo que, las familias Johnson y Olivera deberían buscar un cine que cobre $6.50 por adulto y $4.25 por niño.

En algunos sistemas de ecuaciones, los coeficientes que contienen la misma variable son inversos aditivos. Para estos sistemas, puede aplicarse el sistema de eliminación mediante la adición de las ecuaciones.

Ejemplo ❶ **Usa eliminación para resolver el sistema de ecuaciones.**

$$3x - 2y = 4$$
$$4x + 2y = 10$$

Dado que los coeficientes de los términos con y, -2 y 2, son inversos aditivos, puedes resolver el sistema sumando las ecuaciones.

$$\begin{array}{r} 3x - 2y = 4 \\ (+)\ 4x + 2y = 10 \\ \hline 7x = 14 \\ x = 2 \end{array}$$

Escribe las ecuaciones en forma de columna y luego súmalas.
Observa que la variable y ha sido eliminada.

Ahora sustituye x con 2 en cualquiera de las ecuaciones para hallar de valor de y.

$$3x - 2y = 4$$
$$3(2) - 2y = 4$$
$$6 - 2y = 4$$
$$-2y = -2$$
$$y = 1$$

La solución del sistema es (2, 1). *Verifica este resultado.*

Usa la resta para resolver un sistema de dos ecuaciones lineales siempre y cuando una de las variables tenga el mismo coeficiente en ambas ecuaciones.

Ejemplo ❷ **La suma de dos números es 18. La suma del número más grande y dos veces el más pequeño es 25. Halla los números.**

Sea x = el número más grande y y = el número más pequeño. Dado que la suma de los números es 18, una de las ecuaciones es $x + y = 18$. Como la suma del número más grande y dos veces el más pequeño es 25, la otra ecuación es $x + 2y = 25$. Usa eliminación para resolver este sistema.

$$\begin{array}{r} x + y = 18 \\ (-)\ x + 2y = 25 \\ \hline -y = -7 \\ y = 7 \end{array}$$

Como los coeficientes de los términos con x son iguales, elimina por medio de la resta.

Halla x sustituyendo y con 7 en una de las ecuaciones.

$$x + y = 18$$
$$x + 7 = 18 \quad \textit{Sustituye y con 7.}$$
$$x = 11 \quad \textit{Despeja x.}$$

La solución es (11, 7), lo que significa que los números son 7 y 11. *Verifica este resultado.*

Puedes usar varios tipos de software para resolver sistemas de ecuaciones.

SOFTWARE GRÁFICA

Se puede utilizar el *Mathematics Exploration Toolkit (MET)* para graficar sistemas de ecuaciones. Usa los siguientes comandos CALC.

CLEAR F (clr f)   Elimina previas gráficas de la pantalla de gráficas.

GRAPH (gra)   Grafica la ecuación más reciente en la pantalla de expresión.

SCALE (sca)   Fija los límites en los ejes x y y.

Para fijar la pantalla de gráficas, entra clr f. Luego, entra sca 10. Esto establece los límites en los ejes de -10 en 10 para x y y. Como solo se necesitan dos puntos para graficar una recta, usa el comando gra 2.

Ahora te toca a ti

a. Usa *MET* para verificar las soluciones de los ejemplos.

b. Grafica el sistema $3x + 2y = 7$ y $5x + 2y = 17$ y usa *MET* para encontrar la solución.

c. Describe la diferencia entre resolver un sistema de ecuaciones usando software gráfica y utilizando una calculadora de gráficas. ¿Cuál prefieres y por qué?

Ejemplo ❸

APLICACIÓN

Exámenes

Lina se está preparando para rendir el Examen de Evaluación Escolar (SAT). Ha estado rindiendo pruebas de práctica por un año y su puntaje ha mejorado constantemente. Siempre se saca 150 puntos más en la parte matemática que en la parte verbal. Ella necesita un puntaje total de 1270 para ingresar a la universidad que ha elegido. Si ella supone que aún va a tener esa diferencia de 150 puntos en ambas partes, ¿cuántos puntos necesita sacarse en cada parte?

Sea m el puntaje de Lina en la parte matemática y v su puntaje en la parte verbal. Como la suma de los puntajes de ambas partes es 1270, una ecuación es $m + v = 1270$. Dado que la diferencia de sus puntajes es 150, la otra ecuación es $m - v = 150$. Usa eliminación para resolver este sistema.

$$
\begin{array}{r}
m + v = 1270 \\
(+)\ m - v = 150 \\
\hline
2m\ \ \ \ \ \ = 1420 \\
m = 710
\end{array}
$$

Como los coeficientes de los términos con v son inversos aditivos, elimina por medio de la suma.

Halla v sustituyendo m con 710 en una de las ecuaciones.

$$
\begin{aligned}
m + v &= 1270 \\
710 + v &= 1270 \\
v &= 560
\end{aligned}
$$

Sustituye m con 710.

La solución es $(710, 560)$, lo cual significa que Lina debe sacar 710 puntos en la parte matemática y 560 en la parte verbal del SAT.

Comunicación en matemáticas

Estudia la lección y a continuación completa lo siguiente.

1. **Explica** cuándo es más fácil resolver un sistema de las maneras que se indican.

   a. por eliminación usando sustracción

   b. por eliminación usando adición

2. **a.** **Determina** cuál es el resultado cuando sumas $3x - 8y = 29$ con $-3x + 8y = 16$. ¿Qué te dice este resultado acerca del sistema de ecuaciones?

   b. ¿Qué te dice este resultado acerca de la gráfica del sistema?

3. **Tú decides** Maribela dice que un sistema de ecuaciones no tiene solución si se eliminan ambas variables mediante la adición o la sustracción. Devin arguye que puede haber un número infinito de soluciones. ¿Quién tiene la razón? Justifica tu respuesta.

Práctica dirigida

4. Consulta la gráfica de la derecha.

   a. Calcula la solución del sistema.

   b. Usa eliminación para hallar la solución exacta.

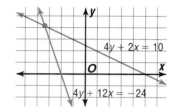

Declara cuál es el método más conveniente, adición, sustracción o sustitución, para resolver cada sistema de ecuaciones. Luego, resuelve cada sistema.

5. $3x - 5y = 3$
   $4x + 5y = 4$

6. $3x + 2y = 7$
   $y = 4x - 2$

7. $-4m + 2n = 6$
   $-4m + n = 8$

8. $8a + b = 1$
   $8a - 3b = 3$

9. $3x + y = 7$
   $2x + 5y = 22$

10. $2b + 4c = 8$
    $c - 2 = b$

11. **Estadística** La media de dos números es 28. Halla los números si tres veces uno de los números es igual a la mitad del otro número.

Práctica

En los ejercicios 12–14,

a. aproxima la solución de cada sistema de ecuaciones lineales y

b. usa eliminación para hallar la solución exacta de cada sistema.

12.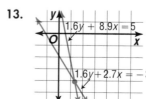

13.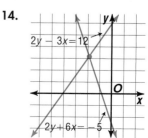

14.

Declara cuál es el método más conveniente, adición, sustracción o sustitución, para resolver cada sistema de ecuaciones. Luego, resuelve cada sistema.

15. $x + y = 8$
$x - y = 4$

16. $2r + s = 5$
$r - s = 1$

17. $x - 3y = 7$
$x + 2y = 2$

18. $3x + y = 5$
$2x + y = 10$

19. $5s + 2t = 6$
$9s + 2t = 22$

20. $4x - 3y = 12$
$4x + 3y = 24$

21. $2x + 3y = 13$
$x - 3y = 2$

22. $2m - 5n = -6$
$2m - 7n = -14$

23. $x - 2y = 7$
$-3x + 6y = -21$

24. $3r - 5s = -35$
$2r - 5s = -30$

25. $13a + 5b = -11$
$13a + 11b = 7$

26. $a - 2b - 5 = 0$
$3a - 2b - 9 = 0$

27. $4x = 7 - 5y$
$8x = 9 - 5y$

28. $\frac{2}{3}x + y = 7$
$\frac{10}{3}x + 5y = 11$

29. $\frac{3}{5}c - \frac{1}{5}d = 9$
$\frac{7}{5}c + \frac{1}{5}d = 11$

30. $0.6m - 0.2n = 0.9$
$0.3m = 0.45 - 0.1n$

31. $1.44x - 3.24y = -5.58$
$1.08x + 3.24y = 9.99$

32. $7.2m + 4.5n = 129.06$
$7.2m + 6.7n = 136.54$

INTEGRACIÓN
Teoría numérica

Usa un sistema de ecuaciones y el método de eliminación para resolver cada problema.

33. Halla dos números cuya suma sea 64 y cuya diferencia sea 42.

34. Halla dos números cuya suma sea 18 y cuya diferencia sea 22.

35. Dos veces un número sumado a otro número es 18. Cuatro veces el primer número menos el otro número es 12. Halla los números.

36. Si $x + y = 11$ y $x - y = 5$, ¿cuál es el valor de xy?

Usa eliminación dos veces para resolver cada sistema de ecuaciones. Escribe la solución como un triple ordenado (x, y, z).

37. $x + y = 5$
$y + z = 10$
$x + z = 9$

38. $2x + y + z = 13$
$x - y + 2z = 8$
$4x - 3z = 7$

39. $x + 2z = 2$
$y + 3z = 9$
$12x - y + 7z = 99$

Piensa críticamente

Aplicaciones y solución de problemas

40. Las gráficas de $Ax + By = 7$ y $Ax - By = 9$ se intersecan en $(4, -1)$. Halla A y B.

41. Entretenimiento en línea
El 27 de junio de 1994, Aerosmith se transformó en la primera banda principal de rock en lanzar una canción distribuida en los E.E.U.U. exclusivamente a través de un servicio computadorizado en línea. Los usuarios del servicio comercial CompuServe pudieron descargar la

canción *Head First* gratis en sus computadoras. Sin embargo, el descargar la canción, que solo dura 3 minutos con 14 segundos, toma considerable tiempo debido al sonido de alta fidelidad. José y Ling comparten una computadora personal y una tarde ambos descargaron la canción sin darse cuenta que el otro ya lo había hecho. Fuera de eso, Ling perdió 18 minutos porque escribió la palabra equivocada y tuvo que empezar de nuevo. A fin de mes, la cuenta de CompuServe estipulaba que habían usado 2.6 horas de tiempo esa tarde. ¿Cuánto tomó bajar la canción cada vez? (*Sugerencia:* 18 minutos = 0.3 horas.)

42. Culturas del mundo Los antiguos egipcios creían que sus faraones vivían para siempre en sus casas de la eternidad, las pirámides. Supongamos que el lado de la pirámide que contiene la entrada está representado por la recta $13x + 10y = 9600$, el lado opuesto a la pirámide por la recta $13x - 10y = 0$ y el corredor que desciende hacia la entrada por la recta $3x - 10y = 1500$, donde x es la distancia en pies y y es la altura en pies.

a. Halla las coordenadas de la entrada.

b. Calcula la altura de la pirámide.

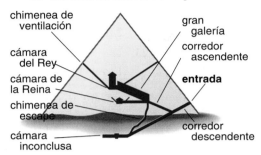

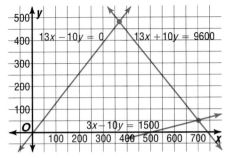

Repaso comprensivo

43. Química Los Laboratorios MX necesitan elaborar 500 galones de una solución con un 34% de acidez. Las únicas soluciones disponibles tienen un 25% de acidez y un 50% de acidez. ¿Cuántos galones de cada solución deberían mezclarse para obtener la solución con un 34% de acidez? Escribe el sistema de ecuaciones y resuélvelo usando el método de sustitución. (Lección 8–2)

44. Resuelve $5 - 8h \leq 9$. (Lección 7–1)

45. Calcula la pendiente de la recta que pasa por los puntos $(2, -9)$ y $(-1, 0)$. (Lección 6–1)

46. Grafica $6x - \frac{1}{2}y = -10$. (Lección 5–4)

47. Resuelve $-2(3t + 1) = 5$. (Lección 3–3)

48. Halla una aproximación de $\sqrt{15}$ en milésimas. (Lección 2–8)

49. Identifica la propiedad ilustrada por el siguiente enunciado. (Lección 1–6)
Si 6 = 2a y a = 3, entonces 6 = 2 · 3.

AUTOEVALUACIÓN

Grafica cada sistema de ecuaciones. Luego, determina si cada sistema tiene *una, ninguna* solución o *infinitas* soluciones. Identifica la solución si el sistema tiene solo una solución. (Lección 8–1)

1. $x - y = 3$
$3x + y = 1$

2. $2x - 3y = 7$
$3y = 7 + 2x$

3. $4x + y = 12$
$x = 3 - \frac{1}{4}y$

Usa la sustitución para resolver cada sistema de ecuaciones. (Lección 8–2)

4. $y = 5x$
$x + 2y = 22$

5. $2y - x = -5$
$y - 3x = 20$

6. $3x + 2y = 18$
$x + \frac{8}{3}y = 12$

Usa la eliminación para resolver cada sistema de ecuaciones. (Lección 8–3)

7. $x - y = -5$
$x + y = 25$

8. $3x + 5y = 14$
$2x - 5y = 1$

9. $5x + 4y = 12$
$3x + 4y = 4$

10. Recreación En un local de recreación y deportes, 3 miembros y 3 personas que no son miembros pagan un total de $180 por una clase de ejercicios aeróbicos. Un grupo de 5 miembros y 3 personas que no son miembros pagan $210 por la misma clase. ¿Cuánto les cuesta a los miembros y a los que no son miembros tomar la clase de ejercicio aeróbico? (Lección 8–3)

8-4

Eliminación mediante multiplicación

 **APLICACIÓN**

Telecomunicaciones

Lo que APRENDERÁS

- A resolver sistemas de ecuaciones usando el método de eliminación con multiplicación y adición y
- a determinar el mejor método de resolver sistemas de ecuaciones.

por qué ES IMPORTANTE

Porque puedes usar sistemas de ecuaciones para resolver problemas de telecomunicaciones y de geografía.

P T I

El 14 de enero de 1876, Alexander Graham Bell le ganó a Elisha Gray por unas cuantas horas en postular por una patente de invención para el teléfono. Ambos habían inventado simultáneamente prototipos viables.

GBT Mobilnet provee planes mensuales para clientes con teléfonos celulares. Carla Ramos y Robert Johnson eligieron el Plan B en el cual los cobros mensuales están basados en tarifas de llamadas por minuto durante horas de tráfico máximo y de tráfico mínimo. En un mes, Carla hizo 75 llamadas durante horas de tráfico máximo y 30 durante el tráfico mínimo y su cuenta fue de $40.05. Durante el mismo período, Robert hizo 50 llamadas durante horas de tráfico máximo y 60 durante el tráfico mínimo y su cuenta fue de $35.10. ¿Cuánto cobra GBT Mobilnet por minuto por llamadas de tráfico máximo y de tráfico mínimo en el Plan B?

Sea p la tarifa por minuto para llamadas de tráfico máximo y n la tarifa por minuto para llamadas de tráfico mínimo. Entonces, la información de este problema puede representarse con el siguiente sistema de ecuaciones.

$$75p + 30n = 40.05$$
$$50p + 60n = 35.10$$

Hasta aquí has aprendido cuatro métodos para resolver sistemas de dos ecuaciones lineales.

Método	La mejor ocasión para usarlo
Graficar	si quieres calcular aproximadamente la solución, dado que las gráficas no dan una solución exacta
Sustitución	si una de las variables en cualquiera de las ecuaciones tiene coeficiente 1 ó −1
Adición	si una de las variables tiene coeficientes opuestos en las ecuaciones
Sustracción	si una de las variables tiene el mismo coeficiente en ambas ecuaciones

El sistema anterior no es fácil de resolver usando cualquiera de estos métodos. Existe, sin embargo, una extensión del método de eliminación que se puede usar. Multiplica una de las ecuaciones por algún número de modo que al sumarlas o restarlas elimines una de las variables.

Para este sistema, multiplica la primera ecuación por −2 y suma. Entonces, el coeficiente de n en ambas ecuaciones será 60 ó −60.

$$75p + 30n = 40.05$$
$$50p + 60n = 35.10$$

Multiplica por −2.

$$-150p - 60n = -80.10$$
$$(+)\ 50p + 60n = 35.10$$
$$\overline{-100p \qquad\quad = -45}$$
$$p = 0.45$$

Ahora despeja n reemplazando p por 0.45.

$$75p + 30n = 40.05$$
$$75(0.45) + 30n = 40.05 \qquad \textit{Sustituye p con 0.45.}$$
$$33.75 + 30n = 40.05 \qquad \textit{Despeja n.}$$
$$30n = 6.3$$
$$n = 0.21 \qquad \text{¿Es (0.45, 0.21) una solución?}$$

Verifica:

$$75p + 30n = 40.05 \qquad\qquad 50p + 60n = 35.10$$

$$75(0.45) + 30(0.21) \overset{?}{=} 40.05 \qquad 50(0.45) + 60(0.21) \overset{?}{=} 35.10$$

$$40.05 = 40.05 \ \checkmark \qquad\qquad 35.10 = 35.10 \ \checkmark$$

La solución del sistema es $(0.45, 0.21)$. De modo que con este plan, la tarifa por minuto de llamadas durante horas de tráfico máximo es de 45¢ y durante tráfico mínimo es de 21¢.

Para algunos sistemas de ecuaciones es necesario multiplicar *cada* ecuación por un número diferente para resolver el sistema usando eliminación. Puedes eliminar cualquiera de las dos variables.

Ejemplo **Usa eliminación para resolver el sistema de ecuaciones de dos maneras distintas.**

$$2x + 3y = 5$$
$$5x + 4y = 16$$

Método 1

Puedes eliminar la variable x multiplicando la primera ecuación por 5 y la segunda ecuación por -2 y luego sumando las ecuaciones que resulten.

$2x + 3y = 5$ ⟶ **Multiplica por 5.** ⟶ $10x + 15y = 25$

$5x + 4y = 16$ ⟶ **Multiplica por -2.** ⟶ $\underline{(+) -10x - 8y = -32}$

$$7y = -7$$
$$y = -1$$

Ahora, halla x usando una de las ecuaciones originales.

$$2x + 3y = 5$$
$$2x + 3(-1) = 5 \quad \textit{Sustituye y con } -1.$$
$$2x - 3 = 5 \quad \textit{Despeja x.}$$
$$2x = 8$$
$$x = 4$$

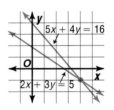

La solución del sistema es $(4, -1)$.

Método 2

También puedes resolver este sistema eliminando la variable y. Multiplica la primera ecuación por -4 y la segunda ecuación por 3. Luego suma.

$2x + 3y = 5$ ⟶ **Multiplica por -4.** ⟶ $-8x - 12y = -20$

$5x + 4y = 16$ ⟶ **Multiplica por 3.** ⟶ $\underline{(+) 15x + 12y = 48}$

$$7x \qquad = 28$$
$$x = 4$$

Ahora, calcula y.

$$2x + 3y = 5$$
$$2(4) + 3y = 5 \quad \textit{Sustituye x con 4.}$$
$$8 + 3y = 5 \quad \textit{Despeja y.}$$
$$3y = -3$$
$$y = -1$$

La solución es $(4, -1)$, que es el mismo resultado obtenido con el Método 1.

Ejemplo **2**

APLICACIÓN

Exámenes

Luis Díaz descubrió, mientras entraba las notas en su computadora, que había invertido accidentalmente los dígitos de un examen y disminuido en 36 puntos la nota de un estudiante. Luis le dijo al estudiante que la suma de los dígitos era 14 y prometió dar al estudiante su puntaje correcto más crédito extra si este podía determinar su nota correcta sin mirar la prueba. ¿Cuál era su nota correcta?

Explora　Sea d el dígito de las decenas de la nota.
Sea u el dígito de las unidades.

El puntaje correcto está representado por $10d + u$. El número entrado en la computadora es entonces $10u + d$. *¿Por qué?*

Planifica　Como la suma de los dígitos es 14, una de las ecuaciones es $d + u = 14$. Dado que el profesor disminuyó el puntaje del estudiante en 36 puntos, otra ecuación es $(10d + u) - (10u + d) = 36$, o sea, $9d - 9u = 36$.

Resuelve

$d + u = 14$　**Multiplica por 9.**　$9d + 9u = 126$

$9d - 9u = 36$　　　　　　　$(+)\ 9d - 9u = 36$

$$\overline{\qquad 18d \qquad = 162}$$
$$d = 9$$

Ahora, calcula u usando una de las ecuaciones originales.

$d + u = 14$

$9 + u = 14$　　*Sustituye d con 9.*

$u = 5$　　*Despeja u.*

La solución es $(9, 5)$, lo que significa que el puntaje correcto del estudiante en el examen era de $10(9) + 5$ ó 95 puntos.

Verifica　La suma de los dígitos es $9 + 5 = 14$ y $95 - 59 = 36$.

Puedes usar sistemas de ecuaciones para resolver problemas relacionados con la fórmula de la distancia, $rt = d$.

Ejemplo **3**

APLICACIÓN

Movimiento uniforme

P T I

El barco fluvial más grande del mundo es el *American Queen* de 418 pies. Los pasajeros pagaron hasta $9400 para viajar en su primer crucero, en junio de 1995.

Un barco fluvial en el río Misisipí cubre 48 millas contra la corriente en 4 horas. En el viaje de regreso, se demora solamente 3 horas. Calcula la velocidad de la corriente.

Explora　Sea r la velocidad del barco fluvial en aguas tranquilas. Sea c la velocidad de la corriente.

Entonces $r + c$ es la velocidad del barco fluvial cuando viaja *con* la corriente y $r - c$ es la velocidad del barco fluvial cuando viaja *contra* la corriente.

(continúa en la página siguiente)

Planifica Usa la fórmula tasa × tiempo = distancia o $rt = d$ para escribir un sistema de ecuaciones. Luego, resuelve el sistema para hallar el valor de c.

	r	t	d	$rt = d$
Con la corriente	$r + c$	3	48	$3r + 3c = 48$
Contra la corriente	$r - c$	4	48	$4r - 4c = 48$

Resuelve

$3r + 3c = 48$ **Multiplica por 4.** ➤ $12r + 12c = 192$

$4r - 4c = 48$ **Multiplica por −3.** ➤ $(+)\ -12r + 12c = -144$

$$24c = 48$$
$$c = 2$$

La velocidad de la corriente es de 2 millas por hora.

Examina Halla el valor de r en este sistema y verifica la solución.

COMPRUEBA LO QUE APRENDISTE

Comunicación en matemáticas

Estudia la lección y a continuación completa lo siguiente.

1. **Escribe** un problema acerca de una situación de la vida real en el que solo se necesite una aproximación de la solución en vez de la solución exacta. El problema debe estar relacionado con un sistema de ecuaciones.

2. **Explica** por qué necesitarías multiplicar cada ecuación por un número distinto cuando usas eliminación para resolver un sistema de ecuaciones.

3. **Escribe** un sistema de ecuaciones que se pueda resolver mejor usando la multiplicación y luego eliminación por medio de adición o sustracción.

MI DIARIO

DE MATEMÁTICAS

4. **Evalúate** Describe los métodos que prefieres usar cuando resuelves sistemas de ecuaciones lineales. Explica tu razonamiento.

Práctica dirigida

Explica los pasos que deberías seguir para eliminar la variable *x* de cada sistema de ecuaciones. Luego, resuelve cada sistema.

5. $x + 5y = 4$
$3x - 7y = -10$

6. $2x - y = 6$
$3x + 4y = -2$

7. $-5x + 3y = 6$
$x - y = 4$

Explica los pasos que deberías seguir para eliminar la variable *y* de cada sistema de ecuaciones. Luego resuelve cada sistema.

8. $4x + 7y = 6$
$6x + 5y = 20$

9. $3x - 8y = 13$
$4x - 5y = 6$

10. $2x - 3y = 2$
$5x + 4y = 28$

Aparea cada sistema de ecuaciones con el método más eficiente que se pueda usar para resolverla. Luego, resuelve cada sistema.

11. $3x - 7y = 6$
$2x + 7y = 4$

a. sustitución

12. $y = 4x + 11$
$3x - 2y = -7$

b. eliminación mediante adición o sustracción

13. $4x + 3y = 19$
$3x - 4y = 8$

c. eliminación mediante multiplicación

14. Movimiento uniforme Un barco fluvial cubre 36 millas, en 2 horas, al viajar con la corriente. En el viaje de regreso se demora 3 horas.

   a. Calcula la velocidad del barco fluvial en aguas tranquilas.

   b. Calcula la velocidad de la corriente.

EJERCICIOS

Práctica

Usa eliminación para resolver cada sistema de ecuaciones.

15. $2x + y = 5$
$3x - 2y = 4$

16. $4x - 3y = 12$
$x + 2y = 14$

17. $3x - 2y = 19$
$5x + 4y = 17$

18. $9x = 5y - 2$
$3x = 2y - 2$

19. $7x + 3y = -1$
$4x + y = 3$

20. $6x - 5y = 27$
$3x + 10y = -24$

21. $8x - 3y = -11$
$2x - 5y = 27$

22. $11x - 5y = 80$
$9x - 15y = 120$

23. $4x - 7y = 10$
$3x + 2y = -7$

24. $3x - \frac{1}{2}y = 10$
$5x + \frac{1}{4}y = 8$

25. $2x + \frac{2}{3}y = 4$
$x - \frac{1}{2}y = 7$

26. $\frac{2x + y}{3} = 15$
$\frac{3x - y}{5} = 1$

27. $7x + 2y = 3(x + 16)$
$x + 16 = 5y + 3x$

28. $0.4x + 0.5y = 2.5$
$1.2x - 3.5y = 2.5$

29. $1.8x - 0.3y = 14.4$
$x - 0.6y = 2.8$

INTEGRACIÓN
Teoría numérica

Usa un sistema de ecuaciones y eliminación para resolver cada problema.

30. La suma de los dígitos de un número de dos dígitos es 14. Si se invierten los dígitos, el nuevo número es 18 menos que el original. Halla el número original.

31. Tres veces un número es igual a dos veces otro número. Dos veces el primer número es 3 más que el segundo número. Halla los números.

32. La razón del dígito de las decenas al dígito de las unidades en un número de dos dígitos es 1:4. Si los dígitos se invierten, la suma del nuevo número con el número original es 110. Halla el número.

Determina el mejor método para resolver cada sistema de ecuaciones. Luego, resuélvelos.

33. $9x - 8y = 17$
$4x + 8y = 9$

34. $3x - 4y = -10$
$5x + 8y = -2$

35. $x + 2y = -1$
$2x + 4y = -2$

36. $5x + 3y = 12$
$4x - 5y = 17$

37. $\frac{2}{3}x - \frac{1}{2}y = 14$
$\frac{5}{6}x - \frac{1}{2}y = 18$

38. $\frac{1}{2}x - \frac{2}{3}y = \frac{7}{3}$
$\frac{3}{2}x + 2y = -25$

Usa la eliminación para resolver cada sistema de ecuaciones.

39. $\frac{1}{x - 5} - \frac{3}{y + 6} = 0$
$\frac{2}{x + 7} - \frac{1}{y - 3} = 0$

40. $\frac{2}{x} + \frac{3}{y} = 16$
$\frac{1}{x} + \frac{1}{y} = 7$

41. $\frac{1}{x - y} = \frac{1}{y}$
$\frac{1}{x + y} = 2$

42. El programa de calculadora de gráficas de la derecha halla la solución de dos ecuaciones lineales escritas en forma estándar.

$ax + by = c$

$dx + ey = f$

Las fórmulas para la solución de este sistema son:

$x = \dfrac{ce - bf}{ae - bd}, \quad y = \dfrac{af - cd}{ae - bd}$

Usa el programa para resolver cada sistema.

a. $8x + 2y = 0$

$12x + 3y = 0$

b. $x - 2y = 5$

$3x - 5y = 8$

c. $5x + 5y = 16$

$2x + 2y = 5$

d. $7x - 3y = 5$

$14x - 6y = 10$

```
PROGRAM:SOLVE
: Disp "ENTER COEFFICIENTS"
: Prompt A, B, C, D, E, F
: If AE-BD = 0
: Then
: Goto 1
: End
: (CE-BF)/(AE-BD) → X
: (AF-CD)/(AE-BD) → Y
: Disp "THE SOLUTION IS"
: Disp "X= ", X
: Disp "Y= ", Y
: Stop
: Lbl 1
: If CE-BF=0 or AF-CD=0
: Then
: Disp "INFINITELY", "MANY"
: Else
: Disp "NO SOLUTION"
```

43. Las gráficas de las ecuaciones $5x + 4y = 18$, $2x + 9y = 59$ y $3x - 5y = -4$ contienen los lados de un triángulo. Determina las coordenadas de los vértices del triángulo.

44. Geografía Benjamin Banneker, un matemático y astrónomo autodidacta, fue el primer americano-africano que publicó un almanaque. Se le conoce mayormente por haber sido el agrimensor auxiliar del equipo que diseñó el cuadrado de diez millas de Washington D.C. La Casa Blanca está ubicada en el centro del cuadrado, en la intersección de las avenidas Pennsylvania y New York. Sea $-5x + 7y = 0$ la avenida New York y $3x + 8y = 305$ la avenida Pennsylvania. Halla las coordenadas de la Casa Blanca.

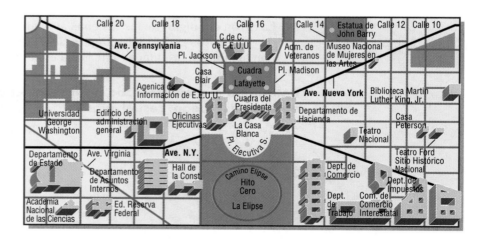

45. Organización de datos En el Restaurante Cozy Inn, que aún se está construyendo, los dueños han contratado suficientes camareros y camareras para atender 17 mesas. El jefe de bomberos ha examinado los planos del restaurante y ha dicho que lo aprobará para un máximo de 56 personas. Los dueños del restaurante están ahora decidiendo cuántas mesas de dos asientos y cuántas de cuatro debieran comprar para el restaurante. ¿Cuántas de cada tipo deberían comprar?

46. Carretera de la información El Mercury Center provee un servicio de referencia e investigación para los usuarios de computadoras basado en el uso durante horas de tráfico máximo y horas de tráfico mínimo. Miriam y Lesharo están suscritas. La siguiente tabla muestra el número de minutos de mayor tráfico y de menor tráfico que cada una de ellas gastó en un mes y cuánto costó. Usa la información para hallar la tarifa por minuto que cobra el Mercury Center por su servicio de investigación durante horas de tráfico máximo y durante horas de tráfico mínimo.

Usario	Número de minutos de tráfico máximo	Número de minutos de tráfico mínimo	Costo
Lesharo	45	50	$27.75
Miriam	70	30	$36

47. Usa eliminación para resolver el sistema de ecuaciones. (Lección 8–3)
$$2x - y = 10$$
$$5x + 3y = 3$$

48. Estadística ¿Cuál es el valor atípico en el diagrama de caja y patillas? (Lección 7–7)

30 40 50 60 70 80 90 100

49. Probabilidad Si Bill, Raúl y Kenyatta tienen la misma posibilidad de ganar una carrera en bicicleta, calcula la posibilidad de que Raúl llegue de último. (Lección 7–5)

50. Calcula las coordenadas del punto medio del segmento de recta cuyos extremos son $(1, 6)$ y $(-3, 4)$. (Lección 6–7)

51. Atletismo Alfonso se demora 55 segundos en correr 440 yardas y Marcus las corre en 88 segundos. Para que Alfonso y Marcus lleguen a la meta al mismo tiempo, ¿cuánta ventaja debería dar Alfonso a Marcus? (Lección 4–7)

52. Si $12m = 4$, entonces $3m = $ __?__ . (Lección 3–2)

53. Cocina Si hay cuatro barras en una libra de mantequilla y cada barra es de $\frac{1}{2}$ taza, ¿cuántas tazas de mantequilla hay en una libra de mantequilla? (Lección 2–6)

54. Evalúa $288 \div [3(9 + 3)]$. (Lección 1–3)

Cajas registradoras de alta tecnología

Matemática y SOCIEDAD

El siguiente pasaje apareció en un artículo del número de febrero de 1994 de la revista *Progressive Grocer*.

KMART...HA INSTALADO EN 48 TIENDAS una nueva tecnología que se utiliza para garantizar que haya suficientes cajas registradoras abiertas para atender a los clientes. El sistema cuenta el número de adultos y niños que hay en la tienda en un momento dado. El sistema, que se llama ShopperTrak...usa tecnología infrarroja en unidades instaladas en las puertas para tener una cuenta continua de clientes que entran y salen de la tienda...La información es enviada al software de una computadora de uso personal que se llama FastLane, la cual calcula cuántas cajas registradoras deberían abrirse en los siguientes 20 minutos de modo que no haya más de dos o tres personas en fila esperando en cada caja. Los gerentes leen la información en monitores ubicados en el área de las cajas. ■

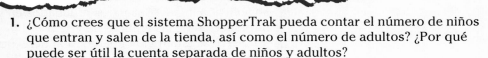

1. ¿Cómo crees que el sistema ShopperTrak pueda contar el número de niños que entran y salen de la tienda, así como el número de adultos? ¿Por qué puede ser útil la cuenta separada de niños y adultos?

2. ¿Crees que puedan ser diferentes los tiempos de compra promedios de hombres y mujeres, muchachos y muchachas o personas de edad y gente joven? ¿Por qué crees que el sistema ShopperTrak no considera estos factores?

Grafica sistemas de desigualdades

8-5

Lo que APRENDERÁS

- A resolver sistemas de desigualdades mediante gráficas.

Por qué ES IMPORTANTE

Porque puedes usar sistemas de desigualdades para resolver problemas que involucren viajes y nutrición.

MIRADA RETROSPECTIVA

Puedes consultar la lección 7-8 para informarte de cómo graficar desigualdades en dos variables.

APLICACIÓN

Empleos

A Unita le gusta su trabajo de niñera, pero solo gana \$3 por hora. Le han ofrecido que dé clases particulares a \$6 la hora. Por razones escolares, sus padres solo le permiten trabajar un máximo de 15 horas a la semana. ¿Cuántas horas puede Unita trabajar en ambas actividades y aún ganar por lo menos \$65 a la semana?

Sea x el número de horas que Unita puede cuidar niños cada semana. Sea y el número de horas que puede dar clases particulares cada semana. Como x y y representan números de horas, ninguno puede ser un número negativo. Así, $x \geq 0$ and $y \geq 0$. El siguiente **sistema de desigualdades** describe las condiciones del problema.

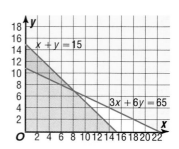

$$x \geq 0$$
$$y \geq 0$$
$$3x + 6y \geq 65 \quad \textit{Quiere ganar por lo menos \$65.}$$
$$x + y \leq 15 \quad \textit{Puede trabajar hasta 15 horas semanales.}$$

La solución de este sistema es el conjunto de todos los pares ordenados que satisfacen las dos últimas desigualdades y que están ubicados en el primer cuadrante. La solución puede determinarse graficando cada desigualdad en el mismo plano de coordenadas.

No olvides que la gráfica de cada desigualdad se llama *semiplano*. La intersección de los dos semiplanos representa la solución del sistema de desigualdades. Esta solución es una región que contiene un número infinito de pares ordenados. La recta de la frontera del semiplano es continua y está incluida en la gráfica si la desigualdad es $\leq$ o $\geq$. La recta de la frontera del semiplano es quebrada y no está incluida en la gráfica si la desigualdad es $<$ o $>$.

Las gráficas de $3x + 6y = 65$ y $x + y = 15$ son las fronteras de la región y están incluidas en la gráfica de este sistema. La región se muestra en verde más arriba. Solo la porción en el primer cuadrante está sombreada porque $x \geq 0$ y $y \geq 0$. Todo punto en esta región es una solución posible del sistema. Por ejemplo, como $(5, 9)$ es un punto en la región, Unita puede cuidar niños por 5 horas y dar clases particulares por 9 horas. En este caso, ella ganaría \$3(5) + \$6(9) ó \$69. *¿Cumple esto con sus condiciones de tiempo y ganancias?*

Ejemplo ① Resuelve cada sistema de desigualdades mediante gráficas.

a. $y < 2x + 1$
$y \geq -x + 3$

La solución incluye los pares ordenados en la intersección de las gráficas de $y < 2x + 1$ y $y \geq -x + 3$. Esta región aparece a la derecha, sombreada de verde. Las gráficas de $y = 2x + 1$ y $y = -x + 3$ son las fronteras de esta región. La gráfica de $y = 2x + 1$ aparece quebrada y *no* está incluida en la gráfica de $y < 2x + 1$. La gráfica de $y = -x + 3$ está incluida en la gráfica de $y \geq -x + 3$.

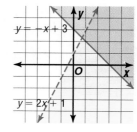

b. $2x + y \geq 4$
  $y \leq -2x - 1$

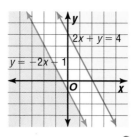

Las gráficas de $2x + y = 4$ y $y = -2x - 1$ son rectas paralelas. Dado que las regiones no tienen puntos en común, el sistema de desigualdades no tiene solución.

A veces, en los problemas de la vida real relacionados con sistemas, solo las soluciones enteras tienen sentido.

Ejemplo ❷

De vacaciones

Elena Ayala no quiere gastar más de $700 en hoteles mientras pasa sus vacaciones en Hawai. Quiere pasar al menos una noche en el Hyatt Resort y el resto de su estadía en el Coral Reef Hotel. En el Hyatt Resort cobran $130 por noche y en el Coral Reef Hotel $85 por noche.

a. Si quiere pasar en Hawai al menos 6 noches, ¿cuántas noches puede pasar en cada hotel sin gastar más de su presupuesto?

b. ¿Qué le aconsejarías a Elena con respecto a sus opciones?

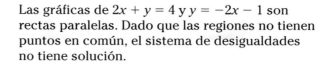

CONEXIONES GLOBALES

Los polinesios de las Islas Marquesas se establecieron en Hawai alrededor del año 400 D.C.. Una segunda ola de inmigrantes llegó de Tahití aproximadamente 400 a 500 años más tarde.

a. Sea c el número de noches que pasará en el Coral Reef Hotel. Sea h el número de noches que pasará en el Hyatt Resort.

El siguiente sistema de desigualdades puede usarse para representar las condiciones del problema.

$h + c \geq 6$ *Elena quiere quedarse al menos 6 noches.*

$h \geq 1$ *Quiere pasar al menos 1 noche en el Hyatt Resort.*

$130h + 85c \leq 700$ *Quiere gastar a lo sumo $700.*

La solución es el conjunto de todos los pares ordenados que están en la intersección de las gráficas de estas desigualdades. Esta región se muestra en verde a la derecha.

Cualquier punto en esta región es una solución posible; sin embargo, solo soluciones enteras tienen sentido en este problema. *¿Por qué?* Por ejemplo, como $(3, 3)$ es un punto en la región, Elena puede pasar 3 noches en cada hotel. En este caso, ella gastaría $3(\$130)$ ó $390 en el Hyatt Resort y $3(\$85)$ ó $255 en el Coral Reef Hotel por un total de $645. Las otras soluciones son $(5, 1)$, $(6, 1)$, $(4, 2)$, $(5, 2)$ y $(2, 4)$. *Verifica este resultado.*

b. Podrías aconsejarle a Elena que pase en Hawai un máximo de 7 noches, si se queda 1 ó 2 noches en el Hyatt Resort y el resto de sus vacaciones en el Coral Reef Hotel.

Una calculadora de gráficas es una herramienta útil para graficar sistemas de desigualdades. Es importante entrar las funciones en el orden correcto dado que esto determina el sombreado.

Puedes usar una calculadora de gráficas para resolver sistemas de desigualdades. La TI-82 grafica funciones y sombrea por arriba de la primera función que se entra y por debajo de la segunda función que se entra. Elige 7 en el menú DRAW para seleccionar la función SHADE. Primero, entra la función que constituye la frontera inferior de la región que se va a sombrear. (Observa que las desigualdades que tienen $>$ o $\geq$ son fronteras inferiores y las desigualdades que tienen $<$ o $\leq$ son fronteras superiores.) Oprime $\boxed{,}$. Luego, entra la función que es la frontera superior de la región. Oprime $\boxed{)}$ $\boxed{\text{ENTER}}$.

Ahora te toca a ti

a. Usa una calculadora de gráficas para graficar el sistema de desigualdades.

$y \geq 4x - 3$

$y \leq -2x + 9$

b. Usa una calculadora de gráficas para desarrollar los ejemplos de esta lección. Haz una lista y explica cualquier desventaja que hayas descubierto al utilizar la calculadora de gráficas para graficar sistemas de desigualdades.

c. Describe en tus propias palabras el proceso de usar una calculadora de gráficas para resolver sistemas de desigualdades lineales.

COMPRUEBA LO QUE APRENDISTE

Comunicación en matemáticas

Estudia la lección y a continuación completa lo siguiente.

1. **Explica** cómo puedes determinar si las rectas de frontera deberían incluirse en la gráfica de un sistema de desigualdades.

2. **Tú decides** Joshua dice que el punto de intersección de las rectas de frontera es siempre una solución de un sistema de desigualdades. Rolanda dice que el punto de intersección puede no ser parte del conjunto de solución. Explica quién tiene la razón y da un ejemplo que apoye tu respuesta.

3. **Escribe** un sistema de desigualdades que no tenga solución. Describe la gráfica de tu sistema.

4. **Identifica** los puntos que son soluciones del sistema de desigualdades graficado a la derecha. Explica cómo lo sabes.

   a. $(0, 0)$ **b.** $(-1, 4)$

   c. $(2, 5)$ **d.** $(0.5, -1.7)$

MI DIARIO

DE MATEMÁTICAS

5. Describe una situación de la vida real de la que puedas hacer un modelo usando un sistema de desigualdades.

Práctica
dirigida

Resuelve cada sistema de desigualdades mediante una gráfica.

6. $x < 1$
$x > -4$

7. $y \geq -2$
$y - x < 1$

8. $y \geq 2x + 1$
$y \leq -x + 1$

9. $y \geq 3x$
$3y < 5x$

10. $y - x < 1$
$y - x > 3$

11. $2x + y \leq 4$
$3x - y \geq 6$

Escribe un sistema de desigualdades que corresponda a cada gráfica.

12.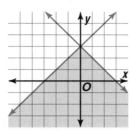

13.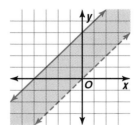

14. Ventas   La clase de la profesora Johnson puede obtener hasta $90 de pizza gratis de Angelino's Pizza como premio por haber vendido el mayor número de revistas durante la campaña de revistas. Necesitan hacer un pedido de al menos 6 pizzas grandes para tener suficiente para toda la clase. Si una pizza con pepperoni cuesta $9.95 y una pizza suprema cuesta $12.95, ¿cuántas de cada tipo pueden pedir? Haz una lista de tres soluciones posibles.

EJERCICIOS

Práctica

Resuelve cada sistema de desigualdades mediante una gráfica.

15. $x > 5$
$y \leq 4$

16. $y < 0$
$x \geq 0$

17. $y > 3$
$y > -x + 4$

18. $x \leq 2$
$y - 4 \geq 5$

19. $x \geq 2$
$y + x \leq 5$

20. $y < -3$
$x - y > 1$

21. $y \leq 2x + 3$
$y < -x + 1$

22. $y - x < 3$
$y - x \geq 2$

23. $y \geq 3x$
$7y < 2x$

24. $x - y < -1$
$x - y > 3$

25. $2y + x < 6$
$3x - y > 4$

26. $3x - 4y < 1$
$x + 2y \leq 7$

27. $y - 4 > x$
$y + x < 4$

28. $5y \geq 3x + 10$
$2y \leq 4x - 10$

29. $y + 2 \leq x$
$2y - 3 > 2x$

30. $2x + y \geq -4$
$-5x + 2y < 1$

31. $x + y > 4$
$-2x + 3y < -12$

32. $-4x + 5y \leq 41$
$x + y > -1$

Escribe un sistema de desigualdades que corresponda a cada gráfica.

33.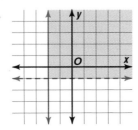

34.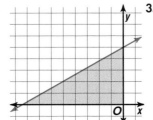

35.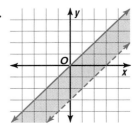

Escribe un sistema de desigualdades que corresponda a cada gráfica.

36.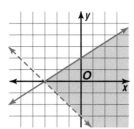

37.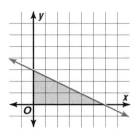

38.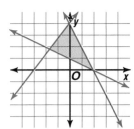

Resuelve cada sistema de desigualdades mediante una gráfica.

39. $x - 2y \le 2$
$3x + 4y \le 12$
$x \ge 0$

40. $x - y \le 5$
$5x + 3y \ge -6$
$y \le 3$

41. $x < 2$
$4y > x$
$2x - y < -9$
$x + 3y < 9$

Calculadora de gráficas

Usa una calculadora de gráficas para resolver cada sistema de desigualdades.

42. $y \ge 3x - 6$
$y \le x + 1$

43. $y \le x + 9$
$y > -x - 4$

44. $y < 2x + 10$
$y \ge 7x + 15$

Piensa críticamente
Aplicaciones y solución de problemas

45. Resuelve la desigualdad $|y| \le 3$ mediante una gráfica. (*Sugerencia:* Gráficala como un sistema de desigualdades.)

Grafica un sistema de desigualdades para resolver cada problema.

46. Nutrición Los jóvenes entre las edades de 11 y 18 deberían ingerir al menos 1200 miligramos de calcio diarios. Una onza de queso mozzarella contiene 147 miligramos de calcio y una onza de queso suizo contiene 219 miligramos. Si no quieres comer más de 8 onzas de queso diarias, ¿cuánto de cada tipo de queso deberías comer y aún ingerir tu porción diaria de calcio requerida? Haz una lista de tres soluciones posibles.

47. Organización de datos A Kenny Choung le gusta hacer ejercicio físico caminando y trotando por lo menos 3 millas diarias. Kenny camina a una velocidad de 4 mph y trota a una velocidad de 8 mph. Si solo tiene media hora disponible para hacer ejercicio, ¿cuánto tiempo puede pasar caminando y trotando y cubrir por lo menos 3 millas? Haz una lista de tres soluciones posibles.

Repaso comprensivo

48. Teoría numérica Si los dígitos de un entero positivo de dos dígitos se invierten, el resultado es 6 menos que dos veces el número original. Halla todos los enteros que cumplen esto. (Lección 8–4)

49. Organización de datos Cuando Roberta cobró su cheque de $180 en efectivo, el cajero le dio 12 billetes, cada uno de $5 ó de $20. ¿Cuántos de cada tipo recibió? (Lección 8–2)

50. Resuelve $4 > 4a + 12 > 24$ y grafica el conjunto de solución. (Lección 7–4)

51. Escribe una ecuación en la forma pendiente-intersección de la recta que pasa por los puntos $(3, 3)$ y $(-1, 5)$. (Lección 6–2)

52. Resuelve $y = -\frac{1}{2}x + 3$ si el dominio es $\{2, 4, 6\}$. (Lección 5–3)

53. ¿Qué número aumentado en un 40% es igual a 14? (Lección 4–5)

54. Viajes Paloma Rey manejó al trabajo el miércoles a 40 millas por hora y llegó un minuto tarde. Salió de su casa a la misma hora el jueves, manejó a 45 millas por hora y llegó un minuto más temprano. ¿A qué distancia vive Paloma de su trabajo? (*Sugerencia:* Convierte las horas en minutos.) (Lección 3–5)

55. Define una variable y luego escribe una ecuación para el siguiente problema. Diego cubrió 134 yardas corriendo. Esto es 17 yardas más que en el juego anterior. ¿Cuántas yardas cubrió en ambos juegos? (Lección 2–9)

56. Identifica la propiedad que se ilustra con $(3 \cdot x) \cdot y = 3 \cdot (x \cdot y)$. (Lección 1–8)

VOCABULARIO

Después de estudiar este capítulo podrás definir cada término, propiedad o frase y dar uno o dos ejemplos de cada uno.

Álgebra

consistente (p. 455)

dependiente (p. 456)

eliminación (p. 469)

inconsistente (p. 456)

independiente (p. 456)

sistema de desigualdades (p. 482)

sistema de ecuaciones (p. 455)

sustitución (p. 462)

Solución de problemas

organización de los datos (p. 464)

COMPRENSIÓN Y USO DEL VOCABULARIO

Escoge el término que complete correctamente cada enunciado.

1. El método que se usa para resolver el siguiente sistema de ecuaciones es (*eliminación, sustitución*).

$$
\left.\begin{array}{l} x = 4y + 1 \\ x + y = 6 \end{array}\right\} \rightarrow
$$
$$
\begin{array}{ll}
(4y + 1) + y = 6 & x = 4(1) + 1 \\
5y + 1 = 6 & x = 4 + 1 \\
5y = 5 & x = 5 \\
y = 1 & \text{solución:} \quad (5, 1)
\end{array}
$$

2. Si un sistema de ecuaciones tiene exactamente una solución, es (*dependiente, independiente*).

3. Si la gráfica de un sistema de ecuaciones es un par de rectas paralelas, se dice que el sistema de ecuaciones es (*consistente, inconsistente*).

4. Un sistema de ecuaciones que tiene infinitamente muchas soluciones es (*dependiente, independiente*).

5. El método que se usa para resolver el siguiente sistema de ecuaciones es (*la eliminación, la sustitución*).

$$
\left.\begin{array}{l} -2c + b = 3 \\ -b - c = -6 \end{array}\right\} \rightarrow
$$
$$
\begin{array}{ll}
b - 2c = 3 & -b - (1) = -6 \\
\underline{(+) -b - c = -6} & -b - 1 = -6 \\
-3c = -3 & -b = -5 \\
c = 1 & b = 5 \quad \text{solución:} \quad (5, 1)
\end{array}
$$

6. Si un sistema de ecuaciones tiene la misma pendiente y diferentes intersecciones axiales, la gráfica del sistema es (*un par de rectas que se intersecan, un par de rectas paralelas*).

7. Si un sistema de ecuaciones tiene la misma pendiente e intersecciones axiales, el sistema tiene (*exactamente una solución, infinitamente muchas soluciones*).

8. La solución de un sistema de ecuaciones es $(3, -5)$; el sistema es por lo tanto (*consistente, inconsistente*).

9. A la derecha se muestra la gráfica de un sistema de ecuaciones. El sistema (*tiene infinitamente muchas soluciones, no tiene ninguna solución*).

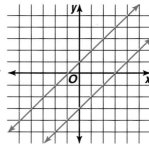

10. La solución de un sistema de desigualdades es la (*intersección, unión*) de dos semiplanos.

11. Un sistema de desigualdades que incluye $x < 0$ y $y > 0$ está en el (*segundo, cuarto*) cuadrante.

HABILIDADES Y CONCEPTOS

OBJETIVOS Y EJEMPLOS

Una vez completado este capítulo podrás:

• resolver sistemas de ecuaciones mediante gráficas (Lección 8–1)

Grafica $x + y = 6$ y $x - y = 2$ y encuentra la solución.

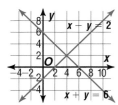

La solución es $(4, 2)$.

• determinar mediante una gráfica si un sistema de ecuaciones tiene una solución, ninguna solución o infinitamente muchas soluciones (Lección 8–1)

Grafica $3x + y = -4$ y $6x + 2y = -8$ y determina el número de soluciones.

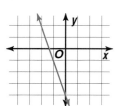

Las soluciones son infinitas.

• resolver sistemas de ecuaciones usando el método de sustitución (Lección 8–2)

Usa sustitución para resolver el siguiente sistema de ecuaciones.

$y = x - 1$
$4x - y = 19$

$4x - y = 19$	$y = x - 1$
$4x - (x - 1) = 19$	$y = 6 - 1$
$4x - x + 1 = 19$	$y = 5$
$3x + 1 = 19$	
$3x = 18$	
$x = 6$	

La solución es $(6, 5)$.

EJERCICIOS DE REPASO

Usa estos ejercicios para repasar y prepararte para el examen del capítulo.

Grafica cada sistema de ecuaciones para encontrar la solución.

12. $y = 2x - 7$
$x + y = 11$

13. $x + 2y = 6$
$2y - 8 = -x$

14. $3x + y = -8$
$x + 6y = 3$

15. $5x - 3y = 11$
$2x + 3y = -25$

Grafica cada sistema de ecuaciones. Luego determina si cada sistema tiene una *sola* solución, *ninguna* solución o *infinitamente muchas* soluciones. Identifica la solución si el sistema tiene solo una solución.

16. $x - y = 9$
$x + y = 11$

17. $9x + 2 = 3y$
$y - 3x = 8$

18. $2x - 3y = 4$
$6y = 4x - 8$

19. $3x - y = 8$
$3x = 4 - y$

Usa la sustitución para resolver cada sistema de ecuaciones. Si el sistema no tiene una *sola* solución, di si *no* tiene solución o si tiene *infinitamente muchas* soluciones.

20. $2m + n = 1$
$m - n = 8$

21. $3a - 2b = -4$
$3a + b = 2$

22. $x = 3 - 2y$
$2x + 4y = 6$

23. $3x - y = 1$
$2x + 4y = 3$

OBJETIVOS Y EJEMPLOS

- resolver sistemas de ecuaciones usando el método de eliminación por medio de adición y sustracción   (Lección 8–3)

Usa la eliminación para resolver el siguiente sistema de ecuaciones.

$2m - n = 4$
$m + n = 2$

$2m - n = 4$	$m + n = 2$
$(+)\ m + n = 2$	$2 + n = 2$
$\overline{3m = 6}$	$n = 0$
$m = 2$	

La solución es $(2, 0)$.

- resolver sistemas de ecuaciones usando el método de eliminación con multiplicación y adición   (Lección 8–4)

Usa la eliminación para resolver el siguiente sistema de ecuaciones.

$3x - 4y = 7$
$2x + y = 1$

$3x - 4y = 7$	$3x - 4y = 7$
$2x + y = 1$ **Multiplica por 4.**	$(+)\ 8x + 4y = 4$
	$\overline{11x = 11}$
$2x + y = 1$	$x = 1$
$2(1) + y = 1$	
$y = -1$	

La solución es $(1, -1)$.

- determinar el mejor método para resolver sistemas de ecuaciones   (Lección 8–4)

Usa el mejor método para resolver el siguiente sistema de ecuaciones.

$x + 2y = 8$
$3x + 2y = 6$

$3x + 2y = 6$	$x + 2y = 8$
$(-)\ x + 2y = 8$	$-1 + 2y = 8$
$\overline{2x = -2}$	$2y = 9$
$x = -1$	$y = \dfrac{9}{2}$

La solución es $\left(-1, \dfrac{9}{2}\right)$.

EJERCICIOS DE REPASO

Usa eliminación para resolver cada sistema de ecuaciones.

24. $x + 2y = 6$
$x - 3y = -4$

25. $2m - n = 5$
$2m + n = 3$

26. $3x - y = 11$
$x + y = 5$

27. $3s + 6r = 33$
$6r - 9s = 21$

28. $3x + 1 = -7y$
$6x + 7y = 0$

29. $12x - 9y = 114$
$7y + 12x = 82$

Usa la eliminación para resolver cada sistema de ecuaciones.

30. $x - 5y = 0$
$2x - 3y = 7$

31. $x - 2y = 5$
$3x - 5y = 8$

32. $2x + 3y = 8$
$x - y = 2$

33. $-5x + 8y = 21$
$10x + 3y = 15$

34. $5m + 2n = -8$
$4m + 3n = 2$

35. $6x + 7y = 5$
$2x - 3y = 7$

Determina el mejor método de resolver cada sistema de ecuaciones. Luego resuélvelos.

36. $y = 2x$
$x + 2y = 8$

37. $9x + 8y = 7$
$18x - 15y = 14$

38. $2x - y = 36$
$3x - 0.5y = 26$

39. $3x + 5y = 2x$
$x + 3y = y$

40. $5x - 2y = 23$
$5x + 2y = 17$

41. $2x + y = 3x - 15$
$x + 5 = 4y + 2x$

OBJETIVOS Y EJEMPLOS

• resolver sistemas de desigualdades mediante gráficas   (Lección 8–5)

Resuelve el siguiente sistema de desigualdades.

$x \geq -3$
$y \leq x + 2$

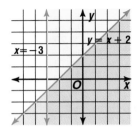

EJERCICIOS DE REPASO

Resuelve cada sistema de desigualdades mediante gráficas.

42. $y < 3x$
$x + 2y \geq -21$

43. $y > -x - 1$
$y \leq 2x + 1$

44. $2x + y < 9$
$x + 11y < -6$

45. $x \geq 1$
$y + x \leq 3$

46. $y \geq x - 3$
$y \geq -x - 1$

47. $x - 2y \leq -4$
$4y < 2x - 4$

APLICACIONES Y SOLUCIÓN DE PROBLEMAS

48. Viaje en globo aerostático   Un globo aerostático está a una altura de 10 metros, elevándose a una velocidad de 15 metros por minuto. Otro globo aerostático está a una altura de 150 metros, descendiendo a una velocidad de 20 metros por minuto.   (Lección 8–1)

a. ¿Cuánto se demorarán los globos en estar a la misma altura?

b. ¿Cuál es esa altura?

49. Teoría numérica   Un número de dos dígitos es 7 veces su dígito de las unidades. Si se suma 18 al número, sus dígitos se invierten. Halla el número original.   (Lección 8–2)

50. Viajes   Mientras manejaba hacia Fullerton, la señora Sumner viajó a una velocidad promedio de 40 mph. En el viaje de regreso, viajó a una velocidad promedio de 56 mph y se demoró dos horas menos. ¿A qué distancia de Fullerton vive la señora Sumner?   (Lección 8–4)

51. Ventas   El Beach Resort ofrece dos ofertas especiales de fin de semana. Una incluye una estadía de 2 noches con 3 comidas y cuesta $195. La otra incluye una estadía de 3 noches con 5 comidas y cuesta $300.   (Lección 8–4)

a. ¿Cuánto cuesta la estadía por una noche?

b. ¿Cuánto cuesta cada comida?

52. Organización de datos   Abby ha planificado gastar a lo sumo $24 en nueces de acajú y maní para su fiesta del Cuatro de julio. La Nut Shoppe vende el maní a $3 la libra y las nueces de acajú a $5 la libra. Si Abby necesita por lo menos 5 libras de nueces para la fiesta, ¿cuántas de cada tipo puede comprar? Haz una lista de tres soluciones posibles.   (Lección 8–5)

Un examen de práctica para el Capítulo 8 aparece en la página 794.

EVALUACIÓN ALTERNATIVA

PROYECTO DE APRENDIZAJE COOPERATIVO

Arquitectura de Paisajes   Gavin Royse necesita un trazado de su patio. Está haciendo algo de jardinería ornamental y necesita tener una cuadrícula de su patio que puedan usar los trabajadores cuando instalen su cerca y los dos árboles que compró. Su casa está situada haciendo un ángulo con el terreno, el cual mide 80 pies por 80 pies. Los límites de la casa están descritos por las cuatro ecuaciones siguientes.

$3x - 4y = 55$
$3x + 2y = 85$
$3x - 4y = -125$
$3x + 2y = 175$

La casa está orientada hacia el suroeste.

La cerca va a ir de la esquina norte más alejada de la casa en (5, 80) y luego a lo largo del límite norte del terreno hasta la esquina del terreno en (80, 80). De ahí irá hacia el sur a lo largo del límite del terreno hasta (80, 30). De ahí se doblará formando en un ángulo hacia la casa hasta (55, 5), para después terminar en la esquina este más alejada de la casa.

Se va plantar un árbol de sombra en la intersección de $3x - 4y = 55$ y $x + 3y = 170$, y se plantará un árbol ornamental a 15 pies al sur de la esquina oeste de la casa.

Prepara una gráfica que los trabajadores puedan usar como guía. Sigue estas instrucciones para organizar tus datos.

- Determina cómo establecer la gráfica y la escala.
- Confecciona una gráfica detallada y colorida que Gavin pueda pasar a los trabajadores.
- Escribe el sistema de desigualdades que describa la zona cercada del terreno de Gavin.
- Determina los vértices de la casa.
- Determina la ubicación de los dos árboles.

Escribe una descripción detallada para los trabajadores de lo que hay que hacer y la zona en la que se va a llevar a cabo el trabajo.

PIENSA CRÍTICAMENTE

- ¿Cómo muestran los métodos de eliminación o sustitución que un sistema de ecuaciones es inconsistente o que un sistema de ecuaciones es consistente y dependiente?
- Inventa un sistema de ecuaciones que no tenga solución. ¿Cuáles fueron tus criterios para inventar el sistema?

PORTAFOLIO

Elige un sistema de ecuaciones de este capítulo que se pueda resolver con varios métodos. Luego, resuélvelo usando cada uno de los métodos que se introdujeron en este capítulo: mediante gráficas, sustitución, eliminación usando adición o sustracción y eliminación, usando la multiplicación y la adición. Escribe una explicación relacionada con las ventajas y desventajas de usar cada uno de estos métodos para este problema.

AUTOEVALUACIÓN

¿Trabajas bien en grupo? ¿Haces lo que te corresponde? ¿Haces más de lo que te corresponde? Como a menudo vas a tener que trabajar en grupo, debes ser responsable de tus acciones y entender cómo estas afectan al grupo. Una persona que es demasiado dominante puede sofocar el proceso de aprendizaje de otros estudiantes. En el otro extremo, una persona que es demasiado pasiva puede quedarse fuera y no experimentar el proceso de aprendizaje en su totalidad.

Evalúate. ¿Qué clase de trabajador en grupo eres tú? ¿Tomas la iniciativa para mejorar a todo el grupo o solo te preocupas de aprender tú? Piensa en algún grupo del que formaste parte recientemente, en matemáticas o en tu vida diaria. Haz una lista de dos acciones positivas que observaste en el grupo y que ayudaron al grupo. Luego, haz una lista de dos acciones negativas que observaste en el grupo y que obstruyeron el trabajo de este.

SECCIÓN UNO: SELECCIÓN MÚLTIPLE

Hay ocho preguntas en esta sección. Después de trabajar en cada problema, escribe la respuesta correcta en tu hoja de prueba.

1. Escoge el enunciado verdadero para un sistema de dos ecuaciones lineales.

A. No hay solución cuando las gráficas de las ecuaciones son perpendiculares.

B. Hay una sola solución cuando las gráficas de las ecuaciones están en una misma recta.

C. Un sistema solo se puede resolver graficando las ecuaciones.

D. Hay infinitamente muchas soluciones cuando las gráficas de las ecuaciones tienen la misma pendiente e intersecciones axiales.

2. La escala en un mapa es de 2 centímetros a 5 kilómetros. Doe Creek y Kent están a una distancia de 15.75 kilómetros. ¿Cuál es su distancia en el mapa?

A. 7.88 cm

B. 39.38 cm

C. 6.3 cm

D. 31.5 cm

3. Elige la gráfica que corresponde a $2x - y < 6$.

A.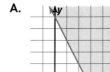

B.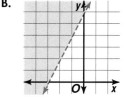

C.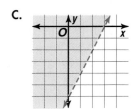

D.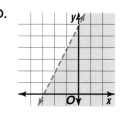

4. El dígito de las unidades de un número de dos dígitos excede el doble del dígito de las decenas en 1. Halla el número si la suma de los dígitos es 7.

A. 25

B. 16

C. 34

D. 61

5. Identifica la región en la siguiente gráfica que es la solución del siguiente sistema.

$y \geq 2x + 2$

$y \leq -x - 1$

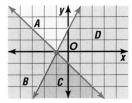

A. Región A

B. Región B

C. Región C

D. Región D

6. Los puntajes de Abeytu en los primeros cuatro de cinco exámenes de 100 puntos cada uno son 85, 89, 90 y 81. ¿Cuánto tiene que sacar en el quinto examen para tener un promedio de al menos 87 puntos?

A. al menos 86 puntos

B. al menos 90 puntos

C. al menos 69 puntos

D. al menos 87 puntos

7. La frecuencia con que vibra la cuerda de un violín es inversamente proporcional a su largo. Si una cuerda de 10 pulgadas vibra con una frecuencia de 512 ciclos por segundo, halla la frecuencia de una cuerda de 8 pulgadas.

A. 284.4 ciclos por segundo

B. 409.6 ciclos por segundo

C. 514 ciclos por segundo

D. 640 ciclos por segundo

8. Calcula la media de $3\frac{1}{2}$, 5, $4\frac{1}{8}$, $7\frac{3}{4}$, 4 y $6\frac{5}{8}$.

A. $5\frac{1}{6}$

B. 6

C. $6\frac{1}{5}$

D. 31

SECCIÓN DOS: RESPUESTAS BREVES

Esta sección contiene siete preguntas que debes contestar brevemente. Escribe las respuestas en tu hoja de prueba.

9. Eric se está preparando para correr en la maratón Bay. Un día corrió y caminó un total de 16 millas. Corrió la primera milla y después caminó una milla por cada dos millas que corrió. ¿Cuántas millas corrió y cuántas caminó?

10. El número de calorías de una porción de papas fritas en 13 restaurantes es 250, 240, 220, 348, 199, 200, 125, 230, 274, 239, 212, 240 y 327. Haz un diagrama de caja y patillas con esta información.

11. Halla tres enteros consecutivos impares cuya suma sea 81.

12. Durante los partidos de fútbol americano de la secundaria Beck, el puesto de refrescos vende perros calientes y refresco. John compró 6 perros calientes y 4 refrescos, pagando en total $6.70. Jessica compró 4 perros calientes y 3 refrescos, pagando un total de $4.65. ¿Cuánto vale cada perro caliente y cada refresco?

13. Dibuja un diagrama de árbol que muestre todas las comidas que se pueden crear con las siguientes opciones.

Carnes: pollo, bistec

Vegetales: brécol, papa asada, ensalada surtida, zanahorias

Bebidas: leche, cola, jugo

14. Patricia va a comprar regalos de graduación para sus amigas Sarah e Isabel. Quiere gastar por lo menos $5 dólares más en el regalo de Isabel que en el de Sarah. Puede gastar un máximo de $56. Dibuja una gráfica que muestre las posibles cantidades que puede gastar en cada regalo.

15. El costo de arrendar un auto de Rossi Rentals por un día viene dado por la fórmula $C(m) = 31 + 0.13m$, donde m es el número de millas que se ha manejado el auto, $0.13 es el costo por milla conducida y $C(m)$ es el costo total. Si Sheila manejó 110 millas y lo regresó el mismo día, ¿cuál es el costo del arriendo del auto?

SECCIÓN TRES: ABIERTA

Esta sección contiene dos problemas abiertos. Demuestra tu conocimiento dando una solución clara y concisa de cada problema. Tus puntos en estos problemas dependerán de cómo puedas efectuar lo siguiente:

- Explicar tu razonamiento.

- Mostrar tu comprensión de las matemáticas de una manera organizada.

- Usar tablas, gráficas y diagramas en tu explicación.

- Mostrar la solución de más de una manera o relacionarla con otras situaciones.

- Investigar más allá de los requerimientos del problema.

16. Curtis tiene un cupón que le otorga un 33% de descuento en cualquier compra de $50 ó más en First Place Sports Shop. Su abuela le dio $75 como regalo de cumpleaños. Escribe un problema sobre la manera en que Curtis puede gastar su dinero si piensa comprar varios artículos, incluyendo una gorra de béisbol por $18.75, un par de zapatos para deportes por $53.95 y una sudadera, descontada en 15%, por $26.95. Luego, resuelve el problema.

17. Las gráficas de las ecuaciones $y = x + 3$, $2x - 7y = 4$ y $2y + 3x = 6$ contienen los lados de un triángulo. Escribe un problema sobre estas gráficas que requiera resolver un sistema de ecuaciones. Luego, resuelve el problema.

Explora polinomios

Objetivos

En este capítulo, podrás:

- resolver problemas observando patrones,
- multiplicar y dividir monomios,
- expresar números en notación científica y
- sumar, restar y multiplicar polinomios.

Al día con la tecnología

Mi perro se comió el disquete donde estaba mi tarea.

Probablemente has escuchado miles de excusas por no tener la tarea lista, pero esta es probablemente nueva. ¿Usas una computadora para hacer tu tareas? ¿Cuáles son las ventajas y desventajas de hacer tus tareas de esta manera?

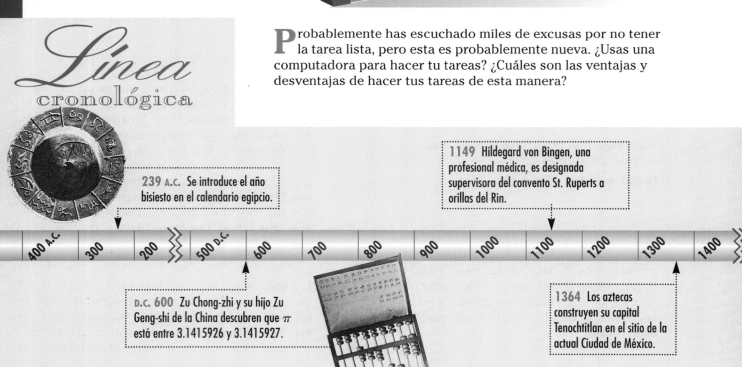

Línea cronológica

239 A.C. Se introduce el año bisiesto en el calendario egipcio.

1149 Hildegard von Bingen, una profesional médica, es designada supervisora del convento St. Ruperts a orillas del Rin.

| 400 A.C. | 300 | 200 | 500 D.C. | 600 | 700 | 800 | 900 | 1000 | 1100 | 1200 | 1300 | 1400 |

D.C. **600** Zu Chong-zhi y su hijo Zu Geng-shi de la China descubren que π está entre 3.1415926 y 3.1415927.

1364 Los aztecas construyen su capital Tenochtitlan en el sitio de la actual Ciudad de México.

Proyecto del capítulo

Jenny Slabaugh y **Amy Gusfa** son ayudantes de producción de un show semanal de video creado por los estudiantes de la secundaria Dearborn en Michigan. Su experiencia en electrónica y video les valió a cada una, cuando solo contaban con 15 años de edad, una beca de $1000 del Sony Institute of Technology en Hollywood. Fueron las primeras mujeres en recibir dicha beca del Sony Institute y pasaron una semana allí estudiando electrónica teórica y aplicada.

Su interés en la producción de videos proviene del programa de video de la secundaria Dearborn, el cual es reconocido nacionalmente. Ellas unen sus intereses en ciencia, matemática, electrónica, música y arte para crear programas de video. Ambas creen que un mayor número de muchachas deberían investigar la tecnología de video y consideran que ellas dos pueden contribuir a este campo en el futuro.

Un byte es una unidad de información procesada por una computadora, por ejemplo, un número o una letra. Un megabyte es 1.048576×10^6 bytes, un poco más de 1 millón de bytes.

- Investiga tres computadoras personales y tres computadoras portátiles. Halla la cantidad de RAM (Memoria de Acceso Aleatorio) y la memoria del disco duro de cada computadora en megabytes. Escribe cada número en notación estándar y en notación científica.

- Usa notación científica para escribir la cantidad de memoria de cada computadora en bytes.

- Calcula el promedio de la memoria de las tres computadoras de uso personal en megabytes. Haz lo mismo con las tres computadoras portátiles. Escribe cada número en notación científica.

- Escribe en forma decimal la razón de la memoria promedio de las computadoras personales a la memoria promedio de las computadoras portátiles. Analiza su significado.

- Investiga el tamaño de la memoria de computadoras que se estén desarrollando para el futuro. ¿Cuántos bytes hay en un gigabyte? ¿Cuánto veces más grande que un megabyte es un gigabyte?

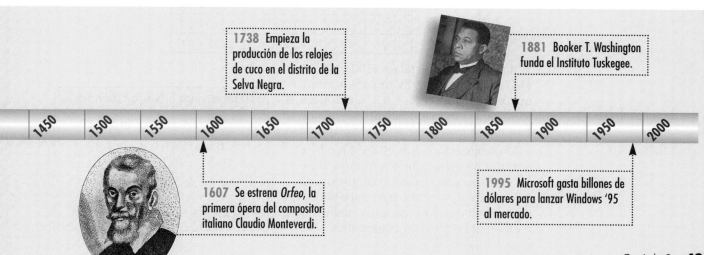

1738 Empieza la producción de los relojes de cuco en el distrito de la Selva Negra.

1881 Booker T. Washington funda el Instituto Tuskegee.

1450 1500 1550 1600 1650 1700 1750 1800 1850 1900 1950 2000

1607 Se estrena *Orfeo*, la primera ópera del compositor italiano Claudio Monteverdi.

1995 Microsoft gasta billones de dólares para lanzar Windows '95 al mercado.

Multiplica monomios

Finanzas

Lo que APRENDERÁS

- A multiplicar monomios,
- a simplificar expresiones que contengan potencias de monomios y
- a resolver problemas observando patrones.

Por qué ES IMPORTANTE

Porque puedes usar monomios para resolver problemas de finanzas y geometría.

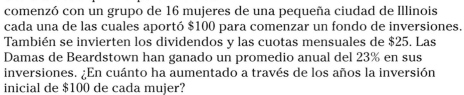

Desde 1983, el Club de inversiones de mujeres profesionales y de negocios Beardstown ("Damas de Beardstown") ha ganado lo suficiente en el mercado de valores como para hacer morir de envidia a cualquier experto. El club comenzó con un grupo de 16 mujeres de una pequeña ciudad de Illinois cada una de las cuales aportó $100 para comenzar un fondo de inversiones. También se invierten los dividendos y las cuotas mensuales de $25. Las Damas de Beardstown han ganado un promedio anual del 23% en sus inversiones. ¿En cuánto ha aumentado a través de los años la inversión inicial de $100 de cada mujer?

Al final del primer año (1984), cada inversión inicial tiene un valor de $100(1 + 0.23)$ ó $123. Al final del segundo año, la inversión inicial vale $100(1 + 0.23)(1 + 0.23)$, que es lo mismo que $100(1 + .023)^2$ ó $151.29. La siguiente tabla exhibe el valor de una inversión inicial de $100 durante los primeros 13 años.

Sucedió por primera vez

Muriel Siebert (1932–)

La primera mujer que ocupó una posición en la Bolsa de Valores de Nueva York fue Muriel ("Mickey") Siebert. El 28 de diciembre de 1967 ella pagó $445,000 y fue admitida como miembro titular.

Año	Cálculo anual	Valor
1984	$100(1 + 0.23)$	$123.00
1985	$100(1 + 0.23)^2$	$151.29
1986	$100(1 + 0.23)^3$	$186.09
1987	$100(1 + 0.23)^4$	$228.89
1988	$100(1 + 0.23)^5$	$281.53
1989	$100(1 + 0.23)^6$	$346.28
1990	$100(1 + 0.23)^7$	$425.93
1991	$100(1 + 0.23)^8$	$523.89
1992	$100(1 + 0.23)^9$	$644.39
1993	$100(1 + 0.23)^{10}$	$792.59
1994	$100(1 + 0.23)^{11}$	$974.89
1995	$100(1 + 0.23)^{12}$	$1199.12
1996	$100(1 + 0.23)^{13}$	$1474.91

¡La inversión inicial de $100 vale $1474.91 al cabo de 13 años! Si hacemos que x sea el factor $(1 + 0.23)$, entonces el valor de la inversión inicial después de 13 años se puede escribir como $100x^{13}$.

Una expresión como $100x^{13}$ recibe el nombre de **monomio.** Un monomio es un número, una variable o el producto de un número y una o más variables. Los monomios que son números reales reciben el nombre de **constantes.**

Son monomios	No son monomios
12	$a + b$
q	$\frac{a}{b}$
$4x^3$	$5 - 7d$
$11ab$	$\frac{5}{a^2}$
$\frac{1}{3}xyz^{12}$	$\frac{5a}{7b}$

Recuerda que una expresión de la forma x^n recibe el nombre de *potencia*. La base es x y el exponente es n. A continuación se muestra una tabla de potencias de 2.

2^1	2^2	2^3	2^4	2^5	2^6	2^7	2^8	2^9	2^{10}
2	4	8	16	32	64	128	256	512	1024

Cada número en los siguientes productos puede expresarse como una potencia de 2. Examina el patrón de los exponentes.

Número	$8(32) = 256$	$8(64) = 512$	$4(16) = 64$	$16(32) = 512$
Potencia	$2^3(2^5) = 2^8$	$2^3(2^6) = 2^9$	$2^2(2^4) = 2^6$	$2^4(2^5) = 2^9$
Patrón de exponentes	$3 + 5 = 8$	$3 + 6 = 9$	$2 + 4 = 6$	$4 + 5 = 9$

Estos ejemplos sugieren que puedes multiplicar potencias con la misma base sumando los exponentes.

Producto de potencias	Para un número a cualquiera y todos los enteros m y n, $$a^m \cdot a^n = a^{m+n}.$$

Ejemplo 1 **Simplifica cada expresión.**

a. $(3a^6)(a^8)$

$$(3a^6)(a^8) = 3a^{6+8}$$
$$= 3a^{14}$$

b. $(8y^3)(-3x^2y^2)\left(\frac{3}{8}xy^4\right)$

$$(8y^3)(-3x^2y^2)\left(\frac{3}{8}xy^4\right)$$
$$= \left(8 \cdot (-3) \cdot \frac{3}{8}\right)(x^2 \cdot x)(y^3 \cdot y^2 \cdot y^4)$$
$$= -9x^{2+1}y^{3+2+4}$$
$$= -9x^3y^9$$

Descubrimos la propiedad de las potencias al observar un patrón. La **búsqueda de un patrón** es una estrategia importante para resolver problemas.

Ejemplo 2 **Resuelve extendiendo el patrón.**

$$4 \times 6 = 24$$
$$14 \times 16 = 224$$
$$24 \times 26 = 624$$
$$34 \times 36 = 1224$$
$$124 \times 126 = ?$$

SOLUCIÓN DE PROBLEMAS

Busca un patrón

Explora — Observa el problema. Necesitas encontrar un patrón para determinar el producto de 124 y 126.

Planifica — Los dos últimos dígitos de cada producto son siempre 24. Para hallar el primer o los primeros dígitos del producto, observa el dígito de las decenas en cada par de factores. Observa que $0 \times 1 = 0$, $1 \times 2 = 2$, $2 \times 3 = 6$ y $3 \times 4 = 12$. Extiende este patrón para hallar el producto requerido.

Resuelve — $12 \times 13 = 156$

Por lo tanto, $124 \times 126 = 15{,}624$

Examina — Usa una calculadora para comprobar que el producto es 15,624. El patrón se cumple para 124×126.

Examina los siguientes ejemplos.

$$\left(8^3\right)^5 = \left(8^3\right)\left(8^3\right)\left(8^3\right)\left(8^3\right)\left(8^3\right)$$

$$\left(y^7\right)^3 = \left(y^7\right)\left(y^7\right)\left(y^7\right)$$

$$= 8^{3+3+3+3+3} \xleftarrow{\hspace{1em}} \textit{Producto de potencias} \xrightarrow{\hspace{1em}} = y^{7+7+7}$$

$$= 8^{15}$$

$$= y^{21}$$

Por lo tanto, $(8^3)^5 = 8^{15}$ y $(y^7)^3 = y^{21}$. Estos ejemplos sugieren que puedes hallar la potencia de una potencia multiplicando los exponentes.

Potencia de una potencia	Para un número a cualquiera y todos los enteros m y n, $(a^m)^n = a^{mn}$.

Busca un patrón en los siguientes ejemplos.

$$(ab)^4 = (ab)(ab)(ab)(ab)$$

$$= (a \cdot a \cdot a \cdot a)(b \cdot b \cdot b \cdot b)$$

$$= a^4 b^4$$

$$(5pq)^5 = (5pq)(5pq)(5pq)(5pq)(5pq)$$

$$= (5 \cdot 5 \cdot 5 \cdot 5 \cdot 5)(p \cdot p \cdot p \cdot p \cdot p)(q \cdot q \cdot q \cdot q \cdot q)$$

$$= 5^5 p^5 q^5 \; or \; 3125 p^5 q^5$$

MIRADA RETROSPECTIVA

Puedes consultar la lección 1-1 para informarte de cómo hallar la potencia de un número usando una calculadora.

Estos ejemplos sugieren que la potencia de un producto es el producto de las potencias.

Potencia de un producto	Para números a y b cualesquiera y todo entero m, $(ab)^m = a^m b^m$.

Las propiedades de la potencia de una potencia y de la potencia de un producto pueden resumirse de la siguiente manera.

Potencia de un monomio	Para números a y b cualesquiera y todos los enteros m, n y p, $(a^m b^n)^p = a^{mp} b^{np}$.

Ejemplo ❸ **Simplifica $(2a^4 b)^3[(-2b)^3]^2$.**

$$(2a^4 b)^3[(-2b)^3]^2 = (2a^4 b)^3 (-2b)^6 \qquad \textit{Propiedad de potencia de una potencia}$$

$$= 2^3 (a^4)^3 b^3 (-2)^6 b^6 \qquad \textit{Propiedad de potencia de un producto}$$

$$= 8 a^{12} b^3 (64) b^6 \qquad \textit{Propiedad de potencia de una potencia}$$

$$= 512 a^{12} b^9 \qquad \textit{Propiedad del producto de potencias}$$

Una expresión que contenga monomios se considera simplificada si es equivalente a una expresión en la que:

- no hay potencias de potencias,

- cada base aparece solo una vez y

- todas las fracciones están simplificadas.

Comunicación en matemáticas

Estudia la lección y a continuación completa lo siguiente.

1. **Escribe** con tus propias palabras.
   a. la propiedad del producto de potencias
   b. la propiedad de la potencia de una potencia
   c. la propiedad de potencia de un producto

2. **Explica** por qué la propiedad del producto de potencias no se puede aplicar cuando las bases son diferentes.

3. **Tú decides**   Luisa dice que $10^4 \times 10^5 = 100^9$, pero Taryn afirma que $10^4 \times 10^5 = 10^9$. ¿Quién tiene la razón? Explica tu respuesta.

4. **Escribe** 64 de seis maneras diferentes usando exponentes; por ejemplo, $64 = (2^2)^3$.

MI DIARIO

DE MATEMÁTICAS

Práctica dirigida

Determina si los pares de monomios son equivalentes. Escribe *sí* o *no*.

5. $2d^3$ y $(2d)^3$

6. $(xy)^2$ y x^2y^2

7. $-x^2$ y $(-x)^2$

8. $5(y^2)^2$ y $25y^4$

Simplifica.

9. $a^4(a^7)(a)$

10. $(xy^4)(x^2y^3)$

11. $[(3^2)^4]^2$

12. $(2a^2b)^2$

13. $(-27ay^3)\left(-\frac{1}{3}ay^3\right)$

14. $(2x^2)^2\left(\frac{1}{2}y^2\right)^2$

15. **Geometría**   Calcula el área del rectángulo de la derecha.

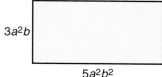

$3a^2b$

$5a^2b^2$

Práctica

Simplifica.

16. $b^3(b)(b^5)$

17. $(m^3n)(mn^2)$

18. $(a^2b)(a^5b^4)$

19. $[(2^3)^2]^2$

20. $(3x^4y^3)(4x^4y)$

21. $(a^3x^2)^4$

22. $m^7(m^3b^2)$

23. $(3x^2y^2z)(2x^2y^2z^3)$

24. $(0.6d)^3$

25. $(ab)(ac)(bc)$

26. $-\frac{5}{6}c(12a^3)$

27. $\left(\frac{2}{5}d\right)^2$

28. $-3(ax^3y)^2$

29. $(0.3x^3y^2)^2$

30. $(-3ab)^3(2b^3)$

31. $\left(\frac{3}{10}y^2\right)^2(10y^2)^3$

32. $(3x^2)^2\left(\frac{1}{3}y^2\right)^2$

33. $\left(\frac{2}{5}a\right)^2(25a)(13b)\left(\frac{1}{13}b^4\right)$

34. $(3a^2)^3 + 2(a^3)^2$

35. $(-2x^3)^3 - (2x)^9$

36. Explica por qué $(x + y)^z$ no es igual a $x^z + y^z$.

37. Explica por qué -2^4 no es igual a $(-2)^4$.

38. Inversiones Refiérete a la *Aplicación* al comienzo de la lección. Cada una de las Damas de Beardstown aportó $25 mensuales a su inversión. Esto equivale a $300 anuales. Supongamos que cada miembro, empezando en 1984, invirtió $300 al comienzo de cada año. Puedes usar la fórmula

$$T = p\left[\frac{(1 + r)^t - 1}{r}\right]$$ para determinar cuánto creció el dinero de cada miembro. T es la cantidad total, p es el pago anual, r es la tasa de interés anual y t es el tiempo en años.

a. ¿Cuánto dinero ganó entre 1984 y 1996 cada miembro en esta inversión adicional?

b. ¿Cuál fue el valor total de la inversión de cada miembro en 1996?

39. Busca un patrón El símbolo que se usa para el dólar norteamericano es una S mayúscula con una línea vertical que la cruza. Esta línea separa la S en 4 partes como se muestra a la derecha. ¿Cuántas partes habría si la cruzaran 100 líneas verticales?

40. Escribe un sistema de desigualdades que corresponda a la gráfica de la derecha.
(Lección 8–5)

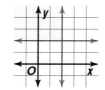

41. Grafica el sistema de ecuaciones que aparece a continuación. Determina si el sistema tiene *una* sola solución, *ninguna* solución o *infinitamente muchas* soluciones. Identifica la solución si el sistema tiene una sola solución.
(Lección 8–1)
$$x + 2y = 0$$
$$y + 3 = -x$$

42. Negocios Jorge Martínez tiene presupuestado gastar $150 en tarjetas de presentación. Un tipógrafo cobra $11 por el montaje de cada pedido y $6 adicionales por cada caja de 100 tarjetas. ¿Cuál es el mayor número de tarjetas que Jorge puede mandar a imprimir? (Lección 7–3)

43. Escribe una ecuación de la relación que se muestra en la siguiente tabla. Luego, copia la tabla y complétala
(Lección 5–6)

m	−3	−2	−1	0	1
n	−5	−3	−1		

44. Viajes Tiffany quiere llegar a Dallas a las 10 A.M. Si maneja a 36 mph, llega a Dallas a las 11 A.M. Pero si conduce a 54 mph, llega a las 9 A.M. ¿A qué velocidad debería manejar para llegar a Dallas a las 10 A.M. en punto? (Lección 4–8)

45. Geometría Calcula el suplemento de $44°$. (Lección 3–4)

46. Simplifica $-16 \div 8$. (Lección 2–7)

47. Simplifica $0.3(0.2 + 3y) + 0.21y$. (Lección 1–8)

División entre monomios

Geometría

El volumen de un cubo de lado l unidades de largo es l^3 unidades cúbicas. Así, la razón del volumen de un cubo al largo de cada lado es $\frac{l^3}{l}$. ¿Cómo podemos expresar esta razón en forma reducida?

Así como usamos un ejemplo numérico para descubrir un patrón que nos llevara a encontrar la propiedad del producto de potencias, también podemos buscar un patrón que nos lleve a descubrir alguna propiedad de los cocientes de potencias como $\frac{l^3}{l}$. En los siguientes cocientes, cada número se puede expresar como una potencia de 2. Examina el patrón de los exponentes.

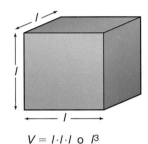

$V = l \cdot l \cdot l$ o l^3

Número	$\frac{64}{32} = 2$	$\frac{32}{8} = 4$	$\frac{64}{8} = 8$	$\frac{32}{2} = 16$
Potencia	$\frac{2^6}{2^5} = 2^1$	$\frac{2^5}{2^3} = 2^2$	$\frac{2^6}{2^3} = 2^3$	$\frac{2^5}{2^1} = 2^4$
Patrón de los exponentes	$6 - 5 = 1$	$5 - 3 = 2$	$6 - 3 = 3$	$5 - 1 = 4$

Estos ejemplos sugieren que puedes dividir potencias con la misma base restando los exponentes.

Cocientes de potencias	**Para todos los enteros m y n y un número a distinto de cero cualquiera, $\frac{a^m}{a^n} = a^{m-n}$.**

Para escribir $\frac{l^3}{l}$ en forma simplificada, resta los exponentes.

$\frac{l^3}{l} = l^{3-1}$ *Recuerda que $l = l^1$. Usa la propiedad de los cocientes de potencias..*

$\quad = l^2$

En forma simplificada, $\frac{l^3}{l} = l^2$.

Ejemplo **1** **Simplifica $\frac{y^4z^3}{y^2z^2}$.**

$\dfrac{y^4z^3}{y^2z^2} = \left(\dfrac{y^4}{y^2}\right)\left(\dfrac{z^3}{z^2}\right)$ *Agrupa las potencias con la misma base, y^4 con y^2 y z^3 con z^2.*

$\quad = (y^{4-2})(z^{3-2})$ *Propiedad del cociente de potencias.*

$\quad = y^2z$

Puedes usar una calculadora para calcular el valor de expresiones con exponente 0, así como expresiones con exponentes negativos.

Puedes usar la tecla $\boxed{y^x}$ para calcular el valor de expresiones con exponentes negativos.

Ahora te toca a ti

a. Copia la siguiente tabla. Usa una calculadora científica para completarla.

Expresión exponencial	2^4	2^3	2^2	2^1	2^0	2^{-1}	2^{-2}	2^{-3}	2^{-4}
Forma decimal									
Forma fraccionaria									

b. Según la pantalla de tu calculadora, ¿cuál es el valor de 2^0?

c. Compara los valores de 2^2 y 2^{-2}.

d. Compara los valores de 2^4 y 2^{-4}.

e. ¿Qué sucede cuando evalúas 0^0?

Estudia los siguientes métodos que se usan para simplificar $\dfrac{b^4}{b^4}$ si $b \neq 0$.

Método 1
Definición de potencias

Método 2
Propiedad del cociente de potencias

¿Cómo se compara el valor de b^0 con el valor de 2^0 que muestra la pantalla de tu calculadora?

$$\frac{b^4}{b^4} = \frac{\overset{1}{(\cancel{b})}\,\overset{1}{(\cancel{b})}\,\overset{1}{(\cancel{b})}\,\overset{1}{(\cancel{b})}}{\underset{1}{(\cancel{b})}\,\underset{1}{(\cancel{b})}\,\underset{1}{(\cancel{b})}\,\underset{1}{(\cancel{b})}}$$

$$= 1$$

$$\frac{b^4}{b^4} = b^{4-4}$$

$$= b^0$$

Dado que $\dfrac{b^4}{b^4}$ no puede tener dos valores distintos, concluimos que $b^0 = 1$. Este ejemplo y la sección *Exploración* sugieren la siguiente propiedad.

Exponente cero	**Para un número a cualquiera distinto de cero, a, $a^0 = 1$.**

Podemos asimismo simplificar $\dfrac{r^3}{r^7}$ de dos maneras.

Método 1
Definición de potencias

Método 2
Propiedad del cociente de potencias

¿Son iguales el valor de 2^{-4} que muestra tu calculadora con $\frac{1}{2^4}$?

$$\frac{r^3}{r^7} = \frac{\overset{1}{(\cancel{r})}\,\overset{1}{(\cancel{r})}\,\overset{1}{(\cancel{r})}}{\underset{1}{(\cancel{r})}\,\underset{1}{(\cancel{r})}\,\underset{1}{(\cancel{r})}\,(r)\,(r)\,(r)\,(r)}$$

$$= \frac{1}{r^4}$$

$$\frac{r^4}{r^7} = r^{3-7}$$ *Propiedad del cociente de potencias*

$$= r^{-4}$$

Dado que $\frac{r^3}{r^7}$ no puede tener dos valores distintos, concluimos que $\frac{1}{r^4} = r^{-4}$.

Este ejemplo y la sección Exploración sugieren la siguiente propiedad.

| *Exponentes negativos* | **Para un número _a_ cualquiera, distinto de cero y todo entero _n_, $a^{-n} = \frac{1}{a^n}$.** |

Ejemplo ② **Simplifica cada expresión.**

a. $\dfrac{-9m^3n^5}{27m^{-2}n^5y^{-4}}$

$\dfrac{-9m^3n^5}{27m^{-2}n^5y^{-4}} = \left(\dfrac{-9}{27}\right)\left(\dfrac{m^3}{m^{-2}}\right)\left(\dfrac{n^5}{n^5}\right)\left(\dfrac{1}{y^{-4}}\right)$

$= \dfrac{-1}{3}m^{3-(-2)}n^{5-5}y^4 \qquad \frac{1}{y^{-4}} = y^4$

$= -\dfrac{1}{3}m^5n^0y^4 \qquad\qquad$ *Resta los exponentes.*

$= -\dfrac{m^5y^4}{3} \qquad\qquad\quad n^0 = 1$

b. $\dfrac{(5p^{-2})^{-2}}{(2p^3)^2}$

$\dfrac{(5p^{-2})^{-2}}{(2p^3)^2} = \dfrac{5^{-2}p^4}{2^2p^6} \qquad$ *Propiedad de la potencia de un monomio*

$= \left(\dfrac{1}{2^2}\right)\left(\dfrac{1}{5^2}\right)\left(\dfrac{p^4}{p^6}\right)$

$= \left(\dfrac{1}{4}\right)\left(\dfrac{1}{25}\right)p^{4-6} \quad$ *Propiedad del cociente de potencias*

$= \dfrac{1}{100}p^{-2}$

$= \dfrac{1}{100p^2} \qquad$ *Propiedad de los exponentes negativos*

COMPRUEBA LO QUE APRENDISTE

Comunicación en matemáticas

Estudia la lección y a continuación completa lo siguiente.

1. **Explica** por qué 0^0 no está definida. (*Sugerencia:* ¿Puedes calcular $\frac{0^m}{0^m}$.)

2. **Explica** por qué _a_ no puede ser igual a cero en la propiedad de exponentes negativos.

3. **Escribe** un razonamiento convincente que demuestre que $3^0 = 1$ observando el siguiente patrón.

$$3^5 = 243, 3^4 = 81, 3^3 = 27, 3^2 = 9, \ldots$$

4. **Estudia** el siguiente patrón.

5^5	5^4	5^3	5^2	5^1	5^0	5^{-1}	5^{-2}	5^{-3}	5^{-4}
3125	625	125	25	5	1				

Copia la tabla y completa el patrón. Escribe una explicación del patrón que descubriste y usaste.

5. **Tú decides**   Taigi e Isabel simplificaron $\left(\dfrac{x^{-2}y^3}{x}\right)^{-2}$ correctamente como se muestra a continuación.

Taigi

$$\left(\dfrac{x^{-2}y^3}{x}\right)^{-2} = \dfrac{x^4y^{-6}}{x^{-2}}$$
$$= x^{4-(-2)}y^{-6}$$
$$= x^6y^{-6}$$
$$= \dfrac{x^6}{y^6}$$

Isabel

$$\left(\dfrac{x^{-2}y^3}{x}\right)^{-2} = (x^{-2-1}y^3)^{-2}$$
$$= (x^{-3}y^3)^{-2}$$
$$= x^6y^{-6}$$
$$= \dfrac{x^6}{y^6}$$

¿Qué método prefieres? ¿Por qué?

MI DIARIO

DE MATEMÁTICAS

6. **Evalúate**   ¿Qué propiedades de los monomios encuentras fáciles de entender? ¿Qué propiedades necesitas estudiar más a fondo?

Práctica dirigida

Simplifica. Puedes suponer que ningún denominador es igual a cero.

7. 11^{-2}

8. $(6^{-2})^2$

9. $\left(\dfrac{1}{4} \cdot \dfrac{2}{3}\right)^{-2}$

10. $a^4(a^{-7})(a^0)$

11. $\dfrac{6r^3}{r^7}$

12. $\dfrac{(a^7b^2)^2}{(a^{-2}b)^{-2}}$

13. **Geometría**   Escribe la razón del área del círculo al área del cuadrado en forma simplificada.

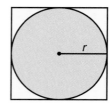

EJERCICIOS

Práctica

Simplifica. Puedes suponer que ningún denominador es igual a cero.

14. $a^0b^{-2}c^{-1}$

15. $\dfrac{a^0}{a^{-2}}$

16. $\dfrac{5n^5}{n^8}$

17. $\dfrac{m^2}{m^{-4}}$

18. $\dfrac{b^5d^2}{b^3d^8}$

19. $\dfrac{10m^4}{30m}$

20. $\dfrac{(-y)^5m^8}{y^3m^{-7}}$

21. $\dfrac{b^6c^5}{b^{14}c^2}$

22. $\dfrac{22a^2b^5c^7}{-11abc^2}$

23. $\dfrac{(a^{-2}b^3)^2}{(a^2b)^{-2}}$

24. $\dfrac{7x^3z^5}{4z^{15}}$

25. $\dfrac{(-r)^5s^8}{r^5s^2}$

26. $\dfrac{(r^{-4}k^2)^2}{(5k^2)^2}$

27. $\dfrac{16b^4}{-4bc^3}$

28. $\dfrac{27a^4b^6c^9}{15a^3c^{15}}$

29. $\dfrac{(4a^{-1})^{-2}}{(2a^4)^2}$

30. $\left(\dfrac{3m^2n^2}{6m^{-1}k}\right)^0$

31. $\dfrac{r^{-5}s^{-2}}{(r^2s^5)^{-1}}$

32. $\left(\dfrac{7m^{-1}n^3}{n^2r^{-1}}\right)^{-1}$

33. $\dfrac{(-b^{-1}c)^0}{4a^{-1}c^2}$

34. $\left(\dfrac{3xy^{-2}z}{4x^{-2}y}\right)^{-2}$

Simplifica. Puedes suponer que ningún denominador es igual a cero.

35. $m^3(m^n)$

36. $y^{2c}(y^{5c})$

37. $(3^{2x+1})(3^{2x-7})$

38. $\dfrac{r^{y-2}}{r^{y+3}}$

39. $\dfrac{(q^{y-7})^2}{(q^{y+2})^2}$

40. $\dfrac{y^x}{y^{a-x}}$

Aplicaciones y solución de problemas

41. Finanzas   Puedes usar la fórmula

$P = A\left[\dfrac{i}{1-(1+i)^{-n}}\right]$ para determinar el

pago mensual de una casa. P es el pago mensual, A es el precio de la casa menos el pago inicial, i es la tasa de interés *mensual* (tasa anual ÷ 12) y n es el número total de pagos. Calcula el pago mensual de una casa que vale $180,000, con un 10% de cuota inicial a un interés *anual* de 8.6% por un período de 30 años.

42. Finanzas   Puedes usar la fórmula

$B = P\left[\dfrac{1-(1+i)^{k-n}}{i}\right]$ para calcular

el saldo de un préstamo automotriz después de que se ha hecho cierto número de pagos. B es el saldo, P es el pago mensual, i es la tasa de interés *mensual* (tasa anual ÷ 12), k es el número de pagos que ya se han hecho y n es el número total de pagos. Calcula el saldo de un préstamo de $10,562 a 48 meses y a una tasa de interés *anual* de 9.6% después de que se han efectuado 20 pagos de $265.86 cada uno.

Repaso comprensivo

43. Simplifica $(2a^3)(7ab^2)^2$.   (Lección 9–1)

44. Aviación   Un avión volando en la dirección del viento cubre 300 millas en 40 minutos. Volando contra el viento, cubre 300 millas en 45 minutos. Calcula la velocidad relativa del avión en el aire.   (Lección 8–4)

45. Escribe un enunciado abierto que corresponda a la gráfica de la derecha y que contenga valores absolutos.   (Lección 7–6)

$-5 \ -4 \ -3 \ -2 \ -1 \ \ 0 \ \ 1 \ \ 2 \ \ 3$

46. Resuelve $-\dfrac{2}{5} > \dfrac{4z}{7}$.   (Lección 7–2)

47. Geometría   Halla el punto medio del segmento de recta cuyos extremos son $(5, -3)$ y $(1, -7)$.   (Lección 6–7)

48. Ventas   Latoya se compró un vestido nuevo en $32.86. Este precio incluye un impuesto de venta de 6%. ¿Cuánto costaba el vestido antes de calcular el impuesto?   (Lección 4–5)

49. Resuelve $\dfrac{4-x}{3+x} = \dfrac{16}{25}$.   (Lección 4–1)

50. Simplifica $41y - (-41y)$.   (Lección 2–3)

9-3

Notación científica

APLICACIÓN

Transportes

Lo que **APRENDERÁS**

- A expresar números en notación científica y en notación estándar y
- a calcular los productos y cocientes de números expresados en notación científica.

Por qué **ES IMPORTANTE**

Porque puedes usar la notación científica para expresar soluciones a muchos problemas.

La siguiente tabla muestra el número de pasajeros que llegaron y salieron de algunos aeropuertos norteamericanos principales en 1993.

Aeropuerto	Ciudad	Número de pasajeros que llegaron y salieron (aproximado en millones)
O'Hare International	Chicago	65,000,000
Dallas/Ft. Worth International	Dallas/Ft. Worth	50,000,000
Los Angeles International	Los Ángeles	48,000,000
Hartsfield Atlanta International	Atlanta	48,000,000
San Francisco International	San Francisco	32,000,000
Miami International	Miami	29,000,000
J. F. Kennedy International	New York	27,000,000
Newark International	Newark	26,000,000
Detroit Metropolitan Wayne County	Detroit	24,000,000
Logan International	Boston	24,000,000

Fuente: Air Transport Association of America

Cuando manejamos números muy grandes, el llevar la cuenta del valor de los dígitos puede ser complicado. Por esta razón, no es siempre aconsejable expresar números grandes en notación estándar, como se ha hecho en la tabla anterior. Números grandes como estos se pueden expresar mejor en **notación científica.**

Definición de notación científica	Un número está expresado en notación científica cuando está escrito en la forma $a \times 10^n$, donde $1 \le a < 10$ y n es un entero.

Por ejemplo, el número de pasajeros que llegan y salen del aeropuerto internacional de Miami es alrededor de 29,000,000. Para escribir este número en notación científica, debemos expresarlo como el producto de un número que sea mayor o igual que 1, pero menor que 10 y una potencia de 10.

$$29,000,000 = 2.9 \times 10,000,000$$
$$= 2.9 \times 10^7$$

La notación científica también se usa para escribir números muy pequeños. Cuando un número entre cero y uno se escribe en notación científica, el exponente de 10 es negativo.

Ejemplo ① Expresa cada número en notación científica.

a. 98,700,000,000

$98{,}700{,}000{,}000$

$= 9.87 \times 10{,}000{,}000{,}000$

$= 9.87 \times 10^{10}$

b. 0.0000056

$0.0000056 = 5.6 \times 0.000001$

$= 5.6 \times \dfrac{1}{1{,}000{,}000}$

$= 5.6 \times \dfrac{1}{10^6}$

$= 5.6 \times 10^{-6}$

Ejemplo ② Escribe cada número en notación estándar.

a. 3.45×10^5

$3.45 \times 10^5 = 3.45 \times 100{,}000$

$= 345{,}000$

b. 9.72×10^{-4}

$9.72 \times 10^{-4} = 9.72 \times \dfrac{1}{10^4}$

$= 9.72 \times \dfrac{1}{10{,}000}$

$= 9.72 \times 0.0001$

$= 0.000972$

Puedes usar la notación científica para simplificar los cálculos con números muy grandes y/o muy pequeños.

EXPLORACIÓN

CALCULADORAS GRÁFICAS

Puedes valerte de una calculadora de gráficas para resolver problemas relacionados con notación científica. Primero, tu calculadora debe estar en modalidad científica. Para ingresar 3.5×10^9, ejecuta 3.5 $\boxed{\times}$ 10 $\boxed{\wedge}$ 9.

Ahora te toca a ti

a. Usa tu calculadora científica para calcular $(3.5 \times 10^9)(2.36 \times 10^{-3})$.

b. Explica cómo obtuvo la calculadora el producto de la parte a.

c. Escribe el producto de la parte a en notación estándar.

d. Usa tu calculadora para calcular $(5.544 \times 10^3) \div (1.54 \times 10^7)$.

e. Explica cómo obtuvo la calculadora el cociente de la parte d.

f. Escribe el cociente de la parte d en notación estándar.

Ejemplo ③ Usa la notación científica para calcular cada expresión.

a. (610)(2,500,000,000)   *Aproximación: 2.5 billiones × 600 = 1.5 trilliones*

$(610)(2{,}500{,}000{,}000) = (6.1 \times 10^2)(2.5 \times 10^9)$

$= (6.1 \times 2.5)(10^2 \times 10^9)$ *Propiedad asociativa*

$= 15.25 \times 10^{11}$

$= 1.525 \times 10^{12}$ ó $1{,}525{,}000{,}000{,}000$

b. (0.000009)(3700)   *Aproximación: 0.00001 × 3700 = 0.037*

$(0.000009)(3700) = (9 \times 10^{-6})(3.7 \times 10^3)$

$= (9 \times 3.7)(10^{-6} \times 10^3)$ *Propiedad asociativa*

$= 33.3 \times 10^{-3}$

$= 3.33 \times 10^{-2}$ ó 0.0333

c. $\dfrac{2.0286 \times 10^8}{3.15 \times 10^3}$ *Aproximación:* $\dfrac{210,000,000}{3000} = 70,000$

$$\dfrac{2.0286 \times 10^8}{3.15 \times 10^3} = \left(\dfrac{2.0286}{3.15}\right)\left(\dfrac{10^8}{10^3}\right)$$

$$= 0.644 \times 10^5$$

$$= 6.44 \times 10^4 \text{ ó } 64,400$$

Los científicos en campos como la física y la astronomía usan extensivamente la notación científica.

Ejemplo **4**

APLICACIÓN
Astronomía

P T I

Stephen W. Hawking es un físico teórico inglés que ha contribuido mucho al campo de la ciencia, incluyendo sus trabajos sobre los agujeros negros.

Un agujero negro es una región en el espacio en la cual la materia parece desaparecer. Una estrella se transforma en un agujero negro cuando el radio de la estrella alcanza cierto valor crítico que recibe el nombre de *radio de Schwarzschild*. El valor es dado por la fórmula $R_s = \dfrac{2GM}{c^2}$, donde R_s es el radio de Schwarzschild de la estrella en metros, G es la constante de gravitación universal (6.7×10^{-11}), M es la masa de la estrella en kilogramos y c es la velocidad de la luz (3×10^8 metros por segundo).

a. La masa del sol es de 2×10^{30} kilogramos. Calcula el radio de Schwarzschild solar.

b. El radio real del sol mide 700,000 kilómetros. ¿Está en peligro de transformarse en un agujero negro en un futuro cercano?

a. Usa tu conocimiento de exponentes y notación científica para evaluar la expresión que calcula el radio de Schwarzschild solar.

$$R_s = \dfrac{2GM}{c^2}$$

$$= \dfrac{2(6.7 \times 10^{-11})(2 \times 10^{30})}{(3 \times 10^8)^2}$$

$$= \dfrac{2(6.7 \times 10^{-11})(2 \times 10^{30})}{3^2 \times 10^{16}} \qquad \text{\textit{Propiedad de la potencia de un monomio}}$$

$$= \left(\dfrac{2(6.7)(2)}{3^2}\right)\left(\dfrac{10^{-11}(10^{30})}{10^{16}}\right)$$

$$= \left(\dfrac{26.8}{9}\right)10^{-11+30-16} \qquad \text{\textit{Producto y cociente de potencias}}$$

$$\approx 2.98 \times 10^3 \text{ ó } 2980$$

El radio de Schwarzschild solar es de alrededor de 2980 metros.

b. Dado que el radio real del sol mide 700,000 kilómetros, no parece estar en peligro de transformarse en un agujero negro en un futuro cercano.

Comunicación en matemáticas

Estudia la lección y a continuación completa lo siguiente.

1. ¿Cuándo usas exponentes positivos en notación científica?

2. ¿Cuándo usas exponentes negativos en notación científica?

3. **Explica** cómo puedes calcular el producto de (1.2×10^5) y (4×10^8) sin usar lápiz, ni papel o una calculadora.

4. **Explica** cómo puedes calcular el cociente de (4.4×10^4) y (4×10^7) sin usar lápiz, ni papel o una calculadora.

Práctica dirigida

Escribe cada número de la segunda columna en notación estándar y cada número de la tercera columna en notación científica.

**Maria Goeppert-Mayer
(1906–1972)**

Maria Goeppert-Mayer fue la primera mujer norteamericana que ganó el Premio Nóbel en Física. Lo obtuvo en 1963 por su trabajo en teorías acerca de la estabilidad de los núcleos atómicos.

	Planeta	Distancia máxima al sol (en millas)	Radio (en millas)
5.	Mercurio	4.34×10^7	1515
6.	Tierra	9.46×10^7	3963
7.	Júpiter	5.07×10^8	44,419
8.	Urano	1.8597×10^9	15,881
9.	Plutón	4.5514×10^9	714

Escribe cada número en notación científica.

10. **Química**   La longitud de onda de la línea verde del cadmio es de 0.0000509 centímetros.

11. **Física**   La masa del protón es de 0.0000000000000000001672 miligramos.

12. **Salud**   La longitud del virus del SIDA es de 0.00011 milímetros.

13. **Biología**   El diámetro de un organismo llamado *Mycoplasma laidlawii* es de 0.000004 pulgadas.

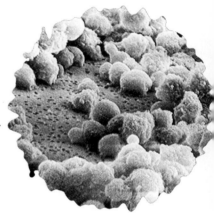

Virus del SIDA

Evalúa. Expresa cada respuesta en notación científica y estándar.

14. $(3.24 \times 10^3)(6.7 \times 10^4)$

15. $(0.2 \times 10^{-3})(31 \times 10^{-4})$

16. $\dfrac{8.1 \times 10^2}{2.7 \times 10^{-3}}$

17. $\dfrac{52{,}440{,}000{,}000}{(2.3 \times 10^6)(38 \times 10^{-5})}$

EJERCICIOS

Práctica

Escribe cada número en notación científica.

18. 9500

19. 0.0095

20. 56.9

21. 87,600,000,000

22. 0.000000000761

23. 312,720,000

24. 0.00000008

25. 0.090909

26. 355×10^7

27. 78.6×10^3

28. 112×10^{-8}

29. 0.007×10^{-7}

30. 7830×10^{-2}

31. 0.99×10^{-5}

Evalúa. Expresa cada respuesta en notación científica y estándar.

32. $(6.4 \times 10^3)(7 \times 10^2)$

33. $(4 \times 10^2)(15 \times 10^{-6})$

34. $360(5.8 \times 10^7)$

35. $(5.62 \times 10^{-3})(16 \times 10^{-5})$

36. $\dfrac{6.4 \times 10^9}{1.6 \times 10^2}$

37. $\dfrac{9.2 \times 10^3}{2.3 \times 10^5}$

38. $\dfrac{1.035 \times 10^{-3}}{4.5 \times 10^2}$

39. $\dfrac{2.795 \times 10^{-7}}{4.3 \times 10^{-2}}$

40. $\dfrac{3.6 \times 10^2}{1.2 \times 10^7}$

41. $\dfrac{5.412 \times 10^{-2}}{8.2 \times 10^3}$

42. $\dfrac{(35{,}921{,}000)(62 \times 10^3)}{3.1 \times 10^5}$

43. $\dfrac{1.6464 \times 10^5}{(98{,}000)(14 \times 10^3)}$

Calculadora de gráficas

Usa una calculadora de gráficas para evaluar cada expresión. Escribe tu respuesta en notación científica.

44. $(4.8 \times 10^6)(5.73 \times 10^2)$

45. $(5.07 \times 10^{-4})(4.8 \times 10^2)$

46. $(9.1 \times 10^6) \div (2.6 \times 10^{10})$

47. $(9.66 \times 10^3) \div (3.45 \times 10^{-2})$

Programación

48. El programa de calculadora de gráficas de la derecha evalúa la expresión $(2ab^2)^3$ para los valores que entres, expresando el resultado en notación científica. Si $a = 9$ y $b = 10$, el resultado es 5.832E9.

```
PROGRAM:SCINOT
: Sci
: Prompt A, B, C
: Disp "(2AB^2)^3 =",
  (2AB^2)^3
```

Edita el programa para evaluar cada expresión y luego evalúalas para $a = 4$, $b = 6$, and $c = 8$.

a. $a^2b^3c^4$ **b.** $(-2a)^2(4b)^3$ **c.** $(4a^2b^4)^3$ **d.** $(ac)^3 + (3b)^2$

Piensa críticamente

49. Usa una calculadora para multiplicar 3.7×10^{112} y 5.6×10^{10}.
  a. Describe lo que sucede cuando multiplicas estos números.
  b. Describe cómo puedes calcular el producto.
  c. Escribe el producto en notación científica.

Aplicaciones y solución de problemas

50. Biología Las semillas se encuentran en varios tamaños. La más grande es la del cocotero doble, que puede llegar a tener una masa de 23 kilogramos. En contraste, la masa de una semilla de orquídea es de unos 3.5×10^{-6} gramos. Usa una calculadora para calcular cuántas veces más grande que la masa de la semilla de orquídea es la masa de la semilla del cocotero doble. Expresa tu respuesta en notación científica.

Germinación de una semilla de trigo

51. Cine En la película *Fórmula para amar (I.Q.)*, Albert Einstein, representado por Walter Matthau, trata de comenzar un romance entre su sobrina Catherine Boyd, representada por Meg Ryan, y un mecánico de automóviles de nombre Ed Walters, representado por Tim Robbins. Cuando Ed le pregunta a Catherine que estime el número de estrellas del cielo, ella responde "$10^{12} + 1$." Escribe este número en notación estándar.

52. Parques nacionales
Cada año, millones
de personas visitan
los parques
nacionales y las
áreas recreacionales.
Los cinco parques
más populares
aparecen en la
lista de la derecha.
Escribe el número
de visitantes de
cada parque,
en notación
científica.

Ubicación	Estado	Número de visitantes en 1994 (aproximado en millares)
Golden Gate National Recreation Area	California	15,309,000
Great Smokey Mountains National Park	Tennessee	9,227,000
Lake Mead National Recreational Area	Nevada	9,022,000
Gulf Islands National Seashore	Florida	5,460,000
Cape Cod National Seashore	Massachusetts	5,153,000

Fuente: *Good Housekeeping* de septiembre de 1994

53. Biología Hay un
promedio de 25
billones de glóbulos
rojos en el cuerpo
humano y cerca de
270 millones de moléculas de hemoglobina en cada glóbulo rojo. Usa una
calculadora para calcular el número promedio de moléculas de hemoglobina
en el cuerpo humano. Escribe tu respuesta en notación científica.

54. Salud Los técnicos de laboratorio observan las bacterias a
través de microscopios. Un microscopio fijado en 1000× hace
que un organismo se vea 1000 veces más grande de lo que
realmente es. La mayoría de las bacterias tiene un diámetro
entre 3×10^{-4} y 2×10^{-3} milímetros de diámetro.

a. ¿De qué tamaño se ve una bacteria bajo un microscopio
fijado en 1000×?

b. ¿Crees que un microscopio fijado en 1000× le permita al
técnico ver todas las bacterias? Justifica tu respuesta.

55. Economía Supongamos que tratas de alimentar a todos los
habitantes de la Tierra usando los 4.325×10^{11} kilogramos
de alimentos producidos cada año en los Estados Unidos y
Canadá. Divides los alimentos de modo que cada persona de
la Tierra reciba la misma cantidad diaria. La población de la
Tierra es alrededor de 4.8×10^9.

a. ¿Cuánto alimento recibiría por día cada persona?

b. ¿Crees que esta cantidad de alimento sea suficiente para
vivir? Justifica tu respuesta.

Repaso comprensivo

56. Simplifica $\dfrac{24x^2y^7z^3}{-6x^2y^3z}$. (Lección 9–2)

57. Grafica el siguiente sistema de desigualdades. (Lección 8–5)

$y \leq -x$
$x \geq -3$

58. Usa la sustitución para resolver el siguiente sistema de ecuaciones.
(Lección 8–2)

$x = 2y - 12$
$x - 3y = 8$

59. Estadística ¿Qué porcentaje de los datos
representados a la derecha está entre
15 y 25? (Lección 7–7)

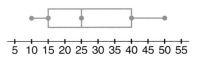

60. Grafica el conjunto de solución del $x < -3$ ó $x \geq 1$. (Lección 7-4)

61. **Geometría** Escribe una ecuación de la recta que sea perpendicular a $5x + 5y = 35$ y que pase por el punto $(-3, 2)$. (Lección 6-6)

62. **Aviación** Un avión que vuela sobre Sacramento a una altura de 37,000 pies comienza a descender para aterrizar en Reno a 140 millas de distancia. Si la altitud de Reno es de 4500 pies, ¿cuál es la pendiente aproximada de descenso? (Lección 6-1)

63. ¿Es $\{(3, 4), (5, 4), (7, 5), (9, 5)\}$ una función? (Lección 5-5)

64. Halla el dominio de $\{(4, 4), (0, 1), (21, 5), (13, 0), (3, 9)\}$. (Lección 5-2)

65. **Geometría** Supongamos que $K = 0.4563$. Calcula la medida del $\angle K$ con una precisión de un grado. (Lección 4-3)

66. **Natación** Rosalinda nada las 50 yardas de estilo libre para el equipo de natación de la secundaria Wachung. Sus tiempos en los últimas seis competencias fueron 26.89 segundos, 26.27 segundos, 25.18 segundos, 25.63 segundos, 27.16 segundos y 27.18 segundos. Calcula la media y la mediana de sus tiempos. (Lección 3-7)

67. Resuelve $x - 44 = -207$. (Lección 3-1)

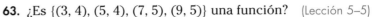

Medidas grandes y pequeñas

El siguiente extracto apareció en un artículo del *New York Times* del 12 de septiembre de 1993.

ÉRASE UNA VEZ, CUANDO EL MUNDO era más simple, un pie medía tanto como el pie de alguien y un codo era la distancia del codo de alguien al extremo del dedo cordial. Hoy en día medimos cosas que son mucho más pequeñas que los zapatos y más grandes que los brazos, pero existe aún un deseo de ponerlas en un contexto humano. Por ejemplo, considere el micrón, una unidad tan pequeña—una millonésima de metro—que es difícil traducirla a términos humanos. Pero eso no detiene el esfuerzo de los periódicos; inevitablemente lo asocian con algo: un cabello humano. A comienzos de este año, en un artículo periodístico que describía un circuito de computadora de un micrón de ancho, se expresó que, en comparación, un cabello medía transversalmente 100 micrones. Pero otro artículo, sobre partículas cancerígenas de hollín, más pequeñas que 10 micrones, se declaró que un cabello humano medía 75 micrones de diámetro. El año pasado, en un artículo sobre haces de fibra óptica, un cabello humano medía 70 micrones; en 1982, en uno sobre capas protectoras de herramientas para cortar, el cabello había bajado a 25 micrones...Puede ser asimismo difícil tratar con lo grande. En el boletín de mercadeo *Strategically Speaking* se puede leer que se venden anualmente 1.8 billones de tajadas de pizza congelada—suficiente para cubrir 511,366 millas cuadradas. ¿De qué tamaño es esa cifra? El boletín, sensatamente, no dio la respuesta en micrones: suficiente como para cubrir los estados de Nueva York, California, Texas, Maine, Delaware y Rhode Island. ■

1. Basándote en estos datos, ¿cuál es el tamaño promedio de una tajada de pizza congelada? (Escribe la respuesta en pies cuadrados.) ¿Te parece razonable este tamaño? Explica.

2. ¿Tuviste algún problema ejecutando los cálculos del Ejercicio 1? ¿Qué grado de utilidad posee la notación científica en cálculos que contienen números grandes?

3. Cuando te es posible, ¿verificas los números que aparecen en revistas o periódicos para ver si son razonables? Explica.

LOS MODELOS Y LAS MATEMÁTICAS

Una sinopsis de la Lección 9–4

9-4A Polinomios

Materiales: Mosaicos de álgebra

Los mosaicos de álgebra pueden usarse para hacer modelos de polinomios. Un **polinomio** es un monomio o la suma de monomios. El siguiente diagrama muestra los modelos.

Modelos de polinomios		
Los polinomios se modelan usando tres tipos de mosaicos.	1 x	x^2
Cada mosaico tiene un opuesto.	-1 $-x$	$-x^2$

Actividad **Usa mosaicos de álgebra para hacer un modelo de cada polinomio.**

a. $2x^2$

Para modelar este polinomio, necesitas 2 mosaicos azules x^2.

b. $x^2 - 3x$

Para modelar este polinomio, necesitas 1 mosaico azul x^2 y 3 mosaicos rojos x.

c. $x^2 + 2x - 3$

Para modelar este polinomio, necesitas 1 mosaico azul x^2, 2 mosaicos verdes x y 3 mosaicos rojos 1.

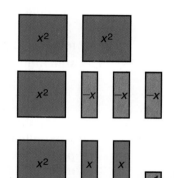

- -

Modela **Usa mosaicos de álgebra para hacer un modelo de cada polinomio. Luego, traza un diagrama de tu modelo.**

1. $-3x^2$ **2.** $2x^2 - 3x + 5$ **3.** $2x^2 - 7$ **4.** $6x - 4$

Escribe **Escribe cada modelo como una expresión algebraica.**

9. Escribe algunas frases en las que expliques por qué los mosaicos de álgebra reciben a veces el nombre de *mosaicos de área.*

9-4

CONEXIÓN
Arte

El cuadro de la derecha muestra la pintura *Composición en rojo, amarillo y azul* del pintor holandés Piet Mondrian. Mondrian prefería la abstracción y la simplificación en su arte. Le gustaba limitar su paleta a los colores primarios, así como usar líneas rectas y ángulos rectos. Este estilo de pintura desarrollado por Mondrian recibe el nombre de *neoplasticismo*. Mondrian es considerado uno de los pintores más influyentes del siglo XX.

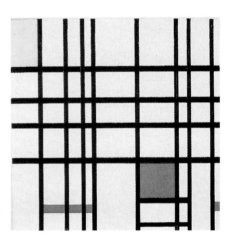

Considera una parte de la pintura *Composición en rojo, amarillo y azul*. Se dan la longitud de los lados y el área de cada sección.

	x	y	z
r	rx	ry	rz
s	sx	sy	sz
t	tx	ty	tz

Podemos calcular el área de esta parte de la pintura sumando las áreas de cada sección.

$$rx + ry + rz + sx + sy + sz + tx + ty + tz$$

La expresión que representa el área de esta parte de la pintura recibe el nombre de **polinomio.** Un polinomio es un monomio o una suma de monomios. Recuerda que un monomio es un número, una variable o el producto de números y variables. Los exponentes de las variables de un monomio deben ser positivos. Un **binomio** es la suma de dos monomios. Un **trinomio** es la suma de tres monomios. A continuación se dan ejemplos de cada uno. *Polinomios con más de tres términos no tienen un nombre en particular.*

Monomio	Binomio	Trinomio
$3y^2$	$4x - 7$	$a + 2b + 4c$
$2abc^2$	$2x + 9y$	$x^2 + 8x + 9$
-9	$3x^2 - 11xy$	$x^2 + 2xy + y^2$
$14m$	$2 + 13x$	$3a - 7b^2 - 4c$

Lirios de van Gogh

El Molino de la Galette de Renoir

1 **Determina si cada expresión es un polinomio. Si lo es, clasifícalo como *monomio, binomio* o *trinomio*.**

a. $3a - 7bc$

La expresión $3a - 7bc$ puede escribirse como $3a + (-7bc)$. Es, por lo tanto, un polinomio. Dado que $3a - 7bc$ puede escribirse como la suma de dos monomios, $3a$ y $-7bc$, es un binomio.

b. $3x^2 + 7a - 2 + a$

La expresión $3x^2 + 7a - 2 + a$ puede escribirse como $3x^2 + 8a + (-2)$. Es, por lo tanto, un polinomio. Dado que la expresión puede escribirse como la suma de tres monomios, $3x^2$, $8a$ y -2, es un trinomio.

c. $\frac{7}{2r^2} + 6$

La expresión $\frac{7}{2r^2} + 6$ no es un polinomio porque $\frac{7}{2r^2}$ no es un monomio.

MIRADA RETROSPECTIVA

Puedes consultar la lección 1-7 para repasar la simplificación de expresiones.

Los polinomios pueden usarse para expresar los ahorros acumulados durante varios años.

Ejemplo **2**

APLICACIÓN
Finanzas

En cada uno de los tres veranos anteriores a su entrada a la universidad, Li Chiang planea trabajar como salvavidas y ahorrar $2000 cada verano para pagar sus gastos estudiantiles. Está planificando invertir su dinero en una cuenta de ahorros en su banco. El valor de un año de ahorros se puede calcular mediante la fórmula px^t donde p es la cantidad invertida, x es la suma de 1 más la tasa de interés anual y t es el tiempo en años.

a. Escribe un polinomio que represente la cantidad total de dinero que tendrá Li en su cuenta de ahorros cuando entre a la universidad.

b. Calcula la cantidad total de dinero que tendrá Li si el banco paga un 6% anual.

a. Cuando Li entre a la universidad, el dinero que gane el verano anterior valdrá $2000. El dinero que gane el segundo verano valdrá $2000x$ y el que gane el primer verano valdrá $2000x^2$. En total, ella tendrá $2000 + 2000x + 2000x^2$.

b. Sustituye x por 1.06 y calcula la cantidad total que tendrá Li.

$2000 + 2000(1.06) + 2000(1.06)^2 = 6367.20$ *x = 1 + 6% ó 1.06*

Li tendrá $6367.20 cuando entre a la universidad.

El **grado** de un monomio es la suma de los exponentes de sus variables.

Monomio	Grado
$8y^3$	3
$4y^2ab$	$2 + 1 + 1 = 4$
-14	0
$42abc$	$1 + 1 + 1 = 3$

Recuerda que $a = a^1$ y $b = b^1$.
Recuerda quet $x^0 = 1$ y $-14 = -14x^0$.

Para hallar el grado de un polinomio, debes calcular el grado de cada término. El grado máximo de cualquier término es el grado del polinomio.

Polinomio	Términos	Grado de los términos	Grado del polinomio
$3x^2 + 8a^2b - 4$	$3x^2, 8a^2b, -4$	2, 3, 0	3
$7x^4 - 9x^2y^7, 4x$	$7x^4, -9x^2y^7, 4x$	4, 9, 1	9

Ejemplo ❸ **Calcula el grado de cada polinomio.**

a. $9xy + 2$

El grado de $9xy$ es 2.

El grado de 2 es 0.

Así, el grado de $9xy + 2$ es 2.

b. $18x^2 + 21xy^2 + 13x - 2abc$

El grado de $8x^2$ es 2.

El grado de $21xy^2$ es 3.

El grado de $13x$ es 1.

El grado de $2abc$ es 3.

Así, el grado de $118x^2 + 21xy^2 + 13x - 2abc$ es 3.

Los términos se ordenan habitualmente en forma ascendente o descendente, según las potencias de una variable. Más adelante en este capítulo aprenderás a sumar, a restar y a multiplicar polinomios. Estas operaciones son fáciles de ejecutar si los polinomios están organizados en uno de estos órdenes.

Orden ascendente	Orden descendente
$4 + 5a - 6a^2 + 2a^3$	$2a^3 - 6a^2 + 5a + 4$
$-5 - 2x + 4x^5$	$4x^5 - 2x - 5$
(in x) $8xy - 3x^2y + x^5 - 2x^7y$	(in x) $-2x^7y + x^5 - 3x^2y + 8xy$
(in y) $2x^4 - 3x^3y + 2x^2y^2 - y^{12}$	(in y) $-y^{12} + 2x^2y^2 - 3x^3y + 2x^4$

COMPRUEBA LO QUE APRENDISTE

Comunicación en matemáticas

Estudia la lección y a continuación completa lo siguiente.

1. **Explica** por qué el grado de un entero como -27 es 0.

2. **Explica** por qué $m + \dfrac{34}{n}$ no es un binomio.

3. En esta lección se introdujeron las palabras *polinomio, monomio, binomio* y *trinomio*. Estas palabras comienzan con los prefijos poli, mono, bi y tri, respectivamente. Busca el significado de cada prefijo. Menciona dos palabras más que empiecen con cada prefijo y define cada una de ellas.

LOS MODELOS Y LAS MATEMÁTICAS

4. El siguiente modelo representa un polinomio.

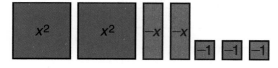

Escribe este polinomio en forma reducida.

Determina si cada expresión es un polinomio. Si lo es, clasifícalo como *monomio, binomio* o *trinomio*.

5. $4x^3 - 11ab + 6$ **6.** $x^3 - \frac{7}{4}x + \frac{y}{x^2}$ **7.** $4c + ab - c$

Calcula el grado de cada polinomio.

8. $11d$ **9.** 10 **10.** $42x^{12}y^3 - 23x^8y^6$

11. Ordena los términos de $-11x + 5x^3 - 12x^6 + x^8$ en forma descendente, según las potencias de x.

12. Ordena los términos de $y^4x + y^5x^3 - x^2 + yx$ en forma ascendente según las potencias de x.

13. Geometría   El área de un rectángulo es igual al largo por el ancho. El área de un cuadrado es igual al cuadrado de la longitud del lado. El área de un círculo es igual al número pi (π) por el cuadrado del radio. La figura de la derecha consiste en un rectángulo, un cuadrado y un círculo.

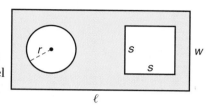

a. Escribe una expresión polinómica que represente el área de la región sombreada.

b. Calcula el área de la región sombreada si $w = 8$, $\ell = 15$, $r = 2$ y $s = 4$.

EJERCICIOS

Determina si cada expresión es un polinomio. Si lo es, clasifícalo como *monomio, binomio* o *trinomio*.

14. $\frac{r^5}{26}$ **15.** $x^2 - \frac{1}{3}x + \frac{y}{234}$ **16.** $\frac{y^3}{12x}$

17. $5a - 6b - 3a$ **18.** $\frac{7}{t} + t^2$ **19.** $9ag^2 + 1.5g^2 - 0.7ag$

Calcula el grado de cada polinomio.

20. $6a^2$ **21.** $15t^3y^2$ **22.** 24

23. $m^2 + n^3$ **24.** $x^2y^3z - 4x^3z$ **25.** $3x^2y^3z^4 - 18a^5f^3$

26. $8r - 7y + 5d - 6h$ **27.** $9 + t^2 - s^2t^2 + rs^2t$ **28.** $-4yzw^4 + 10x^4z^2w$

Ordena los términos de cada polinomio en forma descendente según las potencias de *x*.

29. $5 + x^5 + 3x^3$ **30.** $8x - 9x^2y + 5 - 2x^5$

31. $abx^2 - bcx + 34 - x^7$ **32.** $7a^3x + 9ax^2 - 14x^7 + \frac{12}{19}x^{12}$

Ordena los términos de cada polinomio en forma ascendente según las potencias de *x*.

33. $1 + x^3 + x^5 + x^2$ **34.** $4x^3y + 3xy^4 - x^2y^3 + y^4$

35. $7a^3x - 8a^3x^3 + \frac{1}{5}x^5 + \frac{2}{3}x^2$ **36.** $\frac{3}{4}x^3y - x^2 + 4 + \frac{2}{3}x$

Geometría

Escribe un polinomio que represente el área de cada región sombreada. Luego, calcula el área de cada región si $a = 20$, $b = 6$, $c = 2$, $r = 5$ y $x = 1$.

37.

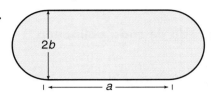

38.

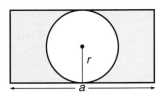

39.

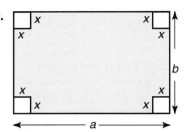

40.

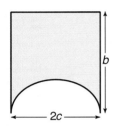

Piensa críticamente

41. Puedes escribir numerales en base 10 en forma polinómica. Por ejemplo, $3892 = 3(10)^3 + 8(10)^2 + 9(10)^1 + 2(10)^0$.

    a. Escribe el año en que naciste en forma polinómica.

    b. Supongamos que 89435 está escrito en base a. Escribe 89435 en forma polinómica.

Aplicaciones y solución de problemas

42. Asuntos bancarios Tawana Hodges heredó $25,000. Los invirtió a una tasa de interés anual del 7.5%. Cada año agrega $2000 de su propio dinero. ¿Duplicará su inversión original de $25,000 en 7 años? Si no es así, ¿en cuántos años se duplicarán los $25,000?

43. Biología El ancho del abdomen de un cierto tipo de polilla hembra es útil para aproximar el número de huevos que puede cargar. El número promedio de huevos se aproxima en $14x^3 - 17x^2 - 16x + 34$, donde x es el ancho del abdomen en milímetros. ¿Cuántos huevos se espera que este tipo de polilla produzca si su abdomen mide 2.75 milímetros?

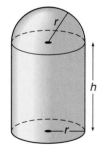

44. Agricultura A la izquierda se muestra el diagrama de un silo. El volumen de un cilindro es el producto de π, el cuadrado del radio y la altura. El volumen de una esfera es el producto de $\frac{4}{3}$, π, el cubo del radio.

    a. Escribe un polinomio que represente el volumen del silo.

    b. Si la altura mide 40 pies y el radio mide 8 pies, calcula el volumen del silo.

Repaso comprensivo

45. Escribe 42,350 en notación científica. (Lección 9–3)

46. Usa la eliminación para resolver el siguiente sistema de ecuaciones. (Lección 8–3)

$$\frac{3}{2}x + \frac{1}{5}y = 5$$

$$\frac{3}{4}x - \frac{1}{5}y = -5$$

47. Teoría numérica Si 6.5 veces un entero se aumenta en 11, el resultado está entre 55 y 75. ¿Cuál es el entero? Haz una lista de todas las respuestas posibles. (Lección 7–4)

48. Manufactura Durante cierto mes, Tanisha's Sporting Equipment fabricó un total de 3250 fundas para raquetas de tenis. Suponiendo que la producción planificada de fundas para raquetas de tenis pueda representarse por una recta, determina cuántas fundas para raquetas de tenis habrán sido fabricadas en total al terminar el año. (Lección 6–4)

49. Resuelve $4x + 3y = 12$ si el dominio es $\{-3, 1, 3, 9\}$. (Lección 5–3)

50. Probabilidad Conoces a alguien cuyo cumpleaños es en marzo. ¿Cuál es la probabilidad de que el día del cumpleaños de esa persona tenga un 3? (Lección 4–6)

51. Seguros Por lo general, las pólizas de seguros pagan el valor depreciado del artículo en cuestión. Un artículo robado o destruido al que le queda la mitad de su vida útil tendría un pago igual a la mitad de su costo original. Si se robaron una batería a los 5 meses de su compra, calcula el valor depreciado, si la batería nueva costó $45 y estaba garantizada por 36 meses. (Lección 4–1)

52. Despeja y en $ax - by = 2cz$. (Lección 3–6)

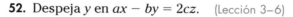

CONTINÚA CON LA

In·ves·ti·ga·ción

Consulta las páginas 448–449.

¡Prepárate, alístate, déjalo caer!

Puedes determinar un tiempo típico de caída para cada triángulo y luego usar estos datos para predecir los tiempos de planeamiento de triángulos de diferentes tamaños.

1 Utilizando esta información y usando la media, la mediana o la modal, calcula el tiempo promedio de planeamiento para cuatro de los triángulos. Para cada promedio, explica cuál medida usaste y por qué la escogiste. ¿Es mejor representar los tiempos de planeamiento en notación científica? Explica.

2 Describe un caso hipotético en el que la modal provea el tiempo promedio más apropiado, uno en el que la mediana provea el tiempo promedio más apropiado y otro en el que la media provea el tiempo promedio más apropiado.

3 En este momento, tienes cuatro tiempos promedio. Traza una gráfica de dispersión con esta información. Sea la variable independiente igual al perímetro y la variable dependiente el tiempo de planeamiento promedio.

4 Describe la gráfica. Describe cualquier relación matemática que observes. ¿Cuál es la relación del perímetro de un pedazo de papel de seda triangular, con la velocidad de planeamiento?

5 Traza una recta óptima para tus datos. Escribe una ecuación de esta recta.

6 Traza una segunda gráfica de dispersión en que el eje horizontal represente el área del triángulo y el eje vertical sea el tiempo de planeamiento promedio.

7 Usa tus gráficas de dispersión para predecir el tiempo de planeamiento de un triángulo con un perímetro de 36 centímetros. Usa ese tiempo de planeamiento y la segunda gráfica de dispersión para predecir el área de superficie de ese triángulo. ¿Cómo se compara tu predicción con el área real de un triángulo equilátero de 36 centímetros de perímetro? Explica tus resultados.

Agrega los resultados de tu trabajo a tu *Archivo de investigación.*

LOS MODELOS Y LAS MATEMÁTICAS

Una sinopsis de la Lección 9–5

9–5A Suma y resta polinomios

Materiales: 🔲 Mosaicos de álgebra

Monomios como $4x^2$ y $-7x^2$ reciben el nombre de *términos semejantes* porque tienen la misma variable elevada a la misma potencia. Cuando usas mosaicos de álgebra, puedes reconocer los términos semejantes porque los mosaicos individuales tienen la misma forma y tamaño.

Modelos polinómicos	
Los términos semejantes están representados por mosaicos de la misma forma y tamaño.	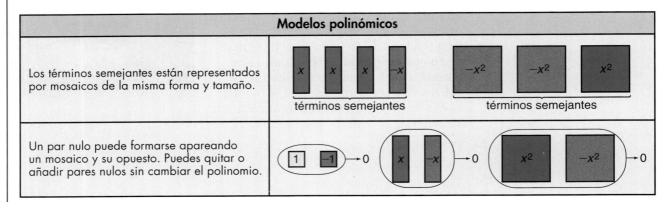
Un par nulo puede formarse apareando un mosaico y su opuesto. Puedes quitar o añadir pares nulos sin cambiar el polinomio.	

Actividad 1 Usa mosaicos de álgebra para hallar $(2x^2 + 3x + 2) + (x^2 - 5x - 5)$.

Paso 1 Haz un modelo de cada polinomio. Es aconsejable que coloques los términos semejantes en columnas.

$2x^2 + 3x + 2 \longrightarrow$

$x^2 - 5x - 5 \longrightarrow$

Paso 2 Reduce los términos semejantes y elimina todos los pares nulos.

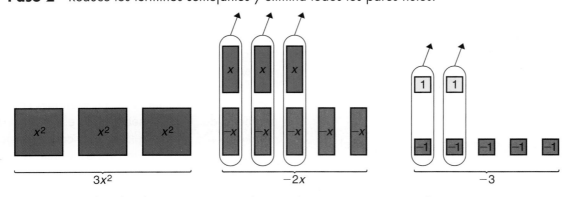

Paso 3 Escribe el polinomio correspondiente a los mosaicos que quedan.
$$(2x^2 + 3x + 2) + (x^2 - 5x - 5) = 3x^2 - 2x - 3$$

Actividad 2 Usa mosaicos de álgebra para hallar $(2x + 5) - (-3x + 2)$.

Paso 1 Haz un modelo del polinomio $2x + 5$.

Paso 2 Para restar $-3x + 2$, debes eliminar 3 mosaicos rojos x y 2 mosaicos amarillos 1, pero no hay mosaicos rojos x. Agrega 3 pares nulos de mosaicos x. Ahora elimina los 3 mosaicos x.

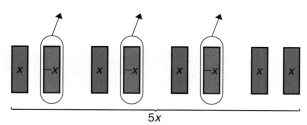

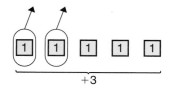

Recuerda que el valor de un par nulo es 0.

Paso 3 Escribe el polinomio correspondiente a los mosaicos que quedan.
$(2x + 5) - (-3x + 2) = 5x + 3$

Recuerda que puedes restar un número sumando su inverso aditivo u opuesto. De la misma manera, puedes restar un polinomio sumando su opuesto.

Actividad 3 Usa mosaicos de álgebra y el inverso aditivo, u opuesto, para hallar $(2x + 5) - (-3x + 2)$.

Paso 1 Para hallar la diferencia de $2x + 5$ y $-3x + 2$, suma $2x + 5$ y el opuesto de $-3x + 2$.

$2x + 5 \rightarrow$

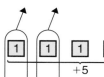

El opuesto de $-3x + 2$ is $3x - 2$. $\rightarrow$

Paso 2 Escribe el polinomio correspondiente a los mosaicos que quedan.
$(2x + 5) - (-3x + 2) = 5x + 3$ *Esta respuesta es la misma que la de la Actividad 2.*

Modela Usa mosaicos de álgebra para encontrar cada suma o diferencia.

1. $(2x^2 - 7x + 6) + (-3x^2 + 7x)$
2. $(-2x^2 + 3x) + (-7x - 2)$
3. $(x^2 - 4x) - (3x^2 + 2x)$
4. $(3x^2 - 5x - 2) - (x^2 - x + 1)$
5. $(x^2 + 2x) + (2x^2 - 3x + 4)$
6. $(2x^2 + 3x - 4) - (3x^2 - 4x + 1)$

Dibuja ¿Verdadero o falso? Justifica tu respuesta con un dibujo.

7. $(3x^2 + 2x - 4) + (-x^2 + 2x - 3) = 2x^2 + 4x - 7$
8. $(x^2 - 2x) - (-3x^2 + 4x - 3) = -2x^2 - 6x - 3$

Escribe 9. Halla $(x^2 - 2x + 4) - (4x + 3)$ usando los métodos de las Actividades 2 y 3. Ilustra con ejemplos y explica por escrito cómo se usan los pares nulos en cada caso.

Suma y resta polinomios

Lo que APRENDERÁS

- A sumar y restar polinomios.

Por qué ES IMPORTANTE

Porque puedes usar polinomios para resolver problemas de arquitectura y geometría.

APLICACIÓN
El servicio de correos

El servicio de correos norteamericano pone restricciones en el tamaño de las cajas que pueden enviarse. El largo más el contorno de la caja no pueden exceder 108 pulgadas. El contorno es la distancia más corta alrededor del paquete y se define de la siguiente manera:

largo · altura · contorno · ancho

contorno = dos veces el ancho + dos veces la altura o $w + w + h + h$

La señora Díaz quiere enviar un paquete a su hija, que estudia en la Universidad de Auburn. No pudo encontrar ninguna caja de cartón en su casa; lo único que tiene es un rectángulo de cartón de 60 por 40 pulgadas. Decide hacer una caja con él, cortando cuadrados de cada esquina y plegando las solapas. Después usará otro rectángulo de cartón como tapa. Sin embargo, no sabe el tamaño que deben tener los cuadrados que debe cortar. Por ahora, designa el lado de cada cuadrado con x.

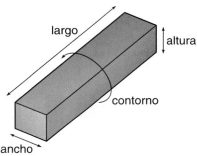

40 pulg. · cortar x x · plegar · cortar x x · 60 pulg. · plegar · plegar · cortar x x · plegar · cortar x

$40 - 2x$ · $60 - 2x$ · x

$$\text{Contorno} = w + w + h + h$$
$$= (40 - 2x) + (40 - 2x) + x + x$$

Para poder enviar esta caja, el largo más la medida del contorno deben ser a lo sumo 108 pulgadas, es decir, $(60 - 2x) + (40 - 2x) + (40 - 2x) + x + x \leq 108$. *Vas a resolver este problema en el Ejercicio 42.*

Para sumar polinomios, puedes agrupar los términos semejantes y luego sumarlos o puedes escribirlos en forma de columna y luego sumarlos.

Ejemplo **Calcula $(4a^2 + 7a - 12) + (-9a^2 - 6 + 2a)$.**

Método 1
Agrupa los términos semejantes.

$(4a^2 + 7a - 12) + (-9a^2 - 6 + 2a)$

$\quad = [4a^2 + (-9a^2)] + (7a + 2a) + [-12 + (-6)]$

$\quad = [4 + (-9)]a^2 + (7 + 2)a + (-18)$ *Propiedad distributiva*

$\quad = -5a^2 + 9a - 18$

Método 2
Organiza los términos en columnas y suma.

$$\begin{array}{r} 4a^2 + 7a - 12 \\ (+)\ -9a^2 + 2a - \ 6 \\ \hline -5a^2 + 9a - 18 \end{array}$$
Observa que los términos están ordenados en forma descendente y que los términos semejantes están alineados.

Recuerda que puedes restar un número racional sumando su opuesto o inverso aditivo. De la misma manera, puedes restar un polinomio sumando su inverso aditivo. Para hallar el inverso aditivo de un polinomio, sustituye cada término por su inverso aditivo u opuesto.

Polinomio	Inverso aditivo
$2a - 3b$	$-2a + 3b$
$4x^2 + 7x - 18$	$-4x^2 - 7x + 18$
$-9y + 4x - 2z$	$9y - 4x + 2z$
$7x^3 + 12x^2 + 21$	$-7x^3 - 12x^2 - 21$

Ejemplo **Calcula $(6a^2 - 8a + 12b^3) - (-11a^2 + 6b^3)$.**

Método 1
Halla el inverso aditivo de $-11a^2 + 6b^3$. Luego, agrupa los términos semejantes y suma.

El inverso aditivo de $-11a^2 + 6b^3$ is $11a^2 - 6b^3$.

$(6a^2 - 8a + 12b^3) - (-11a^2 + 6b^3)$

$\quad = (6a^2 - 8a + 12b^3) + (11a^2 - 6b^3)$

$\quad = (6a^2 + 11a^2) + (-8a) + [12b^3 + (-6b^3)]$

$\quad = (6 + 11)a^2 - 8a + [12 + (-6)]b^3$

$\quad = 17a^2 - 8a + 6b^3$

Método 2
Organiza los términos en forma de columna y resta sumando el inverso aditivo.

$$\begin{array}{r} 6a^2 - 8a + 12b^3 \\ (-)\ -11a^2 \quad\ \ + 6b^3 \\ \hline \end{array} \quad \rightarrow \quad \begin{array}{r} 6a^2 - 8a + 12b^3 \\ (+)\ 11a^2 \quad\ \ - 6b^3 \\ \hline 17a^2 - 8a + 6b^3 \end{array}$$

Los polinomios pueden usarse para representar medidas de figuras geométricas.

Ejemplo ③

Geometría

El perímetro del triángulo de la derecha está representado por $11x^2 - 29x + 10$. Halla el polinomio que representa la medida del tercer lado del triángulo.

$5x^2 - 13x + 24$

$x^2 + 7x + 9$

Explora Observa el problema. Conoces el perímetro del triángulo y la medida de dos de los lados. Necesitas hallar la medida del tercer lado.

Planifica El perímetro del triángulo es la suma de las medidas de los tres lados. Para hallar la medida del lado que falta, resta las dos medidas dadas del perímetro.

Resuelve $(11x^2 - 29x + 10) - [(5x^2 - 13x + 24) + (x^2 + 7x + 9)]$

$= (11x^2 - 29x + 10) - (5x^2 - 13x + 24) - (x^2 + 7x + 9)$

$= (11x^2 - 29x + 10) + (-5x^2 + 13x - 24) + (-x^2 - 7x - 9)$

$= [11x^2 + (-5x^2) + (-x^2)] + [-29x + 13x + (-7x)] +$
$\quad [10 + (-24) + (-9)]$

$= 5x^2 - 23x - 23$

La medida del tercer lado del triángulo es $5x^2 - 23x - 23$.

Examina La suma de las medidas de los tres lados del triángulo deber ser igual al perímetro.

$$5x^2 - 13x + 24$$
$$x^2 + 7x + 9$$
$$\underline{(+)\ 5x^2 - 23x - 23}$$
$$11x^2 - 29x + 10$$

La suma de las medidas de los tres lados del triángulo es igual a la expresión polinómica dada que representa el perímetro. La respuesta está correcta.

COMPRUEBA LO QUE APRENDISTE

Comunicación en matemáticas

Estudia la lección y a continuación completa lo siguiente.

1. **Describe** el primer paso cuando sumas o restas polinomios en forma de columna.

2. **Escribe** tres términos semejantes que contengan potencias de a y b. Halla la suma de tus tres términos.

3. **Explica** cómo verificar tu respuesta cuando restas dos polinomios.

4. **Escribe** un párrafo en el que expliques cómo restar un polinomio.

LOS MODELOS Y LAS **MATEMÁTICAS**

5. Usa mosaicos de álgebra para hallar cada suma o diferencia.
   a. $(3x^2 + 2x - 7) + (-2x^2 + 15)$ b. $(4x + 1) - (x^2 - 2x + 3)$

Práctica dirigida

Calcula el inverso aditivo de cada polinomio.

6. $5y - 7z$

7. $-6a^2 + 3$

8. $7y^2 - 3x^2 + 2$

9. $-4x^2 - 3y^2 + 8y + 7x$

Identifica los términos semejantes en cada grupo.

10. $3m$, $8n$, $4mn$, $5n$, $6m$

11. $-8y^2$, $2x$, $3y^2$, $4x$, $2z$

12. $2x^3$, $5xy$, $-x^2y$, $14xy$, $12xy$

13. $3p^3q$, $-2p$, $10p^3q$, $15pq$, $-p$

Halla cada suma o diferencia.

14.
$$\begin{array}{r} 5ax^2 + 3a^2x \quad\quad - 5x \\ (+)\, 2ax^2 \quad\quad - 5ax + 7x \\ \hline \end{array}$$

15.
$$\begin{array}{r} 11m^2n^2 + 2mn - 11 \\ (-)\, 5m^2n^2 - 6mn + 17 \\ \hline \end{array}$$

16. $(4x^2 + 5x) + (-7x^2 + x)$

17. $(3y^2 + 5y - 6) - (7y^2 - 9)$

18. $(5b - 7ab + 8a) - (5ab - 4a)$

19. $(6p^3 + 3p^2 - 7) + (p^3 - 6p^2 - 2p)$

20. Geometría   La suma de la medida, en grados, de los ángulos de un triángulo es $180°$.

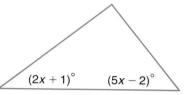

   a. Escribe un polinomio que represente la medida del tercer ángulo del triángulo de la derecha.

   b. Si $x = 15$, halla las medidas de los tres ángulos del triángulo.

EJERCICIOS

Práctica

Halla cada suma o diferencia.

21.
$$\begin{array}{r} 4x^2 + 5xy - 3y^2 \\ (+)\, 6x^2 + 8xy + 3y^2 \\ \hline \end{array}$$

22.
$$\begin{array}{r} 6x^2y^2 - 3xy - 7 \\ (-)\, 5x^2y^2 + 2xy + 3 \\ \hline \end{array}$$

23.
$$\begin{array}{r} a^3 \quad\quad - b^3 \\ (+)\, 3a^3 + 2a^2b - b^2 + 2b^3 \\ \hline \end{array}$$

24.
$$\begin{array}{r} 3a^2 \quad\quad - 8 \\ (-)\, 5a^2 + 2a + 7 \\ \hline \end{array}$$

25.
$$\begin{array}{r} 3a + 2b - 7c \\ -4a + 6b + 9c \\ (+)\, -3a - 2b - 7c \\ \hline \end{array}$$

26.
$$\begin{array}{r} 2x^2 - 5x + 7 \\ 5x^2 \quad\quad - 3 \\ (+)\, x^2 - x + 11 \\ \hline \end{array}$$

27. $(5a - 6m) - (2a + 5m)$

28. $(3 + 2a + a^2) + (5 - 8a + a^2)$

29. $(n^2 + 5n + 13) + (-3n^2 + 2n - 8)$

30. $(5x^2 - 4) - (3x^2 + 8x + 4)$

31. $(13x + 9y) - 11y$

32. $(5ax^2 + 3ax) - (2ax^2 - 8ax + 4)$

33. $(3y^3 + 4y - 7) + (-4y^3 - y + 10)$

34. $(7p^2 - p - 7) - (p^2 + 11)$

35. $(4z^3 + 5z) + (-2z^2 - 4z)$

36. $(x^3 - 7x + 4x^2 - 2) - (2x^2 - 9x + 4)$

Geometría

Se dan las medidas de dos lados de un triángulo. P representa la medida del perímetro. Halla la medida del tercer lado.

37. $P = 5x + 2y$

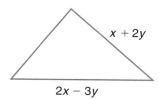

38. $P = 13x^2 - 14x + 12$

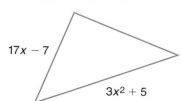

La suma de la medida, en grados, de los ángulos de un cuadrilátero es 360°. Dadas las medidas, en grados, de tres de los ángulos, halla la medida del cuarto ángulo de cada cuadrilátero.

39. $4x + 12, 8x - 10, 6x + 5$

40. $x^2 - 2, x^2 + 5x - 9, -8x - 42$

Piensa críticamente

41. Tu profesor te da dos polinomios. Cuando se resta el primero del segundo, la diferencia es $2n^2 + n - 4$. ¿Cuál es la diferencia cuando se resta el segundo del primero?

Aplicaciones y solución de problemas

42. Servicio de correos Refiérete a la *Aplicación* del comienzo de la lección.

   a. Resuelve la desigualdad para así encontrar los valores posibles de x que la señora Díaz pueda usar en el diseño de su paquete.

   b. Si dejamos de lado las normas postales, ¿cuál es el máximo valor que x puede tener?

43. Arquitectura La Torre Sears, en Chicago es una de las estructuras más altas del mundo. En realidad, es un edificio de diferentes alturas como se muestra en la foto de la izquierda. El siguiente diagrama indica la altura de cada sección en pisos.

x	50 pisos	89 pisos	66 pisos
x	110 pisos	110 pisos	89 pisos
x	66 pisos	89 pisos	50 pisos
	x	x	x

Usa un piso como unidad de medida. Puedes suponer que cada sección tiene un largo de x pisos y un ancho de x pisos. Escribe una expresión del volumen de la Torre Sears.

44. Busca un patrón En el City Center Mall hay 25 casilleros públicos numerados del 1 al 25. Supongamos que una persona los abre todos. Luego, una segunda persona cierra cada segundo casillero. A continuación, una tercera persona cambia el estado de cada tercer casillero (si está abierto, lo cierra; si está cerrado, lo abre). Supongamos que este proceso continúa hasta que la vigésimoquinta persona cambia el estado del vigésimoquinto casillero.

   a. ¿Cuáles de los casilleros quedan abiertos?

   b. Describe los números de tu respuesta a la parte a.

   c. Da los tres próximos números del patrón que hallaste en la parte a.

   d. Si hubiera n casilleros públicos, ¿cuáles quedarían abiertos?

Repaso comprensivo

45. Ordena los términos de $-3x + 4x^5 - 2x^3$ en forma ascendente según las potencias de x. (Lección 9–4)

46. Finanzas El saldo actual de un préstamo automotriz puede calcularse evaluando la expresión $P\left[\dfrac{1-(1+r)^{k-n}}{r}\right]$, donde P es el pago mensual, r es la tasa de interés mensual, k es el número de pagos abonados y n es el número total de pagos mensuales. Calcula el saldo actual de un préstamo con $P = \$256$, $r = 0.01$, $k = 20$ y $n = 60$. (Lección 9–2)

47. Resuelve el siguientes sistema de ecuaciones mediante una gráfica. Determina cuál es la solución del sistema. (Lección 8–1)

$$5x - 3y = 12$$
$$2x - 5y = 1$$

48. Estadística ¿Cuál es el cuartil superior de los datos representados por el diagrama de caja y patillas de la derecha? (Lección 7–7)

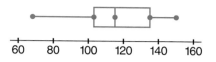

49. Negocios El Taller de Reparaciones Janet cobra \$83 por un trabajo de dos horas y \$185 por un trabajo de cinco horas. Define las variables y escribe una ecuación lineal que Janet pueda usar para cobrarles a sus clientes por trabajos de cualquier duración. (Lección 6–4)

50. Finanzas El precio de venta de una casa es \$145,000. Este precio incluye una comisión de 6.5% del corredor de bienes raíces. ¿Cuánto dinero reciben los dueños? (Lección 4–5)

51. Resuelve $\dfrac{-3n - (-4)}{-6} = -9$. (Lección 3–3)

52. Tenis El diámetro de un círculo es la distancia entre dos puntos opuestos cualesquiera del círculo. Si el diámetro de una pelota de tenis es $2\frac{1}{2}$ pulgadas, ¿cuántas pelotas de tenis caben en un envase de 12 pulgadas de alto? (Lección 2–7)

AUTOEVALUACIÓN

Simplifica. Puedes asumir que ningún denominador es igual a cero. (Lecciones 9–1 y 9–2)

1. $(-2n^4 y^3)(3ny^4)$ **2.** $(-3a^2 b^5)^2$ **3.** $\dfrac{24a^3 b^6}{-2a^2 b^2}$ **4.** $\dfrac{(5r^{-1}s)^3}{(s^2)^3}$

Escribe cada número en notación científica. (Lección 9–3)

5. 5,670,000 **6.** 0.86×10^{-4}

7. Exploración espacial Una sonda espacial que está a una distancia de 2.85×10^9 millas de la Tierra, envía señales a la NASA. Si las señales viajan a la velocidad de la luz (186,000 millas por segundo), ¿cuánto se demoran en llegar a la NASA? (Lección 9–3)

8. Halla el grado del polinomio $11x^2 + 7ax^3 - 3x + 2a$. Luego, ordénalo en forma ascendente según las potencias de x. (Lección 9–4)

Calcula cada suma o diferencia. (Lección 9–5)

9. $(x^2 + 3x - 5) + (4x^2 - 7x - 9)$ **10.** $(2a - 7) - (2a^2 + 8a - 11)$

9–6A Multiplica un polinomio por un monomio

Materiales: 🔲 Mosaicos de álgebra   ▯ tablero de productos

Has usado rectángulos para hacer modelos de la multiplicación. En esta actividad, vas a usar mosaicos de álgebra para hacer modelos del producto de polinomios sencillos. El ancho y el largo de un rectángulo van a representar un monomio y un polinomio, respectivamente. El área del rectángulo representará el producto del monomio y el polinomio.

Actividad 1   Usa mosaicos de álgebra para calcular $x(x - 4)$.

El rectángulo tiene un ancho de x unidades y un largo de $(x - 4)$ unidades. Usa los mosaicos de álgebra para marcar las dimensiones en el tablero de productos. Luego, forma el rectángulo con mosaicos de álgebra.

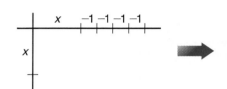 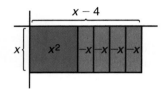

El rectángulo consiste en 1 mosaico azul x^2 y 4 mosaicos rojos x. El área del rectángulo es $x^2 - 4x$. Por lo tanto, $x(x - 4) = x^2 - 4x$.

Actividad 2   Usa mosaicos de álgebra para calcular $2x(x + 2)$.

El rectángulo tiene un ancho de $2x$ unidades y un largo de $(x + 2)$ unidades. Forma el rectángulo con mosaicos de álgebra.

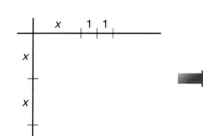 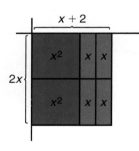

El rectángulo consiste en 2 mosaicos azules x^2 y 4 mosaicos verdes x. El área del rectángulo es $2x^2 + 4x$. Por lo tanto, $2x(x + 2) = 2x^2 + 4x$.

- -

Modela   **Usa mosaicos de álgebra para calcular cada producto.**

1. $x(x + 2)$ **2.** $x(x - 3)$ **3.** $2x(x + 1)$

4. $2x(x - 3)$ **5.** $x(2x + 1)$ **6.** $3x(2x - 1)$

Dibuja   **¿*Verdadero* o *falso*? Justifica tu respuesta con un dibujo.**

7. $x(2x + 4) = 2x^2 + 4x$ **8.** $2x(3x - 4) = 6x^2 - 8$

Escribe   **9.** Supongamos que tienes una bodega de base cuadrada que mide x pies en un lado. Triplicas el largo del edificio y aumentas el ancho en 15 pies.

   a. ¿Cuáles son las dimensiones del nuevo edificio?

   b. ¿Cuál es el área del nuevo edificio? Escribe algunos párrafos, incluyendo dibujos.

Multiplica un polinomio por un monomio

Lo que APRENDERÁS

- A multiplicar un polinomio por un monomio y
- a simplificar expresiones que contengan polinomios.

Por qué ES IMPORTANTE

Porque puedes usar monomios y polinomios para resolver problemas relacionados con viajes y recreación.

P T I

Los turistas aún pueden ver el patrón del tejo cincelado en el piso del Foro de la antigua Roma.

APLICACIÓN
Recreación

¿Has jugado alguna vez al tejo? A muchos niños de todo el mundo les gusta jugar alguna forma de este juego. Los siguientes diagramas muestran versiones de varios países.

Escargot (France)

Ta Galagala (Nigeria)

Gat Fei Gei (China)

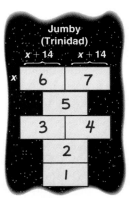

Jumby (Trinidad)

En la isla caribeña de Trinidad, los niños juegan al Jumby. El patrón de este juego se muestra a la derecha. Supongamos que las dimensiones de cada rectángulo son x y $x + 14$. Para hallar el área de cada rectángulo, debemos multiplicar su largo por su ancho.

Este diagrama de uno de los rectángulos muestra que el área es $x(x + 14)$.

Este diagrama del mismo rectángulo muestra que el área es $x^2 + 14x$.

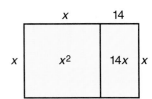

Dado que estas áreas son iguales, $x(x + 14) = x^2 + 14x$.

Esto muestra que la propiedad distributiva puede usarse para multiplicar un polinomio por un monomio.

Ejemplo ① Halla cada producto.

a. $7b(4b^2 - 18)$

Puedes multiplicar horizontal o verticalmente.

Método 1: Horizontal

$$7b(4b^2 - 18) = 7b(4b^2) - 7b(18)$$
$$= 28b^3 - 126b$$

Método 2: Vertical

$$\begin{array}{r} 4b^2 - 18 \\ (\times) \quad 7b \\ \hline 28b^3 - 126b \end{array}$$

b. $-3y^2(6y^2 - 8y + 12)$

$$-3y^2(6y^2 - 8y + 12) = -3y^2(6y^2) - (-3y^2)(8y) + (-3y^2)(12)$$
$$= -18y^4 + 24y^3 - 36y^2$$

Algunas expresiones pueden contener términos semejantes. En estos casos, debes reducir los términos semejantes.

Ejemplo ② Halla $-3pq(p^2q + 2p - 3p^2q)$.

Método 1

Primero multiplica y luego reduce los términos semejantes.

$$-3pq(p^2q + 2p - 3p^2q) = -3pq(p^2q) + (-3pq)(2p) - (-3pq)(3p^2q)$$
$$= -3p^3q^2 - 6p^2q + 9p^3q^2$$
$$= 6p^3q^2 - 6p^2q$$

Método 2

Primero reduce los términos semejantes y luego multiplica.

$$-3pq(p^2q + 2p - 3p^2q) = -3pq(-2p^2q + 2p)$$
$$= -3pq(-2p^2q) + (-3pq)(2p)$$
$$= 6p^3q^2 - 6p^2q$$

p^2q y $-3p^2q$ son términos semejantes.

Ejemplo ③

Carreras atléticas

Los participantes en una carrera corta de 200 metros corren alrededor de la parte curva de un carril. Si los corredores comienzan y terminan al mismo tiempo, el corredor en el carril más exterior debe correr más lejos que los otros. Para compensar esta situación, los puntos de partida de los corredores están escalonados. Si el radio del carril más interior es x y cada carril mide 2.5 pies de ancho, ¿a qué distancia deberían comenzar los corredores de los dos carriles más interiores?

La fórmula de la longitud C de una circunferencia es $C = 2\pi r$, donde r es el radio del círculo. La distancia cubierta por un semicírculo es πr. Usa esta información para calcular la distancia cubierta en la parte curva para cada uno de los dos carriles más interiores y resta estas cantidades para calcular la distancia escalonada.

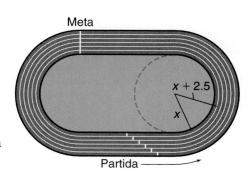

$$\underbrace{\pi(x + 2.5)}_{\substack{\text{semicírculo} \\ \text{exterior}}} - \underbrace{\pi x}_{\substack{\text{semicírculo} \\ \text{interior}}} = \pi x + 2.5\pi - \pi x \quad \textit{Propiedad distributiva}$$

$$= 2.5\pi \qquad \textit{Reduce términos semejantes.}$$

Los dos corredores deberían comenzar a correr a una distancia de 2.5π ó 7.9 pies, aproximadamente.

Muchas ecuaciones contienen polinomios que deben sumarse, restarse o multiplicarse antes de que se pueda resolver la ecuación. La propiedad distributiva se usa a menudo como uno de los pasos en la solución de ecuaciones.

Ejemplo **Resuelve $x(x + 3) + 7x - 5 = x(8 + x) - 9x + 14$.**

$$x(x + 3) + 7x - 5 = x(8 + x) - 9x + 14$$

$x^2 + 3x + 7x - 5 = 8x + x^2 - 9x + 14$	*Propiedad distributiva*
$x^2 + 10x - 5 = x^2 - x + 14$	*Reduce términos semejantes.*
$10x - 5 = -x + 14$	*Resta x^2 de ambos lados.*
$11x - 5 = 14$	*Suma x a cada lado.*
$11x = 19$	*Suma 5 a cada lado.*
$x = \frac{19}{11}$	*Divide ambos lados entre 11.*

La solución es $\frac{19}{11}$.

COMPRUEBA LO QUE APRENDISTE

Comunicación en matemáticas

Estudia la lección y a continuación completa lo siguiente.

1. **Identifica** la propiedad que se usa para simplificar $3a(5a^2 + 2b - 3c^2)$.

2. Refiérete a la *Aplicación* al comienzo de la lección.
   a. **Describe** cómo puedes hallar el área total del patrón que se usa para jugar Jumby.
   b. **Escribe** una expresión simplificada del área total de este patrón.
   c. Si x es 8 pulgadas, calcula el área total del patrón.

3. Refiérete al Ejemplo 4.
   a. **Explica** cómo verificarías la solución de la ecuación.
   b. **Verifica** la solución.

MI DIARIO

DE MATEMÁTICAS

4. Un jardín rectangular mide $2x + 3$ unidades de largo y $3x$ unidades de ancho.
   a. Dibuja un modelo del jardín.
   b. Calcula el área del jardín.

Práctica dirigida

Calcula cada producto.

5. $-7b(9b^3c + 1)$

6. $4a^2(-8a^3c + c - 11)$

7. $5y - 13$
$(\times)\ 2y$

8. $2ab - 5a$
$(\times)\ 11ab$

Simplifica.

9. $w(3w - 5) + 3w$

10. $4y(2y^3 - 8y^2 + 2y + 9) - 3(y^2 + 8y)$

Resuelve cada ecuación.

11. $12(b + 14) - 20b = 11b + 65$

12. $x(x - 4) + 2x = x(x + 12) - 7$

13. Teoría numérica Supongamos que a es un entero par.

a. Escribe, en forma simplificada, el producto de a y el del siguiente entero.

b. Escribe, en forma simplificada, el producto de a y el del entero par que le sigue.

EJERCICIOS

Práctica

Calcula cada producto.

14. $-7(2x + 9)$

15. $\frac{1}{3}x(x - 27)$

16. $3st(5s^2 + 2st)$

17. $-4m^3(5m^2 + 2m)$

18. $3d(4d^2 - 8d - 15)$

19. $5m^3(6m^2 - 8mn + 12n^3)$

20. $7x^2y(5x^2 - 3xy + y)$

21. $-4d(7d^2 - 4d + 3)$

22. $2m^2(5m^2 - 7m + 8)$

23. $-8rs(4rs + 7r - 14s^2)$

24. $-\frac{3}{4}ab^2\left(\frac{1}{3}abc + \frac{4}{9}a - 6\right)$

25. $\frac{4}{5}x^2(9xy + \frac{5}{4}x - 30y)$

Simplifica.

26. $b(4b - 1) + 10b$

27. $3t(2t - 4) + 6(5t^2 + 2t - 7)$

28. $8m(-9m^2 + 2m - 6) + 11(2m^3 - 4m + 12)$

29. $8y(11y^2 - 2y + 13) - 9(3y^3 - 7y + 2)$

30. $\frac{3}{4}t(8t^3 + 12t - 4) + \frac{3}{2}(8t^2 - 9t)$

31. $6a^2(3a - 4) + 5a(7a^2 - 6a + 5) - 3(a^2 + 6a)$

Resuelve cada ecuación.

32. $2(5w - 12) = 6(-2w + 3) + 2$

33. $7(x - 12) = 13 + 5(3x - 4)$

34. $\frac{1}{2}(2d - 34) = \frac{2}{3}(6d - 27)$

35. $p(p + 2) + 3p = p(p - 3)$

36. $y(y + 12) - 8y = 14 + y(y - 4)$

37. $x(x - 3) - x(x + 4) = 17x - 23$

38. $a(a + 8) - a(a + 3) - 23 = 3a + 11$

39. $t(t - 12) + t(t + 2) + 25 = 2t(t + 5) - 15$

INTEGRACIÓN
Geometría

Halla el área de cada región sombreada. Simplifica tu respuesta.

40.

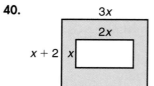

41.

42.

Piensa críticamente

43. Escribe ocho problemas de multiplicación cuyo producto sea $8a^2b + 18ab$.

La rayuela
(Honduras)

cabeza

brazo | casa | brazo

tercera

segunda

primera

44. Recreación En Honduras, los niños juegan una variedad de tejo que se llama La Rayuela. El patrón de este juego se muestra a la derecha. Supongamos que cada rectángulo mide $2y + 1$ unidades de largo y y unidades de ancho.

a. Escribe una expresión simplificada del área del patrón.

b. Si y mide 9 pulgadas, calcula el área del patrón.

45. Viajes El Club de Drama de la secundaria Lincoln está de visita en Nueva York. Han planificado tomar taxis desde el World Trade Center hasta el Metropolitan Museum of Art. La tarifa de un taxi es de $2.75 por la primera milla y $1.25 por cada milla adicional. Supongamos que la distancia entre los dos lugares es de m millas y que se necesitan t taxis para transportar a todo el grupo. Escribe una expresión simplificada del costo de transportar a todo el grupo al Metropolitan Museum of Art, sin incluir la propina.

46. Construcción Un arquitecto de paisajes está diseñando un jardín rectangular para un complejo de oficinas. Va a tener una vereda de cemento en tres lados del jardín, como se muestra a la derecha. El ancho del jardín medirá 24 pies y el largo 42 pies. El ancho de la parte más larga de la vereda será de 3 pies. El cemento va a costar $20 por yarda cuadrada y los constructores le han dicho al paisajista que puede gastar hasta $820 en cemento. ¿Qué ancho deben tener los otros dos lados de la vereda?

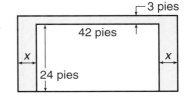

3 pies

42 pies

x x

24 pies

47. Geometría El número de diagonales que se pueden trazar en un polígono de n lados viene dado por la expresión $\frac{1}{2}n(n - 3)$.

a. Dibuja polígonos de 3, 4, 5 y 6 lados. Muestra que esta expresión se cumple para estos polígonos.

b. Calcula el producto de esta expresión.

c. ¿Cuántas diagonales se pueden trazar en un polígono de 15 lados?

48. Calcula $(3a - 4ab + 7b) - (7a - 3b)$.   (Lección 9–5)

49. Química Una solución contiene 50% de glicol y otra, 30% de glicol. ¿Cuántos galones de cada solución deberían mezclarse para producir 100 galones de una solución que contenga 45% de glicol?   (Lección 8–2)

50. Calcula la pendiente de la recta que pasa por $A(1, 5)$ y $B(-3, 0)$.   (Lección 6–1)

51. Si $g(x) = x^2 + 2x$, calcula $g(a - 1)$.   (Lección 5–5)

52. Dibuja la gráfica de $2x - y = 8$.   (Lección 5–4)

53. Finanzas Antonio ganó $340 en 4 días, cortando céspedes y trabajando en patios. A este ritmo, ¿cuánto se demorará en ganar $935?   (Lección 4–8)

54. Geometría Calcula la medida de un ángulo que mide 44° menos que su complemento.   (Lección 3–4)

55. Evalúa $(15x)^3 - y$ si $x = 0.2$ y $y = 1.3$.   (Lección 1–3)

9-7A Multiplica polinomios

LOS MODELOS Y LAS MATEMÁTICAS

Materiales: Mosaicos de álgebra   tablero de productos

Puedes calcular el producto de binomios usando mosaicos de álgebra.

Una sinopsis de la Lección 9-7

Actividad 1   Usa mosaicos de álgebra para calcular $(x + 2)(x + 3)$.

El rectángulo tiene un ancho de $x + 2$ y un largo de $x + 3$. Usa tus mosaicos de álgebra para marcar las dimensiones en el tablero de productos. Luego, forma el rectángulo con mosaicos de álgebra.

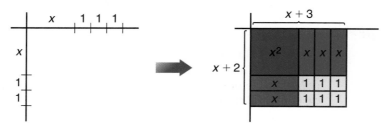

El rectángulo consiste en 1 mosaico azul x^2, 5 mosaicos verdes x y 6 mosaicos amarillos 1.
El área del rectángulo es $x^2 + 5x + 6$. Por lo tanto, $(x + 2)(x + 3) = x^2 + 5x + 6$.

Actividad 2   Usa mosaicos de álgebra para calcular $(x - 1)(x - 3)$.

Paso 1   El rectángulo tiene un ancho de $(x - 1)$ unidades y un largo de $(x - 3)$ unidades. Usa tus mosaicos de álgebra para marcar las dimensiones en el tablero de productos. Luego, empieza a hacer el rectángulo con mosaicos de álgebra.

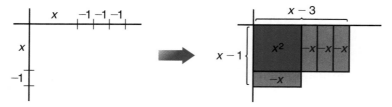

Paso 2   Determina si debes usar 3 mosaicos amarillos 1 ó 3 mosaicos rojos 1 para completar el rectángulo. Recuerda que los números de la parte superior e izquierda dan las dimensiones del mosaico que se necesita. El área de cada mosaico es el producto de -1 y -1. Esto se representa por un mosaico amarillo 1. Llena el espacio con 3 mosaicos amarillos 1, completando así el rectángulo.

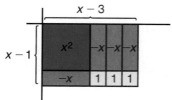

El rectángulo consiste en 1 mosaico azul x^2, 4 mosaicos rojos x y 3 mosaicos amarillos 1.
El área del rectángulo es $x^2 - 4x + 3$. Por lo tanto, $(x - 1)(x - 3) = x^2 - 4x + 3$.

Actividad 3 Usa mosaicos de álgebra para calcular $(x + 1)(2x - 1)$.

Paso 1 El rectángulo tiene un ancho de $(x + 1)$ unidades y un largo de $(2x - 1)$ unidades. Usa tus mosaicos de álgebra para marcar las dimensiones en el tablero de productos. Luego, empieza a hacer el rectángulo con mosaicos de álgebra.

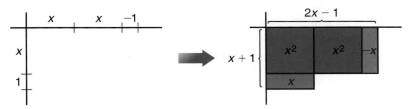

Paso 2 Determina qué color de mosaico x y qué color de mosaico 1 usar para completar el rectángulo. El área del mosaico x es el producto de x y 1. Esto está representado por un mosaico verde x. El área de un mosaico 1 está representada por el producto de -1 y 1. Esto está representado por un mosaico rojo 1.

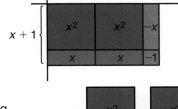
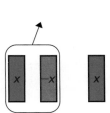

Paso 3 Reordena los mosaicos para simplificar el polinomio que has formado. Observa que se ha formado un par nulo con los mosaicos x.

Quedan 2 mosaicos azules x^2, 1 mosaico verde x y 1 mosaico rojo 1.
Es decir, $(x + 1)(2x - 1) = 2x^2 + x - 1$.

....

Modela Usa mosaicos de álgebra para calcular cada producto.

1. $(x + 1)(x + 2)$ 2. $(x + 1)(x - 3)$ 3. $(x - 2)(x - 4)$

4. $(x + 1)(2x + 2)$ 5. $(x - 1)(2x + 2)$ 6. $(x - 3)(2x - 1)$

Dibuja ¿*Verdadero o falso*? Justifica tu respuesta con un dibujo.

7. $(x + 4)(x + 6) = x^2 + 24$ 8. $(x + 3)(x - 2) = x^2 + x - 6$

9. $(x - 1)(x + 5) = x^2 - 4x - 5$ 10. $(x - 2)(x - 3) = x^2 - 5x + 6$

Escribe

11. Puedes usar también la propiedad distributiva para calcular el producto de dos binomios. La figura de la derecha muestra el modelo de $(x + 3)(x + 2)$ separado en cuatro partes. Escribe un párrafo en el que expliques cómo este modelo ilustra el uso de la propiedad distributiva.

Multiplica polinomios

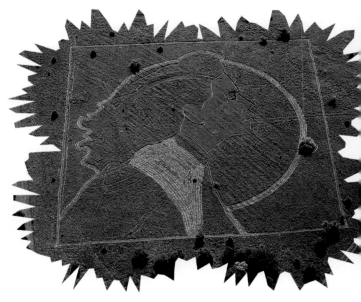

Lo que APRENDERÁS

- A usar el método FOIL para multiplicar dos binomios y
- a multiplicar dos polinomios cualesquiera usando la propiedad distributiva.

por qué ES IMPORTANTE

Porque puedes usar polinomios para resolver problemas relacionados con las artes y los negocios.

CONEXIÓN
Arte

¿Has volado alguna vez sobre granjas y observado las tierras de labrantío? Probablemente viste varios campos que daban la apariencia de una colcha hecha de retazos. Sin embargo, si hubieses volado sobre un campo diseñado por Stan Herd, habrías visto girasoles en un jarrón o un cuadro de Will Rogers. Desde 1981, Stan Herd ha combinado sus intereses en arte y agricultura para hacer arte de cosecha. La mayor parte de la obra de Herd es cosechada por lo que solo se puede ver por corto tiempo.

Sin embargo, en 1991, Herd creó el cuadro que se muestra arriba usando plantas perennes. El cuadro se llama *Niñita en el viento*. En él se muestra a una niña india Kickapoo de nombre Carole Cadue. Si vuelas cerca de Salina, en Kansas, quizás puedas ver esta obra de arte.

Supongamos que el largo del campo usado en *Niñita en el viento* está dado por el polinomio $7x + 2$ unidades y el ancho por $5x + 1$. Tú ya sabes que el área de un rectángulo es el producto del largo por el ancho. Puedes entonces multiplicar $7x + 2$ y $5x + 1$ para hallar el área del rectángulo.

$$\begin{aligned}
(7x + 2)(5x + 1) &= 7x(5x + 1) + 2(5x + 1) && \textit{Propiedad distributiva}\\
&= 7x(5x) + 7x(1) + 2(5x) + 2(1) && \textit{Propiedad distributiva}\\
&= 35x^2 + 7x + 10x + 2 && \textit{Propiedad de sustitución}\\
&= 35x^2 + 17x + 2 && \textit{Reduce términos semejantes.}
\end{aligned}$$

CONEXIONES GLOBALES

Existe una obra histórica de arte en Ohio que se puede ver mejor desde una vista aérea. Es un montículo construido por los indios Adena, quizás hace unos 30 siglos. El montículo tiene la forma de una serpiente y mide aproximadamente un cuarto de milla de largo.

El área puede también determinarse calculando la suma de las áreas de cuatro rectángulos más pequeños.

	$5x$	1
$7x$	$7x \cdot 5x$	$7x \cdot 1$
2	$2 \cdot 5x$	$2 \cdot 1$

$$\begin{aligned}
(7x + 2)(5x + 1) &= 7x \cdot 5x + 7x \cdot 1 + 2 \cdot 5x + 2 \cdot 1 && \textit{Halla la suma de las cuatro áreas.}\\
&= 35x^2 + 7x + 10x + 2 && \textit{Propiedad de sustitución}\\
&= 35x^2 + 17x + 2 && \textit{Reduce términos semejantes.}
\end{aligned}$$

Este ejemplo ilustra un método abreviado de la propiedad distributiva que recibe el nombre de **método FOIL** (siglas que en inglés quieren decir *First, Outer, Inner, Last*). Puedes usar este método para multiplicar dos binomios.

$$(7x + 2)(5x + 1) = (7x)(5x) \quad + \quad (7x)(1) \quad + \quad (2)(5x) \quad + \quad (2)(1)$$

$$= 35x^2 + 7x + 10x + 2$$

$$= 35x^2 + 17x + 2$$

Método FOIL para multiplicar dos binomios	**Para multiplicar dos binomios, halla la suma de los productos de** **F** (first) los primeros términos, **O** (outer) los términos exteriores, **I** (inner) los términos interiores, **L** (last) los últimos términos.

Ejemplo **Calcula cada producto.**

a. $(x - 4)(x + 9)$

$$(x - 4)(x + 9) = (x)(x) + (x)(9) + (-4)(x) + (-4)(9)$$
$$= x^2 + 9x - 4x - 36$$
$$= x^2 + 5x - 36 \qquad \textit{Reduce términos semejantes.}$$

b. $(4x + 7)(3x - 8)$

$$(4x + 7)(3x - 8) = (4x)(3x) + (4x)(-8) + (7)(3x) + (7)(-8)$$
$$= 12x^2 - 32x + 21x - 56$$
$$= 12x^2 - 11x - 56 \qquad \textit{Reduce términos semejantes.}$$

La propiedad distributiva puede usarse para multiplicar dos polinomios cualesquiera.

Ejemplo **2** **Calcula cada producto.**

a. $(2y + 5)(3y^2 - 8y + 7)$

$(2y + 5)(3y^2 - 8y + 7)$
$$= 2y(3y^2 - 8y + 7) + 5(3y^2 - 8y + 7) \qquad \textit{Propiedad distributiva}$$
$$= (6y^3 - 16y^2 + 14y) + (15y^2 - 40y + 35) \qquad \textit{Propiedad distributiva}$$
$$= 6y^3 - 16y^2 + 14y + 15y^2 - 40y + 35$$
$$= 6y^3 - y^2 - 26y + 35 \qquad \textit{Reduce términos semejantes.}$$

b. $(x^2 + 4x - 5)(3x^2 - 7x + 2)$

$(x^2 + 4x - 5)(3x^2 - 7x + 2)$
$$= x^2(3x^2 - 7x + 2) + 4x(3x^2 - 7x + 2) - 5(3x^2 - 7x + 2)$$
$$= (3x^4 - 7x^3 + 2x^2) + (12x^3 - 28x^2 + 8x) - (15x^2 - 35x + 10)$$
$$= 3x^4 - 7x^3 + 2x^2 + 12x^3 - 28x^2 + 8x - 15x^2 + 35x - 10$$
$$= 3x^4 + 5x^3 - 41x^2 + 43x - 10 \qquad \textit{Reduce términos semejantes.}$$

Los polinomios también se pueden multiplicar en forma de columna. Asegúrate de alinear los términos semejantes.

Ejemplo **3** **Calcula $(x^3 - 8x^2 + 9)(3x + 4)$ usando columnas.**

Dado que $x^3 - 8x^2 + 9$ no tiene ningún término en x, se usa $0x$ para indicar el lugar de las x.

$$
\begin{array}{r}
x^3 - 8x^2 + 0x + 9 \\
(\times) \qquad\qquad 3x + 4 \\
\hline
4x^3 - 32x^2 + \ 0x + 36 \\
3x^4 - 24x^3 + \ 0x^2 + 27x \qquad\quad \\
\hline
3x^4 - 20x^3 - 32x^2 + 27x + 36
\end{array}
$$

← *producto $x^3 - 8x^2 + 0x + 9$ y 4*

← *producto $x^3 - 8x^2 + 0x + 9$ y 3x*

← *suma de los productos parciales*

Ejemplo **4**

INTEGRACIÓN

Geometría

El volumen V de un prisma es igual al área de la base B por la altura h.

a. **Escribe una expresión polinómica que represente el volumen del prisma que se muestra a la derecha.**

b. **Calcula el volumen si $a = 5$.**

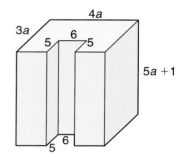

a. Un diagrama de la base es el siguiente.

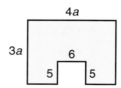

Para hallar el área de la base, calcula primero el área de un rectángulo de $3a$ por $4a$. Luego, réstale el área de un rectángulo de 6 por 5.

$B = 3a(4a) - 6(5)$

$\quad = 12a^2 - 30$

El volumen de este prisma es igual al producto de la base por la altura, $12a^2 - 30$ y $5a + 1$, respectivamente. Usa el método FOIL para hallar este producto.

$$
\begin{array}{cccc}
 & F & O & I & L \\
(12a^2 - 30)(5a + 1) = (12a^2)(5a) + (12a^2)(1) + (-30)(5a) + (-30)(1) \\
\end{array}
$$

$$= 60a^3 + 12a^2 - 150a - 30$$

El volumen del prisma es $(60a^3 + 12a^2 - 150a - 30)$ unidades cúbicas.

b. Sustituye a con 5 y evalúa la expresión.

$60(5^3) + 12(5^2) - 150(5) - 30 = 7500 + 300 - 750 - 30$

$$= 7020$$

Si $a = 5$, el volumen del prisma es de 7020 unidades cúbicas.

COMPRUEBA LO QUE APRENDISTE

Comunicación en matemáticas

Estudia la lección y a continuación completa lo siguiente.

1. Usa el método FOIL para calcular cada producto.

a. $42(27)$ (*Sugerencia:* Vuelve a escribir esto como $(40 + 2)(20 + 7)$ ó $(40 + 2)(30 - 3)$.)

b. $4\frac{1}{2} \cdot 6\frac{3}{4}$

2. **Tú decides** Adita y Delbert usaron los siguientes métodos para calcular el producto de $(t^3 - t^2 + 5t)$ y $(6t^2 + 8t - 7)$.

Adita:

$(t^3 - t^2 + 5t)(6t^2 + 8t - 7)$

$\quad = t^3(6t^2 + 8t - 7) - t^2(6t^2 + 8t - 7) + 5t(6t^2 + 8t - 7)$

$\quad = 6t^5 + 8t^4 - 7t^3 - 6t^4 - 8t^3 + 7t^2 + 30t^3 + 40t^2 - 35t$

$\quad = 6t^5 + 2t^4 + 15t^3 + 47t^2 - 35t$

Delbert:
$$t^3 - t^2 + 5t$$
$$\underline{(\times)\ 6t^2 + 8t - 7}$$
$$-7t^3 + 7t^2 - 35t$$
$$8t^4 - 8t^3 + 40t^2$$
$$\underline{6t^5 - 6t^4 + 30t^3}$$
$$6t^5 + 2t^4 + 15t^3 + 47t^2 - 35t$$

¿Cuál método prefieres? ¿Por qué?

3. **Dibuja** un diagrama que muestre cómo usarías mosaicos de álgebra para calcular el producto de $(2x - 3)$ y $(x + 2)$.

4. **Escribe** dos binomios cuyo producto sea representado por figura de la derecha.

2ax	3a
2x²	3x

LOS MODELOS Y LAS

MATEMÁTICAS

Práctica dirigida

Calcula cada producto.

5. $(d + 2)(d + 8)$ 6. $(r - 5)(r - 11)$ 7. $(y + 3)(y - 7)$

8. $(3p - 5)(5p + 2)$ 9. $(2x - 1)(x + 5)$ 10. $(2m + 5)(3m - 8)$

11. $(2a + 3b)(5a - 2b)$ 12. $(2x - 5)(3x^2 - 5x + 4)$

13. a. **Teoría numérica** Calcula el producto de tres enteros consecutivos si el entero menor es a.

  b. Escoge un entero como el primero de tres enteros consecutivos. Calcula su producto.

  c. Evalúa el polinomio de la parte a para estos enteros. Describe el resultado.

EJERCICIOS

Práctica **Calcula cada producto.**

14. $(y + 5)(y + 7)$ 15. $(c - 3)(c - 7)$ 16. $(x + 4)(x - 8)$

17. $(w + 3)(w - 9)$ 18. $(2a - 1)(a + 8)$ 19. $(5b - 3)(2b + 1)$

20. $(11y + 9)(12y + 6)$ 21. $(13x - 3)(13x + 3)$ 22. $(8x + 9y)(3x + 7y)$

23. $(0.3v - 7)(0.5v + 2)$ 24. $\left(3x + \frac{1}{3}\right)\left(2x - \frac{1}{9}\right)$ 25. $\left(a - \frac{2}{3}b\right)\left(\frac{2}{3}a + \frac{1}{2}b\right)$

26. $(2r + 0.1)(5r - 0.3)$ 27. $(0.7p + 2q)(0.9p + 3q)$

28. $(x + 7)(x^2 + 5x - 9)$ 29. $(3x - 5)(2x^2 + 7x - 11)$

30. $a^2 - 3a + 11$ $\quad\underline{(\times)\ 5a + \ 2}$

31. $3x^2 - 7x + 2$ $\quad\underline{(\times)\quad 3x - 8}$

32. $5x^2 + 8x - 11$ $\quad\underline{(\times)\ x^2 - 2x - \ 1}$

33. $5d^2 - 6d + \ 9$ $\quad\underline{(\times)\ 4d^2 + 3d + 11}$

Calcula cada producto.

34. $(x^2 - 8x - 1)(2x^2 - 4x + 9)$ **35.** $(5x^2 - x - 4)(2x^2 + x + 12)$

36. $(-7b^3 + 2b - 3)(5b^2 - 2b + 4)$ **37.** $(a^2 + 2a + 5)(a^2 - 3a - 7)$

INTEGRACIÓN
Geometría

Halla el volumen de cada prisma.

38.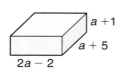

39.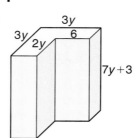

40.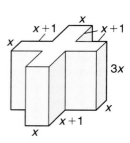

41. Geometría Refiérete al prisma del Ejercicio 38. Supongamos que a mide 15 centímetros.

    a. Calcula el largo, el ancho y la altura del prisma.

    b. Usa los valores de la parte a para calcular el volumen del prisma.

    c. Evalúa tu respuesta al Ejercicio 38 si $a = 15$.

    d. ¿Cómo se relacionan tus respuestas con las partes b y c?

Piensa críticamente

Si $A = 3x + 4$, $B = x^2 + 2$ y $C = x^2 + 3x - 2$, calcula cada una de las siguientes expresiones.

42. $AC + B$ **43.** $2B(3A - 4C)$ **44.** ABC **45.** $(A + B)(B - C)$

Aplicaciones y solución de problemas

46. Construcción El dueño de una casa está considerando instalar una piscina en su patio. Quiere que el largo sea 5 yardas más que el ancho para que haya espacio para bucear en uno de los extremos. También quiere rodearla de una vereda de cemento de 4 yardas de ancho. Después de enterarse del precio del cemento, decide que puede comprar 424 yardas cuadradas de cemento. ¿Cuáles deben ser las dimensiones de la piscina?

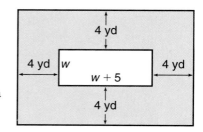

47. Negocios Raúl Agosto trabaja para una compañía que tiene oficinas modulares. El espacio de su oficina actual es un cuadrado, pero un nuevo plano requiere que su oficina se acorte 2 pies en una dirección y se alargue 3 pies en la otra.

    a. Escribe una expresión que represente las nuevas dimensiones de la oficina de Raúl.

    b. Halla el área de su nueva oficina.

    c. Supongamos que su oficina actual mide 8 pies por 8 pies. Su nueva oficina, ¿va a ser más grande o más pequeña que su oficina actual? ¿En cuánto?

Repaso comprensivo

48. Calcula $\frac{3}{4}a(6a + 12)$.   (Lección 9-6)

49. Resuelve $6 - 9y < -10y$.   (Lección 7-3)

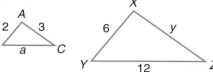

50. **Monumentos nacionales** En la Royal Gorge en Colorado, una ferrovía inclinada lleva a los visitantes lo largo del río Arkansas. Supongamos que la pendiente tiene un declive del 50% y que la caída vertical es de 1015 pies. ¿Cuál es el cambio horizontal de la ferrovía? (Lección 6–1)

51. Escribe una ecuación que represente la relación.
$\{(-1, -1), (0, 1), (1, 3), (2, 5), (3, 7)\}$ (Lección 5–6)

52. Determina el dominio, la amplitud y el inverso de la relación.
$\{(8, 1), (4, 2), (6, -4), (5, -3), (6, 0)\}$ (Lección 5–2)

53. **Geometría** $\triangle ABC$ y $\triangle XYZ$ son semejantes. Calcula los valores de a y de y. (Lección 4–2)

54. **Consumo** Los precios de seis modelos distintos de impresoras en una tienda son $299, $369, $359, $228, $525 y $398. Calcula la media y la mediana de los precios de estas impresoras. (Lección 3–7)

55. **Temperatura** La fórmula para calcular la temperatura Celsio C cuando conoces la temperatura Fahrenheit F es $C = \frac{5}{9}(F - 32)$. Calcula la temperatura Celsio cuando la temperatura Fahrenheit es de 59°. (Lección 2–9)

56. Reemplaza la variable de modo que el enunciado $\frac{3}{4}s = 6$ sea verdadero. (Lección 1–5)

CONTINÚA CON LA

In·ves·ti·ga·ción

Consulta las páginas 448–449.

¡Prepárate, alístate, déjalo caer!

Experimentaste con varios tamaños de planeadores examinando así sus capacidades de vuelo. Ahora necesitas investigar cómo se relaciona el tamaño del planeador con el peso de la carga.

1 Recorta dos triángulos equiláteros de cartulina; uno cuyo lado mida 6 centímetros de largo y el otro, 12 centímetros de largo. ¿Cuál es el área de superficie y el perímetro de cada triángulo?

2 Endereza dos sujetapapeles y dóblalos en la forma que se muestra a la derecha. Perfora el centro del triángulo con la parte curva del sujetapapeles y asegúralo con cinta adhesiva de modo que la curva del gancho cuelgue del otro lado del triángulo.

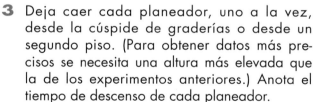

3 Deja caer cada planeador, uno a la vez, desde la cúspide de graderías o desde un segundo piso. (Para obtener datos más precisos se necesita una altura más elevada que la de los experimentos anteriores.) Anota el tiempo de descenso de cada planeador.

4 Coloca una arandela en el gancho de cada planeador. Déjalos caer nuevamente y anota los tiempos. Sigue colocando arandelas, una a la vez, en cada planeador y anotando los tiempos de descenso en una tabla que los compare con el número de arandelas colocadas en cada planeador.

5 Grafica la relación entre el peso y los tiempos de descenso. Haz que la variable independiente sea el peso y la variable dependiente sea el tiempo de descenso. Analiza tus hallazgos.

6 Considera el peso, el tiempo de descenso, el área de superficie y el perímetro de tus datos. Escribe una expresión polinómica que relacione algunas, si no todas, estas medidas.

Agrega los resultados de tu trabajo a tu *Archivo de investigación*.

9-8

Productos especiales

Lo que APRENDERÁS

- A usar patrones para calcular

  $(a + b)^2$,

  $(a - b)^2$ y

  $(a + b)(a - b)$.

Por qué ES IMPORTANTE

Porque puedes usar polinomios para resolver problemas de biología e historia.

CONEXIÓN

La biología

Los *cuadrados de Punnett* son diagramas que se usan para mostrar las posibles maneras en que se combinan los genes durante la fecundación. En un cuadrado de Punnett, los genes *dominantes* se escriben con letras mayúsculas y los genes *recesivos* con letras minúsculas. Los genes de los progenitores se representan con letras a ambos lados del cuadrado. Las letras en las cajas del cuadrado muestran las posibles combinaciones genéticas de la progenie.

El siguiente cuadrado de Punnett representa un cruzamiento entre plantas de arveja altas y bajas. Sea T el gene dominante de arveja alta y t el gene recesivo de arveja baja. Los padres reciben el nombre de *híbridos* pues tienen ambos genes.

P T I

Los cuadrados de Punnett llevan el nombre del zoólogo y genetista inglés Reginald Crundall Punnett (1875–1967) quien ocupó la primera cátedra de Genética en la Universidad de Cambridge y ayudó a fundar la ciencia de la genética en el siglo XX.

Híbrido alto × Híbrido alto

Alto $= T$

Bajo $= t$

Progenie

$\frac{1}{4}$ ó 25% alto puro (TT)

$\frac{2}{4}$ ó 50% híbrido alto (Tt)

$\frac{1}{4}$ ó 25% bajo puro (tt)

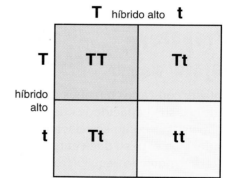

	T híbrido alto t	
T	**TT**	**Tt**
t	**Tt**	**tt**

Puesto que tanto las plantas progenitoras tienen un gene alto dominante como un gene bajo recesivo, los biólogos saben que su progenie puede predecirse elevando el binomio $(0.5T + 0.5t)$ al cuadrado, es decir, calculando $(0.5T + 0.5t)^2$. Tenemos entonces lo siguiente:

$$(0.5T + 0.5t)^2 = (0.5T + 0.5t)(0.5T + 0.5t)$$

$$= 0.5T(0.5T) + 0.5T(0.5t) + 0.5t(0.5T) + 0.5t(0.5t)$$

$$= 0.25T^2 + 0.25Tt + 0.25Tt + 0.25t^2$$

$$= 0.25T^2 + 0.50Tt + 0.25t^2 \quad \textit{T}^2 \textit{ y } t^2 \textit{ representan TT y tt, respectivamente.}$$

Puedes usar el siguiente diagrama para deducir la forma general de la expresión $(a + b)^2$.

$$(a + b)^2 = a^2 + ab + ab + b^2$$
$$= a^2 + 2ab + b^2 \quad \textit{Verifica este resultado usando el método FOIL.}$$

En general, la siguiente fórmula proporciona el cuadrado de un binomio que es una suma.

Cuadrado de una suma	$(a + b)^2 = (a + b)(a + b)$ $= a^2 + 2ab + b^2$

Ejemplo 1 Calcula cada producto.

a. $(y + 7)^2$

Método 1

Usa la regla del cuadrado de una suma.

$(a + b)^2 = a^2 + 2ab + b^2$
$(y + 7)^2 = y^2 + 2(y)(7) + 7^2$
$\qquad\quad = y^2 + 14y + 49$

Método 2

Usa FOIL.

$(y + 7)^2 = (y + 7)(y + 7)$
$\qquad\quad = y^2 + 7y + 7y + 49$
$\qquad\quad = y^2 + 14y + 49$

b. $(6p + 11q)^2$

$(a + b)^2 = a^2 + 2ab + b^2$
$(6p + 11q)^2 = (6p)^2 + 2(6p)(11q) + (11q)^2 \quad a = 6p \text{ y } b = 11q$
$\qquad\qquad\; = 36p^2 + 132pq + 121q^2$

La fórmula del cuadrado de una suma puede usarse en conjunción con otras fórmulas para simplificar productos de polinomios.

Ejemplo 2

CONEXIÓN Historia

Los turistas que visitan el sur de Inglaterra pueden ir al histórico Gwennap Pit, el pozo de una mina de estaño que en el siglo XVI fue transformado en un anfiteatro. John Wesley, en el siglo XVIII, habló a multitudes desbordantes en este anfiteatro. Gwennap Pit consiste de un escenario circular rodeado por niveles circulares usados como asientos. Cada nivel de asientos mide 1 metro de ancho. Supongamos que el radio del escenario es de *s* metros. Calcula el área del tercer nivel de asientos.

(continúa en la página siguiente)

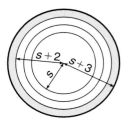

El área de un círculo es igual a πr^2. El radio del segundo nivel de asientos es $s + 2$ metros y el radio del tercer nivel de asientos es $s + 3$ metros. El área del tercer nivel de asientos puede calcularse restando las áreas de los dos círculos.

$$\underbrace{\text{área del}}_{\text{tercer nivel}} \quad \underbrace{\text{área del}}_{\text{segundo nivel}}$$

$$\begin{aligned}
A &= \pi(s + 3)^2 \; - \; \pi(s + 2)^2 \\
&= \pi(s^2 + 6s + 9) - \pi(s^2 + 4s + 4) && \text{\textit{Regla del cuadrado de una suma}} \\
&= (\pi s^2 + 6\pi s + 9\pi) - (\pi s^2 + 4\pi s + 4\pi) && \text{\textit{Propiedad distributiva}} \\
&= \pi s^2 + 6\pi s + 9\pi - \pi s^2 - 4\pi s - 4\pi \\
&= 2\pi s + 5\pi && \text{\textit{Reduce términos semejantes.}}
\end{aligned}$$

El área del tercer nivel de asientos es $2\pi s + 5\pi$ ó $6.3s + 15.7$ metros cuadrados, aproximadamente.

Para calcular $(a - b)^2$, escribe $(a - b)$ como $[a + (-b)]$ y elévalo al cuadrado.

$$\begin{aligned}
(a - b)^2 &= [a + (-b)]^2 \\
&= a^2 + 2(a)(-b) + (-b)^2 \\
&= a^2 - 2ab + b^2
\end{aligned}$$

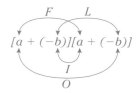

En general, la siguiente fórmula proporciona el cuadrado de un binomio que es una diferencia.

Cuadrado de una diferencia	$(a - b)^2 = (a - b)(a - b)$ $= a^2 - 2ab + b^2$

Ejemplo ❸ **Calcula cada producto.**

a. $(r - 6)^2$

Método 1

Usa la regla de la diferencia.

$$\begin{aligned}
(a - b)^2 &= a^2 - 2ab + b^2 \\
(r - 6)^2 &= r^2 - 2(r)(6) + 6^2 \\
&= r^2 - 12r + 36
\end{aligned}$$

Método 2

Usa FOIL.

$$\begin{aligned}
(r - 6)^2 &= (r - 6)(r - 6) \\
&= r^2 - 6r - 6r + 36 \\
&= r^2 - 12r + 36
\end{aligned}$$

b. $(4x^2 - 7t)^2$

$$\begin{aligned}
(a - b)^2 &= a^2 - 2ab + b^2 \\
(4x^2 - 7t)^2 &= (4x^2)^2 - 2(4x^2)(7t) + (7t)^2 && \text{\textit{a} = 4x^2 \textit{ y b} = 7t} \\
&= 16x^4 - 56x^2t + 49t^2
\end{aligned}$$

Producto de una suma y una diferencia

Materiales: mosaicos de álgebra ☐ tablero de productos

Ya has aprendido cómo usar mosaicos de álgebra para calcular el producto de dos binomios. En esta actividad, vas a usar los mosaicos de álgebra para estudiar una situación especial.

Ahora te toca a ti

a. Usa mosaicos de álgebra para calcular cada producto.

$(x + 3)(x - 3)$ $(x + 5)(x - 5)$

$(x + 1)(x - 1)$ $(x + 2)(x - 2)$

$(x + 6)(x - 6)$ $(x + 4)(x - 4)$

b. ¿Qué observas en los binomios usados como factores en la parte a?

c. ¿Qué patrón observas en los productos de la parte a?

Puedes usar el método FOIL para calcular el producto de una suma por una diferencia de los mismos números.

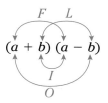

$$(a + b)(a - b) = a(a) + a(-b) + b(a) + b(-b)$$
$$= a^2 - ab + ab - b^2$$
$$= a^2 - b^2$$

El producto resultante, $a^2 - b^2$, tiene un nombre especial. Se le conoce como **diferencia de cuadrados.**

Diferencia de cuadrados	$(a + b)(a - b) = (a - b)(a + b)$ $= a^2 - b^2$

Ejemplo **Calcula cada producto.**

a. $(m - 2n)(m + 2n)$

$$(a - b)(a + b) = a^2 - b^2$$
$$(m - 2n)(m + 2n) = m^2 - (2n)^2 \quad \textit{a = m y b = 2n}$$
$$= m^2 - 4n^2$$

b. $(0.3t + 0.25w^2)(0.3t - 0.25w^2)$

$$(a + b)(a - b) = a^2 - b^2$$
$$(0.3t + 0.25w^2)(0.3t - 0.25w^2) = (0.3t)^2 - (0.25w^2)^2 \quad \textit{a = 0.3t y b = 0.25w^2}$$
$$= 0.09t^2 - 0.0625w^4$$

Comunicación en matemáticas

Estudia la lección y a continuación completa lo siguiente.

1. **Explica** en qué difieren el cuadrado de una diferencia y el cuadrado de una suma.

2. **Compara** el cuadrado de una diferencia y la diferencia de dos cuadrados.

3. **Explica** cómo puedes calcular 29×31 mentalmente. (*Sugerencia:* $29 = 30 - 1$ y $31 = 30 + 1$)

LOS MODELOS Y LAS MATEMÁTICAS

4. Traza un diagrama que represente lo siguiente.
   a. $(x + y)^2$
   b. $(x - y)^2$

5. ¿Qué representa el diagrama de la derecha si se extraen las regiones sombreadas?

Práctica dirigida

Calcula cada producto.

6. $(2x + 3y)^2$

7. $(m - 3n)^2$

8. $(2a + 3)(2a - 3)$

9. $(m^2 + 4n)^2$

10. $(4y + 2z)(4y - 2z)$

11. $(5 - x)^2$

12. **Recreación** Los niños de la India juegan una variedad de tejo llamado Chilly. Uno de tres posibles patrones de este juego se muestra a la derecha. Supongamos que cada lado de los cuadrados pequeños mide $2x + 5$ unidades de largo. Halla el área de este patrón de Chilly.

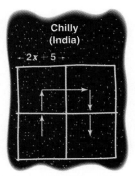

Práctica

Calcula cada producto.

13. $(x + 4y)^2$

14. $(m - 2n)^2$

15. $(3b - a)^2$

16. $(3x + 5)(3x - 5)$

17. $(9p - 2q)(9p + 2q)$

18. $(5s + 6t)^2$

19. $(5b - 12a)^2$

20. $(2a + 0.5y)^2$

21. $(x^3 + a^2)^2$

22. $\left(\frac{1}{2}b^2 - a^2\right)^2$

23. $(8x^2 - 3y)(8x^2 + 3y)$

24. $(7c^2 + d^3)(7c^2 - d^3)$

25. $(1.1g + h^5)^2$

26. $(9 - z^9)(9 + z^9)$

27. $\left(\frac{4}{3}x^2 - y\right)\left(\frac{4}{3}x^2 + y\right)$

28. $\left(\frac{1}{3}v^2 - \frac{1}{2}w^3\right)^2$

29. $(3x + 1)(3x - 1)(x - 5)$

30. $(x - 2)(x + 5)(x + 2)(x - 5)$

31. $(a + 3b)^3$

32. $(2m - n)^4$

Piensa críticamente

33. Halla $(x + y + z)^2$. Dibuja un diagrama en el que se muestre cada término del polinomio.

34. Biología Refiérete a la actividad de *Conexión* al comienzo de la lección.

   a. Haz un cuadrado de Punnett para arvejas si un progenitor es bajo puro (*tt*) y el otro es híbrido alto (*Tt*).

   b. ¿Qué porcentaje de la progenie será bajo puro?

   c. ¿Qué porcentaje de la progenie será híbrido alto?

   d. ¿Qué porcentaje de la progenie será alto puro?

35. Historia Refiérete al Ejemplo 2.

   a. Escribe una expresión que dé el área del cuarto nivel de asientos en el Gwennap Pit.

   b. El radio del escenario del Gwennap Pit mide 3 metros. Calcula el área del escenario.

   c. Calcula el área del cuarto nivel de asientos en el Gwennap Pit.

36. Fotografía Lenora recortó una franja de 0.75 pulgadas alrededor de una foto cuadrada de modo que cupiese en un sobre que le estaba enviando a su tía. Decidió mandar a hacer una copia del negativo de la foto, pero olvidó medir el tamaño de la foto original. Lo único que tenía era la franja que recortó, de 33.75 pulgadas cuadradas. ¿Cuáles eran las dimensiones originales de la foto?

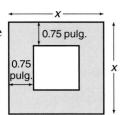

37. Calcula $(3t - 3)(2t + 1)$. (Lección 9–7)

38. Resuelve $-13z > -1.04$. (Lección 7–2)

39. Estadística La siguiente tabla muestra las estaturas y pesos de 12 jugadores de un equipo de básquetbol profesional. (Lección 6–3)

Estatura (en pulgadas)	75	82	75	74	80	80	75	79	80	78	76	81
Peso (en libras)	180	235	184	185	230	205	185	230	221	195	205	215

   a. Traza una gráfica de dispersión con esta información.

   b. Describe la correlación entre estatura y peso.

40. Escribe la forma estándar de la recta que pasa por $(3, 1)$ y de pendiente $\frac{2}{7}$. (Lección 6–2)

41. Grafica los puntos $A(4, 2)$, $B(-3, 1)$ y $C(-2, -3)$. (Lección 5–1)

42. Electricidad La resistencia R de un circuito eléctrico es de 4.5 ohmios. ¿Cuál es la intensidad de la corriente, en amperios, que puede generar este circuito si puede producir a lo sumo 1500 vatios de potencia? Usa $I^2R = P$. (Lección 2–8)

43. Calcula $5(9 \div 3^2)$. (Lección 1–6)

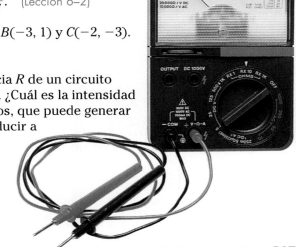

¡Prepárate, alístate, déjalo caer!

Consulta las páginas 448–449.

Analiza

Has conducido varios experimentos y organizado tus datos de varias maneras. Ha llegado la hora de que analices tus hallazgos y presentes tus conclusiones.

1 Examina tus datos y organízalos de tal manera que las diferentes relaciones sean evidentes.

2 Describe las relaciones de los datos. ¿Qué tiene que ver el peso con el tiempo de descenso? ¿Tiene el área o el perímetro algún efecto en el tiempo de descenso? ¿Qué otros factores deberían considerarse?

Escribe

Tu informe a la gente interesada en el vuelo sin motor individual debería explicar el proceso de investigar estos modelos de planeadores individuales y lo que hallaste en tu investigación.

3 Comienza el informe exponiendo el proceso que usaste para investigar el asunto. Explica todos los experimentos que condujiste y describe el propósito y los hallazgos de cada uno.

4 Muestra los datos que recopilaste mediante tablas, diagramas y gráficas. Explica tu análisis de los datos y las conclusiones a las que llegaste.

5 Aconseja al grupo acerca del tamaño de planeador individual más adecuado para ellos. Incluye el peso que el planeador puede llevar para ser más eficiente.

6 Mientras llevabas a cabo tus experimentos, uno de los miembros de tu equipo averiguó que los marcos de la mayoría de los planeadores individuales miden 32 pies de ancho. Explica cómo afecta esta información tus generalizaciones con respecto al peso y tamaño de los planeadores individuales.

7 Resume tus hallazgos para el grupo en una conclusión.

VOCABULARIO

Después de estudiar este capítulo podrás definir cada término, propiedad o frase y dar uno o dos ejemplos de cada uno.

Álgebra

binomio (p. 514)

constantes (p. 496)

cuadrado de una diferencia (p. 544)

cuadrado de una suma (p. 543)

cociente de potencias (p. 501)

diferencia de cuadrados (p. 545)

exponente cero (p. 502)

exponente negativo (p. 503)

grado de un monomio (p. 515)

grado de un polinomio (p. 516)

método FOIL (p. 537)

monomio (p. 496)

notación científica (p. 506)

polinomio (p. 513, 514)

potencia de un monomio (p. 498)

potencia de una potencia (p. 498)

potencia de un producto (p. 498)

producto de potencias (p. 501)

trinomio (p. 514)

Solución de problemas

busca un patrón (p. 497)

COMPRENSIÓN Y USO DEL VOCABULARIO

Escoge la letra del término que mejor corresponda a cada ejemplo.

1. $4^{-3} = \frac{1}{4^3}$ ó $\frac{1}{64}$

2. $(x + 2y)(x - 2y) = x^2 - 4y^2$

3. $\frac{4x^2y}{8xy^3} = \frac{x}{2y^2}$

4. $4x^2$

5. $x^2 - 3x + 1$

6. $2^0 = 1$

7. $x^4 - 3x^3 + 2x^2 - 1$

8. $(x + 3)(x - 4) = x^2 - 4x + 3x - 12$

9. $x^2 + 2$

10. $(a^3b)(2ab^2) = 2a^4b^3$

a. binomio

b. diferencia de cuadrados

c. método FOIL

d. monomio

e. exponente negativo

f. polinomio

g. producto de potencias

h. cociente de potencias

i. trinomio

j. exponente cero

HABILIDADES Y CONCEPTOS

| OBJETIVOS Y EJEMPLOS | EJERCICIOS DE REPASO |

Una vez completado este capítulo, podrás:

Usa estos ejercicios para repasar y prepararte para el examen del capítulo.

- multiplicar polinomios y simplificar expresiones que contengan potencias de monomios
  (Lección 9–1)

$$(2ab^2)(3a^2b^3) = (2 \cdot 3)(a \cdot a^2)(b^2 \cdot b^3)$$
$$= 6a^3b^5$$
$$(2x^2y^3)^3 = 2^3(x^2)^3(y^3)^3$$
$$= 8x^6y^9$$

Simplifica.

11. $y^3 \cdot y^3 \cdot y$ **12.** $(3ab)(-4a^2b^3)$

13. $(-4a^2x)(-5a^3x^4)$ **14.** $(4a^2b)^3$

15. $(-3xy)^2(4x)^3$ **16.** $(-2c^2d)^4(-3c^2)^3$

17. $-\frac{1}{2}(m^2n^4)^2$ **18.** $(5a^2)^3 + 7(a^6)$

- simplificar expresiones que contengan cocientes de monomios y exponentes negativos
  (Lección 9–2)

$$\frac{2x^6y}{8x^2y^2} = \frac{2}{8} \cdot \frac{x^6}{x^2} \cdot \frac{y}{y^2}$$
$$= \frac{x^4}{4y}$$
$$\frac{3a^{-2}}{4a^6} = \frac{3}{4}(a^{-2-6})$$
$$= \frac{3}{4}(a^{-8}) \text{ ó } \frac{3}{4a^8}$$

Simplifica. Puedes asumir que ningún denominador es igual a cero.

19. $\frac{y^{10}}{y^6}$ **20.** $\frac{(3y)^0}{6a}$

21. $\frac{42b^7}{14b^4}$ **22.** $\frac{27b^{-2}}{14b^{-3}}$

23. $\frac{(3a^3bc^2)^2}{18a^2b^3c^4}$ **24.** $\frac{-16a^3b^2x^4y}{-48a^4bxy^3}$

- escribir números en notaciones científica y decimal   (Lección 9–3)

$$3,600,000 = 3.6 \times 1,000,000$$
$$= 3.6 \times 10^6$$
$$0.0021 = 2.1 \times 0.001$$
$$= 2.1 \times 10^{-3}$$

Escribe cada número en notación científica.

25. 240,000

26. 0.000314

27. 4,880,000,000

28. 0.00000187

29. 796×10^3

30. 0.03434×10^{-2}

- calcular productos y cocientes de números escritos en notación científica   (Lección 9–3)

$$(2 \times 10^2)(5.2 \times 10^6) = (2 \times 5.2)(10^2 \times 10^6)$$
$$= 10.4 \times 10^8$$
$$= 1.04 \times 10^9$$
$$\frac{1.2 \times 10^{-2}}{0.6 \times 10^3} = \frac{1.2}{0.6} \times \frac{10^{-2}}{10^3}$$
$$= 2 \times 10^{-5}$$

Evalúa. Escribe cada resultado en notación científica.

31. $(2 \times 10^5)(3 \times 10^6)$

32. $(3 \times 10^3)(1.5 \times 10^6)$

33. $\frac{5.4 \times 10^3}{0.9 \times 10^4}$

34. $\frac{8.4 \times 10^{-6}}{1.4 \times 10^{-9}}$

35. $(3 \times 10^2)(5.6 \times 10^{-4})$

36. $34(4.7 \times 10^5)$

OBJETIVOS Y EJEMPLOS

- Hallar el grado de un polinomio *(Lección 9–4)*

  Halla el grado de $2xy^3 + x^2y$.

  grado de $2xy^3$: $1 + 3$ ó 4

  grado de x^2y: $2 + 1$ ó 3

  grado de $2xy^3 + x^2y$: 4

- ordenar los términos de un polinomio en forma ascendente o descendente según las potencias de una variable *(Lección 9–4)*

  Ordena los términos de $4x^2 + 9x^3 - 2 - x$ en forma descendente.

  $$9x^3 + 4x^2 - x - 2$$

- sumar y restar polinomios *(Lección 9–5)*

  $$4x^2 - 3x + 7$$
  $$\underline{(+)\ 2x^2 + 4x}$$
  $$6x^2 +\ \ x + 7$$

  $(7r^2 + 9r) - (12r^2 - 4) = 7r^2 + 9r - 12r^2 + 4$

  $ = (7r^2 - 12r^2) + 9r + 4$

  $ = -5r^2 + 9r + 4$

- multiplicar un polinomio por un monomio *(Lección 9–6)*

  $ab(-3a^2 + 4ab - 7b^3) = -3a^3b + 4a^2b^2 - 7ab^4$

- simplificar expresiones que contengan polinomios *(Lección 9–6)*

  $x^2(x + 2) + 3(x^3 + 4x^2) = x^3 + 2x^2 + 3x^3 + 12x^2$

  $ = 4x^3 + 14x^2$

EJERCICIOS DE REPASO

Halla el grado de cada polinomio.

37. $n - 2p^2$

38. $29n^2 + 17n^2t^2$

39. $4xy + 9x^3z^2 + 17rs^3$

40. $-6x^5y - 2y^4 + 4 - 8y^2$

41. $3ab^3 - 5a^2b^2 + 4ab$

42. $19m^3n^4 + 21m^5n^2$

Ordena los términos de cada polinomio en forma descendente según las potencias de x.

43. $3x^4 - x + x^2 - 5$

44. $-2x^2y^3 - 27 - 4x^4 + xy + 5x^3y^2$

Halla cada suma o diferencia.

45. $(2x^2 - 5x + 7) - (3x^3 + x^2 + 2)$

46. $(x^2 - 6xy + 7y^2) + (3x^2 + xy - y^2)$

47. $ 11m^2n^2 + 4mn - 6$
$\underline{(+)\ 5m^2n^2 - 6mn + 17}$

48. $ 7z^2 + 4$
$\underline{(-)\ 3z^2 + 2z - 6}$

49. $ 13m^4 - 7m - 10$
$\underline{(+)\ 8m^4 - 3m + 9}$

50. $ -5p^2 + 3p + 49$
$\underline{(-)\ 2p^2 + 5p + 24}$

Calcula cada producto.

51. $4ab\,(3a^2 - 7b^2)$

52. $7xy(x^2 + 4xy - 8y^2)$

53. $4x^2y(2x^3 - 3x^2y^2 + y^4)$

54. $5x^3(x^4 - 8x^2 + 16)$

Simplifica.

55. $2x(x - y^2 + 5) - 5y^2(3x - 2)$

56. $x(3x - 5) + 7(x^2 - 2x + 9)$

OBJETIVOS Y EJEMPLOS

● usar el método FOIL para multiplicar dos binomios y multiplicar dos polinomios cualesquiera usando la propiedad distributiva (Lección 9–7)

$$\underset{F}{}\quad\underset{O}{}\quad\underset{I}{}\quad\underset{L}{}$$

$$(3x+2)(x-2) = (3x)(x) + (3x)(-2) + (2)(x) + (2)(-2)$$
$$= 3x^2 - 6x + 2x - 4$$
$$= 3x^2 - 4x - 4$$

$$(4x-3)(3x^2-x+2)$$
$$= 4x(3x^2-x+2) - 3(3x^2-x+2)$$
$$= (12x^3 - 4x^2 + 8x) - (9x^2 - 3x + 6)$$
$$= 12x^3 - 4x^2 + 8x - 9x^2 + 3x - 6$$
$$= 12x^3 - 13x^2 + 11x - 6$$

EJERCICIOS DE REPASO

Calcula cada producto.

57. $(r-3)(r+7)$

58. $(x+5)(3x-2)$

59. $(4x-3)(x+4)$

60. $(2x+5y)(3x-y)$

61. $(3x+0.25)(6x-0.5)$

62. $(5r-7s)(4r+3s)$

63. $x^2 + 7x - 9$
$$(\times)\ \ 2x+1$$

64. $a^2 - 17ab - 3b^2$
$$(\times)\ \ \ \ \ \ \ 2a+b$$

● usar patrones para calcular $(a+b)^2$, $(a-b)^2$ y $(a+b)(a-b)$ (Lección 9–8)

$$(x+4)^2 = x^2 + 2(4x) + 4^2$$
$$= x^2 + 8x + 16$$
$$(r-5)^2 = r^2 - 2(5r) + 5^2$$
$$= r^2 - 10r + 25$$
$$(b+9)(b-9) = b^2 - 9^2$$
$$= b^2 - 81$$

Calcula cada producto.

65. $(x-6)(x+6)$

66. $(7-2x)(7+2x)$

67. $(4x+7)^2$

68. $(8x-5)^2$

69. $(5x-3y)(5x+3y)$

70. $(a^2+b)^2$

71. $(6a-5b)^2$

72. $(3m+4n)^2$

APLICACIONES Y SOLUCIÓN DE PROBLEMAS

73. Finanzas   Calcula el pago mensual de un préstamo automotriz de $18,543 por 36 meses si ya se han hecho veinticinco pagos mensuales a una tasa de interés anual del 8.7% y queda en este momento un saldo de $3216.27. Usa la fórmula $B = P\left[\dfrac{1-(1+i)^{k-n}}{i}\right]$, donde B es el saldo, P es el pago mensual, i es la tasa de interés *mensual* (tasa anual ÷ 12), k es el número total de pagos ya hechos y n es el número total de pagos mensuales. (Lección 9–2)

Un examen de práctica para el Capítulo 9 aparece en la página 795.

74. Salud   Una estación de radio promueve el Maratón de Columbus afirmando que se quemarán 19,500,000 Calorías en un día. Si hay 6500 participantes, ¿aproximadamente cuántas Calorías quemará cada participante? (Resuelve este problema usando la notación científica.) (Lección 9–3)

75. Finanzas   Una vez graduado de la universidad, Mark Price recibió $10,000 de un fondo fiduciario de sus abuelos. Si invierte este dinero en una cuenta a una tasa de interés anual de 6% y agrega $1000 de su bolsillo a esta cuenta al final de cada año durante 5 años, ¿se habrá duplicado su dinero al cabo de 5 años? Si no fue así, ¿cuándo?   (Lección 9–4)

EVALUACIÓN ALTERNATIVA

PROYECTO DE APRENDIZAJE COOPERATIVO

Ahorros para asistir a la universidad

En este capítulo, se desarrolló el concepto del polinomio. Ejecutaste operaciones con polinomios, simplificaste polinomios y resolviste ecuaciones polinómicas. Fueron útiles para calcular fórmulas generales que se puedan usar para ingresar varios tipos de datos.

En este proyecto, vas a predecir las finanzas de una amiga. Jane ha recibido $75 de sus abuelos en cada cumpleaños desde que cumplió un año de edad. Ha depositado el dinero en una cuenta que paga un 5% de interés. Ella ahorra este dinero para pagar por su educación universitaria, que comienza este otoño después de que cumpla 18 años. Ella ha recibido también cheques de cumpleaños de sus otros parientes, pero estos no empezaron hasta que cumplió 12 años. Los montos de los cheques de su cumpleaños número 12 hasta su cumpleaños número 18 son $45, $45, $55, $50, $55, $60 y $65.

¿Cuánto dinero habrá ahorrado solamente de sus cumpleaños una vez que empiece a ir a la universidad? ¿Es esta una cantidad razonable para pagar por un auto usado en su segundo año de estudios? Si hubiera invertido el dinero en una cuenta que pagaba un 7% de interés, ¿cuánto más dinero habría ahorrado?

Sigue estos pasos para realizar tu tarea.

- Construye un patrón de esta situación.
- Desarrolla un modelo polinómico que describa la cantidad de dinero que ella tiene cada año.
- Determina la cantidad de dinero que recibió entre los 12 y los 18 años.
- Determina qué necesita cambiarse en tu modelo cuando cambias la tasa de interés.
- Escribe un párrafo que describa el problema y tu solución del mismo.

PIENSA CRÍTICAMENTE

- ¿Puede $(-b)^2$ ser alguna vez igual a $-b^2$? Explica y da un ejemplo que justifique tu respuesta.
- Para todos los números a y b y enteros m cualesquiera, ¿es $(a + b)^m = a^m + b^m$ un enunciado verdadero? Explica y da ejemplos.

PORTAFOLIO

El análisis de errores muestra los errores comunes que suceden cuando se ejecutan operaciones. He aquí un ejemplo de un error cuando se multiplican potencias de bases iguales.

$$4^3 \cdot 4^4 = 16^7$$

En realidad, $4^3 \cdot 4^4 = 4^7$. El error consiste en multiplicar las bases. La base se debe mantener igual, mientras que los exponentes se suman.

Halla un problema en el material cubierto en este capítulo que aparezca frecuentemente y escribe un análisis de los errores del mismo. Describe la situación, da un ejemplo del método incorrecto, resuélvelo correctamente y escribe un párrafo sobre este asunto. Coloca todo esto en tu portafolio.

AUTOEVALUACIÓN

Hay varias palabras en este capítulo que tienen prefijos o sufijos que pueden analizarse para determinar el significado de la palabra. ¿Cortas las palabras para así encontrar su significado o simplemente te saltas tales palabras y buscas su significado en el contexto de la frase o párrafo? Quizás consultes el diccionario para obtener su significado.

Evalúate. ¿Cuál es tu mejor manera de aprender nuevas palabras? Después de enterarte de su significado, ¿las usas al hablar y/o escribir? Describe la estrategia que utilizas cuando aprendes una palabra nueva y cómo la llevas a cabo. Da un ejemplo de una nueva palabra relacionada con las matemáticas y una palabra nueva que usas en tu vida cotidiana y explica cómo encontraste el significado de cada una de ellas.

In·ves·ti·ga·ción

la FÁBRICA DE LADRILLOS

MATERIALES QUE SE NECESITAN

cartulina

tijeras

regla

Supongamos que trabajas para una compañía que se especializa en construir patios de ladrillo. Tu trabajo consiste en crear patios diseñados a la medida. La compañía fabrica ladrillos cuadrados y rectangulares. Hace poco, el gerente te envió el siguiente memorándum.

En esta investigación, debes diseñar patios de ladrillos en conformidad con las especificaciones del memorándum. Los planos de diseño deben ser explícitos y detallados de modo que el equipo de construcción pueda confeccionarlos apropiadamente. Tu equipo de diseño tiene tres miembros.

Haz un *Archivo de investigación* en el cual puedas guardar, para uso futuro, el trabajo de esta *Investigación*.

MEMORÁNDUM

A: Departamento de Diseños a la Medida

De: Joanna Brown, Gerente   *J.B.*

Tenemos un problema y necesito de su ayuda para resolverlo. En el inventario hay un exceso de ladrillos de tres tipos:

- ladrillos cuadrados pequeños,
- ladrillos cuadrados grandes y
- ladrillos rectangulares del mismo largo que el ladrillo cuadrado grande y del mismo ancho que el ladrillo cuadrado pequeño.

Necesitamos vender inventario así que les estoy pidiendo que investiguen los posibles patrones de diseños de patios que usen estos tres tipos de ladrillos.

No sé si sea útil, pero el largo del ladrillo cuadrado grande es igual a la diagonal del ladrillo cuadrado pequeño.

Los otros diseños a la medida que tenemos, que incluyen triángulos, rectángulos y hexágonos, se usan exclusivamente para crear patrones que se repiten. Sin embargo, con este exceso de ladrillos, debemos concentrarnos en repetir patrones rectangulares.

Hagan el favor de crear varios diseños de patios que usen estos ladrillos. Deben presentar al menos tres diseños diferentes, explicando los materiales que se necesitan para cada uno. Estoy ansiosa por ver las distintas maneras en que se puedan disponer estos ladrillos para formar patios rectangulares. ¿Existe una fórmula o patrón general que podamos usar para diseñar patios en el futuro? Espero con mucho interés su informe que nos ayude a resolver nuestro problema de inventario.

BOSQUEJO DEL PATIO #____	DIMENSIONES	MATERIALES		
cuadrado pequeño: ____ × ____		ladrillos	número	área total
cuadrado grande: ____ × ____		cuadrados pequeños		
rectángulo: ____ × ____		cuadrados grandes		
tamaño del diseño: ____ × ____		rectángulos		
		TOTAL		

CREA MODELOS

1 Copia la tabla de arriba. Vas a usarla, junto con otras tablas, para anotar los datos de tus exploraciones de posibles diseños.

2 Usando las medidas del memorándum de Joanna, crea un modelo para cada uno de los tres tamaños de ladrillos.

3 Después de asegurarte de que los tres modelos cumplen con las especificaciones dadas, usa cartulina para hacer varias copias de cada modelo.

ANALIZA LOS MODELOS

4 Comparte las dimensiones de tus modelos con los otros equipos de diseño de tu clase. Los modelos de cada equipo de diseño no tendrán necesariamente el mismo tamaño, pero cada conjunto de modelos debe cumplir con las especificaciones del memorándum de Joanna.

5 Explica cómo están relacionados entre sí los tres tamaños. Haz una tabla en la que se muestren las dimensiones de cada uno de los modelos de los otros equipos de diseño. ¿Está cada conjunto de dimensiones relacionado entre sí de la misma manera que tus dimensiones? ¿Deberían estar relacionadas del mismo modo? Explica.

6 ¿Cómo están relacionados los largos de los dos ladrillos cuadrados? Si tuvieras que hacer una hilera de cuadrados pequeños y debajo de ella una de cuadrados grandes, ¿cuántos cuadrados pequeños se necesitarían para cubrir el largo exacto de la hilera de cuadrados grandes? Explica tu respuesta matemáticamente.

Seguirás trabajando en esta Investigación en los Capítulos 10 y 11.

Asegúrate de guardar tus modelos de ladrillos, la tabla y los otros materiales en tu *Archivo de investigación*.

Investigación La fábrica de ladrillos

Continúa con la Investigación
Lección 10–4, p. 586

Continúa con la Investigación
Lección 10–6, p. 600

Continúa con la Investigación
Lección 11–1, p. 617

Continúa con la Investigación
Lección 11–2, p. 627

Cierra la Investigación
Fin del Capítulo 11, p. 650

Usa la factorización

El impacto de los medios de comunicación

Objetivos

En este capítulo, podrás:

- encontrar la factorización prima de enteros,
- encontrar el máximo común divisor (MCD) de un conjunto de monomios,
- factorizar polinomios,
- resolver problemas mediante aproximación y verificación y
- usar la propiedad del producto cero para resolver ecuaciones.

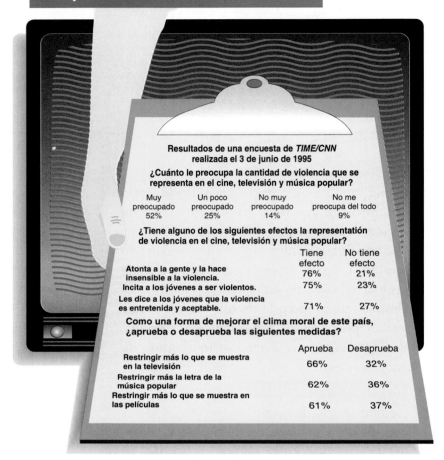

Resultados de una encuesta de *TIME/CNN* realizada el 3 de junio de 1995

¿Cuánto le preocupa la cantidad de violencia que se representa en el cine, televisión y música popular?

Muy preocupado	Un poco preocupado	No muy preocupado	No me preocupa del todo
52%	25%	14%	9%

¿Tiene alguno de los siguientes efectos la representación de violencia en el cine, televisión y música popular?

	Tiene efecto	No tiene efecto
Atonta a la gente y la hace insensible a la violencia.	76%	21%
Incita a los jóvenes a ser violentos.	75%	23%
Les dice a los jóvenes que la violencia es entretenida y aceptable.	71%	27%

Como una forma de mejorar el clima moral de este país, ¿aprueba o desaprueba las siguientes medidas?

	Aprueba	Desaprueba
Restringir más lo que se muestra en la televisión	66%	32%
Restringir más la letra de la música popular	62%	36%
Restringir más lo que se muestra en las películas	61%	37%

Fuente: *Time Magazine*, 12 de junio de 1995

¿Es demasiado violenta la cultura norteamericana? ¿Pintan las películas, la televisión, las revistas y la música un cuadro fiel de E.E.U.U. o contribuyen a la violencia en nuestra cultura? ¿Qué impacto tienen en la juventud los medios de comunicación?

Línea cronológica

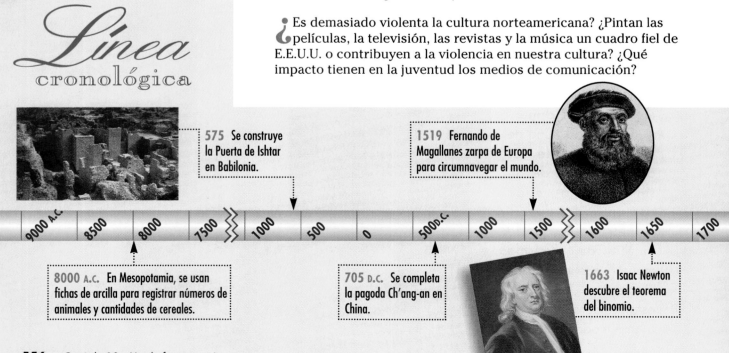

575 Se construye la Puerta de Ishtar en Babilonia.

1519 Fernando de Magallanes zarpa de Europa para circumnavegar el mundo.

| 9000 A.C. | 8500 | 8000 | 7500 | 1000 | 500 | 0 | 500 D.C. | 1000 | 1500 | 1600 | 1650 | 1700 |

8000 A.C. En Mesopotamia, se usan fichas de arcilla para registrar números de animales y cantidades de cereales.

705 D.C. Se completa la pagoda Ch'ang-an en China.

1663 Isaac Newton descubre el teorema del binomio.

LA GENTE HACE
NOTICIAS

Proyecto del capítulo

El título del nuevo libro de **Robert Rodríguez** es *Rebelde sin equipo de filmación: O cómo un cineasta de 23 años y con solo $7000 llegó a ser un director exitoso de Hollywood*. Narra cómo el estudiante de cine de la Universidad de Texas, rodó una película con un presupuesto modesto. Usó amigos como actores, escribió el guión, demorándose dos semanas en dirigir la película y encargándose del trabajo de cámara, todo por sí solo. Dicha película, *El Mariachi*, llegó a ganar el Premio del Público en el *Sundance Film Festival* y fue estrenada y distribuida por *Columbia* y está ahora en video.

Su segunda película, una producción financiada—*Desperado*, fue estrenada en 1995. Le dijo a *Columbia* que firmaría un contrato siempre que pudiera quedarse en Texas, cerca de su familia e inspiración. Da el siguiente consejo a los cineastas del futuro: "Toma tu cámara y hazlo".

- Elige cinco de tus películas preferidas. Haz una lista de cinco ideas por película que les permitan a tus compañeros de curso adivinar los nombres de las películas.

- Intercambia tu lista de ideas con un compañero de curso. Trata de adivinar sus películas preferidas. Explica cómo las ideas te permitieron eliminar algunas películas y concentrarte en otras. ¿Adivinaste las películas preferidas de tu compañero de clase?

- Explica cómo el hacer conjeturas te puede ayudar en la factorización de polinomios.

- Haz una lista de cinco polinomios para que los factorice un compañero de curso. Asegúrate de que uno de los polinomios no se pueda factorizar.

- Intercambia tus polinomios con un compañero de curso y factoriza los polinomios de la lista que recibiste.

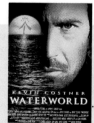

1995 Se estrena la película *Waterworld*, la cual tuvo un costo récord de $175,000,000.

1939 Marian Anderson da un concierto en el Lincoln Memorial en frente de 75,000 personas.

1975 La compañía japonesa JVC lanza al mercado el formato VHS.

Factores y máximo común divisor

Lo que APRENDERÁS

- A encontrar la factorización prima y
- a encontrar el máximo común divisor (MCD) de un conjunto de monomios.

Por qué ES IMPORTANTE

Porque puedes usar factores para resolver problemas que tengan que ver con envolturas y con jardinería.

INTEGRACIÓN
Geometría

Supongamos que se te pide usar papel cuadriculado para dibujar todos los rectángulos cuyas dimensiones sean números enteros y cuya área sea de 12 unidades cuadradas. La figura de la derecha muestra algunos dibujos posibles.

Los rectángulos *A* y *B* miden 3 por 4 y se pueden considerar iguales. De la misma manera, los rectángulos *C* y *D,* así como los rectángulos *E* y *F* se consideran iguales.

Recuerda que cuando dos o más números se multiplican para formar un producto, cada número usado recibe el nombre de *factor* del producto. En el ejemplo anterior, el 12 se expresó como el producto de distintos pares de números enteros.

$$12 = 3 \times 4 \qquad 12 = 2 \times 6 \qquad 12 = 12 \times 1$$

$$12 = 4 \times 3 \qquad 12 = 6 \times 2 \qquad 12 = 1 \times 12$$

Los números enteros 1, 2, 3, 4, 6 y 12 son los factores de 12.

Ejemplo 1 **Calcula los factores de 72.**

Para calcular los factores de 72, haz una lista de todos los pares de números cuyo producto sea 72.

$1 \times 72 \qquad 2 \times 36 \qquad 3 \times 24 \qquad 4 \times 18 \qquad 6 \times 12 \qquad 8 \times 9$

Por lo tanto, los factores de 72, en orden ascendente, son 1, 2, 3, 4, 6, 8, 9, 12, 18, 24, 36 y 72.

Algunos números enteros solo tienen dos factores, el número mismo y 1. Estos números reciben el nombre de **números primos.** Números enteros que tienen más de dos factores reciben el nombre de **números compuestos.**

Definición de número primo y número compuesto	**Un número primo es un número entero mayor que 1 cuyos únicos factores son 1 y el número mismo. Un número compuesto es un número entero mayor que 1 que no es primo.**

Ni 0 ni 1 son primos o compuestos.

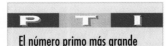

P T I

El número primo más grande que se conoce fue descubierto, por los científicos Paul Gage y David Slowinski, usando una supercomputadora Cray, en 1994. El número tiene 258,716 dígitos y se escribe como $2^{859,433} - 1$.

6 es un factor de 12, pero no es un *factor primo* de 12 porque 6 no es un número primo. Cuando un número entero se escribe como un producto de factores cada uno de los cuales es un número primo, la expresión recibe el nombre de **factorización prima** del número. Así, la factorización prima de 12 es $2 \cdot 2 \cdot 3$ ó $2^2 \cdot 3$.

La factorización prima de cualquier número es única salvo por el orden en que se escriben los factores. Por ejemplo, $2 \cdot 3 \cdot 2$ es también una factorización prima de 12, pero es similar a $2 \cdot 2 \cdot 3$ porque ambas usan los mismos números primos. Esta propiedad de los enteros constituye el **teorema de la factorización única,** también llamado teorema fundamental de la aritmética.

Ejemplo **2** **Halla la factorización prima de 140.**

Método 1

$140 = 2 \cdot 70$ *El factor primo más pequeño de 140 es 2.*

$\quad\quad = 2 \cdot 2 \cdot 35$ *El factor primo más pequeño de 70 es 2.*

$\quad\quad = 2 \cdot 2 \cdot 5 \cdot 7$ *El factor primo más pequeño de 35 es 5.*

Todos los factores en la última fila son primos. Por lo tanto la factorización prima de 140 es $2 \cdot 2 \cdot 5 \cdot 7$ ó $2^2 \cdot 5 \cdot 7$.

Método 2

Usa un árbol de factores.

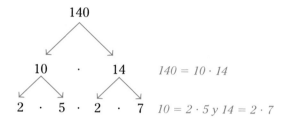

$140 = 10 \cdot 14$

$10 = 2 \cdot 5$ y $14 = 2 \cdot 7$

Todos los factores de la última rama son primos. Por lo tanto, la factorización prima de 140 es $2 \cdot 2 \cdot 5 \cdot 7$ ó $2^2 \cdot 5 \cdot 7$.

Un entero negativo se considera factorizado completamente cuando se escribe como el producto de -1 y números primos.

Ejemplo **3** **Factoriza -150 completamente.**

$-150 = -1 \cdot 150$ *Escribe -150 como -1 veces 150.*

$\quad\quad = -1 \cdot 2 \cdot 75$ *Encuentra los factores primos de 150.*

$\quad\quad = -1 \cdot 2 \cdot 3 \cdot 25$

$\quad\quad = -1 \cdot 2 \cdot 3 \cdot 5 \cdot 5$ ó $-1 \cdot 2 \cdot 3 \cdot 5^2$

Un monomio está en **forma factorial** cuando se ha escrito como el producto de números primos y variables, ninguna de las cuales tiene un exponente mayor que 1.

Ejemplo **4** **Factoriza $45x^3y^2$.**

$45x^3y^2 = 3 \cdot 15 \cdot x \cdot x \cdot x \cdot y \cdot y$

$\quad\quad\quad = 3 \cdot 3 \cdot 5 \cdot x \cdot x \cdot x \cdot y \cdot y$

Dos o más números pueden poseer algunos factores comunes. Considera, por ejemplo, los números 84 y 70.

Factores de 84: 1, 2, 3, 4, 6, 7, 12, 14, 21, 28, 42, 84

Factores de 70: 1, 2, 5, 7, 10, 14, 35, 70

Hay algunos factores que aparecen en ambas listas. El mayor de ellos es 14, el cual recibe el nombre de **máximo común divisor (MCD)** de 84 y 70.

Definición del máximo común divisor	**El máximo común divisor de dos o más enteros es el mayor número que es a la vez factor de todos los enteros.**

Existe una manera más fácil de encontrar el MCD de dos números sin tener que hallar todos sus factores. Observa la factorización prima de los números y multiplica los factores primos que tengan en común. *Si no hay factores primos comunes, el MCD es 1.*

$$84 = 2 \cdot 2 \cdot 3 \cdot 7 \qquad 70 = 2 \cdot 5 \cdot 7$$

Los enteros 84 y 70 tienen 7 y 2 como factores primos comunes. El producto de estos factores primos comunes es 14, el MCD de 84 y 70.

Ejemplo **5** **Halla el MCD de 54, 63 y 180.**

$$54 = 2 \cdot 3 \cdot \textcircled{3} \cdot \textcircled{3} \qquad \textit{Factoriza cada número.}$$

$$63 = \textcircled{3} \cdot \textcircled{3} \cdot 7 \qquad \textit{Dibuja un círculo alrededor de los factores comunes.}$$

$$180 = 2 \cdot 2 \cdot \textcircled{3} \cdot \textcircled{3} \cdot 5$$

El MCD de 54, 63 y 180 es $3 \cdot 3$ ó 9.

Ejemplo **6**

APLICACIÓN

Embalaje

OPCIONES PROFESIONALES

Los **pasteleros** son profesionales que preparan pan y pasteles para restaurantes, instituciones y pastelerías comerciales. Realizan la mayor cantidad de su trabajo a mano y están orgullosos de sus creaciones.

Los programas de aprendizaje incluyen técnicas de preparación de alimentos, de decoración, de adquisición y matemáticas financieras.

Para mayor información, ponte en contacto con:

The Educational Foundation of the National Restaurant Association
250 South Wacker Dr.
Suite 1400
Chicago, IL 60606

Una pastelería empaca sus galletas de bajo contenido graso en cajas de dos tamaños. En una caben 18 galletas y en la otra 24. Para mantener frescas las galletas, la pastelería envuelve un grupo más pequeño de galletas en celofán antes de colocarlas en las cajas. Para ahorrar dinero, la pastelería quiere usar el mismo tamaño de envoltura de celofán en cada caja, colocando la mayor cantidad posible de galletas en cada paquete.

a. ¿Cuántas galletas se deben colocar en cada paquete de celofán?

b. ¿Cuántos paquetes de celofán caben en cada caja?

a. Encuentra el MCD de 18 y 24.

$$18 = \textcircled{2} \cdot 3 \cdot \textcircled{3}$$

$$24 = \textcircled{2} \cdot 2 \cdot 2 \cdot \textcircled{3}$$

La pastelería debe poner $2 \cdot 3$ ó 6 galletas en cada paquete de celofán.

b. La caja de 18 galletas contiene $18 \div 6$ ó 3 envolturas de celofán mientras que la de 24 galletas contiene $24 \div 6$ ó 4 envolturas de celofán.

El MCD de dos o más monomios es el producto de sus factores comunes, cuando cada monomio se escribe en forma factorial.

Ejemplo **7** **Halla el MCD de $12a^2b$ y $90a^2b^2c$.**

$$12a^2b = \textcircled{2} \cdot 2 \cdot \textcircled{3} \cdot \textcircled{a} \cdot \textcircled{a} \cdot \textcircled{b} \qquad \textit{Factoriza cada monomio.}$$

$$90a^2b^2c = \textcircled{2} \cdot 3 \cdot \textcircled{3} \cdot 5 \cdot \textcircled{a} \cdot \textcircled{a} \cdot \textcircled{b} \cdot b \cdot c \qquad \textit{Dibuja un círculo alrededor de los factores comunes.}$$

El MCD de $12a^2b$ y $90a^2b^2c$ es $2 \cdot 3 \cdot a \cdot a \cdot b$ ó $6a^2b$.

Comunicación en matemáticas

Estudia la lección y a continuación completa lo siguiente.

1. **Dibuja** y rotula el mayor número de rectángulos cuyas dimensiones sean números enteros que posean un área 48 pulgadas cuadradas.

2. ¿Es $2 \cdot 3^2 \cdot 4$ la factorización prima de 72? Explica tu respuesta.

3. Si el MCD de dos números es 1, ¿son primos los números? Explica.

4. ¿Cuántos números primos crees que haya? Escribe y fundamenta tu opinión.

MI DIARIO

DE MATEMÁTICAS

Práctica dirigida

Encuentra los factores de cada número.

5. 4

6. 56

Decide si cada uno de los siguientes números es *primo* o *compuesto*. Si el número es compuesto, encuentra su factorización prima.

7. 89

8. 39

Factoriza completamente cada expresión. No uses exponentes.

9. -30

10. $22m^2n$

Encuentra el MCD de los monomios dados.

11. 4, 12

12. 10, 15

13. $24d^2, 30c^2d$

14. 18, 35

15. $-20gh, 36g^2h^2$

16. $30a^2, 42a^3, 54a^3b$

17. **Geometría** Supongamos que Terrell recorta un rectángulo con un área de 96 pulgadas cuadradas. Si el largo y el ancho son números enteros, ¿cuál es el perímetro mínimo del rectángulo? Explica cómo hallaste tu respuesta.

Práctica

Encuentra los factores de cada número.

18. 25

19. 67

20. 36

21. 80

22. 400

23. 950

Decide si cada uno de los siguientes números es *primo* o *compuesto*. Si el número es compuesto, encuentra su factorización prima.

24. 17

25. 63

26. 91

27. 97

28. 304

29. 1540

Factoriza completamente cada expresión. No uses exponentes.

30. -70

31. -117

32. $66z^2$

33. $4b^3d^2$

34. $-102x^3y$

35. $-98a^2b$

Encuentra el MCD de los monomios dados.

36. $18, 36$ **37.** $18, 45$ **38.** $84, 96$

39. $28, 75$ **40.** $-34, 51$ **41.** $95, -304$

42. $17a, 34a^2$ **43.** $21p^2q, 35pq^2$ **44.** $12an^2, 40a^4$

45. $-60r^2s^2t^2, 45r^3t^3$ **46.** $18, 30, 54$ **47.** $24, 84, 168$

48. $14a^2b^3, 20a^3b^2c, 35ab^3c^2$ **49.** $18x^2, 30x^3y^2, 54y^3$

50. $14a^2b^2, 18ab, 2a^3b^3$ **51.** $32m^2n^3, 8m^2n, 56m^3n^2$

Encuentra el factor que falta.

52. $42a^2b^5c = 7a^2b^3(\underline{\ ?\ })$ **53.** $-48x^4y^2z^3 = 4xyz(\underline{\ ?\ })$

54. $48a^5b^5 = 2ab^2(4ab)(\underline{\ ?\ })$ **55.** $36m^5n^7 = 2m^3n(6n^5)(\underline{\ ?\ })$

56. Geometría El área de un rectángulo mide 116 pulgadas cuadradas. ¿Cuáles son sus posibles dimensiones en números enteros?

57. Geometría El área de un rectángulo mide 1363 centímetros cuadrados. Si el largo y el ancho son números primos, ¿cuáles son las dimensiones del rectángulo?

58. Teoría numérica Averigua si el número de tu casa es un número primo y si los últimos cuatro dígitos de tu número telefónico forman un número primo. Explica cómo lo decidiste.

59. Teoría numérica *Primos gemelos* son dos números consecutivos impares que son primos, como 11 y 13. Haz una lista de todos los primos gemelos menores que 100.

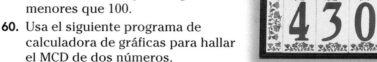

Programación

60. Usa el siguiente programa de calculadora de gráficas para hallar el MCD de dos números.

```
PROGRAM:GCF
: Input "INTEGER",A     : Goto 4
: Input "INTEGER",B     : A-B→A
: A→E                   : Goto R
: B→F                   : Lbl 4
: Lbl R                 : B-A→B
: If A=B                : Goto R
: Goto 5                : Lbl 5
: If A<B                : Disp "GCF IS", A
```

Usa este programa para encontrar el MCD de cada par de números.

a. $896, 700$ **b.** $1015, 3132$ **c.** $567, 416$

d. $486, 432$ **e.** $891, 1701$ **f.** $1105, 1445$

Piensa críticamente

61. Geometría Supongamos que el volumen de un sólido rectangular es $2b^2$ y que las medidas de cada lado son un monomio con coeficientes enteros.

a. Enumera las dimensiones de tal sólido rectangular. (*Sugerencia:* Hay 6.)

b. Dibuja y rotula cada sólido.

c. Calcula el área de superficie de cada sólido, si $b = 6$.

d. ¿Qué conclusiones puedes sacar acerca de las áreas de superficie de estos sólidos, dado que el volumen permanece constante?

Dibuja y rotula todos los rectángulos que satisfagan las siguientes condiciones. El área de cada rectángulo mide $8b^2$ centímetros cuadrados y la medida de cada uno de sus lados es un monomio con coeficientes enteros. (*Sugerencia:* Hay 6 rectángulos.)

62. Jardinería Marisela quiere sembrar 100 plantas de tomates en su huerta. ¿Cómo puede disponerlas de manera que tenga el mismo número de plantas en cada hilera, con al menos 5 hileras de plantas y al menos 5 plantas en cada hilera?

63. Deportes En el nuevo campo atlético de la secundaria Beck están instalando el césped usando cuadrados herbosos de 2 yardas por 2 yardas. Si el campo mide 70 yardas más de largo que de ancho y su área es de 6000 yardas cuadradas, ¿cuántos cuadrados se necesitan?

64. Encuentra $(1.1x + y)^2$.   (Lección 9–8)

65. Simplifica $\frac{12b^5}{4b^4}$.   (Lección 9–2)

66. Usa una gráfica para resolver el siguiente sistema de ecuaciones. (Lección 8–1)
$$y = -x$$
$$y = 2x$$

67. Grafica la desigualdad compuesta $y > 2$ ó $y < 1$.   (Lección 7–4)

68. Resuelve $16x < 96$. Verifica tu solución.   (Lección 7–2)

69. Escribe la forma estándar de la ecuación cuya recta pasa por $(4, -2)$ y $(4, 8)$.   (Lección 6–2)

70. Grafica $8x - y = 16$.   (Lección 5–4)

71. Física Pesos de 50 y 75 libras están colocados en una palanca. Los pesos están a una distancia de 16 pies y la palanca está en equilibrio. ¿A qué distancia del fulcro está ubicado el peso de 50 libras?   (Lección 4–8)

72. Olas La ola más alta que se haya visto jamás midió 112 pies de altura. Fue causada por un viento de 74 mph. Usando razones, determina qué altura alcanzaría una ola causada por un viento de 25 mph.   (Lección 4–1)

73. Resuelve $9 = x + 13$.   (Lección 3–1)

74. Escribe una expresión verbal que corresponda a $z^7 + 2$.   (Lección 1–1)

Matemática y SOCIEDAD

Criba de números

El siguiente artículo apareció en el *New York Times* del primero de octubre de 1994.

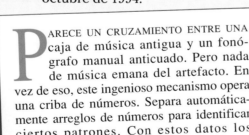
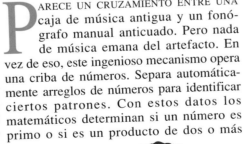

PARECE UN CRUZAMIENTO ENTRE UNA caja de música antigua y un fonógrafo manual anticuado. Pero nada de música emana del artefacto. En vez de eso, este ingenioso mecanismo opera una criba de números. Separa automáticamente arreglos de números para identificar ciertos patrones. Con estos datos los matemáticos determinan si un número es primo o si es un producto de dos o más primos. Construida 75 años atrás, representa asimismo el primer intento exitoso de automatizar la factorización de números enteros. Muy poca gente sabía de su existencia hasta que recientemente tres investigadores la localizaron. Ahora, este mecanismo único puede ocupar el puesto que le corresponde en la historia de la teoría computacional de números. ■

1. Después de la muerte del inventor de la máquina, el francés Eugène Olivier Carissan, en 1925, la máquina la recibió un astrónomo quien procedió a guardarla. ¿Por qué crees que una máquina tan adelantada a su tiempo no encontró mayor uso?

2. Uno de los usos principales de los números primos hoy en día es en la criptografía, la codificación y descodificación de información. ¿Por qué se necesitan hoy códigos más sofisticados que en la década de 1920?

10-2A Factorización usando la propiedad distributiva

Una sinopsis de la Lección 10–2

Materiales: mosaicos de álgebra   tablero de productos

Cuando se multiplican uno o más números, esos números son factores del producto. A veces conoces el producto de binomios y se te pide encontrar los factores. Esto se llama **factorización.** Puedes usar mosaicos de álgebra para factorizar binomios.

Actividad 1   Usa mosaicos de álgebra para factorizar $2x + 8$.

Paso 1   Haz un modelo del polinomio $2x + 8$.

Paso 2   Ordena los mosaicos en forma rectangular. El área total de los mosaicos representa el producto mientras que su largo y ancho representan los factores.

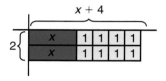

El rectángulo tiene un ancho de 2 y un largo de $x + 4$. Por lo tanto, $2x + 8 = 2(x + 4)$.

Actividad 2   Usa mosaicos de álgebra para factorizar $x^2 - 3x$.

Paso 1   Haz un modelo del polinomio $x^2 - 3x$.

Paso 2   Ordena los mosaicos en forma rectangular.

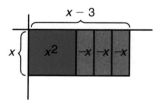

El rectángulo tiene un ancho de x y un largo de $x - 3$. Por lo tanto, $x^2 - 3x = x(x - 3)$.

Modela   **Usa mosaicos de álgebra para factorizar cada binomio.**

1. $3x + 9$ 2. $4x - 10$ 3. $3x^2 + 4x$ 4. $10 - 5x$

Dibuja   **Decide si los siguientes binomios pueden factorizarse. Fundamenta tu respuesta con un dibujo.**

5. $2x + 3$ 6. $3 - 9x$ 7. $x^2 - 5x$ 8. $3x^2 + 5$

Escribe   9. Escribe un párrafo en el que expliques cómo determinar si un binomio puede ser factorizado. Incluye un ejemplo de uno que pueda factorizarse y uno que no se pueda factorizar.

Usa la propiedad distributiva en la factorización

Lo que APRENDERÁS

- A usar el máximo común divisor (MCD) junto con la propiedad distributiva para factorizar polinomios y

- a usar técnicas de agrupamiento para factorizar polinomios con cuatro o más términos.

Por qué ES IMPORTANTE

Porque puedes usar la factorización para resolver problemas de deportes y construcción.

APLICACIÓN

Deportes

El rugby es un deporte de contacto en el que dos equipos tratan de colocar una pelota ovalada detrás de la línea de gol, o de patearla por encima del arco de gol del oponente. Se parece al fútbol norteamericano con la excepción de que la acción es continua y los jugadores usan muy poca protección.

Existen dos versiones de rugby— rugby que se juega con quince jugadores y rugby que se juega con trece jugadores. El rugby con quince jugadores se juega en un campo rectangular y es popular en Australia, Canadá, Inglaterra, Francia, Irlanda, Japón, Nueva Zelandia, Escocia, Sudáfrica y Gales.

MIRADA RETROSPECTIVA

Puedes consultar la lección 1-7 para repasar la propiedad distributiva.

Si el ancho de este campo es x, su largo es $x + 75$ y el área del campo es $x(x + 75)$, ó $x^2 + 75x$. Si $x(x + 75) = x^2 + 75x$, entonces $x^2 + 75x = x(x + 75)$. *¿Por qué?*

La expresión $x(x + 75)$ recibe el nombre de *forma factorial* de $x^2 + 75x$. Un polinomio está **factorizado** cuando se expresa como el producto de monomios y polinomios.

En el capítulo 9 aprendiste a multiplicar un monomio por un polinomio usando la propiedad distributiva. Puedes invertir este proceso y escribir un polinomio en forma factorial usando nuevamente la propiedad distributiva.

CONEXIONES GLOBALES

El rugby debe su nombre al *Rugby School* en Inglaterra donde se jugó por primera vez en 1823. El juego se ha diseminado por todo el Imperio Británico y Asia. El equipo sudafricano ganó el Campeonato Mundial de Rugby en 1995.

Modelo		Multiplicación de polinomios	Factorización de polinomios
3 $\begin{array}{\|c\|c\|} \hline 2a & b \\ \hline 6a & 3b \\ \hline \end{array}$		$3(2a + b) = 6a + 3b$	$6a + 3b = 3(a + 2b)$
5x $\begin{array}{\|c\|c\|} \hline 3x & -4y \\ \hline 15x^2 & -20xy \\ \hline \end{array}$		$5x(3x - 4y) = 15x^2 - 20xy$	$15x^2 - 20xy = 5x(3x - 4y)$
3 $\begin{array}{\|c\|c\|} \hline x^2 & 5x \\ \hline 3x^2 & 15x \\ \hline \end{array}$		$3(x^2 + 5x) = 3x^2 + 15x$	$3x^2 + 15x = 3(x^2 + 5x)$

Factorizar un polinomio o encontrar la forma factorial de un polinomio significa hallar su forma factorial *completa*. La expresión $3(x^2 + 5x)$ de la página anterior no está completamente factorizada porque el polinomio $x^2 + 5x$ puede factorizarse como $x(x + 5)$. La forma completamente factorizada de $3x^2 + 15x$ es $3x(x + 5)$.

Ejemplo ① **Usa la propiedad distributiva para factorizar cada polinomio.**

a. $12mn^2 - 18m^2n^2$

Primero halla el MCD de $12mn^2$ y $18m^2n^2$.

$12mn^2 = 2 \cdot 2 \cdot 3 \cdot m \cdot n \cdot n$
$18m^2n^2 = 2 \cdot 3 \cdot 3 \cdot m \cdot m \cdot n \cdot n$ *El MCD es $2 \cdot 3 \cdot m \cdot n \cdot n$ ó $6mn^2$.*

Observa que $12mn^2 = 6mn^2(2)$ y $18m^2n^2 = 6mn^2(3m)$. Luego usa la propiedad distributiva para expresar el polinomio como el producto del MCD y el factor restante de cada término.

$12mn^2 - 18m^2n^2 = 6mn^2(2) - 6mn^2(3m)$
$\qquad\qquad\qquad = 6mn^2(2 - 3m)$ *Propiedad distributiva*

b. $20abc + 15a^2c - 5ac$

$20abc = 2 \cdot 2 \cdot 5 \cdot a \cdot b \cdot c$
$15a^2c = 3 \cdot 5 \cdot a \cdot a \cdot c$
$5ac = 5 \cdot a \cdot c$ *El MCD es $5ac$.*
$20abc + 15a^2c - 5ac = 5ac(4b) + 5ac(3a) - 5ac(1)$
$\qquad\qquad\qquad\qquad = 5ac(4b + 3a - 1)$

La factorización de un polinomio sencillamente puede simplificar el cálculo.

Ejemplo ②

APLICACIÓN
Construcción

La familia López desea construir la piscina de forma geométrica que se muestra a continuación. Aunque la familia no ha decidido aún las medidas de la piscina, sí saben que quieren construir una terraza de 4 pies de ancho alrededor de la piscina.

a. Escribe una ecuación del área de la terraza.

b. Si deciden que *a* mida 24 pies, *b* 6 pies y *c* 10 pies, calcula el área de la terraza.

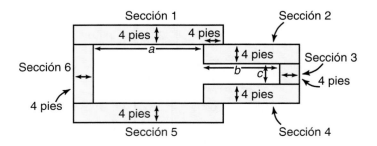

a. Puedes encontrar el área de la terraza calculando las áreas de las 6 secciones rectangulares que se muestran en la figura. La expresión que resulte puede simplificarse usando la propiedad distributiva y factorizando.

Sección 1   Sección 2 Sección 3 Sección 4   Sección 5   Sección 6

$$A = 4(a + 4 + 4) + 4(b + 4) + 4c + 4(b + 4) + 4(a + 4 + 4) + 4(c + 4 + 4)$$

$$= 4a + 16 + 16 + 4b + 16 + 4c + 4b + 16 + 4a + 16 + 16 + 4c + 16 + 16$$

$$= 8a + 8b + 8c + 128 \quad \text{\em Reduce términos semejantes.}$$

$$= 8(a + b + c + 16) \quad \text{\em El MCD es 8.}$$

El área de la terraza es de $8(a + b + c + 16)$ pies cuadrados.
¿Sería distinta la respuesta si la terraza se hubiera dividido de otra manera?

b. Sustituye *a* por 24, *b* por 6 y *c* por 10.

$$A = 8(24 + 6 + 10 + 16)$$

$$= 8(56) \text{ ó } 448$$

El área de la terraza es de 448 pies cuadrados.

Así como es posible usar la propiedad distributiva para factorizar un polinomio en factores monomios y polinomios, es también posible factorizar algunos polinomios de cuatro o más términos como el producto de dos polinomios. Considera $(3a + 2b)(4c + 7d) = 12ac + 21ad + 8bc + 14bd$. En este caso, el producto de dos binomios resulta en un polinomio de cuatro términos. ¿Cómo puede invertirse este proceso para factorizar el polinomio de cuatro términos en sus dos factores binómicos?

Ejemplo ③ **Factoriza $12ac + 21ad + 8bc + 14bd$.**

$12ac + 21ad + 8bc + 14bd$

$= (12ac + 21ad) + (8bc + 14bd)$ *Dado que 3a es un factor común de los dos primeros términos y 2b es un factor común de los dos últimos términos, puedes aplicar la propiedad distributiva.*

$= 3a(4c + 7d) + 2b(4c + 7d)$ *Factoriza los dos primeros términos y los dos últimos.*

$= (3a + 2b)(4c + 7d)$ *4c + 7d es un factor común, así es que puedes usar nuevamente la propiedad distributiva.*

Verifica usando el método FOIL.

$F \qquad\qquad O \qquad\qquad I \qquad\qquad L$

$$(3a + 2b)(4c + 7d) = (3a)(4c) + (3a)(7d) + (2b)(4c) + (2b)(7d)$$

$$= \quad 12ac \quad + \quad 21ad \quad + \quad 8bc \quad + \quad 14bd \quad ✔$$

> **MIRADA RETROSPECTIVA**
> Puedes consultar la lección 9-6 para repasar el método FOIL.

Este método recibe el nombre de **factorización por grupos** pues es necesario formar grupos y factorizar cada grupo por separado, de modo que todos los grupos posean un factor común. Esto permite aplicar la propiedad distributiva por segunda vez, pero ahora con un polinomio como factor común.

A veces, los términos se pueden agrupar de más de una manera, a diferencia de cuando factorizamos un polinomio. Por ejemplo, el polinomio del Ejemplo 3 podría también haberse factorizado de la siguiente manera:

$$12ac + 21ad + 8bc + 14bd = (12ac + 8bc) + (21ad + 14bd)$$
$$= 4c(3a + 2b) + 7d(3a + 2b)$$
$$= (4c + 7d)(3a + 2b) \quad \textit{El resultado es el mismo que en el Ejemplo 3.}$$

$-1(a - 3) = -a + 3$
$\qquad\quad = 3 - a$

Cuando se factoriza, a menudo es útil reconocer los binomios que son inversos aditivos. Los binomios $3 - a$ y $a - 3$, por ejemplo, son inversos aditivos dado que su suma es 0. Así, $3 - a$ y $-a + 3$ son iguales. ¿Cuál es el inverso aditivo de $5 - y$?

Ejemplo **Factoriza $15x - 3xy + 4y - 20$.**

$$15x - 3xy + 4y - 20 = (15x - 3xy) + (4y - 20)$$
$$= 3x(5 - y) + 4(y - 5)$$
$$= 3x(-1)(y - 5) + 4(y - 5)$$
$$= -3x(y - 5) + 4(y - 5)$$
$$= (-3x + 4)(y - 5)$$

$(5 - y)$ y $(y - 5)$ son inversos aditivos.
$(5 - y) = (-1)(-5 + y)$
ó $(-1)(y - 5)$

Verifica: $(-3x + 4)(y - 5) = (-3x)(y) + (-3x)(-5) + 4(y) + 4(-5)$
$$= -3xy + 15x + 4y - 20$$
$$= 15x - 3xy + 4y - 20 \checkmark$$

Resumiendo, un polinomio puede factorizarse por grupos si se satisfacen las siguientes condiciones:

- El polinomio tiene cuatro términos o más.
- Términos con factores comunes se pueden agrupar.
- Los dos factores comunes son iguales o difieren en un factor de -1.

COMPRUEBA LO QUE APRENDISTE

Comunicación en matemáticas

Estudia la lección y a continuación completa lo siguiente.

1. **a. Expresa** $8d^2 - 14d$ como un producto de factores, de tres maneras distintas.

   b. ¿Cuál de las tres respuestas de la parte a es la forma factorizada completamente de $8d^2 - 14d$? Explica tu respuesta.

2. **a. Expresa** el área del rectángulo de la derecha sumando las áreas de los rectángulos más pequeños.

   b. Expresa el área como el producto del largo y del ancho.

   c. ¿Cuál es la relación entre las expresiones de las partes a y b?

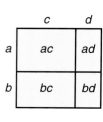

3. Haz una lista de las propiedades que se usan para factorizar $4gh + 8h + 3g + 6$ por grupos.

4. Agrupa los términos de $4gh + 8h + 3g + 6$ en pares de dos maneras distintas de modo que cada par posea un factor monomio común.

5. Escribe el inverso aditivo de $7p^2 - q$.

6. Factoriza $2x^2 - x$ usando mosaicos de álgebra.

LOS MODELOS Y LAS MATEMÁTICAS

Práctica dirigida

Encuentra el MCD de los términos de cada expresión.

7. $3y^2 + 12$ **8.** $5n - n^2$ **9.** $5a + 3b$

10. $6mn + 15m^2$ **11.** $12x^2y^2 - 8xy^2$ **12.** $4x^2y - 6xy^2$

Escribe cada polinomio en forma factorial.

13. $a(x + y) + b(x + y)$ **14.** $3m(a - 2b) + 5n(a - 2b)$

15. $x(3a + 4b) - y(3a + 4b)$ **16.** $x^2(a^2 + b^2) + (a^2 + b^2)$

Completa lo siguiente. En el Ejercicio 18, ambos espacios vacíos representan la misma expresión.

17. $20s + 12t = 4(5s + \underline{\ ?\ })$

18. $(6x^2 - 10xy) + (9x - 15y) = 2x(\underline{\ ?\ }) + 3(\underline{\ ?\ })$

Factoriza cada polinomio.

19. $29xy - 3x$ **20.** $x^5y - x$

21. $3c^2d - 6c^2d^2$ **22.** $ay - ab + cb - cy$

23. $rx + 2ry + kx + 2ky$ **24.** $5a - 10a^2 + 2b - 4ab$

25. Voleibol   Peta está haciendo el calendario de partidos de una liga de voleibol. Para hallar el número de partidos que necesita planificar usa la fórmula $p = \frac{1}{2}n^2 - \frac{1}{2}n$, donde p es el número total de partidos en los que cada equipo enfrenta a todos los otros, solo una vez y n es el número de equipos.

   a. Factoriza esta fórmula.

   b. ¿Cuántos partidos se requieren para 14 equipos de manera que cada equipo se enfrente a los otros solo una vez?

   c. ¿Cuántos partidos se requieren para 7 equipos de modo que dos equipos cualesquiera se enfrenten exactamente 3 veces?

EJERCICIOS

Práctica

Completa lo siguiente. En los ejercicios con dos espacios vacíos, ambos representan la misma expresión.

26. $10g - 15h = 5(\underline{\ ?\ } - 3h)$

27. $8rst + 8rs^2 = \underline{\ ?\ }(t + s)$

28. $11p - 55p^2q = \underline{\ ?\ }(1 - 5pq)$

29. $(6xy - 15x) + (-8y + 20) = 3x(\underline{\ ?\ }) - 4(\underline{\ ?\ })$

30. $(a^2 + 3ab) + (2ac + 6bc) = a(\underline{\ ?\ }) + 2c(\underline{\ ?\ })$

31. $(20k^2 - 28kp) + (7p^2 - 5kp) = 4k(\underline{\ ?\ }) - p(\underline{\ ?\ })$

Factoriza cada polinomio.

32. $9t^2 + 36t$

33. $14xz - 18xz^2$

34. $15xy^3 + y^4$

35. $17a - 41a^2b$

36. $2ax + 6xc + ba + 3bc$

37. $2my + 7x + 7m + 2xy$

38. $3m^2 - 5m^2p + 3p^2 - 5p^3$

39. $3x^3y - 9xy^2 + 36xy$

40. $5a^2 - 4ab + 12b^3 - 15ab^2$

41. $2x^3 - 5xy^2 - 2x^2y + 5y^3$

42. $12ax + 20bx + 32cx$

43. $4ax - 14bx + 35by - 10ay$

44. $3my - ab + am - 3by$

45. $28a^2b^2c^2 + 21a^2\,bc^2 - 14abc$

46. $6a^2 - 6ab + 3bc - 3ca$

47. $12mx - 8m + 6rx - 4r$

48. $2ax + bx - 6ay - 3by - bz - 2az$

49. $7ax + 7bx + 3at + 3bt - 4a - 4b$

INTEGRACIÓN
Geometría

Escribe una expresión factorizada que corresponda al área de cada región.

50.
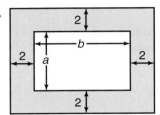

51.
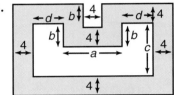

52.
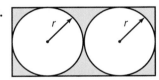

53.
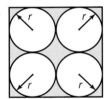

Halla las dimensiones de un rectángulo que tenga el área dada, si sus lados son binomios con coeficientes enteros.

54. $(5xy + 15x - 6y - 18)$ cm^2

55. $(4z^2 - 24z - 18m + 3mz)$ cm^2

56. Geometría El perímetro de un cuadrado mide $(12x + 20y)$ pulgadas. Encuentra el área del cuadrado.

Piensa críticamente

57. Geometría El perímetro de un rectángulo mide $(6a + 4b + 2ab + 12)$ centímetros. Halla tres expresiones factorizadas posibles de su área.

Aplicaciones y solución de problemas

58. Jardinería La huerta de Eduardo mide 5 pies más de largo que dos veces su ancho, a. Este año, Eduardo decidió hacer su huerta 4 pies más larga y duplicar su ancho. ¿Cuánta área adicional agregó Eduardo a su huerta?

59. Construcción   Un sendero de piedra de 4 pies de ancho se construirá en cada uno de los lados más largos de un jardín rectangular de flores. La longitud del lado más largo del jardín mide 3 pies menos que el doble del largo s del lado más corto. Escribe una expresión en forma factorial del área total del jardín y su sendero.

60. Rugby   Refiérete a la aplicación del comienzo de la lección.

    a. El ancho de un campo de Rugby de 15 jugadores mide 69 metros. ¿Cuál es el largo del campo?

    b. ¿Cuál es el área de un campo de Rugby de 15 jugadores?

    c. El largo de un campo de Rugby de 13 jugadores mide 52 metros más que el ancho. Escribe una expresión para el área del campo.

    d. El ancho de un campo de Rugby de 13 jugadores mide 68 metros. Calcula el área del campo.

    e. ¿Cuál de los dos tipos de campos de rugby posee el área más grande?

Repaso comprensivo

61. Música   Dos notas musicales que se tocan al mismo tiempo producen lo que en música se llama armonía. La armonía más cercana es producida por las frecuencias con el mayor MCD. La, do y do sostenido tienen frecuencias de 220, 264 y 275, respectivamente. ¿Qué par de estas notas produce la armonía más cercana?   (Lección 10–1)

62. Gobierno   En 1990 los Estados Unidos tenía una población de 248,200,000 habitantes. El área de los Estados Unidos es de 3,540,000 millas cuadradas.
(Lección 9–3)

    a. Si la población estuviese igualmente distribuida sobre el área de los Estados Unidos, ¿cuánta gente habría por milla cuadrada?

    b. El déficit presupuestario federal en 1990 alcanzaba los $220,000,000,000. ¿Cuánto debería haber pagado cada norteamericano en 1990 para que déficit se hubiera eliminado?

63. Geometría   Las gráficas de $3x + 2y = 1$, $y = 2$ y $3x - 4y = -29$ contienen los lados de un triángulo. Calcula el área del triángulo. (*Sugerencia:* Usa la fórmula $A = \frac{1}{2}bh$.)   (Lección 8–2)

64. Estadística   La tabla de la derecha muestra las diez profesiones mejor remuneradas en los Estados Unidos.   (Lección 7–7)

    a. Construye un diagrama de caja y patillas con esta información.

    b. Identifica cualquier valor atípico.

Profesión	Mediana del salario
Médico	$148,000
Dentista	93,000
Cabildero	91,300
Consultor de administración	61,900
Abogado	60,500
Ingeniero eléctrico	59,100
Director de escuela	57,300
Ingeniero aeronáutico	56,700
Piloto comercia	56,500
Ingeniero civil	55,800

Fuente: Bureau of Labor Statistics

65. Resuelve $17.42 - 7.029z \geq 15.766 - 8.029z$.   (Lección 7–1)

66. Geometría   Encuentra el punto medio del segmento de recta de extremos $A(5, -2)$ y $B(7, 3)$.   (Lección 6–7)

67. Resuelve $3a + 2b = 11$ si el dominio es $\{-3, 0, 1, 2, 5\}$.   (Lección 5–3)

68. ¿Catorce es 50% menos que cuál número?   (Lección 4–5)

69. Despeja y en $4x + 3y = 7$.   (Lección 3–6)

70. Resuelve $\frac{5}{2}x = -25$.   (Lección 3–2)

71. Calcula $(2^5 - 5^2) + (4^2 - 2^4)$.   (Lección 1–6)

10–3A Factoriza trinomios

LOS MODELOS Y LAS MATEMÁTICAS

Una sinopsis de la Lección 10–3

Materiales: ⬚ mosaicos de álgebra ☐ tablero de productos

Puedes usar mosaicos de álgebra para factorizar trinomios. Si no se puede formar un rectángulo que represente el trinomio, entonces el trinomio no se puede factorizar.

Actividad 1 Usa mosaicos de álgebra para factorizar $x^2 + 4x + 3$.

Paso 1 Haz un modelo del polinomio $x^2 + 4x + 3$.

Paso 2 Coloca el mosaico x^2 en la esquina superior izquierda del tablero de productos. Ordena los mosaicos 1 en un arreglo rectangular de 1 por 3 como muestra la figura.

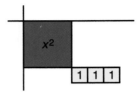

Paso 3 Completa el rectángulo con los mosaicos x.

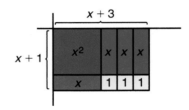

El rectángulo tiene un ancho de $x + 1$ y un largo de $x + 3$. Por lo tanto, $x^2 + 4x + 3 = (x + 1)(x + 3)$.

Deberás usar una estrategia de conjetura y verificación con muchos de los trinomios.

Actividad 2 Usa mosaicos de álgebra para factorizar $x^2 + 5x + 4$.

Paso 1 Haz un modelo del polinomio $x^2 + 5x + 4$.

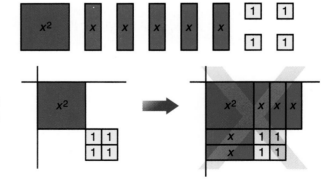

Paso 2 Coloca el mosaico x^2 en la esquina superior izquierda del tablero de productos. Ordena los mosaicos 1 en un arreglo rectangular de 2 por 2 como se muestra en la figura. Trata de completar el rectángulo. Observa que hay un mosaico x extra.

Paso 3 Arregla los mosaicos 1 en un arreglo rectangular de 1 por 4. Esta vez sí puedes completar el rectángulo con los mosaicos x.

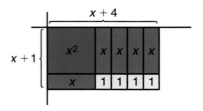

El rectángulo tiene un ancho de $x + 1$ y un largo de $x + 4$. Por lo tanto, $x^2 + 5x + 4 = (x + 1)(x + 4)$.

Actividad 3 Usa mosaicos de álgebra para factorizar $x^2 - 4x + 4$.

Paso 1 Haz un modelo del polinomio $x^2 - 4x + 4$.

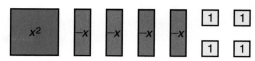

Paso 2 Coloca el mosaico x^2 en la esquina superior izquierda del tablero de productos. Ordena los mosaicos 1 en un arreglo rectangular de 2 por 2 como se muestra en la figura.

Paso 3 Completa el rectángulo con los mosaicos x.

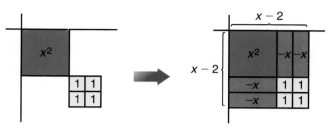

El rectángulo tiene un ancho de $x - 2$ y un largo de $x - 2$. Por lo tanto, $x^2 - 4x + 4 = (x - 2)(x - 2)$.

Actividad 4 Usa mosaicos de álgebra para factorizar $x^2 - x - 2$.

Paso 1 Haz un modelo del polinomio $x^2 - x - 2$.

Paso 2 Coloca el mosaico x^2 en la esquina superior izquierda del tablero de productos. Ordena los mosaicos 1 en un arreglo rectangular de 1 por 2 como se muestra en la figura.

Paso 3 Coloca los mosaicos x como se muestra en la figura. Recuerda que puedes agregar pares nulos sin cambiar el valor del polinomio. En este caso añade un par nulo de mosaicos x.

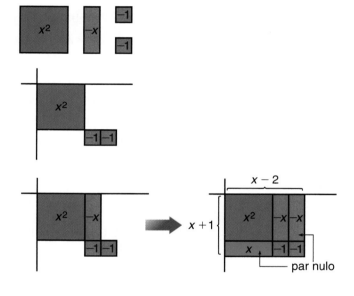

El rectángulo tiene un ancho de $x + 1$ y un largo de $x - 2$. Por lo tanto, $x^2 - x - 2 = (x + 1)(x - 2)$.

- -

Modela **Usa mosaicos de álgebra para factorizar cada trinomio.**

1. $x^2 + 6x + 5$ **2.** $x^2 + 5x + 6$ **3.** $x^2 + 7x + 12$ **4.** $x^2 - 6x + 9$

5. $x^2 - 3x + 2$ **6.** $x^2 - 6x + 8$ **7.** $x^2 + 4x - 5$ **8.** $x^2 - x - 6$

Dibuja **Decide si los siguientes trinomios se pueden factorizar. Fundamenta tu respuesta con un dibujo.**

9. $x^2 + 7x + 10$ **10.** $x^2 - 4x + 5$ **11.** $x^2 + 5x - 4$ **12.** $x^2 + 2x + 6$

Escribe **13.** Escribe un párrafo en el que expliques cómo puedes determinar si un trinomio es factorizable. Incluye un ejemplo de un trinomio que pueda factorizarse y otro que no se pueda.

Factoriza trinomios

INTEGRACIÓN

Teoría numérica

El producto de dos enteros consecutivos impares es 3363. ¿Cuáles son los enteros?

Una manera de encontrar los dos números es usar la estrategia de solución de problemas llamada **conjetura y verificación.** Para usar esta estrategia, aproxima la respuesta al problema y verifica si tu conjetura es correcta. Si la primera conjetura es incorrecta, haz una nueva conjetura hasta que encuentres la respuesta correcta. A menudo los resultados de una conjetura pueden ayudarte a encontrar la correcta. Mantén siempre un registro de tus conjeturas para no usar la misma dos veces.

Aproxima: Prueba con 41 y 43.

Verifica: $41 \times 43 = 1763$
El producto es mucho menor que 3363.

Aproxima: Prueba con dos números mayores que 41 y 43, tales como 61 y 63.

Verifica: $61 \times 63 = 3843$
El producto es mayor que 3363.

Aproxima: Prueba con 51 y 53.

Verifica: $51 \times 53 = 2703$
Este producto es menor que 3363. Ya que el dígito de las unidades de 3363 no es ni 0 ni 5, no uses 55 como uno de los números.
¿Por qué?

Aproxima: Prueba con 57 y 59.

Verifica: $57 \times 59 = 3363$

Los dos números son 57 y 59.

En la Lección 10–1 repasaste la definición de factor: Cuando dos o más números se multiplican para formar un producto, cada número usado en formar este producto recibe el nombre de factor del producto. De la misma manera, cuando se multiplican dos binomios, cada uno de ellos es un factor del producto. En el caso de los trinomios cuadráticos, puedes usar la estrategia de conjetura y verificación para encontrar sus factores. Considera los binomios $5x + 3$ y $2x + 7$. Halla su producto usando el método FOIL.

$$(5x + 3)(2x + 7) = \overset{F}{(5x)(2x)} + \overset{O}{(5x)(7)} + \overset{I}{(3)(2x)} + \overset{L}{(3)(7)}$$

$$= 10x^2 + 35x + 6x + 21$$

$$= 10x^2 + (35 + 6)x + 21 \qquad \textit{Observa que 10 · 21 = 210}$$

$$= 10x^2 + 41x + 21 \qquad \textit{y 35 · 6 = 210.}$$

Los binomios $5x + 3$ y $2x + 7$ son factores de $10x^2 + 41x + 21$.

Considera el producto de los coeficientes del primer término y del último término, 10 y 21. Observa que este producto, 210, es igual al producto de los dos coeficientes de los términos centrales, 35 y 6. Su suma es el coeficiente del término central del producto final.

Siempre puedes usar este patrón para intentar la factorización de trinomios cuadráticos, como $3y^2 + 10y + 8$.

$3y^2 + 10y + 8$　　　　El producto de 3 y 8 es 24.

$3y^2 + (\underline{\ ?\ } + \underline{\ ?\ })y + 8$

Necesitas hallar dos enteros *cuyo producto sea 24 y cuya suma sea 10.*

Usa la estrategia de conjetura y verificación para encontrar estos números.

Factores de 24	Suma de los factores	
1, 24	$1 + 24 = 25$	*no*
2, 12	$2 + 12 = 14$	*no*
3, 8	$3 + 8 = 11$	*no*
4, 6	$4 + 6 = 10$	*sí*

$3y^2 + 10y + 8$

$= 3y^2 + (4 + 6)y + 8$　　　*Usa los factores 4 y 6.*

$= 3y^2 + 4y + 6y + 8$

$= (3y^2 + 4y) + (6y + 8)$　　*Agrupa los términos que poseen un factor monomio común.*

$= y(3y + 4) + 2(3y + 4)$　　*Factoriza.*

$= (y + 2)(3y + 4)$　　　*Usa la propiedad distributiva.*

Por lo tanto, $3y^2 + 10y + 8 = (y + 2)(3y + 4)$.　　*Verifica usando FOIL.*

Ejemplo ❶　**Factoriza $10x^2 - 27x + 18$.**

$10x^2 - 27x + 18$　　　　El producto de 10 y 18 es 180.

$10x^2 + (\underline{\ ?\ } + \underline{\ ?\ })x + 18$　　Como el producto es positivo y la suma es negativa, los factores de 180 que estamos buscando deben ser ambos negativos.　*¿Por qué?*

Factores de 180	Suma de los factores	
$-180, -1$	$-180 + (-1) = -181$	*no*
$-90, -2$	$-90 + (-2) = -92$	*no*
$-45, -4$	$-45 + (-4) = -49$	*no*
$-15, -12$	$-15 + (-12) = -27$	*sí Una vez que hallas un par que funciona no necesitas continuar con la lista.*

$10x^2 - 27x + 18$

$= 10x^2 + [-15 + (-12)]x + 18$

$= 10x^2 - 15x - 12x + 18$

$= (10x^2 - 15x) + (-12x + 18)$

$= 5x(2x - 3) + (-6)(2x - 3)$　　*Factoriza el MCD de cada grupo.*

$= (5x - 6)(2x - 3)$　　　*Usa la propiedad distributiva.*

Por lo tanto, $10x^2 - 27x + 18 = (5x - 6)(2x - 3)$.　　*Verifica usando FOIL.*

Ejemplo ❷ **El área de un rectángulo es de $(a^2 - 3a - 18)$ pulgadas cuadradas. Se aumenta el área añadiendo 5 pulgadas tanto al largo como al ancho. Si las dimensiones del rectángulo original son binomios con coeficientes enteros, encuentra el área del nuevo rectángulo.**

Geometría

Para determinar el área del nuevo rectángulo, debes hallar primero las dimensiones del rectángulo original factorizando $a^2 - 3a - 18$. El coeficiente de a^2 es 1. Debes encontrar por tanto dos números cuyo producto sea $1 \cdot (-18)$ ó -18 y cuya suma sea -3.

Rectángulo original
Área =
$(a^2 - 3a - 18)$ pulg.² ⎪ ? pulgadas
? pulgadas

Factores de -18	Suma de los factores	
$-18, 1$	$-18 + 1 = -17$	*no*
$-9, 2$	$-9 + 2 = -7$	*no*
$-6, 3$	$-6 + 3 = -3$	*sí*

Los factores de -18 deberían escogerse de manera que en cada par haya exactamente un factor negativo, y que ese factor tenga el mayor valor absoluto. ¿Por qué?

$$a^2 - 3a - 18 = a^2 + [(-6) + 3]a - 18$$
$$= a^2 - 6a + 3a - 18$$
$$= (a^2 - 6a) + (3a - 18)$$
$$= a(a - 6) + 3(a - 6)$$
$$= (a + 3)(a - 6) \quad \textit{Verifica usando FOIL.}$$

Las dimensiones del rectángulo original son $(a + 3)$ pulgadas y $(a - 6)$ pulgadas. Por lo tanto, las dimensiones del nuevo rectángulo son $(a + 3) + 5$ ó $(a + 8)$ pulgadas y $(a - 6) + 5$ ó $(a - 1)$ pulgadas. Ahora puedes hallar un expresión para el área del nuevo rectángulo.

$$(a + 8)(a - 1) = a^2 - a + 8a - 8$$
$$= a^2 + 7a - 8$$

El área del nuevo rectángulo es $(a^2 + 7a - 8)$ pulgadas cuadradas.

Nuevo rectángulo
Área = ? pulg.²

$(a - 6) + 5$
ó
$(a - 1)$ pulgadas

$(a + 3) + 5$
ó
$(a + 8)$ pulgadas

Examinemos más a fondo la factorización de $a^2 - 3a - 18$ del Ejemplo 2.

$$a^2 - 3a - 18 = (a + 3)(a - 6)$$

Observa que la suma de 3 y -6 es -3, el coeficiente de a en el trinomio. El producto de 3 y -6 es -18, el término constante del trinomio. Este patrón se cumple para todos los trinomios cuyo término cuadrático tiene un coeficiente igual a 1.

A veces los términos de un trinomio contienen un factor común. En casos como estos, usa primero la propiedad distributiva para factorizar este factor común y luego completa la factorización del trinomio.

Ejemplo **3** **Factoriza $14t - 36 + 2t^2$.**

Primero ordena el trinomio en forma descendiente.

$$14t - 36 + 2t^2 = 2t^2 + 14t - 36$$
$$= 2(t^2 + 7t - 18) \quad \textit{El MCD de los términos es 2.}$$
$$\textit{Usa la propiedad distributiva.}$$

Ahora factoriza $t^2 + 7t - 18$. Como el coeficiente de t^2 es 1, necesitamos hallar dos factores de -18 cuya suma sea 7.

Factores de -18	Suma de los factores	
18, -1	$18 + (-1) = 17$	*no*
9, -2	$9 + (-2) = 7$	*sí*

Los factores deseados son 9 y -2 y $t^2 + 7t - 18 = (t + 9)(t - 2)$.
Por lo tanto, $2t^2 + 14t - 36 = 2(t + 9)(t - 2)$.

Un polinomio que no se puede escribir como el producto de dos polinomios con coeficientes enteros recibe el nombre de **polinomio primo**.

Ejemplo **4** **Factoriza $2a^2 - 11a + 7$.**

Debes hallar dos números cuyo producto sea $2 \cdot 7$ ó 14 y cuya suma sea -11. Dado que la suma es negativa, ambos factores de 14 deben ser negativos.

Factores de 14	Suma de los factores	
$-1, -14$	$-1 + (-14) = -15$	*no*
$-2, -7$	$-2 + (-7) = -9$	*no*

No hay factores de 14 cuya suma sea -11.

Por lo tanto, $2a^2 - 11a + 7$ no se puede factorizar usando enteros. Así, $2a^2 - 11a + 7$ es un polinomio primo.

Puedes usar tu conocimiento de factorización para escribir polinomios que se puedan factorizar usando enteros.

Ejemplo **5** **Encuentra todos los valores de k de modo que el trinomio $3x^2 + kx - 4$ pueda factorizarse usando enteros.**

Para que $3x^2 + kx - 4$ pueda factorizarse, k debe ser igual a la suma de los factores de $3(-4)$ ó -12.

Factores de -12	Suma de los factores (k)
$-12, 1$	$-12 + 1 = -11$
$12, -1$	$12 + (-1) = 11$
$-6, 2$	$-6 + 2 = -4$
$6, -2$	$6 + (-2) = 4$
$-4, 3$	$-4 + 3 = -1$
$4, -3$	$4 + (-3) = 1$

Por lo tanto, los valores de k son -11, 11, -4, 4, -1 y 1.

Puedes graficar un polinomio y su factorización en el mismo plano de coordenadas para verificar que lo hayas factorizado correctamente. Si las dos gráficas coinciden, la factorización es correcta.

EXPLORACIÓN

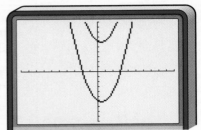

Supongamos que $x^2 - x + 6$ ha sido factorizado como $(x + 2)(x - 3)$.

a. Oprime $\boxed{Y=}$. Entra $x^2 - x + 6$ como Y1 y $(x + 2)(x - 3)$ como Y2.

b. Oprime $\boxed{\text{ZOOM}}$ 6. Observa que aparecen dos gráficas distintas. Por lo tanto, $x^2 - x + 6 \neq (x + 2)(x - 3)$.

Ahora te toca a ti

Determina cuáles ecuaciones son verdaderas. Si una ecuación no es verdadera, halla la factorización correcta del trinomio.

a. $x^2 - x - 2 = (x - 1)(x + 2)$

b. $x^2 - 2x - 3 = (x - 3)(x + 1)$

c. $x^2 - 5x + 4 = (x - 4)(x - 1)$

d. $2x^2 + 3x - 2 = (2x + 2)(x - 1)$

COMPRUEBA LO QUE APRENDISTE

Comunicación en matemáticas

Estudia la lección y a continuación completa lo siguiente.

1. **Explica** por qué debes mantener un registro de tus conjeturas cuando usas la estrategia de conjetura y verificación.

2. **Escribe** un ejemplo de un polinomio primo.

LOS MODELOS Y LAS MATEMÁTICAS

3. **Examina** el modelo de la derecha.
   a. Explica cómo te ayuda este modelo a factorizar $x^2 + 8x + 12$.
   b. Factoriza $x^2 + 8x + 12$.

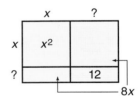

4. Usa mosaicos de álgebra para factorizar $x^2 + 3x - 4$. Traza un dibujo de los mosaicos de álgebra.

Práctica dirigida

Para cada trinomio de la forma $ax^2 + bx + c$, encuentra dos enteros cuyo producto sea ac y cuya suma sea igual a b.

5. $x^2 + 11x + 24$ 6. $x^2 + 4x - 45$ 7. $2x^2 + 13x + 20$

8. $3x^2 - 19x + 6$ 9. $4x^2 - 8x + 3$ 10. $5x^2 - 13x - 6$

Completa lo siguiente.

11. $r^2 - 5r - 14 = (r + 2)(r\ \underline{\ ?\ }\ 7)$ 12. $2g^2 + 5g - 12 = (2g - 3)(g + \underline{\ ?\ })$

Factoriza, si es posible, cada trinomio. Si el trinomio no se puede factorizar usando enteros, escribe *primo*.

13. $t^2 + 7t + 12$ 14. $c^2 - 13c + 36$ 15. $2y^2 - 2y - 12$

16. $3d^2 - 12d + 9$ 17. $2x^2 + 5x - 2$ 18. $6p^2 + 15p - 9$

Halla todos los valores de k de manera que cada trinomio pueda factorizarse usando enteros.

19. $x^2 + kx + 14$ 20. $2b^2 + kb - 3$

21. Geometría El área de un rectángulo es de $(3x^2 + 14x + 15)$ metros cuadrados. Se reduce disminuyendo el largo y el ancho en 3 metros. Si las dimensiones del rectángulo original son binomios con coeficientes enteros, encuentra el área del nuevo rectángulo.

EJERCICIOS

Práctica

Completa lo siguiente.

22. $a^2 + a - 30 = (a - 5)(a \underline{\ ?\ } 6)$

23. $g^2 - 8g + 16 = (g - 4)(g \underline{\ ?\ } 4)$

24. $4y^2 - y - 3 = (\underline{\ ?\ } + 3)(y - 1)$

25. $6t^2 - 23t + 20 = (3t - 4)(2t - \underline{\ ?\ })$

26. $4x^2 + 4x - 3 = (2x - 1)(\underline{\ ?\ } + 3)$

27. $15g^2 + 34g + 15 = (5g + 3)(3g + \underline{\ ?\ })$

Factoriza cada trinomio. Si el trinomio no se puede factorizar usando enteros, escribe *primo*.

28. $b^2 + 7b + 12$

29. $m^2 - 14m + 40$

30. $z^2 - 5z - 24$

31. $t^2 - 2t + 35$

32. $s^2 + 3s - 180$

33. $2x^2 + x - 21$

34. $7a^2 + 22a + 3$

35. $2x^2 - 5x - 12$

36. $3c^2 - 3c - 5$

37. $4n^2 - 4n - 35$

38. $72 - 26y + 2y^2$

39. $10 + 19m + 6m^2$

40. $a^2 + 2ab - 3b^2$

41. $12r^2 - 11r + 3$

42. $15x^2 - 13xy + 2y^2$

43. $12x^3 + 2x^2 - 80x$

44. $5a^3b^2 + 11a^2b^2 - 36ab^2$

45. $20a^4b - 58a^3b^2 + 42a^2b^3$

Halla todos los valores de *k* de manera que cada trinomio pueda factorizarse usando enteros.

46. $r^2 + kr - 13$

47. $x^2 + kx + 10$

48. $2c^2 + kc + 12$

49. $3s^2 + ks - 14$

50. $x^2 + 8x + k, k > 0$

51. $n^2 - 5n + k, k > 0$

52. Geometría El área de un rectángulo es de $(6x^2 - 31x + 35)$ pulgadas cuadradas. Si las dimensiones del rectángulo son números enteros, ¿cuál es el área mínima posible del rectángulo?

53. Geometría El volumen de un prisma rectangular es de $(15r^3 - 17r^2 - 42r)$ centímetros cúbicos. Si las dimensiones del prisma son binomios con coeficientes enteros, encuentra sus dimensiones.

Calculadora de gráficas

Usa una calculadora de gráficas para determinar cuáles ecuaciones son verdaderas. Si una ecuación no es verdadera, halla la factorización correcta del trinomio.

54. $x^2 - 2x - 15 = (x - 5)(x + 3)$

55. $2x^2 + x - 3 = (2x - 1)(x + 3)$

56. $3x^2 - 4x - 4 = (3x - 2)(x + 2)$

57. $x^2 - 6x + 9 = (x + 3)(x - 3)$

Piensa críticamente

58. Completa cada polinomio de tres maneras distintas de modo que el nuevo polinomio pueda factorizarse. Luego factorízalos.

a. $x^2 + 8x + \underline{\ ?\ }$

b. $x^2 + \underline{\ ?\ } x - 10$

Aplicaciones y solución de problemas

59. Flete Una caja de embalaje se construirá en forma de sólido rectangular. El volumen de la caja es de $(45x^2 - 174x + 144)$ pies cúbicos, donde x es un entero positivo. Si la caja mide 3 pies de altura, ¿cuál es su volumen mínimo posible?

60. Conjetura y verificación Coloca los dígitos 1, 2, 3, 4, 5, 6, 8, 9, 10, 12 en los puntos de la figura de la derecha de manera que la suma de los enteros sobre cualquier línea sea igual a la suma en cualquier otra línea.

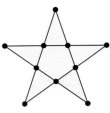

Repaso comprensivo

61. Finanzas Durante la primera hora de transacciones, John Sugarman vendió x número de acciones valoradas en $4 por acción. Durante la hora siguiente, vendió acciones valoradas en $8 por acción. Vendió 5 acciones más durante la primera hora, que durante la segunda hora. Si durante las dos primeras horas hubiera vendido solamente acciones valoradas en $4 por acción, ¿cuántas acciones habría necesitado vender para obtener el mismo monto total de ventas? (Lección 10–2)

62. Encuentra el grado de $7x^3 + 4xy + 3xz^3$. (Lección 9–4)

63. Usa eliminación para resolver el siguiente sistema de ecuaciones. (Lección 8–3)

$2x = 4 - 3y$

$3y - x = -11$

64. Resuelve $2y - 7 \mid \geq -6$. (Lección 7–6)

65. Escribe una ecuación de la recta paralela a la gráfica de $2x + 3y = 1$ y que pasa por $(4, 2)$. (Lección 6–6)

66. Determina la pendiente de la recta que pasa por los puntos $(-3, 6)$ y $(-5, 9)$. (Lección 6–1)

67. Plantea el dominio y la amplitud de $\{(0, 2), (1, -2), (2, 4)\}$. (Lección 5–2)

68. Geografía Hay tres veces tanta agua como suelo sobre la superficie de la Tierra. ¿Qué porcentaje de la Tierra está cubierto de agua? (Lección 4–4)

69. Calcula el suplemento de $90°$. (Lección 3–4)

70. Tiempo Cuando son las doce del día en Richmond, Virginia, son las 2:00 A.M. de la mañana siguiente en Kanagawa, Japón. Joel, que enseña inglés en Kanagawa, quisiera llamar a su madre en Richmond a las 7:30 a.m. en el día de su cumpleaños, el 26 de octubre. ¿En qué día y a qué hora debería llamarla? (Lección 2–3)

71. Simplifica $3(x + 2y) - 2y$. (Lección 1–7)

AUTOEVALUACIÓN

Encuentra el MCD de los siguientes pares de monomios. (Lección 10–1)

1. $50n^4, 40n^2p^2$

2. $15abc, 35a^2c, 105a$

Factoriza cada polinomio. Si el polinomio no se puede factorizar, escribe *primo*.
(Lecciones 10–2 y 10–3)

3. $18xy^2 - 24x^2y$

4. $2ab + 2am - b - m$

5. $2q^2 - 9q - 18$

6. $t^2 + 5t - 20$

7. $3y^2 - 8y + 5$

8. $27m^2n^2 - 75mn$

9. Conjetura y verificación Escribe un número de ocho dígitos con los números 1, 2, 3 y 4, usando cada número dos veces de modo que los unos estén separados por 1 dígito, los doses por 2 dígitos, los treses por 3 dígitos y los cuatros por 4 dígitos. (Lección 10–3)

10. Geometría El área de un rectángulo mide $(x^2 - x - 6)$ metros cuadrados. El largo y el ancho se aumentan en 9 metros. Si las dimensiones del rectángulo original son binomios con coeficientes enteros, encuentra el área del nuevo rectángulo. (Lección 10–3)

10-4

Factoriza diferencias de cuadrados

INTEGRACIÓN

Lo que **APRENDERÁS**

- A identificar y a factorizar binomios que son diferencias de cuadrados.

Construye modelos

Ya has usado mosaicos de álgebra para factorizar trinomios. También puedes usarlos para factorizar ciertos binomios.

Por qué **ES IMPORTANTE**

Porque puedes usar la factorización para resolver problemas de geometría y de teoría numérica.

LOS MODELOS Y LAS MATEMÁTICAS

Diferencias de cuadrados

Materiales: 🔲 mosaicos de álgebra   ▢ tablero de productos

Factoriza $x^2 - 9$.

Paso 1

Haz un modelo del polinomio $x^2 - 9$.

Paso 2

Coloca el mosaico x^2 en la esquina superior izquierda del tablero de productos. Ordena los mosaicos 1 en un cuadrado de 3 por 3 como se muestra en la figura.

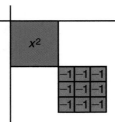

Paso 3

Completa el rectángulo usando 3 pares nulos como se muestra a la derecha.

El rectángulo tiene un ancho de $x - 3$ un largo de $x + 3$.
Por lo tanto, $x^2 - 9 = (x - 3)(x + 3)$.

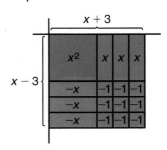

Ahora te toca a ti

a. Usa mosaicos de álgebra para factorizar cada binomio.

$x^2 - 16$ $x^2 - 4$ $x^2 - 1$

$4x^2 - 9$ $9x^2 - 4$ $4x^2 - 1$

b. Los binomios como los de la parte a reciben el nombre de *diferencias de cuadrados*. Explica por qué se les llama así.

c. Examina los factores de los binomios de la parte a. ¿Qué observas en los signos de los factores?, ¿en los términos de los factores?

d. Usa el patrón que observaste para factorizar $x^2 - 100$.

e. Usa FOIL para verificar tu respuesta de la parte d. ¿Estaba correcta tu respuesta?

Recuerda que el producto de la suma y de la diferencia de dos binomios como $n + 8$ y $n - 8$, recibe el nombre de *diferencia de cuadrados*.

$(n + 8)(n - 8) = n^2 - 8n + 8n - 64$ *Usa FOIL.*

$= n^2 - 64$ *Observa que esta expresión es la diferencia de dos cuadrados, n^2 y 64.*

La actividad *Los modelos y las matemáticas* sugiere la siguiente regla para factorizar diferencias de cuadrados:

Diferencia de cuadrados	$a^2 - b^2 = (a - b)(a + b) = (a + b)(a - b)$

Puedes usar esta fórmula para factorizar monomios de la forma $a^2 - b^2$.

Ejemplo ① **Factoriza cada binomio.**

a. $m^2 - 81$

$$m^2 - 81 = (m)^2 - (9)^2 \qquad \text{\textit{m · m = m² y 9 · 9 = 81}}$$
$$= (m - 9)(m + 9) \quad \text{\textit{Diferencia de cuadrados}}$$

b. $100s^2 - 25t^2$

$$100s^2 - 25t^2 = 25(4s^2 - t^2) \qquad \text{\textit{El MCD es 25.}}$$
$$= 25[(2s)^2 - t^2] \qquad \text{\textit{2s · 2s = 4s² y t · t = t²}}$$
$$= 25(2s - t)(2s + t) \quad \text{\textit{Diferencia de cuadrados}}$$

c. $\frac{1}{9}x^2 - \frac{4}{25}y^2$

$$\frac{1}{9}x^2 - \frac{4}{25}y^2 = \left(\frac{1}{3}x\right)^2 - \left(\frac{2}{5}y\right)^2 \qquad \text{\textit{¿Por qué?}}$$
$$= \left(\frac{1}{3}x - \frac{2}{5}y\right)\left(\frac{1}{3}x + \frac{2}{5}y\right) \quad \text{\textit{Verifica este resultado usando FOIL.}}$$

A veces los términos de un binomio tienen factores en común. Cuando esto sucede, el MCD debe factorizarse primero. Otras veces, la diferencia de cuadrados debe aplicarse más de una vez o en conjunción con agrupamiento para poder factorizar un polinomio completamente.

Ejemplo ② **Factoriza cada polinomio.**

a. $20cd^2 - 125c^5$

$$20cd^2 - 125c^5 = 5c(4d^2 - 25c^4) \qquad \text{\textit{El MCD de 20cd² y 125c⁵ es 5c.}}$$
$$= 5c(2d - 5c^2)(2d + 5c^2) \quad \text{\textit{2d · 2d = 4d² y 5c² · 5c² = 25c⁴}}$$

b. $3k^4 - 48$

$$3k^4 - 48 = 3(k^4 - 16) \qquad \text{\textit{¿Por que?}}$$
$$= 3(k^2 - 4)(k^2 + 4) \qquad \text{\textit{k² · k² = k⁴}}$$
$$= 3(k - 2)(k + 2)(k^2 + 4) \quad \text{\textit{k² + 4 no se puede factorizar. ¿Por qué no?}}$$

c. $9x^5 + 11x^3y^2 - 100xy^4$

Para factorizar el trinomio necesitamos dos números cuyo producto sea −900 y cuya suma sea 11.

$$9x^5 + 11x^3y^2 - 100xy^4 = x(9x^4 + 11x^2y^2 - 100y^4)$$
$$= x[(9x^4 - 25x^2y^2) + (36x^2y^2 - 100y^4)]$$
$$= x[x^2(9x^2 - 25y^2) + 4y^2(9x^2 - 25y^2)]$$
$$= x(x^2 + 4y^2)(9x^2 - 25y^2)$$
$$= x(x^2 + 4y^2)(3x - 5y)(3x + 5y)$$

La diferencia de cuadrados puede usarse para multiplicar números mentalmente.

Ejemplo **3** **Muestra una manera de calcular mentalmente el producto de 37 y 43.**

Dado que $37 = 40 - 3$ y $43 = 40 + 3$, el producto $(37)(43)$ se puede expresar como $(40 - 3)(40 + 3)$.

$$(43)(37) = (40 + 3)(40 - 3)$$
$$= 40^2 - 3^2$$
$$= 1600 - 9 \text{ ó } 1591$$

Pitágoras

Según el teorema de Pitágoras, la suma de los cuadrados de las medidas de los catetos de un triángulo rectángulo es igual al cuadrado de la medida de la hipotenusa.

$$a^2 + b^2 = c^2$$

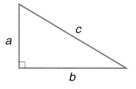

Un **triplete de Pitágoras** está formado por tres números enteros que satisfacen la ecuación $a^2 + b^2 = c^2$. Por ejemplo, los números 3, 4 y 5 forman un triplete de Pitágoras.

$$3^2 + 4^2 \stackrel{?}{=} 5^2$$
$$9 + 16 \stackrel{?}{=} 25$$
$$25 = 25 \quad \checkmark$$

Puedes usar la diferencia de cuadrados para hallar tripletes de Pitágoras.

Ejemplo **4** **Encuentra un triplete de Pitágoras que incluya el número 8 como uno de los números.**

INTEGRACIÓN
Teoría numérica

Halla primero el cuadrado de 8. $\qquad 8^2 = 64$

Factoriza 64 en dos factores pares o en dos factores impares. $\quad 64 = (2)(32)$

Calcula la media de los dos factores. $\qquad \frac{2 + 32}{2} = 17$

Completa el enunciado.

$$(2)(32) = (17 - \underline{\ ?\ })(17 + \underline{\ ?\ })$$
$$= (17 - 15)(17 + 15)$$
$$= 17^2 - 15^2$$

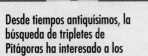

Por lo tanto, $8^2 = 17^2 - 15^2$ u $8^2 + 15^2 = 17^2$. Los números 8, 15, y 17 forman un triplete de Pitágoras.

Comunicación en matemáticas

Estudia la lección y a continuación completa lo siguiente.

1. **Describe** un binomio que sea la diferencia de dos cuadrados.

2. **Escribe** un polinomio que sea la diferencia de dos cuadrados. Factorízalo.

3. **Explica** cómo factorizar una diferencia de cuadrados usando el método de factorización de trinomios, introducido en la lección 10–3.

4. **Tú decides** Patsy dice que $28f^2 - 7g^2$ puede factorizarse usando la diferencia de cuadrados. Sally dice que no. ¿Quién tiene la razón? Explica.

5. **Muestra** cómo usar la diferencia de cuadrados para calcular $\frac{15}{16} \cdot \frac{17}{16}$.

LOS MODELOS Y LAS MATEMÁTICAS

6. Usa mosaicos de álgebra para factorizar $4 - x^2$.

Práctica dirigida

Decide si los siguientes binomios pueden factorizarse como una diferencia de cuadrados.

7. $p^2 - 49q^2$

8. $25a^2 - 81b^4$

9. $9x^2 + 16y^2$

Aparea cada binomio con su factorización.

10. $4x^2 - 25$
a. $25(x - 1)(x + 1)$

11. $16x^2 - 4$
b. $(5x - 2)(5x + 2)$

12. $25x^2 - 4$
c. $(2x - 5)(2x + 5)$

13. $25x^2 - 25$
d. $4(2x - 1)(2x + 1)$

Factoriza cada polinomio. Si el polinomio no se puede factorizar, escribe *primo*.

14. $t^2 - 25$

15. $1 - 16g^2$

16. $2a^2 - 25$

17. $20m^2 - 45n^2$

18. $(a + b)^2 - c^2$

19. $x^4 - y^4$

20. Calcula mentalmente el producto de 17 y 23 usando la diferencia de cuadrados.

21. La diferencia de dos números es 3. Si la diferencia de sus cuadrados es 15, ¿cuál es la suma de los números?

Práctica

Factoriza cada polinomio. Si el polinomio no se puede factorizar, escribe *primo*.

22. $w^2 - 81$

23. $4 - v^2$

24. $4q^2 - 9$

25. $100d^2 - 1$

26. $16a^2 - 25b^2$

27. $2z^2 - 98$

28. $9g^2 - 75$

29. $4t^2 - 27$

30. $8x^2 - 18$

31. $17 - 68k^2$

32. $25y^2 - 49z^4$

33. $36x^2 - 125y^2$

34. $-16 + 49h^2$

35. $16b^2c^4 + 25d^8$

36. $-9r^2 + 81$

37. $a^2x^2 - 0.64y^2$

38. $\frac{1}{16}x^2 - 25z^2$

39. $\frac{9}{2}a^2 - \frac{49}{2}b^2$

40. $(4p - 9q)^2 - 1$

41. $(a + b)^2 - (c + d)^2$

42. $25x^2 - (2y - 7z)^2$

43. $x^8 - 16y^4$

44. $a^6 - a^2b^4$

45. $a^4 + a^2b^2 - 20b^4$

Calcula mentalmente cada producto usando la diferencia de cuadrados.

46. 29×31

47. 24×26

48. 94×106

Calcula las dimensiones de un rectángulo cuya área es igual a la de la región sombreada de cada dibujo. Puedes suponer que las dimensiones del rectángulo son binomios con coeficientes enteros.

49.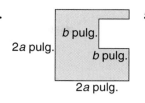

50.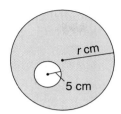

51.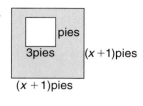

Halla las dimensiones de un sólido rectangular que tenga el volumen dado, si cada dimensión puede escribirse como un binomio con coeficientes enteros.

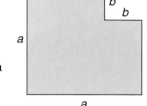

52. $(7mp^2 + 2np^2 - 7mr^2 - 2nr^2)$ centímetros cúbicos

53. $(5a^3 - 125ab^2 - 75b^3 + 3a^2b)$ pulgadas cúbicas

Piensa críticamente

54. Muestra cómo dividir y reordenar el diagrama de la derecha para mostrar que $a^2 - b^2 = (a - b)(a + b)$. Haz un diagrama que muestre tu razonamiento.

Aplicaciones y solución de problemas

55. Geometría El lado de un cuadrado mide x centímetros. El largo de un rectángulo mide 5 centímetros más que el lado del cuadrado y el ancho del rectángulo mide 5 centímetros menos que el lado del cuadrado.

　a. ¿Quién tiene el área más grande, el cuadrado o el rectángulo?

　b. ¿Cuánto más grande es esa área?

56. Teoría numérica Encuentra un triplete de Pitágoras que incluya el número 7.

57. Teoría numérica Encuentra un triplete de Pitágoras que incluya el número 9.

58. Geometría Escribe el cuadrado del lado que falta del triángulo de la derecha como el producto de dos binomios.

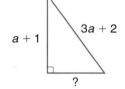

Repaso comprensivo

59. Conjetura y verificación Julie fue al almacén de la esquina a comprar cuatro cosas. La empleada del almacén tuvo que usar una calculadora para sumar los cuatro precios porque la caja registradora estaba descompuesta. Cuando la empleada calculó la cuenta de Julie, cometió el error de usar cada vez la tecla de multiplicar en vez de la tecla de sumar. Julie ya había calculado mentalmente lo que debía, así es que, al darse cuenta que, en realidad, el total era el correcto, le pagó a la dependiente la suma de $7.11. ¿Cuánto costaba cada artículo que compró Julie? (Lección 10–3)

60. Halla $(n^2 + 5n + 3) + (2n^2 + 8n + 8)$. (Lección 9–5)

61. Usa eliminación para resolver el siguiente sistema de ecuaciones. (Lección 8–4)
$x + y = 20$
$0.4x + 0.15y = 4$

62. Probabilidad Usa un diagrama de árbol para calcular la probabilidad de obtener al menos un escudo cuando se lanzan cuatro monedas imparciales. (Lección 7–5)

63. Grafica $6x - 3y = 6$. (Lección 6–5)

64. Escribe una ecuación de la relación dada en la siguiente tabla. (Lección 5–6)

a	1	2	3	4	5	6
b	1	4	7	10	13	16

65. Grafica $M(0, 3)$.   (Lección 5–1)

66. Trigonometría   Para el triángulo de la derecha
calcula sen Y, cos Y y tan Y aproximando en
milésimas.   (Lección 4–3)

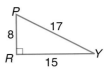

67. Estadística   Las poblaciones, en millones, de los 50 estados en 1993 se
muestran a continuación. Calcula la media, la mediana y la modal de estos
datos.   (Lección 3–7)

1.2	1.1	0.6	6.0	1.0	3.3	18.2	7.9	12.0
11.1	5.7	11.7	9.5	5.0	4.5	2.8	5.2	0.6
0.7	1.6	2.5	0.7	5.0	6.5	1.8	6.9	3.6
6.9	13.7	3.8	5.1	4.2	2.6	2.4	4.3	3.2
18.0	0.8	1.1	0.5	3.6	1.6	3.9	1.9	1.4
5.3	3.0	31.2	0.6	1.2				

68. En la clase de álgebra de la profesora Tucker, los estudiantes ganan puntos
extras por encontrar la solución al "Acertijo de la Semana."
Una semana la profesora Tucker propuso el siguiente
acertijo.   (Lección 2–9)

*Luis tiene 10 años más que su hermano. El año entrante
tendrá tres veces la edad de su hermano. ¿Cuántos años
tiene Luis?*

La respuesta de Josh es: *Luis tiene 12 años y su
hermano 4.*

a. Si e es la edad del hermano, ¿cuál es la edad de Luis?

b. ¿Cuántos años tendrá el hermano el año entrante?

c. ¿Se gana Josh los puntos extras? Explica.

TRABAJA EN LA

Refiérete a las páginas 554–555.

la

Supongamos que la gerente Joanna Brown también te entregó ciertas especificaciones con
respecto a los ladrillos que hay que usar y cuántos de cada tipo utilizar.

1 Usando un ladrillo de cada tipo, ¿hay algún
patrón rectangular que puedas formar con
ellos? Fundamenta tu respuesta.

2 Escoge dos ladrillos de un tipo y un ladrillo de
cada uno de los otros dos tipos. ¿Existe alguna manera de disponer estos ladrillos en un
patrón rectangular? ¿Hay más de un patrón?
Bosqueja un dibujo del patrón que descubriste
y rotula el tamaño de cada ladrillo.

3 Si no hay modo de disponer estos ladrillos en
un patrón rectangular, explica por qué. ¿Existe

más de una elección posible de patrón rectangular formado con cuatro ladrillos?

4 Ahora, usando al menos un ladrillo de cada
tipo, encuentra todas las distintas formas (si es
que hay alguna) de disponerlos en un patrón
rectangular de cinco ladrillos.

5 Prueba con diseños de patrones, que usen al
menos un ladrillo de cada tipo. Forma un patrón
con seis, siete, ocho, nueve y diez ladrillos.

6 Traza un diagrama de todos los patrones posibles. Rotula el tamaño de cada ladrillo.
Describe cómo desarrollaste el proceso para
hallar los patrones. ¿Existen generalizaciones
que puedas hacer acerca del número de ladrillos y arreglos rectangulares? Fundamenta
todas las generalizaciones. Explica cómo
sabes que tienes todos los patrones posibles.

Agrega los resultados de tu trabajo a tu *Archivo
de investigación.*

10-5

Cuadrados perfectos y factorización

Lo que APRENDERÁS

- A identificar y a factorizar cuadrados perfectos trinómicos.

Por qué ES IMPORTANTE

Porque puedes usar factorización para resolver problemas de finanzas y de construcción.

INTEGRACIÓN
Teoría numérica

Recuerda que los números 1, 4, 9, 16 y 25 reciben el nombre de *cuadrados perfectos,* dado que cada uno de ellos se puede expresar como el cuadrado de un entero.

Se puede hacer un modelo de la ecuación $5^2 = 25$ como el área de un cuadrado de lado 5 como el que se muestra a la derecha.

Supongamos que sustituimos 5 por $(3 + 2)$. En este caso se puede hacer un modelo de $(3 + 2)^2$ como el área de un cuadrado de 5 por 5 que ha sido dividido en cuatro regiones, como se muestra a la derecha. La suma de las áreas de las cuatro regiones es igual al área del cuadrado.

$$(3 + 2)^2 = 3^2 + (2 \cdot 3) + (3 \cdot 2) + 2^2$$
$$= 3^2 + (3 \cdot 2) + (3 \cdot 2) + 2^2$$
$$= 3^2 + 2(3 \cdot 2) + 2^2$$

La última línea revela una relación interesante.

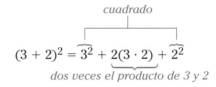

El cuadrado de este binomio es la suma de

- el cuadrado del primer término,
- dos veces el producto del primer y segundo término y
- el cuadrado del segundo término.

Esta observación aparece generalizada en el modelo de la derecha.

$$(a + b)^2 = a^2 + 2ab + b^2$$

Para elevar $(a - b)$ al cuadrado, escribe este binomio como $[a + (-b)]$ y luego elévalo al cuadrado.

$$(a - b)^2 = [a + (-b)]^2$$
$$= a^2 + 2a(-b) + (-b)^2$$
$$= a^2 - 2ab + b^2$$

Productos de la forma $(a + b)^2$ y $(a - b)^2$ reciben el nombre de cuadrados perfectos y sus expansiones son los **cuadrados perfectos trinómicos.**

MIRADA RETROSPECTIVA

Puedes consultar la lección 9-8 para repasar los cuadrados de sumas y diferencias.

Cuadrado perfecto trinómico	$(a + b)^2 = a^2 + 2ab + b^2$ $(a - b)^2 = a^2 - 2ab + b^2$

Estos patrones pueden usarse para factorizar trinomios.

Modelo	Elevando un binomio al cuadrado	Factorizando un cuadrado perfecto trinómico
  v $\quad$ 3 v $\;\;$ v^2 $\quad$ $3v$ 3 $\;\;$ $3v$ $\quad$ 3^2	$\begin{aligned}(v+3)^2 &= v^2 + 2(v)(3) + 3^2 \\ &= v^2 + 6v + 9\end{aligned}$	$\begin{aligned}v^2 + 6v + 9 &= (v)^2 + 2(v)(3) + (3)^2 \\ &= (v+3)^2\end{aligned}$
  $3p$ $\quad$ $-2q$ $3p$ $\;$ $(3p)^2$ $\;$ $(-2q)(3p)$ $-2q$ $\;$ $(3p)(-2q)$ $\;$ $(-2q)^2$	$\begin{aligned}(3p-2q)^2 &= (3p)^2 + 2(3p)(-2q) + (-2q)^2 \\ &= 9p^2 - 12pq + 4q^2\end{aligned}$	$\begin{aligned}9p^2 - 12pq + 4q^2 &= (3p)^2 - 2(3p)(2q) + (2q)^2 \\ &= (3p-2q)^2\end{aligned}$

Para determinar si un trinomio puede factorizarse usando estos patrones, debes decidir si es un cuadrado perfecto trinómico. En otras palabras, debes determinar si se puede escribir de la forma $a^2 + 2ab + b^2$ o de la forma $a^2 - 2ab + b^2$. Para que un trinomio se pueda expresar en una de estas formas, debe satisfacerse lo siguiente:

- El primer término es un cuadrado perfecto.
- El tercer término es un cuadrado perfecto.
- El término central es el doble del producto de la raíz cuadrada del primer término y la raíz cuadrada del tercer término.

Ejemplo **1** **Decide si cada trinomio es un cuadrado perfecto trinómico. Si lo es, factorízalo.**

a. $4y^2 + 36yz + 81z^2$

Para determinar si $4y^2 - 36yz + 81z^2$ es un cuadrado perfecto trinómico, debes responder afirmativamente todas las siguientes preguntas:

- ¿Es el primer término un cuadrado perfecto? $\quad 4y^2 \overset{?}{=} (2y)^2 \quad$ *sí*
- ¿Es el tercer término un cuadrado perfecto? $\quad 81z^2 \overset{?}{=} (9z)^2 \quad$ *sí*
- ¿Es el término central el doble del producto de $2y$ y $9z$? $\qquad 36yz \overset{?}{=} 2(2y)(9z)$ *sí*

$4y^2 + 36yz + 81z^2$ es un cuadrado perfecto trinómico.

$$\begin{aligned}4y^2 + 36yz + 81z^2 &= (2y)^2 + 2(2y)(9z) + (9z)^2 \\ &= (2y + 9z)^2\end{aligned}$$

b. $9n^2 + 49 - 21n$

Primero debes ordenar los términos de $9n^2 + 49 - 21n$ en forma descendiente según las potencias de n.

$$9n^2 + 49 - 21n = 9n^2 - 21n + 49$$

- ¿Es el primer término un cuadrado perfecto? $\qquad 9n^2 \overset{?}{=} (3n)^2 \quad$ *sí*
- ¿Es el tercer término un cuadrado perfecto? $\qquad 49 \overset{?}{=} (7)^2 \quad$ *sí*
- ¿Es el término central el doble del producto de -2, $3n$ y 7? $\qquad\qquad -21n \overset{?}{=} -2(3n)(7)$ *no*

$9n^2 - 21n + 49$ no es un cuadrado perfecto trinómico.

Ejemplo **2** **Supongamos que las dimensiones de un rectángulo se pueden escribir como binomios con coeficientes enteros. ¿Es el rectángulo de área $(121x^2 - 198xy + 81y^2)$ milímetros cuadrados un cuadrado? Si es así, ¿cuánto mide cada lado del cuadrado?**

INTEGRACIÓN
Geometría

Explora Ya sabes que las dimensiones del rectángulo pueden escribirse como binomios con coeficientes enteros. El problema da el área de un rectángulo y pregunta si es un cuadrado. Si es un cuadrado, debes hallar la medida de cada lado.

Planifica El rectángulo es un cuadrado si $121x^2 - 198xy + 81y^2$ es un cuadrado perfecto trinómico. Debes entonces responder tres preguntas para decidir si es un cuadrado perfecto trinómico. Si lo es, debes factorizarlo para encontrar la medida del lado del cuadrado.

Resuelve • ¿Es el primer término un cuadrado perfecto? $\qquad\qquad 121x^2 \overset{?}{=} (11x)^2 \qquad$ *sí*

• ¿Es el tercer término un cuadrado perfecto? $\qquad\qquad 81y^2 \overset{?}{=} (9y)^2 \qquad$ *sí*

• ¿Es el término central el doble del producto de -2, $11x$ y $9y$? $\quad -198xy \overset{?}{=} -2(11x)(9y) \quad$ *sí*

Dado que $121x^2 - 198xy + 81y^2$ es un cuadrado perfecto trinómico, el rectángulo es un cuadrado. Para encontrar la medida del lado del cuadrado, debes factorizar el trinomio.

$$121x^2 - 198xy + 81y^2 = (11x)^2 - 2(11x)(9y) + (9y)^2$$
$$= (11x - 9y)^2$$

Cada lado mide $(11x - 9y)$ milímetros.

Examina Si cada lado del cuadrado mide $(11x - 9y)$ milímetros, el área del cuadrado mide $(11x - 9y)^2$ milímetros cuadrados. Usa FOIL para averiguar si $(11x - 9y)^2$ es igual a $(121x^2 - 198xy + 81y^2)$.

$$(11x - 9y)^2 = (11x - 9y)(11x - 9y)$$
$$= (11x)(11x) + (11x)(-9y) + (-9y)(11x) + (-9y)(-9y)$$
$$= 121x^2 - 99xy - 99xy + 81y^2$$
$$= 121x^2 - 198xy + 81y^2 \quad \checkmark$$

Al continuar en tu estudio de las matemáticas, vas a descubrir que el formar cuadrados perfectos trinómicos puede a veces ser una herramienta útil para resolver problemas.

Ejemplo **3** **Determina todos los valores de k de manera que $25x^2 + kx + 49$ sea un cuadrado perfecto trinómico.**

$$25x^2 + kx + 49 = (5x)^2 + kx + (7)^2$$

Para que sea un cuadrado perfecto trinómico, kx debe ser igual a $2(5x)(7)$ ó $-2(5x)(7)$. *¿Por qué?*

$$kx = 2(5x)(7) \qquad\qquad \text{ó} \qquad\qquad kx = -2(5x)(7)$$
$$kx = 70x \qquad\qquad\qquad\qquad\qquad kx = -70x$$
$$\ k = 70 \qquad\qquad\qquad\qquad\qquad\ k = -70$$

Verifica si $25x^2 + 70x + 49$ y $25x^2 - 70x + 49$ son cuadrados perfectos trinómicos.

En este capítulo has aprendido varios métodos para factorizar diferentes tipos de polinomios. La siguiente tabla resume estos métodos y te puede ayudar a decidir el método específico que debes usar.

Qué examinar	Número de términos		
	Dos	Tres	Cuatro o más
máximo común divisor	✓	✓	✓
diferencia de cuadrados	✓		
cuadrados perfectos trinómicos		✓	
trinomios que tienen dos factores binómicos		✓	
pares de términos que tienen un factor monómico común			✓

Cuando el MCD no es 1, se debe empezar factorizándolo. A continuación, hay que examinar los métodos de factorización apropiados en el orden que se muestra en la tabla. Usa estos métodos para factorizar, hasta lograr todos los factores primos.

Ejemplo 4 Factoriza cada polinomio.

a. $4k^2 - 100$

Primero examina el MCD. Luego, como el polinomio tiene dos términos, averigua si es una diferencia de cuadrados.

$4k^2 - 100 = 4(k^2 - 25)$ *El MCD es 4.*

$ = 4(k - 5)(k + 5)$ *$k^2 - 25$ es una diferencia de cuadrados dado que $k \cdot k = k^2$ y $5 \cdot 5 = 25$.*

Por lo tanto, $4k^2 - 25$ se factoriza completamente en $4(k - 5)(k + 5)$.

b. $9x^2 - 3x - 20$

El polinomio tiene tres términos. El MCD es 1. $9x^2 = (3x)^2$, pero -20 no es un cuadrado perfecto, de modo que no es un cuadrado perfecto trinómico.

¿Existen dos números cuyo producto sea $9(-20)$ ó -180 y cuya suma sea -3? Sí, el producto de -15 y 12 es -180 y su suma es -3.

$9x^2 - 3x - 20 = 9x^2 - 15x + 12x - 20$

$ = (9x^2 - 15x) + (12x - 20)$

$ = 3x(3x - 5) + 4(3x - 5)$

$ = (3x + 4)(3x - 5)$

Por lo tanto, $9x^2 - 3x - 20$ se factoriza completamente en $(3x + 4)(3x - 5)$.

c. $4m^4n + 6m^3n - 16m^2n^2 - 24mn^2$

Como el polinomio tiene cuatro términos, examina primero el MCD y después averigua si hay pares de términos que tengan factores comunes.

$4m^4n + 6m^3n - 16m^2n^2 - 24mn^2 = 2mn(2m^3 + 3m^2 - 8mn - 12n)$

$ = 2mn[(2m^3 + 3m^2) + (-8mn - 12n)]$

$ = 2mn[m^2(2m + 3) + (-4n)(2m + 3)]$

$ = 2mn(m^2 - 4n)(2m + 3)$

Por lo tanto, $4m^4n + 6m^3n - 16m^2n^2 - 24mn^2$ se factoriza completamente en $2mn(m^2 - 4n)(2m + 3)$.

Comunicación en matemáticas

Estudia la lección y a continuación completa lo siguiente.

1. **a.** **Dibuja** un rectángulo que muestre cómo factorizar $4x^2 + 12x + 9$. Rotula las dimensiones y el área del rectángulo.

   b. **Explica** por qué el nombre *cuadrado perfecto trinómico* es apropiado para este trinomio.

2. **a.** **Escribe** un polinomio que sea un cuadrado perfecto trinómico.

   b. **Factoriza** tu trinomio.

3. **a.** **Describe** el primer paso de la factorización de cualquier polinomio.

   b. **Explica** por qué este paso es importante.

4. **Tú decides**   Robert dice que la factorización completa de $12a^4 - 8a^2 - 4$ es $4(3a^2 + 1)(a^2 - 1)$. Samuel dice que se puede factorizar aún más. ¿Quién tiene la razón? Fundamenta tu respuesta.

MI DIARIO

DE MATEMÁTICAS

5. **Evalúate**   Describe la relación entre la multiplicación de polinomios y la factorización de los mismos. ¿Prefieres multiplicar polinomios o factorizarlos? Explica.

Práctica dirigida

Completa lo siguiente.

6. $b^2 + 10b + 25 = (b + \underline{\ ?\ })^2$

7. $64a^2 - 16a + 1 = (\underline{\ ?\ } - 1)^2$

8. $81n^2 + 36n + 4 = (\underline{\ ?\ } + 2)^2$

9. $1 - 12c + 36c^2 = (1 - \underline{\ ?\ })^2$

Decide si cada trinomio es un cuadrado perfecto trinómico. Si lo es, factorízalo.

10. $t^2 + 18t + 81$

11. $4n^2 - 28n + 49$

12. $9y^2 + 30y - 25$

13. $16b^2 - 56bc + 49c^2$

Factoriza cada polinomio. Si el polinomio no se puede factorizar, escribe *primo*.

14. $15g^2 + 25$

15. $4a^2 - 36b^2$

16. $x^2 + 6x - 9$

17. $50g^2 + 40g + 8$

18. $9t^3 + 66t^2 - 48t$

19. $20a^2x - 4a^2y - 45xb^2 + 9yb^2$

20. **a.** Halla el valor que falta, de modo que el siguiente trinomio sea un cuadrado perfecto trinómico.

$$9x^2 + 24x + \underline{\ ?\ }$$

b. Copia y completa el modelo de este trinomio.

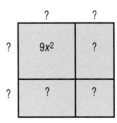

Práctica

Decide si cada trinomio es un cuadrado perfecto trinómico. Si lo es, factorízalo.

21. $r^2 - 8r + 16$

22. $d^2 + 50d + 225$

23. $49p^2 - 28p + 4$

24. $4y^2 + 12yz + 9z^2$

25. $49s^2 - 42st + 36t^2$

26. $25y^2 + 20yz - 4z^2$

27. $4m^2 + 4mn + n^2$

28. $81t^2 - 180t + 100$

Decide si cada trinomio es un cuadrado perfecto trinómico. Si lo es, factorízalo.

29. $2g^2 - 10g + 25$

30. $1 + 100h^2 + 20h$

31. $64b^2 - 72b + 81$

32. $9a^2 - 24a + 16$

33. $\frac{1}{4}a^2 + 3a + 9$

34. $\frac{4}{9}x^2 - \frac{16}{3}x + 16$

Factoriza cada polinomio. Si el polinomio no se puede factorizar, escribe *primo*.

35. $45a^2 - 32ab$

36. $c^2 - 5c + 6$

37. $v^2 - 30v + 225$

38. $m^2 - p^4$

39. $9a^2 + 12a - 4$

40. $3a^2b + 6ab + 9ab^2$

41. $3y^2 - 147$

42. $20n^2 + 34n + 6$

43. $18a^2 - 48a + 32$

44. $3m^3 + 48m^2n + 192mn^2$

45. $x^2y^2 - y^2 - z^2 + x^2z^2$

46. $5a^2 + 7a + 6b^2 - 4b$

47. $4a^3 + 3a^2b^2 + 8a + 6b^2$

48. $(x + y)^2 - (w - z)^2$

49. $0.7p^2 - 3.5pq + 4.2q^2$

50. $(x + 2y)^2 - 3(x + 2y) + 2$

51. $g^4 + 6g^3 + 9g^2 - 3g^2h - 18gh - 27h$

52. $12mp^2 - 15np^2 - 16m + 20np - 16mp + 20n$

Determina todos los valores de *k* de manera que cada uno de los siguientes trinomios sea un cuadrado perfecto trinómico.

53. $25t^2 - kt + 121$

54. $64x^2 - 16xy + k$

55. $ka^2 - 72ab + 144b^2$

56. $169n^2 + knp + 100p^2$

Geometría

57. El área de un círculo mide $(9y^2 + 78y + 169)\pi$ centímetros cuadrados. ¿Cuál es el diámetro del círculo?

58. El volumen de un prisma rectangular mide $(x^3y - 63y^2 + 7x^2 - 9xy^3)$ pulgadas cúbicas. Halla sus dimensiones si estas pueden representarse con binomios con coeficientes enteros.

MIRADA RETROSPECTIVA

Puedes consultar la lección 2-8 para repasar las raíces cuadradas.

59. El largo de un rectángulo es 3 centímetros más que el largo del lado de un cuadrado. El ancho del rectángulo es la mitad del lado del cuadrado. Si el área del cuadrado mide $(16x^2 - 56x + 49)$ centímetros cuadrados, ¿cuál es el área del rectángulo?

60. El área de un cuadrado mide $(81 - 90x + 25x^2)$ metros cuadrados. Si x es un entero positivo, ¿cuál es el perímetro mínimo posible del cuadrado?

Piensa críticamente

61. Considera el valor de $\sqrt{a^2 - 2ab + b^2}$.
   a. ¿Bajo qué circunstancias tiene el valor $a - b$?
   b. ¿Bajo qué circunstancias tiene el valor $b - a$?
   c. ¿Bajo qué circunstancias tiene el valor $a - b$ y $b - a$?

Aplicaciones y solución de problemas

62. Construcción Los constructores de un complejo de oficinas están buscando un terreno cuadrado. Hallaron un sitio baldío que era suficientemente largo. Sin embargo, su largo medía 60 yardas más que su ancho, a, de modo que no era cuadrado. Además, no tenía suficiente área; le faltaban 900 yardas cuadradas. Aún están buscando un terreno. Escribe una expresión del lado del cuadrado que deberían procurar.

63. Inversiones Tamara está planeando invertir un poco de dinero en un certificado de depósito. Después de dos años el valor del certificado es $p + 2pr + pr^2$, donde p es la cantidad de dinero invertida y r es la tasa de interés anual.

   a. Si Tamara invierte $1000 a una tasa de interés anual de 8%, encuentra el valor del certificado después de 2 años.

   b. Factoriza la expresión que da el valor del certificado después de 2 años.

   c. Supongamos que Tamara invierte $1000 al 7%. Usa la factorización que encontraste en la parte b para hallar el valor del certificado después de 2 años.

   d. ¿Cuál forma de la expresión prefieres usar en tus cálculos? Explica.

Repaso comprensivo

64. Factoriza $45x^2 - 20y^2z^2$. (Lección 10–4)

65. Simplifica $2.5t(8t - 12) + 5.1(6t^2 + 10t - 20)$. (Lección 9–6)

66. Simplifica $(3a^2)(4a^3)$. (Lección 9–1)

67. Empleo Los padres de Mike le permiten trabajar 30 horas a la semana. A Mike le gustaría trabajar en la ferretería de sus padres, pero solo pagan $5 por hora. Puede cortar céspedes por $7.50 por hora, pero hay menos de 20 horas disponibles en este trabajo. ¿Cuál es la máxima cantidad de tiempo que Mike puede trabajar en la tienda de sus padres y todavía ganar por lo menos $175 semanales? (Lección 8–5)

68. Ciencia física Los vendedores de una bañera de fabricación europea afirman que retiene temperaturas entre 35°C y 40° C, inclusive. ¿Cuál es la amplitud de temperaturas de la bañera en grados Fahrenheit? (*Sugerencia:* Usa la fórmula $F = \frac{9}{5}C + 32$.) (Lección 7–4)

Año	Ingreso medio
1970	$ 8734
1975	11,800
1980	17,710
1981	19,074
1982	20,191
1983	21,018
1984	22,415
1985	23,618
1986	24,897
1987	26,061
1988	27,225
1989	28,905
1990	29,943
1991	30,126
1992	30,786

Fuente: U.S. Census Bureau

69. Estadística Las ingresos medios de las familias norteamericanas a partir de 1970 se muestran en la tabla de la izquierda. (Lección 6–3)

   a. Haz una gráfica de dispersión con esta información.

   b. ¿Pueden aproximarse los datos con una recta? Si es así, grafica la recta y escribe una ecuación de la misma.

   c. Calcula los ingresos medios de este año.

70. Refiérete al Ejercicio 67 de la página 586. Encuentra la amplitud y la amplitud intercuartílica de las poblaciones estatales. (Lección 5–7)

71. Probabilidad Si se elige al azar una carta de una baraja de 52 cartas, ¿cuáles son las factibilidades de que sea un trébol? (Lección 4–6)

72. Geometría ΔABC y ΔDEF son semejantes. Si $a = 5$, $d = 11$, $f = 6$ y $e = 14$, encuentra las medidas que faltan. (Lección 4–2)

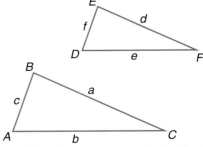

73. Monumentos nacionales La Estatua de la Libertad junto con el pedestal en el que está colocada, miden 302 pies de altura. El pedestal mide 2 pies menos que la estatua. ¿Cuál es la altura de la estatua? (Lección 3–3)

74. Básquetbol En 1962, Wilt Chamberlain estableció un récord en la NBA al promediar 50.4 puntos por partido en unos pocos partidos. Si hubiera podido mantener este promedio durante la temporada de 82 partidos, ¿cuántos puntos en total habría marcado? Redondea en números enteros. (Lección 2–6)

Usa la factorización para resolver ecuaciones

APLICACIÓN
Zambullidas

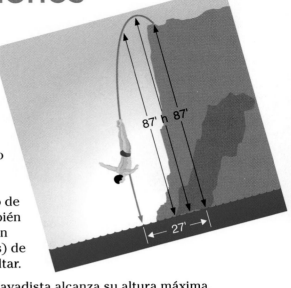

En Acapulco, México, los clavadistas se zambullen de cabeza desde el acantilado La Quebrada al Océano Pacífico, 87 pies más abajo. Debido a que la base de las rocas se extiende 21 pies desde el punto de lanzamiento, los clavadistas deben también saltar 27 pies hacia adelante. La ecuación $h = 87 + 8t - 16t^2$ da la altura h (en pies) de un clavadista, t segundos después de saltar.

Para calcular el momento en que el clavadista alcanza su altura máxima, puedes determinar el momento, después de lanzarse, en que este alcanza una altura de 87 pies sobre el océano, en su descenso. El clavadista salta hacia arriba al comienzo de su salto y alcanza su altura máxima a mitad de camino entre este momento (el momento cuando alcanza nuevamente una altura de 87 pies) y el momento de iniciarse el salto.

$$87 = 87 + 8t - 16t^2$$

$$0 = 8t - 16t^2 \qquad \text{\textit{Resta 87 de cada lado.}}$$

$$0 = 8t(1 - 2t) \qquad \text{\textit{Factoriza } 8t - 16t^2.}$$

Para resolver esta ecuación, necesitas hallar los valores de t que hacen que el producto $8t(1 - 2t)$ sea igual a 0. Considera los siguientes productos.

$$8(0) = 0 \qquad 0(-17)(0) = 0 \qquad (29 - 11)(0) = 0 \qquad 0(2a - 3) = 0$$

Observa que en cada caso, *al menos uno* de los factores es cero. Estos ejemplos ilustran la **propiedad del producto cero.**

Propiedad del producto cero	**Si los números a y b, satisfacen $ab = 0$, entonces $a = 0$, $b = 0$, o ambos a y b son iguales a cero.**

De esta manera, si una ecuación se puede escribir en la forma $ab = 0$, entonces uno puede aplicar la propiedad del producto cero para resolver la ecuación

Usando esta propiedad, resolvamos la ecuación del problema anterior. Si $0 = 8t(1 - 2t)$, entonces $8t = 0$ ó $(1 - 2t) = 0$.

$$8t = 0 \qquad\qquad\qquad ó \qquad\qquad\qquad 1 - 2t = 0$$

$$t = 0 \qquad\qquad\qquad\qquad\qquad\qquad 1 = 2t$$

$$\frac{1}{2} = t$$

El clavadista está a 87 pies sobre el océano al comienzo del salto ($t = 0$) y $\frac{1}{2}$ segundos más tarde. Alcanza la altura máxima $\frac{1}{4}$ de segundo después de dar el salto. *Vas a resolver más problemas acerca de esta zambullida en el Ejemplo 5.*

Ejemplo **1** **Resuelve cada ecuación y a continuación verifica la solución.**

a. $(p - 8)(2p + 7) = 0$

Si $(p - 8)(2p + 7) = 0$, entonces $p - 8 = 0$ ó $2p + 7 = 0$. *Propiedad del producto cero.*

$$p - 8 = 0 \qquad\qquad\text{ó}\qquad\qquad 2p + 7 = 0$$
$$p = 8 \qquad\qquad\qquad\qquad 2p = -7$$
$$p = -\frac{7}{2}$$

Verifica: $\qquad\qquad (p - 8)(2p + 7) = 0$

$$(8 - 8)[2(8) + 7] \stackrel{?}{=} 0 \qquad\text{ó}\qquad \left(-\frac{7}{2} - 8\right)\left[2\left(-\frac{7}{2}\right) + 7\right] \stackrel{?}{=} 0$$

$$0(23) \stackrel{?}{=} 0 \qquad\qquad\qquad -\frac{23}{2}(0) \stackrel{?}{=} 0$$

$$0 = 0 \ \checkmark \qquad\qquad\qquad 0 = 0 \ \checkmark$$

El conjunto solución es $\left\{8, -\frac{7}{2}\right\}$

b. $t^2 = 9t$

Escribe la ecuación en la forma $ab = 0$.

$$t^2 = 9t$$
$$t^2 - 9t = 0$$
$$t(t - 9) = 0 \quad \textit{Factoriza el MCD, t.}$$

$$t = 0 \qquad\qquad\text{ó}\qquad\qquad t - 9 = 0 \quad \textit{Propiedad del producto cero.}$$
$$t = 9$$

Verifica: $\qquad t^2 = 9t$

$$(0)^2 \stackrel{?}{=} 9(0) \qquad\text{ó}\qquad (9)^2 \stackrel{?}{=} 9(9)$$
$$0 = 0 \ \checkmark \qquad\qquad 81 = 81 \ \checkmark$$

El conjunto solución es $\{0, 9\}$.

Al resolver $t^2 = 9t$ en el Ejemplo 1b, tal vez hubieras querido dividir cada lado de la ecuación entre t. Si lo hiciste, la solución fue 9. Dado que no es posible que una ecuación tenga dos conjuntos distintos de solución, ¿cuál procedimiento es el correcto? Recuerda que no se puede dividir entre 0. Pero cuando divides cada lado entre t, la t es la incógnita, por lo que puedes estar realmente dividiendo entre 0. De hecho, 0 es una de las soluciones de esta ecuación. Para evitar este tipo de situación, debes entonces tener presente que no puedes dividir cada lado de una ecuación entre una expresión que contenga variables, a menos que sepas positivamente que el valor de la expresión no es cero.

Ejemplo **2** **Resuelve $m^2 + 144 = 24m$. Verifica la solución.**

$$m^2 + 144 = 24m$$
$$m^2 - 24m + 144 = 0 \qquad \textit{Escribe de nuevo la ecuación.}$$
$$(m - 12)^2 = 0 \qquad \textit{Factoriza } m^2 - 24m + 144 \textit{ como un cuadrado}$$
$$(m - 12)(m - 12) = 0 \qquad \textit{perfecto trinómico.}$$

$$m - 12 = 0 \qquad\qquad\text{ó}\qquad\qquad m - 12 = 0$$
$$m = 12 \qquad\qquad\qquad\qquad m = 12$$

(continúa en la página siguiente)

Verifica: $m^2 + 144 = 24m$

$$(12)^2 + 144 \overset{?}{=} 24(12)$$

$$144 + 144 \overset{?}{=} 288$$

$$288 = 288 \quad \checkmark$$

El conjunto solución es $\{12\}$.

Puedes aplicar la propiedad del producto cero a ecuaciones que se puedan escribir como un producto de cualquier número de factores iguales a cero.

Ejemplo ③ **Resuelve $5b^3 + 34b^2 = 7b$.**

$$5b^3 + 34b^2 = 7b$$

$5b^3 + 34b^2 - 7b = 0$ *Ordena los términos en forma descendiente según las potencias de b.*

$b(5b^2 + 34b - 7) = 0$ *Factoriza el MCD, b.*

$b(5b - 1)(b + 7) = 0$ *Factoriza $5b^2 + 34b - 7$.*

$b = 0$ ó $5b - 1 = 0$ ó $b + 7 = 0$

$$5b = 1 \qquad\qquad b = -7$$

$$b = \frac{1}{5}$$

El conjunto solución es $\left\{0, \frac{1}{5}, -7\right\}$.   *Verifica este resultado.*

Si un objeto se lanza a ras de suelo, alcanza su altura máxima en un instante a medio camino entre el instante de lanzamiento y el instante de impacto. Su altura t, segundos después del lanzamiento viene dada por la fórmula $h = vt - 16t^2$. En esta fórmula, h es la altura del objeto en pies y v es la velocidad inicial de lanzamiento del objeto en pies por segundo.

Ejemplo ④ **Una señal luminosa se lanza desde una balsa salvavidas con una velocidad inicial de 144 pies por segundo. ¿Por cuánto tiempo se mantendrá en el aire la señal luminosa? ¿Cuál es la altura máxima alcanzada por la señal luminosa?**

APLICACIÓN

Misiones de rescate

Explora   Sabes que la velocidad inicial de la señal luminosa es 144 pies por segundo. Necesitas determinar por cuánto tiempo la señal luminosa se mantendrá en el aire y la altura que alcanzará.

Planifica   La señal luminosa permanecerá en el aire hasta que la altura sea 0. Usa la fórmula $h = vt - 16t^2$ para determinar el tiempo que la señal luminosa se mantendrá en el aire. La señal luminosa alcanzará su altura máxima a medio camino entre los instantes de lanzamiento y de impacto. Usa nuevamente la fórmula para calcular la altura a medio camino.

Resuelve $h = vt - 16t^2$

$0 = 144t - 16t^2$ *Sustituye v por 144.*

$0 = 16t(9 - t)$

$16t = 0$ ó $9 - t = 0$

$t = 0 \qquad\qquad 9 = t$

Como el tiempo 0 es el instante de lanzamiento, el tiempo de impacto es 9 segundos. La señal luminosa permanecerá 9 segundos en el aire y alcanzará su altura máxima a mitad de camino entre estos dos tiempos, a los $\frac{1}{2}(9)$ segundos ó 4.5 segundos después de ser lanzada.

$$h = 144t - 16t^2$$
$$= 144(4.5) - 16(4.5)^2 \quad \textit{Sustituye t por 4.5.}$$
$$= 648 - 324$$
$$= 324$$

La señal luminosa alcanzará una altura máxima de 324 pies a los 4.5 segundos y medio de ser lanzada.

Examina Verifica si la señal luminosa realmente estará a una altura de 0 pies después de 9 segundos de haber sido lanzada.

$$0 \overset{?}{=} 144(9) - 16(9)^2$$
$$0 \overset{?}{=} 1296 - 1296$$
$$0 = 0 \quad \checkmark$$

La señal luminosa permanecerá en el aire por 9 segundos y alcanzará una altura máxima de 324 pies a los 4.5 segundos después del lanzamiento.

Ejemplo ⑤

APLICACIÓN
Zambullidas

Refiérete a la aplicación del comienzo de la lección.

a. **¿Cuál es la altura máxima que alcanza el clavadista?**

b. **¿En qué instante se sumergirá el clavadista en el agua?**

a. El buceador alcanza su altura $\frac{1}{4}$ de segundo después de saltar.

$$h = 87 + 8t - 16t^2$$
$$= 87 + 8\left(\frac{1}{4}\right) - 16\left(\frac{1}{4}\right)^2$$
$$= 87 + 2 - 1$$
$$= 88$$

La altura máxima del clavadista es de 88 pies.   *¿Es razonable esto?*

b. En el instante en que el clavadista alcanza 88 pies de altura, su movimiento hacia arriba se ha detenido y el comienza a caer. Su velocidad en ese instante es 0. Por lo tanto, el término vt en la fórmula $h = vt - 16t^2$ es 0.

$$88 = 16t^2 \quad \textit{¿Por qué 88 es igual a 16t}^2 \textit{ en vez de ser igual a } -16t^2\textit{?}$$
$$5.5 = t^2$$
$$2.35 \approx t$$

El clavadista se demora $\frac{1}{4}$ ó 0.25 segundos en alcanzar su altura máxima y unos 2.35 segundos más en sumergirse en el agua. El clavadista se sumergirá en el agua en, aproximadamente, 0.25 + 2.35 ó 2.60 segundos después de saltar.

Comunicación en matemáticas

Estudia la lección y a continuación completa lo siguiente.

1. Si el producto de dos o más factores es cero, ¿qué se puede decir de los factores?

2. **Describe** el tipo de ecuaciones que se pueden resolver usando la propiedad del producto cero.

3. Puede $(x + 3)(x - 5) = 0$ resolverse dividiendo cada lado de la ecuación entre $x + 3$? Explica.

4. **Tú decides** Diana dice que si $(x + 2)(x - 3) = 8$, entonces $x + 2 = 8$ ó $x - 3 = 8$. Caitlin no está de acuerdo. ¿Quién tiene la razón?

Práctica dirigida

Resuelve cada ecuación. Verifica tus soluciones.

5. $g(g + 5) = 0$

6. $(n - 4)(n + 2) = 0$

7. $5m = 3m^2$

8. $x^2 = 5x + 14$

9. $7r^2 = 70r - 175$

10. $a^3 - 29a^2 = -28a$

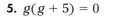

Lista de los Cinco primeros

lanzadores de béisbol profesional que tuvieron un juego perfecto.

1. Lee Pichmond, 12 de junio de 1880

2. Monte Ward, 17 de junio de 1880

3. Cy Young, 5 de mayo de 1904

4. Adrian Joss, 2 de octubre de 1908

5. Charlie Robertson, 30 de abril de 1922

11. **Geometría** Las dimensiones de un rectángulo son $(2x + 9)$ pulgadas y $(2x - 1)$ pulgadas. Se recorta una de las esquinas de un cuadrado de x pulgadas de lado. Si el área que queda es de 195 pulgadas cuadradas, ¿cuál es el valor de x?

(2x + 9) pulg.

(2x − 1) pulg.

x pulg.

x pulg.

12. **Béisbol** Nolan Ryan, el lanzador de béisbol con la mayor cantidad de *strike-outs* en la historia de este deporte, podía lanzar una rápida a una velocidad cronometrada de 103 millas por hora, o sea, 151 pies por segundo.

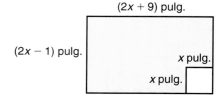

a. Si Nolan lanzara la pelota directamente hacia arriba con la misma velocidad, ¿cuánto se demoraría la pelota en regresar a su guante? (*Sugerencia:* Usa la fórmula $h = vt - 16t^2$.)

b. ¿A qué altura, por encima de su guante, llegaría la pelota?

Práctica

Resuelve cada ecuación. Verifica tu soluciones.

13. $x(x - 24) = 0$

14. $(q + 4)(3q - 15) = 0$

15. $(2x - 3)(3x - 8) = 0$

16. $(4a + 5)(3a - 7) = 0$

17. $a^2 + 13a + 36 = 0$

18. $x^2 - x - 56 = 0$

19. $y^2 - 64 = 0$

20. $5s - 2s^2 = 0$

21. $3z^2 = 12z$

22. $m^2 - 24m = -144$

23. $6q^2 + 5 = -17q$

24. $5b^3 + 34b^2 = 7b$

25. $\frac{x^2}{12} - \frac{2x}{3} - 4 = 0$

26. $t^2 - \frac{t}{6} = \frac{35}{6}$

27. $n^3 - 81n = 0$

28. $(x + 8)(x + 1) = -12$

29. $(r - 1)(r - 1) = 36$

30. $(3y + 2)(y + 3) = y + 14$

31. **Teoría numérica**   Encuentra dos enteros consecutivos pares cuyo producto sea 168.

32. **Teoría numérica**   Encuentra dos enteros consecutivos impares cuyo producto sea 1023.

33. **Geometría**   El triángulo de la derecha tiene un área de 40 centímetros cuadrados. Halla la altura h del triángulo.

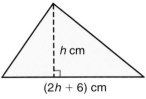

h cm

$(2h + 6)$ cm

Piensa críticamente

34. Escribe una ecuación, con coeficientes enteros, que incluya $\{-3, 0, 7\}$ como su conjunto solución.

35. Considera las ecuaciones $a^2 + 5a = 6$ y $|2x + 5| = 7$.
   a. Resuelve cada ecuación.
   b. ¿Cuál es la relación entre estas dos ecuaciones? ¿Cuál es el significado de esto?

Aplicaciones y solución de problemas

36. **Jardinería**   LaKeesha tiene suficientes ladrillos para construir un borde de 30 pies de largo alrededor de un jardín rectangular que tiene planeado. El manual que recibió del vivero de plantas en el que compró las semillas dice que las plantas necesitan espacio para crecer y recomienda que las semillas se siembren en un área de 54 pies cuadrados. ¿Cuáles deben ser las dimensiones de su jardín?

37. **Historia**   A fines del siglo XVI, Galileo era profesor de la Universidad de Pisa en Italia y, dejando caer dos objetos de distinto peso desde la cúspide de la torre inclinada de Pisa, demostró que objetos de distinto peso caen a la misma velocidad.
   a. Si dejó caer los objetos desde una altura de 180 pies, ¿cuánto se demoraron en llegar al suelo?
   b. Investiga acerca de la vida de Galileo. ¿Por qué fue criticado por experimentar con estos pesos? ¿Qué otra creencia suya condujo a ser enjuiciado por la Inquisición en 1633?

38. **Fuentes**   La fuente más alta del mundo está en Fountains Hills, Arizona. Cuando las tres bombas están funcionando, la velocidad del agua en la boca del surtidor es de 146.7 millas por hora (215.16 pies por segundo). Se afirma que el agua alcanza una altura de 625 pies. ¿Estás de acuerdo con esta afirmación? Explica.

P T I

Supermán apareció por primera vez en un libro de caricaturas en 1938 y en una tira cómica en 1939. Jerry Seigel escribió el argumento y Joe Shuster hizo los dibujos.

39. **Superhéroes**   Supermán intercepta un meteorito que va a chocar contra Metrópolis. Lo lleva a la cúspide del *Daily Planet* (a 180 pies de altura) y lo arroja hacia arriba a una velocidad de 2400 pies por segundo. ¿Qué altura alcanzará el meteorito antes de volver a la Tierra?

40. **Puentes**   La tabla de la derecha compara el puente más alto del mundo en Royal Gorge, Colorado, con el puente ferroviario más alto del mundo en Kolasin, Yugoslavia. Si a Elva se le caen las llaves desde el puente en Royal Gorge, ¿llegarán estas en 8 segundos al río Arkansas?

Puentes elevados

Puente	Altura (en pies)
Royal Gorge, Colorado	880
Kolasin, Yugoslavia	650

41. **Arriendos para barrenado de petróleo** Una compañía del petróleo tiene los derechos de explotación de petróleo en un pedazo rectangular de terreno de 6 kilómetros por 5 kilómetros. De acuerdo al contrato, la compañía solo puede barrenar pozos en los dos tercios interiores del terreno. Una franja uniforme alrededor del borde del terreno debe quedar sin explotar. ¿Cuál es el ancho de la franja que debe quedar sin explotar?

Repaso comprensivo

42. Factoriza $100x^2 + 20x + 1$. (Lección 10–5)

43. Encuentra $(5q + 2r)(8q - 3r)$. (Lección 9–7)

44. Resuelve $9x + 4 < 7 - 13x$. (Lección 7–3)

45. Determina las intersecciones axiales de la gráfica de $2x - 7y = 28$. (Lección 6–4)

46. **Patrones** Copia y completa la siguiente tabla. (Lección 5–5)

s	4	2	0	−2	−4
r(s)	19	11	3		

47. **Récords mundiales** El puente Huey P. Long en Metairie, Louisiana es el puente ferroviario más largo del mundo. Si viajaras en un tren a 60 millas por hora sobre este puente de 22,996 pies de largo, ¿cuánto te tardarías en cruzarlo? (Lección 4–7)

48. **Consumo** Julio tiene dos opciones para pagar por un sofá. Bajo una de las opciones, paga $400 de cuota inicial y x dólares mensuales por 9 meses. Bajo la otra opción no da nada de cuota inicial, pero paga $x + 25$ dólares mensuales por 12 meses. ¿Cuánto cuesta el sofá? (Lección 3–5)

TRABAJA EN LA In·ves·ti·ga·ción

Refiérete a la investigación de las páginas 554–555.

la **FÁBRICA DE LADRILLOS**

El perímetro P de un cuadrado está dado por la fórmula $P = 4s$, donde s es el largo del lado del cuadrado. La fórmula del área A de un cuadrado es $A = s^2$. El perímetro de un rectángulo se calcula usando $P = 2l + 2w$ donde l es el largo del rectángulo y w es el ancho. La fórmula del área del rectángulo es $A = lw$.

1 El ladrillo cuadrado grande tiene un lado de x unidades de largo y el ladrillo cuadrado pequeño tiene un lado de y unidades. ¿Cuáles son las dimensiones del ladrillo rectangular?

¿Cuál es el área de cada uno? Dibuja un diagrama e ilustra las dimensiones de cada ladrillo.

2 Refiérete a los dibujos de todos los patrones rectangulares de ladrillos que encontraste usando 4, 5, 6, 7, 8, 9 y 10 ladrillos. Calcula el perímetro y el área en términos de x y y de todos los patrones que descubriste.

3 En una tabla, registra las dimensiones lineales, el perímetro y el área de los patrones de ladrillos que hallaste. Usa esta tabla para registrar las dimensiones, el perímetro y el área en términos de x y y. La tabla debe hacerse siguiendo el siguiente modelo.

Agrega los resultados a tu *Archivo de investigación*.

# de ladrillos en el patrón	largo del patrón	ancho del patrón	perímetro del patrón	área del patrón
4				
5				
6				

VOCABULARIO

Después de estudiar este capítulo podrás definir cada término,
propiedad o frase y dar uno o dos ejemplos de cada uno.

Álgebra

cuadrado perfecto trinómico   (p. 587)

diferencia de cuadrados   (p. 581)

factorización, factorizado   (p. 564, 565)

factorización prima   (p. 558)

factorización por grupos   (p. 567)

forma factorial   (p. 559)

máximo común divisor (MCD)   (p. 559)

números compuestos   (p. 558)

números primos   (p. 558)

polinomio primo   (p. 577)

propiedad del producto cero   (p. 594)

teorema de la factorización única   (p. 558)

triplete de Pitágoras   (p. 583)

Solución de problemas

conjetura y verificación   (p. 574)

COMPRENSIÓN Y USO DEL VOCABULARIO

Determina si cada oración es *verdadera* o *falsa*. Si es falsa, sustituye la palabra o número subrayados de manera de obtener una afirmación verdadera.

1. El número 27 es un ejemplo de número <u>primo</u>.

2. <u>$2x$</u> es el máximo común divisor (MCD) de $12x^2$ y $14xy$.

3. <u>66</u> es un ejemplo de un cuadrado perfecto.

4. 61 es un <u>factor</u> de 183.

5. La factorización prima de 48 es <u>$3 \cdot 4^2$</u>.

6. $x^2 - 25$ es un ejemplo de un <u>cuadrado perfecto trinómico</u>.

7. El número 35 es un ejemplo de número <u>compuesto</u>.

8. <u>$x^2 - 3x - 70$</u> es un ejemplo de un polinomio primo.

9. El <u>teorema de la factorización única</u> te permite resolver ecuaciones.

10. <u>$(b - 7)(b + 7)$</u> es la factorización de una diferencia de cuadrados.

HABILIDADES Y CONCEPTOS

OBJETIVOS Y EJEMPLOS

Una vez completado este capítulo podrás:

- hallar la factorización prima de enteros
  (Lección 10–1)

  Halla la factorización prima de 180.

  $$180 = 2 \cdot 90$$
  $$= 2 \cdot 2 \cdot 45$$
  $$= 2 \cdot 2 \cdot 3 \cdot 15$$
  $$= 2 \cdot 2 \cdot 3 \cdot 3 \cdot 5$$

  La factorización prima de 180 es $2 \cdot 2 \cdot 3 \cdot 3 \cdot 5$ ó $2^2 \cdot 3^2 \cdot 5$.

- encontrar el máximo común divisor (MCD) de un conjunto de monomios   (Lección 10–1)

  Encuentra el MCD de $15x^2y$ y $45xy^2$.

  $15x^2y = 3 \cdot 5 \cdot x \cdot x \cdot y$
  $45xy^2 = 3 \cdot 3 \cdot 5 \cdot x \cdot y \cdot y$

  El MCD es $3 \cdot 5 \cdot x \cdot y$ ó $15xy$.

- usar el máximo común divisor (MCD) y la propiedad distributiva para factorizar polinomios
  (Lección 10–2)

  Factoriza $12a^2 - 8ab$.

  $$12a^2 - 8ab = 4a(3a) - 4a(2b)$$
  $$= 4a(3a - 2b)$$

- usar técnicas de agrupamiento para factorizar polinomios de cuatro términos o más
  (Lección 10–2)

  Factoriza $2x^2 - 3xz - 2xy + 3yz$.

  $$2x^2 - 3xz - 2xy + 3yz = (2x^2 - 3xz) + (-2xy + 3yz)$$
  $$= x(2x - 3z) - y(2x - 3z)$$
  $$= (x - y)(2x - 3z)$$

EJERCICIOS DE REPASO

Usa estos ejercicios para repasar y prepararte para el examen del capítulo.

Decide si cada número es *primo* o *compuesto*. Si el número es compuesto, encuentra su factorización prima.

11. 28
12. 33
13. 150
14. 301
15. 83
16. 378

Encuentra el MCD de los siguientes monomios.

17. $35, 30$
18. $12, 18, 40$
19. $12ab, -4a^2b^2$
20. $16mrt, 30m^2r$
21. $20n^2, 25np^5$
22. $60x^2y^2, 35xz^3$
23. $56x^3y, 49ax^2$
24. $6a^2, 18b^2, 9b^3$

Factoriza cada polinomio.

25. $13x + 26y$
26. $6x^2y + 12xy + 6$
27. $24a^2b^2 - 18ab$
28. $26ab + 18ac + 32a^2$
29. $36p^2q^2 - 12pq$
30. $a + a^2b + a^3b^3$

Factoriza cada polinomio.

31. $a^2 - 4ac + ab - 4bc$
32. $4rs + 12ps + 2mr + 6mp$
33. $16k^3 - 4k^2p^2 - 28kp + 7p^3$
34. $dm + mr + 7r + 7d$
35. $24am - 9an + 40bm - 15bn$
36. $a^3 - a^2b + ab^2 - b^3$

OBJETIVOS Y EJEMPLOS

● factorizar trinomios cuadráticos   (Lección 10–3)

$a^2 - 3a - 4 = (a + 1)(a - 4)$

$$4x^2 - 4xy - 15y^2 = 4x^2 + (-10 + 6)xy - 15y^2$$
$$= 4x^2 - 10xy + 6xy - 15y^2$$
$$= (4x^2 - 10xy) + (6xy - 15y^2)$$
$$= 2x(2x - 5y) + 3y(2x - 5y)$$
$$= (2x - 5y)(2x + 3y)$$

EJERCICIOS DE REPASO

Factoriza, de ser posible, cada trinomio. Si el trinomio no se puede factorizar usando enteros, escribe *primo*.

37. $y^2 + 7y + 12$

38. $x^2 - 9x - 36$

39. $6z^2 + 7z + 3$

40. $b^2 + 5b - 6$

41. $2r^2 - 3r - 20$

42. $3a^2 - 13a + 14$

● identificar y factorizar binomios que sean la diferencia de cuadrados   (Lección 10–4)

$$a^2 - 9 = (a)^2 - (3)^2$$
$$= (a - 3)(a + 3)$$

$$3x^3 - 75x = 3x(x^2 - 25)$$
$$= 3x(x - 5)(x + 5)$$

Factoriza, de ser posible, cada polinomio. Si el polinomio no se puede factorizar usando enteros, escribe *primo*.

43. $b^2 - 16$

44. $25 - 9y^2$

45. $16a^2 - 81b^4$

46. $2y^3 - 128y$

47. $9b^2 - 20$

48. $\frac{1}{4}n^2 - \frac{9}{16}r^2$

● identificar y factorizar cuadrados perfectos trinómicos   (Lección 10–5)

$16z^2 - 8z + 1$
$$= (4z)^2 - 2(4z)(1) + (1)^2$$
$$= (4z - 1)^2$$

$$9x^2 + 24xy + 16y^2 = (3x)^2 - 2(3x)(4y) + (4y)^2$$
$$= (3x + 4y)^2$$

Factoriza, de ser posible, cada polinomio. Si el polinomio no se puede factorizar usando enteros, escribe *primo*.

49. $a^2 + 18a + 81$

50. $9k^2 - 12k + 4$

51. $4 - 28r + 49r^2$

52. $32n^2 - 80n + 50$

53. $6b^3 - 24b^2g + 24bg^2$

54. $49m^2 - 126m + 81$

55. $25x^2 - 120x + 144$

OBJETIVOS Y EJEMPLOS

• usar la propiedad del producto cero para resolver ecuaciones   (Lección 10–6)

resuelve $b^2 - b - 12 = 0$.

$$b^2 - b - 12 = 0$$

$$(b - 4)(b + 3) = 0$$

Si $(b - 4)(b + 3) = 0$, entonces
$(b - 4) = 0$ ó $(b + 3) = 0$.

$$b - 4 = 0 \quad \text{ó} \quad b + 3 = 0$$
$$b = 4 \qquad\qquad b = -3$$

El conjunto solución es $\{4, -3\}$.

EJERCICIOS DE REPASO

Resuelve cada ecuación. Verifica tu solución.

56. $y(y + 11) = 0$

57. $(3x - 2)(4x + 7) = 0$

58. $2a^2 - 9a = 0$

59. $n^2 = -17n$

60. $\frac{3}{4}y = \frac{1}{2}y^2$

61. $y^2 + 13y + 40 = 0$

62. $2m^2 + 13m = 24$

63. $25r^2 + 4 = -20r$

APLICACIONES Y SOLUCIÓN DE PROBLEMAS

64. Geometría   Un rectángulo tiene un área de $4m^2 - 3mp + 3p - 4m$. Si las dimensiones del rectángulo son polinomios con coeficientes enteros, encuentra las dimensiones del rectángulo.   (Lección 10–2)

65. Conjetura y verificación   Número Uno dice: "Estoy pensando en un número de tres dígitos. Si multiplicas los dígitos entre sí y luego multiplicas el resultado por 4, obtienes el número en el que estoy pensando. ¿Cuál es mi número?"   (Lección 10–3)

66. Fotografía   Para hacer que una foto cuadrada quepa en un marco rectangular, Li-Chih tuvo que recortar una franja de 1 pulgada, de un par de lados opuestos de la foto y una franja de 2 pulgadas, de los otros dos lados. Recortó en total 64 pulgadas cuadradas. ¿Cuáles eran las dimensiones originales de la foto?   (Lección 10–4)

67. Conjetura y verificación   Llena cada cuadrado con un dígito del 1 al 6 de modo que la multiplicación funcione. Usa cada dígito solo una vez.   (Lección 10–3)

68. Geometría   El área de un rectángulo es $16x^2 - 9$. Halla su perímetro.   (Lección 10–4)

69. Teoría numérica   El producto de dos enteros consecutivos impares es 99. Encuentra los enteros.   (Lección 10–6)

Un examen de práctica para el Capítulo 10 aparece en la página 796.

EVALUACIÓN ALTERNATIVA

PROYECTO DE APRENDIZAJE COOPERATIVO

Arte y enmarcado de cuadros   Determinarás qué tamaño de respaldo y de marco es el más estimulante visualmente para una copia de una pintura abstracta que compraste en el Instituto de Arte de Chicago. La copia mide 9 por 12 pulgadas y puede recortarse una pulgada en cualquier lado.

Un amigo te aconseja cómo realizar esta labor. Tu amigo se especializó en arte y trabaja en la industria de arte. También le encanta desconcertarte. Te dio dos problemas y te dijo que los resolvieras y decidieras las dimensiones más apropiadas para el respaldo y el marco. He aquí los dos problemas:

- El rectángulo interior tiene un ancho de 4 pulg. menos que su largo. El largo del rectángulo más grande es el doble de su ancho. Halla las dimensiones de cada uno, si el área del respaldo es el doble del área del rectángulo interior y el perímetro, de este último, mide 32 pulg. menos que el del rectángulo más grande.

- El rectángulo interior tiene un ancho de cuatro pulgadas menos que su largo. El largo del rectángulo más grande es el doble de su ancho. Encuentra las dimensiones de cada rectángulo si el área del respaldo es siete veces tan grande, en pulgadas cuadradas, como es el perímetro del rectángulo más pequeño, en pulgadas, y el ancho del rectángulo más grande mide dos pulgadas más que el largo del rectángulo más pequeño.

¿Cuál de los problemas te dará las mejores dimensiones para tu copia? ¿Cuáles son esas dimensiones? ¿Será necesario que recortes tu copia? Si es así, ¿cuánto tendrás que recortarla?

Sigue estas instrucciones para determinar las dimensiones apropiadas del respaldo y del marco.

- Ilustra cada problema.
- Rotula cada uno de los dibujos con la mayor cantidad de información posible.
- Desarrolla una ecuación para cada problema que describa la situación.
- Investiga tus respuestas y determina las dimensiones del respaldo y el marco.
- Busca una foto, o un comercial de una revista, de 9 por 12 pulgadas. Saca dos fotocopias y enmmárcalas con cartón de modo que cumplan con las especificaciones de cada problema.
- Escribe un párrafo en el que describas los dos problemas y cómo llegaste a la solución.

PIENSA CRÍTICAMENTE

- Un número *detestable* es un entero positivo que posee por lo menos cuatro factores distintos, de modo que la diferencia entre dos pares cualesquiera de factores es igual a la suma de otro par de factores del número. El primer número detestable es 6 pues $6 = 6 \cdot 1 = 2 \cdot 3$ y $6 - 1 = 2 + 3$. Encuentra los siguientes cinco números detestables. (*Sugerencia:* Son todos múltiplos de 6.)

- Escribe una ecuación con coeficientes enteros que tenga $\left\{\frac{2}{3}, -1\right\}$ por conjunto solución.

PORTAFOLIO

Cuando usas la estrategia de conjetura y verificación para resolver un problema de matemáticas, si una primera conjetura no funciona, debes hacer otra. ¿Cómo haces una segunda conjetura cuando la primera es incorrecta? Al hacer esta segunda conjetura, debes saber por qué la primera es incorrecta. Busca un problema de tu trabajo en este capítulo en el que usaste la estrategia de conjetura y verificación. Escribe una descripción detallada de por qué elegiste cada una de las conjeturas para ese problema. Coloca esta descripción en tu portafolio.

AUTOEVALUACIÓN

Es útil tener una estrategia antes de resolver un problema. Te ayuda a concentrarte en el problema, en la solución y a organizar la solución. El uso de estrategias o listas de verificación son habilidades fundamentales del pensamiento crítico.

Evalúate. ¿Determinas una estrategia antes de lanzarte a resolver un problema? ¿Te quedas con el plan inicial o lo evalúas nuevamente después de un lapso de tiempo e intentas una nueva estrategia? ¿Mantienes un registro de tu estrategia e intentos, de modo que puedas volver a ellos para así determinar si aún estás en la senda correcta? Da un ejemplo de un problema de matemáticas en el que una estrategia sea beneficiosa para mantener un registro de lo que has intentado. Da asimismo un ejemplo de la vida cotidiana en que hayas usado una estrategia para organizar tu plan de solución.

SECCIÓN UNO: SELECCIÓN MÚLTIPLE

Hay nueve preguntas en esta sección. Después de trabajar en cada problema, escribe la respuesta correcta en tu hoja de prueba.

1. El cuadrado de un número restado de 8 veces el número es igual al doble del número. Encuentra el número.

A. 0 ó 6

B. 3

C. 2

D. 0 ó 10

2. Escoge el enunciado abierto que representa la amplitud de diámetros aceptables para un tornillo de cortador de césped, que funciona solo si su diámetro difiere en 2 cm por un máximo de 0.04 cm.

A. $|d - 0.04| \geq 2$

B. $|d| < 1.96$

C. $|d - 2| \leq 0.04$

D. $|d| > 2.04$

3. Elige una expresión para el área de la región sombreada que se muestra a continuación.

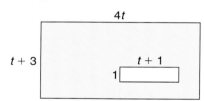

A. $(4t)(t + 3)$

B. $(4t - t)(t + 3) - (t + 1)$

C. $(t + 1)(t + 3) - (4t)(t)$

D. $(4t)(t + 3) - (t + 1)$

4. Escoge una ecuación que equivalga a $A = \frac{1}{2}h(a + b)$.

A. $h = \frac{2A}{a + b}$

B. $h = 2A - (a + b)$

C. $h = \frac{\frac{1}{2}(a + b)}{A}$

D. $h = \frac{A - b}{2a}$

5. Bob y Vicki viajaron a la playa Zuma. Su velocidad promedio hacia la playa fue de 42 millas por hora. De regreso a casa, su velocidad promedio fue de 56 millas por hora. Si el tiempo total de viaje fue de 7 horas, calcula a qué distancia está la playa de su casa.

A. 126 millas

B. 168 millas

C. 98 millas

D. 294 millas

6. Elige el enunciado verdadero.

A. La amplitud es la diferencia entre el valor máximo y el cuartil inferior de un conjunto de datos.

B. Un valor atípico solo afecta la media de un conjunto de datos.

C. Los cuartiles son valores que dividen un conjunto de datos en dos mitades iguales.

D. La amplitud intercuartílica es la suma de los cuartiles superior e inferior de un conjunto de datos.

7. Escoge el polinomio primo.

A. $y^2 + 12y + 27$

B. $6x^2 - 11x + 4$

C. $h^2 + 5h - 8$

D. $9k^2 + 30km + 25m^2$

8. Elige la ecuación de la recta que pasa por los puntos $(9, 5)$ y $(-3, -4)$.

A. $y = -\frac{1}{12}x + \frac{23}{4}$

B. $y = \frac{4}{3}x$

C. $y = -\frac{7}{2}x - \frac{3}{4}$

D. $y = \frac{3}{4}x - \frac{7}{4}$

9. Los puntajes de Carrie en 4 juegos de bowling son $b + 2$, $b + 3$, $b - 2$ y $b - 1$. ¿Cuál deberá ser su puntaje en el quinto juego para tener un promedio de $b + 2$?

A. $b + 8$

B. b

C. $b - 2$

D. $b + 5$

SECCIÓN DOS: RESPUESTAS BREVES

Esta sección contiene diez preguntas que debes contestar brevemente. Escribe tus respuestas en tu hoja de prueba.

10. El perímetro de un cuadrado es $20m + 32p$. Halla su área.

11. En una venta de pastelería, las tortas cuestan el doble que las tartaletas. Estas últimas cuestan $4 dólares más que tres veces el precio de las galletas. Darín compró una torta, tres tartaletas y cuatro galletas en $24.75. ¿Cuánto cuesta cada ítem?

12. Factoriza $3g^2 - 10gh - 8h^2$.

13. En el primer día de clases se vendieron 264 cuadernos. Algunos se vendieron en 95¢ cada uno y el resto en $1.25 cada uno. ¿Cuántos de cada tipo se vendieron si el monto total de las ventas fue $297?

14. Una foto rectangular mide 8 centímetros de ancho por 12 centímetros de largo. La foto se amplía de tamaño incrementando el largo y el ancho en la misma cantidad. Si el área de la nueva foto mide 69 centímetros cuadrados más que el área de la foto original, ¿cuáles son las dimensiones de la nueva foto?

15. Linda piensa gastar a lo sumo $50 en pantalones cortos y blusas. Compró dos pares de pantalones cortos en $14.20, cada uno. ¿Cuánto puede gastar en blusas?

16. La diferencia de dos números es 3. Si la diferencia de sus cuadrados es 15, ¿cuál es la suma de los números?

17. Geometría El largo de un rectángulo es ocho veces su ancho. Si el largo se disminuye en 10 metros y el ancho se disminuye en 2 metros, el área disminuye en 162 metros cuadrados. Halla las dimensiones originales.

18. El auto de Ben rinde entre 18 y 21 millas por galón de gasolina. Si el tanque de su auto tiene una capacidad de 15 galones, ¿qué amplitud de distancias puede manejar Ben su auto con un tanque lleno de gasolina?

19. Encuentra la medida del tercer lado de un triángulo si el perímetro del triángulo es $8x^2 + x + 15$ y las medidas de los otros dos lados están dadas por las expresiones $2x^2 - 5x + 7$ y $x^2 - x + 11$.

SECCIÓN TRES: ABIERTA

Esta sección contiene dos problemas abiertos. Demuestra tu conocimiento dando una solución clara y concisa a cada problema. Tu puntaje dependerá de lo bien que puedas hacer lo siguiente:

- Fundamentar tu razonamiento.
- Mostrar tu comprensión de las matemáticas de una manera organizada.
- Usar tablas, gráficas y diagramas en tu explicación.
- Mostrar la solución de más de una manera o relacionarla con otras situaciones.
- Investigar más allá de los requisitos del problema.

20. Un hojalatero va a fabricar una caja, recortando un cuadrado de cada esquina, de un pedazo rectangular de hojalata y doblando las lados hacia arriba. La caja tendrá una altura de 3 pulgadas (se recortan entonces cuadrados de 3 pulgadas de lado) y debe medir el doble de largo que de ancho, de manera de pueda contener dos cajas cuadradas de cartón más pequeñas. Finalmente, debe tener un volumen de 1350 pulgadas cúbicas. ¿Cuáles son sus dimensiones?

21. El largo de un rectángulo es 5 veces la medida de su ancho. Si el largo se aumenta en 7 metros y el ancho se disminuye en 4 metros, el área disminuye en 132 metros cuadrados. Halla las dimensiones originales.

Explora funciones cuadráticas y exponenciales

Objetivos

En este capítulo, podrás:

- encontrar la ecuación del eje de simetría y el vértice de una parábola,
- graficar funciones cuadráticas y exponenciales,
- usar gráficas para calcular el valor aproximado de las raíces de una ecuación cuadrática,
- encontrar las raíces de una ecuación cuadrática usando la fórmula cuadrática,
- resolver problemas buscando y usando un patrón y
- resolver problemas relacionados con crecimiento y disminución.

Ayuda a los demás

Fuente: *Giving and Volunteering in the United States,* edición de 1992

El Dr. Robert Coles, siquiatra y profesor de la Universidad de Harvard, lo ha bautizado como "la vocación de ayudar"—hombres y mujeres que ofrecen su tiempo para ayudar a otros. A muchos adolescentes les gustaría servir de voluntarios, pero quizás no sepan dónde empezar. Pueden haber algunas oportunidades disponibles en tu propia comunidad—ayudando a los ancianos, actuando como *Big Brother* o *Big Sister* o prestando tus servicios en una despensa de alimentos. El trabajo de voluntario ayuda a otros y puede ayudarte a sentirte muy bien.

Línea cronológica

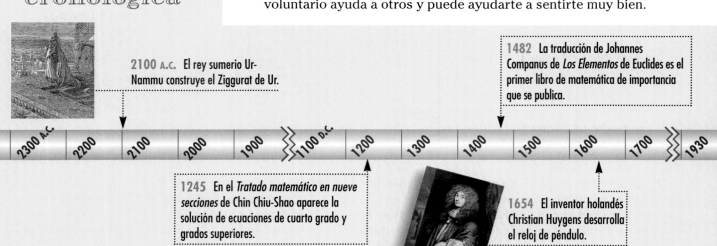

2100 A.C. El rey sumerio Ur-Nammu construye el Ziggurat de Ur.

1482 La traducción de Johannes Companus de *Los Elementos* de Euclides es el primer libro de matemática de importancia que se publica.

1245 En el *Tratado matemático en nueve secciones* de Chin Chiu-Shao aparece la solución de ecuaciones de cuarto grado y grados superiores.

1654 El inventor holandés Christian Huygens desarrolla el reloj de péndulo.

LA GENTE HACE
NOTICIAS

Proyecto del capítulo

Liz Álvarez, de St. Petersburg, Florida, es el ejemplo perfecto de voluntaria adolescente. Ha sido voluntaria en el Hospital St. Anthony, dando más de 600 horas de su tiempo para asistir al personal. Atiende los teléfonos en el departamento de atención pastoral, como asistente administrativa se encarga de los archivos y le transmite mensajes al personal. Les lleva artículos a los pacientes a sus cuartos, trabaja en la tienda de regalos y asiste a otros voluntarios.

Disfruta del tiempo que invierte como voluntaria, está feliz de poder ayudar a otros y cree que la experiencia es muy provechosa. Ella aconseja a otros adolescentes a que busquen oportunidades para servir y que se incorporen a un equipo de voluntarios en sus comunidades.

Las organizaciones en cada comunidad estudian las características de las personas que ofrecen voluntariamente su tiempo. De esta forma saben a qué grupos dirigirse cuando buscan voluntarios para ciertos proyectos o eventos. Compañías de encuestas, como la *Gallup Organization, Inc*, a menudo, proveen las estadísticas que estas organizaciones necesitan.

Una de las características que estudia *Gallup* es el ingreso de los voluntarios. La siguiente tabla muestra la información que han determinado sobre los niveles de ingresos y el porcentaje de personas en cada nivel, que se ofrece como voluntaria.

Ingresos ($)	Porcentaje de personas que se ofrecen como voluntarias
Under 10,000	31.6
10,000–19,999	37.9
20,000–29,999	51.3
30,000–39,999	56.4
40,000–49,999	67.4
50,000–59,999	67.7
60,000–74,999	55.0
75,000–99,999	62.8
100,000 +	73.7

Analiza esta información.

- Grafica la información.

- ¿Qué tipo de comportamiento presentan estos datos?

- ¿Por qué crees que existe este comportamiento?

- Busca, en un almanaque o en un resumen estadístico, el ingreso promedio de los grupos que aparecen en la gráfica de la página anterior.

- Usa tu investigación, la gráfica de la página previa y la tabla anterior para sacar conclusiones sobre las características del voluntario típico.

1940 La fotógrafa norteamericana Helen Levitt hace una crónica de la vida en las calles de Nueva York con su impreso *Niños*.

1981 El Cuerpo de Paz se transforma en una agencia independiente, que envía voluntarios para que contribuyan a mejorar la vida en los países en vías de desarrollo.

40 | 1945 | 1950 | 1955 | 1960 | 1965 | 1970 | 1975 | 1980 | 1985 | 1990 | 1995 | 2000

1961 La soprano norteamericana Leontyne Price hace su debut en el Metropolitan Opera.

1991 Los avances tecnológicos en el campo de la música le permiten a Natalie Cole producir un álbum en el que canta a dúo con su padre, el fallecido Nat "King" Cole.

11–1A Tecnología gráfica
Funciones cuadráticas

Una sinopsis de la Lección 11-1

Ecuaciones de la forma $y = ax^2 + bx + c$ reciben el nombre de **funciones cuadráticas** y sus gráficas se llaman **parábolas**. Una parábola es una curva en forma de U que se abre hacia arriba o hacia abajo. El punto máximo o mínimo de una parábola recibe el nombre de **vértice** de la parábola. Puedes usar una calculadora de gráficas para graficar funciones cuadráticas, así como para hallar las coordenadas del vértice.

Ejemplo ● Grafica $y = \frac{1}{4}x^2 - 4x - 2$ y ubica su vértice. Usa la pantalla de enteros.

A veces las coordenadas del vértice no son enteros. Usa la función ZOOM varias veces hasta que obtengas coordenadas que sean lo suficientemente consistentes (tres lugares decimales).

Una función cuadrática se entra en la lista Y=, de la misma manera que entras funciones lineales.

Ejecuta: [Y=] .25 [X,T,θ] [x^2] [−] 4 [X,T,θ] [−] 2   *Entra la función.*

[ZOOM] 6 [ZOOM] 8 [ENTER]   *Selecciona la pantalla de enteros.*

La parábola se abre hacia arriba. El vértice es un punto mínimo.

Método 1: Usa TRACE.

Oprime [TRACE] y usa las flechas izquierda y derecha para mover el cursor al vértice. Observa las coordenadas en la parte inferior de la pantalla mientras mueves el cursor. El vértice es el punto en la parábola con el menor valor de *y*. *¿Por qué?*

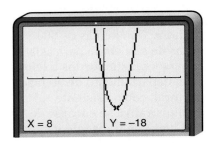

Método 2: Usa CALC.

Dado que la parábola se abre hacia arriba, el vértice es un punto mínimo. Oprime [2nd] [CALC] 3.

• El mensaje "Lower Bound?" aparece en la pantalla. Mueve el cursor hacia la izquierda de donde crees que está el vértice y oprime [ENTER] .

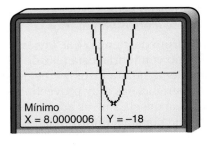

También puedes oprimir [ENTER] cuando aparece el mensaje Guess? sin entrar una aproximación.

• El mensaje "Upper Bound?" aparece en la pantalla. Mueve el cursor hacia la derecha de donde crees que está el vértice y oprime [ENTER] .

• Cuando aparece el mensaje "Guess?", mueve el cursor a tu elección de vértice y oprime [ENTER] . La pantalla te mostrará una aproximación de las coordenadas del vértice.

El vértice es $(8, -18)$.

EJERCICIOS

Grafica cada función. Traza un bosquejo de la gráfica y rotula en la gráfica el par ordenado que representa el vértice.

1. $y = x^2 + 16x + 59$
2. $y = 12x^2 + 18x + 10$
3. $y = x^2 - 10x + 25$
4. $y = -2x^2 - 8x - 1$
5. $y = 2(x - 10)^2 + 14$
6. $y = -0.5x^2 - 2x + 3$

Grafica funciones cuadráticas

11-1

Lo que APRENDERÁS

- A encontrar la ecuación del eje de simetría y el vértice de una parábola y
- a graficar funciones cuadráticas.

Por qué ES IMPORTANTE

Porque puedes graficar funciones cuadráticas para resolver problemas de pirotecnia y de fútbol americano.

APLICACIÓN
Monumentos

El Gateway Arch del Jefferson National Expansion Memorial en St. Louis, Missouri tiene la forma de una U al revés. Esta forma es realmente una *catenaria,* que se parece a una figura geométrica que recibe el nombre de **parábola.** La forma del arco puede aproximarse mediante la gráfica de la función $f(x) = -0.00635x^2 + 4.0005x - 0.07875$, donde $f(x)$ es la altura del arco en pies y x es la distancia horizontal desde una de las bases.

Este tipo de función es un ejemplo de **función cuadrática.** Una función cuadrática puede escribirse de la forma $f(x) = ax^2 + bx + c$, donde $a \neq 0$. Observa que esta función tiene grado 2 y que todos los exponentes de la variable x son positivos.

Definición de función cuadrática	Una función cuadrática es una función que se puede escribir mediante una ecuación de la forma $y = ax^2 + bx + c$, donde $a \neq 0$.

El dominio y la amplitud deben ser ambos positivos puesto que hay distancia y altura involucradas.

Para graficar una función cuadrática, puedes usar una tabla de valores. La tabla de la derecha muestra la distancia (en incrementos de 35 pies) desde una base del arco y la altura del arco en cada incremento (redondeada en pies). Grafica los pares ordenados y conéctalos con una curva continua. La gráfica de $f(x) = -0.00635x^2 + 4.0005x - 0.07875$ se muestra a continuación.

x	f(x)
0	0
35	132
70	249
105	350
140	436
175	506
210	560
245	599
280	622
315	630
350	622
385	599
420	560
455	506
490	436
525	350
560	249
595	132
630	0

CONEXIONES GLOBALES

El arco es una forma arquitectónica que se remonta al Egipto y a la Grecia antiguas, pero fue usada extensivamente por primera vez por los romanos en la construcción de puentes y acueductos, como el Pont du Gard en Nimes, Francia. Los arquitectos de edad media usaron arcos majestuosos terminados en punta en la construcción de las catedrales góticas.

f(x)

$f(x) = -0.00635x^2 + 4.0005x - 0.07875$

Altura (en pies)

Distancia desde la base (en pies)

Observa que el valor de a en esta función es negativo y que la curva se abre hacia abajo. El valor máximo de $f(x)$ parece ser 630 pies, que ocurre cuando la distancia desde la base es 315 pies. El punto (315, 630) es el **vértice** de la parábola. Para una parábola que se abre hacia abajo, el vértice es un **punto máximo** de la función. Si la parábola se abre hacia arriba, el vértice es un **punto mínimo** de la función.

Las parábolas poseen una propiedad geométrica que recibe el nombre de **simetría.** Las figuras simétricas son aquellas que al doblarse, cada mitad corresponde exactamente con la otra. La siguiente actividad explora la simetría de una parábola.

 **LOS MODELOS Y LAS MATEMÁTICAS**

Simetría de las parábolas

Materiales: papel cuadriculado

Ahora te toca a ti

a. Grafica $y = x^2 - 6x + 5$ en papel cuadriculado.

b. Acerca tu papel a la luz y pliega la parábola en dos, de manera que ambos lados correspondan exactamente uno con el otro.

c. Desdobla el papel. ¿Qué punto de la parábola está en la línea del doblez?

d. Escribe una ecuación de la línea del doblez.

e. Escribe unas pocas oraciones que describan la simetría de una parábola basándote en los hallazgos de esta actividad.

La línea del doblez de la actividad anterior recibe el nombre de **eje de simetría** de la parábola. A cada punto en la parábola que está a un lado del eje de simetría, le corresponde un punto en la parábola al otro lado del eje. El vértice es el único punto en la parábola que está en el eje de simetría. La ecuación del eje de simetría puede determinarse a partir de la ecuación de la parábola.

Ecuación del eje de simetría de una parábola	**La ecuación del eje de simetría de la gráfica de $y = ax^2 + bx + c$, donde $a \neq 0$, es $x = -\dfrac{b}{2a}$.**

Puedes determinar un montón de información acerca de una parábola a partir de la ecuación de su eje de simetría.

Ejemplo **1** Dada la ecuación $y = x^2 - 4x + 5,$

    a. encuentra la ecuación del eje de simetría,

    b. encuentra el vértice de la parábola y

    c. grafica la ecuación.

    a. En la ecuación $y = x^2 - 4x + 5$, $a = 1$ y $b = -4$. Sustituye estos valores en la ecuación del eje de simetría.

$$x = -\frac{b}{2a}$$

$$= -\frac{-4}{2(1)} \text{ ó } 2$$

    b. Como la ecuación del eje de simetría es $x = 2$ y el vértice está en el eje de simetría, la coordenada x del vértice es 2.

$$y = x^2 - 4x + 5$$

$$= 2^2 - 4(2) + 5 \quad \textit{Sustituye x por 2.}$$

$$= 4 - 8 + 5 \text{ ó } 1$$

El vértice es (2, 1).

c. Puedes explotar la simetría de la parábola para trazar su gráfica. Dibuja un plano de coordenadas. Grafica el vértice y el eje de simetría. Escoge un valor de x menor que 2, por ejemplo 0, y encuentra la coordenada y correspondiente.

$$y = x^2 - 4x + 5$$
$$= 0^2 - 4(0) + 5 \text{ ó } 5$$

Grafica el punto $(0, 5)$. Como la gráfica es simétrica, puedes encontrar un punto que corresponda a $(0, 5)$, al otro lado del eje de simetría. El punto $(0, 5)$ está a 2 unidades del eje de simetría. Comenzando en el eje de simetría y a la misma altura del punto $(0, 5)$, desplázate 2 unidades a la derecha, trazando allí el punto $(4, 5)$. Repite este proceso para otros puntos y luego dibuja la gráfica de la parábola.

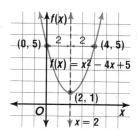

Verifica: ¿Satisface $(4, 5)$ la ecuación?

$$y = x^2 - 4x + 5$$
$$5 \stackrel{?}{=} 4^2 - 4(4) + 5$$
$$5 \stackrel{?}{=} 16 - 16 + 5$$
$$5 = 5 \quad \checkmark$$

El punto $(4, 5)$ satisface la ecuación $y = x^2 - 4x + 5$ y está por lo tanto en la gráfica de la función.

La gráfica de una ecuación que describe la altura de un objeto lanzado al aire es un ejemplo de función cuadrática. El objeto cae a la Tierra debido a la fuerza de gravedad.

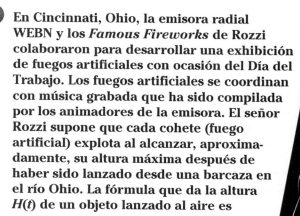

Ejemplo **2**

APLICACIÓN

Pirotecnia

El fuego artificial más grande alguna vez detonado fue una cápsula que pesaba 1543 libras de nombre Universe I Part II. Fue usada el 15 de julio de 1988 como parte del festival del lago Toya en Hokkaido, Japón y produjo una explosión de 3937 pies de diámetro.

En Cincinnati, Ohio, la emisora radial WEBN y los *Famous Fireworks* de Rozzi colaboraron para desarrollar una exhibición de fuegos artificiales con ocasión del Día del Trabajo. Los fuegos artificiales se coordinan con música grabada que ha sido compilada por los animadores de la emisora. El señor Rozzi supone que cada cohete (fuego artificial) explota al alcanzar, aproximadamente, su altura máxima después de haber sido lanzado desde una barcaza en el río Ohio. La fórmula que da la altura $H(t)$ de un objeto lanzado al aire es

$$H(t) = v_0 t - \frac{1}{2}gt^2 + h_0, \text{ donde } v_0 \text{ es la}$$

velocidad inicial del objeto en m/s, t es el tiempo en segundos, g es la aceleración causada por la gravedad (alrededor de 9.8 m/s2) y h_0 es la altura inicial, en metros, del objeto al momento de ser lanzado. Un cierto cohete tiene una velocidad inicial de 39.2 m/s y es lanzado a 1.6 metros sobre la superficie del agua.

a. **Grafica la ecuación que da la altura del cohete.**

b. **¿Cuál es la altura máxima que alcanza el cohete?**

c. **Se ha programado que uno de estos cohetes estalle después de 2 minutos y 28 segundos después de comenzar el programa. ¿Cuándo debería lanzarse el cohete desde la barcaza?**

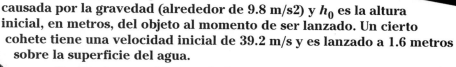

(continúa en la página siguiente)

a. Usa la velocidad dada y la gravedad para determinar la fórmula.

$$H(t) = v_0t - \frac{1}{2}gt^2 + h_0$$

$$= 39.2t - \frac{1}{2}(9.8)t^2 + 1.6 \qquad \textit{Sustituye } v_0, g \textit{ y } h_0 \textit{ por los valores dados.}$$

$$= 39.2t - 4.9t^2 + 1.6 \qquad \textit{Simplifica.}$$

Los valores de a y b son -4.9 y 39.2, respectivamente.

H(t) corresponde a f(x) y t corresponde a x.

$$t = -\frac{b}{2a}$$

$$= -\frac{39.2}{2(-4.9)} \text{ ó 4 segundos}$$

Usa una calculadora para hallar $H(t)$ cuando $t = 4$.

$H(4) = 39.2(4) - 4.9(4)^2 + 1.6$ u 80 metros.

El vértice de la gráfica es (4, 80).

Podemos usar una tabla de valores para encontrar otros puntos que satisfagan la ecuación.

La gráfica muestra la altura del cohete en cualquier tiempo dado. No muestra la trayectoria seguida por el mismo.

t	H(t)
0	1.6
1	35.9
2	60.4
3	75.1
4	80.0
5	75.1
6	60.4
7	35.9
8	1.6
9	−42.5

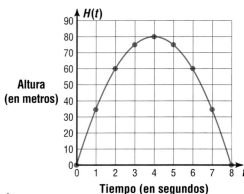

Puesto que el tiempo es la variable independiente y la altura es la variable dependiente, tanto el dominio como la amplitud deben ser positivos.

b. La altura máxima está dada por el vértice. Es por lo tanto 80 metros.

c. Como la altura máxima se alcanza 4 segundos después del lanzamiento, el cohete debe ser lanzado 4 segundos antes del momento de su explosión, 2 minutos y 28 segundos después de haber empezado el programa. Por lo tanto el cohete debería lanzarse 2 minutos y 24 segundos después de iniciar el programa.

COMPRUEBA LO QUE APRENDISTE

Comunicación en matemáticas

Estudia la lección y a continuación completa lo siguiente.

1. **Calcula** la distancia entre las bases del Gateway Arch.

2. **Explica** cómo la simetría te ayuda a graficar una parábola.

3. **Escribe** una oración en la que expliques cómo escribir la ecuación del eje de simetría si conoces el vértice de la parábola.

4. **Tú decides** Lisa dice que $y = -x^2$ es lo mismo que $y = (-x)^2$. Angie dice que son distintas. ¿Quién tiene la razón? Explica incluyendo gráficas.

5. ¿Cómo puedes determinar, sin graficar la ecuación, si el vértice es un máximo o un mínimo?

LOS MODELOS Y LAS MATEMÁTICAS

6. Grafica $y = -x^2 + 4x - 4$. ¿En qué se diferencia esta gráfica de la gráfica de la actividad en la página 612? Usa el doblez del papel para determinar el eje de simetría.

Práctica dirigida

Escribe la ecuación del eje de simetría y encuentra el vértice de la gráfica de cada ecuación. Decide si el vértice es un máximo o un mínimo y luego grafica la ecuación.

7. $y = x^2 + 2$

8. $y = -2x^2$

9. $y = x^2 + 4x - 9$

10. $y = x^2 - 14x + 13$

11. $y = -x^2 + 5x + 6$

12. $y = -2x^2 + 4x + 6.5$

13. ¿Cuál de las siguientes ecuaciones corresponde a la gráfica de la derecha?

   a. $f(x) = x^2 - 6x + 9$

   b. $f(x) = -x^2 + 6x + 9$

   c. $f(x) = x^2 + 6x + 9$

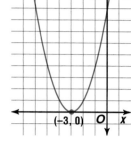

14. Tenis Una pelota de tenis se golpea con una raqueta propulsándola hacia arriba, a una velocidad inicial de 40 pies/seg. La raqueta está a 3 pies del suelo en el instante que entra en contacto con la pelota.

   a. Si la aceleración debido a la gravedad es 32 pies/seg^2, ¿en qué instante, después de ser golpeada, alcanza la pelota su altura máxima?

   b. ¿Cuál es esta altura?

EJERCICIOS

Práctica

Escribe la ecuación del eje de simetría y encuentra el vértice de la gráfica de cada ecuación. Decide si el vértice es un máximo o un mínimo y luego grafica la ecuación.

15. $y = 4x^2$

16. $y = -x^2 + 4x - 1$

17. $y = x^2 + 2x + 18$

18. $y = x^2 - 3x - 10$

19. $y = x^2 - 5$

20. $y = 4x^2 + 16$

21. $y = 2x^2 + 12x - 11$

22. $y = 3x^2 + 24x + 80$

23. $y = x^2 - 25$

24. $y = 15 - 6x - x^2$

25. $y = -3x^2 - 6x + 4$

26. $y = 5 + 16x - 2x^2$

27. $y = 3(x + 1)^2 - 20$

28. $y = -(x - 2)^2 + 1$

29. $y = \frac{2}{3}(x + 1)^2 - 1$

Aparea cada ecuación con su gráfica.

30. $f(x) = \frac{1}{2}x^2 + 1$

31. $f(x) = -\frac{1}{2}x^2 + 1$

32. $f(x) = \frac{1}{2}x^2 - 1$

  a. 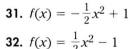   **b.** 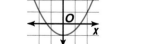   **c.**

Grafica cada ecuación.

33. $y + 2 = x^2 - 10x + 25$

34. $y + 1 = 3x^2 + 12x + 12$

35. $y + 3 = -2(x - 4)^2$

36. $y - 5 = \frac{1}{3}(x + 2)^2$

37. ¿Cuál es la ecuación del eje de simetría de una parábola si sus intersecciones con el eje x son -6 y 4?

38. El vértice de una parábola es $(-4, -3)$. Si una de las intersecciones x es -11, ¿cuál es la otra intersección x?

39. $(-8, 7)$ y $(12, 7)$ son dos puntos en una parábola. ¿Cuál es la ecuación del eje de simetría?

Calculadora de gráficas

Puedes trazar el eje de simetría de una parábola ya dibujada usando el comando VERTICAL del menú DRAW. Oprime $\boxed{\text{2nd}}$ $\boxed{\text{DRAW}}$ **4 y usa las teclas de flechas para mover la recta al lugar que le corresponde. Para trazar el eje de simetría antes de dibujar la gráfica de la parábola, entra la ecuación en la Y= list y oprime** $\boxed{\text{2nd}}$ $\boxed{\text{DRAW}}$ **4 (el valor de x por el que pasa la recta)** $\boxed{\text{ENTER}}$ **. Grafica cada ecuación y su eje de simetría. Bosqueja cada gráfica en un papel, rotulando el vértice.**

40. $y = 8 - 4x - x^2$

41. $y = 20x^2 + 44x + 150$

42. $y = 0.023x^2 + 12.33x - 66.98$

43. $y = -78.23x^2 - 23.76x + 88.34$

Piensa críticamente

44. Grafica $y = x^2 + 2$ y $x + y = 8$ en el mismo plano de coordenadas. ¿Cuáles puntos tienen en común? Explica cómo los hallaste.

Aplicaciones y solución de problemas

45. Universidad El costo de la educación universitaria aumenta cada año. Por esta razón muchos padres comienzan a ahorrar dinero incluso antes de que sus hijos nazcan. La matrícula y costos promedios de las universidades públicas durante los años 1970–1993 pueden aproximarse mediante la función $U(t) = 2.97t^2 - 6.78t + 329.96$, donde $U(t)$ es la matrícula y costos (en dólares) por un año y t es el número de años que han transcurrido desde 1970.

a. Copia y completa la tabla.

b. Determina los valores del dominio y la amplitud para los cuales tiene sentido esta función.

c. Grafica esta función.

d. Supongamos que esta función sirve de modelo para los años después de 1993. ¿Cuál será la matrícula y costos de tu primer año si asistes a una universidad pública?

COSTOS UNIVERSITARIOS

Año	t	U(t)
1970		
1975		
1980		
1985		
1990		
1993		

46. Fútbol americano Cuando un jugador puntea una pelota, espera que esta se mantenga la mayor cantidad posible de tiempo en el aire. Una buena medida de esto es que se mantenga más de 4.5 segundos en el aire. Manuel es el punteador del equipo de su escuela. Puede patear la pelota con una velocidad de 80 pies/seg^2 y su pie golpea la pelota a 2 pies del suelo.

a. Escribe una ecuación cuadrática que dé la altura de la pelota en cualquier momento t. Usa 32 pies/seg^2 para la aceleración de la gravedad.

b. ¿A qué altura se encuentra la pelota después de 1 segundo? ¿de 2 segundos? ¿de 3 segundos?

c. ¿Cuál es el tiempo máximo que dura la pelota en el aire cuando la patea Manuel?

Repaso comprensivo

47. Agricultura Un campo mide 1.2 kilómetros de largo por 0.9 kilómetros de ancho. Un granjero comienza a arar este campo en el borde exterior, pasando por todo el contorno del campo. A mediodía, una franja de ancho uniforme ha sido arada en todos los lados del campo y la mitad del campo queda por arar. ¿Cuál es el ancho de la franja? (Lección 10–7)

48. Encuentra $(x - 4)(x - 8)$. (Lección 9–7)

49. Astronomía Marte está a una distancia de 227,920,000 kilómetros del sol y tiene un diámetro de 6.79×10^3 kilómetros. (Lección 9–3)

  a. Escribe el diámetro de Marte, en notación estándar.

  b. Escribe la distancia de Marte al sol, en notación científica.

50. Usa eliminación para resolver el siguiente sistema de ecuaciones. (Lección 8–4)

$$3x + 4y = -25$$
$$2x - 3y = 6$$

51. Meteorología La siguiente tabla muestra la precipitación récord durante un período de 24 horas para cada estado hasta 1990. (Lección 7-7)

Estado	Pulgadas	Estado	Pulgadas	Estado	Pulgadas	Estado	Pulgadas	Estado	Pulgadas
AL	20.33	HI	38.00	MA	18.15	NM	11.28	SD	8.00
AK	15.20	ID	7.17	MI	9.78	NY	11.17	TN	11.00
AZ	11.40	IL	16.54	MN	10.84	NC	22.22	TX	43.00
AR	14.06	IN	10.50	MS	15.68	ND	8.10	UT	6.00
CA	26.12	IA	16.70	MO	18.18	OH	10.51	VT	8.77
CO	11.08	KS	12.59	MT	11.50	OK	15.50	VA	27.00
CT	12.77	KY	10.40	NE	13.15	OR	10.17	WA	12.00
DE	8.50	LA	22.00	NV	7.40	PA	34.50	WV	19.00
FL	38.70	ME	8.05	NH	10.38	RI	12.13	WI	11.72
GA	18.00	MD	14.75	NJ	14.81	SC	13.25	WY	6.06

Fuente: National Climatic Data Center

  a. Traza un diagrama de caja y patillas con esta información.

  b. ¿Hay valores atípicos? Si los hay, haz una lista de ellos.

52. Grafica $y = 3x + 4$. (Lección 5–5)

53. Resuelve $3x = -15$. (Lección 3–2)

54. Patrones Completa el siguiente patrón: 3, 6, 12, 24, _?_, _?_. (Lección 1–2)

TRABAJA EN LA
In·ves·ti·ga·ción

Consulta las páginas 554–555.

la FÁBRICA DE LADRILLOS

Examina la tabla que confeccionaste en la Lección 10–7, la cual incluía el largo, ancho, perímetro y área de los patrones rectangulares de ladrillos. Mide cada uno de tus modelos, en milímetros, para determinar los valores de x y de y. Registra estas medidas.

1 Grafica los datos, usando el eje horizontal para el largo del patrón y el eje vertical para el área del patrón. ¿Qué clase de gráfica obtienes? ¿Qué relación muestra?

2 Traza otra gráfica, usando el eje horizontal para el perímetro del patrón y el eje vertical para el área del patrón. ¿Qué clase de gráfica es esta? ¿Qué relación exhibe?

3 ¿Cuál es la relación entre las medidas del área, el largo y el ancho? ¿Por qué hay patrones rectangulares que tienen la misma área pero distintos perímetros?

Agrega los resultados de tu trabajo a tu *Archivo de investigación*.

11–1B Tecnología gráfica
Gráficas principales y familias de gráficas

Una extensión de la Lección 11–1

Una familia de gráficas es un grupo de gráficas que tienen al menos una característica en común. En la Lección 6–5A, aprendiste sobre las familias de gráficas lineales que tenían la misma pendiente o la misma intersección *y*. Las familias de parábolas se clasifican a menudo en dos categorías—aquellas que tienen el mismo vértice y aquellas que tienen la misma forma. Las calculadoras de gráficas facilitan el estudio de las características de las familias de parábolas.

Ejemplo ❶ **Grafica cada grupo de ecuaciones en la misma pantalla. Compara las gráficas.**

a. $y = x^2, y = 2x^2, y = 3x^2$

b. $y = x^2, y = 0.5x^2, y = 0.3x^2$

La función principal en cada una de estas familias es $y = x^2$.

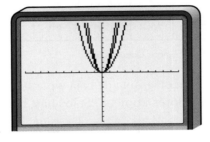

Cada gráfica se abre hacia arriba y su vértice es el origen. Las gráficas de $y = 2x^2$ y $y = 3x^2$ son más angostas que la gráfica de $y = x^2$.

Cada gráfica se abre hacia arriba y su vértice es el origen. Las gráficas de $y = 0.5x^2$ y $y = 0.3x^2$ son más anchas que la gráfica de $y = x^2$.

MIRADA RETROSPECTIVA

Refiérete a la lección 6-5A en donde se introducen las gráficas principales y las familias de gráficas.

¿Cómo afecta la forma de la gráfica el valor de a en $y = ax^2$?

c. $y = x^2, y = x^2 + 2,$
$y = x^2 - 3, y = x^2 - 5$

d. $y = x^2, y = (x - 2)^2,$
$y = (x + 3)^2, y = (x + 1)^2$

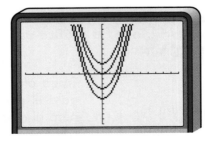

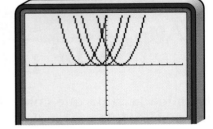

Cada gráfica se abre hacia arriba y tiene la misma forma que $y = x^2$. Cada parábola, sin embargo, tiene un vértice distinto, ubicado en el eje *y*. *¿Cómo afecta la ubicación de la gráfica el valor de la constante?*

Cada gráfica se abre hacia arriba y tiene la misma forma que $y = x^2$. Cada parábola, sin embargo, tiene un vértice distinto, ubicado en el eje *x*. *¿Cómo está relacionada la ubicación del vértice con la ecuación de la gráfica?*

Cuando se analizan o comparan las formas de varias gráficas en distintas pantallas, es importante comparar las gráficas usando los mismos parámetros. Es decir, la ventana empleada para comparar las gráficas debe ser la misma y con el mismo factor de escala. Supongamos que graficas la misma ecuación usando dos pantallas distintas. ¿Cómo afecta esto la apariencia de la gráfica?

Ejemplo ② Grafica $y = x^2 - 5$ usando cada una de las siguientes pantallas. ¿Qué conclusiones extraes sobre la apariencia de la gráfica en la pantalla empleada? *La escala es 1, a menos que se especifique algo distinto.*

a. pantalla de visión estándar

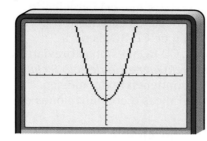

b. $[-10, 10]$ por $[-100, 100]$ Yscl: 20

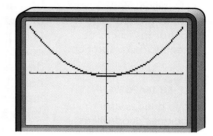

c. $[-50, 50]$ Xscl: 5 por $[-10, 10]$

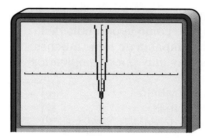

d. $[-0.5, 0.5]$ Xscl: 0.1 por $[-10, 10]$

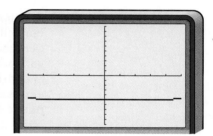

La pantalla afecta enormemente la apariencia de la parábola. Desconociendo la pantalla, se puede pensar que la gráfica b pertenece a la familia $y = ax^2$, con $0 < a < 1$. La gráfica c muestra la gráfica como parte de la familia $y = ax^2$ con $a > 1$. La gráfica d se parece más a una recta. Todas las gráficas son, sin embargo, gráficas de la misma ecuación.

EJERCICIOS

Grafica cada grupo de ecuaciones en la misma pantalla. Bosqueja, en papel cuadriculado, la gráfica que muestra la pantalla y compara las gráficas.

1. $y = -x^2$
$y = -2x^2$
$y = -5x^2$

2. $y = -x^2$
$y = -0.3x^2$
$y = -0.7x^2$

3. $y = -x^2$
$y = -(x + 4)^2$
$y = -(x - 8)^2$

4. $y = -x^2$
$y = -x^2 + 6$
$y = -x^2 - 4$

Usa la familia de gráficas que han aparecido en esta lección para predecir la apariencia de la gráfica de cada ecuación. Luego bosqueja la gráfica.

5. $y = 4x^2$
6. $y = x^2 - 6$
7. $y = -0.1x^2$
8. $y = (x + 1)^2$

9. Describe cómo cada cambio en la ecuación $y = x^2$ afectaría la gráfica de $y = x^2$. Considera todos los posibles valores de a y b.

    a. $y = ax^2$ **b.** $y = x^2 + a$

    c. $y = (x + a)^2$ **d.** $y = (x + a)^2 + b$

Usa gráficas para resolver ecuaciones

11-2

Lo que APRENDERÁS

- A calcular las raíces de una ecuación cuadrática y
- a usar la gráfica para encontrar las raíces de una ecuación cuadrática.

Por qué ES IMPORTANTE

Porque puedes usar ecuaciones cuadráticas para resolver problemas de arquitectura y de teoría numérica.

Dado que la variable independiente es el número de empleados y la variable dependiente son las ganancias, tanto el dominio como la amplitud deben ser positivos.

APLICACIÓN

Tecnología

Una de las industrias que está creciendo más rápidamente en los Estados Unidos es la de producción de CD-ROMs para computadoras. CD-ROM es una abreviatura de *disco compacto memoria de solo lectura*. Los CD-ROMs contienen texto, música, imágenes fotográficas o combinaciones de estos ítemes.

Cualquier compañía que fabrique un producto para la venta descubre que las ganancias dependen (entre otras cosas) del número de empleados que tiene. La relación entre las ganancias y el número de empleados luce como la parábola de la derecha. La compañía no tiene muchas ganancias si hay muy pocos empleados; al contratar más empleados, el trabajo puede hacerse más eficientemente, lo cual conduce a mayores ganancias. Si la compañía contrata demasiados empleados, puede no tener espacio o trabajo suficiente para ellos, pero tiene que pagarles, lo que conduce a menos ganancias.

Supongamos que una compañía que fabrica CD-ROMs puede expresar sus ganancias como $P(x) = -0.1x^2 + 200x$, donde x es el número de empleados. Te corresponde, como gerente de personal de la compañía, determinar el número mínimo de empleados que debería emplear la compañía para tener ganancias de $75,000. *Vas a resolver este problema en el Ejercicio 4.*

Una **ecuación cuadrática** es una ecuación en que el valor de la función cuadrática correspondiente es 0. Es decir, la función que le corresponde a la ecuación cuadrática $0 = x^2 + 6x - 7$ es $f(x) = x^2 + 6x - 7$, donde $f(x) = 0$. Has usado factorización para resolver ecuaciones como $x^2 + 6x - 7 = 0$. También puedes usar gráficas para calcular las soluciones de esta ecuación.

Las soluciones de una ecuación cuadrática reciben el nombre de **raíces** de la ecuación. Las raíces de una ecuación cuadrática pueden hallarse encontrando las intersecciones x o **ceros** de la función cuadrática correspondiente.

Ejemplo **Resuelve** $x^2 - 2x - 3 = 0$ **gráficamente. Verifica factorizando.**

Grafica la función correspondiente $f(x) = x^2 - 2x - 3$. La ecuación del eje de simetría es $x = 1$ y el vértice es $(1, -4)$. Haz una tabla de valores para hallar otros puntos y bosquejar la gráfica de $f(x) = x^2 - 2x - 3$.

x	f(x)
-1	0
0	-3
1	-4
2	-3
3	0

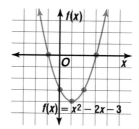

$f(x) = x^2 - 2x - 3$

Para resolver la ecuación $x^2 - 2x - 3 = 0$, necesitamos saber en dónde el valor de $f(x)$ es igual a 0. En la gráfica, esto ocurre en las intersecciones x. Las intersecciones x de la parábola parecen ser -1 y 3.

Verifica: Resuelve mediante factorización.

$$x^2 - 2x - 3 = 0$$
$$(x - 3)(x + 1) = 0$$

Haz que cada factor sea igual a 0.

$x - 3 = 0$ *Propiedad del producto cero*

$\quad\quad x = 3$ *Suma 3 a cada lado.*

$x + 1 = 0$ *Propiedad del producto cero*

$\quad\quad x = -1$ *Suma -1 a cada lado.*

Las soluciones de la ecuación son 3 y -1.

MIRADA RETROSPECTIVA

Puedes consultar la lección 10-6 para repasar la propiedad del producto cero y para resolver ecuaciones por medio de la factorización.

En el Ejemplo 1, los ceros de la función son enteros. En general, los ceros de una función cuadrática pueden no ser enteros. En estos casos hay que calcular las raíces de la ecuación.

Ejemplo **Resuelve** $x^2 + 9x + 5 = 0$ **gráficamente. Si no se pueden hallar raíces enteras, calcula las raíces y obtén, para cada una de ellas, dos enteros consecutivos entre los que esté ubicada.**

Usa una tabla de valores para graficar la función correspondiente, $f(x) = x^2 + 9x + 5$.

x	f(x)
-9	5
-8	-3
-7	-9
-6	-13
-5	-15
-4	-15
-3	-13
-2	-9
-1	-3
0	5

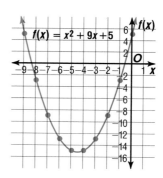

$f(x) = x^2 + 9x + 5$

Observa en la tabla de valores que el valor de la función cambia de positivo a negativo desde -9 a -8 y de negativo a positivo desde -1 y 0.

Las intersecciones x de la gráfica están entre -9 y -8 y entre -1 y 0. Es decir, una de las raíces de la ecuación está entre -9 y -8 y la otra entre -1 y 0.

Puedes usar una calculadora de gráficas para hallar una mejor aproximación de las raíces de una ecuación cuadrática, que la que puedes encontrar con lápiz y papel. Una manera de aproximar una raíz es usar la función ZOOM IN. Otra forma es usar la función ROOT del menú CALC.

Usa una calculadora de gráficas para resolver la ecuación $3x^2 - 6x - 2 = 0$, aproximando en centésimas.

Grafica $y = 3x^2 - 6x - 2$ en la pantalla de visión estándar. Para usar la función ROOT, debes utilizar el cursor para definir el intervalo de la misma forma que se definen los intervalos MAXIMUM y MINIMUM.

Ejecuta: 2nd   CALC   2

Ahora usa las teclas de flechas para mover el cursor a la izquierda de una de las intersecciones x y oprime

ENTER para definir la cota inferior. Luego usa las teclas de flechas para mover el cursor a la derecha de esa misma intersección x y oprime

ENTER para así definir la cota

El valor de la coordenada y puede aparecer como un decimal en notación científica, tal como $-1E - 12$, en vez de 0.

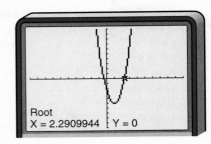

Root
X = 2.2909944   Y = 0

superior. Oprime ENTER y aparecerá entonces el valor aproximado de una de las raíces. Repite este proceso para hallar la otra raíz.

Ahora te toca a ti

Usa una calculadora de gráficas para aproximar las raíces de cada ecuación.

a. $x^2 + 2x - 9 = 0$ **b.** $7.5x^2 - 9.5 = 0$ **c.** $6x^2 + 5x + 5 = 0$

d. Usa una calculadora de gráficas para resolver $x^2 + 9x + 5 = 0$. Compara tu resultado con los del Ejemplo 2. ¿Cuál método para resolver prefieres?

Las ecuaciones cuadráticas siempre tienen dos raíces. Estas raíces, sin embargo, pueden no ser dos números reales distintos.

Ejemplo **Resuelve $x^2 - 12x + 36 = 0$ gráficamente.**

Grafica la función correspondiente, $f(x) = x^2 - 12x + 36$.

x	f(x)
4	4
5	1
6	0
7	1
8	4

La ecuación del eje de simetría es $x = 6$. El vértice de la parábola es $(6, 0)$.

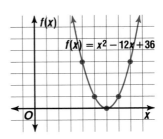

$f(x) = x^2 - 12x + 36$

Observa que el vértice de la parábola es su intersección x. Por lo tanto, una de las soluciones es 6. ¿Cuál es la otra solución?

Trata de resolver factorizando.

$$x^2 - 12x + 36 = 0$$

$$(x - 6)(x - 6) = 0$$

Haz que cada factor sea igual a 0.

$x - 6 = 0 \qquad x - 6 = 0$ *Propiedad del producto cero*

$\qquad x = 6 \qquad\qquad x = 6$ *Suma 6 a cada lado.*

Esta ecuación tiene dos raíces idénticas. Por lo tanto, hay una única raíz. La solución de $x^2 - 12x + 36 = 0$ es 6.

Hemos visto hasta aquí que las ecuaciones cuadráticas pueden tener dos raíces reales distintas o una única raíz real. ¿Es posible que no hayan raíces reales?

Ejemplo **Resuelve $x^2 + 2x + 5 = 0$ gráficamente.**

Grafica la función correspondiente, $f(x) = x^2 + 2x + 5$.

x	f(x)
−3	8
−2	5
−1	4
0	5
1	8

La ecuación del eje de simetría es $x = -1$.
El vértice de la parábola es $(-1, 4)$.

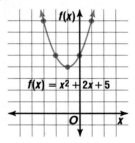

$f(x) = x^2 + 2x + 5$

Esta gráfica no tiene intersección x. Por lo tanto, no hay números reales que satisfagan esta ecuación.

El símbolo $\varnothing$, que designa el conjunto vacío, se usa a menudo para indicar que no hay soluciones reales.

Las ecuaciones cuadráticas pueden usarse para resolver problemas numéricos.

Ejemplo **Dos números suman 4. ¿Cuáles son los números si su producto es −12?**

Examina   Sea n uno de los números. El otro número es entonces $4 - n$.

Planifica   Una función que da el producto de estos dos números es $f(n) = n(4 - n)$, o sea, $f(n) = -n^2 + 4n$. Encuentra el valor de n para los que $f(n)$ es igual a -12.

Resuelve   Resuelve $f(n) = -n^2 + 4n$ si $f(n) = -12$.

$$f(n) = -n^2 + 4n$$
$$-12 = -n^2 + 4n \qquad f(n) = -12$$
$$0 = -n^2 + 4n + 12 \qquad \text{Reescribe la ecuación de modo que un lado sea 0.}$$

Grafica la función correspondiente, $f(n) = -n^2 + 4n + 12$.

Teoría numérica

n	y
−3	−9
−2	0
−1	7
0	12
1	15
2	16
3	15
4	12
5	7
6	0
7	−9

La ecuación del eje de simetría es $n = 2$.
El vértice de la parábola es $(2, 16)$.

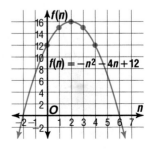

$f(n) = -n^2 + 4n + 12$

(continúa en la página siguiente)

Las intersecciones n de la gráfica parecen ser -2 y 6. Usa estos valores de n para hallar el valor del otro número $4 - n$.

Si $n = -2$, entonces $4 - n = 4 - (-2)$ ó 6.

Si $n = 6$, entonces $4 - n = 4 - 6$ ó -2.

Los números parecen ser 6 y -2.

Examina Averigua si los números anteriores satisfacen el problema.

La suma de los números es 4.   El producto de los números es -12.

$$-2 + 6 \stackrel{?}{=} 4 \qquad\qquad -2(6) \stackrel{?}{=} -12$$
$$4 = 4 \quad \checkmark \qquad\qquad -12 = -12 \quad \checkmark$$

Los dos números son -2 y 6.

COMPRUEBA LO QUE APRENDISTE

Comunicación en matemáticas

Estudia la lección y a continuación completa lo siguiente.

1. **Explica** por qué la intersección x de una función cuadrática puede usarse para resolver una ecuación cuadrática.

2. **Tú decides**   Joshua dice que le gusta más resolver ecuaciones cuadráticas mediante la factorización que mediante gráficas. Hanna dice que le gusta graficar porque así siempre obtiene una respuesta. ¿Quién tiene la razón? Da ejemplos que fundamenten tu respuesta.

3. ¿Cuál es la función correspondiente que usarías para resolver $x^2 + 9x + 2 = 3x - 4$ gráficamente?

4. Refiérete a la Aplicación al comienzo de la lección. ¿Cuál es el número mínimo de empleados que permitirán que la compañía alcance la meta de ganancias de $75,000?

MI DIARIO

DE MATEMÁTICAS

5. **Dibuja** ejemplos de cada tipo de situación que pueda presentarse cuando se usan gráficas para resolver ecuaciones cuadráticas. Identifica, en cada situación, el número de raíces reales de la función cuadrática.

Práctica dirigida

Determina el número de raíces reales de cada ecuación cuadrática cuya función correspondiente aparece graficada a continuación.

6.

7.

8.

9. Identifica las raíces de la ecuación cuadrática cuya función correspondiente aparece graficada a la derecha.

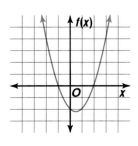

Resuelve gráficamente cada ecuación. Si no se pueden hallar raíces enteras, calcula las raíces encontrando, para cada una de ellas, dos enteros consecutivos entre los que esté ubicada.

10. $x^2 - 7x + 6 = 0$ **11.** $c^2 - 5c - 24 = 0$ **12.** $5n^2 + 2n + 6 = 0$

13. $w^2 - 3w = 5$ **14.** $b^2 - b + 4 = 0$ **15.** $a^2 - 10a = -25$

16. Teoría numérica Usa una ecuación cuadrática para hallar dos números cuya suma sea 5 y cuyo producto sea -24.

EJERCICIOS

Práctica

Identifica las raíces de cada ecuación cuadrática cuya función correspondiente aparece graficada a continuación.

17. 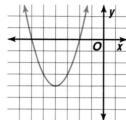 **18.** 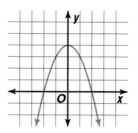 **19.**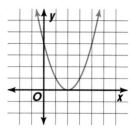

Resuelve gráficamente cada ecuación. Si no se pueden hallar raíces enteras, calcula las raíces encontrando, para cada una de ellas, dos enteros consecutivos entre los que esté ubicada.

20. $x^2 + 7x + 12 = 0$ **21.** $x^2 - 16 = 0$ **22.** $a^2 + 6a + 7 = 0$

23. $x^2 + 6x + 9 = 0$ **24.** $r^2 + 4r - 12 = 0$ **25.** $c^2 + 3 = 0$

26. $2c^2 + 20c + 32 = 0$ **27.** $3x^2 + 9x - 12 = 0$ **28.** $2x^2 - 18 = 0$

29. $p^2 + 16 = 8p$ **30.** $w^2 - 10w = -21$ **31.** $a^2 - 8a = 4$

32. $m^2 - 2m = -2$ **33.** $12n^2 - 26n = 30$ **34.** $4x^2 - 35 = -4x$

A continuación se dan las raíces de una ecuación cuadrática. Grafica la función cuadrática correspondiente si posee el punto máximo o mínimo que se indica.

35. raíces: $0, -6$

punto máximo: $(-3, 4)$

36. raíces: $-2, -6$

punto mínimo: $(-4, -2)$

37. raíces: no tiene raíces reales

punto máximo : $(2, 5)$

38. raíces: $-4 < x < -3, 1 < x < 2$

punto mínimo: $(-1, 6)$

Usa una ecuación cuadrática para hallar los dos números que satisfagan cada una de las siguientes condiciones.

39. Su diferencia es 4 y su producto es 32.

40. Su suma es 9 y su producto es 20.

41. Su suma es 4 y su producto es 5.

42. Difieren en 2. La suma de sus cuadrados es 130.

Aproxima las intersecciones y de cada relación cuadrática usando la gráfica de la función en cuestión.

43. $x = -0.75y^2 - 6y - 9$ **44.** $x = y^2 - 4y + 1$ **45.** $x = 3y^2 + 2y + 4$

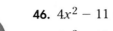

Usa una calculadora de gráficas para resolver cada ecuación aproximando en centésimas.

46. $4x^2 - 11 = 0$　　**47.** $-2x^2 - x - 3 = 0$　　**48.** $x^2 + 22x + 121 = 0$

49. $6x^2 - 12x + 3 = 0$　**50.** $5x^2 + 4x - 7 = 0$　　**51.** $-4x^2 + 7x + 8 = 0$

Usa una calculadora de gráficas para encontrar los valores de k de modo que cada una de las siguientes ecuaciones tenga (a) una única raíz, (b) dos raíces reales distintas y (c) ninguna raíz real.

52. $x^2 + 3x + k = 0$　　　　　　**53.** $kx^2 + 4x - 2 = 0$

Piensa críticamente

54. Supongamos que el valor de una función cuadrática es negativo cuando $x = 10$, y que es positivo cuando $x = 11$. Explica por qué es razonable asumir que la ecuación cuadrática correspondiente debe tener una solución entre 10 y 11.

Aplicaciones y solución de problemas

55. Arquitectura　Se contrató una pintora para pintar una galería de arte cuyas paredes están esculpidas con arcos, cada uno de los cuales pueden representarse mediante la función cuadrática $f(x) = -x^2 - 4x + 12$. El espacio de la pared debajo de cada arco va a ser pintado de un color diferente al del arco mismo. La pintora puede usar la fórmula

$A = \frac{2}{3}bh$ para calcular el área

debajo de una parábola que se abre hacia abajo donde b es el largo de un segmento horizontal que conecta dos puntos en la parábola y h es la altura desde el segmento al vértice. Supongamos que el segmento horizontal está representado por el suelo, que es el eje x, y que cada unidad es de un pie.

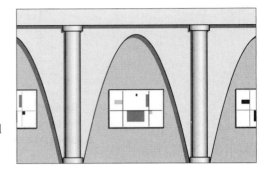

a. Grafica la función cuadrática y determina sus intersecciones x.

b. ¿Cuál es la longitud del segmento a lo largo del suelo?

c. ¿Cuál es la altura de cada arco?

d. ¿Cuál es el área debajo de cada arco?

e. ¿Cuánto cuesta pintar las paredes debajo de 12 arcos si la pintura cuesta $27/galón, la pintora aplica dos capas y si el fabricante de la pintura asegura que cada galón cubre 200 pies cuadrados?　*Recuerda que no puedes comprar una fracción de galón.*

56. Haz un dibujo　Banneker Park ha reservado una sección del parque como santuario natural, con una plataforma de observación y telescopios de modo que la gente pueda observar la vida silvestre y las plantas de cerca. Para acomodar el número creciente de visitantes que esperan, la comisión del parque ha recibido fondos para duplicar el área de estacionamiento. El lote de estacionamiento actual mide 64 yardas por 96 yardas y van a añadir franjas del mismo ancho al final y a un lado de este, creando un rectángulo más grande que sea el doble del original.

a. Traza un dibujo del lote y de las adiciones propuestas.

b. Escribe una ecuación cuadrática para hallar x, el ancho de las franjas, de forma que el área del lote de estacionamiento sea el doble del área original.

c. ¿Cuál es el ancho de las franjas que se añadirán?

d. ¿Cuáles son las dimensiones del nuevo lote de estacionamiento?

Los parques nacionales más visitados en 1993

Parque	Visitantes
1. Great Smoky Mountains	9,283,848
2. Grand Canyon	4,575,602
3. Yosemite	3,839,645
4. Yellowstone	2,912,193
5. Rocky Mountains	2,780,342

57. Encuentra la ecuación del eje de simetría y el vértice de la gráfica de $y = -3x^2 + 4$.   (Lección 11–1)

58. Resuelve $81x^3 + 36x^2 = -4x$.   (Lección 10–6)

59. **Geometría**   El área de un rectángulo es de $(8x^2 - 10x + 3)$ metros cuadrados. ¿Cuáles son sus dimensiones?   (Lección 10–3)

60. Halla $(x - 2y)^3$.   (Lección 9–8)

61. Encuentra el grado de $6x^2y + 5x^3y^2z - x + x^2y^2$.   (Lección 9–4)

62. Usa gráficas para resolver el siguiente sistema de ecuaciones. (Lección 8–1)
$$x + y = 3$$
$$x + y = 4$$

63. Resuelve $|3x + 4| < 8$.   (Lección 7–6)

64. Grafica $y = -x + 6$.   (Lección 6–5)

65. **Comercio**   Calcula el precio de venta de un artículo que costaba \$33 originalmente y ha sido descontado en un 25%.   (Lección 4–4)

66. Calcula $-4 + 6 + (-10) + 8$.   (Lección 2—3)

TRABAJA EN LA In·ves·ti·ga·ción

Refiérete a las páginas 554–555.

la FÁBRICA DE LADRILLOS

Para poder usar más eficientemente el exceso de ladrillos, vas a investigar las combinaciones posibles que agoten el inventario a una tasa constante.

1 Supongamos que tienes cuatro ladrillos cuadrados grandes y tres ladrillos cuadrados pequeños. ¿Cuántos ladrillos rectangulares necesitas para crear un patrón rectangular? ¿Existe más de un patrón que sea posible hacer si cambias el número de ladrillos rectangulares?

- ¿Cuáles son las dimensiones, perímetros y áreas de los patrones rectangulares que se han formado?
- Usa las variables x y y para designar el largo del ladrillo cuadrado grande y el largo del ladrillo cuadrado pequeño, respectivamente. Haz una lista de las dimensiones, el perímetro y el área de cada patrón en términos de x y y.

- Explica tus hallazgos. ¿Cómo se relacionan en este contexto los perímetros y áreas de estos patrones?

2 Si tienes tres ladrillos cuadrados grandes, cinco ladrillos rectangulares y dos ladrillos cuadrados pequeños, ¿qué tamaño de patrones rectangulares puedes formar? Escribe las dimensiones, el perímetro y el área de cada patrón en términos de x y y.

3 Si tienes dos ladrillos cuadrados grandes, seis ladrillos rectangulares y cuatro ladrillos pequeños, ¿qué tamaño de patrones rectangulares puedes formar? Escribe las dimensiones, el perímetro y el área de cada patrón en términos de x y y.

4 Explica el método que usaste para resolver estos problemas, así como cualquier generalización que hayas descubierto.

Agrega los resultados de tu trabajo a tu *Archivo de investigación*.

Usa la fórmula cuadrática para resolver ecuaciones cuadráticas

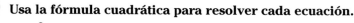

Lo que **APRENDERÁS**

• A resolver ecuaciones cuadráticas mediante la fórmula cuadrática.

Por qué **ES IMPORTANTE**

Porque puedes usar ecuaciones cuadráticas para resolver problemas de hidráulica y de cívica.

CONEXIÓN
Educación cívica

El número de ciudadanos (en millones) que han votado en cada elección presidencial desde 1824 puede aproximarse por la función cuadrática $V(t) = 0.0046t^2 - 0.185t + 3.30$, donde t es el número de años que han transcurrido desde 1824. Marcela Ruiz necesita determinar, para un proyecto de historia, en qué año el número de votantes para una elección presidencial fue de 55 millones. Usó la función anterior, sustituyendo $V(t)$ por 55.

$$V(t) = 0.0046t^2 - 0.185t + 3.30$$
$$55 = 0.0046t^2 - 0.185t + 3.30$$
$$0 = 0.0046t^2 - 0.185t - 51.7$$

Marcela sabe que puede hacer uso de su calculadora de gráficas para calcular las soluciones de esta ecuación, pero se pregunta cómo obtener una buena aproximación si no tiene una calculadora de gráficas. *Vas a calcular estas soluciones en el Ejemplo 4.*

Puedes usar la **fórmula cuadrática** para resolver cualquier ecuación cuadrática.

La fórmula cuadrática	Las soluciones de una ecuación cuadrática escrita en la forma $ax^2 + bx + c = 0$, donde $a \neq 0$, están dadas por la fórmula $$x = \frac{-b \pm \sqrt{b^2 - 4ac}}{2a}.$$

La fórmula cuadrática puede usarse para resolver cualquier ecuación cuadrática que involucre cualquier variable.

Ejemplo ❶ **Usa la fórmula cuadrática para resolver cada ecuación.**

a. $x^2 - 6x - 40 = 0$

En esta ecuación, $a = 1$, $b = -6$ y $c = -40$. Sustituye estos valores en la fórmula cuadrática.

El símbolo $\pm$ significa que primero hay que evaluar la expresión usando $+$ y luego usando $-$. Esto produce las dos soluciones de la ecuación.

$$x = \frac{-b \pm \sqrt{b^2 - 4ac}}{2a}$$

$$= \frac{-(-6) \pm \sqrt{(-6)^2 - 4(1)(-40)}}{2(1)} \qquad a = 1,\ b = -6\ y\ c = -40$$

$$= \frac{6 \pm \sqrt{36 + 160}}{2}$$

$$= \frac{6 \pm \sqrt{196}}{2}$$

$$= \frac{6 \pm 14}{2}$$

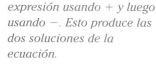

$$x = \frac{6 + 14}{2} \qquad \text{ó} \qquad x = \frac{6 - 14}{2}$$

$$= \frac{20}{2} \text{ ó } 10 \qquad\qquad = -\frac{8}{2} \text{ ó } -4$$

También puedes verificar la solución de cualquier ecuación sustituyendo cada valor obtenido con la fórmula cuadrática en la ecuación original.

Verifica: Resuelve gráficamente la función correspondiente $f(x) = x^2 - 6x - 40$. Las intersecciones x parecen ser 10 y -4. Esto concuerda con la solución algebraica.

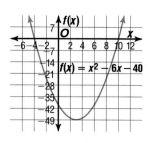

Las soluciones son 10 y -4.

b. $y^2 - 6y + 9 = 0$

$$y = \frac{-b \pm \sqrt{b^2 - 4ac}}{2a}$$

$$= \frac{-(-6) \pm \sqrt{(-6)^2 - 4(1)(9)}}{2(1)} \qquad a = 1, \, b = -6 \text{ y } c = 9$$

$$= \frac{6 \pm \sqrt{36 - 36}}{2}$$

$$= \frac{6 \pm \sqrt{0}}{2}$$

$$y = \frac{6 + 0}{2} \quad \text{ó} \quad y = \frac{6 - 0}{2}$$

$$= 3 \qquad\qquad = 3$$

Verifica: Resuelve factorizando.

$$y^2 - 6y + 9 = 0$$

$$(y - 3)(y - 3) = 0$$

$$y - 3 = 0 \qquad\qquad y - 3 = 0 \qquad \textit{Propiedad del producto cero}$$

$$y = 3 \qquad\qquad y = 3 \qquad \textit{Suma 3 a cada lado.}$$

3 es la única solución.

MIRADA RETROSPECTIVA

Puedes consultar la lección 2-8 para repasar los números irracionales.

A veces la fórmula cuadrática da como resultado soluciones que son números irracionales. En este caso es útil valerse de una calculadora para calcular las soluciones.

Ejemplo ② Usa la fórmula cuadrática para resolver $2n^2 - 7n - 3 = 0$.

$$n = \frac{-b \pm \sqrt{b^2 - 4ac}}{2a}$$

$$= \frac{-(-7) \pm \sqrt{(-7)^2 - 4(2)(-3)}}{2(2)} \qquad a = 2, \, b = -7 \text{ y } c = -3$$

$$= \frac{7 \pm \sqrt{49 + 24}}{4}$$

$$= \frac{7 \pm \sqrt{73}}{4}$$

$\sqrt{73}$ es un número irracional. Podemos usar una calculadora para calcular las soluciones, hallando una aproximación decimal de $\sqrt{73}$.

$$n = \frac{7 + \sqrt{73}}{4} \approx 3.886 \qquad\qquad n = \frac{7 - \sqrt{73}}{4} \approx -0.386$$

Las dos soluciones son, aproximadamente, -0.386 y 3.886.

Al resolver ecuaciones cuadráticas gráficamente, descubrimos que algunas de ellas no tienen soluciones reales. ¿Cómo funciona la fórmula cuadrática en este caso?

Ejemplo 3 **Usa la fórmula cuadrática para resolver $z^2 - 5z + 12 = 0$.**

$$z = \frac{-b \pm \sqrt{b^2 - 4ac}}{2a}$$

$$= \frac{-(-5) \pm \sqrt{(-5)^2 - 4(1)(12)}}{2(1)} \qquad a = 1,\ b = -5\ y\ c = 12$$

$$= \frac{5 \pm \sqrt{25 - 48}}{2}$$

$$= \frac{5 \pm \sqrt{-23}}{2}$$

Como no existe un número real que sea la solución cuadrada de un número negativo, concluimos que esta ecuación no posee soluciones reales.

Es a menudo útil emplear una calculadora cuando usamos la fórmula cuadrática para resolver problemas de la vida real. Si la ecuación no tiene soluciones reales, la calculadora te dará un mensaje de error.

Ejemplo 4

CONEXIÓN
Educación cívica

Refiérete a la Conexión del comienzo de la lección. Determina en qué año el número de votantes en una elección presidencial fue de aproximadamente 55 millones.

Usa una calculadora científica y la fórmula cuadrática para hallar los valores de t. Los valores de a, b y c son 0.0046, -0.185 y 51.7, respectivamente. Encuentra el valor de $\sqrt{b^2 - 4ac}$ y guárdalo en la memoria de la calculadora.

Ejecuta: (.185 +/- x² − 4 × .0046 × 51.7 +/-)

√x̄ STO *0.992726044*

Ahora, evalúa la fórmula cuadrática.

Ejecuta: ((.185 +/-) +/- + RCL) ÷ (2

× .0046) = *128.0137005*

Ejecuta: ((.185 +/-) +/- − RCL) ÷ (2

× .0046) = *−87.79630922*

Una solución negativa no tiene sentido para este problema.

Dado que t es el tiempo en años que han transcurrido desde 1824, suma 128 a 1824: $128 + 1824 = 1952$.

Por lo tanto, 1952 fue el año en el que aproximadamente 55 millones de personas votaron en una elección presidencial.

Comunicación en matemáticas

Estudia la lección y a continuación completa lo siguiente.

1. **Explica** por qué obtienes dos soluciones al usar la fórmula cuadrática.

2. **Explica** lo que sucede con la fórmula cuadrática cuando la ecuación cuadrática no tiene soluciones reales.

3. Refiérete a la Conexión del comienzo de la lección.
   a. ¿Cuántos ciudadanos votarán en la elección del año 2000?
   b. Describe el dominio y la amplitud de esta relación.

MI DIARIO

DE MATEMÁTICAS

4. **Evalúate** Has aprendido a usar gráficas, la factorización y la fórmula cuadrática para resolver ecuaciones cuadráticas. ¿Cuál método prefieres y por qué?

Práctica dirigida

Identifica los valores de *a, b* y *c* de cada ecuación cuadrática. Luego resuélvelas usando la fórmula cuadrática. Aproxima la soluciones irracionales en centésimas.

5. $x^2 + 3x - 18 = 0$

6. $14 = 12 - 5x - x^2$

7. $4x^2 - 2x + 15 = 0$

8. $x^2 = 25$

Resuelve usando la fórmula cuadrática. De ser necesario, aproxima las soluciones en centésimas.

9. $4x^2 + 2x - 17 = 0$

10. $3b^2 + 5b + 11 = 0$

11. $x^2 + 7x + 6 = 0$

12. $z^2 - 13z = 32$

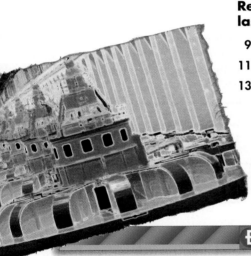

13. **Hidráulica** La fórmula de Cox, empleada para medir la velocidad del agua que escapa de una represa a través de un tubo horizontal, es $4v^2 + 5v - 2 = \frac{1200HD}{L}$, donde v es la velocidad del agua en pies por segundo, H es la altura de la represa en pies, D es el diámetro del tubo en pulgadas y L es la longitud del tubo en pies. ¿A qué velocidad fluye el agua a través de un tubo de 20 pies de largo por 6 pulgadas de diámetro que drena una piscina de 10 pies de profundidad? Redondea tu respuesta en décimas.

EJERCICIOS

Práctica

Resuelve usando la fórmula cuadrática. Aproxima las soluciones irracionales en centésimas.

14. $x^2 - 2x - 24 = 0$

15. $a^2 + 10a + 12 = 0$

16. $c^2 + 12c + 20 = 0$

17. $5y^2 - y - 4 = 0$

18. $r^2 + 25 = 0$

19. $3b^2 - 7b - 20 = 0$

20. $y^2 + 12y + 36 = 0$

21. $2r^2 + r - 14 = 0$

22. $2x^2 + 4x = 30$

23. $2x^2 - 28x + 98 = 0$

24. $24x^2 - 14x = 6$

25. $6x^2 + 15 = -19x$

26. $12x^2 = 48$

27. $x^2 + 6x = 36 + 6x$

28. $1.34a^2 - 1.1a = -1.02$

29. $3m^2 - 2m = 1$

30. $24a^2 - 2a = 15$

31. $2w^2 = -(7w + 3)$

32. $a^2 - \frac{3}{5}a + \frac{2}{25} = 0$

33. $-2x^2 + 0.7x = -0.3$

34. $2y^2 - \frac{5}{4}y = \frac{1}{2}$

Determina, sin usar una gráfica, las intersecciones *x* de la gráfica de cada función aproximando en décimas.

35. $f(x) = 2x^2 - 5x + 2$

36. $f(x) = 4x^2 - 9x + 4$

37. $f(x) = 13x^2 - 16x - 4$

Usa la fórmula cuadrática para determinar los valores de *a*, *b* y *c* si los siguientes números son las soluciones de una ecuación cuadrática. Escribe a continuación la ecuación.

38. $-1 \pm \sqrt{3}$ **39.** $\dfrac{-5 \pm \sqrt{2}}{2}$ **40.** $\dfrac{4 \pm \sqrt{29}}{2}$

Programación

41. El programa de calculadora de gráficas de la derecha determina qué tipo de soluciones tiene una ecuación cuadrática y luego exhibe aproximaciones decimales de las soluciones, si las soluciones son números reales.

Usa este programa para hallar las soluciones de cada ecuación.

a. $x^2 - 11x + 10 = 0$
b. $3x^2 - 2x + 1 = 0$
c. $4x^2 + 4x + 1 = 0$
d. $7x^2 + 2x - 5 = 0$

```
PROGRAM:SOLUTIONS
: Prompt A, B, C
: B²−4AC→D
: If D < 0
: Then
: Disp "NO REAL SOLUTIONS"
: Stop
: End
: If D = 0
: Then
: Disp "1 DISTINCT SOLUTION:"
  −B/2A
: Else
: Disp "2 REAL SOLUTIONS",
  (−B+√ D)/2A, (−B−√ D)/2A
: End
```

Piensa críticamente

42. La expresión $b^2 - 4ac$ recibe el nombre de **discriminante** de la ecuación cuadrática. El discriminante es útil para determinar el tipo de soluciones que obtendrás al resolver una ecuación cuadrática. Copia y completa la siguiente tabla.

Ecuación	$x^2 - 4x + 1 = 0$	$x^2 + 6x + 11 = 0$	$x^2 - 4x + 4 = 0$
Valor del discriminante			
Gráfica de la ecuación			
Número intersecciones *x*			
Número de soluciones reales			

43. Usa los resultados de los Ejemplos 1–3 y la tabla anterior para describir el discriminante de la ecuación cuadrática que posee cada tipo de solución.

a. dos soluciones irracionales   **b.** dos soluciones racionales no enteras

c. dos soluciones enteras   **d.** una única solución entera

Aplicaciones y solución de problemas

44. Gobierno Entre 1980 y 1993, los ingresos (en billones de dólares) del gobierno federal pueden modelarse mediante la ecuación cuadrática $I(t) = 0.26t^2 + 49.94t + 511.4$, donde *t* es el número de años transcurridos desde 1980.

a. Determina los valores del dominio y la amplitud para los cuales tiene sentido esta función.

b. Determina los ingresos de 1993.

c. Asume que el patrón continúa. ¿Cuánto serán los ingresos federales proyectados para el año 2000?

d. Determina en qué año los ingresos federales fueron $1000 billones, o sea, de un trillón de dólares.

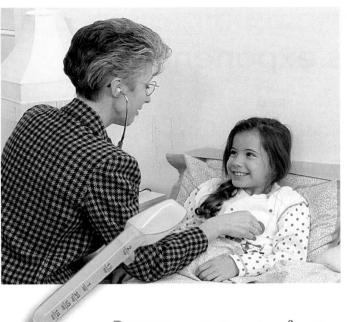

45. Medicina Existen dos criterios que gobiernan la cantidad de medicamento que se le debe administrar a un niño si se conoce la dosis para adultos. Uno, es el criterio de Young, $n = \dfrac{ed}{e + 12}$, El otro es el criterio de Cowling, $n = \dfrac{(e + 1)d}{24}$. En ambas fórmulas e es la edad del niño (en años), d es la dosis para adultos y n es la dosis infantil.

a. La dosis adulta de una droga es de 30 mg/día. Calcula la dosis infantil usando ambos criterios.

b. Escribe una ecuación cuadrática que corresponda a la edad en que ambos criterios administran la misma dosis infantil, para un niño de 6 años. Resuelve esta ecuación.

Repaso comprensivo

46. Resuelve $x^2 + 10x = -21$ gráficamente. (Lección 11–2)

47. Resuelve $4s^2 = -36s$. (Lección 10–6)

48. Resuelve $3a^2(a - 4) + 6a(3a^2 + a - 7) - 4(a - 7)$. (Lección 9–6)

49. Teoría numérica La suma de dos números es 42. Su diferencia es 6. Encuentra los números. (Lección 8–3)

50. Grafica el conjunto solución de $b > 5$ ó $b \le 0$. (Lección 7–4)

51. Decide si la siguiente relación es una función. (Lección 5–5)
$\{(3, 2), (-3, -2), (-4, -2), (4, -2)\}$

52. Resuelve $3x + 8 = 2x - 4$. (Lección 3–5)

53. El tiempo La temperatura a las 8:00 A.M. fue de 36° F. Un frente frío apareció esa noche y hacia las 3:00 A.M. del día siguiente la temperatura había bajado 40°. ¿Cuál fue la temperatura a las 3:00 A.M.? (Lección 2–1)

AUTOEVALUACIÓN

Escribe la ecuación del eje de simetría y encuentra el vértice de la gráfica de cada función. Grafica la función. (Lección 11–1)

1. $y = x^2 - x - 6$

2. $y = 2x^2 + 3$

3. $y = -x^2 + 7$

4. Física La altura h en pies de un cohete experimental, t segundos después de que ser lanzado viene dada por la fórmula $h = -16t^2 + 2320t + 125$. (Lección 11–1)

a. ¿Cuánto se demora aproximadamente el cohete en alcanzar una altura de 84,225 pies?

b. ¿Cuánto tiempo más se demora el cohete desde esta altura en alcanzar su altura máxima?

Resuelve cada ecuación gráficamente. Si no se pueden hallar raíces enteras, identifica para cada raíz, los enteros consecutivos entre los cuales yace dicha raíz. (Lección 11–2)

5. $x^2 = 81$

6. $4x^2 = 35 - 4x$

7. $6x^2 + 36 = 0$

Resuelve cada ecuación usando la fórmula cuadrática. Aproxima las raíces irracionales en centésimas. (Lección 11–3)

8. $a^2 + 7a = -6$

9. $y^2 + 6y + 10 = 0$

10. $z^2 - 13z - 32 = 0$

11–4A Tecnología gráfica
Funciones exponenciales

Una sinopsis de la Lección 11–4

Las calculadoras de gráficas pueden usarse para graficar fácilmente muchos tipos de funciones, facilitando el estudio de patrones en las funciones. Esto incluye las **funciones exponenciales** de la forma $y = a^x$, donde $a > 0$ y $a \neq 1$.

Ejemplo **Grafica cada función en la pantalla de visión estándar. Describe la gráfica.**

a. $y = 3^x$

Entra la ecuación en la lista Y=.

Ejecuta: [Y=] 3 [∧] [X,T,θ] [ZOOM] 6

Observa que la gráfica crece rápidamente a medida que x aumenta. La gráfica pasa por el punto (0, 1). El dominio de la función son todos los números reales y la amplitud son todos los números reales positivos.

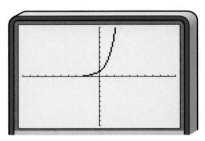

b. $y = \left(\frac{1}{3}\right)^x$

Ejecuta: [Y=] [(] 1 [÷] 3 [)] [∧]

[X,T,θ] [GRAPH]

La gráfica disminuye rápidamente a medida que x aumenta. La gráfica pasa por el punto (0, 1). El dominio son todos los números reales y la amplitud son todos los números reales positivos.

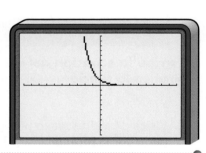

EJERCICIOS

Usa una calculadora de gráficas para graficar cada función exponencial. Bosqueja las gráficas en hojas de papel separadas.

1. $y = 2^x$ **2.** $y = 5^x$ **3.** $y = 0.1^x$

4. $y = \left(\frac{2}{3}\right)^x$ **5.** $y = 0.25^x$ **6.** $y = 1.6^x$

7. $y = 0.2^x$ **8.** $y = 0.5^{-x}$ **9.** $y = 10^x$

10. Resuelve $1.2x^x = 10$ gráficamente. Explica cómo resolviste la ecuación y redondea la solución a centésimas.

Funciones exponenciales

APLICACIÓN
Folklore

Un hombre sabio le pidió a su soberano que abasteciera de arroz a su pueblo para que este pudiese alimentarse. Pero en vez de recibir la misma ración de arroz diaria, el hombre sabio le pidió al soberano que colocase 2 granos de arroz en el primer cuadrado de un tablero de ajedrez, 4 granos en el segundo, 8 granos en el tercero, 16 granos en el cuarto y así sucesivamente, duplicando la cantidad de granos de arroz del cuadrado previo del tablero. ¿Cuántos granos de arroz recibirá en el último cuadrado (el 64avo) del tablero de ajedrez?

Puedes hacer una tabla y buscar un patrón para determinar cuántos granos de arroz son colocados en cada cuadrado del tablero de ajedrez.

P T I

Una libra de arroz contiene aproximadamente 24,000 granos de arroz.

Cuadrado	Granos	Patrón	Cuadrado	Granos	Patrón
1	2	2^1	19	524,288	2^{19}
2	4	2^2	20	1,048,576	2^{20}
3	8	2^3	21	2,097,152	2^{21}
4	16	2^4	22	4,194,304	2^{22}
5	32	2^5	23	8,388,608	2^{23}
6	64	2^6	24	16,777,216	2^{24}
7	128	2^7	25	33,554,432	2^{25}
8	256	2^8	26	67,108,864	2^{26}
9	512	2^9	27	134,217,728	2^{27}
10	1024	2^{10}	28	268,435,456	2^{28}
11	2048	2^{11}	29	536,870,912	2^{29}
12	4096	2^{12}	30	1,073,741,824	2^{30}
13	8192	2^{13}	31	2,147,483,648	2^{31}
14	16,384	2^{14}	32	4,294,967,296	2^{32}
15	32,768	2^{15}	33	8,589,934,592	2^{33}
16	65,536	2^{16}	34	17,179,869,184	2^{34}
17	131,072	2^{17}	35	34,359,738,368	2^{35}
18	262,144	2^{18}	36	68,719,476,736	2^{36}

Observa que cuando se calculan los 36 primeros cuadrados, hay más de 68 billones de granos de arroz en el cuadrado número 36. ¿Cuántos granos habrá en el cuadrado número 64? *Vas a responder esta pregunta en el Ejercicio 1.*

Examina la columna que da el patrón. Observa que el número en el exponente corresponde al número del cuadrado en el tablero de ajedrez. Podemos entonces escribir una ecuación que relacione el número de granos de arroz y en el cuadrado número x como $y = 2^x$. Este tipo de función, en el que la variable aparece en el exponente, recibe el nombre de **función exponencial**.

Definición de función exponencial	Una función exponencial es una función que se describe por una ecuación de la forma $y = a^x$, donde $a > 0$ y $a \neq 1$.

Puedes doblar papel para ilustrar las funciones exponenciales.

LOS MODELOS Y LAS MATEMÁTICAS

Modela una función exponencial

Materiales: ☐ un pedazo grande de papel

Ahora te toca a ti

a. Dobla el pedazo de papel en dos. Desdóblalo y anota el número de secciones en que el papel ha sido dividido por los dobleces. Vuelve a doblar el papel.

b. Dobla nuevamente el papel en dos. Anota cuántas secciones han formado los dobleces. Vuelve a doblar el papel.

c. Sigue doblando el papel en dos y anotando el número de secciones hasta que no puedas doblar más el papel.

d. ¿Cuántas veces pudiste doblar el papel?

e. ¿Cuántas secciones se formaron?

f. ¿Qué función exponencial se ha modelado con los dobleces y las secciones así formadas?

Así como con otras funciones, puedes usar pares ordenados para graficar una función exponencial. Usa una tabla de valores y una calculadora para encontrar pares ordenados que satisfagan la ecuación $y = 2^x$. Mientras que los valores negativos de x no tienen sentido en el problema del arroz, deberían incluirse en la gráfica de la función. Conecta los puntos para formar una curva continua.

x	y
−5	0.03125
−4	0.0625
−3	0.125
−2	0.25
−1	0.5
0	1
1	2
2	4
3	8
4	16

Observa que la gráfica tiene una intersección y igual a 1. ¿Tiene intersección x? *Vas a responder esta pregunta en el Ejercicio 2.*

La gráfica anterior exhibe todos los valores reales de x y sus valores correspondientes de y para $y = 2^x$.

Puedes usar una calculadora científica para hallar pares ordenados y graficar así otras funciones exponenciales. Por ejemplo, supongamos que $y = 3^x$ y que $x = -2$.

Ejecuta: 3 ⟦y^x⟧ 2 ⟦+/−⟧ ⟦=⟧   *0.111111111*

Ejemplo ❶ Grafica cada función. Identifica la intersección y de cada gráfica.

a. $y = 3^x$

x	y
−3	0.037
−2	0.111
−1	0.333
0	1
1	3
2	9
3	27

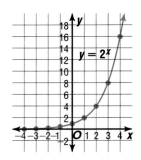

La intersección y es 1.

b. $y = \left(\frac{1}{3}\right)^x$

x	y
−3	27
−2	9
−1	3
0	1
1	0.333
2	0.111
3	0.037
4	0.012

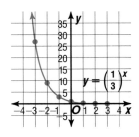

$y = \left(\frac{1}{3}\right)^x$

La intersección y es 1.

Observa que la gráfica de $y = \left(\frac{1}{a}\right)^x$, para a > 1, disminuye rápidamente a medida que x aumenta.

c. $y = 3^x - 7$

x	y
−3	−6.96
−2	−6.89
−1	−6.67
0	−6
1	−4
2	2
3	20
4	74

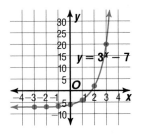

$y = 3^x - 7$

La intersección y es −6.

MIRADA RETROSPECTIVA

Puedes consultar la lección 10-1 para repasar factores.

¿Cómo decides si un conjunto de datos es exponencial? Un método es observar la forma de la gráfica. Pero la gráfica de una función exponencial puede parecerse a una porción de la gráfica de una función cuadrática. Otra forma es **buscar un patrón** en los datos.

Ejemplo ❷ **Decide si cada conjunto de datos exhibe comportamiento exponencial.**

SOLUCIÓN DE PROBLEMAS
Busca un patrón

a.

x	0	5	10	15	20	25
y	800	400	200	100	50	25

Método 1: Busca un patrón.

Los valores del dominio están espaciados a intervalos regulares de a 5. Veamos si hay un factor común en los valores del rango.

800 400 200 100 50 25
  $\times\frac{1}{2}$ $\times\frac{1}{2}$ $\times\frac{1}{2}$ $\times\frac{1}{2}$ $\times\frac{1}{2}$

Dado que los valores del dominio aparecen a intervalos regulares de 5 y los valores de la amplitud poseen un factor común, los datos probablemente sean exponenciales. La ecuación de los datos está probablemente relacionada con $\left(\frac{1}{2}\right)^x$.

Método 2: Grafica los datos.

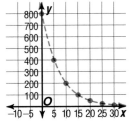

La gráfica exhibe un valor de y que disminuye rápidamente a medida que x aumenta. Esta es una de las características del comportamiento exponencial.

SUGERENCIA
TECNOLÓGICA

También puedes usar una calculadora de gráficas para trazar una gráfica de dispersión de los datos y observar los patrones.

b.

x	0	5	10	15	20	25
y	3	6	9	12	15	18

Método 1: Busca un patrón.

Los valores del dominio están espaciados a intervalos regulares de 5. Los valores de la amplitud tienen una diferencia común igual a 3.

3 6 9 12 15 18
  +3 +3 +3 +3 +3

Estos datos no exhiben un comportamiento exponencial, sino uno lineal.

Método 2: Grafica los datos.

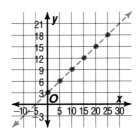

Esta es la gráfica de una recta, no de una función exponencial.

Las funciones exponenciales se usan a menudo para describir situaciones de la vida real. Henri Becquerel descubrió a fines del siglo pasado que los fósiles contienen, en forma natural, átomos radiactivos de carbono-14. Durante su vida, un organismo absorbe carbono-14 del sol. Cuando el organismo muere, este proceso se detiene y la cantidad de carbono-14 presente en el organismo comienza a desintegrarse gradualmente en otros elementos.

La **media vida** de un elemento se define como el tiempo que se demora la mitad de una cantidad del elemento en desintegrarse. El carbono-14 tiene una media vida de 5730 años. Esto significa que al cabo de 5730 años la mitad de la cantidad original de carbono-14 se ha desintegrado. En otros 5730 años, la mitad de la mitad que queda se habrá desintegrado y así sucesivamente. Este patrón de disminución puede describirse por la relación $a = 0.5^t$, donde a es el factor de disminución y t es el número de medias vidas.

Media vida	Gramos de carbono-14 que quedan	
0	64	$= 64 \times 0.5^0$
1	32	$= 64 \times 0.5^1$
2	16	$= 64 \times 0.5^2$
3	8	$= 64 \times 0.5^3$
4	4	$= 64 \times 0.5^4$
5	2	$= 64 \times 0.5^5$
6	1	$= 64 \times 0.5^6$
7	0.5	$= 64 \times 0.5^7$
8	0.25	$= 64 \times 0.5^8$
9	0.125	$= 64 \times 0.5^9$

Examina la tabla para observar la desintegración de 64 gramos de carbono-14 a través de varias medias vidas. Observa la relación con la función exponencial $a = 0.5^t$.

Ejemplo ❸

APLICACIÓN
Arqueología

MIRADA RETROSPECTIVA

Puedes consultar la lección 9-3 para repasar la notación científica.

Si la concentración original de carbono-14 en un organismo vivo era de 256 gramos, determina la cantidad de carbono-14 que queda en cada caso.

a. El organismo vivió 1000 años atrás.

b. El organismo vivió 10,000 años atrás.

a. Primero calcula cuántas medias vidas de carbono-14 hay en un millón de años. $\frac{1000}{5730} \approx 0.1745$ medias vidas

Luego determina el valor del factor de desintegración cuando $t = 0.1745$.

$a = 0.5^t$

$\quad = 0.5^{0.1745}$

$\quad \approx 0.886$ *Usa una calculadora.*

Multiplica la cantidad original de carbono-14 por este factor.
256 gramos $\times$ 0.886 = 226.8 gramos

b. Calcula cuántas medias vidas de carbono-14 hay en 100,000 años.

$\frac{10{,}000}{5730} \approx 1.75$ medias vidas

Determina el valor del factor de desintegración cuando $t = 1.75$.

$a = 0.5^{1.75}$

$\quad \approx 0.297$

Multiplica la cantidad original de carbono-14 por este factor.
256 gramos $\times$ 0.297 $\approx$ 76.0 gramos

Puedes utilizar el álgebra para resolver ecuaciones relacionadas con expresiones exponenciales mediante la siguiente propiedad.

Propiedad de igualdad de las funciones exponenciales	**Supongamos que a es un número positivo distinto de 1. Entonces $a^{x_1} = a^{x_2}$ si y solo si $x_1 = x_2$.**

Las habilidades que adquiriste resolviendo ecuaciones cuadráticas puede serte útil cuando resuelvas algunas ecuaciones exponenciales.

Ejemplo **Resuelve $64^3 = 4^{x^2}$.**

Explora Las dos cantidades no tienen la misma base o valor de a. Pero 64 es una potencia de 4.

Planifica Para poder usar la propiedad anterior, debemos reescribir los términos de manera que tengan la misma base. Luego podemos usar la propiedad de igualdad de las funciones exponenciales.

MIRADA RETROSPECTIVA
Puedes consultar la lección 9-1 para repasar las propiedades de los exponentes.

Resuelve
$$64^3 = 4^{x^2}$$
$$(4^3)^3 = 4^{x^2} \quad \text{\small 64 = 4 · 4 · 4 ó } 4^3$$
$$4^9 = 4^{x^2} \quad \text{\small Potencia de una potencia}$$
$$9 = x^2 \quad \text{\small Propiedad de igualdad de las funciones exponenciales}$$
$$x^2 - 9 = 0 \quad \text{\small Reescribe la ecuación en forma estándar.}$$
$$(x + 3)(x - 3) = 0 \quad \text{\small Factoriza.}$$
$$x + 3 = 0 \qquad x - 3 = 0 \quad \text{\small Propiedad del producto cero}$$
$$x = -3 \qquad\quad x = 3$$

Examina Verifica cada solución sustituyéndola en la ecuación original.

$$64^3 = 4^{x^2} \qquad\qquad 64^3 = 4^{x^2}$$
$$64^3 \stackrel{?}{=} 4^{3^2} \quad \text{\small x = 3} \qquad 64^3 \stackrel{?}{=} 4^{(-3)^2} \quad \text{\small x = -3}$$
$$262{,}144 \stackrel{?}{=} 4^9 \qquad\quad 262{,}144 \stackrel{?}{=} 4^9$$
$$262{,}144 = 262{,}144 \quad \checkmark \qquad 262{,}144 = 262{,}144 \quad \checkmark$$

Las soluciones son 3 y -3.

Comunicación en matemáticas

Estudia la lección y a continuación completa lo siguiente.

1. **Refiérete** a la Aplicación al comienzo de la lección.

   a. Usa una calculadora para determinar cuántos granos de arroz hay en el cuadrado número 64 del tablero de ajedrez.

   b. ¿Cuántas toneladas de arroz es esto? (*Sugerencia:* Recuerda que 1 T = 2000 libras.)

2. **a. Decide** si la gráfica de $y = 2^x$ tiene alguna intersección x.

   b. Describe tu método en la parte a.

   c. ¿Se cumple esto para todas las funciones exponenciales?

3. **a. Determina** si la gráfica de $y = 2^x$ tiene un vértice.

   b. Describe el método usado en la parte a.

   c. ¿Se cumple esto para todas las funciones exponenciales?

4. **Explica** por qué se requiere que $a \neq 1$ en la definición y propiedades relacionadas con las funciones exponenciales.

5. **Escribe** un párrafo en el que expliques por qué crees que una calculadora puede ser una herramienta útil en el estudio de las funciones exponenciales.

LOS MODELOS Y LAS MATEMÁTICAS

6. Refiérete a la *Los modelos y las matemáticas* de la página 636.

   a. Supongamos que el área del rectángulo mayor es 1. Halla el área de cada sección después de cada doblez. Anota tus hallazgos en una tabla.

   b. Compara el número de dobleces con el área de cada sección. ¿Qué patrón observas?

   c. Escribe una función exponencial que relacione el número de dobleces con el área de cada sección.

Práctica dirigida

Usa una calculadora para determinar el valor aproximado de cada expresión en centésimas.

7. $3^{1.5}$ 8. $3^{-0.9}$ 9. $3^{2.3}$

Grafica cada función. Identifica la intersección y.

10. $y = 0.5^x$ 11. $y = 2^x + 6$

12. Decide si la siguiente tabla exhibe un comportamiento exponencial. Describe el comportamiento.

x	0	1	2	3	4	5
y	1	6	36	216	1296	7776

Resuelve cada ecuación.

13. $5^{3y+4} = 5^y$ 14. $2^5 = 2^{2x-1}$ 15. $3^x = 9^{x+1}$

16. **Biología** Supongamos que $B = 100 \cdot 2^t$ es el número de bacterias B presentes en una cápsula de petri después de t horas, habiendo empezado con 100 bacterias. ¿Cuánto tiempo habrá transcurrido cuando hayan 1000 bacterias?

Práctica

Usa una calculadora para determinar el valor aproximado de cada expresión en centésimas.

17. $4^{1.7}$ 18. $10^{-0.5}$ 19. $\left(\frac{2}{3}\right)^{-1.2}$ 20. $\left(\frac{1}{3}\right)^{4.1}$

21. $50(3^{-0.6})$ 22. $10(3^{-1.8})$ 23. $0.4(3^{0.7})$ 24. $20(0.25^{-2.7})$

Grafica cada función. Identifica la intersección y.

25. $y = 2^x + 4$ **26.** $y = 2^{x+4}$ **27.** $y = 3\left(\dfrac{1}{3}\right)^x$

28. $y = 2 \cdot 3^x$ **29.** $y = 4^x$ **30.** $y = \left(\dfrac{1}{4}\right)^x$

Decide si los datos en cada tabla exhiben comportamiento exponencial. Explica tu respuesta.

31.

x	y
−2	−5
−1	−2
0	1
1	4

32.

x	y
0	1
1	0.5
2	0.25
3	0.125

33.

x	y
−1	−0.5
0	1.0
1	−2.0
2	4.0

Resuelve cada ecuación.

34. $5^{3x} = 5^{-3}$ **35.** $2^{x+3} = 2^{-4}$ **36.** $5^x = 5^{3x+1}$

37. $10^x = 0.001$ **38.** $2^{2x} = \dfrac{1}{8}$ **39.** $\left(\dfrac{1}{6}\right)^q = 6^{q-6}$

40. $16^{x-1} = 64^x$ **41.** $81^x = 9^{x^2-3}$ **42.** $4^{x^2-2x} = 8^{x^2+1}$

Calculadora de gráficas

Así como sucede con las gráficas lineales y cuadráticas, las gráficas exponenciales pueden formar familias de gráficas. Grafica cada conjunto de funciones en la misma pantalla. Bosqueja las gráficas y plantea las similitudes y diferencias.

43. $y = 3^x$
$y = 3^{x+4}$
$y = 3^{x-2}$

44. $y = \left(\dfrac{1}{3}\right)^x$
$y = \left(\dfrac{1}{3}\right)^x + 5$
$y = \left(\dfrac{1}{3}\right)^x - 3$

45. $y = 2^x$
$y = 2^{x-7}$
$y = 2^{x-2}$

46. $y = 6^x$
$y = 6^{3x}$
$y = 6^{8x}$

47. a. Usa una calculadora de gráficas para resolver $2.5^x = 10$. Aproxima la solución en centésimas.

b. Explica por qué no puedes resolver esta ecuación del modo que resolviste la ecuación del Ejercicio 41.

Piensa críticamente

48. Refiérete a la ecuación del Ejemplo 1. Usa una calculadora para hallar valores adicionales, completando así lo siguiente.

a. Si $y = 3^x$, y x disminuye, ¿a qué número se acerca el valor de y?

b. Si $y = \left(\dfrac{1}{3}\right)^x$, y x crece, ¿a qué número se acerca el valor de y?

c. For $y = 3^x - 7$, y x disminuye, ¿a qué número se acerca el valor de y?

d. Para cualquier función $y = a^x + c$, donde $a > 1$, ¿a qué valor se acerca y a medida que x disminuye?

e. Para cualquier función $y = a^x + c$, donde $0 < a < 1$, ¿a qué valor se acerca y a medida que x crece?

Aplicaciones y solución de problemas

49. Biología La mitosis es un proceso de reproducción celular en el que una célula se subdivide en dos células idénticas. La *E. coli* es una bacteria que se reproduce rápidamente y que causa a menudo la intoxicación alimentaria al consumir carne cruda. Puede reproducirse a sí misma en 15 minutos. Si comienzas con 100 de estas bacterias, ¿cuántas habrá al cabo de una hora?

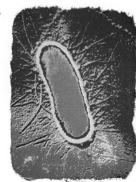

50. **Dinero en circulación**   La cantidad de dinero en circulación $M(t)$ (en billones de dólares) en los Estados Unidos entre 1910 y 1994 se puede aproximar mediante la función $M(t) = 2.08(1.06)^t$, donde t es el tiempo en años transcurrido desde 1910.

   a. Calcula $M(t)$ para los años 1920, 1950, 1980 y 2000.

   b. Calcula la cantidad de dinero en circulación en los años 1920, 1950, 1980 y 2000.

Repaso comprensivo

51. Usa la fórmula cuadrática para resolver $2x^2 + 3 = -7x$. Verifica tu solución factorizando.   (Lección 11–3)

52. **Geometría**   Un rectángulo tiene un área de $(16p^2 - 40pr + 25r^2)$ kilómetros cuadrados.   (Lección 10–5)

   a. Encuentra las dimensiones del rectángulo.

   b. Bosqueja el rectángulo, rotulando sus dimensiones.

53. Factoriza $\frac{4}{5}a^2b - \frac{3}{5}ab^2 - \frac{1}{5}ab$.   (Lección 10–2)

54. **Planificación urbana**   Una sección de Litópolis tiene forma de trapecio con un área de 81 millas cuadradas. La distancia entre la Calle Union y la Calle Lee es de 9 millas. La longitud de la Calle Union es de 14 millas menos que 3 veces la longitud de la Calle Lee. Calcula la longitud de la Calle Lee. Usa $A = \frac{h(a + b)}{2}$.   (Lección 9–8)

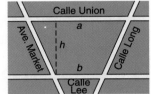

55. **Básquetbol**   El 13 de diciembre de 1983, los Denver Nuggets y los Detroit Pistons rompieron el récord del puntaje más alto en un partido profesional de básquetbol. Ambos equipos marcaron un total de 370 puntos. Si los Nuggets marcaron dos puntos menos que los Pistons, ¿cuál fue el puntaje final de los Nuggets?   (Lección 9–5)

56. Resuelve gráficamente el siguiente sistema de desigualdades.   (Lección 8–5)
$$y \le 2x + 2$$
$$y \ge -x - 1$$

57. **Astronomía**   La tabla de la derecha exhibe la relación que existe entre la distancia al sol, en millones de millas, y el tiempo que requiere un planeta para completar una órbita, en años terrestres.   (Lección 6–3)

Planeta	Distancia al sol	Años por órbita
Mercurio	36.0	0.241
Venus	67.0	0.615
Tierra	93.0	1.000
Marte	141.5	1.880
Júpiter	483.0	11.900
Saturno	886.0	29.500
Urano	1782.0	84.000
Neptuno	2793.0	165.000
Plutón	3670.0	248.000

   a. Traza una gráfica de dispersión con estos datos.

   b. Traza una línea de mejor encaje y escribe una ecuación de la misma.

   c. Supongamos que se descubre un décimo planeta a una distancia de 4.1 billones de millas del sol. Usa la gráfica de dispersión para aproximar cuánto se tardará en girar en órbita alrededor del sol.

58. **Geometría**   El triángulo ABC es semejante al triángulo ADE en la figura de la derecha. Calcula el valor de s.   (Lección 4–2)

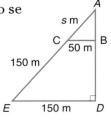

59. Calcula $(-2)(3)(-10)$.   (Lección 2–6)

Crecimiento y disminución

APLICACIÓN
Demografía

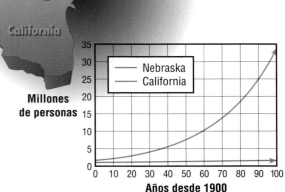

¿Con cuánta rapidez ha crecido la población de tu estado durante el siglo XX? California y Nebraska han exhibido una tasa constante de crecimiento durante este siglo. La gráfica de la derecha muestra la población de cada estado, donde t es el tiempo en años transcurrido desde 1900. La población de Nebraska ha crecido a una tasa anual del 0.4% mientras que la de California ha crecido a una tasa anual del 3%, desde 1900.

A continuación se presentan las funciones exponenciales que modelan el crecimiento de cada estado.

California: $y = 1.77(1.03)^t$ *La población era de 1.77 millones en 1900.*

Nebraska: $y = 1.14(1.004)^t$ *La población era de 1.14 millones en 1900.*

¿Cuál estado exhibe el crecimiento más rápido? ¿Cuál será la población de cada estado en el año 2000?   *Vas a responder estas preguntas en el Ejercicio 1.*

Las ecuaciones de la población de ambos estados son variaciones de la ecuación $y = C(1 + r)^t$. Esta es la **ecuación general para el crecimiento exponencial** en la que la cantidad inicial, C, crece a una tasa constante, r, durante un período de tiempo, t. Esta ecuación se puede aplicar a muchas situaciones de crecimiento exponencial.

Una de estas aplicaciones es el crecimiento monetario. Cuando se resuelven problemas relacionados con interés compuesto, la ecuación de crecimiento se transforma en $A = P\left(1 + \dfrac{r}{n}\right)^{nt}$, donde A es la cantidad de la inversión durante un período de tiempo, P es el capital invertido, r es la tasa anual de interés, en forma decimal, n es el número de veces que se abona el interés cada año y t es el número de años que el dinero ha estado invertido.

Ejemplo ①

APLICACIÓN
Finanzas

En la primavera de 1994, el señor y la señora Mitzu tenían $10,000 que querían depositar en un certificado bancario de depósito para su jubilación en el año 2004. La tasa de interés en ese momento era de 2.5%, compuesta mensualmente. Hubo, sin embargo, siete aumentos de la tasa preferencial en un año, de modo que en la primavera de 1995, la tasa de interés había aumentado a 5.5%.

a. Calcula la cantidad de la inversión si invirtieron su capital al 2.5% y lo dejaron por 10 años a esa tasa.

b. Calcula la cantidad de la inversión si esperaron e invirtieron su capital por 9 años al 5.5%.

c. ¿Cuáles son las mejores opciones de inversión?

(continúa en la página siguiente)

a. La tasa de interés, r, en forma decimal es 0.025 y $n = 12$. ¿Por qué?

$$A = P\left(1 + \frac{r}{n}\right)^{nt}$$

$$= 10{,}000\left(1 + \frac{0.025}{12}\right)^{12 \cdot 10} \quad P = 10{,}000,\ r = 0.025,\ n = 12\ y\ t = 10$$

Usa una calculadora.

Ejecuta: 10000 ⊗ (1 ⊞ (.025 ÷ 12))

$\boxed{y^x}$ 120 $\boxed{=}$ *12836.91542*

La cantidad en la cuenta después de 10 años al 2.5%, compuesto anualmente es $12,836.92.

b. La tasa de interés, r, en forma decimal es 0.055 y $t = 9$.

$$A = P\left(1 + \frac{r}{n}\right)^{nt}$$

$$= 10{,}000\left(1 + \frac{0.055}{12}\right)^{12 \cdot 9} \quad P = 10{,}000,\ r = 0.055,\ n = 12\ y\ t = 9$$

$$\approx 16{,}386.44$$

c. Si esperan hasta que la tasa de interés aumente, tendrán más dinero que si invierten el dinero a la tasa inicial. Es posible, sin embargo, reinvertir el dinero cada año. Pueden invertir el dinero por un año al 2.5% y luego reinvertirlo al año siguiente al 5.5%. Eso les rendirá más dinero para su jubilación en 2004.

Una variación de la ecuación de crecimiento que se puede usar es la **ecuación general para la disminución exponencial.** En la fórmula $A = C(1 - r)^t$, A es la cantidad final, C es la cantidad inicial, r es la tasa de disminución y t es el tiempo.

Ejemplo ❷

APLICACIÓN
Demografía

Las ciudades en la tabla de la derecha han experimentado una disminución en su población desde 1970.

Ciudad	Población en 1970 (en miles)	Tasa anual de decrecimiento
Baltimore, Maryland	894	1.029%
Cleveland, Ohio	733	1.055%

a. Escribe una ecuación de disminución exponencial para cada ciudad si t es el número de años desde 1970 y C es la población en 1970.

b. Asume que cada ciudad mantiene la misma tasa de decrecimiento en el próximo siglo. Calcula la población de cada ciudad en el año 2070.

c. ¿Qué comparación hay entre las poblaciones proyectadas para las ciudades en 2070 y las poblaciones reales en 1970?

a. **Baltimore**

$C = 894$, $r = 0.01029$

$A = C(1 - r)^t$

$A = 894(1 - 0.01029)^t$

$A = 894(0.98971)^t$

Cleveland

$C = 733$, $r = 0.01055$

$A = C(1 - r)^t$

$A = 733(1 - 0.01055)^t$

$A = 733(0.98945)^t$

b. El año 2070 es 100 años más tarde. Evalúa cada ecuación de disminución en $t = 100$.

Baltimore

$A = 894(0.98971)^t$

$A = 894(0.98971)^{100}$

$A \approx 317.78$

Cleveland

$A = 733(0.98945)^t$

$A = 733(0.98945)^{100}$

$A \approx 253.80$

c. La diferencia entre las poblaciones de Baltimore y Cleveland en 1970 fue de 161,000 habitantes. En 2070, esta diferencia será de solo 64,000, aproximadamente. Si las poblaciones siguen decreciendo a las mismas tasas, se acercarán incluso aún más.

A veces las cosas disminuyen en valor. Por ejemplo, la maquinaria se *deprecia* con el paso de los años. Puedes usar la fórmula de disminución para determinar el valor de una cosa en un momento dado.

Ejemplo ❸

Hogan Blackburn está considerando la compra de un auto nuevo. Enfrenta la decisión de arrendar o comprar. Si arrienda el auto, pagará $369 mensuales por 2 años y luego tiene la opción de comprarlo en $13,642. El precio actual del auto es $16,893.

a. Si el auto se deprecia a una tasa del 17% anual, ¿qué comparación hay entre el valor depreciado y el precio de compra al final del contrato de arrendamiento del auto?

b. Al final del contrato de arrendamiento, el distribuidor le ofrece un préstamo por 3 años con un pago mensual de $435.79. Si compra el auto ahora, paga $464.56 mensuales durante 4 años. ¿Cuál es la mejor decisión si Hogan planea quedarse con el auto por lo menos 5 años?

a. Usa la fórmula de disminución.

$A = C(1 - r)^t$

$\quad = 16{,}893(1 - 0.17)^2 \quad$ *r = 0.17, C = 16,893 y t = 2*

$\quad = 11{,}637.59$

El valor depreciado es $2000 menos que el precio de compra del arrendamiento del auto.

b. Calcula el costo de cada posibilidad por un período de 5 años.

Arrendamiento y compra: $369(24 meses) + $435.79(36 meses)
$\qquad\qquad\qquad\qquad\qquad = \$24{,}544.44$

Compra: $464.56(48 meses) = $22,298.88

La mejor decisión depende del estado financiero de Hogan.

- En general, la opción de compra cuesta menos y dura solo 4 años mientras que la opción de arrendamiento y compra cuesta más y dura 5 años.

- Si Hogan, sin embargo, quiere tener un auto nuevo y no puede hacer los pagos mensuales más altos, la opción de arrendamiento puede ser preferible. Si se queda con el auto tendrá, sin embargo, que pagar más a la larga.

Puedes usar hojas de cálculos para evaluar rápidamente los distintos valores de cualquier fórmula de crecimiento o disminución.

Recuerda que en una hoja de cálculos te puedes referir a cada celda por su nombre (A1 significa la columna A, renglón 1). Supongamos que establecemos una hoja de cálculos para evaluar la fórmula de crecimiento monetario.

- Puedes rotular el primer renglón para identificar los datos en cada columna. La columna *A* contiene los valores de *P,* la columna *B,* los valores de *r,* la columna *C,* los valores de *n,* la columna *D,* el valor de *t* y la columna *E,* los valores de *A.*

MIRADA RETROSPECTIVA

Puedes consultar la lección 6-1 para repasar las hojas de cálculos.

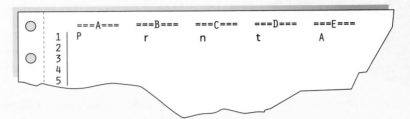

- Puedes entrar una fórmula en la celda E2 para evaluar los valores dados en las celdas A2 a D2. La fórmula es A2 *(1 + (B2/C2))^(C2*D2).

- Copia esta fórmula en las otras celdas de la columna E.

Ahora te toca a ti

a. Usa hojas de cálculos para evaluar los datos del Ejemplo 1.

b. ¿Cómo cambiarías la hoja de cálculos para evaluar la fórmula general de disminución?

COMPRUEBA LO QUE APRENDISTE

Comunicación en matemáticas

Estudia la lección y a continuación completa lo siguiente.

1. Refiérete a la Aplicación al comienzo de la lección.

   a. Cuál estado muestra un mayor crecimiento?

   b. Cuál será la población de cada estado en el año 2000?

2. **Explica** cómo puedes distinguir entre una gráfica exponencial que exhibe un crecimiento de 0.7% con una gráfica exponencial que exhibe un crecimiento del 7%.

Práctica dirigida

3. **Identifica** el valor de *n* en la fórmula de crecimiento monetario para cada período de interés compuesto.

   a. anual   **b.** semianual   **c.** trimestral   **d.** diario

Decide si las siguientes funciones exponenciales exhiben crecimiento o disminución.

4. $y = 10(1.03)^x$ 5. $y = 10(0.50)^x$ 6. $y = 10(0.75)^x$

7. **Historia** En 1626, Peter Minuit, gobernador de la colonia de New Netherland, le compró a los indios la isla de Manhattan con abalorios, telas y baratijas, todo por un valor de 60 florines holandeses ($24). Si esos $24 se hubieran invertido al 6% anual compuesto anualmente, ¿cuánto dinero habría en la cuenta en el año 2000?

8. **Granjas** Muchas de las personas que trabajan por cuenta propia, como los granjeros, pueden depreciar el valor de la maquinaria que compran como parte de su declaración de impuestos. Supongamos que un tractor que vale $50,000 se deprecia un 10% anual. Haz una tabla para determinar en cuántos años el tractor valdrá menos de $25,000.

EJERCICIOS

Aplicaciones y solución de problemas

Finanzas Calcula la cantidad final de la inversión en cada una de las siguientes situaciones.

	Cantidad inicial	Tasa de interés anual	Tiempo	Tipo de interés compuesto
9.	$400	7.25%	7 años	trimestral
10.	$500	5.75%	25 años	mensual
11.	$10,000	6.125%	18 meses	diario
12.	$250	10.3%	40 años	mensual

13. **Demografía** En la siguiente tabla se muestra la población en 1994 y la tasa de crecimiento de cuatro países.

País	Continente	Tasa de crecimiento	Población de 1994
Etiopía	África	2.5%	58.7 millones
India	Asia	1.9%	919.9 millones
Colombia	Sudamérica	2.1%	35.6 millones
Singapur	Asia	1.3%	2.9 millones

a. Escribe una función exponencial del crecimiento de cada país.

b. Aproxima la población de cada país en el año 2000.

c. Excluyendo los datos de la India, haz una gráfica de barras dobles que compare la población de los otros tres países, en 1994, con la población aproximada en el año 2000.

14. **Energía** La Agencia de Protección del Ambiente (EPA) ha hecho un llamado a la industria para que encuentre fuentes de energía menos contaminantes, a medida que nos acercamos al principio de un nuevo milenio. No se considera el carbón una fuente de energía "limpia". En 1950, el uso doméstico y comercial de carbón fue de 114.6 toneladas. Desde entonces el uso de carbón ha disminuido en un 6.6% anual.

a. Escribe una ecuación que represente el uso de carbón desde 1950.

b. Supongamos que el uso de carbón continúa decreciendo a la misma tasa. Usa una calculadora para aproximar en qué año se dejará de usar carbón.

15. Seguros   El monto total de seguros de vida vendidos en el año 1950 fue $213.5 billones. Desde entonces el crecimiento anual ha sido aproximado en un 9.63%.

   a. Escribe una ecuación que represente el monto total de seguros de vida vendidos anualmente desde 1950.

   b. Aproxima la cantidad de seguros de vida que se venderá en el año 2010.

16. Vida silvestre   En 1980 había 1.2 millones de elefantes en África. Debido a que las tierras de pastoreo del elefante están desapareciendo a causa del aumento de la población humana y al cultivo de los terrenos, el número de elefantes en África ha disminuido un 6.8% anualmente.

   a. Escribe una ecuación que represente la población de elefantes en África.

   b. ¿En qué año fue la población de elefantes menos de la mitad de la que había en 1980?

   c. ¿Qué otros factores pueden influir en la tasa de disminución de la población de elefantes?

17. Ahorros   Sheena va a invertir sus $5000 de herencia en un certificado de ahorro pagadero en 4 años. La tasa de interés es de 8.25% compuesta trimestralmente.

   a. Determina el saldo de la cuenta después de 4 años.

   b. Su amiga LaDonna invierte la misma cantidad de dinero a la misma tasa de interés, pero compuesta diariamente. Determina cuánto tendrá después de 4 años.

   c. ¿Cuál es la diferencia entre las cantidades que Sheena y LaDonna tendrán después de 4 años?

   d. ¿Cuál de las dos cuentas es la mejor inversión?

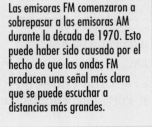
18. Radio   Las frecuencias de transmisión FM van desde los 88 a los 108 MHz, en intervalos de décimos. Antes que existieran los cuadrantes digitales, uno giraba una perilla y una barra se deslizaba a lo largo de un *dial* para así encontrar la emisora que se quería sintonizar. La fórmula que relaciona la lectura de los MHz con la posición de la barra es $f(d) = 88(1.0137)^d$, donde d es la distancia a la izquierda del dial. Supongamos que alguien desconoce el número de su emisora favorita, pero sabe que está en la mitad del dial. Si el dial mide 15 cm de largo, ¿cuál es su emisora favorita?

19. Población   Investiga la población de tu comunidad en los últimos 50 años.

   a. Traza una gráfica que muestre el cambio de la población.

   b. ¿Exhibe crecimiento, o disminución, la población de tu comunidad?

   c. Calcula la población de tu comunidad para cuando tengas 50 años.

Calculadora de gráficas

20. Radiactividad   Una fórmula para examinar la disminución de materiales radiactivos está dada por $y = Ne^{kt}$, donde N es la cantidad inicial en gramos, $e \approx 2.72$, k es una constante negativa que depende de la sustancia y t es el número de años. Usa una calculadora de gráficas para aproximar lo siguiente:

   a. ¿Cuánto se tardarán 250 gramos de una sustancia radiactiva en desintegrarse a 50 gramos si $k = -0.08042$?

   b. 200 gramos de una sustancia radiactiva se desintegran a 100 gramos en 10 años. Calcula la constante k de esta sustancia.

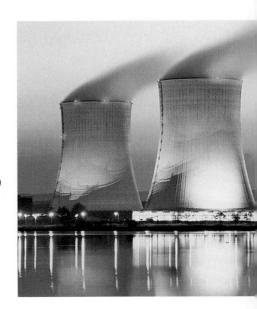

21. La fórmula exponencial general para el crecimiento o disminución es $y = Ca^x$. Determina cuáles valores de a describen crecimiento y cuáles disminución. ¿Qué es lo que habitualmente representa x?

22. Considera la ecuación $y = C(1 + r)^x$. ¿Cómo determinas la intersección y de la gráfica de esta función sin graficar o evaluar la función para los valores de x?

23. Resuelve $3^y = 3^{3y+1}$.   (Lección 11–4)

24. Encuentra $(n^2 + 5n + 3) - (2n^2 + 8n + 8)$.   (Lección 9–5)

25. Simplifica $\dfrac{-6r^3s^5}{18r^{-7}s^5t^{-2}}$.   (Lección 9–2)

26. Geometría   Calcula el volumen del cubo que se muestra a la derecha.   (Lección 9–1)

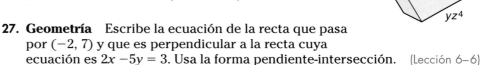

yz^4

yz^4

yz^4

27. Geometría   Escribe la ecuación de la recta que pasa por $(-2, 7)$ y que es perpendicular a la recta cuya ecuación es $2x - 5y = 3$. Usa la forma pendiente-intersección.   (Lección 6–6)

**Matemática
y
SOCIEDAD**

Minimizando las computadoras

El siguiente pasaje apareció en el *New York Times* del 22 de noviembre de 1994.

EN UN AUDAZ EXPERIMENTO QUE HA provocado que los investigadores reconsideren lo que es una computadora y qué significa computar, un investigador usó DNA, el material genético, como una especie de computadora personal. Explotando la extraordinaria eficiencia y velocidad de las reacciones biológicas, tradujo un difícil problema matemático al lenguaje de la biología molecular y lo resolvió llevando a cabo una reacción en un quinto de cucharadita de solución en un tubo de ensayo...Las computadoras moleculares pueden ejecutar más de un trillón de operaciones por segundo, lo que las hace mil veces más rápidas que la supercomputadora más rápida. Gastan una billonésima parte de la energía que gastan las computadoras convencionales. Y pueden almacenar información en un trillonésimo del espacio requerido por las computadoras ordinarias. ■

1. ¿Te sorprende la idea de una computadora molecular en un tubo de ensayo? Explica tu respuesta.

2. Si los sistemas biológicos tienen capacidades computacionales, ¿qué efectos puede tener esto en los científicos de la computación, los programadores y los matemáticos?

3. Un tipo de problema que las computadoras moleculares pueden ayudar a resolver está relacionado con la selección de una solución o camino de entre un número gigantesco de posibilidades. ¿Cómo podría usarse esto si el problema es un gene defectuoso que ocasiona que la tasa de una enfermedad mortal crezca exponencialmente?

In·ves·ti·ga·ción

la FÁBRICA DE LADRILLOS

Refiérete a la investigación de las páginas 554–555.

Examina el conocimiento que has ganado con tus experimentos trabajando con los ladrillos. Revisa las instrucciones que te dio la gerente ahora que comienzas a cerrar esta investigación.

> Hagan el favor de crear varios diseños de patios que usen estos ladrillos. Deben presentar al menos tres diseños diferentes, explicando los materiales que se necesitan para cada uno. Estoy ansiosa por ver las distintas maneras en que se puedan disponer estos ladrillos para formar patios rectangulares. ¿Existe una fórmula o patrón general que podamos usar para diseñar en el futuro? Espero con mucho interés su informe que nos ayude a resolver nuestro problema de inventario.

Analiza

Has conducido experimentos y organizado tus datos de varias maneras. Ha llegado la hora de que analices tus hallazgos y presentes tus conclusiones.

1 Revisa tus datos, y para cada diseño completa una tabla como la de la página 555. Usa las medidas reales.

2 ¿Qué información refleja esta tabla? ¿Exhibe información que pueda usarse para generalizar un método de formación de patrones de ladrillos para patios? Explica.

Escribe

El informe que le vas a presentar a tu gerente debe explicar tu proceso de investigación de estos patrones rectangulares de ladrillos y lo que descubriste en esta investigación.

3 ¿Qué tamaño rectangular de patrones de ladrillos son posibles? Bosqueja los posibles patrones. Describe el número de ladrillos empleados, incluyendo las dimensiones, perímetro y área de cada patrón en términos de x y y.

4 Escribe procedimientos o generalizaciones que se puedan seguir para encontrar patrones rectangulares en las siguientes situaciones.

- Dispones de cierto número de cuadrados grandes y pequeños. ¿Cuántos mosaicos rectangulares se necesitan para crear un patrón rectangular?
- ¿Cómo puedes hallar las dimensiones de un patrón si conoces el tipo y número de ladrillos a tu disposición?
- ¿Cómo puedes encontrar los posibles patrones para un número dado de ladrillos?
- ¿Cómo sabes que no se puede formar ningún patrón, dado un conjunto de los tres tipos de ladrillos?

5 Resume tus hallazgos y recomienda patrones de ladrillos posibles. Explica algunos métodos para estudiar patrones en el futuro.

VOCABULARIO

Después de estudiar este capítulo podrás definir cada término, propiedad o frase y dar uno o dos ejemplos de cada uno.

Álgebra

ceros   (p. 620)

discriminante   (p. 632)

ecuación cuadrática   (p. 620)

ecuación general para el crecimiento exponencial   (p. 643)

ecuación general para el disminución exponencial   (p. 644)

eje de simetría   (p. 612)

fórmula cuadrática   (p. 628)

función cuadrática   (p. 610, 611)

función exponencial   (p. 634, 635)

máximo   (p. 611)

media vida   (p. 638)

mínimo   (p. 611)

parábola   (P. 610, 611)

simetría   (p. 612)

soluciones   (p. 620)

vértice   (p. 610, 611)

Solución de problemas

busca un patrón (p. 637)

COMPRENSIÓN Y USO DEL VOCABULARIO

Escoge la letra del término que corresponda mejor a cada ecuación o frase.

1. $y = C(1 + r)^t$

2. $f(x) = ax^2 + bx + c$

3. una propiedad geométrica de las parábolas

4. $x = \frac{-b}{2a}$

5. $y = a^x$

6. punto máximo o mínimo de una parábola

7. $A = C(1 - r)^t$

8. soluciones de una ecuación cuadrática

9. $x = \frac{-b \pm \sqrt{b^2 - 4ac}}{2a}$

10. gráfica de una función cuadrática

a. ecuación del eje de simetría

b. fórmula para la disminución exponencial

c. función exponencial

d. fórmula para el crecimiento exponencial

e. parábola

f. fórmula cuadrática

g. función cuadrática

h. soluciones

i. simetría

j. vértice

HABILIDADES Y CONCEPTOS

OBJETIVOS Y EJEMPLOS

Una vez completado este capítulo podrás:

- encontrar la ecuación del eje de simetría y el vértice de una parábola (Lección 11–1)

En la ecuación $y = x^2 - 8x + 12$, $a = 1$ y $b = -8$.

La ecuación del eje de simetría es

$$x = -\frac{b}{2a} = -\frac{(-8)}{2(1)} \text{ ó } 4.$$

Usa el valor $x = 4$ para encontrar la otra coordenada del vértice.

$$y = x^2 - 8x + 12$$
$$= (4)^2 - 8(4) + 12$$
$$= 16 - 32 + 12 \text{ ó } -4$$

El vértice es $(4, -4)$.

EJERCICIOS DE REPASO

Usa estos ejercicios para repasar y prepararte para el examen del capítulo.

Escribe la ecuación del eje de simetría y encuentra el vértice de la gráfica de cada función.

11. $y = -3x^2 + 4$

12. $y = x^2 - 3x - 4$

13. $y = 3x^2 + 6x - 17$

14. $y = 3(x + 1)^2 - 20$

15. $y = x^2 + 2x$

- graficar funciones cuadráticas (Lección 11–1)

Grafica $y = x^2 - 8x + 12$. Usa la información del ejemplo anterior.

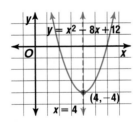

Usando los resultados de los Ejercicios 11–15, grafica cada función.

16. $y = -3x^2 + 4$

17. $y = x^2 - 3x - 4$

18. $y = 3x^2 + 6x - 17$

19. $y = 3(x + 1)^2 - 20$

20. $y = x^2 + 2x$

- hallar gráficamente las soluciones de ecuaciones cuadráticas (Lección 11–2)

Basándote en la gráfica de $y = x^2 - 8x + 12$, que se muestra en el ejemplo anterior, las soluciones de la ecuación $x^2 - 8x + 12 = 0$, son 2 y 6. Esto se debe a que $y = 0$ en las intersecciones x, lo cual parece ser en 2 y 6.

Sustituye estos valores en la ecuación original.

$x^2 - 8x + 12 = 0$	$x^2 - 8x + 12 = 0$
$(2)^2 - 8(2) + 12 = 0$	$(6)^2 - 8(6) + 12 = 0$
$4 - 16 + 12 = 0$	$36 - 48 + 12 = 0$
$0 = 0$ ✔	$0 = 0$ ✔

Las soluciones de la ecuación son 2 y 6.

Resuelve cada ecuación gráficamente. Si no se pueden hallar soluciones enteras, identifica para cada solución, los enteros consecutivos entre los cuales yace dicha solución.

21. $x^2 - x - 12 = 0$

22. $x^2 + 6x + 9 = 0$

23. $x^2 + 4x - 3 = 0$

24. $2x^2 - 5x + 4 = 0$

25. $x^2 - 10x = -21$

26. $6x^2 - 13x = 15$

OBJETIVOS Y EJEMPLOS

- usar la fórmula cuadrática para resolver ecuaciones cuadráticas   (Lección 11–3)

Resuelve $2x^2 + 7x - 15 = 0$.

En esta ecuación, $a = 2$, $b = 7$, y $c = -15$. Sustituye estos valores en la fórmula cuadrática.

$$x = \frac{-(7) \pm \sqrt{(7)^2 - 4(2)(-15)}}{2(2)}$$

$$= \frac{-7 \pm \sqrt{169}}{4}$$

$$x = \frac{-7 + 13}{4} \quad ó \quad x = \frac{-7 - 13}{4}$$

$$= \frac{3}{2} \qquad\qquad = -5$$

EJERCICIOS DE REPASO

Resuelve cada ecuación usando la fórmula cuadrática. Aproxima las raíces irracionales en centésimas.

27. $x^2 - 8x = 20$

28. $r^2 + 10r + 9 = 0$

29. $4p^2 + 4p = 15$

30. $2y^2 + 3 = -8y$

31. $9k^2 - 13k + 4 = 0$

32. $9a^2 + 25 = 30a$

33. $-a^2 + 5a - 6 = 0$

34. $-2d^2 + 8d + 3 = 3$

35. $21a^2 + 5a - 7 = 0$

36. $2m^2 = \frac{17}{6}m - 1$

- graficar funciones exponenciales   (Lección 11–4)

Grafica $y = 2^x - 3$.

x	y
−3	−2.875
−2	−2.75
−1	−2.5
0	−2
1	−1
2	1
3	5

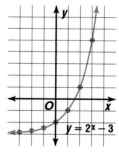

$y = 2^x - 3$

La intersección y es -2.

Grafica cada ecuación. Identifica la intersección y.

37. $y = 3^x + 6$

38. $y = 3^{x + 2}$

39. $y = 2^x$

40. $y = 2\left(\frac{1}{2}\right)^x$

- resolver ecuaciones exponenciales   (Lección 11–4)

Resuelve $25^{b + 4} = \left(\frac{1}{5}\right)^{2b}$.

$$25^{b + 4} = \left(\frac{1}{5}\right)^{2b}$$

$$(5^2)^{b + 4} = (5^{-1})^{2b}$$

$$5^{2b + 8} = 5^{-2b}$$

$$2b + 8 = -2b$$

$$8 = -4b$$

$$-2 = b$$

La solución es -2.

Resuelve cada ecuación.

41. $3^{4x} = 3^{-12}$

42. $7^x = 7^{4x + 9}$

43. $\left(\frac{1}{3}\right)^t = 27^{t + 8}$

44. $0.01 = \left(\frac{1}{10}\right)^{4r}$

45. $64^{y - 3} = \left(\frac{1}{16}\right)^{y^2}$

OBJETIVOS Y EJEMPLOS

• resolver problemas relacionados con crecimiento y disminución (Lección 11–5)

Calcula el monto final de una inversión de $1500 al 7.5%, compuesto trimestralmente por 10 años.

$$A = P\left(1 + \frac{r}{n}\right)^{nt}$$

$$= 1500\left(1 + \frac{0.075}{4}\right)^{4\cdot10}$$

$$= 3153.523916$$

La cantidad de dinero en la cuenta es de $3153.52.

EJERCICIOS DE REPASO

Calcula el monto final de la inversión en cada una de las situaciones siguientes.

	Cantidad inicial	Tasa interés anual	Tiempo	Tipo de interés compuesto
46.	$2000	8%	8 años	trimestral
47.	$5500	5.25%	15 años	mensual
48.	$15,000	7.5%	25 años	mensual
49.	$500	9.75%	40 años	diario

APLICACIONES Y SOLUCIÓN DE PROBLEMAS

50. Tiro de arco La altura h, en pies, que alcanza cierta flecha, t segundos después de haber sido disparada verticalmente, viene dada por la fórmula $h = 112t - 16t^2$. ¿Cuál es la altura máxima que alcanza esta flecha? (Lección 11–1)

51. Física Se dispara verticalmente un proyectil al aire. Su distancia s, en pies, después de t segundos está dada por la ecuación $s = 96t - 16t^2$. Encuentra los valores de t para los cuales s es igual a 96 pies. (Lección 11–3)

52. Finanzas Kevin depositó $1400 por 8 años a un 6.5% de interés compuesto trimestralmente. ¿Cuánto tendrá al final de los 8 años? (Lección 11–5)

53. Zambullidas Wyatt se zambulle desde una plataforma de 10 metros de altura. Su altura h, en metros, sobre el agua, cuando está a x metros de la plataforma, viene dada por la fórmula $h = -x^2 + 2x + 10$. ¿A qué distancia, aproximadamente, está de la plataforma cuando entra en contacto con el agua? (Lección 11–2)

54. Teoría numérica Encuentra un número cuyo cuadrado sea 168 unidades más que el doble del número. (Lección 11–3)

55. Toma de decisiones Juanita quiere comprarse una nueva computadora, pero solo tiene $500. Decide esperar un año e invertir su dinero. ¿Debería invertirlo en un certificado de depósito a una tasa del 8% compuesta mensualmente o en una cuenta de ahorros a una tasa del 6% compuesta diariamente? Fundamenta tu respuesta. (Lección 11–5)

Un examen de práctica para el Capítulo 11 aparece en la página 797.

EVALUACIÓN ALTERNATIVA

PROYECTO DE APRENDIZAJE COOPERATIVO

Excursiones turísticas   En este proyecto vas a hacer un modelo de las ganancias de un negocio. La compañía de excursiones estudiantiles Wash ofrece excursiones turísticas de una semana en Washington, D.C. a grupos pequeños. Aunque algunos de los costos por persona disminuyen a medida que crece el número de personas en el grupo, otros costos aumentan pues deben reservar cuartos en otro motel y arrendar más vehículos. La compañía tiene una fórmula que le permite predecir las ganancias por estudiante. Si x es el número de estudiantes en la excursión y $f(x)$ es la ganancia (en dólares) por estudiante, entonces $f(x) = -0.6x^2 + 18x - 45$.

Escribe un resumen, usando este modelo, que describa en detalle la estructura de las ganancias de esta compañía. Encuentra el número de estudiantes que le da, a esta compañía la ganancia máxima por estudiante. ¿Cuál es esta ganancia máxima? ¿Qué representa? La compañía ofrece excursiones siempre y cuando no pierdan dinero. ¿Cuál es el número mínimo o máximo de estudiantes que pueden aceptar?

Sigue los siguientes pasos para realizar tu tarea:

- Sustituye distintos números de estudiantes en la función para determinar la ganancia por estudiante.
- Sustituye diversas ganancias en la función para así determinar el número de estudiantes que deben ir en la excursión.
- Grafica la función.
- Usando este modelo, discute términos como ganancia, pérdida, punto de equilibrio, y máximo o mínimo.
- Escribe un resumen.

PIENSA CRÍTICAMENTE

- Si el valor de una función cuadrática es negativo cuando $x = 1$ y positivo cuando $x = 2$, explica qué significa esto para las soluciones y por qué.
- Si $ac < 0$ en la ecuación cuadrática $ax^2 - bx + c = 0$, ¿qué se puede decir de la naturaleza de las soluciones de la ecuación?

PORTAFOLIO

Resuelve varias ecuaciones cuadráticas usando la fórmula cuadrática y la factorización. Compara ambos métodos al tiempo que resuelves cada ecuación. Escribe un par de líneas en las que expliques cómo puede usarse la ecuación cuadrática para decidir si un polinomio cuadrático es factorizable. Coloca todo esto en tu portafolio.

AUTOEVALUACIÓN

Aunque la solución de un problema pueda ser imprevisible, una persona buena para resolver problemas puede utilizar los detalles del problema para planificar un método de solución. Estos detalles pueden ser a menudo parte de la solución o pasos intermedios necesarios para encontrar dicha solución.

Evalúate. ¿Pones atención a los detalles? ¿Organizas el material y lo evalúas mientras resuelves un problema? Una vez que tienes una solución, ¿la analizas, examinando todas las opciones o solo buscas lo más obvio? Da un ejemplo de un problema relacionado con matemáticas y uno de la vida cotidiana en los que la atención al detalle fue esencial y explica cuánto te ayudó esta destreza.

Una preocupación creciente

MATERIALES QUE SE NECESITAN

- calculadora
- cartón
- papel de construcción
- linterna
- goma de pegar
- marcadores
- arcilla para modelar
- pintura
- regla
- tijeras
- cinta adhesiva industrial

Supongamos que eres dueño de una pequeña compañía que se especializa en diseño de jardines residenciales. Uno de tus clientes es la familia Sánchez. El señor y la Dra. Sánchez tienen tres hijos, de 5, 11 y 15 años de edad. Acaban de mudarse a una casa que ocupa un lote de un tercio de acre de superficie (1 acre = 43,560 pies cuadrados). Su casa, de un piso y el garaje ocupan un área de 3425 pies cuadrados.

A la Dra. Sánchez le encanta ocuparse en el jardín y al señor Sánchez le gusta nadar para mantenerse en forma. La familia Sánchez está, por lo tanto, interesada en una piscina, una bañera con hidromasajes, una terraza y/o un patio y un área sembrada de prado más o menos grande. Quieren también dejar espacio para, más tarde, construir un área de juegos para su hijo más pequeño y un jardín para la Dra. Sánchez. El paisaje del frente de la casa fue totalmente terminado por la compañía que edificó la casa.

La familia prefiere un paisaje de bajo mantenimiento que consista principalmente del cuidado del césped. A causa de la sequedad del clima, el césped debe regarse con un sistema de regaderas. Están asimismo interesados en aceras de cemento que hagan juego con la entrada al garaje y con el camino que lleva a la puerta del frente.

Para este trabajo, la familia Sánchez estudiará las propuestas de varias compañías. Le han pedido a tu compañía que construya un modelo de tu diseño, junto con una oferta, para poderla examinar.

Los Sánchez están interesados en un precio bajo razonable, pero elegirían una propuesta más alta si les gustaran los diseños y otras características. Están en cualquier caso dispuestos a pagar a lo sumo $65,000.

Cuando se calculan propuestas, debe tenerse en cuenta el costo de las provisiones, de los materiales, de la mano de obra, así como del margen de ganancias. Usa las tablas de mano de obra y materiales de tu compañía para aproximar los costos. Los costos de mano de obra se determinan mediante el trabajo completo o por hora. Este costo depende de la tarea individual. El margen de ganancia es un 20% del costo total de los materiales, provisiones y mano de obra.

Tu equipo de diseño está formado por tres personas. Haz un *Archivo de investigación* en el cual puedas guardar el trabajo de esta *Investigación,* para uso futuro.

LA PROPIEDAD

Usa las dimensiones que aparecen en el siguiente diagrama y tu conocimiento de geometría para diseñar y crear un *bosquejo preliminar* del patio de la familia Sánchez. Asegúrate de incluir en tu diseño una piscina, una bañera con hidromasajes, un área de césped, macizos de flores, árboles, terraza y/o patio y aceras de cemento. Piensa en las dimensiones de todas las características de tu diseño. Asegúrate asimismo de dejar espacio suficiente para un área de juegos y jardines que se construirán más tarde.

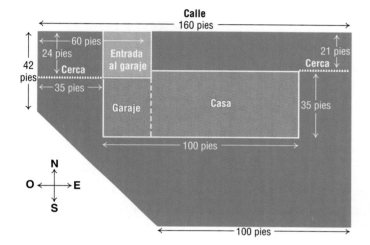

MATERIALES Y MANO DE OBRA

PISCINA

Mano de obra

excavación: $1 por pie cúbico

construcción de la piscina: $10/pie^2 de área

plomería, filtro, aislante térmico: 8 horas @ $35/hr

Materiales

construcción de la piscina: $18/pie^2 de área

plomería y filtro: $1250

calentador: $1600

BAÑERA CON HIDROMASAJES

Mano de obra

excavación: $1 por pie cúbico

construcción de la bañera: $10/pie^2 de área

plomería, filtro, aislante térmico: 8 horas @ $35/hr
   (3 horas si se instala con la piscina)

Materiales

construcción de la bañera: $18/pie^2 de área

plomería y filtro: $1250

plomería sin filtro: $250

calentador: $1600 (la piscina y la bañera pueden compartir el calentador y el filtro)

TERRAZA

Mano de obra

8 pies^2 por hora @ $25/hr

Materiales

madera de secoya (4 pies × 1 pie): $12

PLANTAS Y ÁRBOLES

Mano de obra

plantas/árboles: 4 por hora @ $20/hr

semilla de césped: 125 pies^2 por hora @ $20/hr

instalación de las regaderas: 20 pies por hora @ $20/hr

Materiales

1 planta: $6.25

1 árbol: $22.50

preparación del suelo: $1.75 por pie^2 de área sembrada

regaderas: 14 pies de regaderas por cada 10 pies^2 de césped @ $1.50/pie

PATIO Y ACERAS

Mano de obra

12 pies^2 de patio o acera por hora @ $22/hr

Materiales

cemento: $16/10 pies^2

Seguirás trabajando en esta Investigación en los Capítulos 12 y 13.

Asegúrate de guardar tus diseños, modelos, tablas y otros materiales en tu *Archivo de investigación*.

**Investigación
Una preocupación creciente**

Trabaja en la Investigación
Lección 12–1, p. 665

Trabaja en la Investigación
Lección 12–7, p. 695

Trabaja en la Investigación
Lección 13–1, p. 718

Trabaja en la Investigación
Lección 13–5, p. 741

Cierra la Investigación
Fin del Capítulo 13, p. 748

Explora expresiones racionales y ecuaciones

Objetivos

En este capítulo, podrás:

- simplificar expresiones racionales,
- sumar, restar, multiplicar y dividir expresiones racionales,
- dividir polinomios y
- hacer listas organizadas para resolver problemas.

Fundación Nacional de las Artes

Fondos disponibles (millones de dólares)

171.7   170.9 171.1   170.8

172
170   167.1   166.7   166.5
168
166   163
164   159.7
162
160
158
156
154
0

1985 1986 1987 1988 1989 1990 1991 1992 1993

Fuente: Informe anual de las U.S. National Endowment for the Arts

La expresión "artista que se muere de hambre" es una frase que no deja de tener mérito. Muchos artistas poseen a menudo otros trabajos que les permitan sobrevivir mientras se dedican a sus carreras artísticas. La Fundación Nacional de las Artes está autorizada para asistir económicamente a individuos y organizaciones sin fines de lucro en una amplia variedad de esfuerzos artísticos. Entre las actividades artísticas que reciben apoyo económico se cuentan la música, los museos, el teatro, la danza, las artes de la comunicación y las artes visuales.

Línea cronológica

1700 A.C. Se construye el gran palacio de Cnossos en Creta. Es la capital del legendario rey Minos.

64 El dentista romano Arquígenes es el primero en usar un taladro dental, el cual es propulsado por una cuerda.

1629 En *L'Invention nouvelle en l'algebre* (La nueva ciencia del Álgebra) de Albert Girard aparece el teorema fundamental del Álgebra.

2400 A.C. 2100 1800 1500 600 300 0 D.C. 300 600 900 1200 1500 1800

1 D.C. El matemático chino Liu Hsin es el primero en usar fracciones decimales.

NOTICIAS

Proyecto del capítulo

L a expresión de energía, resonancia y armonía son algunos de los pensamientos creativos de **Joe Maktima** de Flagstaff, Arizona. Los temas de su trabajo en pinturas y medios acrílicos están profundamente arraigados en su cultura pueblo. Joe comenzó sus esfuerzos artísticos en la secundaria como pasatiempo, pero a raíz de ganar el Premio "El Mejor de la Exposición" en una competencia nacional de arte de estudiantes aborígenes americanos de escuelas secundarias, tuvo la confianza para llegar a ser un artista profesional.

E l arte aborigen norteamericano también incluye el tejido de frazadas. Muchos de los diseños incluyen representaciones pictóricas de objetos de la vida cotidiana o personajes del folklore sobre sus antepasados.

- Diseña una frazada de 64 × 80 pulgadas. Para su diseño escoge objetos que representen alguna parte de tu historia personal.

- Haz un dibujo de tu diseño. Incluye una escala que esté representada por un número racional para así mostrar el tamaño real de tu frazada.

- Usa hilo o papel de construcción para tejer parte de tu diseño.

- Calcula cuánto hilo de cada color necesitarás para crear una frazada de verdad.

- Aproxima el costo de los materiales y de la mano de obra de tu frazada.

Supongamos que una frazada vale $375. Compara este precio con tu aproximación?

1928 Berenice Abbott, la fotógrafa norteamericana de retratos, toma su famosa fotografía del escritor James Joyce.

1983 El metro es redefinido oficialmente como la distancia que viaja la luz en $\frac{1}{299{,}792{,}458}$ de segundo.

15 | 1920 | 1925 | 1930 | 1935 | 1965 | 1970 | 1975 | 1980 | 1985 | 1990 | 1995 | 2000

1971 Aretha Franklin lanza su álbum en vivo, *Aretha Franklin en vivo en Fillmore West.*

1991 La artista norteamericana Faith Ringgold escribe e ilustra su libro infantil *Playa de alquitrán.*

Simplifica expresiones racionales

12-1

Lo que APRENDERÁS

- A simplificar expresiones racionales y
- a identificar los valores excluidos del dominio de una expresión racional.

Por qué ES IMPORTANTE

Porque puedes usar expresiones racionales para resolver problemas de física y de carpintería.

MIRADA RETROSPECTIVA

Consulta la lección 7-2 para mayor información sobre las palancas.

CONEXIÓN
Ciencia física

Muchos ciclistas llevan una pequeña caja de herramientas en caso de que necesiten hacer ajustes a sus bicicletas mientras van de excursión. Podrían necesitar, por ejemplo, una llave inglesa para apretar los pernos que mantienen la alineación del asiento. La fuerza que se ejerce en un extremo de la llave inglesa se multiplica de modo que el perno, al otro extremo de la llave, quede bien asegurado.

Una llave inglesa es un ejemplo de una máquina simple llamada *palanca.* En la Lección 7-2 aprendiste que para calcular la *ventaja mecánica* (VM) de una palanca, debes calcular la razón de la longitud del brazo de esfuerzo a la longitud del brazo de resistencia. La VM se expresa generalmente en forma decimal.

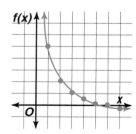

L_r brazo de resistencia
L_e brazo de esfuerzo
← fulcro

$$VM = \frac{\text{longitud del brazo de esfuerzo}}{\text{longitud del brazo de resistencia}} = \frac{L_e}{L_r}$$

Supongamos que la longitud total de una palanca es de 6 pies. Si el brazo de resistencia de la palanca mide x pies de largo, entonces el brazo de esfuerzo medirá $(6 - x)$ pies de largo. La función $f(x) = \frac{6 - x}{x}$ es la ventaja mecánica de la palanca. La tabla y la gráfica de la derecha representan esta función e ilustran cómo la variación de la longitud del brazo de resistencia afecta la ventaja mecánica. Observa que a medida que x aumenta, la ventaja mecánica $f(x)$ disminuye. La expresión que define esta función, $\frac{6-x}{x}$, es un ejemplo de **expresión racional**.

x	f(x)
0	indefinida
1	5.0
2	2.0
3	1.0
4	0.5
5	0.2
6	0.0

Definición de expresión racional	**Una expresión racional es una fracción algebraica en que el numerador y el denominador son polinomios ambos.**

$f(x) = \frac{6 - x}{x}$ se llama una _función racional_.

Dado que una expresión racional involucra división, el denominador no puede ser igual a 0. Por lo tanto, cualquier valor de la variable o variables que haga que el denominador sea cero debe excluirse del dominio de la expresión racional. Estos valores reciben el nombre de **valores excluidos** de la expresión racional.

En $\frac{6 - x}{x}$, excluye $x = 0$.

En $\frac{5m + 3}{m + 6}$, excluye $m = -6$, porque $-6 + 6 = 0$.

En $\frac{x^2 - 5}{x^2 - 5x + 6}$, excluye $x = 2$ y $x = 3$. *¿Por qué?*

Ejemplo **1** **Para cada expresión racional, identifica los valores de la variable que deben excluirse.**

a. $\dfrac{7b}{b+5}$

Excluye los valores que hacen que $b + 5 = 0$.

$b + 5 = 0$

$b = -5$

Por lo tanto, b no puede ser igual a -5.

b. $\dfrac{r^2 + 32}{r^2 + 9r + 8}$

Excluye los valores que hacen que $r^2 + 9r + 8 = 0$.

$r^2 + 9r + 8 = 0$

$(r + 1)(r + 8) = 0$

$r = -1$ ó $r = -8$ *Propiedad del producto cero*

Por lo tanto, r no puede ser igual a -1 ó -8.

Para simplificar una expresión racional, debes eliminar cualquier factor común del numerador y del denominador. Para hacer esto, usa el máximo común divisor (MCD). Recuerda que $\dfrac{ab}{ac} = \dfrac{a}{a} \cdot \dfrac{b}{c}$ y $\dfrac{a}{a} = 1$. Por lo tanto, $\dfrac{ab}{ac} = 1 \cdot \dfrac{b}{c}$ o $\dfrac{b}{c}$.

Ejemplo **2** **Simplifica $\dfrac{9x^2yz}{24xyz^2}$. Identifica los valores excluidos de x, y y z.**

$\dfrac{9x^2yz}{24xyz^2} = \dfrac{(3xyz)(3x)}{(3xyz)(8z)}$ *Factoriza; el MCD es 3xyz.*

$= \dfrac{\overset{1}{(3xyz)}(3x)}{\underset{1}{(3xyz)}(8z)}$ *Divide entre el MCD.*

$= \dfrac{3x}{8z}$

Excluye los valores que hacen que $24xyz^2 = 0$: $x = 0$, $y = 0$ o $z = 0$. Por lo tanto, ni x, ni y ni z pueden ser igual a 0.

Puedes usar el mismo procedimiento para simplificar una expresión racional en la que el numerador y el denominador son polinomios.

Ejemplo **3** **Simplifica $\dfrac{a+3}{a^2 + 4a + 3}$. Identifica los valores excluidos de a.**

$\dfrac{a+3}{a^2 + 4a + 3} = \dfrac{a+3}{(a+1)(a+3)}$ *Factoriza el denominador.*

$= \dfrac{\overset{1}{a+3}}{(a+1)\underset{1}{(a+3)}}$ *El MCD es $a + 3$.*

$= \dfrac{1}{a+1}$

Excluye los valores que hacen que $a^2 + 4a + 3 = 0$.

$a^2 + 4a + 3 = 0$

$(a + 1)(a + 3) = 0$

$a = -1$ ó $a = -3$

Por lo tanto, a no puede ser igual a -1 ó a -3.

Puedes usar una calculadora científica o graficadora para evaluar expresiones racionales en valores dados de las variables. Al hacer esto, debes usar paréntesis para agrupar el numerador y el denominador de la expresión. Por ejemplo, para evaluar $\dfrac{x^2 - 6x + 8}{x - 2}$ en $x = -3$, usa en tu calculadora una sucesión como la siguiente.

Ejecuta: ⦅ 3 +|− x^2 − 6 × 3 +|− + 8 ⦆ ÷ ⦅ 3 +|− − 2 ⦆ = −7

La sucesión de teclas para una calculadora de gráficas es bastante similar.

Ejecuta: ⦅ ⦅ (−) 3 ⦆ x^2 − 6 × (−) 3 + 8 ⦆ ÷ ⦅ (−) 3 − 2 ⦆ ENTER −7

Ahora te toca a ti

a. Copia y completa la siguiente tabla.

x	−3	−2	−1	0	1	2	3
$\dfrac{x^2 - 6x + 8}{x - 2}$	−7						
$x - 4$							

b. ¿Para qué valor(es) de x es $\dfrac{x^2 - 6x + 8}{x - 2}$ igual a $x - 4$? ¿Por qué tiene sentido este resultado?

c. ¿Para qué valor(es) de x es $\dfrac{x^2 - 6x + 8}{x - 2}$ distinto de $x - 4$? ¿Por qué tiene sentido este resultado?

Ejemplo ④

CONEXIÓN

Ciencia física

Para abrir la tapa de una lata de pintura, se usa como palanca un destornillador de 20.5 cm de largo. Se coloca de manera que 0.5 cm de su largo se extiendan desde el borde de la lata hacia adentro. Entonces se ejerce, al otro extremo del destornillador, una fuerza de 5 libras. ¿Cuál es la fuerza ejercida sobre la tapa de la lata?

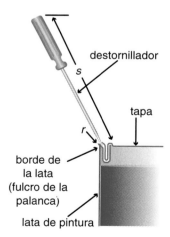

destornillador

s

tapa

r

borde de
la lata
(fulcro de la
palanca)

lata de pintura

Sea s el largo total del destornillador.

Sea r el largo que se extiende desde el borde de la lata hacia adentro. Este es el largo del brazo de resistencia de la palanca.

Entonces $s - r$ es el largo que se extiende desde el borde de la lata hacia afuera. Este es el largo del brazo de esfuerzo de la palanca.

Usa la fórmula que aparece en la conexión del comienzo de la lección para escribir la ventaja mecánica.

$$VM = \frac{\text{largo del brazo de esfuerzo}}{\text{largo del brazo de resistencia}} \quad \text{o} \quad \frac{s - r}{r}$$

Ahora, evalúa la expresión para los valores dados.

$$\frac{s - r}{r} = \frac{20.5 - 0.5}{0.5} \qquad s = 20.5 \ y \ r = 0.5$$

$$= \frac{20}{0.5} \ \text{ó} \ 40 \qquad Simplifica.$$

La ventaja mecánica es 40. La fuerza ejercida sobre la tapa es el producto de este número por la fuerza ejercida al otro extremo del destornillador.

$40 \cdot 5$ libras $= 200$ libras

La fuerza ejercida sobre la tapa es de 200 libras.

COMPRUEBA LO QUE APRENDISTE

Comunicación en matemáticas

Estudia la lección y a continuación completa lo siguiente.

1. **Explica** por qué $x = 2$ está excluido del dominio de $f(x) = \frac{x^2 + 7x + 12}{x - 2}$.

2. **Calcula** la ventaja mecánica de la palanca que se muestra en la gráfica de la página 660, si $x = 1.5$.

3. **Explica** cómo determinarías los valores que deben excluirse del dominio de $f(x) = \frac{x + 5}{x^2 + 6x + 5}$.

4. **Escribe** una expresión racional de una variable que tenga -2 y 7 como valores excluidos.

5. **Escribe** en tus propias palabras el significado del término *ventaja mecánica*.

Práctica dirigida

Para cada expresión calcula el MCD del numerador y del denominador y simplifica. Identifica los valores excluidos de las variables.

6. $\frac{13a}{14ay}$

7. $\frac{-7a^2b^3}{21a^5b}$

8. $\frac{a(m + 3)}{a(m - 2)}$

9. $\frac{3b}{b(b + 5)}$

10. $\frac{(r + s)(r - s)}{(r - s)(r - s)}$

11. $\frac{m - 3}{m^2 - 9}$

12. Evalúa $\frac{x^2 + 7x + 12}{x + 3}$ si $x = 2$.

13. **Jardinería ornamental** Chang necesita mover unas rocas para despejar un terreno destinado a un jardín. Está pensando usar una alzaprima de 6 pies de largo como palanca. La coloca al lado de la roca como se muestra a la derecha.

    a. Calcula la ventaja mecánica.

    b. Si Chang puede ejercer una fuerza de 150 libras sobre el brazo de esfuerzo, ¿cuál es el peso más grande que puede levantar?

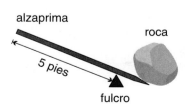

alzaprima

roca

5 pies

fulcro

Práctica

Simplifica cada expresión. Identifica los valores excluidos de las variables.

14. $\dfrac{15a}{39a^2}$

15. $\dfrac{35y^2z}{14yz^2}$

16. $\dfrac{28a^2}{49ab}$

17. $\dfrac{56x^2y}{70x^3y}$

18. $\dfrac{4a}{3a + a^2}$

19. $\dfrac{y + 3y^2}{3y + 1}$

20. $\dfrac{x^2 - 9}{2x + 6}$

21. $\dfrac{y^2 - 49x^2}{y - 7x}$

22. $\dfrac{x + 5}{x^2 + x - 20}$

23. $\dfrac{a - 3}{a^2 - 7a + 12}$

24. $\dfrac{3x - 15}{x^2 - 7x + 10}$

25. $\dfrac{x + 4}{x^2 + 8x + 16}$

26. $\dfrac{x^2 - 2x - 15}{x^2 - x - 12}$

27. $\dfrac{a^2 + 4a - 12}{a^2 + 2a - 8}$

28. $\dfrac{x^2 - 36}{x^2 + x - 30}$

29. $\dfrac{b^2 - 3b - 4}{b^2 - 13b + 36}$

30. $\dfrac{14x^2 + 35x + 21}{12x^2 + 30x + 18}$

31. $\dfrac{4x^2 + 8x + 4}{5x^2 + 10x + 5}$

Calculadora

Usa una calculadora para evaluar cada expresión en los valores que se indican.

32. $\dfrac{x^2 - x}{3x}, x = -3$

33. $\dfrac{x^4 - 16}{x^4 - 8x^2 + 16}, x = -1$

34. $\dfrac{x + y}{x^2 + 2xy + y^2}, x = 3, y = 2$

35. $\dfrac{x^3y^3 + 5x^3y^2 + 6x^3y}{xy^5 + 5xy^4 + 6xy^3}, x = 1, y = -2$

Piensa críticamente

36. Explica por qué $\dfrac{m^2 - 16}{m + 4}$ no es igual a $m - 4$.

Aplicaciones y solución de problemas

37. Carpintería Una máquina tractora para mover casas puede levantar una casa de los cimientos usando *un gato de tornillo* como el que se muestra a la derecha. Como se puede apreciar, la fuerza se ejerce en forma circular. La distancia vertical que el gato de tornillo cubre en una vuelta, recibe el nombre de *paso*. Puedes usar la siguiente fórmula para calcular la ventaja mecánica del gato de tornillo.

$$VM = \frac{\text{largo de la circunferencia}}{\text{paso del tornillo}}$$

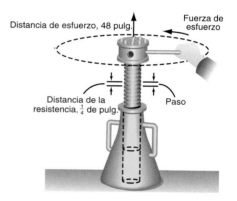

a. Calcula la ventaja mecánica del gato de tornillo que se muestra en la figura.

b. Supongamos que la fuerza es de 20 libras. ¿Cuál es el peso más grande que puede levantar un gato de tornillo?

38. Aeronáutica Los ingenieros de aviación usan la siguiente fórmula para calcular la presión atmosférica, P, en libras por pulgada cuadrada, cuando un avión está volando a una altitud de a pies.

$$P = \frac{-9.05\left[\left(\dfrac{a}{1000}\right)^2 - \dfrac{65a}{1000}\right]}{\left(\dfrac{a}{1000}\right)^2 + 40\left(\dfrac{a}{1000}\right)}$$

a. Calcula la presión atmosférica ejercida sobre un avión que vuela a una altitud de 20,000 pies.

b. Calcula la presión atmosférica ejercida sobre un avión que vuela a una altitud de 40,000 pies.

c. ¿Es tu respuesta a la parte b, el doble de la respuesta a la parte a? ¿En cuánto difieren?

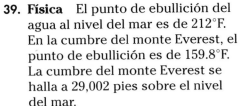
39. Física El punto de ebullición del agua al nivel del mar es de 212°F. En la cumbre del monte Everest, el punto de ebullición es de 159.8°F. La cumbre del monte Everest se halla a 29,002 pies sobre el nivel del mar.

  a. ¿Cuántos grados disminuye el punto de ebullición por cada milla sobre el nivel del mar? Escribe la solución como una razón con unidades.

  b. Simplifica la expresión que escribiste en la parte a.

  c. Traza una gráfica que represente el punto de ebullición, en grados Fahrenheit, como función de la altura en millas.

Repaso comprensivo

40. Finanzas En la fórmula de interés compuesto, $A = P\left(1 + \dfrac{r}{n}\right)^{nt}$, A es el valor futuro de la inversión, P es la cantidad de la inversión original, r es la tasa de interés anual, t es el número de años que la cantidad original de la inversión permanece invertida y n es el número de veces que el interés se compone anualmente. Calcula la cantidad total de una inversión de $2500, por 18 años, a una tasa de interés de 6% compuesta trimestralmente. (Lección 11–5)

41. Teoría numérica El cuadrado de un número disminuido en 121 es 0. Calcula el número. (Lección 10–7)

42. Calcula $3x(-5x^2 - 2x + 7)$. (Lección 9–6)

43. Grafica el siguiente sistema de desigualdades. (Lección 8–5)
$$y \geq x - 2$$
$$y \leq 2x - 1$$

44. Resuelve $4 + |x| = 12$. (Lección 7–6)

45. Grafica $y = 3x + 2$. (Lección 5–4)

46. Resuelve $\dfrac{x}{4} + 7 = 6$. (Lección 3–3)

TRABAJA EN LA

In·ves·ti·ga·ción

Refiérete a las páginas 656–657.

Una preocupación creciente

1 Usa papel cuadriculado para hacer un dibujo a escala de la casa, el garaje, la entrada al garaje, las líneas limítrofes y las cercas. Este servirán de modelo, al cual añadirás los otros detalles.

2 Desarrolla un plan detallado de la ubicación de la piscina y de la bañera con hidromasajes. Indica las dimensiones de ambas. Explica por

qué escogiste el tamaño, ubicación y orientación de la piscina como lo escogiste.

3 Calcula los costos de materiales, mano de obra y el margen de ganancias de la construcción de la piscina y de la bañera con hidromasajes. Fundamenta tus costos y defiende la construcción de la piscina y de la bañera como las has diseñado.

4 Añade la piscina y la bañera con hidromasajes a tu dibujo a escala, indicando sus medidas.

Agrega los resultados de tu trabajo a tu *Archivo de investigación*.

12–1B Tecnología gráfica
Expresiones racionales

Una extensión de la Lección 12–1

Cuando simplifiques expresiones racionales, puedes usar una calculadora de gráficas para fundamentar tus respuestas. También puedes usar una calculadora para hallar los valores excluidos.

Ejemplo

Simplifica $\dfrac{3x^2 - 8x + 5}{x^2 - 1}$.

$$\frac{3x^2 - 8x + 5}{x^2 - 1} = \frac{(3x - 5)(x - 1)}{(x + 1)(x - 1)}$$ *Factoriza el numerador y el denominador.*

$$= \frac{3x - 5}{x + 1}$$ *Elimina el factor común $(x - 1)$.*

Cuando $x = -1$ ó $x = 1$, $x^2 - 1 = 0$. Por lo tanto, x no puede ser igual a -1 ó a 1. Ahora puedes usar una calculadora de gráficas. Grafica $y = \dfrac{3x^2 - 8x + 5}{x^2 - 1}$ usando la pantalla $[-4.7, 4.7]$ por $[-10, 10]$ con factores de escala 1.

Ejecuta: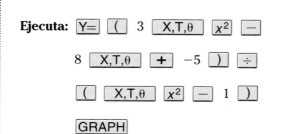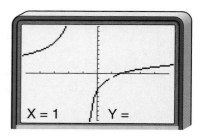

Usa la tecla TRACE para ver los valores de x y y. Observa que no aparece en la pantalla ningún valor correspondiente a y cuando $x = -1$ ó a $x = 1$. La gráfica muestra hoyos en esos puntos. Estos son los valores excluidos. Ahora entra $y = \dfrac{3x - 5}{x + 1}$ en Y2 y examina la gráfica.

Ejecuta: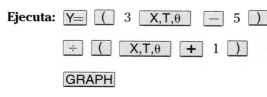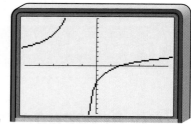

Observa que las dos gráficas parecen ser iguales. Esto quiere decir que, posiblemente, la expresión fue simplificada correctamente.

EJERCICIOS

Simplifica cada expresión y verifica gráficamente tu respuesta. Identifica los valores excluidos.

1. $\dfrac{x^2 - 25}{x^2 + 10x + 25}$

2. $\dfrac{3x + 6}{x^2 + 7x + 10}$

3. $\dfrac{2x - 9}{4x^2 - 18x}$

4. $\dfrac{2x^2 - 4x}{x^2 + x - 6}$

5. $\dfrac{x^2 - 9x + 8}{x^2 - 16x + 64}$

6. $\dfrac{3x^2}{12x^2 + 192x}$

7. $\dfrac{-x^2 + 6x - 9}{x^2 - 6x + 9}$

8. $\dfrac{5x^2 + 10x + 5}{3x^2 + 6x + 3}$

9. $\dfrac{25 - x^2}{x^2 + x - 30}$

12-2

Multiplica expresiones racionales

Lo que APRENDERÁS
- A multiplicar expresiones racionales.

Por qué ES IMPORTANTE

Porque puedes usar expresiones racionales para resolver problemas que tengan que ver con el tránsito y con el dinero.

APLICACIÓN
Tránsito

El domingo después del Día de Acción de Gracias, en 1994, había una congestión de tránsito hacia el oeste de 13 millas en una salida del Massachusetts Turnpike. Supongamos que cada vehículo ocupa un espacio promedio de 30 pies en un carril y que la carretera tiene 3 carriles. Haciendo uso de la siguiente expresión, puedes calcular cuántos vehículos había en la congestión.

$$3 \text{ carriles} \cdot \left(\frac{13 \text{ millas}}{\text{carril}} \right)\left(\frac{5280 \text{ pies}}{\text{milla}} \right)\left(\frac{1 \text{ vehículo}}{30 \text{ pies}} \right)$$ *Esta expresión será simplificada en el Ejemplo 3.*

Esta multiplicación se parece a la multiplicación de números racionales. Recuerda que para multiplicar números racionales expresados como fracciones, multiplicas numerador por numerador y denominador por denominador. Esta misma definición puede usarse para multiplicar expresiones racionales. De ahora en adelante puedes suponer que ningún denominador es igual a 0.

> **MIRADA RETROSPECTIVA**
>
> Puedes consultar la lección 2-6 para repasar la multiplicación de números racionales.

números racionales

$$\frac{4}{5} \cdot \frac{3}{7} = \frac{4 \cdot 3}{5 \cdot 7}$$
$$= \frac{12}{35}$$

expresiones racionales

$$\frac{3}{m} \cdot \frac{k}{4} = \frac{3 \cdot k}{m \cdot 4}$$
$$= \frac{3k}{4m}$$

Ejemplo ① Calcula $\dfrac{3x^2y}{2rs} \cdot \dfrac{24r^2s}{15xy^2}$.

Método 1: Divide entre los factores comunes después de multiplicar.

$$\frac{3x^2y}{2rs} \cdot \frac{24r^2s}{15xy^2} = \frac{72r^2sx^2y}{30rsxy^2}$$
$$= \frac{\overset{1}{6rsxy}(12rx)}{\underset{1}{6rsxy}(5y)} \quad \text{El MCD es 6rsxy.}$$
$$= \frac{12rx}{5y}$$

Método 2: Divide entre los factores comunes antes de multiplicar.

$$\frac{3x^2y}{2rs} \cdot \frac{24r^2s}{15xy^2} = \frac{\overset{1 \, x \, 1}{\cancel{3x^2y}}}{\underset{1 \, 1 \, 1}{\cancel{2rs}}} \cdot \frac{\overset{12 \; r \; 1}{\cancel{24r^2s}}}{\underset{5 \; 1 \; y}{\cancel{15xy^2}}}$$
$$= \frac{12rx}{5y}$$

A veces es necesario factorizar una expresión cuadrática antes de simplificar el producto de expresiones racionales.

Ejemplo 2 **Calcula cada producto.**

a. $\dfrac{m+3}{5m} \cdot \dfrac{20m^2}{m^2+8m+15}$

$$\dfrac{m+3}{5m} \cdot \dfrac{20m^2}{m^2+8m+15} = \dfrac{m+3}{5m} \cdot \dfrac{20m^2}{(m+3)(m+5)}$$ *Factoriza el denominador.*

$$= \dfrac{\overset{4\quad m\quad 1}{20m^2(m+3)}}{\underset{1\ 1\quad 1}{5m(m+3)(m+5)}}$$ *El MCD es $5m(m+3)$.*

$$= \dfrac{4m}{m+5}$$

b. $\dfrac{3(x+5)}{4(2x^2+11x+12)} \cdot (2x+3)$

$$\dfrac{3(x+5)}{4(2x^2+11x+12)} \cdot (2x+3) = \dfrac{3(x+5)(2x+3)}{4(2x^2+11x+12)}$$

$$= \dfrac{3(x+5)(2x+3)}{4(2x+3)(x+4)}$$ *Factoriza el denominador.*

$$= \dfrac{3(x+5)\overset{1}{(2x+3)}}{4\underset{1}{(2x+3)}(x+4)}$$ *El MCD es $(2x+3)$.*

$$= \dfrac{3(x+5)}{4(x+4)}$$

$$= \dfrac{3x+15}{4x+16}$$ *Simplifica el numerador y el denominador.*

Cuando multipliques fracciones que contengan unidades de medida, puedes dividir entre las unidades, de la misma manera que divides entre las variables. Recuerda que este proceso recibe el nombre de *análisis dimensional*.

Ejemplo 3

APLICACIÓN
Tránsito

Refiérete a la aplicación al comienzo de la lección. ¿Cuántos vehículos había, aproximadamente, en la congestión?

$$3 \text{ pistas} \cdot \left(\dfrac{13 \text{ millas}}{\text{pista}}\right)\left(\dfrac{5280 \text{ pies}}{\text{milla}}\right)\left(\dfrac{1 \text{ vehículo}}{30 \text{ pies}}\right)$$

$$= \dfrac{\overset{1}{3 \text{ pistas}}}{1} \cdot \left(\dfrac{13 \text{ millas}}{\text{pista}}\right)\left(\dfrac{\overset{528}{5280 \text{ pies}}}{\text{milla}}\right)\left(\dfrac{1 \text{ vehículo}}{\underset{1}{30 \text{ pies}}}\right)$$ *Elimina las unidades comunes.*

$$= 6864 \text{ vehículos}$$

Había aproximadamente 6900 vehículos en la congestión.

COMPRUEBA LO QUE APRENDISTE

Comunicación en matemáticas

Estudia la lección y a continuación completa lo siguiente.

1. Escribe dos expresiones algebraicas cuyo producto sea $\dfrac{xy}{x-4}$.

2. **Tú decides** A continuación se muestra el trabajo de dos estudiantes que simplificaron $\dfrac{4x+8}{4x-8} \cdot \dfrac{x^2+2x-8}{2x+8}$. ¿Quién simplificó correctamente y por qué?

Matt: $\dfrac{\overset{1\ 1}{4x+8}}{\underset{1\ 1}{4x-8}} \cdot \dfrac{\overset{1}{x^2+2x-8}}{\underset{1}{2x+8}} = x^2$

Angie: $\dfrac{\overset{1}{4(x+2)}}{\underset{1\ 1}{4(x-2)}} \cdot \dfrac{\overset{1}{(x-2)}\overset{1}{(x+4)}}{\underset{1}{2(x+4)}} = \dfrac{x+2}{2}$

MI DIARIO

DE MATEMÁTICAS

3. Escribe un párrafo en el que expliques qué es mejor: simplificar primero una expresión y luego multiplicar; o multiplicar y luego simplificar. Incluye ejemplos que fundamenten tu respuesta.

Práctica dirigida

Calcula cada producto. Puedes suponer que ningún denominador es igual a 0.

4. $\dfrac{12m^2y}{5r^2} \cdot \dfrac{r^2}{my}$

5. $\dfrac{16xy^2}{3m^2p} \cdot \dfrac{27m^3p}{32x^2y^3}$

6. $\dfrac{x-5}{r} \cdot \dfrac{r^2}{(x-5)(y+3)}$

7. $\dfrac{x+4}{4y} \cdot \dfrac{16y}{x^2+7x+12}$

8. $\dfrac{a^2+7a+10}{a+1} \cdot \dfrac{3a+3}{a+2}$

9. $\dfrac{4(x-7)}{3(x^2-10x+21)} \cdot (x-3)$

10. $3(x+6) \cdot \dfrac{x+3}{9(x^2+7x+6)}$

11. a. Multiplica $\dfrac{2.54 \text{ centímetros}}{1 \text{ pulgada}} \cdot \dfrac{12 \text{ pulgadas}}{1 \text{ pie}} \cdot \dfrac{3 \text{ pies}}{1 \text{ yarda}}$. Simplifica.

   b. ¿Qué representa la expresión simplificada?

12. **Ciclismo** Marisa dice que andar en bicicleta a una velocidad de 20 millas por hora equivale a cubrir 1760 pies por minuto. ¿Es esto correcto? Escribe un producto que contenga unidades de medida para fundamentar tu respuesta.

EJERCICIOS

Práctica

Calcula cada producto. Puedes suponer que ningún denominador es igual a 0.

13. $\dfrac{7a^2}{5} \cdot \dfrac{15}{14a}$

14. $\dfrac{3m^2}{2m} \cdot \dfrac{18m^2}{9m}$

15. $\dfrac{10r^3}{6x^3} \cdot \dfrac{42x^2}{35r^3}$

16. $\dfrac{7ab^3}{11r^2} \cdot \dfrac{44r^3}{21a^2b}$

17. $\dfrac{64y^2}{5y} \cdot \dfrac{5y}{8y}$

18. $\dfrac{2a^2}{b} \cdot \dfrac{5bc}{6a}$

19. $\dfrac{m+4}{3m} \cdot \dfrac{4m^2}{m^2+9m+20}$

20. $\dfrac{m^2+8m+15}{a+b} \cdot \dfrac{7a+14b}{m+3}$

21. $\dfrac{5a+10}{10m^2} \cdot \dfrac{4m^3}{a^2+11a+18}$

22. $\dfrac{6r+3}{r+6} \cdot \dfrac{r^2+9r+18}{2r+1}$

23. $2(x+1) \cdot \dfrac{x+4}{x^2+5x+4}$

24. $4(a+7) \cdot \dfrac{12}{3(a^2+8a+7)}$

25. $\dfrac{x^2-y^2}{12} \cdot \dfrac{36}{x+y}$

26. $\dfrac{3a+9}{a} \cdot \dfrac{a^2}{a^2-9}$

27. $\dfrac{9}{3+2x} \cdot (12+8x)$

28. $(3x+3) \cdot \dfrac{x+4}{x^2+5x+4}$

29. $\dfrac{4x}{9x^2-25} \cdot (3x+5)$

30. $(b^2+12b+11) \cdot \dfrac{b+9}{b^2+20b+99}$

31. $\dfrac{4x+8}{x^2-25} \cdot \dfrac{x-5}{5x+10}$

32. $\dfrac{a^2-a-6}{a^2-9} \cdot \dfrac{a^2+7a+12}{a^2+4a+4}$

Multiplica. Explica qué representa cada expresión.

33. $\dfrac{32 \text{ pies}}{1 \text{ segundo}} \cdot \dfrac{60 \text{ segundos}}{1 \text{ minuto}} \cdot \dfrac{60 \text{ minutos}}{1 \text{ hora}} \cdot \dfrac{1 \text{ milla}}{5280 \text{ pies}}$

34. $10 \text{ pies} \cdot 18 \text{ pies} \cdot 3 \text{ pies} \cdot \dfrac{1 \text{ yarda}^3}{27 \text{ pies}^3}$

Simplifica cada expresión.

35. **Calor** 20 gramos a 540 Calorías por gramo

36. **Refinación de metales** 4.025 gramos por amperio-hora a 2 amperios cada 5 horas

Piensa críticamente

37. Calcula dos pares distintos de expresiones racionales cuyo producto sea $\dfrac{6x^2-6x-36}{x^2+3x-28}$.

38. Tránsito Refiérete al Ejemplo 3. Supongamos que hay ocho cobradores de peaje en la salida y que se tardan un promedio de 24 segundos en cobrarle peaje a cada vehículo.

   a. Escribe un producto que contenga unidades para aproximar el tiempo en horas que se demorarán en cobrarle peaje a todos los vehículos en la congestión.

   b. Simplifica el producto.

39. Dinero El diagrama de la derecha muestra una tabla reciente de tasas de intercambio monetario. En ella se indica cuántos dólares se reciben por unidad monetaria de otro país en el momento en que estas tasas estaban en rigor.

Cambio monetario

País (moneda)	Equivalente en dólares americanos
Canadá (dólar)	0.7444
Hong Kong (dólar)	0.1292
Israel (shekel)	0.3281
Francia (franco)	0.1981
México (peso)	0.1597

   a. Escribe una expresión racional que contenga unidades de medida, y la cual indique cuántos dólares americanos se reciben por un franco francés. Escribe otra expresión que indique cuántos francos franceses se reciben por un dólar americano.

   b. Escribe un producto que contenga unidades de medida e indique cuántos francos franceses se reciben por 12,500 pesos mexicanos. Calcula el producto.

   c. Explica cómo obtener una tasa de intercambio entre el dólar canadiense y el dólar de Hong Kong.

40. Culinaria La fórmula $t = \dfrac{40(25 + 1.85a)}{50 - 1.85a}$

establece una relación entre el tiempo t, en minutos, que demora en cocinarse una papa de tamaño promedio en un horno que se encuentra a una altitud de a mil pies. (Lección 12–1)

   a. ¿Cuál es el valor de a correspondiente a una altitud de 4500 pies?

   b. Calcula el tiempo que tarda en cocinarse una papa a una altitud de 3500 pies.

   c. Calcula el tiempo que tarda en cocinarse una papa a una altitud de 7000 pies.

   d. La altitud de la parte c es el doble que la altitud de la parte b. ¿Cómo se relacionan los tiempos de cocción de esas dos altitudes?

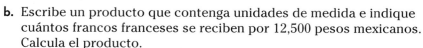

41. Halla el valor de y para $y = 3^{2x}$, si $x = 3$. (Lección 11–4)

42. Resuelve $5x^2 + 30x + 45 = 0$ factorizando. (Lección 10–6)

43. Calcula el grado de $6x^2yz + 5xyz - x^3$. (Lección 9–4)

44. Resuelve el siguiente sistema de ecuaciones. (Lección 8–3)
$$5 = 2x - 3y$$
$$-1 = -4x + 3y$$

45. Calcula la pendiente de la recta que pasa por $(-3, 5)$ y $(8, 5)$. (Lección 5–1)

46. ¿Cuál es el 45% de $1567 aproximado en dólares? (Lección 4–4)

Divide expresiones racionales

Lo que APRENDERÁS

- A dividir expresiones racionales.

Por qué ES IMPORTANTE

Porque puedes usar expresiones racionales para resolver problemas de construcción y ferroviarios.

APLICACIÓN
Desfiles

La muchedumbre que mira el desfile del Torneo de las Rosas en Pasadena, California, llena las aceras en ambos lados de la calle por una extensión aproximada de 5.5 millas. Supongamos que las aceras son de 10 pies de ancho y que cada persona ocupa un promedio de 4 pies cuadrados de espacio. Para calcular el número de personas en esta parte de la ruta, puedes usar análisis dimensional y la siguiente expresión.

$$\left(5.5 \text{ millas} \cdot \frac{5280 \text{ pies}}{1 \text{ milla}} \cdot 10 \text{ pies}\right) \div \frac{4 \text{ pies}^2}{1 \text{ persona}}$$

Esta expresión será simplificada en el Ejemplo 4.

Esta división se parece a la división de números racionales. Recuerda que para dividir números racionales expresados como fracciones, multiplicas por el recíproco del divisor. Esta misma definición puede usarse para multiplicar expresiones racionales.

MIRADA RETROSPECTIVA

Puedes consultar la lección 2-7 para repasar la división de números racionales.

números racionales

$$\frac{3}{2} \div \frac{2}{5} = \frac{3}{2} \cdot \frac{5}{2}$$

$$= \frac{15}{4}$$

El recíproco de $\frac{2}{5}$ es $\frac{5}{2}$.

expresiones racionales

$$\frac{a}{b} \div \frac{c}{d} = \frac{a}{b} \cdot \frac{d}{c}$$

$$= \frac{ad}{bc}$$

El recíproco de $\frac{c}{d}$ es $\frac{d}{c}$.

Ejemplo ❶ **Calcula** $\dfrac{2a}{a + 3} \div \dfrac{a + 7}{a + 3}$.

$$\frac{2a}{a + 3} \div \frac{a + 7}{a + 3} = \frac{2a}{a + 3} \cdot \frac{a + 3}{a + 7}$$ *El recíproco de $\frac{a + 7}{a + 3}$ es $\frac{a + 3}{a + 7}$.*

$$= \frac{2a}{a + 3} \cdot \frac{\overset{1}{\cancel{a + 3}}}{a + 7}$$ *Elimina el factor común $a + 3$.*

$$= \frac{2a}{a + 7}$$

A veces el cociente de expresiones racionales contiene un binomio como divisor.

Ejemplo ❷ **Calcula** $\dfrac{2m + 6}{m + 5} \div (m + 3)$.

$$\frac{2m + 6}{m + 5} \div (m + 3) = \frac{2m + 6}{m + 5} \cdot \frac{1}{m + 3}$$ *El recíproco de $m + 3$ es $\frac{1}{m + 3}$.*

$$= \frac{2\overset{1}{\cancel{(m + 3)}}}{(m + 5)\underset{1}{\cancel{(m + 3)}}}$$ *Elimina el factor común $m + 3$.*

$$= \frac{2}{m + 5}$$

A veces debes factorizar antes de simplificar un cociente de expresiones racionales.

Ejemplo ③ Calcula $\dfrac{x}{x+2} \div \dfrac{x^2}{x^2+5x+6}$.

$$\dfrac{x}{x+2} \div \dfrac{x^2}{x^2+5x+6} = \dfrac{x}{x+2} \cdot \dfrac{x^2+5x+6}{x^2}$$

$$= \dfrac{\overset{1}{\cancel{x}}}{\cancel{x+2}} \cdot \dfrac{\overset{1}{\cancel{(x+2)}(x+3)}}{\underset{x}{\cancel{x^2}}} \qquad \textit{Elimina los factores comunes.}$$

$$= \dfrac{x+3}{x}$$

Ejemplo ④

Desfiles

Refiérete a la aplicación al comienzo de la lección. Calcula el número de personas en esa parte de la ruta del desfile.

$$\left(5.5 \text{ millas} \cdot \dfrac{5280 \text{ pies}}{1 \text{ milla}} \cdot 10 \text{ pies}\right) \div \dfrac{4 \text{ pies}^2}{1 \text{ persona}}$$

$$= \left(5.5 \text{ millas} \cdot \dfrac{5280 \text{ pies}}{1 \text{ milla}} \cdot 10 \text{ pies}\right) \cdot \dfrac{1 \text{ persona}}{4 \text{ pies}^2}$$

El recíproco de $\dfrac{4 \text{ pies}^2}{1 \text{ persona}}$ *es* $\dfrac{1 \text{ persona}}{4 \text{ pies}^2}$.

$$= \dfrac{5.5 \text{ millas}}{1} \cdot \dfrac{\overset{1320}{\cancel{5280 \text{ pies}}}}{1 \cancel{\text{ milla}}} \cdot \dfrac{10 \cancel{\text{ pies}}}{1} \cdot \dfrac{1 \text{ persona}}{\underset{1}{\cancel{4 \text{ pies}^2}}}$$

Elimina las unidades comunes.

$$= 72{,}600 \text{ personas}$$

Esto quiere decir que había aproximadamente 72,600 personas a *cada lado* de la calle. Como hay dos lados, el número total aproximado de personas a lo largo de esa parte de la ruta es de 2(72,600) ó 145,200 personas.

COMPRUEBA LO QUE APRENDISTE

Comunicación en matemáticas

Estudia la lección y a continuación completa lo siguiente.

1. **Analiza** la siguiente solución.

$$\dfrac{a^2-9}{3a} \div \dfrac{a+3}{a-3} = \dfrac{3a}{a^2-9} \cdot \dfrac{a+3}{a-3}$$

$$= \dfrac{3a}{\underset{1}{\cancel{(a+3)}}(a-3)} \cdot \dfrac{\overset{1}{\cancel{(a+3)}}}{a-3}$$

$$= \dfrac{3a}{(a-3)^2}$$

¿Qué error se cometió?

2. **Escribe** dos expresiones racionales cuyo cociente sea $\dfrac{10r}{d^2}$.

MI DIARIO

DE MATEMÁTICAS

3. La siguiente expresión se usará para calcular la masa de 1 metro cúbico de una sustancia. Escribe un procedimiento para simplificar la expresión.

$$\dfrac{5.96 \text{ gramos}}{\text{centímetro}^3} \cdot \dfrac{1 \text{ kilogramo}}{1000 \text{ gramos}} \cdot \dfrac{100^3 \text{ centímetros}^3}{1 \text{ metro}^3} \cdot 1 \text{ metro}^3$$

Práctica dirigida

Calcula el recíproco de cada expresión.

4. $\dfrac{m^2}{3}$

5. $\dfrac{x}{5}$

6. $\dfrac{-9}{4y}$

7. $\dfrac{x^2-9}{y+3}$

8. $m-3$

9. x^2+2x+5

Calcula cada cociente. Puedes suponer que ningún denominador es igual a 0.

10. $\dfrac{x}{x+7} \div \dfrac{x-5}{x+7}$

11. $\dfrac{m^2 + 3m + 2}{4} \div \dfrac{m+1}{m+2}$

12. $\dfrac{5a+10}{a+5} \div (a+2)$

13. $\dfrac{x^2 + 7x + 12}{x+6} \div (x+3)$

Simplifica cada expresión dimensional. Di qué crees que representa cada una de ellas.

14. $(8 \text{ pies} \cdot 3 \text{ pies} \cdot 12 \text{ pies}) \div \dfrac{27 \text{ pies}^3}{1 \text{ yarda}^3}$

15. $(12 \text{ pulgadas} \cdot 18 \text{ pulgadas} \cdot 4 \text{ pulgadas}) \div \dfrac{1728 \text{ pulgadas}^2}{1 \text{ pie}^2}$

16. Ver pasar trenes Jaheem es un entusiasta de los ferrocarriles a quien le encanta ver pasar los trenes. En el cruce ferroviario cerca de su casa en Menominee Falls, Wisconsin, un tren de carga de la Chicago & Northwestern pasa a 40 millas por hora. Supongamos que cada vagón del ferrocarril mide 48 pies de largo.

    a. Escribe una expresión que contenga unidades y que represente el número de vagones que pasan en un minuto.

    b. Calcula cuántos vagones pasan por minuto.

EJERCICIOS

Práctica   **Calcula cada cociente. Puedes suponer que ningún denominador es igual a 0.**

17. $\dfrac{a}{a+3} \div \dfrac{a+11}{a+3}$

18. $\dfrac{m+7}{m} \div \dfrac{m+7}{m+3}$

19. $\dfrac{a^2 b^3 c}{m^2 y^2} \div \dfrac{a^2 bc^3}{m^3 y^2}$

20. $\dfrac{5x^2}{7} \div \dfrac{10x^3}{21}$

21. $\dfrac{3m+15}{m+4} \div \dfrac{3m}{m+4}$

22. $\dfrac{3x}{x+2} \div (x-1)$

23. $\dfrac{4z+8}{z+3} \div (z+2)$

24. $\dfrac{x+3}{x+1} \div (x^2 + 5x + 6)$

25. $\dfrac{2x+4}{x^2 + 11x + 18} \div \dfrac{x+1}{x^2 + 14x + 45}$

26. $\dfrac{k+3}{m^2 + 4m + 4} \div \dfrac{2k+6}{m+2}$

27. ¿Cuál es el cociente cuando $\dfrac{2x+6}{x+5}$ se divide entre $\dfrac{2}{x+5}$?

28. Halla el cociente cuando $\dfrac{m-8}{m+7}$ se divide entre $m^2 - 7m - 8$.

Calcula cada cociente. Puedes suponer que ningún denominador es igual a 0.

29. $\dfrac{x^2 + 5x + 6}{x^2 - x - 12} \div \dfrac{x+2}{x^2 + x - 20}$

30. $\dfrac{m^2 + m - 6}{m^2 + 8m + 15} \div \dfrac{m^2 - m - 2}{m^2 + 9m + 20}$

31. $\dfrac{2x^2 + 7x - 15}{x+2} \div \dfrac{2x-3}{x^2 + 5x + 6}$

32. $\dfrac{t^2 - 2t - 8}{w-3} \div \dfrac{t-4}{w^2 - 7w + 12}$

Simplifica cada expresión. Especifica qué crees que representa cada una de ellas.

33. $\left(\dfrac{60 \text{ millas}}{1 \text{ hora}} \cdot \dfrac{5280 \text{ pies}}{1 \text{ milla}} \div \dfrac{60 \text{ minutos}}{1 \text{ hora}} \right) \div \dfrac{60 \text{ segundos}}{1 \text{ minuto}}$

34. $\dfrac{23.75 \text{ pulgadas}}{1 \text{ revolución}} \cdot \dfrac{33\frac{1}{3} \text{ revoluciones}}{1 \text{ minuto}} \cdot 16.5 \text{ minutos}$

35. $(5 \text{ pies} \cdot 16.5 \text{ pies} \cdot 9 \text{ pies}) \div \dfrac{27 \text{ pies}^3}{1 \text{ yarda}^3}$

36. $\left[\left(\dfrac{60 \text{ kilómetros}}{1 \text{ hora}} \cdot \dfrac{1000 \text{ metros}}{1 \text{ kilómetro}} \right) \div \dfrac{60 \text{ minutos}}{1 \text{ hora}} \right] \div \dfrac{60 \text{ segundos}}{1 \text{ minuto}}$

37. Geometría El área de un rectángulo es $\dfrac{x^2 - y^2}{2}$, y su largo es $2x + 2y$. Calcula su ancho.

38. Construcción Un supervisor de construcción necesita determinar cuántas camionadas de tierra deben sacarse de un sitio antes de echar la base de los cimientos. El depósito de carga del camión tiene la forma que se muestra a la derecha.

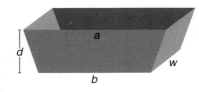

a. Usa la fórmula $V = \dfrac{d(a + b)}{2} \cdot w$ para escribir una expresión que contenga unidades y que represente el volumen del depósito de carga del camión, en yardas cúbicas si $a = 18$ pies, $b = 15$ pies, $w = 9$ pies y $d = 5$ pies.

b. Se deben sacar 20,000 yardas cúbicas de tierra del sitio de la excavación. Escribe una expresión que contenga unidades y que represente el número de camionadas que se necesitan para sacar todo ese volumen de tierra.

39. Vías férreas La tabla de la derecha muestra datos sobre vías ferroviarias en los Estados Unidos.

Año	Vías férreas (en millas)	Número de vagones de carga
1980	290,000	1,168,000
1985	257,000	867,000
1990	239,000	659,000
1992	227,000	605,000

a. Si un vagón de carga tiene un largo promedio de 48 pies, ¿cuál sería la longitud en millas de un tren, sin locomotora, formado con todos los vagones de carga de 1992?

b. ¿Cuántos trenes de longitud igual a la respuesta de la parte a se requerirían para ocupar todas las vías férreas en 1992?

c. Repite las partes a y b para el año 1980.

40. Música Muchos discos fonográficos antiguos giran a una velocidad de $33\frac{1}{3}$ revoluciones por minuto. Supongamos que se toca un disco de este tipo por 16.5 minutos y que el radio promedio de los surcos es de $3\frac{3}{4}$ pulgadas.

a. Escribe una expresión que contenga unidades y que represente la distancia en pulgadas que viaja la aguja mientras se está tocando el disco.

b. Calcula la distancia que viaja la aguja.

41. Calcula $\dfrac{2m + 3}{4} \cdot \dfrac{32}{(2m + 3)(m - 5)}$. (Lección 12–2)

42. Resuelve $x^2 + 6x + 8 = 0$ gráficamente. (Lección 11–2)

43. Factoriza $16a^2 - 24ab^2 + 9b^4$. (Lección 10–5)

44. Salud Si tu corazón late una vez por segundo y vives 78 años, tu corazón habrá latido alrededor de 2,460,000,000 veces. Escribe este número en notación científica. (Lección 9–3)

45. Resuelve $-3x + 6 > 12$. (Lección 7–3)

46. Calcula $-3 + 4 - 10$. (Lección 2–3)

47. Usa los números 7 y 2 para escribir un enunciado matemático que ilustre la propiedad conmutativa de la suma. (Lección 1–8)

12-4 Divide Polinomios

Lo que APRENDERÁS

- A dividir polinomios por monomios y
- a dividir polinomios por binomios.

Por qué ES IMPORTANTE

Porque puedes usar polinomios para resolver problemas de ciencia y de diseño de interiores.

APLICACIÓN

Diseño de interiores

Tomi quiere colocar, en todas las paredes de su sala de estar, una franja decorativa que esté a la altura de la cintura. El perímetro de la sala es de 52 pies y el ancho de las dos ventanas y de las dos puertas suman $12\frac{3}{4}$ pies. Para calcular las yardas de franja que se necesitan, él puede usar la expresión $\dfrac{52 \text{ pies} - 12\frac{3}{4} \text{ pies}}{3 \text{ pies/yarda}}$. También se puede usar la expresión $\dfrac{52 \text{ pies}}{3 \text{ pies/yarda}} - \dfrac{12\frac{3}{4} \text{ pies}}{3 \text{ pies/yarda}}$. En este último caso, cada término del numerador fue dividido entre el denominador. *Esta expresión será simplificada en el Ejemplo 4.*

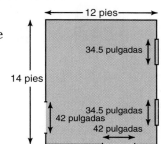

Para dividir un polinomio entre un monomio, divide cada término del polinomio entre el monomio.

Ejemplo ① **Calcula cada cociente.**

a. $(3r^2 - 5) \div 12r$

$(3r^2 - 5) \div 12r = \dfrac{3r^2 - 5}{12r}$ *Escribe el cociente como una expresión racional.*

$= \dfrac{3r^2}{12r} - \dfrac{5}{12r}$ *Divide cada término entre 12r.*

$= \dfrac{\overset{1\;\;r}{\cancel{3r^2}}}{\underset{4\;\;1}{\cancel{12r}}} - \dfrac{5}{12r}$ *Elimina los factores comunes.*

$= \dfrac{r}{4} - \dfrac{5}{12r}$

b. $(9n^2 - 15n + 24) \div 3n$

$(9n^2 - 15n + 24) \div 3n = \dfrac{9n^2 - 15n + 24}{3n}$

$= \dfrac{9n^2}{3n} - \dfrac{15n}{3n} + \dfrac{24}{3n}$

$= \dfrac{\overset{3\;\;n}{\cancel{9n^2}}}{\underset{1}{\cancel{3n}}} - \dfrac{\overset{5}{\cancel{15n}}}{\underset{1}{\cancel{3n}}} + \dfrac{\overset{8}{\cancel{24}}}{\underset{1}{\cancel{3n}}}$ *Elimina los factores comunes.*

$= 3n - 5 + \dfrac{8}{n}$

Recuerda que cuando factorizas, como lo hicimos en la Lección 12–3, algunas divisiones pueden ejecutarse fácilmente, como se muestra a continuación.

$(a^2 + 7a + 12) \div (a + 3) = \dfrac{a^2 + 7a + 12}{(a + 3)}$

$= \dfrac{\overset{1}{\cancel{(a+3)}}(a+4)}{\cancel{(a+3)}}$ *Factoriza el dividendo.*

$= a + 4$

Puedes usar mosaicos de álgebra para modelar cocientes de polinomios.

 LOS MODELOS Y LAS MATEMÁTICAS

Divide polinomios

Materiales: mosaicos de álgebra tablero de productos

Usa mosaicos de álgebra para dividir $(x^2 + 2x - 8) \div (x + 4)$.

a. Haz un modelo del polinomio $x^2 + 2x - 8$.

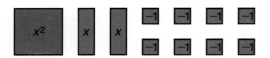

$$x^2 + 2x + (-8)$$

b. Coloca el mosaico x^2 en la esquina superior izquierda del tablero. Arregla cuatro de los mosaicos 1 como se muestra a continuación para así lograr un largo de $x + 4$.

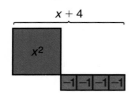

c. Ordena los mosaicos que quedan en forma rectangular. Recuerda que puedes añadir pares nulos sin cambiar el valor del polinomio.

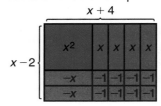

El cociente es el ancho del arreglo, $x - 2$.

Ahora te toca a ti

Usa mosaicos de álgebra para hallar cada cociente.

a. $(x^2 + 2x - 8) \div (x + 4)$

b. $(x^2 + 3x - 10) \div (x + 5)$

c. $(x^2 - 6x + 9) \div (x - 3)$

d. $(x^2 - 9) \div (x + 3)$

e. ¿Qué pasa si tratas de hacer un modelo de $(x^2 + 5x + 9) \div (x + 3)$? ¿Qué crees que signifique tu resultado?

Cuando no puedes factorizar, puedes usar un proceso de división con residuo similar al que se usa en aritmética. A continuación se muestra la división de $(x^2 + 7x + 12) \div (x + 2)$.

Paso 1 Para calcular el primer término del cociente, divide el primer término del dividendo, x^2, entre el primer término del divisor, x.

$$
\begin{array}{r}
x \\
x + 2 \overline{)x^2 + 7x + 12} \\
(-)\ \underline{x^2 + 2x} \\
5x
\end{array}
$$

$x^2 \div x = x$

Multiplica x por x + 2.

Resta.

Paso 2 Para encontrar el próximo término del cociente, divide el primer término del dividendo parcial, $5x$, entre el primer término del divisor, x.

$$
\begin{array}{r}
x + 5 \\
x + 2 \overline{)x^2 + 7x + 12} \\
(-)\ \underline{x^2 + 2x} \\
5x + 12 \\
(-)\ \underline{5x + 10} \\
2
\end{array}
$$

$5x \div x = 5.$

Baja el 12.

Multiplica 5 por x + 2.

Resta.

Por lo tanto, el cociente de la división de $x^2 + 7x + 12$ por $x + 2$ es $x + 5$ con residuo 2. Como el residuo no es cero, el divisor no es un factor del dividendo. Otra forma de expresar esto es la siguiente:

$$\underbrace{(x^2 + 7x + 12)}_{dividendo} \div \underbrace{(x + 2)}_{divisor} = \underbrace{x + 5}_{cociente} + \frac{2}{x + 2}$$

Ejemplo ❷ **Calcula** $(3k^2 - 7k - 6) \div (3k + 2)$.

Método 1: División con residuo

$$\begin{array}{r} k - 3 \\ 3k + 2 \overline{)3k^2 - 7k - 6} \\ (-)\ \underline{3k^2 + 2k} \\ -9k - 6 \\ (-)\ \underline{-9k - 6} \\ 0 \end{array}$$

Método 2: Factorización

$$\frac{3k^2 - 7k - 6}{3k + 2} = \frac{\overset{1}{\cancel{(3k + 2)}}(k - 3)}{\underset{1}{\cancel{3k + 2}}}$$

$$= k - 3$$

El cociente es $k - 3$ y el residuo es 0.

Cuando el dividendo es una expresión como $s^3 + 9$, en la que no hay término s^2 o término s, uno debe reescribir el dividendo usando 0 como coeficiente de los términos que faltan.

Ejemplo ❸ **Calcula** $(s^3 + 9) \div (s - 3)$.

$$\begin{array}{r} s^2 + 3s + 9 \\ s - 3 \overline{)s^3 + 0s^2 + 0s + 9} \\ (-)\ \underline{s^3 - 3s^2} \\ 3s^2 + 0s \\ (-)\ \underline{3s^2 - 9s} \\ 9s + 9 \\ (-)\ \underline{9s - 27} \\ 36 \end{array} \qquad s^3 + 9 = s^3 + 0s^2 + 0s + 9$$

Por lo tanto, $(s^3 + 9) \div (s - 3) = s^2 + 3s + 9 + \frac{36}{s - 3}$.

Ejemplo ❹

Refiérete a la aplicación al comienzo de la lección. **Si la franja viene en rollos de 5 yardas, ¿cuántos rollos debería comprar Tomi?**

Primero calcula el número total de yardas que se necesitan.

$$\frac{52 \text{ pies} - 12\frac{3}{4} \text{ pies}}{3 \text{ pies/yd}} = \frac{52 \text{ pies}}{3 \text{ pies/yd}} - \frac{12\frac{3}{4} \text{ pies}}{3 \text{ pies/yd}}$$

$$= \frac{52 \text{ pies}}{1} \cdot \frac{1 \text{ yd}}{3 \text{ pies}} - \frac{\overset{17}{\cancel{51}}}{4} \text{ pies} \cdot \frac{1 \text{ yd}}{\underset{1}{\cancel{3} \text{ pies}}}$$

$$= 17\frac{1}{3} \text{ yd} - 4\frac{1}{4} \text{ yd} \text{ ó } 13\frac{1}{12} \text{ yd}$$

No basta con dos rollos, ya que estos miden 10 yardas en total. Tomi debe comprar 3 rollos de franja.

APLICACIÓN

Diseño de interiores

Puedes usar una calculadora de gráficas para comparar expresiones racionales con el cociente que se obtiene de dividir su numerador entre su denominador.

Considera la siguiente expresión racional y su cociente.

expresión racionales   *cociente*

$$\frac{2x}{x+5} = 2 - \frac{10}{x+5}$$

Usa una calculadora de gráficas para dibujar la gráfica de $y = \frac{2x}{x+5}$ y $y = 2$ en la misma pantalla.

Usa la pantalla de visión $[-15, 5]$ por $[-10, 10]$.

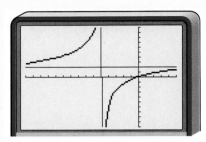

Ejecuta: Y= 2 X,T,θ ÷ (

X,T,θ + 5) ENTER 2 GRAPH

Ahora te toca a ti

a. ¿Qué puedes decir de las dos gráficas con solo observarlas en la pantalla?

b. Cambia Xmin y Xmax por -47 y 47, respectivamente. ¿Qué puedes decir del valor de $\frac{2x}{x+5}$ y 2 cuando x crece más y más?

c. Usa división con residuo para calcular el cociente de $\frac{3x}{x-5}$.

d. ¿Qué conclusión puedes sacar de las gráficas de $y \frac{3x}{x-5}$ y $y = 3$?

COMPRUEBA LO QUE APRENDISTE

Comunicación en matemáticas

Estudia la lección y a continuación completa lo siguiente.

1. Copia la siguiente división e identifica el dividendo, el divisor, el cociente y el residuo.

$$\frac{2x^2 - 11x - 20}{2x + 3} = x - 7 + \frac{1}{2x + 3}$$

2. **Explica** el significado de un residuo de 0 en la división de un polinomio entre un binomio.

3. Refiérete a la aplicación del comienzo de la lección. Supongamos que Tomi decide colocar la franja en la base de cada una de las paredes, encima del zócalo y debajo de las ventanas. ¿Cuántos rollos de franja debería comprar?

LOS MODELOS Y LAS

MATEMÁTICAS

4. **a.** Haz un modelo de $2x^2 - 9x + 9$ con mosaicos de álgebra.
   b. ¿Cuál de los siguientes divisores de $2x^2 - 9x + 9$ da un residuo de 0?
   $x + 3$ $\qquad$ $x - 3$ $\qquad$ $2x - 3$ $\qquad$ $2x + 3$

Práctica dirigida

Calcula cada cociente.

5. $(9b^2 - 15) \div 3$

6. $(a^2 + 5a + 13) \div 5a$

7. $(t^2 + 6t - 7) \div (t + 7)$

8. $(s^2 + 11s + 18) \div (s + 2)$

9. $\frac{2m^2 + 7m + 3}{m + 2}$

10. $\frac{3r^2 + 11r + 7}{r + 5}$

11. Geometría   Calcula el largo de un rectángulo si su área mide $(10x^2 + 29x + 21)$ metros cuadrados y su ancho mide $(5x + 7)$ metros.

EJERCICIOS

Práctica

Calcula cada cociente.

12. $(x^3 + 2x^2 - 5) \div 2x$

13. $(b^2 + 9b - 7) \div 3b$

14. $(3a^2 + 6a + 2) \div 3a$

15. $(m^2 + 7m - 28) \div 7m$

16. $(9xy^2 - 15xy + 3) \div 3xy$

17. $(a^3 + 8a - 21) \div (a - 2)$

18. $(2b^2 + 3b - 5) \div (2b - 1)$

19. $(m^2 + 4m - 23) \div (m + 7)$

20. $(2x^2 - 7x - 16) \div (2x + 3)$

21. $(2x^2 - 8x - 41) \div (x - 7)$

22. $\dfrac{14a^2b^2 + 35ab^2 + 2a^2}{7a^2b^2}$

23. $\dfrac{12m^3k + 16mk^3 - 8mk}{4mk}$

24. $\dfrac{3r^2 + 20r + 11}{r + 6}$

25. $\dfrac{a^2 + 10a + 20}{a + 3}$

26. $\dfrac{4m^2 + 8m - 19}{2m + 7}$

27. $\dfrac{6x^2 + 5x + 15}{2x + 3}$

28. $\dfrac{y^2 - 19y + 9}{y - 4}$

29. $\dfrac{4t^2 + 17t - 1}{4t + 1}$

30. Calcula el cociente de la división de $x^2 + 9x + 15$ por $x + 3$.

31. ¿Cuál es el cociente de la división de $56x^3 + 32x^2 - 63x$ entre $7x$?

Programación

32. El programa de calculadora de gráficas de la derecha te ayuda a calcular el cociente y el residuo cuando divides un polinomio de la forma $ax^2 + bx + c$ entre un polinomio de la forma $x - r$. Cuando te lo pide la calculadora, entras los valores de a, b, c y r.

Ejecuta el programa para encontrar cada cociente y residuo.

a. $(7x^2 + 5x - 3) \div (x + 2)$

b. $(x^2 - 14x - 25) \div (3x + 4)$

```
PROGRAM: POLYDIV
: Disp "ENTER A, B, C"
: Input A: Input B:
  Input C
: Disp "ENTER R"
: Input R
: Disp "COEFFICIENTS"
: Disp "OF QUOTIENT:"
: Disp A
: Disp B+A*R
: Disp "REMAINDER:"
: Disp C+B*R+A*R^2
```

33. Modifica el programa anterior de modo que puedas usarlo para calcular cada cociente.

a. $(x^3 + 2x^2 - 4x - 8) \div (x - 2)$

b. $(20t^3 - 27t^2 + t + 6) \div (4t - 3)$

c. $(2a^3 + 9a^2 + 5a - 12) \div (a + 3)$

Piensa críticamente

34. Calcula el valor de k, si $x + 7$ es un factor de $x^2 - 2x - k$.

35. Calcula el valor de k, si $2m - 3$ es un factor de $2m^2 + 7m + k$.

36. Calcula el valor de k, si cuando se divide $x^3 - 7x^2 + 4x + k$ entre $x - 2$, el residuo es 15.

plata

cobre en bruto

**Repaso
comprensivo**

37. Ambiente Debido a la contaminación atmosférica, es importante invertir dinero en la reducción de contaminantes. La ecuación $C = \frac{120{,}000p}{1 - p}$ sirve de modelo del gasto, C, en dólares que se requiere para reducir la contaminación en un p por ciento, donde p está escrito en forma decimal. ¿Cuánto debe gastar una empresa de servicio público si quiere eliminar un 80% de los contaminantes que emiten sus equipos?

38. Ciencia La *densidad* de un material se define como su masa por unidad de volumen. Un pedazo de cobre de 2.48 g ocupa un volumen de 0.28 cm^3. La densidad del cobre, por ejemplo, se halla calculando el cociente $\frac{2.48\ \text{g}}{0.28\ \text{cm}^3} \approx 8.9\ \text{g/cm}^3$.

Material	Masa (en gramos)	Volumen (en cm³)
aluminio	4.15	1.54
oro	2.32	0.12
plata	6.30	0.60
acero	7.80	1.00
hierro	15.20	1.95
cobre	2.48	0.28
sangre	4.35	4.10
plomo	11.30	1.00
bronce	17.90	2.08
cemento	40.00	20.00

a. Haz una tabla de densidades de los materiales de la tabla.

b. Haz un esquema lineal de las densidades que se calcularon en la parte a. Usa densidades redondeadas a números enteros.

c. Interpreta el esquema lineal trazado en la parte b.

oro

39. Calcula $\frac{x^2 - 16}{16 - x^2} \div \frac{7}{x}$. (Lección 12–3)

40. Gráfica $y = -x^2 + 2x + 3$. (Lección 11–1)

41. Factoriza $3x^2 - 6x - 105$. (Lección 10–3)

42. Geometría Calcula el área de un rectángulo que mide $(2x + y)$ unidades de largo y $(x + y)$ unidades de ancho. (Lección 9–7)

43. Resuelve el siguiente sistema de ecuaciones gráficamente. (Lección 8–1)

$y = 2x + 1$

$y = -2x + 5$

44. Escribe una ecuación de la relación $\{(2, 4), (3, 6), (-2, -4)\}$. (Lección 5–6)

45. Grafica $\{-2, -1, 4, 5\}$ en una recta numérica. (Lección 2–1)

AUTOEVALUACIÓN

Simplifica cada expresión racional. (Lección 12–1)

1. $\frac{25x^3y^4}{36x^2y^5}$

2. $\frac{4x^2 - 9}{2x^2 + 13x - 15}$

Calcula cada producto o cociente. (Lecciones 12–2 y 12–3)

3. $\frac{x^2 - 16}{x^2 + 5x + 6} \cdot \frac{4x^2 + 2x - 3}{x^2 - 5x + 4}$

4. $\frac{2x^2 - 5x + 2}{x^2 - 5x + 6} \div \frac{2x^2 + 9x - 5}{x^2 - 4x + 3}$

5. $(3x - 2) \cdot \frac{x - 5}{3x^2 + 10x - 8}$

6. $\frac{7x^2 + 36x + 5}{x - 5} \div (7x + 1)$

Calcula cada cociente. (Lección 12–4)

7. $(4x^2 - 18x + 20) \div (2x - 4)$

8. $\frac{3x^2 - 6x - 4}{x - 2}$

9. Geometría Un campo rectangular tiene un área de $12x^2 + 20x - 8$ unidades cuadradas y un ancho de $x + 2$ unidades. Calcula su largo en términos de x. (Lección 12–4)

10. Viajes En el primer día de un viaje, Manuel manejó 440 millas en 8 horas. El segundo día manejó a la misma velocidad, pero solo por 6 horas. ¿Cuánto manejó el segundo día? (Lección 12–2)

12–5

Expresiones racionales con igual denominador

Lo que APRENDERÁS

- A sumar y a restar expresiones racionales que tienen el mismo denominador.

Por qué ES IMPORTANTE

Porque puedes usar expresiones racionales para resolver problemas de historia y de geografía.

CONEXIÓN

Historia

A las 11:40 P.M. de la noche del 14 de abril de 1912, el vigía del *Titanic* descubrió un iceberg directamente en frente del barco. A pesar de sus heroicos esfuerzos, la tripulación no pudo evitar que el barco chocara contra el iceberg produciéndose un corte de 300 pies de largo en el lado del barco. El *Titanic* se hundió en menos de tres horas y 1500 personas perdieron la vida.

Se ha dicho que el iceberg que chocó contra el *Titanic* era enorme. Mucha gente se sorprende, sin embargo, al enterarse de que solo se puede ver encima del agua un $\frac{1}{8}$ de un iceberg. Esto significa que la parte sumergida del iceberg es de aproximadamente $1 - \frac{1}{8}$.

$$1 - \frac{1}{8} = \frac{8}{8} - \frac{1}{8} = \frac{8-1}{8} \text{ ó } \frac{7}{8}$$

Es decir, la parte sumergida del iceberg es de aproximadamente $\frac{7}{8}$ u 87.5%.

Este ejemplo ilustra que para sumar o restar fracciones con el mismo denominador, debes sumar o restar los numeradores y luego escribir la suma o diferencia sobre el denominador común. Puedes usar este mismo criterio para sumar o restar expresiones racionales con el mismo denominador.

números racionales

$$\frac{1}{9} + \frac{4}{9} = \frac{1+4}{9} = \frac{5}{9}$$

$$\frac{6}{7} - \frac{2}{7} = \frac{6-2}{7} = \frac{4}{7}$$

expresiones racionales

$$\frac{4}{y} + \frac{7}{y} = \frac{4+7}{y} = \frac{11}{y}$$

$$\frac{9}{5z} - \frac{6}{5z} = \frac{9-6}{5z} = \frac{3}{5z}$$

Ejemplo ❶ **Calcula $\frac{a}{15m} + \frac{2a}{15m}$.**

$\frac{a}{15m} + \frac{2a}{15m} = \frac{a+2a}{15m}$ *El denominador común es 15m.*

$= \frac{3a}{15m}$ *Suma los numeradores.*

$= \frac{\overset{1}{\cancel{3a}}}{\underset{5}{\cancel{15m}}}$ *Elimina los factores comunes.*

$= \frac{a}{5m}$

MIRADA RETROSPECTIVA

Puedes consultar la lección 2-5 para repasar la suma y resta de números racionales.

A veces los denominadores de las expresiones racionales son binomios. Siempre y cuando cada expresión racional, en una suma o diferencia, tenga exactamente el mismo binomio de denominador, el proceso de suma o resta es el mismo.

Ejemplo ❷ **Calcula $\frac{4}{x+3} - \frac{1}{x+3}$.**

$\frac{4}{x+3} - \frac{1}{x+3} = \frac{4-1}{x+3}$ *El denominador común es $x + 3$.*

$= \frac{3}{x+3}$ *Resta los numeradores..*

Recuerda que para restar un polinomio, sumas su inverso aditivo.

Ejemplo **Calcula** $\dfrac{2m+3}{m-4} - \dfrac{m-2}{m-4}$.

$$\dfrac{2m+3}{m-4} - \dfrac{m-2}{m-4} = \dfrac{(2m+3)-(m-2)}{m-4}$$

$$= \dfrac{2m+3+[-(m-2)]}{m-4} \quad \textit{El inverso aditivo de } m-2 \textit{ es } -(m-2).$$

$$= \dfrac{2m+3-m+2}{m-4}$$

$$= \dfrac{m+5}{m-4}$$

A veces debes factorizar para así poder simplificar una suma o diferencia de expresiones racionales. Además, es posible que haya que reescribir un factor como su inverso aditivo para reconocer así el denominador común.

Ejemplo **4** **Calcula** $\dfrac{7k+2}{4k-3} + \dfrac{8-k}{3-4k}$.

El denominador $3-4k$ es lo mismo que $-(-3+4k)$ ó $-(4k-3)$. Reescribe la segunda expresión racional de manera que su denominador sea igual al de la primera expresión racional.

$$\dfrac{7k+2}{4k-3} + \dfrac{8-k}{3-4k} = \dfrac{7k+2}{4k-3} - \dfrac{8-k}{4k-3}$$

$$= \dfrac{7k+2-(8-k)}{4k-3}$$

$$= \dfrac{8k-6}{4k-3}$$

$$= \dfrac{2(4k-3)}{(4k-3)} \quad \textit{Factoriza el numerador.}$$

$$= \dfrac{2(4k-3)}{(4k-3)} \quad \textit{Elimina los factores comunes.}$$

$$= 2$$

Ejemplo **5** **Halla una expresión para el perímetro del rectángulo _ABCD_.**

$$P = 2\ell + 2w$$

$$= 2\left(\dfrac{9r}{2r+6s}\right) + 2\left(\dfrac{5r}{2r+6s}\right)$$

$$= \dfrac{2(9r)+2(5r)}{2r+6s}$$

$$= \dfrac{18r+10r}{2r+6s}$$

$$= \dfrac{28r}{2r+6s}$$

$$= \dfrac{28r}{2(r+3s)} \quad \textit{Factoriza el denominador.}$$

$$= \dfrac{\overset{14}{28r}}{\underset{1}{2}(r+3s)} \quad \textit{Elimina los factores comunes.}$$

$$= \dfrac{14r}{r+3s}$$

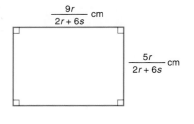

El perímetro del rectángulo _ABCD_ es de $\left(\dfrac{14r}{r+3s}\right)$ cm.

Comunicación en matemáticas

Estudia la lección y a continuación completa lo siguiente.

1. **Compara** dos expresiones racionales cuya suma sea 0, con dos expresiones racionales cuya diferencia sea 0.

2. **Resume** el procedimiento de adición o sustracción de expresiones racionales cuyos denominadores son iguales.

3. **Tú decides** Abigail escribió $\dfrac{7x-3}{2x+11} + \dfrac{3x-9}{2x+11} = \dfrac{10x-12}{4x+22}$. ¿Qué error cometió?

Práctica dirigida

Suma o resta. Simplifica tu respuesta.

4. $\dfrac{5x}{7} + \dfrac{2x}{7}$

5. $\dfrac{3}{x} + \dfrac{7}{x}$

6. $\dfrac{7}{3m} - \dfrac{4}{3m}$

7. $\dfrac{3}{a+2} + \dfrac{7}{a+2}$

8. $\dfrac{2m}{m+3} - \dfrac{-6}{m+3}$

9. $\dfrac{3x}{x+4} - \dfrac{-12}{x+4}$

10. Si la suma de $\dfrac{2x-1}{3x+2}$ y otra expresión racional con denominador $3x+2$ es $\dfrac{5x-1}{3x+2}$, ¿cuál es el numerador de la segunda expresión racional?

Práctica

Calcula cada suma o diferencia. Simplifica tu respuesta.

11. $\dfrac{m}{3} + \dfrac{2m}{3}$

12. $\dfrac{3y}{11} - \dfrac{8y}{11}$

13. $\dfrac{5a}{12} - \dfrac{7a}{12}$

14. $\dfrac{4}{3z} + \dfrac{-7}{3z}$

15. $\dfrac{x}{2} - \dfrac{x-4}{2}$

16. $\dfrac{a+3}{6} - \dfrac{a-3}{6}$

17. $\dfrac{2}{x+7} + \dfrac{5}{x+7}$

18. $\dfrac{2x}{x+1} + \dfrac{2}{x+1}$

19. $\dfrac{y}{y-2} + \dfrac{2}{2-y}$

20. $\dfrac{4m}{2m+3} + \dfrac{5}{2m+3}$

21. $\dfrac{-5}{3x-5} + \dfrac{3x}{3x-5}$

22. $\dfrac{3r}{r+5} + \dfrac{15}{r+5}$

23. $\dfrac{2x}{x+2} + \dfrac{2x}{x+2}$

24. $\dfrac{2m}{m-9} + \dfrac{18}{9-m}$

25. $\dfrac{2y}{y+3} + \dfrac{-6}{y+3}$

26. $\dfrac{3m}{m-2} - \dfrac{5}{m-2}$

27. $\dfrac{4x}{2x+3} - \dfrac{-6}{2x+3}$

28. $\dfrac{4t-1}{1-4t} + \dfrac{2t+3}{1-4t}$

29. ¿Cuál es el resultado si $\dfrac{3x-100}{2x+5}$ se agrega a la suma de $\dfrac{11x-5}{2x+5}$ y $\dfrac{11x+12}{2x+5}$?

30. ¿Cuál es el resultado si $\dfrac{-3b+4}{2b+12}$ se sustrae de la suma de $\dfrac{b-15}{2b+12}$ y $\dfrac{-3b+12}{2b+12}$?

Geometría

Halla una expresión para el perímetro de cada rectángulo.

31.

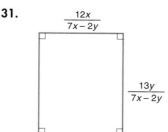

$\dfrac{12x}{7x-2y}$

$\dfrac{13y}{7x-2y}$

32.

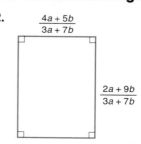

$\dfrac{4a+5b}{3a+7b}$

$\dfrac{2a+9b}{3a+7b}$

33. ¿Cuál de las siguientes expresiones racionales no es igual a las otras?

a. $\dfrac{-3}{x-2}$ **b.** $-\dfrac{3}{2-x}$ **c.** $-\dfrac{3}{x-2}$ **d.** $\dfrac{3}{2-x}$

34. Icebergs El agua pesa 62.4 libras por pie cúbico. Un pie cúbico de agua contiene 7.48 galones de agua. Cada pie cúbico de hielo produce 0.89 veces el número de galones de agua que produce un pie cúbico de agua.

    a. ¿Cuántos galones de agua contiene un pie cúbico de hielo?

    b. Algunos han sugerido transportar los icebergs del Atlántico Norte a los lugares del mundo que tienen muy poca agua dulce. ¿Cuánta agua provee un iceberg de 1 milla de ancho, 2 millas de largo y 800 pies de grosor?

35. Empresas de servicio público Una persona en los Estados Unidos gasta diariamente un promedio de 168 galones de agua. Supongamos que se pierde un 25% del iceberg del ejercicio anterior al transportarlo a otro lugar. ¿Cuántos días puede ese iceberg abastecer con agua a la población del área metropolitana de Atlanta, Georgia, que tiene aproximadamente 3 millones de habitantes?

36. Ingeniería El Canadian Pacific Railroad construyó una vía férrea en forma circular que pasa, al igual que una espiral, sobre sí misma en el interior de un túnel excavado en una montaña. Esto disminuye el declive que debe subir el tren. Si suponemos que la espiral es un círculo de una milla de largo, ¿cuál es el diámetro del círculo en pies? (Lección 12–4)

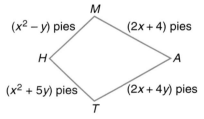

37. Resuelve $25x^2 = 36$ factorizando. (Lección 10–6)

38. Geometría Encuentra el perímetro del cuadrilátero *MATH* que se muestra a la derecha. (Lección 9–5)

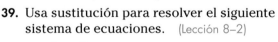

$(x^2 - y)$ pies   M $(2x + 4)$ pies

H   A

$(x^2 + 5y)$ pies $(2x + 4y)$ pies   T

39. Usa sustitución para resolver el siguiente sistema de ecuaciones. (Lección 8–2)

$x + 2y = 5$

$x - 2y = -11$

40. Astronomía Una *estrella de la secuencia principal es* una estrella que se encuentra en las cercanías del sol. En la tabla siguiente aparecen los nombres de las siete estrellas de la secuencia principal, más el sol, sus temperaturas superficiales en miles de °C y sus radios en múltiplos del radio solar. Traza una gráfica de dispersión con las temperaturas en el eje horizontal y los radios en el eje vertical. (Lección 6–3)

Estrellas	MU-1 Escorpión	Sirio A	Altair	Polycon A	Sol	61 Cisne A	Kueger 60	Estrella de Barnard
Temperatura superficial	20	10.2	7.3	6.8	5.9	2.6	2.8	2.7
Radio	5.2	1.9	1.6	2.6	1.0	0.7	0.35	0.15

41. Probabilidad Un estudiante lanza un dado tres veces. ¿Cuál es la probabilidad de que cada vez saque un 1? (Lección 4–6)

12-6

Expresiones racionales con distintos denominadores

APLICACIÓN

Astronomía

Lo que APRENDERÁS

- A sumar y a restar expresiones racionales que tienen distintos denominadores y
- a hacer listas que organicen las posibilidades en la solución de problemas.

Por qué ES IMPORTANTE

Porque puedes usar expresiones racionales para resolver problemas de astronomía y mantenimiento de automóviles.

OPCIONES PROFESIONALES

Los **astrónomos** usan los principios de la física y de la matemática para tratar de descubrir la naturaleza fundamental del universo. En sus investigaciones usan computadoras e información recolectada por satélites y observatorios. El camino a seguir en esta profesión es una base sólida en matemáticas y física que conduzca a un doctorado.

Para mayor información, puedes ponerte en contacto con:

American Astronomical Society
    Education Office
University of Texas
Dept. of Astronomy
Austin, TX 78712-1083

Ejemplo

SOLUCIÓN DE PROBLEMAS

Enumera las posibilidades

Marte, Júpiter y Saturno giran alrededor del sol cada 2, 12 y 30 años terrestres, respectivamente. Se dice que los planetas están en *conjunción* o alineados, cuando aparecen uno al lado del otro en el cielo nocturno. La última vez que esto sucedió fue en 1982. ¿Cuándo sucederá esto nuevamente?

Marte completa seis revoluciones por cada una que completa Júpiter y quince por cada una que completa Saturno. Las ocasiones en que estos planetas se alinean están relacionadas con los múltiplos comunes de 2, 12 y 30. De hecho, el número mínimo de años que pasan hasta el próximo alineamiento es el **mínimo común múltiplo (mcm)** de estos números. El mínimo común múltiplo de dos o más números es el menor número que es un múltiplo común de los números.

Existen dos métodos para hallar el mínimo común múltiplo.

Método 1:   Haz una lista organizada.
A menudo, puedes resolver problemas haciendo una lista que organice las posibilidades. Usa un enfoque sistemático que evite omitir ítems importantes.

Compara los múltiplos en la tabla. Con excepción de 0, el número mínimo que aparece en las tres columnas es 60. Por lo tanto, 60 es el mcm de 2, 12 y 30.

Múltiplos de 2	Múltiplos de 12	Múltiplos de 30
$2 \cdot 0 = 0$	$12 \cdot 0 = 0$	$30 \cdot 0 = 0$
$2 \cdot 1 = 2$	$12 \cdot 1 = 12$	$30 \cdot 1 = 30$
$2 \cdot 2 = 4$	$12 \cdot 2 = 24$	$30 \cdot 2 = \mathbf{60}$
$\vdots$	$\vdots$	
$2 \cdot 30 = \mathbf{60}$	$12 \cdot 5 = \mathbf{60}$	

Método 2:   Usa la factorización prima.
Calcula la factorización prima de cada número.
$$2 = 2 \qquad 12 = 2 \cdot 2 \cdot 3 \qquad 30 = 2 \cdot 3 \cdot 5$$
Usa cada factor primo el número mayor de veces que este aparezca en cualquiera de las factorizaciones.

El 2 aparece dos veces como factor de 12. Todos los otros factores primos aparecen solo una vez.

Por lo tanto, el mcm de 2, 12 y 30 es $2 \cdot 2 \cdot 3 \cdot 5$ ó 60.

Usando cualquiera de los dos métodos, el mcm de 2, 12 y 30 es 60. Esto significa que los planetas se alinearán nuevamente 60 años más tarde, contando desde 1982, es decir, en el año 2042.

Puedes usar el mismo método para hallar el mcm de dos o más polinomios.

1 **Halla el mcm de $15a^2b^2$ y $24a^2b$.**

Enumera los múltiplos de cada coeficiente y de cada expresión variable.

15:    15, 30, 45, 60, 75, 90, 105, **120**, 135

24:    24, 48, 72, 96, **120**, 144

a^2: a^2

b^2: b^2, b^4, b^6

b: b, b^2, b^3

mcm $= 120a^2b^2$

Ejemplo ② **Calcula el mcm de** $x^2 - x - 6$ **y** $x^2 + 2x - 15$.

$x^2 - x - 6 = (x - 3)(x + 2)$ *Factoriza cada expresión.*

$x^2 + 2x - 15 = (x + 5)(x - 3)$

$\text{mcm} = (x - 3)(x + 2)(x + 5)$

Para sumar o restar fracciones con distintos denominadores, debes primero reemplazar cada fracción con una fracción equivalente, de modo que tengan igual denominador. Para esto se puede usar cualquier múltiplo común de los denominadores. Los cálculos se simplifican considerablemente, sin embargo, si usas el **mínimo común denominador (mcd)**, es decir, el mcm de los denominadores.

Generalmente se siguen los pasos que se indican a continuación, para sumar o restar fracciones con distintos denominadores.

1. Calcula el mcd.
2. Reemplaza cada fracción con una fracción equivalente que tenga por denominador el mcd.
3. Suma o resta tal como lo haces con fracciones que tienen igual denominador.
4. Si es necesario, simplifica el resultado.

Ejemplo ③ **Calcula** $\dfrac{7}{3m} + \dfrac{5}{6m^2}$.

$3m = 3 \cdot m$ *Factoriza cada denominador.*

$6m^2 = 2 \cdot 3 \cdot m \cdot m$

$\text{mcd} = 2 \cdot 3 \cdot m \cdot m, \text{ or } 6m^2$

Dado que el denominador de $\dfrac{5}{6m^2}$ es $6m^2$, solo $\dfrac{7}{3m}$ necesita ser convertido en una fracción equivalente.

$\dfrac{7}{3m} + \dfrac{5}{6m^2} = \dfrac{7(2m)}{3m(2m)} + \dfrac{5}{6m^2}$ *Multiplica* $\dfrac{7}{3m}$ *por* $\dfrac{2m}{2m}$. *¿Por qué?*

$\qquad\qquad = \dfrac{14m}{6m^2} + \dfrac{5}{6m^2}$

$\qquad\qquad = \dfrac{14m + 5}{6m^2}$ *Suma los numeradores.*

Para combinar expresiones racionales cuyos denominadores son polinomios, sigue el mismo procedimiento que usaste para combinar expresiones cuyos denominadores son monomios.

Ejemplo ④ **Suma o resta.**

a. $\dfrac{s}{s + 3} + \dfrac{3}{s - 4}$

Dado que los denominadores son $(s + 3)$ y $(s - 4)$, estos no tienen factores comunes, aparte de ± 1, así es que su mcd es $(s + 3)(s - 4)$.

$\dfrac{s}{s + 3} + \dfrac{3}{s - 4} = \dfrac{s}{s + 3} \cdot \dfrac{s - 4}{s - 4} + \dfrac{3}{s - 4} \cdot \dfrac{s + 3}{s + 3}$

$\qquad\qquad = \dfrac{s(s - 4)}{(s + 3)(s - 4)} + \dfrac{3(s + 3)}{(s + 3)(s - 4)}$

$\qquad\qquad = \dfrac{s^2 - 4s}{(s + 3)(s - 4)} + \dfrac{3s + 9}{(s + 3)(s - 4)}$

$\qquad\qquad = \dfrac{s^2 - 4s + 3s + 9}{(s + 3)(s - 4)}$

$\qquad\qquad = \dfrac{s^2 - s + 9}{(s + 3)(s - 4)}$

b. $\dfrac{n-4}{(2-n)^2} - \dfrac{n-5}{n^2+n-6}$

$\dfrac{n-4}{(2-n)^2} - \dfrac{n-5}{n^2+n-6}$

$= \dfrac{n-4}{(2-n)^2} - \dfrac{n-5}{(n-2)(n+3)}$ *Factoriza los denominadores.*

$= \dfrac{n-4}{(n-2)(n-2)} - \dfrac{n-5}{(n-2)(n+3)}$ *$(2-n)^2 = (n-2)^2$*

$= \dfrac{n-4}{(n-2)(n-2)} \cdot \dfrac{(n+3)}{(n+3)} - \dfrac{n-5}{(n-2)(n+3)} \cdot \dfrac{(n-2)}{(n-2)}$ *Reemplaza cada fracción con una fracción equivalente de denominador igual al mcd.*

$= \dfrac{\left(n^2+3n-4n-12\right) - \left(n^2-2n-5n+10\right)}{(n-2)(n-2)(n+3)}$ *Resta los numeradores.*

$= \dfrac{n^2-n-12-n^2+7n-10}{(n-2)^2(n+3)}$

$= \dfrac{6n-22}{(n-2)^2(n+3)}$

COMPRUEBA LO QUE APRENDISTE

Comunicación en matemáticas

Estudia la lección y a continuación completa lo siguiente.

1. **Tú decides**   Kaylee simplificó $\dfrac{16}{64}$ como $\dfrac{\cancel{1}6}{\cancel{6}4} = \dfrac{1}{4}$. ¿Es correcta su respuesta? ¿Es correcto su método de simplificación? Explica.

2. **Describe** una situación en la que el mcd de dos o más expresiones racionales sea igual al denominador de una de las expresiones racionales.

Práctica dirigida

Calcula el mcd de cada par de expresiones racionales.

3. $\dfrac{3}{x^2}, \dfrac{5}{x}$

4. $\dfrac{4}{a^2b}, \dfrac{3}{ab^2}$

5. $\dfrac{4}{15m^2}, \dfrac{7}{18mb^2}$

6. $\dfrac{6}{a+6}, \dfrac{7}{a+7}$

7. $\dfrac{5}{x-3}, \dfrac{4}{x+3}$

8. $\dfrac{9}{2x-8}, \dfrac{10}{x-4}$

Suma o resta.

9. $\dfrac{7}{15m^2} + \dfrac{3}{5m}$

10. $\dfrac{2}{x+3} + \dfrac{3}{x-2}$

11. $3x + 6 - \dfrac{9}{x+2}$

12. $\dfrac{m+2}{m^2+4m+3} - \dfrac{6}{m+3}$

13. $\dfrac{11}{3y^2} - \dfrac{7}{6y}$

14. $\dfrac{4}{2g-7} + \dfrac{5}{3g+1}$

15. **Desfiles**   En el desfile del *Veteran's Day,* los miembros locales de los Veteranos de Guerras en el Extranjero (VFW) descubrieron que podían ordenarse en filas de 6, 7 ú 8, sin que sobrara nadie. ¿Cuál es el número mínimo de miembros en el desfile?

EJERCICIOS

Práctica

Calcula cada suma o diferencia.

16. $\dfrac{m}{4} + \dfrac{3m}{5}$

17. $\dfrac{x}{7} - \dfrac{2x}{9}$

18. $\dfrac{m+1}{m} + \dfrac{m-3}{3m}$

19. $\dfrac{7}{x} + \dfrac{3}{xyz}$

20. $\dfrac{7}{6a^2} - \dfrac{5}{3a}$

21. $\dfrac{2}{st^2} - \dfrac{3}{s^2t}$

Suma o resta.

22. $\dfrac{3}{7m} + \dfrac{4}{5m^2}$

23. $\dfrac{3}{z+5} + \dfrac{4}{z-4}$

24. $\dfrac{d}{d+4} + \dfrac{3}{d+3}$

25. $\dfrac{k}{k+5} - \dfrac{2}{k+3}$

26. $\dfrac{3}{y-3} - \dfrac{y}{y+4}$

27. $\dfrac{10}{3r-2} - \dfrac{9}{r-5}$

28. $\dfrac{4}{3a-6} + \dfrac{a}{2+a}$

29. $\dfrac{5}{2m-3} - \dfrac{m}{6-4m}$

30. $\dfrac{b}{3b+2} + \dfrac{2}{9b+6}$

31. $\dfrac{w}{5w+2} - \dfrac{4}{15w+6}$

32. $\dfrac{h-2}{h^2+4h+4} + \dfrac{h-2}{h+2}$

33. $\dfrac{n+2}{n^2+4n+3} - \dfrac{6}{n+3}$

34. $\dfrac{a}{5-a} - \dfrac{3}{a^2-25}$

35. Calcula la diferencia cuando $\dfrac{2}{t+3}$ se sustrae de $\dfrac{3}{10t-9}$.

36. Suma $\dfrac{2y}{y^2+7y+12}$ y $\dfrac{y+2}{y+4}$.

37. Suma $\dfrac{2}{v+4}$, $\dfrac{v}{v-1}$, y $\dfrac{5v}{v^2+3v-4}$.

38. Calcula la diferencia cuando $\dfrac{2}{a+1}$ se sustrae de $\dfrac{6}{a-2}$. Luego halla la diferencia cuando $\dfrac{6}{a-2}$ se sustrae de $\dfrac{2}{a+1}$. ¿Qué relación hay entre estas diferencias?

Piensa críticamente

39. Copia y completa lo siguiente.

   a. $15 \cdot 24 = \underline{\ ?\ }$
      MCD de 15 y 24 = $\underline{\ ?\ }$
      mcm de 15 y 24 = $\underline{\ ?\ }$
      MCD $\cdot$ mcm = $\underline{\ ?\ }$

   b. $18 \cdot 30 = \underline{\ ?\ }$
      MCD de 18 y 30 = $\underline{\ ?\ }$
      mcm de 18 y 30 = $\underline{\ ?\ }$
      MCD $\cdot$ mcm = $\underline{\ ?\ }$

   c. Escribe una regla que describa la relación entre el MCD de dos números, el mcm de los mismos números y el producto de estos números.

   d. Describe, usando tu regla, cómo encontrar el mcm de dos números si conoces el MCD de los mismos.

Aplicaciones y solución de problemas

40. Enumera las posibilidades Doug Paulsen, coreógrafo de un musical de Broadway, le ha pedido al productor que contrate suficientes bailarines de modo que se puedan ordenar en filas de tres, seis o siete, sin que sobre ningún bailarín. ¿Cuál es el número mínimo de bailarines que se necesitan?

41. Automóviles Los dueños de autos necesitan seguir un plan de mantenimiento periódico para que sus autos funcionen sin problemas. La tabla siguiente exhibe varios de los chequeos periódicos que deben ejecutarse, según el número de primavera 1995 de la revista *Know-How*.

Si se llevan a cabo todas estas inspecciones y servicios, el 20 de abril de 1996 y el dueño sigue las recomendaciones que aparecen en la tabla, ¿cuándo serán todas estas inspecciones y servicios ejecutados nuevamente?

Inspección o servicio	Frecuencia
cambio de aceite y de filtro	cada 3000 milas (cada 3 meses, aproximadamente)
chequeo del nivel del fluido de transmisión	cada cambio de aceite
inspección del sistema de frenos	cada cambio de aceite
lubricación del chasis	cambio de aceite por medio
chequeo del nivel del fluido de la bomba hidráulica	dos veces al año
rotación e inspección de los neumáticos	cada 15,000 millas

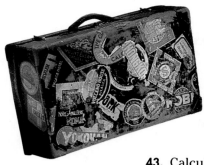

42. Viajes Jaheed Toliver pasó parte de su vida en los lugares y en el orden que se dan a continuación, un tercio en los Estados Unidos, un sexto en Kenya, 12 años en Arabia Saudita, la mitad del resto en Australia y tanto tiempo en Canadá como en Hong Kong. ¿Cuántos años vivió Jaheed si pasó su cumpleaños número 45 en Arabia Saudita y vivió un número entero de años en cada país?

43. Calcula $\frac{8z + 3}{3z + 4} - \frac{2z - 5}{3z + 4}$. (Lección 12–5)

Repaso compensivo

44. Simplifica $\frac{x^2 + 7x + 6}{3x^2 + x - 2}$. Identifica los valores excluidos de x. (Lección 12–1)

45. Resuelve $2x^2 - 3x - 4 = 0$ usando la fórmula cuadrática. (Lección 11–3)

46. Factoriza $3x^2y + 6xy + 9y^2$. (Lección 10–1)

47. Calcula $(3a^2b)(-5a^4b^2)$. (Lección 9–1)

48. Grafica el conjunto solución de $3x > -15$ y $2x \le 6$. (Lección 7–4)

49. Resuelve $3n - 12 = 5n - 20$. (Lección 3–5)

50. Demografía La siguiente tabla muestra las poblaciones de las capitales de algunos estados del sur. Haz una gráfica de tallo y hojas con las poblaciones. (Lección 1–4)

Capital	Población (en miles)	Capital	Población (en miles)
Atlanta, GA	394	Montgomery, AL	188
Austin, TX	466	Nashville, TN	488
Baton Rouge, LA	220	Oklahoma City, OK	445
Columbia, SC	98	Raleigh, NC	208
Frankfort, KY	26	Richmond, VA	203
Jackson, MS	197	Tallahassee, FL	125
Little Rock, AR	176		

Matemática y SOCIEDAD

Lee etiquetas

El siguiente pasaje apareció en un artículo del número 366 de la revista *Aging Magazine* en 1994.

ESTE VERANO, CASI TODOS LOS alimentos empacados que se vendan en su supermercado local van a incluir etiquetas nuevas y mejores que faciliten la comprensión del contenido alimenticio en ellos y poder así comparar el valor nutritivo de distintos productos. Esta revolución en el campo de la rotulación de alimentos es el resultado de largos años de trabajo de parte de los defensores del consumidor, que batallaron por una rotulación más pertinente, completa y precisa en las etiquetas de alimentos...El porcentaje de consumo graso diario no debería exceder el 30 por ciento de las calorías...Las etiquetas dan asimismo los porcentajes de las cuotas diarias permitidas de sodio, azúcar, fibra y proteína. ■

1. Las etiquetas en los artículos A, B, C y D muestran un contenido graso de 25, 17, 4 y 33 gramos por porción, respectivamente. Si tienes una cuota diaria permitida de 65 gramos, ¿qué combinaciones posibles de tres de estos artículos no exceden esta cuota diaria?

2. Los números en las etiquetas se dan en términos de "por porción" en vez de por paquete. La etiqueta define asimismo el tamaño de la porción. ¿Crees que esto es importante? Fundamenta tu respuesta.

3. Cuando compras alimentos, ¿usas la información alimenticia de las etiquetas para decidir qué comprar? Explica tu respuesta.

Expresiones mixtas y fracciones complejas

APLICACIÓN

Tenis de mesa

Una pelota de Ping-Pong® pesa cerca de $\frac{1}{10}$ de onza. ¿Cuántas pelotas de Ping-Pong juntas pesan $1\frac{1}{2}$ libras? *Este problema será resuelto en el Ejemplo 2.*

Un número como $1\frac{1}{2}$ es un ejemplo de número mixto. Expresiones como $a + \frac{b}{c}$ y $4 + \frac{x + y}{x - 5}$ reciben el nombre de **expresiones mixtas.** La conversión de expresiones mixtas en expresiones racionales es similar a la conversión de números mixtos en fracciones simples (fracciones impropias).

de número mixto a fracción impropia

$$5\frac{4}{7} = 5 + \frac{4}{7}$$
$$= \frac{5(7) + 4}{7}$$
$$= \frac{35 + 4}{7}$$
$$= \frac{39}{7}$$

de expresión mixta a expresión racional

$$4 + \frac{x + y}{x - 5} = \frac{4(x - 5)}{x - 5} + \frac{x + y}{x - 5}$$
$$= \frac{4(x - 5) + (x + y)}{(x - 5)}$$
$$= \frac{4x - 20 + x + y}{x - 5}$$
$$= \frac{5x + y - 20}{x - 5}$$

Ejemplo **1** **Simplifica** $7 + \frac{y - 3}{y + 4}$.

$$7 + \frac{y - 3}{y + 4} = \frac{7(y + 4)}{y + 4} + \frac{y - 3}{y + 4} \quad \textit{El mcm es } y + 4.$$
$$= \frac{7(y + 4) + y - 3}{y + 4} \quad \textit{Suma los numeradores.}$$
$$= \frac{7y + 28 + y - 3}{y + 4}$$
$$= \frac{8y + 25}{y + 4} \quad \textit{Simplifica.}$$

Resolvamos ahora el problema de las pelotas de Ping-Pong.

Ejemplo **2**

APLICACIÓN

Tenis de mesa

Refiérete a la aplicación al comienzo de la lección. ¿Cuántas pelotas de Ping-Pong pesarían juntas $1\frac{1}{2}$ libras?

$$\frac{1\frac{1}{2} \text{ libras}}{\frac{1}{10} \text{ onza}} = \frac{\frac{3}{2} \text{ libras}}{\frac{1}{10} \text{ onza}}$$

$$= \frac{\frac{3}{2} \text{ libras}}{\frac{1}{10} \text{ onza}} \cdot \frac{16 \text{ onzas}}{1 \text{ libras}} \quad \begin{array}{l}\textit{Convierte las libras a onzas.} \\ \textit{Elimina las unidades comunes.}\end{array}$$

$$= \frac{24}{\frac{1}{10}} \text{ ó } 240$$

240 pelotas de Ping-Pong pesan $1\frac{1}{2}$ libras.

Recuerda que una fracción que tiene una o más fracciones en el numerador o denominador, recibe el nombre de *fracción compleja*. Las siguientes fracciones son ejemplos de fracciones complejas.

$$\frac{5\frac{1}{2}}{3\frac{3}{4}} \qquad \frac{9}{\frac{x}{y}} \qquad \frac{\frac{x+y}{y}}{\frac{x-y}{x}} \qquad \frac{\frac{1}{a}-\frac{1}{b}}{\frac{1}{a}+\frac{1}{b}}$$

La simplificación de fracciones algebraicas complejas se realiza de la misma forma que la simplificación de fracciones numéricas complejas.

numérica

$$\frac{\frac{11}{2}}{\frac{15}{4}} = \frac{11}{2} \div \frac{15}{4}$$

$$= \frac{11}{2} \cdot \frac{4}{15} \qquad \text{El recíproco de}$$
$$\qquad \qquad \qquad \frac{15}{4} \text{ es } \frac{4}{15}.$$
$$= \frac{22}{15}$$

algebraica

$$\frac{\frac{a}{b}}{\frac{c}{d}} = \frac{a}{b} \div \frac{c}{d}$$

$$= \frac{a}{b} \cdot \frac{d}{c} \qquad \text{El recíproco de}$$
$$\qquad \qquad \qquad \frac{c}{d} \text{ es } \frac{d}{c}.$$
$$= \frac{ad}{bc}$$

Simplificación de fracciones complejas	Cualquier fracción compleja $\frac{\frac{a}{b}}{\frac{c}{d}}$, donde $b \neq 0$, $c \neq 0$ y $d \neq 0$, se puede escribir como $\frac{ad}{bc}$.

Ejemplo 3 **Simplifica cada expresión racional.**

a. $\dfrac{1 + \dfrac{4}{a}}{\dfrac{a}{6} + \dfrac{2}{3}}$

Simplifica el numerador y el denominador por separado y luego divide.

$$\frac{1 + \dfrac{4}{a}}{\dfrac{a}{6} + \dfrac{2}{3}} = \frac{\dfrac{1}{1} \cdot \dfrac{a}{a} + \dfrac{4}{a}}{\dfrac{a}{6} + \dfrac{2}{3} \cdot \dfrac{2}{2}} \qquad \begin{array}{l} \textit{El mcm del numerador es a.} \\ \textit{El mcm del denominador es 6.} \end{array}$$

$$= \frac{\dfrac{a+4}{a}}{\dfrac{a+4}{6}} \qquad \begin{array}{l} \textit{Suma las fracciones que aparecen en el} \\ \textit{numerador y en el denominador.} \end{array}$$

$$= \frac{a+4}{a} \div \frac{a+4}{6} \qquad \textit{Reescribe la fracción compleja en forma de división.}$$

$$= \frac{a+4}{a} \cdot \frac{6}{a+4} \qquad \begin{array}{l} \textit{El recíproco de } \frac{a+4}{6} \text{ es } \frac{6}{a+4}. \end{array}$$

$$= \frac{6}{a} \qquad \textit{Elimina los factores comunes.}$$

b. $\dfrac{m - \dfrac{m+5}{m-3}}{m+1}$

$$\frac{m - \dfrac{m+5}{m-3}}{m+1} = \frac{\dfrac{m(m-3)}{(m-3)} - \dfrac{m+5}{m-3}}{m+1} \qquad \begin{array}{l} \textit{El mcm del numerador es } m-3. \\ \textit{El mcm del denominador es } m+1. \end{array}$$

$$= \frac{\dfrac{m^2 - 3m - m - 5}{m-3}}{m+1} \qquad \begin{array}{l} \textit{Resta las fracciones que} \\ \textit{aparecen en el numerador.} \end{array}$$

(continúa en la página siguiente)

$$= \frac{\dfrac{m^2 - 4m - 5}{m - 3}}{m + 1}$$ *Simplifica.*

$$= \frac{\dfrac{(m + 1)(m - 5)}{m - 3}}{m + 1}$$ *Factoriza el numerador.*

$$= \frac{(m + 1)(m - 5)}{m - 3} \div (m + 1)$$ *Reescribe la fracción compleja en forma de división.*

$$= \frac{(m + 1)(m - 5)}{m - 3} \cdot \frac{1}{(m + 1)}$$ *El recíproco de m + 1 es $\frac{1}{m + 1}$.*

$$= \frac{\overset{1}{\cancel{(m + 1)}}(m - 5)}{m - 3} \cdot \frac{1}{\underset{1}{\cancel{(m + 1)}}}$$ *Elimina los factores comunes.*

$$= \frac{m - 5}{m - 3}$$

Puedes usar una calculadora de gráficas para verificar lo que hiciste en el Ejemplo 3.

EXPLORACIÓN

CALCULADORAS DE GRÁFICAS

Cuando graficas una función que contiene expresiones racionales, recuerda que debes encerrar cada numerador y denominador en paréntesis.

Ahora te toca a ti

a. Grafica $y = x - \dfrac{x + 5}{x - 3}$. Usa la pantalla $[-1.4, 8]$ por $[-5, 5]$.

b. ¿Cuáles son los valores de x excluidos en la expresión de la parte a?

c. Grafica $y = \dfrac{x - 5}{x - 3}$ en la misma pantalla usada en a.

d. ¿Cuáles son los valores de x excluidos en la expresión de la parte c?

e. Con la excepción de los valores excluidos, ¿parecen ser iguales las gráficas?

Ejemplo **Simplifica** $\dfrac{a - 2 + \dfrac{3}{a + 2}}{a + 1 - \dfrac{10}{a + 4}}$.

$$\frac{a - 2 + \dfrac{3}{a + 2}}{a + 1 - \dfrac{10}{a + 4}} = \frac{\dfrac{(a - 2)(a + 2)}{a + 2} + \dfrac{3}{a + 2}}{\dfrac{(a + 1)(a + 4)}{(a + 4)} - \dfrac{10}{a + 4}}$$ *El mcd del numerador es $a + 2$.*

El mcd del denominador es $a + 4$.

$$= \frac{\dfrac{a^2 - 4 + 3}{a + 2}}{\dfrac{a^2 + 5a + 4 - 10}{(a + 4)}}$$ *Suma para simplificar el numerador.*

Resta para simplificar el denominador.

$$= \frac{\dfrac{a^2 - 1}{(a + 2)}}{\dfrac{a^2 + 5a - 6}{(a + 4)}}$$ *Simplifica.*

$$= \frac{\dfrac{(a + 1)(a - 1)}{(a + 2)}}{\dfrac{(a + 6)(a - 1)}{(a + 4)}}$$ *Factoriza para simplificar el numerador y el denominador.*

$$= \frac{(a + 1)\overset{1}{\cancel{(a - 1)}}}{(a + 2)} \cdot \frac{(a + 4)}{(a + 6)\underset{1}{\cancel{(a - 1)}}}$$ *Multiplica por el recíproco.*

$$= \frac{a^2 + 5a + 4}{a^2 + 8a + 12}$$ *Multiplica.*

Comunicación en matemáticas

Estudia la lección y a continuación completa lo siguiente.

1. Determina mentalmente la forma simplificada de $\dfrac{\dfrac{3}{(x+1)(x+2)(x+3)}}{\dfrac{4}{(x+3)(x+2)(x+1)}}$.

2. **a.** ¿Cuál es el mcd de la expresión $3 + \dfrac{x}{2} + \dfrac{4}{x} + \dfrac{x^2 + 3x + 15}{x-2}$?

   b. Escribe la expresión en forma simplificada.

Práctica dirigida

Escribe cada expresión mixta como una expresión racional.

3. $8 + \dfrac{3}{x}$

4. $5 + \dfrac{8}{3m}$

5. $3m + \dfrac{m+1}{2m}$

Simplifica.

6. $\dfrac{4\frac{1}{3}}{5\frac{4}{7}}$

7. $\dfrac{6\frac{2}{5}}{3\frac{5}{9}}$

8. $\dfrac{\frac{3}{x}}{\frac{x}{3}}$

9. $\dfrac{\frac{5}{y}}{\frac{10}{y^2}}$

10. $\dfrac{\frac{x+4}{x-2}}{\frac{x+5}{x-2}}$

11. $\dfrac{\frac{a-b}{a+b}}{\frac{3}{a+b}}$

12. Nakita llevó a cabo una operación en $\dfrac{x+2}{3x-1}$ y $\dfrac{2x^2-8}{3x-1}$, obteniendo $\dfrac{1}{2(x-2)}$. ¿Cuál fue la operación? Explica.

Práctica

Escribe cada expresión mixta como una expresión racional.

13. $3 + \dfrac{6}{x+3}$

14. $11 + \dfrac{a-b}{a+b}$

15. $3 - \dfrac{4}{2x+1}$

16. $3 + \dfrac{x-4}{x+y}$

17. $5 + \dfrac{r-3}{r^2-9}$

18. $3 + \dfrac{x^2+y^2}{x^2-y^2}$

Simplifica.

19. $\dfrac{7\frac{2}{3}}{5\frac{3}{4}}$

20. $\dfrac{6\frac{1}{7}}{8\frac{3}{5}}$

21. $\dfrac{\frac{a^3}{b}}{\frac{a^2}{b^2}}$

22. $\dfrac{\frac{x^2y^2}{a}}{\frac{x^2y}{a^3}}$

23. $\dfrac{2+\frac{5}{x}}{\frac{x}{3}+\frac{5}{6}}$

24. $\dfrac{4+\frac{3}{y}}{\frac{3}{8}+\frac{y}{2}}$

25. $\dfrac{a-\frac{15}{a-2}}{a+3}$

26. $\dfrac{x+\frac{35}{x+12}}{x+7}$

27. $\dfrac{\frac{x^2-4}{x^2+5x+6}}{x-2}$

28. $\dfrac{m+\frac{3m+7}{m+5}}{m+1}$

29. $\dfrac{m+5+\frac{2}{m+2}}{m+1+\frac{6}{m+6}}$

30. $\dfrac{a+1+\frac{3}{a+5}}{a+1+\frac{3}{a-1}}$

31. $\dfrac{y+6+\frac{3}{y+2}}{y+11+\frac{48}{y-3}}$

32. $\dfrac{x+3+\frac{4}{x-2}}{x-1-\frac{2}{x+3}}$

33. $\dfrac{t+1+\frac{1}{t+1}}{1-t-\frac{1}{t+1}}$

34. ¿Cuál es el cociente cuando $b + \dfrac{1}{b}$ se divide entre $a + \dfrac{1}{a}$?

35. ¿Cuál es el producto cuando $\dfrac{2b^2}{5c}$ se multiplica por el cociente de $\dfrac{4b^3}{2c}$ y $\dfrac{7b^3}{8c^2}$?

36. Escribe $1 + \dfrac{1}{1 + \dfrac{1}{1 + \dfrac{1}{1 + \dfrac{1}{x}}}}$ en forma simplificada.

Calculadoras de gráficas

37. a. Grafica $y = \dfrac{\dfrac{x + 3}{2x}}{\dfrac{3x + 9}{4}}$. ¿Cuáles son los valores excluidos?

b. Grafica $\dfrac{x + 3}{2x} \cdot \dfrac{4}{3x + 9}$ en la misma pantalla que usaste en la parte a. ¿Cuáles son sus valores excluidos?

c. Con la excepción de los valores excluidos, ¿son iguales las gráficas?

Piensa críticamente

38. Simplifica $\dfrac{3}{1 - \dfrac{3}{3 + y}} - \dfrac{3}{\dfrac{3}{3 - y} - 1}$.

Aplicaciones y solución de problemas

39. Acústica Si un tren se mueve hacia ti a una velocidad de v millas por hora, al mismo tiempo que hace sonar el pito a una frecuencia f, lo escuchas como si estuviera haciendo sonar el pito a una frecuencia h, donde $h = \dfrac{f}{1 - \dfrac{v}{s}}$ y s es la velocidad del sonido.

a. Simplifica el lado derecho de esta fórmula.

b. Supongamos que un tren hace sonar el pito a 370 ciclos por segundo (a la misma frecuencia de la primera fa sostenido (fa #) arriba de la do en el piano). El tren se te está acercando a una velocidad de 80 millas por hora. La velocidad del sonido es de 760 millas por hora. Calcula la frecuencia del sonido como la escuchas tú.

c. En la siguiente tabla aparece la nota fa # (fa sostenido) y las notas a su derecha en el piano junto con sus frecuencias.

Nota	fa #	sol	sol #	la	la #	si	do	do #
Frecuencia	370.0	392.0	415.3	440.0	466.1	493.8	523.2	554.3

¿Aproximadamente en cuántas notas subió el sonido de la parte b?

d. Calcula la frecuencia del mismo pito como la escucharías de un TVG, el tren francés más rápido del mundo ($v = 236$ millas por hora), que se te está acercando. ¿Aproximadamente en cuántas notas subiría este sonido?

¿Te has fijado que el tono (frecuencia) del pito de un tren o bocina de un auto crece a medida que este se acerca a ti y disminuye a medida que se aleja de ti? Este efecto recibe el nombre de *efecto Doppler*, así llamado en honor al científico austríaco Christian Doppler, quien lo descubrió en 1842.

40. Estadística En 1993, New Jersey era el estado más densamente poblado y Alaska el menos densamente poblado. La población de New Jersey era de 7,879,000 y la de Alaska de 599,000. El área de New Jersey es de aproximadamente 7419 millas cuadradas y la de Alaska de aproximadamente 570,374 millas cuadradas. ¿Cuántos habitantes más, por milla cuadrada, había en New Jersey que en Alaska en 1993?

Repaso comprensivo

41. Calcula $\dfrac{4x}{2x+6} + \dfrac{3}{x+3}$. (Lección 12–6)

42. Calcula $\dfrac{b-5}{b^2-7b+10} \cdot \dfrac{b-2}{3}$. (Lección 12–2)

43. Factoriza $4x^2 - 1$. (Lección 10–4)

44. Calcula $x^4y^5 \div xy^3$. (Lección 9–2)

45. Resuelve el siguiente sistema de ecuaciones. (Lección 8–4)

$3a + 4b = -25$
$2a - 3b = 6$

46. Geometría Un cuadrilátero tiene sus vértices en los puntos $A(-1, -4)$, $B(2, -1)$, $C(5, -4)$ y $D(2, -7)$. (Lección 6–6)

   a. Grafica el cuadrilátero y determina la relación, si es que hay alguna, entre sus lados.

   b. ¿Qué tipo de cuadrilátero es *ABCD*?

47. Despeja w en $P = 2\ell + 2w$. (Lección 3–6)

48. Calcula $\sqrt{225}$. (Lección 2–8)

TRABAJA EN LA

In·ves·ti·ga·ción

Refiérete a las páginas 656–657.

Una preocupación creciente

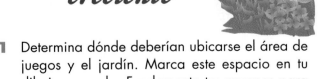

1 Determina dónde deberían ubicarse el área de juegos y el jardín. Marca este espacio en tu dibujo a escala. Fundamenta tus razones para colocarlos donde los colocaste.

2 Desarrolla un plan detallado para la terraza y/o el patio y las aceras para la familia Sánchez. Indica las dimensiones. Explica por qué escogiste la ubicación y el tipo de materiales que escogiste para cada lugar.

3 Calcula el costo de materiales, mano de obra y margen de ganancias de la construcción de la terraza y/o el patio. Justifica tus costos y defiende la construcción de la terraza y/o el patio y las aceras, tal y como los diseñaste.

4 Asegúrate de añadir a tu dibujo la terraza y/o el patio y las aceras.

Agrega los resultados de tu trabajo a tu *Archivo de investigación.*

Resuelve ecuaciones racionales

Lo que **APRENDERÁS**

- A resolver ecuaciones racionales.

Por qué **ES IMPORTANTE**

Porque puedes usar ecuaciones racionales para resolver problemas de acústica y estadística.

MIRADA RETROSPECTIVA

Puedes consultar la lección 3-3 para repasar las ecuaciones cuya solución requiere de varios pasos.

APLICACIÓN

Trabajo

Tiko y Julio emprenden un servicio de cuidado de céspedes. Para organizar la atención de su clientela, compararon el tiempo que se demora cada uno en cortar el césped de un mismo patio. Tiko puede cortar el césped de la señora Harris en 3 horas, mientras que Julio se demora 2. ¿Cuánto se tardarán si trabajan juntos?

Puedes responer esta pregunta resolviendo una **ecuación racional.** Una ecuación racional es una ecuación que contiene expresiones racionales.

Explora Dado que Tiko se demora 3 horas en realizar este trabajo, en una hora completa $\frac{1}{3}$ del mismo. Julio, a su tasa de trabajo, completa la $\frac{1}{2}$ del trabajo en una hora. Usa la siguiente fórmula.

$$\underbrace{\text{tasa de trabajo}}_{r} \cdot \underbrace{\text{tiempo}}_{t} = \underbrace{\text{trabajo terminado}}_{w}$$

Planifica En t horas, Tiko completa $t \cdot \frac{1}{3}$ ó $\frac{t}{3}$ del trabajo y Julio puede hacer $t \cdot \frac{1}{2}$ ó $\frac{t}{2}$ del mismo trabajo. Por lo tanto, $\frac{t}{3} + \frac{t}{2} = 1$, donde 1 representa el trabajo terminado.

Resuelve

$$\frac{t}{3} + \frac{t}{2} = 1$$

$$6\left(\frac{t}{3} + \frac{t}{2}\right) = 6(1)$$ *Multiplica cada lado de la ecuación por el mcd, 3(2) ó 6, para así eliminar todos los denominadores de ambos lados de la ecuación. Usa la propiedad distributiva.*

$$2t + 3t = 6$$

$$5t = 6$$

$$t = \frac{6}{5} \text{ ó } 1\frac{1}{5}$$ *Verifica esta solución.*

Examina Si Tiko y Julio trabajan $1\frac{1}{5}$ juntos, ¿terminarán el trabajo?

$$rt \text{ de Tiko} + rt \text{ de Julio} \overset{?}{=} 1 \rightarrow \frac{1}{3} \cdot \frac{6}{5} + \frac{1}{2} \cdot \frac{6}{5} \overset{?}{=} 1$$

$$\frac{2}{5} + \frac{3}{5} \overset{?}{=} 1$$

$$1 = 1$$

Juntos, Tiko y Julio pueden terminar el trabajo en $1\frac{1}{5}$ horas.

Ejemplo ① **Resuelve** $\frac{10}{3y} - \frac{5}{2y} = \frac{1}{4}$.

$$\frac{10}{3y} - \frac{5}{2y} = \frac{1}{4}$$

$$12y\left(\frac{10}{3y} - \frac{5}{2y}\right) = 12y\left(\frac{1}{4}\right)$$ *Multiplica cada lado por el mcd, 12y.*

$$12y \cdot \frac{10}{3y} - 12y \cdot \frac{5}{2y} = 12y \cdot \frac{1}{4}$$ *Usa la propiedad distributiva.*

$$40 - 30 = 3y$$

$$10 = 3y$$

$$y = \frac{10}{3} \text{ ó } 3\frac{1}{3}$$

Verifica: $\dfrac{10}{3\left(3\frac{1}{3}\right)} - \dfrac{5}{2\left(3\frac{1}{3}\right)} = \dfrac{1}{4}$

$$\dfrac{10}{10} - \dfrac{15}{20} \stackrel{?}{=} \dfrac{1}{4}$$

$$\dfrac{20}{20} - \dfrac{15}{20} \stackrel{?}{=} \dfrac{1}{4}$$

$$\dfrac{1}{4} = \dfrac{1}{4} \quad ✔$$

La solución es $3\frac{1}{3}$.

La multiplicación de cada lado de una ecuación por el mcd de las expresiones racionales que aparecen en cualquiera de los dos lados de la ecuación, puede producir resultados que no son soluciones de la ecuación original. Tales soluciones reciben el nombre de **soluciones extrañas** o soluciones "falsas".

Ejemplo  **Resuelve** $\dfrac{x}{x-1} + \dfrac{2x-3}{x-1} = 2$.

$$\dfrac{x}{x-1} + \dfrac{2x-3}{x-1} = 2$$

$$(x-1)\left(\dfrac{x}{x-1} + \dfrac{2x-3}{x-1}\right) = (x-1)2 \quad \textit{Multiplica por el mcd, } x-1.$$

$$(x-1)\left(\dfrac{x}{x-1}\right) + (x-1)\left(\dfrac{2x-3}{x-1}\right) = (x-1)2$$

$$x + 2x - 3 = 2x - 2$$

$$3x - 3 = 2x - 2$$

$$x = 1$$

El número 1 no puede ser solución de la ecuación original, pues 1 es un valor excluido de x. Por lo tanto, esta ecuación no tiene solución.

Puedes usar la fórmula de la distancia para resolver problemas de la vida real.

Ejemplo  **Una barcaza para transportar cereales opera entre Minneapolis, Minnesota y New Orleans, Louisiana, a través del río Mississippi. La velocidad máxima de la barcaza en aguas tranquilas es de 8 millas por hora. A esta velocidad, la barcaza se demora lo mismo en un viaje de 30 millas, río abajo, que en un viaje de 18 millas, río arriba. ¿Cuál es la velocidad de la corriente?**

APLICACIÓN

Comercio

Explora   Sea c = la velocidad de la corriente. La velocidad de la barcaza viajando río abajo es de 8 millas por hora más la velocidad de la corriente, es decir, $(8 + c)$ millas por hora. La velocidad de la barcaza río abajo es de 8 millas por hora menos la velocidad de la corriente, es decir, $(8 - c)$ millas por hora.

Planifica   Para hallar el tiempo t, despeja t en $d = rt$, obteniendo $t = \dfrac{d}{r}$.

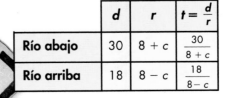

	d	r	$t = \dfrac{d}{r}$
Río abajo	30	$8 + c$	$\dfrac{30}{8+c}$
Río arriba	18	$8 - c$	$\dfrac{18}{8-c}$

(continúa en la página siguiente)

Resuelve

$$\frac{30}{8 + c} = \frac{18}{8 - c}$$

$$30(8 - c) = 18(8 + c) \quad \textit{Calcula los productos cruzados.}$$

$$240 - 30c = 144 + 18c$$

$$96 = 48c$$

$$c = 2$$

Examina   Verifica si este valor de c cumple con las condiciones del problema. Río abajo, la barcaza viaja a una velocidad de $(8 + 2)$ ó 10 mph. Un viaje de 30 millas río abajo lo realiza en $30 \div 10$ ó 3 horas. Río arriba, la barcaza tiene una velocidad de $(8 - 2)$ ó 6 mph. Un viaje de 18 millas río arriba lo realiza en $18 \div 6$ ó 3 horas. Se demora lo mismo en ambos viajes, así es que la velocidad de la corriente es realmente 2 millas por hora.

La electricidad puede describirse como la circulación de electrones a través de un conductor, como un pedazo de alambre de cobre. La electricidad circula más libremente en unos conductores que en otros. La fuerza que se opone a la circulación recibe el nombre de *resistencia.* La unidad de resistencia que se usa comúnmente es el *ohmio.*

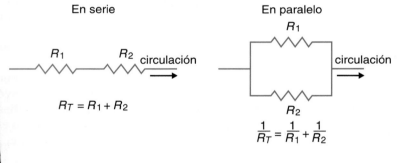

conductor   dirección de la corriente

resistencia

Las resistencias pueden conectarse una después de la otra, es decir, *en serie.* También pueden disponerse en ramas en la misma dirección del conductor, es decir, *en paralelo.*

En serie

R_1 R_2 circulación

$$R_T = R_1 + R_2$$

En paralelo

R_1

circulación

R_2

$$\frac{1}{R_T} = \frac{1}{R_1} + \frac{1}{R_2}$$

Ejemplo ④

APLICACIÓN
Electrónica

Supongamos que $R_1 = 4$ ohmios y $R_2 = 3$ ohmios. Calcula la resistencia total del conductor cuando las resistencias se conectan en serie y en paralelo.

en serie

$$R_T = R_1 + R_2$$

$$= 4 + 3 \text{ ó } 7$$

en paralelo

$$\frac{1}{R_T} = \frac{1}{R_1} + \frac{1}{R_2}$$

$$\frac{1}{R_T} = \frac{1}{4} + \frac{1}{3}$$

$$\frac{1}{R_T} = \frac{7}{12}$$

$$12 = 7R_T \quad \textit{Productos cruzados}$$

$$R_T = \frac{12}{7} \text{ ó } 1\frac{5}{7}$$

A menudo, un circuito o ruta para la circulación de electrones, tiene algunas resistencias conectadas en serie y otras en paralelo.

Ejemplo ⑤ Un circuito tiene una rama en serie, como se muestra a la derecha. Si se sabe que la resistencia total es de 2.25 ohmios, que $R_1 = 3$ ohmios y que $R_2 = 4$ ohmios, calcula R_3.

APLICACIÓN
Electrónica

$$\frac{1}{R_T} = \frac{1}{R_1} + \frac{1}{R_2 + R_3}$$ *La resistencia total de la rama en serie es $R_2 + R_3$.*

$$\frac{1}{2.25} = \frac{1}{3} + \frac{1}{4 + R_3}$$ *$R_T = 2.25$ y $R_1 = 3$*

$$\frac{1}{2.25} - \frac{1}{3} = \frac{1}{4 + R_3}$$

$$\frac{4}{9} - \frac{3}{9} = \frac{1}{4 + R_3}$$

$$\frac{1}{9} = \frac{1}{4 + R_3}$$

$$4 + R_3 = 9$$ *Calcula los productos cruzados.*

$$R_3 = 5$$

R_3 es, por lo tanto, de 5 ohmios.

COMPRUEBA LO QUE APRENDISTE

Comunicación en matemáticas

Estudia la lección y a continuación completa lo siguiente.

1. Refiérete a la aplicación al comienzo de la lección. ¿En qué diferiría la solución si Julio se demorara 6 horas en completar el trabajo?

2. **Tú decides** Antoinette resolvió $\frac{2m}{1 - m} + \frac{m + 3}{m^2 - 1} = 1$ y dijo que 1 y $-\frac{4}{3}$ eran las soluciones.

   Joel dice que $-\frac{4}{3}$ es la única solución. ¿Quién tiene la razón y por qué?

3. **Define** lo que es una ecuación racional y distínguela de una ecuación lineal.

MI DIARIO
DE MATEMÁTICAS

4. **Evalúate**

   a. Describe una actividad que tú y un amigo puedan realizar juntos y que cada uno sea capaz de completar por separado. Calcula el tiempo que se demoraría cada uno de ustedes en completarla trabajando solo.

   b. Usa tus conocimientos de matemáticas para calcular cuánto tardarían en completar la actividad trabajando juntos.

Práctica dirigida

Resuelve cada ecuación.

5. $\frac{1}{4} + \frac{4}{x} = \frac{1}{x}$

6. $\frac{1}{5} + \frac{3}{2y} = \frac{3}{3y}$

7. $\frac{4}{x + 5} = \frac{4}{3(x + 2)}$

8. $\frac{x}{2} = \frac{3}{x + 1}$

9. $\frac{a - 1}{a + 1} - \frac{2a}{a - 1} = -1$

10. $\frac{w - 2}{w} - \frac{w - 3}{w - 6} = \frac{1}{w}$

11. **Trabajo** Olivia puede lavar y encerar su auto, aspirar el interior y lavar las ventanillas por dentro en 5 horas. ¿Qué parte del trabajo puede completar en

   a. 1 hora?　　　　**b.** 3 horas?　　　　**c.** x horas?

12. **Recreación** Sally y su hermano arrendaron un bote para ir a pescar en Jones Creek. La velocidad máxima del bote en aguas tranquilas es de 3 millas por hora. A esta velocidad, el bote se demora lo mismo en un viaje de 9 millas río abajo que en un viaje de 3 millas río arriba. Sea c = la velocidad de la corriente. Copia y completa la siguiente tabla.

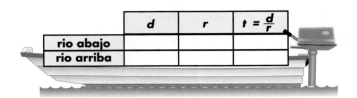

	d	r	$t = \frac{d}{r}$
río abajo			
río arriba			

a. Escribe una ecuación que represente las condiciones del problema.

b. Resuelve el problema.

Electrónica: Los Ejercicios 13–15 se refieren al siguiente diagrama.

13. Calcula la resistencia total, R_T, si $R_1 = 8$ ohmios y $R_2 = 6$ ohmios.

14. Calcula R_1, si $R_T = 2.\overline{2}$ ohmios y $R_2 = 5$ ohmios.

15. Calcula R_1 y R_2 si la resistencia total es de $2.\overline{6}$ ohmios y R_1 es el doble de R_2.

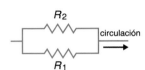

EJERCICIOS

Práctica

Resuelve cada ecuación.

16. $\frac{1}{4} + \frac{3}{x} = \frac{1}{x}$

17. $\frac{1}{5} - \frac{4}{3m} = \frac{2}{m}$

18. $x + 3 = -\frac{2}{x}$

19. $\frac{m+1}{m} + \frac{m+4}{m} = 6$

20. $\frac{x}{x+1} + \frac{5}{x-1} = 1$

21. $\frac{m-1}{m+1} - \frac{2m}{m-1} = -1$

22. $\frac{-4}{a+1} + \frac{3}{a} = 1$

23. $\frac{3x}{10} - \frac{1}{5x} = \frac{1}{2}$

24. $\frac{b}{4} + \frac{1}{b} = \frac{-5}{3}$

25. $\frac{-4}{n} = 11 - 3n$

26. $\frac{x-3}{x} = \frac{x-3}{x-6}$

27. $\frac{7}{a-1} = \frac{5}{a+3}$

28. $\frac{3}{r+4} - \frac{1}{r} = \frac{1}{r}$

29. $\frac{3}{x} + \frac{4x}{x-3} = 4$

30. $\frac{1}{4m} + \frac{2m}{m-3} = 2$

31. $\frac{a-2}{a} - \frac{a-3}{a-6} = \frac{1}{a}$

32. $\frac{x+3}{x+5} + \frac{2}{x-9} = \frac{5}{2x+10}$

33. $\frac{-1}{w+2} = \frac{w^2 - 7w - 8}{3w^2 + 2w - 8}$

Electrónica: En cada fórmula, despeja la variable que se indica.

34. Calcula R_T si $R_1 = 5$ ohmios, $R_2 = 4$ ohmios y $R_3 = 3$ ohmios.

35. Calcula R_1 si $R_T = 2\frac{10}{13}$ ohmios, $R_2 = 3$ ohmios y $R_3 = 6$ ohmios.

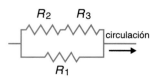

36. Calcula R_2, si $R_T = 3.5$ ohmios, $R_1 = 5$ ohmios y $R_3 = 4$ ohmios.

Electrónica: En cada fórmula, despeja la variable que se indica.

37. Despeja R_1 en $\dfrac{1}{R_T} = \dfrac{1}{R_1} + \dfrac{1}{R_2}$.

38. Despeja R en $I = \dfrac{E}{r + R}$.

39. Despeja n en $I = \dfrac{nE}{nr + R}$.

40. Despeja r en $I = \dfrac{E}{\dfrac{r}{n} + R}$

Piensa críticamente

41. ¿Qué número sumarías al numerador y al denominador de $\dfrac{4}{11}$ para obtener una fracción equivalente a $\dfrac{2}{3}$?

42. Refiérete al diagrama de la derecha.
  a. Escribe una ecuación de la resistencia total del diagrama.
  b. Calcula la resistencia total si $R_1 = 5$ ohmios, $R_2 = 4$ ohmios y $R_3 = 6$ ohmios.

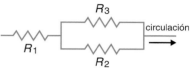

Aplicaciones y solución de problemas

43. Electricidad   Ocho luces de un árbol de navidad están conectadas en serie. Cada una tiene una resistencia de 12 ohmios. ¿Cuál es la resistencia total?

44. Electricidad   Se conectan tres artefactos domésticos en paralelo: Una lámpara con una resistencia de 60 ohmios, una plancha con una resistencia de 20 ohmios y un serpentín de calefacción con una resistencia de 80 ohmios. Calcula la resistencia total.

45. Viajes en avión   La distancia de vuelo entre Honolulu, Hawai y San Francisco, California, es de aproximadamente 2400 millas. La velocidad relativa de un avión 747–100 es de 520 millas por hora. Un fuerte viento de cola sopla a 120 millas por hora. A 1000 millas después de haber despegado (a 1400 millas de San Francisco), se descompone uno de los motores del avión. En tu calidad de piloto del avión, responde las siguientes preguntas.
  a. ¿Cuánto se demora el avión en volver a Honolulu?
  b. ¿Cuánto se demora el avión en seguir a San Francisco?
  c. ¿Cuál es el punto de no retorno? Es decir, ¿en qué momento del viaje (en millas) sería mejor continuar hacia San Francisco que regresar a Honolulu?

46. Ciclismo   La carretera elevada Lake Pontchartrain en Louisiana tiene una longitud de 24 millas.
  a. Supongamos que Todd sale, pedaleando, de uno de los extremos a 20 millas por hora y Kristie sale del otro extremo a 16 millas por hora. ¿Cuánto se demoran en encontrarse? ¿A qué distancia de cualquiera de los extremos se encuentran?
  b. La velocidad de Todd sin viento es de 20 millas por hora y la de Kristie es de 16 millas por hora. Si Todd pedalea contra el viento y Kristie con el viento y si se encuentran en el punto medio de la carretera, ¿cuál es la velocidad del viento?
  c. La carretera elevada consiste de dos puentes paralelos. Supongamos que Todd empieza a pedalear en un extremo a 20 millas por hora. Kristie empieza en el otro extremo del puente paralelo a 16 millas por hora y en dirección opuesta a la de Todd. Pedalean como si estuvieran en un circuito cerrado, en las dos carreteras elevadas paralelas. ¿Cuánto se demora Todd en alcanzar a Kristie? (*Nota:* Al empezar, ella le lleva una ventaja de 24 millas.)

47. Antropología   La fórmula $c = \dfrac{100w}{\ell}$ se usa para calcular el índice encefálico c. Los antropólogos usan esta medida para identificar cráneos de acuerdo con sus características étnicas. Este índice se calcula midiendo el ancho w de la cabeza de una persona, de oreja a oreja y el largo ℓ de la cabeza desde la cara hasta la parte posterior de la cabeza.

a. Despeja w en la fórmula.

b. Despeja ℓ en la fórmula.

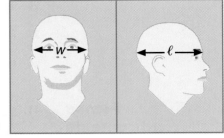

48. Sicología   La fórmula $i = \dfrac{100m}{c}$ se usa como medida i de la inteligencia, la cual recibe el nombre de coeficiente intelectual o C.I. En esta fórmula, m es la edad mental de la persona y c es la edad cronológica de la persona.

a. Despeja m en la fórmula.

b. Despeja c en la fórmula.

49. Béisbol   Chang golpea 32 veces la pelota, de 128 veces que lo intenta. Su promedio de bateo actual es, por lo tanto, de $\dfrac{32}{128} = 0.250$. ¿Cuántas veces consecutivas debe golpear la pelota en sus próximas x veces para que su promedio suba a 0.300?

Repaso comprensivo

50. Simplifica $\dfrac{\frac{x^2 - 5x}{x^2 + x - 30}}{\frac{x^2 + 2x}{x^2 + 9x + 18}}$.   (Lección 12–7)

51. Simplifica $\dfrac{a + 2}{b^2 + 4b + 4} \div \dfrac{4a + 8}{b + 4}$.   (Lección 12–3)

52. Calcula $(0.5a + 0.25b)^2$.   (Lección 9–8)

53. Ventas   En el cuadro de la derecha se muestran las cantidades pagadas por 20 clientes el miércoles antes del Día de Acción de Gracias. Traza un diagrama de caja y patillas con esta información.
(Lección 7–7)

$45.76	$46.03	$99.21	$35.43
$56.84	$35.35	$122.30	$56.90
$102.78	$1.99	$32.18	$37.50
$24.82	$60.82	$15.27	$88.12
$6.78	$29.15	$98.55	$52.98

54. Estadística   Refiérete a la información del Ejercicio 53. Calcula la amplitud, la media, el cuartil superior, el cuartil inferior y la amplitud intercuartílica de estos datos. Identifica cualquier valor atípico.   (Lección 5–7)

55. Escribe 12 libras a 100 onzas como una fracción simplificada.   (Lección 4–1)

56. Resuelve $3x = -15$.   (Lección 3–2)

57. Calcula $(-2)(3)(-3)$.   (Lección 2–6)

58. Completa: $3(2 + x) = 6 + \underline{\ ?\ }$.   (Lección 1–7)

VOCABULARIO

Después de estudiar este capítulo podrás definir cada término, propiedad o frase y dar uno o dos ejemplos de cada uno.

Álgebra

ecuación racional   (p. 696)

expresiones mixtas   (p. 690)

expresión racional   (p. 660)

mínimo común denominador (mcd)   (p. 686)

mínimo común múltiplo (mcm)   (p. 685)

soluciones extrañas   (p. 697)

valores excluidos   (p. 660)

Solución de problemas

haz una lista organizada   (p. 685)

COMPRENSIÓN Y USO DEL VOCABULARIO

Determina si cada frase es *verdadera* o *falsa*. Si es falsa sustituye la palabra o número subrayado para obtener una frase verdadera.

1. Una expresión <u>mixta</u> es una fracción algebraica cuyo numerador y denominador son polinomios.

2. La fracción compleja $\dfrac{\frac{4}{5}}{\frac{2}{3}}$ puede simplificarse en $\underline{\dfrac{6}{5}}$.

3. La ecuación $\dfrac{x}{x-1} + \dfrac{2x-3}{x-1} = 2$ tiene $\underline{1}$ como solución extraña.

4. La expresión mixta $6 - \dfrac{a-2}{a+3}$ puede reescribirse como la expresión racional $\underline{\dfrac{5a+16}{a+3}}$.

5. El mínimo común múltiplo de $(x^2 - 144)$ y $(x + 12)$ es $\underline{x + 12}$.

6. Los valores excluidos de $\dfrac{4x}{x^2 - x - 12}$ son $\underline{-3 \text{ y } 4.}$

7. El mínimo común denominador es el <u>máximo común divisor</u> de los denominadores.

HABILIDADES Y CONCEPTOS

OBJETIVOS Y EJEMPLOS

Una vez completado este capítulo podrás:

- simplificar expresiones racionales   (Lección 12–1)

Simplifica $\dfrac{x+y}{x^2 + 3xy + 2y^2}$.

$$\dfrac{x+y}{x^2 + 3xy + 2y^2} = \dfrac{\overset{1}{\cancel{x+y}}}{\cancel{(x+y)}(x+2y)}$$

$$= \dfrac{1}{x+2y}$$

EJERCICIOS DE REPASO

Usa estos ejercicios para repasar y prepararte para el examen del capítulo.

Simplifica cada expresión racional. Identifica los valores excluidos de las variables.

8. $\dfrac{3x^2 y}{12xy^3 z}$

9. $\dfrac{z^2 - 3z}{z - 3}$

10. $\dfrac{a^2 - 25}{a^2 + 3a - 10}$

11. $\dfrac{3a^3}{3a^3 + 6a^2}$

12. $\dfrac{x^2 + 10x + 21}{x^3 + x^2 - 42x}$

13. $\dfrac{b^2 - 5b + 6}{b^4 - 13b^2 + 36}$

- multiplicar expresiones racionales   (Lección 12–2)

$$\dfrac{1}{x^2 + x - 12} \cdot \dfrac{x-3}{x+5} = \dfrac{1}{(x+4)\cancel{(x-3)}} \cdot \dfrac{\overset{1}{\cancel{x-3}}}{x+5}$$

$$= \dfrac{1}{(x+4)(x+5)}$$

$$= \dfrac{1}{x^2 + 9x + 20}$$

Calcula cada producto. Puedes suponer que ningún denominador es igual a 0.

14. $\dfrac{7b^2}{9} \cdot \dfrac{6a^2}{b}$

15. $\dfrac{5x^2 y}{8ab} \cdot \dfrac{12a^2 b}{25x}$

16. $(3x + 30) \cdot \dfrac{10}{x^2 - 100}$

17. $\dfrac{3a - 6}{a^2 - 9} \cdot \dfrac{a+3}{a^2 - 2a}$

18. $\dfrac{x^2 + x - 12}{x + 2} \cdot \dfrac{x+4}{x^2 - x - 6}$

19. $\dfrac{b^2 + 19b + 84}{b - 3} \cdot \dfrac{b^2 - 9}{b^2 + 15b + 36}$

- dividir expresiones racionales   (Lección 12–3)

$$\dfrac{y^2 - 16}{y^2 - 64} \div \dfrac{y+4}{y-8} = \dfrac{y^2 - 16}{y^2 - 64} \cdot \dfrac{y-8}{y+4}$$

$$= \dfrac{(y-4)\overset{1}{\cancel{(y+4)}}}{\cancel{(y-8)}(y+8)} \cdot \dfrac{\overset{1}{\cancel{y-8}}}{\cancel{y+4}}$$

$$= \dfrac{y-4}{y+8}$$

Calcula cada cociente. Puedes suponer que ningún denominador es igual a 0.

20. $\dfrac{p^3}{2q} \div \dfrac{p^2}{4q}$

21. $\dfrac{y^2}{y+4} \div \dfrac{3y}{y^2 - 16}$

22. $\dfrac{3y - 12}{y + 4} \div (y^2 - 6y + 8)$

23. $\dfrac{2m^2 + 7m - 15}{m + 5} \div \dfrac{9m^2 - 4}{3m + 2}$

OBJETIVOS Y EJEMPLOS

EJERCICIOS DE REPASO

● **dividir un polinomio entre un monomio.**
(Lección 12–4)

$$
\begin{array}{r}
x^2 + x - 19 \\
x - 3 \overline{)\, x^3 - 2x^2 - 22x + 21} \\
\underline{x^3 - 3x^2} \\
x^2 - 22x \\
\underline{x^2 - 3x} \\
-19x + 21 \\
\underline{-19x + 57} \\
-36
\end{array}
$$

El cociente es $x^2 + x - 19 - \dfrac{36}{x-3}$.

Calcula cada cociente.

24. $(4a^2b^2c^2 - 8a^3b^2c + 6abc^2) \div (2ab^2)$

25. $(x^3 + 7x^2 + 10x - 6) \div (x + 3)$

26. $(x^3 - 7x + 6) \div (x - 2)$

27. $(x^4 + 3x^3 + 2x^2 - x + 6) \div (x - 2)$

28. $(48b^2 + 8b + 7) \div (12b - 1)$

● **sumar y restar expresiones racionales con igual denominador** (Lección 12–5)

$$
\frac{m^2}{m+4} - \frac{16}{m+4} = \frac{m^2 - 16}{m+4}
$$

$$
= \frac{(m-4)\overset{1}{\cancel{(m+4)}}}{\underset{1}{\cancel{m+4}}}
$$

$$
= m - 4
$$

Suma o resta. Simplifica tu respuesta.

29. $\dfrac{7a}{m^2} - \dfrac{5a}{m^2}$

30. $\dfrac{2x}{x-3} - \dfrac{6}{x-3}$

31. $\dfrac{m+4}{5} + \dfrac{m-1}{5}$

32. $\dfrac{-5}{2n-5} + \dfrac{2n}{2n-5}$

33. $\dfrac{a^2}{a-b} + \dfrac{-b^2}{a-b}$

34. $\dfrac{m^2}{m-n} - \dfrac{2mn - n^2}{m-n}$

● **sumar y restar expresiones racionales con distintos denominadores** (Lección 12–6)

$$
\frac{x}{x+3} - \frac{5}{x-2} = \frac{x}{x+3} \cdot \frac{x-2}{x-2} - \frac{5}{x-2} \cdot \frac{x+3}{x+3}
$$

$$
= \frac{x(x-2)}{(x+3)(x-2)} - \frac{5(x+3)}{(x+3)(x-2)}
$$

$$
= \frac{x^2 - 2x}{(x+3)(x-2)} - \frac{5x + 15}{(x+3)(x-2)}
$$

$$
= \frac{x^2 - 2x - 5x - 15}{(x+3)(x-2)}
$$

$$
= \frac{x^2 - 7x - 15}{x^2 + x - 6}
$$

Suma o resta.

35. $\dfrac{7n}{3} - \dfrac{9n}{7}$

36. $\dfrac{7}{3a} - \dfrac{3}{6a^2}$

37. $\dfrac{2c}{3d^2} + \dfrac{3}{2cd}$

38. $\dfrac{2a}{2a+8} - \dfrac{4}{5a+20}$

39. $\dfrac{r^2 + 21r}{r^2 - 9} + \dfrac{3r}{r+3}$

40. $\dfrac{3a}{a-2} + \dfrac{5a}{a+1}$

OBJETIVOS Y EJEMPLOS

- simplificar expresiones mixtas y fracciones complejas   (Lección 12–7)

$$\frac{y - \dfrac{40}{y-3}}{y+5} = \frac{\dfrac{y(y-3)}{(y-3)} - \dfrac{40}{y-3}}{y+5}$$

$$= \frac{\dfrac{y^2 - 3y - 40}{y-3}}{y+5}$$

$$= \frac{\dfrac{(y-8)(y+5)}{y-3}}{y+5}$$

$$= \frac{(y-8)(y+5)}{y-3} \div (y+5)$$

$$= \frac{(y-8)\cancel{(y+5)}}{y-3} \cdot \frac{1}{\cancel{y+5}}$$

$$= \frac{y-8}{y-3}$$

- resolver ecuaciones racionales   (Lección 12–8)

$$\frac{3}{x} + \frac{1}{x-5} = \frac{1}{2x}$$

$$2x(x-5)\left(\frac{3}{x} + \frac{1}{x-5}\right) = \left(\frac{1}{2x}\right)2x(x-5)$$

$$6(x-5) + 2x = x - 5$$

$$6x - 30 + 2x = x - 5$$

$$7x = 25$$

$$x = \frac{25}{7}$$

EJERCICIOS DE REPASO

Escribe cada expresión mixta como una expresión racional.

41. $4 + \dfrac{m}{m-2}$

42. $2 - \dfrac{x+2}{x^2-4}$

Simplifica.

43. $\dfrac{\dfrac{x^2}{y^3}}{\dfrac{3x}{9y^2}}$

44. $\dfrac{5 + \dfrac{4}{a}}{\dfrac{a}{2} - \dfrac{3}{4}}$

45. $\dfrac{x - \dfrac{35}{x+2}}{x + \dfrac{42}{x+13}}$

46. $\dfrac{y + 9 - \dfrac{6}{y+4}}{y + 4 + \dfrac{2}{y+1}}$

Resuelve cada ecuación.

47. $\dfrac{4x}{3} + \dfrac{7}{2} = \dfrac{7x}{12} - \dfrac{1}{4}$

48. $\dfrac{11}{2x} - \dfrac{2}{3x} = \dfrac{1}{6}$

49. $\dfrac{2}{3r} - \dfrac{3r}{r-2} = -3$

50. $\dfrac{x-2}{x} - \dfrac{x-3}{x-6} = \dfrac{1}{x}$

51. $-\dfrac{5}{m} = 19 - 4m$

52. $\dfrac{1}{h+1} + 2 = \dfrac{2h+3}{h-1}$

APLICACIONES Y SOLUCIÓN DE PROBLEMAS

53. Enumera las posibilidades Ruedas Locas vende bicicletas, triciclos y vagones. Tiene el mismo número de triciclos y vagones en el almacén. Si hay 60 pedales y 180 ruedas, ¿cuántas bicicletas, triciclos y vagones tienen en el almacén? (Lección 12–6)

DENNIS THE MENACE

¡EL SR. WILSON ME LAS DIO! ¡Y TIENE **MUCHAS MÁS**!

54. Electrónica Supongamos que $R_1 = 4$ ohmios y $R_2 = 6$ ohmios. ¿Cuál es la resistencia total del conductor si R_1 y R_2 están: (Lección 12–8)

a. conectadas en serie?

b. conectadas en paralelo?

55. Finanzas La secundaria Barrington corta céspedes para amigos y vecinos con el fin de recolectar fondos para construir una casa para Hábitat para la Humanidad. Scott puede rastrillar y embolsar las hojas en 5 horas, mientras que Kalyn lo puede hacer en 3 horas. Si Scott y Kalyn trabajan juntos, ¿cuánto se demorarán en rastrillar y embolsar las hojas? (Lección 12–8)

Un examen de práctica para el Capítulo 12 aparece en la página 798.

EVALUACIÓN ALTERNATIVA

PROYECTO DE APRENDIZAJE COOPERATIVO

Acertijo entretenido   En este proyecto vas a determinar una ecuación matemática que se usará para resolver un acertijo. Mara desarrolló un acertijo en el que el número con que comienzas es el mismo número con que terminas. Edwin está intrigado y quiere saber por qué funciona el acertijo y si funciona todo el tiempo.

Usa los siguientes pasos para desarrollar una ecuación algebraica para este acertijo. Luego, simplifícala para demostrar su funcionamiento. ¿Funciona si el número elegido es cero? ¿Funciona si el número elegido es una fracción? Si no es así, calcula un contraejemplo. ¿Funciona siempre?

1. Escoge cualquier número entero.
2. Multiplica por tres.
3. Suma quince.
4. Multiplica por cuatro.
5. Sustrae dos veces el número escogido.
6. Multiplica por cinco el número escogido.
7. Suma diez veces el número escogido.
8. Divide entre seis.
9. Sustrae tres veces el número escogido.
10. Suma trece.
11. Divide entre siete.
12. Sustrae nueve.

Considera las siguientes ideas mientras tratas de completar tu tarea.

- Lee la frase y determina tu variable.
- Desarrolla la ecuación algebraica expresada por la sucesión.
- Desarrolla un plan para simplificar la ecuación algebraica.
- Simplifica la ecuación.
- Determina cuándo funciona y cuándo no.

Escribe un informe en el que demuestres por qué funciona, explicando además si funciona todo el tiempo.

PIENSA CRÍTICAMENTE

- Escribe tres ecuaciones racionales distintas cuya solución sea el conjunto de los números reales excepto a.
- Para todos los números reales a, b y x, decide si cada una de las siguientes afirmaciones *es siempre verdadera*, *a veces verdadera* o *nunca verdadera*. Da razones.

$$\frac{x}{x} = 1$$

$$\frac{ab^2}{b^2} = ab^3$$

$$\frac{x^2 + 6x - 5}{2x + 2} = \frac{x + 5}{2}$$

PORTAFOLIO

En el capítulo anterior aprendiste a resolver ecuaciones cuadráticas. Piensa en ese proceso. Luego escoge una ecuación cuadrática de tu trabajo en esa lección y resuélvela. Escoge una ecuación racional de tu trabajo en esta lección y resuélvela al lado de la ecuación cuadrática que resolviste. Considera estos dos procesos y compara la solución de ecuaciones cuadráticas con la solución de ecuaciones racionales. Coloca esta información en tu portafolio.

AUTOEVALUACIÓN

Aplicando una destreza adquirida anteriormente para desarrollar una nueva habilidad es, a menudo, un proceso útil. Esto se puede considerar como construir sobre una base sólida. Si la comprensión de una idea nueva se te hace difícil, puede ser útil detenerte y relacionarla con una destreza que ya hayas aprendido. La nueva habilidad es entonces "no tan nueva" ya y se transforma en algo familiar.

Evalúate. ¿Construyes tus destrezas? Cuando desarrollas una nueva idea, ¿regresas a algo familiar y entonces construyes sobre eso o lo haces todo desde el principio? Da un ejemplo de cuándo puedes aplicar fácilmente este método de aprendizaje a una nueva habilidad en matemáticas y a un caso de tu vida diaria.

Hay ocho preguntas en esta sección. Después de trabajar en cada problema, escribe la respuesta correcta en tu hoja de prueba.

1. **Geometría** El área de un cuadrado es de 129 pulgadas cuadradas. ¿Cuál es el perímetro de este cuadrado, redondeado en centésimas?

   A. 11.36 pulg.
   B. 32.25 pulg.
   C. 45.43 pulg.
   D. 1040.06 pulg

2. Expresa la siguiente relación como un conjunto de pares ordenados.

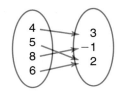

   A. $\{(3, 4), (-1, 8), (2, 5), (2, -6)\}$
   B. $\{(4, 3), (5, 2), (-1, 8), (-6, 2)\}$
   C. $\{4, 5, 8, -6, 3, -1, 2\}$
   D. $\{(4, 3), (5, 2), (8, -1), (-6, 2)\}$

3. **Geometría** Calcula el área del siguiente rectángulo en forma simplificada.

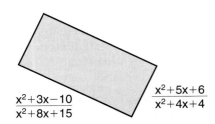

   A. $\frac{15}{32}x^2 - 1$
   B. $\frac{x - 2}{x + 2}$
   C. $\frac{15x^2 - 32x - 60}{32x^2 + 92x + 60}$
   D. $\frac{9x^2 - 42x + 49}{16x^2}$

4. **Probabilidad** Si se selecciona al azar una carta de una baraja de 52 cartas, ¿cuál es la probabilidad de que no sea una carta de faz?

   A. $\frac{3}{13}$
   B. $3:10$
   C. $\frac{13}{25}$
   D. $\frac{10}{13}$

5. **Física** Rafael lanzó una piedra desde el borde de un precipicio de 10 metros de altura, con una velocidad inicial de 15 metros por segundo. A la décima de segundo más cercana, determina cuándo llegará la piedra al suelo, usando la fórmula $H = -4.9t^2 + vt + h$.

   A. 3.6 s
   B. 3.1 s
   C. 4 s
   D. 3.9 s

6. Simplifica $\dfrac{\dfrac{x^2 + 8x + 15}{x^2 + x - 6}}{\dfrac{x^2 + 2x - 15}{x^2 - 2x - 3}}$.

   A. $\frac{23}{30}$
   B. $\frac{x^2 + 4x + 3}{x^2 + x - 6}$
   C. $\frac{x^2 + 10x + 25}{x^2 - x - 2}$
   D. $\frac{x + 1}{x - 2}$

7. **Geometría** ¿Cuál es el valor de x si el perímetro de un cuadrado es de 60 cm y su área es $4x^2 - 28x + 49$ cm²?

   A. solo 4
   B. solo 11
   C. 4 y 11
   D. −4 y 11

8. **Física** La distancia que una fuerza puede mover un objeto es $\frac{2a}{6a^2 - 17a - 3}$ yardas. La distancia que una segunda fuerza puede mover el mismo objeto es $\frac{a + 2}{a^2 - 9}$ yardas. ¿A cuánta mayor distancia se movió el objeto cuando se ejerció la segunda fuerza que cuando se ejerció la primera fuerza?

   A. $\frac{4a^2 + 7a + 2}{(a - 3)(a + 3)(6a + 1)}$
   B. $\frac{a + 2}{5a^2 + 17a - 6}$
   C. $\frac{4a^2 + 17a - 2}{(a - 3)(a + 3)(6a - 1)}$
   D. $\frac{10a^2 + 11a + 1}{(3a - 2)(2a + 1)}$

SECCIÓN DOS: RESPUESTAS BREVES

Esta sección contiene nueve preguntas que debes contestar brevemente. Escribe tus respuestas en tu hoja de prueba.

9. Evalúa.

$42 \div 7 - 1 - 5 + 8 \cdot 2 + 14 \div 2 - 8.$

10. Una laguna rectangular para pingüinos en el *Bay Park Zoo* mide 12 metros de largo por 8 metros de ancho. El parque zoológico quiere duplicar el área de la laguna, aumentando el largo y el ancho en la misma cantidad. ¿Cuánto deberían aumentarse estas medidas?

11. Calcula la pendiente, la intersección y y la intersección x de la gráfica de $2x - 3y = 13$.

12. Calcula el valor de k si cuando se divide $x^3 - 7x^2 + 4x + k$ por $(x - 2)$, el residuo es 15.

13. El dígito de las decenas de un número de dos dígitos excede el doble de sus unidades en 1. Si los dígitos se invierten, el número es 4 veces más que 3 veces la suma de los dígitos. Calcula el número.

14. Un ciclista de larga distancia pedaleando a una velocidad constante cubre 30 millas con el viento a su espalda. Solo puede cubrir 18 millas con el viento de frente en el mismo tiempo. Si la velocidad del viento es de 3 millas por hora, ¿cuál es la velocidad del ciclista sin el viento?

15. Resuelve $-2 \leq 2x + 4 < 6$ y grafica su conjunto solución.

16. Biología El colibrí de dos pulgadas bate sus alas entre cuarenta y cincuenta veces por segundo, aproximadamente. A esta velocidad, ¿cuántas veces bate sus alas en media hora? Escribe tu respuesta en notación científica.

17. Construcción Muturi tiene 120 metros de cerca para fabricar un corral rectangular para sus conejos. Si un cobertizo se usa como uno de los lados del corral, ¿cuál es el área máxima del corral?

SECCIÓN TRES: ABIERTA

Esta sección contiene tres problemas abiertos. Demuestra tu conocimiento dando una solución clara y concisa a cada problema. Tu puntaje dependerá de tus destrezas en lo siguiente.

- Fundamentar tu razonamiento.

- Mostrar tu compresión de los matemáticas de una manera organizada.

- Usar tablas, gráficas y diagramas en tu explicación.

- Mostrar la solución de más de una manera o relacionarla con otras situaciones.

- Investigar más allá de los requerimientos del problema.

18. La señora Flores compró algunas *impatients* y petunias para su negocio de jardinería ornamental en $111.25. ¿Cuántas bandejas de cada una compró si cada bandeja de *impatients* valía $10, cada bandeja de petunias valía $8.75 y había dos bandejas menos de *impatients* que de petunias?

19. Grafica la función cuadrática $y = -x^2 + 6x + 16$. Incluye la ecuación del eje de simetría, el vértice y las raíces de la ecuación cuadrática correspondiente.

20. Resuelve el siguiente sistema de desigualdades. Incluye cómo determinaste la solución e identifica al menos tres pares ordenados que satisfagan el sistema.

$y \leq x + 3$

$2x - 2y < 8$

$2y + 3x > 4$

Explora expresiones y ecuaciones radicales

Objetivos

En este capítulo:

- usarás el Teorema de Pitágoras para resolver problemas,
- simplificarás expresiones radicales,
- resolverás problemas que contengan expresiones radicales,
- resolverás ecuaciones cuadráticas completando el cuadrado y
- resolverás problemas mediante la identificación de submetas.

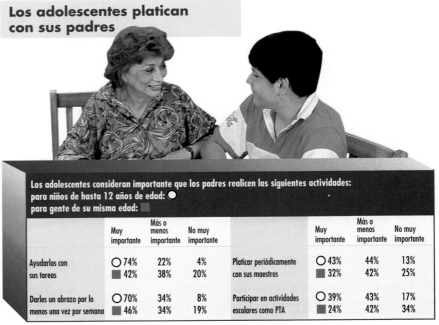

Los adolescentes platican con sus padres

Los adolescentes consideran importante que los padres realicen las siguientes actividades:
para niños de hasta 12 años de edad: ○
para gente de su misma edad: ■

	Muy importante	Más o menos importante	No muy importante		Muy importante	Más o menos importante	No muy importante
Ayudarlos con sus tareas	○ 74%	22%	4%	Platicar periódicamente con sus maestros	○ 43%	44%	13%
	■ 42%	38%	20%		■ 32%	42%	25%
Darles un abrazo por lo menos una vez por semana	○ 70%	34%	8%	Participar en actividades escolares como PTA	○ 39%	43%	17%
	■ 46%	34%	19%		■ 24%	42%	34%

Fuente: *Oakland Press, 1995*

Casi todo el mundo está de acuerdo en que las personas que son capaces de comunicarse y escucharse mutuamente, tienen relaciones más saludables. Esto es particularmente cierto en el caso de los adolescentes y sus padres. Tanto los muchachos como las muchachas pueden aprender mucho de las experiencias de sus padres. Por su parte, los adultos pueden beneficiarse al compartir nuevas ideas con sus hijos. ¿Cómo es la comunicación en tu hogar? En tu opinión, ¿qué temas son importantes como para discutirlos con tus padres?

Línea
cronológica

1475 a.c. Las Agujas de Cleopatra, dos obeliscos de granito rojo cubiertos de jeroglíficos, son construidos y levantados en Heliópolis, Egipto.

1522 Cuthbert Tunstall publica en Inglaterra el primer libro de aritmética.

| 1600 a.c. | 1500 | 1400 | 600 d.c. | 700 | 800 | 900 | 1300 | 1400 | 1500 | 1600 | 1700 | 1800 |

605 d.c. Se usa la notación decimal en la India.

1687 Se inventa en Europa el primer molino de café para la entonces nueva bebida.

LA GENTE HACE
NOTICIAS

Proyecto del capítulo

Forma equipos y realiza tu propia encuesta respecto a lo que los adolescentes esperan de sus padres o apoderados. Puedes usar las preguntas de la gráfica de la página 710 ó puedes agregar tus propias preguntas. Mantén un registro de la edad, género, número de personas a las que se encuestó y sus respuestas. Determina si puedes sacar conclusiones con relación a la actitud que los adolescentes tienen con respecto a la comunicación entre ellos y sus padres. Usando tus datos, prepara gráficas e ilustraciones para dar a conocer tus conclusiones a tu clase.

A la edad de 12 años, **Ryan Holladay**, de Arlington, Virginia, ya es autor de una publicación. Su libro, titulado *Lo que los pre-adolescentes quieren que sus padres sepan,* contiene alrededor de 180 sugerencias para los padres. Estas abarcan temas tan variados como la disciplina, las tareas escolares, el amor y el respeto. "La transición de niño pequeño a adolescente es muy difícil", dice Holladay. "Me di cuenta de que había muchos libros de consejos escritos por adultos, pero no había ninguno escrito por muchachos. Por eso empecé yo mismo a escribir un libro." Holladay se entrevistó con niños de entre 9 y 12 años de edad para recopilar ideas para su libro, el cual le llevó dos años en completar. A partir de la publicación de su libro, Holladay ha hecho presentaciones en programas de radio y televisión para discutir sus ideas. Su mejor consejo para padres e hijos: "sean flexibles".

1937 La artista francesa Marie Laurenein crea su etérea pintura, *Las bailarinas.*

1994 Kim Campbell es la primera mujer que se convierte en primer ministro de Canadá.

| 1890 | 1900 | 1910 | 1920 | 1930 | 1940 | 1950 | 1960 | 1970 | 1980 | 1990 | 2000 |

1963 Durante la lucha por los derechos civiles en Alabama, Charles Moore toma la famosa fotografía titulada *Disturbios en Birmingham,* publicada por la revista *Life.*

1987 La experiencia africano-americana es ilustrada por la artista Elisabeth Sunday en la fotografía titulada *La canasta de mijo.*

LOS MODELOS Y LAS MATEMÁTICAS

13–1A El Teorema de Pitágoras

Materiales: tablero geométrico papel de puntos

En esta actividad, utilizarás el Teorema de Pitágoras para construir cuadrados, en un tablero geométrico o en papel de puntos.

Una sinopsis de la lección 13–1

Actividad   Construye un cuadrado con un área de 2 unidades cuadradas.

Paso 1 Empieza con un triángulo rectángulo como el que se muestra abajo .

Paso 2 Construye cuadrados sobre los dos catetos. Cada cuadrado tiene un área de 1 unidad cuadrada.

Paso 3 Ahora construye un cuadrado sobre la hipotenusa.

  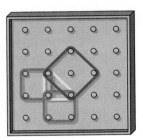

Usando el Teorema de Pitágoras, puedes hallar el área del cuadrado que está sobre la hipotenusa.
Sea *c* la medida de la hipotenusa, sean *a* y *b* las medidas de los catetos.

$$c^2 = a^2 + b^2$$
$$= 1^2 + 1^2 \qquad \textit{Reemplaza a con 1 y b con 1.}$$
$$= 1 + 1 \text{ ó } 2$$

El área del cuadrado que está sobre la hipotenusa es igual a 2 unidades cuadradas.

Modela   Usando un tablero geométrico o papel de puntos, construye cuadrados sobre cada uno de los lados del triángulo o en papel de puntos. Mantén un registro del área de cada cuadrado.

1. 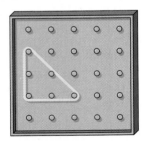   2. 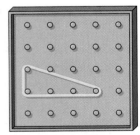   3.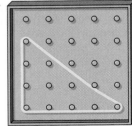

Dibuja   Para cada una de las medidas de área que se enumeran a continuación, dibuja un cuadrado en un papel de puntos.

4. 4 unidades cuadradas   5. 9 unidades cuadradas

6. 8 unidades cuadradas   7. 13 unidades cuadradas

8. 17 unidades cuadradas   9. 32 unidades cuadradas

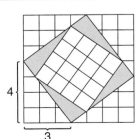

Escribe   10. Escribe un párrafo en el que expliques cómo hallar el área total de los triángulos sombreados en el dibujo de la derecha.

Integración: Geometría
El Teorema de Pitágoras

P T I

Casi 700 mujeres postularon a las posiciones disponibles para el equipo *América*[3]. Al final, el equipo seleccionado consistió de 28 mujeres con distintas preparaciones. Entre ellas había una ingeniera aeroespacial, una levantadora de pesas y una estudiante.

APLICACIÓN
Navegación a vela

La Copa América es una de las carreras de veleros más prestigiosas del mundo. En 1995, por primera vez en los 144 años de historia de la competencia, participó un equipo con una tripulación compuesta totalmente de mujeres. Ellas tripularon el velero *América*[3], uno de los tres veleros norteamericanos que compitieron por el trofeo más codiciado de carreras de veleros del mundo.

El *mástil* y la *botavara* de un velero forman un ángulo recto. La vela *mayor* tiene forma de triángulo rectángulo.

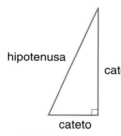

Recuerda que el lado opuesto al ángulo recto, en un triángulo rectángulo, recibe el nombre de *hipotenusa*. Este es siempre el lado más largo de un triángulo rectángulo. Los otros dos lados se conocen como los *catetos* del triángulo.

Puedes usar la fórmula nombrada por el matemático griego Pitágoras, para calcular la longitud de cualquier lado de un triángulo rectángulo, si se conocen las longitudes de los otros dos lados.

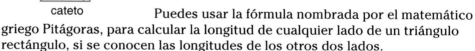

El Teorema de Pitágoras | **Si a y b son las medidas de los catetos de un triángulo rectángulo y c es la medida de la hipotenusa, entonces $c^2 = a^2 + b^2$.**

Si se conocen las longitudes de los catetos de un triángulo rectángulo, puedes usar el Teorema de Pitágoras para hallar la longitud de la hipotenusa.

Ejemplo ❶ **Calcula la longitud de la hipotenusa de un triángulo rectángulo si $a = 12$ y $b = 5$.**

$c^2 = a^2 + b^2$ *Teorema de Pitágoras*

$c^2 = 12^2 + 5^2$ *$a = 12$ y $b = 5$*

$c^2 = 144 + 25$

$c^2 = 169$

$c = \pm\sqrt{169}$

$c = \pm13$ *Ignora el -13. ¿Por qué?*

La longitud de la hipotenusa es de 13 unidades.

MIRADA RETROSPECTIVA

Repasa las raíces cuadradas en la lección 2-8.

Ejemplo **2** Calcula la longitud del lado a, si $b = 9$ y $c = 21$. Redondea en centésimas.

$$c^2 = a^2 + b^2 \quad \text{\textit{Teorema de Pitágoras}}$$
$$21^2 = a^2 + 9^2 \quad \text{\textit{b = 9 y c = 21}}$$
$$441 = a^2 + 81$$
$$360 = a^2 \quad \text{\textit{Usa una calculadora para}}$$
$$\pm\sqrt{360} = a \quad \text{\textit{calcular} } \sqrt{360} \text{ \textit{en centésimas.}}$$
$$18.97 \approx a \quad \text{\textit{Solamente el valor positivo de a}}$$
$$\text{\textit{tiene sentido en esta situación.}}$$

21 ⟋ a ⟋ 9

La longitud del cateto, en centésimas, es de 18.97 unidades.

Puede usarse el siguiente corolario del Teorema de Pitágoras, para determinar si un triángulo es rectángulo.

Corolario del Teorema de Pitágoras	**Si c es la medida del lado más largo de un triángulo y si $c^2 \neq a^2 + b^2$, entonces el triángulo no es un triángulo rectángulo.**

Ejemplo **3** Determina si las siguientes medidas de los lados de un triángulo pertenecen a un triángulo rectángulo.

a. 6, 8, 10

Dado que la medida del lado más largo es 10, sea $c = 10$, $a = 6$ y $b = 8$. A continuación determina si $c^2 = a^2 + b^2$.

$$10^2 \overset{?}{=} 6^2 + 8^2$$
$$100 \overset{?}{=} 36 + 64$$
$$100 = 100 \quad \checkmark$$

Dado que $c^2 = a^2 + b^2$, el triángulo es un triángulo rectángulo.

b. 7, 9, 12

Dado que la medida del lado más largo es 12, sea $c = 12$, $a = 7$ y $b = 9$. A continuación determina si $c^2 = a^2 + b^2$.

$$12^2 \overset{?}{=} 7^2 + 9^2$$
$$144 \overset{?}{=} 49 + 81$$
$$144 \neq 130$$

Ya que $c^2 \neq a^2 + b^2$, el triángulo no es un triángulo rectángulo.

Ejemplo **4** La agricultura era muy importante en la antigua cultura azteca. Los granjeros aztecas mantenían registros de sus granjas, los que incluían cálculos de dimensiones y áreas. Debido a que el terreno era muy escabroso, muy pocas de las granjas eran rectangulares.

APLICACIÓN

Culturas de mundo

Sin embargo, los aztecas fueron capaces de medir longitudes y hacer cálculos con gran precisión, usando cuerdas de medición llamadas *quahuitl* (que medían alrededor de 2.5 metros). En la granja que se muestra a la derecha el granjero midió tres lados de su granja, pero tuvo problemas para medir el cuarto porque estaba ubicado en un zona boscosa. Calcula la medida del cuarto lado.

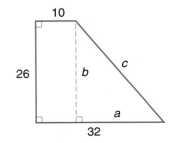

Explora   Sea c la longitud del cuarto lado de la granja. Observa que esta es la hipotenusa de un triángulo rectángulo.

Planifica   Usa el Teorema de Pitágoras para hallar c. Sea $a = 32 - 10$ ó 22 y $b = 26$. Luego resuelve la ecuación resultante.

Resuelve $c^2 = (22)^2 + (26)^2$

$c^2 = 484 + 676$

$c^2 = 1160$

$c \approx 34.06$

La longitud del lado de la granja que está en el bosque mide aproximadamente 34.06 quahuitles.

Examina   Verifica la solución sustituyendo c con 34.06 en el Teorema de Pitágoras.

$$c^2 = a^2 + b^2$$

$$(34.06)^2 \stackrel{?}{=} (22)^2 + (26)^2$$

$$1160 = 1160 \quad \checkmark$$

COMPRUEBA LO QUE APRENDISTE

Comunicación en matemáticas

LOS MODELOS Y LAS MATEMÁTICAS

Práctica dirigida

Estudia la lección y a continuación completa lo siguiente.

1. **Dibuja** un triángulo rectángulo y asigna una letra a cada lado.

2. **Explica** cómo puedes determinar si un triángulo es un triángulo rectángulo, asumiendo que conoces las longitudes de los tres lados.

3. Para conmemorar el aniversario 2500 de la Escuela de Pitágoras, se imprimió en Grecia en 1955 la estampilla postal que se muestra a la izquierda. Observa que hay un triángulo con tres patrones cuadriculados, uno por cada lado del triángulo.

   a. Cuenta el número de cuadrados en cada lado del triángulo.

   b. Usa el Teorema de Pitágoras para mostrar qué es un triángulo rectángulo.

4. Cuando sacas la raíz cuadrada de un número, puedes obtener una raíz positiva y una negativa. En el caso del Teorema de Pitágoras, ¿por qué se usa solamente el valor positivo? Explica.

5. Usa un tablero geométrico o un papel de puntos para construir cuadrados en cada uno de los lados del triángulo de la derecha. Registra las áreas de los cuadrados.

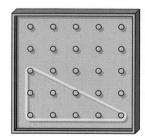

Resuelve cada ecuación. Asume que cada variable representa un número positivo.

6. $5^2 + 12^2 = c^2$ 7. $a^2 + 24^2 = 25^2$ 8. $16^2 + b^2 = 20^2$

Calcula la longitud del lado que falta. Redondea en centésimas.

9.

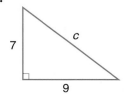

10.

Si _c_ es la medida de la hipotenusa de un triángulo rectángulo, halla la medida que falta. De ser necesario, redondea tus respuestas en centésimas.

11. $a = 9, b = 12, c = ?$ **12.** $a = \sqrt{11}, c = 6, b = ?$

13. $b = \sqrt{30}, c = \sqrt{34}, a = ?$ **14.** $a = 7, b = 4, c = ?$

Determina si las siguientes medidas corresponden a un triángulo rectángulo. Explica tus razones.

15. 12, 16, 20   **16.** 2, 8, 8

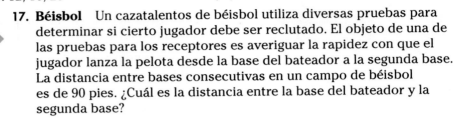

17. Béisbol Un cazatalentos de béisbol utiliza diversas pruebas para determinar si cierto jugador debe ser reclutado. El objeto de una de las pruebas para los receptores es averiguar la rapidez con que el jugador lanza la pelota desde la base del bateador a la segunda base. La distancia entre bases consecutivas en un campo de béisbol es de 90 pies. ¿Cuál es la distancia entre la base del bateador y la segunda base?

EJERCICIOS

Práctica   **Calcula la longitud del lado que falta. Redondea en centésimas.**

18.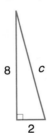

19.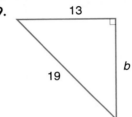

20.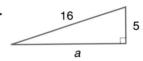

21.

22.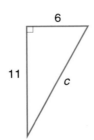

23.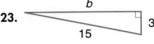

Si _c_ es la medida de la hipotenusa de un triángulo rectángulo, calcula cada una de las medidas que se indican. Redondea las respuestas en centésimas.

24. $a = 16, b = 30, c = ?$ **25.** $a = 11, c = 61, b = ?$

26. $b = 13, c = \sqrt{233}, a = ?$ **27.** $a = \sqrt{7}, b = \sqrt{9}, c = ?$

28. $a = 6, b = 3, c = ?$ **29.** $b = \sqrt{77}, c = 12, a = ?$

30. $b = 10, c = 11, a = ?$ **31.** $a = 4, b = \sqrt{11}, c = ?$

32. $a = 15, b = \sqrt{28}, c = ?$ **33.** $a = 12, c = 17, b = ?$

Determina si las siguientes medidas corresponden a un triángulo rectángulo. Explica tus razones.

34. 6, 9, 12   **35.** 45, 60, 75   **36.** 30, 40, 50

37. 11, 12, 15   **38.** 16, $\sqrt{32}$, 20   **39.** 15, $\sqrt{31}$, 16

Usa una ecuación para resolver cada problema. Redondea las respuestas en centésimas.

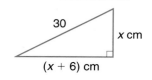

40. Calcula la longitud de la diagonal de un cuadrado cuya área mide 128 cm².

41. Calcula la longitud de la diagonal de un cubo si cada lado del cubo mide 5 pulgadas de largo.

42. Un cateto de un triángulo rectángulo es 6 centímetros más largo que el otro y la hipotenusa mide 30 centímetros.

    a. Escribe una ecuación para calcular las longitudes de los catetos.

    b. Calcula la longitud de cada cateto.

43. Observa el trapecio de la derecha.

    a. Calcula el perímetro. (*Sugerencia:* El dibujar una segunda altura puede ayudarte.)

    b. Calcula el área.

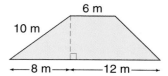

Programación

44. Usando el programa de calculadora de gráficas, que se muestra a la derecha, calcula la hipotenusa de un triángulo rectángulo y presenta el triángulo rectángulo que se está midiendo.

Calcula la hipotenusa *c* de cada uno de los siguientes triángulos rectángulos, dadas las longitudes de *a* y *b*. Redondea en centésimas.

    a. $a = 2, b = 7$

    b. $a = 9, b = 12$

    c. $a = 13, b = 15$

    d. $a = 6, b = 9$

    e. $a = 12, b = 16$

```
PROGRAM:PYTH
:FnOff
:AxesOff
:-1→Xmin
:-1→Ymin
:2→Xscl
:2→Yscl
:ClrDraw
:ClrHome
:Split
:Input "SIDE A", A
:Line (0, A, 0, 0)
:Input "SIDE B", B
:Line (B, 0, 0, 0)
:√ (A² + B²)→C
:Line (B, 0, 0, A)
:Text (1, 1,
 "HYPOTENUSE IS", C)
:Shade (0,
 (-A/B)X+A, 1, 0, B)
```

Piensa críticamente

45. La ventana de la buhardilla de la casa de Julia tenía forma de cuadrado, con un área de 1 pie cuadrado. Después de remodelar la casa, el ancho y la altura de la nueva ventana eran iguales que la original, pero el área era la mitad de la original. Si la nueva ventana es también cuadrada, explica cómo es esto posible. Incluye un dibujo en tu explicación.

Aplicaciones y solución de problemas

46. Navegación a vela Refiérete a la aplicación al comienzo de la lección. Si la orilla de la vela mayor, que está atada al mástil, mide 100 pies de largo y la orilla que está atada a la botavara mide 60 pies de largo, ¿cuál es la longitud del lado más largo de la vela mayor?

47. Construcción Se están cubriendo con paneles de madera las paredes del Centro Recreación. El espacio para la puerta de un cuarto mide 0.9 metros de ancho por 2.5 metros de alto. ¿Cuál es la longitud del panel rectangular más largo que puede pasar diagonalmente por esta puerta?

TO ALL PARTS OF THE WORLD
A TODAS PARTES DEL MUNDO

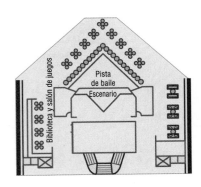

48. Viajes El crucero M.S. Steward tiene una pista de baile de forma triangular en la cubierta del cabaret. Las longitudes de los lados más cortos de la pista de baile son iguales y el lado más largo, junto al escenario, mide 36 pies de largo. ¿Cuánto mide un lado de la pista de baile?

Repaso comprensivo

49. Resuelve $\dfrac{a+2}{a} + \dfrac{a+5}{a} = 1$. (Lección 12–8)

50. Calcula una ecuación del eje de simetría y el vértice de la gráfica de $y = x^2 - 6x + 8$. Luego dibuja su gráfica. (Lección 11–1)

51. Simplifica $(4r^5)(3r^2)$. (Lección 9–1)

52. Teoría numérica La suma de dos números es 38 y su diferencia es 6. Calcula los números. (Lección 8–3)

53. Resuelve $5c - 2 \geq c$. (Lección 7–2)

54. Di cuál es la pendiente y la intersección y de la recta graficada a la derecha. Luego, escribe una ecuación de la misma, en la forma pendiente-intersección. (Lección 6–4)

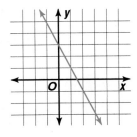

55. Dada la función $f(x) = 2x^2 - 5x + 8$, halla $f(-3)$. (Lección 5–5)

56. Resuelve $-\dfrac{5}{6}y = 15$. (Lección 3–2)

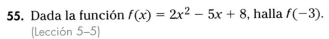

TRABAJA EN LA

In·ves·ti·ga·ción

Refiérete a las páginas 656–657.

Una preocupación creciente

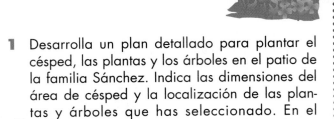

1 Desarrolla un plan detallado para plantar el césped, las plantas y los árboles en el patio de la familia Sánchez. Indica las dimensiones del área de césped y la localización de las plantas y árboles que has seleccionado. En el dibujo, marca la longitud de cada línea divisoria de la propiedad.

2 Investiga qué plantas y árboles podrían ser buenos especímenes para las áreas en que indicaste que serían plantados. Explica las razones por las que escogiste estas plantas y

árboles. Piensa en las cuatro estaciones y en las plantas que mejor se aclimatan a cada una de ellas. Considera asimismo la cantidad de luz solar que recibe cada área durante el día.

3 Calcula el costo de los materiales, la mano de obra y el margen de ganancias de plantar estos artículos y el sistema de riego. Fundamenta tus costos y prepara argumentos que justifiquen la cantidad y localización de las plantas, árboles y el área para el césped de tu diseño.

4 Asegúrate de agregar las plantas, los árboles y el sistema de riego a tu diseño general.

Agrega los resultados de tu trabajo a tu *Archivo de investigación*.

13-2

Simplifica expresiones radicales

Lo que APRENDERÁS

- A simplificar raíces cuadradas y
- a simplificar expresiones radicales.

Por qué ES IMPORTANTE

Porque puedes usar expresiones radicales para resolver problemas relacionados con la física y las carreras.

CONEXIÓN

Física

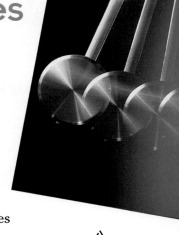

El período de un péndulo es el tiempo, medido en segundos, que este se demora en completar un ciclo de oscilación. La fórmula del período P de un péndulo es

$P = 2\pi\sqrt{\dfrac{\ell}{32}}$, donde ℓ es la longitud del péndulo medida en

pies. Supongamos que un reloj hace "tic tac" cada vez que un péndulo de 2 pies de largo completa un ciclo. ¿Cuántos tic tacs hará el reloj en un minuto? *Este problema será resuelto en el Ejemplo 4.*

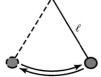

¿Se puede simplificar la expresión $2\pi\sqrt{\dfrac{\ell}{32}}$? Una regla usada para simplificar expresiones radicales es que la expresión radical está en *forma reducida* si el **radicando**, la expresión debajo el signo radical, no contiene factores cuadrados perfectos, distintos de 1. Se puede usar la siguiente propiedad para simplificar raíces cuadradas.

Propiedad del producto de las raíces cuadradas	**Para cualquier par de números a y b, con $a \geq 0$ y $b \geq 0$,** $\sqrt{ab} = \sqrt{a} \cdot \sqrt{b}.$

La propiedad del producto de las raíces cuadradas y la factorización prima pueden usarse para simplificar expresiones radicales en las que el radicando no sea un cuadrado perfecto.

Ejemplo **Simplifica.**

a. $\sqrt{18}$

$\begin{aligned}
\sqrt{18} &= \sqrt{3 \cdot 3 \cdot 2} &&\textit{Factorización prima de 18}\\
&= \sqrt{3^2} \cdot \sqrt{2} &&\textit{Propiedad del producto de las raíces cuadradas}\\
&= 3\sqrt{2}
\end{aligned}$

b. $\sqrt{140}$

$\begin{aligned}
140 &= \sqrt{2 \cdot 2 \cdot 5 \cdot 7} &&\textit{Factorización prima de 140}\\
&= \sqrt{2^2} \cdot \sqrt{5 \cdot 7} &&\textit{Propiedad del producto de las raíces cuadradas}\\
&= 2\sqrt{35}
\end{aligned}$

Cuando calcules la raíz cuadrada principal de una expresión que contenga variables, asegúrate de que el resultado no sea negativo. Considera la expresión $\sqrt{x^2}$. Su forma reducida no es x ya que, por ejemplo, $\sqrt{(-4)^2} \neq -4$. Para expresiones radicales como $\sqrt{x^2}$, usa valores absolutos para así garantizar resultados no negativos.

$$\sqrt{x^2} = |x| \qquad \sqrt{x^3} = x\sqrt{x} \qquad \sqrt{x^4} = x^2 \qquad \sqrt{x^5} = x^2\sqrt{x} \qquad \sqrt{x^6} = |x^3|$$

Para $\sqrt{x^3}$, el valor absoluto no es necesario. Si x es negativo, entonces x^3 es también negativo y $\sqrt{x^3}$ no es un número real. *¿Por qué no se necesita el valor absoluto para $\sqrt{x^4}$?*

Ejemplo **2** **Simplifica $\sqrt{72x^3y^4z^5}$.**

$$\sqrt{72x^3y^4z^5} = \sqrt{2^3 \cdot 3^2 \cdot x^3 \cdot y^4 \cdot z^5} \quad \textit{Factorización prima}$$
$$= \sqrt{2^2} \cdot \sqrt{2} \cdot \sqrt{3^2} \cdot \sqrt{x^2} \cdot \sqrt{x} \cdot \sqrt{y^4} \cdot \sqrt{z^4} \cdot \sqrt{z} \quad \begin{array}{l}\textit{Propiedad}\\ \textit{del producto}\end{array}$$
$$= 2 \cdot 3 \cdot |x| \cdot y^2 \cdot z^2 \cdot \sqrt{2xz} \quad \textit{Simplifica.}$$
$$= 6|x|y^2z^2\sqrt{2xz} \quad \textit{El valor absoluto de x asegura un resultado no negativo.}$$

También se puede usar la propiedad del producto para multiplicar raíces cuadradas.

Ejemplo **3** **Simplifica $\sqrt{5} \cdot \sqrt{35}$.**

$$\sqrt{5} \cdot \sqrt{35} = \sqrt{5} \cdot \sqrt{5} \cdot \sqrt{7} \quad \textit{Propiedad del producto de las raíces cuadradas}$$
$$= \sqrt{5^2 \cdot 7}$$
$$= 5\sqrt{7}$$

Puedes usar una calculadora de gráficas para explorar y analizar expresiones radicales.

EXPLORACIÓN

CALCULADORAS DE GRÁFICAS

La fórmula $Y = 91.4 - (91.4 - T)[0.478 + 0.301(\sqrt{x} - 0.02x)]$ puede usarse para calcular el factor de la sensación térmica. En esta fórmula, Y representa la sensación térmica, T representa la temperatura exterior en grados Fahrenheit y x representa la velocidad del viento en millas por hora. Cuando un meteorólogo dice que la temperatura es de 12 grados, pero que se siente como si fuera de 18 grados bajo cero debido al viento, puedes usar la fórmula para averiguar la velocidad del viento. Fija la amplitud en [0, 40] por 2 y [−50, 40] por 5.

Ejecuta: $\boxed{\text{Y=}}$ 91.4 $\boxed{-}$ $\boxed{(}$ 91.4 $\boxed{-}$ $\boxed{\text{ALPHA}}$ $\boxed{\text{T}}$ $\boxed{)}$ $\boxed{(}$ .478 $\boxed{+}$ .301 $\boxed{(}$ $\boxed{\text{2nd}}$ $\boxed{\sqrt{\ }}$ $\boxed{\text{X,T,}\theta}$ $\boxed{-}$ .02 $\boxed{\text{X,T,}\theta}$ $\boxed{)}$ $\boxed{)}$ $\boxed{\text{ENTER}}$

Guarda 12 en T oprimiendo 12 $\boxed{\text{STO▶}}$ $\boxed{\text{ALPHA}}$ $\boxed{\text{T}}$ $\boxed{\text{ENTER}}$. Grafica la función y rastrea, a lo largo de la gráfica, hasta que Y = −18. En Y = −18, X = 10.2. Por lo tanto, el viento sopla a aproximadamente 10 millas por hora.

Ahora te toca a ti
a. Usa la gráfica para hallar la velocidad del viento si la temperatura se siente como −7°.
b. Introduce la fórmula en Y1, Y2 y Y3 usando diferentes variables para T. Guarda tres temperaturas distintas para estas variables y grafícalas simultáneamente.
c. Analiza y compara las gráficas.

OPCIONES PROFESIONALES

Un **meteorólogo** estudia la atmósfera, sus características físicas, movimientos, procesos y sus efectos en el ambiente.

Para ejercer la profesión, se requiere una licenciatura en meteorología, pero para tener oportunidades de superación profesional se requiere un título de postgrado.

Para obtener mayor información, ponte en contacto con:

American Metereological Society
45 Beacon St.
Boston, MA 02108-3693

Ejemplo **4**

CONEXIÓN
Física

Refiérete a la conexión al comienzo de la lección. ¿Cuántos tic tacs haría el reloj en un minuto? Usa 3.14 en lugar de π y redondea al número entero más cercano.

Explora   El reloj hace un "tic tac" después de cada oscilación completa de su péndulo de 2 pies de largo. La fórmula para el período P de un péndulo es $P = 2\pi\sqrt{\dfrac{\ell}{32}}$.

Planifica   Primero calcula P, el número de segundos que se requieren para que el péndulo recorra un ciclo completo. Después, calcula $\dfrac{60}{P}$, el número de veces que el péndulo oscila en un minuto.

Resuelve
$$P = 2\pi\sqrt{\dfrac{\ell}{32}}$$
$$\approx 2(3.14)\sqrt{\dfrac{2}{32}} \qquad \pi \approx 3.14,\ \ell = 2$$
$$\approx 6.28 \cdot \sqrt{\dfrac{1}{16}}$$
$$\approx 6.28 \cdot \dfrac{1}{4}\ \text{or}\ 1.57$$

Por lo tanto, se requieren aproximadamente 1.57 segundos para que el péndulo complete un ciclo.

$$\dfrac{60}{1.57} \approx 38.22$$

Así, el reloj hace aproximadamente 38 tic tacs por minuto.

Examina   Como 38.22×1.57 es aproximadamente 40×1.5 ó 60, la respuesta parece razonable.

Utilizando la propiedad del cociente de las raíces cuadradas, puedes dividir raíces cuadradas y simplificar expresiones radicales que involucren divisiones.

Propiedad del cociente de las raíces cuadradas	**Para cualquier par de números a y b, con $a \geq 0$ y $b > 0$,** $\sqrt{\dfrac{a}{b}} = \dfrac{\sqrt{a}}{\sqrt{b}}$.

Una fracción que contiene radicales está en su forma reducida cuando no quedan radicales en el denominador.

Ejemplo **5**

a. Simplifica $\dfrac{\sqrt{56}}{\sqrt{7}}$ y $\sqrt{\dfrac{34}{25}}$.

b. Compara las expresiones usando <, > o =.

a.
$$\dfrac{\sqrt{56}}{\sqrt{7}} = \sqrt{\dfrac{56}{7}} \qquad \text{\textit{Propiedad del cociente}}$$
$$\qquad\qquad\quad \text{\textit{de las raíces cuadradas}}$$
$$= \sqrt{8}$$
$$= \sqrt{4} \cdot \sqrt{2}$$
$$= 2\sqrt{2}$$

$$\sqrt{\dfrac{34}{25}} = \dfrac{\sqrt{34}}{\sqrt{25}}$$
$$= \dfrac{\sqrt{34}}{5}$$

b. Puedes comparar estas expresiones, aproximando primero sus valores y después usando una calculadora científica para cada expresión simplificada.

Aproxima: $2\sqrt{2} \rightarrow$ *Dado que 2 es un poco más que 1, $2\sqrt{2}$ será un poco más que 2.*

$\dfrac{\sqrt{34}}{5} \rightarrow \dfrac{\sqrt{36}}{5} = \dfrac{6}{5}$ Esto será un poco mayor que 1. Por lo tanto,

$2\sqrt{2} > \dfrac{\sqrt{34}}{5}$.

Verifica usando una calculadora.

Ejecuta: 2 $\boxed{\times}$ 2 $\boxed{\sqrt{x}}$ $\boxed{=}$ *2.828427125*

Ejecuta: 34 $\boxed{\sqrt{x}}$ $\boxed{\div}$ 5 $\boxed{=}$ *1.166190379*

Como $2.8 > 1.2$, entonces $\dfrac{\sqrt{56}}{\sqrt{7}} > \sqrt{\dfrac{34}{25}}$.

PEANUTS®

PEANUTS reprinted by permission of United Feature Syndicate, Inc.

En la caricatura de arriba, Woodstock simplificó la expresión radical **racionalizando el denominador.** Este método se puede usar para extraer o eliminar radicales del denominador de una fracción.

Ejemplo **6** **Simplifica.**

a. $\dfrac{\sqrt{5}}{\sqrt{3}}$

$\dfrac{\sqrt{5}}{\sqrt{3}} = \dfrac{\sqrt{5}}{\sqrt{3}} \cdot \dfrac{\sqrt{3}}{\sqrt{3}}$ *Observa que $\dfrac{\sqrt{3}}{\sqrt{3}} = 1$.*

$= \dfrac{\sqrt{15}}{3}$

b. $\dfrac{\sqrt{7}}{\sqrt{12}}$

$\dfrac{\sqrt{7}}{\sqrt{12}} = \dfrac{\sqrt{7}}{\sqrt{2 \cdot 2 \cdot 3}}$

$= \dfrac{\sqrt{7}}{\sqrt{2 \cdot 2 \cdot 3}} \cdot \dfrac{\sqrt{3}}{\sqrt{3}}$

$= \dfrac{\sqrt{7}\sqrt{3}}{2 \cdot 3}$

$= \dfrac{\sqrt{21}}{6}$

Los binomios de la forma $a\sqrt{b} + c\sqrt{d}$ y $a\sqrt{b} - c\sqrt{d}$ reciben el nombre de **conjugados.** Por ejemplo, $6 + \sqrt{2}$ y $6 - \sqrt{2}$ son conjugados. Los conjugados son útiles cuando se simplifican expresiones radicales porque su producto es siempre un número racional sin radicales.

$(6 + \sqrt{2})(6 - \sqrt{2}) = 6^2 - (\sqrt{2})^2$ *Usa el patrón $(a - b)$*
$\qquad\qquad\qquad\qquad = 36 - 2$ *$(a + b) = a^2 - b^2$ para*
$\qquad\qquad\qquad\qquad = 34$ *simplificar el producto.*

Esto es cierto por lo siguiente.
$(\sqrt{2})^2 = \sqrt{2} \cdot \sqrt{2}$
$\qquad\quad = \sqrt{2 \cdot 2}$
$\qquad\quad = \sqrt{2^2} \text{ ó } 2$

Los números conjugados se utilizan a menudo para racionalizar los denominadores de fracciones que contienen raíces cuadradas.

Ejemplo **Simplifica** $\dfrac{4}{4 - \sqrt{3}}$.

Para racionalizar el denominador, multiplica el numerador y el denominador por $4 + \sqrt{3}$, que es el conjugado de $4 - \sqrt{3}$.

$\dfrac{4}{4 - \sqrt{3}} = \dfrac{4}{4 - \sqrt{3}} \cdot \dfrac{4 + \sqrt{3}}{4 + \sqrt{3}}$ *Observa que* $\dfrac{4 + \sqrt{3}}{4 + \sqrt{3}} = 1.$

$= \dfrac{4(4) + 4\sqrt{3}}{4^2 - \left(\sqrt{3}\right)^2}$ *Usa la propiedad distributiva para multiplicar numeradores.*
Usa el patrón $(a - b)(a + b) = a^2 - b^2$ al multiplicar los denominadores.

$= \dfrac{16 + 4\sqrt{3}}{16 - 3}$

$= \dfrac{16 + 4\sqrt{3}}{13}$

Cuando simplifiques expresiones radicales, verifica las siguientes condiciones para determinar si la expresión está en su forma reducida.

Radical en forma reducida >

Una expresión radical está en forma reducida cuando se satisfacen las tres condiciones siguientes.
1. **Ningún radicando tiene factores cuadrados perfectos diferentes de 1.**
2. **Ningún radicando contiene fracciones.**
3. **Ningún radical aparece en el denominador de una fracción.**

COMPRUEBA LO QUE APRENDISTE

Comunicación en matemáticas

Estudia la lección y a continuación completa lo siguiente.

1. **Explica** por qué a veces son necesarios los valores absolutos cuando se simplifican expresiones radicales que contienen variables.

2. **Describe** los pasos que usas para racionalizar un denominador.

3. **Tú decides**   Niara mostró las siguientes ecuaciones a su amiga Melanie y le dijo: "¡Yo sé que 6 no es igual a 10, pero todos estos pasos tienen sentido!" Melanie dijo: "Alguno de los pasos tiene que estar incorrecto". ¿Quién tiene la razón? ¿Puedes explicar dónde está el error?

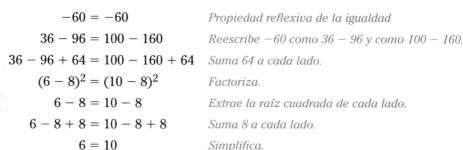

$-60 = -60$	*Propiedad reflexiva de la igualdad*
$36 - 96 = 100 - 160$	*Reescribe -60 como $36 - 96$ y como $100 - 160$.*
$36 - 96 + 64 = 100 - 160 + 64$	*Suma 64 a cada lado.*
$(6 - 8)^2 = (10 - 8)^2$	*Factoriza.*
$6 - 8 = 10 - 8$	*Extrae la raíz cuadrada de cada lado.*
$6 - 8 + 8 = 10 - 8 + 8$	*Suma 8 a cada lado.*
$6 = 10$	*Simplifica.*

MI DIARIO

DE MATEMÁTICAS

4. Observa la caricatura en la página 722. Evidentemente, Woodstock se dio cuenta de que es importante racionalizar los denominadores. ¿Cuáles son los otros pasos que podrías necesitar para simplificar una expresión radical?

Establece el conjugado de cada expresión. Luego multiplica la expresión por su conjugado.

5. $5 + \sqrt{2}$

6. $\sqrt{3} - \sqrt{7}$

Establece la fracción por la que cada expresión debe ser multiplicada para racionalizar el denominador.

7. $\dfrac{4}{\sqrt{7}}$

8. $\dfrac{2\sqrt{5}}{4 - \sqrt{3}}$

Simplifica. Deja cada expresión en forma radical y usa símbolos de valor absoluto cuando sea necesario.

9. $\sqrt{18}$

10. $\dfrac{\sqrt{20}}{\sqrt{5}}$

11. $\sqrt{\dfrac{3}{7}}$

12. $\sqrt{\dfrac{2}{3}} \cdot \sqrt{\dfrac{5}{2}}$

13. $(\sqrt{2} + 4)(\sqrt{2} + 6)$

14. $(y - \sqrt{5})(y + \sqrt{5})$

15. $\dfrac{6}{3 - \sqrt{2}}$

16. $\sqrt{80a^2b^3}$

Compara cada par de expresiones utilizando <, > o =.

17. $4\sqrt{3} \cdot \sqrt{3},\ \sqrt{48} + \sqrt{8}$

18. $\sqrt{\dfrac{12}{7}},\ \dfrac{\sqrt{18} \cdot \sqrt{2}}{\sqrt{7} \cdot \sqrt{3}}$

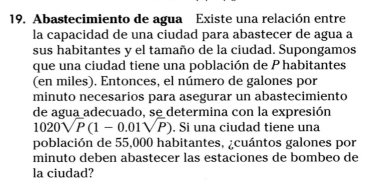

19. Abastecimiento de agua Existe una relación entre la capacidad de una ciudad para abastecer de agua a sus habitantes y el tamaño de la ciudad. Supongamos que una ciudad tiene una población de *P* habitantes (en miles). Entonces, el número de galones por minuto necesarios para asegurar un abastecimiento de agua adecuado, se determina con la expresión $1020\sqrt{P}\,(1 - 0.01\sqrt{P})$. Si una ciudad tiene una población de 55,000 habitantes, ¿cuántos galones por minuto deben abastecer las estaciones de bombeo de la ciudad?

EJERCICIOS

Simplifica. Deja cada expresión en forma radical y usa símbolos de valor absoluto cuando sea necesario.

20. $\sqrt{75}$

21. $\sqrt{80}$

22. $\sqrt{280}$

23. $\sqrt{500}$

24. $\dfrac{\sqrt{7}}{\sqrt{3}}$

25. $\dfrac{\sqrt{5}}{\sqrt{10}}$

26. $\sqrt{\dfrac{2}{7}}$

27. $\sqrt{\dfrac{11}{32}}$

28. $5\sqrt{10} \cdot 3\sqrt{10}$

29. $7\sqrt{30} \cdot 2\sqrt{6}$

30. $\sqrt{\dfrac{3}{5}} \cdot \sqrt{\dfrac{7}{3}}$

31. $\sqrt{\dfrac{1}{6}} \cdot \sqrt{\dfrac{6}{11}}$

32. $\sqrt{40b^4}$

33. $\sqrt{54a^2b^2}$

34. $\sqrt{60m^2y^4}$

35. $\sqrt{147x^5y^7}$

36. $\sqrt{\dfrac{t}{8}}$

37. $\sqrt{\dfrac{27}{p^2}}$

38. $\sqrt{\dfrac{5n^5}{4m^5}}$

39. $\dfrac{\sqrt{9x^5y}}{\sqrt{12x^2y^6}}$

40. $(1 + 2\sqrt{5})^2$

41. $(y - \sqrt{7})^2$

42. $(\sqrt{m} + \sqrt{20})^2$

43. $\dfrac{14}{\sqrt{8} - \sqrt{5}}$

44. $\dfrac{9a}{6 + \sqrt{a}}$

45. $\dfrac{2\sqrt{5}}{-4 + \sqrt{8}}$

46. $\dfrac{3\sqrt{7}}{5\sqrt{3} + 3\sqrt{5}}$

47. $\dfrac{\sqrt{c} - \sqrt{d}}{\sqrt{c} + \sqrt{d}}$

48. $(\sqrt{2x} - \sqrt{6})(\sqrt{2x} + \sqrt{6})$

49. $(x - 4\sqrt{3})(x - \sqrt{3})$

Compara cada par de expresiones usando <, > o =.

50. $\sqrt{\dfrac{8}{9}} \cdot \dfrac{2}{\sqrt{8}}, \dfrac{2}{\sqrt{51}} \cdot \sqrt{\dfrac{17}{3}}$

51. $\sqrt{10} \cdot \sqrt{30}, \dfrac{10}{\sqrt{5}+9}$

52. $\dfrac{2}{\sqrt{6}-\sqrt{5}}, \dfrac{20}{6+\sqrt{3}}$

53. $\dfrac{3\sqrt{2}-\sqrt{7}}{2\sqrt{3}-5\sqrt{2}}, \dfrac{4\sqrt{5}-3\sqrt{7}}{\sqrt{6}}$

Piensa críticamente

54. Determina si $\sqrt{a \cdot b} = \sqrt{a} \cdot \sqrt{b}$ se cumple para números reales negativos. Da ejemplos para respaldar tu respuesta.

Aplicaciones y solución de problemas

55. Carreras En las carreras de yates de 1958 a 1987, los botes de 12 metros no medían realmente 12 metros. La fórmula que gobernaba el diseño de estos botes contenía números que eran iguales a 12. En la expresión $\dfrac{\sqrt{S}+L-F}{2.37}$, S es el área de las velas, L es la longitud de la línea de flotación y F es la distancia desde la cubierta a la línea de flotación. El resultado debe ser menor que o igual a 12 para que el bote sea clasificado como un bote de 12 metros. Determina si un bote en el que $S = 158$ m^2, $L = 17.5$ m y $F = 2$ m podría ser clasificado como un bote de 12 metros.

56. Electricidad El voltaje V requerido por un circuito viene dado por la fórmula $V = \sqrt{PR}$ donde P es la potencia en vatios y R es la resistencia en ohmios. Calcula los voltios necesarios para prender una bombilla de 75 vatios que tiene una resistencia de 110 ohmios.

Repaso comprensivo

57. Geometría Calcula la longitud del lado que falta en el triángulo mostrado a la derecha. Redondea en centésimas. (Lección 13–1)

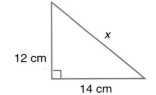

58. Simplifica $\dfrac{2a^2 + 11a - 6}{a^2 - 2a - 48}$. Identifica los valores de a que han sido excluidos. (Lección 12–1)

59. Usa la fórmula cuadrática para resolver $3x^2 - 5x + 2 = 0$. (Lección 11–3)

60. Factoriza $12a^2b^3 - 28ab^2c^2$. (Lección 10–2)

61. Bosques Las áreas boscosas más grandes del mundo están situadas en el norte de Rusia. Cubren aproximadamente 2,700,000,000 de acres y representan el 25% de los bosques del mundo. Expresa el número de acres en notación científica. (Lección 9–3)

62. Resuelve $4 - 2.3t < 17.8$. (Lección 7–3)

63. Geometría Escribe una ecuación de la recta que es perpendicular a la gráfica de $y = -5x + 2$ y que pasa por el punto $(0, 6)$. (Lección 6–6)

64. Expresa la relación que se muestra en la gráfica de la derecha como un conjunto de pares ordenados. Luego identifica el dominio y la amplitud de la relación. (Lección 5–2)

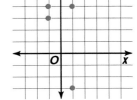

65. Resuelve $6(x + 3) = 3x$. (Lección 3–5)

66. Escribe una expresión algebraica para la expresión verbal *un cuarto del cuadrado de un número*. (Lección 1–1)

13–2B Tecnología gráfica
Simplifica expresiones radicales

Extensión de la Lección 13–2

La capacidad que tienen las calculadoras de gráficas para calcular la raíz cuadrada nos permite simplificar y aproximar los valores de expresiones que contienen radicales. Además de ayudarnos a obtener los valores aproximados de expresiones dadas, esta característica de las calculadoras de gráficas sirve para verificar cálculos algebraicos.

Ejemplo ● **Simplifica algebraicamente cada expresión. Luego verifica con una calculadora de gráficas.**

a. $\sqrt{\dfrac{3}{5}}$

$$\sqrt{\dfrac{3}{5}} = \sqrt{\dfrac{3}{5}} \cdot \dfrac{\sqrt{5}}{\sqrt{5}}$$

$$= \dfrac{\sqrt{3 \cdot 5}}{5} \text{ ó } \dfrac{\sqrt{15}}{5}$$

Verifica con la calculadora.

Ejecuta: [2nd] [√] [(] 3 [÷] 5 [)]

[ENTER] .7745966692

[2nd] [√] 15 [÷] 5

[ENTER] .7745966692

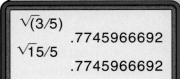

√(3/5)
　　　　.7745966692
√15/5
　　　　.7745966692

b. $\dfrac{1}{\sqrt{2} - 3}$

$$\dfrac{1}{\sqrt{2} - 3} = \dfrac{1}{\sqrt{2} - 3} \cdot \dfrac{\sqrt{2} + 3}{\sqrt{2} + 3}$$

$$= \dfrac{\sqrt{2} + 3}{\left(\sqrt{2}\right)^2 - 3^2} \text{ ó } \dfrac{\sqrt{2} + 3}{-7}$$

Verifica con la calculadora.

Ejecuta: 1 [÷] [(] [2nd] [√] 2 [−]

3 [)] [ENTER] −.6306019375

[(] [2nd] [√] 2 [+] 3 [)]

[÷] [(−)] 7 [ENTER]

−.6306019375

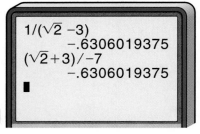

1/(√2 −3)
　　　　−.6306019375
(√2+3)/−7
　　　　−.6306019375
■

EJERCICIOS

Simplifica cada expresión. Luego verifica con una calculadora de gráficas. Redondea las respuestas en centésimas.

1. $\sqrt{1372}$ **2.** $\sqrt{32} \cdot \sqrt{12}$ **3.** $\sqrt{2}(\sqrt{6} + 3)$ **4.** $\sqrt{\dfrac{5}{6}}$

5. $\dfrac{4}{\sqrt{7}}$ **6.** $\dfrac{2}{\sqrt{11} + 8}$ **7.** $\sqrt{12} + \sqrt{3}$ **8.** $\dfrac{4}{5}\sqrt{2} + \dfrac{3}{5}\sqrt{2}$

9. $\dfrac{\sqrt{3}}{2} - \dfrac{\sqrt{5}}{3} + \sqrt{18}$ **10.** $\sqrt{18} + \sqrt{108} + \sqrt{50}$ **11.** $\sqrt{\dfrac{2}{3}} + \dfrac{\sqrt{6}}{3} - 6\sqrt{6}$

13-3

Operaciones con expresiones radicales

Lo que APRENDERÁS

- A simplificar expresiones radicales que involucren adición, sustracción y multiplicación.

Por qué ES IMPORTANTE

Porque puedes usar expresiones radicales para resolver problemas relacionados con viajes y construcción.

Lista de las Cinco principales

Barcos de pasajeros más grandes del mundo (tonelaje bruto)

1. Norway, 76,049
2. Majesty of the Seas, 73,937
2. Monarch of the Seas, 73,937
4. Sovereign of the Seas, 73,192
5. Sensation, 70,367
5. Ecstasy, 70,367
5. Fantasy, 70,367

APLICACIÓN
Viajes

El crucero Norway es el barco de pasajeros más grande del Caribe. Supongamos que el capitán del barco está en la cubierta principal, la cual está ubicada 48 pies por encima de la cubierta de sol. La cubierta de sol está a 72 pies por encima del nivel del mar. El capitán puede ver la próxima isla, pero los pasajeros en la cubierta de sol no alcanzan a verla.

La ecuación $d = \sqrt{\dfrac{3h}{2}}$ representa la distancia d en millas a la que una persona de h pies de estatura alcanza a ver. Por lo tanto, $\sqrt{\dfrac{3(120)}{2}} - \sqrt{\dfrac{3(72)}{2}}$ describe cuánta más distancia alcanza a ver el capitán, comparada con los pasajeros. *Calcularás el valor de esta expresión en el Ejemplo 3.*

Las expresiones radicales en las cuales los radicandos son iguales, se pueden sumar o restar de la misma forma en que se suman o se restan los monomios.

Monomios	**Expresiones radicales**
$4x + 5x = (4 + 5)x$	$4\sqrt{5} + 5\sqrt{5} = (4 + 5)\sqrt{5}$
$\qquad = 9x$	$\qquad = 9\sqrt{5}$
$18y - 7y = (18 - 7)y$	$18\sqrt{2} - 7\sqrt{2} = (18 - 7)\sqrt{2}$
$\qquad = 11y$	$\qquad = 11\sqrt{2}$

Observa que la propiedad distributiva fue usada para simplificar cada expresión radical.

Ejemplo **1** **Simplifica cada expresión**

a. $6\sqrt{7} + 5\sqrt{7} - 3\sqrt{7}$

$$6\sqrt{7} + 5\sqrt{7} - 3\sqrt{7} = (6 + 5 - 3)\sqrt{7}$$
$$= 8\sqrt{7}$$

b. $5\sqrt{6} + 3\sqrt{7} + 4\sqrt{7} - 2\sqrt{6}$

$$5\sqrt{6} + 3\sqrt{7} + 4\sqrt{7} - 2\sqrt{6} = 5\sqrt{6} - 2\sqrt{6} + 3\sqrt{7} + 4\sqrt{7}$$
$$= (5 - 2)\sqrt{6} + (3 + 4)\sqrt{7}$$
$$= 3\sqrt{6} + 7\sqrt{7}$$

En el ejemplo 1b, las expresiones $3\sqrt{6} + 7\sqrt{7}$ no se pueden simplificar más porque los radicandos son diferentes. No hay factores comunes y cada radicando está en su forma reducida.

Si los radicales en la expresión radical no están en forma reducida, simplifícalos primero. Utiliza la propiedad distributiva cuando sea posible para simplificar aún más la expresión.

Ejemplo ❷ **Simplifica $4\sqrt{27} + 5\sqrt{12} + 8\sqrt{75}$. Luego usa una calculadora científica para verificar tu respuesta.**

$$\begin{aligned}
4\sqrt{27} + 5\sqrt{12} + 8\sqrt{75} &= 4\sqrt{3^2 \cdot 3} + 5\sqrt{2^2 \cdot 3} + 8\sqrt{5^2 \cdot 3} \\
&= 4(\sqrt{3^2} \cdot \sqrt{3}) + 5(\sqrt{2^2} \cdot \sqrt{3}) + 8(\sqrt{5^2} \cdot \sqrt{3}) \\
&= 4(3\sqrt{3}) + 5(2\sqrt{3}) + 8(5\sqrt{3}) \\
&= 12\sqrt{3} + 10\sqrt{3} + 40\sqrt{3} \\
&= 62\sqrt{3}
\end{aligned}$$

La respuesta exacta es $62\sqrt{3}$. Usa tu calculadora para verificar.

Primero, busca una aproximación decimal de la expresión original.

Ejecuta: 4 $\boxed{\times}$ 27 $\boxed{\sqrt{x}}$ $\boxed{+}$ 5 $\boxed{\times}$ 12 $\boxed{\sqrt{x}}$ $\boxed{+}$ 8 $\boxed{\times}$ 75 $\boxed{\sqrt{x}}$ $\boxed{=}$ *107.3871501*

A continuación, halla una aproximación decimal de la expresión simplificada.

Ejecuta: 62 $\boxed{\times}$ 3 $\boxed{\sqrt{x}}$ $\boxed{=}$ *107.3871501*

Dado que las aproximaciones son iguales, se han verificado así los resultados.

Ejemplo ❸ **Refiérete a la aplicación al comienzo de la lección. ¿Cuánta distancia más lejos puede ver el capitán, que los pasajeros que están en la cubierta de sol?**

Viajes

$$\begin{aligned}
d &= \sqrt{\frac{3(120)}{2}} - \sqrt{\frac{3(72)}{2}} \\
&= \sqrt{\frac{360}{2}} - \sqrt{\frac{216}{2}} \\
&= \sqrt{180} - \sqrt{108} \\
&= \sqrt{6^2 \cdot 5} - \sqrt{6^2 \cdot 3} \\
&= 6\sqrt{5} - 6\sqrt{3} \\
&\approx 3.02
\end{aligned}$$

El capitán puede ver alrededor de 3 millas más lejos.

En la última lección, multiplicaste conjugados y expresiones con igual radicando. Las expresiones radicales que tienen distintos radicandos se multiplican de la misma manera en que se multiplican dos binomios.

Ejemplo **Simplifica $(2\sqrt{3} - \sqrt{5})(\sqrt{10} + 4\sqrt{6})$.**

$$(2\sqrt{3} - \sqrt{5})(\sqrt{10} + 4\sqrt{6})$$

Primeros términos	Términos exteriores	Términos interiores	Últimos términos

$$= \overbrace{(2\sqrt{3})(\sqrt{10})} + \overbrace{(2\sqrt{3})(4\sqrt{6})} + \overbrace{(-\sqrt{5})(\sqrt{10})} + \overbrace{(-\sqrt{5})(4\sqrt{6})}$$

$= 2\sqrt{30} + 8\sqrt{18} - \sqrt{50} - 4\sqrt{30}$ *Multiplica.*

$= 2\sqrt{30} + 24\sqrt{2} - 5\sqrt{2} - 4\sqrt{30}$ *Simplifica cada término.*

$= -2\sqrt{30} + 19\sqrt{2}$ *Reduce términos semejantes.*

MIRADA RETROSPECTIVA
Repasa la multiplicación de polinomios en la lección 9-7.

COMPRUEBA LO QUE APRENDISTE

Comunicación en matemáticas

Estudia la lección y a continuación completa lo siguiente.

1. **Escribe** tres expresiones radicales que tengan el mismo radicando.

2. **Explica** por qué deberías simplificar cada radical de una expresión radical antes de sumar o restar.

3. **Explica** por qué $\sqrt{x} + \sqrt{y} \neq \sqrt{x + y}$. Da un ejemplo numérico.

4. Explica cómo usas la propiedad distributiva para simplificar radicandos iguales que se sumen o se resten.

MI DIARIO

DE MATEMÁTICAS

Práctica dirigida

En cada grupo, identifica las expresiones que tendrán el mismo radicando, después de simplificar cada una de ellas.

5. $3\sqrt{5}, 5\sqrt{6}, 3\sqrt{20}$ 6. $-5\sqrt{7}, 2\sqrt{28}, 6\sqrt{14}$

7. $\sqrt{24}, \sqrt{12}, \sqrt{18}, \sqrt{28}$ 8. $9\sqrt{32}, 2\sqrt{50}, \sqrt{48}, 3\sqrt{200}$

Simplifica.

9. $3\sqrt{6} + 10\sqrt{6}$ 10. $2\sqrt{5} - 5\sqrt{2}$ 11. $8\sqrt{7x} + 4\sqrt{7x}$

Simplifica. Usa una calculadora para verificar tu respuesta.

12. $8\sqrt{5} + 3\sqrt{5}$ 13. $8\sqrt{3} - 2\sqrt{2} + 3\sqrt{2} + 5\sqrt{3}$

14. $2\sqrt{3} + \sqrt{12}$ 15. $\sqrt{7} + \sqrt{\frac{1}{7}}$

Simplifica.

16. $\sqrt{2}(\sqrt{18} + 4\sqrt{3})$ 17. $(4 + \sqrt{5})(4 - \sqrt{5})$

18. **Geometría** Para el rectángulo de la derecha, calcula las medidas exactas del perímetro y del área en forma reducida.

$4\sqrt{7} - 2\sqrt{12}$

$\sqrt{3}$

Práctica

Simplifica.

19. $25\sqrt{13} + \sqrt{13}$

20. $7\sqrt{2} - 15\sqrt{2} + 8\sqrt{2}$

21. $2\sqrt{6} - 8\sqrt{3}$

22. $2\sqrt{11} - 6\sqrt{11} - 3\sqrt{11}$

23. $18\sqrt{2x} + 3\sqrt{2x}$

24. $3\sqrt{5m} - 5\sqrt{5m}$

Simplifica. Usa tu calculadora para verificar tu respuesta.

25. $4\sqrt{3} + 7\sqrt{3} - 2\sqrt{3}$

26. $5\sqrt{5} + 3\sqrt{5} - 18\sqrt{5}$

27. $\sqrt{6} + 2\sqrt{2} + \sqrt{10}$

28. $4\sqrt{6} + \sqrt{7} - 6\sqrt{2} + 4\sqrt{7}$

29. $3\sqrt{7} - 2\sqrt{28}$

30. $2\sqrt{50} - 3\sqrt{32}$

31. $3\sqrt{27} + 5\sqrt{48}$

32. $2\sqrt{20} - 3\sqrt{24} - \sqrt{180}$

33. $\sqrt{80} + \sqrt{98} + \sqrt{128}$

34. $\sqrt{10} - \sqrt{\dfrac{2}{5}}$

35. $3\sqrt{3} - \sqrt{45} + 3\sqrt{\dfrac{1}{3}}$

36. $6\sqrt{\dfrac{7}{4}} + 3\sqrt{28} - 10\sqrt{\dfrac{1}{7}}$

Simplifica.

37. $\sqrt{5}(2\sqrt{10} + 3\sqrt{2})$

38. $\sqrt{6}(\sqrt{3} + 5\sqrt{2})$

39. $(2\sqrt{10} + 3\sqrt{15})(3\sqrt{3} - 2\sqrt{2})$

40. $(\sqrt{5} - \sqrt{2})(\sqrt{14} + \sqrt{35})$

41. $(\sqrt{6} + \sqrt{8})(\sqrt{24} + \sqrt{2})$

42. $(5\sqrt{2} + 3\sqrt{5})(2\sqrt{10} - 3)$

Piensa críticamente

43. Explica por qué la forma reducida de $\sqrt{(x - 5)^2}$ debe tener un signo de valor absoluto, mientras que $\sqrt{(x - 5)^4}$ no lo necesita.

Aplicaciones y solución de problemas

44. Construcción   El *encofrado deslizante* es el método más rápido para construir edificios altos de concreto. Con este método se construyó la Torre CN en Toronto, Canadá. Los 1815 pies de la torre se construyeron a una tasa de 20 pies por día. Al comienzo de la semana, los trabajadores estaban a 530 pies por encima del nivel del suelo. Después de una semana de construcción, estaban a 670 pies del suelo. Comparado con el comienzo de la semana, ¿cuánta distancia más, en millas, podían ver desde la cúspide del edificio al final de la semana? Escribe tu respuesta en forma exacta y en forma aproximada en centésimas.
(*Sugerencia:* Usa la fórmula de la aplicación al comienzo de la lección.)

45. Construcción   Se estira un cable desde la cima de un poste de 12 pies, pasando por una estaca enterrada en el suelo y atándolo a la base del poste. Si se usa un total de 20 pies de cable, ¿a qué distancia está la estaca del poste? (*Sugerencia:* En la figura, $a + b = 20$.)

Repaso comprensivo

46. Simplifica $\dfrac{\sqrt{3}}{\sqrt{6}}$. (Lección 13–2)

47. Calcula $\dfrac{x^2 - y^2}{3} \cdot \dfrac{9}{x + y}$. (Lección 12–2)

48. Factoriza $3a^2 + 19a - 14$. (Lección 10–3)

49. Calcula el grado de $16s^3t^2 + 3s^2t + 7s^6t$. (Lección 9–4)

50. Estadística Los resultados de Tim en las primeras cuatro, de cinco pruebas cortas, de 50 puntos cada una, son 47, 45, 48 y 45. ¿Qué nota deberá sacar Tim en la quinta prueba para obtener un promedio mínimo de 46 puntos? (Lección 7–3)

51. Carpintería Cuando construye una escalera, un carpintero considera la razón de la altura al escalón. Escribe una razón para describir la inclinación de la escaleras. (Lección 6–1)

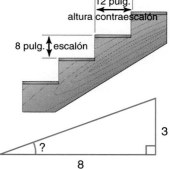

52. Geometría Calcula la medida, aproximada en grados, del ángulo agudo señalado. (Lección 4–3)

Fuente: Autodata

53. Interpreta gráficas La gráfica de la izquierda compara las ventas de autos nacionales e importados de 1984 a 1994. (Lección 1–9)

a. Durante este período de 10 años, ¿cuándo estuvieron las ventas de autos nacionales en su nivel más bajo? ¿Cuántos autos nacionales se vendieron en ese año?

b. En 1990, ¿cuántos autos nacionales más se vendieron comparados con los autos importados?

AUTOEVALUACIÓN

Si c es la medida de la hipotenusa de un triángulo rectángulo, calcula en cada caso la medida que falta. Redondea las respuestas en centésimas. (Lección 13–1)

1. $a = 21, b = 28, c = ?$ **2.** $a = \sqrt{41}, c = 8, b = ?$ **3.** $b = 28, c = 54, a = ?$

Simplifica. Cuando sea necesario, deja cada expresión en forma radical y utiliza signos de valor absoluto. (Lección 13–2)

4. $\sqrt{20}$ **5.** $2\sqrt{5} \cdot \sqrt{5}$ **6.** $\dfrac{\sqrt{42x^2}}{\sqrt{6y^3}}$

Simplifica. (Lección 13–3)

7. $8\sqrt{6} + 3\sqrt{6}$ **8.** $10\sqrt{17} + 9\sqrt{7} - 8\sqrt{17} + 6\sqrt{7}$ **9.** $(6 + \sqrt{3})(2\sqrt{5} - \sqrt{3})$

10. Geometría Calcula el perímetro y el área de la figura de la derecha. Redondea las respuestas en centésimas. (Lección 13–1)

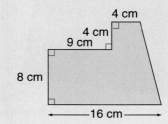

13-4

Ecuaciones radicales

Mapa topográfico de la superficie del océano

Lo que APRENDERÁS

- A resolver ecuaciones radicales.

Por qué ES IMPORTANTE

- Porque puedes usar expresiones radicales para resolver problemas relacionados con oceanografía y recreación.

P T I

Un tsunami puede empezar como una ola de 2 pies de altura. Después de viajar por cientos de millas en el océano, a velocidades de entre 450 y 500 millas por hora, el tsunami puede llegar a litorales de agua poco profunda. Ahí puede formar una pared de 50 pies de alto, capaz de destruir cuanto encuentre a su paso.

APLICACIÓN
Oceanografía

La Falla de Tonga, en el Océano Pacífico, es una fuente potencial de *tsunamis* (su-na-mis), enormes olas oceánicas generadas por terremotos submarinos. La fórmula para calcular la velocidad de un tsunami s, en metros por segundo, es $s = 3.1\sqrt{d}$, donde d es la profundidad del océano, en metros.

Las ecuaciones como $s = 3.1\sqrt{d}$ las cuales contienen radicales que a su vez contienen variables en el radicando, reciben el nombre de **ecuaciones radicales.** Para resolver estas ecuaciones, primero aísla el radical en un lado de la ecuación. Después, eleva al cuadrado cada lado de la ecuación para eliminar el radical.

Calcula la profundidad de la Falla de Tonga si la velocidad de un tsunami es de 322 metros por segundo.

$322 = 3.1\sqrt{d}$ *Reemplaza s por 322.*

$\dfrac{322}{3.1} = \dfrac{3.1\sqrt{d}}{3.1}$ *Divide cada lado por 3.1.*

$\left(\dfrac{322}{3.1}\right)^2 = \left(\sqrt{d}\right)^2$ *Eleva al cuadrado ambos lados de la ecuación.*

$\left(\dfrac{322}{3.1}\right)^2 = d$ Usa una calculadora científica para simplificar $\left(\dfrac{322}{3.1}\right)^2$.

Ejecuta: (322 ÷ 3.1) x^2 *10789.17794*

La profundidad de la Falla de Tonga es de aproximadamente 10,789 metros.
Verifica este resultado sustituyendo d por 10,789 en la fórmula original.

Ejemplo ❶ **Resuelve cada ecuación.**

a. $\sqrt{x} + 4 = 7$

$\sqrt{x} + 4 = 7$

$\sqrt{x} + 4 - 4 = 7 - 4$ *Resta 4 de cada lado.*   **Verifica:**

$\sqrt{x} = 3$ *Simplifica.* $\sqrt{x} + 4 = 7$

$\left(\sqrt{x}\right)^2 = 3^2$ *Eleva ambos lados al cuadrado.* $\sqrt{9} + 4 \overset{?}{=} 7$ $x = 9$

$x = 9$ **La solución es 9.** $3 + 4 = 7$ ✔

b. $\sqrt{x + 3} + 5 = 9$

$\sqrt{x + 3} + 5 = 9$

$\sqrt{x + 3} + 5 - 5 = 9 - 5$ *Resta 5 de cada lado.*

$\sqrt{x + 3} = 4$ *Simplifica.*

$\left(\sqrt{x + 3}\right)^2 = 4^2$ *Eleva ambos lados al cuadrado.*

$x + 3 = 16$

$x + 3 - 3 = 16 - 3$ *Resta 3 de cada lado.*

$x = 13$ **La solución es 13.**   *Verifica este resultado.*

El elevar ambos lados de una ecuación al cuadrado, no produce necesariamente resultados que satisfagan la ecuación original. Por lo tanto, debes verificar todos tus resultados cuando resuelvas ecuaciones radicales.

732   *Capítulo 13   Explora expresiones y ecuaciones radicales*

Ejemplo **2** **Resuelve** $\sqrt{3x - 5} = x - 5$.

$$\sqrt{3x - 5} = x - 5$$

$(\sqrt{3x - 5})^2 = (x - 5)^2$ *Eleva ambos lados al cuadrado.*

$3x - 5 = x^2 - 10x + 25$ *Simplifica.*

$3x - 3x - 5 + 5 = x^2 - 10x + 25 - 3x + 5$ *Suma* $-3x$ *and 5 a ambos lados.*

$0 = x^2 - 13x + 30$ *Simplifica.*

$0 = (x - 10)(x - 3)$ *Factoriza.*

$x - 10 = 0$ ó $x - 3 = 0$ *Usa la propiedad del producto cero.*

$x = 10$ $x = 3$

Verifica:

$$\sqrt{3x - 5} = x - 5 \qquad\qquad \sqrt{3x - 5} = x - 5$$

$$\sqrt{3(10) - 5} \stackrel{?}{=} 10 - 5 \qquad\qquad \sqrt{3(3) - 5} \stackrel{?}{=} 3 - 5$$

$$\sqrt{30 - 5} \stackrel{?}{=} 5 \qquad\qquad\qquad \sqrt{9 - 5} \stackrel{?}{=} -2$$

$$\sqrt{25} \stackrel{?}{=} 5 \qquad\qquad\qquad\qquad \sqrt{4} \stackrel{?}{=} -2$$

$$5 = 5 \;\checkmark \qquad\qquad\qquad\qquad 2 \neq -2$$

Dado que 3 no satisface la ecuación original, 10 es la única solución.

Para resolver ecuaciones que involucren raíces cuadradas, puedes usar el *Mathematics Exploration Toolkit (MET)*.

EXPLORACIÓN

SOFTWARE PARA GRAFICAR

Se utilizarán los siguientes comandos CALC.

ADD (add)	SUBSTRACT (sub)	MULTIPLY (mult)
DIVIDE (div)	FACTOR (fac)	RAISETO (rai)
SIMPLIFICA (simp)	STORE (sto)	SUBSTITUTE (subs)

Para entrar el símbolo de raíz cuadrada, oprime la tecla &.

Resuelve $\sqrt{x - 2} = x - 4$.

Ejecuta: $\&(x - 2) = x - 4$ **Resultado:** $\sqrt{x - 2} = x - 4$

     sto a Guarda la ecuación como a.

     rai 2 $\left(\sqrt{x - 2}\right)^2 = (x - 4)^2$

     simp $x - 2 = x^2 - 8x + 16$

     sub $x - 2$ $x - 2 - (x - 2) =$

                               $x^2 - 8x + 16 - (x - 2)$

     simp $0 = x^2 - 9x + 18$

     fac $0 = (x - 6)(x - 3)$

Por inspección, las soluciones son $x = 6$ ó $x = 3$. Sin embargo, 3 no satisface la ecuación original. Por lo tanto, 6 es la única solución.

Ahora te toca a ti
Usa CALC para resolver cada ecuación.

a. $3 + \sqrt{2x} = 7$ **b.** $\sqrt{x + 1} = x - 1$

c. $\sqrt{x + 6} = 1$ **d.** $\sqrt{3x - 8} = 5$

e. $x + \sqrt{6 - x} = 4$ **f.** $\sqrt{3x - 9} = 2x + 6$

Ejemplo ③ La media geométrica de a y b es x, si $\frac{a}{x} = \frac{x}{b}$. Calcula dos números, uno de los cuales es 12 más que el otro, cuya media geométrica sea 8.

INTEGRACIÓN
Teoría numérica

Explora   Sea n el número menor.
              Entonces $n + 12$ representa el número mayor.

Planifica   Usa la ecuación $\frac{a}{x} = \frac{x}{b}$. Reemplaza cada variable con el
              valor apropiado.

$$\frac{n}{8} = \frac{8}{n+12} \qquad \textit{La media geométrica de los números es 8.}$$

Resuelve $n^2 + 12n = 64$

$$n^2 + 12n - 64 = 0$$

$$(n + 16)(n - 4) = 0 \qquad \qquad \textit{Factoriza.}$$

$$n + 16 = 0 \quad \text{ó} \quad n - 4 = 0 \qquad \textit{Propiedad del producto cero.}$$

$$n = -16 \qquad \qquad n = 4$$

Si $n = -16$, entonces $n + 12 = -4$. Si $n = 4$, entonces $n + 12 = 16$.

Así, los números son -16 y -4, ó 4 y 16.

Examina $\dfrac{-16}{8} \overset{?}{=} \dfrac{8}{-4} \qquad\qquad$ ó $\qquad\qquad \dfrac{4}{8} \overset{?}{=} \dfrac{8}{16}$

$\qquad\qquad\quad 64 = 64 \quad ✔ \qquad\qquad\qquad\qquad\qquad 64 = 64 \quad ✔$

COMPRUEBA LO QUE APRENDISTE

Comunicación en matemáticas

Estudia la lección. Después completa lo siguiente.

1. **Explica** el primer paso que debes tomar al resolver ecuaciones radicales.

2. **Escribe** una expresión para la media geométrica de 7 y y.

3. Refiérete a la aplicación al comienzo de la lección.
   a. Despeja d en $s = 3.1\sqrt{d}$.
   b. Usa la ecuación que encontraste en la parte a para calcular la profundidad del océano, en metros, si la velocidad del tsunami es de 400 metros por segundo.

4. **Tú decides** Alberto dice que siempre que se tiene una ecuación con un radical, se puede obtener una solución real al elevar ambos lados de la ecuación al cuadrado. Ellen no está de acuerdo. ¿Quién tiene la razón? Explica.

MI DIARIO

DE MATEMÁTICAS

5. **a. Evalúate** Explica en tus propias palabras el proceso o los pasos necesarios para resolver una ecuación radical.
   b. Explica por qué es importante que verifiques tus respuestas una vez que hayas resuelto una ecuación que contiene radicales.

Práctica dirigida

Eleva al cuadrado ambos lados de las siguientes ecuaciones.

6. $\sqrt{x} = 6$ 7. $\sqrt{a + 3} = 2$ 8. $13 = \sqrt{2y - 5}$

Resuelve cada ecuación. Verifica tu solución.

9. $\sqrt{m} = 4$ 10. $\sqrt{b} = -3$ 11. $-\sqrt{x} = -6$

12. $\sqrt{7x} = 7$ 13. $\sqrt{-3a} = 6$ 14. $\sqrt{y - 2} = 8$

15. Ingeniería Es posible medir la velocidad del agua usando un tubo con forma de L. Puedes calcular la velocidad V del agua, en millas por hora, midiendo la altura h en pulgadas de la columna de agua, por encima de la superficie y usando la fórmula $V = \sqrt{2.5h}$. Si colocas el tubo en un río y la altura de la columna es de 6 pulgadas, ¿cuál es la velocidad del agua, calculada en décimas de milla por hora?

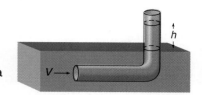

EJERCICIOS

Práctica

Resuelve cada ecuación. Verifica tu solución.

16. $\sqrt{a} = 5\sqrt{2}$ **17.** $3\sqrt{7} = \sqrt{-x}$ **18.** $\sqrt{m} - 4 = 0$

19. $\sqrt{2d + 1} = 0$ **20.** $10 - \sqrt{3y} = 1$ **21.** $3 + 5\sqrt{n} = 12$

22. $\sqrt{8s + 1} = 5$ **23.** $\sqrt{4b + 1} - 3 = 0$ **24.** $\sqrt{3r - 5} + 7 = 3$

25. $\sqrt{\dfrac{w}{6}} = 2$ **26.** $\sqrt{\dfrac{4x}{5}} - 9 = 3$ **27.** $5\sqrt{\dfrac{4t}{3}} - 2 = 0$

28. $\sqrt{2x^2 - 121} = x$ **29.** $7\sqrt{3z^2 - 15} = 7$ **30.** $\sqrt{x + 2} = x - 4$

31. $\sqrt{5x^2 - 7} = 2x$ **32.** $\sqrt{1 - 2m} = 1 + m$ **33.** $4 + \sqrt{b - 2} = b$

Teoría numérica

34. La media geométrica de cierto número y 6 es 24. Encuentra el número.

35. Halla dos números con una media geométrica de $\sqrt{30}$, si uno de los números es 7 más que el otro.

36. Halla dos números que tienen una media geométrica de 12, si uno de los números es 11 unidades menos que el triple del otro.

Resuelve cada ecuación. Verifica tu solución.

37. $\sqrt{x - 12} = 6 - \sqrt{x}$ **38.** $\sqrt{x} + 4 = \sqrt{x + 16}$ **39.** $\sqrt{x + 7} = 7 + \sqrt{x}$

Resuelve cada sistema de ecuaciones.

40. $2\sqrt{a} + 5\sqrt{b} = 6$ **41.** $-3\sqrt{x} + 3\sqrt{y} = 1$ **42.** $s = 4t$
      $3\sqrt{a} - 5\sqrt{b} = 9$ $-4\sqrt{x} + 6\sqrt{y} = 3$ $\sqrt{s} - 5\sqrt{t} = -6$

Piensa críticamente

43. Calcula el valor de x, si $x + 2 = x\sqrt{3}$.

44. Halla dos números tales que la raíz cuadrada de su suma sea 5 y la raíz cuadrada de su producto sea 12.

Aplicaciones y solución de problemas

45. Recreación Los guardabosques de una estación de auxilio recibieron una llamada de socorro, de un grupo que estaba acampando a 60 millas hacia el este y a 10 millas al sur de la estación. Un jeep que fue enviado al campamento viajó directamente hacia el este por un cierto número de millas. Luego viró y se dirigió directamente hacia el campamento. Si el jeep viajó una distancia total de 66 millas hasta llegar al campamento, ¿cuántas millas viajó hacia el este?

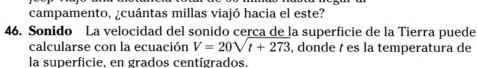

46. Sonido La velocidad del sonido cerca de la superficie de la Tierra puede calcularse con la ecuación $V = 20\sqrt{t + 273}$, donde t es la temperatura de la superficie, en grados centígrados.

a. Calcula la temperatura si la velocidad del sonido V es 356 metros por segundo.

b. Normalmente se dice que la velocidad del sonido sobre la superficie de la Tierra es de 340 metros por segundo. Sin embargo, esto es cierto solo a una cierta temperatura. ¿En qué temperatura se basa el cálculo de esta velocidad de 340 m/s?

47. Viajes La velocidad, s, a la que un auto está viajando, en millas por hora y la distancia, d, en pies que patinará cuando se apliquen los frenos, se relacionan por la fórmula $s = \sqrt{30fd}$. En esta fórmula, f es el coeficiente de fricción, que depende del tipo y condiciones del camino. Sylvia Kwan le dijo a la policía que iba a una velocidad de alrededor de 30 millas por hora. El auto patinó cuando ella aplicó los frenos al transitar por un camino de concreto que estaba mojado. La longitud de las marcas que quedaron al patinar era de 110 pies.

   a. Si $f = 0.4$ para un camino de concreto mojado, ¿será posible que el carro de la Sra. Kwan haya patinado esta distancia después de aplicarse los frenos?

   b. ¿A qué velocidad iba ella manejando?

Repaso comprensivo

48. Simplifica $5\sqrt{6} - 11\sqrt{3} - 8\sqrt{6} + \sqrt{27}$. (Lección 13–3)

49. Divide $(6b^2 + 4b + 20) \div (b + 5)$. (Lección 12–4)

50. Encuentra las raíces de $x^2 - 2x - 8 = 0$ graficando su función correspondiente. (Lección 11–2)

51. Encuentra el MCD de $12x^2y^3$ y $42xy^4$. (Lección 10–1)

52. Calcula $(6a - 2m) - (4a + 7m)$. (Lección 9–5)

53. Usa sustitución para resolver el siguiente sistema de ecuaciones.
$x + 4y = 16$
$3x + 6y = 18$ (Lección 8–2)

54. Escribe una ecuación en la forma pendiente-intersección de la recta que pasa a través de los puntos $(6, -1)$ y $(3, 2)$. (Lección 6–4)

55. Probabilidad Si las posibilidades de que un evento ocurra son de 8:5, ¿cuál es la probabilidad de que el evento ocurra? (Lección 4–6)

56. Calcula $\frac{3}{7} + \left(-\frac{4}{9}\right)$. (Lección 2–5)

Matemáticas no lineales

Matemática y SOCIEDAD

El siguiente extracto apareció en un artículo de *Business Week* del 5 de septiembre de 1994.

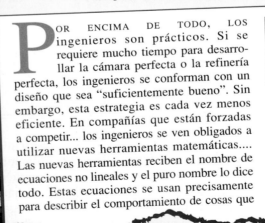

POR ENCIMA DE TODO, LOS ingenieros son prácticos. Si se requiere mucho tiempo para desarrollar la cámara perfecta o la refinería perfecta, los ingenieros se conforman con un diseño que sea "suficientemente bueno". Sin embargo, esta estrategia es cada vez menos eficiente. En compañías que están forzadas a competir... los ingenieros se ven obligados a utilizar nuevas herramientas matemáticas.... Las nuevas herramientas reciben el nombre de ecuaciones no lineales y el puro nombre lo dice todo. Estas ecuaciones se usan precisamente para describir el comportamiento de cosas que tienen algún matiz impredecible. Casi todo— desde el comportamiento de los motores de automóviles hasta las acciones de las moléculas de DNA—es así. Incluso algo tan sencillo como hornear una torta es no lineal: al elevar la temperatura del horno al doble, el tiempo de cocción no se reduce a la mitad. Y en algunas fórmulas industriales, tales como las que se usan para hacer drogas y plásticos, una pequeña alteración en los ingredientes o en las condiciones del proceso puede producir una enorme diferencia en el producto acabado. Las matemáticas no lineales pueden ayudar a explicar estos desproporcionados efectos. ■

1. En procesos no lineales, no puedes asegurar qué efecto tendrán los cambios en las condiciones iniciales. Por lo tanto, ¿qué puedes concluir respecto a las variaciones que necesitarás considerar para resolver este tipo de ecuaciones?

2. Debido al enorme número de variables involucradas, la solución de ecuaciones no lineales puede requerir varios millones de cálculos. En tu opinión, ¿por qué no ha sido sino hasta hace poco que las industrias han empezado a utilizar estas ecuaciones?

Integración: Geometría
La fórmula de la distancia

13-5

Lo que APRENDERÁS

- A calcular la distancia entre dos puntos en un plano de coordenadas.

Por qué ES IMPORTANTE

- Porque puedes usar la fórmula de la distancia para resolver problemas relacionados con el arte y las comunicaciones.

INTEGRACIÓN
Geometría

Considera los puntos $A(-2, 6)$ y $B(5, 3)$ en un plano de coordenadas. Estos dos puntos no se hallan en la misma recta vertical u horizontal. Por lo tanto, no puedes calcular la distancia entre ellos con simplemente restar las coordenadas $x - y$. Se debe utilizar un método distinto.

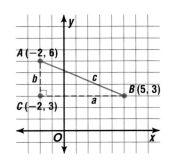

Observa que se puede formar un triángulo rectángulo al dibujar rectas paralelas, a los ejes, y que pasen a través de los puntos $(-2, 6)$ y $(5, 3)$. Estas rectas se intersecan en $C(-2, 3)$. La medida del lado b es la diferencia de la coordenada y de los extremos, $6 - 3$ ó 3. La medida del lado a es la diferencia de la coordenada x de los extremos, $5 - (-2)$ ó 7.

Puede usarse el Teorema de Pitágoras para calcular c, la distancia entre $A(-2, 6)$ y $B(5, 3)$.

$c^2 = a^2 + b^2$ *Teorema de Pitágoras.*

$c^2 = 7^2 + 3^2$ *Reemplaza a por 7 y b por 3.*

$c^2 = 49 + 9$

$c^2 = 58$

$c = \sqrt{58}$

$c \approx 7.62$

La distancia entre los puntos A y B es de aproximadamente 7.62 unidades.

El método utilizado para calcular la distancia entre $A(-2, 6)$ y $B(5, 3)$ puede también utilizarse para calcular la distancia entre cualquier par de puntos en un plano de coordenadas. Este método está descrito por la siguiente fórmula.

Fórmula de la distancia	La distancia d entre cualquier par de puntos (x_1, y_1) y (x_2, y_2) viene dada por la siguiente fórmula. $$d = \sqrt{(x_2 - x_1)^2 + (y_2 - y_1)^2}$$

Ejemplo Calcula la distancia entre los puntos (3, 5) y (6, 4).

$d = \sqrt{(x_2 - x_1)^2 + (y_2 - y_1)^2}$

$= \sqrt{(6 - 3)^2 + (4 - 5)^2}$ *$(x_1, y_1) = (3, 5)$ y $(x_2, y_2) = (6, 4)$*

$= \sqrt{3^2 + (-1)^2}$

$= \sqrt{9 + 1}$

$= \sqrt{10}$ ó aproximadamente 3.16 unidades.

Ejemplo 2

Determina si el triángulo ABC con vértices en los puntos $A(-3, 4)$, $B(5,2)$ y $C(-1,-5)$ es un triángulo isósceles.

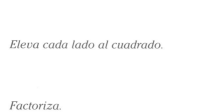

Un triángulo es isósceles si por lo menos dos de sus lados son congruentes. Calcula AB, BC y AC.

$$AB = \sqrt{[5 - (-3)]^2 + (2 - 4)^2}$$
$$= \sqrt{8^2 + (-2)^2} \text{ ó } \sqrt{68}$$

$$BC = \sqrt{(-1 - 5)^2 + (-5 - 2)^2}$$
$$= \sqrt{(-6)^2 + (-7)^2} \text{ ó } \sqrt{85}$$

$$AC = \sqrt{[-1 - (-3)]^2 + (-5 - 4)^2}$$
$$= \sqrt{2^2 + (-9)^2} \text{ ó } \sqrt{85}$$

Dado que $\overline{BC}$ y $\overline{AC}$ tienen la misma longitud, $\sqrt{85}$, estos lados son congruentes. Por lo tanto, el triángulo ABC es un triángulo isósceles.

Supongamos que conoces un punto, una de las coordenadas de otro punto, y la distancia entre ambos puntos. Puedes usar la fórmula de la distancia para calcular la coordenada que falta.

Ejemplo 3

Calcula el valor de a si la distancia entre los puntos $(-3, -2)$ y $(a, -5)$ es de 5 unidades.

$$d = \sqrt{(x_2 - x_1)^2 + (y_2 - y_1)^2}$$
$$5 = \sqrt{[a - (-3)]^2 + [-5 - (-2)]^2} \quad \textit{Sea } x_2 = a, x_1 = -3, y_2 = -5, y_1 = -2$$
$$5 = \sqrt{(a + 3)^2 + (-3)^2} \quad \textit{y } d = 5.$$
$$5 = \sqrt{a^2 + 6a + 9 + 9}$$
$$5 = \sqrt{a^2 + 6a + 18}$$
$$(5)^2 = \left(\sqrt{a^2 + 6a + 18}\right)^2 \quad \textit{Eleva cada lado al cuadrado.}$$
$$25 = a^2 + 6a + 18$$
$$0 = a^2 + 6a - 7$$
$$0 = (a + 7)(a - 1) \quad \textit{Factoriza.}$$
$$a + 7 = 0 \quad \text{ó} \quad a - 1 = 0 \quad \textit{Propiedad del producto cero}$$
$$a = -7 \qquad a = 1$$

El valor de a es -7 ó 1.

COMPRUEBA LO QUE APRENDISTE

Comunicación en matemáticas

Estudia la lección y a continuación completa lo siguiente.

1. **Explica** por qué el valor que se calcula debajo del signo radical en la fórmula de la distancia no puede ser negativo.

2. **a. Escribe** dos pares ordenados y rotúlalos como $A(x_1, y_1)$ y $B(x_2, y_2)$. ¿Importa qué par ordenado va primero cuando se usa la fórmula de la distancia? Explica.

   b. Calcula la distancia entre A y B.

3. a. Explica cómo puedes calcular la distancia entre $X(12, 4)$ y $Y(3, 4)$ sin usar la fórmula de la distancia.

b. Explica cómo puedes calcular la distancia entre $S(-2, 7)$ y $T(-2, -5)$ sin usar la fórmula de la distancia.

4. Refiérete al Ejemplo 3. Verifica tu respuesta mediante la fórmula de la distancia.

Práctica dirigida

Calcula la distancia entre cada par de puntos que se indican. Expresa las respuestas en forma radical reducida y, cuando sea necesario, como aproximaciones decimales redondeadas en centésimas.

5. $(6, 8), (3, 4)$ **6.** $(3, 7), (-2, -5)$

7. $(2, 2), (5, -1)$ **8.** $(2, 7), (10, -4)$

Calcula el valor de _a_ si los puntos que se indican están separados por la distancia dada.

9. $(4, 7), (a, 3); d = 5$ **10.** $(5, a), (6, 1); d = \sqrt{10}$

11. Comunicaciones En la Corporación Alfa se está instalando un sistema de cables con fibras ópticas, entre dos oficinas nuevas. La Torre Alfa I está a 4 millas al este y a 5 millas al norte de Alfa Central. La Torre Alfa II está a 5 millas al oeste y 2 millas al norte de Alfa Central. ¿Cuántas millas de cable se necesitan para conectar las nuevas oficinas? (*Sugerencia:* Alfa Central está ubicada en $(0, 0)$.)

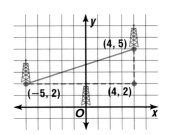

EJERCICIOS

Práctica

Calcula la distancia entre cada par de puntos que se indican. Expresa las respuestas en forma radical reducida y, cuando sea necesario, como aproximaciones decimales redondeadas en centésimas.

12. $(5, -1), (11, 7)$ **13.** $(-4, 2), (4, 17)$

14. $(-3, 8), (5, 4)$ **15.** $(-8, -4), (-3, -8)$

16. $(9, -2), (3, -6)$ **17.** $(4, 2), \left(6, -\frac{2}{3}\right)$

18. $\left(3, \frac{3}{7}\right), \left(4, -\frac{2}{7}\right)$ **19.** $\left(\frac{4}{5}, -1\right), \left(2, -\frac{1}{2}\right)$

20. $(4\sqrt{5}, 7), (6\sqrt{5}, 1)$ **21.** $(5\sqrt{2}, 8), (7\sqrt{2}, 10)$

Encuentra el valor de _a_ si los puntos que se indican están separados por la distancia dada.

22. $(3, -1), (a, 7); d = 10$ **23.** $(-4, a), (4, 2); d = 17$

24. $(a, 5), (-7, 3); d = \sqrt{29}$ **25.** $(6, -3), (-3, a); d = \sqrt{130}$

26. $(10, a), (1, -6); d = \sqrt{145}$ **27.** $(20, -5), (a, 9); d = \sqrt{340}$

INTEGRACIÓN

Geometría

Determina si los triángulos con los vértices que se indican, son triángulos isósceles.

28. $L(7, -4), M(-1, 2), N(5, -6)$ **29.** $T(1, -8), U(3, 5), V(-1, 7)$

30. Encuentra el perímetro del cuadrado $QRST$ si dos de sus vértices son $Q(6, 7)$ y $R(-3, 4)$.

31. Si las diagonales de un trapecio tienen la misma longitud, entonces el trapecio es isósceles. Calcula las longitudes de las diagonales de un trapecio con vértices en $A(-2, 2)$, $B(10, 6)$, $C(9, 8)$ y $D(0, 5)$ para determinar si es isósceles.

Programación

32. El programa de la derecha calcula la distancia entre un par de puntos cuyas coordenadas son conocidas.

Calcula la distancia entre cada par de puntos.

a. $A(6, -3)$, $B(12, 5)$

b. $M(-3, 5)$, $N(12, -2)$

c. $S(6.8, 9.9)$, $T(-5.9, 4.3)$

```
PROGRAM: DISTANCE
:ClrDraw
:Input "X1=", Q
:Input "Y1=", R
:Input "X2=", S
:Input "Y2=", T
:Line (Q, R, S, T)
:√((Q-S)² + (R-T)²)→D
:Text (5, 50, "DIST=", D)
```

Piensa críticamente

33. Usa la fórmula de la distancia para demostrar que el triángulo con vértices en los puntos $(3, -2)$, $(-3, 7)$ y $(-9, 3)$ es un triángulo rectángulo.

Aplicaciones y solución de problemas

34. **Arte**   Hace aproximadamente 5000 años, los artistas egipcios decoraban las paredes de las tumbas de los faraones con pinturas de los mismos. Los artistas usaban pequeños bosquejos pintados sobre cuadriculados como referencia. En Egipto, el principal estándar de longitud era el codo. Ésta era la longitud medida desde el codo del brazo humano hasta la punta de los dedos de la mano extendida. Utiliza el cuadriculado de la derecha para calcular la longitud de un codo, redondeada en pulgadas, si cada unidad representa 3.3 pulgadas.

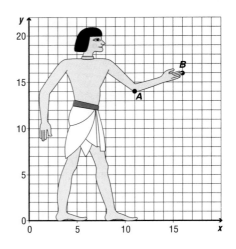

35. **Telecomunicaciones**   Para poder definir las tarifas de larga distancia, las compañías telefónicas sobreponen primero un cuadriculado imaginario de coordenadas encima de los Estados Unidos. Luego, se representa la posición de cada intercambio por un par ordenado en el cuadriculado. Las unidades del cuadriculado son aproximadamente de 0.316 millas. Por lo tanto, una distancia de 3 unidades en la cuadrícula es igual a una distancia real de aproximadamente 3(0.316) ó 0.948 millas. Supongamos que los intercambios en dos ciudades están en (132, 428) y (254, 105). Calcula la distancia real entre estas dos ciudades, en millas.

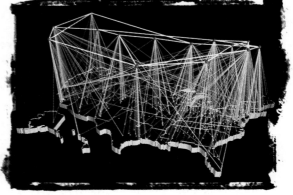

36. Física El tiempo t, en segundos, que se demora un objeto en caer d pies, viene dado por la fórmula $4t = \sqrt{d}$. Jessica y Lu-Chan dejaron caer piedras al mismo tiempo, pero Jessica soltó su piedra desde una posición más elevada que la de Lu-Chan. La piedra de Lu-Chan cayó en el suelo 1 segundo antes que la de Jessica. Si la piedra de Jessica cayó a una distancia de 112 pies más que la de Lu-Chan, ¿cuánto se tardó la piedra de Jessica en caer al suelo? (Lección 13-4)

37. Simplifica $\sqrt{\dfrac{8}{9}}$. (Lección 13-2)

38. Calcula $\dfrac{4p^3}{p-1} \div \dfrac{p^2}{p-1}$. (Lección 12-3)

39. Grafica el siguiente sistema de ecuaciones y determina si el sistema tiene *una* solución, *ninguna* solución, o *un número infinito* de soluciones. (Lección 8-1)

$$4x - y = 2$$
$$y - 4x = 4$$

40. Consumo Jackie quería comprar un abrigo nuevo que costaba $145. Si esperó hasta que el abrigo estuviera en oferta con un descuento de 30% del precio original, ¿cuánto dinero ahorró Jackie? (Lección 4-5)

41. Aire acondicionado La fórmula para determinar la capacidad en BTU (Unidad Térmica Británica) del aparato de aire acondicionado necesaria para enfriar un cuarto es BTU = Área (en pies cuadrados) × Factor de exposición × Factor de clima. Utiliza esta fórmula para determinar las BTU necesarias para enfriar cada uno de los cuartos descritos en la siguiente tabla. (Lección 2-6)

	Dimensiones del cuarto (pies)	Factor de exposición	Factor climático
a.	22 por 16	Norte: 20	Buffalo: 1.05
b.	13 por 12	Oeste: 25	Portland: 0.95
c.	17 por 14	Este: 25	Topeka: 1.05
d.	26 por 18	Sur: 30	San Diego: 1.00
e.	23.5 por 15.3	Norte: 20	Tacoma: 0.95

CONTINÚA CON LA In·ves·ti·ga·ción

Refiérete a las páginas 656-657.

Una preocupación creciente

1 Revisa tu dibujo a escala. Asegúrate de haber incluido todo lo que creas que la familia Sánchez quiere o querrá en el futuro. Haz cualquier cambio que creas necesario, ahora que el plan ha sido completado.

2 La familia Sánchez había pedido un modelo tridimensional del diseño. Sobre una pieza de cartón dibuja las líneas divisorias de la propiedad de la familia Sánchez. Utiliza arcilla para modelar, cartulina, pintura, marcadores y cualquiera otra cosa que necesites para crear un modelo tridimensional de tu diseño.

3 Usa una linterna para modelar el movimiento del sol durante el día. Observa los patrones y el tiempo que ciertas áreas están sombreadas.

Agrega los resultados de tu trabajo a tu *Archivo de investigación.*

13-6A Completa el cuadrado

LOS MODELOS Y LAS MATEMÁTICAS

Una sinopsis de la Lección 13–6

Materiales: mosaicos de álgebra ▦ tapete de ecuaciones

Una forma de resolver ecuaciones cuadráticas es mediante el método de **completar el cuadrado.** Para usar este método, la expresión cuadrática en uno de los lados de la ecuación debe ser un cuadrado perfecto. También puedes usar mosaicos de álgebra como modelo para completar el cuadrado.

Actividad **Usa mosaicos de álgebra para completar el cuadrado en la ecuación $x^2 + 4x + 1 = 0$.**

Paso 1 Resta 1 de cada lado de la ecuación.

$$x^2 + 4x + 1 - 1 = 0 - 1$$
$$x^2 + 4x = -1$$

Luego modela la ecuación $x^2 + 4x = -1$.

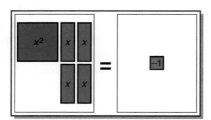

Paso 2 Comienza arreglando el mosaico x^2 y los mosaicos x en un cuadrado.

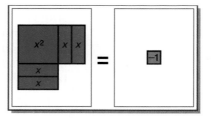

Paso 3 Para poder completar el cuadrado, necesitas agregar 4 mosaicos de 1, en el lado izquierdo del tapete. Dado que estás modelando una ecuación, suma 4 mosaicos de 1 al lado derecho del tapete.

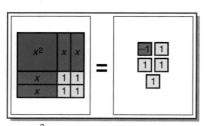

$$x^2 + 4x + 4 = -1 + 4$$

Paso 4 Elimina el par nulo en el lado derecho del tapete. Con esto has completado el cuadrado y la ecuación $x^2 + 4x + 4 = 3$ ó $(x + 2)^2 = 3$.

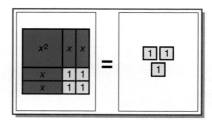

....

Modela **Usa mosaicos de álgebra para completar el cuadrado de cada ecuación.**

1. $x^2 + 4x + 3 = 0$ **2.** $x^2 - 6x + 5 = 0$ **3.** $x^2 + 4x - 1 = 0$

4. $x^2 - 2x + 5 = 3$ **5.** $x^2 - 4x + 7 = 8$ **6.** $0 = x^2 + 8x - 3$

Dibuja **7.** En las ecuaciones anteriores, el coeficiente de x es siempre un número par. A veces, tienes una ecuación como $x^2 + 3x - 1 = 0$, en la que el coeficiente de x es un número impar. Haz un dibujo para completar el cuadrado.

Escribe **8.** Escribe un párrafo en el que expliques cómo puedes completar el cuadrado con modelos, sin que sea necesario comenzar reescribiendo la ecuación. Incluye un dibujo.

Completa el cuadrado para resolver ecuaciones cuadráticas

13-6

Lo que **APRENDERÁS**

- A resolver problemas identificando submetas; y
- a completar el cuadrado para resolver ecuaciones cuadráticas.

Por qué **ES IMPORTANTE**

Porque puedes resolver ecuaciones cuadráticas para solucionar problemas relacionados con geografía y construcción.

CONEXIÓN
Geografía

El caudal más grande de todos los ríos del mundo pertenece al Amazonas, que en promedio descarga 4.2 millones de pies cúbicos de agua por segundo en el Océano Atlántico. La tasa a la que el agua fluye en el río varía, dependiendo de la distancia a las riberas del río.

Supongamos que la familia Castillo tiene una casa en el banco de un río que mide 40 yardas de ancho. La tasa del río está definida por la ecuación $y = -0.01x^2 + 0.4x$. El Sr. y la Sra. Castillo no quieren que sus hijos vadeen en el agua si la corriente es más de 3 millas por hora. Calcula a cuántas yardas de la ribera correrá el agua a una velocidad de 3 millas por hora.

Este problema será resuelto en el Ejemplo 4.

Río Amazonas

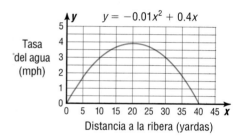

Puedes resolver algunas ecuaciones cuadráticas extrayendo la raíz cuadrada de cada lado.

Ejemplo **1** **Resuelve $x^2 - 6x + 9 = 7$.**

$$x^2 - 6x + 9 = 7$$
$$(x - 3)^2 = 7 \qquad \text{\textit{$x^2 - 6x + 9$ es un trinomio cuadrado perfecto.}}$$
$$\sqrt{(x - 3)^2} = \sqrt{7} \qquad \text{\textit{Extrae la raíz cuadrada de cada lado.}}$$
$$|x - 3| = \sqrt{7}$$
$$x - 3 = \pm\sqrt{7} \qquad \text{\textit{¿Por qué se cumple esto?}}$$
$$x = 3 \pm\sqrt{7} \qquad \text{\textit{Suma 3 a cada lado.}}$$

El conjunto solución es $\{3 + \sqrt{7}, 3 - \sqrt{7}\}$.

Para usar el método ilustrado por el Ejemplo 1, la expresión cuadrática en un lado de la ecuación debe ser un cuadrado perfecto. Sin embargo, pocas expresiones cuadráticas son cuadrados perfectos. Para convertir cualquier expresión cuadrática en un cuadrado perfecto, se puede usar el método de **completar el cuadrado.**

Considera el patrón para elevar al cuadrado un binomio como $x + 5$.

$$(x + 5)^2 = x^2 + 2(5)x + 5^2$$
$$= x^2 + 10x + 25$$
$$\left(\frac{10}{2}\right)^2 \to 5^2 \qquad \text{\textit{Observa que la mitad de 10 es 5 y que 5^2 es 25.}}$$

Lección 13–6 Completa el cuadrado para resolver ecuaciones cuadráticas **743**

Para completar el cuadrado de una expresión cuadrática de la forma $x^2 + bx$, sigue los siguientes pasos.

Paso 1 Calcula $\frac{1}{2}$ de b, el coeficiente de x.

Paso 2 Eleva al cuadrado el resultado del Paso 1.

Paso 3 Suma el resultado del Paso 2 a $x^2 + bx$, la expresión original.

Ejemplo 2 **Calcula el valor de c que hace que cada trinomio sea un cuadrado perfecto.**

a. $x^2 + 20x + c$

Paso 1 Calcula $\frac{1}{2}$ de 20. $\qquad\qquad\qquad\qquad\qquad \frac{20}{2} = 10$

Paso 2 Eleva al cuadrado el resultado del Paso 1. $\quad 10^2 = 100$

Paso 3 Suma el resultado del Paso 2 a $x^2 + 20x$. $\quad x^2 + 20x + 100$

Por lo tanto, $c = 100$. Observa que $x^2 + 20x + 100 = (x + 10)^2$.

b. $x^2 - 15x + c$

Paso 1 Calcula $\frac{1}{2}$ de -15. $\qquad\qquad\qquad\qquad \frac{-15}{2} = -7.5$

Paso 2 Eleva al cuadrado el resultado del Paso 1. $\quad (-7.5)^2 = 56.25$

Paso 3 Suma el resultado del Paso 2 a $x^2 - 15x$ $\quad x^2 - 15x + 56.25$

Por lo tanto, $c = 56.25$. Observa que $x^2 - 15x + 56.25 = (x - 7.5)^2$

Ejemplo 3 **Resuelve $x^2 + 8x - 18 = 0$ completando el cuadrado.**

$x^2 + 8x - 18 = 0$ $\qquad$ *Observa que $x^2 + 8x - 18$ no es un cuadrado perfecto.*

$x^2 + 8x = 18$ $\qquad$ *Suma 18 a cada lado y luego completa el cuadrado.*

$x^2 + 8x + 16 = 18 + 16$ $\qquad$ *Dado que $\left(\frac{8}{2}\right)^2 = 16$, suma 16 a cada lado.*

$(x + 4)^2 = 34$ $\qquad$ *Factoriza $x^2 + 8x + 16$.*

$x + 4 = \pm\sqrt{34}$ $\qquad$ *Extrae la raíz cuadrada de ambos lados.*

$x = -4 \pm \sqrt{34}$ $\qquad$ *Resta 4 de cada lado.*

$x = -4 + \sqrt{34}$ ó $x = -4 - \sqrt{34}$

El conjunto de solución es $\{-4 + \sqrt{34}, -4 - \sqrt{34}\}$. $\quad$ *Verifica este resultado.*

Este método para resolver ecuaciones cuadráticas no se puede usar a menos que el coeficiente del primer término sea 1. Para resolver una ecuación cuadrática en la que el coeficiente líder no es 1, divide cada término entre dicho coeficiente.

Ejemplo 4 **Refiérete a la aplicación al comienzo de la lección. ¿A qué distancia de la ribera será la tasa de la corriente igual a 3 millas por hora?**

CONEXIÓN
Geografía

$y = -0.01x^2 + 0.4x$

$3 = -0.01x^2 + 0.4x$ $\qquad$ *Reemplaza y por 3, dado que la tasa es de 3 mph.*

$-300 = x^2 - 40x$ $\qquad$ *Divide cada lado entre -0.01.*

$-300 + 400 = x^2 - 40x + 400$ $\qquad$ *Completa el cuadrado. $\left(\frac{-40}{2}\right)^2 = 400$*

$100 = (x - 20)^2$ $\qquad$ *Factoriza $x^2 - 40x + 400$.*

$\pm 10 = x - 20$ $\qquad$ *Extrae la raíz cuadrada de ambos lados.*

$20 \pm 10 = x$ $\qquad$ *Suma 20 a cada lado.*

Las soluciones son $20 + 10$ ó 30 y $20 - 10$ ó 10. Por lo tanto, no se debe permitir que los niños vadeen a más de 10 yardas de las riberas del río; el agua fluye muy rápido a una distancia de entre 10 y 30 yardas de las riberas.

Verifica este resultado con una calculadora de gráficas, graficando la ecuación $y = -0.01x^2 + 0.4x$ y después aproximando.

A veces, se necesitan varios pasos para resolver un problema. Una estrategia importante para resolver esta clase de problemas es la **identificación de submetas.** Esta estrategia requiere tomar pasos que produzcan parte de la solución o que faciliten la solución del problema.

Ejemplo **5**

SOLUCIÓN DE PROBLEMAS
Identifica submetas

Un cuadrado se extiende 14 centímetros en una dirección. El rectángulo resultante tiene un área de 51 centímetros cuadrados. ¿Cuál es la longitud de cada lado del cuadrado original?

Es difícil tratar de escribir una ecuación para representar este problema directamente, a partir de la información proporcionada. Sería más fácil desarrollar primero la ecuación en pasos.

Paso 1 Primero, usa x para representar la longitud de cada lado del cuadrado original en centímetros. Así, el área del cuadrado es x^2 cm.

Paso 2 La extensión mide 14 cm de largo y x cm de ancho. Por lo tanto, su área mide $14x$ cm^2.

Paso 3 Suma las áreas y haz que la suma sea igual a 51.
$$x^2 + 14x = 51$$

Paso 4 Completa el cuadrado para calcular el valor de x.

$$x^2 + 14x = 51$$
$$x^2 + 14x + 49 = 51 + 49 \qquad \text{\textit{Dado que } } \left(\tfrac{14}{2}\right)^2 = 49\text{, \textit{suma 49 a cada lado.}}$$
$$(x + 7)^2 = 100 \qquad \text{\textit{Factoriza } } x^2 + 14x + 49.$$
$$x + 7 = \pm 10 \qquad \text{\textit{Calcula la raíz cuadrada de cada lado.}}$$
$$x = -7 \pm 10$$
$$x = -7 + 10 \qquad\qquad x = -7 - 10$$
$$= 3 \qquad\qquad\qquad = -17$$

Dado que las longitudes no pueden ser negativas, la longitud de cada lado del cuadrado original es igual a 3 centímetros. *Verifica este resultado.*

COMPRUEBA LO QUE APRENDISTE

Comunicación en matemáticas

Estudia la lección y a continuación completa lo siguiente.

1. **Explica** cuál de los métodos para resolver ecuaciones cuadráticas, ya sea graficando o completando el cuadrado, produce siempre una solución exacta.

2. **Explica** los tres pasos que se usan para completar el cuadrado de la expresión $x^2 + bx$.

3. **Escribe** una ecuación cuadrática que no tenga soluciones reales. Después de completar el cuadrado, explica cómo sabes que no tenía soluciones reales.

4. Usa mosaicos de álgebra para completar el cuadrado en la ecuación $x^2 + 6x + 2 = 0$.

Práctica dirigida

Calcula el valor de c que haga de cada trinomio un cuadrado perfecto.

5. $x^2 + 16x + c$

6. $a^2 - 7a + c$

Resuelve cada ecuación completando el cuadrado. Reduce las raíces irracionales.

7. $x^2 + 4x + 3 = 0$

8. $d^2 - 8d + 7 = 0$

9. $a^2 - 4a = 21$

10. $4x^2 - 20x + 25 = 0$

11. $r^2 - 4r = 2$

12. $2t^2 + 3t - 20 = 0$

13. Deportes Las dimensiones reglamentarias de una cancha de básquetbol de secundaria son 50 pies por 84 pies. Los constructores de una arena para deportes bajo techo tienen dinero para construir una arena de 5600 pies cuadrados. Quieren que en la arena haya una cancha de básquetbol con medidas reglamentarias y pasillos del mismo ancho alrededor de la cancha. Calcula las dimensiones de los pasillos.

EJERCICIOS

Práctica

Calcula el valor de c que haga de cada trinomio un cuadrado perfecto.

14. $x^2 - 6x + c$

15. $b^2 + 8b + c$

16. $m^2 - 5m + c$

17. $a^2 + 11a + c$

18. $9t^2 - 18t + c$

19. $\frac{1}{2}x^2 - 4x + c$

Resuelve cada ecuación completando el cuadrado. Reduce las raíces irracionales.

20. $x^2 + 7x + 10 = -2$

21. $a^2 - 5a + 2 = -2$

22. $r^2 + 14r - 9 = 6$

23. $9b^2 - 42b + 49 = 0$

24. $x^2 - 24x + 9 = 0$

25. $t^2 + 4 = 6t$

26. $m^2 - 8m = 4$

27. $p^2 - 10p = 23$

28. $x^2 - \frac{7}{2}x + \frac{3}{2} = 0$

29. $5x^2 + 10x - 7 = 0$

30. $\frac{1}{2}d^2 - \frac{5}{4}d - 3 = 0$

31. $0.3t^2 + 0.1t = 0.2$

32. $b^2 + 0.25b = 0.5$

33. $3p^2 - 7p - 3 = 0$

34. $2r^2 - 5r + 8 = 7$

Calcula el valor de c que haga de cada trinomio un cuadrado perfecto.

35. $x^2 + cx + 81$

36. $4x^2 + cx + 225$

37. $cx^2 + 30x + 75$

38. $cx^2 - 18x + 36$

Resuelve cada ecuación completando el cuadrado. Reduce las raíces irracionales.

39. $x^2 - 4x + c = 0$

40. $x^2 + bx + c = 0$

41. $x^2 + 4bx + b^2 = 0$

Piensa críticamente

42. Geometría Considera la función cuadrática $y = x^2 - 8x + 15$.

    a. Escribe la función en la forma $y = (x - h)^2 + k$.

    b. Grafica la función.

    c. ¿Que relación tiene el punto (h, k) con la gráfica?

Aplicaciones y solución de problemas

43. Identifica submetas Dos trenes salieron de la misma estación al mismo tiempo. Uno de los trenes viajaba hacia el norte a una velocidad que era 10 mph mayor que la del otro tren, que viajaba hacia el este. Después de una hora, los trenes estaban separados por una distancia de 71 millas. ¿A qué velocidad viajaba cada tren? Redondea en millas por hora. (*Sugerencia*: Usa el Teorema de Pitágoras.)

44. Construcción Arlando quiere agregar un café al aire libre en un costado de su restaurante. Ya encargó una fuente especial que mide 10 pies por 15 pies. Arlando puede comprar 1800 pies cuadrados de un terreno próximo a su restaurante. Desea además instalar un área para comer alrededor de la fuente, que tenga el mismo ancho en todo su alrededor.

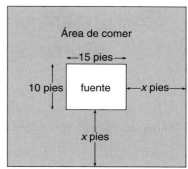

  a. Escribe una ecuación para x, el ancho del área para comer alrededor de la fuente, y resuélvela.

  b. ¿Cuál debe ser el largo y el ancho del terreno que Arlando debe comprar para el café?

Repaso comprensivo

45. Geometría Calcula la distancia entre los puntos A y B graficados a la derecha. Redondea tu respuesta en centésimas. (Lección 13–5)

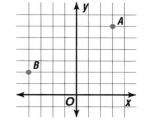

46. Geometría Las medidas de los lados de un triángulo son 5, 7 y 9. Determina si se trata de un triángulo rectángulo. (Lección 13–1)

47. Astronomía La Tierra, Júpiter y Saturno giran alrededor del Sol aproximadamente una vez cada 1, 12 y 30 años terrestres, respectivamente. Vistos en el cielo nocturno de la Tierra, la última vez que Júpiter y Saturno aparecieron uno cerca del otro fue en 1982. ¿Cuándo ocurrirá esto otra vez? (Lección 12–6)

48. Encuentra $(5y - 3)(y + 2)$. (Lección 9–7)

49. Usa eliminación para resolver el siguiente sistema de ecuaciones.
$5y - 4x = 2$
$2y + x = 6$ (Lección 8–4)

50. Si la gráfica de $P(x, y)$ satisface las condiciones dadas, identifica el cuadrante en el cual está ubicado el punto P. (Lección 5–1)
  a. $x > 0, y < 0$ **b.** $x < 0, y = 3$ **c.** $x = -1, y < 0$

51. Alimento La gráfica de la derecha compara las calorías contenidas en los tacos regulares y los tacos ligeros de Taco Bell®. (Lección 3–7)

  a. Calcula el número promedio de calorías para los tacos regulares.

  b. Calcula el número promedio de calorías para los tacos ligeros.

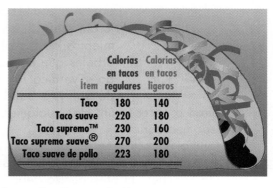

Ítem	Calorías en tacos regulares	Calorías en tacos ligeros
Taco	180	140
Taco suave	220	180
Taco supremo™	230	160
Taco supremo suave®	270	200
Taco suave de pollo	223	180

52. Evalúa $|a| + |4b|$ si $a = -3$ y $b = -6$. (Lección 2–3)

Una preocupación creciente

Refiérete a las páginas 656–657.

Cuando un negocio de jardinería ornamental prepara una propuesta para un cliente, no solo se preparan todas las especificaciones para el concurso. También se incluye un dibujo de la propuesta y un muestrario de fotos de otros trabajos que se hayan realizado para otros clientes particulares o comerciales. La compañía presenta además una lista de referencias. Los clientes potenciales pueden contactar a estas personas o pueden visitar a algún cliente anterior del negocio de jardinería con el fin de verificar la calidad del trabajo. ¿Qué otra información es pertinente incluir en la presentación para el cliente potencial?

Analiza

Has hecho un dibujo a escala de tu diseño y has organizado tus cálculos de varias formas. Ha llegado la hora de que analices tu diseño y verifiques tus conclusiones.

EVALUACIÓN DEL PORTAFOLIO

Es aconsejable que guardes el trabajo de esta Investigación en tu portafolio.

1 Observa el dibujo a escala de tu diseño y verifica las dimensiones y la ubicación de cada artículo.

2 Revisa los datos en los patrones sombreados del jardín. Repasa tus conocimientos de las plantas y árboles que hayas sugerido y verifica la cantidad de sol y/o sombra que recibirán o necesitarán. Haz cualquier cambio que sea necesario.

3 Organiza un presupuesto detallado para el diseño del jardín del patio de la casa de la familia Sánchez. El presupuesto debe incluir el costo de los materiales, la mano de obra y el margen de ganancias para cada fase del proyecto.

Presenta

Selecciona miembros de tu clase para que personifiquen a la familia Sánchez. Presenta tu propuesta, dibujo a escala, modelo e informe escrito como lo harías en la vida real.

4 Empieza la presentación resumiendo los requisitos que la familia Sánchez especificó para el diseño de su jardín.

5 Explica el proceso que usaste para desarrollar tu plan. Justifica tu diseño y explica plenamente los costos de tu propuesta.

6 Prepara un plan detallado para la familia Sánchez. Junto con el plan, entrega un dibujo a escala, el modelo, una descripción por escrito del diseño del jardín y un presupuesto detallado.

7 Asegúrate de que cada aspecto del diseño haya sido justificado por escrito. Incluye cualquier opción que pueda cancelar los términos de la propuesta, tales como cambios en los tipos de plantas utilizadas.

8 Resume tu plan con un enunciado de ventas que especifique por qué tu plan es superior al de los otros competidores.

VOCABULARIO

Después de estudiar este capítulo podrás definir cada término,
propiedad o frase y dar uno o dos ejemplos de cada uno.

Álgebra

completar el cuadrado   (pp. 742, 743)

conjugado   (p. 722)

ecuaciones radicales   (p. 732)

forma radical reducida   (p. 723)

fórmula de la distancia   (p. 737)

propiedad del cociente de las raíces
   cuadradas   (p. 721)

propiedad del producto de las raíces
   cuadradas   (p. 719)

racionalizando el denominador   (p. 722)

radicando   (p. 719)

Geometría

Teorema de Pitágoras   (p. 713)

Solución de problemas

identificar submetas   (p. 745)

COMPRENSIÓN Y USO DEL VOCABULARIO

Determina si cada frase es *verdadera* o *falsa*. Si es falsa sustituye la palabra o número subrayados de manera de obtener una frase verdadera.

1. Los binomios $-3 + \sqrt{7}$ y $\underline{3 - \sqrt{7}}$ son conjugados.

2. En la expresión $-4\sqrt{5}$, el radicando es $\underline{5}$.

3. La expresión radical $\dfrac{1 + \sqrt{3}}{2 - \sqrt{5}}$ se convierte en $\underline{2 + 2\sqrt{3} + \sqrt{5} + \sqrt{15}}$ cuando se racionaliza el denominador.

4. El valor de c que hace que el trinomio $t^2 - 3t + c$ sea un cuadrado perfecto es $\underline{9}$.

5. El lado $\underline{\text{más largo}}$ de un triángulo rectángulo es la hipotenusa.

6. La fórmula de la distancia puede ser expresada usando la ecuación $\underline{d^2 = (x_2 - x_1)^2 + (y_2 - y_1)^2}$.

7. Después del primer paso en la solución de la ecuación racional $\sqrt{3x + 19} = x + 3$, te quedaría la ecuación $\underline{3x + 19 = x^2 + 9}$.

8. Los dos lados que forman el ángulo recto en un triángulo rectángulo se llaman $\underline{\text{catetos}}$.

9. La expresión $\dfrac{2x\sqrt{3x}}{\sqrt{6y}}$ está en forma radical reducida.

10. Se puede usar el Teorema de Pitágoras para verificar si un triángulo de lados 25, 20 y 15 es un triángulo rectángulo: $\underline{15^2 = 25^2 + 20^2}$.

HABILIDADES Y CONCEPTOS

OBJETIVOS Y EJEMPLOS

Una vez completado este capítulo podrás:

- utilizar el Teorema de Pitágoras para resolver problemas   (Lección 13–1)

Calcula la longitud del lado que falta.

$$c^2 = a^2 + b^2$$
$$25^2 = 15^2 + b^2$$
$$625 = 225 + b^2$$
$$400 = b^2$$
$$20 = b$$

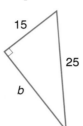

15

25

b

EJERCICIOS DE REPASO

Usa estos ejercicios para repasar y prepararte para el examen del capítulo.

Si c es la medida de la hipotenusa de un triángulo rectángulo, calcula la medida que falta. Redondea las respuestas en centésimas.

11. $a = 30, b = 16, c = ?$

12. $a = 6, b = 10, c = ?$

13. $a = 10, c = 15, b = ?$

14. $b = 4, c = 56, a = ?$

15. $a = 18, c = 30, b = ?$

16. $a = 1.2, b = 1.6, c = ?$

Determina si las siguientes medidas laterales forman triángulos rectángulos. Explica tu respuesta.

17. 9, 16, 20

18. 20, 21, 29

19. 9, 40, 41

20. 18, $\sqrt{24}$, 30

- simplificar expresiones radicales   (Lección 13–2)

$$\sqrt{343x^2y^3} = \sqrt{7 \cdot 7^2 \cdot x^2 \cdot y \cdot y^2}$$
$$= \sqrt{7} \cdot \sqrt{7^2} \cdot \sqrt{x^2} \cdot \sqrt{y} \cdot \sqrt{y^2}$$
$$= 7|x|y\sqrt{7y}$$

$$\frac{3}{5-\sqrt{2}} = \frac{3}{5-\sqrt{2}} \cdot \frac{5+\sqrt{2}}{5+\sqrt{2}}$$
$$= \frac{3(5) + 3\sqrt{2}}{5^2 - (\sqrt{2})^2}$$
$$= \frac{15 + 3\sqrt{2}}{25 - 2}$$
$$= \frac{15 + 3\sqrt{2}}{23}$$

Simplifica.   Deja en forma radical y usa valores absolutos cuando sea necesario.

21. $\sqrt{480}$

22. $\sqrt{\dfrac{60}{y^2}}$

23. $\sqrt{44a^2b^5}$

24. $\sqrt{96x^4}$

25. $(3 - 2\sqrt{12})^2$

26. $\dfrac{9}{3 + \sqrt{2}}$

27. $\dfrac{2\sqrt{7}}{3\sqrt{5} + 5\sqrt{3}}$

28. $\dfrac{\sqrt{3a^3b^4}}{\sqrt{8ab^{10}}}$

OBJETIVOS Y EJEMPLOS

• simplificar expresiones radicales que involucren adición, sustracción y multiplicación
(Lección 13–3)

$$\sqrt{6} - \sqrt{54} + 3\sqrt{12} + 5\sqrt{3}$$
$$= \sqrt{6} - \sqrt{3^2 \cdot 6} + 3\sqrt{2^2 \cdot 3} + 5\sqrt{3}$$
$$= \sqrt{6} - (\sqrt{3^2} \cdot \sqrt{6}) + 3(\sqrt{2^2} \cdot \sqrt{3}) + 5\sqrt{3}$$
$$= \sqrt{6} - 3\sqrt{6} + 3(2\sqrt{3}) + 5\sqrt{3}$$
$$= \sqrt{6} - 3\sqrt{6} + 6\sqrt{3} + 5\sqrt{3}$$
$$= -2\sqrt{6} + 11\sqrt{3}$$

• resolver ecuaciones radicales (Lección 13–4)

Resuelve $\sqrt{5 - 4x} - 6 = 7$.

$$\sqrt{5 - 4x} - 6 = 7$$
$$\sqrt{5 - 4x} = 13$$
$$(\sqrt{5 - 4x})^2 = (13)^2$$
$$5 - 4x = 169$$
$$-4x = 164$$
$$x = -41$$

• calcular la distancia entre dos puntos en un plano de coordenadas (Lección 13–5)

Calcula la distancia entre el par de puntos $(-5, 1)$ y $(1, 5)$.

$$d = \sqrt{(x_2 - x_1)^2 + (y_2 - y_1)^2}$$
$$= \sqrt{(1 - (-5))^2 + (5 - 1)^2}$$
$$= \sqrt{6^2 + 4^2}$$
$$= \sqrt{36 + 16} \text{ ó } \sqrt{52} \approx 7.21$$

EJERCICIOS DE REPASO

Simplifica. Después usa una calculadora para verificar tus respuestas.

29. $2\sqrt{6} - \sqrt{48}$

30. $2\sqrt{13} + 8\sqrt{15} - 3\sqrt{15} + 3\sqrt{13}$

31. $4\sqrt{27} + 6\sqrt{48}$

32. $5\sqrt{18} - 3\sqrt{112} - 3\sqrt{98}$

33. $\sqrt{8} + \sqrt{\dfrac{1}{8}}$

34. $4\sqrt{7k} - 7\sqrt{7k} + 2\sqrt{7k}$

Resuelve cada ecuación. Verifica tu solución.

35. $\sqrt{3x} = 6$

36. $\sqrt{t} = 2\sqrt{6}$

37. $\sqrt{7x - 1} = 5$

38. $\sqrt{x + 4} = x - 8$

39. $\sqrt{r} = 3\sqrt{5}$

40. $\sqrt{3x - 14} + x = 6$

41. $\sqrt{\dfrac{4a}{3}} - 2 = 0$

42. $9 = \sqrt{\dfrac{5n}{4}} - 1$

43. $10 + 2\sqrt{b} = 0$

44. $\sqrt{a + 4} = 6$

Calcula la distancia entre cada par de puntos que se indican.

45. $(9, -2), (1, 13)$

46. $(4, 2), (7, -9)$

47. $(4, -6), (-2, 7)$

48. $(2\sqrt{5}, 9), (4\sqrt{5}, 3)$

Encuentra el valor de *a* si los puntos que se indican están separados por la distancia dada.

49. $(-3, 2), (1, a); d = 5$

50. $(5, -2), (a, -3); d = \sqrt{170}$

51. $(1, 1), (4, a); d = 5$

OBJETIVOS Y EJEMPLOS

- resolver ecuaciones cuadráticas completando el cuadrado   (Lección 13–6)

Resuelve $y^2 + 6y + 2 = 0$ completando el cuadrado.

$$y^2 + 6y + 2 = 0$$
$$y^2 + 6y = -2$$
$$y^2 + 6y + 9 = -2 + 9$$
$$(y + 3)^2 = 7$$
$$y + 3 = \pm\sqrt{7}$$
$$y = -3 \pm\sqrt{7}$$

Completa el cuadrado.
Dado que $\left(\frac{6}{2}\right)^2 = 9$, suma 9 a cada lado

El conjunto solución es $-3 + \sqrt{7}$ y $-3 - \sqrt{7}$.

EJERCICIOS DE REPASO

Calcula el valor de c que haga de cada trinomio un cuadrado perfecto.

52. $y^2 - 12y + c$

53. $m^2 + 7m + c$

54. $b^2 + 18b + c$

55. $p^2 - \frac{2}{3}p + c$

Resuelve cada ecuación completando el cuadrado. Deja las raíces irracionales en forma radical reducida.

56. $x^2 - 16x + 32 = 0$

57. $m^2 - 7m = 5$

58. $4a^2 + 16a + 15 = 0$

59. $\frac{1}{2}y^2 + 2y - 1 = 0$

60. $n^2 - 3n + \frac{5}{4} = 0$

APLICACIONES Y SOLUCIÓN DE PROBLEMAS

61. Geometría   Los lados de un triángulo miden $4\sqrt{24}$ cm, $5\sqrt{6}$ cm, y $3\sqrt{54}$ cm. ¿Cuál es el perímetro del triángulo?   (Lección 13–3)

62. Distancia de visibilidad   En la película *Ángeles (Angels in the Outfield)*, Roger decide trepar a un árbol para ver mejor un juego de los Ángeles. La fórmula $V = 3.5\sqrt{h}$ relaciona la altura y la distancia, en donde h representa tu altura sobre el piso, medida en metros y V es la distancia que alcanzas a ver, expresada en kilómetros.   (Lección 13–4)

  a. ¿Qué distancia puede ver Roger, si trepó 9 metros hasta alcanzar la copa del árbol?

  b. ¿A qué altura debe estar una persona que desea ver a una distancia de 56 kilómetros?

63. Geometría   ¿Qué tipo de triángulo tiene vértices en $(4, 2)$, $(-3, 1)$ y $(5, -4)$?   (Lección 13–5)

64. Teoría numérica   Cuando se sustrae 6 de un número que ha sido multiplicado por 10, el resultado es igual a 4 veces el cuadrado del número. Encuentra el número.   (Lección 13–6)

65. Naturaleza   Un árbol que mide 18 pies de alto se quiebra por la acción del viento. La copa del árbol cae al suelo a una distancia de 12 pies de la base. ¿A que distancia de la base del árbol, medida en pies, se rompió el árbol?   (Lección 13–1)

66. Física   El tiempo T (en segundos) que se tarda un péndulo de longitud L (en pies) en completar una oscilación está definido por la fórmula $T = 2\pi\sqrt{\frac{L}{32}}$. ¿Cuánto tiempo se demora un péndulo de 4 pies de largo en completar un ciclo de oscilación?   (Lección 13–2)

67. Ejecución de la ley   Lina le dijo a un oficial de policía que ella iba manejando a una velocidad de 55 mph cuando aplicó los frenos del auto, que terminó patinando. Las marcas que dejó el auto al patinar medían 240 pies de largo. ¿Habría patinado tal distancia el carro de Lina si en realidad hubiera ido a 55 mph? Utiliza la fórmula $s = \sqrt{15d}$.   (Lección 13–4)

Un examen de práctica para el Capítulo 13 aparece en la página 799.

EVALUACIÓN ALTERNATIVA

PROYECTO DE APRENDIZAJE COOPERATIVO

Buque de guerra   En este proyecto, determinarás la posición de los barcos en un juego. Un juego que Ryan y Nicholas disfrutan es una variación del juego *Battleship*® (Buque de guerra). Ellos definen las longitudes de cinco barcos que dibujarán en sus cuadriculados. Cada vez que un barco interseca una cuadrícula, esa es una posición en la que el barco puede ser atacado y recibir un disparo. Se puede colocar cada barco sobre la cuadrícula en posición horizontal, vertical o diagonal. Cuando todas las coordenadas del cuadriculado que un barco cubre han recibido disparos, se considera que el barco ha sido hundido. El objeto del juego es hundir todos los barcos del rival antes que los barcos propios sean hundidos.

En su primer juego, Ryan y Nicolás decidieron que sus barcos medirían $2\sqrt{5}$ unidades, 3 unidades, $\sqrt{13}$ unidades, $\sqrt{2}$ unidades y 2 unidades de largo. Coloca estos cinco barcos sobre la siguiente cuadrícula, asegurándote de que cada uno tenga las medidas dadas anteriormente. ¿Cuántos disparos tendría que acertar tu rival para poder hundir todos tus barcos?

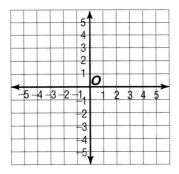

Sigue la siguientes pautas en tu juego de *Battleship*.

- Determina si cada uno de los barcos, con sus longitudes respectivas, tiene que ser dibujado horizontal, vertical o diagonalmente.

- Prepara una gráfica que te ayude a organizar los datos que necesitarás; por ejemplo, la longitud del barco, la longitud de los catetos del triángulo formado por los barcos en posición diagonal y el número de coordenadas de la cuadrícula para cada barco.

- Crea un cuadriculado que incorpore las especificaciones dadas para los barcos.

- Escribe un resumen del juego.

- Juega el juego con un compañero de clase.

PIENSA CRÍTICAMENTE

- ¿Es siempre la suma de dos números irracionales un número irracional?

- Para cualquier número real n, $\sqrt{n^2} = |n|$. ¿Qué regla sería verdadera para $\sqrt{n^t}$ si t fuera un número impar?

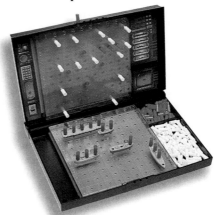

PORTAFOLIO

La visualización de un concepto o habilidad es una buena forma de tratar de entender dicho concepto. El uso de lápices de colores es una forma de visualizar los pasos que debes recordar, o ayuda a "ver" cuestiones que se olvidan fácilmente. Cuando simplifiques expresiones radicales, escribe el número cuadrado perfecto o las variables usando lápices de colores. Esto servirá para recordarte lo que debes escribir afuera del signo radical y lo que debes escribir dentro del signo radical. Usa uno de los ejemplos de este capítulo y utiliza lápices de colores para simplificarlo. Escribe cómo escogiste qué colocar en color y cómo te ayudó esta técnica en el proceso de solución del problema. Coloca esto en tu portafolio.

AUTOEVALUACIÓN

Al resolver un problema, uno puede contemplar diversas alternativas de métodos que se pueden utilizar. Es posible que un solo método no funcione en todas las situaciones. Una mentalidad abierta, acerca del proceso que se va a usar, es una cualidad positiva. La comparación de métodos puede ser también beneficiosa.

Evalúate. ¿Eres el tipo de persona que se aferra al mismo método o eres capaz de buscar otros métodos? ¿Comparas métodos? Piensa en dos problemas que hayas tenido, uno de tus experiencias de la vida cotidiana y otro de tus experiencias con las matemáticas, y en los cuales hayas usado dos métodos distintos para resolver cada problema.

APÉNDICE

Para evaluación adicional

Para referencia

PRÁCTICA ADICIONAL

Lección 1-1   **Escribe una expresión algebraica para cada expresión verbal.**

1. el producto de x por 7

2. el cociente de r dividido entre s

3. la suma de b más 21

4. un número t disminuido en 6 unidades

5. un número a elevado a la tercera potencia

6. dieciséis al cuadrado.

Escribe una expresión verbal para cada expresión algebraica.

7. $n - 7$

8. xy

9. m^5

10. 8^4

11. $6r^2$

12. $z^7 + 2$

Escribe cada expresión como una expresión con exponentes.

13. $5 \cdot 5 \cdot 5$

14. $7 \cdot a \cdot a \cdot a \cdot a$

15. $2(m)(m)(m)$

16. $5 \cdot 5 \cdot 5 \cdot x \cdot x \cdot y$

17. $p \cdot p \cdot p \cdot p \cdot p \cdot p$

18. $4 \cdot 4 \cdot 4 \cdot t \cdot t$

Calcula cada expresión.

19. 2^4

20. 8^2

21. 7^3

22. 10^4

23. 3^6

24. 4^5

Lección 1-2   **Determina los dos ítemes siguientes para cada patrón.**

1.

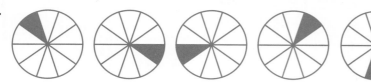

2.

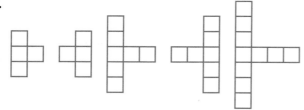

3. 12, 23, 34, 45, ...

4. 39, 33, 27, 21, ...

5. 6, 7.2, 8.4, 9.6, ...

6. 86, 81.5, 77, 72.5, ...

7. 4, 8, 16, 32, ...

8. 3125, 625, 125, 25, ...

9. 15, 16, 18, 21, 25, 30, ...

10. $w - 2, w - 4, w - 6, w - 8, \ldots$

11. 13, 10, 11, 8, 9, 6, ...

Lección 1-3   **Calcula cada expresión.**

1. $3 + 8 \div 2 - 5$

2. $4 + 7 \cdot 2 + 8$

3. $5(9 + 3) - 3 \cdot 4$

4. $4(11 + 7) - 9 \cdot 8$

5. $5^3 + 6^3 - 5^2$

6. $16 \div 2 \cdot 5 \cdot 3 \div 6$

7. $7(5^3 + 3^2)$

8. $\dfrac{9 \cdot 4 + 2 \cdot 6}{7 \cdot 7}$

9. $25 - \frac{1}{3}(18 + 9)$

Calcula cada expresión cuando $a = 2$, $b = 5$, $x = 4$ y $n = 10$.

10. $8a + b$

11. $12x + ab$

12. $a(6 - 3n)$

13. $bx + an$

14. $x^2 - 4n$

15. $3b + 16a - 9n$

16. $n^2 + 3(a + 4)$

17. $(2x)^2 + an - 5b$

18. $[a + 8(b - 2)]^2 \div 4$

Lección 1-4

Supongamos que el número 16,782 se redondea en 16,800 y se representa usando un tallo de 16 y una hoja de 8. Escribe el tallo y hoja para cada número de abajo si los números son parte del mismo conjunto de datos.

1. 24,640

2. 35,788

3. 4239

4. 5865

5. 611

6. 17,903

7. La gráfica de tallo y hojas de la derecha muestra las ganancias promedio, por semana, de varias ocupaciones en 1993. Úsala para contestar las preguntas.

Promedio Ganancias semanales	
Tallo	**Hoja**
2	6 7
3	1 2 8 9
4	1 3 6 8 8 8 9
5	0 1 6
6	
7	1 2 4

$3 \mid 8 = \$380\text{–}\$389$

    a. ¿Cuáles fueron las ganancias semanales más altas?

    b. ¿Cuáles fueron las ganancias semanales más bajas?

    c. ¿Cuántas ocupaciones tienen ganancias semanales de al menos $500?

    d. ¿Qué representa $5 \mid 1$?

    e. ¿Los valores de las hojas en estos datos han sido truncados o redondeados?

Lección 1-5

Determina si cada ecuación es *verdadera* o *falsa* para el valor dado de la variable.

1. $b + \frac{2}{3} = \frac{3}{4} + \frac{1}{3}, b = \frac{1}{2}$

2. $\frac{2+13}{y} = \frac{3}{5}y, y = 5$

3. $x^8 = 9^4, x = 3$

4. $4t^2 - 5(3) = 9, t = 7$

5. $\frac{3^2 - 5x}{3^2 - 1} \leq 2, x = 4$

6. $a^6 \div 4 \div a^3 \div a < 3, a = 2$

Halla el conjunto de solución para cada desigualdad si los conjuntos de reemplazo son $x = \{4, 5, 6, 7, 8\}$ y $y = \{10, 12, 14, 16\}$.

7. $x + 2 > 7$

8. $x - 1 > 3$

9. $2y - 15 \leq 17$

10. $y + 12 < 25$

11. $\frac{y+12}{7} \geq 4$

12. $\frac{2(x-2)}{3} < \frac{4}{7-5}$

13. $x - 4 > \frac{x+2}{3}$

14. $y^2 - 100 \geq 4y$

15. $9x - 20 \geq x^2$

16. $0.3(x + 4) \leq 0.4(2x + 3)$

17. $1.3x - 12 < 0.9x + 4$

18. $1.2y - 8 \leq 0.7y - 3$

Resuelve cada ecuación.

19. $x = \frac{17+9}{2}$

20. $3(8) + 4 = b$

21. $\frac{18-7}{13-2} = y$

22. $28 - (-14) = z$

23. $20.4 - 5.67 = t$

24. $t = 91.8 \div 27$

25. $-\frac{5}{8}\left(-\frac{4}{5}\right) = c$

26. $8\frac{1}{12} - 5\frac{5}{12} = e$

27. $\frac{3}{4} - \frac{9}{16} = s$

28. $\frac{5}{8} + \frac{1}{4} = y$

29. $n = \frac{84 \div 7}{18 \div 9}$

30. $d = 3\frac{1}{2} \div 2$

Lección 1-6

Nombra la propiedad o propiedades que ilustra cada enunciado.

1. Si $8 \cdot 3 = 24$, entonces $24 = 8 \cdot 3$.

2. $6 + (4 + 1) = 6 + 5$

3. $(12 - 3)(7) = 9(7)$

4. $qrs = 1qrs$

5. $\left(\frac{8}{9}\right)\left(\frac{9}{8}\right) = 1$

6. $4\left(6^2 \cdot \frac{1}{36}\right) = 4$

7. $0 + 45 = 45$

8. Si $5 = 9 - 4$, entonces $9 - 4 = 5$.

9. $2(0) = 0$

10. $16 + 37 = 16 + 37$

11. $1(57) = 57$

12. $0 + h = 0$

13. Si $9 + 1 = 10$ y $10 = 5(2)$, entonces $9 + 1 = 5(2)$.

Lección 1-7 Usa la propiedad distributiva para convertir cada expresión en una expresión sin paréntesis.

1. $3(5 + w)$

2. $(h - 8)7$

3. $6(y + 4)$

4. $9(3n + 5)$

5. $32\left(x - \frac{1}{8}\right)$

6. $c(7 - d)$

Usa la propiedad distributiva para calcular cada producto.

7. $6 \cdot 55$

8. $\left(4\frac{1}{18}\right) \times 18$

9. $15(108)$

10. $14(3.7)$

11. $689 \cdot 5$

12. 7×314

De ser posible, simplifica cada expresión. De no ser posible, escríbela en *forma reducida*.

13. $13a + 5a$

14. $21x - 10x$

15. $8(3x + 7)$

16. $4m - 4n$

17. $3(5am - 4)$

18. $15x^2 + 7x^2$

19. $9y^2 + 13y^2 + 3$

20. $11a^2 - 11a^2 + 12a^2$

21. $6a + 7a + 12b + 8b$

Lección 1-8 Nombra la propiedad ilustrada por cada enunciado.

1. $1 \cdot a^2 = a^2$

2. $x^2 + (y + z) = x^2 + (z + y)$

3. $ax + 2b = xa + 2b$

4. $29 + 0 = 29$

5. $5(a + 3b) = 5a + 15b$

6. $5a + 3b = 3b + 5a$

7. $(4 \cdot c) \cdot d = 4 \cdot (c \cdot d)$

8. $(6x^3) \cdot 0 = 0$

9. $(4 + 1)x + 2 = 5x + 2$

10. $(a + b) + 3 = a + (b + 3)$

11. $5(ab) = (5a)b$

12. $5a + \left(\frac{1}{2}b + c\right) = \left(5a + \frac{1}{2}b\right) + c$

Simplifica.

13. $5a + 6b + 7a$

14. $8x + 4y + 9x$

15. $3a + 5b + 2c + 8b$

16. $\frac{2}{3}x^2 + 5x + x^2$

17. $(4p - 7q) + (5q - 8p)$

18. $8q + 5r - 7q - 6r$

19. $4(2x + y) + 5x$

20. $9r^5 + 2r^2 + r^5$

21. $12b^3 + 12 + 12b^3$

22. $7 + 3(uv - 6) + u$

23. $3(x + 2y) + 4(3x + y)$

24. $6.2(a + b) + 2.6(a + b) + 3a$

25. $3 + 8(st + 3w) + 3st$

26. $5.4(s - 3t) + 3.6(s - 4)$

27. $3[4 + 5(2x + 3y)]$

Lección 1-9 Asocia cada descripción con la gráfica más apropiada.

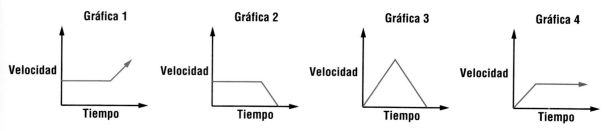

Gráfica 1 Velocidad / Tiempo

Gráfica 2 Velocidad / Tiempo

Gráfica 3 Velocidad / Tiempo

Gráfica 4 Velocidad / Tiempo

1. Jeremías cobra velocidad mientras corre cuesta abajo. Luego, decelera hasta detenerse.

2. Ilene sube una colina corriendo a una velocidad constante. Luego, corre cuesta abajo y cobra velocidad.

3. Casey corre cuesta abajo por una colina y cobra velocidad. Luego, continúa trotando a una velocidad constante.

4. Luisa trota a lo largo de un camino a una velocidad constante. Luego, va disminuyendo la velocidad hasta detenerse.

Lección 2-1   Nombra el conjunto de números representados gráficamente.

1.
$$-6\ -5\ -4\ -3\ -2\ -1\ \ 0\ \ 1\ \ 2\ \ 3\ \ 4\ \ 5\ \ 6$$

2.
$$-4\ -3\ -2\ -1\ \ 0\ \ 1\ \ 2\ \ 3\ \ 4\ \ 5\ \ 6\ \ 7\ \ 8$$

3.
$$-3\ -2\ -1\ \ 0\ \ 1\ \ 2\ \ 3\ \ 4\ \ 5\ \ 6\ \ 7\ \ 8\ \ 9$$

4.
$$4\ \ 5\ \ 6\ \ 7\ \ 8\ \ 9\ \ 10\ 11\ 12\ 13\ 14\ 15\ 16$$

5.
$$-10\ -9\ -8\ -7\ -6\ -5\ -4\ -3\ -2\ -1\ \ 0\ \ 1\ \ 2$$

6.
$$-5\ -4\ -3\ -2\ -1\ \ 0\ \ 1\ \ 2\ \ 3\ \ 4\ \ 5\ \ 6\ \ 7$$

Grafica cada conjunto de números sobre una recta numérica.

7. $\{-2, -4, -6\}$

8. $\{\ldots, -3, -2, -1, 0\}$

9. {enteros mayores que -1}

10. {enteros menores que -5 y mayores que -10}

11. {enteros menores que o iguales a 3}

12. {enteros menores que 0 y mayores que o iguales a -6}

Lección 2-2   Usa el siguiente esquema lineal para contestar cada pregunta.

1. ¿Cuál fue el puntaje más alto en el examen?

2. ¿Cuál fue el puntaje más bajo en el examen?

3. ¿Cuántos estudiantes tomaron el examen?

4. ¿Cuántos estudiantes obtuvieron un puntaje en el orden de los 40 puntos?

5. ¿Cuál fue el puntaje que obtuvo la mayoría de los estudiantes?

Construye un esquema lineal para cada conjunto de datos.

6. 134, 167, 137, 138, 120, 134, 145, 155, 152, 159, 164, 135, 144, 156

7. 19, 12, 11, 11, 7, 7, 8, 13, 12, 12, 9, 9, 8, 15, 11, 4, 12, 7, 7, 6

8. 66, 74, 72, 78, 68, 75, 80, 69, 62, 65, 63, 78, 81, 78, 76, 87, 80, 69, 81, 76, 79, 70, 62, 73, 85, 87, 70

9. 152, 156, 133, 154, 129, 146, 174, 138, 185, 141, 169, 176, 179, 168, 185, 154, 199, 200

Lección 2-3   Halla cada suma o diferencia.

1. $-3 + 16$

2. $27 - 19$

3. $8 - 13$

4. $14 + (-9)$

5. $-18 + (-11)$

6. $-25 + 47$

7. $19m - 12m$

8. $8h - 23h$

9. $24b - (-9b)$

10. $97 + (-79)$

11. $4 + (-12) + (-18)$

12. $7 + (-11) + 32$

13. $\lvert -28 + (-67) \rvert$

14. $\lvert -89 + 46 \rvert$

15. $\lvert -285 + (-641) \rvert$

16. $-35 - (-12)$

17. $24 + (-15)$

18. $-15 + (-13)$

19. $-7 + (-21)$

20. $8 - 17 + (-3)$

21. $27 - 14 - (-19)$

22. $\lvert -9 + 15 \rvert$

23. $\begin{bmatrix} 5 & -4 \\ 0 & 3 \end{bmatrix} + \begin{bmatrix} -3 & 4 \\ -2 & -4 \end{bmatrix}$

24. $\begin{bmatrix} 1 & -4 \\ 5 & -6 \end{bmatrix} - \begin{bmatrix} 4 & -3 \\ 7 & -1 \end{bmatrix}$

Reemplaza cada __?__ por <, > o = para hacer verdadero cada enunciado.

1. $6 \underline{\ ?\ } -4$

2. $12 \underline{\ ?\ } -21$

3. $-4 \underline{\ ?\ } -10$

4. $4 \underline{\ ?\ } 14$

5. $-13 \underline{\ ?\ } -8$

6. $-5 + 2 \underline{\ ?\ } -3$

7. $7 \underline{\ ?\ } 13 - (-6)$

8. $3.4 - 5.7 \underline{\ ?\ } -2$

9. $\frac{18}{-6} \underline{\ ?\ } -3$

10. $\frac{8}{13} \underline{\ ?\ } \frac{9}{14}$

11. $\frac{25}{-8} \underline{\ ?\ } \frac{-28}{7}$

12. $6\left(\frac{5}{3}\right) \underline{\ ?\ } \left(\frac{3}{2}\right)6$

13. $\frac{0.6}{7} \underline{\ ?\ } \frac{1.8}{12}$

14. $24.6 \underline{\ ?\ } 13.8 - (-12.8)$

15. $-54 + 26.5 \underline{\ ?\ } 27.5$

16. $\frac{5.4}{18} \underline{\ ?\ } -4 + 1$

17. $(4.1)(0.2) \underline{\ ?\ } 8.4$

18. $-\frac{12}{17} \underline{\ ?\ } -\frac{9}{14}$

Lección 2-5 **Calcula cada suma o diferencia.**

1. $-\frac{11}{9} + \left(-\frac{7}{9}\right)$

2. $\frac{5}{11} - \frac{6}{11}$

3. $\frac{2}{7} - \frac{3}{14}$

4. $-4.8 + 3.2$

5. $-1.7 - 3.9$

6. $-72.5 - 81.3$

7. $-\frac{3}{5} + \frac{5}{6}$

8. $\frac{3}{8} + \left(-\frac{7}{12}\right)$

9. $-\frac{7}{15} + \left(-\frac{5}{12}\right)$

10. $-4.5 - 8.6$

11. $89.3 - (-14.2)$

12. $-0.007 + 0.06$

13. $-\frac{2}{7} + \frac{3}{14} + \frac{3}{7}$

14. $-\frac{3}{5} + \frac{6}{7} + \left(-\frac{2}{35}\right)$

15. $\frac{7}{3} + \left(-\frac{5}{6}\right) + \left(-\frac{2}{3}\right)$

16. $-4.13 + (-5.18) + 9.63$

17. $6.7 + (-8.1) + (-7.3)$

18. $\frac{3}{4} + \left(-\frac{5}{8}\right) + \frac{3}{32}$

19. $1.9 - (-7)$

20. $-1.8 - 3.7$

21. $-18 - (-1.3)$

Lección 2-6 **Calcula cada producto.**

1. $5(12)$

2. $(-6)(11)$

3. $(-7)(-5)$

4. $\left(-\frac{7}{8}\right)\left(-\frac{1}{3}\right)$

5. $(-5)\left(-\frac{2}{5}\right)$

6. $(-6)(4)(-3)$

7. $(4)(-2)(-1)(-3)$

8. $(-6.8)(-5.415)(3.1)$

9. $(-5.34)(3.2)$

10. $\left(\frac{3}{5}\right)\left(-\frac{5}{7}\right)$

11. $-\frac{7}{15}\left(\frac{9}{14}\right)$

12. $(4.2)(-5.1)(3.6)$

13. $-6\left(\frac{5}{3}\right)\left(\frac{9}{10}\right)$

14. $(3)(-6)(0)(-1)$

15. $(-21)(-2)(-1)$

Lección 2-7 Simplifica.

1. $\dfrac{-48}{8}$

2. $-49 \div (-7)$

3. $-64 \div 8$

4. $-\dfrac{3}{4} \div 9$

5. $-9 \div \left(-\dfrac{10}{17}\right)$

6. $\dfrac{-450n}{10}$

7. $\dfrac{-36a}{-6}$

8. $\dfrac{63a}{-9}$

9. $8 \div \left(-\dfrac{5}{4}\right)$

10. $\dfrac{\frac{7}{8}}{-10}$

11. $\dfrac{12}{\frac{-8}{5}}$

12. $\dfrac{6a + 24}{6}$

13. $\dfrac{20a + 30b}{-2}$

14. $\dfrac{\frac{11}{5}}{-6}$

15. $\dfrac{70a - 42b}{-14}$

16. $\dfrac{-32x + 12y}{-4}$

17. $-\dfrac{7}{12} \div \dfrac{1}{18}$

18. $\dfrac{5}{\frac{15}{-7}}$

Lección 2-8 Calcula cada raíz cuadrada. Usa una calculadora si es necesario. Redondea en centésimas si el resultado no es un número entero.

1. $-\sqrt{81}$

2. $\sqrt{0.0016}$

3. $\pm\sqrt{206}$

4. $\pm\sqrt{\dfrac{81}{64}}$

5. $\sqrt{85}$

6. $-\sqrt{\dfrac{36}{196}}$

7. $-\sqrt{149}$

8. $\pm\sqrt{961}$

9. $\sqrt{10.24}$

Calcula cada expresión. Usa una calculadora si es necesario. Redondea en centésimas si el resultado no es un número entero.

10. $\sqrt{m}$, si $m = 529$

11. $-\sqrt{c - d}$, si $c = 1.097$ y $d = 1.0171$

12. $-\sqrt{ab}$, si $a = 1.2$ y $b = 2.7$

13. $\pm\sqrt{\dfrac{x}{y}}$, si $x = 144$ y $y = 1521$

Lección 2-9 Traduce cada enunciado a una ecuación, desigualdad o fórmula.

1. El cuadrado de a menos b elevado al cubo es igual a c.

2. Veintinueve menos el producto de x por y es menor que z.

3. El perímetro P de un paralelogramo es el doble de la suma de las longitudes de dos lados adyacentes a y b.

4. Cuatro quintos del producto de m por n por el cuadrado de p es mayor que 26.

5. Treinta más el cociente de s dividido entre t es igual a v.

6. El área A de un trapecio es la mitad del producto de la altura h por la suma de las dos bases paralelas a y b.

Lección 3-1 Resuelve cada ecuación. Luego, verifica tu solución.

1. $-2 + g = 7$

2. $9 + s = -5$

3. $-4 + y = -9$

4. $m + 6 = 2$

5. $t + (-4) = 10$

6. $v - 7 = -4$

7. $a - (-6) = -5$

8. $-2 - x = -8$

9. $d + (-44) = -61$

10. $e - (-26) = 41$

11. $p - 47 = 22$

12. $-63 - f = -82$

13. $c + 5.4 = -11.33$

14. $-6.11 + b = 14.321$

15. $-5 = y - 22.7$

16. $-5 - q = 1.19$

17. $n + (-4.361) = 59.78$

18. $t - (-46.1) = -3.673$

19. $\frac{7}{10} - a = \frac{1}{2}$

20. $f - \left(-\frac{1}{8}\right) = \frac{3}{10}$

21. $-4\frac{5}{12} = t - \left(-10\frac{1}{36}\right)$

22. $x + \frac{3}{8} = \frac{1}{4}$

23. $1\frac{7}{16} + s = \frac{9}{8}$

24. $17\frac{8}{9} = d + \left(-2\frac{5}{6}\right)$

Lección 3-2 Resuelve cada ecuación. Luego, verifica tu solución.

1. $-5p = 35$

2. $-3x = -24$

3. $62y = -2356$

4. $\frac{a}{-6} = -2$

5. $\frac{c}{-59} = -7$

6. $\frac{f}{14} = -63$

7. $84 = \frac{x}{97}$

8. $\frac{w}{5} = 3$

9. $\frac{q}{9} = -3$

10. $\frac{2}{5}x = \frac{4}{7}$

11. $\frac{z}{6} = -\frac{5}{12}$

12. $-\frac{5}{9}r = 7\frac{1}{2}$

13. $2\frac{1}{6}j = 5\frac{1}{5}$

14. $3 = 1\frac{7}{11}q$

15. $-1\frac{3}{4}p = -\frac{5}{8}$

16. $57k = 0.1824$

17. $0.0022b = 0.1958$

18. $5j = -32.15$

19. $\frac{w}{-2} = -2.48$

20. $\frac{z}{2.8} = -6.2$

21. $\frac{x}{-0.063} = 0.015$

22. $15\frac{3}{8} = -5.125p$

23. $-7.25 = -3\frac{5}{8}g$

24. $-18\frac{1}{4} = 2.50x$

Lección 3-3 Resuelve cada ecuación. Luego, verifica tu solución.

1. $2x - 5 = 3$

2. $4t + 5 = 37$

3. $7a + 6 = -36$

4. $47 = -8g + 7$

5. $-3c - 9 = -24$

6. $5k - 7 = -52$

7. $5s + 4s = -72$

8. $3x - 7 = 2$

9. $8 + 3x = 5$

10. $-3y + 7.569 = 24.069$

11. $7 - 9.1f = 137.585$

12. $6.5 = 2.4m - 4.9$

13. $\frac{e}{5} + 6 = -2$

14. $\frac{d}{4} - 8 = -5$

15. $-\frac{4}{13}y - 7 = 6$

16. $\frac{p + 10}{3} = 4$

17. $\frac{h - 7}{6} = 1$

18. $\frac{5f + 1}{8} = -3$

19. $\frac{4n - 8}{-2} = 12$

20. $\frac{2a}{7} + 9 = 3$

21. $\frac{-3t - 4}{2} = 8$

Lección 3-4 Calcula el complemento de la medida de cada ángulo.

1. $15°$

2. $79°$

3. $88°$

4. $a°$

5. $(3c)°$

6. $(b-15)°$

Calcula el suplemento de la medida de cada ángulo.

7. $156°$

8. $94°$

9. $21°$

10. $a°$

11. $(3c)°$

12. $(b-15)°$

Calcula la medida del tercer ángulo de cada triángulo, dadas las medidas de sus dos ángulos restantes.

13. $90°, 2°$

14. $34°, 132°$

15. $111°, 28°$

16. $a°, b°$

17. $a°, (a-15)°$

18. $b°, (3b-2)°$

Lección 3-5 Resuelve cada ecuación. Luego, verifica tu solución.

1. $6(y-5)=18$

2. $-21=7(p-10)$

3. $3(h+2)=12$

4. $-3(x+2)=-18$

5. $11.2n+6=5.2n$

6. $2m+5-6m=25$

7. $3z-1=23-3z$

8. $5a-5=7a-19$

9. $5b+12=3b-6$

10. $3x-5=7x+7$

11. $1.9s+6=3.1-s$

12. $2.85y-7=12.85y-2$

13. $2.9m+1.7=3.5+2.3m$

14. $3(x+1)-5=3x-2$

15. $4(2y-1)=-10(y-5)$

16. $\frac{6v-9}{3}=v$

17. $\frac{3t+1}{4}=\frac{3}{4}t-5$

18. $\frac{2}{5}y+\frac{y}{2}=9$

19. $3y-\frac{4}{5}=\frac{1}{3}y$

20. $\frac{3}{4}x-4=7+\frac{1}{2}x$

21. $\frac{x}{2}-\frac{1}{3}=\frac{x}{3}-\frac{1}{2}$

Lección 3-6 Despeja x en cada ecuación.

1. $x+r=q$

2. $ax+4=7$

3. $2bx-b=-5$

4. $\frac{x-c}{c+a}=a$

5. $\frac{x+y}{c}=d$

6. $\frac{ax+1}{2}=b$

7. $\frac{x+t}{4}=d$

8. $6x-7=-r$

9. $kx+4y=5z$

10. $ax-6=t$

11. $\frac{2}{3}x+a=b$

12. $q(x+1)=5$

13. $\frac{x-y}{z}=8$

14. $\frac{7a+b}{x}=1$

15. $\frac{4cx+t}{7}=2$

16. $\frac{9x-4c}{z}=z$

17. $cx+a=bx$

18. $\frac{12q-x}{5}=t$

Lección 3-7

1. Geografía A continuación, se dan las áreas, en millas cuadradas, de los 20 lagos naturales más grandes de Estados Unidos. Calcula la media, la mediana y la modal de dichas áreas.

31,700	1697	242	700	22,300	451	374	432	23,000	207
1000	1361	315	625	9910	215	458	360	7550	435

2. Trabajo Cada número a continuación representa el número de días que cada empleado de la Corporación Cole estuvo ausente durante 1996. Calcula la media, la mediana y la modal de la cantidad de días.

0	10	8	5	8	9	3	3	2	9	7	0	4	2	4	6	2
9	13	3	1	5	5	7	2	6	5	3	4	7	1	1	5	3
3	1	4	5	1	2											

3. Fútbol americano El zaguero de la ofensiva, Michael Anderson, de los West High Bears, tuvo un promedio de unas 137.6 yardas de avance por partido durante los primeros cinco partidos de la temporada. Él avanza 155 yardas en el sexto partido. ¿Cuál es su nuevo promedio de avance?

4. Juegos Olímpicos Uno de los eventos en las Olimpíadas de invierno es la carrera de patinaje de 500 metros para hombres. A la derecha se muestran los tiempos ganadores para este evento. Calcula la media, la mediana y la modal de dichos tiempos.

Año	Tiempo(s)	Año	Tiempo(s)
1932	43.4	1968	40.3
1936	43.4	1972	39.4
1948	43.1	1976	39.2
1952	43.2	1980	38.0
1956	40.2	1984	38.2
1960	40.2	1988	36.5
1964	40.1	1992	37.1

Lección 4-1 Resuelve cada proporción.

1. $\frac{4}{5} = \frac{x}{20}$

2. $\frac{b}{63} = \frac{3}{7}$

3. $\frac{y}{5} = \frac{3}{4}$

4. $\frac{7}{4} = \frac{3}{a}$

5. $\frac{t-5}{4} = \frac{3}{2}$

6. $\frac{x}{9} = \frac{0.24}{3}$

7. $\frac{n}{3} = \frac{n+4}{7}$

8. $\frac{12q}{-7} = \frac{30}{14}$

9. $\frac{1}{y-3} = \frac{3}{y-5}$

10. $\frac{r-1}{r+1} = \frac{3}{5}$

11. $\frac{a-3}{8} = \frac{3}{4}$

12. $\frac{6p-2}{7} = \frac{5p+7}{8}$

13. $\frac{2}{9} = \frac{k+3}{2}$

14. $\frac{5m-3}{4} = \frac{5m+3}{6}$

15. $\frac{w-5}{4} = \frac{w+3}{3}$

16. $\frac{96.8}{t} = \frac{12.1}{7}$

17. $\frac{x}{6.03} = \frac{4}{17.42}$

18. $\frac{4n+5}{5} = \frac{2n+7}{7}$

Lección 4-2 Determina si cada par de triángulos es semejante. Justifica tu respuesta.

1.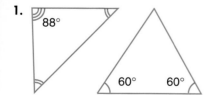

2.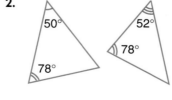

3.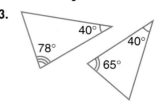

4.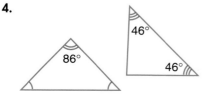

5.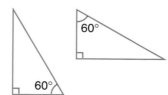

6.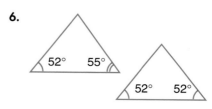

Lección 4-3 Para cada triángulo, calcula sen *N*, cos *N* y tan *N* con una precisión de un milésimo.

1.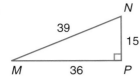

2.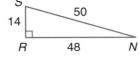

3.

Usa una calculadora para calcular el valor de cada razón trigonométrica con una precisión de un diez milésimo.

4. cos 25°

5. tan 31°

6. sen 71°

7. cos 64°

8. tan 9°

9. sen 2°

Usa una calculadora para calcular la medida de cada ángulo con una precisión de un grado.

10. tan $B = 0.5427$

11. cos $A = 0.8480$

12. sen $J = 0.9654$

13. cos $Q = 0.3645$

14. sen $R = 0.2104$

15. tan $V = 0.956$

Lección 4-4 Escribe cada razón como porcentaje y luego como decimal.

1. $\frac{1}{4}$

2. $\frac{34}{100}$

3. $\frac{4}{25}$

4. $\frac{3}{20}$

5. $\frac{7}{8}$

6. $\frac{9}{10}$

7. $\frac{24}{40}$

8. $\frac{4}{50}$

9. $\frac{7}{15}$

10. $\frac{4}{9}$

11. $\frac{36}{15}$

12. $\frac{18}{4}$

Usa una proporción para responder cada pregunta.

13. ¿Qué porcentaje de 48 es 24?

14. ¿Qué porcentaje de 70 es 14?

15. ¿Qué porcentaje de 72 es 9?

16. ¿De qué número es catorce el 17.5%?

17. ¿Qué porcentaje de 16 es 5.12?

18. ¿Cuál es el 25% de 64?

19. ¿Qué porcentaje de 80 es 2?

20. ¿Qué porcentaje de 112.5 es 45?

Lección 4-5 Determina si cada porcentaje de cambio es un porcentaje de aumento o de disminución. Luego, calcula el porcentaje de aumento o disminución. Redondea al porcentaje entero más próximo.

1. original: $100
nuevo: $67

2. original: 62 acres
nuevo: 98 acres

3. original: 322 personas
nuevo: 289 personas

4. original: 78 centavos
nuevo: 36 centavos

5. original: $212
nuevo: $230

6. original: 35 mph
nuevo: 65 mph

Calcula el precio final de cada ítem. Cuando haya un descuento y un impuesto de venta, primero calcula el precio del descuento y luego el impuesto de venta y el precio final.

7. televisión: $299
impuesto: 4.5%

8. botas: $49.99
descuento: 15%
impuesto 3.5%

9. mochila: $28.95
descuento: 10%
impuesto: 5%

10. software: $36.99
impuesto: 6.25%

11. chaqueta: $65
descuento: 30%
impuesto: 7%

12. libro: $15.95
impuesto: 7%

Lección 4-6   Determina la probabilidad de cada evento.

1. que una moneda caiga escudo
2. que haya un primero de diciembre este año
3. que un bebé sea niña
4. que el año que viene tenga 400 días
5. que este sea un libro de álgebra
6. que hoy sea miércoles

Calcula la probabilidad de cada resultado si una computadora elige, al azar, una letra de la palabra "success".

7. la letra e
8. P(no es c)
9. la letra s
10. la letra b
11. P(vocal)
12. las letras u o c

Calcula la probabilidad de cada resultado si se arroja un dado.

13. un 4
14. un número mayor que 3
15. un múltiplo de 3
16. un número menor que 5
17. un número impar
18. un número que no sea 6

Lección 4-7

1. Anuncios Un anuncio para naranjada afirma que la bebida contiene 10% de jugo de naranja. ¿Cuánto jugo de naranja puro tendría que agregarse a 5 cuartos de la bebida para obtener una mezcla que contenga 40% de jugo de naranja?

2. Finanzas Jane Pham invierte $6,000 en dos cuentas, una parte al 4.5% y el resto al 6%. Si el monto total de interés anual ganado por las dos cuentas es $279, ¿cuánto depositó Jane a cada tasa?

3. Diversiones En el teatro Golden Oldies, las entradas para adultos cuestan $5.50 y las entradas para niños cuestan $3.50. ¿Cuántas entradas de cada clase fueron adquiridas si se compraron 21 entradas por $83.50?

4. Automotores El radiador de un carro tiene una capacidad de 14 cuartos y se llena con una solución anticongelante al 20%. ¿Cuánto debe extraerse y reemplazarse por un anticongelante puro para obtener una solución anticongelante al 40%?

5. Nutrición Un litro de crema contiene un 9.2% de grasa de manteca. ¿Cuánta leche desnatada con un 2% de grasa de manteca debería agregarse a la crema para obtener una mezcla con un 6.4% de grasa de manteca?

Lección 4-8   Determina qué ecuaciones representan variaciones inversas y cuáles variaciones directas. Luego, calcula la constante de variación.

1. $ab = 6$
2. $\frac{50}{y} = x$
3. $\frac{1}{5}a = d$
4. $s = 3t$
5. $14 = cd$
6. $2x = y$

Resuelve. Supongamos que y varía directamente con x.

7. Si $y = 45$ cuando $x = 9$, calcula y cuando $x = 7$.
8. Si $y = 18$ cuando $x = 27$, calcula x cuando $y = 8$.
9. Si $y = 450$ cuando $x = 6$, calcula y cuando $x = 10$.
10. Si $y = 6$ cuando $x = 48$, calcula y cuando $x = 20$.
11. Si $y = 25$ cuando $x = 20$, calcula x cuando $y = 35$.
12. Si $y = 100$ cuando $x = 40$, calcula y cuando $x = 16$.
13. Si $y = -7$ cuando $x = -1$, calcula x cuando $y = -84$.
14. Si $y = 5$ cuando $x = -10$, calcula y cuando $x = 50$.
15. Si $y = 24$ cuando $x = 6$, calcula y cuando $x = 14$.
16. Si $y = -10$ cuando $x = -4$, calcula x cuando $y = -15$.

Resuelve. Supongamos que y varía inversamente con x.

17. Si $y = 54$ cuando $x = 4$, calcula x cuando $y = 27$.
18. Si $y = 18$ cuando $x = 6$, calcula x cuando $y = 12$.
19. Si $y = 2$ cuando $x = 26$, calcula y cuando $x = 4$.
20. Si $y = 3$ cuando $x = 8$, calcula x cuando $y = 4$.
21. Si $y = 12$ cuando $x = 24$, calcula x cuando $y = 9$.
22. Si $y = 8$ cuando $x = -8$, calcula y cuando $x = -16$.
23. Si $y = 3$ cuando $x = -8$, calcula y cuando $x = 4$.
24. Si $y = 27$ cuando $x = \frac{1}{3}$, calcula y cuando $x = \frac{3}{4}$.
25. Si $y = 19.5$ cuando $x = 6.3$, calcula x cuando $y = 10.5$.
26. Si $y = 4.8$ cuando $x = 10$, calcula y cuando $x = 19.2$.

Lección 5-1
Refiérete al siguiente plano de coordenadas. Escribe los pares ordenados para cada punto. Nombra el cuadrante en el cual está ubicado el punto.

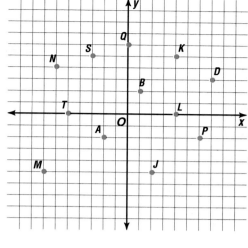

1. B
2. T
3. P
4. Q
5. A
6. K
7. J
8. L
9. S
10. D
11. M
12. N

Grafica cada punto.

13. $A(2, -4)$
14. $B(3, 5)$
15. $C(-4, 0)$
16. $D(-4, 3)$
17. $E(-5, -5)$
18. $F(-1, 1)$
19. $G(0, -3)$
20. $H(2, 3)$

Lección 5-2
Determina el dominio y la amplitud de cada relación.

1. $\{(5, 2), (0, 0), (-9, -1)\}$
2. $\{(-4, 2), (-2, 0), (0, 2), (2, 4)\}$
3. $\{(7, 5), (-2, -3), (4, 0), (5, -7), (-9, 2)\}$
4. $\{(3.1, -1), (-4.7, 3.9), (2.4, -3.6), (-9, 12.12)\}$

Expresa la relación que se muestra en cada tabla, relación o gráfica como un conjunto de pares ordenados. Luego establece el dominio, la amplitud y el inverso de la relación dada.

5.

x	y
1	3
2	4
3	5
4	6
5	7

6.

x	y
-4	1
-2	3
0	1
2	3
4	1

7.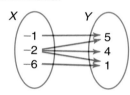

8.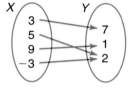

9.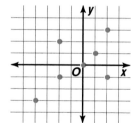

10.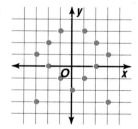

Lección 5-3
¿Cuáles pares ordenados son soluciones de cada ecuación?

1. $3r = 8s - 4$ **a.** $\left(\frac{2}{3}, \frac{3}{4}\right)$ **b.** $\left(0, \frac{1}{2}\right)$ **c.** $(4, 2)$ **d.** $(2, 4)$

2. $3y = x + 7$ **a.** $(2, 4)$ **b.** $(2, -1)$ **c.** $(2, 3)$ **d.** $(-1, 2)$

3. $4x = 8 - 2y$ **a.** $(2, 0)$ **b.** $(0, 2)$ **c.** $(0.5, -3)$ **d.** $(1, -2)$

4. $3n = 10 - 4m$ **a.** $(0, 3)$ **b.** $(-2, 6)$ **c.** $(1, 2)$ **d.** $(2, 1)$

Resuelve cada ecuación si la amplitud es $\{-3, -1, 0, 2, 3\}$.

5. $y = 2x$
6. $y = 5x + 1$
7. $2a + b = 4$
8. $4r + 3s = 13$
9. $5b = 8 - 4a$
10. $6m - n = -3$

Lección 5-4
Determina si las siguientes ecuaciones son ecuaciones lineales. Si una ecuación es lineal, conviértela a la forma $Ax + By = C$.

1. $3x = 2y$

2. $2x - 3 = y^2$

3. $3x - 2y = 8$

4. $5x - 7y = 2x - 7$

5. $2x + 5x = 7y$

6. $\frac{1}{x} + \frac{5}{y} = -4$

Grafica cada ecuación.

7. $3x + y = 4$

8. $y = 3x + 1$

9. $3x - 2y = 12$

10. $2x - y = 6$

11. $3x - 2y = 8$

12. $y = \frac{3}{4}$

13. $y = 5x - 7$

14. $x + \frac{1}{3}y = 6$

15. $x = -\frac{5}{2}$

16. $5x - 2y = 8$

17. $4x + 2y = 9$

18. $4x + 3y = 12$

Lección 5-5
Determina si cada relación es una función.

1.

x	y
1	3
2	5
1	-7
2	9
3	3

2.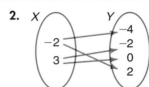

3.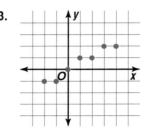

4.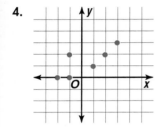

5.

a	b
1	-2
3	-4
5	-6
9	-4
10	1

6.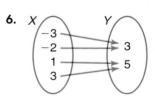

7. $\{(-2, 4), (1, 3), (5, 2), (1, 4)\}$

8. $\{(5, 4), (-6, 5), (4, 5), (0, 4)\}$

9. $\{(3, 1), (5, 1), (7, 1)\}$

10. $\{(3, -2), (4, 7), (-2, 7), (4, 5)\}$

11. $y = 2$

12. $x^2 + y = 11$

Lección 5-6
Escribe una ecuación para cada relación.

1.

x	2	4	6	8	10
f(x)	-4	-3	-2	-1	0

2.

x	-2	-1	0	1	2
f(x)	0	-3	-4	-3	0

3.

x	1	2	3	4	5
f(x)	7	11	15	19	23

4.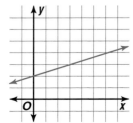

5.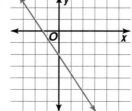

6.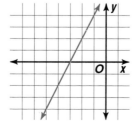

7. $\{(3, 12), (4, 14), (5, 16), (6, 18), (7, 20)\}$

8. $\{(1, 4), (2, 8), (3, 12), (-2, -8), (-3, -12)\}$

9. $\{(-6, -8), (-3, -6), (0, -4), (3, -2), (6, 0)\}$

10. $\{(-3, 9), (-2, 7), (1, 1), (4, -5), (6, -9)\}$

Lección 5-7 Calcula la amplitud, la mediana, el cuartil superior, el cuartil inferíor y la amplitud intercuartílica para cada conjunto de datos.

1. 56, 45, 37, 43, 10, 34

2. 77, 78, 68, 96, 99, 84, 65

3. 30, 90, 40, 70, 50, 100, 80, 60

4. 4, 5.2, 1, 3, 2.4, 6, 3.7, 8, 1.3, 7.1, 9

5. 25°, 56°, 13°, 44°, 0°, 31°, 73°, 66°, 4°, 29°, 37°

6. 234, 648, 369, 112, 527, 775, 406, 268, 400

7.

Tallo	Hoja
0	0 2 3
1	1 7 9
2	2 3 5 6
3	3 4 4 5 9
4	0 7 8 8

$2 \mid 2 = 22$

8.

Tallo	Hoja
7	3 4 7 8
8	0 0 3 5 7
9	4 6 8
10	0 1 8
11	1 9

$9 \mid 4 = 9.4$

9.

Tallo	Hoja
25	0 3 7 9
26	1 3 4 5 5 6
27	1 5 6 6 9
28	1 2 3 5 8
29	2 5 6 9

$27 \mid 5 = 2750$

Lección 6-1 Determina la pendiente de cada recta.

1. a

2. b

3. c

4. d

5. e

6. f

7. g

8. h

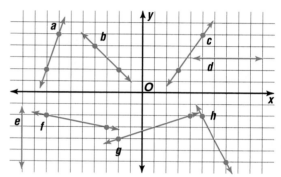

Determina la pendiente de la recta que pasa por cada uno de los siguientes pares de puntos.

9. $(-2, 2), (3, -3)$

10. $(-2, -8), (1, 4)$

11. $(3, 4), (4, 6)$

12. $(-5, 4), (-1, 11)$

13. $(18, -4), (6, -10)$

14. $(-4, -6), (-4, -8)$

Determina el valor de r de manera que la recta que pasa por cada par de puntos tenga la pendiente dada.

15. $(-1, r), (1, -4), m = -5$

16. $(-2, 1), (r, 4), m = \frac{3}{5}$

17. $(-1, 3), (-3, r), m = -3$

18. $(3, r), (7, -2), m = \frac{1}{2}$

19. $(r, -2), (-7, -1), m = -\frac{1}{4}$

20. $(-3, 2), (7, r), m = \frac{2}{3}$

Lección 6-2 Escribe la forma punto-pendiente de una ecuación de la recta que pasa por el punto dado y que tiene la pendiente dada.

1. $(5, -2), m = 3$

2. $(5, 4), m = -5$

3. $(-2, -4), m = \frac{3}{4}$

4. $(-3, 1), m = 0$

5. $(-1, 0), m = \frac{2}{3}$

6. $(0, 6), m = -2$

Escribe la forma estándar de una ecuación de la recta que pasa por el punto dado y que tiene la pendiente data.

7. $(-6, -3), m = -\frac{1}{2}$

8. $(4, -3), m = 2$

9. $(5, 4), m = -\frac{2}{3}$

10. $(1, 3), m = $ indefinida

11. $(-2, 6), m = 0$

12. $(6, -2), m = \frac{4}{3}$

Lección 6-3 Explica si un diagrama de dispersión para cada par de variables mostraría una correlación *positiva, negativa* o *ninguna* correlación entre las variables.

1. el tiempo de juego de un partido de básquetbol y los puntos obtenidos

2. años que tiene un automóvil y su valor

3. estaturas de madres e hijos

4. la temperatura del agua en una piscina al aire libre y la temperatura exterior

5. el peso del automóvil de una persona y la cantidad de peaje que paga para usar una autopista

6. el número de invitados a una fiesta de cumpleaños y la cantidad de comida que queda después de la fiesta

7. La gráfica de dispersión de la derecha compara el número de horas por semana que la gente vio televisión con el número de horas por semana que esa gente empleó haciendo alguna actividad física.

   a. En la medida que la gente veía más televisión, ¿qué pasaba con el número de horas que emplearon haciendo alguna actividad física?

   b. ¿Hay una correlación entre las variables? ¿Es positiva o negativa?

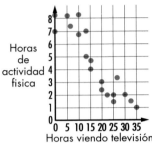

Horas de actividad física / Horas viendo televisión

Lección 6-4 Halla las intersecciones axiales de la gráfica de cada ecuación.

1. $3x + 2y = 6$
2. $5x + y = 10$
3. $2x + 5y = -11$
4. $3y = 12$
5. $y - 6x = 5$
6. $x = -2$

Escribe una ecuación en la forma pendiente-intersección de una recta con la pendiente y la intersección *y* dadas. Luego, escribe la ecuación en forma estándar.

7. $m = -\frac{2}{5}, b = 2$
8. $m = 5, b = -15$
9. $m = -\frac{7}{4}, b = 2$
10. $m = -\frac{4}{3}, b = \frac{5}{3}$
11. $m = -6, b = 15$
12. $m = 12, b = -24$

Calcula la pendiente e intersección *y* de la gráfica de cada ecuación.

13. $y - \frac{3}{5}x = -\frac{1}{4}$
14. $y = 3x - 7$
15. $\frac{2}{3}x + \frac{1}{6}y = 2$
16. $2x + 3y = 5$
17. $3y = 8x + 2$
18. $5y = -8x - 2$

Escribe una ecuación en forma estándar para una recta que pasa por cada par de puntos.

19. $(-1, 7), (8, -2)$
20. $(6, 0), (0, 4)$
21. $(8, -1), (7, -1)$
22. $(1, 0), (0, 1)$
23. $(5, 7), (-1, 6)$
24. $(-3, -5), (3, -15)$

Lección 6-5 Grafica cada ecuación.

1. $4x + y = 8$
2. $2x - y = 8$
3. $3x - 2y = 6$
4. $6x - 3y = 6$
5. $x + \frac{1}{2}y = 4$
6. $4x + 5y = 20$
7. $y + 3 = -2(x + 4)$
8. $y - 1 = 3(x - 5)$
9. $y + 6 = -\frac{2}{3}(x + 1)$
10. $y - 5 = 4(x + 6)$
11. $y - 2 = (x + 7)$
12. $3(x - 1) = y + \frac{4}{5}$
13. $y = \frac{3}{4}x + 4$
14. $y = 4x - 1$
15. $-4x + y = 6$
16. $-2x + y = 3$
17. $5y - 6 = 3x$
18. $y = \frac{3}{2}x - 5$

Lección 6-6 Determina si las gráficas de cada par de ecuaciones son *paralelas, perpendiculares* o *ninguna* de las dos.

1. $2x + 3y = -12$

$2x + 3y = 6$

2. $-4x + 3y = 12$

$x + 3y = 12$

3. $y = -3x + 9$

$y + 3x = 14$

4. $y = 0.5x + 8$

$2y = -8x - 3$

5. $y = 7x + 2$

$y = 2x + 7$

6. $y + 5 = -9$

$y + x = y - 6$

Escribe una ecuación en forma pendiente-intersección de la recta que pasa por el punto dado y es paralela a la gráfica de cada ecuación.

7. $(1, 6), y = 4x - 2$

8. $(4, 6), y = 2x - 7$

9. $(-3, 0), y = \frac{2}{3}x + 1$

10. $(2, 3), x - 5y = 7$

11. $(0, 4), 3x + 8y = 4$

12. $(5, -2), y = -3x - 7$

Escribe una ecuación en forma pendiente-intersección de la recta que pasa por el punto dado y es perpendicular a la gráfica de cada ecuación.

13. $(0, -1), y = -\frac{3}{5}x + 4$

14. $(-2, 3), 6x + y = 4$

15. $(0, 0), y = \frac{3}{4}x - 1$

16. $(4, 0), 4x - 3y = 2$

17. $(6, 7), 3x - 5y = 1$

18. $(5, -1), 8x + 4y = 15$

Lección 6-7 Calcula las coordenadas del punto medio de un segmento con el siguiente par de extremos.

1. $L(12, 2), M(8, 4)$

2. $S(9, 5), T(17, 3)$

3. $D(17, 9), E(11, -3)$

4. $F(4, 2), G(8, -6)$

5. $M(19, -3), N(11, 5)$

6. $B(-6, 5), C(8, -11)$

7. $T(-11, 6), U(13, 4)$

8. $A(-6, 1), B(8, 9)$

9. $J(6.4, -3), K(1.8, -3)$

10. $R(19, 5), S(7, 4)$

11. $G(8, 10), H(16, -6)$

12. $C(7.6, 8.3), D(-5, 6.1)$

Calcula las coordenadas del otro extremo de un segmento, dados un extremo y el punto medio *M*.

13. $P(9, 3), M(1, 2)$

14. $C(3, 5), M(5, -7)$

15. $G(5, -9), M\left(8, -\frac{15}{2}\right)$

16. $J(4, -7), M(-2, -3)$

17. $A(-3, 8), M(3, -5)$

18. $F(5, 7), M(5, 6)$

19. $T(-6, 12), M(4, 1)$

20. $D(-8, 5), M\left(-\frac{1}{2}, 2\right)$

21. $S(16, -9), M\left(\frac{3}{2}, -\frac{13}{2}\right)$

22. $U(-9, 14), M(0, 3)$

23. $F(21, 18), M(19, 11)$

24. $X\left(\frac{1}{4}, \frac{1}{3}\right), M\left(\frac{3}{16}, \frac{1}{3}\right)$

Lección 7-1 Resuelve las siguientes desigualdades. Luego, verifica tu solución.

1. $c + 9 \leq 3$

2. $d - (-3) < 13$

3. $z - 4 > 20$

4. $h - (-7) > -2$

5. $-11 > d - 4$

6. $2x > x - 3$

7. $2x - 3 \geq x$

8. $16 + w < -20$

9. $14p > 5 + 13p$

10. $-7 < 16 - z$

11. $-5 + 14b \leq -4 + 15b$

12. $2s - 6.5 \geq -11.4 + s$

13. $1.1v - 1 > 2.1v - 3$

14. $\frac{1}{2}t + \frac{1}{4} \geq \frac{3}{2}t - \frac{2}{3}$

15. $9x < 8x - 2$

16. $-2 + 9n \leq 10n$

17. $a - 2.3 \geq -7.8$

18. $5z - 6 > 4z$

Lección 7-2 Resuelve las siguientes desigualdades. Luego, verifica tu solución.

1. $7b \geq -49$

2. $-5j < -60$

3. $\frac{w}{3} > -12$

4. $\frac{p}{5} < 8$

5. $-8f < 48$

6. $\frac{t}{-4} \geq -10$

7. $\frac{128}{-g} < 4$

8. $-4.3x < -2.58$

9. $4c \geq -6$

10. $6 \leq 0.8n$

11. $\frac{2}{3}m \geq -22$

12. $-25 > \frac{a}{-6}$

13. $-15a < -28$

14. $-\frac{7}{9}x < 42$

15. $\frac{3y}{8} \leq 32$

16. $-7y \geq 91$

17. $0.8t > 0.96$

18. $\frac{4}{7}z \leq -\frac{2}{5}$

Lección 7-3 Resuelve las siguientes desigualdades. Luego, verifica tu solución.

1. $3y - 4 > -37$

2. $7s - 12 < 13$

3. $-5e + 9 > 24$

4. $-6v - 3 \geq -33$

5. $-2k + 12 < 30$

6. $-2x + 1 < 16 - x$

7. $15t - 4 > 11t - 16$

8. $13 - y \leq 29 + 2y$

9. $5q + 7 \leq 3(q + 1)$

10. $2(w + 4) \geq 7(w - 1)$

11. $-4t - 5 > 2t + 13$

12. $\frac{2t + 5}{3} < -9$

13. $\frac{z}{4} + 7 \geq -5$

14. $13r - 11 > 7r + 37$

15. $8c - (c - 5) > c + 17$

16. $-5(k + 4) \geq 3(k - 4)$

17. $9m + 7 < 2(4m - 1)$

18. $3(3y + 1) < 13y - 8$

19. $5x \leq 10(3x + 4)$

20. $3\left(a + \frac{2}{3}\right) \geq a - 1$

21. $0.7(n - 3) \leq n - 0.6(n + 5)$

Lección 7-4 Resuelve cada desigualdad compuesta. Luego, grafica el conjunto de solución.

1. $2 + x < -5$ ó $2 + x > 5$

2. $-4 + t > -5$ ó $-4 + t < 7$

3. $3 \leq 2g + 7$ y $2g + 7 \leq 15$

4. $2v - 2 \leq 3v$ y $4v - 1 \geq 3v$

5. $3b - 4 \leq 7b + 12$ y $8b - 7 \leq 25$

6. $-9 < 2z + 7 < 10$

7. $5m - 8 \geq 10 - m$ ó $5m + 11 < -9$

8. $12c - 4 \leq 5c + 10$ ó $-4c - 1 \leq c + 24$

9. $2h - 2 \leq 3h \leq 4h - 1$

10. $3p + 6 < 8 - p$ y $5p + 8 \geq p + 6$

11. $2r + 8 > 16 - 2r$ y $7r + 21 < r - 9$

12. $4j + 3 < j + 22$ y $j - 3 < 2j - 15$

13. $2(q - 4) \leq 3(q + 2)$ ó $q - 8 \leq 4 - q$

14. $\frac{1}{2}w + 5 \geq w + 2 \geq \frac{1}{2}w + 9$

Lección 7-5

1. Comida Para el desayuno en Paul's Place, puedes seleccionar un ítem de cada una de las siguientes categorías por $1.99.

Carne	Papas	Pan	Bebidas
jamón	papas doradas en picadillo	tostada	jugo
salchicha	papas campesinas	panecillo	café
tocino		rosca bizcocho	

a. ¿Cuál es la probabilidad de que un cliente pida jamón para el desayuno?

b. ¿Cuál es la probabilidad de elegir un bizcocho y papas doradas en picadillo?

c. ¿Cuál es la probabilidad de pedir una rosca, papas campesinas y café?

2. Música Con la finalidad de recaudar fondos para un viaje a la ópera, el club de música ha organizado una lotería usando números de dos dígitos. El primer dígito será un número del 1 al 4. El segundo dígito será un número del 3 al 8. El primer dígito en el número de la lotería de Trudy es 2, pero no puede recordar el segundo. Si solamente se extrae un número de lotería de dos dígitos y el primer dígito de ese número ganador es un dos, ¿cuál es la probabilidad de que Trudy gane?

3. Derecho Un panel de tres jueces está encargado de resolver una disputa. Ambas partes en la disputa han decidido que se acatará la decisión de la mayoría. Si cada juez da una decisión favorable basándose en las pruebas presentadas dos tercios del tiempo, ¿cuál es la probabilidad de que la parte correcta gane la disputa?

Lección 7-6   Resuelve cada enunciado abierto. Luego, grafica el conjunto de solución.

1. $|a - 5| = -3$

2. $|g + 6| > 8$

3. $|t - 5| \leq 3$

4. $|a + 5| \geq 0$

5. $|14 - 2z| = 16$

6. $|y - 9| < 19$

7. $|2m - 5| > 13$

8. $|14 - w| \geq 20$

9. $|13 - 5y| = 8$

10. $|3p + 5| \leq 23$

11. $|6b - 12| \leq 36$

12. $|25 - 3x| < 5$

13. $|7 + 8x| > 39$

14. $|4c + 5| \geq 25$

15. $|4 - 5s| > 46$

Lección 7-7

1. Viajes A continuación se dan, en millas por hora, las velocidades del tren más veloz que tienen Estados Unidos y Canadá. Dibuja un diagrama de caja y patillas correspondiente a los datos.

93.5	82.5	89.3	83.8	81.8	86.8
90.8	84.9	95.0	83.1	83.2	88.2

2. Básquetbol Los siguientes números representan los 20 promedios más altos de puntos obtenidos, por partido, durante una temporada en el NBA desde 1947 a 1990. Haz un diagrama de caja y patilla correspondiente a estos datos.

35.0	33.5	32.5	37.9	31.2	38.4	34.5	34.7	32.9	44.8
31.7	37.1	36.5	34.0	50.4	32.3	33.6	34.8	33.1	35.6

3. Béisbol El diagrama de tallo y hojas de la derecha muestra el número de jonrones obtenidos por los líderes del jonrón de la Liga Nacional, en 1990.

a. Calcula la mediana, el cuartil superior, el cuartil inferior y la amplitud intercuartílica.

b. ¿Hay algunos valores atípicos? Si es así, nómbralos.

c. Haz un diagrama de caja y patilla correspondiente a los datos.

Tallo	Hoja
2	2 3 3 4 4 4 4 5 5 6 7 7 8
3	2 2 3 3 5 7
4	0

$3|3 = 33$

Lección 7-8 Grafica las siguientes desigualdades.

1. $y \le -2$

2. $x < 4$

3. $x + y < -2$

4. $x + y > -4$

5. $y > 4x - 1$

6. $3x + y > 1$

7. $3y - 2x \le 2$

8. $x < y$

9. $3x + y > 4$

10. $5x - y < 5$

11. $-4x + 3y \ge 12$

12. $-x + 3y \le 9$

13. $y > -3x + 7$

14. $3x + 8y \le 4$

15. $5x - 2y \ge 6$

Lección 8-1 Grafica cada sistema de ecuaciones. Luego, determina si el sistema tiene *una* solución, *ninguna* solución o *infinitamente muchas* soluciones. Si el sistema tiene una solución, nómbrala.

1. $y = 3x$
   $4x + 2y = 30$

2. $x = -2y$
   $3x + 5y = 21$

3. $y = x + 4$
   $3x + 2y = 18$

4. $x + y = 6$
   $x - y = 2$

5. $x + y = 6$
   $3x + 3y = 3$

6. $y = -3x$
   $4x + y = 2$

7. $x + y = 8$
   $x - y = 2$

8. $\frac{1}{5}x - y = \frac{12}{5}$
   $3x - 5y = 6$

9. $x + 2y = 0$
   $y + 3 = -x$

10. $x + 2y = -9$
   $x - y = 6$

11. $x + \frac{1}{2}y = 3$
   $y = 3x - 4$

12. $\frac{2}{3}x + \frac{1}{2}y = 2$
   $4x + 3y = 12$

13. $y = x - 4$
   $x + \frac{1}{2}y = \frac{5}{2}$

14. $2x + y = 3$
   $4x + 2y = 6$

15. $12x - y = -21$
   $\frac{1}{2}x + \frac{2}{3}y = -3$

Lección 8-2 Usa la sustitución para resolver cada sistema de ecuaciones. Si el sistema no tiene exactamente una solución, determina si *no* tiene *ninguna* solución o si tiene *infinitamente muchas* soluciones.

1. $y = x$
   $5x = 12y$

2. $y = 7 - x$
   $2x - y = 8$

3. $x = 5 - y$
   $3y = 3x + 1$

4. $3x + y = 6$
   $y + 2 = x$

5. $x - 3y = 3$
   $2x + 9y = 11$

6. $3x = -18 + 2y$
   $x + 3y = 4$

7. $x + 2y = 10$
   $-x + y = 2$

8. $2x = 3 - y$
   $2y = 12 - x$

9. $6y - x = -36$
   $y = -3x$

10. $\frac{3}{4}x + \frac{1}{3}y = 1$
   $x - y = 10$

11. $x + 6y = 1$
   $3x - 10y = 31$

12. $3x - 2y = 12$
   $\frac{3}{2}x - y = 3$

13. $2x + 3y = 5$
   $4x - 9y = 9$

14. $x = 4 - 8y$
   $3x + 24y = 12$

15. $3x - 2y = -3$
   $25x + 10y = 215$

Lección 8-3   Establece si la adición, la sustracción o la sustitución sería el método más conveniente para resolver cada sistema de ecuaciones. Luego, resuelve cada sistema.

1. $x + y = 7$
$x - y = 9$

2. $2x - y = 32$
$2x + y = 60$

3. $-y + x = 6$
$y + x = 5$

4. $s + 2t = 6$
$3s - 2t = 2$

5. $x = y - 7$
$2x - 5y = -2$

6. $3x + 5y = -16$
$3x - 2y = -2$

7. $x - y = 3$
$x + y = 3$

8. $x + y = 8$
$2x - y = 6$

9. $2s - 3t = -4$
$s = 7 - 3t$

10. $-6x + 16y = -8$
$6x - 42 = 16y$

11. $3x + 0.2y = 7$
$3x = 0.4y + 4$

12. $9x + 2y = 26$
$1.5x - 2y = 13$

13. $\frac{2}{3}x - \frac{1}{2}y = 14$
$\frac{5}{6}x - \frac{1}{2}y = 18$

14. $4x - \frac{1}{3}y = 8$
$5x + \frac{1}{3}y = 6$

15. $2x - y = 3$
$\frac{2}{3}x - y = -1$

Lección 8-4   Usa la eliminación para resolver los siguientes sistemas de ecuaciones.

1. $x + 8y = 3$
$4x - 2y = 7$

2. $4x - y = 4$
$x + 2y = 3$

3. $3y - 8x = 9$
$y - x = 2$

4. $x + 4y = 30$
$2x - y = -6$

5. $3x - 2y = 0$
$4x + 4y = 5$

6. $9x - 3y = 5$
$x + y = 1$

7. $-3x + 2y = 10$
$-2x - y = -5$

8. $2x + 5y = 13$
$4x - 3y = -13$

9. $5x + 3y = 4$
$-4x + 5y = -18$

10. $2x - 7y = 9$
$-3x + 4y = 6$

11. $2x - 6y = -16$
$5x + 7y = -18$

12. $6x - 3y = -9$
$-8x + 2y = 4$

13. $\frac{1}{3}x - y = -1$
$\frac{1}{5}x - \frac{2}{5}y = -1$

14. $3x - 5y = 8$
$4x - 7y = 10$

15. $x - 0.5y = 1$
$0.4x + y = -2$

Lección 8-5   Resuelve cada sistema de desigualdades por medio de gráficas.

1. $x > 3$
$y < 6$

2. $y > 2$
$y > -x + 2$

3. $x \leq 2$
$y - 3 \geq 5$

4. $x + y \leq -1$
$2x + y \leq 2$

5. $y \geq 2x + 2$
$y \geq -x - 1$

6. $y \leq x + 3$
$y \geq x + 2$

7. $x + 3y \geq 4$
$2x - y < 5$

8. $y - x > 1$
$y + 2x \leq 10$

9. $5x - 2y > 15$
$2x - 3y < 6$

10. $4x + 3y > 4$
$2x - y < 0$

11. $4x + 5y \geq 20$
$y \geq x + 1$

12. $-4x + 10y \leq 5$
$-2x + 5y < -1$

Lección 9-1 Simplifica.

1. $a^5(a)(a^7)$

2. $(r^3t^4)(r^4t^4)$

3. $(x^3y^4)(xy^3)$

4. $(bc^3)(b^4c^3)$

5. $(-3mn^2)(5m^3n^2)$

6. $[(3^3)^2]^2$

7. $(3s^3t^2)(-4s^3t^2)$

8. $x^3(x^4y^3)$

9. $(1.1g^2h^4)^3$

10. $-\frac{3}{4}a(a^2b^3c^4)$

11. $\left(\frac{1}{2}w^3\right)^2(w^4)^2$

12. $\left(\frac{2}{3}y^3\right)(3y^2)^3$

13. $[(-2^3)^3]^2$

14. $(10s^3t)(-2s^2t^2)^3$

15. $(-0.2u^3w^4)^3$

Lección 9-2 Simplifica. Asume que ningún denominador es igual a cero.

1. $\frac{b^6c^5}{b^3c^2}$

2. $\frac{(-a)^4b^8}{a^4b^7}$

3. $\frac{(-x)^3y^3}{x^3y^6}$

4. $\frac{12ab^5}{4a^4b^3}$

5. $\frac{24x^5}{-8x^2}$

6. $\frac{-9h^2k^4}{18h^5j^3k^4}$

7. $\frac{a^0}{2a^{-3}}$

8. $\frac{9a^2b^7c^3}{2a^5b^4c}$

9. $\frac{-15xy^5z^7}{-10x^4y^6z^4}$

10. $\frac{(u^{-3}v^3)^2}{(u^3v)^{-3}}$

11. $\frac{(-r)s^5}{r^{-3}s^{-4}}$

12. $\frac{28a^{-4}b^0}{14a^3b^{-1}}$

13. $\frac{(j^2k^3l)^4}{(jk^4)^{-1}}$

14. $\left(\frac{-2x^4y}{4y^2}\right)^0$

15. $\frac{3m^7n^2p^4}{9m^2np^3}$

Lección 9-3 Expresa cada número en notación científica.

1. 6500

2. 953.56

3. 0.697

4. 843.5

5. 568,000

6. 0.0000269

7. 0.121212

8. 543×10^4

9. 739.9×10^{-5}

10. 6480×10^{-2}

11. 0.366×10^{-7}

12. 167×10^3

Calcula. Expresa cada resultado en notación científica y estándar.

13. $(2 \times 10^5)(3 \times 10^{-8})$

14. $\frac{4.8 \times 10^3}{1.6 \times 10^1}$

15. $(4 \times 10^2)(1.5 \times 10^6)$

16. $\frac{8.1 \times 10^2}{2.7 \times 10^{-3}}$

17. $\frac{7.8 \times 10^{-5}}{1.3 \times 10^{-7}}$

18. $(2.2 \times 10^{-2})(3.2 \times 10^5)$

19. $(3.1 \times 10^4)(4.2 \times 10^{-3})$

20. $(78 \times 10^6)(0.01 \times 10^3)$

21. $\frac{2.31 \times 10^{-2}}{3.3 \times 10^{-3}}$

Lección 9-4
Establece si cada expresión es un polinomio. Si la expresión es un polinomio, identifícalo como *monomio*, *binomio* o *trinomio* y calcula su grado.

1. $5x^2y + 3xy + 7$

2. 0

3. $\frac{5}{k} - k^2y$

4. $3a^2x - 5a$

5. $a + \frac{5}{c}$

6. $14abcd - 6d^3$

7. $\frac{a^3}{3}$

8. $-4h^3$

9. $x^2 - \frac{x}{2} + \frac{1}{3}$

Coloca los términos de cada polinomio de manera que las potencias de x estén en orden descendente.

10. $5x^2 - 3x^3 + 7 + 2x$

11. $-6x + x^5 + 4x^3 - 20$

12. $5b + b^3x^2 + \frac{2}{3}bx$

13. $21p^2x + 3px^3 + p^4$

14. $3ax^2 - 6a^2x^3 + 7a^3 - 8x$

15. $\frac{1}{3}s^2x^3 + 4x^4 - \frac{2}{5}s^4x^2 + \frac{1}{4}x$

Lección 9-5
Calcula las siguientes sumas o diferencias.

1.
$$\begin{array}{r} -7t^2 + 4ts - 6s^2 \\ (+)\ -5t^2 - 12ts + 3s^2 \\ \hline \end{array}$$

2.
$$\begin{array}{r} 6a^2 - 7ab - 4b^2 \\ (-)\ 2a^2 + 5ab + 6b^2 \\ \hline \end{array}$$

3.
$$\begin{array}{r} 4a^2 - 10b^2 + 7c^2 \\ -5a^2 \qquad + 2c^2 \qquad + 2b \\ (+) \qquad\quad 7b^2 - 7c^2 + 7a \\ \hline \end{array}$$

4.
$$\begin{array}{r} z^2 + 6z - 8 \\ (-)\ 4z^2 - 7z - 5 \\ \hline \end{array}$$

5. $(4d + 3e - 8f) - (-3d + 10e - 5f + 6)$

6. $(7g + 8h - 9) + (-g - 3h - 6k)$

7. $(9x^2 - 11xy - 3y^2) - (x^2 - 16xy + 12y^2)$

8. $(-3m + 9mn - 5n) + (14m - 5mn - 2n)$

9. $(4x^2 - 8y^2 - 3z^2) - (7x^2 - 14z^2 - 12)$

10. $(17z^4 - 5z^2 + 3z) - (4z^4 + 2z^3 + 3z)$

11. $(6 - 7y + 3y^2) + (3 - 5y - 2y^2) + (-12 - 8y + y^2)$

12. $(-3x^2 + 2x - 5) + (2x - 6) + (5x^2 + 3) + (-9x^2 - 7x + 4)$

Lección 9-6
Calcula los siguientes productos.

1. $-3(8x + 5)$

2. $3b(5b + 8)$

3. $1.1a(2a + 7)$

4. $\frac{1}{2}x(8x - 6)$

5. $7xy(5x^2 - y^2)$

6. $5y(y^2 - 3y + 6)$

7. $-ab(3b^2 + 4ab - 6a^2)$

8. $4m^2(9m^2n + mn - 5n^2)$

9. $4st^2(-4s^2t^3 + 7s^5 - 3st^3)$

10. $-\frac{1}{3}x(9x^2 + x - 5)$

11. $-2mn(8m^2 - 3mn + n^2)$

12. $-\frac{3}{4}ab^2\left(\frac{1}{3}b^2 - \frac{4}{9}b + 1\right)$

Resuelve.

13. $-3(2a - 12) + 48 = 3a - 3$

14. $-6(12 - 2w) = 7(-2 - 3w)$

15. $a(a - 6) + 2a = 3 + a(a - 2)$

16. $11(a - 3) + 5 = 2a + 44$

17. $q(2q + 3) + 20 = 2q(q - 3)$

18. $w(w + 12) = w(w + 14) + 12$

19. $x(x + 8) - x(x + 3) - 23 = 3x + 11$

20. $y(y - 12) + y(y + 2) + 25 = 2y(y + 5) - 15$

21. $x(x - 3) + 4x - 3 = 8x + 4 + x(3 + x)$

22. $c(c - 3) + 4(c - 2) = 12 - 2(4 + c) - c(1 - c)$

Lección 9-7   Calcula los siguientes productos.

1. $(d + 2)(d + 3)$

2. $(z + 7)(z - 4)$

3. $(m - 8)(m - 5)$

4. $(2x - 5)(x + 6)$

5. $(7a - 4)(2a - 5)$

6. $(4x + y)(2x - 3y)$

7. $(7v + 3)(v + 4)$

8. $(7s - 8)(3s - 2)$

9. $(4g + 3h)(2g - 5h)$

10. $(4a + 3)(2a - 1)$

11. $(7y - 1)(2y - 3)$

12. $(2x + 3y)(5x + 2y)$

13. $(12r - 4s)(5r + 8s)$

14. $(x - 2)(x^2 + 2x + 4)$

15. $(3x + 5)(2x^2 - 5x + 11)$

16. $(4s + 5)(3s^2 + 8s - 9)$

17. $(3a + 5)(-8a^2 + 2a + 3)$

18. $(5x - 2)(-5x^2 + 2x + 7)$

19. $(x^2 - 7x + 4)(2x^2 - 3x - 6)$

20. $(a^2 + 2a + 5)(a^2 - 3a - 7)$

21. $(5x^4 - 2x^2 + 1)(x^2 - 5x + 3)$

Lección 9-8   Calcula los siguientes productos.

1. $(t + 7)^2$

2. $(w - 12)(w + 12)$

3. $(q - 4h)^2$

4. $(10x + 11y)(10x - 11y)$

5. $(4e + 3)^2$

6. $(2b - 4d)(2b + 4d)$

7. $(a + 2b)^2$

8. $(4x + y)^2$

9. $(6m + 2n)^2$

10. $(5c - 2d)^2$

11. $(5b - 6)(5b + 6)$

12. $(1 + x)^2$

13. $(4x - 9y)^2$

14. $(8a - 2b)(8a + 2b)$

15. $\left(\frac{1}{2}a + b\right)^2$

16. $(5a - 12b)^2$

17. $(a - 3b)^2$

18. $(7a^2 + b)(7a^2 - b)$

19. $(x + 2)(x - 2)(2x + 5)$

20. $(4x - 1)(4x + 1)(x - 4)$

21. $(x - 3)(x + 3)(x - 4)(x + 4)$

Lección 10-1   Calcula los factores de cada número.

1. 17

2. 21

3. 81

4. 24

5. 18

6. 22

Determina si cada número es *primo* o *compuesto*. Si el número es compuesto, calcula su factorización prima.

7. 39

8. 89

9. 72

10. 41

11. 57

12. 60

Factoriza cada expresión completamente. No uses exponentes.

13. -64

14. -26

15. -240

16. -231

17. $44rs^2t^3$

18. $756(mn)^2$

Calcula el MCD de los monomios dados.

19. $16, 60$

20. $15, 50$

21. $-80, 45$

22. $29, -58$

23. $305, 55$

24. $252, 126$

25. $128, 245$

26. $7y^2, 14y^2$

27. $4xy, -6x$

28. $35t^2, 7t$

29. $16pq^2, 12p^2q$

30. $5, 15, 10$

31. $12mn, 10mn, 15mn$

32. $14, 12, 20$

33. $26jk^4, 16jk^3, 8j^2$

Lección 10-2   Completa. En los ejercicios con dos espacios en blanco, ambos representan la misma expresión.

1. $6x + 3y = 3(\underline{\ ?\ } + y)$

2. $8x^2 - 4x = 4x(2x - \underline{\ ?\ })$

3. $12a^2b + 6a = 6a(\underline{\ ?\ } + 1)$

4. $14r^2t - 42t = 14t(\underline{\ ?\ } - 3)$

5. $24x^2 + 12y^2 = 12(\underline{\ ?\ } + y^2)$

6. $12xy + 12x^2 = \underline{\ ?\ }(y + x)$

7. $(bx + by) + (3ax + 3ay) = b(\underline{\ ?\ }) + 3a(\underline{\ ?\ })$

8. $(10x^2 - 6xy) + (15x - 9y) = 2x(\underline{\ ?\ }) + 3(\underline{\ ?\ })$

9. $(6x^3 + 6x) + (7x^2y + 7y) = 6x(\underline{\ ?\ }) + 7y(\underline{\ ?\ })$

Factoriza cada polinomio.

10. $10a^2 + 40a$

11. $15wx - 35wx^2$

12. $27a^2b + 9b^3$

13. $11x + 44x^2y$

14. $16y^2 + 8y$

15. $14mn^2 + 2mn$

16. $25a^2b^2 + 30ab^3$

17. $2m^3n^2 - 16m^2n^3 + 8mn$

18. $2ax + 6xc + ba + 3bc$

19. $6mx - 4m + 3rx - 2r$

20. $3ax - 6bx + 8b - 4a$

21. $a^2 - 2ab + a - 2b$

22. $8ac - 2ad + 4bc - bd$

23. $2e^2g + 2fg + 4e^2h + 4fh$

Lección 10-3   Completa.

1. $p^2 + 9p - 10 = (p + \underline{\ ?\ })(p - 1)$

2. $y^2 - 2y - 35 = (y + 5)(y - \underline{\ ?\ })$

3. $4a^2 + 4a - 63 = (2a - 7)(2a \underline{\ ?\ } 9)$

4. $4r^2 - 25r + 6 = (r - 6)(\underline{\ ?\ } - 1)$

5. $b^2 + 12b + 35 = (b + 5)(b + \underline{\ ?\ })$

6. $3x^2 - 7x - 6 = (3x + 2)(x \underline{\ ?\ } 7)$

7. $3a^2 - 2a - 21 = (a \underline{\ ?\ } 3)(3a + 7)$

8. $4y^2 + 11y + 6 = (\underline{\ ?\ } + 3)(y + 2)$

9. $2z^2 - 11z + 15 = (\underline{\ ?\ } - 5)(z - 3)$

10. $6n^2 + 7n - 3 = (2n + \underline{\ ?\ })(3n - 1)$

Factoriza cada trinomio si es posible. Si el trinomio no puede ser factorizado usando enteros, escribe *primo*.

11. $5x^2 - 17x + 14$

12. $a^2 - 9a - 36$

13. $x^2 + 2x - 15$

14. $n^2 - 8n + 15$

15. $b^2 + 22b + 21$

16. $c^2 + 2c - 3$

17. $x^2 - 5x - 24$

18. $2n^2 - 11n + 7$

19. $8m^2 - 10m + 3$

20. $z^2 + 15z + 36$

21. $s^2 - 13st - 30t^2$

22. $6y^2 + 2y - 2$

23. $2r^2 + 3r - 14$

24. $5x - 6 + x^2$

25. $x^2 - 4xy - 5y^2$

26. $5r^2 - 3r + 15$

27. $18v^2 + 42v + 12$

28. $4k^2 + 2k - 12$

Lección 10-4   Factoriza cada polinomio si es posible. Si el polinomio no puede ser factorizado, escribe *primo*.

1. $x^2 - 9$

2. $a^2 - 64$

3. $t^2 - 49$

4. $4x^2 - 9y^2$

5. $1 - 9z^2$

6. $16a^2 - 9b^2$

7. $8x^2 - 12y^2$

8. $a^2 - 4b^2$

9. $x^2 - y^2$

10. $75r^2 - 48$

11. $x^2 - 36y^2$

12. $3a^2 - 16$

13. $12t^2 - 75$

14. $9x^2 - 100y^2$

15. $49 - a^2b^2$

16. $12a^2 - 48$

17. $169 - 16t^2$

18. $8r^2 - 4$

19. $-45m^2 + 5$

20. $9x^4 - 16y^2$

21. $36b^2 - 64$

22. $5g^2 - 20h^2$

23. $\frac{1}{4}n^2 - 16$

24. $\frac{1}{4}t^2 - \frac{4}{9}p^2$

25. $(r - t)^2 + t^2$

26. $12x^3 - 27xy^2$

27. $0.01n^2 - 1.69r^2$

28. $0.04m^2 - 0.09n^2$

29. $(x - y)^2 - y^2$

30. $162m^4 - 32n^8$

Lección 10-5   Determina si cada trinomio es un trinomio cuadrado perfecto. Si es así, factorízalo.

1. $x^2 + 12x + 36$

2. $n^2 - 13n + 36$

3. $a^2 + 4a + 4$

4. $b^2 - 14b + 49$

5. $x^2 + 20x - 100$

6. $y^2 - 10y + 100$

7. $9b^2 - 6b + 1$

8. $4x^2 + 4x + 1$

9. $2n^2 + 17n + 21$

10. $9x^2 - 10x + 4$

11. $9y^2 + 8y - 16$

12. $4a^2 - 20a + 25$

Factoriza cada polinomio si es posible. Si el polinomio no puede ser factorizado, escribe *primo*.

13. $n^2 - 8n + 16$

14. $4k^2 - 4k + 1$

15. $x^2 + 16x + 64$

16. $t^2 - 4t + 1$

17. $x^2 + 22x + 121$

18. $s^2 + 30s + 225$

19. $1 - 10z + 25z^2$

20. $9p^2 - 56p + 49$

21. $9n^2 - 36nm + 36m^2$

22. $16a^2 + 81 - 72a$

23. $9x^2 + 12xy + 4y^2$

24. $m^2 + 16mn + 64n^2$

25. $8t^4 + 56t^3 + 98t^2$

26. $4p^2 + 12pr + 9r^2$

27. $16m^4 - 72m^2n^2 + 81n^4$

Lección 10-6   Resuelve las siguientes ecuaciones. Verifica tus soluciones.

1. $y(y - 12) = 0$

2. $2x(5x - 10) = 0$

3. $7a(a + 6) = 0$

4. $(b - 3)(b - 5) = 0$

5. $(p - 5)(p + 5) = 0$

6. $(4t + 4)(2t + 6) = 0$

7. $(3x - 5)^2 = 0$

8. $x^2 - 6x = 0$

9. $n^2 + 36n = 0$

10. $2x^2 + 4x = 0$

11. $2x^2 = x^2 - 8x$

12. $7y - 1 = -3y^2 + y - 1$

13. $\frac{1}{2}y^2 - \frac{1}{4}y = 0$

14. $\frac{5}{6}x^2 - \frac{1}{3}x = \frac{1}{3}x$

15. $\frac{2}{3}x = \frac{1}{3}x^2$

16. $\frac{3}{4}a^2 + \frac{7}{8}a = a$

17. $n^2 - 3n = 0$

18. $3x^2 - \frac{3}{4}x = 0$

19. $8a^2 = -4a$

20. $(2y + 8)(3y + 24) = 0$

21. $(4x - 7)(3x + 5) = 0$

Lección 11-1   Calcula la ecuación del eje de simetría y calcula las coordenadas del vértice de la gráfica de cada ecuación. Establece si el vértice es un punto máximo o mínimo. Luego, grafica la ecuación.

1. $y = x^2 + 6x + 8$

2. $y = -x^2 + 3x$

3. $y = -x^2 + 7$

4. $y = x^2 + x + 3$

5. $y = -x^2 + 4x + 5$

6. $y = 3x^2 + 6x + 16$

7. $y = -x^2 + 2x - 3$

8. $y = 3x^2 + 24x + 80$

9. $y = x^2 - 4x - 4$

10. $y = 5x^2 - 20x + 37$

11. $y = 3x^2 + 6x + 3$

12. $y = 2x^2 + 12x$

13. $y = x^2 - 6x + 5$

14. $y = \frac{1}{2}x^2 + 3x + \frac{9}{2}$

15. $y = \frac{1}{4}x^2 - 4x + \frac{15}{4}$

16. $y = 4x^2 - 1$

17. $y = -2x^2 - 2x + 4$

18. $y = 6x^2 - 12x - 4$

19. $y = x^2 - 1$

20. $y = -x^2 + x + 1$

21. $y = -5x^2 - 3x + 2$

22. $y = x^2 - x - 6$

23. $y = 2x^2 + 5x - 2$

24. $y = -3x^2 - 18x - 15$

Lección 11-2 Determina las raíces reales de cada ecuación cuadrática cuya función asociada se grafica a continuación.

1.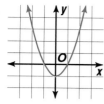

2.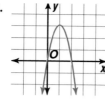

3.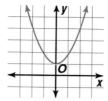

4.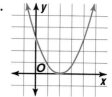

Resuelve gráficamente cada ecuación. Si no se pueden obtener raíces exactas, determina los enteros consecutivos entre los cuales se encuentran las raíces.

5. $x^2 + 2x - 3 = 0$

6. $-x^2 + 6x - 5 = 0$

7. $-a^2 - 2a + 3 = 0$

8. $2r^2 - 8r + 5 = 0$

9. $-3x^2 + 6x - 9 = 0$

10. $c^2 + c = 0$

11. $3t^2 + 2 = 0$

12. $-b^2 + 5b + 2 = 0$

13. $3x^2 + 7x = 1$

14. $x^2 + 5x - 24 = 0$

15. $8 - k^2 = 0$

16. $x^2 - 7x = 18$

17. $a^2 + 12a + 36 = 0$

18. $64 - x^2 = 0$

19. $-4x^2 + 2x = -1$

Lección 11-3 Resuelve cada ecuación usando la fórmula cuadrática. Aproxima las raíces irracionales en centésimas.

1. $x^2 - 8x - 4 = 0$

2. $x^2 + 7x + 6 = 0$

3. $x^2 + 5x - 6 = 0$

4. $y^2 - 7y - 8 = 0$

5. $m^2 - 2m = 35$

6. $4n^2 - 20n = 0$

7. $m^2 + 4m + 2 = 0$

8. $2t^2 - t - 15 = 0$

9. $5t^2 = 125$

10. $t^2 + 16 = 0$

11. $-4x^2 + 8x = -3$

12. $3k^2 + 2 = -8k$

13. $8t^2 + 10t + 3 = 0$

14. $3x^2 - \frac{5}{4}x - \frac{1}{2} = 0$

15. $-5b^2 + 3b - 1 = 0$

16. $s^2 + 8s + 7 = 0$

17. $d^2 - 14d + 24 = 0$

18. $3k^2 + 11k = 4$

19. $n^2 - 3n + 1 = 0$

20. $2z^2 + 5z - 1 = 0$

21. $3h^2 = 27$

22. $3f^2 + 2f = 6$

23. $2x^2 = 0.7x + 0.3$

24. $3w^2 - 8w + 2 = 0$

25. $2r^2 - r - 3 = 0$

26. $x^2 - 9x = 5$

27. $6t^2 - 4t - 9 = 0$

Lección 11-4 Usa una calculadora para determinar el valor aproximado de cada expresión con un error menor que una centésima.

1. $3^{1.6}$

2. $10^{-0.2}$

3. $\left(\frac{1}{3}\right)^{-1.4}$

4. $\left(\frac{2}{3}\right)^{5.1}$

5. $40(2^{-0.5})$

6. $10(2^{-1.6})$

7. $0.3(4^{0.8})$

8. $30(0.75^{-3.6})$

9. $5^{1.75}$

Grafica cada función. Determina la intersección _y_.

10. $y = 3^x + 1$

11. $y = 2^x - 5$

12. $y = 2^{x+3}$

13. $y = 3^{x+1}$

14. $y = \left(\frac{1}{4}\right)^x$

15. $y = 5\left(\frac{2}{5}\right)^x$

16. $y = 3 \cdot 2^x$

17. $y = 4 \cdot 5^x$

18. $y = 6^x$

19. $y = 3^x$

20. $y = \left(\frac{1}{8}\right)^x$

21. $y = \left(\frac{3}{4}\right)^x$

Resuelve las siguientes ecuaciones.

22. $6^{3x-4} = 6^x$

23. $3^4 = 3^{2x+2}$

24. $4^x = 4^{5x+8}$

25. $2^x = 4^{x+1}$

26. $5^{4x} = 5^{-4}$

27. $2^{x+3} = 2^{-5}$

Lección 11-5 Determina si cada ecuación exponencial representa crecimiento o disminución.

1. $y = 3.89(1.05)^x$

2. $y = 476(0.35)^x$

3. $y = 19{,}520(0.98)^x$

4. $y = 16(1.0432)^x$

5. $y = 1.01(1.099)^x$

6. $y = 84(0.03)^x$

7. Educación Marco retiró el total de $2500 de su cuenta de ahorros para pagar la matrícula de su primer semestre en la universidad. La cuenta había ganado un 12% de interés compuesto mensualmente y no se hicieron ni retiros ni depósitos adicionales.

   a. Si originalmente Marco depositó $1250, ¿hace cuánto tiempo que abrió la cuenta?

   b. Si originalmente Marco depositó $1500, ¿hace cuánto tiempo que abrió la cuenta?

8. Finanzas Erin ahorró $500 del dinero que ganó trabajando en el *Dairy Dream* el verano pasado. Depositó el dinero en un certificado de depósitos que gana un 8.75% de interés, compuesto mensualmente. Si ella renueva el CD a la misma tasa todos los años, ¿cuándo tendrá un saldo de $800 el CD de Erin?

9. Demografía En 1994, el área metropolitana de Pensacola, Florida, tenía una población de 371,000 habitantes. La tasa de crecimiento, de 1990 a 1994, fue de un 7.7%.

   a. Escribe una ecuación exponencial para el crecimiento del área.

   b. Calcula la población aproximada de Pensacola para el año 2000.

Lección 12-1 Simplifica cada expresión racional. Determina los valores excluidos de las variables.

1. $\dfrac{13a}{39a^2}$

2. $\dfrac{38x^2}{42xy}$

3. $\dfrac{14y^2z}{49yz^3}$

4. $\dfrac{p+5}{2(p+5)}$

5. $\dfrac{79a^2b}{158a^3bc}$

6. $\dfrac{a+b}{a^2-b^2}$

7. $\dfrac{y+4}{(y-4)(y+4)}$

8. $\dfrac{c^2-4}{(c+2)^2}$

9. $\dfrac{a^2-a}{a-1}$

10. $\dfrac{(w-4)(w+4)}{(w-2)(w-4)}$

11. $\dfrac{m^2-2m}{m-2}$

12. $\dfrac{x^2+4}{x^4-16}$

13. $\dfrac{r^3-r^2}{r-1}$

14. $\dfrac{3m^3}{6m^2-3m}$

15. $\dfrac{4t^2-8}{4t-4}$

16. $\dfrac{6y^3-12y^2}{12y^2-18}$

17. $\dfrac{x-3}{x^2+x-12}$

18. $\dfrac{5x^2+10x+5}{3x^2+6x+3}$

Lección 12-2 Calcula cada producto. Asume que ningún denominador tiene valor de 0.

1. $\dfrac{a^2b}{b^2c} \cdot \dfrac{c}{d}$

2. $\dfrac{6a^2n}{8n^2} \cdot \dfrac{12n}{9a}$

3. $\dfrac{2a^2d}{3bc} \cdot \dfrac{9b^2c}{16ad^2}$

4. $\dfrac{10n^3}{6x^3} \cdot \dfrac{12n^2x^4}{25n^2x^2}$

5. $\left(\dfrac{2a}{b}\right)^2 \cdot \dfrac{5c}{6a}$

6. $\dfrac{6m^3n}{10a^2} \cdot \dfrac{4a^2m}{9n^3}$

7. $\dfrac{5n-5}{3} \cdot \dfrac{9}{n-1}$

8. $\dfrac{a^2}{a-b} \cdot \dfrac{3a-3b}{a}$

9. $\dfrac{2a+4b}{5} \cdot \dfrac{25}{6a+8b}$

10. $\dfrac{4t}{4t+40} \cdot \dfrac{3t+30}{2t}$

11. $\dfrac{3k+9}{k} \cdot \dfrac{k^2}{k^2-9}$

12. $\dfrac{7xy^3}{11z^2} \cdot \dfrac{44z^3}{21x^2y}$

13. $\dfrac{3}{x-y} \cdot \dfrac{(x-y)^2}{6}$

14. $\dfrac{x+5}{3x} \cdot \dfrac{12x^2}{x^2+7x+10}$

15. $\dfrac{a^2-b^2}{4} \cdot \dfrac{16}{a+b}$

16. $\dfrac{4a+8}{a^2-25} \cdot \dfrac{a-5}{5a+10}$

17. $\dfrac{r^2}{r-s} \cdot \dfrac{r^2-s^2}{s^2}$

18. $\dfrac{a^2-b^2}{a-b} \cdot \dfrac{7}{a+b}$

Lección 12-3   Calcula cada cociente. Asume que ningún denominador tiene valor de 0.

1. $\dfrac{5m^2n}{12a^2} \div \dfrac{30m^4}{18an}$

2. $\dfrac{25g^7h}{28t^3} \div \dfrac{5g^5h^2}{42s^2t^3}$

3. $\dfrac{6a + 3b}{36} \div \dfrac{3a + 2b}{45}$

4. $\dfrac{x^2y}{18z} \div \dfrac{2yz}{3x^2}$

5. $\dfrac{p^2}{14qr^3} \div \dfrac{2r^2p}{7q}$

6. $\dfrac{5e - f}{5e + f} \div (25e^2 - f^2)$

7. $\dfrac{t^2 - 2t - 15}{t - 5} \div \dfrac{t + 3}{t + 5}$

8. $\dfrac{5x + 10}{x + 2} \div (x + 2)$

9. $\dfrac{3d}{2d^2 - 3d} \div \dfrac{9}{2d - 3}$

10. $\dfrac{3v^2 - 27}{15v} \div \dfrac{v + 3}{v^2}$

11. $\dfrac{3g^2 + 15g}{4} \div \dfrac{g + 5}{g^2}$

12. $\dfrac{b^2 - 9}{4b} \div (b - 3)$

13. $\dfrac{p^2}{y^2 - 4} \div \dfrac{p}{2 - y}$

14. $\dfrac{k^2 - 81}{k^2 - 36} \div \dfrac{k - 9}{k + 6}$

15. $\dfrac{2a^3}{a + 1} \div \dfrac{a^2}{a + 1}$

16. $\dfrac{x^2 - 16}{16 - x^2} \div \dfrac{7}{x}$

17. $\dfrac{y}{5} \div \dfrac{y^2 - 25}{5 - y}$

18. $\dfrac{3m}{m + 1} \div (m - 2)$

Lección 12-4   Calcula los siguientes cocientes.

1. $(2x^2 - 11x - 20) \div (2x + 3)$

2. $(a^2 + 7a + 12) \div (a + 3)$

3. $(m^2 + 9m + 20) \div (m + 5)$

4. $(x^2 - 2x - 35) \div (x - 7)$

5. $(c^2 + 12c + 36) \div (c + 9)$

6. $(y^2 - 2y - 30) \div (y + 7)$

7. $(3t^2 - 14t - 24) \div (3t + 4)$

8. $(2r^2 - 3r - 35) \div (2r + 7)$

9. $\dfrac{12n^2 + 36n + 15}{6n + 3}$

10. $\dfrac{10x^2 + 29x + 21}{5x + 7}$

11. $\dfrac{4t^3 + 17t^2 - 1}{4t + 1}$

12. $\dfrac{2a^3 + 9a^2 + 5a - 12}{a + 3}$

13. $\dfrac{4m^3 + 5m - 21}{2m - 3}$

14. $\dfrac{6t^3 + 5t^2 + 12}{2t + 3}$

15. $\dfrac{27c^2 - 24c + 8}{9c - 2}$

16. $\dfrac{3b^3 + 8b^2 + b - 7}{b + 2}$

17. $\dfrac{t^3 - 19t + 9}{t - 4}$

18. $\dfrac{9d^3 + 5d - 8}{3d - 2}$

Lección 12-5   Calcula cada suma o diferencia. Expresa los resultados en forma reducida.

1. $\dfrac{4}{z} + \dfrac{3}{z}$

2. $\dfrac{a}{12} + \dfrac{2a}{12}$

3. $\dfrac{5}{2t} + \dfrac{-7}{2t}$

4. $\dfrac{y}{2} + \dfrac{y}{2}$

5. $\dfrac{b}{x} + \dfrac{2}{x}$

6. $\dfrac{5x}{24} - \dfrac{3x}{24}$

7. $\dfrac{7p}{p} - \dfrac{8p}{p}$

8. $\dfrac{8k}{5m} - \dfrac{3k}{5m}$

9. $\dfrac{y}{2} + \dfrac{y - 6}{2}$

10. $\dfrac{a + 2}{6} - \dfrac{a + 3}{6}$

11. $\dfrac{8}{m - 2} - \dfrac{6}{m - 2}$

12. $\dfrac{x}{x + 1} + \dfrac{1}{x + 1}$

13. $\dfrac{2n}{2n - 5} + \dfrac{5}{5 - 2n}$

14. $\dfrac{y}{b + 6} - \dfrac{2y}{b + 6}$

15. $\dfrac{x - y}{2 - y} + \dfrac{x + y}{y - 2}$

16. $\dfrac{r^2}{r - s} + \dfrac{s^2}{r - s}$

17. $\dfrac{12n}{3n + 2} + \dfrac{8}{3n + 2}$

18. $\dfrac{6x}{x + y} + \dfrac{6y}{x + y}$

Lesson 12-6 Calcula las siguientes sumas o diferencias.

1. $\dfrac{s}{3} + \dfrac{2s}{7}$

2. $\dfrac{5}{2a} + \dfrac{-3}{6a}$

3. $\dfrac{2n}{5} - \dfrac{3m}{4}$

4. $\dfrac{6}{5x} + \dfrac{7}{10x^2}$

5. $\dfrac{3z}{7w^2} - \dfrac{2z}{w}$

6. $\dfrac{s}{t^2} - \dfrac{r}{3t}$

7. $\dfrac{5}{xy} + \dfrac{6}{yz}$

8. $\dfrac{2}{t} + \dfrac{t+3}{s}$

9. $\dfrac{a}{a-b} + \dfrac{b}{2b+3a}$

10. $\dfrac{a}{a^2-4} - \dfrac{4}{a+2}$

11. $\dfrac{4a}{2a+6} + \dfrac{3}{a+3}$

12. $\dfrac{m}{1(m-n)} - \dfrac{5}{m}$

13. $\dfrac{-3}{a-5} + \dfrac{-6}{a^2-5a}$

14. $\dfrac{3t+2}{3t-6} - \dfrac{t+2}{t^2-4}$

15. $\dfrac{y+5}{y-5} + \dfrac{2y}{y^2-25}$

16. $\dfrac{-18}{y^2-9} + \dfrac{7}{3-y}$

17. $\dfrac{c}{c^2-4c} - \dfrac{5c}{c-4}$

18. $\dfrac{t+10}{t^2-100} + \dfrac{1}{t-10}$

Lección 12-7 Escribe cada expresión mixta como una expresión racional.

1. $4 + \dfrac{2}{x}$

2. $8 + \dfrac{5}{3t}$

3. $3b + \dfrac{b+1}{2b}$

4. $2n + \dfrac{4+n}{n}$

5. $a^2 + \dfrac{2}{a-2}$

6. $3r^2 + \dfrac{4}{2r+1}$

Simplifica.

7. $\dfrac{3\frac{1}{2}}{4\frac{3}{4}}$

8. $\dfrac{\frac{x^2}{y}}{\frac{y}{x^3}}$

9. $\dfrac{\frac{t^4}{u}}{\frac{t^3}{u^2}}$

10. $\dfrac{\frac{x^3}{y^2}}{\frac{x+y}{x-y}}$

11. $\dfrac{\frac{y}{3}+\frac{5}{6}}{2+\frac{5}{y}}$

12. $\dfrac{\frac{1}{x}+\frac{1}{y}}{\frac{1}{y}-\frac{1}{x}}$

13. $\dfrac{\frac{t-2}{t^2-4}}{t^2+5t+6}$

14. $\dfrac{\frac{y^2-1}{y^2+3y-4}}{y+1}$

Lección 12-8 Resuelve las siguientes ecuaciones.

1. $\dfrac{k}{6} + \dfrac{2k}{3} = -\dfrac{5}{2}$

2. $\dfrac{3x}{5} + \dfrac{3}{2} = \dfrac{7x}{10}$

3. $\dfrac{18}{b} = \dfrac{3}{b} + 3$

4. $\dfrac{3}{5x} + \dfrac{7}{2x} = 1$

5. $\dfrac{2a-3}{6} = \dfrac{2a}{3} + \dfrac{1}{2}$

6. $\dfrac{x+1}{x} + \dfrac{x+4}{x} = 6$

7. $\dfrac{2b-3}{7} - \dfrac{b}{2} = \dfrac{b+3}{14}$

8. $\dfrac{2y}{y-4} - \dfrac{3}{5} = 3$

9. $\dfrac{2t}{t+3} + \dfrac{3}{t} = 2$

10. $\dfrac{5x}{x+1} + \dfrac{1}{x} = 5$

11. $\dfrac{r-1}{r+1} - \dfrac{2r}{r-1} = -1$

12. $\dfrac{m}{m+1} + \dfrac{5}{m-1} = 1$

13. $\dfrac{5}{5-p} - \dfrac{p^2}{5-p} = -2$

14. $\dfrac{14}{b-6} = \dfrac{1}{2} + \dfrac{6}{b-8}$

15. $\dfrac{r}{3r+6} - \dfrac{r}{5r+10} = \dfrac{2}{5}$

16. $\dfrac{4x}{2x+3} - \dfrac{2x}{2x-3} = 1$

17. $\dfrac{2a-3}{a-3} - 2 = \dfrac{12}{a+2}$

18. $\dfrac{z+3}{z-1} + \dfrac{z+1}{z-3} = 2$

Lección 13-1 Si *c* es la medida de la hipotenusa de un triángulo rectángulo, calcula todas las medidas que faltan. Redondea las respuestas en centésimas.

1. $b = 20, c = 29, a = ?$

2. $a = 7, b = 24, c = ?$

3. $a = 2, b = 6, c = ?$

4. $b = 10, c = \sqrt{200}, a = ?$

5. $a = 3, c = 3\sqrt{2}, b = ?$

6. $a = 6, c = 14, b = ?$

7. $a = \sqrt{11}, c = \sqrt{47}, b = ?$

8. $a = \sqrt{13}, b = 6, c = ?$

9. $a = \sqrt{6}, b = 3, c = ?$

10. $b = \sqrt{75}, c = 10, a = ?$

11. $b = 9, c = \sqrt{130}, a = ?$

12. $a = 9, c = 15, b = ?$

13. $b = 5, c = 11, a = ?$

14. $a = \sqrt{33}, b = 4, c = ?$

Determina si las siguientes medidas de lado formarían triángulos rectángulos.

15. 14, 48, 50

16. 20, 30, 40

17. 21, 72, 75

18. $5, 12, \sqrt{119}$

19. 15, 39, 36

20. $\sqrt{5}, 12, 13$

21. $10, 12, \sqrt{22}$

22. 2, 3, 4

23. $\sqrt{7}, 8, \sqrt{71}$

Lección 13-2 Simplifica. Conserva la forma radical y usa símbolos de valor absoluto cuando sea necesario.

1. $\sqrt{50}$

2. $\sqrt{20}$

3. $\sqrt{162}$

4. $\sqrt{700}$

5. $\dfrac{\sqrt{3}}{\sqrt{5}}$

6. $\dfrac{\sqrt{72}}{\sqrt{6}}$

7. $\sqrt{\dfrac{8}{7}}$

8. $\sqrt{\dfrac{7}{32}}$

9. $\sqrt{10} \cdot \sqrt{20}$

10. $\sqrt{7} \cdot \sqrt{3}$

11. $6\sqrt{2} \cdot \sqrt{3}$

12. $5\sqrt{6} \cdot 2\sqrt{3}$

13. $\sqrt{4x^4y^3}$

14. $\sqrt{200m^2y^3}$

15. $\sqrt{12ts^3}$

16. $\sqrt{175a^4b^6}$

17. $\sqrt{\dfrac{54}{g^2}}$

18. $\sqrt{99x^3y^7}$

19. $\sqrt{\dfrac{32c^5}{9d^2}}$

20. $\sqrt{\dfrac{27p^4}{3p^2}}$

21. $\dfrac{1}{3 + \sqrt{5}}$

22. $\dfrac{2}{\sqrt{3} - 5}$

23. $\dfrac{\sqrt{3}}{\sqrt{3} - 5}$

24. $\dfrac{\sqrt{6}}{7 - 2\sqrt{3}}$

25. $(\sqrt{p} + \sqrt{10})^2$

26. $(2\sqrt{5} + \sqrt{7})(2\sqrt{5} - \sqrt{7})$

27. $(t - 2\sqrt{3})(t - \sqrt{3})$

Lección 13-3 Simplifica.

1. $3\sqrt{11} + 6\sqrt{11} - 2\sqrt{11}$

2. $6\sqrt{13} + 7\sqrt{13}$

3. $2\sqrt{12} + 5\sqrt{3}$

4. $9\sqrt{7} - 4\sqrt{2} + 3\sqrt{2} + 5\sqrt{7}$

5. $3\sqrt{5} - 5\sqrt{3}$

6. $4\sqrt{8} - 3\sqrt{5}$

7. $2\sqrt{27} - 4\sqrt{12}$

8. $8\sqrt{32} + 4\sqrt{50}$

9. $\sqrt{45} + 6\sqrt{20}$

10. $2\sqrt{63} - 6\sqrt{28} + 8\sqrt{45}$

11. $14\sqrt{3t} + 8\sqrt{3t}$

12. $7\sqrt{6x} - 12\sqrt{6x}$

13. $5\sqrt{7} - 3\sqrt{28}$

14. $7\sqrt{8} - \sqrt{18}$

15. $7\sqrt{98} + 5\sqrt{32} - 2\sqrt{75}$

16. $4\sqrt{6} + 3\sqrt{2} - 2\sqrt{5}$

17. $-3\sqrt{20} + 2\sqrt{45} - \sqrt{7}$

18. $4\sqrt{75} + 6\sqrt{27}$

19. $10\sqrt{\dfrac{1}{5}} - \sqrt{45} - 12\sqrt{\dfrac{5}{9}}$

20. $\sqrt{15} - \sqrt{\dfrac{3}{5}}$

21. $3\sqrt{\dfrac{1}{3}} - 9\sqrt{\dfrac{1}{12}} + \sqrt{243}$

Lección 13-4 Resuelve cada ecuación. Verifica tu solución.

1. $\sqrt{5x} = 5$
2. $4\sqrt{7} = \sqrt{-m}$
3. $\sqrt{t} - 5 = 0$
4. $\sqrt{3b} + 2 = 0$
5. $\sqrt{x-3} = 6$
6. $5 - \sqrt{3x} = 1$
7. $2 + 3\sqrt{y} = 13$
8. $\sqrt{3g} = 6$
9. $\sqrt{a} - 2 = 0$
10. $\sqrt{2j} - 4 = 8$
11. $5 + \sqrt{x} = 9$
12. $\sqrt{5y+4} = 7$
13. $7 + \sqrt{5c} = 9$
14. $2\sqrt{5t} = 10$
15. $\sqrt{44} = 2\sqrt{p}$
16. $4\sqrt{x-5} = 15$
17. $4 - \sqrt{x-3} = 9$
18. $\sqrt{10x^2 - 5} = 3x$
19. $\sqrt{2a^2 - 144} = a$
20. $\sqrt{3y+1} = y - 3$
21. $\sqrt{2x^2 - 12} = x$
22. $\sqrt{b^2 + 16} + 2b = 5b$
23. $\sqrt{m+2} + m = 4$
24. $\sqrt{3 - 2c} + 3 = 2c$

Lección 13-5 Calcula la distancia entre cada par de puntos con coordenadas dadas. Expresa las respuestas en forma radical reducida y como aproximaciones decimales redondeadas en centésimas.

1. $(4, 2), (-2, 10)$
2. $(-5, 1), (7, 6)$
3. $(4, -2), (1, 2)$
4. $(-2, 4), (4, -2)$
5. $(3, 1), (-2, -1)$
6. $(-2, 4), (7, -8)$
7. $(-5, 0), (-9, 6)$
8. $(5, -1), (5, 13)$
9. $(2, -3), (10, 8)$
10. $(-7, 5), (2, -7)$
11. $(-6, -2), (-5, 4)$
12. $(8, -10), (3, 2)$
13. $(4, -3), (7, -9)$
14. $(6, 3), (9, 7)$
15. $(10, 0), (9, 7)$
16. $(2, -1), (-3, 3)$
17. $(-5, 4), (3, -2)$
18. $(0, -9), (0, 7)$
19. $(-1, 7), (8, 4)$
20. $(-9, 2), (3, -3)$
21. $(3\sqrt{2}, 7), (5\sqrt{2}, 9)$
22. $(6, 3), (10, 0)$
23. $(3, 6), (5, -5)$
24. $(-4, 2), (5, 4)$

Lección 13-6 Calcula el valor de c que haga cada trinomio un cuadrado perfecto.

1. $a^2 + 6a + c$
2. $x^2 + 10x + c$
3. $t^2 + 12t + c$
4. $y^2 - 9y + c$
5. $p^2 - 14p + c$
6. $b^2 + 5b + c$

Resuelve cada ecuación completando el cuadrado. Deja las raíces irracionales en forma radical reducida.

7. $x^2 - 4x = 5$
8. $t^2 + 12t - 45 = 0$
9. $b^2 + 4b - 12 = 0$
10. $a^2 - 8a - 84 = 0$
11. $c^2 + 6 = -5c$
12. $t^2 - 7t = -10$
13. $p^2 - 8p + 5 = 0$
14. $a^2 + 4a + 2 = 0$
15. $2y^2 + 7y - 4 = 0$
16. $t^2 + 3t = 40$
17. $x^2 + 8x - 9 = 0$
18. $y^2 + 5y - 84 = 0$
19. $x^2 + 2x - 6 = 0$
20. $t^2 + 12t + 32 = 0$
21. $2x - 3x^2 = -8$
22. $2y^2 - y - 9 = 0$
23. $2z^2 - 5z - 4 = 0$
24. $4t^2 - 6t - \frac{1}{2} = 0$

Escribe una expresión algebraica para cada expresión verbal.

1. la suma de un número x más 13

2. el recíproco de un número x al cuadrado

3. el cubo de un número x menos 7

4. el producto de 5 por un número x al cuadrado

Halla los próximos dos ítemes para cada patrón.

5.

6. 4, 7, 10, 13, . . .

7. 2, 5, 10, 17, . . .

Calcula las siguientes expresiones.

8. $5^2 - 12$

9. $(0.5)^3 + 2 \cdot 7$

10. $\frac{2}{5}(16 - 9)$

Calcula cada expresión siendo $a = 2$, $b = 0.5$, $c = 3$ y $d = \frac{4}{3}$.

11. $a^2b + c$

12. $(cd)^3$

13. $(a + d)c$

Resuelve las siguientes ecuaciones.

14. $y = (4.5 + 0.8) - 3.2$

15. $4^2 - 3(4 - 2) = y$

16. $\frac{2^3 - 1^3}{2 + 1} = y$

Identifica la propiedad que ilustra cada enunciado.

17. $a = a + 0$

18. $\frac{1}{a} \cdot a = 1$

19. Si $a = b$ y $b = c$, entonces $a = c$.

20. $a(bc) = (ab)c$

21. $8(st) = 8(ts)$

22. $7y + 5x - 4y = 5x + 7y - 4y$

Simplifica las siguientes expresiones.

23. $2m + 3m$

24. $4x + 2y - 2x + y$

25. $3(2a + b) - 1.5a - 1.5b$

Usa la siguiente gráfica de tallo y hojas para completar los Ejercicios 26–27.

Tallo	Hoja
1	1 4 6 8 8
2	0 3 3 3 5 7 9
3	0 0 2 6 $2\|4 = 24$

26. Haz una lista del conjunto de datos representados por la gráfica a la izquierda.

27. ¿Qué número se usa más frecuentemente?

Haz un esquema de una gráfica consistente con cada una de las siguientes situaciones.

28. Una pelota de básquetbol es arrojada desde la línea de tiro libre y pasa a través de la red.

29. Un "slammer" cae en un montón de "pogs" y rebota.

30. Un niño crece hasta llegar a la edad adulta.

Resuelve.

31. **Viajes** Si un auto viaja a una velocidad promedio de 50 millas por hora, ¿qué distancia puede recorrer el auto en 5 horas? Usa la fórmula de la distancia $d = r \cdot t$.

32. **Geometría** Si el área de un círculo está dada por la ecuación $A = \pi r^2$, calcula el área, si el radio mide 4 pulgadas. (Usa 3.14 para π.)

33. Si un granjero quiere colocar una cerca alrededor de su jardín rectangular que mide 11 yardas por 14 yardas, ¿cuántas yardas de cerca necesitará?

Calcula las siguientes sumas o diferencias.

1. $12 - 19$

2. $-21 + (-34)$

3. $1.654 + (-2.367)$

4. $-\frac{7}{16} - \frac{3}{8}$

5. $18b + 13xy - 46b$

6. $6.32 - (-7.41)$

7. $\frac{5}{8} + \left(-\frac{3}{16}\right) + \left(-\frac{3}{4}\right)$

8. $32y + (-73y)$

9. $\left| -28 + (-13) \right|$

10. $\begin{bmatrix} -8 & 5 \\ 2 & -3 \end{bmatrix} + \begin{bmatrix} 3 & 6 \\ -4 & -7 \end{bmatrix}$

11. $\begin{bmatrix} 1 & 0 \\ -9 & 3 \end{bmatrix} - \begin{bmatrix} 5 & 8 \\ -4 & 2 \end{bmatrix}$

Calcula las siguientes expresiones.

12. $-x - 38$, si $x = -2$

13. $\left| -\frac{1}{2} + z \right|$, si $z = \frac{1}{4}$

14. $mp - k$, si $m = -12$, $p = 1.5$, y $k = -8$

15. $w^2 - 15$, si $w = 5$

Reemplaza cada _?_ con <, > o = para que los siguientes enunciados sean verdaderos.

16. -14 _?_ -15

17. $\frac{9}{20}$ _?_ $\frac{7}{15}$

18. -4.65 _?_ -4.45

Calcula un número entre los números dados.

19. $-\frac{2}{3}$ y $-\frac{9}{14}$

20. $\frac{4}{7}$ y $\frac{9}{4}$

21. $\frac{12}{7}$ y $\frac{15}{8}$

Simplifica.

22. $\frac{8(-3)}{2}$

23. $(-5)(-2)(-2) - (-6)(-3)$

24. $\frac{2}{3}\left(\frac{1}{2}\right) - \left(-\frac{3}{2}\right)\left(-\frac{2}{3}\right)$

25. $\frac{70x - 30y}{-5}$

26. $\frac{7}{\frac{-2}{5}}$

27. $\frac{3}{4}(8x + 12y) - \frac{5}{7}(21x - 35y)$

Calcula las siguientes raíces cuadradas. De ser necesario, usa una calculadora. Redondea en centésimas si el resultado no es un número entero.

28. $\pm\sqrt{\frac{16}{81}}$

29. $\sqrt{40}$

30. $\sqrt{2.89}$

31. Las estaturas en pulgadas de los estudiantes en una clase de salud son 65, 63, 68, 66, 72, 61, 62, 63, 59, 58, 61, 74, 65, 63, 71, 60, 62, 63, 71, 70, 59, 66, 61, 62, 68, 69, 64, 63, 70, 61, 68, y 67.

 a. Construye un esquema lineal de los datos sobre las estaturas de los estudiantes en la clase de salud.

 b. ¿Cuál era la estatura más común de los estudiantes en esta clase?

32. Define una variable y escribe una ecuación para el siguiente problema. *No lo resuelvas.*
 Cada semana, durante varias semanas, las tiendas *Save-a-Buck* rebajaron $18.25 del precio de un sofá. El precio original era $380.25. El precio final rebajado fue $252.50. ¿Durante cuántas semanas estuvo en oferta el sofá?

33. Traduce $r = (a - b)^3$ en un enunciado verbal.

Resuelve las siguientes ecuaciones. Luego, verifica tu solución.

1. $-15 - k = 8$

2. $-1.2\,x = 7.2$

3. $\frac{3}{4}y = -27$

4. $\frac{t - 7}{4} = 11$

5. $-12 = 7 - \frac{y}{3}$

6. $k - 16 = -21$

7. $t - (-3.4) = -5.3$

8. $-3(x + 5) = 8x + 18$

9. $2 - \frac{1}{4}(b - 12) = 9$

10. $\frac{r}{5} - 3 = \frac{2r}{5} + 16$

11. $25 - 7w = 46$

12. $-w + 11 = 4.6$

Calcula la media, la mediana y la modal para cada conjunto de datos.

13. 67, 31, 15, 49, 31, 35, 42, 27

14.

Tallo	Hojas
18	0 5 8
19	3 3 4 4
20	8 8 9
21	4 5 5 5 9 $19 \mid 4 = 194$

Define una variable, escribe una ecuación y resuelve cada problema.

15. La suma de dos enteros es -23. Un entero es -84. Calcula el otro entero.

16. Menos dos tercios de un número es ocho quintos. ¿Cuál es el número?

17. ¿Qué número menos 37 es -65?

18. Las medidas de dos ángulos de un triángulo son 23° y 121°. Calcula la medida del tercer ángulo.

19. Halla dos enteros impares consecutivos cuya suma sea 172.

Resuelve las siguientes ecuaciones o fórmulas para las variables especificadas.

20. $h = at - 0.25vt^2$, por a

21. $A = \frac{1}{2}(b + B)h$, por h

Resuelve.

22. Geometría   Uno de dos ángulos suplementarios mide 37° menos que el otro ángulo multiplicado por cuatro. Calcula la medida de cada ángulo.

23. Calificaciones   James obtuvo un puntaje cumulativo de 338 puntos después de sus cuatro exámenes, cada uno de los cuales valía 100 puntos. ¿Cuál es el mínimo puntaje que debería obtener en su próximo examen de capítulo para tener un promedio de 82%?

24. Existencia de mercaderías   Una tienda tiene 49 cajas de yogur, algunas de sabor natural, otras con gusto a arándano. Hay una cantidad seis veces mayor de cajas de yogur natural que de yogur con sabor. ¿Cuántas cajas de yogur natural hay?

25. Consumo   Teri fue a *SuperValue* a comprar abarrotes. El total del importe a pagar fue de $8.51. Compró 2 libras de uvas a $0.99 la libra, un galón de leche por $2.59, y tres latas de jugo de naranjas. Utilizó un cupón con el que se le descontó 50 centavos por las tres latas de jugo de naranjas. ¿Cuánto costaba cada lata de jugo de naranjas?

Resuelve las siguientes proporciones.

1. $\dfrac{2}{5} = \dfrac{x-3}{-2}$

2. $\dfrac{n}{4} = \dfrac{3.25}{52}$

3. $\dfrac{x-3}{x+5} = \dfrac{9}{11}$

4. $\dfrac{x+1}{-3} = \dfrac{x-4}{5}$

Resuelve.

5. Calcula el 6.5% de 80.

6. ¿Qué porcentaje de 126 es 42?

7. ¿De qué número es 84 el 60%?

8. ¿Qué número menos el 20% es 16?

9. ¿Qué porcentaje de 8 es 24?

10. ¿54 es 20% más que cuál número?

11. Un precio disminuyó de $60 a $45. Calcula el porcentaje de disminución.

12. El precio en dólares p menos un 15% de descuento es $3.40. Calcula p.

$\triangle ABC$ y $\triangle JKH$ son semejantes. Calcula las medidas de los lados restantes de cada conjunto.

13. $c = 20, h = 15, k = 16, j = 12$

14. $c = 12, b = 13, a = 6, h = 10$

15. $k = 5, c = 6.5, b = 7.5, a = 4.5$

16. $h = 1\frac{1}{2}, c = 4\frac{1}{2}, k = 2\frac{1}{4}, a = 3$

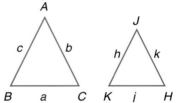

Resuelve cada triángulo rectángulo. Determina las longitudes de los lados con una precisión de una décima y las medidas de los ángulos con una precisión de un grado.

17.

18.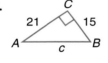

19.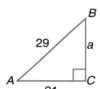

20.

Resuelve.

21. Música Durante una secuencia de 20 canciones en una estación de radio, se tocaron, al azar, 8 rock suaves, 7 rock intensos y 5 canciones raperas. Tú sintonizas la estación. Calcula las siguientes probabilidades:

a. de que toquen un rock intenso

b. de que toquen una canción rapera

c. de que toquen un rock suave o un rock intenso

22. Dos edificios están separados por una calle. Joe mira desde una ventana, a 60 pies por encima del suelo desde uno de los edificios. Él observa que la medida del ángulo de depresión de la base del otro edificio es de 50° y el ángulo de elevación de la parte superior es de 40°. ¿Cuál es la altura del segundo edificio?

23. Finanzas Gladys depositó dinero en el banco con un interés anual del 6.5%. Después de 6 meses, recibió $7.80 de interés. ¿Cuánto dinero depositó inicialmente?

24. Estéreo Larry quiere comprar un estéreo que cuesta $399. Dado que él es un empleado de la tienda, recibe un 15% de descuento. También tiene que pagar un 6% de impuesto de venta. Si el descuento se calcula primero, ¿cuál es el costo total del estéreo de Larry?

25. Viajes En el mismo momento en que Kris sale de Washington, D.C., rumbo a Detroit, Michigan, Amy sale de Detroit rumbo a Washington, D.C. La distancia entre las ciudades es de 510 millas. El promedio de velocidad de Amy es 5 millas por hora más rápido que el de Kris. ¿Cuál es la velocidad promedio de Kris si ellas se cruzan después de 6 horas?

1. Representa gráficamente $K(0, -5)$, $M(3, -5)$, and $N(-2, -3)$.

2. Indica el cuadrante en el que está ubicado $P(-5, 1)$.

Expresa las relaciones indicadas en cada tabla, relación o gráfica como un conjunto de pares ordenados. Luego, establece el dominio, la amplitud y el inverso de la relación.

3.

x	f(x)
0	−1
2	4
4	5
6	10

4.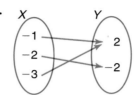

5.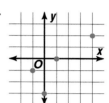

Resuelve las siguientes ecuaciones si el dominio es {−2, −1, 0, 2, 4}.

6. $y = -4x + 10$

7. $4 - 2x = 5y$

8. $-x + 3y = 1$

Grafica las siguientes ecuaciones.

9. $x + 2y = -1$

10. $-3x = 5 - y$

11. $-4 = x - \frac{1}{2}y$

Determina si las siguientes relaciones son funciones.

12. $\{(2, 4), (3, 2), (4, 6), (5, 4)\}$

13. $8y = 7 + 3x$

Si $f(x) = -2x + 5$ y $g(x) = x^2 - 4x + 1$, calcula los siguientes valores.

14. $f\left(\frac{1}{2}\right)$

15. $g(-2)$

16. $-2g(3)$

Escribe una ecuación para cada relación.

17.

x	1	2	3	4	7
y	3	8	13	18	33

18.

x	1	3	5	7	9	11	13
y	5	17	29	41	53	65	77

Resuelve.

19. **Escuela** A continuación se dan las notas de Art y Gina en el examen de álgebra.
Art: 87, 54, 78, 97, 65, 82, 75, 68, 82, 73, 66, 75
Gina: 70, 80, 57, 100, 73, 74, 65, 77, 91, 69, 71, 76
a. Calcula la amplitud y la amplitud intercuartílica para cada conjunto de notas.
b. Identifica los valores atípicos.
c. ¿Cuál de los dos tuvo las notas más consistentes?

20. **Ventas** Cuando usas el servicio de taxi de Jay, un viaje de dos millas cuesta $6.30, un viaje de cinco millas cuesta $11.25 y un viaje de diez millas cuesta $19.50. Escribe una ecuación para describir esta relación y úsala para calcular el precio de un viaje de una milla.

PRUEBA DEL CAPÍTULO 6

Determina la pendiente de la recta que pasa por los siguientes pares de puntos.

1. $(5, 8), (-3, 7)$

2. $(-2, 5), (2, 9)$

Calcula la pendiente y las intersecciones axiales de las gráficas de las siguientes ecuaciones.

3. $x - 8y = 3$

4. $3x - 2y = 9$

5. $y = 7$

Grafica las siguientes ecuaciones.

6. $4x - 3y = 24$

7. $2x + 7y = 16$

8. $y = \frac{2}{3}x + 3$

Determina si las gráficas de cada par de ecuaciones son *paralelas*, *perpendiculares* o *ninguna* de las dos.

9. $y = 4x - 11$
$2y + 1 = 8x$

10. $-7y = 4x + 14$
$7x - 4y = -12$

Escribe una ecuación en forma estándar de la recta que satisface las condiciones dadas.

11. pasa por $(2, 5)$ y $(8, -3)$

12. pasa por $(-2, -1)$ y $(6, -4)$

13. tiene pendiente 2 e intersección $y = 3$

14. tiene intersección $y = -4$ y pasa por $(5, -3)$

15. pendiente $= \frac{3}{4}$ y pasa por $(6, -2)$

16. paralela a $6x - y = 7$ y pasa por $(-2, 8)$

Escribe una ecuación en forma pendiente-intersección de la recta que satisface las condiciones dadas.

17. pasa por $(4, -2)$ y el origen

18. pasa por $(-2, -5)$ y $(8, -3)$

19. pasa por $(6, 4)$, con intersección $y = -2$

20. pendiente $= -\frac{2}{3}$ e intersección $y = 5$

21. pendiente $= 6$ y pasa por $(-3, -4)$

22. perpendicular a $5x - 3y = 9$ y pasa por el origen

23. paralela a $3x + 7y = 4$ y pasa por $(5, -2)$

24. perpendicular a $x + 3y = 7$ y pasa por $(5, 2)$

25. Calcula las coordenadas del otro extremo del segmento AB dados $A(-2, -7)$ y punto medio $M(6, -5)$.

26. La siguiente tabla muestra el número de estudiantes, por computadora, en los salones de clases americanos desde 1983.

Año excolar	Estudiantes por computadora	Año excolar	Estudiantes por computadora
1983–84	125	1989–90	22
1984–85	75	1990–91	20
1985–86	50	1991–92	18
1986–87	37	1992–93	16
1987–88	32	1993–94	14
1988–89	25	1994–95	12

a. Haz un diagrama de dispersión correspondiente a los datos.

b. Describe la correlación entre las variables.

c. ¿Es el mejor modelo para estos datos una recta? Explica tu respuesta.

Resuelve las siguientes desigualdades. Luego, verifica tu solución.

1. $-12 \leq d + 7$

2. $7x < 6x - 11$

3. $z - 1 \geq 2z - 3$

4. $5 - 4b > -23$

5. $-\frac{2}{3}r \leq \frac{7}{12}$

6. $8y + 3 < 13y - 9$

7. $8(1 - 2z) \leq 25 + z$

8. $0.3(m + 4) > 0.5(m - 4)$

9. $\frac{2n - 3}{-7} \leq 5$

10. $y + \frac{5}{8} > \frac{11}{24}$

Resuelve las siguientes desigualdades compuestas. Luego, grafica el conjunto de solución.

11. $x + 1 > -2$ y $3x < 6$

12. $2n + 1 \geq 15$ ó $2n + 1 \leq -1$

13. $8 + 3t > 2$ y $-12 > 11t - 1$

14. $|2x - 1| < 5$

15. $|5 - 3b| \geq 1$

16. $|3 - 5y| < 8$

Define una variable, escribe una desigualdad y resuelve cada problema. Luego, verifica tu solución.

17. El doble de un número sustraído de 12 no es menor que ese número incrementado en 27 unidades.

18. Siete menos que el doble de un número está entre 71 y 83.

19. El producto de dos enteros no es menor que 30. Uno de los enteros es 6. ¿Cuál es el otro entero?

20. El promedio de cuatro enteros impares consecutivos es menor que 20. ¿Cuáles son los enteros más grandes que satisfacen esta condición?

Grafica las siguientes desigualdades.

21. $y \geq 5x + 1$

22. $x - 2y > 8$

23. $3x - 2y < 6$

Resuelve.

24. Negocios Dos hombres y tres mujeres están esperando para tener una entrevista laboral. Hay solamente suficiente tiempo para entrevistar a dos personas antes del almuerzo. Se eligen a dos personas al azar.

a. ¿Cuál es la probabilidad de que ambas personas sean mujeres?

b. ¿Cuál es la probabilidad de que al menos una persona sea mujer?

c. Qué es más probable: ¿que una de las personas sea una mujer y la otra un hombre o que ambas personas sean o bien hombres o bien mujeres?

25. Seguridad contra incendios El consejo municipal de McBride está investigando la eficiencia del cuerpo de bomberos. Se estudió el tiempo que tarda el cuerpo de bomberos para responder a una alarma de incendio. Se determinó que los tiempos de respuesta en minutos para 17 alarmas fueron los siguientes:

$$1, \ 3, \ 2, \ 2, \ 1, \ 9, \ 4, \ 6, \ 1, \ 10, \ 1, \ 4, \ 5, \ 10, \ 1, \ 3, \ 6$$

a. Dibuja un diagrama de caja y patillas correspondiente a los datos.

b. ¿Entre cuáles dos valores de los datos está el 50% medio de los datos?

Grafica cada sistema de ecuaciones. Luego, determina si el sistema tiene *una* solución, *ninguna* solución o *infinitamente muchas* soluciones. Si el sistema tiene una solución, determínala.

1. $y = x + 2$

$y = 2x + 7$

2. $x + 2y = 11$

$x = 14 - 2y$

3. $2x + 5y = 16$

$5x - 2y = 11$

4. $3x + y = 5$

$2y - 10 = -6x$

5. $y + 2x = -1$

$y - 4 = -2x$

6. $2x + y = -4$

$5x + 3y = -6$

Usa la sustitución o la eliminación para resolver los siguientes sistemas de ecuaciones.

7. $y = 7 - x$

$x - y = -3$

8. $x = 2y - 7$

$y - 3x = -9$

9. $x + y = 8$

$x - y = 2$

10. $3x - y = 11$

$x + 2y = -36$

11. $3x + y = 10$

$3x - 2y = 16$

12. $5x - 3y = 12$

$-2x + 3y = -3$

13. $2x + 5y = 12$

$x - 6y = -11$

14. $x + y = 6$

$3x - 3y = 13$

15. $3x + \frac{1}{3}y = 10$

$2x - \frac{5}{3}y = 35$

16. $8x - 6y = 14$

$6x - 9y = 15$

17. $5x - y = 1$

$y = -3x + 1$

18. $7x + 3y = 13$

$3x - 2y = -1$

Resuelve los siguientes sistemas de desigualdades por medio de gráficas.

19. $y \leq 3$

$y > -x + 2$

20. $x \leq 2y$

$2x + 3y \leq 7$

21. $x > y + 1$

$2x + y \geq -4$

Resuelve.

22. Teoría numérica El dígito de las unidades de un número de dos dígitos excede en 1 el doble del dígito de las decenas. Calcula el número si la suma de sus dígitos es 10.

23. Geometría La diferencia entre el largo y el ancho de un rectángulo es de 7 cm. Calcula las dimensiones del rectángulo si su perímetro es de 50 cm.

24. Finanzas El año pasado, Jodi invirtió $10,000– una parte al 6% de interés anual y el resto al 8% de interés anual. Si ella recibió $760 en interés al final del año, ¿cuánto invirtió a cada tasa?

25. Organiza los datos Joey vendió 30 duraznos de su puesto de frutas por un total de $7.50. Vendió de los pequeños a 20 centavos cada uno y de los grandes a 35 centavos cada uno. ¿Cuántos de cada clase vendió?

Simplifica. Asume que ningún denominador es igual a cero.

1. $(a^2b^4)(a^3b^5)$

2. $(-12abc)(4a^2b^4)$

3. $\left(\frac{3}{5}m\right)^2$

4. $(-3a)^4(a^5b)^2$

5. $(-5a^2)(-6b^3)^2$

6. $(5a)^2b + 7a^2b$

7. $\frac{y^{11}}{y^6}$

8. $\frac{mn^4}{m^3n^2}$

9. $\frac{9a^2bc^2}{63a^4bc}$

10. $\frac{48a^2bc^5}{(3ab^3c^2)^2}$

11. $\frac{14ab^{-3}}{21a^2b^{-5}}$

12. $\frac{(10a^2bc^4)^{-2}}{(5^{-1}a^{-1}b^{-5})^2}$

Expresa cada número en notación científica.

13. 46,300

14. 0.003892

15. 284×10^3

16. 0.0031×10^4

Calcula. Expresa cada resultado en notación científica.

17. $(3 \times 10^3)(2 \times 10^4)$

18. $\frac{2.5 \times 10^3}{5 \times 10^{-3}}$

19. $\frac{14.72 \times 10^{-4}}{3.2 \times 10^{-3}}$

20. $(15 \times 10^{-7})(3.1 \times 10^4)$

21. Calcula el grado de $5ya^3 - 7 - y^2a^2 + 2y^3a$ y arregla los términos de manera que las potencias de y queden en orden descendente.

Calcula las siguientes sumas o diferencias.

22.
$$5ax^2 + 3a^2x - 7a^3$$
$$(+)\ 2ax^2 - 8a^2x \qquad + 4$$

23.
$$x^3 - 3x^2y + 4xy^2 + y^3$$
$$(-)\ 7x^3 + x^2y - 9xy^2 + y^3$$

24. $(n^2 - 5n + 4) - (5n^2 + 3n - 1)$

25. $(ab^3 - 4a^2b^2 + ab - 7) + (-2ab^3 + 4ab^2 + 3ab + 2)$

Simplifica.

26. $(h - 5)^2$

27. $(2x - 5)(7x + 3)$

28. $(4x - y)(4x + y)$

29. $(2a^2b + b^2)^2$

30. $3x^2y^3(2x - xy^2)$

31. $(4m + 3n)(2m - 5n)$

32. $x^2(x - 8) - 3x(x^2 - 7x + 3) + 5(x^3 - 6x^2)$

33. $(x - 6)(x^2 - 4x + 5)$

PRUEBA DEL CAPÍTULO 10

Calcula el MCD de los monomios dados.

1. 48, 64

2. $18a^2b$, $28a^3b^2$

3. $6x^2y^3$, $12x^2y^2z$, $15x^2y$

Factoriza cada polinomio, si es posible. Si no se puede factorizar el polinomio usando enteros, escribe *primo*.

4. $25y^2 - 49w^2$

5. $t^2 - 16t + 64$

6. $x^2 + 14x + 24$

7. $28m^2 + 18m$

8. $a^2 - 11ab + 18b^2$

9. $12x^2 + 23x - 24$

10. $2h^2 - 3h - 18$

11. $6x^3 + 15x^2 - 9x$

12. $4my - 20m + 3py - 15p$

13. $x^3 - 4x^2 - 9x + 36$

14. $36a^2b^3 - 45ab^4$

15. $36m^2 + 60mn + 25n^2$

16. $\frac{1}{4}a^2 - \frac{4}{9}$

17. $64p^2 - 63p + 16$

18. $15a^2b + 5a^2 - 10a$

19. $6y^2 - 5y - 6$

20. $4s^2 - 100t^2$

21. $2d^2 + d - 1$

22. $3g^2 + g + 1$

23. $2xz + 2yz - x - y$

Resuelve las siguientes ecuaciones. Verifica tus soluciones.

24. $(4x - 3)(3x + 2) = 0$

25. $18s^2 + 72s = 0$

26. $4x^2 = 36$

27. $t^2 + 25 = 10t$

28. $a^2 - 9a - 52 = 0$

29. $x^3 - 5x^2 - 66x = 0$

30. $2x^2 = 9x + 5$

31. $3b^2 + 6 = 11b$

Resuelve.

32. Geometría   Un rectángulo tiene 4 pulgadas de ancho por 7 pulgadas de largo. Cuando se aumenta la longitud y el ancho en la misma cantidad, el área se incrementa en 26 pulgadas cuadradas. ¿Cuáles son las dimensiones del nuevo rectángulo?

33. Construcción   Un césped rectangular tiene 24 pies de ancho por 32 pies de largo. Se construirá una vereda a lo largo de los bordes interiores de los cuatro lados. El césped restante tendrá un área de 425 pies cuadrados. ¿Cuál será el ancho de la vereda?

Escribe la ecuación del eje de simetría y calcula las coordenadas del vértice de la gráfica de cada ecuación. Determina si el vértice es un máximo o un mínimo. Luego, grafica la ecuación.

1. $y = x^2 - 4x + 13$

2. $y = -3x^2 - 6x + 4$

3. $y = 2x^2 + 3$

4. $y = -1(x - 2)^2 + 1$

Resuelve gráficamente cada ecuación. Si no se pueden calcular raíces exactas, determina los enteros consecutivos entre los cuales yacen las raíces.

5. $x^2 - 2x + 2 = 0$

6. $x^2 + 6x = -7$

7. $x^2 + 24x + 144 = 0$

8. $2x^2 - 8x = 42$

Resuelve las siguientes ecuaciones.

9. $x^2 + 7x + 6 = 0$

10. $2x^2 - 5x - 12 = 0$

11. $6n^2 + 7n = 20$

12. $3k^2 + 2k = 5$

13. $y^2 - \frac{3y}{5} + \frac{2}{25} = 0$

14. $-3x^2 + 5 = 14x$

15. $4^{x-2} = 16^{2x+5}$

16. $1000^x = 10{,}000^{6x+4}$

17. $5^{x^2} = 5^{15-2x}$

18. $\left(\frac{1}{2}\right)^{x-2} = 4^{5x}$

Grafica cada función. Determina la intersección y.

19. $y = \left(\frac{1}{2}\right)^x$

20. $y = 4 \cdot 2^x$

21. $y = \left(\frac{1}{3}\right)^x - 3$

Resuelve.

22. Automóvil Adina Ley necesita cambiar su auto. Si ella arrienda un coche, pagará $410 por mes durante 2 años y luego tiene la opción de comprar el auto por $14,458. El precio del auto ahora es $17,369. Si el auto se deprecia en un 16% por año, ¿cuál precio es inferior, el depreciado o la cantidad a pagar según el arrendamiento?

23. Geometría El área de cierto cuadrado es la mitad del área del rectángulo que se forma si la longitud de un lado del cuadrado se incrementa en 2 cm y la longitud de un lado adyacente se incrementa en 3 cm. ¿Cuáles son las dimensiones del cuadrado?

24. Teoría numérica Calcula dos enteros cuya suma sea 21 y cuyo producto sea 90.

25. Inversiones Después de 6 años, cierta inversión adquirió un valor de $8479. Si el dinero se invirtió al 9% de interés compuesto semianualmente, calcula la cantidad original que fue invertida.

PRUEBA DEL CAPÍTULO 12

Simplifica cada expresión racional. Determina los valores excluidos de las variables.

1. $\dfrac{5 - 2m}{6m - 15}$

2. $\dfrac{3 + x}{2x^2 + 5x - 3}$

3. $\dfrac{4c^2 + 12c + 9}{2c^2 - 11c - 21}$

Simplifica las siguientes expresiones.

4. $\dfrac{1 - \dfrac{9}{t}}{1 - \dfrac{81}{t^2}}$

5. $\dfrac{\dfrac{5}{6} + \dfrac{u}{t}}{\dfrac{2u}{t} - 3}$

6. $\dfrac{x + 4 + \dfrac{5}{x - 2}}{x + 6 + \dfrac{15}{x - 2}}$

Ejecuta las operaciones indicadas.

7. $\dfrac{2x}{x - 7} - \dfrac{14}{x - 7}$

8. $\dfrac{n + 3}{2n - 8} \cdot \dfrac{6n - 24}{2n + 1}$

9. $(10m^2 + 9m - 36) \div (2m - 3)$

10. $\dfrac{x^2 + 4x - 32}{x + 5} \cdot \dfrac{x - 3}{x^2 - 7x + 12}$

11. $\dfrac{z^2 + 2z - 15}{z^2 + 9z + 20} \div (z - 3)$

12. $\dfrac{4x^2 + 11x + 6}{x^2 - x - 6} \div \dfrac{x^2 + 8x + 16}{x^2 + x - 12}$

13. $(10z^4 + 5z^3 - z^2) \div 5z^3$

14. $\dfrac{y}{7y + 14} + \dfrac{6}{3y + 6}$

15. $\dfrac{x + 5}{x + 2} + 6$

16. $\dfrac{x^2 - 1}{x + 1} - \dfrac{x^2 + 1}{x - 1}$

17. $\dfrac{-3}{a - 5} + \dfrac{15}{a^2 - 5a}$

18. $\dfrac{8}{m^2} \cdot \left(\dfrac{m^2}{2c}\right)^2$

Resuelve las siguientes ecuaciones.

19. $\dfrac{2}{3t} + \dfrac{1}{2} = \dfrac{3}{4t}$

20. $\dfrac{2e}{e - 4} - 2 = \dfrac{4}{e + 5}$

21. $\dfrac{4}{h - 4} = \dfrac{3h}{h + 3}$

Resuelve cada fórmula para la variable indicada.

22. $F = G\left(\dfrac{Mm}{d^2}\right)$, para G

23. $\dfrac{1}{R_T} = \dfrac{1}{R_1} + \dfrac{1}{R_2}$, para R_2

Resuelve.

24. Teclado Willie puede escribir en su computadora un ensayo de 200 palabras, en 6 horas. Myra puede escribir el mismo ensayo en $4\frac{1}{2}$ horas. Si ellos trabajan juntos, ¿cuánto tiempo les llevará escribir el ensayo?

25. Electrónica Tres artefactos eléctricos están conectados en paralelo: una lámpara de 120 ohmios de resistencia, una tostadora de 20 ohmios de resistencia y una plancha de 12 ohmios de resistencia. Calcula la resistencia total.

Simplifica. Conserva la forma radical y usa símbolos de valor absoluto cuando sea necesario.

1. $\sqrt{480}$

2. $\sqrt{72} \cdot \sqrt{48}$

3. $\sqrt{54x^4y}$

4. $\sqrt{\dfrac{32}{25}}$

5. $\sqrt{\dfrac{3x^2}{4n^3}}$

6. $\sqrt{6} + \sqrt{\dfrac{2}{3}}$

7. $\left(x + \sqrt{3}\right)^2$

8. $\dfrac{7}{7 + \sqrt{5}}$

9. $3\sqrt{50} - 2\sqrt{8}$

10. $\sqrt{\dfrac{10}{3}} \cdot \sqrt{\dfrac{4}{30}}$

11. $2\sqrt{27} + \sqrt{63} - 4\sqrt{3}$

12. $\left(1 - \sqrt{3}\right)\left(3 + \sqrt{2}\right)$

Calcula la distancia entre cada par de puntos con coordenadas dadas. Expresa las respuestas en forma radical reducida.

13. $(4, 7), (4, -2)$

14. $(-9, 2), \left(\dfrac{2}{3}, \dfrac{1}{2}\right)$

15. $(-1, 1), (1, -5)$

Calcula la longitud de los lados que faltan. Redondea en centésimas.

16. $a = 8, b = 10, c = ?$

17. $a = 12, c = 20, b = ?$

18. $a = 6\sqrt{2}, c = 12, b = ?$

19. $b = 13, c = 17, a = ?$

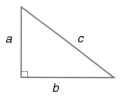

Resuelve las siguientes ecuaciones. Verifica tu solución.

20. $\sqrt{4x + 1} = 5$

21. $\sqrt{4x - 3} = 6 - x$

22. $y^2 - 5 = -8y$

23. $2x^2 - 10x - 3 = 0$

Resuelve.

24. Geometría   Calcula las medidas del perímetro y del área, en forma reducida, del rectángulo que se muestra a la derecha.

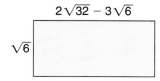

25. Deportes   Una excursionista sale de su campamento por la mañana. ¿A qué distancia del campamento se encontrará después de caminar 9 millas en dirección oeste y luego 12 millas en dirección norte?

GLOSARIO

A

al azar (229)   Cuando se escoge un resultado sin ninguna preferencia, el resultado ocurre al azar.

altura (325)   El cambio vertical en una recta.

amplitud   **1.** (263) El conjunto de todas las segundas coordenadas de los pares ordenados de una relación.   **2.** (306) La diferencia entre los valores mayor y menor en un conjunto de datos.

amplitud intercuartílica (304, 306)   La diferencia entre el cuartil superior y el inferior de un conjunto de datos. Representa la mitad inferior, ó 50%, de los datos en un conjunto.

análisis dimensional (174)   El proceso de llevar unidades a lo largo de un cómputo.

ángulo de depresión (208)   El ángulo de depresión se forma por una línea horizontal y una línea visual por debajo de la misma.

ángulo de elevación (208)   Un ángulo de elevación se forma por una línea horizontal y una línea visual por encima de la misma.

ángulos complementarios (163)   Dos ángulos son complementarios si la suma de sus medidas es 90°.

ángulos congruentes (164)   Ángulos que tienen la misma medida.

ángulos correspondientes (201)   Los que encajan en triángulos semejantes y que tienen medidas iguales.

ángulos suplementarios (162)   Dos ángulos son suplementarios si la suma de sus medidas es 180°.

B

base   **1.** (7) En una expresión de la forma x^n, la base es x.   **2.** (215) El número que se divide entre el porcentaje en una proporción de porcentaje.

binomio (514)   La suma de dos monomios.

busca un patrón (13, 497, 637)   Una estrategia para resolver problemas que a menudo involucra el uso de tablas para organizar la información de manera que se pueda determinar un patrón.

C

carrera (325)   El cambio horizontal en una recta.

catetos (206)   Los lados de un triángulo rectángulo que forman el ángulo recto.

ceros (620)   Las raíces, o intersecciones con el eje x de la gráfica de una función.

cociente de potencias (501)   Para todos los enteros m y n y cualquier número a distinto de 0
$$\frac{a^m}{a^n} = a^{m-n}.$$

coeficiente (47)   El factor numérico de un término.

completar el cuadrado (742, 743)   Sumar un término constante a un binomio de la forma $x^2 = bx$, de modo que el trinomio resultante sea un cuadrado perfecto.

conjetura y cotejo (574)   Una estrategia para resolver problemas en la cual se prueban varios valores o combinaciones de valores para hallar una solución al problema.

conjugados (722)   Dos binomios de la forma $a\sqrt{b} + c\sqrt{d}$ y $a\sqrt{b} - c\sqrt{d}$.

conjunto (33)   Una colección de objetos o números.

conjunto de reemplazo (33)   Un conjunto de números de los cuales se pueden escoger números para reemplazar una variable.

conjunto de solución (33)   El conjunto de todos los sustitutos para una variable en un enunciado abierto que satisfacen el enunciado.

consistente (455)   Se dice que un sistema de ecuaciones es consistente cuando tiene por lo menos un par ordenado que satisface ambas ecuaciones.

constante de variación (239)   El número k en ecuaciones de la forma $y = kx$ y $xy = k$.

constantes (469)   Los monomios que son números reales.

coordenada (73)   El número que corresponde a un punto en una recta numérica.

coordenada x (254)   El primer número en un par ordenado.

coordenada y (254)   El segundo número en un par ordenado.

correlación negativa (340)   Existe una correlación negativa entre x y y si los valores están relacionados de maneras opuestas.

correlación positiva (340)   Existe una correlación positiva entre x y y si los valores están relacionados de la misma forma.

coseno (206)   En un triángulo rectángulo con ángulo agudo A, el coseno del ángulo $A = \frac{\text{medida del cateto adyacente al ángulo } A}{\text{medida de la hipotenusa}}$.

costo unitario (95)   El costo de una unidad de un artículo.

cuadrado de una diferencia (544)   Si a y b son cualquier par de números, $(a - b)^2 = (a - b)(a - b) = a^2 - 2ab + b^2$.

cuadrado de una suma (543)   Si a y b son cualquier par de números, $(a + b)^2 = (a + b)(a + b) = a^2 + 2ab + b^2$.

cuadrado perfecto (119)   Un número racional cuya raíz cuadrada es un número racional.

cuadrado perfecto trinómico (587) Un trinomio que al factorizarse tiene la forma $(a + b)^2 = (a + b)(a + b)$ o $(a - b)^2 = (a - b)(a - b)$.

cuadrante (254) Una de las cuatro regiones en que el eje x y el eje y separan el plano de coordenadas.

cuartil inferior (306) El cuartil inferior divide la mitad inferior de un conjunto de datos en dos partes iguales.

cuartil superior (306) El cuartil superior divide la parte superior de un conjunto de datos en dos partes iguales.

cuartiles (304, 306) En un conjunto de datos, los cuartiles son valores que dividen los datos en cuatro partes iguales.

D

---

datos (25) La información numérica.

definir la variable (127) El escoger una variable para representar uno de los números no especificados en un problema.

dependiente (456) Un sistema de ecuaciones que tiene un número infinito de soluciones.

desigualdad (33) Un enunciado matemático que contiene los símbolos $<$, $\leq$, $>$ o $\geq$.

desigualdad compuesta (405) Dos desigualdades conectadas por y u o.

diagrama de árbol (413) Un diagrama de árbol es un diagrama que se usa para mostrar el número total de posibles resultados.

diagrama de caja y patillas (427) Un tipo de diagrama o gráfica que muestra los valores cuartílicos y los extremos de los datos.

diagrama de dispersión (339) Gráfica que muestra dos conjuntos de datos trazados como puntos (pares ordenados) en el plano de coordenadas.

diagrama de tallo y hojas consecutivo (27) Un diagrama de tallo y hojas consecutivo se usa para comparar dos conjuntos de datos. El mismo tallo se usa para las hojas de ambos diagramas.

diagramas de Venn (73) Los diagramas de Venn son diagramas que usan círculos u óvalos dentro de un rectángulo para mostrar relaciones de conjuntos.

diferencia de cuadrados (545) Dos cuadrados perfectos separados por un signo de sustracción, $a^2 - b^2 = (a + b)(a - b)$.

discriminante (632) En la fórmula cuadrática, la expresión $b^2 - 4ac$.

división de números racionales (112) El cociente de dos números racionales que tienen el mismo signo es positivo. El cociente de dos números racionales que tienen diferente signo es negativo.

dominio (263) El conjunto de todas las primeras coordenadas de los pares ordenados de una relación.

E

---

ecuación (33) Un enunciado matemático que contiene un signo de igualdad, =.

ecuación cuadrática (620) Aquélla en que el valor de la función cuadrática relacionada es 0.

ecuación en dos variables (271) Una ecuación en dos variables contiene dos valores desconocidos.

ecuación equivalente (144) Ecuaciones que tienen la misma solución.

ecuación general para el crecimiento exponencial (643) La ecuación general para el crecimiento exponencial está representada por $A = C(1 + r)^t$.

ecuación general para la disminución exponencial (644) La ecuación general para la disminución exponencial está representada por $A = C(1 - r)^t$.

ecuación lineal (280) Ecuación cuya gráfica es una recta.

ecuación racional (696) Una ecuación racional es una ecuación que contiene expresiones racionales.

ecuaciones múltiples (157) Ecuaciones que requieren más de una operación para resolverlas.

ecuaciones radicales (732) Ecuaciones que contienen radicales con variables en el radicando.

eje de simetría (612) La ecuación para el eje de simetría de la gráfica $y = ax^2 + bx + c$, en la cual $a \neq 0$ y $x = -\frac{b}{2a}$.

eje horizontal (56) La recta horizontal en una gráfica que representa la variable independiente.

eje vertical (56) La recta vertical en una gráfica que representa la variable dependiente.

eje x (254) La recta numérica horizontal en el plano de coordenadas.

eje y (254) La recta numérica vertical en el plano de coordenadas.

ejes (254) Dos rectas numéricas perpendiculares que se usan para ubicar puntos en un plano de coordenadas.

elemento (33) Un miembro de un conjunto.

eliminación (469) El método de eliminación para resolver un sistema de ecuaciones es un método que usa adición o sustracción para eliminar una de las variables y así despejar la otra variable.

enteros (73) El conjunto de enteros representado por $\{\ldots, -3, -2, -1, 0, 1, 2, 3, \ldots\}$.

enteros consecutivos (158) Son los números enteros en el orden de contar.

enunciados abiertos (32) Enunciado matemático que contiene una o más variables, o incógnitas.

escala (197) Una razón llamada escala se usa en la construcción de un modelo para representar algo que es muy grande o muy pequeño para ser dibujado en su tamaño real.

esquema lineal (78)   Datos numéricos desplegados sobre una recta numérica.

estadística (25)   Una rama de las matemáticas que tiene que ver con los métodos de recopilación, organización e interpretación de datos.

evaluar (8)   El método de hallar el valor de una expresión cuando se conocen los valores de las variables.

evento compuesto (414)   Un evento compuesto consiste en dos o más eventos simples.

evento simple (414)   Evento sencillo en un problema de probabilidad.

exponente (7)   En una expresión de la forma x^n, el exponente es n.

exponente cero (502)   Para cualquier número distinto de cero a, $a^0 = 1$.

exponente negativo (503)   Para cualquiera de los números no cero a y cualquier entero n, $a^{-n} = \frac{1}{a^n}$

expresión algebraica (6)   Una expresión que consiste en uno o más números y variables, además de una o más operaciones aritméticas.

expresión mixta (690)   Una expresión algebraica que contiene un monomio y una expresión racional.

expresión racional (660)   Una expresión racional es una fracción algebraica cuyo numerador y cuyo denominador son polinomios.

expresiones equivalentes (47)   Expresiones que denotan el mismo número.

extremos (196)   *Véase* proporción.

factores (6)   En una expresión de multiplicación, los factores son las cantidades que se multiplican.

factorización por grupos (567)   Un método de factorización de polinomios de cuatro o más términos.

factorización prima (558)   Un número entero expresado como un producto de factores que son todos números primos.

factorizar (564)   Expresar un polinomio como el producto de monomios o polinomios.

familia de gráficas (354)   Una familia de gráficas incluye gráficas y ecuaciones de gráficas que tienen por lo menos una característica en común.

forma estándar (333)   La forma estándar de una ecuación lineal es $Ax + By = C$, en la cual A, B y C son números enteros, $A \geq 0$ y A y B no son ceros ambos.

forma factorial (559)   Un monomio está escrito en forma factorial cuando está expresado como el

producto de números primos y variables y las variables no tienen un exponente mayor de 1.

forma pendiente- intersección (347)   Una ecuación de la forma $y = mx + b$, en que m es la pendiente y b es la intersección en y de una recta dada.

forma punto–pendiente (333)   Para cualquier punto (x_1, y_1) sobre una recta no vertical cuya pendiente es m, la forma punto–pendiente de una ecuación lineal es la siguiente: $y - y_1 = m(x - x_1)$.

forma radical reducida (723)   Una expresión radical se encuentra en forma reducida cuando se satisfacen las siguientes condiciones:
1. Ningún radicando tiene factores cuadrados perfectos además de uno.
2. Ningún radicando contiene fracciones.
3. No aparece ningún radical en el denominador de una fracción.

forma reducida (47)   Una expresión está en su forma reducida cuando ha sido reemplazada por una expresión similar que no tiene términos semejantes ni paréntesis.

fórmula (128)   Una ecuación que enuncia una regla para la relación entre ciertas cantidades.

fórmula cuadrática (628)   Las raíces de una ecuación cuadrática en la forma $ax^2 + bx + c = 0$, en la cual $a \neq 0$, son dadas por la fórmula
$$x = \frac{-b \pm \sqrt{b^2 - 4ac}}{2a}.$$

fórmula de distancia (737)   La distancia d entre cualquier par de puntos con coordenadas (x_1, y_1) y (x_2, y_2) es dada por la siguiente fórmula.
$$d = \sqrt{(x_2 - x_1)^2 + (y_2 - y_1)^2}.$$

fracción compleja (114)   Si una fracción tiene una o más fracciones en el numerador o denominador, entonces se llama una fracción compleja.

frontera (437)   La frontera de una desigualdad es una línea que separa el plano de coordenadas en dos mitades.

función   1. (56) Una relación entre los datos de entrada y de salida, en que las salidas dependen de las entradas.   **2.** (287) Una relación en que cada elemento del dominio se aparea exactamente con un elemento de la amplitud.

función cuadrática (610, 611)   Función que se puede describir con una equación de la forma $ax^2 + bx + c = 0$, en la cual $a \neq 0$.

función exponencial (634, 635)   Una función que se puede describir por una ecuación de la forma $y = a^x$, en que $a > 0$ y $a \neq 1$.

función lineal (278)   Ecuación cuya gráfica es una recta no vertical.

grado   1. (515) El grado de un monomio es la suma de los exponentes de sus variables.   **2.** (516) El grado de un polinomio es el grado del término con el grado más alto.

gráfica (73, 255)   Consiste en dibujar, o trazar sobre una recta numérica o plano de coordenadas, los puntos nombrados por ciertos números o pares ordenados.

gráfica completa (278)   Una gráfica completa muestra el origen, los puntos en donde la gráfica cruza el eje de coordenadas x y el eje de coordenadas y, además de otras características importantes en la gráfica.

gráfica de tallo y hojas (26)   En una gráfica de tallo y hojas, cada dato se separa en dos números que se usan para formar un tallo y las hojas. Los datos se organizan en dos columnas. La columna de la izquierda contiene el tallo y la columna de la derecha las hojas.

gráfica principal (354)   La gráfica más simple en una familia de gráficas.

haz una lista organizada (685)   Una estrategia para resolver problemas que utiliza una lista organizada para arreglar y evaluar los datos y determinar una solución.

hipotenusa (206)   El lado de un triángulo rectángulo opuesto al ángulo recto.

identificación de submetas (745)   Una estrategia para resolver problemas que utiliza una serie de pasos secundarios o submetas.

identidad (170)   Una ecuación que es cierta para cualquier valor de la variable.

identidad aditiva (37)   Para cualquier número a, $a + 0 = 0 + a = a$.

identidad multiplicativa (38)   Para cualquier número a, $a \cdot 1 = 1 \cdot a = a$.

igualmente verosímil (229)   Respuestas que tienen igual posibilidad de ocurrir.

inconsistente (456)   Se dice que un sistema de ecuaciones es inconsistente cuando no tiene pares ordenados que satisfacen ambas ecuaciones.

independiente (456)   Se dice que un sistema de ecuaciones es independiente si el sistema tiene exactamente una solución.

interés simple (217)   La cantidad pagada o ganada por el uso de una cantidad de dinero. La fórmula $I = prt$ se usa para resolver problemas de interés simple.

intersección (406)   Para dos conjuntos A y B, es el conjunto de elementos comunes a ambos A y B.

intersección con el eje x (346)   La coordenada x de un punto donde una gráfica interseca el eje x.

intersección con el eje y (346)   La coordenada y de un punto donde una gráfica interseca el eje y.

inverso de una relación (264)   El inverso de cualquier relación se obtiene intercambiando las coordenadas en cada par ordenado.

inverso multiplicativo (38)   Para cualquier número no cero $\frac{a}{b}$, donde $a, b \neq 0$, hay exactamente un número $\frac{b}{a}$, tal que $a \cdot b = 1$.

lados correspondientes (201)   Los lados opuestos a los ángulos correspondientes en triángulo semejantes.

línea de mejor encaje (341)   Es una línea que se dibuja en un diagrama de dispersión y que pasa cerca de la mayoría de los puntos de datos.

línea de regresión (342)   La línea más exacta de mejor encaje para un conjunto de datos. Se puede determinar con una calculadora de graficar o una computadora.

M

matemáticas discretas (88)   Una rama de las matemáticas que estudia los conjuntos de números finitos o interrumpidos.

matriz (88)   Una matriz es un arreglo rectangular de elementos en hileras y columnas.

máximo (611)   El punto más alto en la gráfica de una curva, tal como el vértice de la parábola que se abre hacia abajo.

máximo común divisor (MCD) (559)   El máximo común divisor de dos o más números enteros es el número mayor que es un factor de todos los números.

media (178)   La media de un conjunto de datos es la suma de los números en el conjunto dividida entre el número de números en el conjunto.

media vida (638)   La media vida de un elemento radioactivo es el tiempo que tarda en desintegrarse la mitad del elemento.

mediana (178)   La mediana es el número en el centro de un conjunto de datos cuando los números se organizan en orden numérico.

medidas de tendencia central (178)   Los números que se usan a menudo para describir conjuntos de datos porque estos representan un valor centralizado o en el medio.

medidas de variación (306)   Números usados para describir la amplitud o distribución de los datos.

medios (196)   *Véase* proporción.

método FOIL (537)   Para multiplicar dos binomios, halla la suma de los productos de los primeros términos, los términos de afuera, los términos de adentro y los últimos términos.

mínimo (611)   El punto más bajo en la gráfica de una curva, tal como el vértice de una parábola que se abre hacia arriba.

mínimo común denominador (mcd) (686)   El mínimo común múltiplo de los denominadores de dos o más fracciones.

mínimo común múltiplo (mcm) (685)   Para dos o más enteros, el mcm es el menor número entero positivo divisible entre cada uno de los enteros.

modal (178)   El número que ocurre con más frecuencia en un conjunto.

monomio (496)   Un número, una variable o el producto de un número y una o más variables.

movimiento uniforme (235)   Cuando un objeto se mueve a una velocidad, o a un ritmo constante, se dice que se mueve en movimiento uniforme.

multiplicación escalar (108)   En la multiplicación escalar, cada elemento de una matriz se multiplica por una constante.

notación científica (506)   Un número está expresado en notación científica cuando está en la forma de $a \times 10^n$, en que $1 \le a < 10$ y n es un número entero.

notación de construcción de conjuntos (385)   Notación que describe los miembros de un conjunto. Por ejemplo, $\{y \mid y < 17\}$ representa el conjunto de todos los números y de modo que y es menor que 17.

notación funcional (289)   En notación funcional, la ecuación $y = x + 5$ se escribe $f(x) = x + 5$.

número compuesto (558)   Un número entero, mayor que 1, el cual no es un número primo.

número irracional (120)   Un número que no se puede expresar en la forma $\frac{a}{b}$, en que a y b son números enteros y $b \ne 0$.

número negativo (73)   Cualquier número menor que 0.

número primo (558)   Un número primo es un número entero mayor que 1 cuyos únicos factores son 1 y el número mismo.

número racional (93)   Un número racional es un número que se puede expresar en la forma $\frac{a}{b}$, en que a y b son números enteros y $b \ne 0$.

números enteros (72)   El conjunto de números enteros se representa por $\{0, 1, 2, 3,...\}$.

números reales (121)   El conjunto de números irracionales junto con los números racionales.

opuestos (87)   El opuesto de un número es su inverso aditivo.

orden de operaciones (19)

1. Simplifica las expresiones dentro de los símbolos de agrupación, tales como paréntesis, paréntesis cuadrados y paréntesis de llave como lo indiquen las barras de fracción.

2. Evalúa todas las potencias.

3. Realiza todas las multiplicaciones y las divisiones de izquierda a derecha.

4. Realiza todas las sumas y las restas de izquierda a derecha.

organizar datos (464)   Una estrategia útil antes de resolver un problema. Algunas formas de organizar los datos son el uso de tablas, esquemas, diferentes tipos de gráficas o diagramas.

origen (254)   El punto de intersección de los dos ejes en el plano de coordenadas.

par ordenado (57)   Pares de números que se usan para ubicar puntos en el plano de coordenadas.

parábola (610, 611)   La forma general de la gráfica de una función cuadrática.

paralelogramo (362)   Un cuadrilátero cuyos lados opuestos son paralelos.

patillas (428)   Las patillas de un diagrama de caja y patillas son los segmentos que se dibujan desde el cuartil inferior hasta el mínimo valor y desde el cuartil superior hasta el máximo valor.

pendiente (324, 325)   El cambio vertical (altura) al cambio horizontal (carrera) a medida que te mueves de un punto a otro a lo largo de la recta.

plan para solucionar problemas (126)

1. Explorar el problema.

2. Planificar la solución.

3. Resolver el problema.

4. Examinar la solución.

plano de coordenadas (254)   El plano que contiene el eje de coordenadas x y el eje de coordenadas y.

polinomio (513, 514)   Un polinomio es un monomio o la suma de monomios.

polinomio primo (577)   Un polinomio que no se puede escribir como el producto de dos polinomios con coeficientes integrales se llama un polinomio primo.

por ciento (215)   Un por ciento es una proporción que compara un número con 100.

porcentaje (215)   El número que se divide entre la base en un por ciento de proporción.

porcentaje de aumento (222)   La proporción de una cantidad de aumento comparada con una cantidad previa, expresada en forma de por ciento.

porcentaje de disminución (222)   La proporción de una cantidad de disminución comparada con una cantidad previa, expresada en forma de por ciento.

posibilidades (229)   La proporción del número de formas en que el evento puede ocurrir (éxitos) comparada con el número de formas en que puede no ocurrir (fracasos).

potencia (7)   Una expresión de la forma x^n se conoce como una potencia.

potencia de un monomio (498)   Para cualquiera de los números a y b, y para todos los números enteros m, n y p, $(a^m b^n)^p = a^{mp} b^{np}$.

potencia de un producto (498)   Para todos los números a y b y cualquier número entero m, $(ab)^m = a^m b^m$.

potencia de una potencia (498)   Para cualquier número a y todos los números enteros m y n, $(a^m)^n = a^{mn}$.

probabilidad (228)   Una razón que expresa la posibilidad de que suceda algún evento.

$$P(\text{evento}) = \frac{\text{número de resultados favorables}}{\text{número de resultados posibles}}$$

producto (6)   El resultado de la multiplicación.

producto de potencias (497)   Para cualquiera de los números a y todos los números enteros m y n, $a^m \cdot a^n = a^{m + n}$.

productos cruzados (94)   Cuando se comparan dos fracciones, los productos cruzados son los productos de los términos en diagonales.

promedio ponderado (233)   El promedio ponderado M de un conjunto de datos es la suma del producto de cada número en el conjunto y su peso divididos entre la suma de todos los pesos.

propiedad asociativa (51)   Para cualquiera de los números a, b, y c, $(a + b) + c = a + (b + c)$ y $(ab)c = a(bc)$.

propiedad conmutativa (51)   Para cualquiera de los números a y b, $a + b = b + a$ y $ab = ba$.

propiedad de adición de la desigualdad (385)   Para todos los números a, b y c se cumple lo siguiente:

1. si $a > b$, entonces $a + c > b + c$;

2. si $a < b$, entonces $a + c < b + c$.

propiedad de adición de la igualdad (144)   Para cualquiera de los números a, b y c, si $a = b$, entonces $a + c = b + c$.

propiedad de comparación (94)   Para cualquier par de números a y b, exactamente una de las siguientes operaciones es válida.

$$a < b \qquad a = b \qquad a > b$$

propiedad de correspondencia (121)   Cada número real corresponde exactamente a un punto en la recta numérica. Cada punto en la recta numérica corresponde exactamente a un número real.

propiedad de correspondencia de los puntos en el plano (256)

1. Exactamente un punto en el plano es nombrado por un par ordenado de números dado.

2. Exactamente un par ordenado de números nombra un punto dado en el plano.

propiedad de división de la desigualdad (393)   Para cualquiera de los números reales a, b y c se cumple lo siguiente:

1. Si c es positivo y $a < b$, entonces $\dfrac{a}{c} < \dfrac{b}{c}$ y si c es positivo y $a > b$, entonces $\dfrac{a}{c} > \dfrac{b}{c}$.

2. Si c es negativo y $a < b$, entonces $\dfrac{a}{c} > \dfrac{b}{c}$ y si c es negativo y $a > b$, entonces $\dfrac{a}{c} < \dfrac{b}{c}$.

propiedad de división de la igualdad (151)   Para cualquiera de los números a, b y c, en que $c \neq 0$, si $a = b$, entonces $\dfrac{a}{c} = \dfrac{b}{c}$.

propiedad de la densidad(96)   Entre cada par de números racionales distintos, existe una infinidad de números racionales.

propiedad de sustitución de la igualdad (39)   Si $a = b$, entonces, a se puede reemplazar por b en cualquier expresión.

propiedad de sustracción de la desigualdad (385)   Para todos los números a, b y c los siguientes son ciertos:

1. si $a > b$, entonces $a - c > b - c$;

2. si $a < b$, entonces $a - c < b - c$.

propiedad de sustracción de la igualdad (146)   Para cualquiera de los números a, b y c, si $a = b$, entonces $a - c = b - c$.

propiedad del cociente de raíces cuadradas (721)   Para cualquiera de los números a y b, en que $a > 0$ y $b > 0$, $\sqrt{\dfrac{a}{b}} = \dfrac{\sqrt{a}}{\sqrt{b}}$.

propiedad del inverso aditivo (87)   Para cualquier número a, $a + (-a) = 0$.

propiedad del producto cero (594)   Para todos los números a y b, si $ab = 0$, entonces $a = 0$, $b = 0$, o ambos a y b son iguales a cero.

propiedad del producto de las raíces cuadradas (719)   Para cualquiera de los números a y b, en que $a \geq 0$ y $b \geq 0$, $\sqrt{ab} = \sqrt{a} \cdot \sqrt{b}$.

propiedad distributiva (46)   Para cualquiera de los números a, b y c:

1. $a(b + c) = ab + ac$ y $(b + c)a = ba + ca$.

2. $a(b - c) = ab - ac$ y $(b - c)a = ba - ca$.

propiedad multiplicativa de -1 (107)   El producto de cualquier número y -1 es el inverso aditivo del número.

$$-1(a) = -a \text{ y } a(-1) = -a.$$

propiedad multiplicativa de la desigualdad (393)   Para todos los números a, b y c, lo siguiente es cierto:

1. Si c es positivo y $a < b$, entonces $ac < bc$, $c \neq 0$ y si c es positivo y $a > b$, entonces $ac > bc$, $c \neq 0$.

2. Si c es negativo y $a < b$, entonces $ac > bc$, $c \neq 0$ y si c es negativo y $a > b$, entonces $ac < bc$, $c \neq 0$.

propiedad multiplicativa de la igualdad (150)   Para cualquiera de los números a, b y c, si $a = b$, entonces $a \cdot c = b \cdot c$.

propiedad multiplicativa del cero (38)   Para cualquier número a, $a \cdot 0 = 0 \cdot a = 0$.

propiedad reflexiva de la igualdad (39)   Para cualquier número a, $a = a$.

propiedad simétrica de la igualdad (39)   Para cualquiera de los números a y b, si $a = b$, entonces $b = a$.

propiedad transitiva de la igualdad (39)   Para cualquiera de los números a, b y c, si $a = b$ y $b = c$, entonces $a = c$.

proporción (195)   En una proporción, el producto de los extremos es igual al producto de las medias. Si $\frac{a}{b} = \frac{c}{d}$, entonces $ad = bc$.

proporción de porcentaje (215)
$$\frac{\text{Percentaje}}{\text{Base}} = \frac{r}{100}$$

prueba de recta vertical (289)   Si cualquier recta vertical pasa por un solo punto de la gráfica de una relación, entonces la relación es una función.

punto medio (369)   El punto medio de un segmento es el punto equidistante entre los extremos del segmento.

R

racionalizando el denominador (722)   Un proceso que se usa para quitar o eliminar radicales del denominador de una fracción, en una expresión radical.

radicando (719)   El radicando es la expresión debajo del signo radical.

raíces (620)   Las soluciones para una ecuación cuadrática.

raíz cuadrada (118, 119)   Uno de los dos factores idénticos de un número.

raíz cuadrada principal (119)   La raíz cuadrada no negativa de una expresión.

razón (195)   Una razón es una comparación de dos números mediante la división.

razones trigonométricas (206)
seno $A = \frac{a}{c}$, coseno $A = \frac{b}{c}$, tangente $A = \frac{a}{b}$.

recíproco (38)   El inverso multiplicativo de un número.

recta numérica (72)   Una recta con marcas equidistantes que se usa para representar números.

rectas paralelas (362)   Rectas en el plano que nunca se intersecan. Las rectas paralelas no verticales tienen la misma pendiente.

rectas perpendiculares (362)   Rectas que se encuentran para formar ángulos rectos.

relación (260, 263)   Una relación es un conjunto de pares ordenados.   (263)   Una relación aparea un elemento en el dominio con un elemento en la amplitud.

resolver el triángulo (208)   El proceso de hallar las medidas de todos los lados y ángulos de un triángulo rectángulo.

resolver un enunciado abierto (32)   Hallar un sustituto que satisface la variable y que resulta en un enunciado verdadero.

resuelve una ecuación (145)   Resolver una ecuación quiere decir aislar la variable cuyo coeficiente es 1, en un lado de la ecuación.

resultados (413)   Todas las maneras en que puede ocurrir un evento.

S

semiplano (437)   La región de un plano en un lado de una recta en el plano.

seno (206)   En un triángulo rectángulo con ángulo agudo A, el seno del ángulo
$$A = \frac{\text{medida del cateto opuesto al ángulo } A}{\text{medida de la hipotenusa}}.$$

signo radical (119)   El símbolo $\sqrt{}$ que se usa para indicar la raíz cuadrada principal no negativa de una expresión.

simetría (612)   Las figuras simétricas son aquellas en que la figura se puede doblar y cada mitad es exactamente igual a la otra.

sistema de desigualdades (482)   Un conjunto de desigualdades con las mismas variables.

sistema de ecuaciones (455)   Un conjunto de ecuaciones con las mismas variables.

solución (32)   Una sustitución por una variable en una ecuación que resulta en una ecuación válida.

solución de una ecuación de dos variables (271)   Si al sustituir los números en un par ordenado se satisface una ecuación de dos variables, entonces el par ordenado es una solución de la ecuación.

soluciones extrañas (697)   Soluciones obtenidas de una ecuación y las cuales no son soluciones aceptables para la ecuación original.

sucesión (13)   Un conjunto de números en un orden específico.

suma de enteros (86)

1. Para sumar enteros del *mismo* signo, suma los valores absolutos de los números. Da al resultado el mismo signo de los números.

2. Para sumar enteros de *distinto* signo, resta el valor menor del valor mayor. Da al resultado el mismo signo que el número con el mayor valor absoluto.

sustitución (462)   El método de sustitución para resolver un sistema de ecuaciones es un método que sustituye una ecuación en la otra ecuación para despejar la otra variable.

sustracción de enteros (87)   Para restar un entero, suma su inverso aditivo. Para cualquiera de los enteros a y b, $a - b = a + (-b)$.

T

tangente (206)   En un triángulo rectángulo la tangente del ángulo $A = \dfrac{\text{medida del cateto opuesto al ángulo } A}{\text{medida del cateto adyacente al ángulo } A}$.

tasa (197)   La proporción de dos medidas que se dan en diferentes unidades de medida.   (215)   En una proporción de porcentaje, la tasa es la fracción con 100 como denominador.

teorema de la factorización única (558)   La factorización prima de cada número es única excepto por el orden en que se escriben los factores.

teorema de Pitágoras (713)   Si a y b son las medidas de los catetos de un triángulo rectángulo y c es la medida de la hipotenusa, entonces, $c^2 = a^2 + b^2$.

teoría numérica (158)   El estudio de los números y de las relaciones entre los mismos.

término   1. (13) Un número en una sucesión.
2. (47) Un número, una variable o un producto o cociente de números y variables.

términos semejantes (47)   Términos que contienen las mismas variables, con variables correspondientes que tienen la misma potencia.

trabajar al revés (156)   Una estrategia para resolver problemas que usa operaciones inversas para determinar un valor inicial.

trazar un diagrama (406)   Una estrategia para resolver problemas que a menudo se usa como una herramienta organizadora.

triángulo (163)   Un triángulo es un polígono con tres lados y tres ángulos.

triángulo agudo (165)   En un triángulo agudo, todos los ángulos miden menos de 90°.

triángulo equilátero (164)   Un triángulo en el cual todos los lados y todos los ángulos tienen la misma medida.

triángulo isósceles (164)   En un triángulo isósceles, por lo menos dos ángulos tienen la misma medida y por lo menos dos lados tienen la misma longitud.

triángulo obtuso (165)   Un triángulo obtuso tiene un ángulo cuya medida es mayor de 90 grados.

triángulo rectángulo (165)   Un triángulo que tiene un ángulo con una medida de 90 grados.

triángulos semejantes (201)   Si dos triángulos son semejantes, las medidas de sus lados correspon-dientes son proporcionales y las medidas de sus ángulos correspondientes son iguales.

trinomio (514)   La suma de tres monomios.

triplete de Pitágoras (583)   Tres números enteros a, b y c, tales que $a^2 + b^2 = c^2$.

U

unión (408)   Para dos conjuntos A y B, el conjunto de los elementos contenidos en ambos A o B o A y B.

usa un modelo (339)   Una estrategia para resolver problemas que usa modelos, o simulaciones, de situaciones matemáticas difíciles de resolver directamente.

usa una tabla (255)   Una estrategia para resolver problemas que usa tablas para organizar y resolver problemas.

V

valor absoluto (85)   El valor absoluto de un número equivale al número de unidades que dicho número dista de cero en la recta numérica.

valor atípico (307)   En un conjunto de datos, un valor que es mucho más grande o mucho más pequeño que los otros.

valor excluido (660)   Se excluye un valor del dominio de una variable porque si se sustituyera ese valor por la variable, el resultado tendría un cero en el denominador.

valores extremos (427)   Los valores extremos son el menor valor y el mayor valor en un conjunto de datos.

variable (6)   Las variables son símbolos que se usan para representar números desconocidos.

variable dependiente (58)   La variable en una función cuyo valor lo determina la variable independiente.

variable independiente (58)   La variable en una función cuyo valor está sujeto a elección se dice que es una variable independiente. La variable independiente determina el valor de la variable dependiente.

variación directa (239)   Una función lineal descrita por una ecuación de la forma $y = kx$, en que $k \neq 0$.

variación inversa (241)   Una variación inversa se describe por una ecuación de la forma $xy = k$, en que $k \neq 0$.

vértice (610, 611)   El punto máximo o mínimo de una parábola.

GLOSARIO EN INGLÉS

A

al azar/random (229)   When an outcome is chosen without any preference, the outcome occurs at random.

altura/rise (325)   The vertical change in a line.

amplitud/range   **1.** (263) The set of all second coordinates from the ordered pairs in the relation.   **2.** (306) The difference between the greatest and the least values of a set of data.

amplitud intercuartílica/interquartile range (304, 306)   The difference between the upper quartile and the lower quartile of a set of data. It represents the middle half, or 50%, of the data in the set.

análisis dimensional/dimensional analysis (174)   The process of carrying units throughout a computation.

ángulo de depresión/angle of depression (208)   An angle of depression is formed by a horizontal line and a line of sight below it.

ángulo de elevación/angle of elevation (208)   An angle of elevation is formed by a horizontal line and a line of sight above it.

ángulos complementarios/complementary angles (163)   Two angles are complementary if the sum of their measures is 90 degrees.

ángulos congruentes/congruent angles (164)   Angles that have the same measure.

ángulos correspondientes/corresponding angles (201)   Matching angles in similar triangles, which have equal measures.

ángulos suplementarios/supplementary angles (162)   Two angles are supplementary if the sum of their measures is 180 degrees.

B

base/base   **1.** (7) In an expression of the form x^n, the base is x.   **2.** (215) The number that is divided into the percentage in the percent proportion.

binomio/binomial (514)   The sum of two monomials.

busca un patrón/look for a pattern (13, 497, 637)   A problem-solving strategy often involving the use of tables to organize information so that a pattern may be determined.

C

carrera/run (325)   The horizontal change in a line.

catetos/legs (206)   The sides of a right triangle that are not the hypotenuse.

ceros/zeros (620)   The zeros of a function are the roots, or x-intercepts, of the function.

cociente de potencias/quotient of powers (501)   For all integers m and n and any nonzero number a, $\frac{a^m}{a^n} = a^{m-n}$.

coeficiente/coefficient (47)   The numerical factor in a term.

completar el cuadrado/completing the square (742, 743)   To add a constant term to a binomial of the form $x^2 + bx$ so that the resulting trinomial is a perfect square.

conjetura y cotejo/guess and check (574)   A problem-solving strategy in which several values or combinations of values are tried in order to find a solution to a problem.

conjugados/conjugates (722)   Two binomials of the form $a\sqrt{b} + c\sqrt{d}$ and $a\sqrt{b} - c\sqrt{d}$.

conjunto/set (33)   A collection of objects or numbers.

conjunto de reemplazo/replacement set (33)   A set of numbers from which replacements for a variable may be chosen.

conjunto de solución/solution set (33)   The set of all replacements for the variable in an open sentence that result in a true sentence.

consistente/consistent (455)   A system of equations is said to be consistent when it has at least one ordered pair that satisfies both equations.

constante de variación/constant of variation (239)   The number k in equations of the form $y = kx$ and $xy = k$.

constantes/constants (496)   Monomials that are real numbers.

coordenada/coordinate (73)   The number that corresponds to a point on a number line.

coordenada *x*/*x*-coordinate (254)   The first number in an ordered pair.

coordenada *y*/*y*-coordinate (254)   The second number in an ordered pair.

correlación negativa/negative correlation (340)   There is a negative correlation between x and y if the values are related in opposite ways.

correlación positiva/positive correlation (340)   There is a positive correlation between x and y if the values are related in the same way.

coseno/cosine (206)   In a right triangle with acute angle A, the cosine of angle A = $\frac{\text{measure of leg adjacent to angle } A}{\text{measure of hypotenuse}}$.

costo unitario/unit cost (95)   The cost of one unit of something.

cuadrado de una diferencia/square of a difference (544)   If a and b are any numbers, $(a - b)^2 = (a - b)(a - b) = a^2 - 2ab + b^2$.

cuadrado de una suma/square of a sum (543)   If a and b are any numbers, $(a + b)^2 = (a + b)(a + b) = a^2 + 2ab + b^2$.

cuadrado perfecto/perfect square (119)   A rational number whose square root is a rational number.

cuadrado perfecto trinómico/perfect square trinomial (587)   A trinomial which, when factored, has the form $(a + b)^2 = (a + b)(a + b)$ or $(a - b)^2 = (a - b)(a - b)$.

cuadrante /quadrant (254)   One of the four regions into which the x- and y-axes separate the coordinate plane.

cuartil inferior/lower quartile (306)   The lower quartile divides the lower half of a set of data into two equal parts.

cuartil superior/upper quartile (306)   The upper quartile divides the upper half of a set of data into two equal parts.

cuartiles/quartiles (304, 306)   In a set of data, the quartiles are values that divide the data into four equal parts.

D

datos/data (25)   Numerical information.

definir la variable/defining the variable (127)   Choosing a variable to represent one of the unspecified numbers in a problem.

dependiente/dependent (456)   A system of equations that has an infinite number of solutions.

desigualdad /inequality (33)   A mathematical sentence having the symbols $<$, $\leq$, $>$, or $\geq$.

desigualdad compuesta/compound inequality (405)   Two inequalities connected by *and* or *or*.

diagrama de árbol/tree diagram (413)   A tree diagram is a diagram used to show the total number of possible outcomes.

diagrama de caja y patillas/box-and-whisker plot (427)   A type of diagram or graph that shows the quartiles and extreme values of data.

diagrama de dispersión/scatter plot (339)   In a scatter plot, the two sets of data are plotted as ordered pairs in the coordinate plane.

diagrama de tallo y hojas consecutivo/back-to-back stem-and-leaf plot (27)   A back-to-back stem-and-leaf plot is used to compare two sets of data. The same stem is used for the leaves of both plots.

diagramas de Venn/Venn diagrams (73)   Venn diagrams are diagrams that use circles or ovals inside a rectangle to show relationships of sets.

diferencia de cuadrados/difference of squares (545)   Two perfect squares separated by a subtraction sign, $a^2 - b^2 = (a + b)(a - b)$.

discriminante/discriminant (632)   In the quadratic formula, the expression $b^2 - 4ac$.

división de números racionales/dividing rational numbers (112)   The quotient of two rational numbers having the same sign is positive. The quotient of two rational numbers having different signs is negative.

dominio/domain (263)   The set of all first coordinates from the ordered pairs in a relation.

E

ecuación/equation (33)   A mathematical sentence that contains an equals sign, $=$.

ecuación cuadrática/quadratic equation (620)   A quadratic equation is one in which the value of the related quadratic function is 0.

ecuación en dos variables/equation in two variables (271)   An equation in two variables contains two unknown values.

ecuación equivalente/equivalent equation (144)   Equations that have the same solution.

ecuación general para el crecimiento exponencial/general equation for exponential growth (643)   The general equation for exponential growth is represented by the formula $A = C(1 + r)^t$.

ecuación general para la disminución exponencial/general equation for exponential decay (644)   The general equation for exponential decay is represented by the formula $A = C(1 - r)^t$.

ecuación lineal/linear equation (280)   An equation whose graph is a line.

ecuación racional/rational equation (696)   A rational equation is an equation that contains rational expressions.

ecuaciones múltiples/multi-step equations (157)   Multi-step equations are equations that need more than one operation to solve them.

ecuaciones radicales/radical equations (732)   Equations that contain radicals with variables in the radicand.

eje de simetría/axis of symmetry (612)   The equation of the axis of symmetry for the graph of $y = ax^2 + bx + c$, where $a \neq 0$, is $x = -\frac{b}{2a}$.

eje horizontal/horizontal axis (56)   The horizontal line in a graph that represents the independent variable.

eje vertical/vertical axis (56)   The vertical line in a graph that represents the dependent variable.

eje x/x-axis (254)   The horizontal number line.

eje y/y-axis (254)   The vertical number line.

ejes/axes (254)   Two perpendicular number lines that are used to locate points on a coordinate plane.

elemento/element (33)   A member of a set.

eliminación/elimination (469)   The elimination method of solving a system of equations is a method that uses addition or subtraction to eliminate one of the variables to solve for the other variable.

enteros/integers (73)   The set of numbers represented as $\{..., -3, -2, -1, 0, 1, 2, 3, ...\}$.

enteros consecutivos /consecutive integers (158)   Consecutive integers are integers in counting order.

enunciados abiertos/open sentences (32)   Mathematical statements with one or more variables, or unknown numbers.

escala/scale (197)   A ratio called a scale is used when making a model to represent something that is too large or too small to be conveniently drawn at actual size.

esquema lineal/line plot (78)   Numerical data displayed on a number line.

estadística/statistics (25)   A branch of mathematics concerned with methods of collecting, organizing, and interpreting data.

evaluar/evaluate (8)   To find the value of an expression when the values of the variables are known.

evento compuesto/compound event (414)   A compound event consists of two or more simple events.

evento simple/simple events (414)   A single event in a probability problem.

exponente/exponent (7)   In an expression of the form x^n, the exponent is n.

exponente cero/zero exponent (502)   For any nonzero number a, $a^0 = 1$.

exponente negativo/negative exponent (503)   For any nonzero number a and any integer n, $a^{-n} = \frac{1}{a^n}$.

expresión algebraica/algebraic expression (6)   An expression consisting of one or more numbers and variables along with one or more arithmetic operations.

expresión mixta/mixed expression (690)   An algebraic expression that contains a monomial and a rational expression.

expresión racional/rational expression (660)   A rational expression is an algebraic fraction whose numerator and denominator are polynomials.

expresiones equivalentes/equivalent expressions (47)   Expressions that denote the same number.

extremos/extremes (196)   *See* proportion.

factores/factors (6)   In a multiplication expression, the quantities being multiplied are called factors.

factorización por grupos/factoring by grouping (567)   A method of factoring polynomials with four or more terms.

factorización prima/prime factorization (558)   A whole number expressed as a product of factors that are all prime numbers.

factorizar/factoring (564)   To express a polynomial as the product of monomials and polynomials.

familia de gráficas/family of graphs (354)   A family of graphs includes graphs and equations of graphs that have at least one characteristic in common.

forma estándar/standard form (333)   The standard form of a linear equation is $Ax + By = C$, where A, B, and C are integers, $A \geq 0$, and A and B are not both zero.

forma factorial/factored form (559)   A monomial is written in factored form when it is expressed as the product of prime numbers and variables where no variable has an exponent greater than 1.

forma pendiente- intersección/slope-intercept form (347)   An equation of the form $y = mx + b$, where m is the slope and b is the y-intercept of a given line.

forma punto-pendiente/point-slope form (333)   For any point (x_1, y_1) on a nonvertical line having slope m, the point-slope form of a linear equation is as follows:
$$y - y_1 = m(x - x_1).$$

forma radical reducida/simplest radical form (723)   A radical expression is in simplest radical form when the following three conditions have been met.

1. No radicands have perfect square factors other than one.

2. No radicands contain fractions.

3. No radicals appear in the denominator of a fraction.

forma reducida/simplest form (47)   An expression is in simplest form when it is replaced by an equivalent expression having no like terms and no parentheses.

fórmula/formula (128)   An equation that states a rule for the relationship between certain quantities.

fórmula cuadrática/quadratic formula (628)   The roots of a quadratic equation in the form $ax^2 + bx + c = 0$, where $a \neq 0$, are given by the formula $x = \dfrac{-b \pm \sqrt{b^2 - 4ac}}{2a}$.

fórmula de distancia/distance formula (737)   The distance d between any two points with coordinates (x_1, y_1) and (x_2, y_2) is given by the following formula.
$$d = \sqrt{(x_2 - x_1)^2 + (y_2 - y_1)^2}$$

fracción compleja/complex fraction (114)   If a fraction has one or more fractions in the numerator or denominator, it is called a complex fraction.

frontera/boundary (437)   A boundary of an inequality is a line that separates the coordinate plane into half-planes.

función/function   1. (56) A relationship between input and output in which the output depends on the input.   **2.** (287) A relation in which each element of the domain is paired with exactly one element of the range.

función cuadrática/quadratic function (610, 611)   A quadratic function is a function that can be described by an equation of the form $y = ax^2 + bx + c$, where $a \neq 0$.

función exponencial/exponential function (634, 635)   A function that can be described by an equation of the form $y = a^x$, where $a > 0$ and $a \neq 1$.

función lineal/linear function (278)   An equation whose graph is a nonvertical line.

G

grado/degree   1. (515) The degree of a monomial is the sum of the exponents of its variables. **2.** (516) The degree of a polynomial is the degree of the term of the greatest degree.

gráfica/graph (73, 255)   To draw, or plot, the points named by certain numbers or ordered pairs on a number line or coordinate plane, respectively.

gráfica completa/complete graph (278)   A complete graph shows the origin, the points at which the graph crosses the x- and y-axes, and other important characteristics of the graph.

gráfica de tallo y hojas/stem-and-leaf plot (26)   In a stem-and-leaf plot, each piece of data is separated into two numbers that are used to form a stem and a leaf. The data are organized into two columns. The column on the left contains the stem and the column on the right contains the leaves.

gráfica principal/parent graph (354)   The simplest of the graphs in a family of graphs

H

haz una lista organizada/make an organized list
(685)   A problem-solving strategy that uses an organized list to arrange and evaluate data in order to determine a solution.

hipotenusa/hypotenuse (206)   The side of a right triangle opposite the right angle.

I

identificación de submetas/identify subgoals
(745)   A problem-solving strategy that uses a series of small steps, or subgoals.

identidad/identity (170)   An equation that is true for every value of the variable.

identidad aditiva/additive identity (37)   For any number a, $a + 0 = 0 + a = a$.

identidad multiplicativa/multiplicative identity
(38)   For any number a, $a \cdot 1 = 1 \cdot a = a$.

igualmente verosímil/equally likely (229)
Outcomes that have an equal chance of occurring.

inconsistente/inconsistent (456)   A system of equations is said to be inconsistent when it has no ordered pair that satisfies both equations.

independiente/independent (456)   A system of equations is said to be independent if the system has exactly one solution.

interés simple/simple interest (217)   The amount paid or earned for the use of money. The formula $I = prt$ is used to solve simple interest problems.

intersección/intersection (406)   The intersection of two sets A and B is the set of elements common to both A and B.

intersección con el eje x/x-intercept (346)   The coordinate at which a graph intersects the x-axis.

intersección con el eje y/y-intercept (346)   The coordinate at which a graph intersects the y-axis.

inverso de una relación/inverse of a relation
(264)   The inverse of any relation is obtained by switching the coordinates in each ordered pair.

inverso multiplicativo/multiplicative inverse
(38)   For every nonzero number $\frac{a}{b}$, where a, $b \neq 0$, there is exactly one number $\frac{b}{a}$ such that $a \cdot b = 1$.

L

lados correspondientes/corresponding sides
(201)   The sides opposite the corresponding angles in similar triangles.

línea de mejor encaje/best-fit line (341)   A line drawn on a scatter plot that passes close to most of the data points.

línea de regresión/regression line (342)   The most accurate best-fit line for a set of data, and can be determined with a graphing calculator or computer.

M

matemáticas discretas/discrete mathematics (88)
A branch of mathematics that deals with finite or discontinuous quantities.

matriz/matrix (88)   A matrix is a rectangular arrangement of elements in rows and columns.

máximo/maximum (611)   The highest point on the graph of a curve, such as a the vertex of parabola that opens downward.

máximo común divisor (MCD)/greatest common factor (GCF) (559)   The greatest common factor of two or more integers is the greatest number that is a factor of all the integers.

media/mean (178)   The mean of a set of data is the sum of the numbers in the set divided by the number of numbers in the set.

media vida/half-life (638)   The half-life of an element is defined as the time it takes for one-half a quantity of a radioactive element to decay.

mediana/median (178)   The median is the middle number of a set of data when the numbers are arranged in numerical order.

medidas de tendencia central/measures of central tendency (178)   Numbers known as measures of central tendency are often used to describe sets of data because they represent a centralized, or middle, value.

medidas de variación/measures of variation
(306)   Measures of variation are used to describe the distribution of data.

medios/means (196)   *See* proportion.

método FOIL/FOIL method (537)   To multiply two binomials, find the sum of the products of

F   the first terms,
O   the outside terms,
I   the inside terms, and
L   the last terms.

mínimo/minimum (611)   The lowest point on the graph of a curve, such as a the vertex of parabola that opens upward.

mínimo común denominador (mcd)/least common denominator (LCD) (686)   The least common denominator is the least common multiple of the denominators of two or more fractions.

mínimo común múltiplo (mcm)/least common multiple (LCM) (685)   The least common multiple of two or more integers is the least positive integer that is divisible by each of the integers.

modal/mode (178)   The mode of a set of data is the number that occurs most often in the set.

monomio/monomial (496)   A monomial is a number, a variable, or a product of a number and one or more variables.

movimiento uniforme/uniform motion (235)   When an object moves at a constant speed, or rate, it is said to be in uniform motion.

multiplicación escalar/scalar multiplication (108)   In scalar multiplication, each element of a matrix is multiplied by a constant.

notación científica/scientific notation (506)   A number is expressed in scientific notation when it is in the form $a \times 10^n$, where $1 \leq a < 10$ and n is an integer.

notación de construcción de conjuntos/set-builder notation (385)   A notation used to describe the members of a set. For example, $\{y \,|\, y < 17\}$ represents the set of all numbers y such that y is less than 17.

notación funcional/functional notation (289)   In functional notation, the equation $y = x + 5$ is written as $f(x) = x + 5$.

número compuesto/composite numbers (558)   A whole number, greater than 1, that is not prime.

número irracional/irrational numbers (120)   A number that cannot be expressed in the form $\frac{a}{b}$, where a and b are integers and $b \neq 0$.

número negativo/negative number (73)   Any number that is less than zero.

número primo/prime number (558)   A prime number is a whole number, greater than 1, whose only factors are 1 and itself.

número racional/rational number (93)   A rational number is a number that can be

expressed in the form $\frac{a}{b}$, where a and b are integers and $b \neq 0$.

números enteros /whole numbers (72)   The set of whole numbers is represented by $\{0, 1, 2, 3, ...\}$.

números reales/real numbers (121)   The set of rational numbers and the set of irrational numbers together form the set of real numbers.

opuestos/opposites (87)   The opposite of a number is its additive inverse.

orden de operaciones/order of operations (19)

1. Simplify the expressions inside grouping symbols, such as parentheses, brackets, and braces, and as indicated by fraction bars.
2. Evaluate all powers.
3. Do all multiplications and divisions from left to right.
4. Do all additions and subtractions from left to right.

organizar datos/organize data (464)   Organizing data is useful before solving a problem. Some ways to organize data are to use tables, charts, different types of graphs, or diagrams.

origen/origin (254)   The point of intersection of the two axes in the coordinate plane.

par ordenado/ordered pair (57)   Pairs of numbers used to locate points in the coordinate plane.

parábola/parabola (610, 611)   The general shape of the graph of a quadratic function.

paralelogramo/parallelogram (362)   A quadrilateral in which opposite sides are parallel.

patillas/whiskers (428)   The whiskers of a box-and-whisker plot are the segments that are drawn from the lower quartile to the least value and from the upper quartile to the greatest value.

pendiente/slope (324, 325)   The ratio of the rise to the run as you move from one point to another along a line.

plan para solucionar problemas/problem-solving plan (126)

1. Explore the problem.
2. Plan the solution.

3. Solve the problem.

4. Examine the solution.

plano de coordenadas/coordinate plane (254) The plane containing the x- and y-axes.

polinomio/polynomial (513, 514) A polynomial is a monomial or a sum of monomials.

polinomio primo/prime polynomial (577) A polynomial that cannot be written as a product of two polynomials with integral coefficients is called a prime polynomial.

por ciento/percent (215) A percent is a ratio that compares a number to 100.

porcentaje/percentage (215) The number that is divided by the base in a percent proportion.

porcentaje de aumento/percent of increase (222) The ratio of an amount of increase to the previous amount, expressed as a percent.

porcentaje de disminución/percent of decrease (222) The ratio of an amount of decrease to the previous amount, expressed as a percent.

posibilidades/odds (229) The odds of an event occurring is the ratio of the number of ways the event can occur (successes) to the number of ways the event cannot occur (failures).

potencia/power (7) An expression of the form x^n is known as a power.

potencia de un monomio/power of a monomial (498) For any numbers a and b, and any integers m, n, and p,
$$(a^mb^n)^p = a^{mp}b^{np}.$$

potencia de un producto/power of a product (498) For all numbers a and b, and any integer m, $(ab)^m = a^mb^m$.

potencia de una potencia/power of a power (498) For any number a, and all integers m and n, $(a^m)^n = a^{mn}$.

probabilidad/probability (228) The ratio that tells how likely it is that an event will take place.
$$P(\text{event}) = \frac{\text{number of favorable outcomes}}{\text{total number of possible outcomes}}$$

producto/product (6) The result of multiplication.

producto de potencias/product of powers (497) For any number a, and all integers m and n, $a^m \cdot a^n = a^{m+n}$.

productos cruzados/cross products (94) When two fractions are compared, the cross products are the products of the terms on the diagonals.

promedio ponderado/weighted average (233) The weighted average M of a set of data is the sum of the product of each number in the set and its weight divided by the sum of all the weights.

propiedad asociativa/associative property (51) For any numbers a, b, and c, $(a + b) + c = a + (b + c)$ and $(ab) c = a(bc)$.

propiedad conmutativa/commutative property (51) For any numbers a and b, $a + b = b + a$ and $ab = ba$.

propiedad de adición de la desigualdad/addition property of equality (144) For any numbers a, b, and c, if $a = b$, then $a + c = b + c$.

propiedad de adición de la igualdad/addition property for inequality (385) For all numbers a, b, and c, the following are true:
1. if $a > b$, then $a + c > b + c$.
2. if $a < b$, then $a + c < b + c$.

propiedad de comparación/comparison property (94) For any two numbers a and b, exactly one of the following sentences is true.
$$a < b \qquad a = b \qquad a > b$$

propiedad de correspondencia/completeness property (121) Each real number corresponds to exactly one point on the number line. Each point on the number line corresponds to exactly one real number.

propiedad de correspondencia de los puntos en el plano/completeness property for points in the plane (256)
1. Exactly one point in the plane is named by a given ordered pair of numbers.
2. Exactly one ordered pair of numbers names a given point in the plane.

propiedad de división de la desigualdad/division property for inequality (393) For all numbers a, b, and c, the following are true:
1. If c is positive and $a < b$, then $\frac{a}{c} < \frac{b}{c}$, and if c is positive and $a > b$, then $\frac{a}{c} > \frac{b}{c}$.
2. If c is negative and $a < b$, then $\frac{a}{c} > \frac{b}{c}$. and if c is negative and $a > b$, then $\frac{a}{c} < \frac{b}{c}$.

propiedad de división de la igualdad/division property of equality (151) For any numbers a, b, and c, with $c \neq 0$, if $a = b$, then $\frac{a}{c} = \frac{b}{c}$.

propiedad de la densidad/density property (96) Between every pair of distinct rational numbers, there are infinitely many rational numbers.

propiedad de sustitución de la igualdad/substitution property of equality (39) If $a = b$, then a may be replaced by b in any expression.

propiedad de sustracción de la desigualdad/subtraction property for inequality (385)   For all numbers a, b, and c, the following are true:

1. if $a > b$, then $a - c > b - c$.

2. if $a < b$, then $a - c < b - c$.

propiedad de sustracción de la igualdad/subtraction property of equality (146)   For any numbers a, b, and c, if $a = b$, then $a - c = b - c$.

propiedad del cociente de raíces cuadradas/quotient property of square roots (721)   For any numbers a and b, where $a > 0$ and $b > 0$, $\sqrt{\dfrac{a}{b}} = \dfrac{\sqrt{a}}{\sqrt{b}}$.

propiedad del inverso aditivo/additive inverse property (87)   For any number a, $a + (-a) = 0$.

propiedad del producto cero/zero product property (594)   For all numbers a and b, if $ab = 0$, then $a = 0$, $b = 0$, or both a and b equal 0.

propiedad del producto de las raíces cuadradas/product property of square roots (719)   For any number a and b, where $a \geq 0$ and $b \geq 0$, $\sqrt{ab} = \sqrt{a} \cdot \sqrt{b}$.

propiedad distributiva/distributive property (46)   For any numbers a, b, and c:

1. $a(b + c) = ab + ac$ and $(b + c)a = ba + ca$.

2. $a(b - c) = ab - ac$ and $(b - c)a = ba - ca$.

propiedad multiplicativa de −1/multiplicative property of −1 (107)   The product of any number and -1 is its additive inverse.

$$-1(a) = -a \text{ and } a(-1) = -a$$

propiedad multiplicativa de la desigualdad/multiplication property for inequality (393)   For all numbers a, b, and c, the following are true.

1. If c is positive and $a < b$, then $ac < bc$, $c \neq 0$, and if c is positive and $a > b$, then $ac > bc$, $c \neq 0$.

2. If c is negative and $a < b$, then $ac > bc$, $c \neq 0$, and if c is negative and $a > b$, then $ac < bc$, $c \neq 0$.

propiedad multiplicativa de la igualdad/multiplicative property of equality (150)   For any numbers a, b, and c, if $a = b$, then $a \cdot c = b \cdot c$.

propiedad multiplicativa del cero/multiplicative property of zero (38)   For any number a, $a \cdot 0 = 0 \cdot a = 0$.

propiedad reflexiva de la igualdad/reflexive property of equality (39)   For any number a, $a = a$.

propiedad simétrica de la igualdad /symmetric property of equality (39)   For any numbers a and b, if $a = b$, then $b = a$.

propiedad transitiva de la igualdad/transitive property of equality (39)   For any numbers a, b, and c, if $a = b$ and $b = c$, then $a = c$.

proporción/proportion (195)   In a proportion, the product of the extremes is equal to the product of the means. If $\dfrac{a}{b} = \dfrac{c}{d}$, then $ad = bc$.

proporción de porcentaje/percent proportion (215) $\dfrac{\text{Percentage}}{\text{Base}} = \dfrac{r}{100}$

prueba de recta vertical/vertical line test (289)   If any vertical line passes through no more than one point of the graph of a relation, then the relation is a function.

punto medio/midpoint (369)   A point that is halfway between the endpoints of a segment.

racionalizando el denominador/rationalizing the denominator (722)   Rationalizing the denominator of a radical expression is a method used to remove or eliminate the radicals from the denominator of a fraction.

radicando/radicand (719)   The radicand is the expression under the radical sign.

raíces/roots (620)   The solutions of a quadratic equation.

raíz cuadrada/square root (118, 119)   One of two identical factors of a number.

raíz cuadrada principal/principal square root (119)   The nonnegative square root of an expression.

razón/ratio (195)   A ratio is a comparison of two numbers by division.

razones trigonométricas/trigonometric ratios (206) $\sin A = \dfrac{a}{c}$ $\cos A = \dfrac{b}{c}$ $\tan A = \dfrac{a}{b}$

recíproco/reciprocal (38)   The multiplicative inverse of a number.

recta numérica/number line (72)   A line with equal distances marked off to represent numbers.

rectas paralelas/parallel lines (362)   Lines in the plane that never intersect. Nonvertical parallel lines have the same slope.

rectas perpendiculares/perpendicular lines (362)   Lines that meet to form right angles.

relación/mapping (263)   A mapping pairs one element in the domain with one element in the range.

relación/relation (260, 263)   A relation is a set of ordered pairs.

resolver el triángulo/solving a triangle (208) Finding the measures of all sides and angles of a right triangle.

resolver un enunciado abierto/solving an open sentence (32)   Finding a replacement for the variable that results in a true sentence.

resuelve una ecuación/solve an equation (145) To solve an equation means to isolate the variable having a coefficient of 1 on one side of the equation.

resultados/outcomes (413)   Outcomes are all possible combinations of a counting problem.

S

semiplano/half-plane (437)   The region of a graph on one side of a boundary is called a half-plane.

seno/sine (206)   In a right triangle with acute angle A,

$$\text{sine of angle } A = \frac{\text{measure of leg opposite angle } A}{\text{measure of the hypotenuse}}.$$

signo radical/radical sign (119)   The symbol $\sqrt{}$, indicating the principal or nonnegative root of an expression.

simetría/symmetry (612)   Symmetrical figures are those in which the figure can be folded and each half matches the other exactly.

sistema de desigualdades /system of inequalities (482)   A set of inequalities with the same variables.

sistema de ecuaciones/system of equations (455) A set of equations with the same variables.

solución/solution (32)   A replacement for the variable in an open sentence that results in a true sentence.

solución de una ecuación de dos variables/solution of an equation in two variables (271)   If a true statement results when the numbers in an ordered pair are substituted into an equation in two variables, then the ordered pair is a solution of the equation.

soluciones extrañas/extraneous solutions (697) Solutions derived from an equation that are not solutions of the original equation.

sucesión/sequence (13)   A set of numbers in a specific order.

suma de enteros/adding integers (86)

1. To add integers with the *same* sign, add their absolute values. Give the result the same sign as the integers.

2. To add integers with *different* signs, subtract the lesser absolute value from the greater absolute value. Give the result the same sign as the integer with the greater absolute value.

sustitución/substitution (462)   The substitution method of solving a system of equations is a method that uses substitution of one equation into the other equation to solve for the other variable.

sustracción de enteros/subtracting integers (87) To subtract a number, add its additive inverse. For any numbers a and b, $a - b = a + (-b)$.

T

tangente/tangent (206)   In a right triangle, the tangent of

$$\text{angle } A = \frac{\text{measure of leg opposite angle } A}{\text{measure of leg adjacent to angle } A}.$$

tasa/rate   **1.** (197) The ratio of two measurements having different units of measure.   **2.** (215) In the percent proportion, the rate is the fraction with a denominator of 100.

teorema de la factorización única/unique factorization theorem (558)   The prime factorization of every number is unique except for the order in which the factors are written.

teorema de Pitágoras/Pythagorean theorem (713)   If a and b are the measures of the legs of a right triangle and c is the measure of the hypotenuse, then $c^2 = a^2 + b^2$.

teoría numérica/number theory (158)   The study of numbers and the relationships between them.

término/term   **1.** (13) A number in a sequence. **2.** (47) A number, a variable, or a product or quotient of numbers and variables.

términos semejantes/like terms (47)   Terms that contain the same variables, with corresponding variables with the same power.

trabajar al revés/work backward (156)   A problem-solving strategy that uses inverse operations to determine an original value.

trazar un diagrama/draw a diagram (406)   A problem-solving strategy that is often used as an organizational tool.

triángulo/triangle (163)   A triangle is a polygon with three sides and three angles.

triángulo agudo/acute triangle (165)   In an acute triangle, all of the angles measure less than 90 degrees.

triángulo equilátero/equilateral triangle (164)   A triangle in which all the sides have the same length and all the angles have the same measure.

triángulo isósceles/isosceles triangle (164)   In an isosceles triangle, at least two angles have the same measure and at least two sides have the same length.

triángulo obtuso/obtuse triangle (165)   An obtuse triangle has one angle with measure greater than 90 degrees.

triángulo rectángulo/right triangle (165)   A right triangle has one angle with a measure of 90 degrees.

triángulos semejantes/similar triangles (201)   If two triangles are similar, the measures of their corresponding sides are proportional, and the measures of their corresponding angles are equal.

trinomio/trinomial (514)   A trinomial is the sum of three monomials.

triplete de Pitágoras/Pythagorean triple (583)   Three whole numbers a, b, and c such that $a^2 + b^2 = c^2$.

---

unión/union (408)   The union of two sets A and B is the set of elements contained in both A or B.

usa un modelo/use a model (339)   A problem-solving strategy that uses models, or simulations, of mathematical situations that are difficult to solve directly.

usa una tabla/use a table (255)   A problem-solving strategy that uses tables to organize and solve problems.

---

valor absoluto/absolute value (85)   The absolute value of a number is its distance from zero on a number line.

valor atípico/outlier (307)   In a set of data, a value that is much greater or much less than the rest of the data can be called a outlier.

valor excluido/excluded value (660)   A value is excluded from the domain of a variable because if that value were substituted for the variable, the result would have a denominator of zero.

valores extremos/extreme values (427)   The least value and the greatest value in a set of data.

variable/variable (6)   Variables are symbols that are used to represent unspecified numbers.

variable dependiente/dependent variable (58)   The variable in a function whose value is determined by the independent variable.

variable independiente/independent variable (58)   The variable in a function whose value is subject to choice is the independent variable. The independent variable affects the value of the dependent variable.

variación directa/direct variation (239)   A direct variation is described by an equation of the form $y = kx$, where $k \neq 0$.

variación inversa/inverse variation (241)   An inverse variation is described by an equation of the form $xy = k$, where $k \neq 0$.

vértice/vertex (610, 611)   The maximum or minimum point of a parabola.

RESPUESTAS SELECCIONADAS

CAPÍTULO 1 EXPLORA EXPRESIONES, ECUACIONES Y FUNCIONES

Páginas 9–11 Lección 1–1

7. $3y^2 - 6$ **9.** 3 por x al cuadrado más 4 **11.** a^7 **13.** 32
15. $k + 20$ **17.** a^7 **19.** $\frac{2x^2}{3}$ ó $\frac{2}{3}x^2$ **21.** $b + 8$ **23.** 4 por m
a la quinta potencia **25.** c al cuadrado más 23
27. 2 por 4 por 5 al cuadrado **29.** 8^2 **31.** 4^7 **33.** z^5
35. 49 **37.** 64 **39.** 16 **41.** $3(55 - w^3)$ **43.** $a + b + \frac{a}{b}$
45. $y + 10x$ **47.** 16; 16 **47a.** Son iguales; no; no.
47b. no; por ejemplo, $2^3 \neq 3^2$ **49a.** $3.5x$ **49b.** $3.5y$
49c. $3.5x + 3.5y$..

Páginas 15–18 Lección 1–2

5.

7. $5x + 1, 6x + 1$

9a.

4^1	4^2	4^3	4^4	4^5
4	16	64	256	1024

9b. 6; $4^6 = 4096$

9c. 4; Al ser impar el exponente, 4 está en el lugar de las unidades. **11.**
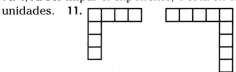

13. 48, 96 **15.** 25, 36 **17.** $a + 7, a + 9$
19a.

19b. Blanca; las figuras pares son blancas.
19c. 12 lados; las formas vienen en pares. Dado que $19 \div 2 = 9.5$, la figura 19ª será parte del 10º par. El 10º par tendrá $10 + 2$ ó 12 lados. **21a.** 4; 9; 16; 25
21b. Las sumas son números cuadrados perfectos; es decir, $1^2, 2^2, 3^2, 4^2, 5^2, \ldots$ **21c.** 10,000 **21d.** x^2
23a. 1,999,998; 2,999,997; 3,999,996; 4,999,995
23b. 8,999,991 **25.** 4, 7, 10, 13, 16 **27.** 1:13 P.M.
29a. 100 naipes **31.** x al cubo dividido entre 9
33. 4^3; 64 cubos **35.** $x + \frac{1}{11}x$

Páginas 22–24 Lección 1–3

5. 173 **7.** 4 **9.** 25 **11.** $a^2 - a$ **13.** 14 **15.** 14
17. 9 **19.** 60 **21.** $\frac{11}{18}$ **23.** 6 **25.** 126 **27.** 147
29. 126 **31.** $r^2 + 3s$; 19 **33.** $(r + s)t^2$; $\frac{7}{4}$ **35.** 19.5 mm
37. 22 pulg. **39.** 16.62 **41.** 3.77 **43a.** Respuesta de muestra: $(4 - 2)5 \div (3 + 2)$ **43b.** $4 \times 2 \times 5 \times 3 \times 2$
45a. $\frac{1}{3}Bh$ **45b.** 198,450 m^3 **47.** 16, 19.5 **49.** 18 de junio
51. $t + 3$ **53.** 9 más que el doble de y

Páginas 28–31 Lección 1–4

5. tallo 12, hoja 2 **7.** tallo 126, hoja 9 **9a.** 35 boletos vendidos en un día **9b.** 31 boletos **9c.** 75 boletos
9d. 1043 boletos **11.** tallo 13, hoja 3 **13.** tallo 44, hoja 3
15. tallo 111, hoja 3 **17.** tallo 14, hoja 3 **19.** tallo 111, hoja 4 **21.** redondeado en centenas:
9, 12, 24, 27, 38, 39, 40 **23a.** Posible respuesta: Tanto los adolescentes como los adultos jóvenes tuvieron una distribución similar de respuestas. **23b.** Respuesta de muestra: El estudio de mercadeo muestra que el nuevo juego es igualmente atractivo tanto para adolescentes como para jóvenes adultos. Por lo tanto, se deberían concentrar los esfuerzos de mercadeo en los adolescentes y los adultos jóvenes.

25a.

1980	Tallo	1993
4	1	3
6	2	4
8 5 1	3	3 7 7
	4	6
1	5	

3 | 7 = 3700

25b. 3000 a 3900; 3000 a 3900 **25c.** Respuesta de muestra: El tamaño de las granjas parece disminuir.
27. 15 **29a.** $\frac{s}{5}$ **29b.** 2 millas; sí

31.
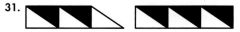

Páginas 34–36 Lección 1–5

7. falso **9.** $\{1, 3, 5\}$ **11.** 75 **13.** falso **15.** verdadero
17. verdadero **19.** $\{5\}$ **21.** $\left\{\frac{1}{2}, \frac{3}{4}\right\}$ **23.** $\{10, 15, 20\}$ **25.** 3
27. 2 **29.** $4\frac{5}{6}$ **31.** Respuesta de muestra: $p = 1$ y $q = 2$, $p = 2$ y $q = 10$, $p = 3$ y $q = 8$, $p = 4$ y $q = 20$, y $p = 5$ y $q = 15$ **33a.** $C = \frac{3500 \cdot 4}{14}$ **33b.** 1000 Calorías
35. 2, 5, 6, 7, 9 **37.** 8 **39.** 5 menos que x a la 5ª potencia

Página 36 Autoevaluación

1. $3a + b^2$
3. 11:04, 11:08, 11:51, 11:55
5. 408
9. $\{6, 7, 8\}$

7.

Tallo	Hoja
4	8
5	4
6	7
7	7
8	5 9

6 | 7 = 67

Páginas 41–43 Lección 1–6

7. $\frac{2}{9}$ **9.** c **11.** e **13.** d **15.** f

17. $6(12 - 48 \div 4) + 9 \cdot 1$
$= 6(12 - 12) + 9 \cdot 1$ *Sustitución* $(=)$
$= 6(0) + 9 \cdot 1$ *Sustitución* $(=)$
$= 0 + 9 \cdot 1$ *Propiedad multiplicativa de 0*
$= 0 + 9$ *Identidad multiplicativa*
$= 9$ *Identidad aditiva*
19a. $4(20) + 7$
19b. $4(20) + 7$
$= 80 + 7$ *Sustitución* $(=)$
$= 87$ *Sustitución* $(=)$

19c. 87 años **21.** 9 **23.** $\frac{1}{p}$ **25.** $\frac{2}{3}$ **27.** sustitución ($=$)

29. identidad multiplicativa **31.** inverso multiplicativo, identidad multiplicativa **33.** simétrica ($=$)

35. reflexiva ($=$) **37.** sustitución ($=$); sustitución ($=$); identidad multiplicativa; inverso multiplicativo; sustitución ($=$) **39.** sustitución ($=$); sustitución ($=$); sustitución ($=$); identidad multiplicativa

41. $(15 - 8) \div 7 \cdot 25$

$\quad = 7 \div 7 \cdot 25 \quad$ *Sustitución($=$)*

$\quad = 1 \cdot 25 \quad\quad$ *Sustitución ($=$)*

$\quad = 25 \quad\quad\quad$ *Identidad multiplicativa*

43. $(2^5 - 5^2) + (4^2 - 2^4)$

$\quad = (32 - 25) + (16 - 16) \quad$ *Sustitución ($=$)*

$\quad = 7 + 0 \quad\quad\quad\quad\quad$ *Sustitución ($=$)*

$\quad = 7 \quad\quad\quad\quad\quad\quad$ *Identidad aditiva*

45. $5^3 + 9\left(\frac{1}{3}\right)^2$

$\quad = 125 + 9\left(\frac{1}{9}\right) \quad$ *Sustitución ($=$)*

$\quad = 125 + 1 \quad\quad\quad$ *Inverso multiplicativo*

$\quad = 126 \quad\quad\quad\quad$ *Sustitución ($=$)*

47a. $[21(12 \cdot 2)] + [23(15 \cdot 2)] + [67(10 \cdot 2)]$

47b. $[21(12 \cdot 2)] + [23(15 \cdot 2)] + [67(10 \cdot 2)]$

$\quad = [21(24)] + [23(30)] + 67(20)] \quad$ *Sustitución ($=$)*

$\quad = 504 + 690 + 1340 \quad\quad\quad$ *Sustitución ($=$)*

$\quad = 2534 \quad\quad\quad\quad\quad\quad$ *Sustitución ($=$)*

47c. $25.34 **49.** verdadero **51.** falso **55.** 36 **57.** $12y$

Página 44 Lección 1–7A

1. $2x + 2$ **3.** $4x + 2$ **5.** falso;

$$x + 3$$

3 {	x	1	1	1	
	x	1	1	1	= 3x + 9
	x	1	1	1	

7a. Adita **7b.** Las respuestas variarán. Las respuestas deberán incluir el concepto de que la multiplicación por 3 es distributiva sobre ambos términos entre paréntesis.

Páginas 48–50 Lección 1–7

5. b **7.** a **9.** c **11.** $2a - 2b$ **13.** 60 **15.** 7 **17.** $4y^4, y^4$ **19.** $3t^2 + 4t$ **21.** $23a^2b + 3ab^2$ **23.** $5.35(24) + 5.35(32)$; $5.35(24 + 32)$ **25.** $5g - 45$ **27.** $24m + 48$ **29.** $5a - ab$ **31.** 52 **33.** 60 **35.** 645 **37.** en forma reducida **39.** $12a + 15b$ **41.** en forma reducida **43.** $3x + 4y$ **45.** $1\frac{3}{5}a$ **47.** $9x + 5y$ **49.** no; no; contraejemplo muestra: $2 + (4 \cdot 5) \neq (2 + 4)(2 + 5)$ **51a.** $2[x + (x + 14)] = 4x + 28$ **51b.** 96 **51c.** 527 pies^2 **53.** propiedad multiplicativa de cero. **55a.** $d = (1129)(2)$ **55b.** 2258 pies **57.** 2 **59.** 8 años

Páginas 53–55 Lección 1–8

7. conmutativa ($+$) **9.** asociativa ($\times$) **11.** $5a + 2b$ **13.** $14x + 3y$

15. $6z^2 + (7 + z^2 + 6)$

$\quad = 6z^2 + (z^2 + 7 + 6) \quad$ *Conmutativa ($+$)*

$\quad = (6z^2 + z^2) + (7 + 6) \quad$ *Asociativa ($+$)*

$\quad = (6 + 1)z^2 + (7 + 6) \quad$ *Propiedad distributiva*

$\quad = 7z^2 + 13 \quad\quad\quad$ *Sustitución ($=$)*

17. identidad multiplicativa **19.** asociativa ($\times$) **21.** propiedad distributiva **23.** conmutativa ($\times$) **25.** asociativa ($+$) **27.** $10x + 5y$ **29.** $7x + 10y$

31. $10x + 2y$ **33.** $32a^2 + 16$ **35.** $5x$ **37.** $\frac{3}{4} + \frac{5}{3}m + \frac{4}{3}n$

39. $2(s + t) - s$

$\quad = 2s + 2t - s \quad$ *Propiedad distributiva*

$\quad = 2t + 2s - s \quad$ *Conmutativa ($+$)*

$\quad = 2t + (2s - s) \quad$ *Asociativa ($+$)*

$\quad = 2t + (2s - 1s) \quad$ *Identidad multiplicativa*

$\quad = 2t + (2 - 1)s \quad$ *Propiedad distributiva*

$\quad = 2t + 1s \quad\quad$ *Sustitución ($=$)*

$\quad = 2t + s \quad\quad$ *Identidad multiplicativa*

41. $5xy + 3xy$

$\quad = (5 + 3)xy \quad$ *Propiedad distributiva*

$\quad = 8xy \quad\quad$ *Sustitución ($=$)*

43. $\frac{1}{100}$; Cada denominador y el siguiente numerador representan el número 1. La expresión resultante es 1 en el numerador y 100 en el denominador multiplicado por varios unos. Dado que 1 es la identidad multiplicativa, el producto es $\frac{1}{100}$. **45.** no; Ejemplo de muestra:

Sea $a = 1$ y b $= 2$, luego $1 * 2 = 1 + 2(2)$ ó

5 y $2 * 1 = 2 + 2(1)$ ó 4.

47a. $G = 3.73$ **49.** $100d + 80d + 8d, 188d$ **51.** $\frac{3}{2}$

53.

Tallo	Hoja
10	0 0 0 1 1 1 1 3
9	5 7 7 9 9 9 *10|3 = 103*

55.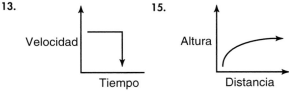

Páginas 59–62 Lección 1–9

5a. Gráfica 3 **5b.** Gráfica 4 **5c.** Gráfica 2 **5d.** Gráfica 1 **7a.** Falso, A es el más joven, pero B corre la milla en menos tiempo. **7b.** Falso, A hizo más tiros de 3 puntos pero B hizo más tiros de 2 puntos. **7c.** Verdadero, B es mayor y B hizo más tiros de 2 puntos. **7d.** Verdadero, A es el jugador más joven y A hizo más tiros libres. **9.** Gráfica a; Una persona promedio no gana dinero durante su niñez, luego su nivel de ingresos se eleva durante varios años y finalmente se estabiliza.

11a. Gráfica 5 **11b.** Gráfica 3 **11c.** Gráfica 1 **11d.** Gráfica 4 **11e.** Gráfica 6 **11f.** Gráfica 2

13. [gráfica: Velocidad vs. Tiempo] **15.** [gráfica: Altura vs. Distancia]

17a. eje horizontal: tiempo en años; eje vertical: millones de dólares **17b.** En 1991 la teletón recaudó 45 millones de dólares. **17c.** El dinero recaudado en la teletón disminuyó, luego aumentó en forma uniforme. **17d.** El dinero recaudado aumentó. **19.** $7p + 11q + 9$ **21.** 14 **23.** $\frac{1}{3}Bh$

Página 63 Capítulo 1 Puntos importantes

1. a **3.** e **5.** f **7.** g **9.** b

Páginas 64–66 Capítulo 1 Guía de estudio y evaluación

11. x^5 **13.** $5x^2$ **15.** tres por un número m a la quinta potencia **17.** la diferencia de cuatro por m al cuadrado y el doble de m **19.** 32, 64 **21.** $4x + y, 5x + y$ **23.** $10^1, 10^2, 10^3, 10^4$ **25.** 11 **27.** 9 **29.** 26 **31.** 2.4 **33.** 9.2 **35.** 90 **37.** No; algunos expresidentes aún están vivos. **39.** falso

41. verdadero **43.** $13\frac{1}{2}$ **45.** $\frac{1}{3}$ **47.** 5

49. identidad aditiva **51.** $2 \times 4 + 2 \times 7$ **53.** $1 - 3p$
55. 294 **57.** $8m + 8n$ **59.** conmutativa $(+)$

61. conmutativa $(\times)$ **63.** $5x + 5y$ **65.** $3pq$ **67.** Gráfica c
69a. $80s$ **69b.** 320 **69c.** 640 **71a.** $3 + 4 > 5$, $4 + 5 > 3$,
$3 + 5 > 4$ **71b.** $x < 9$ pies y $x > 3$ pies

CAPÍTULO 2   EXPLORA LOS NÚMEROS RACIONALES

Páginas 75–77   Lección 2–1
7. $\{-1, 0, 1, 2, \ldots\}$

9.

11. $-4 + (-3) = -7$ **13.** -5 **15.** 9 yardas ganadas
17. $\{-4, -3, -2, -1\}$ **19.** $\{-7, -3\}$
21. $\{\ldots, -5, -4, -3, -2, -1, 0\}$

23.

25.

27.

29.

31. 13 **33.** -5 **35.** -12 **37.** 6 **39.** -23
41. $-17 + 82 = 65$; $65°F$ **43a.** $4°F$
43b. $-31°F$ **43c.** $-15°F$ **43d.** $9°F$

45.

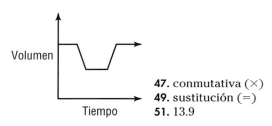

47. conmutativa $(\times)$
49. sustitución $(=)$
51. 13.9

Páginas 80–83   Lección 2–2
5. de 35 a 80;

7a.

7b. 70 mph; leopardo **7c.** 30 mph **7d.** 30 mph **7e.** 12
7f. 4 **9a.** de 20 a 75 por 5;

9b. sí; 25 y 42 **11a.** La de la profesora Martínez **11b.** No;
en la clase de la Sra. Martínez las horas que los estudiantes hablaban por teléfono se calcularon entre sí (4 ± 2
horas). En la clase del profesor Thomas, los estudiantes
tenían una amplitud mayor de horas empleadas en
hablar por teléfono. La amplitud era de 0 a 8 horas, sin
horas agrupadas alrededor de cierto número.

13. La del profesor Thomas, 3.6 horas; la de la profesora
Martínez, 3.7 horas; sí **15.** asociativa $(\times)$ **17.** 2

Página 84   Lección 2–3A
1. 6 **3.** -2 **5.** 2 **7.** 6 **9.** falso **11.** verdadero **13.** Las
respuestas deben incluir el uso de la recta numérica.

Páginas 90–92   Lección 2–3
7. $-7, 7$ **9.** $0, 0$ **11.** -4 **13.** -11 **15.** 0 **17.** $40c$

19. -4 **21.** 3 **23.** $\begin{bmatrix} -1 & 4 \\ 6 & -6 \end{bmatrix}$ **25.** $-12, 12$ **27.** 302, 302

29. 0 **31.** -32 **33.** -16 **35.** -70 **37.** -15 **39.** -5
41. $40b$ **43.** $-29p$ **45.** $26d$ **47.** -4 **49.** -15 **51.** 5

53. 8 **55.** 99 **57.** -59 **59.** $\begin{bmatrix} 0 & 3 \\ 2 & 2 \end{bmatrix}$ **61.** $\begin{bmatrix} -4 & -5 \\ -4 & -5 \\ 10 & -3 \end{bmatrix}$
63. piso 24

65a. lunes

	Sésamo	Amapola	Mora	Sencilla
Tienda Este	120	80	64	75
Tienda Oeste	65	105	77	53

martes

	Sésamo	Amapola	Mora	Sencilla
Tienda Este	112	76	56	74
Tienda Oeste	69	95	82	50

65b. lunes + martes

	Sésamo	Amap.	Mora	Sencilla
Tienda Este	232	156	120	149
Tienda Oeste	134	200	159	103

65c. lunes − martes

	Sésamo	Amap.	Mora	Sencilla
Tienda Este	8	4	8	1
Tienda Oeste	−4	10	−5	3

Esta matriz representa la diferencia entre las ventas del
lunes y el martes en cada categoría.
67a. de 100 a 146

67b.

67c. sí; 114 **67d.** olmo siberiano; olmo norteamericano

69.

71. $55y^2$
73. simétrica $(=)$
75. 14, 20, 29, 34, 37, 38, 43,
59, 64, 74, 84
77. 24

Páginas 97–99   Lección 2–4
7. $<$ **9.** $=$ **11.** $-0.5, \frac{3}{4}, \frac{7}{8}, 2.5$ **15.** $>$ **17.** $<$ **19.** $<$

21. $>$ **23.** $\frac{3}{8}, \frac{2}{3}, \frac{6}{7}$ **25.** $\frac{3}{23}, \frac{8}{42}, \frac{4}{14}$ **27.** $-\frac{2}{5}, -0.2, 0.2$

29. una bebida de 16 onzas por \$0.59 **31.** un paquete de
platos de papel por \$3.29 **33.** Respuesta de muestra: $\frac{2}{3}$
35. Respuesta de muestra: $\frac{7}{20}$ **37.** Muestra: $\frac{1}{6}$

39. $E = \frac{4}{14}$ ó $\frac{2}{7}$; $G = \frac{10}{14}$ ó $\frac{5}{7}$; $H = \frac{13}{14}$ **41.** 0.375 pulg.

43. $-9, 9$

45.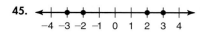

47. $m + 2n + \frac{3}{2}$ **49.** dos por x al cuadrado más seis

Página 99   Autoevaluación

1.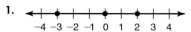

3. -17 **5.** 55

7a.

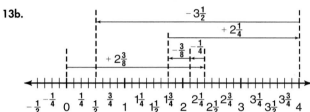

7b. sí; \$270   **9.** $<$

Páginas 102–104   Lección 2–5

5. $-\frac{1}{9}$ **7.** $-2\frac{5}{8}$ **9.** 0.88   **11.** 5.75   **13a.** $+\frac{1}{2}$

13b.

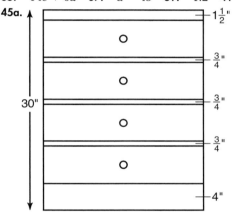

15. $-\frac{11}{16}$ **17.** -1.3 **19.** $\frac{4}{9}$ **21.** -0.2007 **23.** $-8\frac{5}{8}$

25. 0.0485   **27.** -22.94 **29.** -2.17 **31.** 1   **33.** -3.5

35. -16.7 **37.** $-\frac{52}{21}$ **39.** $\begin{bmatrix} -3.8 & -0.1 \\ 1.7 & 2.9 \end{bmatrix}$ **41.** $\begin{bmatrix} \frac{1}{4} & 11 \\ -5 & 8 \\ \frac{1}{2} & -12 \end{bmatrix}$

43. Las respuestas variarán. Muestra: $\begin{bmatrix} 5 & 3 \\ 1 & 7 \end{bmatrix}, \begin{bmatrix} 4 & -3 \\ 1 & 2 \end{bmatrix}$,

$\begin{bmatrix} 9 & 0 \\ 2 & 9 \end{bmatrix}, \begin{bmatrix} 18 & 0 \\ 4 & 18 \end{bmatrix}; \begin{bmatrix} 5 & 3 \\ 1 & 7 \end{bmatrix} + \begin{bmatrix} 4 & -3 \\ 1 & 2 \end{bmatrix} = \begin{bmatrix} 9 & 0 \\ 2 & 9 \end{bmatrix} = \begin{bmatrix} 4 & -3 \\ 1 & 2 \end{bmatrix} +$

$\begin{bmatrix} 5 & 3 \\ 1 & 7 \end{bmatrix}; \left(\begin{bmatrix} 5 & 3 \\ 1 & 7 \end{bmatrix} + \begin{bmatrix} 4 & -3 \\ 1 & 2 \end{bmatrix} \right) + \begin{bmatrix} 9 & 0 \\ 2 & 9 \end{bmatrix} = \begin{bmatrix} 18 & 0 \\ 4 & 18 \end{bmatrix} =$

$\begin{bmatrix} 5 & 3 \\ 1 & 7 \end{bmatrix} + \left(\begin{bmatrix} 4 & -3 \\ 1 & 2 \end{bmatrix} + \begin{bmatrix} 9 & 0 \\ 2 & 9 \end{bmatrix} \right)$ **45a.** 9.01, 10.13, 11.25

45b. 1.12   **45c.** $-2, -\frac{5}{4}, -\frac{1}{2}, \frac{1}{4}, 1; -2\frac{1}{2}$ **47.** $<$

49a.

49b. no   **51.** propiedad multiplicativa de cero.   **53.** $\frac{7}{24}$

Página 105   Lección 2–6A
3. -10 **5.** -10 **7.** 10

Páginas 109–111   Lección 2–6

5. -18 **7.** 24   **9.** $-\frac{4}{5}$ **11.** -4 **13.** $-46st$ **15.** $\begin{bmatrix} -6 & 12 \\ -3 & 15 \end{bmatrix}$

17. \$28.65   **19.** -60 **21.** -1 **23.** 2   **25.** 0.00879   **27.** $-\frac{6}{5}$

29. $-\frac{9}{17}$ **31.** 85.7095   **33.** 3   **35.** -6 **37.** $\frac{13}{12}$ **39.** $-\frac{179}{24}$

41. $\frac{25}{24}$ **43.** $-30rt + 4s$ **45.** $21x$ **47.** $16.48x - 5.3y$

49. $\begin{bmatrix} 2 & 6 & 3 \\ 5 & 5 & 1 \\ 2 & 5 & 1 \end{bmatrix}$ **51.** $\begin{bmatrix} -9 & 22.68 \\ -22.4 & -10 \\ 28.8 & 11.12 \end{bmatrix}$ **53.** $\begin{bmatrix} 6 & 18 & 4 \\ 0 & 2 & \frac{8}{3} \end{bmatrix}$

55. Es negativo.   **57a.** No; cumple el requisito de que ninguna dimensión puede ser menor de 20 pies, pero no reúne el mínimo de 1250 pies cuadrados porque este terreno tendría 1216 pies cuadrados.   **57b.** No; cumple el requisito de que los terrenos deben tener un mínimo de 1250 pies cuadrados porque tendría 1330 pies^2, pero no cumple el requisito de que ninguna dimensión sea menor de 20 pies^2, pues tiene un lado de 19 pies de largo.
57c. Las respuestas variarán; muestra: 30 pies.
59. -2.2 **61.** -20 **63.** -7 **65.** $\{6, 7\}$ **67.** 408

Páginas 115–117   Lección 2–7
5. -4 **7.** $-\frac{3}{32}$ **9.** $-\frac{5}{48}$ **11.** $-6x$ **13.** unos 2 minutos

15. 6   **17.** $-\frac{1}{18}$ **19.** $-\frac{1}{16}$ **21.** -6 **23.** $-\frac{1}{12}$ **25.** $\frac{243}{10}$

27. $-\frac{35}{3}$ **29.** $-65m$ **31.** $r + 3$ **33.** $-20a - 25b$

35. $-14c + 6d$ **37.** $-a - 4b$ **39.** -1.2 **41.** $-0.8\overline{3}$ **43.** 4

45a.

45b. $5\frac{9}{16}$ pulg.   **47a.** 17.4 ± 0.161 cm   **47b.** 0.161 cm

49. $\frac{13}{12}$ **51a.** $\begin{bmatrix} -2 & 4 \\ 3 & 12 \end{bmatrix}$ **51b.** $\begin{bmatrix} 4 & 4 \\ 7 & 2 \end{bmatrix}$ **53.** $20b + 24$

55a.

Tallo	Hoja
13	0
15	4
17	2 3
19	4
20	0
22	0 2
24	5
25	1 4
27	9
29	0
30	4 7
33	0
34	6
52	5

$13 \mid 0 = 13,000$

55b. \$13,000   **55c.** \$52,500   **55d.** 9

Página 118   Lección 2–8A
1. 4–5   **3.** 13–14   **5.** 1–2

Páginas 123–125   Lección 2–8
7. 8   **9.** 11.05   **11.** 16   **13.** Q   **15.** Q

17. [recta numérica: 2 3 4 5 6 7 8 9 10, punto abierto en 7]

19. [recta numérica: −2 −1 0 1 2 3 4 5 6, punto abierto en 2]

21. 13   **23.** $\frac{2}{3}$ **25.** 20.49   **27.** 15   **29.** −25   **31.** $\frac{3}{5}$ **33.** 9.33

35. −47   **37.** −20   **39.** Z, Q   **41.** Q   **43.** Q   **45.** Q   **47.** I

49. Q   **51.** [recta numérica: −6 −5 −4 −3 −2 −1 0 1 2, punto abierto en −2]

53. [recta numérica: −7 −6 −5 −4 −3 −2 −1 0 1, punto cerrado en −4]

55. [recta numérica: −15 −14 −13 −12 −11 −10 −9 −8 −7, punto abierto en −12]

57. [recta numérica: −5.6 −5.5 −5.4 −5.3 −5.2 −5.1 −5.0 −4.9 −4.8, punto cerrado en −5.2]

59. [recta numérica: $4\frac{1}{2}$ $4\frac{3}{4}$ 5 $5\frac{1}{4}$ $5\frac{1}{2}$ $5\frac{3}{4}$ 6 $6\frac{1}{4}$ $6\frac{1}{2}$, punto cerrado en $5\frac{3}{4}$]

61. Sí; yace entre 27 y 28.   **63a.** $d = 1.4\sqrt{1275}$; Las aproximaciones deben estar cerca de 50.   **63b.** 49.989999
65. Fibonacci   **67.** −12   **69.** un paquete de 1 libra de carne por $1.95   **71.** de 500 a 520 por 5s;

```
                x                    x  x
        x       x               x  x  x
  x  x  x       x x  x  x        x  x  x
  |--+--+--+--+--+--+--+--+--+--+--+--+--|
  500     505     510     515     520
```

73. b   **75a.** al diez milésimo más cercano   **75b.** 10
75c. $690,000   **77.** 26, 32

Páginas 130–132   Lección 2–9
5a. 4 puntos   **5b.** 15 preguntas   **5c.** 86   **5d.** 6 puntos
5e. $15 - n$ **5f.** $4n$ **7.** $n + 5 \geq 48$ **9.** Sea s = velocidad promedio; $s = \frac{189}{3} = 63$.   **11.** a por la suma de y y 1 es b.

13a. 640 pies   **13b.** $y - 80$ **13c.** $\ell + \ell + w + w$ ó $2\ell + 2w$
13d. 200 pies   **13e.** 24,000 pies^2 **13f.** ¿Hay suficiente espacio para construir el parque tal como fue diseñado?
15. $a^2 + b^3 = 25$ **17.** $x < (a - 4)^2$ **19.** $\frac{7}{8}(a + b + c^2) = 48$
21. Muestra: x = primer número
$x + 25$ = segundo número
$25 + 2x = 106$
23. Respuesta de muestra:
y = cuánto dinero ahorra Héctor
$y = 2(7)(50)$
25. V es igual al cociente de a por h y tres.
27. Respuesta de muestra: El triple del número de millas desde la casa a la escuela es 36. ¿A cuántas millas de la casa está la escuela?   **29.** Respuesta de muestra: El número de horas transcurridas en espera de un médico en la sala de espera es 5 minutos más que 6, por el número de citas que tenga. ¿Cuánto tiempo deberías esperar a un médico con d citas?
31. $ab + cd + 2d - 8$
33. Muestra: $4.5 + x + x = 24 + x$
$x = 19.5$
35a. $A = \frac{1}{2}h(a + b)$ **35b.** $A = 108\frac{1}{2}$ pies^2 **37.** −8
39. $\begin{bmatrix} 8 & -1.6 \\ 12 & -20 \end{bmatrix}$ **41.** −25, 25   **43.** {2, 3, 4, 5}

Página 133   Capítulo 2 Puntos importantes
1. verdadero   **3.** verdadero   **5.** falso, Muestra: $\frac{\frac{1}{2}}{5}$
7. verdadero   **9.** verdadero

Páginas 134–136   Capítulo 2 Guía de estudio y evaluación
11. [recta numérica: −4 −3 −2 −1 0 1 2 3 4 5 6, puntos cerrados en −3, −1, 2, 4]

13. [recta numérica: −3 −2 −1 0 1 2 3 4 5, punto cerrado en −1, punto abierto en 4]

15. −5   **17.** −4   **19.** −5   **21.** 56%   **23.** 8   **25.** −2   **27.** 4
29. −5   **31.** >   **33.** <   **35.** Respuesta de muestra: 0
37. −1   **39.** 12.37   **41.** −13.26   **43.** −99   **45.** $-\frac{3}{7}$

47. −90   **49.** −9   **51.** $\frac{-4}{35}$ **53.** −109   **55.** 14   **57.** −30

59a.
```
                        x
           x     x  x
        x  x xxxxxx  x       x
        x xxxxxxxxxxx   x x  x  x  x
  |-----+-----+-----+-----+-----+-----+--
        5    10    15    20    25    30
```

59b. 14 detergentes   **61.** 1.25 litros de soda por $1.31
63a. Ambos vieron una ganancia de $\frac{1}{4}$ por semana.

63b. CompNet   **63c.** Cambió $-\frac{3}{4}$ del miércoles al jueves.

65. Sea n = número; $3n - 21 = 57$.

CAPÍTULO 3   RESUELVE ECUACIONES LINEALES

Página 143   Lección 3–1A
1. 1   **3.** −11   **5.** 8   **7.** 4   **9.** no   **11.** sí

Páginas 148–149   Lección 3–1
7. −17   **9.** −12   **11.** −14   **13.** $n + (−56) = −82$; −26
15. −9   **17.** −1.3   **19.** 1.4   **21.** −3   **23.** −6   **25.** −7   **27.** 24
29. $1\frac{1}{4}$ **31.** $-\frac{1}{10}$ **33.** $n + 5 = 34$; 29   **35.** $n - (−23) = 35$;
12   **37.** $n + (−35) = 98$; 133   **39a.** $203,600 + s = 19,300,000$;
19,096,400 suscriptores   **39b.** Muestra: 25 millones
41a. 24 años de edad   **41b.** 24 años   **41c.** 78 años
41d. 34 años   **41e.** 24 años   **43.** −5   **45.** −0.73x **47.** 48

Páginas 152–154   Lección 3–2
7. 17   **9.** 48   **11.** $\frac{11}{15}$ **13.** $-7n = 1.477$; −0.211   **15.** −9
17. −17.33 ó $-17\frac{1}{3}$ **19.** −14   **21.** 12.81   **23.** 600   **25.** −275
27. −25   **29.** $8\frac{6}{13}$ **31.** −8   **33.** $-12n = -156$; 13
35. $\frac{4}{3}n = 4.82$; 3.615   **37.** 45   **39.** 30   **41.** 12   **43a.** $7\ell = 350$,
50 personas; $7\ell = 583$, $\approx$ 83 personas   **43b.** $\frac{p}{7} = 65$; 455
personas   **45a.** $0.10m = 2.30$; 23 minutos   **45b.** $0.10(18) = c$;
$1.80   **47.** $17 + 1\frac{1}{2}y = 33\frac{1}{2}$; 11 años   **49.** $\frac{19}{28}$ **51a.** El
número de bolsas aumentó durante el día.   **51b.** Se volvió a llenar la máquina.   **53.** 31

Página 155   Lección 3–3A
1. 5   **3.** −2   **5.** 2   **7.** 4   **9.** −2

Páginas 159–161   Lección 3–3

9. -6 **11.** 35   **13.** -17 **15.** $n + (n + 2) + (n + 4) = 21$; 5, 7, 9   **17.** -1 **19.** -2 **21.** -42.72 **23.** $12\frac{2}{3}$ **25.** -6

27. -48 **29.** 30   **31.** 57   **33.** $4\frac{3}{7}$ **35.** $12 - 2n = -7$; $9\frac{1}{2}$

37. $n + (n + 1) + (n + 2) + (n + 3) = 86$; 20, 21, 22, 23
39. $n + (n + 2) + (n + 4) = 39$; 11 m, 13 m, 15 m   **41.** 28
43. -38 **45.** $(3n - 1) + (3n + 1) + (3n + 3)$
47. $2a + 2 = 26$; 12 letras   **51.** I   **53.** -5 **55.** 5

Página 161   Autoevaluación

1. 44   **3.** 6   **5.** $-8\frac{1}{3}$ **7.** $23 - n = 42$; -19 **9.** $n + (n + 2) = 126$; 62, 64

Páginas 165–167   Lección 3–4

7. $79°$, $169°$ **9.** $(90 - 3x)°$, $(180 - 3x)°$ **11.** $(110 - x)°$, $(200 - x)°$ **13.** $85°$ **15.** $(c - 38) + c = 90$; $26°$, $64°$
17. $48°$, $138°$ **19.** ninguno, $55°$ **21.** $69°$, $159°$ **23.** ninguno, $81°$
25. $(90 - 3a)°$, $(180 - 3a)°$ **27.** $(128 - b)°$, $(218 - b)°$
29. $70°$ **31.** $105°$ **33.** $138°$ **35.** $(190 - 2p)°$ **37.** $45°$
39. $x + (x - 30) = 180$; $75°$ **41.** $x + (30 + 3x) = 90$; $15°$, $75°$ **43.** $x + 3x + 4x = 180$; $22.5°$, $67.5°$, $90°$ **45.** $60°$
47. $40°$ **49a.** \$80   **49b.** \$74.75   **51.** $7t$

53a.

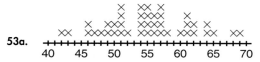

53b. sí; 51, 54, 55, y 57

55.

Tallo	Hoja
4	2 3 6 6 7 8 9 9
5	0 0 1 1 1 1 2 4
	4 4 4 5 5 5 5 6
	6 6 7 7 7 7 8
6	0 1 1 1 2 2 4 4
	5 8 9

$5 \mid 2 = 52$

Páginas 170–172   Lección 3–5

5. $-\frac{1}{2}$; Suma $4x$ a cada lado, resta 10 de cada lado, luego divide cada lado entre 14.   **7.** -25; Resta $\frac{1}{5}$ de cada lado, resta 3 de cada lado, luego multiplica por $\frac{5}{2}$.

9. todos los números   **11.** $2(n + 2) = 3n - 13$; 17, 19   **13.** $\frac{1}{2}n + 16 = \frac{2}{3}n - 4$; 120   **15.** ninguna solución   **17.** -2 **19.** 5.6

21. -16 **23.** ninguna solución   **25.** 4   **27.** 2.6 ó $2\frac{3}{5}$ **29.** 8

31. 2   **33.** todos los números   **35.** $\frac{1}{5}n + 5n = 7n - 18$; 10

37. $n + (n + 2) + (n + 4) = 180$; $58°$, $60°$, $62°$ **39a.** $4x + 6 = 4x + 6$; identidad   **39b.** $5x - 7 = x + 3$; 2.5   **39c.** $-3x + 6 = 3x - 6$; 2   **39d.** $5.4x + 6.8 = 4.6x + 2.8$; -5 **39e.** $2x - 8 = 2x - 6$; ninguna solución   **41a.** 6.827 años   **41b.** Las ventas de aparatos de aire acondicionado están disminuyendo mientras que aumentan las ventas de ventiladores.

43. $148°$ **45.** -2.7 **47.** $\frac{11}{9}$ **49.** 11.05

Páginas 175–177   Lección 3–6

5. $\frac{3x - 7}{4}$ **7.** $\frac{b - c}{d - a}$ **9.** $\frac{2S}{A + t}$ **11.** $\frac{b}{c - a}$ **13.** $3c - a$

15. $\frac{v - r}{t}$ **17.** $\frac{I}{pt}$ **19.** $\frac{H}{0.24I^2 t}$ **21.** $\frac{d}{t} - \frac{1}{2}at$ **23.** $\frac{100}{1 - c}$

25. $P - DQ$ **27.** $2x + 12 = 3y - 31$; $\frac{3y - 43}{2}$ **29.** $\frac{2}{3}x + 5 = \frac{1}{2}y - 3$; $\frac{3}{4}y - 12$ **31.** \$900   **33a.** 36 palabras por minuto

33b. Clarence, con 74 palabras por minuto   **35.** $5°$
37. $x \neq 2$ **39.** $\{8\}$

Páginas 181–183   Lección 3–7

11. 8.2; 8; 8   **13.** Respuesta de muestra: 20, 20, 30, 50, 90, 90
15a. 3.857; 3; 3   **15b.** media   **17.** 96.8; 50; ninguno   **19.** 9; 9; ninguno   **21.** 5.69; 4.56; ninguno   **23.** 212.94; 218; 219
25. 14   **27a.** media   **27b.** Sí, porque el artículo indica que el valor de la mediana está en el medio del conjunto de datos.   **27c.** No, debería haber usado el término *media*, dado que los valores extremadamente altos pueden afectar la media, causando que la mayoría esté por debajo del valor de la media .   **29.** $1660\frac{3}{5}$; $1076\frac{1}{2}$; ninguno
31. 37.5 mph   **33.** 16   **35.** -20 **37.** $5 + 9ac + 14b$

Página 185   Capítulo 3 Puntos importantes

1. b   **3.** i   **5.** d   **7.** k   **9.** a   **11.** g

Páginas 186–188   Capítulo 3 Guía de estudio y evaluación

13. -16 **15.** 21   **17.** -10 **19.** -32 **21.** -116 **23.** 7
25. $83\frac{1}{3}$ **27.** 10   **29.** -16 **31.** 3   **33.** -153 **35.** 11
37. 50   **39.** 16, 17   **41.** $21°$; $111°$ **43.** $(70 - y)°$; $(160 - y)°$
45. $30°$ **47.** $15°$ **49.** $180° - (z + z - 30°)$ o $(210° - 2z)$
51. -30 **53.** 2   **55.** $\frac{y}{5}$ **57.** $\frac{a}{y - c}$ **59.** 21; 21; 21

61a. 25.5 años   **63.** $13\frac{3}{4}$ años

CAPÍTULO 4   USA EL RAZONAMIENTO PROPORCIONAL

Páginas 198–200   Lección 4–1

5. $=$ **7.** 12   **9.** 5   **11.** 4.62   **13.** 9.5 galones   **15.** $=$ **17.** $\neq$
19. $=$ **21.** 9   **23.** $\frac{8}{5}$; 1.6   **25.** 0.84   **27.** $-\frac{149}{6}$; -24.8
29. 11   **31.** 2.28   **33.** 1.251

35a.

Edad de Louis	1	2	3	6	10	20	30
Edad de Mariah	9	10	11	14	18	28	38

35b. 9, 5, $3.\overline{6}$, $2.\overline{3}$, 1.8, 1.4, $1.2\overline{6}$ **35c.** $r = \frac{y + 8}{y}$
35d. La razón se vuelve más pequeña.
35e. No; si la razón fuera igual a 1, Mariah y Louis tendrían la misma edad.   **37.** 85 películas
39. 23; 19; 18   **41.** $4x - 2x = 100$; 50   **43a.** 93   **43b.** \$9695
43c. más de 40   **43d.** $93 - p$ **43e.** sí   **45.** 10

Páginas 203–205   Lección 4–2

5. $\triangle DEF$ **7.** sí   **9.** $\ell = 12$, $m = 6$ **11.** 27 pies de altura
13. $\triangle DFE$ **15.** no   **17.** sí   **19.** no   **21.** $a = \frac{55}{6}$, $b = \frac{22}{3}$
23. $d = \frac{51}{5}$, $c = 9$ **25.** $a = 2.78$, $c = 4.24$ **27.** $b = 16.2$,

$d = 6.3$ **29.** $c = \frac{7}{2}, d = \frac{17}{8}$

31. Respuesta de muestra:

33a. $\frac{3}{9} = \frac{d}{d + 39}$; $d = 19.5$ pies; sí **33b.** Cuando se saca la pelota desde una distancia de 8 pies, $d = 23.4$ pies y el saque es una falta. Cuando se saca la pelota desde 10 pies, $d = 16.7$ pies. Por lo tanto, los jugadores altos tienen más facilidad en el saque. **35.** $16\frac{1}{2}$ pies por 21 pies **37.** 160 **39.** 60 millones; 420 millones

41. 23;
$(19 - 12) \div 7 \cdot 23$
$= 7 \div 7 \cdot 23$ *Sustitución* $(=)$
$= 1 \cdot 23$ *Sustitución* $(=)$
$= 23$ *Identidad multiplicativa*

Páginas 211–214   Lección 4–3
7. sen $Y = 0.600$, cos $Y = 0.800$, tan $Y = 0.750$ **9.** 0.8192
11. 0.1228 **13.** $46°$ **15.** $36°$ **17.** $m\angle B = 50°, AC = 12.3$ m, $BC = 10.3$ m **19.** $m\angle A = 30°, AC = 13.9$ m, $BC = 8$ m
21. sen $G = 0.6$, cos $G = 0.8$, tan $G = 0.75$ **23.** sen $G = 0.471$, cos $G = 0.882$, tan $G = 0.533$ **25.** sen $G = 0.923$, cos $G = 0.385$, tan $G = 2.4$ **27.** 0.3584 **29.** 0.9703 **31.** 0.3746 **33.** $33°$
35. $22°$ **37.** $62°$ **39.** $77°$ **41.** $58°$ **43.** $18°$ **45.** $m\angle B = 60°$, $AC = 12.1$ m, $BC = 7$ m **47.** $m\angle A = 45°, AC = 6$ pies, $AB = 8.5$ pies **49.** $m\angle A = 63°, AC = 9.1$ pulg., $BC = 17.8$ pulg.
51. $m\angle A = 23°, m\angle B = 67°, AB \approx 12.8$ pies **53.** $m\angle A = 30°$, $m\angle B = 60°, AC = 5.2$ cm **55a.** verdadero; sen $C = \frac{c}{a}$, cos $B = \frac{c}{a}$ **55b.** cos $B = \frac{c}{a}$, $\frac{1}{\text{sen } B} = \frac{a}{b}$ **55c.** tan $C = \frac{c}{b}$, $\frac{\cos C}{\sin C} = \frac{b}{a} \div \frac{c}{a} = \frac{b}{c}$ **55d.** verdadero; tan $C = \frac{c}{b}$, $\frac{\sin C}{\cos C} = \frac{c}{a} \div \frac{b}{a} = \frac{c}{b}$
55e. verdadero; sin $B = \frac{b}{a}$, $(\tan B)(\cos B) = \frac{b}{c} \cdot \frac{c}{a} = \frac{b}{a}$
57. 2229 pies **59.** 3 **61.** 10 **63.** N, W, Z, Q **65.** $\frac{2}{15}$
67. $9x + 2y$ **69.** 125

Páginas 218–221   Lección 4–4
7. 43%, 0.43 **9.** 55% **11.** 15 **13.** $52.50 **15.** $1200 al 10%, $6000 al 14% **17.** 30%, 0.30 **19.** 70%, 0.70
21. 180%, 1.8 **23.** $62\frac{1}{2}$%; 0.625 **25.** 50% **27.** $12\frac{1}{2}$%, 12.5% **29.** 400% **31.** 2.5% **33.** 72.3 **35.** 702.4 **37.** 28%
39. 25.92 **41.** 12% **43.** $3125 **45.** $2400 **47.** 39%, 34%, 15%, 12% **49.** 11.5% **51.** $5.45 **53a.** unas 54 personas; unas 23 personas **53b.** Los encuestados pudieron elegir más de un plato principal. **55.** unos 277 pies **57.** $\frac{77}{4}$; 19.25 **59.** -4.7 **61.** $-28y$ **63.** 2

Página 221   Autoevaluación
1. 5 **3.** 5 **5.** $m\angle B = 34°, b \approx 11.5, c \approx 20.5$ **7.** no
9. $62\frac{1}{2}$%, 62.5%

Páginas 225–227   Lección 4–5
5. I; 40% **7.** D; 50% **9.** $85.85 **11.** $196 **13.** I; 69%
15. D; 55% **17.** D; 27% **19.** I; 2% **21.** $233.24 **23.** $19.90
25. $85.39 **27.** $16.59 **29.** $30.09 **31.** no **33.** 133%

35. 8.6% **37.** un aumento de más del 22% **39.** 11%
41. 65 pies **43.** 11 **45.** fuertes, 571; livianas, 286

Páginas 230–232   Lección 4–6
7. $\frac{1}{2}$ **9.** $\frac{2}{3}$ **11.** 5:1 **13.** $\frac{1}{2}$ **15.** $\frac{1}{2}$ **17.** $\frac{1}{2}$ **19.** $\frac{2}{11}$ **21.** 0
23. $\frac{8}{11}$ **25.** 1:5 **27.** 4:11 **29.** 23:7 **31.** $\frac{1}{2}$ **33.** 1:3
35. $\frac{8}{13}$ **37.** $\frac{1}{7}$ **39a.** 1:14 **39b.** $\frac{1}{27}$ **41a.** $\frac{3}{26}$ **41b.** $\frac{4}{13}$
41c. 3:23 **43.** $9°$ **45.** $50 **47.** $\frac{4}{21}$ **49.** 75

Páginas 236–238   Lección 4–7
5. 226 docenas de galletas de virutas de chocolate; 311 docenas de galletas de mantequilla de maní **7.** 11:30 A.M.
9. 5 monedas de 25¢ **11.** 3 horas **13.** 2.5 horas
15. 46 mph **17.** 67 mph **19a.** 7 **19b.** 16 **21.** Muestra: ¿Cuánto anticongelante puro debe mezclarse con una solución al 25% para producir 40 cuartos de una solución al 28%? **23.** 0 **25.** $11,000 **27.** 49 **29.** asociativa $(+)$

Páginas 243–244   Lección 4–8
5. I, 5 **7.** 10 **9.** 99 **11.** 20 pulgadas desde el peso de 8 onzas, 16 pulgadas desde el peso de 10 onzas **13.** I, 15
15. I, 9 **17.** D, 4 **19.** $26\frac{1}{4}$ **21.** -8 **23.** 12 **25.** 6.075
27. 8.3875 **29.** $\frac{1}{4}$ **31.** 18 libras **33.** 1.6 pies **35.** 2:1
37. $4300 al 5%, $7400 al 7% **39.** -12

Página 245   Capítulo 4 Puntos importantes
1. ángulo de elevación **3.** igual, proporcional **5.** catetos
7. posibilidades **9.** variación inversa

Páginas 246–248   Capítulo 4 Guía de estudio y evaluación
11. $=$ **13.** $\neq$ **15.** 18 **17.** 16 **19.** $d = \frac{45}{8}, e = \frac{27}{4}$
21. $b = \frac{44}{3}, d = 6$ **23.** 0.528 **25.** 0.849 **27.** 1.607
29. $39°$ **31.** $80°$ **33.** $m\angle B = 45°, AB = 8.5, BC = 6$
35. $m\angle A \approx 66°, AB \approx 9.8, m\angle B \approx 24°$ **37.** 48 **39.** 87.5%
41. 0.1881 **43.** disminución, 13% **45.** aumento, 6%
47. disminución, 10% **49.** $85.66 **51.** $9272.23 **53.** $\frac{1}{12}$
55. $\frac{5}{6}$ **57.** 10:39 **59.** 34:15 **61.** 21 **63.** 6 **65.** 21
67. 48 **69.** 450 mph y 530 mph

CAPÍTULO 5   GRAFICA RELACIONES Y FUNCIONES

Páginas 257–259   Lección 5–1
5. $(-3, -1)$; III **7.** $(0, -2)$; ninguno
8–11.

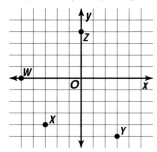

13. $(-1, -3)$; III **15.** $(0, 3)$; ninguno **17.** $(0, 0)$; ninguno
19. $(3, -2)$; IV **21.** $(2, 2)$; I **23.** $(-5, 4)$; II

25–36. 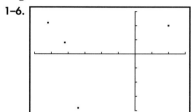   **37.**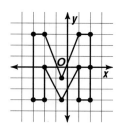

35.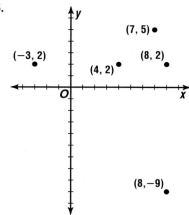

41a. Nueva Orleáns   **41b.** Oregón   **41c.** Respuesta de muestra: $(75°, 40°)$ **41d.** Honolulu, Hawai   **41f.** Muestra: Las rectas de longitud no están separadas por la misma distancia; se encuentran en los polos .   **45.** $3\frac{1}{2}$ horas   **47.** 4; 3; ninguno   **49.** $-a - 5$ **51.** $31a + 21b$

Página 261   Lección 5–2A

1–6.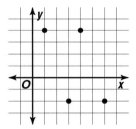

7. Son puntos sobre los ejes.

Páginas 266–269   Lección 5–2

5. D = $\{0, 1, 2\}$; R = $\{2, -2, 4\}$ **7.** $\{(1, 3), (2, 4), (3, 5), (5, 7)\}$; D = $\{1, 2, 3, 5\}$; R = $\{3, 4, 5, 7\}$; Inv = $\{(3, 1), (4, 2), (5, 3), (7, 5)\}$ **9.** $\{(1, 3), (2, 2), (4, 9), (6, 5)\}$; D = $\{1, 2, 4, 6\}$; R = $\{2, 3, 5, 9\}$; Inv = $\{(3, 1), (2, 2), (9, 4), (5, 6)\}$ **11.** $\{(-2, 2), (-1, 1), (0, 1), (1, 1), (1, -1), (2, -1), (3, 1)\}$; D = $\{-2, -1, 0, 1, 2, 3\}$; R = $\{-1, 1, 2\}$; Inv = $\{(2, -2), (1, -1), (1, 0), (1, 1), (-1, 1), (-1, 2), (1, 3)\}$

13.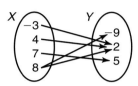

15b. 5.6%   **15c.** Excepto por los primeros 6 meses de 1992, la tasa de desempleo parece estar disminuyendo. **17.** D = $\{-5, -2, 1, 3\}$; R = $\{7\}$ **19.** D = $\left\{-5\frac{1}{4}, -3, \frac{1}{2}, 1\frac{1}{2}\right\}$; R = $\left\{-6\frac{2}{7}, -\frac{2}{3}, \frac{1}{4}, \frac{2}{5}\right\}$ **21.** $\{(6, 4), (4, -2), (3, 4), (1, -2)\}$; D = $\{1, 3, 4, 6\}$; R = $\{-2, 4\}$; Inv = $\{(4, 6), (-2, 4), (4, 3), (-2, 1)\}$ **23.** $\{(6, 0), (-3, 5), (2, -2), (-3, 3)\}$; D = $\{-3, 2, 6\}$, R = $\{-2, 0, 3, 5\}$; Inv = $\{(0, 6), (5, -3), (-2, 2), (3, -3)\}$ **25.** $(3, 4), (3, 2), (2, 9), (5, 4), (5, 8), (-7, 2)\}$; D = $\{-7, 2, 3, 5\}$; R = $\{2, 4, 8, 9\}$; Inv = $\{(4, 3), (2, 3), (9, 2), (4, 5), (8, 5), (2, -7)\}$ **27.** $\{(0, 25), (1, 50), (2, 75), (3, 100)\}$; D = $\{0, 1, 2, 3\}$; R = $\{25, 50, 75, 100\}$; Inv = $\{(25, 0), (50, 1), (75, 2), (100, 3)\}$ **29.** $\{(-3, 4), (-2, 2), (-1, -2), (2, 2)\}$; D = $\{-3, -2, -1, 2\}$; R = $\{-2, 2, 4\}$; Inv = $\{(4, -3), (2, -2), (-2, -1), (2, 2)\}$ **31.** $\{(-3, 3), (-3, -3), (3, 3), (3, -3), (0, 0)\}$; D = $\{-3, 0, 3\}$; R = $\{-3, 0, 3\}$; Inv = $\{(3, -3), (-3, -3), (3, 3), (-3, 3), (0, 0)\}$ **33.** $\{(-3, 1), (-1, 1), (2, 1), (3, 1), (4, 1)\}$; D = $\{-3, -1, 2, 3, 4\}$; R = $\{1\}$; Inv = $\{(1, -3), (1, -1), (1, 2), (1, 3), (1, 4)\}$

37.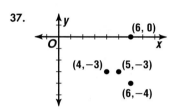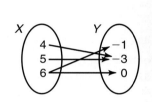

39a. $[-10, 10]$ por $[-10, 10]$

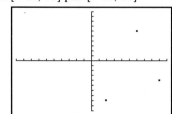

39b. $\{(10, 0), (-8, 2), (6, 6), (-4, 9)\}$

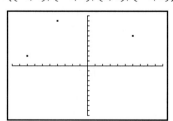

39c.

(x, y)	Cuadrante	Cuadrante inverso
$(0, 10)$	I	I
$(2, -8)$	IV	II
$(6, 6)$	I	I
$(9, -4)$	IV	II

41. Si un punto yace en los cuadrantes I o III, su inverso yace en el mismo cuadrante del punto. Si un punto yace en el cuadrante II, su inverso yace en el cuadrante IV y viceversa. Si un punto yace sobre el eje x, su inverso yace sobre el eje y y vice versa.   **43.** Respuestas de muestra: **a.** 157 billones, 191 billones **b.** Las ventas al por menor han aumentado de 1992 a 1994. **c.** A medida que el desempleo disminuye, las ventas al por menor aumentan, porque la gente tiene más dinero para gastar.

45a.

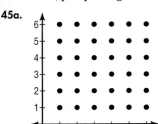

D = R = {1, 2, 3, 4, 5, 6}   **45b.** D = R = {1, 2, 3, 4, 5, 6}; relación = inverso
45c. 11 posibles sumas   **45d.**

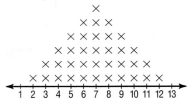

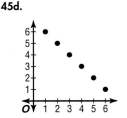

45e. $\frac{6}{36}$ ó $\frac{1}{6}$; Hay 6 sobre un total de 36 formas de obtener un 7.   **47.** 32   **49.** $480
51. 2214, 2290   **53.** $4 + 80x + 32y$

Página 270   Lección 5–3A

1. {(−3, −19), (−2, −15), (−1, −11), (0, −7), (1, −3), (2, −1), (3, 5)}   **3.** {(−3, −10.4), (−2, −9.2), (−1, −8), (0, −6.8), (1, −5.6), (2, −4.4), (3, −3.2)}

Páginas 274–277   Lección 5–3

7. {(−2, −1), (−1, 1), (0, 3), (1, 5), (2, 7), (3, 9)}   **9.** a, d
11. {(−2, 8), (−1, 7.5), (0, 7), (1, 6.5), (2, 6)}

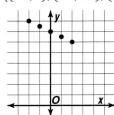

13. a, c   **15.** a, b   **17.** c
19. {(−3, −12), (−2, −8), (0, 0), (3, 12), (6, 24)}
21. {(−3, 10), (−2, 9), (0, 7), (3, 4), (6, 1)}   **23.** {(−3, 11), (−2, 9.5), (0, 6.5), (3, 2), (6, −2.5)}   **25.** {(−3, −12), (−2, −7), (0, 3), (3, 18), (6, 33)}   **27.** {(−3, 1.8), (−2, 1.4), (0, 0.6), (3, −0.6), (6, −1.8)}

29.

x	y
−5	−9
−3	−5
0	1
1	3
3	7
6	13

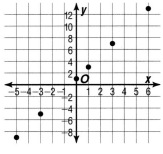

31.

a	b
−2	4.5
−1	3.25
0	2.00
1	0.75
3	−1.75
4	−3.00
5	−4.25

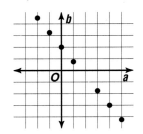

33a. $3x + 4y = 180$ **33b.** $y = 45 - \frac{3}{4}x$ **33c.** Respuesta de muestra: (1, 44.25), (2, 43.5), (3, 42.75), (4, 42), (5, 41.25)
35. $\left\{-\frac{2}{3}, -\frac{1}{3}, 0, \frac{2}{3}, 1\right\}$ **37.** $\left\{-\frac{7}{4}, -\frac{1}{2}, 2, \frac{13}{4}, \frac{9}{2}\right\}$

39.

x	y
−2	−8
−1	−1
0	0
1	1
2	8

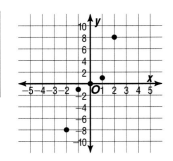

41. {(−2.5, −4.26), (−1.75, −3.21), (0, −0.76), (1.25, 0.99), (3.333, 3.902)}   **43.** {(−100, 350), (−30, 116.$\overline{6}$), (0, 16.$\overline{6}$), (120, −383.$\overline{3}$), (360, −1183.$\overline{3}$), (720, −2383.$\overline{3}$)}
45a. {−6, −4, 0, 4, 6}   **45b.** {−13, −8, −4, 4, 8, 13}
45c. {−5, 0, 4, 8, 13}   **47a.** $D = \frac{m}{V}$ **47b.** plata y gasolina

49.

	Mujeres			Hombres	
L	S	(L, S)	L	S	(L, S)
$9\frac{1}{3}$	6	$\left(9\frac{1}{3}, 6\right)$	$11\frac{1}{3}$	8	$\left(11\frac{1}{3}, 8\right)$
$9\frac{5}{6}$	$7\frac{1}{2}$	$\left(9\frac{5}{6}, 7\frac{1}{2}\right)$	$11\frac{5}{6}$	$9\frac{1}{2}$	$\left(11\frac{5}{6}, 9\frac{1}{2}\right)$
$10\frac{1}{6}$	$8\frac{1}{2}$	$\left(10\frac{1}{6}, 8\frac{1}{2}\right)$	$12\frac{1}{3}$	11	$\left(12\frac{1}{3}, 11\right)$
$10\frac{2}{3}$	10	$\left(10\frac{2}{3}, 10\right)$	$12\frac{5}{6}$	$12\frac{1}{2}$	$\left(12\frac{5}{6}, 12\frac{1}{2}\right)$

51a.

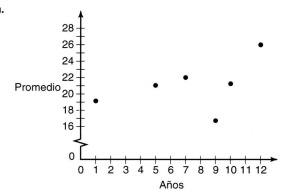

51b. Entre más años haya jugado un jugador, más alto es su promedio de puntos por partido.   **53.** $467.50
55. $18,000   **57a.** $2w + 2\ell = 148$ **57b.** w, 14.25 pulg.; ℓ, 59.75 pulg.   **59.** −7.976

Página 280 Lección 5–4A

1.

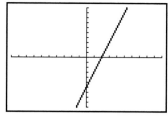

3.

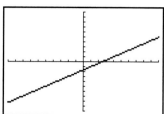

5.

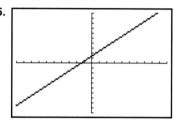

7a. Respuesta de muestra: $[-10, 110]$ por $[-5, 15]$

7b.

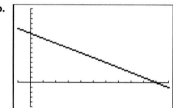

7c. Respuesta de muestra: $(0, 10)$, $(100, 0)$, $(10, 9)$

9a. Respuesta de muestra: $[-2.5, 0.5]$ por $[-0.05, 0.05]$

9b.

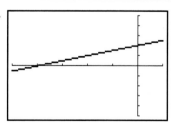

9c. Respuesta de muestra: $(-2, 0)$, $(0, 0.02)$, $(1, 0.03)$

Páginas 283–286 Lección 5–4

7. sí; $2x + y = 6$ **9.** sí; $3x + 2y = 7$

11.

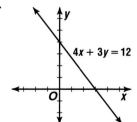

13.

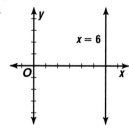

15.

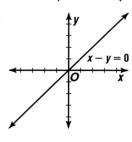

17. sí; $\frac{3}{5}x - \frac{2}{3}y = 5$ **19.** no **21.** sí; $3x - 2y = 8$ **23.** sí; $7x - 7y = 0$ **25.** sí; $3m - 2n = 0$ **27.** sí; $6a - 7b = -5$

29.

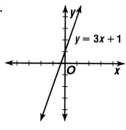

33.

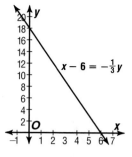

37.

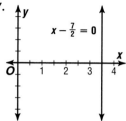

41.

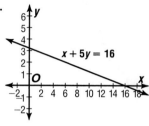

45.

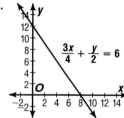

47. $-5, 7.5$ **49.** $6, 9, 10$

51. $[-5, 15]$ por $[-10, 10]$, Xscl: 1, Yscl: 1

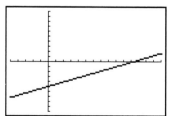

53. $[-10, 10]$ por $[-2, 2]$, Xscl: 1, Yscl: 0.25

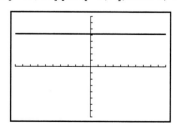

55. $[-5, 25]$ por $[-20, 5]$, Xscl: 5, Yscl: 5

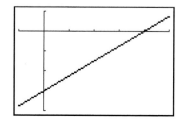

57a. Muestra: Las rectas paralelas y oblicuas en forma ascendente que intersecan el eje x en -7, -2.5, 0 y 4.5.

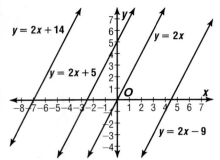

57b. Muestra: Rectas paralelas y oblicuas en forma descendente se intersecan en el eje x en 0, $1\frac{1}{3}$, $2\frac{1}{3}$ y $-3\frac{1}{3}$.

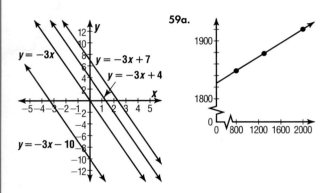

59a.

59b. sí, pero solo si sus ventas son \$1300 ó \$2000 mayores que el objetivo   **61.** $y = 3 - 4x$

63a.

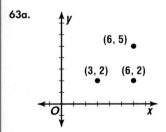

63b. $(3, 5)$ **63c.** 12 pulg.   **65.** 15%   **67.** $120°$ **69.** $\frac{1}{48}$

Página 286   Autoevaluación

1.

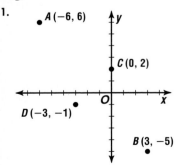

3. $\{(-5, -3), (-1, 4), (4, 4), (4, -3)\}$, D $= \{-5, -1, 4\}$, R $= \{-3, 4\}$, Inv $= \{(-3, -5), (4, -1), (4, 4), (-3, 4)\}$

5. $b = 3 - \frac{2}{3}a$: $\left\{\left(-2, 4\frac{1}{3}\right), \left(-1, 3\frac{2}{3}\right), (0, 3), \left(1, 2\frac{1}{3}\right), (3, 1)\right\}$

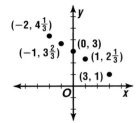

7.   **9.**

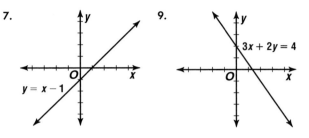

Páginas 291–294   Lección 5–5

7. no   **9.** sí   **11.** sí   **13.** no   **15.** -10 **17.** $3w + 2$
19. sí   **21.** no   **23.** sí   **25.** sí   **27.** sí   **29.** sí
31. sí   **33.** no   **35.** -14 **37.** $-\frac{9}{25}$ **39.** 5.25 **41.** -18
43. $9b^2 - 6b$ **45.** 3 **47.** $5a^4 - 10a^2$ **49.** $24p - 36$
51a. Muestra: $f(x) = x$.   **51b.** Muestra: $f(x) = x^2$ **53.** a; Muestra: Porque tienen un único precio por camisa y, dado que no se puede tener una fracción de una camisa, se deben usar puntos en lugar de rectas. Es una función.

55a. D: $0 \leq k \leq 24$; R: $0 \leq g \leq 100$

55b.

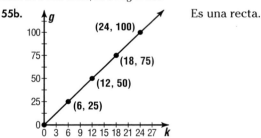

Es una recta.

55c. 24 quilates   **57a.** \$260.87   **57b.** Muestra: $B = \frac{3}{23}P$
59. $\{-16, -13, 5, 11\}$ **61.** $\frac{3}{13}$ **63.** $45°$ **65.** -48

67a.

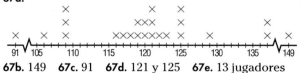

67b. 149   **67c.** 91   **67d.** 121 y 125   **67e.** 13 jugadores

Páginas 299–302   Lección 5–6

5. $f(x) = 2x + 6$ **7.** $y = \frac{1}{2}x - \frac{3}{2}$ **9.** -6 **11.** $48, 60$
13. $8, -2$ **15.** $f(x) = 5x$ **17.** $g(x) = 11 - x$ **19.** $h(x) = \frac{1}{3}x - 2$ **21.** $y = -3x$ **23.** $y = \frac{1}{2}x$ **25.** $y = 2x - 10$
27. $xy = -24$ **29.** $y = x^3$ **31.** intersección con el eje y: $f(0)$, intersección con el eje x: $f(x) = 0$ **33a.** $f(x) = 34x - 34$ **33b.** Debes sumergirte más profundamente en agua dulce para obtener la misma presión que en las aguas del océano.   **35a.** 1514 C   **35b.** 11.04 C/min

35c.

Minutos	Calorías
1	11.04
2	22.08
3	33.12
4	44.16
5	55.2
6	66.24
7	77.28
8	88.32
9	99.36
10	110.4

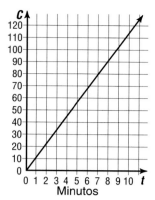

35d. $C(t) = 11.04t$; sí **35e.** 1324.8 C quemadas; quedan 189.2 C **37.** D = {1, 3, 5}; R = {2, 4, 5} **39.** 5

41.

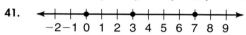

Página 304 Lección 5–7A
1. Q1, 14; Med, 17; Q3, 20.5; R, 11; IQR, 6.5 **3.** Q1, 68; Med. 78; Q3, 96; R, 34; IQR, 28 **5.** Q1, 3.4; Med, 5.3, Q3, 21; R, 77; IQR, 17.6 **7.** Al menos el 50% de los datos está concentrado alrededor de la mediana.

Páginas 309–313 Lección 5–7
7. 45, 40, 45, 34, 11; 11 **9.** 48, 26, 39, 17, 22
11. 34, 78, 96, 68, 28 **13.** 10, 5, 8, 2, 6 **15.** 1.1, 30.6, 30.9, 30.05, 0.85 **17.** 340, 1075, 1125, 1025, 100 **19.** 39, 218, 221, 202, 19 **21a.** 9,198,630; 11,750,000; 5,700,000; 24,000,000; 6,050,000 **21b.** No; las bibliotecas habrán acumulado libros a través de los años. **23.** 3760, 3224, 4201.5, 2708.5, 1421 **25.** 21,674; 9790; 12,194; 5475; 6719 **27a.** hombres: 36, 29, 37.5, 44, 15; mujeres: 23, 29, 33, 39, 10 **27b.** No hay valores atípicos. **27c.** Las edades de las jugadoras de golf más sobresalientes son menos variadas que las de los jugadores. **31.** c, d **33a.** $6.2 + p = 9.4$; unos 3.2 millones de personas **33b.** $6.0 + p = 6.9$; unos 0.9 millones de personas

Página 315 Capítulo 5 Puntos importantes
1. e **3.** d **5.** j **7.** c **9.** b

Páginas 316–318 Capítulo 5 Guía de estudio y evaluación
10–13.

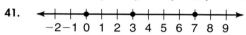

15. $(2, -1)$; IV **17.** $(1, 1)$; I **19.** D = {−3, 4}, R = {5, 6}
21. D = {−3, −2, −1, 0}, R = {0, 1, 2} **23.** {(2, 0), (−1, 3), (2, 2), (−1, −2)} **25.** {(−4, −13), (−2, −11), (0, −9), (2, −7), (4, −5)} **27.** $\left\{\left(-4, -5\frac{1}{3}\right), \left(-2, -2\frac{2}{3}\right), (0, 0), \left(2, 2\frac{2}{3}\right), \left(4, 5\frac{1}{3}\right)\right\}$

29.

x	y
−2	−7
0	3
2	13
4	23
6	33

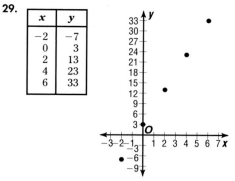

31. **33.**

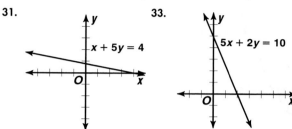

35.

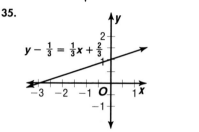

37. sí **39.** no **41.** sí **43.** 3 **45.** $a^2 + a + 1$
47. $2a^2 - 14a + 26$ **49.** $y = x - 4$ **51.** 70, 65, 85, 45, 40
53. 37, 73, 77, 62, 15

55a.

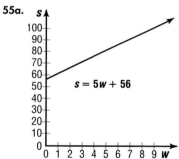

55b. $56 **57a.** 9.6, 6, 7.05, 8.3, 2.3 **57b.** 12.6, 14.7

CAPÍTULO 6 ANALIZA ECUACIONES LINEALES
Página 324 Lección 6–1A
1. $-\frac{1}{2}$ **3.** Muestra: (3, 3) **5.** Sí; muestra: supongamos que los extremos son $C(-4, -1)$ y $D(-2, -2)$. Deja que la clavija superior derecha represente (0, 0). Para desplazarte de C a D, el valor de y disminuye en 1 y el de x aumenta en 2. La razón es $\frac{-1}{2}$. Si usas la regla del Ejercicio 4, $\frac{-2 - (-1)}{-2 - (-4)} = \frac{-1}{2}$. Los resultados son iguales.

Páginas 329–331 Lección 6–1
7. $\frac{5}{3}$ **9.** $\frac{3}{2}$ **11.** indefinida **13.** 2 **15.** $-\frac{1}{5}$ **17.** 0 **19.** 1

21. $\frac{4}{7}$ **23.** $-\frac{2}{3}$ **25.** indefinida **27.** indefinida **29.** $\frac{9}{5}$

31. -5 **33.** -1 **35.** 7

37.

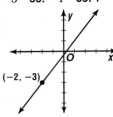

39. Muestra: (7, 6). La pendiente de la recta que contiene A y B es -2. Úsala para bajar 2 unidades e ir 1 unidad a la derecha de cada punto. **41.** unos 1478 pies **43.** 11,160 pies **45.** 77; 5; 8; 3.2; 4.8 **47.** 12% **49.** -6

51a. 12 animales
51b.

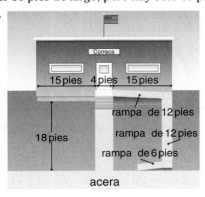

51c. 15 años **51d.** 4 animales

Páginas 336–338   Lección 6–2
5. 4; (2, -3) **7.** 3; (-7, 1) **9.** $y - 4 = -3(x + 2)$
11. $3x + 4y = -9$ **13.** $2x - y = -6$ **15.** $y + 2 = -\frac{4}{7}(x + 1)$
ó $y - 2 = -\frac{4}{7}(x + 8)$; $4x + 7y = -18$ **17.** $3x - 5y = -2$
19. $y - 5 = 3(x - 4)$ **21.** $y - 1 = -4(x + 6)$ **23.** $y - 3 = -2(x - 1)$ **25.** $y + 3 = \frac{3}{4}(x - 8)$ **27.** $4x - y = -5$
29. $3x - 2y = -24$ **31.** $2x + 5y = 26$ **33.** $y - 2 = -\frac{1}{3}(x + 5)$ ó $y + 1 = -\frac{1}{3}(x - 4)$ **35.** $y + 1 = \frac{3}{7}(x + 8)$ ó $y - 5 = \frac{3}{7}(x - 6)$ **37.** $y + 2 = 0(x - 4)$ ó $y + 2 = 0(x - 8)$
39. $4x + 3y = 39$ **41.** $11x + 8y = 17$ **43.** $36x - 102y = 61$
45. $\frac{5 - 1}{5 - 9} = \frac{4}{-4}$ ó -1; La ecuación de la recta es $(y - 1) = -1(x - 9)$. Sea $y = 0$ en la ecuación y comprueba si $x = 10$.
$$0 - 1 = -x + 9$$
$$-10 = -x$$
$$10 = x$$
(10, 0) yace sobre la recta. Dado que (10, 0) es un punto en el eje x, la recta interseca el eje x en (10, 0).
47a. No; para una altura de 30 pulgadas la rampa debe tener 30 pies de largo, pero hay solo 18 pies disponibles.
47b.

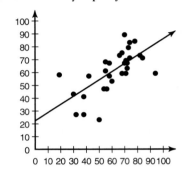

49a. $0.26, $0.09 **49b.** $0.32 **51.** 28 **53.** No; porque podrían haber 2 rosadas y 1 blanca ó 1 rosada y 2 blancas. **55.** propiedad asociativa de la adición

Páginas 343–345   Lección 6–3
7. positiva **9a.** Mejora. **9b.** sí; negativa
9c. (7, 18) y (8, 16) **11.** positiva **13.** no **15.** no

17. positiva **19.** negativa **21.** Sí; razón: Los puntos están agrupados en un patrón diagonal ascendente.
23. c; si 1 es correcta entonces 19 son incorrectas, si 2 son correctas, entonces 18 son incorrectas y así sucesivamente. La Gráfica c muestra estos pares de números. **25a.** Respuesta de muestra: Mientras más aumentan los impuestos, más se endeuda el gobierno.
25b. Respuesta de muestra: Tú estudias con más empeño y tus notas suben. **25c.** Respuesta de muestra: Entre más dinero se gasta en investigación, menos personas mueren de cáncer. **25d.** Respuesta de muestra: Comparar el número de jugadores de golf profesionales con el número de hoyos en uno. **27a.** La correlación mostrada en la gráfica indica una correlación levemente positiva entre los puntajes del SAT y la tasa de graduación. **27b.** Ejemplo: $y = 0.89x + 1142.17$

29a., c.

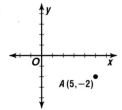

29b. positiva **29c.** Muestra: $15x - 13y = 129$
31a. $7500x - y = 120,000$ **31b.** 15,000 pies **31c.** No; solo describe la trayectoria del avión en esa parte del vuelo.
33. 75° **35.** 1.45

Páginas 350–353   Lección 6–4
7a. 2 **7b.** 2, -4 **7c.** $y = 2x - 4$ **9.** $-\frac{28}{3}, \frac{7}{2}$
11. $y = \frac{2}{3}x - 10$, $2x - 3y = 30$ **13.** $-2, -4$ **15.** $x + 5y = 13$
17. $y = \frac{11}{3}x$; 44 **19.** $-\frac{3}{2}$; 0, 0; $y = -\frac{3}{2}x$ **21.** $\frac{2}{5}$, 5, -2, $y = \frac{2}{5}x - 2$ **23.** 2, $\frac{8}{7}$ **25.** $-\frac{5}{6}$, 5 **27.** ninguno, 6
29. $y = 7x - 2$, $7x - y = 2$ **31.** $y = -1.5x + 3.75$, $6x + 4y = 15$ **33.** $y = -7$, $y = -7$ **35.** $-\frac{5}{4}, \frac{5}{2}$ **37.** $-4, 12$
39. $\frac{4}{5}, \frac{4}{15}$ **41.** $y = -2$ **43.** $x = 3$ **45.** $y = 9$
47. $y = \frac{11}{24}x, \frac{33}{2}$ **49.** $y = \frac{2}{3}x - \frac{8}{3}$ **51.** $(-3, -1)$
53a. $y = 2.04x - 21.32$ **55a.** 42.24 pies^3 **55b.** 270 K
57a. $y = 0.1x + 3$ **57b.** Anda a otro banco, porque este te cobraría $5.50. **59.** 0
61.

$A(5, -2)$

63. 13 pies 11 pulg.
65. -9
67. $14x + 14$

Página 353   Autoevaluación
1. -1 **3.** indefinida **5.** $y - 4 = \frac{1}{2}(x + 6)$ **7.** $x + 5y = 17$
9. $-6, -14$

Página 355   Lección 6–5A

1. Todas las gráficas son de la familia $y = -ax + 0$, donde a representa representa diferentes pendientes negativas.

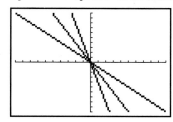

3. Todas las gráficas tienen la misma pendiente, -1, pero tienen diferentes intersecciones y.

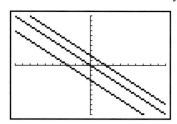

5.

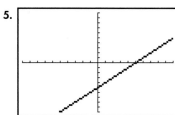

7.

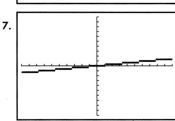

9. $y = -x + 2.5$

Páginas 359–360   Lección 6–5

7.

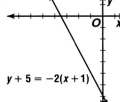

$y + 5 = -2(x + 1)$

9.

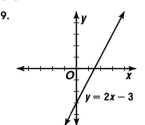

$y = 2x - 3$

11.

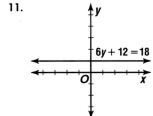

$6y + 12 = 18$

13a.

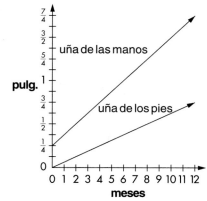

uña de las manos

uña de los pies

pulg.

meses

13b. $1\frac{3}{4}$ pulg.   **13c.** $\frac{1}{16}$ pulg.   **13d.** Véase 13a.

13e. la tasa de crecimiento por mes

15.

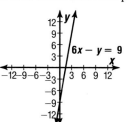

$6x - y = 9$

19.

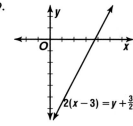

$2(x - 3) = y + \frac{3}{2}$

23.

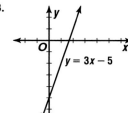

$y = 3x - 5$

27.

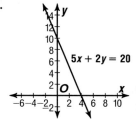

$5x + 2y = 20$

31.

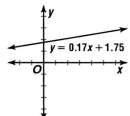

$y = 0.17x + 1.75$

35.

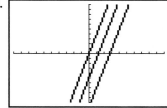

Todas las rectas tienen la misma pendiente, 4.

37a.

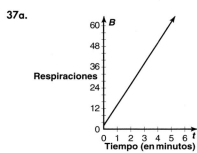

B

Respiraciones

Tiempo (en minutos)

37b. 122 respiraciones   **39.** $y = \frac{2}{5}x + 12$

41. 4:30 P.M.   **43.** 1.8

45. un número m menos 1

Páginas 366–368   Lección 6–6

7. $\frac{2}{3}$, $-\frac{3}{2}$ **9.** perpendicular   **11.** $y = \frac{5}{6}x - \frac{21}{2}$

13. $y = x - 9$ **15.** $y = \frac{9}{5}x$ **17.** perpendicular

19. paralela   **21.** perpendicular   **23.** perpendicular

25. $y = x + 1$ **27.** $y = \frac{8}{7}x + \frac{2}{7}$ **29.** $y = 2.5x - 5$

31. $y = \frac{2}{3}x + 4$ **33.** $y = -\frac{9}{2}x + 14$ **35.** $y = 3x - 19$

37. $y = -\frac{1}{5}x - 1$ **39.** $y = -\frac{7}{2}x + 11$ **41.** $y = -3$

43. $y = \frac{5}{4}x$ **45.** $y = \frac{1}{3}x - 6$ **47.** No, porque la pendiente

de $\overline{AC}$ es $\frac{6}{7}$ y la de $\overline{BC}$ es $-\frac{2}{3}$. Estas pendientes no son recíprocos negativos, de manera que las rectas no son perpendiculares y la figura no es un rombo.

49a. $y = \frac{1}{2}x + \frac{7}{2}$, $y = -2x + 11$ **49b.** recto o de 90°

51.

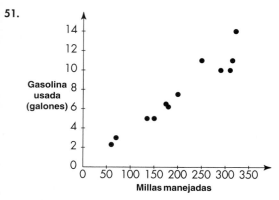

53. $242.80   **55a.** $\frac{5}{12}$; $\frac{7}{12}$ **55b.** oro de 16 quilates
57. identidad multiplicativa

Páginas 372–374   Lección 6–7

5. $(1.5, 6)$ **7.** $(-6, 1)$ **9.** $(-11, 7)$ **11.** $(8, 9.8)$

13. $(12.5, 6)$ **15.** $(1, 5)$ **17.** $(3, 2)$ **19.** $\left(\frac{1}{2}, 1\right)$

21. $(0.8, 2.7)$ **23.** $(4x, 9y)$ **25.** $(-7, 0)$ **27.** $(21, -6)$

29. $(9, 10)$ **31.** $\left(\frac{5}{6}, \frac{1}{3}\right)$ **33.** $B(2.3, 6.8)$ **35.** $P(6.65, -1.85)$

37. $(-1, 5)$ **39.** $\left(1, \frac{5}{2}\right)$ **41a.** $N(6, 3)$, $M(10, 3)$

41b. paralela, $MN = \frac{1}{2}AB$ **43a.** $P(-4, 1)$, $Q(10, -1)$,

$R(2, 9)$ **43b.** 62 unidades cuadradas; Muestra: El área del triángulo más pequeño es $\frac{1}{2}bh$. Dado que la base del más grande es el doble que la del pequeño, y la altura es también el doble que la del pequeño, el área del más grande es $\frac{1}{2}(2b)(2h)$ ó $2bh$. Esto es 4 veces el área del pequeño.

45. $y = -\frac{7}{9}x - \frac{8}{3}$ **47.** sí; $9x - 6y = 7$ **49.** -20

51. $3.1x + 1.54$

Página 375   Capítulo 6 Puntos importantes

1. paralela   **3.** punto medio   **5.** perpendicular
7. pendiente-intersección   **9.** pendiente

Páginas 376–378   Capítulo 6 Guía de estudio y evaluación

11. $-\frac{1}{3}$ **13.** $\frac{2}{5}$ **15.** $\frac{25}{3}$ **17.** $y + 3 = -2(x - 4)$

19. $y - 7 = 0$ **21.** $y - 3 = \frac{3}{5}x$ **23.** $y - 1 = -\frac{6}{7}(x - 4)$

---

25. $3x - y = 18$ **27.** $3x - 4y = 22$ **29.** $y = 5$ **31.** $x = -2$
33a. Sí; es positiva   **33b.** Respuesta de muestra: 35 pisos
33c. $y = 0.03x + 21$

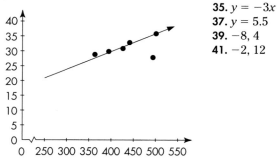

35. $y = -3x$
37. $y = 5.5$
39. $-8, 4$
41. $-2, 12$

43.   **45.**

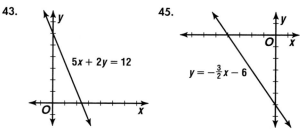

47.   **49.**

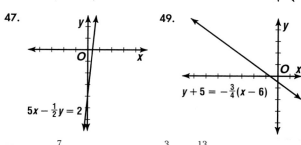

51. $y = -\frac{7}{2}x - 14$ **53.** $y = -\frac{3}{8}x + \frac{13}{2}$ **55.** $y = 5x - 15$

57. $\left(1, -\frac{5}{2}\right)$ **59.** $\left(5, \frac{11}{2}\right)$ **61.** $\left(\frac{7}{2}, -\frac{3}{2}\right)$ **63.** $(13, 11)$
65. $(-5, 20)$ **67.** $d = 45t - 10$

CAPÍTULO 7   RESUELVE DESIGUALDADES LINEALES

Páginas 388–390   Lección 7–1

7. c   **9.** d   **11.** $\{x \mid x > -5\}$ **13.** $\{y \mid y < -5\}$
15. $x - 17 < -13$, $\{x \mid x < 4\}$

17. $\{a \mid a < 18\}$

19. $\{x \mid x \le 1\}$

21. $\left\{x \mid x > \frac{11}{3}\right\}$

23. $\{x \mid x > 2\}$

25. $\left\{x \mid x < \frac{3}{8}\right\}$ **27.** $\{x \mid x \le 15\}$ **29.** $\{x \mid x < 0.98\}$

31. $\{r \mid r < 10\}$ **33.** $x - (-4) \ge 9$, $\{x \mid x \ge 5\}$ **35.** $3x < 2x + 8$, $\{x \mid x < 8\}$ **37.** $20 + x < 53$, $\{x \mid x < 33\}$ **39.** $2x > x - 6$, $\{x \mid x > -6\}$ **41.** 12   **43.** -2 **45a.** no   **45b.** sí
45c. sí   **45d.** sí   **47.** El valor de x está entre -2.4 y 3.6.
49a. $x \le 12.88 **49b.** Respuesta de muestra: Es posible que sus compras tengan impuesto de venta.
51. $y = -3x + 3$ **53.** 42, 131, 145, 159, 28   **55.** 12   **57.** $<$

Página 391　Lección 7–2A

1. Muestra: La variable se queda a la izquierda, pero se invierte el símbolo de desigualdad.　**3.** Cuando el coeficiente de x es positivo, puedes resolver la desigualdad como si fuera una ecuación y dejarle el mismo signo. Si el coeficiente de x es negativo, puedes resolverla como una ecuación, pero invierte el símbolo.

Pages 396–398　Lección 7–2

9. multiplica por $-\frac{1}{6}$ ó divide entre -6; sí; $\{y \mid y \le 4\}$

11. multiplica por 4; no; $\{x \mid x < -20\}$　**13.** $\{x \mid x < 30\}$

15. $\{t \mid t \le -30\}$　**17.** $\frac{1}{5}x \le 4.025$; $\{x \mid x \le 20.125\}$　**19.** $s \ge 12$

21. $\{b \mid b > -12\}$　**23.** $\{x \mid x \ge -44\}$　**25.** $\{r \mid r < -6\}$

27. $\{t \mid t < 169\}$　**29.** $\{g \mid g \ge 7.5\}$　**31.** $\{x \mid x \ge -0.7\}$

33. $\left\{r \mid r < -\frac{1}{20}\right\}$　**35.** $\{x \mid x < -27\}$　**37.** $\{m \mid m \ge -24\}$

39. $36 \ge \frac{1}{2}x$; $\{x \mid x \le 72\}$　**41.** $\frac{3}{4}x \le -24$; $\{x \mid x \le -32\}$

43. $-8x \le 144$; -18 ó mayor　**45.** $y < 7.14$ metros　**47.** $\ge$
49. $<$　**51.** hasta 416 millas　**53.** al menos 5883 firmas
55. $(-1, 1)$　**57.** -2　**59.** $\$155.64$　**61.** 65 yd por 120 yd

Páginas 402–404　Lección 7–3

7. c　**9.** $\{x \mid x > 2\}$　**11.** $\{d \mid d > -125\}$　**13.** $\{2, 3\}$
15a. $x + (x + 2) > 75$　**15b.** $x > 36.5$　**15c.** Muestra: 38 y 40.　**17.** $\{-10, -9, \ldots, 2, 3\}$　**19.** $\{-10, -9, \ldots, -5, -4\}$　**21.** $\{t \mid t > 3\}$　**23.** $\{w \mid w \le 15\}$　**25.** $\{n \mid n > -9\}$　**27.** $\{m \mid m < 15\}$　**29.** $\{x \mid x < -15\}$　**31.** $\left\{p \mid p \le \frac{14}{3}\right\}$　**33.** $\{x \mid x > -10\}$　**35.** $\{k \mid k \le -1\}$　**37.** $\{y \mid y < -1\}$　**39.** $3(x + 7) > 5x - 13$; $\{x \mid x < 17\}$　**41.** $2x + 2 \le 18$ por $x > 0$; 7 y 9; 5 y 7; 3 y 5; 1 y 3　**43.** no hay solución $\{\varnothing\}$
45a. $x \le -8$　**45b.** $x > 8$　**45c.** $x > 2$　**45d.** $x \le -1$　**47.** $x + 0.04x + 0.15(x + 0.04x) \le \$50$, $x \le \$41.80$　**49.** al menos $\$571{,}428.57$　**51a.** a lo sumo 2.9 semanas　**51b.** no cambia
51c. a lo sumo 4.1 semanas　**53.** $\{y \mid y > 10\}$　**55.** $3x + 2y = 14$
57. $\{-5, -3, -2, 4, 16\}$　**59.** 25.1; 23.5; no hay modal

Páginas 409–412　Lección 7–4

7. $0 \le x \le 9$　

9. $-3 < x \le 1$　**11.** La solución es el conjunto vacío. No hay ningún número mayor que 5 pero menor que -3.
13. $\{h \mid h \le -7 \text{ ó } h \ge 1\}$　

15. $\{w \mid 1 > w \ge -5\}$　

17. Los dibujos variarán; 16 pedazos.　**19.** $\varnothing$

21. 　**23.**

25. $-4 \le x \le 5$　**27.** $x \le -2$ ó $x > 1$
29. $\{x \mid -1 < x < 5\}$　

31. $\{x \mid x < -2 \text{ ó } x > 3\}$　

33. $\{c \mid c < 7\}$　

35. $\varnothing$

37. $\{x \mid x \text{ es un número real.}\}$　

39. $\{y \mid y > 3 \text{ y } y \ne 6\}$　

41. $\{x \mid x \text{ es un número real.}\}$　

43. $\{w \mid w < 4\}$　

45. Muestra: $x > 5$ y $x < -4$　**47.** $n + 2 \le 6$ ó $n + 2 \ge 10$; $\{n \mid n \le 4 \text{ ó } n \ge 8\}$　**49.** $31 \le 6n - 5 \le 37$; $\{n \mid 6 \le n \le 7\}$
51. $\{m \mid -4 < m < 1\}$　

53a. $\{x \mid x < -7 \text{ ó } x > 1\}$　**53b.** $\{x \mid -5 \le x < 1\}$
55. $-4 \le x \le -1.5$ ó $x \ge 2$　**57.** $4.4 < x < 6.7$
59. $\left\{m \mid m \ge \frac{44}{3}\right\}$　**61.** -5

63.

65. un poco más de media milla　**67.** $18px - 15bg$

Página 412　Autoevaluación

1. $\{y \mid y \ge -17\}$　**3.** $\{n \mid n < 4\}$　**5.** $\{g \mid g < -5\}$
7. c　**9.** más de 17 puntos

Páginas 415–419　Lección 7–5

7a. resultados del diagrama de árbol: hamburguesa, sopa, limonada; hamburguesa, sopa, gaseosa; hamburguesa, ensalada, limonada; hamburguesa, ensalada, gaseosa; hamburguesa, papas fritas, limonada; hamburguesa, papas fritas, gaseosa; sándwich, sopa, limonada; sándwich, sopa, gaseosa; sándwich, ensalada, limonada; sándwich, ensalada, gaseosa; sándwich, papas fritas, limonada; sándwich, papas fritas, gaseosa; taco, sopa, limonada; taco, sopa, gaseosa; taco, ensalada, limonada; taco, ensalada, gaseosa; taco, papas fritas, limonada; taco, papas fritas, gaseosa; pizza, sopa, limonada; pizza, sopa, gaseosa; pizza, ensalada, limonada; pizza, ensalada, gaseosa; pizza, papas fritas, limonada; pizza, papas fritas, gaseosa; **7b.** $\frac{1}{3}$ ó $0.\overline{3}$　**7c.** $\frac{1}{12}$ ó $0.08\overline{3}$　**7d.** $\frac{1}{24}$ ó $0.041\overline{6}$

9a. 15　**9b.** $\frac{1}{5}$ ó 0.2　**11.** $\frac{1}{3}$ ó $0.\overline{3}$　**13a.** R3-V5, R3-R10, R3-Az10, R3-V1, R3-Am14, Az3-V5, Az3-R10, Az3-Az10, Az3-V1, Az3-Am14, R5-V5, R5-R10, R5-Az10, R5-V1, R5-Am14, R14-V5, R14-R10, R14-Az10, R14-V1, R14-Am14, Am10-V5, Am10-R10, Am10-Az10, Am10-V1, Am10-Am14
13b. $\frac{3}{25}$ ó 0.12　**13c.** $\frac{2}{25}$ ó 0.08　**13d.** 0　**13e.** $\frac{14}{25}$ ó 0.56

15a. aproximadamente 5.6%　**15b.** aproximadamente 26.3%

17. 32%　**19.** entre 83 y 99, inclusive　**21.** 3; -9　**23a.** $50°$
23b. $130°$　**23c.** sí

Páginas 423–426　Lección 7–6
5. c　**7.** c　**9.** d
11. $\{m \mid m \le -5 \text{ ó } m \ge 5\}$　

13. $\{r \mid -9 < r < 3\}$　

15. $|x| = 2$

17. $\{-2, 6\}$

19. $\varnothing$

21. $\{y \mid 1 \le y \le 3\}$

23. $\varnothing$

25. $\left\{e \mid \dfrac{5}{3} < e < 3\right\}$

27. $\{y \mid y \text{ es un número real.}\}$

29. $\{w \mid 0 \le w \le 18\}$

31. $\{-2, 3\}$

33. $\left\{x \mid x \le -\dfrac{8}{3} \text{ ó } x \ge 4\right\}$

35. $|p - 1| \le 0.01$ **37.** $|t - 50| > 50$
39. $|x + 1| = 3$ **41.** $|x - 1| \le 1$ **43.** $|x - 8| \ge 3$
45. $\{-2, -1, 0, 1, 2\}$ **47.** $2a + 1$ **49.** $a \ne 0$; nunca
51. $\dfrac{8}{13}$ ó 0.61 **53.** no; $52 \le s \le 66$ **55.** $\$16{,}500 \le p \le$
$\$18{,}000$ **57a.** Resultados del diagrama de árbol: HHHH,
HHHM, HHMH, HHMM, HMHH, HMHM, HMMH, HMMM,
MHHH, MHHM, MHMH, MHMM, MMHH, MMHM, MMMH,
MMMM **57b.** $\dfrac{1}{16}$ ó 0.0625, independientemente del género

57c. $\dfrac{3}{8}$ ó 0.375 **59.** $\{x \mid x \ge -1\}$ **61.** $\{k \mid k \ge -15\}$

63.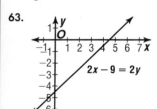

$2x - 9 = 2y$

65. $m = -6 - \dfrac{n}{2}$

Páginas 430–432   Lección 7–7
7a. A; 25, 65, 30, 60, 40; B; 20, 70, 40, 60, 45 **7b.** B **7c.** A
7d. B **9a.** Q2 = 6.5, Q3 = 16, Q1 = 5, IQR = 11 **9b.** no

9c.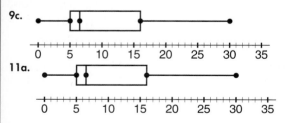

11a.

11b. agrupado con muchos valores atípicos **11c.** Hay
cuatro estados del oeste que tienen más población
indígena americana que los otros estados. **11d.** Es
mayor que la mediana.
13a.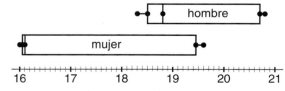

13b. 1990 **15.** Respuesta de muestra: La clase A parece

ser una clase más difícil que la B porque a los
estudiantes no les va tan bien. **17.** $\{m \mid m > 1\}$

19.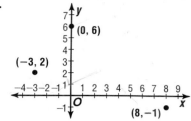

Página 434   Lección 7–7B
1. mujeres identificando objetos con su mano izquierda
3. Los datos de la mano izquierda están más
amontonados. **5.** hombres

Página 435   Lección 7–8A

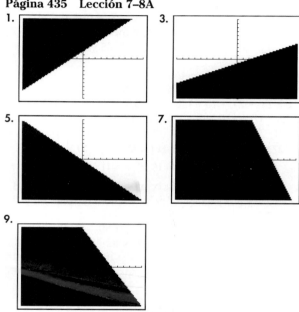

1.

3.

5.

7.

9.

Página 439–441   Lección 7–8
5. a **7.** b **9.** a, c; no

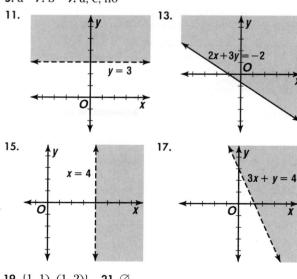

11.

13. $2x + 3y = -2$

15. $x = 4$

17. $3x + y = 4$

19. $\{1, 1\}, (1, 2)\}$ **21.** $\varnothing$

23.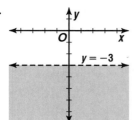

$y = -3$

25.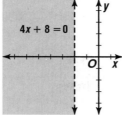

$4x + 8 = 0$

27.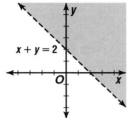

$x + y = 2$

29.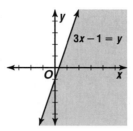

$3x - 1 = y$

31.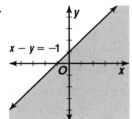

$x - y = -1$

33.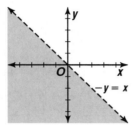

$-y = x$

35.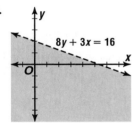

$8y + 3x = 16$

37.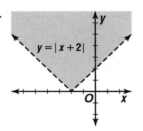

$y = |x + 2|$

39.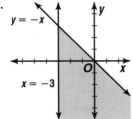

$y = -x$

$x = -3$

41.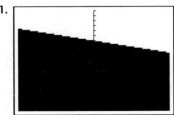

43. c   **45.** a, b, d   **47a.** $0.7(220 - a) \le z \le 0.8(220 - a)$
47b. $32 \le z \le 37$ **47c.** mejorar la circulación cardiovascular

49.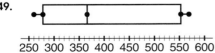

250 300 350 400 450 500 550 600

51. $y = 4x - 2$

53.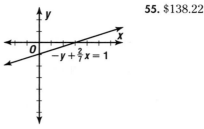

$-y + \frac{2}{7}x = 1$

55. $138.22

Página 443   Capítulo 7 Puntos importantes
1. h   **3.** i   **5.** c, f   **7.** d   **9.** g   **11.** a

Páginas 444–446   Capítulo 7 Guía de estudio y evaluación
13. $\{n \,|\, n > -35\}$ **15.** $\{p \,|\, p \le -18\}$ **17.** $3n > 4n - 8$, $\{n \,|\, n < 8\}$ **19.** $\{w \,|\, w \le -15\}$ **21.** $\{x \,|\, x > 32\}$
23. $-\frac{3}{4}n \le 30$, $\{n \,|\, n \ge -40\}$ **25.** $\{-5, -4, \ldots 0, 1\}$

27. $\left\{y \,\middle|\, y \le -\frac{9}{2}\right\}$ **29.** $\left\{x \,\middle|\, x > -\frac{5}{2}\right\}$ **31.** $\{z \,|\, z \le 20\}$

33. $\{a \,|\, a$ es un número real$\}$ ←————————→
                                          $-4\,-3\,-2\,-1\;0\;1\;2\;3\;4$

35. $\{b \,|\, b \le 5\}$
          $-1\;0\;1\;2\;3\;4\;5\;6\;7$

37a. $\frac{2}{7}$ **37b.** $\frac{1}{2}$ **37c.** $\frac{2}{7}$ **37d.** 0 **37e.** $\frac{3}{14}$ **37f.** $\frac{1}{14}$

39. $\{y \,|\, y > -5 \text{ ó } y < -5\}$
          $-9\,-8\,-7\,-6\,-5\,-4\,-3\,-2\,-1$

41. $\{k \,|\, 3 \ge k \ge -4\}$
          $-5\,-4\,-3\,-2\,-1\;0\;1\;2\;3\;4\;5$

43. $\left\{y \,\middle|\, y \ge \frac{21}{5} \text{ ó } y \le 1\right\}$
          $-2\,-1\;0\;1\;2\;3\;4\;5\;6$

45.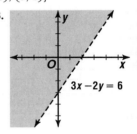

100   150   200   250   300   350

47. $\{(2, -1), (-1, 1)\}$ **49.** $\{(5, 10), (3, 6)\}$

51.

$4x - y = 8$

53.

$3x - 2y = 6$

55. 17 a 20 libros

CAPÍTULO 8   RESUELVE SISTEMAS DE ECUACIONES Y DESIGUALDADES LINEALES

Página 453   Lección 8–1A
1. $(1, 8)$ **3.** $(2.86, 4.57)$ **5.** $(2.28, 3.08)$ **7.** $(-2.9, 5.6)$
9. $(1.14, -3.29)$

Páginas 458–461   Lección 8-1
9. no tiene solución   **11.** una; $(-6, 2)$ **13.** sí

15. $(3, 5)$

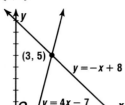

17. $(2, -6)$

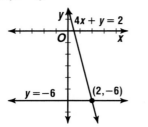

19. $(-6, 8)$

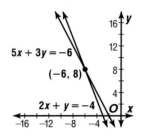

21. una, $(3, -1)$ **23.** ninguna **25.** una, $(3, 3)$

27. $(2, -2)$

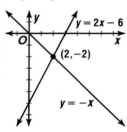

29. $(-1, 3)$

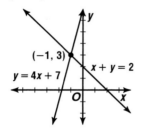

31. $(-2, 4)$

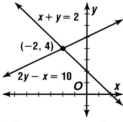

33. $(2, 0)$

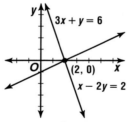

35. infinitamente muchas **37.** ninguna solución

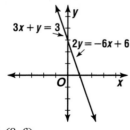

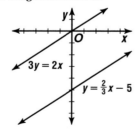

39. $(8, 6)$

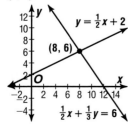

41. infinitamente muchas

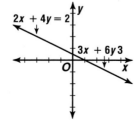

43. 15 unidades cuadradas **45.** $(1.71, -2.57)$
47. $(-0.25, -3.25)$
49. $A = -3, B = 2$

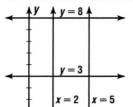

51. D.C. 376

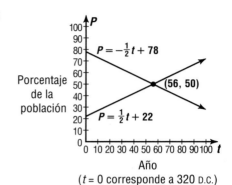

Año
($t = 0$ corresponde a 320 D.C.)

53. $-1.5, -13.5$ **55.** $y = -2x + 2$ **57.** $7\frac{1}{2}\%$

59a. cuántas casas de tres y cuatro habitaciones serán construidas **59b.** $100 - h$ **59c.** 80 casas

Páginas 466–468   Lección 8–2

7. $x = 8 - 4y; y = 2 - \frac{1}{4}x$ **9.** $x = -\frac{0.75}{0.8}y - 7.5; y = -\frac{0.8}{0.75}x - 8$

11. $\left(3, \frac{3}{2}\right)$ **13.** ninguna **15.** infinitamente muchas **17.** $(3, 1)$

19. $(-4, 4)$ **21.** $(4, -1)$ **23.** $(2, 0)$ **25.** $(9, 1)$ **27.** $(2, 5)$

29. $(4, 2)$ **31.** $(5, 2)$ **33.** $\left(\frac{8}{3}, \frac{13}{3}\right)$ **35.** $(36, -6, -84)$
37. $(14, 27, -6)$ **39a.** $y = 1000 + 5x, y = 13x$ **39b.** 125 boletos **41a.** 26.5 años **41b.** 33.8 segundos
43a.

	75% oro (18 quilates)	50% oro (12 quilates)	58% oro (14 quilates)
Total de gramos	x	y	300
Gramos de oro puro	$0.75x$	$0.50y$	$0.58(300)$

43b. $x + y = 300$; $0.75x + 0.50y = 0.58(300)$ **43c.** 96 gramos de oro de 18 quilates, 204 gramos de oro de 12 quilates **45.** 37 acciones **47.** $\{(-1, -7), (4, 8), (7, 17), (13, 35)\}$ **49.** -3 **51.** $m - 12$

Páginas 472–474   Lección 8–3
5. adición, $(1, 0)$ **7.** sustracción, $\left(-\frac{5}{2}, -2\right)$

9. sustitución, $(1, 4)$ **11.** 8, 48 **13.** $(1, -4), (1.29, -4.05)$
15. $+; (6, 2)$ **17.** $-; (4, -1)$ **19.** $-; (4, -7)$ **21.** $+; (5, 1)$
23. sustitución; infinitamente muchas **25.** $-; (-2, 3)$
27. $-; \left(\frac{1}{2}, 1\right)$ **29.** $+; (10, -15)$ **31.** $+; (1.75, 2.5)$

33. 11, 53 **35.** 5, 8 **37.** $(2, 3, 7)$ **39.** $(14, 27, -6)$
41. Ling, 1.45 horas ó 1 hora, 27 minutos; José, 1.15 horas, ó 1 hora, 9 minutos **43.** 320 gal de 25% y 180 gal de 50% **45.** -3 **47.** $-\frac{7}{6}$ **49.** sustitución ($=$)

Página 474 Autoevaluación

1. $(1, -2)$

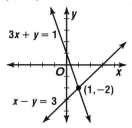

3. infinitamente muchas

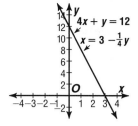

5. $(-9, -7)$ **7.** $(10, 15)$ **9.** $(4, -2)$

Páginas 478–481 Lección 8–4

5. $(-1, 1)$; Multiplica la primera ecuación por -3. Luego suma. **7.** $(-9, -13)$; Multiplica la segunda ecuación por 5. Luego suma. **9.** $(-1, -2)$; Multiplica la primera ecuación por 5, multiplica la segunda por -8, luego suma. **11.** b; $(2, 0)$ **13.** c; $(4, 1)$ **15.** $(2, 1)$ **17.** $(5, -2)$ **19.** $(2, -5)$ **21.** $(-4, -7)$ **23.** $(-1, -2)$ **25.** $(4, -6)$ **27.** $(13, -2)$ **29.** $(10, 12)$ **31.** 6, 9 **33.** eliminación, adición; $\left(2, \frac{1}{8}\right)$

35. sustitución o eliminación, multiplicación; infinitamente muchas **37.** eliminación, sustracción; $(24, 4)$

39. $(11, 12)$ **41.** $\left(\frac{1}{3}, \frac{1}{6}\right)$ **43.** $(-2, 7), (2, 2), (7, 5)$

45. 6 mesas de dos asientos, 11 de 4 asientos **47.** $(3, -4)$ **49.** $\frac{1}{3}$ **51.** 165 yd **53.** 2 tazas

Páginas 485–486 Lección 8–5

7.

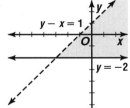

9.

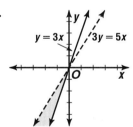

11.

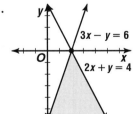

13. $y > x, y \le x + 4$

15.

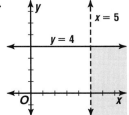

17.

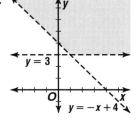

19.

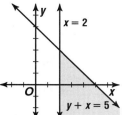

21.

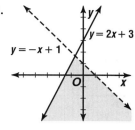

23.

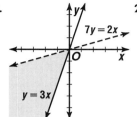

25.

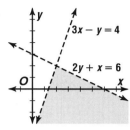

27.

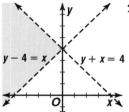

29.

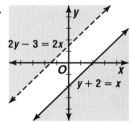

31.

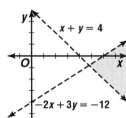

33. $y > -1, x \ge -2$
35. $y \le x, y > x - 3$
37. $x \ge 0, y \ge 0, x + 2y \le 6$

39.

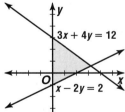

41.

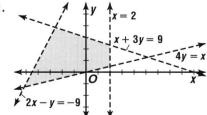

43.

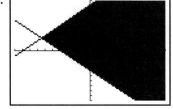

45.

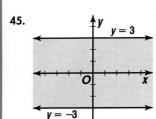

47. Respuesta de muestra: Caminar, 15 min., trotar, 15 min.; caminar, 10 min., trotar 20 min.; caminar, 5 min, trotar 25 min. **49.** 4 billetes de $5, 8 de $20 billetes

51. $y = -\frac{1}{2}x + \frac{9}{2}$ **53.** 10

55. Sea y = número de yardas ganadas en ambos partidos; $y = 134 + (134 - 17)$

Página 487   Capítulo 8 Puntos importantes

1. sustitución **3.** inconsistente **5.** eliminación
7. infinitamente muchas **9.** no **11.** segundo

Páginas 488–490   Capítulo 8 Guía de estudio y evaluación

13. no tiene solución

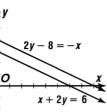

15. $(-2, -7)$

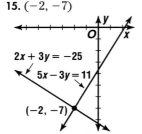

17. no tiene solución

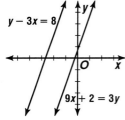

19. una, $(2, -2)$

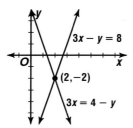

21. $(0, 2)$ **23.** $\left(\frac{1}{2}, \frac{1}{2}\right)$ **25.** $(2, -1)$ **27.** $(5, 1)$ **29.** $(8, -2)$

31. $(-9, -7)$ **33.** $\left(\frac{3}{5}, 3\right)$ **35.** $(2, -1)$ **37.** $\left(\frac{7}{9}, 0\right)$ **39.** $(0, 0)$

41. $(13, -2)$

43.

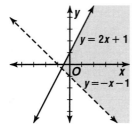

45.

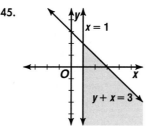

47.

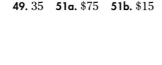

49. 35 **51a.** $75 **51b.** $15

CAPÍTULO 9   EXPLORA POLINOMIOS

Páginas 499–500   Lección 9–1

5. no **7.** no **9.** a^{12} **11.** 3^{16} ó 43,046,721 **13.** $9a^2y^6$
15. $15a^4b^3$ **17.** m^4n^3 **19.** 2^{12} ó 4096 **21.** $a^{12}x^8$
23. $6x^4y^4z^4$ **25.** $a^2b^2c^2$ **27.** $\frac{4}{25}d^2$ **29.** $0.09x^6y^4$ **31.** $90y^{10}$

33. $4a^3b^5$ **35.** $-520x^9$ **37.** -2^4 equivale a $-(2)(2)(2)(2)$ ó -16 y $(-2)^4$ equivale a $(-2)(-2)(-2)(-2)$ ó 16.
39. 301 partes

41. una; $(-6, 3)$

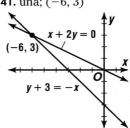

43. $n = 2m + 1$

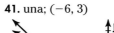

m	-3	-2	-1	0	1
n	-5	-3	-1	1	3

45. $136°$ **47.** $1.11y + 0.06$

Páginas 504–505   Lección 9–2

7. $\frac{1}{121}$ **9.** 36 **11.** $\frac{6}{r^4}$ **13.** $\frac{\pi}{4}$ **15.** a^2 **17.** m^6 **19.** $\frac{m^3}{3}$

21. $\frac{c^3}{b^8}$ **23.** b^8 **25.** $-s^6$ **27.** $-\frac{4b^3}{c^3}$ **29.** $\frac{1}{64a^6}$ **31.** $\frac{s^3}{r^3}$

33. $\frac{a}{4c^2}$ **35.** m^{3+n} **37.** 3^{4x-6} **39.** $\frac{1}{q^{18}}$ **41.** $1257.14

43. $98a^5b^4$ **45.** $|x+1| < 3$ **47.** $(3, -5)$ **49.** $\frac{52}{41}$

Páginas 509–512   Lección 9–3

5. 43,400,000; 1.515×10^3 **7.** 507,000,000; 4.4419×10^4
9. 4,551,400,000; 7.14×10^2 **11.** 1.672×10^{-21} mg
13. 4×10^{-6} pulg. **15.** 6.2×10^{-7}; 0.00000062
17. 6×10^7; 60,000,000 **19.** 9.5×10^{-3} **21.** 8.76×10^{10}
23. 3.1272×10^8 **25.** 9.0909×10^{-2} **27.** 7.86×10^4
29. 7×10^{-10} **31.** 9.9×10^{-6} **33.** 6×10^{-3}; 0.006
35. 8.992×10^{-7}; 0.0000008992 **37.** 4×10^{-2}; 0.04
39. 6.5×10^{-6}; 0.0000065 **41.** 6.6×10^{-6}; 0.0000066
43. 1.2×10^{-4}; 0.00012 **45.** 2.4336×10^{-1} **47.** 2.8×10^5
49a. Respuesta de muestra: demasiados números
49b. Multiplica 3.7 por 5.6 y 10^{112} por 10^{10}. Luego escribe el producto en notación científica. **49c.** 2.072×10^{123}
51. 1,000,000,000,001 **53.** 6.75×10^{18} moléculas
55a. aproximadamente 90.1 kg

57.

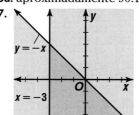

59. 25% **61.** $y = x + 5$
63. sí **65.** $27°$ **67.** -163

Página 513   Lección 9–4A

1.

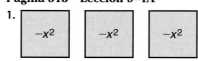

3.

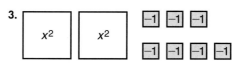

5. $x^2 - 3x + 2$ **7.** $2x^2 - x - 5$ **9.** x^2, x y 1 representa las áreas de los mosaicos.

Páginas 517–519 Lección 9–4
5. sí; trinomio **7.** sí; binomio **9.** 0 **11.** $x^8 - 12x^6 + 5x^3 - 11x$ **13a.** $\ell w - \pi r^2 - s^2$ **13b.** unas 91.43 unidades cuadradas **15.** sí; trinomio **17.** sí; binomio **19.** sí; trinomio **21.** 5 **23.** 3 **25.** 9 **27.** 4 **29.** $x^5 + 3x^3 + 5$ **31.** $-x^7 + abx^2 - bcx + 34$ **33.** $1 + x^2 + x^3 + x^5$ **35.** $7a^3x + \frac{2}{3}x^2 - 8a^3x^3 + \frac{1}{5}x^5$ **37.** $2ab + \pi b^2$; unas 353.10 unidades cuadradas **39.** $ab - 4x^2$; 116 unidades^2 **41b.** $8a^4 + 9a^3 + 4a^2 + 3a^1 + 5a^0$ **43.** unos 153 huevos **45.** 4.235×10^4 **47.** 7, 8, 9 **49.** $\left\{(-3, 8), \left(1, \frac{8}{3}\right), (3, 0), (9, -8)\right\}$ **51.** \$38.75

Página 521 Lección 9–5A
1. $-x^2 + 6$ **3.** $-2x^2 - 6x$ **5.** $3x^2 - x + 4$
7. verdadero

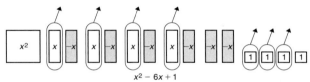

9. Método de la Actividad 2:

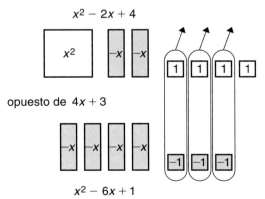

No necesitas agregar ningún par nulo para poder quitar 4 baldosas x verdes.
   Método de la Actividad 4:

$$x^2 - 2x + 4$$

opuesto de $4x + 3$

$$x^2 - 6x + 1$$

Eliminas todos los pares nulos para hallar la diferencia en forma simplificada.

Páginas 524–527 Lección 9–5
7. $6a^2 - 3$ **9.** $4x^2 + 3y^2 - 8y - 7x$ **11.** $-8y^2$ y $3y^2$; $2x$ y $4x$ **13.** $3p^3q$ y $10p^3q$; $-2p$ y $-p$ **15.** $6m^2n^2 + 8mn - 28$ **17.** $-4y^2 + 5y + 3$ **19.** $7p^3 - 3p^2 - 2p - 7$ **21.** $10x^2 + 13xy$ **23.** $4a^3 + 2a^2b - b^2 + b^3$ **25.** $-4a + 6b - 5c$ **27.** $3a - 11m$ **29.** $-2n^2 + 7n + 5$ **31.** $13x - 2y$ **33.** $-y^3 + 3y + 3$ **35.** $4z^3 - 2z^2 + z$ **37.** $2x + 3y$

39. $353 - 18x$ **41.** $-2n^2 - n + 4$ **43.** $719x^2$ pisos cúbicos **45.** $-3x - 2x^3 + 4x^5$
47. $(3, 1)$

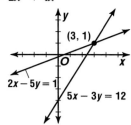

49. Respuesta de muestra: Sea $h =$ número de horas de reparación y sea $c =$ el total cobrado; $c = 34h + 15$.

51. $-\frac{50}{3}$

Página 527 Autoevaluación
1. $-6n^5y^7$ **3.** $-12ab^4$ **5.** 5.67×10^6 **7.** unos 1.53×10^4 segundos ó 4.25 horas **9.** $5x^2 - 4x - 14$

Página 528 Lección 9–6A
1. $x^2 + 2x$ **3.** $2x^2 + 2x$ **5.** $2x^2 + x$
7. verdadero

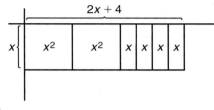

9a. $3x$ y $x + 15$
9b. $(3x^2 + 45x)$ pies cuadrados

Páginas 531–533 Lección 9–6
5. $-63b^4c - 7b$ **7.** $10y^2 - 26y$ **9.** $3w^2 - 2w$ **11.** $\frac{103}{19}$ **13a.** $a^2 + a$ **13b.** $a^2 + 2a$ **15.** $\frac{1}{3}x^2 - 9x$ **17.** $-20m^5 - 8m^4$ **19.** $30m^5 - 40m^4n + 60m^3n^3$ **21.** $-28d^3 + 16d^2 - 12d$ **23.** $-32r^2s^2 - 56r^2s + 112rs^3$ **25.** $\frac{36}{5}x^3y + x^3 - 24x^2y$ **27.** $36t^2 - 42$ **29.** $61y^3 - 16y^2 + 167y - 18$ **31.** $53a^3 - 57a^2 + 7a$ **33.** $-\frac{77}{8}$ **35.** 0 **37.** $\frac{23}{24}$ **39.** 2 **41.** $15p^2 + 32p$ **43.** Muestra: $1(8a^2b + 18ab)$, $a(8ab + 18b)$, $b(8a^2 + 18a)$, $2(4a^2b + 9ab)$, $(2a)(4ab + 9b)$, $(2b)(4a^2 + 9a)$, $(ab)(8a + 18)$, $(2ab)(4a + 9)$
45. $1.50t + 1.25mt$
47a.

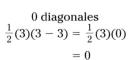

0 diagonales   2 diagonales
$\frac{1}{2}(3)(3 - 3) = \frac{1}{2}(3)(0)$ $\frac{1}{2}(4)(4 - 3) = \frac{1}{2}(4)(1)$
$= 0$ $= 2$

5 diagonales   9 diagonales

$\frac{1}{2}(5)(5-3) = \frac{1}{2}(5)(2)$ $\frac{1}{2}(6)(6-3) = \frac{1}{2}(6)(3)$

$= 5$ $= 9$

47b. $\frac{1}{2}n^2 - \frac{3}{2}n$ **47c.** 90 diagonales **49.** 75 gal de 50%, 25 gal de 30% **51.** $a^2 - 1$ **53.** 11 días **55.** 25.7

Página 535 Lección 9–7A

1. $x^2 + 3x + 2$ **3.** $x^2 - 6x + 8$ **5.** $2x^2 - 2$
7. falso

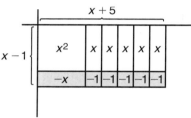

9. falso

11. Propiedad distributiva, $(x + 3)(x + 2) = x(x + 2) + 3(x + 2)$. La fila de arriba representa $x(x + 2)$ o $x^2 + 2x$. La fila de abajo representa $3(x + 2)$ ó $3x + 6$.

Páginas 539–541 Lección 9–7

5. $d^2 + 10d + 16$ **7.** $y^2 - 4y - 21$ **9.** $2x^2 + 9x - 5$
11. $10a^2 + 11ab - 6b^2$ **13a.** $a^3 + 3a^2 + 2a$ **13c.** El resultado es igual al producto de la parte b. **15.** $c^2 - 10c + 21$
17. $w^2 - 6w - 27$ **19.** $10b^2 - b - 3$ **21.** $169x^2 - 9$
23. $0.15v^2 - 2.9v - 14$ **25.** $\frac{2}{3}a^2 + \frac{1}{18}ab - \frac{1}{3}b^2$

27. $0.63p^2 + 3.9pq + 6q^2$ **29.** $6x^3 + 11x^2 - 68x + 55$
31. $9x^3 - 45x^2 + 62x - 16$ **33.** $20d^4 - 9d^3 + 73d^2 - 39d + 99$ **35.** $10x^4 + 3x^3 + 51x^2 - 16x - 48$ **37.** $a^4 - a^3 - 8a^2 - 29a - 35$ **39.** $63y^3 - 57y^2 - 36y$ **41a.** 28 cm, 20 cm, 16 cm **41b.** 8960 cm^3 **41c.** 8960 **41d.** Tienen la misma medida. **43.** $-8x^4 - 6x^3 + 24x^2 - 12x + 80$
45. $-3x^3 - 5x^2 - 6x + 24$ **47a.** Respuesta de muestra: $x - 2, x + 3$ **47b.** Respuesta de muestra: $x^2 + x - 6$
47c. más grande, 2 pies^2 **49.** $\{y \mid y < -6\}$ **51.** $y = 2x + 1$
53. $a = 4, y = 9$ **55.** 15°C

Páginas 546–547 Lección 9–8

7. $m^2 - 6mn + 9n^2$ **9.** $m^4 + 8m^2n + 16n^2$ **11.** $25 - 10x + x^2$ **13.** $x^2 + 8xy + 16y^2$ **15.** $9b^2 - 6ab + a^2$
17. $81p^2 - 4q^2$ **19.** $25b^2 - 120ab + 144a^2$ **21.** $x^6 + 2x^3a^2 + a^4$ **23.** $64x^4 - 9y^2$ **25.** $1.21g^2 + 2.2gh^5 + h^{10}$

27. $\frac{16}{9}x^4 - y^2$ **29.** $9x^3 - 45x^2 - x + 5$ **31.** $a^3 + 9a^2b + 27ab^2 + 27b^3$ **33.** $x^2 + y^2 + z^2 + 2xy + 2yz + 2xz$

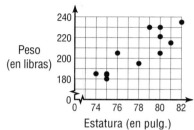

35a. $2\pi s + 7\pi$ metros^2 **35b.** unos 28.27 metros^2
35c. unos 40.84 metros^2 **37.** $6t^2 - 3t - 3$
39a.

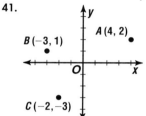

39b. Mientras más alto el jugador, mayor es el peso.
41.   **43.** 5

Página 549 Capítulo 9 Puntos importantes
1. e **3.** h **5.** i **7.** f **9.** a

Páginas 550–552 Capítulo 9 Guía de estudio y evaluación
11. y^7 **13.** $20a^5x^5$ **15.** $576x^5y^2$ **17.** $-\frac{1}{2}m^4n^8$ **19.** y^4

21. $3b^3$ **23.** $\frac{a^4}{2b}$ **25.** 2.4×10^5 **27.** 4.88×10^9 **29.** 7.96×10^5 **31.** 6×10^{11} **33.** 6×10^{-1} **35.** 1.68×10^{-1}
37. 2 **39.** 5 **41.** 4 **43.** $3x^4 + x^2 - x - 5$ **45.** $-3x^3 + x^2 - 5x + 5$ **47.** $16m^2n^2 - 2mn + 11$ **49.** $21m^4 - 10m - 1$
51. $12a^3b - 28ab^3$ **53.** $8x^5y - 12x^4y^3 + 4x^2y^5$ **55.** $2x^2 - 17xy^2 + 10x + 10y^2$ **57.** $r^2 + 4r - 12$ **59.** $4x^2 + 13x - 12$
61. $18x^2 - 0.125$ **63.** $2x^3 + 15x^2 - 11x - 9$ **65.** $x^2 - 36$
67. $16x^2 + 56x + 49$ **69.** $25x^2 - 9y^2$ **71.** $36a^2 - 60ab + 25b^2$ **73.** \$305.26 **75.** no; después de 6 años

CAPÍTULO 10 USA LA FACTORIZACIÓN

Páginas 561–563 Lección 10–1
5. 1, 2, 4 **7.** primo **9.** $-1 \cdot 2 \cdot 3 \cdot 5$ **11.** 4 **13.** $6d$ **15.** $4gh$
17. 40 pulg. **19.** 1, 67 **21.** 1, 2, 4, 5, 8, 10, 16, 20, 40, 80
23. 1, 5, 10, 19, 25, 38, 50, 95, 190, 950 **25.** compuesto; $3^2 \cdot 7$
27. primo **29.** compuesto; $2^2 \cdot 5 \cdot 7 \cdot 11$ **31.** $-1 \cdot 3 \cdot 3 \cdot 13$
33. $2 \cdot 2 \cdot b \cdot b \cdot b \cdot d \cdot d$ **35.** $-1 \cdot 2 \cdot 7 \cdot 7 \cdot a \cdot a \cdot b$
37. 9 **39.** 1 **41.** 19 **43.** $7pq$ **45.** $15r^2t^2$ **47.** 12 **49.** 6
51. $8m^2n$ **53.** $-12x^3yz^2$ **55.** $3m^2n$ **57.** 29 cm por 47 cm
59. 3, 5; 5, 7; 11, 13; 17, 19; 29, 31; 41, 43; 59, 61; 71, 73

840 *Respuestas seleccionadas*

RESPUESTAS SELECCIONADAS

61a. $2b^3 \times 1 \times 1$, $2b^2 \times b \times 1$, $2b \times b \times b$, $b^3 \times 2 \times 1$, $b^2 \times 2b \times 1$, y $b^2 \times 2 \times b$ **61c.** $4b^3 + 1$ ó 865, $2b^3 + 2b^2 + 1$ ó 505, $5b^2$ ó 180, $3b^3 + 2$ ó 650, $2b^3 + b^2 + b$ ó 474, y $b^3 + 2b^2 + 2b$ ó 300, respectivamente
61d. Aunque el volumen permanece constante, las áreas de superficie varían enormemente. **63.** 1500 pies^2 de cuadrados herbosos **65.** $3b$
67. **69.** $x = 4$ **71.** $9\frac{3}{5}$ pies **73.** -4

Página 564 Lección 10–2A

1. $3(x + 3)$ **3.** $x(3x + 4)$
5. no **7.** sí
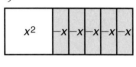

9. Los binomios pueden factorizarse, si se pueden representar por un rectángulo. Ejemplos: $4x + 4$ puede factorizarse y $4x + 3$ no puede factorizarse.

Páginas 569–571 Lección 10–2

7. 3 **9.** 1 **11.** $4xy^2$ **13.** $(a + b)(x + y)$ **15.** $(x - y)(3a + 4b)$ **17.** $3t$ **19.** $x(29y - 3)$ **21.** $3c^2d(1 - 2d)$
23. $(r + k)(x + 2y)$ **25a.** $g = \frac{1}{2}n(n - 1)$ **25b.** 91 partidos
25c. 63 partidos **27.** $8rs$ **29.** $2y - 5$ **31.** $5k - 7p$
33. $2xz(7 - 9z)$ **35.** $a(17 - 41ab)$ **37.** $(m + x)(2y + 7)$
39. $3xy(x^2 - 3y + 12)$ **41.** $(2x^2 - 5y^2)(x - y)$ **43.** $(2x - 5y)(2a - 7b)$ **45.** $7abc(4abc + 3ac - 2)$ **47.** $2(2m + r)(3x - 2)$
49. $(7x + 3t - 4)(a + b)$ **51.** $8a - 4b + 8c + 16d + ab + 64$
53. $4r^2(4 - \pi)$ **55.** $(4z + 3m)$ cm por $(z - 6)$ cm
57. Respuesta de muestra: $(3a + 2b)(ab + 6)$, $(3a + ab)(2b + 6)$, $(2b + ab)(3a + 6)$ **59.** $(2s - 3)(s + 8)$ **61.** La y Do sostenido **63.** 9 **65.** $\{z \mid z \geq -1.654\}$ **67.** $\left\{(-3, 10),\right.$
$\left(0, \frac{11}{2}\right)$, $(1, 4)$, $\left(2, \frac{5}{2}\right)$, $\left.(5, -2)\right\}$ **69.** $y = -\frac{4}{3}x + \frac{7}{3}$ **71.** 7

Página 573 Lección 10–3A

1. $(x + 1)(x + 5)$ **3.** $(x + 3)(x + 4)$ **5.** $(x - 1)(x - 2)$
7. $(x - 1)(x + 5)$
9. sí **11.** no

13. Los trinomios pueden factorizarse si se pueden representar con un rectángulo. Muestra: $x^2 + 4x + 4$ se puede factorizar y $x^2 + 6x + 4$ no se puede factorizar.

Páginas 578–580 Lección 10–3

5. 3, 8 **7.** 8, 5 **9.** -2, -6 **11.** — **13.** $(t + 3)(t + 4)$
15. $2(y + 2)(y - 3)$ **17.** primo **19.** 9, -9, 15, -15
21. $(3x^2 + 2x)$ m^2 **23.** — **25.** 5 **27.** 5 **29.** $(m - 4)(m - 10)$
31. primo **33.** $(2x + 7)(x - 3)$ **35.** $(2x + 3)(x - 4)$
37. $(2n - 7)(2n + 5)$ **39.** $(2 + 3m)(5 + 2m)$ **41.** primo
43. $2x(3x + 8)(2x - 5)$ **45.** $2a^2b(5a - 7b)(2a - 3b)$
47. 7, -7, 11, -11 **49.** 1, -1, 11, -11, 19, -19, 41, -41

51. 6, 4 **53.** r cm, $(5r + 6)$ cm, $(3r - 7)$ cm **55.** no; $(2x + 3)(x - 1)$ **57.** no; $(x - 3)(x - 3)$ **59.** 27 pies^3
61. $(3x - 10)$ acciones **63.** $(5, -2)$ **65.** $y = -\frac{2}{3}x + \frac{14}{3}$
67. D = $\{0, 1, 2\}$; R = $\{2, -2, 4\}$ **69.** $90°$ **71.** $3x + 4y$

Página 580 Autoevaluación

1. $10n^2$ **3.** $6xy(3y - 4x)$ **5.** $(2q + 3)(q - 6)$ **7.** $(3y - 5)$
$(y - 1)$ **9.** 41,312,432 ó 23,421,314

Páginas 584–586 Lección 10–4

7. sí **9.** no **11.** d **13.** a **15.** $(1 - 4g)(1 + 4g)$
17. $5(2m - 3n)(2m + 3n)$ **19.** $(x - y)(x + y)(x^2 + y^2)$
21. 5 **23.** $(2 - v)(2 + v)$ **25.** $(10d - 1)(10d + 1)$
27. $2(z - 7)(z + 7)$ **29.** primo **31.** $17(1 - 2k)(1 + 2k)$
33. primo **35.** primo **37.** $(ax - 0.8y)(ax + 0.8y)$
39. $\frac{1}{2}(3a - 7b)(3a + 7b)$ **41.** $(a + b - c - d)(a + b +$
$c + d)$ **43.** $(x^2 - 2y)(x^2 + 2y)(x^4 + 4y^2)$ **45.** $(a^2 + 5b^2)$
$(a - 2b)(a + 2b)$ **47.** 624 **49.** $(2a - b)$ pulg., $(2a + b)$ pulg.
51. $(x - 2)$ pies, $(x + 4)$ pies **53.** $(a - 5b)$ pulg., $(a + 5b)$
pulg., $(5a + 3b)$ pulg. **55a.** cuadrado **55b.** 25 cm^2
57. 9, 12, 15 **59.** \$3.16, \$1.50, \$1.25, \$1.20 **61.** $(4, 16)$
63. **65.**
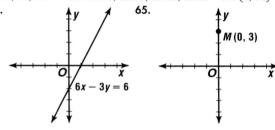
67. 5.14, 3.6, 0.6

Páginas 591–593 Lección 10–5

7. $8a$ **9.** $6c$ **11.** sí; $(2n - 7)^2$ **13.** sí; $(4b - 7c)^2$
15. $4(a - 3b)(a + 3b)$ **17.** $2(5g + 2)^2$ **19.** $(2a - 3b)(2a + 3b)$
$(5x - y)$ **21.** sí; $(r - 4)^2$ **23.** sí; $(7p - 2)^2$ **25.** no
27. sí; $(2m + n)^2$ **29.** no **31.** no **33.** sí; $\left(\frac{1}{2}a + 3\right)^2$
35. $a(45a - 32b)$ **37.** $(v - 15)^2$ **39.** primo **41.** $3(y - 7)$
$(y + 7)$ **43.** $2(3a - 4)^2$ **45.** $(y^2 + z^2)(x - 1)(x + 1)$
47. $(a^2 + 2)(4a + 3b^2)$ **49.** $0.7(p - 3q)(p - 2q)$
51. $(g^2 - 3h)(g + 3)^2$ **53.** -110, 110 **55.** 9
57. $(6y + 26)$ cm **59.** $(8x^2 - 22x + 14)$ cm^2 **61a.** $a \geq b$
61b. $a \leq b$ **61c.** $a = b$ **63a.** \$1166.40 **63b.** $p(1 + r)^2$
63c. \$1144.90 **65.** $50.6t^2 + 21t - 102$ **67.** 20 horas
69a.
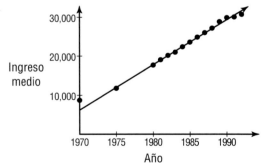

69b. Respuesta de muestra: Sí; $I = 1200y + 6000$, donde I es el ingreso medio y y es el número de años desde 1970.
71. 1:3 **73.** 152 pies

Páginas 598–600   Lección 10–6

5. $\{0, -5\}$ **7.** $\left[0, \frac{5}{3}\right]$ **9.** $\{5\}$ **11.** 6   **13.** $\{0, 24\}$ **15.** $\left\{\frac{3}{2},\right.$
$\left.\frac{8}{3}\right\}$ **17.** $\{-9, -4\}$ **19.** $\{-8, 8\}$ **21.** $\{0, 4\}$ **23.** $\left\{-\frac{1}{3}, -\frac{5}{2}\right\}$

25. $\{12, -4\}$ **27.** $\{-9, 0, 9\}$ **29.** $\{-5, 7\}$ **31.** -14 y -12 ó
12 y 14   **33.** 5 cm   **35a.** $\{-6, 1\}$; $\{-6, 1\}$
35b. Son equivalentes; tienen la misma solución.
37a. unos 3.35 s   **37b.** Sus ideas acerca de la caída de los
objetos diferían de lo que pensaba la mayoría de la gente.
Él creía que la Tierra era un planeta en movimiento y que
el sol y los planetas no giraban alrededor de la Tierra.
39. unos 90,180 pies ó 17 mi   **41.** 0.5 km   **43.** $40q^2 + rq - 6r^2$
45. 14; -4 **47.** 4.355 minutos o unos 4 minutos 21 segundos

Página 601   Capítulo 10 Puntos importantes
1. falso; compuesto   **3.** falso; ejemplo: 64   **5.** falso; $2^4 \cdot 3$
7. verdadero   **9.** falso; propiedad del producto cero

Páginas 602–604 Capítulo 10 Guía de estudio y evaluación
11. compuesto, $2^2 \cdot 7$ **13.** compuesto, $2 \cdot 3 \cdot 5^2$ **15.** primo
17. 5   **19.** $4ab$ **21.** $5n$ **23.** $7x^2$ **25.** $13(x + 2y)$
27. $6ab(4ab - 3)$ **29.** $12pq(3pq - 1)$ **31.** $(a - 4c)(a + b)$
33. $(4k - p^2)(4k^2 - 7p)$ **35.** $(8m - 3n)(3a + 5b)$
37. $(y + 3)(y + 4)$ **39.** primo   **41.** $(r - 4)(2r + 5)$
43. $(b - 4)(b + 4)$ **45.** $(4a - 9b^2)(4a + 9b^2)$ **47.** primo
49. $(a + 9)^2$ **51.** $(2 - 7r)^2$ **53.** $6b(b - 2g)^2$
55. $(5x - 12)^2$ **57.** $\left\{\frac{2}{3}, -\frac{7}{4}\right\}$ **59.** $\{0, -17\}$ **61.** $\{-5, -8\}$
63. $\left\{-\frac{2}{5}\right\}$ **65.** 384   **67.**   **69.** 9, 11; $-11, -9$

$$\begin{array}{r} 3 \\ \times \boxed{5}\,\boxed{4} \\ \hline \boxed{1}\,\boxed{6}\,\boxed{2} \end{array}$$

**CAPÍTULO 11   EXPLORA FUNCIONES CUADRÁ-
TICAS Y EXPONENCIALES**

Página 610   Lección 11–1A
1. $(-8, -5)$
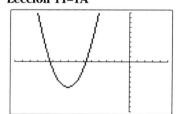

3. $(5, 0)$
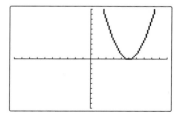

5. $(10, 14)$
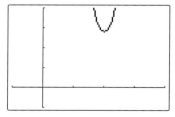

Páginas 615–617   Lección 11–1
7. $x = 0$, $(0, 2)$, min.   **9.** $x = -2$, $(-2, -13)$, min.
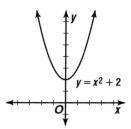
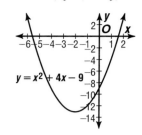

11. $x = 2.5$, $(2.5, 12.25)$, max.   **13.** c
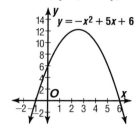

15. $x = 0$, $(0, 0)$, min.   **17.** $x = -1$, $(-1, 17)$, min.
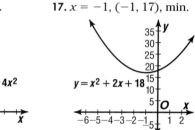

19. $x = 0$, $(0, -5)$, min.   **21.** $x = -3$, $(-3, -29)$, min.
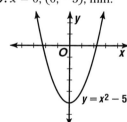
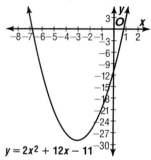

23. $x = 0$, $(0, -25)$, min.   **25.** $x = -1$, $(-1, 7)$, max.
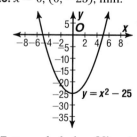
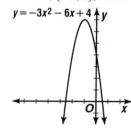

27. $x = -1$, $(-1, -20)$, min.   **29.** $x = -1$, $(-1, -1)$, min.

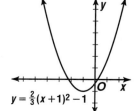

31. c   **33.**

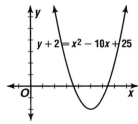

$$y + 2 = x^2 - 10x + 25$$

35.

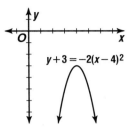

$$y + 3 = -2(x - 4)^2$$

37. $x = -1$ **39.** $x = 2$

41. $(-1.10, 125.8)$

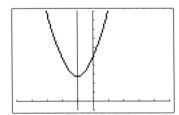

43. $(-0.15, 90.14)$

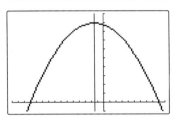

45a.

Año	t	$U(t)$
1970	0	329.96
1975	5	370.31
1980	10	559.16
1985	15	896.51
1990	20	1382.36
1993	23	1745.15

45b. D: $0 \leq t \leq 23$;
R: $326 < U(t) < 1746$

45c.

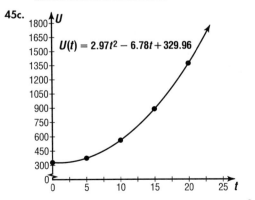

$$U(t) = 2.97t^2 - 6.78t + 329.96$$

47. 0.15 km   **49a.** 6790 km   **49b.** 2.2792×10^8 km

51a.

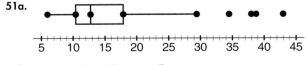

51b. 34.5, 38, 38.7, 43   **53.** -5

Página 619   Lección 11–1B

1.

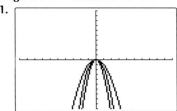

Todas las gráficas se abren hacia abajo. $y = -2x^2$ es más angosta que $y = -x^2$ y $y = -5x^2$ es la más angosta.

3.

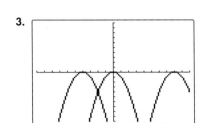

Todas las gráficas se abren hacia abajo, tienen la misma forma y tienen vértices en el eje x. Pero cada vértice es diferente.

5.

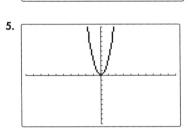

Se abrirá hacia arriba, con el vértice en el origen y será más angosta que $y = x^2$.

7.

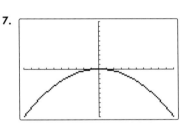

Tendrá su vértice en el origen, se abrirá hacia abajo y será más ancha que $y = x^2$.

9a. Si $|a| > 1$, la gráfica es más angosta que la gráfica de $y = x^2$. Si $0 < |a| < 1$, la gráfica es más ancha que la gráfica de $y = x^2$. Si $a < 0$, la gráfica se abre hacia abajo; si $a > 0$, la gráfica se abre hacia arriba. **9b.** La gráfica tiene la misma forma que $y = x^2$, pero está corrida a unidades (hacia arriba si $a > 0$, hacia abajo si $a < 0$). **9c.** La gráfica tiene la misma forma que $y = x^2$, pero está corrida a unidades (a la izquierda, si $a > 0$, a la derecha, si $a < 0$). **9d.** La gráfica tiene la misma forma que $y = x^2$ pero está corrida a unidades a la izquierda o a la derecha y b unidades hacia arriba o hacia abajo, tal como se prescribe en 9b y 9c.

Páginas 624–627   Lección 11–2

7. 2 raíces reales   **9.** $-1, 2$

11. $-3, 8$ **13.** $-2 < w < -1, 4 < w < 5$

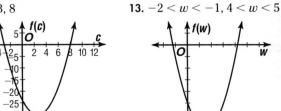

$$f(c) = c^2 - 5c - 24$$

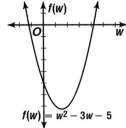

$$f(w) = w^2 - 3w - 5$$

15. 5

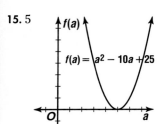

$f(a) = a^2 - 10a + 25$

17. $-2, -6$　**19.** 2　**21.** $-4, 4$　**23.** -3　**25.** $\varnothing$　**27.** $-4, 1$
29. 4　**31.** $8 < a < 9, -1 < a < 0$　**33.** $3, -1 < n < 0$

35.

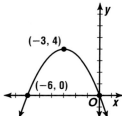

$(-3, 4)$
$(-6, 0)$

37.

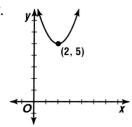

$(2, 5)$

39. $-4, -8$ ó $4, 8$　**41.** no tiene solución　**43.** $-2, -6$
45. ninguna intersección y　**47.** ninguna raíz real
49. $0.29, 1.71$　**51.** $-0.79, 2.54$　**53.** $-2, k > -2, k < -2$

55a.

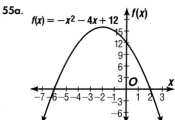

$f(x) = -x^2 - 4x + 12$

55b. 8 pies　**55c.** 16 pies　**55d.** $85\frac{1}{3}$ pies^2　**55e.** $297

57. $x = 0; (0, 4)$

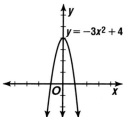

$y = -3x^2 + 4$

59. $(4x - 3)$ m por $(2x - 1)$ m　**61.** 6　**63.** $-4 < x < \frac{4}{3}$
65. $24.75

Páginas 631–633　Lección 11–3
5. $1, 3, -18; 3, -6$　**7.** $4, -2, 15$; ninguna raíz real　**9.** $1.83,$
-2.33　**11.** $-1, -6$　**13.** unos 29.4 pies/s　**15.** $-8.61, -1.39$
17. $-\frac{4}{5}, 1$　**19.** $-\frac{5}{3}, 4$　**21.** $-2.91, 2.41$　**23.** 7　**25.** $-\frac{3}{2}, -\frac{5}{3}$

27. $-6, 6$　**29.** $-\frac{1}{3}, 1$　**31.** $-3, -\frac{1}{2}$　**33.** $0.60, -0.25$

35. $0.5, 2$　**37.** $-0.2, 1.4$　**39.** Ejemplo: $4, 20, 23$;
$4x^2 + 20x + 23 = 0$　**41a.** $10, 1$　**41b.** ninguno　**41c.** -0.5
41d. $-1, 0.7142857143$　**43a.** El discriminante no es un
cuadrado perfecto.　**43b.** El discriminante es un cuadrado
perfecto, pero la expresión no es un entero.　**43c.** El
discriminante es un cuadrado perfecto y la ecuación puede
ser factorizada.　**43d.** El discriminante es 0 y la ecuación
es un cuadrado perfecto.　**45a.** Y, 10 mg; C, 8.75 mg
45b. $0 = a^2 - 11a + 12$; 1.2 años, 9.8 años　**47.** $\{0, -9\}$

49. $24, 18$　**51.** sí　**53.** $-4°F$

Página 633　Autoevaluación
1. $x = \frac{1}{2}, \left(\frac{1}{2}, -\frac{25}{4}\right)$

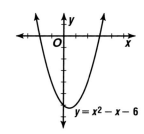

$y = x^2 - x - 6$

3. $x = 0, (0, 7)$

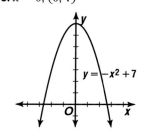

$y = -x^2 + 7$

5. $-9, 9$

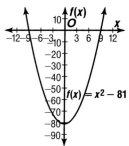

$f(x) = x^2 - 81$

7. $\varnothing$

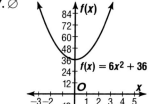

$f(x) = 6x^2 + 36$

9. $\varnothing$

Página 634　Lección 11–4A
1.

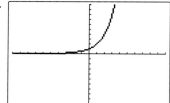

3.

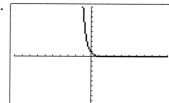

5.

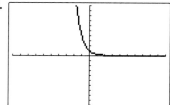

7.

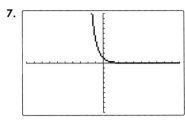

9.

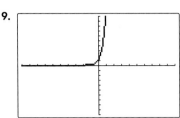

Páginas 640–642   Lección 11–4
7. 5.20   **9.** 12.51

11. 7

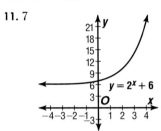

13. -2 **15.** -2 **17.** 10.56   **19.** 1.63   **21.** 25.86   **23.** 0.86
25. 5   **27.** 3

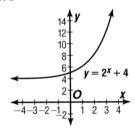
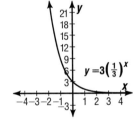

29. 1

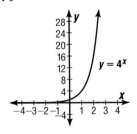

31. no, lineal   **33.** no, no hay patrón   **35.** -7 **37.** -3
39. 3   **41.** 3, -1

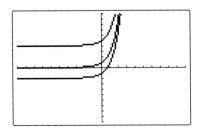

43. Todas tienen la misma forma pero diferentes intersecciones y.

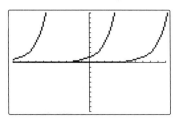

45. Todas tienen la misma forma pero están ubicadas en diferentes lugares a lo largo del eje x.

47a. 2.51   **47b.** No puedes escribir 10 como potencia ó 2.5.
49. 1600 bacterias   **51.** $-3, -\frac{1}{2}$ **53.** $\frac{1}{5}ab(4a - 3b - 1)$
55. 184

57a–b.

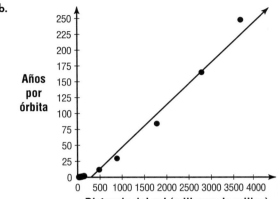

Ejemplo: $y = 0.07x - 12$ **57c.** 275 años   **59.** 60

Páginas 646–649   Lección 11–5
3a. 1   **3b.** 2   **3c.** 4   **3d.** 365   **5.** disminución   **7.** unos
$\$70,000,000,000$ **9.** $\$661.44$ **11.** $\$10,962.19$ **13a.** Cada
ecuación representa crecimiento y t es el número de años
desde 1994. $y = 58.7(1.025)^t$, $y = 919.9(1.019)^t$,
$y = 35.6(1.021)^t$, $y = 2.9(1.013)^t$ **13b.** 68.1 millones,
1029.9 millones, 40.3 millones, 3.1 millones

13c.

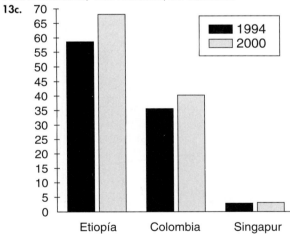

15a. $y = 231.5(1.0963)^t$, $t =$ años desde 1950, crecimiento
15b. 57.6 trillones   **17a.** $\$6931.53$ **17b.** $\$6954.58$ **17c.** $\$23.05$
17d. diarios   **21.** $a > 1$, crecimiento; $0 < a < 1$, disminución;
$x =$ tiempo   **23.** $-\frac{1}{2}$ **25.** $-\frac{r^{10}t^2}{3}$ **27.** $y = -2.5x + 2$

Página 651   Capítulo 11 Puntos importantes
1. d   **3.** i   **5.** c   **7.** b   **9.** f

Páginas 652–654 Capítulo 11 Guía de estudio y evaluación
11. $x = 0$; $(0, 4)$ **13.** $x = -1$; $(-1, -20)$ **15.** $x = -1$;
$(-1, -1)$

17.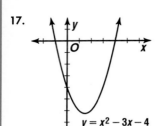

19.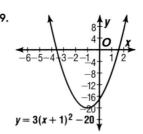

21. $-3, 4$ **23.** $-5 < x < -4, 0 < x < 1$ **25.** $3, 7$

27. $10, -2$ **29.** $\frac{3}{2}, -\frac{5}{2}$ **31.** $1, \frac{4}{9}$ **33.** $2, 3$ **35.** $0.47, -0.71$

37. 7 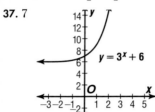 **39.** 1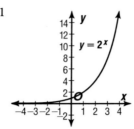

41. -3 **43.** -6 **45.** $-3, \frac{3}{2}$ **47.** \$12,067.68 **49.** \$24,688.37

51. 1.3 segundos y 4.7 segundos **53.** entre 4 y 5 metros
55. CD, que gana \$541.50 vs. cuenta de ahorros con \$530.92

CAPÍTULO 12 EXPLORA EXPRESIONES Y ECUACIONES RACIONALES

Páginas 663–665 Lección 12–1

7. $7a^2b$; $\frac{-b^2}{3a^3}$; $a \neq 0, b \neq 0$ **9.** b; $\frac{3}{b+5}$; $b \neq 0$,

$b \neq -5$ **11.** $m - 3$; $\frac{1}{m+3}$; $m \neq \pm 3$ **13a.** 5 **13b.** 750 lb

15. $\frac{5y}{2z}$; $y \neq 0, z \neq 0$ **17.** $\frac{4}{5x}$; $x \neq 0, y \neq 0$ **19.** y; $y \neq -\frac{1}{3}$

21. $y + 7x$; $y \neq 7x$ **23.** $\frac{1}{a-4}$; $a \neq 4, -3$ **25.** $\frac{1}{x+4}$;

$x \neq -4$ **27.** $\frac{a+6}{a+4}$; $a \neq -4, 2$ **29.** $\frac{b+1}{b-9}$; $b \neq 9, 4$

31. $\frac{4}{5}$; $x \neq -1$ **33.** $-\frac{5}{3}$ **35.** imposible, $y \neq -2$ **37a.** 192

37b. 3840 lb **39a.** 9.5°/milla **39b.** $-\frac{95}{10} = -\frac{19}{2}$

39c.

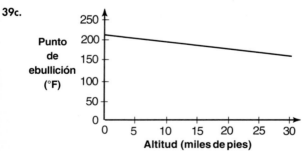

41. ± 11

43. 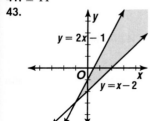 **45.**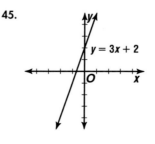

Página 666 Lección 12–1B

1. $\frac{x-5}{x+5}$; -5 **3.** $\frac{1}{2x}$; $0, 4.5$ **5.** $\frac{x-1}{x-8}$; 8 **7.** $-1; 3$

9. $-\frac{x+5}{x+6}$; $-6, 5$

Páginas 669–670 Lección 12–2

5. $\frac{9m}{2xy}$ **7.** $\frac{4}{x+3}$ **9.** $\frac{4}{3}$ **11a.** 91.44 cm/yd **11b.** cambio

centímetros a yardas **13.** $\frac{3a}{2}$ **15.** $\frac{2}{x}$ **17.** $8y$

19. $\frac{4m}{3(m+5)}$ **21.** $\frac{2m}{a+9}$ **23.** 2 **25.** $3(x - y)$ **27.** 36

29. $\frac{4x}{3x-5}$ **31.** $\frac{4}{5(x+5)}$ **33.** 21.8 mph; convierte pies/s a mph

35. 10,800 Calorías **37.** Ejemplo: $\frac{3(x+2)}{x+7} \cdot \frac{2(x-3)}{x-4}$;

$\frac{6}{x+7} \cdot \frac{x^2-x-1}{x-4}$ **39a.** $\frac{1 \text{ franco}}{0.1981 \text{ dólares}} \cdot \frac{1 \text{ dólar}}{5.05 \text{ francos}}$

39b. 12,500 pesos $\cdot \frac{0.1597 \text{ dólares}}{1 \text{ peso}} \cdot \frac{1 \text{ franco}}{0.1981 \text{ dólares}}$; unos

10,077 francos **39c.** Convierte a dólares americanos y
luego a dólares de Hong Kong. **41.** 729 **43.** 4 **45.** 0

Páginas 672–674 Lección 12–3

5. $\frac{5}{x}$ **7.** $\frac{y+3}{x^2-9}$ **9.** $\frac{1}{x^2+2x+5}$ **11.** $\frac{(m+2)^2}{4}$ **13.** $\frac{x+4}{x+6}$

15. 0.5 pies^3 **17.** $\frac{a}{a+11}$ **19.** $\frac{b^2m}{c^2}$ **21.** $\frac{m}{m+5}$ **23.** $\frac{4}{z+3}$

25. $\frac{2(x+5)}{x+1}$ **27.** $x + 3$ **29.** $x + 5$ **31.** $(x+5)(x+3)$

33. 88 pies/s; ejemplo: cambia 60 mph a pies/s

35. 27.5 yd^3; cambia pies^3 a yd^3 **37.** $\frac{x-y}{4}$ **39a.** 5500

millas **39b.** 41.3 trenes **39c.** 10,618.2 millas; 27.3 trenes

41. $\frac{8}{m-5}$ **43.** $(4a - 3b^2)^2$ **45.** $x < -2$ **47.** $7 + 2 = 2 + 7$

Páginas 678–680 Lección 12–4

5. $3b^2 - 5$ **7.** $t - 1$ **9.** $2m + 3 + \frac{-3}{m+2}$ **11.** $(2x + 3)$ m

13. $\frac{b}{3} + 3 - \frac{7}{3b}$ **15.** $\frac{m}{7} + 1 - \frac{4}{m}$ **17.** $a^2 + 2a + 12 +$

$\frac{3}{a-2}$ **19.** $m - 3 - \frac{2}{m+7}$ **21.** $2x + 6 + \frac{1}{x-7}$

23. $3m^2 + 4k^2 - 2$ **25.** $a + 7 - \frac{1}{a+3}$ **27.** $3x - 2 + \frac{21}{2x+3}$

29. $t + 4 - \frac{5}{4t+1}$ **31.** $8x^2 + \frac{32x}{7} - 9$ **33a.** $x^2 + 4x + 4$

33b. $5t^2 - 3t - 2$ **33c.** $2a^2 + 3a - 4$ **35.** -15

37. \$480,000 **39.** $-\frac{x}{7}$ **41.** $3(x - 7)(x + 5)$ **43.** $(1, 3)$

45.

$$\xleftarrow{\;\;\bullet\!-\!\bullet\!-\!\bullet\;|\;\;\;|\;\;\;|\;\;\bullet\;|\;\;\bullet\;|\;\;\bullet\;\;\;|\;} $$
$$-3\;-2\;-1\;\;0\;\;1\;\;2\;\;3\;\;4\;\;5\;\;6$$

Página 680 Autoevaluación

1. $\frac{25x}{36y}$ **3.** $\frac{(x+4)(4x^2+2x-3)}{(x+3)(x+2)(x-1)}$ **5.** $\frac{x-5}{x+4}$ **7.** $2x - 5$

9. $4(3x - 1)$ ó $(12x - 4)$ unidades

Páginas 683–684 Lección 12–5

5. $\frac{10}{x}$ **7.** $\frac{10}{a+2}$ **9.** 3 **11.** m **13.** $-\frac{a}{6}$ **15.** 2 **17.** $\frac{7}{x+7}$

19. 1 **21.** 1 **23.** $\frac{4x}{x+2}$ **25.** $\frac{2y-6}{y+3}$ **27.** 2 **29.** $\frac{25x-93}{2x+5}$

31. $\frac{24x+26y}{7x-2y}$ **33.** b **35.** 442 días **37.** $\pm\frac{6}{5}$ **39.** $-3, 4$

41. $\frac{1}{216}$

Páginas 687–689   Lección 12–6

3. x^2 **5.** $90m^2b^2$ **7.** $(x-3)(x+3)$ **9.** $\frac{7+9m}{15m^2}$

11. $\frac{-20}{3(x+2)}$ **13.** $\frac{22-7y}{6y^2}$ **15.** 168 miembros   **17.** $\frac{-5x}{63}$

19. $\frac{7yz+3}{xyz}$ **21.** $\frac{2s-3t}{s^2t^2}$ **23.** $\frac{7z+8}{(z+5)(z-4)}$ **25.** $\frac{k^2+k-10}{(k+5)(k+3)}$

27. $\frac{-17r-32}{(3r-2)(r-5)}$ **29.** $\frac{10+m}{2(2m-3)}$ **31.** $\frac{3w-4}{3(5w+2)}$

33. $\frac{-5n-4}{(n+3)(n+1)}$ **35.** $\frac{-17t+27}{(t+3)(10t-9)}$ **37.** $\frac{v^2+11v-2}{(v+4)(v-1)}$

39a. 360, 3, 120, 360   **39b.** 540, 6, 90, 540   **39c.** El MCD por el mcm de dos números es igual al producto de los dos números.   **39d.** Divide el MCD entre el producto de los dos números para hallar el mcm.   **41.** 15 meses más tarde o el 20 de julio de 1997   **43.** 2   **45.** $\frac{3\pm\sqrt{41}}{4}\approx 2.35$ ó -0.85 **47.** $-15a^6b^3$ **49.** 4

Páginas 693–695   Lección 12–7

3. $\frac{8x+3}{x}$ **5.** $\frac{6m^2+m+1}{2m}$ **7.** $\frac{9}{5}$ **9.** $\frac{y}{2}$ **11.** $\frac{a-b}{3}$

13. $\frac{3x+15}{x+3}$ **15.** $\frac{6x-1}{2x+1}$ **17.** $\frac{5r^2+r-48}{r^2-9}$ **19.** $\frac{4}{3}$ **21.** ab

23. $\frac{6}{x}$ **25.** $\frac{a-5}{a-2}$ **27.** $\frac{1}{x+3}$ **29.** $\frac{m+6}{m+2}$ **31.** $\frac{y-3}{y+2}$

33. $\frac{t^2+2t+2}{-t^2}$ **35.** $\frac{32b^2}{35}$ **37a.** $x\neq 0, x\neq -3$ **37b.** $x\neq 0$, $x\neq -3$ **37c.** sí   **39a.** $\frac{fs}{s-v}$ **39b.** 413.5   **39c.** 2   **39d.** 6

41. $\frac{2x+3}{x+3}$ **43.** $(2x+1)(2x-1)$ **45.** $(-3, 4)$

47. $w=\frac{P-2\ell}{2}$

Páginas 700–702   Lección 12–8

5. -12 **7.** $-\frac{1}{2}$ **9.** 0   **11a.** $\frac{1}{5}$ **11b.** $\frac{3}{5}$ **11c.** $\frac{x}{5}$ **13.** 3.429 ohmios   **15.** 8 ohmios, 4 ohmios   **17.** $\frac{50}{3}$ **19.** $\frac{5}{4}$ **21.** 0

23. 2 ó $-\frac{1}{3}$ **25.** 4 ó $-\frac{1}{3}$ **27.** -13 **29.** $\frac{3}{5}$ **31.** 3   **33.** 6

35. 4 ohmios   **37.** $R_1=\frac{R_2R_T}{R_2-R_T}$ **39.** $n=\frac{IR}{E-Ir}$ **41.** 10

43. 96 ohmios   **45a.** 2.5 horas   **45b.** 2.19 horas   **45c.** después de 923 millas   **47a.** $w=\frac{c\ell}{100}$ **47b.** $\ell=\frac{100w}{c}$ **49.** 10

51. $\frac{b+4}{4(b+2)^2}$

53.

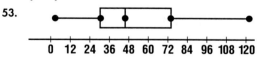

55. $\frac{48}{25}$ **57.** 36

Página 703   Capítulo 12 Puntos importantes
1. falso, racional   **3.** verdadero   **5.** falso, x^2-144
7. falso, mínimo común múltiplo

Páginas 704–706   Capítulo 12 Guía de estudio y evaluación
9. $z, z\neq 3$ **11.** $\frac{a}{a+2}, a\neq 0, -2$ **13.** $\frac{1}{(b+3)(b+2)}$,

$b\neq \pm 2, \pm 3$ **15.** $\frac{3axy}{10}$ **17.** $\frac{3}{a^2-3a}$ **19.** $b+7$

21. $\frac{y^2-4y}{3}$ **23.** $\frac{2m-3}{3m-2}$ **25.** x^2+4x-2 **27.** x^3+5x^2 $+12x+23+\frac{52}{x-2}$ **29.** $\frac{2a}{m^2}$ **31.** $\frac{2m+3}{5}$ **33.** $a+b$

35. $\frac{22n}{21}$ **37.** $\frac{4c^2+9d}{6cd^2}$ **39.** $\frac{4r}{r-3}$ **41.** $\frac{5m-8}{m-2}$ **43.** $\frac{3x}{y}$

45. $\frac{x^2+8x-65}{x^2+8x+12}$ **47.** -5 **49.** $-\frac{1}{4}$ **51.** $5, -\frac{1}{4}$ **53.** 6 bicicletas, 24 triciclos y 24 vagones   **55.** $1\frac{7}{8}$ horas

CAPÍTULO 13   EXPLORA EXPRESIONES Y ECUACIONES RADICALES

Página 712   Lección 13–1A
1. $4+4=8$ **3.** $16+9=25$
5.

7.   **9.**

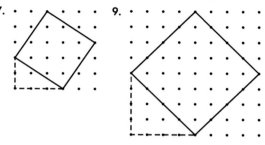

Páginas 715–718   Lección 13–1
7. 7   **9.** 11.40   **11.** 15   **13.** 2   **15.** sí   **17.** 127.28 pies
19. 13.86   **21.** 13.08   **23.** 14.70   **25.** 60   **27.** 4
29. $\sqrt{67}\approx 8.19$ **31.** $\sqrt{27}\approx 5.20$ **33.** $\sqrt{145}\approx 12.04$
35. sí   **37.** no; $11^2+12^2\neq 15^2$ **39.** sí   **41.** $\sqrt{75}$ pulg. o unas 8.66 pulg.   **43a.** 44.49 m   **43b.** 78 m^2
45.

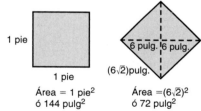

Área $= 1$ pie^2 ó 144 pulg^2

Área $=(6\sqrt{2})^2$ ó 72 pulg^2

47. unas 2.66 m   **49.** -7 **51.** $12r^7$ **53.** $\left\{c\,|\,c\geq\frac{1}{2}\right\}$ **55.** 41

Páginas 724–725   Lección 13–2
5. $5-\sqrt{2}$; 23   **7.** $\frac{\sqrt{7}}{7}$ **9.** $3\sqrt{2}$ **11.** $\frac{\sqrt{21}}{7}$ **13.** $10\sqrt{2}+26$

15. $\frac{18+6\sqrt{2}}{7}$ **17.** $>$ **19.** unos 7003.5 gal/min

21. $4\sqrt{5}$ **23.** $10\sqrt{5}$ **25.** $\frac{\sqrt{2}}{2}$ **27.** $\frac{\sqrt{22}}{8}$ **29.** $84\sqrt{5}$

31. $\frac{\sqrt{11}}{11}$ **33.** $3\,|ab|\,\sqrt{6}$ **35.** $7x^2y^3\sqrt{3xy}$ **37.** $\frac{3\sqrt{3}}{|p|}$

39. $\frac{x\sqrt{3xy}}{2y^3}$ **41.** $y^2-2y\sqrt{7}+7$ **43.** $\frac{28\sqrt{2}+14\sqrt{5}}{3}$

45. $\frac{-2\sqrt{5}-\sqrt{10}}{2}$ **47.** $\frac{c-2\sqrt{cd}+d}{c-d}$ **49.** $x^2-5x\sqrt{3}+12$

51. $>$ **53.** $<$ **55.** Sí; el resultado es más o menos 11.84.
57. 18.44 cm   **59.** $1, \frac{2}{3}$ **61.** 2.7×10^9 acres

63. $y = \frac{1}{5}x + 6$ **65.** -6

Página 726   Lección 13–2B
1. $14\sqrt{7}$ ó 37.04   **3.** $2\sqrt{3} + 3\sqrt{2}$ ó 7.71   **5.** $\frac{4\sqrt{7}}{7}$ ó 1.51

7. $3\sqrt{3}$ ó 5.20   **9.** $\frac{\sqrt{3}}{2} - \frac{\sqrt{5}}{3} + 3\sqrt{2}$ ó 4.36

11. $\frac{-16\sqrt{6}}{3}$ ó -13.06

Páginas 729–731   Lección 13–3
5. $3\sqrt{5}, 3\sqrt{20}$ **7.** ninguno   **9.** $13\sqrt{6}$ **11.** $12\sqrt{7x}$
13. $13\sqrt{3} + \sqrt{2}$; 23.93   **15.** $\frac{8}{7}\sqrt{7}$; 3.02   **17.** 11

19. $26\sqrt{13}$ **21.** en forma reducida   **23.** $21\sqrt{2x}$ **25.** $9\sqrt{3}$; 15.59   **27.** $\sqrt{6} + 2\sqrt{2} + \sqrt{10}$; 8.44   **29.** $-\sqrt{7}$; -2.65
31. $29\sqrt{3}$; 50.23   **33.** $4\sqrt{5} + 15\sqrt{2}$; 30.16   **35.** $4\sqrt{3} - 3\sqrt{5}$; 0.22   **37.** $10\sqrt{2} + 3\sqrt{10}$ **39.** $19\sqrt{5}$ **41.** $10\sqrt{3} + 16$ **43.** $(x - 5)^2$ y $(x - 5)^4$ no pueden ser negativos ambos, pero $x - 5$ puede ser negativo.   **45.** $6\frac{2}{5}$ pies   **47.** $3x - 3y$

49. 7   **51.** $\frac{2}{3}$ **53a.** 1991; unos 9 millones   **53b.** 6 millones

Página 731   Autoevaluación
1. 35   **3.** 46.17   **5.** 10   **7.** $11\sqrt{6}$ **9.** $12\sqrt{5} - 6\sqrt{3} + 2\sqrt{15} - 3$

Páginas 734–736   Lección 13–4
7. $a + 3 = 4$ **9.** 16   **11.** 36   **13.** -12 **15.** 3.9 mph
17. -63 **19.** no tiene solución real   **21.** $\frac{81}{25}$ **23.** 2   **25.** 24
27. $\frac{3}{25}$ **29.** $\pm\frac{4}{3}\sqrt{3}$ **31.** $\sqrt{7}$ **33.** 6   **35.** $-3, -10$ ó 3, 10
37. 16   **39.** no tiene solución real   **41.** $\left(\frac{1}{4}, \frac{25}{36}\right)$ **43.** $\sqrt{3} + 1$

45. $54\frac{2}{3}$ mi   **47a.** No, a 30 mph, debería haber resbalado 75 pies después de frenar y no 110 pies.
47b. aproximadamente 36 milas por hora   **49.** $6b - 26 + \frac{150}{b + 5}$ **51.** $6xy^3$ **53.** $(-4, 5)$ **55.** $\frac{8}{13}$

Páginas 739–741   Lección 13–5
5. 5   **7.** $3\sqrt{2}$ ó 4.24   **9.** 7 ó 1   **11.** unas 9.49 mi   **13.** 17
15. $\sqrt{41}$ ó 6.40   **17.** $\frac{10}{3}$ ó 3.33   **19.** $\frac{13}{10}$ ó 1.30

21. $2\sqrt{3}$ ó 3.46   **23.** 17 ó -13 **25.** -10 ó 4   **27.** 8 ó 32
29. no   **31.** $\sqrt{157} \neq \sqrt{101}$; El trapecio no es isósceles.
33. La distancia entre $(3, -2)$ y $(-3, 7)$ es $3\sqrt{13}$ unidades. La distancia entre $(-3, 7)$ y $(-9, 3)$ es $2\sqrt{13}$ unidades. La distancia entre $(3, -2)$ y $(-9, 3)$ es 13 unidades. Dado que $\left(3\sqrt{13}\right)^2 + \left(2\sqrt{13}\right)^2 = 13^2$, el triángulo es un triángulo rectángulo.
35. 109 millas   **37.** $\frac{2\sqrt{2}}{3}$

39. no tiene solución

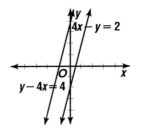

41a. 7392 BTU   **41b.** 3705 BTU   **41c.** 6247.5 BTU
41d. 14,040 BTU   **41e.** 6831.45 BTU

Página 742   Lección 13–6A
1. $(x + 2)^2 = 1$ **3.** $(x + 2)^2 = 5$ **5.** $(x - 2)^2 = 5$
7. $(x + 1.5)^2 = 3.25$

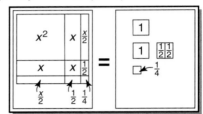

Páginas 746–747   Lección 13–6
5. 64   **7.** $-1, -3$ **9.** 7, -3 **11.** $2 \pm \sqrt{6}$ **13.** 4.9 pies
15. 16   **17.** $\frac{121}{4}$ **19.** 8   **21.** 4, 1   **23.** $\frac{7}{3}$ **25.** $3 \pm \sqrt{5}$

27. $5 \pm 4\sqrt{3}$ **29.** $\frac{-5 \pm 2\sqrt{15}}{5}$ **31.** $\frac{2}{3}, -1$ **33.** $\frac{7 \pm \sqrt{85}}{6}$

35. 18, -18 **37.** 3   **39.** $2 \pm \sqrt{4 - c}$ **41.** $b(-2 \pm \sqrt{3})$
43. 45 mph, 55 mph   **45.** 8.06   **47.** 2042   **49.** $(2, 2)$
51a. 224.6   **51b.** 172

Página 749   Capítulo 13 Puntos importantes
1. falso, $-3 - \sqrt{7}$ **3.** falso, $-2 - 2\sqrt{3} - \sqrt{5} - \sqrt{15}$
5. verdadero   **7.** falso, $3x + 19 = x^2 + 6x + 9$ **9.** falso, $\frac{x\sqrt{2xy}}{y}$

Páginas 750–752   Capítulo 13 Guía de estudio y evaluación
11. 34   **13.** $5\sqrt{5} \approx 11.18$ **15.** 24   **17.** no; $9^2 + 16^2 \neq 20^2$
19. sí   **21.** $4\sqrt{30}$ **23.** $2|a|b^2\sqrt{11b}$ **25.** $57 - 24\sqrt{3}$
27. $\frac{3\sqrt{35} - 5\sqrt{21}}{-15}$ **29.** $2\sqrt{6} - 4\sqrt{3}$ **31.** $36\sqrt{3}$ **33.** $\frac{9\sqrt{2}}{4}$

35. 12   **37.** $\frac{26}{7}$ **39.** 45   **41.** 3   **43.** no tiene solución   **45.** 17

47. $\sqrt{205} \approx 14.32$ **49.** 5 ó -1 **51.** 5 ó -3 **53.** $\frac{49}{4}$

55. $\frac{1}{9}$ **57.** $\frac{7 \pm \sqrt{69}}{2}$ **59.** $-2 \pm \sqrt{6}$ **61.** $22\sqrt{6} \approx 53.9$

63. triángulo escaleno   **65.** 5 pies   **67.** No, debería resbalar unos 201.7 pies.

CRÉDITOS FOTOGRÁFICOS

ÍNDICE DE APLICACIONES Y CONEXIONES

ÍNDICE DE APLICACIONES Y CONEXIONES

ÍNDICE

ÍNDICE